MATÉRIAUX POUR LA GÉOLOGIE DU JURA.

JURASSIQUE INFÉRIEUR LÉDONIEN.

COUPES DES ÉTAGES INFÉRIEURS

DU

SYSTÈME JURASSIQUE

DANS LES ENVIRONS

DE

LONS-LE-SAUNIER,

AVEC LA DESCRIPTION ET LA FAUNE DE CHAQUE ÉTAGE,
DES CONSIDÉRATIONS SUR LE RÉGIME DE LA MER JURASSIQUE
DANS LE JURA LÉDONIEN,
ET L'HISTORIQUE DE LA GÉOLOGIE LÉDONIENNE.

PAR

Louis-Abel GIRARDOT,

PROFESSEUR AU LYCÉE DE LONS-LE-SAUNIER.

LONS-LE-SAUNIER
IMPRIMERIE ET LITHOGRAPHIE LUCIEN DECLUME
55, Rue du Commerce, 55
—
1890-1896

JURASSIQUE INFÉRIEUR

LÉDONIEN

JURASSIQUE INFÉRIEUR LÉDONIEN.

COUPES DES ÉTAGES INFÉRIEURS

DU

SYSTÈME JURASSIQUE

DANS LES ENVIRONS

DE

LONS-LE-SAUNIER,

AVEC LA DESCRIPTION ET LA FAUNE DE CHAQUE ÉTAGE,
DES CONSIDÉRATIONS SUR LE RÉGIME DE LA MER JURASSIQUE
DANS LE JURA LÉDONIEN,
ET L'HISTORIQUE DE LA GÉOLOGIE LÉDONIENNE.

PAR

Louis-Abel GIRARDOT,

PROFESSEUR AU LYCÉE DE LONS-LE-SAUNIER.

LONS-LE-SAUNIER
IMPRIMERIE ET LITHOGRAPHIE LUCIEN DECLUME
55, Rue du Commerce, 55

1890-1896

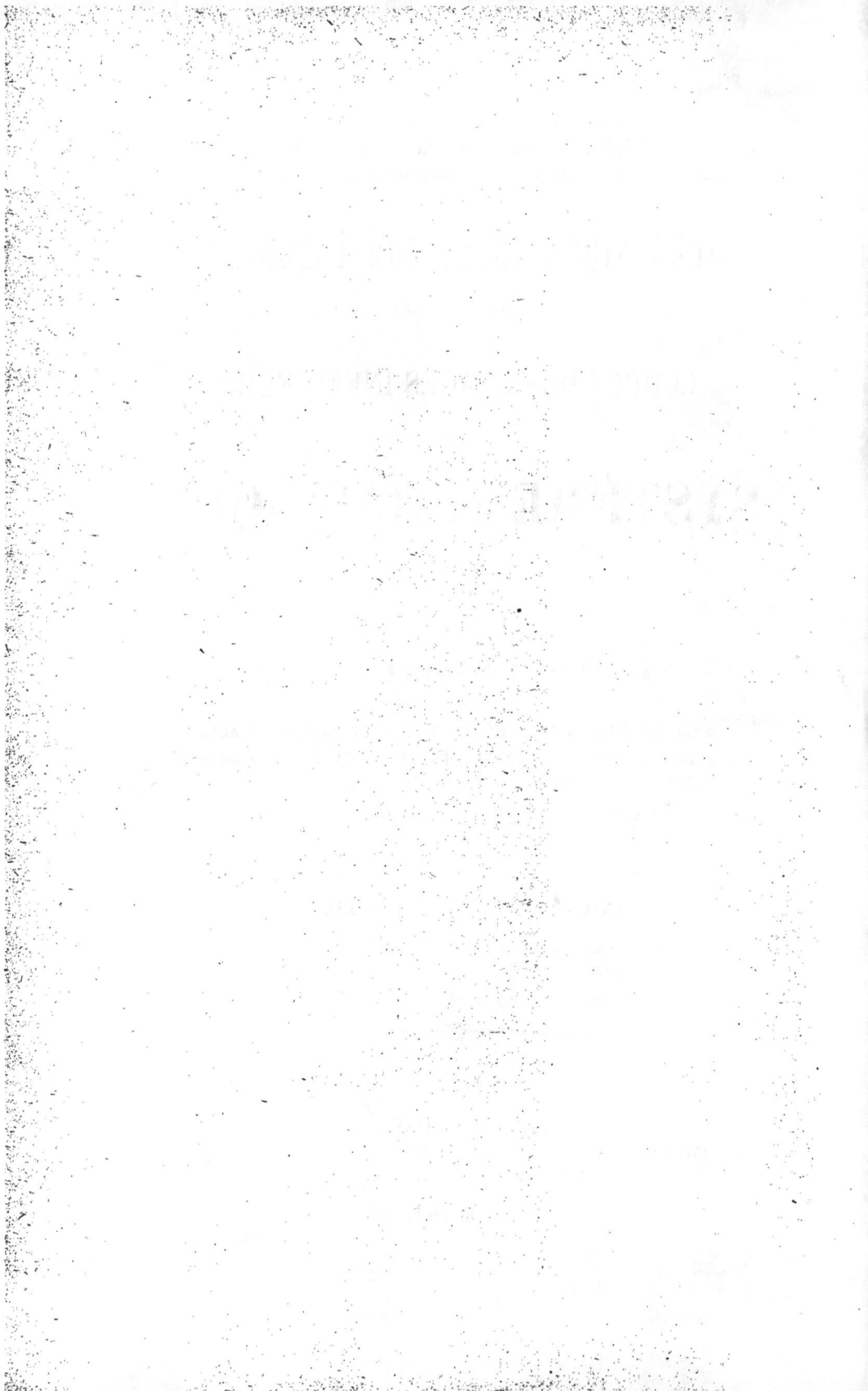

A MON PÈRE & A MA MÈRE.

A MONSIEUR MARCEL BERTRAND,

Professeur de Géologie à l'École supérieure des Mines de Paris,
Membre de l'Académie des Sciences,

A MONSIEUR PAUL CHOFFAT,

Ancien Professeur à l'École polytechnique de Zurich,
Membre de la Commission des Travaux géologiques du Portugal.

*Hommage de respectueux attachement
et de profonde reconnaissance.*

INDICATIONS GÉNÉRALES.

———

Les observations locales détaillées et précises, indispensables au progrès de la Géologie actuelle, se multiplient dans les diverses contrées, et l'importance en est chaque jour appréciée davantage. « Ce n'est, en effet, que par la connaissance minutieuse et précise des détails que nous arriverons peut-être un jour à modifier et à avancer nos idées sur l'histoire de la Terre », ainsi que voulait bien nous l'écrire, il y a quelques années, l'éminent professeur de Géologie de l'École supérieure des Mines de Paris, M. Marcel Bertrand, en nous encourageant à poursuivre de telles recherches.

Appuyées sur des données plus exactes et de plus en plus nombreuses, qui embrassent à présent la plus grande partie de la surface terrestre émergée, les vues synthétiques, les généralisations qui sont le but élevé de la science et les hypothèses qui en découlent prennent un caractère de probabilité qui va s'accentuant de plus en plus : l'histoire de notre globe et celle des êtres vivants qui l'habitent se déroule ainsi peu à peu, sous les efforts persévérants d'un grand nombre d'observateurs et de savants.

Notre contrée jurassienne, qui a l'honneur de donner son nom à l'une des divisions les plus intéressantes et les mieux étudiées de la série sédimentaire, est l'une des premières de l'Europe continentale qui fut l'objet d'observations stratigraphiques. Depuis 80 ans bientôt, elle a donné lieu à de nombreux travaux, et pourtant elle reste encore incomplètement connue.

Après avoir constaté que l'on est loin de posséder une connaissance suffisante du Jura, l'un des géologues les plus distingués qui ont étudié ce pays, M. Paul Choffat, ajoutait, en 1878, les lignes suivantes :

« Ce n'est que par un grand nombre de monographies locales que l'on pourra arriver à la connaissance approfondie du Jura. Il faut pour cela des observateurs locaux, mettant à part tout ce qui s'éloigne du point pris pour centre et surtout séparant rigoureusement les observations des comparaisons et des déductions. Ce n'est que par de pareilles monographies que l'on pourra établir la paléontostatique du Jura, cette grande œuvre entrevue par Thurmann et Etallon, préliminaire à la reconstitution de la physionomie du sol du Jura aux différents moments de sa formation. (1) »

D'importants travaux ont notablement contribué au progrès de la géologie jurassienne, depuis l'époque où ont paru ces lignes. Néanmoins, il reste encore beaucoup à faire, dans l'ordre d'idées signalé par M. Choffat, pour arriver dans notre contrée à cette « connaissance minutieuse et précise des détails » que réclame aussi M. Bertrand. On ne peut trop regretter à ce sujet le peu de faveur que les études géologiques ont rencontré dans ce pays depuis une trentaine d'années, et l'extrême rareté des observateurs locaux qui s'y trouvent.

Cette absence presque totale dans notre Jura de géologues du pays qui puissent guider sur le terrain les débutants en géologie pratique, et le trop petit nombre de documents suffisamment détaillés et précis pour y suppléer autant qu'il se peut, sont bien de nature à décourager les personnes de bonne volonté qui voudraient se mettre à

(1) P. CHOFFAT. *Esquisse du Callovien et de l'Oxfordien dans le Jura,* 1878, p. 2.

l'étude de la géologie jurassienne. Dans ces conditions, on peut craindre que longtemps encore notre département ne reste à peu près dépourvu de géologues.

Nous avons nous-même bien vivement souffert d'une telle situation, n'ayant personne qui pût nous guider, lors de nos premières tentatives d'observations géologiques, en 1869 : c'était précisément le temps où la disparition du frère Ogérien, de Bonjour, de Pidancet clôturait définitivement la période d'actives études du Jura qu'avaient si brillamment inaugurée en 1846 les débuts de M. Marcou. C'est pour nous un devoir de reconnaissance de dire comment nous avons pu surmonter ces difficultés, et l'on voudra bien nous permettre d'ajouter dans quelles conditions nous avons été amené à publier nos recherches.

Ainsi que nous l'avons dit ailleurs avec plus de détails, c'est M. Paul Choffat qui nous mit à même, il y a plus de vingt ans, de commencer des études géologiques dans nos montagnes. Il nous fit connaître l'importance des observations locales, ainsi que les conditions de précision qu'elles doivent présenter, et il nous en montra les procédés ; de plus il eut l'extrême obligeance de déterminer nos fossiles et de diriger toutes nos recherches, d'une manière très suivie, pendant plusieurs années. Puis M. Marcel Bertrand, à partir de 1881, voulut bien aussi nous aider fréquemment de ses conseils et de ses savantes indications sur le terrain. Nous avons eu en somme l'avantage d'accompagner ces maîtres si éminents pendant des mois entiers d'excursions dans le Jura. Nous leur devons ainsi l'éducation de géologue pratique indispensable pour les études de détail, et qu'il est si précieux de recevoir dans ces conditions.

Dès 1874, nous avons entrepris, grâce aux conseils de M. Choffat, une série d'observations très détaillées et aussi précises que possible, dans la partie du Jura que nous désignons à présent sous le nom de Jura lédonien, et dans laquelle nous distinguons la région de Lons-le-Saunier à l'O. et la région de Châtelneuf et Champagnole à l'E. Jusqu'en 1880, ces observations ont porté spécialement sur la seconde de ces régions, en rayonnant autour du village de Châtelneuf que nous habitions alors. Depuis cette époque, le changement de résidence nous a permis d'entreprendre l'étude détaillée de la région de Lons-le-Saunier, en étendant progressivement autour de cette ville le cercle de nos observations. De la sorte, nous avons pu étudier le détail du Jurassique tout entier dans le Jura lédonien, et y faire en outre diverses observations sur les terrains inférieurs et supérieurs qui s'y rencontrent.

D'après le conseil des savants si distingués qui ont bien voulu guider nos recherches, nous avons entrepris, il y a une douzaine d'années, d'en faire connaître les résultats. Toutefois, nous n'espérions guère, à cette époque, qu'il nous serait donné d'étendre à tout le Jurassique les observations de détail, et cette incertitude nous a empêché d'en prévoir dès lors la description générale sur un plan uniforme.

En 1885, nous présentions à la Société d'Émulation du Jura, qui en décida l'impression, le manuscrit à peu près complet d'une monographie géologique de la région de Châtelneuf et surtout du Jurassique supérieur de ce pays, sous le titre *Recherches géologiques dans les environs de Châtelneuf.* Un grand tableau comparatif de nos coupes du Rauracien et du Séquanien et un tableau des subdivisions du Jurassique supérieur, qui font partie de ce travail, purent même être distribués, avec d'autres coupes autographiées spécialement pour eux, aux membres de la Société géologique de France, lors de la session du Jura, en août 1885 (1). Retardée par le désir de compléter certains points et par d'autres causes indépendantes de notre volonté,

(1) *Fragments des Recherches géol. dans les environs de Châtelneuf.* 24 p. **autographiées et 3 grands tableaux.** In-8º. Lons-le-Saunier. Declume, 1885.

.'impression de ce mémoire s'arrêta, en 1886, à un premier fascicule dont une soixantaine d'exemplaires seulement ont été distribués.

Sur ces entrefaites, on nous pressa d'une manière fort instante d'étudier l'Oolithe inférieure des environs de Lons-le-Saunier, et nous fûmes conduit à consacrer aux étages inférieurs du Jurassique tout le temps dont nous pouvions disposer : c'est le résultat de cette étude qui fait l'objet du présent travail. Nous avons dû en conséquence ajourner la suite du mémoire sur la région de Châtelneuf, dont nous possédions tous les matériaux ; nous espérons qu'elle pourra être reprise prochainement, de façon à se terminer sans un trop long délai.

Notre étude détaillée du Jurassique lédonien se trouve ainsi comprendre deux parties correspondantes aux deux grandes divisions que nous présente ce système :

1° Le *Jurassique inférieur*, décrit dans les *Coupes des étages inférieurs du système Jurassique dans les environs de Lons-le-Saunier.*

2° Le *Jurassique supérieur*, décrit dans les *Recherches géologiques dans les environs de Châtelneuf*, qui renfermeront en outre l'étude sommaire des terrains plus récents de ce pays ; mais ce mémoire devra être complété par des observations sur les lambeaux de Jurassique supérieur de la région de Lons-le Saunier.

Dans ces deux publications, nous cherchons à présenter les indications nécessaires pour faciliter les débuts de ceux de nos compatriotes qui voudraient s'occuper de la géologie jurassienne, et surtout leurs premières observations sur le terrain. De là des développements considérables, des répétitions fréquentes, que les géologues voudront bien nous pardonner, en vue du motif qui les a déterminés.

L'exemple des premiers observateurs jurassiens est bien de nature à exciter l'émulation pour les études géologiques, chez nous si négligées depuis une trentaine d'années. Guidé par cette considération comme par le désir de rendre justice à plus d'un travailleur modeste, souvent bien oublié, nous avons essayé de reconstituer la série des recherches précédemment effectuées sur notre région d'études. Les données principales que nous possédions d'abord, celles surtout qui se rapportent plus spécialement à la partie orientale du Jura lédonien, se trouvent dans le fascicule des *Recherches* paru en 1886 (p. 18-62). Ce premier essai est repris et complété pour la région de Lons le-Saunier dans le présent ouvrage. L'ensemble de ces deux parties offre ainsi un *Historique de la Géologie lédonienne*, aussi complet qu'il nous a été possible de l'établir.

Une *Bibliographie géologique du département du Jura*, comprenant 358 publications parues jusqu'en 1886, se trouve en outre dans la première partie des *Recherches* (p. 63-84). Elle est suivie d'une liste des *Principales collections renfermant des fossiles du Jura* (p. 84-87). Ces deux listes pourront être complétées à la fin de ce mémoire, d'après les faits survenus depuis cette époque.

La *Stratigraphie* et la *Paléontostatique*, qui sont les bases principales de l'histoire de la formation du sol, comme de celle des êtres vivants, forment le but essentiel de notre publication. En outre, sont indiqués seulement quelques-uns des faits les plus importants d'orographie, de tectonique et de géologie technologique (présence des phosphates, etc.).

L'observation attentive de la série des strates jurassiques de notre contrée montre qu'elle possède, sous le double rapport de la composition pétrographique et des faunules, de nombreuses variations qui se succèdent dans le sens vertical, et souvent aussi un groupe de strates déterminé présente des différences notables dans le sens horizontal (variations de facies). Ces variations, dans les deux sens, accusent de nombreuses modifications du régime de la mer jurassique dans l'espace et dans le temps. Nous avons été conduit en conséquence à décrire avec un très grand détail cette puissante succession de strates, et de nombreuses subdivisions ont dû y être établies, afin de permettre la distinction précise des faits.

Chaque groupe de strates qui offre, surtout dans sa faunule, des caractères spéciaux se poursuivant sur une certaine étendue de territoire, constitue un *niveau*, qui est l'objet d'une description particulière. Les niveaux ainsi reconnus sont groupés en *assises*, divisions stratigraphiques plus générales, caractérisées chacune par une faune spéciale. Enfin la réunion de plusieurs assises constitue l'un des *étages* généralement admis. La série des subdivisions reconnues dans le Jura lédonien met en évidence les modifications successives du régime de la mer dans cette contrée, et l'étude détaillée de chaque niveau permet en outre d'apprécier les variations locales de facies qu'il peut offrir, soit dans la pétrographie soit dans la faune. Ainsi se trouvent établis des documents destinés à contribuer d'une part à l'histoire des temps jurassiques, de l'autre à la géographie de chacune des étapes successives qu'a présentées la formation du sol.

La délimitation des étages est établie, comme il convient pour des divisions stratigraphiques de cet ordre, d'après la considération de l'ensemble des faits signalés dans les diverses contrées ; celle des assises est basée sur l'existence, dans le Jura lédonien, de modifications notables de la sédimentation, accompagnées d'ordinaire de différences sensibles de la faune, et paraissant se poursuivre dans les contrées environnantes ; les niveaux sont des divisions souvent plus ou moins spéciales à notre contrée, qui peuvent ne se poursuivre que sur des étendues beaucoup moindres que les précédentes, mais dont chacune répond à l'un des épisodes régionaux de l'histoire de la mer du

Jura; c'est ainsi que la séparation des niveaux est indiquée soit par l'apparition d'espèces et surtout d'Ammonites qui occupent une position stratigraphique déterminée, soit par un changement notable et de quelque
durée dans la nature des sédiments, et en particulier par
l'existence, dans les massifs calcaires, de surfaces criblées
de trous de lithophages.

C'est l'établissement des parallélismes aussi exacts qu'il
se peut entre les divisions stratigraphiques reconnues dans
les diverses contrées, qui permet de synchroniser entre
eux les divers épisodes régionaux révélés par les différences de facies et de reconstituer la physionomie de nos
mers à chacune des phases successives de leur histoire.
Pour fournir des documents plus nombreux sur cette question, si délicate et souvent si difficile, des parallélismes
précis, nous avons étudié d'une manière toute spéciale et
avec le plus grand soin le détail des couches de passage
entre les divisions stratigraphiques principales, sans craindre d'y multiplier les subdivisions : c'est le cas pour le
Rhétien qui forme le passage du Triasique au Jurassique,
pour le passage du Lias au Bajocien, pour celui du Bathonien au Callovien et à l'Oxfordien, et pour le passage du
Jurassique au Crétacique, par les formations d'eau douce
du Purbeckien qui s'observent dans la partie orientale de
la contrée.

Afin d'éviter de paraître rien préjuger au sujet de
l'exactitude du parallélisme des limites entre les diverses
subdivisions reconnues dans le Jura lédonien et les zones
classiques signalées dans les autres contrées, nous avons
évité d'employer le nom de ces zones ; il y a exception
toutefois pour le Bajocien inférieur, où elles sont données
comme divisions de l'assise, d'ordre plus élevé que les
niveaux. Il est facile d'ailleurs pour un certain nombre de
zones des autres étages d'établir la correspondance, soit
avec un de nos niveaux (niveau ou zone de l'*Am. pla-*

norbis, etc.), soit avec une de nos assises (assise ou zone de l'*Am. macrocephalus*, etc.).

Les données de notre étude stratigraphique sont fournies par un grand nombre de coupes, qui sont rapportées à la suite de la description du principal étage qu'elles comprennent. Les caractères pétrographiques et les fossiles de chaque couche y sont indiqués avec soin, et la puissance des couches (mesurée directement au mètre, au niveau à perpendicule ou plus rarement au baromètre orométrique seul) est donnée avec l'exactitude qui est à présent reconnue nécessaire. Ces coupes renferment le plus possible d'indications destinées à faciliter, pour les jeunes observateurs jurassiens, la reconnaissance de chacune des couches décrites, par exemple des points de repère ·bornes kilométriques, etc.). Nous regrettons de ne pouvoir y joindre les reproductions en phototypie de vues photographiques que nous avons prises sur les points les plus importants ; quelques profils, groupés dans des planches spéciales, suppléeront en partie à l'absence de ces vues. Malgré l'allongement du texte et les répétitions nombreuses qui en résultent, il nous a paru bon d'introduire dans ces coupes les désignations du groupement des strates en niveaux, assises et étages, que l'on n'y indique pas d'ordinaire.

Un excellent procédé d'étude dont nous devons la connaissance à M. Choffat, consiste à établir à une même échelle (2 millim. ou 5 millim. par mètre, etc., selon les cas) les résumés des diverses coupes ; on les place en regard, en les raccordant d'après les premières données qui se présentent pour permettre de paralléliser entre elles au moins quelques-unes des couches principales. La comparaison qui s'établit ainsi conduit souvent à faire de nouvelles observations pour compléter et préciser le parallélisme de détail et il n'est pas rare qu'il en résulte des données complémentaires ou des rectifications importantes.

Une fois définitivement établis, ces tableaux comparatifs mettent en évidence le parallélisme des divisions stratigraphiques et les différences de facies que chacune d'elles peut offrir. Toutes nos coupes ont été ainsi disposées en tableaux pour chacun des étages du Jurassique, et ce procédé nous a rendu de grands services dans toutes nos recherches ; en particulier il a contribué pour beaucoup à nous permettre la distinction des diverses zones du Bajocien inférieur. Ces tableaux, reproduits en lithographie pour le Jurassique supérieur, paraîtront dans les *Recherches*. Mais les frais d'impression n'ont pas permis de publier ceux du Jurassique inférieur ; ils sont remplacés dans le présent volume par des schémas comparatifs des coupes de chaque étage, qui sont aussi à l'échelle et qui suffisent à mettre en évidence les principales variations de facies.

Les interruptions trop souvent apportées à notre travail par de sérieuses défaillances de santé et par nos obligations professionnelles nous ont forcé de prolonger les observations et surtout l'impression de nos recherches sur le Jurassique inférieur beaucoup plus longtemps que nous ne l'avions pensé d'abord, de sorte qu'elles ont dû être publiées en six fascicules successifs. Il en est résulté dans la rédaction de ce travail diverses défectuosités, et en particulier une certaine inégalité dans la description des différents étages. D'une part, après la publication du premier fascicule, il a semblé convenable de donner à la description des étages, assises et niveaux, ainsi qu'aux listes de fossiles, plus de développement que nous ne l'avions fait jusqu'alors ; d'autre part, des observations nouvelles nous ont fourni de nombreuses données complémentaires, relatives soit à la stratigraphie, soit aux faunules des diverses couches. Il en est résulté l'addition d'une importante série de *compléments* et d'un certain nombre de *rectifications*, qui portent sur les différents étages du Lias et sur le Bajocien.

Par suite, il est souvent nécessaire, pour l'étude de ces étages, de se reporter aux *Compléments et Rectifications,* où l'on trouve soit des données complémentaires de la description générale de l'étage, soit même, pour certaines parties de cette description, une rédaction nouvelle, destinée à remplacer complètement la première. Il nous a paru nécessaire, en effet, dans certains cas (surtout pour le Toarcien supérieur et le Bajocien supérieur, dont la subdivision se trouve modifiée, et pour les caractères généraux du Bajocien), d'établir une rédaction nouvelle, plutôt que de nous borner à de simples indications rectificatives, toujours fatigantes pour le lecteur quand elles sont nombreuses. Afin de faciliter, dans de telles conditions, l'étude des étages du Rhétien au Bajocien inclusivement, il convient de se guider par la *Table analytique* très détaillée qui termine notre ouvrage. Cette table reconstitue la série normale et définitive des différentes parties de la description de chacun de ces étages, en y introduisant les compléments, suppressions et rectifications nécessaires.

Tous les géologues et surtout ceux qui se sont occupés d'études stratigraphiques très détaillées, comprendront facilement que, malgré tout le soin que nous avons donné d'abord aux recherches sur le terrain et à la description des faits, nos observations postérieures aient pu déterminer certaines modifications, et les rectifications même que nous nous imposons suffisent à montrer quelle exactitude nous cherchons à donner à notre travail.

Il nous reste à remplir un devoir bien agréable en adressant l'expression de toute notre reconnaissance aux savants qui ont bien voulu, depuis plus de vingt années, nous aider d'un bien précieux concours dans nos recherches géologiques. C'est, en premier lieu, M. Paul Choffat et M. Marcel Bertrand que nous sommes heureux d'avoir eus pour maîtres, dans les conditions qui ont déjà été rappelées ; puis ce sont principalement MM. Gustave Cotteau, Albert de Grossouvre, Emile Haug, E. Koby, Perceval de Loriol, Gustave Maillard, Marquis Gaston de Saporta, Emile Sauvage, à qui, en outre de M. Choffat, nous devons la détermination de nombreux fossiles. Nous adressons un souvenir ému et de vive gratitude à notre ami Gustave Maillard, enlevé bien jeune encore à la géologie de la Savoie et du Jura, ainsi qu'à M. Gustave Cotteau et à M. le Marquis de Saporta, qui nous témoignaient depuis longtemps la plus grande bienveillance et dont la perte récente laisse un si grand vide dans la science. Nous ne devons pas omettre d'ailleurs notre célèbre compatriote, M. Jules Marcou, qui n'oublie pas le Jura malgré l'éloignement où il se trouve, et dont les bienveillants encouragements n'ont pas été sans influence pour nous engager à poursuivre de longues et fastidieuses observations.

Dans l'avant-propos de notre étude du Jurassique inférieur, imprimé en 1890, nous avons indiqué déjà les paléontologistes à qui nous avons eu l'avantage de soumettre la plupart de nos fossiles de ce terrain. Depuis lors M. Koby a eu l'obligeance de déterminer nos Polypiers jurassiques et M. Haug a bien voulu examiner un certain nombre d'Ammonites du Lias supérieur et du Bajocien inférieur. En outre de nombreuses déterminations de Brachiopodes et d'Ammonites du Jurassique inférieur, nous devons à l'extrême complaisance de M. de Grossouvre de bien utiles indications au sujet de la discussion des limites d'étages et de la position des principales espèces dans les autres contrées. A l'occasion des études qu'il poursuivait sur l'Oolithe inférieure du Jura méridional, M. Attale Riche a bien voulu nous donner la détermination de quelques Ammonites du Lias supérieur de Salins et de quatre espèces du Bajocien, en particulier du *Pecten ledonensis*, espèce nouvelle qu'il a décrite et qu'il n'a rencontrée que

dans nos affleurements. Nous avons eu l'avantage de lui
faire visiter avant 1890 nos meilleurs points d'étude des
étages Bajocien, Bathonien et Callovien (La Billode, Courbouzon, Messia, Pannessières, etc.) et d'échanger avec lui
les résumés de nos principales observations, ainsi que nos
publications antérieures, en particulier la première partie
des *Recherches*, parue en 1886, où se trouve la description du Callovien de la Billode, déjà publiée par nous en
1885 dans le Bulletin de la Société géologique de France ;
de plus il a pu examiner à loisir dans notre collection la
riche faune que nous avons recueillie dans le Callovien et
l'Oxfordien de cette localité et dont la plupart des espèces
ont été déterminées par M. Choffat, de 1874 à 1878. La
coupe sommaire du Bajocien de Revigny, publiée par
M. Riche et qui avait été relevée par lui dans une excursion où nous n'avions pu l'accompagner, ne nous était pas
connue lorsque nous avons relevé et publié nous-même
une coupe détaillée et complète de cette localité. Notre travail tout entier a d'ailleurs été fait d'une façon absolument
indépendante des recherches de M. Riche, si nous excep-
tons les renseignements que nous lui devons sur la zone de
l'*Ammonites concavus* et sur la présence du *Cancellophycus
scoparius* à la base du Bajocien du Jura méridional, et
enfin une indication qui nous a déterminé à étudier avec
plus de soin le passage du Bajocien au Bathonien à Syam.

Notre description générale des étages Bajocien, Bathonien et Callovien était terminée lorsque notre savant confrère a publié son importante *Étude sur le Jurassique inférieur du Jura méridional* (1), qui renferme pour ces étages,
de nombreuses et fort intéressantes observations sur la
partie du Jura qui s'étend au sud de notre région d'étude.
Les limites d'étages indiquées dans ce mémoire se trouvent

(1) Thèse. Gr. in-8°, 398 p., 2 pl. de fossiles et 40 coupes figurées
dans le texte. Paris, Masson, 1893.

être celles que nous avons adoptées nous-même ; mais
les subdivisions qui y sont établies diffèrent beaucoup en
général de celles que nous avons reconnues dans le Jura
lédonien, ce qui s'explique surtout par le petit nombre de
niveaux ammonitifères qu'a rencontrés M. Riche dans ses
gisements des deux premiers étages. Pour le Callovien, en
particulier, il n'a pas distingué les deux niveaux que nous
signalons dans l'assise de l'*Ammonites macrocephalus ;*
mais par contre il établit dans son Callovien supérieur ou
zone à *Ammonites (Peltoceras) athleta* deux divisions que
nos affleurements ne nous ont pas permis de distinguer :
la première, qu'il appelle assise du *Peltoceras athleta,* paraît
correspondre à la partie supérieure de notre niveau de
l'*Ammonites anceps ;* la seconde, appelée assise du *Cardio-
ceras Lamberti,* répondrait seule, à ce qu'il semble, à notre
niveau de l'*Ammonites athleta.* Nous avons, en effet, recueilli à la Billode *Am. athleta* dans le banc terminal de
notre niveau de l'*Ammonites anceps,* sans trouver dans cet
affleurement une ligne de démarcation assez nette et des
différences de faune assez marquées pour permettre la distinction d'une couche spéciale. M. Riche signale d'ailleurs
la difficulté de cette distinction dans beaucoup de localités.
Il serait intéressant d'effectuer de nouvelles observations
afin de voir s'il est possible de l'établir d'une manière suffisamment précise dans notre contrée. Ajoutons que ce
savant donne une coupe du Callovien de Prénovel un peu
plus détaillée que celle de M. Choffat et qui n'en diffère
que légèrement, surtout par la séparation d'un banc de
0^m10 à *Ammonites athleta,* au sommet du niveau de
l'*Ammonites anceps* de ce dernier auteur ; il fait remarquer de plus que les couches à *Am. macrocephalus* de cette
localité renferment, non de véritables oolithes, mais « de
petits grumeaux ferrugineux simulant vaguement des
oolithes ferrugineuses » (1). Nous ne pouvons ici entrer

(1) A. RICHE. Loc. cit., p. 258 et 289.

dans l'examen des idées de M. Riche sur différents points qu'il discute, par exemple sur les questions de parallélisme ; disons seulement que les vues auxquelles nous avons été conduit par l'étude du Jura lédonien ne se trouvent aucunement modifiées par sa publication (1).

Nous avons mentionné au cours de notre travail les renseignements obligeants que nous avons reçus de MM. Théophile Berlier, Henri Chevaux, Docteur Coras, Albini Cottez, Constant Épailly, Adolphe Gerrier et Joseph Thevenin. En dernier lieu, M. Marcel Bertrand a bien voulu nous donner son avis sur les principaux points de nos Considérations relatives au régime de la mer jurassique et nous engager à les publier, en nous disant qu'il partage notre manière de voir sur la division du Jurassique en deux séries. Nous sommes heureux de nous appuyer à ce sujet de l'autorité du distingué professeur de l'École des Mines.

On voudra bien nous permettre d'exprimer l'espoir, en terminant, que les matériaux accumulés dans nos publications sur le Jurassique de notre pays ne seront pas inutiles pour la connaissance du Jura. Nous serons heureux si, malgré ses imperfections, notre travail facilite le développement des études géologiques dans ce pays.

(1) Notre savant confrère, qui a eu l'attention de faire ressortir à diverses reprises, avec beaucoup de bienveillance, l'importance de notre distinction des zones ammonitifères du Bajocien, voudra bien nous permettre de regretter l'omission dans sa liste bibliographique de nos quatre publications de 1885 et 1886, ainsi que l'absence de toute mention de notre étude détaillée du Callovien de la Billode, faite de 1874 à 1883.

DATES DE PUBLICATION.

Notre étude du Jurassique inférieur lédonien est parue dans les *Mémoires de la Société d'Emulation du Jura,* par parties successives et aux dates indiquées ci-après, sous le titre *Coupes des étages inférieurs du Système Jurassique dans les environs de Lons-le-Saunier.*

1890, octobre. — 1ʳᵉ partie; p. 1 à 122. Avant-Propos. Historique. Étages Rhétien et Sinémurien. Volume de 1889, 4ᵉ série, 5ᵉ vol.

1891, août. — 2ᵉ partie; p. 123 à 314. Étages Liasien, Toarcien, Bajocien. — Volume de 1890, 5ᵉ série, 1ᵉʳ vol.

1892, août. — 3ᵉ partie; p. 315 à 370. Coupes partielles du Bajocien. Étage Bathonien (description générale). — Volume de 1891, 5ᵉ série, 2ᵉ vol.

1893, août. — 4ᵉ partie; p. 371 à 621. Étage Bathonien (description des assises). Étage Callovien. — Volume de 1892, 5ᵉ série, 3ᵉ vol.

1894, août. — 5ᵉ partie; p. 622 à 876. Considérations générales sur les rapports du Callovien. Oxfordien inférieur. Compléments et rectifications. Régime de la mer jurassique. Tableau des subdivisions du Jurassique inférieur lédonien. — Volume de 1893, 5ᵉ série, 4ᵉ vol.

1895, septembre. — P. I à XXVIII. Indications préliminaires. Corrections à faire avant la lecture. P. 877 à 899. Table analytique. — Volume de 1894, 5ᵉ série, 5ᵉ vol.

1895, février. — Schémas des coupes des divers étages et planches de profils. — Volume de 1895, 6ᵉ série, 1ᵉʳ vol.

Corrections à faire avant la lecture.

Pour les étages du Rhétien au Bajocien inclusivement, il convient de lire la description en suivant l'ordre indiqué dans la Table analytique. Les compléments spéciaux à chaque couche sont de la sorte introduits à leur place respective, et les rectifications principales, qui portent sur le Toarcien et le Bajocien supérieurs, se trouvent effectuées. Néanmoins les plus importantes de ces rectifications vont être rappelées ici.

La désignation des niveaux a été modifiée parfois en dernier lieu, le plus souvent par l'adjonction d'un nom de localité destiné à en préciser la signification. Les schémas comparatifs des coupes montrent pour chaque étage les dénominations définitivement adoptées ; les modifications les plus importantes vont seules être signalées.

P. 25, note **1**, ligne 1, *au lieu de* : 1799, *lire* : 1792.

P. 40, l. 5 du bas, *au lieu de* : bleuâtre ou verdâtre, *lire* : bleuâtres ou verdâtres.

P. 33-48. — Deux feuilles d'impression se trouvent porter le numéro 3 et la pagination 33 à 48. Dans la Table, l'indication de pages de la seconde de ces feuilles est notée d'un astérisque, afin de les distinguer de la première ; l'astérisque pourrait être aussi ajouté à la pagination dans le texte.

P. 61, couche 22, *au lieu de* : 0^m, 10, *lire* : $0^m,90$.

   id. *au lieu de* :

(**C.** — NIVÉAU DES DOLOMIES CLOISONNÉES PIQUETÉES, $4^m,55$)
il faut :

(**II. — Rhétien moyen**)

(**A.** — NIVEAU DU GRÈS MICACÉ A VERTÉBRÉS, $1^m,40$)
Même page, entre les c. 28 et 29, intercaler le titre :

(**B.** — NIVEAU DES SCHISTES ARGILEUX MOYENS, $1^m,50$)

P. 62, entre les c. 31 et 33, intercaler le titre :

(**C.** — NIVEAU DES DOLOMIES CLOISONNÉES PIQUETÉES, $4^m, 55$)

P. 76, ligne 11, *au lieu de* : p. 182, *lire* : p. 42.

   id. — 12, — p. 333, — p. 94.

   id. — 13, — p. 300, — p. 60.

P. 81, — 5, — p. — p. 113.

P. 86 et suivantes, *au lieu de* : *Deffueri*, *lire* : *Deffneri*.

P. 93, l. 5, *au lieu de* : *Guibali*, *lire* : *Guibaldi*.

P. 113, dernière ligne, *supprimer* : 2 m.

P. 135, 1. 17, *au lieu de* : paléontologique, *lire* : stratigraphique.

P. 149, Remplacer la SYNONYMIE par celle des Compléments, p. 657.

P. 150, 1. 6, *au lieu de* : 75 m., *lire* 80 m.

P. 150, 215 et suivantes, *au lieu de* : *Ammonites Murchisoni, lire* : *Amm. Murchisonœ*, l'espèce ayant été dédiée à Madame Murchison, ainsi que M. Haug a l'obligeance de me le faire remarquer.

P. 151, Remplacer l'article SUBDIVISIONS par celui des Compléments, p. 661.

P. 156 et 184, niveau **C**, *au lieu de* :

Schistes moyens à Posidonomyes.

lire :

Deuxième niveau des Schistes à Posidonomyes de Perrigny.

P. 156 et 185, Supprimer le niveau **D**, qui est réuni au Toarcien moyen dans les Compléments, p. 672.

P. 158, Remplacer les articles PUISSANCE et LIMITES par ceux des Compléments, p. 671.

P. 160, Remplacer la description du niveau **A** par celle des Compléments, p.672.

P. 162 et 178, *au lieu de* :

III. — TOARCIEN SUPÉRIEUR. ASSISE DE L'AMMONITES OPALINUS,

lire :

III et IV. — TOARCIEN SUPÉRIEUR.

ASSISES DE L'AMMONITES JURENSIS ET DE L'A. OPALINUS.

P. 162-175. Supprimer les articles SYNONYMIE, CARACTÈRES GÉNÉRAUX, PUISSANCE, SUBDIVISIONS, VARIATIONS, ainsi que la description des niveaux **A** et **B**. Voir la description du Toarcien supérieur dans les Compléments, (p. 675-694), avec l'aide de la Table analytique.

P. 164, 172 et 182, *au lieu de* : *Am.cfr. striatulus, lire* : *Am.toarcensis.*

P. 164 et 334. Supprimer *Am. gonionotus*, dont la détermination est trop incertaine, d'après l'état de l'échantillon.

P. 164. Ajouter à la faune : *Am. jurensis* et *Rhynchonella cynocephala*.

P. 173, 1. 30, *au lieu de* : Marnes de Pinperdu, *il fallait* : Marnes d'Aresches.

P. 178, 181 et 332. Modifier, pour le **Toarcien supérieur**, les titres et les subdivisions des coupes, d'après les indications du schéma comparatif de l'étage.

P. 181, c. 7. Ajouter : *Am. jurensis*.

P. 182, 1. 2, *au lieu de* : *Am.* sp., *lire* : *Am. jurensis*.

P. 190-191. La SYNONYMIE et les CARACTÈRES GÉNÉRAUX du Bajocien sont remplacés par la rédaction définitive donnée dans les Compléments, p. 698.

La publication, en 1891, de notre première étude générale du Bajocien a été accompagnée, dans les Mémoires de la Société d'Émulation du Jura, des rectifications ci-après, relatives aux pages 191 à 197.

P. 191, l. 12 et 13, *au lieu de* : *Ammonites propinquans* et *A. præradiatus, lire* : *Am. Sowerbyi* et *A. præradiatus* dans le bas et au-dessus *A. Brocchi* et *A. Freycineti.*

P. 192 et 193. La faune était portée dans ces rectifications à 71 es-pèces déterminées, comprenant 1 Poisson, 17 Céphalopodes (dont 13 à 15 Ammonites), 3 Gastéropodes, 17 Lamellibranches, 14 Brachiopodes, 7 Échinodermes, 15 Polypiers et 1 Algue, par l'addition des espèces suivantes : *Ammonites Sowerbyi, A.* sp. nov., *A. adicrus, A. Brocchi, A. Freycineti, Pleurotomaria* cfr. *Ebrayi, Pl.* aff. *pictaviensis, Pholadomya fidicula, Pecten pumilus, P.* cfr. *demissus, P. lens, Lima* cfr. *duplicata, Cidaris Lorteti, C. Zschokkei, Isastrea tenuistriata, I. Bernardi, Thamnastrea Terquemi, T. M'Coyi.* — Voir dans les Compléments les don-nées actuelles sur cette faune (p. 704).

P. 196. *En place des 3 dernières lignes, lire* : puis, dans le haut de cette assise, diverses Ammonites bajociennes spéciales à la faune des zones à *Am. Sowerbyi* et à *A. Sauzei* du bassin de Paris, et pourtant il s'y trouve,

P. 197. *En place des 4 dernières lignes et des 2 premières de la page 198, lire* : la couche suivante à *Am. Brocchi* et *A. Freycineti* appar-tient selon toute probabilité à la zone de l'*Ammonites Sauzei* ; au-dessus on a 75 à 80 mètres de couches à *Am. Blagdeni* et *A. Humphriesi* qui représentent la quatrième zone bajocienne du bassin de Paris.

P. 215. Remplacer la Synonymie par celle des Compléments, p. 698.

P. 230, 277, etc., dans le titre du niveau **D** et partout où *Ammonites Murchisonæ* est mentionné à ce niveau (p. 191, 216, etc.), *au lieu de* : *Am. Murchisoni, lire* : *Am. cornu* et *A. concavus.*

P. 264 à 270. Cette description du Bajocien supérieur est remplacée par celle des Compléments, p. 739.

P. 273, l. 1 et 2. *Remplacer ces lignes par* : appartenir au niveau du récif des Granges-de-Ladoye, c'est-à-dire à la base du Bajocien supérieur.

P. 275, c. 3. Indiquer la présence de *Rhynchonella cynocephala*, fréquent par places vers le haut.

P. 280, c. 32, l. 7 du bas, ajouter l'épaisseur 0m, 35 à 0m, 70.

P. 284, l. 16, *lire* : gare de Publy.

P. 284, à 286, 291 et 292, 294 à 296, 311. Modifier, pour le **Bajocien supérieur** et le **Bathonien**, les titres et les subdivisions des coupes, d'après les indications des schémas comparatifs des deux étages.

P. 295 et 296. Supprimer les c. 11 à 16, pour lesquelles une coupe plus complète est donnée, p. 551 à 555.

P. 312, l. 8, *au lieu de* : c. 56, *lire* : c. 57.

P. 311 à 313. La tranchée de la Croix des Monceaux pourrait appartenir au Bathonien. Voir les Compléments, p. 772.

P. 313 et 314. Supprimer la coupe de la tranchée de Bulin (c. 66 à 78) qui est donnée définitivement, p. 447 et 448.

P. 315, l. 3 du bas, *au lieu de* : 39 à 40 m., *lire* : 47 m.

   Id.   l. 1 —   —   35 m.   —   42 m.

P. 319, l. 5 du bas, *au lieu de* : Bathonien, *lire* : Bajocien.

P. 341, l. 29, *au lieu de* : 13 espèces, *lire* : 30 espèces.

P. 342, 1re colonne, ajouter l'astérisque en face des espèces 7, 18, 23, 30.

P. 343,   id.   id.   id.   8, 18.

P. 344,   id.   id.   id.   6, 12.

   Id.   l. 29, *au lieu de* : S'Coy, *lire* : M'Coy.

P. 401, No de la feuille, *au lieu de* : 3, *lire* : 26.

P. 428, dernière ligne de la note, *au lieu de* : mais il paraît, etc., *lire* : à Binans, cet étage contient une forme voisine nommée parfois *Rh. spathica*, mais que je désigne comme *Rh. funiculata* var. aff. *varians*, d'après l'examen qu'à bien voulu en faire tout récemment M. Choffat.

P. 469, l. 34, *au lieu de* : un plus, *lire* : un peu plus.

P. 480, l. 22,   —   III,   — IV.

P. 511, l. 21,   —   trouvé pas, — pas trouvé.

P. 530, l. 12,   —   nivaeu,   — niveau.

P. 575, 2 dernières lignes, *lire* : *funiculata*, Desl., var. aff. *varians*, Schl. (forme désignée parfois sous le nom de *Rh. spathica* Lamk.).

P. 585, note 3, l. 10, *au lieu de* : seule conservée, *lire* : seul conservé.

P. 589. Supprimer l'indication de *Am. hecticus* dans la colonne **A** du faciès bathonien.

   Id.   Indiquer le passage supérieur de *Am. subbackeriæ*.

P. 591,   id.   id.   de *Aulacothyris pala*.

P. 639, l. 15, *au lieu de* : S.-E., *lire* : N.-E.

P. 675, l. 9 du bas, *au lieu de* : Assise, *lire* : Assises.

P. 692, l. 16, *au lieu de* : (Perrigny), *lire* : (Perrigny et Messia).

P. 763, dernière ligne, supprimer : avec celui de Crançot.

P. 802, l. 21, *au lieu de* ; 8 m. 30, *lire* : 6 m. 30.

P. 817, c. 13, *au lieu de* : 0,28, *lire* : 0,20.

P. 833, l. 29,   —   vien, — vient.

COUPES DES ÉTAGES INFÉRIEURS

DU

SYSTÈME JURASSIQUE

DANS LES ENVIRONS

DE

LONS - LE - SAUNIER

~~~~~~~~~~~

AVANT-PROPOS

La chaîne du Jura est depuis longtemps remarquée pour les données importantes qu'elle peut fournir à l'histoire et à la géographie des temps géologiques. Des savants distingués l'ont étudiée sur une foule de points, et, grâce à leurs travaux, elle a donné son nom à l'une des divisions importantes de la série sédimentaire, le terrain ou système jurassique.

Dans notre département en particulier, les alentours de Salins, le Val de Miéges, le Haut-Jura san-claudien et les environs de Dôle ont été l'objet de remarquables publications, et ils ont reçu à maintes reprises la visite de nombreux savants français et étrangers.

Après avoir été l'objet de l'une des premières publications stratigraphiques sur la chaîne du Jura, il y a plus de 70 ans, la région de Lons-le-Saunier se trouve depuis longtemps beaucoup moins favorisée que les contrées voisines : elle semblerait même presque délaissée. Il s'en faut pourtant que cette partie du Jura soit dépourvue d'intérêt

1

comme on pourrait le croire. « Je ne connais guère, m'écrivait l'un des savants éminents qui ont le mieux étudié toute la chaîne, de pays plus favorable à l'étude de la géologie que les environs de Lons-le-Saunier ».

Tout d'abord, les formations *quaternaires*, qui se montrent fréquemment dans notre région au-dessous de la terre végétale, permettent d'intéressantes observations. Il est curieux, par exemple, d'y retrouver jusque vers le niveau de la plaine bressane des dépôts glaciaires, à gros cailloux roulés et polis, superbement striés et des plus caractéristiques, comme ceux qu'a traversés récemment le chemin de fer de la Montagne, sur 5 à 6 mètres d'épaisseur, au pied de la côte de Perrigny. Les restes des grands Mammifères de cette époque se rencontrent même assez fréquemment dans le pays : la grotte de Baume, les tranchées de Domblans, les carrières de Saint-Maur, de Courbouzon et de Messia ont fourni de nombreux débris de l'Ours des Cavernes, du Mammouth et du Rhinocéros laineux, ainsi que d'autres espèces des temps glaciaires. Les tufs anciens que l'on voit à Conliège renferment une faunule de coquilles terrestres et d'eau douce qu'il serait intéressant de comparer à celle de notre époque. La plupart des grottes de nos environs restent d'ailleurs à explorer, et l'intérêt de ces fouilles s'augmente encore des relations qu'elles peuvent établir entre la Géologie et l'Archéologie.

La plaine de la Bresse, qui arrive presque à nos portes, nous offre surtout le problème si intéressant, mais complexe et difficile, de la formation de son sol *tertiaire*, qui fournit, selon les points, les lignites, les coquilles anciennes, fluviales ou terrestres, les dents fossiles des Lamna voisins du Requin, ou bien les formidables molaires mamelonnées du Mastodonte. Tout récemment encore, en pleine région montagneuse du Vignoble, le pittoresque vallon de Grusse nous livrait une intéressante formation, jusqu'alors inconnue, de la même période, où abondent les débris d'une riche végétation arborescente, analogue à celle des régions équatoriales de notre époque.

Mais ce sont principalement les terrains de la *période secondaire*, dont sont formés le sol de notre ville et les escarpements de nos montagnes, qui sollicitent notre attention.

Les *Marnes irisées*, teintées de couleurs vives et variées, qui forment l'étage supérieur du *Trias*, se montrent fréquemment dans les bas-fonds. Ce sont elles qui renferment ces amas de gypse et ces couches de sel gemme qui sont la principale richesse minérale de notre pays. Au même niveau se trouve l'albâtre gypseux de Saint-Lothain, qui eut, au XVe et au XVIe siècle, une véritable célébrité, quand il fut employé à Dijon pour les mausolées des ducs de Bourgogne et que le tailleur d'images du roi de France, Michel Colombe, le fit servir à la décoration de l'église de Brou, construite par l'archiduchesse Marguerite. « Pourveu que la dicte pierre soit tirée en bonne saison et les moyens bancs découverts avec grand et ample descombre, faict sur le bon endroit, affirmait Colombe, c'est très bon et très certain marbre d'albastre, très liche et très bien polissable en toute perfection, et un trésor trouvé au pays de ma dicte Dame, sans aller cuérir austres marbres en Italie ny ailleurs ; car les austres ne se polissent point si bien et ne gardent point leur blancheur, ains se jaunissent et ternissent à la longue » (1). Près de cette localité, le même étage a fourni des restes notables, conservés au Musée de Poligny, d'un Reptile marin gigantesque, le *Dimodosaurus Poligniensis*, dont on a aussi retrouvé quelques débris non loin de Lons-le-Saunier. Cet étage constitue pour une grande part le sol des meilleures parties du Vignoble. A

(1) Voir : Rousset et Moreau. *Dictionnaire historique... du Jura*, t. IV, p. 16.

tous ces titres, l'étude des Marnes irisées doit nous inté-
resser. — Nous n'avons pas, il est vrai, des points d'observation remarquables comme le magnifique ravin de
Boisset, près de Salins, rendu classique par les beaux travaux de M. Jules Marcou. Mais les tranchées des voies de
communication et les sondages que nécessite assez fréquemment l'exploitation du sel fournissent d'utiles indications,
et plus d'un fait sur ce terrain nous semblerait intéressant
à signaler.

Le *terrain jurassique,* dont on est généralement con-
venu de prendre l'un des principaux types dans nos montagnes, constitue les massifs montueux qui nous environnent. Les ravinements de leurs pentes, leurs abrupts rocheux, les tranchées et les vastes carrières qui les entament permettent de fructueuses observations. L'étude de
ces terrain nous intéresse plus encore que les précédents. En effet, sur les 1.000 mètres d'épaisseur environ
qu'atteignent les formations jurassiques dans le Jura central, on peut en étudier presque toute la moitié inférieure
dans un rayon de 5 kilomètres autour de Lons-le-Saunier.
Les fossiles s'y montrent assez fréquemment en abondance,
soit les Foraminifères microscopiques si délicatement conservés des marnes du Lias et de l'Oxfordien, les Crinoïdes
étoilés bien connus des vignes de l'Etoile, les Oursins, les
nombreux Bryozoaires du Bajocien, les Mollusques divers,
Rhynchonelles et Térébratules, Huîtres, etc., qui forment
parfois lumachelle, les grands Nautiles, les Ammonites si
variées dont quelques-unes ont une taille énorme, et surtout les Bélemnites qui pullulent dans une grande partie
du Lias, soit les nombreuses dents et écailles de Poissons
des grès du Rhétien, et jusqu'aux dents et ossements
d'énormes Reptiles nageurs, Plésiosaures et Ichtyosaures,
qui s'y rencontrent parfois.

Les étages supérieurs du système jurassique offrent seulement des lambeaux dans notre voisinage immédiat ; mais

ils se montrent en entier et dans des conditions fort remarquables de composition et d'étude, un peu plus à l'E.,
dans la région de Champagnole à Clairvaux, que nous dé-
crivons ailleurs sous le nom de région ou plateau de Châtelneuf. A partir de Lons-le-Saunier, le chemin de fer de la
Montagne va permettre d'aller très facilement terminer
dans ce pays l'étude du terrain jurassique et d'y recueillir
de nombreux fossiles, tout en admirant des paysages variés
et des sites pittoresques, tels que la vallée et les cascades
de Chambly, le lac de Chalain, le sauvage défilé de La
Billode, les lacs de Bonlieu, d'Ilay, de Narlay, etc. On y
remarque, en particulier, l'intéressant dépôt d'eau douce,
à coquilles lacustres et terrestres, dit étage Purbeckien,
qui sépare les deux formations marines du Jurassique et
du Crétacique (ou Crétacé), et nous prouve que, longtemps
avant sa constitution définitive au-dessus des mers, la
chaîne du Jura fut une première fois esquissée. En outre
de 700 mètres d'épaisseur du système jurassique, ce pays
nous offre d'ailleurs, à l'E. de Bonlieu et de Châtelneuf,
entre les gares de Pont-de-la-Chaux et de Saint-Laurent-
en-Grandvaux, presque toute la moitié inférieure des terrains crétaciques qui terminent les formations de la période secondaire.

La région qui s'étend ainsi des environs de Lons-le-Saunier à Champagnole et Clairvaux est certainement l'une des
plus remarquables de la chaîne du Jura, au point de vue
de l'étude du terrain jurassique, tant pour la série complète des couches qui le constituent et qui s'y trouvent généralement dans d'excellentes conditions d'observation, que
pour les remarquables particularités de faciès qu'elles présentent.

En poursuivant les observations au S. de notre ville,
nous retrouverions d'ailleurs la série du Jurassique supérieur, principalement entre Saint-Amour et Moirans, et, de
plus, le Crétacique supérieur, si rarement représenté dans

toute la chaîne du Jura, nous offrirait, dans le voisinage de Saint-Julien, un remarquable lambeau de craie blanche à silex de l'étage Sénonien.

En somme, Lons-le-Saunier est un centre des plus avantageux pour l'étude des diverses formations géologiques du Jura central.

C'est à nos jeunes compatriotes jurassiens, pour lesquels nous écrivons tout spécialement cet avant-propos, et en particulier à nos jeunes Lédoniens, — à ceux-là surtout dont la position sociale permet de se dévouer aux longues et patientes recherches qu'exigera longtemps encore la connaissance de cette région, — qu'il appartient de profiter de cette heureuse situation de Lons-le-Saunier, pour pousser l'étude de notre sol au même degré de précision qu'elle atteint dans tant d'autres pays. Ils auront ainsi le précieux avantage de contribuer au progrès général de la science, et de procurer à l'agriculture et à l'industrie de nos montagnes les indications utiles qui leur manquent trop souvent encore. D'ailleurs, ils trouveront dans cette étude un exercice varié et salutaire de leurs forces physiques, un délassement de leurs occupations habituelles ; mais surtout, s'ils ont soin de s'élever au-dessus des simples classifications de terrains ou de fossiles, l'étude attentive du sol de notre pays sera pour eux une source continue de jouissances intellectuelles : nos aspirations les plus élevées se développent et se fortifient quand nous considérons, dans les temps géologiques comme à l'époque actuelle, le ravissant spectacle des merveilles et des harmonies de la Création.

Les travaux publiés sur notre département ont donné lieu à une division en zones d'études géologiques, d'une étendue arbitraire selon le lieu pris pour centre par les observateurs et leurs facilités d'investigations. C'est ainsi que l'on a eu le Jura salinois de M. Jules Marcou, le Jura dôlois de M. Jourdy, le Haut-Jura des environs de Saint-Claude d'Auguste Etallon.

La région de Lons-le-Saunier, qui avait été comprise dans le Jura salinois de M. Marcou, offre, comme on vient de le voir, un intérêt assez considérable au point de vue géologique pour mériter de former à elle seule une de ces zones d'études conventionnelles, sous le nom de *Jura lédonien*.

On peut à volonté borner cette zone du côté de l'E., à la vallée de l'Ain, ou l'étendre jusqu'à la ligne de plissements réguliers qui passe par Syam et Bonlieu. Dans ce dernier cas, notre région de Châtelneuf, placée sur la limite du Jura salinois de M. Marcou, du Haut-Jura d'Etallon et du Jura lédonien proprementdit, serait rattachée à ce dernier.

Nous limiterions volontiers pour notre compte le Jura lédonien à la région comprise approximativement entre Sellières, Beaurepaire, Cousance, Orgelet, Clairvaux et Champagnole, qui forme à peu près la partie septentrionale de l'arrondissement de Lons-le-Saunier, et sur laquelle nous aimerions à pouvoir continuer nos recherches.

Le reste de cet arrondissement, situé au S. d'Orgelet, entre Saint-Amour et Moirans, est à lui seul un champ d'études locales suffisamment vaste, et depuis longtemps il est exploré par les géologues et chercheurs de Saint-Amour qui y ont formé de belles collections, MM. Corbet, de Chaignon, Léon Charpy, Carron et Lafond.

Dans les pages suivantes, nous désignerons seulement sous le nom de région lédonienne, ou région de Lons-le-Saunier, les environs de cette ville jusqu'à la vallée de l'Ain.

Depuis dix années, les travaux des chemins de fer, l'exploitation des carrières, etc., ont fourni d'excellentes occasions d'étudier les environs de Lons-le-Saunier. Ils m'ont permis de réunir un bon nombre d'observations et de recueillir une série assez riche de fossiles des divers étages. Les excursions que j'ai eu l'avantage de faire dans ce pays avec M. Marcel Bertrand m'ont d'ailleurs procuré pour cette étude de précieuses indications, et je me fais un devoir bien agréable de lui en témoigner ma reconnaissance.

Toutefois, de longues recherches seraient encore nécessaires, soit pour étendre davantage le cercle de mes observations autour de Lons-le-Saunier, soit pour recueillir les faunes des divers niveaux fossilifères et établir pour chacun d'eux le parallélisme de détail avec la même rigueur que j'ai tâché d'apporter à mes observations dans la région de Châtelneuf depuis 16 années, soit même simplement pour arriver à observer la série complète du Lias et du Bathonien, dont je n'ai pas toujours trouvé d'assez bons affleurements.

Le désir de faciliter les recherches des commençants dans notre région, joint à d'autres circonstances, m'engage à ne pas attendre un complément de recherches qu'il ne me sera peut-être pas donné de réaliser, et à publier dès à présent une première série de coupes de la région lédonienne, comprenant toute la partie inférieure du Jurassique, jusqu'à l'Oxfordien.

L'examen de ces coupes et leur comparaison, lorsqu'il y a lieu, conduisent à subdiviser chaque étage en un certain nombre de niveaux, basés sur les différences de la faune dans la suite des strates ou sur les modifications et les accidents de la sédimentation. Pour le Bajocien en particulier et parfois même pour le Bathonien, l'apparition à diverses reprises des surfaces perforées par les mollusques lithophages, souvent couvertes d'Huîtres plates soudées, ce qui annonce à chaque fois une interruption de la sédimentation, a déterminé la distinction d'autant de niveaux.

Cette subdivision des étages doit être considérée comme destinée tout d'abord à résumer les coupes que je rapporte et à permettre de les comparer plus facilement entre elles.

On sait d'ailleurs que, jusqu'à preuve contraire, une telle subdivision s'applique uniquement à la région pour laquelle elle est établie.

La distinction de ces niveaux permettra de reconnaître et de noter plus facilement à l'avenir la position précise, dans la série stratigraphique, des fossiles que l'on recueille dans nos environs, et qui, faute d'un tel soin, ne peuvent être pris en considération pour l'établissement de la paléontostatique du Jura.

Afin de faciliter aux débutants surtout la connaissance de chaque étage, les coupes qui s'y rapportent seront précédées de l'indication de la composition générale de l'étage dans la région considérée, et du résumé de la série des niveaux qu'il comporte dans ce pays. Quand il y aura lieu, je signalerai pour chacun d'eux, les principales modifications latérales ou changements de facies.

Des recherches subséquentes, plus étendues et parfois plus détaillées, apporteront à ce premier et hâtif essai de groupement comparatif précis des strates des environs de Lons-le-Saunier les compléments ou les modifications nécessaires, de façon à reproduire fidèlement les caractères qu'offre dans toute la région lédonienne la série stratigraphique étudiée dans ce travail.

Les espèces les plus importantes seront seules indiquées ici, tant à raison du but spécial de cette publication que parce que les recherches n'ont pas été poussées également dans les divers niveaux, et que, pour bon nombre d'espèces, principalement des Lamellibranches, je ne possède pas encore des déterminations suffisamment précises.

On sait quelle est l'importance de ne citer que les fossiles recueillis parfaitement en place et rigoureusement déterminés, et quelles difficultés présente la connaissance de beaucoup d'espèces.

J'ai eu l'avantage de soumettre à des paléontologistes un grand nombre de mes fossiles, de sorte que les indications données plus loin offrent toute la valeur désirable. C'est ainsi que les Vertébrés ont été déterminés par M. le Dr Émile Sauvage ; les Oursins et les Crinoïdes, par M. Gustave Gotteau et M. Perceval de Loriol ; la plupart des Brachio-podes ainsi qu'un certain nombre d'Ammonites, par M. l'Ingénieur des Mines Albert de Grossouvre, qui a bien voulu en outre me donner son avis sur les Bélemnites du Lias ; enfin, les indications d'espèces du Callovien et du Bathonien supérieur sont établies principalement d'après les déterminations de M. Paul Choffat. Je ne saurais trop remercier tous ces savants distingués de l'extrême bienveillance qu'ils m'ont constamment témoignée. Je ne m'en suis guère rapporté à mes propres déterminations que pour des Ammonites suffisamment caractérisées, et pour la comparaison d'une partie des échantillons avec des types déterminés par eux et provenant de notre région.

Cette première série de coupes pourra offrir de l'intérêt au point de vue de la comparaison avec les régions voisines. On remarquera tout d'abord que nos terrains ont une puissance notablement supérieure à celle que l'on a indiquée jusqu'à présent dans notre contrée.

D'autres séries de coupes de la région lédonienne pourront être publiées assez prochainement, je l'espère, soit par moi soit par d'autres, afin de compléter les documents nécessaires pour établir la *stratigraphie* du Jura lédonien. Je souhaite d'ailleurs de pouvoir faire connaître postérieurement les faunules de chaque niveau, de manière à constituer un premier essai de la *paléontostatique* de cette région.

Les lambeaux d'Oolithe supérieure ou Malm qui se montrent dans notre voisinage, sont d'une étude difficile à cause de la rareté des bons gisements fossilifères et du peu d'étendue observable des affleurements. Je ne possède pas encore suffisamment de données pour en établir les coupes. Ils pourront faire l'objet d'une notice subséquente.

HISTORIQUE DE LA GÉOLOGIE LÉDONIENNE (¹).

～～～～～

C'est dans notre siècle seulement que la Géologie a été constituée en un corps de doctrines formant par excellence la Science de la terre ; mais c'est aux plus anciennes recherches de matériaux utiles, qu'elle doit ses premières notions sur la constitution du sol, et à présent encore elle a

(1) En faisant, il y a quatre ans, alors que personne n'avait encore traité avec quelque étendue de l'histoire de la géologie jurassienne, un historique des études dont notre région de Châtelneuf avait été le théâtre, nous avons été amené à jeter un coup d'œil sur l'ensemble des travaux dont le département du Jura a été l'objet, et à signaler assez longuement leurs auteurs principaux les moins connus. (*Recherches géologiques dans les environs de Châtelneuf*. Publication de la Société d'Émulation du Jura, 1er fascicule tiré en 1886, paru en 1888). Depuis lors, M. Jules Marcou a donné ses très intéressants *Souvenirs sur Les Géologues et la Géologie du Jura* (Mémoires de la *Société d'Émulation du Jura*, série 4e, vol. IV, p.117-200, 1888, paru en 1889).

Bien que nous soyons obligé à quelques redites inévitables, nous croyons devoir reprendre ce sujet relativement à la région lédonienne, à raison des faits nouveaux que nous avons à signaler et de l'intérêt que présente cette question. On trouvera d'ailleurs, dans notre historique de 1886, bon nombre d'indications développées qui ne sont pas reproduites ici, par exemple sur les observations de Devillaine autour de Champagnole, en 1788, ainsi qu'au sujet des deux Guyétant, de Pyot, Demerson, Bonjour, frère Ogérien, et sur les cartes du Jura, etc. De la sorte, ces deux notices historiques se complètent réciproquement.

On trouvera d'ailleurs dans nos *Recherches dans les environs de Châtelneuf* la liste des principales *collections géologiques*, ainsi que la *Bibliographie géologique générale du Jura*, où nous avons mentionné 358 publications relatives à la géologie ou touchant au moins à quelques points de l'orographie de notre département.

besoin du concours de toutes les bonnes volontés : le simple carrier comme le savant spécialisé dans cette étude contribuent à ses progrès.

Nous devons donc tout d'abord une mention aux anciennes populations qui ont su découvrir dans notre sol des argiles à briques et à poteries, des pierres de constructions soigneusement choisies pour résister aux influences atmosphériques, de la pierre à plâtre, du minerai de fer, des marbres, et qui surtout n'ont pas manqué, dès l'origine, de reconnaître nos sources salées et de les utiliser.

Quelques rares indications des productions minérales de notre région apparaissent dans nos vieux écrivains franc-comtois du XVI⁰ siècle. Gilbert Cousin (1), en 1550, et surtout Gollut (2), en 1592, citent l'albâtre de Saint-Lothain, et les marbres noirs du voisinage, ainsi que les sources salées de Lons-le-Saunier et de Montmorot, et donnent sur celles-ci les premiers détails qui aient été publiés.

Mais les plus anciennes observations d'histoire naturelle proprement dite qui nous sont parvenues sur la constitution du sol de la région lédonienne ne remontent guère à plus d'un siècle.

Dans son *Essai sur la Minéralogie du bailliage d'Orgelet* (3), qui parut en 1778, le Marquis de Marnésia signale les roches, les minéraux et les principales sortes de fossiles

(1) *Description de la Franche-Comté.* Traduction Chereau (peu exacte). Publication de la Société d'Émulation du Jura, 1863.

(2) *Les Mémoires historiques de la République séquanoise et des princes de la Franche-Comté de Bourgougne.* Nouvelle édition. Arbois, 1846.

(3) *Essai sur la Minéralogie du bailliage d'Orgelet en Franche-Comté,* lu dans la séance publique de l'Académie des sciences et des arts de Besançon, le 5 décembre 1777. Par M. le Marquis de Marnésia, membre des Académies de Besançon et de Nancy. Besauçon, MDCCLXXVIII.

des environs de cette ville, mais ne mentionne aucune localité voisine de Lons-le-Saunier. A côté de faits intéressants
et d'indications plus ou moins hasardées, on remarque en
particulier dans son ouvrage la mention de « coralloïdes
fossiles très nombreux » à Gigny, la Pérouse, Pymorin,
Rothonay : c'est la première indication de l'existence dans
notre pays de ces formations coralligènes qui entrent pour
une part si considérable dans le massif du Jura.

Vers le même temps, un médecin de notre ville, le
Dr Jean-François GUYÉTANT, s'occupait des diverses branches
de l'histoire naturelle du Jura lédonien et commençait à
réunir les éléments d'une description générale de notre département (1).

Devenu membre correspondant de la Société royale de
Médecine, à la suite de premiers travaux favorablement
appréciés de cette Société, il lui adressa à diverses reprises
des mémoires sur les questions qu'elle mettait au concours.
C'est ainsi qu'un *Essai sur la Topographie médicale et l'Histoire naturelle du bailliage et de la ville de Lons-le-Saunier*
lui aurait valu, selon le Dr Chereau, une médaille d'or qui
lui aurait été décernée au Louvre le 2 mars 1784 (2). Ce
mémoire ne paraît pas avoir été publié, et, malgré nos re-

---

(1) Je n'ai trouvé qu'après de longues recherches les véritables pré-
noms de ce naturaliste, à qui j'ai attribué par erreur, en 1886, ceux
de Claude-Marie.

(2) Je n'ai pu obtenir des renseignements plus précis sur ce point,
que le Dr Chereau indique dans sa préface d'une *Description topogra-
phique-médicale de Champagnole...*, par DEVILLAINE (Bulletin Société
d'agriculture..., de Poligny, 1869, p. 75). M. le Dr Albert Girardot,
de Besançon, qui a bien voulu faire des recherches à ce sujet, me signale seulement que Guyétant reçut, le 29 août 1786, de la Société
de Médecine, un jeton d'or pour un *Mémoire sur les maladies épidémi-
ques et la constitution médicale des saisons* (Mémoires de la Société
royale de Médecine, vol. de 1784-85, publié en 1788).

cherches, nous ne savons même si le manuscrit en est conservé.

En 1787, le Dr Guyétant écrivit un *Mémoire sur l'histoire naturelle du bailliage de Lons-le-Saunier*, qui n'est peut-être qu'une rédaction plus développée de l'*Essai* de 1784. Après des généralités sur la Montagne, le Vignoble et la Bresse, ce mémoire devait comprendre trois parties correspondantes aux trois règnes. La partie qui traite du règne minéral est seule conservée (1). Elle comprend une vingtaine de pages d'intéressants détails sur les roches de notre région, avec de nombreuses indications des meilleurs gisements fossilifères et des principales sortes de fossiles.

« On trouve, dit le Dr Guyétant, au pied des montagnes, au niveau des vallons et quelquefois plus bas, une pierre bleue très dure, entièrement composée de Gryphites, de Cornes d'Ammon et de Bélemnites... Le rocher qui borde à droite le chemin qui monte de Courbouzon à Montorient est entièrement composé d'Huîtres communes dont on voit partout le test et la nacre. Au-dessus de Montorient, aux environs de Geruge, de Saint-Laurent et dans toute cette partie de la montagne, les pierres ordinaires sont toutes composées de Cornes d'Ammon, de débris d'Oursins et de Palmiers marins, de Becs de Perroquet, de Bélemnites, de différents Peignes et surtout de Manteaux-Ducals. Ces mêmes coquillages se retrouvent dans la plupart des pierres qui composent les collines du vignoble. On trouve quelquefois, même sur des lieux très élevés, comme les environs de Geruge, la côte du Tartre, etc., des blocs de pierre considérables uniquement composés des différentes espèces de coquillages et des débris d'insectes marins. J'y ai même trouvé des fragments de Corail. »

Le vieux naturaliste lédonien nous fournit ainsi la pre-

---

(1) Elle se trouve, avec de nombreux papiers et manuscrits du Dr Guyétant et de son fils le Dr Sébastien, aux Archives de la Société d'Émulation du Jura, conservées au Musée de Lons-le-Saunier.

mière mention de l'existence des Polypiers du Bajocien de notre voisinage. Plus loin, il ajoute :

« Les vignes de Maynal sont remplies de Gryphites pétrifiées, mais isolées et éparses dans la terre végétale. La combe située entre Saint-Laurent et Cesancey est pleine d'Oursins, depuis le diamètre de deux lignes jusqu'à celui d'un pouce ; et, depuis la longueur de six lignes jusqu'à celle de huit pouces, on trouve un amas étonnant de Bélemnites sur le penchant de la côte de Montorient au-dessus de Courbouzon, encore ces plus grandes Bélemnites comme les plus petites ont été brisées. La Crête de Coq et le Rateau sont dans la plus grande abondance à Mont-Boutot et à cette colline de l'Etoile où est placée la maison de M. de Parsanges. Sur le revers de la côte de Quintigny et surtout à l'Etoile, le nombre de petites étoiles fossiles, débris de Palmiers marins, est si considérable qu'il y a grande apparence que ce lieu en a reçu son nom. Ces petites étoiles sont à cinq pans, admirables par leur forme et leur délicatesse ; on en trouve quelquefois plusieurs réunies par leurs axes, qui forment de jolies petites colonnettes cannelées. Ces petites étoiles ont depuis deux lignes jusqu'à cinq de diamètre. Les Cornes d'Ammon sont les coquillages les plus communs dans tout le bailliage. On en trouve de beaucoup d'espèces et de différentes grandeurs. Il y en a qui ont vingt pouces de diamètre et d'autres qui en ont à peine deux ».

Les citations qui précèdent suffisent à montrer que notre auteur avait certainement recherché avec soin les fossiles de sa région, et la précision de certains détails permet de penser qu'il en possédait une collection comprenant au moins les principales espèces. Sans doute, il étudiait ces fossiles à l'aide du *Traité des pétrifications* de Bourguet et du *Dictionnaire d'Histoire naturelle* de Bertrand, comme le faisait le Marquis de Marnésia. Si Thurmann a pu supposer avec vraisemblance que ce dernier était en relations avec le naturaliste bernois Abraham Gagnebin (1), on peut

(1) « C'est encore presque nécessairement de ce savant, dit Thurmann, en parlant du Marquis de Marnésia, dans un remarquable ta-

se demander s'il n'en fut pas de même pour le savant lédonien. Nous constatons avec plaisir, en tous cas, que le
Jura français était au XVIIIᵉ siècle moins dépourvu d'observateurs que n'a dû le croire le célèbre géologue de Porrentruy, qui ne pouvait connaître alors les recherches du
Dʳ Guyétant, ni celles de Devillaine près de Champagnole.

Parmi les nombreux renseignements que fournit encore
notre auteur, il faut citer notamment les indications sur la
nature essentiellement calcaire des montagnes et la direction de leurs bancs, l'existence d'une couche de « pétro-
silex blanchâtre sonore » (silex du Bajocien), celle des
tufs, la présence d'amas de galets siliceux, la composition
de la terre végétale, etc. Il constate l'absence de « toutes
productions volcaniques ». Au sujet des pierres de constructions, il mentionne spécialement la pierre blanche des
carrières de Crançot « la plus belle pierre de taille qui soit
en France, suivant M. Soufflot », et décrit la pierre de
Saint-Maur « qui approche du marbre et prend un très
beau poli. Elle ne paraît composée, ajoute-t-il, que de petits coquillages ; les pointes d'Oursins et les petites étoiles
(vertèbres pétrifiées de Palmier marin) y sont multipliées
à l'infini. Je n'ai jamais vu de ces débris de coquillages
dans la pierre blanche de Crançot ». Il n'oublie pas de citer
l'exploitation du gypse à Baume, l'Étoile, Courbouzon, où
l'on atteignait une profondeur de 60 pieds, et celle d'un
« petit filon de charbon de terre » (dans les Marnes irisées) que l'on avait tentée peu auparavant à Baume, sans
succès.

Il signale aussi une substance intéressante des couches
gypsifères des Marnes irisées :

bleau des études d'histoire naturelle dans le Jura suisse au milieu du
XVIIIᵉ siècle, que provenaient les fossiles du terrain argovien du Jura
français, où, du reste, les observateurs manquaient totalement ».
(*Abraham Gagnebin*, p. 66).

On trouve, dit-il, auprès d'une des sources salées de Mont-morot, vulgairement appelée l'Etang du Saloir, une terre argileuse blanche, veinée de rouge, onctueuse, rendant l'eau mousseuse, une vraie Galactite, une excellente terre à foulon, mais dont les habitants n'ont tiré jusqu'ici d'autres avantages que celui d'en faire par plaisanterie de petits morceaux quarrés, qu'ils s'amusent à vendre, pour du savon, à ceux qui se laissent séduire par la modicité du prix et les apparences » (1).

Mentionnons encore les indications sur les couches ferrugineuses :

« Dans tout le pourtour de la base des montagnes du vignoble, on trouve une mine de fer en roche, dont l'épaisseur est d'environ 4 à 5 pieds ; elle est d'un rouge brun, les grains du minerai sont comme des grains de navette ou un peu plus gros ; elle est parsemée de différents coquillages ; mais le minerai se trouve encroûté d'une si grande quantité de la pierre martiale qui lui sert de gangue que jamais on n'a songé à l'exploiter nulle part ».

C'est évidemment de l'oolithe ferrugineuse à Ammonites opalinus du sommet du Lias qu'il s'agit ici. Vient ensuite la mention du minerai ferrugineux du voisinage de l'Eute, qui appartient au Callovien.

« Depuis la côte (de l'Eute) jusqu'à la rivière d'Ain, il y a une couche de mine de fer sur laquelle il semble que cette montagne soit assise. On l'exploite à Blye, à Binand et à Châtillon. On la trouve à très peu de profondeur. Elle est en petits grains comme du millet, d'un rouge brun, encroûtée dans une pierre

(1) Bonjour, qui ignorait ce passage de Guyétant, a indiqué, en 1863, de la façon suivante, la variété d'argile fortement hydratée dont il s'agit ici :
« Halloysite, savon de montagne. — A la carrière de gypse de l'Étang du Saloir, commune de Montmorot, non exploité ; mériterait de l'être pour l'usage du foulage et du dégraissage des draps. Découverte de l'auteur ». (*Géologie stratigraphique du Jura*, p. 6).

jaunâtre, où l'on trouve beaucoup de ,coquillages différents, comme Cornes d'Ammon, Cœurs de Bœuf, Bélemnites et beaucoup d'autres. La mine de Châtillon est en grains, pourvue comme les précédentes de beaucoup de coquillages, mais tellement mêlée de sables qu'on l'a abandonnée. On continue l'exploitation de celle de Binans qui est riche et tellement abondante que, suivant les apparences, elle s'étend sous toute la combe de ce village ».

Notre auteur ne borne pas ses observations aux roches et aux fossiles. Nous le voyons même chercher, — bien timidement, il est vrai, — dans la comparaison avec les effets des phénomènes actuels l'explication des formations qu'il signale. Il donne, par exemple, une véritable coupe d'un dépôt d'alluvion qu'il avait observé à Lons-le-Saunier, et ses réflexions sont attirées par les cailloux roulés qui s'y étaient montrés à deux niveaux différents, tous deux à une hauteur notable au-dessus des cours d'eau actuels.

« Leur rondeur, dit-il, et le poli de leur surface semblent annoncer qu'ils ont été roulés et amoncelés par les eaux ; comment et dans quel temps, et par quelles eaux, puisque la rivière coule 12 pieds plus bas que le second lit de galets et que le premier est élevé de 17 pieds au-dessus de son niveau ?... Le même phénomène se présente sans doute ailleurs, mais il est aisé de le reconnaître à Voiteur ; toute la côte de Saint-Martin est faite de galets. Je n'ai point pris la hauteur de ce lieu au-dessus du lit de la Seille ; mais je ne crois pas m'éloigner de la vérité en disant que la rivière est au moins de 20 pieds au-dessous.

« L'expérience nous apprend que les lits des rivières s'élèvent journellement, et il n'est pas difficile d'en connaître la raison. Cependant toute la plaine de Domblans à Saint-Germain est remplie de cailloux roulés ; la rivière a-t-elle changé assez souvent de lit pour tenir successivement tout ce vaste canton ? Mais tout ce canton se trouve bien élevé au-dessus du niveau de la rivière... la somme des eaux était-elle plus considérable jadis ? Nous ne voyons serpenter que des ruisseaux dans nos vallons, et tout semble nous indiquer qu'ils ont été le lit des plus grands fleuves ».

Ailleurs, il s'indigne au sujet de faux renseignements donnés à M. de Ruffey, qui avait signalé la découverte en 1761, près de Lons-le-Saunier, d'un gisement très étendu de « bois fossile..., chêne, charme, hêtre et tremble », qui « se rapprochait beaucoup de la nature du charbon de terre ». « Une partie de ce bois, avait dit ce dernier, est façonnée en régale, une autre en bois de corde, une autre en fagotage. Chaque sorte est rangée séparément... On distingue facilement... jusqu'aux coups de hache donnés pour façonner les bûches. On en a déjà tiré huit à dix mille voitures » (1). C'est évidemment de nos lignites tertiaires d'Orbagna, Vercia, etc., qu'il s'agissait. Mais la fausseté évidente de tous ces détails excitait d'autant plus vivement la surprise d'un observateur aussi sérieux que le Dr Guyétant, qu'il ignorait même l'existence de ces lignites (bien qu'il eût indiqué un mince filon de « charbon de terre » à Sainte-Agnès), et que, selon lui, on ne les avait nullement exploités : « On ne trouvera pas, disait-il, un honnête homme dans le pays qui assure en avoir vu dix livres ».

Enfin, notre naturaliste lédonien nous donne jusqu'au détail très précis de l'analyse chimique qu'il avait faite des pyrites si abondantes à Jonnai, près de Plainoiseau. A ce sujet, il raconte agréablement la tentative d'exploitation faite en 1776, dans cette localité, par un étranger nommé Mouniotte, qui les prit d'abord pour de l'or, obtint la concession de la précieuse mine, acheta les terrains et commença l'exploitation : puis, une fois désabusé, trouva le moyen de n'y pas perdre... en revendant généreusement en détail sa concession aux gens du pays !

(1) Mémoires de l'Académie de Dijon (vol. I, 1769), ainsi que « toutes les éditions de l'Encyclopédie », selon Guyétant, qui rapporte l'article en entier.

« Voilà quel est à peu près l'état connu de la minéralogie du bailliage de Lons-le-Saunier jusqu'à ce jour, dit modestement notre auteur en terminant cette partie de son travail. J'ai décrit tout ce que j'ai vu, mais je n'ai pas tout vu... J'ai tracé la route ; je désire que d'autres puissent la parcourir avec plus d'honneur et de succès ».

En somme, le manuscrit du D\ Guyétant révèle un observateur sérieux et instruit, recherchant avec soin l'exactitude des détails et se défiant des racontages et des hypothèses hasardées.

Mais on ne peut s'attendre à trouver dans ce mémoire quelques données tant soit peu précises de géologie proprement dite. A cette époque, William Smith n'avait pas encore commencé les observations sur le sol de l'Angleterre qui devaient l'amener 18 ans plus tard à fonder la Stratigraphie, et la Paléontologie attendait encore que le génie de notre illustre Cuvier vînt la tirer du berceau.

Vers 1805, le D\ Jean François Guyétant condensa toutes ses recherches sur notre pays et les renseignements qu'il avait reçus de divers points du département, en une volumineuse *Statistique du Jura,* où l'histoire naturelle n'était pas oubliée, et qui reçut de vifs éloges du Ministre de l'Intérieur. Les premiers chapitres seuls, où l'on trouve de nombreuses indications sur l'orographie et l'hydrologie de la région lédonienne, furent publiés dans l'*Annuaire de la Préfecture du Jura* de 1808 et de 1809. Son fils, le D\ Sébastien GUYÉTANT (1), qui s'occupait aussi très activement

---

(1) Né à Lons-le-Saunier en 1777. Reçu docteur en médecine à Paris en 1801. Chevalier de la Légion d'honneur. Il habita Lons-le-Saunier jusqu'en 1836, et fut l'un des fondateurs de la Société d'Emulation du Jura en 1818 ; se fixa ensuite à Paris, puis revint dans le Jura, à Chilly-le-Vignoble, où il mourut vers 1858. En outre d'un *Catalogue des plantes qui croissent dans les montagnes du Jura et dans les plaines qui s'étendent jusqu'à la Saône* (Besançon, 1808), il a publié encore un remarquable *Essai sur l'Agriculture du Jura,* et quelques mémoires de médecine.

d'histoire naturelle, y ajouta, dans ce dernier volume, un chapitre de *Considérations géologiques*, où il s'inspirait surtout du mémoire de 1787, dont il étendait les indications à l'ensemble du département. Toutefois, la géologie proprement dite n'apparaît pas encore dans ce travail.

Bientôt, l'ingénieur des Mines CHARBAUT, en résidence à Lons-le-Saunier, s'occupa d'étudier plus sérieusement nos environs. Dans la première séance publique de la Société d'Émulation du Jura, en 1818, il lut un mémoire sur la *Géologie des environs de Lons-le-Saunier*, qui parut plus tard dans les Annales des Mines, et où il décrivait sommairement la série des strates de ce pays. Il les distinguait, à partir des couches de gypse du Trias, sous le nom de Formation du calcaire à Gryphites et de Formation du calcaire oolithique. Ce premier essai de classification des strates du Jura lédonien était important pour l'époque, et faisait présager l'étude sérieuse de cette région. Mais Charbaut quitta le pays, et les études géologiques qu'il avait esquissées restèrent abandonnées chez nous plus d'un quart de siècle.

Dans cet intervalle, un élan très vif se produisit dans notre voisinage pour l'étude du sol du Jura. En 1832, le célèbre THURMANN posait les lois de l'orographie de nos montagnes dans son *Essai sur les soulèvements jurassiques du Porrentruy*, et décrivait la série des strates du Jura bernois. L'année suivante, l'ingénieur des Mines THIRRIA, de Vesoul, après avoir publié deux ouvrages importants pour la géologie de la Haute-Saône, explorait les environs de Pontarlier et de Nozeroy, y relevait des coupes détaillées et réunissait de nombreuses observations qu'il condensa dans son remarquable *Mémoire sur le terrain jura-crétacé* de la *Franche-Comté* (1). Vers le même temps, notre émi-

(1) Annales des Mines, 1836, série 3, tome X, p. 95-146.

nent compatriote, M. Parandier, d'Arbois, commençait l'étude des strates du Jura bisontin, puis il explorait diverses parties du Jura, principalement les environs de Dôle. Le Dr Claude-Marie Germain, originaire de Lons-le-Saunier et qui habita d'abord Censeau, puis Nozeroy, recueillait les fossiles du Val de Miéges, et devait bientôt se fixer à Salins, où il fut le premier maître en géologie de M. Marcou. Bien plus, une *Société géologique des Monts-Jura* était fondée et tenait à Neuchâtel, en 1834, une première séance ; de son côté, M. Parandier organisait une *Société géologique du Doubs*, et, le 1er octobre 1835, les géologues de la chaîne du Jura, membres des deux Sociétés, tinrent à Besançon une réunion qui doit rester célèbre dans l'histoire de la géologie du Jura. Puis, en 1840, le *Congrès scientifique de France* se réunit aussi à Besançon, et l'on s'y occupa encore activement de l'organisation définitive dans cette ville d'une Société géologique, ainsi que de salles de collections. La même année voyait naître la *Société d'Émulation du Doubs*, dont les Mémoires renferment tant d'importants travaux sur l'histoire naturelle du Jura français. Mais, à côté de M. Parandier, personne n'avait représenté spécialement notre département à ces premières assises de la géologie jurassienne de 1835, ni au Congrès de 1840.

Pourtant, quelques ouvrages publiés dans cet intervalle par des Jurassiens abordèrent la composition de notre sol. Tels sont l'*Essai sur l'Agriculture du Jura* (1822) du Dr Sébastien Guyétant, qui rédigea aussi un volumineux mémoire sur l'*Industrie du Jura*, où l'on trouve d'intéressants détails de géologie technologique [1] ; puis la *Statistique du canton de Clairvaux* (1833) et la *Statistique du*

---

[1] *Mémoire sur l'état actuel de l'industrie dans le Jura, sa comparaison avec l'état industriel du département, avant 1789 et l'indication des améliorations dont elle serait susceptible.* Manuscrit incomplet, en feuillets séparés, aux Archives de la Société d'Émulation du Jura.

Jura (1836), du Dr PYOT, de Clairvaux (2); en outre, de longs et intéressants articles de *Géologie, Minéralogie, Orographie et Hydrographie,* publiés dans l'Annuaire du Jura pour 1840, par le Dr DEMERSON, de Cousance (1), renferment sur notre département les renseignements généraux les plus complets que l'on ait eus jusqu'alors. Mais les deux premiers auteurs n'effleurent pas même la stratigraphie ; quant à Demerson, qui connaissait les publications de Thurmann sur le Porrentruy, celles de Thirria sur la Haute-Saône, de M. Parandier sur le Doubs et de Puvis sur l'Ain, il s'inspire principalement des manuscrits des deux Guyétant, ainsi que des publications du Marquis de Marnésia, de Pyot, de Charbaut, et pour la stratigraphie jurassienne il en reste au mémoire de ce dernier, à la géologie de 1818.

Enfin, au printemps de 1844, M. Jules MARCOU, de Salins, que l'on doit considérer à bien juste titre comme l'un des principaux fondateurs de la géologie jurassienne, poursuivant, à 21 ans, ses recherches sur une grande partie de

(1) Jean-Jacques-Richard PYOT, né en 1799, à Isomes-sous-Montsaugeon (Haute-Marne) ; chirurgien-sous-aide dans l'artillerie en 1812, il fit la campagne de Russie en cette qualité ; reçu docteur en médecine à la Faculté de Strasbourg, vers 1820. Il a publié une *Histoire du Choléra* et de nombreux ouvrages destinés à vulgariser la géographie, l'histoire et la statistique du Jura. Mort à Clairvaux (Jura), en 1840. — (Voir l'Annuaire du Jura pour 1844, p. 155-158).

(2) Jean-Louis HENNIN-DEMERSON, médecin de la Faculté de Paris, ancien chirurgien-major de l'armée, Chevalier de la Légion d'honneur. Né à Paris, où il se distingua lors du choléra ; auteur d'ouvrages classiques d'histoire naturelle (*Géologie enseignée en 22 leçons, et Botanique en 22 leçons*). Il se retira à Cousance (Jura), et publia de nombreux articles d'histoire naturelle, d'agriculture, etc., dans la *Sentinelle du Jura,* le *Patriote jurassien* et l'*Annuaire du Jura.* Mort à Saint-Amour, en 1844. (Voir Annuaire du Jura pour 1848, p. 131-134). Demerson s'est encore occupé de la Géologie du Jura dans sa *Topographie médicale du département* (Annuaire du Jura pour 1842).

notre département, vint étudier nos environs pendant plusieurs semaines, de Beaufort à Château-Chalon. L'année suivante, il publia ses belles *Recherches géologiques sur le Jura salinois* (1). Dans cet ouvrage si remarquable, malheureusement trop rare, et conséquemment trop peu connu de nos compatriotes, M. Marcou décrivait toute la série des terrains secondaires de notre pays avec un tel succès que les progrès si considérables de la géologie depuis 45 ans n'y ont apporté sur presque tous les points que de faibles modifications. La stratigraphie du Jura était désormais établie et solidement basée sur de nombreux fossiles. Dès lors, la région lédonienne, qui se trouvait comprise dans le Jura salinois de cet auteur, fut connue au moins dans ses principaux traits stratigraphiques et paléontologiques.

Avec le célèbre mémoire de M. Jules Marcou, puis les observations de Just PIDANCET et de Charles LORY, sur la haute région des montagnes, commençait pour la géologie jurassienne une active et brillante période qui dura près de 25 ans. La région lédonienne eut alors sa bonne part d'observateurs et de recherches.

En 1850, parut une courte notice géologique de l'ingénieur des Mines Numa BOYÉ, sur les environs de Lons-le-Saunier, accompagnée d'une carte au $\frac{1}{20.000}$, et l'ingénieur des Ponts et Chaussées FERRAND publia dans les Mémoires de la Société d'Émulation du Jura une étude sur les effondrements de la région du Puits-Salé, à laquelle il joignit la même carte.

Plusieurs géologues et chercheurs se trouvèrent ensuite habiter en même temps Lons-le-Saunier : le frère OGÉRIEN, Jacques BONJOUR, MM. DEFRANOUX, CHOPPART et LAMAIRESSE,

(1) Mémoires de la Société géologique de France, vol. III, p. 500-622, et IV, p. 135-163, 1 carte et 1 pl.

auxquels nous devons ajouter M. Louis CLOZ pour ses fouilles et ses découvertes d'ossements fossiles dans la grotte de Baume. Eugène DUMORTIER vint d'ailleurs étudier quelques points de nos environs qu'il cite dans ses *Études paléontologiques sur les Dépôts jurassiques du bassin du Rhône,* et Émile BENOIT, de Saint-Lupicin, connu par ses recherches sur le Tertiaire et le Quaternaire de l'Ain et du Jura, donna une note sur la grotte de Baume. Alors on vit la Société d'Émulation du Jura, le Comice agricole de notre ville et le Conseil général du département, où se trouvait M. Parandier, encourager, soit de leur aide morale, soit même par d'importantes subventions, des œuvres telles que l'*Histoire naturelle du Jura,* d'Ogérien, et la grande *Carte en relief du Jura,* à l'échelle du $\frac{1}{40.000}$, de M. Louis Cloz, aujourd'hui professeur de dessin au collège de Salins. N'oublions pas d'ailleurs la *Carte géologique du Jura,* au $\frac{1}{80.000}$, dressée, de 1844 à 1858, sur la demande du Conseil général et aux frais du département, par les ingénieurs des Mines Delesse, Boyé et Résal, et accompagnée d'une Notice géologique explicative, par ce dernier ; le tout est resté manuscrit.

Vers le même temps, Just PIDANCET se fixait à Poligny comme conservateur du Musée de cette ville ; le modeste CORBET recueillait les fossiles des environs de Saint-Amour, où son exemple devait plus tard entraîner plusieurs jeunes gens, parmi lesquels notre regretté confrère Léon CHARPY (1);

(1) Né à St-Amour, en 1838 ; mort en 1885, conservateur du Musée d'Annecy. Il a recueilli dans les diverses parties du Jura, y compris les environs de Lons-le-Saunier, les éléments de nombreuses et belles collections de roches et de fossiles. On a de lui une brochure sur les marbres du Jura, ainsi que deux notes, en collaboration avec M. de Tribolet, sur les gisements crétaciques de Cuiseaux et de Montmirey-la-Ville. M. Léon Charpy avait surtout puisé dans sa famille le goût des recherches d'histoire naturelle. Son père, qui fut longtemps notaire à St-Amour, et dont la perte récente est vivement regrettée par

la moyenne montagne continuait d'être explorée par le
Dr Claude GERMAIN, qui augmentait sans cesse sa belle collection, et par le géologue laboureur de Vaudioux, Frédéric
THEVENIN, qui poussait ses recherches jusque près de notre
ville ; RATTE recueillait les fossiles des alentours de Nozeroy ; enfin, M. SAUTIER étudiait la région des Rousses,
pendant que les environs de Saint-Claude livraient au des-
sinateur Edmond GUIRAND, ainsi qu'à notre remarquable
paléontologiste franc-comtois Auguste ETALLON, les premiers et magnifiques spécimens de leur riche faune coralligène (1).

Jacques BONJOUR (2), vint se fixer à Lons-le-Saunier en
1857, et dût au frère Ogérien de succéder, dès cette année,
à Piard comme conservateur du Musée. Disciple de Just
Pidancet et s'occupant activement de géologie depuis une
huitaine d'années, Bonjour s'était fait connaître par des
Aperçus sur la Géologie du Jura, publiés dans l'Annuaire
du Jura pour 1854. Evidemment il avait déjà visité la région lédonienne à cette époque ; mais il dut surtout y faire
de nombreuses et fort intéressantes observations pendant
les dix années qu'il demeura dans ce pays.

tous ceux qui s'intéressent à l'histoire naturelle du Jura, avait étudié
avec soin la faune de Mollusques vivants de notre pays, principalement
aux alentours de sa ville, et en avait formé une riche collection.

(1) On peut voir nos *Recherches géol. dans les environs de Châtelneuf*
au sujet de F. Thevenin (p. 40-45), ainsi que notre *Notice biographique* sur *Edmond Guirand,* où se trouvent quelques indications sur
A. Etallon (Mém. Soc. d'Émul. du Jura, série 4, vol. II, 1888). —
Sur les géologues jurassiens, M. Marcou a d'ailleurs donné de nombreux renseignements dans ses *Souvenirs sur les Géologues et la Géologie du Jura, avant 1870,* déjà cités plus haut.

(2) Né à Onglières, vers 1795, il fut longtemps commis, puis directeur de forges, et se mit tardivement à la géologie, vers 1848. Mort à
Champagnole, en 1869. — Voir nos *Recherches géol.,* p. 47-50.

Les collections paléontologiques de notre musée furent alors organisées par ses soins, et l'on doit à ses recherches la plupart des fossiles qui s'y trouvent, particulièrement ceux des environs de Lons-le-Saunier, Salins et Champagnole ; le reste provient principalement de Frédéric Thevenin, de Vaudioux (1852), du Dʳ Germain de Salins, de Edmond Guirand de Saint-Claude, ainsi que du frère Ogérien et de M. Defranoux. Dès 1852, Bonjour avait fait don à la Société d'Émulation du Jura, pour cet établissement, d'une importante série d'échantillons des environs de Champagnole et de Salins ; en 1859, il y ajouta la plus grande partie de sa collection. Le reste de ses fossiles, acquis après sa mort par la ville de Champagnole, se trouve au petit musée de cette ville. L'examen de ces collections de Bonjour est fort intéressant pour établir la synonymie des espèces mentionnées en 1863 et 1867 par cet auteur et par le frère Ogérien, d'autant plus que la plus grande partie des collections de ce dernier paraît avoir disparu ; mais la détermination de beaucoup d'espèces serait à reviser afin de la mettre au courant des connaissances paléontologiques actuelles, tout en conservant soigneusement à côté du nom véritable la dénomination de Bonjour. D'ailleurs, les séries établies par ce naturaliste dans les vitrines du musée sont restées dans le même état depuis plus de 25 ans, et n'ont reçu aucune addition qui soit à noter. Il serait à désirer que les meilleurs échantillons non visibles pussent être placés aussi dans des vitrines.

En 1863, « après quinze années consacrées à des études et à des courses géologiques dans les départements du Jura et du Doubs », Bonjour publia, sous le titre *Géologie stratigraphique du Jura*, un résumé excellent pour l'époque, « dans le but de vulgariser la géologie de ce département » (1) ; mais ce travail resta peu connu, et il est de-

_____

(1) *Géologie stratigraphique du Jura*, p. 1.

venu presque introuvable. Il offre généralement pour chaque étage des terrains secondaires les subdivisions principales avec leurs caractères lithologiques, les fossiles caractéristiques, la puissance et les localités types, ainsi que
l'indication des produits utiles de l'étage et des localités
du département où l'existence en avait été reconnue.
Comme dans la Géologie du Jura du frère Ogérien, dont
il sera question plus loin, il s'y trouve des inexactitudes
dues à l'ignorance presque complète des divers facies de
nos terrains, mais plus rares à raison du nombre bien moindre des subdivisions d'étages, et moins apparentes dans un
résumé aussi sommaire. Cette brochure de 41 pages eût
certainement contribué à la vulgarisation de la géologie dans
notre département si elle avait reçu la publicité étendue
qu'elle méritait. Il nous faudrait à présent, dans le même
but, un petit livre analogue, résumant les principales connaissances actuelles sur la géologie du Jura.

La même année, cet auteur fit paraître un *Catalogue des
fossiles du Jura* (1), qui offre, pour la série des terrains
secondaires de notre département, près de 2.500 indications d'espèces, provenant la plupart de ses récoltes.
On y remarque la mention fréquente de Lons-le-Saunier
ou de localités avoisinantes, Perrigny, Pannessières, Courbouzon, l'Étoile, etc.

La *Géologie stratigraphique* de Bonjour offre souvent aussi
la trace de ses observations dans la région lédonienne. Mais
il suffit de remarquer quelle puissance beaucoup trop
faible il attribuait au Bajocien et au Bathonien (à peine
un tiers de la puissance totale pour le premier et un cinquième pour le second), pour comprendre combien il lui
restait encore à étudier dans ce pays. On peut dire que les
principaux traits seulement de la géologie lédonienne lui
étaient connus. Peut-être ses notes manuscrites auraient-

(1) Mém. Société d'Émul. du Jura, 1863, p. 233-234.

elles offert de curieuses indications complémentaires : on doit regretter bien vivement l'acte de vandalisme d'un obscur employé qui en a fait disparaître récemment la plus grande partie d'un dépôt où elles avaient été conservées pendant vingt années ! (1).

Le frère OGÉRIEN fut pendant 15 années, de 1854 à 1868, directeur des frères des Écoles chrétiennes chargés de l'une des écoles primaires publiques de notre ville. Il s'occupa nécessairement beaucoup de la géologie lédonienne pour la préparation de son *Histoire naturelle du Jura*, et cet important ouvrage offre une foule d'indications sur les localités qui nous environnent (2).

« Frappé des richesses immenses du Jura sous le rapport de l'histoire naturelle et en particulier de la géologie », le frère Ogérien avait eu, dit-il, « la pensée de les faire connaître à tous ; car, ajoutait-il, la science ne devient tout à fait utile qu'en devenant vulgaire » (3). Il entreprit donc de résumer l'ensemble des connaissances sur l'histoire naturelle de notre département « appliquée à l'industrie, à l'économie domestique et surtout à l'agriculture » (4).

(1) Nous nous empressons d'ajouter qu'il ne s'agit ici ni d'une bibliothèque ni d'un musée. Quelques papiers de Bonjour existent au musée de Champagnole.

(2) Avant la publication de cet ouvrage (1863-1867), le frère Ogérien avait fait paraître plusieurs articles relatifs à la géologie du Jura et en particulier des environs de Lons-le-Saunier (1857-1859). Il est aussi l'auteur d'une *Carte géologique du Jura*, au $\frac{1}{100.000}$, teintée à la main, et de grands *Tableaux de Géologie, d'Archéologie et de Statistique*, qu'il remit à M. Parandier, d'Arbois, lors de son départ pour l'Amérique, où il mourut peu après (14 décembre 1869) à 43 ans. On peut voir la liste de ses publications et ce que nous avons pu apprendre sur le sort de ses collections géologiques dans nos *Recherches géol. dans les environs de Châtelneuf* (p. 78 et 86).

(3) *Zoologie vivante*, p. V, et *Géologie*, préface.

(4) *Géologie*, p. XII.

Un tel sujet est extrêmement vaste. Tout en attribuant une large part aux sources diverses où il a puisé (1), on s'étonne que le frère Ogérien ait pu le traiter d'une manière aussi complète, quand on se représente la difficulté de recueillir une foule d'observations personnelles et de centraliser les divers matériaux qu'il devait mettre en œuvre, et qu'on pense au temps qu'exigeait en particulier la confection de chacun des tableaux statistiques qui abondent dans cet ouvrage.

Aussi nous plaisons-nous bien volontiers à reconnaître le travail considérable et si digne d'estime auquel s'est livré cet auteur pendant de longues années, pour réunir en un corps homogène soit les nombreux faits déjà signalés ou qui lui furent communiqués, soit ses propres observations.

Mais cet ouvrage ne pouvait être un tableau définitif et complet de l'histoire naturelle du Jura. N'ayant trop souvent que des données insuffisantes, dont beaucoup feraient encore défaut aujourd'hui, l'auteur ne pouvait espérer d'y suppléer complètement par ses recherches personnelles, et, d'autre part, les renseignements de valeur inégale qui étaient à sa disposition, la hâte même avec laquelle il dut procéder, l'exposaient à de nombreuses inexactitudes. On n'est donc pas surpris qu'un tel ouvrage présente des lacunes, des erreurs. Aussi, les auteurs qui ont repris depuis lors quelques parties de ce vaste ensemble ont eu à modifier, corriger, compléter d'une façon très notable, ou plus exatement ils ont dû traiter en entier d'après de nouvelles ob-

(1) En outre d'une liste des ouvrages sur la géologie du Jura, qu'il a nécessairement consultés, principalement ceux de MM. Marcou, Pidancet, Lory, Sautier, Etallon, Bonjour, le frère Ogérien a donné, tant en 1863 qu'en 1865, des listes détaillées des « renseignements et collections reçus en collaboration à l'Histoire naturelle du Jura » (Voir t. I, p. XV-XIX, et t. II, p. XV-XVII et p. XXIV-XXVII).

servations plus précises et plus complètes (1). Ogérien avait dit lui-même : « Malgré les soins minutieux et l'ardeur la plus soutenue que nous ayons pu mettre à ce travail pendant onze années, bien des imperfections et des oublis le marqueront à l'attention des savants naturalistes du Jura (2).

Toutefois, en attendant le jour, bien éloigné sans doute, où le progrès des études locales permettra la publication d'une Histoire naturelle du Jura plus complète et plus exacte, l'ouvrage d'Ogérien reste encore un manuel très répandu et souvent consulté, rempli de faits intéressants dont un grand nombre seraient vainement cherchés ailleurs, et qui rend de véritables services.

Le volume de *Géologie proprement dite* ou *Stratigraphie du Jura* était sans contredit la partie la plus ardue de l'ouvrage du frère Ogérien, celle qui dut lui coûter le plus de travail ; c'est aussi celle qui suscite le plus de remarques. Il importe de l'apprécier ici à son exacte valeur.

Tout d'abord, on regrette de ne pas trouver toujours dans ce volume (non plus d'ailleurs que dans beaucoup d'autres ouvrages), un détail suffisamment précis et permettant la facile vérification des faits signalés, ni les preuves de la rigoureuse méthode d'investigations reconnue indispensable aujourd'hui, mais que l'on négligeait fréquemment

---

(1) Voir par exemple, HENRY, *L'Infralias dans la Franche-Comté*, et OLIVIER, *Faune du Doubs* (Mém. Société d'Émul. du Doubs, 4e série, vol. 10, p. 348 et 5e série, vol. 7, p. 76), ainsi que les savantes publications de MM. Choffat, Bertrand, Bourgeat, etc., sur le Jurassique supérieur du Jura.

Il ne s'agit dans nos remarques que de la partie zoologique et géologique de l'*Histoire naturelle du Jura*. Le volume de cet ouvrage consacré à la *Botanique*, où MICHALET, de Dole, a donné l'énumération des plantes vasculaires de notre département, avec l'indication précise des localités, conserve, à raison de son caractère de précision, toute sa valeur. Les études récentes ne peuvent guère y apporter que des compléments.

(2) *Géologie*, p. XII.

autrefois. On aimerait à y rencontrer plus souvent la mention précise des sources où l'auteur a puisé. Mais la classification des strates suivie dans ce travail nécessite des observations spéciales.

Bien que Gressly eût fait connaître dès 1839 la doctrine des facies géologiques, sur laquelle repose l'avenir de la Géologie stratigraphique, et que M. Jules Marcou fût largement entré dans la voie ouverte ainsi par le géologue de Soleure, le frère Ogérien ne paraît pas avoir saisi l'importance de cette question des facies, qui s'impose à présent absolument à quiconque s'occupe de géologie jurassienne.

D'une manière générale, on peut dire que chaque étage des terrains secondaires de notre département présente plusieurs *facies,* dus à des conditions locales différentes dans la sédimentation, c'est-à-dire que, selon les points où on l'observe, il offre des caractères pétrographiques divers et souvent même une faune différente. Par suite, les subdivisions établies sur un certain point peuvent parfaitement ne pas se retrouver en même nombre ou au même niveau sur un autre, même peu éloigné. De plus, les espèces de fossiles qui *caractérisent* un certain groupe de strates dans une localité peuvent ne pas exister à ce même niveau dans une autre, où l'étage considéré possède un facies différent ; ou bien encore ces espèces peuvent ici se trouver dans un autre groupe de strates, inférieur ou supérieur au premier. Dans ce dernier cas, on serait conduit à considérer comme synchroniques des formations d'âges différents, si l'on s'en rapportait seulement aux fossiles dits caractéristiques. On conçoit, d'après cela, le danger d'appliquer à une région quelque peu étendue et présentant divers facies, une classification en zones caractérisées par une ou deux espèces (1).

(1) On peut voir à ce sujet, dans les Mémoires de la Société d'Émulation du Jura de 1886, notre note *La Réunion de la Société géologique de France dans le Jura méridional en 1885, Facies du Jurassique supé-*

Séduit, comme d'autres savants de son époque, par la simplicité apparente d'une échelle stratigraphique composée d'étages subdivisés en *zones* nombreuses caractérisées chacune par des fossiles particuliers, le frère Ogérien entreprit d'appliquer ce système à la stratigraphie du Jura, sans s'apercevoir que le cadre à étroits compartiments ainsi établi d'après quelques coupes et pour certaines localités particulières, ne pouvait convenir à toutes.

D'ailleurs, nos régions étaient encore trop imparfaitement connues pour qu'une classification générale des strates jurassiennes, aussi détaillée que le tentait Ogérien, pût avoir la précision convenable. Dès 1869, M. le professeur Jaccard, de Neuchâtel, alors l'un des meilleurs connaisseurs du Jura central, disait à ce sujet : « Un plan semblable... me paraît beaucoup trop vaste dans l'état actuel de nos connaissances sur le Jura » (1). Les études récentes de MM. Paul Choffat, Marcel Bertrand, l'abbé Bourgeat et nos modestes recherches même ont montré en effet que, bien loin de pouvoir à cette époque établir une telle classification de détail, les géologues jurassiens étaient exposés parfois, par suite des conditions spéciales de certains gise-

---

rieur *du Jura*, dans laquelle nous avons essayé de montrer l'importance considérable de cette question et indiqué les principaux faciès des étages du Jurassique supérieur du Jura, à partir du Callovien, avec leurs limites respectives, comme l'indiquent les travaux récents.

Si nous même, dans nos études détaillées des environs de Lons-le-Saunier et de la région de Châtelneuf, sommes amené à donner de nombreuses subdivisions, nous ne leur attribuons qu'un caractère local ou régional plus ou moins restreint, limité par les modifications latérales de faciès, et nous n'entendons nullement les proposer pour l'ensemble de notre département. Toute classification stratigraphique détaillée doit être ainsi rigoureusement attribuée uniquement à la région pour laquelle elle a été établie, tant qu'une étude très sérieuse et complète des régions voisines n'a pas démontré qu'elle peut leur être étendue (grâce à la similitude de faciès, etc.).

(1) *Description géologique du Jura neuchâtelois et vaudois*, p. 236.

ments et de l'ignorance des facies, à commettre des erreurs
considérables dans l'attribution des étages. C'est ainsi que
les puissantes formations coralligènes des environs de Saint-
Claude, qui furent longtemps attribuées au Corallien classique (étage Rauracien actuel) par les savants les plus distingués, sont à présent reconnues appartenir à l'étage Ptérocérien ; ailleurs, trompé par l'apparence dolomitique de
certains bancs calcaires du Séquanien, ou peut-être sur l'indication de l'un de ses correspondants, le frère Ogérien a
signalé le Portlandien dans des localités où cet étage
n'existe pas (Mont-sur-Monnet).

- Actuellement encore, et malgré les progrès considérables
de la géologie jurassienne dans les 15 dernières années, il
ne serait pas possible d'établir avec quelque précision une
classification générale des strates du Jura aussi détaillée
que celle d'Ogérien.

Un tel travail ne pourra être tenté avec succès que
lorsque de consciencieuses monographies locales, suffisamment détaillées et basées sur la triple condition de l'observation exacte des strates, de la récolte en place des fossiles et de leur détermination précise par des paléontologistes, auront fait connaître chaque assise du Jura dans
ses différents facies et le passage latéral de l'un à l'autre de
ceux-ci.

On sait aussi que le frère Ogérien, contrairement aux
idées reçues à présent, refusait d'attribuer à l'existence de
glaciers quaternaires jurassiens les sables argileux à cailloux
polis et striés, ainsi que le poli et les stries des roches en
place, si fréquents dans nos montagnes.

Nous n'insisterons pas, d'ailleurs, sur diverses défectuosités de détail, connaissant les conditions dans lesquelles se
fit l'impression de ce livre. Obligé par les frais de tirage
de réduire considérablement son texte, le frère Ogérien,
déjà surmené par un labeur au-dessus de ses forces, se
trouva fatigué au point de voir sa santé altérée et de ne

pouvoir suivre sérieusement l'impression de son dernier volume. Le manuscrit était devenu trop peu lisible : il fut recopié par le prote de l'imprimerie, qui nous a lui-même cité ce fait, et l'on comprend que, dans ces conditions, nombre de passages purent se trouver plus ou moins altérés, des mentions d'auteurs omises, des nombres modifiés, etc.

En résumé, la publication de la *Géologie stratigraphique du Jura* du frère Ogérien fut une intéressante tentative de vulgarisation de la géologie jurassienne, tentative que l'administration départementale eut grandement raison d'encourager aussi vivement et qui est d'autant plus louable qu'elle a coûté des efforts considérables à son auteur, mais qui ne pouvait aboutir définitivement, à raison de l'état trop incomplet de la connaissance du Jura à cette époque. Sa classification détaillée des strates jurassiennes ne peut, en général, être prise pour guide par nos jeunes compatriotes qui voudraient étudier le Jura. Les considérations relatives à l'agriculture et à l'hydrologie restent fort dignes d'intérêt ; mais les indications stratigraphiques et paléontologiques de cet ouvrage doivent être considérées comme des renseignements à vérifier et non comme des points acquis à la connaissance du Jura (1).

(1) Si nous avons tellement insisté sur la classification défectueuse du frère Ogérien, on voudra bien reconnaître que nous sommes bien éloigné de vouloir critiquer hors de propos. Mais cet ouvrage est le seul qui traite de la géologie générale de notre département, et le seul que sa présence dans la plupart des bibliothèques scolaires de nos villages rende accessible à tous : il importait de bien connaître à quel point on peut se rapporter à ses descriptions de terrains. D'ailleurs, plus d'une fois, nous avons vu de nos compatriotes jurassiens, séduits aussi par la simplicité de l'échelle stratigraphique de l'Histoire naturelle du Jura, croire que les études de géologie stratigraphique offrent une extrême facilité qui est loin d'exister, et se trouver exposés à se rebuter pour la première difficulté, ou bien encore se figurer que la stratigraphie jurassienne est si parfaitement connue qu'il n'y a plus aucune

M. Séraphin CHOPPART, qui fut longtemps chef de section des chemins de fer à Lons-le-Saunier, avait pris part à la construction de nos premières voies ferrées. C'est à lui, ainsi qu'à Pidancet, que l'on doit la découverte, près de Saint-Lothain, de l'énorme Saurien triasique, le *Dimodosaurus Poligniensis*. Sans nul doute, il possède une foule d'observations précieuses sur notre région ; mais il ne les a pas publiées.

De 1848 à 1860, M. LAMAIRESSE, alors ingénieur des Ponts et Chaussées, chargé du service hydraulique dans l'Ain et le Jura sous la direction de M. Parandier, recueillit d'après ses conseils d'importantes observations sur le régime des eaux dans notre département. Il les a publiées en 1874, dans ses *Etudes hydrologiques sur les Monts-Jura*, où il passe en revue pour chaque région du Jura l'orographie, le climat, les caractères physiques de la population, la composition géologique, les qualités agricoles et la composition du sol, et donne au sujet de l'hydrologie d'intéressants détails et des tableaux qui résument une foule d'indications utiles. Deux cartes géologiques et hydrologiques accompagnent cet important ouvrage, où la région de Lons-le-Saunier a sa bonne part.

Avec l'éloignement de notre ville de Jacques Bonjour, en

étude sérieuse à faire dans notre pays. « Je m'occuperais volontiers de géologie, nous disait l'un d'eux ; mais après l'ouvrage du frère Ogérien il ne reste rien à faire ! » — Nous pouvons affirmer à ces derniers, sans méconnaître le moins du monde les estimables efforts de cet auteur, non plus que les moindres recherches des anciens naturalistes du Jura, que, de l'avis de nos plus savants géologues, MM. Paul Choffat, Marcel Bertrand, etc. il reste encore à faire, et *beaucoup à faire même*, pour arriver à la connaissance sérieuse et complète de notre département, et qu'il y a là de quoi occuper longuement toutes les bonnes volontés.

1867, et du frère Ogérien en 1868, puis la mort de tous deux l'année suivante, suivie de celle de Just Pidancet en 1871, se termine la période active de la géologie jurassienne, si brillamment inaugurée par les premiers travaux de M. Jules Marcou.

Depuis cette époque jusqu'à nos premières recherches dans les environs de Lons-le-Saunier en 1879, bien peu de Jurassiens se sont intéressés à la géologie de ce pays. Nous avons toutefois le plaisir de citer deux Lédoniens, en regrettant de les voir tous deux depuis longtemps éloignés du Jura.

L'un est M. Georges BOYER, percepteur à Besançon, qui s'est fait connaître, dès 1878, par une remarquable étude du Mont-Poupet, près de Salins, ainsi que par d'intéressantes observations dans l'Ain et le Doubs, et qui s'occupe avec beaucoup de succès à vulgariser la géologie franc-comtoise par la publication du bel *Atlas orogéologique du Doubs*, où la carte géologique au $\frac{1}{80.000}$ est mise à la disposition de tous, et par celle d'une *Carte géologique de la Franche-Comté*, au $\frac{1}{500.000}$. Mais M. Boyer n'a rien fait connaître des observations qu'il a pu faire autrefois dans notre région. Nous souhaitons bien vivement qu'un prochain réveil des études géologiques dans notre département vienne l'engager à nous doter aussi d'un Atlas orogéologique du Jura.

Le second, M. le Dr Marcel BUCHIN, voudra bien nous permettre de mentionner aussi ses recherches autour de notre ville, alors qu'élève de notre lycée et guidé seulement par quelques indications de M. Choppart, il employait les loisirs que lui laissaient ses études à explorer les gisements fossilifères et observer les conditions diverses de composition et de structure du sol de ce pays. Depuis lors, M. Buchin n'a pas cessé de consacrer à la géologie lédonienne quelques-unes des rares journées que ses occupations lui permettaient de passer dans notre pays, et nous avons eu plus d'une fois le plaisir d'en explorer certains points en sa compagnie.

Nous ne devons pas omettre de mentionner encore M. le Dr CORAS, de Montain, qui s'occupe depuis assez longtemps d'observer la composition du sol de nos environs et d'y rechercher en particulier les traces de l'existence des glaciers ; puis M. l'ingénieur des Ponts et Chaussées PERNOT, qui a bien voulu prêter son concours à l'étude des mouvements lents du sol sur le bord de la région lédonienne aux alentours de Doucier et de Châtillon.

Enfin, M. Théophile BERLIER, de Châtillon-sur-l'Ain, qui étudie depuis longtemps avec tant de soin les Mollusques vivants du Jura, explore activement aussi, depuis plusieurs années, les gisements fossilifères de la partie orientale du Jura lédonien, et il y a recueilli les éléments d'une belle collection.

Mais en outre la région lédonienne a été, depuis 1870, l'objet de savantes études de MM. HENRY, Paul CHOFFAT, Marcel BERTRAND et d'un Jurassien, M. l'abbé BOURGEAT.

Le Rhétien et le Calcaire hettangien de nos environs ont été étudiés de la façon la plus consciencieuse, vers 1874, sous la désignation générale d'Infralias, par M. HENRY, professeur au lycée de Besançon, dans les tranchées de Feschaux et de Lavigny dont il a publié les coupes (1).

M. Paul CHOFFAT, qui n'a fait connaître encore qu'une faible partie de ses études sur le Jura, a exploré notre pays

(1) *L'Infralias dans la Franche-Comté* (Mém. Société d'Émulation du Doubs, 4e série, vol. X). M. Henry a décrit dans ce travail sous le nom d'étage Hettangien les couches à Ammonites planorbis et à Am. angulatus que nous signalons plus loin comme assise inférieure du Lias inférieur, sous le nom de Calcaire hettangien.

de 1873 à 1878 ; mais il a mentionné seulement la région lédonienne au sujet du Callovien inférieur, de l'Oxfordien et du Rauracien (2).

En 1881 et 1882, M. l'Ingénieur Marcel BERTRAND, professeur de Géologie à l'École des Mines, a étudié très soigneusement notre région pour l'établissement de la Carte géologique détaillée de la France, et il nous a dotés de la belle feuille *Lons-le-Saunier* de cette carte. Elle est accompagnée d'une notice fort intéressante qui résume très brièvement ses principales observations stratigraphiques. Mais nombre de faits n'ont pu y trouver place, et d'ailleurs les nécessités de l'observation rapide des contours d'affleurements des divers étages n'ont pas dû permettre à l'éminent professeur de s'arrêter au détail des menus faits stratigraphiques et des faunes.

Plus récemment, M. l'abbé BOURGEAT, professeur de Géologie à l'Institut catholique de Lille s'est occupé de quelques points du Jura lédonien. Dans ses *Recherches sur les formations coralligènes du Jura méridional*, il donne les coupes du Bajocien au N. de cette région, à Molamboz, Chamole et Le Fied.

En somme, on peut dire que, à part le Rhétien et le Calcaire hettangien les grands traits seulement de la Géologie lédonienne ont été esquissés. La stratigraphie détaillée et la paléontostatique restent à étudier en entier, et nécessitent de longues et minutieuses recherches.

———

Pendant ces dernières années, la partie orientale de notre département a été soigneusement explorée par de nombreux

(2) *Esquisse du Callovien et de l'Oxfordien dans le Jura occidental et le Jura méridional* (Mém. Société d'Émul. du Doubs, 5e série, vol. III).

savants français et étrangers, principalement au point de vue des diverses variations de facies qu'offre la série des étages supérieurs de la formation jurassique. La Société géologique de France y a tenu, en 1885, sa réunion extraordinaire annuelle, et, tout récemment (1889), M. le professeur Marcel Bertrand conduisait dans ce pays une excursion de l'École nationale des Mines.

La région lédonienne offre une puissante et belle série des assises inférieures du Jurassique, qui présentent aussi de curieux exemples des variations de facies, plus locales, il est vrai, mais en outre de remarquables gisements appartenant à d'autres formations se montrent dans cette contrée ou dans son voisinage. Espérons que ce pays, qui paraît d'autant plus intéressant qu'on l'étudie davantage, obtiendra aussi dans un avenir prochain, en même temps que toute la région des basses montagnes qui s'étend de Salins et Arbois à Saint-Amour et Saint-Julien, sa bonne part dans cette attention et ces visites des savants naturalistes de notre époque.

Nous sommes heureux déjà de voir M. Attale Riche, de Lyon, poursuivre jusque dans notre région ses études sur l'Oolithe inférieure du Jura méridional. A plusieurs reprises nous avons eu le plaisir de visiter avec lui les points que nous avions précédemment observés en particulier.

D'autres savants ont d'ailleurs visité récemment avec intérêt différents points de nos environs, où nous avons eu l'avantage de les accompagner. Ce sont principalement M. le capitaine Albert Romieux, professeur à l'École d'application de l'Artillerie et du Génie de Fontainebleau, qui a bien voulu s'occuper fort activement des observations entreprises à Doucier sur les mouvements lents du sol à notre époque et nous donner à ce sujet de précieuses indications, et deux géologues suisses, MM. les professeurs Hans SCHARDT, de Montereux, et Louis ROLLIER, de Saint-Imier.

Nous devons aussi mentionner les excursions que la Section du Jura du Club alpin français a faites, sous la direction de son président, M. le professeur Alexandre VÉZIAN, doyen de la Faculté des Sciences de Besançon, non-seulement dans la partie orientale du Jura lédonien, en 1881 et 1882, mais encore en 1887 dans notre pittoresque vallée de Baume-les-Messieurs.

Peut-être les travaux et l'attention dont la géologie de notre département est l'objet depuis quelques années détermineront-ils enfin quelques jeunes Lédoniens à suivre l'exemple de nos compatriotes leurs aînés, MM. Marcou, Bonjour, Guirand, Bourgeat, etc.

Liste des auteurs cités en abrégé dans la synonymie.

BERTRAND, 1882 et 1884. — *Carte géologique détaillée de la France, feuilles Besançon et Lons-le-Saunier.*

BONJOUR, 1863. — *Géologie stratigraphique du Jura* (Annales de la Société des Sciences industrielles de Lyon).

CHOFFAT, 1878. — *Esquisse du Callovien et de l'Oxfordien dans le Jura méridional et le Jura occidental* (Mémoires de la Société d'Émulation du Doubs, série V, vol. III).

DUMORTIER, 1864-1874. — *Études paléontologiques sur les Dépôts jurassiques du Bassin du Rhône* (Paris).

HENRY, 1875. — *L'Infralias dans la Franche-Comté* (Mémoires de la Société d'Émulation du Doubs, série 4, vol. X).

MARCOU, 1846. — *Recherches géologiques dans le Jura salinois* (Mémoires de la Société géologique de France).

MARCOU, 1856. — *Lettres sur les Roches du Jura* (Paris 1857-1860).

OGÉRIEN, 1867. — *Histoire naturelle du Jura, Géologie,* t. II (Paris).

Echelle de fréquence.

Lorsqu'il y a lieu, le degré de fréquence de chaque espèce est indiqué par un chiffre après le nom, selon l'échelle suivante, analogue à celle de M. C. Mayer :

1. Très rare.
2. Rare.

3. Fréquence moyenne.

4. Abondant.
5. Très abondant.

RÉSUMÉS STRATIGRAPHIQUES

ET

COUPES

DU RHÉTIEN AU CALLOVIEN.

La série étudiée dans les coupes qui suivent s'étend de la base du Jurassique à l'Oxfordien. Elle comprend ainsi les sept étages qui constituent le Lias et l'Oolithe inférieure ou Dogger : Rhétien (ou Lias infra-inférieur), Lias inférieur (y compris des couches très peu développées à Ammonites planorbis et Am. angulatus), Lias moyen et Lias supérieur, ainsi que Bajocien, Bathonien et Callovien.

Ainsi que je l'ai indiqué ailleurs, dès 1885, le peu de relations paléontologiques qui existe dans notre contrée entre le Callovien supérieur et l'Oxfordien inférieur, bien qu'ils aient tous deux le facies à Céphalopodes, m'engage à suivre les auteurs qui placent entre ces deux étages la limite du Jurassique inférieur et du Jurassique supérieur.

Les coupes sont placées à la suite du résumé stratigraphique de l'étage ou de l'assise auxquels elles se rapportent principalement.

ÉTAGE RHÉTIEN.

Keuper, étage supérieur, 2e et 3e groupe. **Marcou, 1846.**

Sinémurien, groupe A, Infralias, et groupe B (en partie). — *Keuper* (partie supérieure), dans la coupe de Feschaux. — **Bonjour, 1863.**

Argiles irisées (partie supérieure), *zones 71, 70 et 69.* **Ogérien, 1867.**

Etage Rhétien. **Henry, 1875** (1).

Infra-lias. **Bertrand, 1882 et 1884.**

Caractères généraux. — Cet étage comprend trois séries de couches gréseuses à débris de Poissons et de Reptiles (*bone bed*), qui alternent avec des argiles schisteuses, noires ou verdâtres, et des bancs calcaires ou des dolomies cloisonnées, contenant de nombreux petits bivalves à divers niveaux ; le tout est surmonté d'argiles bariolées stériles (Marnes pseudo-irisées), qui ont été longtemps confondues avec les Marnes irisées triasiques, et l'étage se termine par des couches régulières de calcaire lithographique à bivalves et de marne, qui renferment encore des grès en plaquettes, plus ou moins rudimentaires, avec traces de petits bivalves.

Fossiles principaux. — Les gisements des environs de Lons-le-Saunier m'ont fourni des dents de Poissons, appartenant à une douzaine d'espèces déterminées, des genres *Sphœrodus, Saurichthys, Sargodon, Acrodus* et *Hybodus*, qui seront nommées plus loin. Les plus fréquentes sont :

(1) Le Rhétien et le Calcaire hettangien ont été étudiés dans nos environs avec beaucoup d'exactitude par M. Henry, de Besançon, qui en a relevé de bonnes coupes près de Lavigny et de Feschaux (*L'Infra-lias dans la Franche-Comté*). Je profite de cette circonstance pour donner plus de détails sur cette première et intéressante partie des terrains jurassiques, en complétant mes propres observations par les indications que fournit cet auteur sur ces deux localités.

Sphærodus minimus, Ag., 3.   *Sargodon tomicus*, Plien., 3.
Saurichthys acuminatus, Ag., 4.   *Acrodus minimus*, Ag., 4.

Une partie des nombreuses écailles sont attribuées à l'*Amblypterus decipiens,* Gieb.

Parmi les bivalves, la plupart de petite taille, qui pullulent à certains niveaux, les espèces suivantes ont été reconnues dans les gisements lédoniens :

* *Tæniodon præcursor*, Schlenb.   *Avicula contorta*, Portlock.
* *Cytherea rhætica*, Henry.   — *præcursor* (Quenst).
* *Cardium Philippianum*, Dunk.   *Pecten valoniensis*, Defr.
*   — *Soldani*, Stopp.   *Plicatula intusstriata,* Emm.
Mytilus glabratus, Dunker.

Les espèces précédées d'un astérisque sont indiquées d'après l'ouvrage de M. Henry.

Puissance. — A Lons-le-Saunier, seul point où j'aie pu en observer la série entière, le Rhétien mesure à peu près 25 mèt. 50.— M. Henry lui attribue seulement 22 m. 85 dans la grande tranchée de la route au N. de Feschaux. Mais à Lavigny, où le sommet seul n'était pas visible, le même observateur a obtenu des nombres qui concordent fort sensiblement avec l'épaisseur reconnue à Lons-le-Saunier.

Limites. — Le Rhétien est nettement limité à la base par le puissant massif des Marnes irisées du Trias ; au sommet, par le massif de calcaire gréseux, très dur, qui commence l'étage suivant.

Points d'étude et coupes à consulter. -— J'ai observé la série complète de cet étage à Lons-le-Saunier, dans la tranchée du chemin de fer dite des Rochettes, où la base est à présent cachée, et la partie supérieure dans la tranchée du tunnel des Salines, ainsi que dans celle de la voie ferrée près du Vernois, et dans la grande tranchée du chemin de fer de la Montagne entre Perrigny et Pannessières. On trouvera plus loin les coupes des trois premières localités.

— En outre, j'ai l'avantage de rapporter à leur suite les coupes de Lavigny et de Feschaux, par M. Henry, qui a bien voulu m'en donner fort gracieusement l'autorisation. Les indications qui vont suivre sur ces deux dernières localités sont à peu près totalement tirées de cet auteur.

Les meilleurs points d'étude sont actuellement la tranchée de Lavigny à la gare de Montain pour la partie inférieure (avec une assez grande épaisseur des Marnes irisées à la base), et la tranchée des Rochettes, à Lons-le-Saunier, pour la partie moyenne et supérieure de l'étage.

Subdivisions adoptées. — La répétition des couches gréseuses à débris de Vertébrés marins, formant avec les schistes argileux et les dolomies qui les surmontent respectivement, trois séries assez symétriques, conduit à distinguer trois assises dans le Rhétien des environs de Lons-le-Saunier. Les observations relatives à la faune sont encore trop incomplètes d'ailleurs pour être invoquées à l'appui de cette subdivision. Les limites entre ces trois assises correspondent d'ailleurs exactement à celles que M. Henry a choisies pour ses trois zones inférieures.

Les assises sont aussi divisées en niveaux principalement d'après les caractères pétrographiques.

I. — RHÉTIEN INFÉRIEUR.

SYNONYMIE. — *Rhétien inférieur, zone a.* Henry, 1875.

Succession de grès variables, fossilifères, plus grossiers et irréguliers dans le bas, puis micacés, avec interpositions marneuses, suivie d'une alternance d'argiles schisteuses noirâtres (verdâtres ou rougeâtres par altération), avec des bancs de calcaire dur, un peu gréseux et ferrugineux, à petites parcelles spathiques et petits bivalves, accompagnés le plus souvent de dolomie cloisonnée blanchâtre.

Cette alternance renferme encore parfois de minces inter-calations de grès à débris de Poissons. Sur certains points, la couche inférieure de grès offre une couleur rosée et con tient des amandes d'argile verte keupérienne, remaniée.

Les débris de Reptiles et de Poissons abondent par places dans les grès inférieurs, mais sont rarement déterminables. Nombreux bivalves à certains niveaux : *Mytilus glabratus*, *Avicula contorta*, etc.

Puissance : environ 10^m à Lons-le-Saunier ; 10^{m}05 à Lavigny, et 8^{m}35 à Feschaux.

Cette assise se distingue pétrographiquement assez bien par la fréquence des couches gréseuses dans la partie infé-rieure et parfois leurs caractères particuliers (noyaux d'ar-gile verte et couleur rosée à la base, nombreux Mytilus, etc., un peu plus haut), ainsi que par le petit nombre d'intercalations de bancs de calcaire gréseux et de dolomies cloisonnées, bien distincts des dolomies piquetées de l'as-sise suivante. Ces caractères peuvent permettre de recon-naître cette assise quand la superposition sur les Marnes irisées n'est pas nettement observable.

Le Rhétien inférieur peut être divisé en trois niveaux.

A. — Niveau du Grès de Boisset.

SYNONYMIE. — *Grès de Boisset.* Marcou, 1846.

Bone bed inférieur.—Grès variables, plus ou moins en pla-quettes, avec intercalation de couches argileuses. Ils offrent des débris de Reptiles et de Poissons et parfois des surfaces couvertes de bivalves. A la base est un grès plus grossier, très variable, formant un banc massif ou subdivisé en pla-quettes, souvent rosé, qui renferme parfois d'abondants débris de Vertébrés, de couleur noire, ainsi que des amandes d'argile verte remaniée, d'origine keupérienne (à Lons-le-Saunier, de même qu'à Boisset, près de Salins ; mais rares à Lavigny).

3 bis

Sphærodus minimus, Ag.　　*Hybodus minor*, Ag.

Saurichthys acuminatus, Ag.　*Mytilus glabratus*, Dunker.

Acrodus minutus, Ag.　　*Avicula contorta*, Portlock.

Puissance : 2^m20 à Lons-le-Saunier ; — 2^m15 à Lavigny et 2^m40 à Feschaux (1).

B. — Niveau des schistes argileux inférieurs.

Argiles schisteuses noires, passant au verdâtre ou au rougeâtre, alternant avec 2 bancs de calcaire gréseux, un peu ferrugineux et parfois avec un banc dolomitique en dessus.

Nombreux petits bivalves par places, surtout dans les bancs calcaires. A Lavigny, M. Henry a recueilli

Avicula contorta, Portl.　　*Pecten valoniensis*, Defr.

Puissance : 3^m20 à Lons-le-Saunier ; — 2^m65 à Lavigny, et moins de 2 m. à Feschaux à ce qu'il paraît.

C. — Niveau des schistes avec calcaire et dolomie.

Couche d'argile schisteuse, micacée, noirâtre intérieurement, qui renferme à Lons-le-Saunier et Feschaux, des intercalations de plaquettes gréseuses à débris de Poissons peu fréquents et passant dans le haut à un grès irrégulier, assez grossier, fragmenté, avec nodules gréseux très durs ; le tout est surmonté d'une alternance d'argiles schisteuses

(1) Près de Miéry, les bancs de grès de ce niveau sont plus épais et surtout plus durs que dans les environs de Lons-le-Saunier. Le frère Ogérien a donné de ce gisement une petite coupe (Géologie, p. 871) que M. Henry a reconnue suffisamment exacte. Mais ce dernier a fait voir que le grès exploité à Miéry appartient à la base du Rhétien, et non au sommet selon l'indication du premier auteur.

intercalées entre des bancs calcaires, un peu gréseux et ferrugineux, brun-rougeâtre, accompagnés de dolomie cloisonnée. Nombreux petits bivalves à divers niveaux dans les argiles et les calcaires.

M. Henry cite dans la partie supérieure de ce niveau à Lavigny et Feschaux :

Tæniodon præcursor, Schlenb.   *Cytherea rhætica*, Henry.

Puissance : 4ᵐ75 à Lons-le-Saunier ; — 5ᵐ25 à Lavigny, et 4ᵐ30 à Feschaux.

II. — RHÉTIEN MOYEN,

SYNONYMIE. — *Rhétien inférieur, zone b.* Henry, 1875.

Le Rhétien moyen commence par une couche argileuse, micacée, passant à un grès variable, très micacé, à débris de Poissons assez nombreux avec ossements de Reptiles (Bone bed moyen), que surmonte une alternance de couches argileuses noirâtres ou verdâtres avec des bancs de dolomie cloisonnée, la plupart fortement piquetés de noirâtre. Dans la partie moyenne, se trouvent quelques rares niveaux à petits bivalves : *Avicula contorta*, etc. M. Henry indique à Feschaux les *Cytherea rhætica* et *Cardium Soldani*.

Puissance : environ 9 m. à Lons-le-Saunier ; — 9ᵐ75 à Lavigny, et 7ᵐ45 à Feschaux.

La fréquence des bancs de dolomie cloisonnée et surtout leur piqueté noirâtre, et même l'abondance du mica dans les grès de la base distinguent nettement cette assise des deux voisines.

Le Rhétien moyen se prête bien à la division en 3 niveaux.

A. — Niveau du grès micacé à Vertébrés.

Bone bed moyen peu développé. — Couche argileuse, feuilletée à la base, se chargeant de fines parcelles de mica et de très petits grains quartzeux, et passant plus ou moins à un grès fin, en plaquettes irrégulières, puis à un grès fortement micacé, variable, parfois assez grossier, fragmenté et à rognons très durs, qui renferme des débris de Poissons assez fréquents et quelques ossements de Reptiles. Par places, il est surmonté d'un mince banc dolomitique cloisonné.

Sphærodus minimus, Ag.   *Acrodus minimus*, Ag.

Puissance : 1ᵐ10 à Lons-le-Saunier ; — 1ᵐ20 à Lavigny, et 1ᵐ40 à Feschaux.

B. — Niveau des schistes argileux.

Argiles noirâtres, verdâtres ou jaunâtres, schisteuses dans le milieu, plus dures dans le haut, où elles offrent des plaquettes finement gréseuses et micacées, et renferment des débris de Poissons et des bivalves.

Acrodus cfr. *minimus*, Ag.   *Avicula contorta*, Portl.

Puissance : 2ᵐ75 à Lons-le-Saunier ; — 2ᵐ90 à Lavigny, et seulement 1ᵐ50 à Feschaux, selon M. Henry, qui signale d'ailleurs un petit banc calcaire à la partie inférieure dans ces deux localités.

C. — Niveau des dolomies cloisonnées piquetées.

Alternance assez régulière de banc de calcaire dolomitique cloisonné, la plupart fortement piquetés de noirâtre, et de couches peu épaisses d'argile noirâtre, verdâtre ou jaunâtre, parfois schisteuse. Certains bancs renferment de petits bivalves.

Puissance ; 5 m. à Lons-le-Saunier ; — 5m65 à Lavigny, et 4m55 à Feschaux.

III. — RHÉTIEN SUPÉRIEUR.

SYNONYMIE : *Rhétien supérieur*. Henry, 1875.

La partie inférieure de cette assise offre une série très fossilifère, composée de grès argileux, à débris de Vertébrés qui abondent sur certains points, suivis de couches argileuses, calcaires et parfois calcaro-gréseuses, criblées de bivalves à divers niveaux. Au-dessus, viennent des marnes stériles bleues, rouges, verdâtres ou jaunâtres, que surmontent des calcaires lithographiques, en bancs minces, suivis de marnes, parfois gréseuses.

En outre des Poissons assez nombreux qui sont indiqués plus loin, cette assise offre une multitude de *Pecten valoniensis, Plicatula intusstriata, Ostrea marcignyana*, ainsi que de petits *Cardium*, etc., qui forment presque en entier certains bancs.

L'abondance de ces bivalves suffirait même à différencier nettement le Rhétien supérieur des assises voisines ; mais, en outre, *Ostrea marcignyana* ne se trouve que dans le Rhétien supérieur et constitue une bonne caractéristique de cette assise dans toute la Franche-Comté. D'ailleurs, les petits nids ocreux rougeâtres du grès inférieur et la présence dans notre région des Marnes pseudo-irisées permettent de la reconnaître au premier abord.

Puissance : 6m50 à Lons-le-Saunier ; — 5m50 dans la tranchée du Vernois, 6m70 à Feschaux.

La composition de cette assise est assez uniforme dans

les environs immédiats de Lons-le-Saunier. Elle offre une composition fort différente dans les environs d'Arbois et de Salins, où elle comprend de nombreux bancs de grès, la plupart de couleur noire, alternant avec des marnes noires et renfermant vers le haut une couche de Marnes pseudo-irisées, réduite à moins de 1 m. (ravin de Boisset, près de Salins), qui disparaît plus au N. (Nans-sous-Ste-Anne, et environs de Besançon) (1).

Une légère modification dans ce sens paraît indiquée pour la partie supérieure de l'assise dans la coupe du Vernois, par une petite réduction des Marnes pseudo-irisées, et surtout par le plus grand développement dans cette localité d'une couche de plaquettes gréseuses entre le calcaire lithographique et les gros bancs de Calcaire hettangien. Il serait intéressant de suivre les modifications de cette assise entre Lons-le-Saunier et Arbois. Cette considération conduit à distinguer trois niveaux dans le Rhétien supérieur lédonien.

A. — Niveau des grès supérieurs à Vertébrés.

SYNONYMIE : *Rhétien supérieur, zone c.* Henry, 1875,

Bone bed supérieur. — Grès argileux, peu dur, à petits nids ocreux rougeâtres, et à nombreuses dents et écailles de Poissons, avec des ossemeuts de Reptiles, suivi d'une alternance de bancs calcaires et de couches argileuses, où abondent les bivalves, et qui offre parfois des plaquettes de grès calcarifère très dur, contenant aussi de petits bivalves.

Les principales espèces de ce niveau sont :

Amblypterus decipiens, Gieb., 4. *Hybodus pyramidalis,* Ag., 2.
Sphærodus minimus, Ag., 3.   —   *longiconus,* Ag.?, 1.

(1) HENRY. *L'Infralias dans la Franche-Comté,*

Hybodus minor, Ag., 1.   *Acrodus crenatus*, Ag., 3.
Saurichthys acuminatus, Ag., 4.   *Cardium Philippianum*, Dk.5.
Sargodon tomicus, Plien., 3.   *Pecten valoniensis*, Defr., 5.
Acrodus minimus, Ag., 4.   *Plicatula intusstriata*, Em., 5.
    — *aculus*, Ag., 2.   *Ostrea marcignyana*, Martin.,4

Puissance : 2^{m}60 à Lons-le-Saunier, et 2^{m}45 dans la tranchée du Vernois ; 2^{m}20 à Lavigny, et 2^{m}40 à Feschaux.

Variations locales. — La couche gréseuse de la base offre dans nos divers gisements, comme dans toute la Franche-Comté (1), les petits nids ocreux rougeâtres qui la distinguent nettement des autres grès du Rhétien. Parfois (Lons-le-Saunier), ils ne sont guère représentés que par un grossier pointillé rougeâtre, peu abondant, qui est d'ailleurs suffisamment caractéristique. Dans la tranchée du Vernois, cette couche comprend deux bancs minces dont le plus inférieur porte en dessus un mince lit d'argile durcie rougeâtre, avec petits noyaux ocreux et grossiers grains de quartz ; c'est un véritable *Bone bed*, où abondent les débris de Vertébrés, de couleur noire : dents, écailles, ichtyodorulithes, et coprolithes, avec quelques ossements de Reptiles, parfois assez volumineux. A Lons-le-Saunier et dans la tranchée du chemin de fer entre Perrigny et Pannessières, ce lit est peu distinct ; les débris de Vertébrés sont moins abondants et disséminés dans le grès.

Les couches suivantes n'offrent dans nos environs que des modifications de détail peu importantes d'un gisement à un autre.

La coupe de Lons-le-Saunier présente la série la plus complexe : une deuxième couche de grès tendre (moins élevée au Vernois), se trouve un peu au-dessus de la première ; deux intercalations de plaquettes d'un grès calcarifère très dur, à bivalves, s'y montrent ensuite, l'une vers

(1) H<small>ENRY</small>. *L'Infralias dans la Franche-Comté*.

le milieu du niveau et l'autre au sommet ; mais on remarque particulièrement, dans cette localité ainsi qu'au
Vernois, un mince banc argileux situé vers 0m80 de la base
et pétri de *Pecten valoniensis*, avec *Ostrea marcignyana*,
Plicatula intusstriata, et quelques dents et écailles de
Poissons ; ce banc n'a pas été signalé spécialement à Lavigny et Feschaux, mais il est fort probable qu'il s'y retrouve.

La série est à peine moins variée au Vernois, bien que
toutes les principales couches fossilifères s'y distinguent
encore. Elle est un peu plus simple à Lavigny, et le serait
même davantage à Feschaux, mais on peut craindre que,
malgré le soin extrême que M. Henry a mis à ses observations, le mauvais état dans lequel il a trouvé ce gisement
ne lui ait pas permis de remarquer les menus détails que,
dans ces couches, un hiver suffit à faire disparaître. Je n'ai
pu d'ailleurs étudier ce niveau dans ces deux localités, où
la végétation le recouvre à présent.

Dans nos 4 gisements, la partie supérieure offre une
couche argileuse, à bivalves, d'environ 1 m., qui, au Vernois, renferme une intercalation de plaquettes gréseuses, et
que surmonte partout un banc calcaire criblé de petits bivalves (*Cardium, Nucula, Tœniodon*) ; ce banc termine le
niveau, sauf à Lons-le-Saunier, où il est suivi d'une mince
couche argileuse fossilifère, puis d'un lit de plaquettes gréseuses à bivalves, pris pour limite.

B. — Niveau des Marnes pseudo-irisées.

SYNONYMIE : *Rhétien supérieur, zone d* (partie inférieure). Henry, 1875.

Marnes bariolées, compactes, stériles, rouge brique dans
la partie moyenne de nos gisements (sur 1m30 à 1m50), et
bleuâtre ou verdâtre en dessus (1 m.), commençant parfois
par une couche peu épaisse, blanchâtre (Lons-le-Saunier,
Feschaux), ou verdâtre (Lavigny), qui manque au Vernois,
où ce niveau est un peu moins développé. A Lons-le-Sau-

nier (les Rochettes), ces marnes se chargent dans le haut de
fines parcelles de mica et renferment par places du fer sulfuré, en plaquettes couvertes de cristaux; un très mince feuillet de la même substance les sépare de la couche suivante.

Puissance : 2m90 à Lons-le-Saunier ; 2m50 au Vernois ; —
3m50 à Feschaux.

C. — Niveau des calcaires lithographiques à bivalves.

SYNONYMIE : *Rhétien supérieur, zone d* (partie supérieure). Henry,1875.

Ce niveau se compose principalement de calcaire compact, lithographique, bleuâtre intérieurement, devenant
légèrement jaunâtre par altération et prenant alors un aspect dolomitoïde, sensible à la gelée qui le divise en fragments anguleux, disposé en bancs minces, réguliers, et
parfois en plaquettes rectangulaires, et alternant ordinairement avec de minces couches de marne variable. Il paraît
sans fossiles ; mais en cassant surtout les parties fissurées
par la gelée, on y découvre de rares bivalves.

Au-dessus est une couche marneuse, à fines parcelles de
mica, bleue, jaunâtre par altération, plus ou moins feuilletée, qui offre vers le haut, à Lons-le-Saunier, un mince
feuillet irrégulier de grès très micacé, portant quelques
moules de petits bivalves indéterminables. Près du Vernois,
elle renferme une intercalation gréseuse sensiblement plus
développée.

Puissance : 1 m. à Lons-le-Saunier ; 0m55 au Vernois ; —
0m80 à Feschaux.

Le calcaire à bivalves de ce niveau a beaucoup d'analogie
de texture avec le feuillet de calcaire compact, à bivalves
par places, qu'offre parfois à sa base le Calcaire hettangien. Au niveau de la marne supérieure à feuillet gréseux,
le frère Ogérien indique des Ammonites au Vernois ; mais
je n'y ai vu aucun fossile. A Lons-le-Saunier (tranchée des
Salines), j'ai recueilli une petite Ammonite ferrugineuse

indéterminable, dans cette marne supérieure ; mais elle pouvait provenir de la désagrégation du calcaire gréseux supérieur. — En somme, il serait intéressant d'étudier la faunule de ce niveau, afin de voir s'il appartient réellement au Rhétien.

COUPES DU RHÉTIEN.

1. — COUPE DE LA TRANCHÉE DES ROCHETTES A LONS-LE-SAUNIER.

La tranchée des Rochettes, qui vient d'être élargie pour le raccordement du chemin de fer de la Montagne, commence immédiatement à l'E. du passage à niveau de la rue Rouget de l'Isle. Peu profonde d'abord, elle n'a offert, au-dessous de la terre végétale, qu'une épaisseur variable de dépôts quaternaires (argile rougeâtre à silex bajociens altérés), reposant sur des argiles verdâtres ou jaunâtres qui appartiennent aux couches supérieures des Marnes irisées du Trias. Plus à l'E., les grès inférieurs du Rhétien (Grès de Boisset) surmontent ces argiles. D'abord horizontaux, ils s'infléchissent vers l'E., suivis des couches supérieures, et les travaux ont permis d'observer toute la série rhétienne, plongeant assez fortement dans cette direction, jusqu'au point où la tranchée atteint sa plus grande profondeur et où l'on observe une bonne partie du massif de calcaires durs du Lias inférieur, inclinés d'abord puis revenant à la position horizontale.

De légères dislocations existent à deux reprises dans la partie inférieure de la série rhétienne, et une autre vers le haut. Cette dernière détermine deux apparitions successives de marnes rouges ; mais la présence des bancs voisins fossilifères et surtout des grès permet de s'y reconnaître facilement. Les dislocations inférieures n'ont pas permis de mesurer avec précision certaines couches de schistes argileux, ce qui a rendu très utile pour cette partie la vérification par comparaison avec la coupe de Lavigny, de M. Henry.

MARNES IRISÉES (partie supérieure).

Argile verdâtre, souvent jaunâtre par altération, parfois noire
ou piquetée de noir dans le haut, sans doute par suite de la présence de débris organiques. — Visible sur quelques décimètres
au moment des travaux, mais actuellement cachée par un mur
de soutènement.

ÉTAGE RHÉTIEN

I. — Rhétien inférieur.

A. — NIVEAU DU GRÈS DE BOISSET (2m20.)

1. — Couche argilo-gréseuse, complexe et variable, essentiellement caractérisée par la présence d'un grès grossier, très dur,
à ciment siliceux, taché de rose, en plaquettes minces, très fragmentées, ainsi que de nodules roulés, amygdaliformes, d'argile
verte, dure, contenus dans le grès, et formant lit dans l'intervalle des plaquettes en compagnie d'une argile jaunâtre. Ces nodules verts proviennent évidemment d'une érosion rapide de la
partie supérieure des Marnes irisées.

A une vingtaine de mètres à l'O. de l'extrémité orientale du
mur vertical de revêtement, qui la cache à présent complétement
ainsi que les couches 2 à 4, cette couche offre ainsi une alternance de très mince plaquettes gréseuses, avec amandes d'argile
verte, et de minces lits d'argile durcie, verdâtre ou jaunâtre,
aussi à nodules verts. A une dizaine de mètres plus à l'E., elle
est criblée de nodules verts, dans une argile dure, micacée,
jaunâtre ou verdâtre, souvent accompagnée de petits morceaux
ou de plaquettes du grès à grains verts, ou renfermant par places
des grumeaux ou rognons très irréguliers d'un calcaire dolomitique jaunâtre.

Les débris noirs, parmi lesquels on distingue des ossements
fragmentés de Reptiles, abondent par places. Je n'ai pu y trouver
aucune dent ou écaille de Poisson reconnaissable.

Epaisseur irrégulière, soit en moyenne 0m10

2. — Grès variable, taché de rose et de verdâtre, très dur, à ciment siliceux par places, fragmenté, parfois assez grossier, à fines parcelles de mica, avec quelques grains quartzeux arrondis, laiteux, plus gros, et de petits cailloux gréseux, noirs, très durs, ainsi que des amandes d'argile verte, tantôt rares et très petites, tantôt plus volumineuses et abondantes au point de rendre ce banc très désagrégeable ; en outre, il s'y trouve de petites poches d'argile blanchâtre, et un lit argileux verdâtre le subdivise parfois.

La surface inférieure, assez lisse, est très irrégulièrement bosselée. Dans le haut, les éléments argileux (nodules verts, etc.) sont plus abondants, le ciment siliceux plus rare, le grès devient moins dur et il renferme quelques portions d'argile ferrugineuse rougeâtre. Sur certains points, il est surmonté d'une argile micacée, finement gréseuse, très noire et semblant une sorte de terreau, ou bien rougeâtre.

Epaisseur variable de 5 à 15 centimètres.

Les débris fossiles de couleur noire abondent par places, mais sont le plus souvent peu distincts. On y reconnaît des ossements fragmentés de Reptiles. Les Poissons y sont représentés par de rares écailles à la face inférieure, et surtout dans le haut par quelques dents :

Sphærodus minimus, Ag.	*Saurichthys* sp.
Pycnodus sp.	*Acrodus* sp. ind.
Saurichthys acuminatus, Ag.	*Hybodus minor,* Ag.

3. — Couche argileuse, composée dans le bas d'argile jaune, verte par places, avec quelques minces plaquettes gréseuses ; puis marne verte, et au-dessus, marne jaune. Dans le haut se trouvent les bivalves de la couche suivante. . . . 0^m80

4. — Grès assez fin, jaunâtre, avec portions noirâtres, à ciment en partie siliceux, avec de nombreuses parcelles de mica blanc. Trois plaquettes d'une épaisseur totale de . . . . 0^m10

La plaquette inférieure est couverte en dessous d'empreintes de bivalves ; elle se laisse diviser en lames chargées des mêmes espèces : *Mytilus glabratus,* Dk, avec d'autres moules indéterminables, et quelques *Avicula contorta,* Portlock.

5. — Argile jaunâtre, verte dans le haut, passant par places à un grès tendre. Environ . . . . 0^m50

Cette argile se voit à peu près en entier à l'extrémité E. du mur vertical de revêtement, dans l'angle qu'il forme avec le mur oblique de soutènement.

6. — Argile à minces plaquettes d'un grès fin, micacé, assez tendre, qui occupent cette couche en grande partie. Environ . . . . 0^m60

B. — Niveau des schistes argileux inférieurs (3^m20).

7. — Argile plastique, rougeâtre. Environ . . . . 0^m15
8. — Argile schisteuse, noirâtre ou verdâtre. Environ 1^m60
9. — Calcaire gréseux, brun rougeâtre, jaunâtre à l'air, très dur, à parcelles cristallines et quelques points ferrugineux ; un banc de . . . . 0^m35
10. — Argile schisteuse, noir bleuâtre intérieurement, rougeâtre par altération. . . . . 0^m70
11. — Calcaire brun rougeâtre, gréseux, avec parcelles spathiques, très dur, à nombreux petits bivalves par places. 0^m20 à 0^m25
12. — Dolomie cloisonnée, jaunâtre clair . . . . 0^m20

C. — Niveau des schistes avec calcaires et dolomies (4^m75.)

13. — Argile schisteuse, micacée, gris d'ardoise, renfermant vers le milieu et vers le haut de minces plaquettes de grès verdâtre, qui prennent par places dans le dessus l'aspect d'un lit de rognons gréseux, à texture assez grossière, avec noyaux de grès très dur. Quelques dents et écailles indéterminables. . 0^m70
14. — Banc de 0^m20 de calcaire grossier, brun rougeâtre, dur, à points ferrugineux et petits bivalves par places, avec un lit de 0^m05 de dolomie cloisonnée, jaunâtre pâle, en plaquettes, à la base. . . . . 0^m25
15. — Dolomie cloisonnée, jaunâtre clair ; se délite en plaquettes surtout dans le haut. A la base est un mince lit argileux . . . . 0^m20
16. — Argile schisteuse, noirâtre ardoisée, avec quelques fines parcelles de mica. Puissance difficilement appréciable avec exactitude, par suite d'un petit froissement ; soit environ 1^m50

17. — Dolomie cloisonnée, jaunâtre clair, surmontée d'une couche irrégulière de calcaire spathique, brun rougeâtre. Petits bivalves . . . . 0^m30

18. — Argile schisteuse, noire ; devient rougeâtre dans le bas. Environ . . . . 1^m20

19. — Dolomie cloisonnée, avec calcaire gréseux ferrugineux, à petits bivalves à la base. . . . . 0^m60

II. — Rhétien moyen.

A. — Niveau du grès micacé a Vertébrés (1^m10).

20. — Argile assez grossièrement schisteuse, gris d'ardoise clair, finement micacée. . . . . 0^m40

21. — Argile dure, verdâtre clair, finement gréseuse et micacée, en plaquettes minces, passant par places à un grès fin, en plaquettes irrégulières. A la base est un mince lit argileux rougeâtre. . . . . 0^m50

22. — Grès argileux, très micacé, assez tendre, se divisant plus ou moins en plaquettes irrégulières, avec nodules plus durs à ciment siliceux ; éléments quartzeux fins, parfois plus grossiers et formant souvent alors des parties plus résistantes. 0^m10

Dents et écailles de Poissons assez communes, avec quelques fragments d'os de Reptiles (Bone bed moyen).

Acrodus minimus, Ag.   *Sphærodus minimus*, Ag.

23. — Dolomie cloisonnée, jaunâtre clair, visible par places sur le grès précédent. Environ . . . . 0^m10

B. — Niveau des schistes argileux (2^m75).

24. — Argile jaunâtre foncé. . . . . 0^m20

25. — Argile schisteuse, noirâtre, ardoisée. . . . 0^m20

26. — Argile gris verdâtre clair et jaunâtre. . . . $1^m.$

27. — Argile dure, verdâtre, moins dure dans le haut où elle

devient rougeâtre et offre un lit de plaquettes gréseuses légèrement micacées . . . . 1ᵐ.

28. — Argile dolomitique, jaunâtre, tendre, avec débris de
Poissons et bivalves. *Acrodus* sp. 0ᵐ25

29. — Argile gris jaunâtre, à débris de *Poissons* et *Avicula contorta*, avec plaquettes gréseuses irrégulières à *Mytilus*,
etc. 0ᵐ10

C. — NIVEAU DES DOLOMIES CLOISONNÉES PIQUETÉES (5ᵐ).

30. — Dolomie fortement cloisonnée, jaunâtre, irrégulière en
dessus où elle est comme ravinée 0ᵐ20

31. — Argile schisteuse, noirâtre intérieurement et passant
au gris verdâtre ; surface régulière. Epaisseur variable par suite
des inégalités de la surface de la couche précédente. . 0ᵐ10

32. — Dolomie cloisonnée, à pâte jaunâtre, piquetée de fins
points noirâtres 0ᵐ25

33. — Couche argilo-dolomitique, jaunâtre, tendre, avec deux
minces intercalations d'argile schisteuse gris verdâtre. . 0ᵐ50

34. — Dolomie cloisonnée, tendre, jaunâtre, piquetée de noirâtre 0ᵐ15

35. — Argile dure, grossièrement schisteuse, noirâtre intérieurement, verdâtre clair par altération 0ᵐ50

36. — Dolomie tendre. 0ᵐ50

37. — Dolomie cloisonnée 0ᵐ50

38. — Couche argilo-dolomitique, finement grenue, vert
foncé. Epaisseur variable ; en moyenne 0ᵐ15

39. — Dolomie cloisonnée, piquetée. 0ᵐ45

40. — Couche argilo-dolomitique, finement grenue, vert
foncé. 0ᵐ20

41. — Dolomie cloisonnée, piquetée. 0ᵐ45

42. — Argile feuilletée, gris verdâtre 0ᵐ15

43. — Dolomie cloisonnée, piquetée de noirâtre sur fond
jaunâtre 0ᵐ65

44. — Banc très dur de dolomie cloisonnée, très fortement
chargée de piqueté noirâtre. 0ᵐ30

III. — Rhétien supérieur.

A. — Niveau des grès supérieurs a Vertébrés (2m60).

45. — Grès argileux, légèrement jaunâtre, peu dur, fin, avec quelques grains quartzeux plus grossiers et des parcelles de mica assez rares. Il est parsemé de points et de très petits nids ocreux rougeâtres, et se divise en 2 ou 3 plaquettes, parfois elles-mêmes fissiles 0m15

Débris de Poissons assez fréquents par places : écailles, dents, ichthyodorulithes. Quelques os de Reptiles. — Bone bed supérieur.

Hybodus sp.	*Acrodus crenatus*, Plein.
Saurichthys acuminatus, Ag.	*Amblypterus decipiens* (écailles).
Acrodus minimus, Ag.	Etc.

46. — Lit argileux, gris jaunâtre 0m05
47. — Calcaire dur, noirâtre intérieurement, avec pointillé et portions blanchâtres. Surface irrégulière. 0m20
Quelques bivalves : *Pecten valoniensis*, etc.
48. — Grès assez tendre, 0m04, séparé de la c. 47 par un lit d'argile schisteuse d'une épaisseur variable selon les inégalités de cette couche. En tout 0m10
49. — Banc régulier de calcaire bleu, dur. 0m30
50. — Argile jaunâtre, un peu feuilletée, pétrie de fossiles 0m18
Pecten valoniensis, Defr., abonde dans le haut, avec d'autres lamellibranches, principalement

Ostrea marcignyana, Martin, *Plicatula intusstriata*, Emm.

En outre, il s'y trouve quelques dents et écailles de Poissons :

Saurichthys acuminatus, Ag. *Amblypterus decipiens* (écailles)
Acrodus sp.

51. — Calcaire peu dur, gris, noirâtre intérieurement, pétri de petits *Cardium*, etc.. . . . . 0m15
52. — Grès très dur, légèrement micacé, bleu foncé intérieurement, gris rougeâtre par altération, formant un lit de pla-

quettes rectangulaires de 2 à 3 centimètres d'épaisseur. Petits bivalves à l'intérieur, visibles surtout dans les parties altérées. Face inférieure couverte d'empreintes de bivalves. Surface supérieure lisse. — Un mince lit argileux, à bivalves, de 0ᵐ02, sépare ce grès de la c. 51. . . . . 0ᵐ05

53. — Marne à nombreux petits bivalves, surtout dans la partie inférieure 1ᵐ10

54. — Calcaire noirâtre intérieurement, peu dur, fossilifère : bivalves avec quelques débris de Poissons. . . 0ᵐ18 à 0ᵐ20

55. — Argile à bivalves 0ᵐ10

56. — Grès très dur, analogue à la c. 52, avec petits bivalves assez nombreux ; un lit de plaquettes de. 0ᵐ02

B. — Niveau des Marnes pseudo-irisées (2ᵐ90).

57. — Marne blanchâtre. 0ᵐ60
58. — Marne rouge 1ᵐ30
59. — Marne bleue intérieurement, blanchâtre par altération, avec fines particules de mica surtout vers le haut. Dans la partie supérieure, elle renferme en outre de petites plaquettes de fer sulfuré, chargées de cristaux et abondantes par places, et se termine par un mince feuillet de la même substance. . . 1ᵐ.

C. — Niveau des calcaires lithographiques a bivalves (1ᵐ).

60. — Marne jaunâtre dure. 0ᵐ10
61. — Calcaire compact, finement grenu, dolomitoïde, blanc jaunâtre ; 2 bancs réguliers 0ᵐ25
62. — Marne feuilletée 0ᵐ13
63. — Lit de calcaire dolomitoïde, analogue à la c. 61, en plaquettes régulières rectangulaires 0ᵐ02
64. — Marne schistoïde à fines particules de mica, bleuâtre intérieurement, blanc-jaunâtre par altération ; avec intercalation de très minces plaquettes ou feuillets plus résistants, qui passent dans le haut à un feuillet peu régulier de grès fortement micacé et portant parfois de petits bivalves. 0ᵐ50

4

LIAS INFÉRIEUR.

I. — Calcaire hettangien.

65. — Calcaire gréseux, très dur et très résistant à l'air, bleu foncé intérieurement, portant un lit gréseux plus altérable, à empreintes de Fucoïdes ; un gros banc de. 0ᵐ70

Un échantillon pris à la partie inférieure de ce banc montre qu'il porte en dessous, au moins par places, une mince couche soudée, plus altérable, pétrie de petits fossiles, ordinairement cristallins, cimentés par un calcaire un peu grisâtre qui devient à la longue friable et jaunâtre. Les uns sont des Gastéropodes, très petits, Orthostoma, Turritella, etc., parfois ferrugineux ; les autres, des bivalves parmi lesquels se remarquent des Mytilus de plus grande taille.

Dans les deux petites tranchées de la voie qui se succèdent plus à l'E., ce banc inférieur de l'Hettangien m'a fourni un certain nombre de petits fossiles, surtout des Gastéropodes et des Polypiers, ainsi qu'une Ammonite, dans les points fissurés où la tranche avait été lentement altérée. Ce sont principalement :

Ammonites cfr. *Johnstoni*, Sow., 1.	*Cardita* cfr. *Heberti*, Terquem, 2.
Orthostoma scalaris, Dum., 4.	
Pleurotomaria, sp.	Polypiers non déterminés.

66. — Deux bancs gréseux, irréguliers, à gros rognons très durs, réunis par un grès plus altérable, en feuillets irréguliers soudés et portant de nombreuses empreintes de *Fucoïdes* indéterminables. Au-dessus est un banc analogue, de 0ᵐ25, plus régulier. 0ᵐ55

67. — Banc de calcaire gréseux, encore un peu rognoneux, subdivisé par des délits irréguliers et très sinueux, peu distincts. 0ᵐ40

68. — Calcaire bleu foncé, plus finement gréseux et plus compact, en bancs plus épais et à surface moins irrégulière. 0ᵐ85

Nombreux bivalves et surtout *Lima gigantea* dans le banc supérieur, *Ammonites angulatus* à la surface.

69. — Calcaire bleu foncé, à fossiles très rares ; 3 ou 4 bancs un peu rognoneux, peu distincts, avec délits marno-gré· seux à feuillets soudés. Le banc supérieur est un peu plus épais et plus régulier en dessus. Quelques dendrites sur les bords du banc inférieur. *Pentacrinus tuberculatus* vers le haut. . 0ᵐ60

II. — Calcaire à gryphées.

70. — Calcaire finement grenu, bleuâtre foncé, tacheté, pas- sant par places au grisâtre et devenant parfois un peu marneux. Environ 12 bancs assez minces, séparés par des délits marneux, et passant dans le milieu et le haut à des lits de rognons. 1ᵐ50

Nombreux bivalves, *Pleuromya* sp., avec *Gryphæa arcuata*, assez rare, et quelques *Pentacrinus tuberculatus*.

71. — Gros banc de calcaire dur, bleu foncé, à taches plus sombres 0ᵐ40

72. — Calcaire gris bleu, passant au blanchâtre par altération, avec taches plus foncées ; environ 10 bancs, avec délits marneux plus ou moins développés. 1ᵐ20

Gryphæa arcuata plus nombreux que dans la c. 70.

73. — Calcaire bleu, tacheté, plus dur et moins altérable que le précédent ; 7 bancs plus réguliers, sauf celui du haut, accom- pagnés de délits marneux 1ᵐ10

Nombreux *Gryphæa arcuata* et *Pentacrinus tuberculatus*, avec quelques *Pleuromyes*.

74. — Calcaire dur, bleu foncé , banc de 0ᵐ30, suivi de quel- ques autres moins réguliers et peu visibles dans le haut, avec de très minces délits marneux. Environ . . . . 1ᵐ.

Interruption : Terre végétale.

II. — COUPE DU VERNOIS.

Relevée dans la tranchée du chemin de fer entre le Louverot et le Vernois.

Une belle coupe, comprenant une bonne partie du Rhétien et du Sinémurien, se voyait, en 1880, lors de l'élargissement de la grande tranchée du Vernois, pour l'établissement de la seconde voie de cette ligne, et j'ai eu l'avantage de la visiter au moment des travaux en compagnie de M. le Dr Coras. Lorsque je voulus, l'année suivante, y relever une coupe, la végétation cachait déjà la plus grande partie des couches. La succession suivante restait seule observable, à l'extrémité N. d'un long mur de soutènement, au bord occidental de la tranchée.

ÉTAGE RHÉTIEN.

II. — Rhétien moyen.

NIVEAU DES DOLOMIES PIQUETÉES (partie supérieure).

1. — Dolomie cloisonnée jaunâtre, visible dans le bas de la tranchée.

2. — Banc de calcaire dur . . . . 0^{m}25

3. — Dolomie cloisonnée jaunâtre. . . . . . . 1^m.

La surface, supérieure un peu irrégulière, porte un mince lit soudé, variable, formé de parties argilo-gréseuses grisâtres, avec des portions ou nodules assez gros d'argile ocreuse rougeâtre. Ce lit, où j'ai recueilli une dent de Saurichthys, doit être rattaché à l'assise suivante.

III. — Rhétien supérieur.

A. — NIVEAU DES GRÈS SUPÉRIEURS A DÉBRIS DE VERTÉBRÉS (2^{m}45).

4. — Grès assez fin, argileux peu dur, gris-jaunâtre à fines particules de mica très disséminées, qui renferme, surtout vers le bas, de petits nids d'argile rougeâtre et contient des débris de Vertébrés. Il forme deux bancs minces, séparés par un lit de quelques millimètres d'argile durcie, brun rougeâtre, à noyaux ocreux et grains de quartz assez grossiers, soudée au banc inférieur et renfermant une multitude de débris noirs, dents et

écailles de Poissons, ichthyodorulithes et petits coprolithes,
avec de très rares bivalves de petite taille 0m25

Ce banc m'a fourni les 9 espèces de Poissons indiquées dans
le résumé stratigraphique de l'étage, ainsi qu'un petit Cardium.
J'y ai recueilli également une portion de fémur de Reptile.

5. — Argile gréseuse, avec débris de Poissons assez
rares. 0m04

6. — Deux bancs calcaires, avec une couche marneuse intercalée ; le banc supérieur est d'une épaisseur variable. . 0m50

7. — Marne jaune, pétrie de *Pecten valoniensis*, *Ostrea marcignyana*, *Plicatula intusstriata*, avec de rares *Saurichthys
acuminatus*. 0m10

8. — Marne bleue fossilifère 0m20

9. — Calcaire gris, peu dur, à nombreux petits bivalves ; se
brise en morceaux irréguliers. 0m15

10. — Couche marneuse, passant à une marne schisteuse,
noirâtre, riche en bivalves de petite taille ; puis marne bleuâtre,
peu fossilifère, avec plaquettes de grès, surmontée d'une marne
grise à nombreux petits bivalves. . . . . 1m.

11. — Calcaire gris, se brisant facilement en petits fragments
irréguliers. Quelques petits bivalves. 0m20

B. — NIVEAU DES MARNES PSEUDO-IRISÉS. 2m50.

12. — Marne lie de vin 1m50
13. — Marne bleuâtre ou verdâtre . . . . 1m.

C.— NIVEAU DES CALCAIRES LITHOGRAPHIQUES A BIVALVES (0,55).

14. — Marne jaunâtre. 0m15

15. — Deux bancs de calcaire légèrement jaunâtre et d'aspect
dolomitoïde (probablement par altération), avec un lit de marne
jaune, schisteuse, intercalé. Paraît sans fossiles . . . 0m20

16. — Banc gréseux, plus ou moins friable ou dur, bleu intérieurement, jaunâtre par altération, avec une couche de marne
schisteuse, jaunâtre, à la base.
Fossiles rares ou nuls. 0m20

LIAS INFÉRIEUR.

I. — Calcaire hettangien.

17. — Calcaire dur, gréseux, bleu foncé intérieurement, devenant jaunâtre et plus ou moins friable par altération, très peu fossilifère, suivi de bancs calcaires d'épaisseur et de résistance variables, avec de nombreux *Lima gigantea* dans le banc supérieur . . . . 3ᵐ.

Ammonites angulatus n'est pas très rare à la surface des bancs supérieurs, surtout du côté E. de la tranchée, où ils sont à découvert depuis plus longtemps.

Je n'ai pas relevé ici le détail des bancs hettangiens, ni recherché avec autant de précision qu'à Lons-le-Saunier la limite supérieure de cette assise.

II. — Calcaire à gryphées.

18. — Calcaire visible sur 2ᵐ environ au point où la coupe a été relevée, mais observable sur une plus grande épaisseur un peu plus au N., par suite du plongement des couches dans cette direction.

REMARQUE. — Une coupe de la tranchée du Vernois, notablement différente de la précédente, a été donnée par le frère Ogérien (*Géologie*, p. 870.). Il indique en particulier une « mince bande de grès jaune, très friable, avec *Ammonites angulatus*, *Am. planorbis*, 0ᵐ50 », qui occuperait la position de ma c. 16, où je n'ai rencontré aucun fossile.

COUPES DE LAVIGNY & DE FESCHAUX.

Par M. HENRY.

Les coupes du Rhétien et du Calcaire hettangien de ces deux localités, dont M. Henry a fait le relevé vers 1874 et qu'il a publiées dans sa thèse en 1875, nous intéressent particulièrement, à cause du voisinage de Lons-le-Saunier et de leur abord si facile. Celle de Lavigny, bien que ne montrant plus à découvert que la partie inférieure, mérite d'être étudiée tout spécialement, parce

qu'elle offre encore à présent le'meilleur point d'étude du Rhétien inférieur de la région lédonienne et peut-être le seul qui
permette d'observer très nettement le passage si intéressant des
Marnes irisées au Jurassique. A Feschaux, le Rhétien était à peu
près totalement caché par la végétation lorsque je l'ai examiné,
il y a longtemps déjà ; mais la coupe réunit les deux étages, et
le Calcaire hettangien peut encore y être étudié.

Je suis heureux de reproduire ici textuellement, avec l'autorisation bienveillante de l'auteur, la série des couches de ces
deux coupes. Les lettres grecques et les numéros indicatifs des
couches sont ceux que M. Henry a établis pour sa coupe type de
Boisset et qu'il a maintenus pour les couches correspondantes
des diverses coupes qu'il a publiées ; ils se correspondent donc
dans les coupes de Lavigny et de Feschaux, de façon à indiquer
le parallélisme adopté entre elles par cet auteur et qui me paraît
parfaitement exact. Quelques couches ne sont pas précédées de
lettres ou de numéros, parce qu'elles ne répondent pas spécialement à l'une des couches de Boisset. Pour faciliter la comparaison de ces coupes avec celles de Lons-le-Saunier et du Vernois, j'en modifie seulement la disposition typographique, et,
tout en rapportant les divisions de M. Henry (en italique), j'intercale dans la succession des strates ma subdivision en assises et
niveaux, *placée entre parenthèses*. Parfois, des indications tirées
du texte qui les accompagne complèteront le résumé donné par
l'auteur. Pour la coupe de Lavigny seulement, j'ajoute en outre
quelques observations personnelles entre parenthèses.

COUPE DE LAVIGNY (1).

Relevée dans la tranchée du chemin entre cette localité et la gare de
Montain-Lavigny.

MARNES IRISÉES (partie supérieure).

Marnes irisées à cloisons calcaires.
Marnes vertes   id.
Calcaire marneux blanchâtre.

(1) Henry. *L'Infralias en Franche-Comté*. Mém. Société d'Émulat.
du Doubs, série 4, vol. X, p. 389-391.

ÉTAGE RHÉTIEN.

Rhétien inférieur. — Zone a.

(I. — Rhétien inférieur.)

(A. — Niveau du Grès de Boisset, 2m15).

η. — Grès grisâtre, débris roulés de marnes rougeâtres, grisâtres ; Poissons 0m15

Acrodus.	*Saurichthys acuminatus,* Ag.
Sargodon incisivus, Henry	*Lepidotus* ? (écaille).
Sphærodus minimus, Ag.	

(Cette première couche du Rhétien de Lavigny est un grès dur, passablement grossier, relativement très peu fossilifère, qui forme un banc assez régulier, et diffère notablement des grès de la base de cet étage à Lons-le-Saunier. On y remarque surtout de petits cailloux de calcaire noir, compact, très dur, à cassure lisse esquilleuse et conchoïdale, dont les angles sont arrondis et qui atteignent parfois la grosseur d'une noix et au-delà. Leur texture est tout à fait analogue à celle des plus gros cailloux noirs du Purbeckien supérieur (des environs de St-Claude), etc. ; comme ces derniers la surface offre des traces de corrosion et des accidents analogues à ceux des cailloux impressionnés du Tertiaire. — Les points où ce banc a été observé par M. Henry ne lui avaient pas offert les amandes d'argile verte keupérienne remaniée qui se rencontrent abondamment à Boisset, près de Salins, ainsi qu'à Lons-le-Saunier, etc. En cassant une certaine quantité de ce grès, je suis parvenu à trouver des parties qui renferment de ces amandes vertes, mais la plupart extrêmement petites et d'ailleurs très peu abondantes. Leur présence suffit toutefois à appuyer le parallélisme établi par cet auteur. — J'ai recueilli dans ce banc *Acrodus minutus,* etc.).

Argiles noires schisteuses. 0m10

ε. — Marnes grises, à cassure conchoïdale, micacées. 0m25

Marnes noires schisteuses. 0m25

ε. — Marnes grises, à cassure conchoïdale, cloisonnées. 0ᵐ30

γ. — Grès en plaquettes, poissons, bivalves. 0ᵐ20

8. — Marnes blanchâtres. 0ᵐ30

Grès et marnes alternants, micacés à débris roulés }

9. — Grès noirâtre, rougeâtre à l'air, Poissons. . } 0ᵐ60

B. — Niveau des schistes argileux inférieurs, (2ᵐ65).

10. — Argiles jaunâtres, concrétions pyriteuses. *Avicula contorta, Lima, Pecten valoniensis* . . . . 1ᵐ.

11. — Argiles noirâtres, devenant jaunâtres à l'air, *Avicula contorta,* . . . . 1ᵐ.

12. — Argiles noires, schisteuses, coprolithes. *Avicula contorta,* petites bivalves (Anomia ?) 0ᵐ40

14. — Calcaire compact, gris, devenant jaune à l'air, lumachellique, bivalves 0ᵐ25

(**C.** — Niveau des schistes avec calcaires et dolomies, 5ᵐ25).

15, 16. — Argiles noires schisteuses, *Hemipristis lavignyensis,* Henry . . . . 1ᵐ.

17, 18, 19. Calcaire gris, devenant jaune à l'air, effervescence avec odeur fétide, lumachellique 0ᵐ40

20. — Argiles noires schisteuses, devenant rouge-brun entre les feuillets, fossilifères. . . . . . }
Grès noir, gris, devenant jaunâtre, rouge-brun à } 1ᵐ50
l'air, micacé. . . . . }

21. — Calcaire gris, devenant jaunâtre à l'air, effervescence avec odeur fétide. 0ᵐ20

22. — Argiles noires schisteuses, petites bivalves à stries d'accroissement très régulières. 1ᵐ30

23. — Calcaire terreux, jaune, lumachellique, valves séparées à peine brisées 0ᵐ50

24. — Calcaire terreux, jaune à cloisons spathiques . 0ᵐ10

Marnes blanchâtres 0ᵐ25

Rhétien inférieur. — *Zone b.*

(Rhétien moyen).

(A. — Niveau du grès micacé a Vertébrés, 1m20).

25. — Argiles noires schisteuses, à lignes vertes, fossilifères. 0m60

26. — Calcaire terreux . . . .⎫
27. — Grès et marnes alternants, grès marneux, ⎪
micacé, verdâtre . . . .⎬ 0m60
28. — Calcaire terreux, jaune, verdâtre à l'air, cas- ⎪
sure irrégulière, effervescence avec odeur fétide . . ⎭

(B. — Niveau des schistes argileux, 2m90).

29. — Argiles noires à lignes vertes, à petites taches blanches
rhomboïdales faisant effervescence. 0m60
30. — Calcaire verdâtre, onctueux à l'air, fossilifère . 0m10
31. — Argiles vertes 1m20
Argiles noires, schisteuses . . . . 1m.

(C. — Niveau des dolomies cloisonnées piquetées, 5m65).

33. — Calcaire terreux, jaunâtre, cassure conchoïdale 0m30
34. — Argiles noires schisteuses, fossilifères.¹ . . . 0m80
35. — Calcaire terreux 0m20
36. — Marnes noires 0m02
37. — Calcaire terreux, grisâtre, jaunâtre, gréseux, à cloisons 0m10
Calcaires et marnes alternants. . . . . ⎫
38. — Marnes noires . . . .⎬ 1m50
Calcaires et marnes alternants. ⎭
39. — Calcaire terreux, jaunâtre, piqueté de rouge, lumachellique 0m40
Calcaire jaune, se délitant en plaquettes bosselées. . 0m10

40. — Argiles vertes . . . . . : 0m30
41. — Calcaire terreux, jaune, à cloisons, se délitant en plaques irrégulières 0m50
42. — Calcaire jaune, rougeâtre. 0m25
43. — Marne gris-verdâtre, jaunâtre 0m25
44. — Calcaire terreux, jaune, rougeâtre, cailloux roulés faisant effervescence 0m20
Calcaire jaunâtre, à cloisons, se délitant. 0m50
45. — Calcaire terreux, jaune, rougeâtre, à cloisons . 0m25

Rhétien supérieur. — Zone c.

(Rhétien supérieur).

(**A**. — Niveau des grès supérieurs a Vertébrés, 2m20).

46. — Grès à taches noires, à nids ocreux, faible effervescence. Dents et écailles de Poissons 0m10
47. — Calcaire gris, noir, cristallin, jaune à l'air, effervescence avec odeur fétide, fossilifère. . . .
48. — Calcaire gris, noir, effervescence avec odeur fétide, devenant jaune à l'air, très fossilifère . . . } 0m50
Marnes grises 0m30
Calcaire terreux, noirâtre, effervescence avec odeur fétide, très fossilifère. 0m10
Marnes grises . . . . 1m.
Calcaire terreux, noirâtre, jaunâtre à l'air, effervescence avec odeur fétide, très fossilifère 0m20

Zone d.

(**B**. — Niveau des Marnes pseudo-irisées).

Marnes vertes.
Marnes bigarrées de rouge et de vert.
Interruption : terre végétale.

COUPE DE FESCHAUX (1).

Relevée dans la tranchée de la route nationale, près du hameau de Robinet.

MARNES IRISÉES (partie supérieure).

Marnes irisées
Marnes blanchâtres $\left.\right\}$ cloisons nombreusès, s'entrecroisant en tous sens.
Marnes vertes

Rhétien inférieur. — Zone a.

(I. — Rhétien inférieur).

(**A**. — Niveau du Grès de Boisset, 2ᵐ40).

η. — Grès verdâtre	$\left.\right\}$	
ε. — Marnes bariolées de jaune et de rouge . .		0ᵐ60
Grès verdâtre, friable		
Marnes grises schistoïdes	$\left.\right\}$	
δ. — Marnes grises, conchoïdales.		0ᵐ70
Marnes grises, jaunes, schisteuses . .		
γ. — Grès friable, jaunâtre, fragmenté. . .		
Marnes schistoïdes	$\left.\right\}$	
8. — Marnes grises, conchoïdales		0ᵐ50
Marnes schisteuses, jaunâtres		
9. — Calcaire gréseux, terreux, jaunâtre . .	$\left.\right\}$	0ᵐ60
Grès ferrugineux friable. Poissons. . .		

(1) Henry. *L'Infralias dans la Franche-Comté.* Mém. Société d'Ém. du Doubs, série 4, vol. X, p. 343-316 pour le Rhétien, et p. 395 pour le Calcaire hettangien. Je réunis ici les coupes données séparément par cet auteur.

(B. - NIVEAU DES SCHISTES ARGILEUX INFÉRIEURS, 1ᵐ65).

10. — Marnes gréseuses, grises, jaunâtres . . ⎫
11. — Marnes grises à taches noires. . . . . ⎬ 1ᵐ40
12. — Marnes jaunes . . . . ⎭
　　　　Argiles noires schisteuses, ocreuses entre les feuil-
　　　　lets 0ᵐ25
14. — Calcaire terreux, gris, jaunâtre à l'air, lumachelli-
　　　　que.

(C. — NIVEAU DES SCHISTES AVEC CALCAIRES ET DOLOMIES, 4ᵐ30).

15, 16. — Marnes grises, noires, micacées, rougeâtres, gré-
　　　　seuses 0ᵐ90
18. — Calcaire terreux, gréseux, cloisonné, jaunâtre. 0ᵐ20
20. — Marnes noires, schisteuses, jaunes entre les feuillets,
　　　　fossilifères (petites bivalves, *Anomia*?). . 0ᵐ90
20. — Marnes grises, schistoïdes, rouges entre les feuil-
　　　　lets. 0ᵐ90
21. — Marnes jaunes
22. — ⎰ Marnes grises schisteuses . . . . . ⎱
　　　⎱ Marnes jaunes schisteuses . . . . . ⎰ 0ᵐ10
22. — Calcaire gris, jaune à l'air, lumachellique, ⎫
　　　　Gervilia præcursor, Cytherea rhætica, ⎬ 0ᵐ50
　　　　etc. . . . . ⎭
24. — Calcaire jaunâtre cloisonné. . . . .

(C. — NIVEAU DES DOLOMIES CLOISONNÉES PIQUETÉES. 4ᵐ55).

25. — ⎰ Marnes rougeâtres. . . . . . . ⎫
　　　⎱ Marnes grises, rougeâtres entre les feuillets ⎪
27. — Grès calcareux, verdâtre, en lits minces ⎬ 1ᵐ20
　　　　alternant avec des marnes, cailloux rou- ⎪
　　　　lés, dents de Poissons . . . . . ⎭
28. — Calcaire terreux, jaunâtre, à cloisons. . . 0ᵐ20
29. — Marnes grises, rougeâtres entre les feuillets . 0ᵐ35

30. —	Calcaire jaunâtre se délitant en fragments irréguliers.	0ᵐ20

31. — {	Marnes verdâtres. . . . .) Marnes noirâtres schisteuses. . . . . } Marnes noires. . . . .)	0ᵐ95
33. —	Calcaire jaunâtre à cloisons.	0ᵐ15
34. —	Marnes grises. . . . .)	
	Grès . . . . {	0ᵐ80
35. —	Marnes jaunes cloisonnées	
36. —	Marnes noires schistoïdes . . . . . ⟩	
37. —	Calcaire terreux, à cloisons, piqueté . .	0ᵐ25
38. — {	Marnes grises. . . . .) Marnes jaunes à cloisons. . . . . } Marnes noires schisteuses". . . . .)	0ᵐ35
39. —	Calcaire terreux, gris, jaunâtre, à cloisons se délitant en plaques.	0ᵐ30
40. —	Marnes jaunes	0ᵐ30
41. —	Calcaire terreux, jaune rougeâtre, luma-chellique	0ᵐ50
42. —	Marnes grises . . . .)	0ᵐ90
43. —	Marnes jaunes à cloisons . . . .)	
44. —	Calcaire compact, jaunâtre, rougeâtre, à cloisons.	0ᵐ20
45. —	Marnes grises. . . . .) Marnes jaunâtres, blanchâtres, à cloisons.)	0ᵐ80

Rhétien supérieur. — Zone c.

(I. — Rhétien supérieur).

(A. — Niveau des grès supérieurs a Vertébrés, 2ᵐ40).

46. —	Grès calcareux gris jaunâtre, à nids ocreux)	
47. —	Marnes . . . . ⟩	0ᵐ40
48. —	Calcaire grisâtre, gris, cristallin, *Pecten valoniensis, Mytilus*, etc., cassure irré-gulière. . . . .)	

Marnes grises. . . . .⎫

α. — Calcaire jaunâtre, *Pecten valoniensis, Nu-*⎪ 1ᵐ80
cula, Anomia, Schizodus, etc. . .⎬

Marnes jaunes très fossilifères. . . . .⎭

β. — Calcaire terreux, gris noir devenant jaunâtre
à l'air. *Cardium Philippianum, Nucula,*
Schizodus 0ᵐ20

Calcaire terreux schistoïde. .

Zone d.

(**B.** — Niveau des Marnes pseudo-irisées, 3ᵐ50).

Marnes blanchâtres. . . . .⎫

Marnes rouges et vertes. . . . . .⎬ 3ᵐ50

Marnes vertes . . . .⎭

(**C.** — Niveau des calcaires lithographiques a
bivalves, 0ᵐ80).

Calcaire dolomitique compact à cassure conchoïdale. 0ᵐ40

Marnes grises. 0ᵐ40

Etage Hettangien (Henry).

(LIAS INFÉRIEUR).

(I. — Calcaire hettangien).

Calcaire gris dur, cristallin, compact, fossilifère. *Pinna, Os-*
trea, etc. Fossiles difficilement déterminables. . . . 1ᵐ50

Grès friable, grossier ; roche pourrie, dont les agents atmosphériques paraissent avoir enlevé le ciment sans doute calcaire.
Pecten valoniensis, Harpax spinosus 0ᵐ50

Bancs calcaires, gris bleuâtre, altérables à l'air, très riches en
fossiles surtout à la partie inférieure. *Ammonites angulatus.*
Gastéropodes. *Cardinia, Montlivaultia discoïdea* et *Sinemu-*
riensis, etc. Environ . . . . 2ᵐ.

Calcaire à Gryphées arquées (Henry).

(II. — Calcaire à gryphées.)

Calcaire à Gryphées. Environ. . . . . 8^m.
Interruption.

OBSERVATION. — Une coupe sommaire de Feschaux a été publiée par Bonjour, en 1863 (*Géologie stratigraphique du Jura*,
p. 6-7). Puis, le frère Ogérien en a donné, en 1867, une coupe
plus détaillée (*Géologie*, p. 867-868). Ce dernier a signalé en
particulier dans les Marnes irisées de cette localité, à 12 m. au-
dessous du Rhétien, un banc dolomitique de 0^{m}25 à « nombreux
débris de très grands Sauriens ». — M. Henry (loc. cit. p. 347)
a fait remarquer que cette coupe d'Ogérien indique pour sa
zone 71e une épaisseur de 12^{m}30 au lieu de 2 m. à 2^{m}50 qu'elle
possède. C'est là peut-être une de ces erreurs qui ont dû se
produire lors de l'impression de la *Géologie* du Jura.

LIAS INFÉRIEUR ou ÉTAGE SINÉMURIEN.

SYNONYMIE.

Lias inférieur ou Calcaire à Gryphées arquées, et *Marnes à Gry-phæa cymbium ou de Balingen* (en partie). Marcou, 1846.

Lias inférieur.	Marcou, 1856	Limite supérieure un peu
Sinémurien.	Bonjour, 1863	plus basse que celle de
Lias inférieur.	Ogérien, 1867	ces auteurs.

Caractères généraux. — Le Lias inférieur ou Sinémurien, limité à la base ainsi que l'entendait d'Orbigny (puis M. Marcou), comprend d'abord un massif très fossilifère, d'environ 13 m. de calcaire, ordinairement très dur et très résistant à l'air, gréseux dans le bas, en bancs rognoneux, séparés par de minces lits marneux et parfois peu distincts, qui forme souvent gradin dans la partie inférieure des côtes marneuses des environs de Lons-le-Saunier. Au-dessus vient une succession de bancs de calcaire marneux plus ou moins dur et parfois hydraulique, alternant avec de minces couches de marne où abondent les rognons et cristaux de fer sulfuré ; cette alternance se continue d'une façon peu variée jusque dans l'étage suivant : sa partie inférieure seule, terminée par un banc de calcaire hydraulique plus apparent, appartient encore au Lias inférieur.

Fossiles principaux. — Les Mollusques abondent dans cet étage. Dès la base, ce sont des Ammonites (*Ammonites planorbis, A. angulatus*), qui présentent dans la partie moyenne des espèces atteignant fréquemment une grande taille (*A. bisulcatus* et *A. Bucklandi*, puis *A. geometricus*), et sont ordinairement de petite taille et plus ou moins ferrugineuses dans l'alternance marneuse supérieure (*A. lacunatus, A. planicosta, A. oxynotus*, etc.). De très gros Nautiles s'y trouvent parfois. Les Bélemnites commencent.

5

vers le milieu de l'étage (*Belemnites acutus*, et plus haut *B. brevis*) et deviennent assez nombreuses dans certains bancs. Parmi les Lamellibranches, on remarque surtout les Gryphées arquées qui pullulent dans les calcaires et les lits marneux de la partie moyenne. Les Brachiopodes, peu abondants, offrent surtout *Zeilleria perforata*, *Z. cor*, *Terebratula punctata*, *Spiriferina Walcotti*, *Sp. rostrata*, *Rhynchonella plicatissima*, *Rh. belemnitica*. Les portions de tiges de *Pentacrinus tuberculatus* abondent vers le milieu ; plus haut, certains bancs renferment des *Balanocrinus*. Enfin, la partie inférieure et la partie supérieure sont souvent criblées d'empreintes rameuses de Fucoïdes.

Puissance. — Dans la tranchée du tunnel des Salines, seul point où j'ai pu étudier le Lias inférieur en entier, cet étage atteint 19 mètres. Plus à l'E., entre Perrigny et Pannessières, une moindre épaisseur de l'alternance marneuse supérieure le ramène à 17 m. environ.

Limites. — Les calcaires inférieurs plus ou moins gréseux, à *Ammonites planorbis* et *A. angulatus*, sont le plus souvent considérés comme formant un étage spécial, sous le nom d'Hettangien. Mais la difficulté de reconnaître dans notre contrée une limite précise entre ces Calcaires hettangiens et le Calcaire à Gryphées arquées qui les surmonte, jointe à leur faible développement dans ce pays et sur beaucoup d'autres points, engage à réunir ces calcaires au Lias inférieur, à titre de simple assise, ainsi que l'avaient fait nos anciens géologues jurassiens et comme l'admettent encore un certain nombre d'auteurs. Le Lias inférieur est alors limité fort nettement à la base par le sommet marneux du Rhétien.

La limite supérieure de l'étage offre également des difficultés pour notre région. Après l'avoir placée, en 1846, au sommet du Calcaire à Gryphées, M. Marcou, guidé par des considérations de parallélisme, a réuni, en 1856, au Lias inférieur ses Couches de Balingen, comprenant la plus

grande partie de l'alternance marneuse et marno-calcaire
supérieure, jusqu'aux bancs à Ammonites Davœi qui formaient son Calcaire à Bélemnites de 1846. Il a été suivi
par Bonjour et par Ogérien. Actuellement, un petit nombre
de géologues prennent à peu près la même limite que
M. Marcou en 1846, tandis que quelques savants étrangers étendent le Lias inférieur jusqu'aux bancs à Ammonites Davœi inclusivement. L'une ou l'autre de ces deux
limites s'appliquerait très facilement à notre région, à raison du changement qui s'y manifeste à ces deux niveaux
dans la composition pétrographique et dans la faune.

Toutefois, la plupart des géologues actuels placent, à
l'exemple d'Oppel, cette limite à la base d'une zone à Ammonites Jamesoni, située au-dessous des bancs à Ammonites Davœi, dont elle-même est séparée par une zone
à Am. ibex. Le groupement adopté en 1856 par M. Marcou
se rapproche notablement de cette délimitation. Dans le
même ordre d'idées qu'Oppel, mais ne pouvant dans la
région qu'il étudiait se guider par les *Ammonites Jamesoni*
et *ibex*, Dumortier (1) a été conduit à terminer le Lias inférieur à la base d'un niveau à *Ammonites armatus*, qui
offre aussi les *A. arietiformis*, *A. submuticus*, etc.

Le développement que prend dans nos environs, et surtout vers le haut, l'alternance marno-calcaire supérieure
au Calcaire à Gryphées arquées, ce qui permet l'espoir d'y
reconnaître les diverses zones distinguées par les auteurs,
et de plus la nécessité d'un parallélisme aussi exact que possible dans la délimitation des assises, m'ont engagé à y rechercher soigneusement les faunules des diverses couches.
La découverte d'un banc où l'*Ammonites armatus* paraît
localisé d'une manière constante dans nos environs, et au-
dessous duquel se trouve un banc ordinairement criblé

(1) *Etudes paléontologiques sur les Dépôts jurassiques du bassin du
Rhône*, 2e et 3e partie.

d'*Ammonites arietiformis* (qui est évidemment celui où
Dumortier a lui-même recueilli cette espèce à Perrigny), conduisait déjà à faire cesser le Lias inférieur sous ce dernier
banc. Mais, de plus, la présence au-dessous de celui-ci de
Belemnites umbilicatus et *Ammonites submuticus*, etc.,
m'a amené à terminer le Lias inférieur par le gros banc
de calcaire hydraulique supérieur aux bancs à Ammonites
oxynotus. Ce banc paraît d'ailleurs assez constant aux environs de Lons-le-Saunier pour fournir une limite facilement applicable.

Une étude plus complète de la faunule de chacun des
niveaux voisins de cette limite et surtout l'observation d'un
plus grand nombre de gisements dans un rayon plus étendu
pourront d'ailleurs fournir des données plus précises.

Subdivisions. — Le Lias inférieur ainsi limité comprend
trois assises :

I. — Le Calcaire hettangien, qui n'est autre chose que
l'étage Hettangien des auteurs ;

II. — Le Calcaire à Gryphées arquées ;

III. — Au-dessus, l'assise de l'Ammonites oxynotus.

Points d'étude et coupes. — Les tranchées du tunnel des Salines, dont on trouvera plus loin la coupe, montrent encore la série, à très peu près complète, de l'étage (1). Le
massif de Calcaire hettangien et de Calcaire à Gryphées affleure sur de nombreux points, mais toujours plus ou

---

(1) Le tunnel des Salines ou tunnel de Montciel, traverse, vers le pied
N.-E. du plateau de Montciel (cotes 360 et 376 de la Carte de l'État-
Major), un premier gradin adouci de cette montagne, au-dessous du
point indiqué l'*Hermitage* dans cette carte, et à une cinquantaine de
mètres à l'est du pont du chemin de Montciel sous lequel passe la
grande voie ferrée de Lyon et Chalon. De part et d'autre de ce pont
se trouve la tranchée de Montciel. Lorsqu'il y aura lieu, je désignerai,
pour abréger, l'ensemble des tranchées du tunnel et du pont sous le
nom de tranchées de Montciel, ou même j'indiquerai simplement Montciel.

moins incomplètement observable (carrière et tranchée des Rochettes, carrière au-dessous de Perrigny, carrières et tranchée de la voie entre Perrigny et Pannessières, vieille route de Pannessières, et chemin de ce village à Lavigny, etc.). Je l'ai aussi observé en 1880, dans les tranchées du chemin de fer près de la Lième, etc. L'assise de l'Ammonites oxynotus est ordinairement cachée par la végétation. Elle se voit en entier dans la grande tranchée de Perrigny dont je rapporte la coupe, et qui forme, avec les tranchées du tunnel des Salines, les meilleurs points d'étude de nos environs. Un autre point excellent pour l'étude de cette assise est la carrière exploitée, pour la fabrication de la chaux hydraulique, par M. Nicolot-Prost, à peu de distance au N.-E. du cimetière de Lons-le-Saunier, lieu dit En Rougin. Les fossiles de cette assise et en particulier les Bélemnites, les Ammonites ferrugineuses et les Brachiopodes peuvent être recueillis dans les vignes sur de nombreux points.

Présence du phosphate de chaux dans le Lias inférieur. — Le phosphate de chaux, sous forme de nodules et de moules de fossiles, existe en France dans un certain nombre de localités, à divers niveaux du Lias, principalement vers le sommet du Calcaire à Gryphées et à la base du Lias moyen, ainsi qu'à la base et au sommet du Lias supérieur. Parfois réduits à un simple cordon de nodules, les gisements de cette substance prennent sur différents points une importance assez grande pour être l'objet d'exploitations considérables. Ces nodules phosphatés liasiens ont été signalés pour la première fois, vers 1874, par M. Collenot, dans le Lias inférieur de l'Auxois, où ils se trouvent déjà dans la zone de l'Ammonites Bucklandi, mais surtout au-dessus dans la zone de l'Ammonites stellaris de cet auteur. Ils sont exploités dans ce pays depuis 1876. Reconnus à ce même niveau dans le Cher, en 1877, ainsi que dans la Nièvre, leur extraction est encore pratiquée dans plusieurs localités de ce dernier département. Les gisements de l'Indre, qui sont exploités fort activement depuis 1881, se trouvent à un niveau un peu plus élevé, dans la partie inférieure du Lias moyen.

Une intéressante *Etude sur les gisements de phosphate de chaux du centre de la France*, publiée en 1885 par M. l'Ingénieur des Mines, Albert de Grossouvre (1), et dans laquelle je puise les indications précédentes, avait depuis plusieurs années attiré mon attention sur l'aspect particulier de certains bancs de notre Lias, surtout vers le sommet du Calcaire à Gryphées, et je m'étais proposé de faire des recherches à ce sujet. Les observations relatives au présent travail m'ont amené à constater que le niveau à nodules de phosphate de chaux de l'Auxois et du Cher se poursuit dans notre région, fait qui n'avait pas été signalé jusqu'à présent (2).

(1) *Annales des Mines*, mai-juin 1885.

(2) Je n'ai pu trouver dans les auteurs qui ont écrit sur la géologie du Jura aucune mention de l'existence de niveaux à nodules phosphatés dans le Jurassique de ce pays. — Les ouvrages de M. Marcou n'en donnent aucune indication. — Le frère Ogérien, qui s'était spécialement occupé tout d'abord de la minéralogie jurassienne et qui a fait analyser un grand nombre de roches de notre département, indique seulement, dans l'*Histoire naturelle du Jura*, quelques nodules phosphatés des argiles tertiaires ferrugineuses de la forêt d'Arne et d'Etrepigney et des argiles tertiaires à lignites de Neublans (*Géologie*, t. I, p. 302, et t. II, p. 489). Ses articles de *Géologie agricole*, dans le Bulletin du Comice agricole de Lons-le-Saunier, de 1857 à 1859, n'offrent d'ailleurs aucune indication de phosphates dans le Jurassique du Jura. — Bonjour, qui mentionne soigneusement les matériaux utiles de chaque étage, ne les avait pas non plus observés. — Pidancet, dans une *Simple note sur les produits utiles du sol jurassique* (Bulletin de la Société d'agriculture, sciences et arts de Poligny, 1865, p. 97), où il parle de « l'industrie chaufournière », prévoit que « l'emploi de la chaux, et surtout de nos chaux phosphatées dans la pratique agricole de notre immense Bresse, ouvrira à cette industrie de puissants débouchés » ; mais il ne fournit aucune indication plus précise. On doit penser qu'il avait constaté dans certaines chaux, probablement

Les bancs supérieurs du Calcaire à Gryphées offrent des parties blanchâtres, qui sont ordinairement des moules de fossiles, principalement de l'*Ammonites geometricus*, et les lits marneux intermédiaires contiennent quelques nodules qui deviennent assez rapidement blanchâtres par altération. Le remplissage des Gryphées présente assez souvent aussi à ce niveau un aspect analogue. L'essai de cette matière blanchâtre indique la présence du phosphate de chaux.

Au-dessus de ces dernières couches du Calcaire à Gryphées, on observe parfois un mince banc régulier, à nombreuses parties blanchâtres (tranchée de Montciel), qui fait déjà partie de l'assise de l'Ammonites oxynotus ; ailleurs, ce banc disparaît, et la première couche marneuse de cette assise débute par un lit de nodules, plus ou moins abondants, d'un gris blanchâtre, avec des moules de fossiles ayant le même aspect (carrière de Rougin, tranchée de Perrigny). Ces parties blanchâtres et ces nodules renferment une proportion notable d'acide phosphorique.

L'analyse d'échantillons d'assez médiocre apparence, provenant du petit banc régulier de Montciel, a révélé, en effet, la présence de 18 pour 100 de phosphate de chaux. Je dois cette première analyse à l'obligeance de M. Küss, directeur du Laboratoire départemental d'analyses du Jura.

Grâce à la bienveillante entremise de M. le Dr Baille, un autre échantillon a été soumis au Laboratoire de la Société des Agriculteurs de France, à Paris, par les bons soins de M. César Bidot, vice-président du Syndicat agricole de l'arrondissement de Lons-le-Saunier. Cet échantillon comprenait des nodules que j'avais recueillis, en compagnie de

---

fabriquées dans la région de Poligny, la présence d'une petite proportion de phosphate de chaux ; mais il ne connaissait évidemment aucun gisement de nodules phosphatés dans nos terrains jurassiques, et ne paraît pas même en avoir soupçonné l'existence.

moules de fossiles phosphatés, dans le lit de nodules de la carrière de Rougin.

Ici, l'analyse accuse la proportion considérable de 51,20 de phosphate de chaux pour 100, ou 23,48 pour 100 d'acide phosphorique.

De rares nodules et fossiles phosphatés se retrouvent encore, dans les gisements de Rougin et de Perrigny, jusque vers le haut du niveau de l'Ammonites obtusus.

En résumé, le dépôt du phosphate de chaux apparaît dans notre région dès la base ou à peu près du niveau de l'Ammonites geometricus ; il paraît prendre son principal développement au sommet de celui-ci dans le niveau de l'Ammonites Davidsoni (base de l'assise de l'Ammonites oxynotus), et se poursuit même jusqu'au sommet du niveau de l'Ammonites obtusus.

La région de Lons-le-Saunier présente ainsi, sur plusieurs mètres d'épaisseur, une première série de couches à nodules phosphatés, correspondant exactement par la position stratigraphique aux gisements exploités dans l'Auxois, etc.

Sur les trois points étudiés jusqu'à présent, cette substance, si recherchée pour l'agriculture, ne paraît pas suffisamment abondante pour fournir à une exploitation régulière. Mais les variations de facies qui se produisent dans ce pays, justement au niveau principal des nodules, et qui seront signalés plus loin, permettent de penser que des gisements plus développés pourront se trouver dans le Jura. On ne saurait donc étudier avec trop de soin à ce point de vue les premières couches supérieures au Calcaire à Gryphées arquées, partout où elles affleurent sur toute la partie occidentale de la chaîne du Jura, et spécialement au N. de Lons-le-Saunier, ainsi qu'au bord occidental de l'îlot granitique de la Serre, au N. de Dole.

Le phosphate de chaux se retrouve d'ailleurs dans des couches plus élevées de notre région, ainsi qu'on le verra dans la continuation de cette étude.

I. — CALCAIRE HETTANGIEN.

SYNONYMIE.

Lias inférieur ou Calcaire à Gryphées arquées (partie inférieure). Marcou. 1846.

Lias inférieur. Couches de Schambelen. Marcou, 1856.

Sinémurien, groupe B (en partie). Bonjour, 1863.

Zone 48. Calcaire gréseux à Ammonites angulatus (partie sans Gryphées). Ogérien, 1867.

Etage Hettangien. Henry, 1875.

Caractères généraux. — L'assise du Calcaire hettangien est composée d'un massif de quelques mètres de calcaire gréseux, bleu foncé ou noirâtre, très dur, en bancs d'épaisseur variable, souvent soudés entre eux, très irréguliers et d'une distinction difficile, dont la surface est d'ordinaire grossièrement noduleuse et très inégale. L'aspect est d'ailleurs assez variable d'un gisement à un autre.

A la base est un gros banc, très résistant, contenant des parties gréseuses plus altérables, qui le font passer par places à un grès friable, sous l'action prolongée des agents atmosphériques, et le subdivisent parfois en 2 ou 3 bancs irréguliers, peu distincts, ou même en minces bancs assez réguliers (tranchée de Perrigny). On y trouve de rares Ammonites, de petits Gastéropodes nombreux sur certains points, avec quelques bivalves de petite taille et des Polypiers. Ce banc inférieur passe à une partie moyenne, composée ordinairement de lits irréguliers de gros rognons gréseux, très durs, réunis par un grès dur, plus altérable, formé de feuillets variables, contournés, fortement soudés entre eux et criblés d'empreintes de Fucoïdes noirâtres.

Au-dessus, on passe à des calcaires moins gréseux et plus fossilifères, en bancs moins irréguliers, très résistants, qui renferment surtout des bivalves d'assez grande taille (Limes, Cardinies, etc.), nombreux par places, avec *Ammonites angulatus* à la surface des bancs, et parfois encore quelques Polypiers sur la tranche. Ils offrent au sommet, ou un peu au-dessous, un gros banc assez distinct, très riche en *Lima gigantea*.

Fossiles principaux. — Les délits marneux ou gréseux, altérés et devenus friables, offrent des Ammonites et des bivalves généralement peu communs. La plupart des fossiles se trouvent inclus dans la roche dure, d'où l'on ne peut les extraire. Toutefois, il n'est pas rare que la tranche des bancs qui ont été lentement érodés porte des fossiles en saillie, surtout de petits Gastéropodes, des Polypiers, etc., parfois admirablement conservés.

Les diverses tranchées de chemins de fer qui entament cette assise dans notre voisinage m'ont fourni ainsi un bon nombre d'échantillons.. Les principales espèces que j'y ai recueillies sont :

Ammonites cfr. *planorbis*, Sow., 1.	*Orthostoma scalaris*, Dum., 5.
— cfr. *Johnstoni*, Sow., 1.	*Cardita Heberti*, Terquem, 2.
— *angulatus*, Schl., 3.	*Lima gigantea*, Sow., 5.
— cfr. *Charmassei*, d'Orb.	*Cidaris Martini*, Cott., 2.
Turritella Humberti, Martin, 2.	Polypiers non déterminés, 4.

M. Henry signale à Feschaux une faunule assez nombreuse :

Ammonites planorbis, Sow.	*Plicatula hettangiensis*, Terq.
— *angulatus*, Schl.	*Lima hettangiensis*, Terq.
Orthostoma gracile, Martin.	*Galeolaria filiformis*, Terq. et
Pleurotomaria expansa, d'Orb.	Piette.
Trochus acuminatus, Ch. et Dew.	*Pentacrinus angulatus*, Opp.
Turbo triplicatus, Martin.	*Montlivaultia discoidea*, Terq.
Cardium Terquemi, Martin.	et Piette.

PUISSANCE. — Difficilement appréciable à cause de l'incertitude de la limite supérieure, la puissance peut être évaluée à 3m50 environ dans les tranchées de chemins de fer près de Lons-le-Saunier et du Vernois, ainsi qu'entre

Perrigny et Pannessières. — M. Henry indique 4 m. à Feschaux.

LIMITES. — Ainsi qu'on l'a vu plus haut, un brusque changement pétrographique limite nettement le Calcaire hettangien à la base. Il n'en est pas de même au sommet, où l'on passe d'une manière presque insensible au Calcaire à Gryphées. La disparition de l'*Ammonites angulatus*, puis l'apparition de *Gryphæa arcuata* indiquent seules la limite des deux assises. Parfois, le banc supérieur du Calcaire hettangien est épais et criblé, surtout dans le haut, de *Lima gigantea*, que l'on trouve d'ailleurs au-dessous et qui passe plus haut dans le Calcaire à Gryphées, où cette espèce est plus disséminée. Près de Lons-le-Saunier, il n'en est pas ainsi le plus souvent : les derniers bancs du Calcaire hettangien sont peu épais (sauf sur quelques points de la tranchée des Rochettes) et n'offrent pas toujours ces grandes Limes. Toutefois, la présence relativement fréquente de l'*Ammonites angulatus* à la surface des bancs supérieurs, parfois jusqu'à 20 centimètres des premières Gryphées (tranchées de Perrigny et des Rochettes), m'a permis de fixer cette limite avec assez de précision dans mes coupes. Elle se trouve un peu au-dessous du milieu d'une série de petits bancs épaisse de deux mètres, qu'au premier abord on croirait indivisible : les bancs inférieurs plus foncés appartiennent au Calcaire hettangien ; les bancs supérieurs, plus grisâtres, un peu moins durs, à peine plus minces et souvent plus fragmentés, qui renferment d'ailleurs *Gryphæa arcuata*, encore peu abondant, il est vrai, commencent le Calcaire à Gryphées.

SUBDIVISIONS. — L'assise du Calcaire hettangien correspond aux deux zones de l'Ammonites planorbis et de l'Ammonites angulatus des auteurs. Tout en reconnaissant la difficulté de distinguer ces deux zones en Franche-Comté, M. Henry, dans sa coupe de Feschaux qu'il a prise pour type, attribue à la première la couche calcaire inférieure, de 1ᵐ50, ainsi que la couche moyenne gréseuse de 0ᵐ50, ce qui forme la moitié de l'épaisseur totale. Les autres coupes de cette assise que j'ai relevées peuvent se prêter à une division analogue en deux niveaux. Le grès à Fucoïdes paraît se rattacher davantage au niveau inférieur. Mais au point de vue pétrographique, il forme plus ou moins passage au niveau supérieur, et la délimitation est généralement très peu nette.

POINTS D'ÉTUDE ET COUPES. — Cette assise est visible en entier à Lons-le-Saunier dans la tranchée des Rochettes (voir la coupe p. 282), et dans celle du tunnel des Salines, (coupe p. 333), ainsi que sur la route de Feschaux (coupe p. 300), et près de l'extrémité O. de la grande tranchée de Perrigny, dont la coupe est donnée plus loin.

A. — Niveau de l'Ammonites planorbis.

Gros banc de calcaire finement gréseux, très fossilifère par places, souvent subdivisé par des portions plus gréseuses et plus altérables qui l'envahissent parfois en partie, et surmonté d'une couche gréseuse un peu feuilletée, à gros rognons irrégulièrement lités, qui renferme de nombreuses empreintes de Fucoïdes indéterminables.

Ammonites cfr. *planorbis*, Sow., 1 ; *A.* cfr. *Johnstoni*, Sow., 1 ; *Orthostoma scalaris*, Dum. 4, et autres petits Gastéropodes nombreux par places ; *Cardita Heberti*, Terquem, avec quelques autres bivalves de petite taille. Polypiers, 3.

Puissance : environ 1ᵐ70 à Lons-le-Saunier, et 1ᵐ50 à Perrigny ; 2 m. à Feschaux.

B. — Niveau de l'Ammonites angulatus.

Calcaire de moins en moins gréseux, bleu foncé à l'intérieur, en bancs plus distincts et ordinairement plus minces dans le haut, et dont la texture passe au Calcaire à Gryphées.

Ce niveau est bien caractérisé par *Ammonites angulatus*, Schl., surtout à la surface des bancs au-dessus du milieu, et par l'abondance de *Lima gigantea*, Sow. En outre, il paraît s'y trouver *Ammonites Charmassei*, d'Orb., avec quelques Gastéropodes, ainsi que *Pholadomya* sp., 1, *Pleuromya* sp., 3, etc. Dans la tranchée de Perrigny, de rares Polypiers se voient près de la base.

Puissance : à Lons-le-Saunier, 1^m80 (tranchée des Salines) et 1^m65 (Rochettes) ; 2 m. à Perrigny et à Feschaux.

II. — CALCAIRE A GRYPHÉES ARQUÉES.

ASSISE DE L'AMMONITES BUCKLANDI.

SYNONYMIE.

Calcaire à Gryphées arquées (partie supérieure). Marcou, 1846.
Calcaire de Blégny. Marcou, 1856.
Calcaire à Gryphées. Bonjour, 1863.
Calcaire à Ostrea arcuata et *Calcaire marneux à Pentacrinus tuberculatus.* Ogérien, 1867.
Zone de l'Ammonites Bucklandi. Dumortier, 1867.
Calcaire à Gryphées arquées. Bertrand, 1882.

CARACTÈRES GÉNÉRAUX. — Cette assise est composée d'un calcaire ordinairement très fossilifère, à grain assez fin avec de petites parcelles spathiques, gris bleuâtre foncé ou noirâtre intérieurement, en bancs plus ou moins irréguliers, fissurés, d'épaisseurs très diverses, séparés par de minces lits de marne grisâtre. Les bancs inférieurs, ordinairement moins riches en fossiles, sont plus minces, un peu marneux et se délitent plus ou moins en pavés ou en rognons. Les bancs moyens et supérieurs sont plus épais, très durs et très résistants à l'air, et chargés le plus souvent de rognons soudés qui en rendent les surfaces très inégales. Sur certains points, les lits marneux intermédiaires prennent une plus grande épaisseur (tranchée de la Lième), mais restent toujours fort peu développés et sont généralement très fossilifères. Vers le haut, sur 2 mètres d'épaisseur au moins, se trouvent des nodules et parties blanchâtres plus ou moins riches en phosphate de chaux.

PRINCIPAUX FOSSILES. — En outre des Gryphées qui pullulent dans les marnes et les calcaires, surtout dans la partie moyenne, cette assise offre principalement des Nautiles et des Ammonites, la plupart de très grande taille et atteignant parfois un diamètre de 0^{m}60 et au-delà, de grands Pleurotomaires, des Pholadomyes et des Pleuromyes, quelques Brachiopodes, et surtout de nombreuses portions de tiges de Pentacrines. Les Bélemnites sont assez nombreuses dans la partie supérieure, avec *Ammonites geometricus*. Des empreintes grossières de Fucoïdes se trouvent dans le petit banc supérieur.

Dans nos gisements, la Gryphée arquée est souvent dépourvue de la valve supérieure, et il est assez difficile d'en recueillir de très bons exemplaires. Les nombreux individus qui se trouvent dans les lits marneux sont fréquemment incomplets et présentent souvent des traces évidentes de charriage. En outre du type ordinaire de cette espèce, la tranchée du tunnel des Salines, offre, dans la moitié supérieure de l'assise ou à peu près, de nombreux exemplaires plus ou moins modifiés par la déviation et le moindre développement du crochet, l'empreinte d'attache plus forte, le sillon moins développé ; mais ce sont le plus souvent de jeunes individus, incomplets et insuffisamment caractérisés,

Les principales espèces que j'ai recueillies dans cette assise sont :

Belemnites acutus, Miller, 3.	*Ammonites* cfr. *Conybeari*, Sow.
Nautilus intermedius, Sow.	— cfr. *Buvignieri*, d'Orb.1
Ammonites Bucklandi, Sow., 3.	— *polymorphus lineatus*,
— *bisulcatus*, Brug., 3.	Quenst.
— *geometricus*, Ph., 5.	*Pleurotomaria undosa*, Schübler.
— *Charmassei*, d'Orb., 1	— cfr. *Marcoui*, d'Orb.

Pholadomya sp.

Pleuromya sp., 3.

Avicula sinemuriensis, d'Orb.

Pinna Hartmanni, Ziet.

Pecten Hehli, d'Orb.

— *textorius*, Schl.

Lima gigantea, Desh., 3.

Gryphæa arcuata, Sow., 5.

— aff. *obliqua*, Gdf.,1.

Terebratula Edwardsi, Dav.

Zeilleria perforata, (Piette.)

— *cor*, (Lam.)

Spiriferina Walcotti, Sow.

Rhynchonella plicatissima,Quenst.

Rynchonella calcicosta, Quenst.

Serpula sp.

Pentacrinus tuberculatus,Miller,5.

Polypiers, 1.

PUISSANCE. — Dans la tranchée du tunnel de Lons-le-Saunier, seul point où l'on observe cette assise en entier, elle atteint 9m40. L'épaisseur des strates visibles correspondantes des autres localités dont je rapporte les coupes reste fort sensiblement la même, de sorte que l'on peut tout au plus attribuer près d'une dizaine de mètres à l'assise entière.

LIMITES. — On a vu plus haut que la limite de l'assise de l'Ammonites Bucklandi est bien indécise à la base. Elle est très nette, au contraire, à la partie supérieure, où l'alternance de couches marneuses, de nature différente et plus épaisses, avec des bancs marno-calcaires réguliers, qui compose l'assise suivante, tranche fortement sur les bancs irréguliers et les minces lits marneux du Calcaire à Gryphées. L'apparition de petites Ammonites ferrugineuses, *Ammonites planicosta*, *A. lacunatus*, etc., dans la première couche de marne de l'assise supérieure, jointe à la disparition de l'*A. geometricus* et de la plupart des autres espèces du Calcaire à Gryphées (sauf surtout *Belemnites acutus*), dénote d'ailleurs un changement de la faune correspondant exactement à la différence pétrographique. La disparition presque complète dans nos gisements du genre Gryphée rend ce changement plus sensible au premier abord. De plus, la présence vers cette limite des nodules phosphatés que l'on trouve à ce même niveau dans diverses parties de la France, et celle d'un feuillet de gypse à Perrigny viennent l'accentuer encore.

Une coupure stratigraphique est même si nettement indiquée à ce niveau qu'au point de vue de la géologie jurassienne, il serait fort désirable de borner ici le Lias inférieur, ainsi que l'avait fait M. Marcou en 1846.

L'apparition de *Belemnites acutus*, *Zeilleria cor* et *Pentacrinus tuberculatus*, indiquée par Dumortier comme limitant l'assise de l'Ammonites Bucklandi dans le Lyonnais, etc., ne peut ici être prise en considération. Ces espèces commencent notablement au-dessous de l'assise de l'Ammonites oxynotus dans la région de Lons-le-Saunier, et même le *Pentacrinus tuberculatus*, si fréquent dans le Calcaire à Gryphées, n'est presque plus représenté au-dessus. Pourtant, il ne paraît exister aucun doute au sujet de la limite placée ainsi que je viens de l'indiquer, entre le niveau de l'*Ammonites geometricus* (qui offre ici son développement normal), et le niveau des *Ammonites planicosta*, *A. Davidsoni*, *A. lacunatus*, etc.

SUBDIVISIONS ADOPTÉES. — La présence de l'*Ammonites geometricus*, espèce que Dumortier a trouvée constamment reléguée à la partie supérieure de l'assise, sur 2 mètres au plus, dans tout le bassin du Rhône, indique un niveau supérieur très nettement caractérisé. Je n'ai pas observé dans la succession des bancs à Gryphées situés au-dessous de ce niveau, des modifications bien notables de leurs faunules. Toutefois, les différences qu'offre la série inférieure de bancs minces avec les bancs supérieurs plus épais, où *Pentacrinus tuberculatus* prend un développement considérable, permet de scinder cette partie, au moins provisoirement, et surtout en vue de l'étude détaillée de la faune. Le Calcaire à Gryphées se trouve de la sorte partagé en trois niveaux.

POINTS D'ÉTUDE ET COUPES. — La tranchée N. du tunnel des Salines offre pour cette assise une très belle coupe, qui promet de rester longtemps observable ; on en trouvera plus loin le détail. La tranchée des Rochettes ne montre guère que la moitié inférieure de l'assise (voir la coupe, p. 282), et l'ancienne carrière des Rochettes offre à peu près la même série. On observe la plus grande partie de l'assise vers l'extrémité O. de la grande tranchée de Perrigny et dans les carrières voisines (voir la coupe, p.), ainsi que sur la route de Feschaux, à la suite du Calcaire hettangien, et dans la carrière de pierre à chaux hydraulique de Rougin, près du cimetière de Lons-le-Saunier. Le Calcaire à Gryphées se montre d'ailleurs partiellement sur une foule de points dans nos environs.

A. — Niveau inférieur.

Calcaire parfois légèrement marneux, en bancs de quelques centimètres à 0m10, irréguliers, fragmentés en pavés ou se délitant plus ou moins par places en rognons, et séparés par des lits marneux d'épaisseur variable : deux groupes de 10 à 12 bancs chacun, séparés par un banc plus épais (0m30 à 0m40), qui paraît lui-même se subdiviser parfois.

Fossiles peu abondants : *Ammonites* cfr. *Conybeari* Sow., 2, dans le haut (Rochettes) ; *Pleuromya* sp., 3 (surtout aux Rochettes), *Lima gigantea*, Sow., 3 ; *Gryphœa arcuata*, Sow., 3 (plus rare dans la partie inférieure aux Rochettes), *Rhynchonella* sp., 2 ; *Pentacrinus tuberculatus*, Mill., rare dans la moitié inférieure, un peu plus fréquent dans le haut (1).

(1) Au moment de l'impression de cette feuille, une dernière visite aux gisements que je décris m'a permis de recueillir dans ce niveau, sur trois points différents de la tranchée des Rochettes, des fragments d'*Ammonites angulatus* : l'un sur le gros banc moyen et les deux autres immédiatement au-dessous. Un échantillon de cette espèce s'était déjà rencontré sur le même banc dans la tranchée du tunnel, mais je l'avais considéré comme non en place. Il ne m'a pas été possible de voir si les derniers fragments recueillis appartiennent réellement à la

Puissance : à Lons-le-Saunier, 2^{m}70 (tranchée du tunnel et Rochettes); à Perrigny, 2^{m}60.

B. — Niveau moyen.

Calcaire dur et très résistant à l'air, en bancs plus épais, à surfaces très noduleuses et fort irrégulières pour la plupart, avec de minces lits marneux intercalés.

Nautilus intermedius, Sow. ; *Ammonites Bucklandi*, Sow., et *A. bisulcatus*, Brug., de grande taille ; *Pleurotomaria* sp.; *Pleuromya* sp., 3 ; *Pecten Hehli*, d'Orb.; *Lima gigantea*, Desh., 2 ; *Gryphœa arcuata*, Sow., 5 (type et variétés) ; *G.* aff. *obliqua*, Gdf., 1 ; *Zeilleria perforata*, (Piette) ; *Spiriferina Walcotti*, (Sow.), 2 ; *Rhynchonella plicatissima*, Qust. ; *Pentacrinus tuberculatus*, Mill., 5. En outre, *Belemnites acutus*, Mill., apparaît à la surface du banc supérieur.

Puissance : 3^{m}70 à Lons-le-Saunier (tranchée du tunnel); environ 4 m. dans la carrière de Rougin, et autant à Perrigny.

C. — Niveau de l'Ammonites geometricus.

Calcaire dur, en bancs épais, à surfaces irrégulières, et la plupart très résistants à l'air, séparés par des lits mar-

couche où ils se trouvaient. A la rigueur, ils peuvent avoir été rejetés en dessus lors des travaux, bien que cela soit assez singulier. Mais leur présence dans la même couche ou à peu près, sans que l'on voie d'autres débris de cette espèce sur les 2 mètres de bancs intermédiaires avec son niveau certain, et surtout l'état du fragment recueilli sur le gros banc, qui offre un aspect tout à fait analogue à la couche marneuse dans laquelle il se trouvait, appellent l'attention sur la possibilité de la présence d'*Ammonites angulatus* à ce niveau. Des recherches soigneuses au fur et à mesure du délitement des lits marneux de la tranchée des Rochettes permettront de résoudre cette intéressante question. En attendant, je conserve la même limite qu'avait adoptée M. Henry à Feschaux pour la base du Calcaire à Gryphées.

neux et terminés par un banc plus ou moins marno-calcaire (Lons-le-Saunier). A la base, 2 ou 3 minces bancs calcaires intercalés dans des lits marneux forment une couche
de 0m30 à 0m40. Parties blanchâtres phosphatées dans les
calcaires (moules d'Ammonites, etc.), et nodules phosphatés
dans certains lits marneux.

Belemnites acutus, Mill., 5 ; *Nautilus intermedius*, Sow.,
et *N.* sp., 3 ; *Ammonites geometricus*, Opp.,5 ; *Pleuromya*
sp., 4 ; *Pecten textorius*, Schl. ; valves inférieures de jeunes
Gryphées modifiées, 5 ; *Rhynchonella calcicosta*, Quenst. ;
Rh. cfr. *belemnitica*, Quenst. ; *Pentacrinus tuberculatus*,
Mill., 4.

Puissance : à Lons-le-Saunier, 3m dans la tranchée du
tunnel, et environ 2m70 dans la carrière de Rougin.

Toutefois, **A.** *geometricus* ne paraît pas descendre à plus
de 2 m. au-dessous de la surface ; mais il est difficile de
séparer de son niveau la partie inférieure du gros banc,
complexe et mal subdivisé, dans le haut duquel on trouve
les premiers exemplaires de cette espèce. J'y réunis aussi
les petits bancs de la base, où se trouvent de nombreux
Belemnites acutus.

III. — ASSISE DE L'AMMONITES OXYNOTUS·

SYNONYMIE.

Marnes de Balingen ou à Gryphæa cymbium (sauf les bancs supé-
rieurs). Marcou, 1846.
Marnes de Balingen (sauf les bancs supérieurs). Marcou, 1856.
Sinémurien, groupe C (partie inférieure). Bonjour, 1863.
Calcaires marneux à Ammonites planicosta, et peut-être *Marnes à
Ammonites raricostatus* (partie inférieure). Ogérien, 1867.
Zone de l'Ammonites oxynotus. Dumortier, 1867.

CARACTÈRES GÉNÉRAUX. — Cette assise comprend une alternance très fossilifère de bancs de calcaire marneux, ordinairement bleuâtre à l'intérieur, passant plus ou moins

au calcaire hydraulique, et de minces couches de marne, bleue intérieurement, plus dure dans le haut. Le tout prend à l'air une couleur blanc jaunâtre, parfois rougeâtre sur la tranche des strates les plus dures. Les bancs de calcaire marneux atteignent 0m10 à 0m15, et rarement 0m25 à 0m35 ; ils sont ordinairement divisés en pavés : de là le nom de *pavé blanc* donné à ce groupe de strates par les vignerons. Les couches marneuses, avec lesquelles ils alternent assez régulièrement, ont de 0m10 à 0m60. Parfois, il s'y trouve des bancs qui passent par places soit au calcaire, soit à la marne ; souvent dans ce cas, ils paraissent assez uniformément durs à l'intérieur et se délitent plus ou moins par la gelée, de sorte qu'au bout de peu d'années la série détaillée et assez régulière que l'on avait observée sur la coupe fraîche présente à la surface un aspect un peu variable d'un point à un autre, par le nombre de bancs calcaires en saillie. On sait d'ailleurs qu'en général dans ces alternances marneuses, l'observation est plus fructueuse à tous égards quelque temps après que les couches sont mises à découvert.

Le fer sulfuré se trouve abondamment dans les marnes et même dans les calcaires, surtout dans la partie moyenne, sous forme de rognons ou de groupes de cristaux. Les marnes inférieures sont particulièrement intéressantes par l'existence d'un lit variable de nodules phosphatés, tantôt épars, à la base, tantôt compris, sous forme de parties devenant plus rapidement blanchâtres à l'air, dans un mince banc de calcaire marneux qui s'y intercale. En outre, un feuillet de gypse existe parfois un peu au-dessus (Perrigny).

FOSSILES. — Les fossiles sont fréquents dans la plupart des couches de cette assise et fournissent un bon nombre d'espèces. Ce sont principalement des Bélemnites et des Ammonites, avec quelques Brachiopodes, que l'on trouve sur presque toute la hauteur, des Gastéropodes et des bivalves assez rares, ainsi que des Serpules et des Crinoïdes qui abondent dans certains bancs. En outre, des Algues du genre *Chondrites* criblent souvent les calcaires marneux et les marnes les plus dures de leurs petites ramifications d'un bleuâtre plus foncé.

Les Ammonites recueillies dans les marnes sont ordinairement ferrugineuses, de petite taille, souvent aplaties, et la plupart d'une détermination très difficile. Dans les calcaires marneux, elles sont ferrugineuses ou calcaires ; fréquemment les tours intérieurs seuls sont ferrugineux et presque toujours très aplatis, tandis que les tours extérieurs sont calcaires. Il est fort probable que la très petite taille de la plupart des individus recueillis dans les marnes provient d'un mode analogue de fossilisation. On obtient les meilleurs échantillons en cassant les bancs calcaires suffisamment attaqués par la gelée.

L'état des tranchées où j'ai étudié cette assise rend souvent très difficile la connaissance de la position exacte des fossiles que l'on y recueille. Malgré de longues et soigneuses recherches pour distinguer les diverses faunules, afin de reconnaître et de limiter les différentes zones fossilifères de cette assise et déterminer sa limite de l'assise suivante, je n'ai pu obtenir qu'un nombre relativement assez faible de fossiles parfaitement en place, les seuls dont il doive être tenu compte.

Eryma ? sp. ind., 1.
Belemnites acutus, Mill., 4.
— *brevis*, Blainv., 4.
Nautilus sp., 2.
Ammonites oxynotus, Quenst., 4.
— *obtusus*, Sow., 1.
— *Berardi*, Dum., 1.
— *Davidsoni*, d'Orb., 1.
— *lacunatus*, Buch., 3.
— *planicosta*, Sow., 4.
— aff. *carusensis*, d'Orb.
— *Birchi*, Sow., 3.

Ammonites Dudressieri, d'Orb. 3.
— cfr. *Driani*, Dum., 1.
— sp.
Rostellaria sp., 1.
Pholadomya sp., 2.
Nucula sp., 2.
Leda, sp. 1.
Mytilus sp., 2.
Avicula sinemuriensis, d'Orb.
Lima punctata, Sow.
Gryphæa obliqua, Goldf., 2.
Terebratula punctata, Sow,

Zeilleria cor, (Lam.), 3.
Spiriferina Walcotti, (Sow.),2.
Rhynchonella cfr. *belemnitica*, Quenst.
Rhynchonella Deffueri.
— *oxynoti*, Quenst.
— *rimosa*, (Buch).

Serpula quinquesulcata, Gdf., 5.
— cfr. *composita*, Dum.
Cyclocrinus sp. nov. ?
Pentacrinus tuberculatus, Mill.,1
— sp. nov.
Balanocrinus aff. *subteroides*,Qu.
Chondrites sp.

PUISSANCE. — Elle varie considérablement dans les trois seules localités où j'ai pu la mesurer : à Lons-le-Saunier, elle atteint 6m30 dans les tranchées de Montciel, et 5m50 dans la carrière de Rougin ; à Perrigny, 4 m. seulement.

LIMITES. — L'assise de l'Ammonites oxynotus est comprise entre le niveau de l'Ammonites geometricus à la base (voir p. 319), et au sommet le niveau à Ammonites submuticus de l'assise suivante, qui commence par une couche de marne dure à nombreux *Spiriferina* cfr. *rostrata* et *Pentacrinus oceani*, avec de très petits *Belemnites acutus*, et *Zeilleria cor*, variété voisine de *Z. numismalis*. La limite adoptée est assez nette pétrographiquement,grâce au gros banc de calcaire hydraulique qui forme le sommet de l'assise de l'A. oxynotus, et à l'aspect plus marneux des couches supérieures, dont la plupart des bancs calcaires ne se continuent pas régulièrement, et se délitent par places, soit en marne dure, soit même en lits de rognons.

POINTS D'ÉTUDE ET COUPES. — Cette assise est très rarement observable dans notre région ; les travaux de culture, etc., n'en mettent à découvert en général que des lambeaux, et l'on ne peut le plus souvent en recueillir les fossiles qu'à la surface des vignes. Les tranchées récentes de chemins de fer de Lons-le-Saunier (Montciel) et de Perrigny, qui la traversent en entier et dont on trouvera plus loin les coupes, offrent de très beaux gisements, qui seront probablement encore longtemps observables. Il est seulement regrettable que leur situation sur la voie ferrée les rende nécessairement fort peu accessibles au public. Heureusement, il est possible à présent d'étudier l'assise en entier, avec le passage très net aux couches inférieures et à l'assise supérieure, dans la tranchée d'accès de la carrière de Rougin, près du four à chaux, où elle offre un développement intermédiaire entre celui des tranchées de Montciel et de Perrigny, et permet de distinguer facilement les niveaux fossilifères.

SUBDIVISIONS. — Au premier abord, il semble difficile de reconnaître des subdivisions suffisamment nettes dans l'alternance marneuse peu épaisse qui constitue l'assise de l'Ammonites oxynotus. Mais une observation attentive montre que certaines espèces, principalement des Ammonites, sont localisées dans des couches différentes, de sorte que la composition des faunules et même de légères différences pétrographiques permettent de la subdiviser en quatre niveaux.

Dans les tranchées de Montciel, où il convient de prendre le type de cette assise, à raison de la puissance plus considérable et de la fréquence des fossiles, on distingue facilement tout d'abord une partie inférieure où *Ammonites lacunatus* n'est pas rare, et qui offre plusieurs couches marneuses plus épaisses, puis une partie supérieure, à bancs calcaires plus rapprochés et à marnes plus dures, où abonde ordinairement *Ammonites oxynotus* de grande taille. La présence d'*A. Davidsoni*, localisé à la base de la première partie, et plus haut celle d'*A. obtusus*, permettent de scinder cette partie inférieure en deux niveaux ; le second est surtout caractérisé par de nombreux petits Crinoïdes dans les marnes moyennes et supérieures, et principalement par la présence dans le banc marneux moyen d'une multitude de *Serpula quinquesulcata*, espèce très facile à reconnaître et que Dumortier a trouvée au même niveau dans les environs d'Autun. Dans la partie supérieure, la disparition complète ou à peu près d'*A. oxynotus*, vers le haut, et l'aspect particulier du gros banc de calcaire hydraulique qui termine l'assise engagent à scinder aussi cette partie et à faire de ce banc un niveau spécial, en y rattachant la couche marneuse sous-jacente.

Après avoir longtemps considéré cette assise comme peu divisible en niveaux, et même comme devant avoir une limite supérieure notablement plus élevée, j'ai été conduit ainsi par l'étude de détail, non seulement à la limiter comme je l'ai établi ci-devant, mais encore à y reconnaître quatre niveaux suffisamment distincts. Ils se trouvent correspondre fort sensiblement à ceux que Dumortier a établis dans l'assise de l'Ammonites oxynotus de Saône-et-Loire. Cette concordance est d'autant plus intéressante que plusieurs des espèces qu'il a rencontrées dans ce pays, et qu'il a même signalées comme caractéristiques, manquent ou sont très rares dans notre région, ou même s'y montrent dans des couches notablement différentes (par exemple, dans nos gisements, rareté ou absence d'*Am. stellaris*, et grande rareté de *Pentacrinus tuberculatus* qui abonde au contraire dans l'assise inférieure ; etc.). De plus, le facies pétrographique est ici plus marneux, et l'assise tend à perdre notablement de sa puissance en allant vers l'E.

Voici le résumé de la division en niveaux pour la région de Lons-le-Saunier, avec les épaisseurs observées à Montciel. Je place en regard la série des niveaux que Dumortier a reconnue en Saône-et-Loire et qu'il a résumée dans sa coupe théorique de cette assise (1).

LONS-LE-SAUNIER.		ENVIRONS D'AUTUN.	
D. — Niveau supérieur. Calcaire hydraulique.	0m65	Couches à Am. planicosta. avec *A. raricostatus*, var.	1m
C. — Niveau de l'A. oxynotus avec *A.* cfr. *Driani*, *A. raricostatus*.	1m80	Couches à Am. oxynotus avec *A. Driani*, *A. raricostatus*.	1m50
B. — Niveau de l'A. obtusus, avec *A. lacunatus*, *Gryphæa obliqua*.	2m10	Couches à Am. stellaris. avec *A. obtusus*, *A. lacunatus*, *Gryphæa obliqua*.	3m
A. — Niveau de l'Am. Davidsoni avec *A. Berardi*, *A. lacunatus*, *A. planicosta*.	1m75	Couches à Am. Davidsoni. avec *A. Berardi*, *A. lacunatus*.	1m50

(1) Dumortier, Op. cit. *Lias inférieur*, p. 95.

VARIATIONS. — L'analogie qui vient d'être constatée avec les gisements de Saône-et-Loire dans la succession des faunules, existe même pour l'épaisseur de l'assise, au bord occidental de Lons-le-Saunier, dans les tranchées de Montciel : nous avons sur ce point 6^{m}30, au lieu de 7 m. dans la coupe de Dumortier. Mais quand on s'avance vers l'E. seulement de 4 kilomètres, jusqu'à la tranchée de Perrigny, la puissance diminue graduellement d'un tiers, ce qui permet de songer à l'existence de modifications plus notables encore dans cette direction. La distinction des quatre niveaux reste possible toutefois. La diminution d'épaisseur porte spécialement sur les deux niveaux inférieurs, qui se réduisent de près de moitié à Perrigny. Sur un point à peu près intermédiaire, la carrière de Rougin, c'est le niveau inférieur presque seul qui est réduit dans une proportion analogue.

A part une certaine simplification dans la série des alternances marneuses et marno-calcaires quand la puissance est réduite, le facies reste le même. Les modifications les plus importantes que j'ai reconnues portent sur la disposition de la couche à nodules phosphatés de la base, avec apparition à Perrigny d'un mince lit de gypse ; elles vont être indiquées en détail dans l'étude du premier niveau.

A. — Niveau de l'Ammonites Davidsoni.

Alternance de couches de marne, bleue intérieurement, paraissant ordinairement blanchâtre par altération, et de bancs de calcaire marneux, offrant parfois des empreintes de *Chondrites*. Fer sulfuré en grumeaux peu abondants. Nodules phosphatés fréquents à la base, soit plus ou moins fondus dans un mince banc régulier inférieur (Montciel), soit isolés (Rougin, Perrigny), et qui renferment souvent des fossiles entiers ou brisés ; j'y ai reconnu les espèces notées d'un astérisque dans la liste suivante.

Fossiles assez nombreux, surtout dans les marnes, et la plupart ferrugineux ou phosphatés :

Belemnites acutus, Mill., 3.	*Ammonites* sp.
Nautilus sp., 2.	*Pleurotomaria* sp., 1*.
Ammonites Berardi, Dum., 2.	*Gryphæa obliqua*, Gdf., 2*.
— *Davidsoni*, d'Orb., 1.	*Terebratula punctata*, Sow.
— *lacunatus*, Buckm.,3.	*Zeilleria cor*, (Lam.), 2.
— *Birchi*, Sow*.	*Spiriferina Walcotti*, (Sow.)*
— *planicosta*, Sow.,4*.	*Chondrites* sp.

Puissance. — Ce niveau mesure 1m75 à Lons-le-Saunier, dans les tranchées de Montciel. En prenant pour point de repère supérieur la couche de marne à *Serpula quinque-sulcata* du milieu du niveau suivant, la comparaison des coupes conduit à limiter le niveau de l'Ammonites Davidsoni à la base du banc de marne qui vient au-dessous et qui, à Montciel, renferme *A. obtusus*. Les trois couches 24 à 26 de Montciel étant évidemment représentées par la couche marneuse inférieure de Rougin et de Perrigny, l'alternance de bancs marno-calcaires et marneux de 1 m. qui forme à Montciel les trois c. 27 à 29 se trouve représentée à Rougin par une couche de 0m45, comprenant deux bancs calcaires avec un lit marneux intermédiaire, et à Perrigny par un gros banc calcaire de 0m30. La puissance de ce niveau est donc réduite à 1 m. environ à Rougin (0m95), et à 0m65 seulement à Perrigny.

Variations. — En outre de cette diminution progressive considérable dans l'épaisseur en allant vers l'E., ce niveau offre d'intéressantes modifications d'un ordre plus important : c'est la disparition vers l'E. du petit banc calcaire régulier de Montciel à parties phosphatées, qui est représenté sur les autres points étudiés par un lit de nodules phosphatés, assez abondants par places à Rougin et à Perrigny, et surtout la présence vers le haut de la première couche marneuse de cette dernière localité, d'un lit assez régulier, de 1 à 3 centimètres, de plaquettes de gypse à grands cristaux, légèrement noirâtre.

B. — Niveau de l'Ammonites obtusus.

Alternance de bancs de marne, souvent très fossilifère, bleu foncé, devenant plus lentement blanchâtre à l'air que les couches voisines, et de bancs de calcaire marneux plus ou moins dur, parfois criblé de ramifications de *Chondrites*. Fer sulfuré abondant en rognons et surtout en groupes de cristaux. A Rougin et à Perrigny, de très rares fossiles phosphatés se retrouvent encore dans le haut.

Fossiles nombreux, et fréquemment en fer sulfuré. Les principales espèces sont :

Eryma ? sp. ind.
Belemnites acutus, Mill.
— *brevis*, Blainv.
Ammonites obtusus, Sow., 2.
— *lacunatus*, Buch., 3.
— *Birchi*, Sow.
— *planicosta*, Sow.
— aff. *carusensis*, d'Orb.
— cfr. *oxynotus*, Qust.
Rostellaria sp.
Pholadomya sp.
Nucula sp.
Leda sp.

Mytilus sp.
Avicula sp.
Lima punctata, Sow.
Gryphæa obliqua, Gdf., 2.
Zeilleria cor, (Lam.).
Spiriferina pinguis, (Ziet.).
Rhynchonella oxynoti, Quenst.
Serpula quinquesulcata, Gdf., 5.
— cfr. *composita*, Dum., 4.
Pentacrinus tuberculatus, Mill., 1.
— sp. nov., et *B.* sp. 5.
Balanocrinus aff. *subteroides*, Q. 5
Chondrites sp.

Puissance : à Lons-le-Saunier, 2m10 (Montciel) à 2m20 (Rougin). A Perrigny, elle se réduit à 1m35.

Variations. — Elles sont peu considérables et portent principalement sur la réduction des épaisseurs. La persistance de la couche marneuse à *Serpula quinquesulcata*, qui se trouve un peu au-dessus du milieu de ce niveau, permet de le reconnaître assez facilement et forme le meilleur point de repère pour le parallélisme de détail dans cette assise.

C. — Niveau de l'Ammonites oxynotus.

Alternance de bancs de calcaire marneux, ordinairement dur et plus ou moins hydraulique, parfois criblés de *Chondrites*, bien divisés en pavés et souvent colorés en rougeâtre sur la tranche, séparés par des bancs peu épais de marne dure. Fer sulfuré assez fréquent.

Fossiles assez nombreux dans les calcaires, surtout les Ammonites. *A. oxynotus* s'y trouve dès la base et surtout dans le haut (dans l'avant-dernier banc à Montciel), en grands exemplaires, ayant parfois la bouche.

Belemnites acutus, Mill., 3.	*Pholadomya* sp., 1.
— *brevis*, Blainv., 3.	*Terebratula punctata*, Sow.
Ammonites oxynotus, Qust.	*Zeilleria cor*, (Lam.).
— *raricostatus*, Ziet.	*Gryphæa* sp., 1.
— *Dudressieri*, d'Orb.	*Pentacrinus* sp.
— *Birchi*, Sow.	*Balanocrinus* aff. *subteroides*, Qu.
— cfr. *Driani*, Dum.	*Chondrites* sp., 5.
Rostellaria sp., 1.	

Puissance : à Lons-le-Saunier, 1^{m}80 (Montciel) à 1^{m}60 (Rougin), et à Perrigny 1^{m}45.

Les caractères de ce niveau sont assez constants sur les trois points étudiés en détail.

D. — Niveau supérieur.

Banc de marne dure de 0^{m}30 à 0^{m}40, surmonté d'un gros banc de calcaire hydraulique très dur, dont l'épaisseur varie de 0^{m}25 à 0^{m}40 sur des points rapprochés (Montciel), et descend même à 0^{m}20 par places à Perrigny. Ce banc calcaire, facilement reconnaissable, est pris pour limite de l'assise.

Fossiles peu abondants dans la marne et très rares dans

le banc calcaire, où je n'ai trouvé que *Rhynchonella* cfr. *belemnitica,* et en dessus une Ammonite.

Belemnites acutus, Mill.	*Zeilleria cor*, (Lam.).
— *brevis*, Blainv.	*Spiriferina* aff. *rostrata* (Schloth).
Ammonites cfr. *Guibali*, d'Orb., 1.	*Rhynchonella Deffueri*, 4.
— sp.	— cfr. *belemnitica*,
Gryphæa sp. ind.	Quenst.

Puissance : à Lons-le-Saunier, 0^m65 (Montciel) à 0^m75 (Rougin), et à Perrigny, 0^m55.

Sauf les variations d'épaisseur indiquées, ce niveau possède les mêmes caractères dans nos gisements. A Perrigny, il est remarquable par l'abondance de *Rhynchonella Deffueri*, qui forme presque entièrement d'assez gros rognons épars dans la couche marneuse.

COUPES DU LIAS INFÉRIEUR.

I. — COUPE DES TRANCHÉES DE MONTCIEL A LONS-LE-SAUNIER.

Relevée sur le chemin de fer des Salines et la ligne de Lyon, au pied du plateau de Montciel.

L'embranchement de chemin de fer établi, en 1885, pour le service des Salines a coupé toute la série du Rhétien au Liasien. On voit actuellement la partie inférieure de cette série dans la tranchée de l'extrémité septentrionale du tunnel, et la partie supérieure dans la tranchée de l'extrémité opposée. Une petite interruption de 0^m60 subsiste actuellement entre ces deux gisements ; mais les notes que j'ai prises au moment des travaux me permettent d'y suppléer et de raccorder exactement les deux parties de la coupe.

Tout à côté, la tranchée des lignes de Lyon et Chalon montre aussi la partie supérieure de cette même série, à partir du même banc marneux qu'à l'extrémité S. du tunnel, mais ici les couches les plus élevées manquent. D'un autre côté, une faille, qui se dirige à peu près du N. au S., coupe les couches, précisément vers le bord méridional du pont du chemin de Montciel, et met en contact l'assise de l'Ammonites oxynotus avec les Marnes à Ammonites margaritatus. Par suite, la partie de la tranchée située au N. du pont montre la base de ces dernières marnes, avec leurs fossiles caractéristiques, et, lors des travaux, j'y ai constaté la présence du banc supérieur des calcaires à Ammonites fimbriatus sur lesquels elles reposent.

La partie moyenne des Marnes à Ammonites margaritatus se montre à l'extrémité occidentale du pont, sur le bord du chemin de Montciel, sous l'aspect de marnes feuilletées, avec petites parties ferrugineuses, et à peu près sans fossiles.

ÉTAGE RHÉTIEN (partie supérieure).

B. — Niveau des Marnes pseudo-irisées.

1. — Marnes rouges, puis bleues, visibles sur environ 3m30

C. — Niveau des calcaires lithographiques à bivalves (1 m.).

2. — Deux bancs de calcaire compact, lithographique, bleuâtre intérieurement, qui prennent par altération une couleur légèrement jaunâtre et un aspect dolomitoïde, et se brisent par la gelée en fragments anguleux polyédriques. Rares bivalves. 0m22

3. — Marne gris-bleu, un peu feuilletée. 0m20

4. — Lit de calcaire lithographique, analogue à 2, en plaquettes. 0m03

5. — Marne bleue, schistoïde, blanchâtre par altération, renfermant dans le haut un lit de petites plaquettes très minces de grès fin, micacé 0m55

LIAS INFÉRIEUR.

I. — Calcaire hettangien.

A. — Niveau de l'Ammonites planorbis (1m70).

6. — Gros banc de calcaire très dur, finement gréseux, et à parcelles spathiques, bleu foncé intérieurement, jaunâtre par al-

tération, avec lits intercalés plus ou moins irréguliers d'un grès calcarifère, qui s'altère lentement par dissolution du calcaire sous les influences atmosphériques, devient friable et arrive même à l'état d'une sorte de sablon marneux, ferrugineux, rougeâtre. Le banc passe d'ailleurs parfois sur d'autres points à ce grès altérable. Par places, il offre à sa base une mince couche de calcaire compact, très finement grenu, qui lui est intimement unie, et se montre fort analogue au calcaire lithographique précédent.

Sur certains points, ce banc se divise ainsi :

> *a.* — Banc inférieur plus gréseux et devenant friable à la longue par places, surtout suivant une ligne irrégulière, peu distante de la base. Petits bivalves et Polypiers. . . 0ᵐ35 ⎫
> *b.* — Gros banc, à lits gréseux irréguliers, assez lisse en ⎬ 0ᵐ80
> dessus. . . . . 0ᵐ45 ⎭

7. — Banc de calcaire gréseux irrégulier en dessus, avec interposition par places de lits gréseux, plus altérables, qui tendent à le subdiviser irrégulièrement. Petits Gastéropodes (*Orthostoma*, etc.). Une mince couche marno-gréseuse, devenant assez rapidement friable par altération, le sépare du suivant, sur certains points. 0ᵐ35

8. — Bancs de calcaire gréseux, bleu noirâtre, très enchevêtrés et d'une distinction difficile, formés de gros rognons très résistants, dont les intervalles sont remplis par un grès plus altérable, composé de feuillets soudés et formant de minces lits d'épaisseur très irrégulière, criblés d'empreintes de Fucoïdes 0ᵐ55

B. — Niveau de l'Ammonites angulatus (1ᵐ80).

9. — Banc analogue au précédent ; tantôt il y est uni, tantôt il en est séparé par un mince lit marno-gréseux. . . 0ᵐ40

10. — Bancs de calcaire bleu, plus finement gréseux, plus ou moins irrégulièrement subdivisés. Limite supérieure marquée d'une ligne ferrugineuse . . . . 0ᵐ60 à 0ᵐ70

Ammonites angulatus, à la surface ; nombreux *Lima gigantea* dans l'intérieur, surtout dans le haut.

11. — Cinq ou six petits bancs de calcaire bleu foncé, très

durs et très résistants à l'air, la plupart à surfaces noduleuses et très irrégulières, avec de minces lits marno-gréseux facilement altérables. *Lima gigantea* par places. Banc supérieur à surface moins irrégulière. 0m70

J'ai recueilli sur ce dernier banc un très grand exemplaire d'*Ammonites* cfr. *Charmassei*. Le délit marneux qui vient ensuite renferme *Gryphæa arcuata*.

II. — Calcaire à Gryphées arquées.

A. — Niveau inférieur (2m70).

12. — Calcaire dur, grenu, noirâtre intérieurement, grisâtre par altération ; environ 12 petits bancs de 3 ou 4 à 12 ou 15 centimètres, à surfaces grossièrement noduleuses et très irrégulières, très fragmentés et se délitant plus ou moins en rognons, et séparés par de minces délits marneux noirâtres intérieurement. *Gryphæa arcuata*, 3, dès les premiers bancs ; *Lima gigantea*, ainsi que *Pleuromya* sp. 3, et quelques *Pentacrinus tuberculatus*. 1m20

13. — Banc de calcaire dur, bleu intérieurement ; se distingue nettement des petits bancs voisins ; surface irrégulière. *Lima gigantea* et *Gryphæa arcuata*. 0m30

14. — Calcaire analogue à c. 12 ; environ 12 bancs de 4 ou 5 à 8 ou 10 centimètres, très fragmentés et se délitant plus ou moins en rognons, avec lits marneux intermédiaires. . 1m20

Pleuromya sp., *Lima gigantea*, *Gryphæa arcuata*, 5, *Rhynchonella plicatissima*, *Pentacrinus tuberculatus*, 3.

B. — Niveau moyen (3m70).

15. — Banc de calcaire dur, bleu foncé intérieurement, à surfaces très irrégulières, surtout en dessous. Il forme parfois corniche. Epaisseur variable, soit. 0m30

Gryphæa arcuata, *Rhynchonella plicatissima*, *Pentacrinus tuberculatus*.

16. — Cinq bancs de calcaire dur, à surface irrégulière, et

plus ou moins soudés entre eux, avec un mince délit marneux à la base et un autre dans le haut. 0ᵐ80

Ammonites bisulcatus, Lima gigantea, Gryphæa arcuata, Pentacrinus tuberculatus.

17. — Calcaire bleu, dur, grenu, en bancs variables, avec de faibles délits marneux ; il forme corniche par places. . 2ᵐ

Nautile, Pleuromyes, 4, Pholadomyes, *Pecten* sp. 5, *Gryphæa arcuata*, 5.

A partir du lit marneux de la base, la Gryphée arquée type est accompagnée de nombreux individus qui offrent des variations plus ou moins accentuées. Les lits marneux renferment beaucoup de valves inférieures de jeunes appartenant à ces variétés.

DÉTAIL DE LA C. 17.

a. — Banc calcaire à Gryphées, parfois dédoublé dans le bas, surmonté d'un mince lit marneux à Pleuromyes et valves séparées de Gryphées plus ou moins modifiées. . . 0ᵐ35
b. — 4 bancs calcaires à surfaces irrégulières, parfois un peu subdivisés, et lits marneux intercalés. *Pleuromya, Lima gigantea.* 1ᵐ30
c. — Banc calcaire supérieur, assez régulier en dessus, *Nautile, Lima gigantea,* Gryphées. 0ᵐ30
d. — Lit marneux. *Pleuromyes,* valves de *Pecten,* Gryphées arquées (type et variété), 5 .. . . 0ᵐ05

18. — Gros banc de calcaire analogue, très dur, un peu subdivisé à la base ; surface extrèmement irrégulière et noduleuse. Nombreuses Gryphées arquées. Quelques *Belemnites acutus* sont soudés à la surface, et cette espèce ne paraît pas se trouver au-dessous. 0ᵐ60

C. — NIVEAU DE L'AMMONITES GEOMETRICUS (3ᵐ).

19. — Deux petits bancs calcaires intercalés dans des lits marneux. Epaisseur variable, soit. . . . . . . 0ᵐ30 à 0ᵐ40

Belemnites acutus, 3, dès la base ; petites Limes, *Pecten, Avicula* sp., *Rhynchonella* cfr. *plicatissima, Gryphæa arcuata* (plus ou moins modifié), *G. cfr. obliqua,* 1.

7

a. — Marne. *Bel. acutus*, etc.. . . . . 0m10
b. — Banc calcaire un peu variable 0m10
c. — Marne avec un mince banc calcaire vers le bas. En
moyenne 0m20

20. — Trois bancs de calcaire à Gryphées, durs, grenus, irréguliers et peu distincts ; banc inférieur très inégal en dessous ;
le supérieur plus épais, à surface assez irrégulière, suivi d'un lit
marneux, très fossilifère, d'environ 0m05. . . . . . . 0m80

Belemnites acutus et *Ammonites geometricus*, soudés à la surface et nombreux dans le lit marneux supérieur, avec *Nautilus*
cfr. *intermedius, Pleuromya* sp., 4, petites valves de *Lima* et de
Pecten, 5, *Terebratula* sp., *Rhynchonella calcicosta*, valves inférieures de jeunes Gryphées modifiées, 5, *Pentacrinus tubercu-*
latus. — Les Ammonites et quelques nodules sont phosphatés.

21. — Trois bancs calcaires durs, irréguliers, peu distincts,
avec délits marneux en dessus. *Belemnites acutus, Ammonites*
geometricus dans toute l'épaisseur 0m65

22. — Trois bancs calcaires durs et minces lits marneux intercalés. Le banc supérieur, très inégal en dessus, se délite par
places dans le haut sur une épaisseur variable et passe alors à
la couche suivante. Moules d'Ammonites phosphatés. . 1m

Belemnites acutus, Ammonites geometricus, Zeilleria cor (var.)
Pentacrinus tuberculatus.

a. — Gros banc à surface très irrégulière. *B. acutus, Am.*
geometricus, 4, *Pent. tuberculatus*, 5. En moyenne 0m50
b. — Banc calcaire peu régulier, intercalé entre deux lits
marneux. 0m20
c. — Gros banc de calcaire grenu, ordinairement très résistant, à surface irrégulière. Nombreuses parties blanchâtres phosphatées éparses dans la pâte. Nautile. *B. acutus.*
En moyenne 0m30

23. — Marne très dure, grisâtre, avec taches et tigelles noirâtres et taches ferrugineuses, suivie d'un mince banc de calcaire grenu, peu dur, qui tantôt arrive à occuper toute l'épaisseur, tantôt se délite et se confond avec la marne. Surface assez
régulière. Épaisseur variable de. . . . . . . 0m10 à 0m15

III. — Assise de l'Ammonites oxynotus.

A. — Niveau de l'Ammonites Davidsoni (1^{m}75).

24. — Marne grisâtre, dure, grenue, à nombreux grumeaux ferrugineux. . . . . 0^{m}15

Belemnites acutus, 3. *Nautilus* sp. 2. *Ammonites planicosta*, 3, *A. Davidsoni*, *A. Berardi*, *Gryphæa obliqua*, 2, *Rhynchonella* sp., *Pentacrinus tuberculatus*, 1.

25. — Banc régulier de calcaire un peu marneux, grenu, bleu foncé intérieurement, avec des ramifications d'Algues, plus sombres, et de nombreuses parties blanchâtres phosphatées, surtout dans le bas. *Belemnites acutus* . . . . . . 0^{m}12

26. — Marne dure, jaunâtre sur 0^{m}10, avec grumeaux ferrugineux, suivie de marne bleue, blanchâtre par altération, un peu feuilletée, friable. . . . . 0^{m}50

Belemnites acutus, 4 ; *Ammonites lacunatus*.

27. — Trois bancs réguliers de calcaire marneux, de 0^{m}15 à 0^{m}20, avec 2 minces lits de marne dure intercalés. *Nautilus* sp. Quelques taches rameuses de *Chondrites* . . . . . 0^{m}55

28. — Marne, blanchâtre par altération ; passe parfois dans le bas à un banc marno-calcaire dur, de 0^{m}15. . . . 0^{m}30

Belemnites acutus, *Ammonites lacunatus*, *Zeilleria cor*.

29. — Banc régulier de calcaire marneux gris, un peu grenu ; quelques taches d'Algues. Parfois divisé en 2 bancs. . 0^{m}15

B. — Niveau de l'Ammonites obtusus (2^{m}10).

30. — Marne gris-bleu foncé, blanchâtre par altération, à nombreuses lignes ferrugineuses, avec tigelles et petits rognons de fer sulfuré et des nodules de même marne paraissant roulés ; par places, une mince couche de marne jaune se trouve à la base. Fossiles surtout dans le haut . . . . 0^{m}40

Belemnites acutus, *B. brevis*, 3, *Ammonites obtusus*, et Ammonites ferrugineuses de petite taille, *Pholadomya*, *Mytilus*, *Lima*, *Gryphæa obliqua*, 2, *Zeilleria cor*, *Rhynchonella*, *Pentacrinus*.

Cette couche était visible lors des travaux de la grande ligne, au bord du pont, au-dessous des rails ; elle apparaît encore légèrement à présent au sommet de la tranchée N. du tunnel des Salines.

31. — Calcaire marneux bleuâtre, blanchâtre par altération et rougeâtre dans les joints ; quelques taches rameuses de *Chondrites*. Banc parfois double, et alors le supérieur est marno-gréseux par places. . . . . 0m35 à 0m30

' 32. — Marne gris-bleu foncé. Fer sulfuré en grumeaux cristallisés. *Zeilleria cor*. . . . . 0m15 à 0m20

33. — Banc de calcaire marneux, bleuâtre, blanchâtre par altération, ainsi que les bancs suivants, un peu grenu, à taches allongées plus foncées et Fucoïdes 0m15

Les bancs 31 à 33 ne sont pas visibles actuellement.

34. — Marne dure, bleu noirâtre, devenant très lentement blanchâtre par altération. Fer sulfuré abondant, en petits grumeaux chargés de cristaux ou en rognons. Fossiles nombreux. Epaisseur un peu variable, soit environ. 0m60

Eryma sp. ind. (portion de pince), *Belemnites acutus, B. brevis*, Ammonites ferrugineuses de petite taille et le plus souvent peu déterminables : *Ammonites planicosta, A.* aff. *carusensis*, etc.; *Rostellaria ? Pholadomya, Mytilus, Gryphæa obliqua*, 2, *Zeilleria cor, Rhynchonella* sp. En outre, cette couche est criblée, surtout dans la partie inférieure, d'une multitude de *Serpula quinquesulcata*, qui la caractérisent très nettement, et sont accompagnées de *Serpula* cfr. *composita*, plus rare, avec de nombreux articles séparés de très petits *Pentacrinus*.

La couche 34 est le premier banc de marne visible près du pont dans la tranchée de la grande voie, et au bord S. de la tranchée à l'E. du tunnel des Salines, à l'extrémité du mur de soutènement. Elle forme un bon point de départ pour suivre la série des couches ci-après, qui sont visibles dans ces deux tranchées. Les Serpules ne sont abondantes ici que dans la partie inférieure, et parfois elles sont en fer sulfuré.

35. — Calcaire marneux, grisâtre, criblé de taches plus foncées et de ramifications de *Chondrites* ; un banc parfois dédoublé. 0m15

Petites Ammonites ferrugineuses ou calcaires, nombreuses

par places, mais difficilement déterminables : *Am.* cfr. *plani-costa*, *A.* cfr. *carusensis*, etc.; *Avicula* sp.

36. — Marne bleuâtre, passant au milieu, par places, à un petit banc marno-calcaire. Fer sulfuré. Fossiles ferrugineux pour la plupart. 0m30

Belemnites acutus, B. brevis ; petites Ammonites ferrugi-neuses, souvent écrasées et peu déterminables : *Ammonites la-cunatus*, 3, *A. planicosta*, 4, *A.* cfr. *oxynotus*, etc.; *Rostellaria* sp., *Nucula, Leda, Zeilleria cor, Rhynchonella oxynoti, Pen-tacrinus tuberculatus*, 1, *Balanocrinus* aff. *subteroides*.

C. — Niveau de l'Ammonites oxynotus (1m80).

37. — Calcaire marneux bleuâtre, criblé de *Chondrites*, avec *Ammonites oxynotus* de grande taille. Deux bancs suivis de 0m10 de marne ; parfois, le banc supérieur devient marneux, de sorte que la couche de marne atteint 0m20. En tout . 0m40

Petites Ammonites ferrugineuses peu déterminables, *Rostel-laria, Terebratula punctata, Zeilleria cor, Gryphæa* sp. ind., *Spiriferina Walcotti*.

38. — Calcaire marneux analogue, criblé de *Chondrites*. 0m15

39. — Marne bleue intérieurement, passant vers le milieu à un mince banc marno-calcaire ou à une ligne de petits rognons. Nombreuses tigelles ferrugineuses, et Ammonites en fer sulfuré 0m25

Belemnites acutus, B. brevis, Ammonites Dudressieri, A. sp., *Terebratula punctata, Zeilleria cor, Spiriferina rostrata, Rhynchonella Deffueri, Rh. rimosa, Rh.* sp., et un grand nombre de portions de tige d'un *Balanocrinus* très voisin de *B. subteroides*, avec *Pentacrinus* sp., et autres Crinoïdes.

40. — Calcaire marneux, dur, compact et plus ou moins hydraulique, surtout dans le haut, grisâtre intérieurement, blanchâtre par altération ; 4 ou 5 bancs de 0m10 à 0m15, dé-coupés en pavés, parfois à joints rougeâtres, et séparés par de minces couches de marne dure. Quelques Fucoïdes dans le banc supérieur 1m

Belemnites brevis, B. acutus, Ammonites oxynotus, ordinaire-ment de grande taille, très nombreux dans l'avant dernier banc supérieur, *A.* cfr. *Driani A. Birchi, A.* sp., *Pecten acuti-radiatus, Lima* sp., *Terebratula punctata, Zeilleria cor, Spiriferina rostrata, Rhynchonella rimosa, Rh.* sp., *Balanocrinus* sp.

Détail de la c. 40.

a. — Calcaire hydraulique . . . . 0^{m}15
b. — Marne . . . . 0^{m}12
c. — Calcaire marneux . . . . 0^{m}10
d. — Marne . . . . 0^{m}05 à 0^{m}07
e. — Calcaire marneux . . . . 0^{m}10
f. — Marne passant dans le haut à un banc marno-calcaire plus ou moins dur, qui semble parfois s'unir au suivant. *Am. oxynotus* . . . . 0^{m}20
g. — Banc de calcaire hydraulique, à nombreux *Am. oxynotus* de grande taille dans le haut . . 0^{m}10 à 0^{m}15
h. — Marne. *Am.oxynotus.* Environ. . . . . . . 0^{m}05
i. — Banc de calcaire hydraulique, peu fossilifère. *Am. oxynotus,* rare, *Pholadomya* sp. Environ.. . 0^{m}15

D. — Niveau supérieur (0^{m}65).

41. — Marne bleuâtre intérieurement, assez dure. Nombreux rognons et grumeaux de fer sulfuré chargés de cristaux. Fossiles de petite taille, assez nombreux et souvent en fer sulfuré. Épaisseur variable de 0^{m}30 à 0^{m}40, soit en moyenne. . 0^{m}30

Belemnites acutus (jeunes), *B. brevis,* petites Ammonites ferrugineuses indéterminables, *Zeilleria cor* (formes voisines de *Z. numismalis*), *Spiriferina* aff. *rostrata, Rhynchonella Deffueri,* 4, *Rhynchonella* cfr. *belemnitica.*

42. — Banc de calcaire hydraulique, à grain très fin et très compact, dur et à cassure vive, blanchâtre, facilement discernable des bancs de calcaire marneux de la série inférieure et supérieure, par son épaisseur plus forte et sa plus grande résistance à la gelée et aux éboulements. Epaisseur variable de 0^{m}25 à 0^{m}35, soit le plus souvent. . . . . 0^{m}35

Fossiles très rares. *Ammonites* sp. ind. analogue à *A. oxynotus* dans le haut; *Rhynchonella* cfr. *belemnitica.*

LIAS MOYEN.

I. — Assise de l'Ammonites Davœi.

A. — Niveau de l'Ammonites submuticus (2ᵐ).

43. — Marne blanchâtre, dure, avec un ou plus ordinairement deux bancs marno-calcaires peu durs, qui ne paraissent que par places dans la couche délitée. 0ᵐ45

Fossiles très peu abondants : *Belemnites acutus* (jeunes), 3 ; petites Ammonites ferrugineuses indéterminables ; *Terebratula* cfr. *punctata* ; *Zeilleria cor* (formes assez rapprochées du type et formes voisines de *Z. numismalis*) ; *Spiriferina* aff. *rostrata* (jeunes), 3 ; *Rhynchonella Deffueri* ; *Pentacrinus oceani*, 3.

44. — Banc marno-calcaire plus ou moins résistant à l'air, suivi de 0ᵐ15 de marne à tigelles et grumeaux de fer sulfuré. Fossiles rares. 0ᵐ30

45. — Banc de calcaire marneux, un peu grenu, de 10 à 15 centimètres, ordinairement dur et bien distinct, mais passant par places à un marno-calcaire peu dur ; il renferme des grumeaux de fer sulfuré, et dans certains points, surtout les moins durs, d'assez nombreux *Ammonites submuticus*, avec *A.* sp., *Spiriferina Walcotti*. Au-dessus, banc de marne, avec quelques *Belemnites brevis*. En tout. 0ᵐ30

46. — Alternance de deux bancs de calcaire marneux, de dureté variable, et de deux couches de marne de 10 à 15 cent. chaque. *Belemnites brevis*, et probablement *B. umbilicatus*.

Cette série est assez variable : dans la tranchée du pont, le banc inférieur se délite par places, et le banc supérieur est plus régulier ; c'est le contraire dans la tranchée au S. du tunnel. L'épaisseur, qui est ici de 0ᵐ50 à 0ᵐ60 (peut-être aux dépens des couches inférieures qui ne sont pas visibles), est seulement dans la première de 0ᵐ40

47. — Banc de 0ᵐ10 à 0ᵐ15 de calcaire marneux, dur, finement grenu, à nombreux *Chondrites* par places, parfois divisé en 2 bancs (tranchée du pont), suivi d'une couche de marne qui renferme parfois un mince banc marno-calcaire. Fossiles rares dans le banc inférieur, plus fréquents au-dessus. 0ᵐ35 à 0ᵐ40

Belemnites umbilicatus, B. brevis, petites Ammonites ferrugineuses.

48. — Banc de calcaire marneux de 0ᵐ10 à 0ᵐ15, se délitant parfois en partie ou même entièrement, suivi d'une mince couche de marne. Fossiles rares 0ᵐ20

B. — NIVEAU DE L'AMMONITES ARIETIFORMIS (1ᵐ30).

49. — Banc de calcaire marneux, dur, un peu grenu ou d'aspect hydraulique, presque blanc par altération, assez régulier et ordinairement bien distinct des couches voisines après l'action de l'air. 0ᵐ15

Ammonites arietiformis très abondants, disposés selon la stratification et parfois plus ou moins verticalement. Nombreux *Chondrites* par places.

50. — Marne plus ou moins dure, avec un banc de 0ᵐ10 de marno-calcaire grenu, à *Chondrites* et nombreux grumeaux de fer sulfuré, intercalé à 10 centim. de la base; ce banc offre une épaisseur et une résistance variables, et il passe parfois à la marne 0ᵐ20

Bélemnites, *Ammonites viticola.*

51. — Calcaire marneux gris, ordinairement sans *Chondrites*; 3 bancs à stratification peu nette, formés parfois de rognons, et 2 lits marneux intercalés. Fer sulfuré abondant. *Belemnites umbilicatus*; *B. brevis*; *Ammonites* cfr. *Edmundi*, *A.* cfr. *viticola*, *A.* aff. *ophioides*, *A. submuticus*, et nombreuses Ammonites ferrugineuses de petite taille, indéterminables, *Lima* sp., *Zeilleria cor*, *Spiriferina Walcotti*. . . . . 0ᵐ45 à 0ᵐ50

DÉTAIL DE LA C. 51.

a. — Banc de calcaire marneux, un peu siliceux par places et tendant à se déliter en rognons. 0ᵐ10

b. — Marne un peu schistoïde, avec un banc de marno-calcaire plus ou moins tendre. *Bel. umbilicatus*, 3; nombreuses petites Ammonites ferrugineuses et fer sulfuré en tigelles, etc ; 0ᵐ25

c. — Banc de calcaire marneux un peu variable. *Ammonites* cfr. *Edmundi, A.* cfr. *viticola*, etc. 0ᵐ10

52. Banc de marne de 0ᵐ10, suivi d'un banc marno-calcaire

qui se délite plus ou moins en rognons, puis d'une couche de marne de 0m25. En tout 0m45

Quelques *Belemnites umbilicatus* et petites Ammonites ferrugineuses, *Am.* cfr. *viticola.*

C. — Niveau de l'Ammonites armatus (3 m. environ).

53. — Banc de calcaire marneux, grisâtre, à grumeaux de fer sulfuré, siliceux et plus ou moins dur par places, bien stratifié sur la coupe fraîche, mais qui se délite à la longue en rognons très variables plus ou moins chargés de silice à l'intérieur, et devient assez peu distinct. Il affleure, ou à très peu près, sur une portion de la surface plane qui existe au-dessus de la partie orientale du tunnel, et se voit bien au bord S. de cette surface. Il existe d'ailleurs dans la tranchée du pont, mais est peu distinct à présent sur ce point. On l'observe dans de meilleures conditions vers le milieu de la tranchée du tunnel à 70 mètres de celui-ci. Environ. 0m15

Nombreux *Ammonites armatus,* souvent de grande taille, mais ordinairement à tours intérieurs écrasés, ou même en fragments isolés ; *A.* cfr. *Edmundi,* et quelques petites Ammonites ferrugineuses indéterminables.

54. - Marne bleuâtre, à nombreuses petites Ammonites ferrugineuses indéterminables, surtout à la base. . 0m15 à 0m20

Belemnites umbilicatus, 4, *Pentacrinus tuberculatus,* 1.

55. — Calcaire marneux, grisâtre. analogue à la c. 53, mais avec quelques *Chondrites.* Fer sulfuré. Ammonites. . 0m10

56. — Marne bleuâtre. 0m60

Belemnites umbilicatus, 5, *B. brevis,* petites Ammonites ferrugineuses.

57. — Banc de calcaire marneux. 0m12

58. — Marnes. Mêmes Bélemnites 0m50

59. -- Banc de calcaire marneux assez dur. . . . 0m10

60. — Marne 0m60

61. — Banc de calcaire marneux assez dur. . . . 0m10

62. — Marne assez fossilifère. 0m60

Belemnites umbilicatus, 4, *B. elongatus, B. Acutus,* 1, *B. Brevis.*

Cette série est plus ou moins cachée par la végétation, etc. On l'observe encore cependant à peu près en entier, avec la c. 63 et la base de la c. 64, vers le milieu de la tranchée du tunnel, du côté S.

D. — Niveau des calcaires hydrauliques a Bélemnites (partie inférieure).

63. — Banc de calcaire marneux assez dur, peu visible. 0ᵐ10
64. — Marne alternant avec des bancs de calcaire marneux assez dur ; très peu visible actuellement. Soit environ. 0ᵐ80
Cette couche a été plus ou moins enlevée par l'érosion. Elle forme le bord supérieur de la tranchée du tunnel, du côté S., où elle est réduite à une faible épaisseur sur la plus grande partie ; vers l'extrémité E., elle atteint environ 0ᵐ80, et supporte la couche suivante :
65. — Banc de calcaire grisâtre, légèrement marneux, assez dur, à peine visible lors des travaux. . . . 0ᵐ15 à 0ᵐ20
Les couches supérieures manquent. — Dans la tranchée du pont, la série est interrompue déjà vers le haut de la c. 58, qui supporte la terre végétale.

II. — COUPE DE LA CARRIÈRE DE ROUGIN, PRÈS DE LONS-LE-SAUNIER.

La carrière de Rougin, située à 300 mètres environ au N.-E. du cimetière de Lons-le-Saunier, est ouverte depuis une huitaine d'années pour les besoins du four à chaux qu'elle avoisine. On y exploite plus spécialement à présent le Calcaire à Gryphées; mais une tranchée d'accès traverse toute la série, jusqu'aux couches à Ammonites fimbriatus, qui forment sur une certaine étendue le sous-sol des terrains cultivés dans le voisinage, où l'on en peut recueillir les fossiles. Cette carrière offre l'un des meilleurs gisements pour l'étude de cette série, et spécialement pour les couches de passage du Lias inférieur au Lias moyen ; c'est surtout le plus facilement abordable au public, grâce à la complaisance du propriétaire, M. Nicolot-Prost. La continuation de l'exploitation ne pourra d'ailleurs que déterminer de meilleures conditions d'observation, surtout si les bancs supérieurs, fortement hydrauliques, venaient à être utilisés.

Voici la série que l'on relève actuellement. Les couches plongent vers le N.-O. d'une façon un peu variable, environ 48° pour l'assise de l'Ammonites oxynotus et les couches supérieures. Quelques cassures, accompagnées de petites dénivellations, rendent plus délicate la mesure des épaisseurs dans le Calcaire à Gryphées. La partie supérieure de la coupe est un peu couverte par les marnes effritées et envahie par la végétation, ce qui ne m'a pas permis d'observer le détail de tous les bancs marno-calcaires.

LIAS INFÉRIEUR (partie moyenne et supérieure).

I. — Calcaire à Gryphées arquées.

A. — NIVEAU INFÉRIEUR (partie supérieure).

1. — Gros banc calcaire, bleu noirâtre, à peine visible au fond de la carrière. *Lima gigantea.* Paraît être le banc épais qui se trouve habituellement dans le milieu de ce niveau.

2. — Calcaire en petits bancs avec lits marneux. Gryphées arquées 1m20

B. NIVEAU MOYEN (4m).

3. Gros bancs de calcaire à Gryphées, avec de minces lits marneux . . . . 2m20 à 2m

4. — Marne avec deux petits bancs calcaires en rognons intercalés 0m30

5. — Deux gros bancs calcaires à surfaces très irrégulières, surmontés d'un lit de 0m25 de rognons irréguliers, accompagnés de délits marneux 0m90

6. — Gros banc calcaire, subdivisé d'une façon peu distincte 0m80

De nombreux fossiles se trouvent dans tous les bancs de ce niveau, surtout *Gryphæa arcuata*, avec *Pentacrinus tuberculatus*, et quelques grandes Ammonites.

C. — Niveau de l'Ammonites geometricus (2m65).

7. — Alternance de trois lits de marne avec deux ou trois minces bancs calcaires 0m25

8. — Deux bancs calcaires, suivis d'un lit marneux plus marqué. 0m65

9. — Trois bancs calcaires avec de très minces délits marneux, suivis d'un lit de marne de 0m05. *Ammonites* cfr. *bisulcatus*. 0m60

10. — Gros banc calcaire, avec parties blanchâtres phosphatées (moules de fossiles surtout) ; il se dédouble légèrement. *Ammonites geometricus.* 0m60

11. — Banc calcaire avec minces délits marneux. . . 0m10

12. — Gros banc de calcaire dur, qui paraît passer à la couche suivante. Bélemnites. *Ammonites geometricus.* . 0m30 à 0m35

13. — Marno-calcaire grossier, noirâtre, paraissant charbonneux et rempli de débris d'Algues, soudé au banc précédent. Il se délite grossièrement avec plus ou moins de rapidité, et simule des bossellements de la c. 12. . . . . 0m15 à 0m10

II. — Assise de l'Ammonites oxynotus.

A. — Niveau de l'Ammonites Davidsoni (0m90).

14. — Marne noirâtre, avec rognons et fossiles calcaires phosphatés qui forment, au moins par places, un lit vers la base. Grumeaux et fossiles en fer sulfuré . . . 0m35 à 0m45

Belemnites acutus, B. cfr. *brevis* ; *Ammonites Davidsoni,* et *A. planicosta,* etc., en fer sulfuré ; *A. Birchi, Pleurotomaria* sp., *Gryphæa obliqua,* phosphatés. — En outre, *Zeilleria cor* paraît provenir de cette couche et probablement aussi *Ammonites lacunatus.*

15. — Deux bancs de calcaire marneux, grisâtre, dur, d'une épaisseur variable, avec un lit de 0m05 de marne dans le milieu ; 0m40 à 0m50, soit en moyenne 0m45

B. — Niveau de l'Ammonites obtusus (2m20).

16. — Marne, plus dure dans le haut ; épaisseur variable

de 0m35 à 0m45 (peut-être par suite d'un certain étirement),
soit 0m40

Nombreux *Belemnites acutus* et *B. brevis*, avec des Ammonites
ferrugineuses, *Ammonites planicosta*, *A. lacunatus*, *A. Dudressieri*.

17. — Banc de calcaire marneux de 0m05 et marne au-
dessus. 0m15

18. — Banc de calcaire marneux, qui se dédouble par places
en un banc inférieur de 0m15 et un mince banc supérieur
d'épaisseur variable, avec lit marneux intermédiaire. . 0m25

19. — Marne 0m15

20. — Banc de calcaire marneux. . . . . 0m10 à Cm12

21. — Marne dure, à Serpules. Epaisseur variable (peut-être
en partie par suite du plongement des couches) de 0m45 à 0m60 et
même 0m65, soit. 0m60

Serpula quinquesulcata, 5; *Pentacrinus* sp.

22. — Banc de calcaire marneux, peu dur, de 0m10 à 0m12, à
petites Ammonites ferrugineuses et *Chondrites*, suivi d'un lit
de marne, puis d'un banc marno-calcaire analogue, qui passe
par places à la marne 0m40

23. — Marne 0m15

C. — NIVEAU DE L'AMMONITES OXYNOTUS (1m60).

24. — Deux bancs de calcaire marneux, séparés par 3 ou 4
centimètres de marne. 0m25

Ammonites Birchi, et quelques nodules phosphatés dans le
banc supérieur.

25. — Marne; épaisseur un peu variable, soit. . . 0m15
Nombreuses Bélemnites.

26. — Banc de calcaire marneux 0m10

27. — Marne, avec un banc marno-calcaire, peu dur et
passant à la marne par places 0m25
Nombreuses Bélemnites; quelques Ammonites en fer sulfuré.

28. — Banc calcaro-marneux, de 0m06 à 0m12, suivi d'une
couche de marne, puis 0m20 de calcaire hydraulique, qui se
fragmente par places. 0m30

29. — Trois bancs de calcaire marneux, qui se délitent en pavés

ou rognons et passent parfois à une marne très dure, intercalés entre quatre lits de marne dure. Banc inférieur plus épais. 0m40

30. — Banc de calcaire marneux ; épaisseur variable de 0m13 à 0m18, soit 0m15

D. — Niveau supérieur (0m65 à 0m75).

31. — Marne dure. Fer sulfuré. Fossiles peu abondants. Epaisseur un peu variable, soit. 0m40

Belemnites cfr. *brevis*, petites Ammonites ferrugineuses, *Am.* cfr. *planicosta, Am.* sp., *Zeilleria cor.*

32. — Gros banc de calcaire hydraulique ; épaisseur variable de 0m25 à 0m35, soit en moyenne. 0m30

LIAS MOYEN.

I. — Assise de l'Ammonites Davœi.

A. — Niveau de l'Ammonites submuticus (1m65).

33. — Marne dure, avec trois petits bancs marno-calcaires intercalés, peu durs et passant par places à la marne. Fossiles peu abondants. 0m40

Belemnites acutus ou *brevis* (jeunes), *Zeilleria cor, Spiriferina* cfr. *rostrata,* 3, *Rhynchonella Deffueri, Balanocrinus.*

34. — Banc marno calcaire de 0m10, se subdivisant en plaquettes, suivi de marne à *Belemnites* cfr. *umbilicatus.* 0m35.

35. — Banc marno-calcaire de 0m10, délité en rognons, suivi de 0m25 de marne 0m35

36. — Banc marno-calcaire de 0m15, qui se délite en rognons ou se fragmente à l'air, suivi d'une égale couche de marne 0m30

37. — Banc marno-calcaire de 0m13, peu dur, et marne au-dessus. *Belemnites* sp. 0m25

B. — Niveau de l'Ammonites arietiformis (1m40).

38. — Banc de calcaire marneux, plus dur et résistant plus également aux actions atmosphériques Cm15

Nombreux *Ammonites arietiformis.*

39. — Marne, avec intercalation de 4 ou 5 bancs marno-calcaires qui se délitent en rognons et sont peu visibles. . 1m25
Belemnites umbilicatus, B. brevis

C. — Niveau de l'Ammonites armatus,
et D. — Niveau des calcaires hydrauliques a Bélemnites.

40. — Banc délité en rognons-sphérites, très durs et paraissant siliceux à l'intérieur 0m10
41. — Marne, avec intercalation de petits bancs marno-calcaires peu visibles. *Belemnites umbilicatus*, etc. . . 1m25
42. — Banc de calcaire marneux, peu visible. 0m10 à 0m15
X. — Marne, avec intercalation de calcaires marneux, le tout plus ou moins caché par des marnes effritées ou par la végétation. Environ 3 à 4m.
Y. — Bancs de calcaire légèrement marneux, jaunâtre, dur, plus épais dans le haut, avec lits marneux intercalés ; assez visibles, sur environ 1m50. *Belemnites Bruguieri*, etc.

E. Niveau de l'Ammonites fimbriatus.

Z. — Alternance de petits bancs de calcaire marneux jaunâtre, et de lits de marne. Peu visible, à l'entrée de la tranchée d'accès de la carrière, sur 1m50 environ. *Belemnites Bruguieri. Ammonites fimbriatus. A. Davœi*, etc., épars sur ce point à la surface du sol.
Interruption.

III. — COUPE DE PERRIGNY.

Relevée, dans la grande tranchée du chemin de fer, entre le remblai et le pont métallique.

La grande tranchée de Perrigny, ouverte depuis quelques années pour le chemin de fer de la Montagne, permet d'observer la série des couches, depuis le Rhétien au Liasien moyen.

A l'extrémité occidentale se trouve un massif de Calcaire à Gryphées, légèrement incliné vers l'O., dont la partie supérieure a été enlevée par l'érosion ; il est exploité dans des carrières de part et d'autre de la voie. Une faille, qui suit à peu près la direction N.-S., le met en contact avec la partie supérieure du Rhétien, fortement relevée du côté de l'O. et plus ou moins étirée, suivie du Lias inférieur qui plonge d'abord vers l'E., puis est lui-même disloqué par des cassures N.-S., et redevient à peu près horizontal dans le voisinage du pont de la route. On observe ainsi tout d'abord sur ce point un petit anticlinal, crevé par une faille, et coupé normalement par la voie. Il forme la bande de Lias inférieur qui s'étend entre Pannessières et Perrigny, et ses deux parties, plus ou moins fortement dénivelées, constituent les petits massifs de Calcaire à Gryphées que l'on voit, par exemple, près de Perrigny.

Le Rhétien supérieur se montrait en entier au moment des travaux, avec les bancs les plus élevés des dolomies cloisonnées piquetées de noirâtre du Rhétien moyen. Les couches rhétiennes offraient une série analogue à celle de Lons-le Saunier, mais les Marnes pseudo-irisées paraissaient moins développées, par suite de l'étirement qu'elles ont subi. De petites portions rougeâtres de ces marnes se voient encore au-dessus des murs de soutènement qui cachent à présent les couches désagrégeables.

Voici la coupe que l'on relève sur ce point, à partir des deux bancs de calcaire lithographique, suivis d'environ 25 centimètres de marne bleue, qui forment le niveau supérieur du Rhétien.

LIAS INFÉRIEUR.

I. — Calcaire hettangien.

A. — Niveau de l'Ammonites planorbis (1^{m}50).

1. — Calcaire finement gréseux, très dur et bleu-noirâtre intérieurement, avec portions plus grossières et plus altérables qui forment des lits peu réguliers en général ; sur certains points, il se divise dans le bas en bancs minces. Moins en rognons dans le haut que dans la tranchée des Rochettes, il est plus uniformément gréseux, devenant jaunâtre et peu dur par altération. Séparation peu régulière et peu nette d'avec les bancs supérieurs, vers 1^{m}20 et surtout vers 1^{m}50.

Nombreux fossiles de petite taille, par places, Gastéropodes

B. — Niveau de l'Ammonites angulatus (2ᵐ).

2. — Calcaire de moins en moins noduleux et gréseux, avec de rares Polypiers, vers 0ᵐ50 de la base, puis *Lima gigantea*, *Cidaris Martini*, etc., suivi d'un gros banc assez distinct et tendant à se dédoubler, très irrégulier en dessus. On recueille à la surface *Ammonites angulatus*. Un mince banc, de 0ᵐ05 à 0ᵐ10 de calcaire dur, garnit les inégalités de celui-ci et forme une surface moins irrégulière, suivie d'un mince délit marneux, pris pour limite du Calcaire hettangien, à 0ᵐ20 au-dessous des premières Gryphées 2ᵐ

II. — Calcaire à Gryphées arquées.

A. — Niveau inférieur (2ᵐ60).

3. — Calcaire en petits bancs peu réguliers, fragmentés et en rognons, avec délits marneux. *Gryphæa arcuata* dès le deuxième banc 1ᵐ10
4. — Banc calcaire dur ; se dédouble parfois. Environ 0ᵐ30
5. — Calcaire en 9 ou 10 petits bancs peu réguliers, fragmentés et en rognons, avec de minces délits marneux. Gryphées, Pleuromyes, etc. Environ. 1ᵐ20

B. — Niveau moyen (environ 4 m.)

6. — Banc calcaire, très résistant, à Gryphées. . . 0ᵐ25
7. — Calcaire dur, en 5 ou 6 bancs peu épais, avec délits marneux. *Nautilus* sp., *Gryphæa arcuata*, *Rhynchonella* sp. ; taches de Fucoïdes dans le banc inférieur qui prend un aspect hydraulique. 0ᵐ70
8. — Calcaire dur, en 7 ou 8 bancs de 10 à 20 centimètres, à surfaces noduleuses et irrégulières, avec délits marneux plus ou moins apparents, suivis de deux bancs de 0ᵐ30. . . 2ᵐ
Grandes Ammonites dans le milieu, Pleuromyes, Gryphées, *Pentacrinus tuberculatus*. 2ᵐ

9. — Trois bancs, parfois peu distincts de calcaire dur à Gryphées ; le banc moyen est parfois dédoublé. . . . 1ᵐ

C. — Niveau de l'Ammonites geometricus (partie inférieure).

10. — Marne, avec trois petits lits de rognons calcaires allongés. *Gryphæa arcuata* 0ᵐ30

11. — Deux bancs, formant ensemble 0ᵐ60 de calcaire dur, bleu intérieurement, de même que les bancs à Gryphées précédents, avec intercalation de rognons variables, remplacés parfois par 8 à 10 centimètres de marne à Gryphées. Le banc supérieur renferme, surtout dans le dessus, beaucoup de parties blanchâtres, phosphatées. *Belemnites acutus, Pecten* sp.

Sur le point observé, ces bancs étaient surmontés d'une couche d'environ 0ᵐ30, plus ou moins couverte de terre végétale et fortement altérée, comprenant un lit de marne jaunâtre à Gryphées et *Belemnites acutus*, avec un mince banc calcaire intercalé, et suivi d'un second banc calcaire de 0ᵐ15, à parties blanches dans la pâte.

En réunissant le tout, l'épaisseur de la couche 11 atteint 0ᵐ90. Interruption.

La série précédente a été relevée, en 1882, pour la partie moyenne et supérieure du Calcaire à Gryphées, au commencement de la tranchée, dans le massif de ce calcaire, incliné vers l'O, qui a été fortement entamé depuis lors par les carrières. Les couches terminales de cette assise manquent sur ce point, et n'étaient pas visibles d'ailleurs dans le second massif du même calcaire incliné vers l'E., qui est plus incomplet encore, mais où l'on observe cette série jusqu'à la c. 9, visible elle-même en partie.

En allant contre le pont de la route sur la voie, la végétation cache actuellement de petits massifs de Calcaire à Gryphées, diversement disposés et séparés par des masses broyées, indiquant plusieurs cassures parallèles à l'anticlinal. Une alternance marneuse et marno-calcaire à *Belemnites umbilicatus*, du Liasien inférieur, se voit encore légèrement au bord occidental du pont. A l'E. de celui-ci, les murs de soutènement et la végétation cachent à présent la plus grande partie des affleurements qui se voyaient au moment des travaux et que j'ai pu étudier alors. Mais les bancs à *Ammonites fimbriatus* se montrent encore sur une longueur notable de chaque côté de la voie. Au-delà du grand mur de soutènement du bord E. de la tranchée, on observe toute la série de passage du Calcaire à Gryphées arquées au niveau de l'Ammonites fimbriatus. Sur ce point, les bancs plongent vers l'E. d'environ 22 degrés, et la stratification est seulement dérangée par des cassures accompagnées de quelques décimètres de dénivellation.

Des bancs à surface très irrégulière et fortement noduleuse du niveau moyen du Calcaire à Gryphées se voient encore, à quelques mètres au-delà de l'extrémité méridionale du grand mur, dans le fond du fossé. Après une interruption de 1 mètre environ, due au mur de revêtement de celui-ci, on trouve au-dessus, au moins par places, une petite couche de marne à gros rognons ou fragments de minces bancs calcaires ; elle appartient évidemment (par comparaison avec les coupes des Rochettes et de Rougin) à la couche 10 précédente, et les premiers bancs, avec parties blanchâtres, qui viennent au-dessus, représentent la c. 11. On peut donc établir ici la série entière du niveau de l'Ammonites geometricus de Perrigny, en complétant seulement l'épaisseur de la c. 10 d'après les observations rapportées plus haut.

C. — Niveau de l'Ammonites geometricus (complet, environ 3ᵐ).

10. — Couche marneuse avec lits de rognons calcaires ou fragments de bancs minces intercalés. Visible seulement en partie; soit d'après l'épaisseur indiquée ci-devant. .   . 0ᵐ30

11. — Calcaire dur, à Gryphées arquées assez nombreuses, divisé en bancs peu distincts, avec délits marneux intermédiaires. Le banc supérieur est assez régulier en dessus et renferme des parties blanchâtres phosphatées. *Belemnites acutus.* Environ 1ᵐ.

12. — Gros banc calcaire, assez régulier en dessus, parfois subdivisé par une ligne de nodules blanchâtres phosphatés. 0ᵐ35

Ammonites geometricus ; nombreux *Zeilleria cor* (variété) à la surface.

12bis. — Deux petits bancs calcaires, intercalés entre trois minces lits marneux. Gryphées. . . . . 0^m35

13. — Calcaire dur, grenu; 3 ou 4 bancs peu distincts. *Ammonites geometricus* dans le banc inférieur qui est très irrégulier en dessous. La surface du banc supérieur est aussi fort irrégulière, et porte une couche marno-calcaire noirâtre qui remplit les inégalités et se délite en une marne dure, à fragments tachés de noirâtre, bien distincte de la marne qui suit. De nombreuses parties blanchâtres phosphatées s'y trouvent par places. . . . . 1^m

III. — Assise de l'Ammonites oxynotus.

A. — Niveau de l'Ammonites Davidsoni (0^m65).

14. — Marne grenue dure, noirâtre à l'intérieur, avec grumeaux ferrugineux. Vers la base se trouvent des nodules et des fossiles phosphatés blanchâtres. A 5 ou 10 centimètres du haut, s'intercale un mince lit, assez régulier, de plaquettes de 1 à 2 centimètres de gypse cristallisé, légèrement noirâtre ; la marne qui le surmonte est bleu noirâtre, feuilletée et plus friable. Environ . . . . 0^m30

Belemnites cfr. *acutus*, *Nautilus* cfr. *striatus*, *Ammonites* sp., *Gryphæa obliqua*, 3.

15. — Banc de calcaire dur, un peu marneux, finement grenu, irrégulier en dessous, avec fer sulfuré dans le haut et Bélemnites . . . . 0^m30 à 0^m35

B. — Niveau de l'Ammonites obtusus (1^m40).

16. — Marne assez dure et jaunâtre dans le bas, bleuâtre, un peu feuilletée et friable au-dessus. *Ammonites lacunatus.* Epaisseur variable de 0^m35 à 0^m25 ; en moyenne. . . . . 0^m30

17. — Deux bancs de calcaire marneux, séparés par un mince délit marneux. Fer sulfuré fréquent dans le banc supérieur, qui est plus mince. . . . . 0^m25

18. — Marne dure, bleuâtre ou grisâtre, plus ou moins feuil-

ïetée à l'air. Fer sulfuré abondant par places et formant une ligne de rognons à C^{m}10 du haut. Environ. . . 0^{m}40 à 0^{m}45

Nombreux *Serpula quinquesulcata*, dans le milieu et dans le haut ; *Pentacrinus* sp., avec *Belemnites aculus*.

19. — Banc de calcaire marneux, à *Chondrites*, découpé en pavés comme les bancs voisins, mais à joints rougeâtres, avec *Ammonites planicosta*, et autres Ammonites ferrugineuses, *Lima punctata*. Quelques parties phosphatées. Epaisseur un peu variable. . . . . 0^{m}15

20. — Marne, passant par places dans le bas à un banc marno-calcaire avec 0^{m}10 de marne en dessus. . . . 0^{m}20 à 0^{m}25

C. — Niveau de l'Ammonites oxynotus (1^{m}45).

21. — Trois bancs de calcaire marneux, assez minces, et marne feuilletée en 3 lits alternants . . . . 0^{m}45

22. — Trois bancs de calcaire marneux, et 2 lits marneux intermédiaires. Le banc moyen se dédouble parfois ou se brise en plaquettes. Environ. . . . . 1^m

Ammonites oxynotus, fréquent et de grande taille dans l'avant dernier banc supérieur. A. *Birchi* et *Chondrites* dans le dernier, qui est peu régulier en dessus et dont l'épaisseur est un peu variable.

D. — Niveau supérieur (0^{m}50).

23. — Marne blanchâtre un peu schisteuse. Fer sulfuré. Par places, gros rognons calcaires pétris de *Rhynchonella Deffueri ; Balanocrinus* sp. Parfois 0^{m}20 ; plus ordinairement. . 0^{m}25

24. — Banc de calcaire hydraulique, compact, dur, blanchâtre. Fossiles très rares. . . . . 0^{m}20 à 0^{m}25

LIAS MOYEN.

I. — Assise de l'Ammonites Davœi.

A. — Niveau de l'Ammonites submuticus (1^{m}93, soit 2^m).

25. — Marne blanchâtre, dure ; passe par places à 1 ou 2 pe-

tits bancs marno-calcaires, courts, alternant avec des lits de
marne . . . . 0^m30

26. — Banc marno-calcaire et marne au-dessus. . . 0^m30

27. — Marne avec un lit de rognons à la base et un autre vers
le milieu. L'un ou l'autre lit se perd par places, surtout celui du
haut. . . . . 0^m30 à 0^m35

28. — Banc de calcaire marneux assez dur, plus tendre par
places . . . . 0^m10 à 0^m12

29. — Marne dure, avec 2 lits de rognons par places dans les
deux tiers inférieurs de la couche . . . . 0^m70

Belemnites umbilicatus, B. brevis, Ammonites sp. ind.

30. — Banc de calcaire marneux, surmonté de 0^m10 de marne
et passant lui-même à la marne . . . . 0^m20

B. — Niveau de l'Ammonites arietiformis (1^m40).

31. — Banc de calcaire marneux, blanchâtre, assez résistant
et formant une ligne continue, ordinairement bien distinct des
bancs marno-calcaires voisins délités en rognons. Epaisseur un
peu variable. . . . . 0^m10 à 0^m15

Ammonites arietiformis, très nombreux. *Chondrites* abondants
par places.

32. — Marne dure, avec un banc marno-calcaire intercalé qui
se délite en rognons ou passe à la marne . . . . . . 0^m25

33. — Banc de calcaire marneux, de 0^m10, se délitant parfois
en rognons, suivi d'une couche de marne de 0^m35, puis d'un
banc marno-calcaire, de 0^m08 à 0^m10 qui se délite en rognons.
Belemnites umbilicatus, etc. Environ. . . . . 0^m55

34. — Marne dure, avec un banc marno-calcaire de 0^m10, intercalé au tiers de la hauteur, et qui se délite en rognons. 0^m45

C. — Niveau de l'Ammonites armatus (3^m05, soit 3^m).

35. — Banc de calcaire marneux, à texture variable et chargé
de silice par places, qui se délite en rognons très durs. Il est
peu visible dans les surfaces délitées, et se reconnaît surtout par
sa position au-dessus du banc à Ammonites arietiformis, qui est

bien plus net, et par la ligne de rognons ordinairement assez marquée qu'il forme. Fer sulfuré. Epaisseur variable.   0m10 à 0m15

Ammonites armatus, peu fréquent.

36. — Marne bleuâtre intérieurement 0m20
37. — Calcaire marneux. 0m10
38. — Marne bleuâtre, à rognons de fer sulfuré . . 0m60
39. — Calcaire marneux. 0m10
40. — Marne. *Belemnites umbilicatus*, 4. . . . . 0m45

41. — Banc marno-calcaire qui tend à se déliter en rognons gris jaunâtre 0m15

42. — Marne gris blanchâtre, avec un lit calcaire de 0m05 vers le tiers de la hauteur. 0m50

Belemnites umbilicatus, 5, etc.

43. — Banc marno-calcaire se délitant en rognons. . 0m10 Bélemnites. *Ammonites* sp. aff. *vilicola*.

44. — Marne bleue avec un mince banc marno-calcaire peu dur intercalé vers le tiers de la hauteur. Épaisseur variable, parfois 0m55, ici. 0m70

Nombreuses Bélemnites : *Bel. umbilicatus*, etc.

D. — Niveau des calcaires hydrauliques a Bélemnites (environ 2m65).

45. — Banc de calcaire marneux, bleuâtre, peu dur, d'environ 0m10, à *Chondrites*, et marne au-dessus 0m25

46. — Deux bancs de calcaire marneux, à *Chondrites*, plus ou moins résistants par places et d'épaisseur variable, avec un mince lit de marne intercalé. 0m25

Une ancienne observation, faite lors des travaux, me fait penser que ces bancs se réunissent peut-être parfois en un banc de 0m25 à 0m30.

47. — Marne avec un banc de calcaire marneux dur de 0m07 à 0m12, intercalé vers le milieu. 0m45

48. — Deux bancs de calcaire marneux, dur et marne intercalée. Le banc inférieur atteint 0m10 à 0m15 et le banc supérieur 0m06 à 0m10. En tout. . . . . 0m25 à 0m30

Cette couche forme sur ce point le bord supérieur de la tranchée, et le banc inférieur seul est bien visible. Les couches plus élevées ne sont plus observables dans cette partie. On les retrouve, ainsi que plusieurs des couches précédentes, en retournant du côté du pont de la route, un peu au-delà du grand mur de soutènement, où les gros bancs 50 à 52 se voient sur une grande longueur au-dessus du mur peu élevé qui borde le fossé. Sur un premier point, où ces bancs sont un peu disloqués, on retrouve le calcaire marneux de la c. 41, et les c. 42 et 43, puis la c. 44 qui n'offre ici que 0m55, et au-dessus les c. 45 et 48, suivies des couches 49 à 52 ci-après Ces dernières se voient mieux plus loin, où le gros banc de la c. 52 fournit un bon point de repère, et où l'on observe toute la série qui va être indiquée. Une bonne coupe des c. 43 à 52, se voit d'ailleurs, à peu près en face, sur le côté O. de la tranchée, au-dessus du mur de soutènement, où elle commence par 0m30 de marne de la c. 42. — Les variations de certains bancs de ce niveau rendent plus difficile le raccord de ces petites coupes partielles.

49. — Marne bleue à l'intérieur, dure, parfois à ramifications de *Chondrites*, avec des Bélemnites assez nombreuses. Elle renferme par places vers le haut un lit de gros rognons calcaro-marneux, durs, criblés aussi de *Chondrites* et passant sur certains points à un banc assez continu de 0m10 ; une couche de marne de 0m05 à 0m20, selon les points, le sépare de la couche suivante. Épaisseur variable. . . . . . . 0m40 à 0m50.
Belemnites Bruguieri, B. umbilicatus, etc.

50. — Banc de calcaire, dur, d'aspect hydraulique, à nombreuses Bélemnites, divisé par places en 2 bancs. . . 0m25

51. — Marne très dure passant dans le haut à un banc de calcaire marneux de 0m10. En tout 0m30

52. — Gros banc de calcaire hydraulique, dur, à cassure vive. Nombreuses Bélemnites 0m40
Les couches 51 et 52 paraissent parfois à peu près réunies.

E. — Niveau de l'Ammonites fimbriatus (1m85).

53. — Marne dure bleuâtre, jaunâtre par altération . 0m30
Bélemnites extrêmement nombreuses: *Belemnites Bruguieri*, 5,

B. umbilicatus, B. elongatus, B. clavatus, etc., *Zeilleria nu-mismalis, Pentacrinus basaltiformis.*

54. — Banc de calcaire jaunâtre, un peu inégal, 0m10 à 0m12, soit 0m10

55. — Marne dure, avec de très nombreuses Bélemnites . 0m10

56. — Deux minces bancs calcaires 0m10

57. · Marne dure, jaunâtre, 0m08, suivie d'un mince banc calcaire. Bélemnites très nombreuses 0m15

58. — Marne dure. Nombreuses Bélemnites . . . 0m15
Belemnites Bruguieri, B. clavatus, etc.

59. — Banc irrégulier, formé de gros rognons calcaires, durs, à joints rougeâtres 0m10

60. — Marne dure 0m25

61. — Calcaire en un ou deux lits de rognons de 0m05 chacun, suivi d'une couche de marne dure ; le lit supérieur disparaît par places 0m20

62. — Banc calcaire peu régulier, 0m12 à 0m08, soit en moyenne 0m10
Ammonites Davœi, etc.

63. — Marne dure, jaunâtre. Nombreuses Bélemnites et Ammonites. Quelques-unes de ces dernières paraissent phos-phatées 0m20
Belemnites Bruguieri, B. clavatus, B. umbilicatus, Ammo-nites fimbriatus, A. margaritatus, A. Henleyi, A. Davœi, etc., *Extracrinus subangularis.*

64. — Banc calcaire, dur, un peu irrégulier, qui se dédouble et tend à se déliter èn rognons . . . . . 0m10 à 0m12

II. — Marnes à Ammonites margaritatus (partie inférieure).

65. — Marne sèche, micacée, bleuâtre, feuilletée, avec fossiles assez fréquents par places dans la partie inférieure, principale-ment des Bélemnites, et devenant de plus en plus rares à mesure qu'on s'élève. A la base paraissent se trouver, sur certains points, des débris d'Ammonites et autres fossiles roulés.

Les principales espèces de cette couche sont : *Belemnites Bru-guieri, B. umbilicatus, B. clavatus*, 5, etc. *Ammonites marga-ritatus* (ferrugineux et de petite taille), 4, *A. globosus*, 2, Gastéropodes de petite taille, *Nucula* sp., *Leda* sp., *Rhynchonella* sp. 1. Oursins très petits et mal conservés, 1, *Extracrinus subangularis, Balanocrinus subteroides.*

Actuellement, cette marne se voit encore dans la tranchée sur 4 à 5 mètres. Au-dessus, elle est cachée par la végétation, et les assises supérieures ne sont pas non plus visibles sur ce point

LIAS MOYEN ou ÉTAGE LIASIEN.

SYNONYMIE.

Lias moyen (sauf une partie des *Marnes de Balingen*). Marcou, 1846.
Lias moyen, avec une partie des *Marnes de Balingen*. Marcou, 1856.
Etage Liasien et partie des *Marnes de Balingen*. Bonjour, 1863.
Lias moyen et partie supérieure du *Lias inférieur*. Ogérien, 1867.
Lias moyen. Dumortier, 1869.

Caractères généraux. — Le Lias moyen offre à la base une alternance d'environ 12 mètres de bancs d'un calcaire plus ou moins marneux et de couches de marne peu épaisses, qui fait suite à l'alternance analogue par laquelle se termine l'étage précédent. Au-dessus, se trouve une puissante couche (20 à 25 mètres) de marnes schisteuses, dures, micacées, que surmonte une série d'une douzaine de mètres de gros bancs, très durs, d'un calcaire gréseux, micacé, alternant avec des marnes dures, grenues et chargées aussi de parcelles de mica.

Principaux fossiles. — Les fossiles abondent à divers niveaux dans cet étage, sauf dans le milieu et dans une partie des strates supérieures. Ce sont les Céphalopodes qui forment presque entièrement la faune. Les Bélemnites pullulent dans la plupart des couches inférieures et dans une partie de celles de l'alternance supérieure, surtout *Belemnites umbilicatus,* puis *B. Bruguieri, B. clavatus, B. Fourneli,* etc. Les Nautiles sont assez rares ; mais les Ammonites offrent, dans les marnes et marno-calcaires inférieurs, de nombreux individus, souvent en fer sulfuré vers la base, qui appartiennent à plus d'une douzaine d'espèces : *Ammonites submuticus, A. arietiformis, A. armatus ;* puis *A. fimbriatus; A. Davœi, A. capricornus,* etc. Dans la partie moyenne de l'étage, *Ammonites margaritatus* se trouve presque seul et n'est pas rare, mais le plus souvent de petite taille et en fer sulfuré. L'alternance supérieure n'offre guère que *A. spinatus*. Les autres classes ne présentent qu'un petit nombre d'espèces, parmi lesquelles il faut citer deux Lamellibranches des couches supérieures, *Pecten œquivalvis* et *Harpax pectinoides*, avec quelques *Lima*, etc.; les Brachiopodes, assez rares, offrent surtout *Zeilleria cor* et *Z. numismalis*, dans l'alternance inférieure ; enfin l'étage fournit encore des Crinoïdes peu abondants, *Pentacrinus basaltiformis*, *Balanocrinus subteroides*, etc.

Limites. — Les difficultés que présente la fixation de la limite inférieure du Lias moyen et les divergences d'opinions qui existent à son sujet ont été exposées précédemment dans l'étude du Lias inférieur. On a vu qu'à l'exemple du plus grand nombre des géologues, je cherche dans ce travail à prendre pour ligne séparative la base des strates correspondantes à la zone à *Ammonites Jamesoni* des autres contrées. A cet effet, la présence, dans un niveau peu épais, de nombreux *Ammonites arietiformis* et d'*A. submuticus*, espèces qui appartiennent toutes deux à la zone classique à *Ammonites Jamesoni* d'Oppel, nous fournit les moyens d'établir cette limite avec une assez grande précision.

Les mêmes difficultés n'existent pas pour la limite supérieure. On est généralement d'accord pour borner le Lias moyen à l'apparition des marnes schisteuses à Posidonomyes du Toarcien. Ces marnes, avec leur niveau inférieur à Aptychus et Inocérames ainsi que des Ammonites spéciales, fournissent ici une ligne de démarcation très nette, au double point de vue pétrographique et paléontologique.

Subdivisions. — La pétrographie comme la faune indiquent dans notre région la division du Lias moyen en trois assises. C'est précisément d'ailleurs celle qui résulte des remarquables travaux de notre célèbre géologue salinois, M. Jules Marcou.

I. — Assise de l'*Ammonites Davœi*.

II. — Marnes à *Ammonites margaritatus*.

III. — Assise de l'*Ammonites spinatus*.

Points d'étude et coupes. — Les coupes de Lons-le-Saunier (Montciel et Rougin) et de Perrigny, qui ont été données précédemment dans l'étude du Sinémurien, indiquent la succession complète des strates de l'assise inférieure du Lias moyen. Il ne m'a pas été possible d'observer en entier la série des deux assises suivantes. Elles n'offrent dans nos environs que des affleurements partiels, principalement dans les tranchées de chemins de fer de Montmorot et de Perrigny, sur le chemin de Vatagna à Montaigu, entre Grusse et Saint-Laurent-la-Roche, etc., et je n'ai pas encore pu étudier suffisamment ces gisements pour essayer de raccorder avec précision les coupes que j'y ai relevées. L'assise inférieure sera donc seule décrite ici en détail.

I. — LIASIEN INFÉRIEUR

ASSISE DE L'AMMONITES DAVŒI.

SYNONYMIE.

Calcaire à Bélemnites, avec une partie supérieure des *Marnes de Balingen*. Marcou, 1846; Bonjour, 1863.

Marnes souabiennes (Couches inférieures), avec une portion supérieure des *Marnes de Balingen*. Marcou, 1856.

Calcaire à Belemnites acutus, avec tout ou partie des *Marnes à Ammonites raricostatus*. Ogérien, 1867.

Niveau du Belemnites paxillosus et *Niveau de l'Ammonites armatus*. Dumortier, 1869.

CARACTÈRES GÉNÉRAUX. — Cette assise comprend une alternance très fossilifère et assez régulière de calcaires plus ou moins marneux, en bancs de 0m10 à 0m30, et de marnes en couches peu épaisses (0m10 à 0m30, et parfois 0m70 à 0m90), le tout généralement bleuâtre à l'intérieur, blanchâtre par altération et jaunâtre ou rougeâtre dans le haut.

Les calcaires sont plus durs et en bancs plus rapprochés dans la moitié supérieure. Une partie des bancs inférieurs et les bancs du haut se délitent fréquemment en lits de rognons. Vers le haut sont de gros bancs durs et très résistants, plus continus.

Le fer sulfuré est assez abondant, en petits rognons et groupes de cristaux, dans la partie inférieure. Dans le haut, des fossiles verdâtres contiennent une certaine quantité de phosphate de chaux.

FOSSILES. — Le grand nombre des Bélemnites est le caractère dominant de la faune dans cette assise. Très abondantes déjà dans la partie inférieure, elles pullulent littéralement vers le haut, et ces couches en ont plus d'une fois tiré leur nom. Les Ammonites sont nombreuses dans les marnes et les marno-calcaires inférieurs, mais la plupart à l'état de fer sulfuré, au moins pour les tours intérieurs qui le plus souvent subsistent seuls et sont ordinairement indéterminables. Elles paraissent rares dans la partie moyenne, qui a été peu étudiée. Dans le haut sont de nombreuses Ammonites de plus grande taille, ordinairement calcaires et parfois à test ferrugineux, ou bien un peu verdâtres et phosphatées, toutes différentes des espèces précédentes, dont elles se distinguent bien facilement. Les autres classes ne sont représentées que par de très rares Lamellibranches, quelques Brachiopodes et de rares Crinoïdes. Les *Chondrites*, si fréquents dans l'assise précédente, se retrouvent encore abondamment dans la partie inférieure et moyenne de celle-ci.

Les principales espèces que j'y ai recueilllies sont :

Belemnites acutus, Mill., 1.	*Ammonites submuticus*, Opp., 3.
— *brevis*, Blainv., 4.	— cfr. *viticola*, Dum.
— *umbilicatus*, Blainv., 5.	— cfr. *Edmundi*, Dum.
— *Bruguieri*, d'Orb., 5.	— aff. *ophioides*, d'Orb.
— *elongatus*, Mill., 4.	— *arietiformis*, Opp., 5
— *clavatus*, Schl., 5.	— *armatus*, Sow., 3.
— *ventroplanus*, Voltz., 4.	— *capricornus*, Schl.
— aff. *breviformis*, Voltz.	— *sinuosus*., Hyatt.
Nautilus sp.	— *obliquecostatus*, Ziet.

Ammonites aff. *obliquecostatus*, Ziet.   *Spiriferina Walcotti* (Sow.).
—   *Henleyi,* Sow.   —   cfr. *rostrata* (Schl.)
—   *Davœi,* Sow.   *Rhynchonella Deffueri.,* Opp.
—   *margaritatus,* Montf.   —   *rimosa* (Buch).
—   *fimbriatus,* Sow.   *Pentacrinus tuberculatus,* Mill.,1
Lima sp.   —   *oceani,* d'Orb., 2.
Terebratula cfr. *punctata,* Sow.   *Extracrinus subangularis,* Mill.2
Zeilleria cor (Lam.).   *Balanocrinus* sp.
—   *numismalis* (Lam.).   *Chondrites* sp.

PUISSANCE. — Elle est fort approximativement de **11 m.** à Perrigny, et paraît être sensiblement la même à Lons-le-Saunier (carrière de Rougin, et Montciel).

LIMITES. — Le gros banc de calcaire hydraulique qui termine l'assise précédente borne dans le bas l'assise de l'*Ammonites Davœi.* Au sommet, une ligne de démarcation très nette est donnée par l'apparition de la puissante couche de marnes schistoïdes, à petites *Ammonites margaritatus* ferrugineuses, qui forme le Liasien moyen.

SUBDIVISIONS. — Les couches inférieures de l'assise, situées au-dessous du banc à *Ammonites arietiformis,* et dans lesquelles *Belemnites umbilicatus* ainsi qu'*Ammonites submuticus* paraissent avoir leur point de départ, offrent le caractère de couches de passage : elles forment un premier niveau, caractérisé à Lons-le-Saunier par la présence assez fréquente de cette dernière Ammonite, vers le milieu. La localisation, dans nos gisements, des *Ammonites arietiformis* et *Am. armatus* dans des bancs distincts détermine l'établissement d'un deuxième et d'un troisième niveau. D'autre part, la partie supérieure de l'assise, si nettement caractérisée par son aspect pétrographique et surtout par sa faunule d'Ammonites, et considérée depuis longtemps par nos auteurs jurassiens comme une zone distincte, constitue le niveau de l'*Ammonites fimbriatus.*

Entre ce dernier et les couches plus marneuses à la base desquelles réside *Am. armatus,* se trouve une alternance

de marnes et de calcaires marneux en bancs rapprochés,
plus épais et plus résistants dans le haut, qui se distinguent
très sensiblement par leur aspect du niveau de l'*A. armatus*
et n'offrent pas encore, à ce qu'il semble, les Ammonites
du niveau supérieur. Elle a été peu étudiée, et n'est guère
visible en général que par les bancs du sommet. Les Bélemnites y prennent un développement considérable, mais je
n'y ai rencontré encore aucune Ammonite. Il paraît utile,
dans cet essai de groupement des strates en vue de l'étude
détaillée des faunules et de l'établissement des parallélismes,
de faire de cette alternance un niveau particulier, au moins
en attendant que l'on y trouve des Ammonites : les observations postérieures détermineront son maintien ou sa res-
titution aux niveaux voisins.

L'assise de l'*Ammonites Davœi* se trouve de la sorte
partagée en cinq niveaux.

POINTS D'ÉTUDE ET COUPES.— Cette assise est surtout facilement observable dans la tranchée de Perrigny, sauf une
faible partie au-dessus du milieu. La carrière de Rougin,
près de Lons-le-Saunier, où elle est aussi complète, offre
une série moins entièrement observable à présent, et les
tranchées de Montciel montrent seulement la moitié inférieure (1). S'il est très rare de trouver de bonnes coupes de
l'assise complète, on peut observer sur différents points de
petits affleurements partiels, surtout des couches supérieures ; ces dernières se voient, par exemple, près du village
de l'Étoile, sur le bord du chemin de Lons-le-Saunier, etc.

VARIATIONS. — Les caractères de la partie inférieure et
moyenne sont assez uniformes, sur la faible étendue étudiée de Lons-le-Saunier à Perrigny ; mais aucune appréciation n'est possible à présent au sujet de la partie supérieure, qui est bien connue seulement dans cette dernière

---

(1). Voir à la fin de l'étude du Lias inférieur les coupes de Perrigny,
Montciel et Rougin.

localité.— Des observations sur un plus grand nombre de points et dans les diverses parties de la région lédonienne sont nécessaires, pour montrer les allures de cette assise et faire voir, en particulier, comment elle se comporte dans la direction de Salins, où M. Marcou a pris le type de sa description du Lias.

A.— Niveau de l'Ammonites submuticus.

Alternance de faibles couches de marne et de bancs calcaro-marneux de dureté variable, parfois criblés de petites ramifications de *Chondrites*, et dont la plupart se délitent par places.

A la base est une couche marneuse et marno-calcaire de 0^m30 à 0^m45, à jeunes *Belemnites acutus*, Mill. et *Spiriferina* aff. *rostrata* (Schl.), assez fréquents, avec *Zeilleria cor* (Lam.) et *Pentacrinus oceani*, d'Orb.

A 0^m75 de la base, un banc calcaro-marneux, de dureté variable, renferme, à Lons-le-Saunier (Montciel), d'assez nombreux *Ammonites submuticus*, Opp. C'est aussi à peu près vers cette hauteur que *Belemnites umbilicatus*, Blainv.. apparaît dans notre région.

En outre de ces espèces et de petites Ammonites ferrugineuses indéterminables, ce niveau a fourni :

Belemnites brevis, Blainv.	*Rhynchonella Deffueri*, Opp.
Terebratula cfr. *punctata*, Sow.	*Balanocrinus* sp.
Spiriferina Walcotti (Sow).	

Puissance : 2 mètres à Lons-le-Saunier (Montciel), et autant à peu près à Perrigny (1^m95) ; mais seulement 1^m65 dans la carrière de Rougin.

Variations.— D'un point à un autre même très rapproché, ce niveau varie par le nombre et la position des bancs calcaires, selon qu'ils se délitent plus ou moins ; mais l'aspect général reste sensiblement le même.

B.— Niveau de l'Ammonites arietiformis.

Banc calcaro-marneux, assez résistant et continu, à nombreux *Ammonites arietiformis,* Opp., et ramifications de *Chondrites*, suivi d'une alternance de minces couches de marne et de 4 ou 5 bancs marno-calcaires qui se délitent assez fréquemment en rognons. La même Ammonite paraît se retrouver dans le milieu du niveau à Montciel.

En plus de nombreuses petites Ammonites ferrugineuses, ordinairement indéterminables, j'ai recueilli dans ce niveau :

Belemnites brevis, Blainv., 3.   *Ammonites* aff.*ophioides*, d'Orb.
— *umbilicatus*,Blainv.,4.   — *arietiformis*, Opp.,5.
Ammonites aff.*submuticus*,Opp.,1 *Zeilleria cor* (Lam.).
— cfr. *viticola*, Dum.   *Spiriferina Walcotti* (Sow.), 1.
— cfr. *Edmundi*, Dum.

Puissance et variations.— La puissance est sensiblement de 1ᵐ40 dans les trois gisements de Lons-le-Saunier (Montciel et Rougin) et de Perrigny, et les caractères généraux restent les mêmes.

C. — Niveau de l'Ammonites armatus.

Banc marno-calcaire, se délitant fréquemment en rognons et renfermant, par places, de nombreux *Ammonites armatus*, suivi d'une alternance de couches marneuses, de 0ᵐ30 à 0ᵐ60, avec quelques bancs marno-calcaires qui se délitent plus ou moins en rognons.

En outre de nombreuses Ammonites ferrugineuses de petite taille et peu déterminables, ce niveau ne m'a fourni que :

Belemnites brevis, Mill., 4.   *Ammonites* cfr. *Edmundi*,Dum.3.
— *umbilicatus*, Blainv.,5. *Pentacrinus tuberculatus*,Mill.1.
Ammonites armatus, Sow., 4.   *Chondrites* sp.

Puissance et variations. — Environ 3 m. à Lons-le-Saunier et à Perrigny, où ce niveau paraît bien uniforme.

D. — Niveau des calcaires hydrauliques à Bélemnites

Alternance de bancs calcaro-marneux avec de minces couches de marne, bleue et plus délitable dans la partie inférieure, blanchâtre et dure dans le haut, le tout surmonté d'un gros banc de calcaire hydraulique très résistant. Certains bancs calcaires de la partie moyenne sont variables et se délitent parfois en rognons.

Bélemnites très nombreuses, surtout dans certains bancs marneux : *Bel. Bruguieri*, d'Orb., *B. umbilicatus*, Blainv., *B. brevis*, Blainv., (et peut-être *B. ventroplanus*, Voltz).

Puissance. — 2m65 à Perrigny (sous réserve de l'exactitude du raccord des deux parties de la coupe).

E. — Niveau de l'Ammonites fimbriatus.

Alternance de minces lits de marne dure et de bancs calcaro-marneux qui se délitent souvent en gros rognons très durs, le tout coloré en jaunâtre ou même en rougeâtre dans les joints, par altération.

En outre de l'abondance des Bélemnites, la présence de formes spéciales d'Ammonites, parmi lesquelles se remarque surtout *Am. fimbriatus*, caractérise fort nettement ce niveau.

J'y ai recueilli :

Belemnites Bruguieri, d'Orb. 5.	*Ammonites sinuosus.*, Hyatt.
— *umbilicatus*, Blainv. 5.	— *obliquecostatus*, Ziet.
— *ventroplanus*, Voltz, 4.	— sp. aff. *obliquecostatus*, Ziet.
— *elongatus*, Mill.	
— *clavatus*, Schl., 5.	— *Henleyi*, Sow.
Nautilus sp.	— *margaritatus*, Montf.
Ammonites fimbriatus, Sow., 4.	*Zeilleria numismalis*, (Lam.) 2.
— *Davœi*, Sow.	*Extracrinus subangularis*, Mill. 1
— *capricornus*, Schl.	

Puissance. — A Perrigny, seul point étudié en détail, 1ᵐ85. Elle paraît être sensiblement la même à Lons-le-Saunier (Rougin).

II. — LIASIEN MOYEN

MARNES A AMMONITES MARGARITATUS.

SYNONYMIE.

Marnes à Ammonites margaritatus. Marcou, 1846. Bonjour, 1863, Ogérien, 1867.
Marnes souabiennes, couches supérieures. Marcou, 1856.
Marnes à Tisoa siphonalis. Dumortier, 1869.

CARACTÈRES GÉNÉRAUX. — Cette assise comprend une puissante couche de marnes micacées, bleu-noirâtre intérieurement, grisâtres et parfois rougeâtres par altération, schistoïdes, sèches et dures, qui se délitent en petits fragments feuilletés. A 7 ou 8 mètres du sommet apparaît à Montmorot une mince couche de marno-calcaires, avec parties pyriteuses, qui renferme une faunule spéciale de très petits fossiles. Au-dessus reparaissent des marnes plus dures en général, dans lesquelles s'intercalent quelques couches plus résistantes, passant au marno-calcaire et souvent peu distinctes, ou des lits de rognons.

FOSSILES. — A la base on trouve parfois un petit lit de 1 à 2 décimètres pétri de fossiles, dont un certain nombre paraissent roulés. En outre des mêmes Bélemnites que dans le niveau précédent, j'y ai recueilli des fragments d'Ammonites calcaires, et en particulier :

Ammonites pseudo-radians, Reinès.   *Ammonites Normanianus,* d'Orbigny.
Ammonites margaritatus, Montf., de grande taille.

Sur quelques mètres de la partie inférieure, les Bélemnites abondent par places, en compagnie de quelques Am-

monites, Gastéropodes et bivalves (*Nucula, Leda*) de petite
taille, en fer sulfuré, ainsi que de petits Oursins, très
rares, et des Crinoïdes peu fréquents. Les espèces déterminées sont :

Belemnites Bruguieri, d'Orb.	*Ammonites margaritatus*, Montf. 4
— *umbilicatus*, Blainv.	*Rhabdocidaris Moreaui*, Mill., 1.
— *ventroplanus*, Voltz.	*Pentacrinus basaltiformis*, Mill. 2.
— *clavatus*, Schl., 4.	*Balanocrinus subteroides*, Qust. 3.
Ammonites globosus, Ziet.	*Extracrinus subangularis*, Mill. 3

La partie moyenne paraît sans fossiles.

Enfin, la partie supérieure est assez fossilifère en général ; mais il importe d'étudier tout spécialement la petite
couche marno-calcaire par laquelle elle débute.

Cette couche est particulièrement intéressante par la
faunule de nombreux petits bivalves qu'elle renferme, surtout dans les parties pyriteuses qui s'y trouvent, et dont
certaines espèces sont remarquables par la grande épaisseur du test ; mais on ne peut guère les extraire que dans
les parties altérées sous l'action de l'air, et l'on n'obtient
ordinairement que des moules peu déterminables. On y
trouve aussi quelques Bélemnites et de nombreux articles
isolés de Balanocrinus. Cette couche occupe au-dessous de
l'assise à *Ammonites spinatus* la même position que le
petit niveau pyriteux à *Lingula Voltzi* signalé par Dumortier aux alentours de Lyon et jusqu'à Langres, vers 6 à
10 m. au-dessous de sa zone à *Pecten œquivalvis*. Bien que
je n'aie pas réussi à retrouver cette Lingule dans la très
faible surface visible de la couche pyriteuse de Montmorot,
la fréquence dans cette dernière d'*Avicula Fortunata*,
espèce indiquée par cet auteur comme spéciale à ce niveau
(et probablement la présence d'autres espèces aussi caractéristiques), ne me permet pas de douter que la couche
pyriteuse de Montmorot ne soit synchronique du niveau à
Lingula Voltzi de Dumortier. Peut-être y retrouvera-t-on

également ce dernier fossile. Voici les seules espèces que j'ai pu reconnaître dans cette couche :

Belemnites Fourneli, d'Orb. *Pecten acuticostatus,* Lam.
Astarte resecta, Dum. *Avicula Fortunata,* Dum., 4.
Nucula cfr. *variabilis,* Quenst. *Horpax Parkinsoni,* Bronn., 3.
Cardium sp. *Balanocrinus subteroides,* Qust. 5.

L'alternance marneuse et marno-calcaire qui vient au-dessus offre principalement :

Sphenodus sp., 1. *Belemnites Fourneli,* d'Orb.
Glyphea? sp. *Ammonites margaritatus,* Montf.
Belemnites Bruguieri, d'Orb. *Balanocrinus subteroides,* Quenst.

De plus, on trouve par places dans cette assise le *Tisoa siphonalis,* M. de Serres, sous forme de rognons ovoïdes ou presque cylindriques, qui se fragmentent en disques offrant vers le milieu le remplissage de deux perforations longitudinales et parallèles, très rapprochées.

PUISSANCE. — Elle paraît atteindre environ 20 à 25 m.

LIMITES. — Compris entre deux séries à bancs calcaires, le Liasien moyen a des limites faciles à reconnaître. A la base, ce sont les bancs calcaires à *Ammonites fimbriatus;* au sommet, on voit, à Perrigny, un gros banc très dur, à la partie inférieure duquel est un marno-calcaire dur, grenu, à très grosses Bélemnites, avec *Ammonites spinatus,* qui commence l'assise suivante.

POINTS D'ÉTUDE ET COUPES. — La partie inférieure de l'assise, avec la superposition sur les couches à *Ammonites fimbriatus,* se voit dans la tranchée de Perrigny, et j'ai pu l'observer lors des travaux dans la tranchée de Montciel, où j'ai recueilli à la base *Ammonites pseudoradians* (1). La partie moyenne, qui paraît stérile, est à

(1) Voir les coupes de Perrigny et de Montciel, à la fin de l'étude du Lias inférieur.

découvert sur quelques mètres au bord du chemin de Montciel, près du pont. La tranchée du chemin de fer près de Montmorot, dont je rapporte plus loin la coupe, montre légèrement dans le fossé la partie moyenne et supérieure. Enfin, les tranchées de la voie entre Perrigny et la gare de Conliège offrent quelques mètres de la partie supérieure et montrent bien le passage à l'assise suivante. On peut d'ailleurs trouver dans les vignes de petits affleurements partiels et y recueillir des fossiles.

SUBDIVISIONS. — Les Marnes à *Ammonites margaritatus* ne paraissent guère tout d'abord se prêter à une subdivision. Toutefois, l'existence de la couche pyriteuse à *Avicula Fortunata*, dans la même position ·stratigraphique que la couche à *Lingula Voltzi* du Lyonnais et des environs de Langres, détermine la distinction d'un niveau supérieur, qui se reconnaît ainsi dans une contrée assez étendue et constitue une division paléontologique d'une certaine valeur.

La partie inférieure de l'assise ne m'a offert aucune intercalation analogue qui permette de la subdiviser avec quelque précision ; mais en vue de l'étude détaillée de la faune et de ses modifications dans le temps comme dans l'espace, il paraît utile, pour les observateurs jurassiens, de distinguer les couches fossilifères de la base, des marnes stériles qui viennent au-dessus. De la sorte, l'assise entière se trouve partagée en trois niveaux.

A. — Marnes inférieures avec Belemnites clavatus et Ammonites globosus.

Marnes micacées, schistoïdes assez fossilifères, à petites Ammonites ferrugineuses, ainsi que des Gastéropodes et bivalves de même nature et de petite taille. Des fossiles calcaires plus ou moins roulés se trouvent à la base par places.

Cette division m'a fourni les 12 espèces citées plus haut dans la partie inférieure de l'assise, parmi lesquelles se

font remarquer les nombreux *Belemnites clavatus,* Schl.;
mais surtout plusieurs espèces que je n'ai encore rencontrées qu'à ce niveau : *Ammonites pseudo-radians,* Reynès,
et *Am. Normanianus,* d'Orb. à la base, puis *A. globo-*
sus, Ziet., et un Oursin très rare *Rhabdocidaris Moreaui,*
Mill., dont la tranchée du pont de Montciel m'a fourni
plusieurs radioles, en compagnie d'un certain nombre
d'articles d'*Extracrinus subangularis,* Mill., etc.

Puissance difficilement appréciable. — Les fossiles diminuent, et l'on passe aux marnes stériles du niveau suivant,
sans limites précises à ce qu'il parait, vers 4 à 5 mètres
environ au-dessus de la base à Perrigny.

B. — Marnes moyennes stériles.

Marnes analogues aux précédentes comme texture, mais
extrêmement pauvres en fossiles, et contenant par places
des parties ferrugineuses. — *Tisoa siphonalis.* M. de
Serres, paraît s'y trouver sur certains points.

Puissance non déterminée. Soit au moins 10 à 15 mètres.

C. — Niveau de l'Avicula Fortunata. Marnes et marno-calcaires supérieurs, avec Bélem-nites Fourneli.

Banc marno-calcaire avec parties pyriteuses et faunule
spéciale de petits bivalves, principalement *Avicula Fortu-*
nata, suivi d'une alternance de marnes grenues, micacées,
plus dures et moins feuilletées que les précédentes, et de
bancs marno-calcaires variables (Montmorot, Perrigny).

Fossiles assez fréquents, surtout dans la couche pyriteuse inférieure et dans la partie supérieure.

Les principaux sont :

Belemnites Bruguieri, d'Orb.	*Ammonites margaritatus,* Montf.
— *Fourneli,* d'Orb.	*Astarte resecta,* Dum.

Nucula variabilis, Quenst.   *Harpax Parkinsoni,* Bronn.
Pecten acuticostatus, Lam.   *Balanocrinus subteroides,*Quenst.
Avicula Fortunata, Dum.

Deux de ces espèces, *Belemnites Fourneli* et *Harpax Parkinsoni,* font ici leur apparition et se continuent dans l'assise suivante. La seconde espèce a d'ailleurs été rencontrée également dans les Marnes à *Ammonites margaritatus,* par Dumortier, à St-Fortunat (Rhône).

Puissance. — A Montmorot, ce niveau mesure 7m40. A Perrigny, on en voit seulement la partie supérieure sur 4m10.

III. — LIASIEN SUPÉRIEUR.

ASSISE DE L'AMMONITES SPINATUS.

SYNONYMIE.

Marnes à plicatules. Marcou, 1846; Bonjour, 1863; Bertrand, 1882 et 1884.
Marnes de Cernans. Marcou, 1856.
Marnes à Plicatula spinosa. Ogérien, 1867.
Zone à Pecten æquivalvis. Dumortier, 1869.

CARACTÈRES GÉNÉRAUX. — Le Liasien supérieur offre une série de gros bancs d'un calcaire dur, grenu, d'apparence gréseuse, d'ordinaire très légèrement marneux, qui se délitent le plus souvent peu à peu ou se fragmentent lentement à la surface, et parfois résistent bien aux agents atmosphériques. Ils alternent assez régulièrement avec des marnes très dures, grenues, micacées, passant au marno-calcaire, qui se délitent plus ou moins lentement selon les localités, et souvent ne se réduisent qu'en petits fragments. La couleur est bleue à l'intérieur, jaunâtre par altération.

FOSSILES. — Les Bélemnites sont nombreuses dans certaines couches et les Ammonites ordinairement peu fré-

quentes. Le *Pecten æquivalvis* ainsi que les Plicatules (1),
d'où cette assise a souvent tiré son nom et qui abondent
parfois, sont généralement assez rares, surtout le premier,
aux environs de Lons-le-Saunier. Les espèces que j'y ai
reconnues sont :

Belemnites Bruguieri. d'Orb., 4.	*Pleuromya* sp.
— *Fourneli,* d'Orb.	*Pecten æquivalvis,* Sow.
Ammonites spinatus, Brug.	*Lima Hermanni,* Gdf.
Cerithium reticulatum, Desh.	*Harpax pectinoides* (Lam.).
Pholadomya sp.	*Ostrea sportella,* Dum.

PUISSANCE. — Elle paraît atteindre au moins 12 mètres.

LIMITES. — Les gros bancs calcaires qui commencent et
terminent cette assise dans nos environs permettent d'en
reconnaître facilement les limites. Le passage à l'assise
inférieure et à l'assise supérieure peut être observé dans
les tranchées de la voie au S. de Perrigny. Ici, la limite
supérieure est donnée par un petit banc marneux, à nodules phosphatés à la base et à grosses Bélemnites altérées,
suivi d'un banc gréseux à morceaux de lignite et à fossiles toarciens : ces bancs commencent le Lias supérieur et
sont surmontés des Schistes à Posidonomyes.

POINTS D'ÉTUDE ET COUPES. — Je n'ai pu trouver encore
aucun point des environs de Lons-le-Saunier où cette
assise soit entièrement observable. La tranchée de la voie
ferrée près de Montmorot, dont on trouvera la coupe ci-
après, montre le passage aux couches inférieures et comprend la série des strates jusque fort près du sommet, à
ce qu'il semble ; mais les couches suivantes ont disparu
sur ce point. Une série analogue, d'un abord plus facile
à raison de sa situation, se voit sur le chemin récemment

(1) Les Plicatules de nos auteurs jurassiens sont *Harpax Parkinsoni.* Bronn, très souvent désigné sous le nom de *Plicatula spinosa,*
Sow., et *Harpax pectinoides* (Lam.).

construit de Vatagna à Montaigu. Ici, l'assise affleure probablement en entier, mais la base est peu nette, et le passage à l'étage supérieur n'est pas visible. On y recueille, dans la partie inférieure et vers le haut, d'assez nombreuses Plicatules (*Harpax pectinoides*), qui sont très rares dans les autres gisements, et *Pecten œquivalvis* y paraît aussi plus fréquent. C'est pourquoi je rapporte la coupe de cet affleurement, bien que je n'en aie fait encore qu'une étude provisoire.

On observe, à trois reprises, diverses parties des couches à *Ammonites spinatus* sur le parcours de la voie ferrée de la Montagne, au S. de Perrigny. Le premier affleurement, peu fossilifère, paraît appartenir à la partie moyenne de l'assise ; les deux suivants ont déjà été mentionnés plus haut. On trouvera ci-après la coupe du dernier, qui montre parfaitement le passage à l'assise inférieure ; le deuxième n'offre que les deux bancs supérieurs, mais c'est le meilleur point où j'aie pu observer le passage aux Schistes à Posidonomyes du Toarcien : on en verra la coupe à la suite de l'étude de ce dernier étage.

Le gisement de Grusse, dont on trouvera la coupe à cette même place, offre une grande partie de l'assise de l'*Ammonites spinatus*, avec un faciès plus calcaire, et montre le passage aux couches supérieures, mais d'une façon moins nette que la coupe précédente.

Une carrière, aujourd'hui abandonnée, située entre Montmorot et Savagnat, était ouverte, il y a quelques années, dans cette assise, très probablement à la partie supérieure. Elle offrait un bon nombre de fossiles, surtout de grandes Bélemnites (*Bel. Bruguieri*), avec quelques *Pecten œquivalvis* et *Lima Hermanni*, et l'on y remarquait de gros et longs morceaux de bois fossile, ainsi que des morceaux de lignite se rapprochant du jayet.

De petits affleurements partiels se montrent d'ailleurs çà et là dans les vignes.

VARIATIONS. — En attendant une étude suffisante de cette assise, il convient de signaler l'inégalité de dissémination des Lamellibranches, surtout des Plicatules, et la dureté variable des couches marneuses, qui paraissent même remplacées en partie par des bancs calcaires dans certaines localités. En général, elles seraient plus résistantes du côté de l'O. (Montmorot, Grusse).

SUBDIVISIONS. — La connaissance de cette assise est trop incomplète pour fournir des indications suffisantes sur les subdivisions qu'elle peut offrir dans les environs de Lons-le-Saunier. Il semblerait même qu'elle se prête assez peu à la distinction de plusieurs niveaux.

Toutefois, pour faciliter la précision dans l'étude de sa faunule et des variations diverses qu'elle peut offrir, il paraît bon de proposer aux observateurs jurassiens une division de cette assise en trois niveaux. Les études postérieures feront voir s'il y a lieu de maintenir cette distinction ou de la modifier.

A. — Niveau inférieur.

Alternance de bancs calcaires et marneux, dans laquelle une couche marneuse moyenne, plus ou moins épaisse, ordinairement riche en Bélemnites (Montmorot), avec *Ammonites spinatus*, contient en outre à Montaigu des Plicatules assez fréquentes.

Ce niveau mesure 3m70 à Montmorot, 4 m. à Perrigny et à peu près la même épaisseur à Montaigu.

B. — Niveau moyen.

Couche marneuse, assez épaisse et fossilifère (1m80 à Montmorot et à peu près autant à Montaigu où elle contient des Plicatules), suivie d'une série de bancs calcaires, avec intercalations marneuses plus ou moins fortes.

Ce niveau comprend à Montmorot 5ᵐ60 environ, et à peu près 5 m. à Montaigu.

C. — Niveau supérieur.

Couche marneuse (environ 1ᵐ30 à Montmorot et Montaigu), suivie de bancs calcaires avec intercalations marneuses. A Montaigu, des Plicatules assez nombreuses se rencontrent vers le milieu.

On peut attribuer 3 à 4 mètres à ce niveau. A Montmorot, où la partie supérieure manque, en en voit seulement 2ᵐ40, et à Montaigu, il paraît atteindre près de 4 mètres.

COUPES DU LIAS MOYEN.

I. — COUPE DE MONTMOROT.

Relevée au N. du plateau de Montciel, dans la 2ᵉ tranchée du chemin de fer, à partir de Lons-le-Saunier.

Cette tranchée, rafraîchie pour la pose de la seconde voie, en 1880, est de plus en plus envahie par la végétation. Pourtant, on y observe encore la succession suivante, comprenant une grande partie des Marnes à *Ammonites margaritatus* et la presque totalité de l'assise de l'*Ammonites spinatus*. Les couches plongent vers le N.-E. d'environ 12 degrés.

II. — Marnes à Ammonites margaritatus (en partie).

A ET B. — Marnes inférieures a Belemnites clavatus et Ammonites globosus, et Marnes moyennes stériles.

La partie inférieure paraît manquer.

1. — Marne micacée, jaunâtre par altération, à peine visible au S. du pont sur la voie, près de l'extrémité méridionale de la tranchée, et paraissant être à la base des couches suivantes.

Cachée presque tout entière. Jusqu'au bord N. du pont, soit environ ? 5ᵐ

2. — Marne, dure, micacée, gris-jaunâtre, légèrement visible dans le fossé, jusqu'à un lit de greluches ferrugineuses rougeâtres, environ 3ᵐ

3. — Marne analogue, plus dure dans le haut. Paraît sans fossiles, ainsi que la précédente. Environ 5ᵐ

C. — Niveau de l'Avicula Fortunata. Marnes et marno-calcaires supérieurs, avec Belemnites Fourneli (Soit environ 7ᵐ40).

4. — Couche marno-calcaire, assez dure, micacée, à petits bivalves, avec parties pyriteuses plus fossilifères ; se délite en fragments irréguliers. Environ. 0ᵐ50

Belemnites Fourneli, d'Orb.	*Pecten acuticostatus*, Lam.
Astarte resecta, Dum.	*Avicula Fortunata*, Dum.
Nucula cfr. *variabilis*, Quenst.	*Harpax Parkinsoni*, Bronn.
Cardium sp.	*Balanocrinus subteroides*, Quenst.

5. — Marne avec de minces plaquettes ferrugineuses plus abondantes. *Belemnites Fourneli*, etc. Environ . . . 0ᵐ60

6. — Lit de rognons calcaires. 0ᵐ10

7. — Marne micacée, assez friable, avec quelques rognons dans le haut (*Tisoa siphonalis ?*). Environ 3ᵐ

Belemnites Fourneli, d'Orb. *Balanocrinus subteroides*, Quenst.

8. — Lit de gros rognons très durs, surmonté de 0ᵐ08 de marno-calcaire à petits bivalves et *Balanocrinus subteroides*, qui se délite en petits fragments 0ᵐ20

9. — Marne micacée, bleu-noirâtre, dure à grumeaux ferrugineux, surtout vers le bas, avec intercalation vers le milieu de bancs de calcaire compact qui se délitent en rognons. *Belemnites Fourneli*. Environ. 3ᵐ

III. — Assise de l'Ammonites spinatus.

A. — Niveau inférieur (3ᵐ70).

10. — Calcaire dur gréseux, micacé, bleu foncé intérieure-

ment, jaunâtre par altération et se désagrégeant lentement à la surface. 0ᵐ35

11. — Marne très dure, se délitant en petits fragments jaunâtres 0ᵐ80

Belemnites Bruguieri, d'Orb.   *Belemnites Fourneli,* d'Orb.
 — *breviformis,* Voltz:

12. — Deux bancs de calcaire gréseux, séparés par un mince lit marneux 0ᵐ45

13. — Marno-calcaire, micacé, gréseux; se délite en une marne grenue à nombreux petits fragments jaunâtres, avec de petits rognons ovoïdes, gréseux, micacés, très durs. Fossiles assez nombreux 0ᵐ80

Belemnites Bruguieri, d'Orb.   *Ammonites spinatus,* Brug.
 — sp.   *Pecten æquivalvis,* Sow.

14. — Banc de calcaire gréseux. 0ᵐ30

15. — Marno-calcaire analogue à c. 13, mais se délitant mieux et à fossiles moins abondants 0ᵐ60

Belemnites Bruguieri, d'Orb.   *Ammonites spinatus,* Brug.

16. — Banc régulier de calcaire dur, grenu, micacé, plus tendre par places, où il se délite en plaquettes irrégulières. 0ᵐ40

B. — Niveau moyen (5ᵐ65).

17. — Marno-calcaire micacé, gréseux, se délitant plus ou moins en une marne à petites plaquettes et menus fragments, avec un banc plus résistant vers le milieu. Quelques Bélemnites 1ᵐ80

18. — Banc calcaire très résistant, grenu, bleu foncé intérieurement; épaisseur un peu variable, soit 0ᵐ40

19. — Marno-calcaire analogue à c. 17, mais se délitant mieux. 0ᵐ75

20. — Banc calcaire très dur, micacé, finement gréseux. 0ᵐ40

21. — Marne dure, assez analogue à c. 19. Bélemnites peu rares. 0ᵐ90

22. — Banc calcaire. 0ᵐ35

23. — Marno-calcaire ; se délite en une marne dure . 0m70
24. — Banc calcaire. 0m35

C. — NIVEAU SUPÉRIEUR (en partie).

25. — Marne dure, micacée, avec bancs plus résistants vers le milieu. 1m30
26. — Calcaire dur, micacé, gréseux ; un banc de 0m50 et un de 0m20, avec faible délit marneux intermédiaire. . . 0m70
27. — Marne analogue à la précédente. 0m30
28. — Banc calcaire. 0m10
Interruption (terre végétale).

II. — COUPE DE PERRIGNY.

Relevée sur le bord de la voie ferrée, entre ce village et la gare de Conliège.

En partant de Perrigny, les tranchées de la voie montrent une première fois une partie des couches à *Ammonites spinatus,* plongeant fortement contre le S. Plus loin, une chambre d'emprunt des matériaux de remblai est suivie d'un massif de Schistes à Posidonomyes du Lias supérieur, plongeant aussi dans la même direction, auquel succède brusquement au bord de la voie la série suivante du Lias moyen, qui possède à peu près la même inclinaison. Une faille met en contact sur ce point la partie supérieure des Schistes à Posidonomyes avec le sommet des Marnes à *Ammonites margaritatus* et les premières couches à *Am. spinatus,* et cela d'une manière si peu marquée qu'elle pourrait facilement passer inaperçue, sans la présence des bancs calcaires appartenant à ces dernières.

II. — Marnes à Ammonites margaritatus (partie supérieure)

C. — NIVEAU DE L'AVICULA FORTUNATA. MARNES ET MARNO-CALCAIRES SUPÉRIEURES, AVEC BELEMNITES FOURNELI (en partie).

1. — Marne micacée, dure, grenue, bleuâtre, fossilifère, visible au-dessus du mur de soutènement sur environ   1m

Belemnites Fourneli, d'Orb., etc.

2. — Banc calcaire en rognons, paraissant peu continu. 0m10

3. — Marne micacée, grenue, analogue à c.1, fossilifère. 0m80.

Belemnites Bruguieri, d'Orb.   *Ammonites margaritatus*, Montf.
— *Fourneli*, d'Orb.

4. — Marne très dure, terminée par un banc marno-calcaire tendre, de 0m10. En tout 0m50

5. — Marne analogue 1m80

Belemnites Bruguieri, d'Orb.   *Ammonites margaritatus*, Montf.

III. — Assise de l'Ammonites spinatus (en partie).

A. — NIVEAU INFÉRIEUR (4m05).

6. — Marno-calcaire gréseux, jaunâtre, avec de très grosses Bélemnites dès la base; il passe au banc suivant. . . 0m25

Belemnites Bruguieri, d'Orb.   *Ammonites spinatus*, Brug.

7. — Banc de calcaire gréseux, jaunâtre. Mêmes fossiles que dans la c. 6. . . . . 0m70

8. — Marne micacée, grenue, s'effritant assez facilement. 1m40

9. — Banc gréseux en gros rognons 0m20

10. — Marne grisâtre 0m50

11. — Deux bancs de calcaire gréseux, jaunâtre, l'un de 0m55 et le second de 0m30 (un peu feuilleté), séparés par 0m15 de marne 1m

Nombreuses Bélemnites.

B. — NIVEAU MOYEN (partie inférieure).

12. — Marne, visible sur quelques décimètres.
Interruption (terre végétale).

III. — COUPE DE MONTAIGU.

Relevée sur le chemin de Conliège à Montaigu, par Vatagna.

En suivant ce chemin à partir de Vatagna, on remarque d'abord, à une vingtaine de mètres d'altitude au-dessus du fond de la vallée, une petite tranchée qui entame un dépôt glaciaire faisant face aux dépôts de ce genre situés sur le flanc opposé de cette vallée, près de Perrigny.

Vers le haut de la côte marneuse, le chemin entame à deux reprises le Liasien supérieur, puis le Bajocien qui forme le bord du plateau.

Le premier affleurement liasien paraît comprendre la totalité de l'assise à *Ammonites spinatus*, plongeant fortement vers le N.-E. et coupée très obliquement par le chemin. Après 1 à 2 mètres de marne dure, presque horizontale, mais peu visible, qui appartient probablement aux Marnes à *Ammonites margaritatus*, on observe, en redescendant, la série suivante, dont les épaisseurs ne sont qu'approchées.

Assise de l'Ammonites spinatus.

A. — Niveau inférieur.

1. — Deux bancs calcaires durs, avec un banc intermédiaire moins résistant à l'air, et de minces bancs marneux intercalés. Soit . . . . 1^{m}50

Bélemnites et *Pecten æquivalvis* sur le banc inférieur. Nombreux articles de *Balanocrinus subteroides* dans le banc supérieur.

2. — Marne dure à Plicatules (peut-être avec un banc calcaire au-dessus). Soit . . . . 1^{m}30

3. — Banc de calcaire marneux, suivi de 2 bancs de calcaire dur. Soit environ. . . . . 1^{m}50

B. — Niveau moyen.

4. — Marne dure. Bélemnites et Plicatules assez fréquentes. Soit. . . . . 2^m

5. — Deux gros bancs calcaires, suivis de 2 ou 3 bancs qui se délitent par places. Soit . . . . 2^{m}50 à 3 m.

C. — Niveau supérieur.

6. — Marne dure. Bélemnites. Environ . . . . . 1^{m}50

7. — Bancs marno-calcaires, se délitant assez facilement. Soit 0m50

Nombreuses Bélemnites et Plicatules (*Harpax pectinoides*).

8. — Bancs de calcaire dur, en gros blocs, et marne intermédiaire, le tout peu visible, surtout dans le haut. Soit environ 2m

Interruption, paraissant correspondre à des couches marneuses.

Le second affleurement liasien, situé un peu plus haut, offre des couches de la même assise à peu près horizontales, de sorte qu'il existe une petite faille entre les deux gisements. Il comprend une alternance de bancs calcaires et marneux, d'environ 4m50, qui paraît correspondre aux couches 5, 6 et 7 de la coupe précédente. Le banc supérieur, peu visible, et qui ne serait autre que la c. 7, m'a fourni des Bélemnites et des Plicatules, et en outre *Ammonites spinatus* et *Pecten æquivalvis*.

Tout à côté de ce dernier gisement, le chemin de Montaigu croise un ancien chemin montant sur le plateau et fait un léger tournant. A cet endroit, une faille assez importante met en contact les couches précédentes du Liasien supérieur avec le Bajocien inférieur. A partir du tournant, on observe la petite série bajocienne suivante, que je rapporte dès à présent à raison de sa faible étendue.

Bajocien inférieur (partie supérieure).

1. — Cinq bancs de calcaire dur, avec trois délits marneux 1m60

2. — Marne 0m15

3. — Quatre bancs calcaires, avec de minces délits marneux 1m

4. — Deux lits marneux et mince banc calcaire intermédiaire 0m30

5. — Trois bancs calcaires, avec de très minces délits marneux 0m60

6. — Marne fossilifère 0m20

Belemnites sp.   *Rhabdocidaris horrida* (Munst.).

7. — Quatre bancs calcaires, avec de minces délits marneux. Surface supérieure durcie, à nombreux débris fossiles. . 1^m

8. — Marne micacée, dure, plus résistante dans le haut. Epaisseur irrégulière, selon le développement des rognons de la couche supérieure. Environ. . . . . 0^m40

9. — Banc calcaire ayant en dessous un lit plus ou moins adhérent de gros rognons lenticulaires, épars et pénétrant dans la c. 8 ; au-dessus, banc de calcaire grenu-cristallin, bleu intérieurement, à surface assez régulière . . . 0^m50 à 0^m60

10. — Mince délit marneux de 2 à 3 centimètres, suivi d'un petit banc plus ou moins distinct, et offrant des cavités ferrugineuses, puis d'un gros banc de calcaire grenu-cristallin, qui passe par places dans le haut à la marne suivante. 0^m60 à 0^m80

11. — Marne dure alternant avec deux petits bancs calcaires, le supérieur en rognons et plus épais . . . . . . 0^m50

12. — Banc calcaire, bleu intérieurement, criblé dans le haut de débris de bivalves, *Trichites*, etc. . . . . 0^m40

13. — Banc calcaire soudé au précédent . . . . 0^m10

Bajocien moyen (partie inférieure).

14. — Calcaire blanchâtre, finement grenu-cristallin, intercalé entre deux lits de marne très dure . . . . . 0^m50

15. — Calcaire blanchâtre analogue, avec rognons de silex bien apparents sur la tranche. Visible sur . . . . 4 à 5^m

Interruption. Roches broyées : remplissage de faille.

On observe, à la suite, des calcaires bajociens probablement plus élevés.

LIAS SUPÉRIEUR ou ÉTAGE TOARCIEN.

SYNONYMIE.

Lias supérieur, et partie de l'*Oolithe ferrugineuse*. Marcou, 1846 et 1856.
Etage Toarcien. Bonjour, 1863.
Lias supérieur. Pidancet, 1863 ; Ogérien, 1867 ; Dumortier, 1874 ;
Bertrand, 1882 et 1884.

Caractères généraux. — L'étage Toarcien se compose d'une puissante série de couches la plupart marneuses, comprenant à la base une trentaine de mètres de Schistes à Posidonomyes, puis 35 à 40 mètres de marnes à *Ammonites bifrons*, qui offrent, dans le milieu, des intercalations de bancs calcaro-marneux et, vers le haut, de gros rognons contenant de beaux cristaux de sulfate de strontiane ; enfin, l'étage se termine par une alternance d'une dizaine de mètres de bancs calcaires d'aspect gréseux et de marnes à nombreux *Pentacrinus* par places, couronnée par une couche d'oolithe ferrugineuse à *Ammonites opalinus*.

Principaux fossiles. — Les fossiles abondent dans les couches inférieures et supérieures, mais sont assez rares sur une grande épaisseur de la partie moyenne, contrairement à ce que l'on observe dans les environs de Salins. Les principales espèces sont encore des Bélemnites (*Bel. tripartitus*, *B. breviformis*, *B. pyramidalis*, *B. irregularis*), et des Ammonites (*Am.* sp. nov. aff. *sublineatus*, *A.* cfr. *annulatus*, *A. bifrons*, *A. subplanatus*) ; ces dernières ne sont nombreuses qu'au sommet de l'étage (*Am. opalinus*, *A. aalensis*, etc.). Mais les espèces les plus fréquentes sont un Lamellibranche, *Posidonomya Bronni*, qui pullule partout ici sur une grande épaisseur des couches inférieures, et des Crinoïdes (*Pentacrinus jurensis*, *P. mieryensis*, *P. lepidus*, *P.* sp. nov.) qui abondent vers le haut dans certaines localités auxquelles ils donnent un facies spécial, surtout à l'Étoile, Ronnay et Miéry. En outre, il faut citer les restes de Poissons, les Aptychus et les débris de végétaux qui se trouvent à la base.

Puissance. — D'après les coupes que j'ai relevées dans la vallée de Conliège et dans celle de Baume, on ne peut guère évaluer la puissance du Toarcien à moins de 75 mètres.

Limites. — On s'accorde généralement pour borner le Lias supérieur à la base par les couches à *Ammonites spinatus*. Au sommet, l'accord est loin d'être le même : la limite adoptée dans ce travail passe entre les couches à *Ammonites opalinus* et les couches bajociennes à *Ammonites Murchisoni*, ainsi que l'admettent à présent la plupart des géologues français. Les raisons qui m'ont déterminé à suivre cette limite seront exposées plus loin dans l'étude du Bajocien.

Points d'études et coupes. — Cet étage est ordinairement couvert par la végétation dans nos environs. Les meilleurs gisements se trouvent sur le flanc occidental de la vallée de Baume à Nevy, au-dessous du plateau de Ronnay (1) ; on

(1) Sous le nom de plateau de Ronnay, je désigne le prolongement étroit du premier plateau qui s'élève entre le village de Lavigny et la vallée de Baume, et porte le hameau de Ronnay, commune de Lavigny — Le plan cadastral et la carte de l'Etat-Major désignent sous différents noms les habitations éparses de ce hameau, et donnent au principal groupe seulement celui de *Rosnay*, qui se retrouve dans la désignation *Bois de Rosnay*, au N. et au S. du hameau. On a écrit aussi *Rhonay*, *Rônay*, *Ronay* et *Ronnay*. La prononciation locale, qui reste le meilleur guide en présense de ces différences, est *Ron-nè*, que l'on rend souvent en français par *Ro-nè*, et ce nom désigne d'une façon générale l'ensemble du hameau. La forme la plus simple *Ronay* répond à la dernière prononciation, ce qui l'a fait employer dans un plan du village de Lavigny, levé quelque temps avant le cadastre par mon père Et[ne]-Louis Girardot, alors instituteur dans cette localité. Toutefois, la forme *Ronnay* a l'avantage de mieux correspondre à la prononciation locale non altérée, et il me paraît nécessaire de l'adopter, ce qui établit l'uniformité avec les noms *Jonnay* (commune de Plainoiseau), *Monnet*, etc., qui se trouvent dans le même cas.

y peut observer presque la totalité des strates, mais il est
souvent assez difficile d'y recueillir les fossiles en place.
Des affleurements partiels se voient sur le parcours de la
voie ferrée de la Montagne, de part et d'autre de la gare de
Conliège. Les schistes inférieurs se montrent d'ailleurs en
partie sur bien d'autres points, principalement à l'O. de
Conliège, près du village de Vernantois, etc. Le sommet de
l'étage est si complètement caché en général que je n'ai
pu trouver aucune localité où il soit observable dans de
très bonnes conditions. Entre Grusse et St-Laurent-la-
Roche, une coupe est visible du Liasien moyen au Bajocien ;
mais elle offre à plusieurs reprises des froissements et des
dislocations, parfois à peu près imperceptibles dans les
marnes, de sorte qu'on serait gravement induit en erreur
si l'on s'en rapportait à la série qu'elle présente.

On trouvera plus loin une coupe générale, à très peu
près entière, du Lias supérieur de Ronnay. Elle est complétée pour la partie inférieure et moyenne par des coupes
relevées entre Perrigny et la gare de Conliège. Pour la
partie supérieure, on aura la coupe de Grusse, et l'on
trouvera quelques indications dans la coupe du Bajocien
de Messia.

Subdivisions. — A raison de la rareté des bons affleurements, il ne m'a pas encore été possible de faire une étude
suffisamment détaillée de quelques parties de cet étage et
de réunir d'assez nombreux matériaux sur les faunules des
diverses couches. En attendant que la connaissance de ces
faunules et l'étude des points intermédiaires permettent
d'établir un parallélisme de détail très précis avec les
contrées voisines, je ne puis mieux faire que d'adopter la
division du Toarcien en trois groupes de strates, ou assises,
que M. Marcou a donnée en 1846, principalement d'après
les coupes des environs de Salins ; mais je rattacherai,
toutefois, à l'assise supérieure l'oolithe ferrugineuse à
Ammonites opalinus, placée provisoirement alors par cet

auteur dans le Bajocien. Comme on va le voir, une telle division est très naturelle pour notre région, et malgré les grandes différences d'épaisseurs ou parfois même de facies avec les groupes de M. Marcou, il y a tout lieu de croire qu'elle ne devra pas subir de modifications.

L'étage Toarcien comprend donc les trois assises suivantes :

I. — Toarcien inférieur. Schistes à Posidonomyes.

II. — Toarcien moyen. Assise de l'*Ammonites bifrons*. Marnes de Pinperdu et de Ronnay.

III.—Toarcien supérieur. Assise de l'*Ammonites opalinus*.

I. — TOARCIEN INFÉRIEUR.

SCHISTES A POSIDONOMYES.

SYNONYMIE.

Schistes bitumineux ou schistes de Boll. Marcou, 1846. Bonjour, 1863.
Schistes de Boll. Marcou, 1856.
Schistes à Posidonia Bronni. Ogérien, 1867.
Schistes à Posidonies. Bertrand, 1882.

CARACTÈRES GÉNÉRAUX. — Cette assise comprend une puissante série de marnes dures, extrêmement schisteuses, qui se délitent assez lentement en larges feuillets très minces, et dans laquelle s'intercalent quelques petits bancs calcaires.

A la base, on observe à Conliège une mince couche marneuse, très efflorescente, qui renferme un lit de grosses Bélemnites fortement altérées, et que surmonte un calcaire fossilifère d'apparence gréseuse avec quelques oolithes noirâtres et luisantes, parfois plaqué de fer sulfuré et englobant par places de grands morceaux de bois fossile ; puis on passe à une marne schisteuse noire, bitumineuse, où se

trouvent des écailles de Poissons et à laquelle succède une
série épaisse de schistes avec Posidonomyes.

FOSSILES. — Sur une grande partie du Toarcien inférieur, on ne trouve guère qu'un petit Lamellibranche,
Posidonomya Bronni, Voltz, qui donne son nom à l'assise,
et dont les valves écrasées couvrent souvent les feuillets
schisteux, à différents niveaux, depuis la partie inférieure
jusque vers le sommet, tandis que d'autres couches en
offrent seulement quelques individus épars ou paraissent
même presque stériles. En outre, il n'est pas rare de rencontrer, dans la partie inférieure, des Ammonites écrasées,
difficilement déterminables, mais dont les meilleurs échantillons paraissent indiquer principalement *Ammonites annulatus*, Sow. Vers la base, on rencontre, à Conliège, des
Bélemnites assez nombreuses, avec des empreintes d'une
grande Ammonite écrasée qui paraît être *Ammonites subplanatus*, Opp. Le banc calcaire inférieur de Perrigny, à
morceaux de bois fossile, contient par places des Aptychus
assez fréquents et des Ammonites dont deux au moins sont
nouvelles, entre autres un *Lytoceras*, et en outre de nombreux Inocérames. On y trouve d'ailleurs, dans les points
où ce calcaire se divise en plaquettes, de petits bivalves et
un grand nombre de petits corps noirâtres, luisants, en
forme de tigelle, etc., dont mes échantillons ne permettent
pas de préciser la nature : une partie au moins paraissent
être des débris de végétaux terrestres.

En somme, cette assise m'a fourni :

Écailles de Poissons.
Belemnites tripartitus, Schl., 4.
— *unisulcatus*, Blainv, 1.
— sp., 3.
Aptychus Elisma, Meyer, 4.
Ammonites cfr. *subplanatus* Opp. 2
— sp. nov. aff. *sublinea-
tus*, Opp., 3.
Ammonites sp. nov., 3.

Ammonites lythensis, Young et B.
Ammonites cfr. *annulatus* Sow. 3
Posidonomya Bronni, Voltz., 5.
Inoceramus dubius, Sow., 4.
Mytilus sp.
Lima sp.
Anomia sp.
Ostrea cfr. *Erina*, d'Orb.

Puissance et limites. — L'étude des coupes de la voie ferrée entre Perrigny et la gare de Conliège, où l'on voit très nettement le gros banc de calcaire à *Ammonites spinatus* qui borne le Toarcien à la base, conduit à attribuer à l'assise des Schistes à Posidonomyes une puissance d'au moins 28 à 30 mètres ; mais il n'est pas possible d'en voir sur ce point la limite supérieure, et je ne l'ai pu reconnaître non plus dans aucune autre localité d'une façon précise. Au-dessous de Ronnay, j'ai pris pour limite provisoire un changement de nature des marnes, qui deviennent un peu plus dures et micacées, à une douzaine de mètres au-dessus du deuxième petit banc calcaire des Schistes à Posidonomyes, et, par suite, à environ 30 à 32 mètres de la base. Dans cet intervalle de 12 mètres, se trouvent des marnes effritées, peu visibles en détail, de sorte qu'il pourrait fort bien exister dans leur moitié supérieure quelque banc de calcaire marquant cette limite et que je n'aie pas aperçu. En somme, on ne peut attribuer à cette assise une puissance moindre d'une trentaine de mètres environ dans la région de Lons-le-Saunier.

Points d'étude et coupes. — Je n'ai guère étudié le détail des Schistes à Posidonomyes que dans les gisements de la voie ferrée au S. de Perrigny, qui viennent d'être mentionnés. La gare de Conliège est contruite peu au-dessus de la limite supérieure de cette assise, et le chemin d'accès en montre la partie inférieure, sauf toutefois la base. Au-dessous de Ronnay, une belle série est visible, mais je n'ai pu reconnaître la base qu'à 2 ou 3 mètres près. On trouvera plus loin les coupes de ces diverses localités.

Subdivisions. — Il n'est pas possible actuellement, dans cette assise dont la faune paraît si uniforme et qui a été peu étudiée du reste dans notre pays, d'établir une subdivision en niveaux basée sur les fossiles. Toutefois, les couches calcaires et marneuses de la base, où se trouvent à Perrigny les espèces variées citées plus haut, paraissent constituer un premier niveau bien distinct sous ce rapport dans cette localité. De plus, les deux intercalations calcaires qui se succèdent ensuite peuvent être prises pour limites de subdivisions régionales, si elles se maintiennent sur une certaine étendue comme il le paraît. Au point de vue de l'étude détaillée et comparative des divers gisements, qu'il serait intéressant de poursuivre dans notre contrée, on est ainsi conduit à la division suivante en quatre niveaux, qui forme un résumé de la série des Schistes à Posidonomyes.

A.—Niveau des calcaires et marnes à Aptychus Elasma.

Couche marno-gréseuse et calcaire, comprenant à Perrigny un petit banc de marne très efflorescente, avec nodules phosphatés et un lit de Bélemnites altérées, à la base ; puis un banc calcaire, parfois un peu oolithique ou bien gréseux, contenant de grands morceaux de bois fossile, et suivi de plaquettes marno-gréseuses, passant à une marne noire, schisteuse et bitumineuse, à écailles de Poissons.

Fossiles nombreux par places. Ils comprennent les espèces indiquées dans la faune de l'assise, à l'exception des Posidonomyes et d'*Ammonites lythensis*.

Puissance. -- La couche marneuse supérieure de ce niveau passe assez rapidement aux marnes suivantes, mais sans limite nette, de sorte que l'épaisseur exacte est difficilement appréciable. On peut attribuer à ce niveau 0m70 à 0m80 à Perrigny.

Il n'a pas encore été étudié sur d'autres points.

B. — Schistes inférieurs à Posidonomyes et Ammonites cfr. annulatus.

Marne grise, dure, feuilletée, à très fines particules de

mica. Dans le haut se trouvent deux intercalations de minces plaquettes calcaires (Perrigny), et le niveau se termine par un banc calcaire de 0m25, plus ou moins subdivisé.

Fossiles très nombreux, mais appartenant à un petit nombre d'espèces.

Dans la partie inférieure, on trouve à Perrigny :

Belemnites tripartitus, Schl..	*Ammonites* cfr. *annulatus,* Sow.
— sp.	— *lythensis,* Young et B.

Les *Posidonomya Bronni*, Voltz, sont très nombreux dans la partie supérieure et dans le banc calcaire du sommet.

Puissance. — A Perrigny, à très peu près 11 mètres.

C. — Schistes moyens à Posidonomyes.

Marne grise, schisteuse, analogue à la précédente, surmontée de 0m25 de calcaire assez dur, plus ou moins en plaquettes.

Nombreux *Posidonomya Bronni*, Voltz, surtout dans le bas et dans le calcaire du sommet à Perrigny.

Puissance. — Environ 7 mètres dans cette localité.

D. — Schistes supérieurs à Posidonomyes.

Marne grise, schisteuse, analogue aux précédentes. Limite supérieure non définie.

Posidonomyes moins nombreuses ou même assez rares. Dans le haut, elles paraissent accompagnéés d'Inocérames (Conliège, près de la gare).

Puissance approximative à Perrigny et Ronnay, 10 à 12 mètres.

II. — TOARCIEN MOYEN.

ASSISE DE L'AMMONITES BIFRONS.

MARNES DE PINPERDU & DE RONNAY.

SYNONYMIE.

Marnes à Trochus ou de Pinperdu. Marcou, 1846.
Marnes de Pinperdu. Marcou, 1856.
Marnes à Trochus. Bonjour, 1863. Résal, 1864. Bertrand, 1882.
Marnes à Ammonites mucronatus, Marnes à Am. Germaini et
Marnes à Turbo subduplicatus. Ogérien, 1867.
Non *Zone de l'Ammonites bifrons.* Dumortier, 1874.

CARACTÈRES GÉNÉRAUX. — L'assise moyenne du Lias supérieur se compose de puissantes couches de marne, très
peu fossilifère dans nos environs, non feuilletée ou grossièrement schistoïde, qui offrent dans la partie moyenne
des intercalations de minces bancs de calcaire marneux,
et dans le haut quelques lits de très gros rognons contenant de la strontiane sulfatée en grands cristaux laminaires.

PRINCIPAUX FOSSILES. — Les fossiles sont peu fréquents
dans cette assise, principalement dans les marnes inférieures et supérieures. J'y ai rencontré surtout des Bélemnites qui sont assez nombreuses dans le milieu (par
exemple à la gare de Conliège), de rares Ammonites plus
ou moins pyriteuses et en mauvais état, et quelques bivalves
dans la partie inférieure.

L'emplacement de la gare de Conliège m'a fourni :

Belemnites tripartitus, Schl. 4.   *Inoceramus* sp.
Ammonites bifrons, Brug., 2.   *Posidonomya Bronni,* Voltz.,2.
— *subplanatus,* Opp., 2.

En outre, j'ai recueilli *Ammonites Raquini,* dans les

matériaux provenant du creusement d'un puits près de l'Ermitage de Montciel.

La continuation des recherches permettra sans doute d'augmenter cette faune, malgré la pauvreté en espèces, et souvent même en individus, que cette assise présente dans nos environs.

Puissance. — Cette assise mesure à Ronnay 35 à 38 mètres. A Conliège, elle est peut-être un peu plus faible, soit environ 32 à 35 mètres.

Limites. — Ainsi qu'on l'a vu plus haut, la limite inférieure n'a pu être exactement fixée : à défaut d'autre caractère plus précis, que les observations ultérieures pourront faire connaître, cette limite est indiquée, à Conliège et à Ronnay, par le changement de texture des marnes, qui deviennent moins feuilletées, et la disparition plus ou moins complète des Posidonomyes. Au sommet, cette assise est bornée par l'apparition des bancs calcaires à Pentacrinus de l'assise suivante (Ronnay).

Subdivisions. — La pauvreté de la faune, surtout en Ammonites, ne permet pas de se baser sur les fossiles pour subdiviser le Toarcien moyen des environs de Lons-le-Saunier. Par contre, la pétrographie indique nettement une division en trois niveaux, d'épaisseurs peu différentes, qui paraissent correspondre aux trois groupes établis par M. Marcou dans cette assise, d'après les faunules d'Ammonites si nombreuses qu'elle offre aux environs de Salins (1).

Points d'étude et coupes. — Le Toarcien moyen est en général complètement caché par la végétation. Toutefois les ravinements de la vallée de Baume, au-dessous de Ronnay, fournissent de bons points d'étude, auxquels s'ajoutent à présent, pour la partie moyenne, les tranchées de la gare de Conliège. On en trouvera plus loin les coupes.

(1) Marcou. *Lettres sur les roches du Jura*, p. 28.

VARIATIONS. — Cette assise paraît assez uniforme dans les environs de Lons-le-Saunier, du moins entre Baume et Conliège dont nous avons des coupes. On ne peut d'ailleurs établir de comparaison avec la coupe de Grusse, qui est évidemment disloquée et se trouve incomplète pour cette partie.

Mais le Toarcien moyen de la région lédonienne diffère considérablement par sa faune de la série correspondante des environs de Salins. Ces différences ont été parfaitement indiquées, dès 1846, par M. Marcou, dont les études sur le Lias du Jura, faites de 1844 à 1846, ont fourni presque uniquement à tout ce qu'en ont dit depuis lors les géologues jurassiens.

Les Marnes de Pinperdu, près de Salins, offrent, nous dit-il, (1), aux alentours de cette ville, « un énorme développement d'Ammonites de petite taille, d'Arches, de Nucules, et surtout du *Trochus duplicatus* que l'on rencontre presque partout » (facies subpélagique de M. Marcou). Au contraire, les Marnes de Ronnay, formées à la même époque, ne renferment, dans cette dernière localité comme à Conliège, que quelques espèces de ce premier facies « représentées par des individus de grande taille, mais le plus souvent on ne trouve que quelques fragments de Bélemnites » (1), et les rognons à cristaux de Célestine prennent dans cette dernière région un développement considérable. C'est ici le facies pélagique de M. Marcou, et le savant géologue a indiqué comme limite entre les deux facies une ligne partant de Poligny et se dirigeant sur Morteau, Porrentruy et Aarau.

Le nom de Marnes de Pinperdu donné à cette assise par notre célèbre compatriote indiquant une excellente localité type pour le facies salinois, le nom de Marnes de Ronnay pourrait servir à désigner le facies lédonien qui ne peut

(1) MARCOU. *Recherches géol. sur le Jura Salinois*, p. 55.

guère être plus caractérisé et plus facilement observable qu'à Ronnay. J'ai cru devoir, en conséquence, réunir les noms de ces deux localités comme formant une bonne dénomination pour les deux facies jurassiens du Toarcien moyen.

A. — Niveau des marnes inférieures (10 à 12 m.).

Marne assez dure, bleu foncé intérieurement, non feuilletée ou seulement un peu schistoïde, contenant de très fines particules de mica et s'effritant facilement. Elle offre, par places, du fer sulfuré sous forme de grumeaux et cristaux ou de fossiles.

Fossiles. — La partie inférieure de ce niveau, à 9 mètres du sommet, m'a fourni, à la gare de Conliège ; *Belemnites tripartitus*, 3 ; *Ammonites bifrons*, en fer sulfuré, 3 ; et *A. subplanatus*, 2, de grande taille. En outre, il s'y trouve par places des *Inoceramus* sp., et quelques rares *Posidonomya Bronni*. De plus, *Belemnites tripartitus* n'est pas rare sur ce point, à la partie supérieure du niveau.

Puissance. — Elle n'a pas moins d'une dizaine de mètres à Ronnay, ainsi qu'à la gare de Conliège, et atteindrait peut-être 12 m., selon le point précis où l'on fixe la limite inférieure de l'assise.

B. — Niveau des marnes et marno-calcaires moyens (9 à 10 m.).

Alternance de bancs minces de calcaire marneux bleuâtre, avec des couches de marne analogue à la précédente.

Fossiles. — Les Bélemnites sont assez nombreuses dans ce niveau à la gare de Conliège et à Ronnay. Je n'y ai remarqué qu'une seule espèce, *Belemnites tripartitus*, Schl. En outre, la première localité m'a fourni un seul fragment d'*Ammonites bifrons*, Brug., et un autre d'une Ammonite indéterminable du groupe d'*Am. radians*.

Puissance. — A Ronnay, la puissance de ce niveau atteint près de 9 mètres (8m75), et elle s'élève à 10 mètres environ près de la gare de Conliège.

C. — Niveau des marnes supérieures, avec sphérites à cristaux de célestine (16 m.).

Massif de marne bleuâtre, moins dure que les couches inférieures, renfermant vers le haut de très grosses sphérites, qui atteignent souvent 20 à 30 centimètres de diamètre et au-delà, et offrent au centre une cavité irrégulière, ordinairement occupée par des cristaux laminaires de strontiane sulfatée (célestine), plus ou moins bleuâtre ou blanche.

A Ronnay, ces sphérites paraissent former deux lits distants de quelques décimètres, situés à 3 m. 50 du sommet, et la couche marneuse qui les surmonte renferme de nombreux rognons durs, allongés, très petits, à surface lisse.

A Conliège, les sphérites à célestine occupent très certainement la même position vers le sommet du Lias, et l'on en voit actuellement des spécimens à quelques mètres plus bas que le Bajocien, au-dessus des grands murs de soutènement à l'E. de la gare.

Au-dessous de l'église de Montmorot, le creusement récent d'un réservoir pour les fontaines a fourni un grand nombre de ces sphérites, provenant du même niveau et renfermant de belles cristallisations de cette substance.

L'abondance des sphérites à cristaux de célestine dans le Toarcien moyen des environs de Lons-le-Saunier n'avait pas échappé à M. Marcou. Il les a signalées, en 1846, « surtout entre Rosnay et Baume-les-Messieurs, où l'on en trouve, dit-il, de magnifiques échantillons » (1).

(1) *Recherches géol. dans le Jura salinois*, p. 54.

Une petite marnière de cette localité, située au-dessous de la Grange Bedoux, près du sentier qui descend à Baume, et aujourd'hui abandonnée, m'a fourni de beaux cristaux en 1880 (1).

Fossiles. — Les fossiles paraissent extrêmement rares dans les marnes de ce niveau. A Ronnay, j'ai recueilli seulement quelques Bélemnites et Pentacrines, dans la couche marneuse supérieure aux sphérites à célestine ; mais ils pouvaient provenir de l'assise supérieure et ne doivent pas être pris en considération.

III. — TOARCIEN SUPÉRIEUR.

ASSISE DE L'AMMONITES OPALINUS.

Synonymie.

Grès superliasique et *Oolithe ferrugineuse* (partie inférieure). Marcou, 1846.

Marnes d'Aresches et *Fer de la Rochepourrie* (partie inférieure). Marcou, 1856.

Grès superliasique et *Oolithe ferrugineuse*. Bonjour, 1863.

Calcaire ferrugineux à Ammonites primordialis. Ogérien, 1867.

Marnes gréseuses ou à rognons calcaires (en haut minerai de fer près d'Ougney). Bertrand, 1882 et 1884.

Caractères généraux. — Le Toarcien supérieur comprend une alternance de bancs de calcaire dur, un peu

_____

(1) L'indication de niveau si précise de M. Marcou avait sans doute échappé à M. de Chaignon lorsqu'il a publié, en 1884, une note *Sur la présence de la Célestine dans les Schistes argilo-calcaires du Lias moyen aux environs de Conliège (Jura)*, dans les Mémoires de la Société des Sciences naturelles de Saône-et-Loire. Il s'agit bien dans cette note des sphérites à Célestine du *Lias supérieur* de Conliège, mis à jour par les travaux d'assainissement des tranchées de la voie. Notre Lias moyen ne m'a d'ailleurs jamais offert de ces sphérites à grandes cristallisations de sulfate de strontiane.

gréseux, grossièrement noduleux et à surfaces irrégulières, avec des couches peu épaisses d'une marne dure, micacée; le tout passe plus ou moins brusquement à un calcaire assez dur, à fines oolithes ferrugineuses très abondantes, qui prend une épaisseur variable selon les localités et termine l'étage.

PRINCIPAUX FOSSILES. — L'alternance marneuse et calcaro-gréseuse offre des Bélemnites assez fréquentes, en compagnie de rares Ammonites et de quelques petits bivalves. En outre on y remarque particulièrement les *Pentacrinus* qui abondent dans certaines localités, surtout à l'Étoile, Miéry et Baume, mais paraissent rares dans le voisinage immédiat de Lons-le-Saunier. Les débris étoilés de ces Crinoïdes sont si connus des habitants du pays qu'ils y voient l'origine du nom du village de l'Étoile, et leur abondance dans cette localité était déjà signalée en 1787, par le Dr Guyétant (1). Il est surprenant de n'en trouver aucune mention dans nos auteurs jurassiens, surtout Bonjour et le frère Ogérien. M. Marcou a toutefois indiqué quelques Crinoïdes et des Astérides à ce niveau près de Salins ; mais Dumortier n'a pas connu nos gisements (2). Recueillis en grande quantité à l'Étoile et à Miéry, il y a quelques années, les Crinoïdes de ces localités ont été communiqués à M. de Loriol (3) comme provenant du Lias moyen; mais il suffit de visiter le principal gisement de l'Étoile par

(1) On a monté en parures des articles isolés du *Pentacrinus jurensis*. Les enfants les recueillent comme jouets, et l'on sait que l'une de nos principales maisons de vins mousseux a pris le dessin de face d'un Pentacrine de l'Étoile comme marque de commerce.

(2) Cet auteur ne mentionne dans le Toarcien du bassin du Rhône que *Pentacrinus jurensis*, (Quenst.) et *P. Bollensis*, Schl., tous deux très rares en général ; le premier est indiqué à Villebois (Ain), St-Jullien (Saône-et-Loire), St-Romain (Rhône), ainsi qu'à la Verpillère (Isère) où il est rare ; le second, seulement à Crussol (Ardèche).

(3) *Paléontologie française*.

exemple (versant S.-O. du Mont-Génezet) pour reconnaître qu'ils appartiennent au Toarcien supérieur.

Dans l'oolithe ferrugineuse supérieure se trouvent de nombreuses Ammonites, avec quelques autres espèces.

Les petits Polypiers du genre *Thecocyathus*, si abondants plus au nord dans le Lias supérieur, près de Salins (*Thecocyathus mactra*, Goldf., sp.) et déjà à Miéry (*Th. tintinnabulum*, Gold. sp.), paraissent manquer totalement aux environs de Lons-le-Saunier, et en particulier à l'Étoile. Peut-être un échantillon provenant de l'oolithe ferrugineuse la plus supérieure de Grusse, et que je n'ai pu retrouver, appartenait-il à ce genre.

Voici les principales espèces de cette assise. Celles qui proviennent des couches supérieures à oolithes ferrugineuses sont précédées d'un astérisque.

Ichthyosaurus sp. (vertèbre).	*Pholadomya* sp.
Belemnites tripartitus, Schl.	*Astarte subtetragona*, Munst.
* — *pyramidalis*, Ziet.	*Cypricardia* cfr. *brevis*,Wright.
* — *irregularis*, Schl.	— *branoviensis*, Dum.
* — *breviformis*, Voltz.	*Arca* sp.
Nautilus sp.	*Nucula* sp
Ammonites cfr. *striatulus*, Sow.	*Pecten textorius*, Schl.
— *radiosus*, Seebach.	*Lima Elea*, d'Orb.
— *Sæmunni*, Opp.	*Avicula Delia*. d'Orb.
* — *aalensis*, Ziet.	*Exogyra* cfr.*Berthaudi*, Dum.
* — *opalinus* (Reinecke),	*Terebratula infra-oolithica,
* — *mactra*, Dum.	Desl.
* — *costula*, (Reinecke).	*Serpula lumbricalis* (Schl.).
* — sp.aff.*costula*(Rein.).	* — cfr. *segmentata*, Dum.
* — *undulatus*, Stahl.	* — sp.
* — *gonionotus*, Benecke.	*Pentacrinus jurensis*, Quenst.
— *crassus*, Phill.	— *mieryensis*, de Lor.
* — *heterophyllus*, Sow.	— *lepidus*, de Lor.
Pleurotomaria sp.	— sp. nov.
Discohelix cfr.*albinatiensis*,Dum.	*Thecocyathus?* sp.

PUISSANCE. — A Ronnay, seul point où j'aie pu la me
surer, cette assise atteint 11 mètres environ.

LIMITES. — Dans cette même localité, le Toarcien supérieur, tel que je l'entends ici, débute très nettement avec
le premier banc calcaire qui surmonte les marnes à sphérites avec cristallisations de célestine. Je n'ai pu observer
cette limite sur d'autres points de la région. Elle ne peut
être fixée avec certitude à Grusse, où le facies est différent
et où la série de l'étage Toarcien est d'ailleurs incomplète.

La limite supérieure est marquée par la surface du banc
supérieur d'oolithe ferrugineuse à *Ammonites opalinus*,
que l'on peut observer plus ou moins nettement sur différents points des environs de Lons-le-Saunier, au sommet
des vignes, au pied des escarpements formés par le Bajocien, surtout à Ronnay, l'Étoile, Conliège, Montciel près
de Lons-le-Saunier, Grusse, etc.

SUBDIVISIONS. — La pétrographie indique nettement, à
Ronnay, la division de l'assise en deux niveaux, qui y
présentent d'ailleurs des faunes assez distinctes.

POINTS D'ÉTUDE ET COUPES. — Le sommet des ravinements de la vallée de Baume, au-dessous du plateau de
Ronnay, m'a permis de relever une coupe presque complète
de cette assise. C'est le meilleur point que je connaisse
dans la région pour l'étude détaillée des strates, et même
le seul pour le niveau inférieur. Il est regrettable qu'une
interruption de 2 mètres environ m'ait empêché d'observer sur ce point le passage au niveau supérieur à oolithes
ferrugineuses. Les coupes de Conliège et de Messia ne font
connaître que la partie tout-à-fait supérieure. Celle de
Grusse offre beaucoup d'intérêt, par le plus grand développement du facies ferrugineux ; malheureusement les
fossiles y sont en mauvais état, et les failles qui interrompent la série stratigraphique en dessus et en dessous des
bancs à oolithes ferrugineuses ne permettent pas de discuter sérieusement le parallélisme.

VARIATIONS. — Cette assise offre dans notre région des variations importantes de facies. Mais, faute de bons affleurements, l'étude que j'en ai faite est encore trop incomplète et porte sur un trop petit nombre de points pour qu'il soit possible de préciser les caractères de ces variations et d'en indiquer les limites géographiques.

Il convient de remarquer tout d'abord que, d'une manière générale la composition pétrographique est analogue ici à celle que M. Marcou a signalée dans les environs de Salins. Les couches marneuses et calcaires à *Pentacrinus* de Ronnay et de l'Étoile paraissent correspondre exactement sous ce rapport au *Grès superliasique* ou *Marnes d'Aresches* (1856) décrites par l'éminent géologue, et la couche supérieure à oolithes ferrugineuses, avec *Ammonites opalinus*, de Ronnay, etc. répond à la partie inférieure, à *A. opalinus*, de son *Oolithe ferrugineuse (Fer de la Rochepourrie*, 1856). On sait qu'il n'avait lui-même rattaché au Bajocien cette dernière couche, en 1846, que provisoirement, avec un doute très accentué, en se réservant expressément de « revenir plus tard sur cette classification » (1).

Mais tandis que, selon M. Marcou, les marnes d'Aresches renferment *Ammonites opalinus*, qui en est une espèce « si caractéristique », et qu'elles sont très pauvres en Crinoïdes, je n'ai pas rencontré cette Ammonite dans les couches à *Pentacrinus* de Ronnay et de l'Étoile, où pullulent, par contre, ainsi qu'à Miéry, les débris des rayonnés de cette dernière classe.

Dans notre région même, les Crinoïdes, si fréquents dans ces trois localités et surtout à l'Étoile, paraissent absents plus au sud, dans le voisinage de Lons-le-Saunier, à Conliège, par exemple, où, à l'exception des Bélemnites, les fossiles paraissent rares. Les Crinoïdes sont aussi très rares à Grusse.

(1) *Recherches géol.*, p. 67. Voir aussi p. 56-57.

Il est un fait plus important encore. Le faciès ferrugineux qui s'est établi vers la fin de la période liasique, et qui a formé le banc supérieur ferrugineux à *Ammonites opalinus* de Ronnay et de l'Étoile, paraît prendre à l'O. et surtout au S. de Lons-le-Saunier un développement plus considérable.

C'est d'ailleurs ce qu'avait indiqué, dès 1846, M. Marcou, dans son remarquable mémoire sur le Jura salinois, si rempli d'observations exactes et de vues à haute portée. « Il arrive, dit-il (p. 56), que sur plusieurs points, notamment entre Lons-le-Saunier et Bourg-en-Bresse, les oolithes ferrugineuses envahissent toute la division du Grès superliasique et même une partie des Marnes de Pinperdu (Maynal près Beaufort). »

Le petit nombre de faits que j'ai observés dans les environs de Lons-le-Saunier paraissent correspondre parfaitement à cette indication.

A Ronnay et à Conliège, l'oolithe ferrugineuse à *Ammonites opalinus* est réduite à 1ᵐ20, si, toutefois, comme il le semble, l'interruption de 2 mètres environ qui vient au-dessous à Ronnay n'est pas ferrugineuse elle-même.

A Messia, une très petite marnière temporaire m'a permis d'observer, sous le calcaire à oolithes ferrugineuses de ce même niveau, une alternance de minces couches marneuses et de quelques bancs calcaro-marneux, chargés par places de ces oolithes. Les *Ammonites radiosus*, Seebach, et *A. crassus*, Phill., que j'ai recueillies sur le bord de la cavité, paraissent provenir de cette alternance. Sous la réserve qui précède au sujet de l'épaisseur de la couche ferrugineuse à Ronnay, le faciès ferrugineux serait ici déjà un peu plus développé à la base, peut-être aux dépens des couches à *Pentacrinus* ; mais ces couches inférieures ne sont pas à découvert sur ce point, et l'on ne peut rien préciser.

A Grusse, la différence de faciès est déjà considérable,

On observe dans cette localité 4m20 de couches à oolithes ferrugineuses, alternativement calcaires et marneuses, riches en Ammonites, et reposant sur une dizaine de mètres de marnes très peu fossilifères, que l'on prendrait volontiers pour la partie supérieure des Marnes de Pinperdu et de Ronnay. Dans ce cas, l'alternance inférieure, marneuse et marno-calcaire à *Pentacrinus*, du Toarcien supérieur serait absente ici ; du moins elle y possède un facies différent.

Malheureusement, les dislocations qui ont amené la disparition sur ce point de la partie médiane du Toarcien moyen (voir la coupe de Grusse à la suite de l'étude du Lias) et qui existent aussi vers la base du Bajocien, ne permettent pas d'établir sûrement le parallélisme de détail. Il se pourrait à la rigueur qu'il y eût seulement ici disparition des bancs calcaires des couches à *Pentacrinus*, jointe à l'absence de ces Crinoïdes.

Toutefois, la partie supérieure des couches ferrugineuses de Grusse offre, sur 1m20, un gros banc plus résistant, suivi d'une mince couche plus tendre, et cette partie se montre ainsi fort analogue aux bancs ferrugineux à *Ammonites opalinus* de Ronnay et de Conliége, auxquels elle paraît, en effet, correspondre. Le facies ferrugineux serait donc à Grusse sensiblement plus développé *à la base* que dans ces deux dernières localités, et les bancs les plus inférieurs qu'il y constitue représentent fort probablement au moins une partie des couches à *Pentacrinus* de Ronnay et de l'Étoile.

L'étude des faunules des divers bancs de l'affleurement de Grusse pourrait fournir des indications sur ce point ; mais elle est rendue difficile par l'état du gisement et la mauvaise conservation des fossiles, et il ne m'a pas été possible encore de séparer nettement dans cette localité les deux niveaux qui se distinguent si bien à Ronnay. Voici les seuls résultats obtenus jusqu'à présent.

Les bancs inférieurs d'oolithe ferrugineuse m'ont fourni les espèces suivantes :

Belemnites pyramidalis, Ziel.   *Ammonites* sp.
— *irregularis*, Schl.   *Serpula lumbricalis*, Schl.
— *breviformis*, Voltz.   — sp.
— sp.   *Pentacrinus jurensis*, Quenst., 1.
Ammonites costula, (Reinecke).

Les bancs moyens sont très fossilifères, mais fournissent des échantillons en mauvais état ; je n'ai pu déterminer que quelques-unes des Ammonites. On y trouve :

Bélemnites sp.   *Ammonites gonionotus*, Benecke.
Ammonites opalinus, (Reinecke).   — cfr. *radiosus*, Seebach.
— *aalensis*, Ziel.   — sp.

La partie supérieure, qui paraît correspondre exactement aux couches visibles à Ronnay, ne m'a donné qu'un petit nombre de fossiles, où j'ai reconnu seulement :

Ammonites opalinus, (Reinecke). *Lima Elea*, d'Orb.

En outre, un exemplaire d'*Ammonites heterophyllus*, Sow., provient soit de la partie moyenne, soit plutôt même de la petite couche marneuse tout à fait supérieure.

On voit qu'*Ammonites opalinus* se trouve sur la plus grande partie de l'épaisseur des couches ferrugineuses. D'autre part, la présence, dans la partie inférieure, de *Belemnites irregularis* et d'un exemplaire de *Pentacrinus jurensis* permet de considérer au moins cette partie comme correspondante aux couches à *Pentacrinus* de Ronnay.

Il paraît d'ailleurs évident que le facies ferrugineux est plus développé à Grusse qu'à Messia.

On voit que toutes les probabilités sont en faveur d'une apparition du facies oolithique un peu plus ancienne à Grusse qu'à Ronnay.

Toutefois, il serait difficile d'admettre sans autres preuves que les couches à *Pentacrinus*, puissantes de 8 à

10 mètres à Ronnay, soient uniquement représentées à Grusse par la couche inférieure de 1 mètre environ, où se trouvent *Belemnites irregularis* et de rares *Pentacrinus jurensis*, même en y ajoutant la partie moyenne des couches ferrugineuses du même gisement. Il reste donc à voir si, malgré la pauvreté de leur faunule et l'absence d'intercalations calcaro-gréseuses, les marnes inférieures aux couches ferrugineuses de cette dernière localité n'appartiendraient point déjà, sur quelques mètres du sommet, au Toarcien supérieur. Peut-être les alentours de Beaufort offrent-ils des coupes qui permettent d'établir le parallélisme. Je regrette de n'avoir pu encore, ainsi que j'aurais désiré le faire avant cette publication, étudier le gisement de Mainal cité par M. Marcou.

En somme, on peut admettre dès à présent que le Toarcien supérieur offre dans notre région des différences de facies assez complexes, qu'il est possible de résumer ainsi :

1º Dans la partie inférieure de l'assise, présence au N. de Lons-le-Saunier de nombreux Crinoïdes du genre *Pentacrinus*, qui paraissent localisés dans une région peu étendue entre cette ville et Poligny, et comprennent plusieurs espèces spéciales à cette région *(Pentacrinus mieryensis, P.* sp. nov.*).* — Rareté des fossiles, au moins des Crinoïdes, dans le voisinage immédiat de Lons-le-Saunier et au S. de cette ville. — Par contre, au N. de cette région, dans les environs de Salins, et au S., aux alentours de Saint-Amour, ces couches sont riches en Ammonites.

La plus grande partie de l'assise possède ainsi entre Salins et Saint-Amour un facies marno-calcaire un peu gréseux, comprenant lui-même soit le facies salinois à Céphalopodes, soit le facies lédonien riche en Crinoïdes ou bien plus ou moins stérile.

2º Facies ferrugineux, relégué au sommet de l'assise au N. de Lons-le-Saunier, mais commençant plus tôt au S. de cette ville, et envahissant de plus en plus l'assise à mesure que l'on s'avance dans cette direction, selon M. Marcou.

Il serait fort intéressant d'étudier avec soin les divers affleurements du Lias supérieur de toute la région lédonienne, afin d'arriver à la connaissance complète de ces divers changements de faciès, dans l'espace et dans le temps, à l'époque où se préparait l'inauguration du nouveau régime des mers qui a donné les formations du Bajocien et du Bathonien.

Cette étude serait d'autant plus utile que les premières couches qui vont être attribuées au Bajocien présentent elles-mêmes, comme on le verra plus loin, des différences d'aspect et de composition assez sensibles d'un point à un autre, et qu'en voyant le faciès ferrugineux se développer progressivement dans une direction déterminée, pendant la suite des temps, on peut craindre que la couche terminale de ce faciès prise pour limite n'ait pas eu, sur tous les points de notre contrée, sa partie supérieure exactement formée partout en même temps.

En attendant une étude suffisamment complète, la division de cette assise en deux niveaux va être établie d'après la série observable à Ronnay, prise pour type de la région où s'est développé le faciès à Crinoïdes.

Afin d'éviter toute équivoque, en présence des variations de faciès qui viennent d'être signalées, je suis amené, — à l'exemple de M. Marcou, — à désigner ces niveaux par les noms de localités types : l'Étoile et Ronnay.

A. — Niveau inférieur. — Marnes de l'Étoile.

Synonymie.

Grès superliasique. Marcou, 1846. Bonjour, 1863.
Marnes d'Aresches. Marcou, 1856.

Alternance de bancs, de 0m20 à 0m30, de calcaire dur,

un peu marno-gréseux, la plupart à surfaces fortement noduleuses et irrégulières, avec des couches peu épaisses de
marne dure, micacée.

Fossiles. — Les fossiles, généralement calcaires, sont
abondants en individus appartenant la plupart à diverses
espèces de *Belemnites* et de *Pentacrinus*, avec des Ammonites assez rares, ordinairement en fragments, et quelques
bivalves. Voici les espèces que j'ai rencontrées tant à Ronnay
qu'à l'Étoile. Celles de la première localité seulement ont
été recueillies parfaitement en place ; elles sont indiquées
par un astérisque après le nom. Celles de l'Étoile ont été
récoltées dans les marnes remaniées par la culture des vignes, à l'emplacement des couches de ce niveau.

Belemnites pyramidalis, Ziet.*	*Arca* sp. ind.*
— *irregularis*, Schl.*	*Nucula* sp.*
— *tripartitus*, Schl.*	*Lima* sp.*
— sp.*	*Plicatula* aff. *calinus*, Desl.*
Ammonites cfr. *striatulus*, Young et B.*	*Ostrea* sp.*
Ammonites sp.*	*Exogyra* cfr. *Berthaudi*, Dum.
Cypricardia cfr. *brevis*, Wright.*	*Pentacrinus jurensis*, Quenst.*
— *branoviensis*, Dum.	— *mieryensis*, de Lor.*
Astarte subtetragona, Munst.	— *lepidus*, de Lor.*
	— sp. nov.

En outre, les espèces suivantes, recueillies dans les couches ferrugineuses inférieures à Messia et à Grusse, appartiennent très probablement encore à ce niveau :

Ammonites costula (Reinecke).	*Ammonites crassus*, Phill.
— *undulatus*, Stahl.	*Serpula lumbricalis* (Schl.).
— *radiosus*, Seebach.	

De toutes les espèces qui viennent d'être indiquées dans
ce niveau, une seule, *Ammonites costula*, est citée par
Dumortier comme appartenant uniquement à sa zone de
l'*Ammonites opalinus* dans le bassin du Rhône, tandis que
les autres (à l'exception de *Pentacrinus jurensis* qu'il si-

gnale dans ses deux zones et des trois derniers *Pentacrinus*
qu'il n'a pas connus) sont mentionnées par lui comme se
trouvant seulement dans sa zone inférieure.

Puissance. — A Ronnay, les couches de ce niveau sont
visibles sur près de 8 mètres, et l'interruption de 2 m. environ qui les sépare de l'Oolithe ferrugineuse leur appartient probablement encore, de sorte qu'elles atteindraient
sensiblement une puissance de 10 mètres. L'étendue de la
surface en pente sur laquelle on recueille les *Pentacrinus* à
l'Étoile, permet de penser que la puissance est à peu près
la même dans cette localité.

Variations. — Ainsi qu'on l'a vu plus haut, le facies de
ce niveau varie par sa faune, riche en Ammonites aux environs de Salins, en Crinoïdes dans la région de Miéry,
l'Étoile et Ronnay, très pauvre à ce qu'il paraît près de
Lons-le-Saunier (Conliége, Montciel) ; mais surtout par
l'envahissement du facies ferrugineux, à partir du sommet,
dans la direction du sud. Le manque de données certaines
ne permet pas à présent des indications précises sur ce dernier point. Peut-être me sera-t-il possible de poursuivre
l'étude de ces variations de facies et de les mieux faire
connaître plus tard.

Dénomination. — Bien que, dans notre région, les ravinements de Ronnay soient le seul point où je connaisse les
couches de ce niveau bien à découvert, je lui donne le nom
du village de l'Étoile, à cause de l'abondance des Crinoïdes
dans cette localité, qui est signalée par M. de Loriol dans
la *Paléontologie française*. En réunissant cette dénomination à celle de M. Marcou, on pourrait employer le nom
Marnes de Pinperdu et de l'Étoile pour désigner le double
facies marno-calcaire, à Ammonites près de Salins, à Crinoïdes près de Lons-le-Saunier.

B. — Niveau supérieur. — Oolithe ferrugineuse de Ronnay.

SYNONYMIE.

Oolithe ferrugineuse (partie inférieure à *Ammonites opalinus*). Marcou, 1846.
Lias supérieur, groupe D. Oolithe ferrugineuse. Bonjour, 1863.

Couche à oolithes ferrugineuses, miliaires, cimentées par une pâte calcaire, légèrement marneuse, plus abondante et plus marneuse en dessus, sur 0m20 à 0m30. Elle paraît former seulement, à Ronnay et Conliége, un gros banc assez résistant, marneux en dessus.

Fossiles. — Les fossiles, principalement les Ammonites, abondent dans ce niveau. Ils sont de même nature que la roche, ce qui en rend l'extraction difficile. Les principales espèces sont :

Belemnites sp.	*Pecten textorius*, Schl.
Ammonites opalinus (Reinecke)	*Lima Elea*, d'Orb.
— *aalensis*, Ziet.	*Terebratula* cfr. *infra-ooli-*
— *mactra*, Dum.	*thica*, Desh.
— sp. aff. *costula* (Rein.)	*Serpula* cfr. *segmentata*, Dum.
Discohelix cfr. *albinatiensis*, Dum.	Polypier, 1.
Astarte cfr. *subtetragona*, Munst.	

Des recherches suivies permettraient de recueillir dans ce niveau une faunule assez riche.

Puissance. — Ce niveau paraît borné à Ronnay aux bancs visibles sur 1m20. Il offrirait à Conliége à peu près la même épaisseur. — Elle serait encore sensiblement la même à Grusse, si le banc supérieur seul était reconnu correspondre à ce niveau.

Variations. — Avec le peu de données que je possède, je puis dire seulement que l'Oolithe ferrugineuse de Ronnay offre beaucoup plus d'uniformité dans sa faune que les Marnes de l'Étoile.

Dénomination. — Je donne à ce niveau le nom du hameau de Ronnay (commune de Lavigny), près duquel se trouve l'affleurement type, car c'est assurément de toute la région le point où le passage du Lias au Bajocien offre les meilleures conditions d'étude. La dénomination d'*Oolithe ferrugineuse de Ronnay* s'applique dans ma pensée à la totalité de la couche ferrugineuse qui existe sur ce point entre les couches à *Pentacrinus* (Marnes de l'Étoile) et le Bajocien.

Dans le cas où l'Oolithe ferrugineuse de cette localité s'étendrait davantage à la base que je ne le suppose, occupant ainsi une partie de l'interruption de 2 mètres que j'y ai reconnue, il sera sans doute possible de l'étudier en entier, soit dans quelque ravinement où elle serait actuellement visible et que je ne connais pas encore, soit à la faveur de quelque glissement, comme il s'en produit de temps à autre sur ce point et qui achèvera de la découvrir.

COUPES DU LIAS SUPÉRIEUR.

COUPE DE RONNAY

Relevée sur le flanc occidental de la vallée de Baume-les-Messieurs, au-dessous du hameau de Ronnay.

Les bords supérieurs de la vallée de Baume offrent des rochers plus ou moins abrupts appartenant au Bajocien, et dans le fond se trouvent les Marnes irisées du Trias, entamées par l'érosion sur une épaisseur notable. Une grande faille qui parcourt la vallée du N. au S. a déterminé un abaissement du bord oriental, de sorte que ce côté de la vallée est moins favorable à l'étude de la série liasique.

Au contraire, de Nevy jusqu'à l'extrémité méridionale de la vallée principale (la plus large, dirigée N.-S.), le côté occidental offre toute la série des strates, plongeant d'au moins 15° vers l'O., depuis les Marnes irisées jusqu'au Bajocien qui forme le sommet du plateau de Ronnay. La partie inférieure de cette série est d'ordinaire cachée par les éboulis et la végétation, à l'exception du Sinémurien qui forme gradin, à une certaine hauteur, sur toute la longueur indiquée et offre des parties observables dans le Calcaire à Gryphées arquées. Mais le Lias supérieur est plus ou moins entièrement mis à nu par une série de ravinements, qui commencent un peu au N. de la Grange Bedoux et s'accentuent surtout du côté de Nevy, justement à l'E. du point coté 486 dans la carte de l'État-major.

Dans cette dernière partie, l'un des ravinements les plus importants m'a permis de relever la coupe suivante du Lias supérieur et des couches inférieures du Bajocien, à partir d'un gradin formé, au-dessous des Schistes à Posidonomyes, par les couches plus résistantes du Liasien supérieur à *Ammonites spinatus*. On y arrive facilement, soit par le chemin de desserte, indiqué sur la carte de l'État-major, qui descend du plateau sur Nevy, soit en prenant, depuis le fond de la vallée, un petit chemin, aussi indiqué sur cette carte, qui vient se raccorder au premier. Par suite du plongement des couches vers l'O., le terrain offre dans certaines parties de ces ravinements une pente très forte (1).

LIAS SUPÉRIEUR.

I. — Schistes à Posidonomya Bronni.

1. — Marnes dures, très schisteuses, plus ou moins résistantes et chargées de Posidonomyes à divers niveaux. Vers les deux tiers de la hauteur se trouvent des bancs qui passent à un calcaire dur, divisible en plaquettes. Soit au moins. . . 18^m

Le contact de cette couche avec les bancs à *Ammonites spi-*

(1) La figure donnée par le frère Ogérien, sous le nom de *Coupe de Lavigny à Granges-sur-Baume* (*Géologie*, p. 799), offre un profil inexact du plateau de Ronnay, tant pour le versant oriental, où les couches du Lias, etc., sont réellement inclinées vers l'E. d'environ 15° au lieu d'être horizontales, que par l'existence dans la partie occidentale de ce plateau d'un long massif de calcaires du Bathonien, au pied duquel est situé le village de Lavigny.

natus du Liasien n'est pas visible. L'épaisseur ci-dessus a été mesurée sur les couches visibles à la base du grand ravinement, en tenant compte de l'inclinaison (de même que pour les couches suivantes et pour tous les cas analogues) ; elle devrait être augmentée de 2 à 3 mètres, si la partie cachée jusqu'au gradin très net formé par le Liasien supérieur appartient encore aux Schistes à Posidonomyes, ce qui est fort probable. Le temps m'a manqué pour relever le détail de cette couche.

2. — Banc de calcaire hydraulique d'épaisseur variable, visible dans le haut d'une vigne, au N. du grand ravinement.   . 0^m15

3. — Marne schisteuse, effritée, peu visible, et paraissant encore appartenir aux Schistes à Posidonomyes. Quelques Belemnites (peut-être tombées des couches supérieures?).   . 12^m

II. — Toarcien moyen. Marnes de Pinperdu et de Ronnay.

A. — Niveau des marnes inférieures (10 m.).

4. — Marne bleuâtre, peu dure, micacée, un peu schistoïde, Fossiles très rares .   .   .   . 10^m

B. — Niveau des marnes et marno-calcaires moyens (Environ 9 mètres).

5. — Mince banc de calcaire marneux.   .   .   .   .   . 0^m10

6. — Marne finement micacée, analogue à la c. 4. Quelques *Belemnites tripartitus* et *B. irregularis* (pourraient être tombés des couches supérieures).   .   .   .   . 6^m

7. — Mince banc de calcaire un peu gréseux, avec fer sulfuré.   .   .   .   . 0^m05

8. — Marne.   .   .   .   . 0^m60

9. — Banc de calcaire gréseux.   .   .   .   .   .   . 0^m10

10. — Marne de plus en plus dure, grossièrement et irrégulièrement schistoïde.   .   .   .   . 1^m80

11. — Banc de calcaire gréseux   .   .   .   .   .   . 0^m10

C. — Niveau des marnes supérieures avec sphérites a cristaux de célestine (environ 17 mètres).

12. — Marne bleue, effritée, moins dure que la c. 10. Fossiles très rares.   .   .   .   . 12^m

13. — Gros rognons, céphalaires, contenant des cristallisations de sulfate de strontiane. Ils forment 2 lits à 0^{m}50 d'intervalle. Soit. . . . . 0^{m}80

14. — Marne analogue à la c. 12, avec quelques rognons épars à diverses hauteurs et de très petits rognons allongés, très durs, à surface lisse. . . . . 3^m

Quelques *Belemnites* et *Pentacrinus* recueillis sur cette couche proviennent probablement des marnes supérieures.

III. — Toarcien supérieur.

A. — Niveau des Marnes de l'Étoile (Environ 10^m).

15. — Banc de calcaire marneux dur, d'apparence gréseuse . . . . 0^{m}30

16. — Marne grisâtre. *Belemnites irregularis* et *Pentacrinus*. . . . . 1^{m}50

17. — Banc calcaire, analogue à la c. 15. . . . . 0^{m}20

18. — Marne, avec Bélemnites et *Pentacrinus*. . . 0^{m}30

19. — Banc calcaire, analogue à la c. 15. . . . . 0^{m}20

20. — Marne grenue, blanchâtre par altération, avec intercalation de bancs de calcaire gréseux, peu visibles. . . 2^{m}20

21. — Banc de calcaire dur, irrégulier et grossièrement noduleux, surtout en dessus . . . . 0^{m}30

22. — Marne grise. Bélemnites assez fréquentes . . 0^{m}40

23. — Banc calcaire, analogue à la c. 21. . . . . 0^{m}30

24. — Marne et calcaire intercalé. . . . . . . 1^m

25. — Alternance peu visible de marnes et de bancs calcaires. . . . . 1^m

Les couches marneuses 16 à 24 offrent des fossiles assez fréquents, principalement :

Belemnites irregularis, Schl.   *Plicatula* aff. *catinus*, Desl.
          — *pyramidalis*, Ziet.   *Exogyra* cfr. *Berthaudi*, Dum.
          — *tripartitus*, Schl.   *Pentacrinus jurensis*, Quenst.
Ammonites cfr. *striatulus*, Sow.   — *mieryensis*, de Lor.
Cypricardia cfr. *brevis*, Wright.   — *lepidus*, de Lor.

26. — Interruption, au point où le ravinement atteint le tour-

nant du chemin de desserte qui descend sur Nevy. Après 5 mèt. environ de couches cachées par les éboulis et la végétation, on retrouve la série des couches 29 à 31, etc., indiquée plus loin.

Un peu plus au S. de ce point, on observe sur la tranche de l'abrupt les couches suivantes 27 à 36, de sorte que l'interruption réelle dans la série étudiée se réduit à une épaisseur de 2^m à 2^m50.

Une couche marneuse, rappelant les marnes précédentes, paraît se trouver sous la c. 27, et fait penser que l'interruption tout entière appartient au niveau **A**.

B. — NIVEAU DE L'OOLITHE FERRUGINEUSE DE RONNAY.

27. — Gros banc, assez dur et peu fossilifère, de calcaire à oolithes ferrugineuses miliaires, cimentées par une pâte gris de fer, légèrement marneuse. Il est surmonté d'une couche analogue, plus marneuse, qui se délite assez facilement. . 1^m20

Ammonites opalinus (Reinecke).	*Pleurotomaria* sp.
— *aalensis*, Ziet.	*Serpula* cfr. *segmentata*, Dum.
— *mactra*, Sow.	*Astarte* cfr. *subtetragona*, Must.
— sp. aff. *costula* (Rein.).	*Terebratula* cfr. *infra-oolithi-*
Discohelix cfr. *albinatiensis*, Dum.	*ca*, Desl.

BAJOCIEN.

I. — Assise de l'Ammonites Murchisoni.

A. — NIVEAU DU CANCELLOPHYCUS SCOPARIUS.

28. — Marne gréseuse et micacée, gris-bleu, dure, se chargeant à l'air d'efflorescences blanches en aiguilles ; un mince banc de calcaire gréseux, micacé, rougeâtre, peu dur, y est intercalé. . . . . 0^m50

Dans cette couche et les trois suivantes, on recueille :

Belemnites breviformis, Voltz.   *Belemnites* cfr. *Blainvillei*, d'Orb.

On trouve aussi dans ces marnes des morceaux aplatis de bois fossile et probablement des empreintes de Fougères ou de Cycadées.

29. — Marne gréseuse analogue, avec intercalation de 3 à 5 lits de rognons fortement teintés de rougeâtre à l'extérieur.   0ᵐ90

30. — Même marne gréseuse. 0ᵐ30

31. — Marne gréseuse analogue, alternant avec environ 4 bancs de calcaire gréseux, plus ou moins en rognons à surface rougeâtre 1ᵐ

32. — Deux gros bancs de calcaire gréseux, suivis d'une couche de marne de 0ᵐ10 à 0ᵐ20, puis d'un banc calcaire analogue surmonté d'un délit marno-gréseux. 1ᵐ

33. — Gros banc de calcaire jaunâtre, un peu gréseux, avec quelques parcelles de mica ; parfois il est divisé dans le bas et forme un banc inférieur peu épais. Au-dessus est un mince lit marneux, peu régulier. 0ᵐ70

34. — Banc calcaire analogue, surmonté d'un lit marneux de 0ᵐ05. . . . .   0ᵐ40

35. — Calcaire dur, rougeâtre ; 2 bancs peu distincts de 1 m. et 0ᵐ60. . . . .   1ᵐ60

B. — Niveau des calcaires ferrugineux a rognons de silex inférieurs de messia.

36. — Calcaire à rognons de silex, formant sur une certaine épaisseur la partie supérieure de l'abrupt.
Interruption.

En retournant au chemin de desserte indiqué ci-devant (voir c. 26), on observe, après l'interruption de 5 mètres au-dessus du grand ravinement, les couches correspondantes à une partie des précédentes, à partir de la portion inférieure de la c. 29. On a ainsi, sur le bord de ce chemin, des couches appartenant aux trois niveaux suivants du Bajocien :

A. — Niveau du Cancellophycus scoparius (soit 6ᵐ).

Partie inférieure non visible ici. Soit, d'après les épaisseurs indiquées ci-dessus, 0ᵐ70.

29 à 31. — Couche marneuse, grenue, à lits de rognons. Inclinaison 14° à 15° vers l'O. Visible sur environ . . .   2ᵐ

32 à 34. — Bancs de calcaire grenu, avec lits épais de marne gréseuse dure, feuilletée. 1ᵐ80

35. — Calcaire en bancs assez réguliers, se délitant en plaquettes. 1ᵐ50

B et **C**. — Niveaux des calcaires a rognons de silex de Messia
et de Conliège (en partie).

36. — Calcaire à rognons de silex. Soit. 11ᵐ
37. — Calcaire jaunâtre, à débris spathiques. Visible sur 8 à 9 m.
jusqu'au dessus du bois, vers le haut du chemin.
Interruption.

COMPLÉMENTS DE LA COUPE DE RONNAY.

Toarcien supérieur.

A. — Niveau des Marnes de l'Étoile (en partie).

Une petite série assez fossilifère du niveau à *Pentacrinus* se
voit dans une faible tranchée d'un petit chemin de desserte,
accompagné d'une légère marnière, à peu près à moitié distance
entre le grand ravinement et le chemin qui descend depuis la
grange Bedoux. On y observe les couches suivantes qui appartiennent à la partie inférieure et moyenne de ce niveau.

1. — Marne dure, micacée, à rognons irréguliers. Visible
sur 1ᵐ30
Quelques *Belemnites* et *Pentacrinus* des espèces citées plus
loin.

2. — Calcaire marneux assez dur 0ᵐ20
3. — Marne micacée. 1ᵐ
Bélemnites plus nombreuses, en particulier *B. irregularis*.

4. — Calcaire finement grenu-cristallin 0ᵐ15
5. — Marne. Bélemnites et Pentacrines 1ᵐ40
6. — Banc calcaire peu dur et marne au-dessus. . 0ᵐ40
7. — Banc calcaire, assez dur, plus fortement grenu-cristallin, très irrégulier en dessus, portant des Bélemnites assez nombreuses et quelques grandes Ammonites. Environ .   . 0ᵐ20

8. — Marne analogue aux couches 1 à 5 et paraissant plus
fossilifère. 0ᵐ40

***Belemnites pyramidalis*, Ziet.**	***Ammonites* cfr. *striatulus*, Sow.**
— *tripartitus*, Schl.	— sp.
— *breviformis*, Voltz.	*Pentacrinus jurensis*, Quenst.
— *irregularis*, Schl.	— *lepidus*, de Lor.
— sp.	— *mieryensis*, de Lor.

9\. — Banc de calcaire peu marneux, dur. 0m20

10\. — Marne et marno-calcaire intercalé. . . . 1m50

11\. — Calcaire peu marneux, grenu-cristallin, dur, irrégulier en dessus. 0m20

12\. — Marne visible sur quelques décimètres. Soit. 0m50

Interruption (bois). 6m

Puis, calcaire bajocien, grenu, jaunâtre dans le bas, formant l'abrupt du bord du plateau.

II. — COUPES DE PERRIGNY ET CONLIÉGE.

Le Lias supérieur offre dans la vallée de Conliége un développement et en général un facies fort analogues à ce que l'on observe dans la vallée de Baume. Mais la végétation recouvre d'ordinaire les couches, et il n'y a guère que les Schistes à Posidonomyes qui soient mis à découvert en partie, par des ravinements (à l'O. de Conliége). Le chemin de fer de la montagne coupe la partie inférieure et moyenne de l'étage, entre Perrigny et le tunnel de Conliége, et l'on peut encore y relever les petites coupes partielles suivantes :

1° Coupe des Schistes a Posidonomyes

AVEC LE PASSAGE AU LIAS MOYEN.

Relevée sur le bord de la voie entre Conliége et Perrigny, vers 500 m. de cette localité, entre la chambre d'emprunt des matériaux de remblai et le massif de Liasien supérieur décrit dans la coupe II, p. 144.

Les couches de cette série affleurent sur le côté E. de la voie suivant une inclinaison apparente de 4° à 5° vers le S.

LIAS MOYEN.

Assise de l'Ammonites spinatus (partie supérieure).

1. — Marne micacée bleuâtre, grenue, dure, visible au-dessus du mur de revêtement sur environ. 0m80

2. — Gros banc de calcaire dur, gréseux, avec Bélemnites. 0m50

LIAS SUPÉRIEUR.

I. — Schistes à Posidonomyes.

A. — NIVEAU DES CALCAIRES ET MARNES A APTYCHUS ELASMA (0m70 à 0m80).

3. — Marne grise, micacée, efflorescente et devenant rougeâtre à l'air. Nombreux nodules blanchâtres, durs, chargés de *phosphate de chaux.* Un lit serré de grosses Bélemnites fortement altérées, pénétrées de matières ferrugineuses et plus ou moins friables, se trouve au-dessus. 0m05

4. — Marne micacée, ferrugineuse, feuilletée, noirâtre intérieurement, très efflorescente et devenant à l'air d'un jaune rougeâtre. Quelques petits bivalves . . . . 0m10 à 0m15

5. — Calcaire à grain assez fin, d'apparence gréseuse, en plaquettes et bancs minces, plus ou moins dur par places, très dur dans la partie moyenne où il offre des oolithes noirâtres, luisantes, et renferme de longs et gros morceaux dé bois fossile qui déterminent un contournement des plaquettes supérieures. Epaisseur variable. . . . . 0m20 à 0m25

Fossiles très-abondants par places, rares ailleurs.

Aptychus Elasma, Meyer.
Ammonites subplanatus, Opp.
      — sp. nov. aff. *sublineatus*, Opp.
      — sp. nov.

Inoceramus dubius, Sow.
Mytilus sp.
Ostrea sp.
Petits débris végétaux ? 5.

6. — Marne bitumineuse, noire, dure, feuilletée et devenant

friable à l'air. Dans le bas elle renferme, par places, des parties noduleuses, micacées et gréseuses, contournées suivant les accidents de la couche inférieure. Au-dessus, elle passe insensiblement à la couche suivante, dont elle se distingue surtout par sa couleur plus foncée. Épaisseur assez difficile à préciser ; soit 0ᵐ40

Fossiles assez fréquents ; on y remarque surtout :

Écailles de Poissons.	*Belemnites unisulcatus*, Blainv.
Belemnites tripartitus, Schl.	*Ammonites* cfr. *subplanatus*, Opp.

B. — Niveau des schistes inférieurs a Posidonomyes, avec Ammonites cfr. annulatus (10ᵐ75).

7. — Marne grise, dure, feuilletée, à Posidonomyes, contenant des particules de mica très fines et peu abondantes. Soit. 10ᵐ

Des Bélemnites (*Bel. tripartitus*, etc.) et des Ammonites écrasées peu déterminables (*Am.* cfr. *annulatus, A. lythensis*) se trouvent dans la partie inférieure, surtout vers 2 mètres. Dans la partie moyenne, sur 5 à 6 mètres, les fossiles sont très rares. A partir de 8 mètres environ au-dessus de la base, *Posidonomya Bronni* pullule et se montre, en jolis échantillons aplatis, dans le haut de la couche.

8. — Marne dure, schisteuse, à Posidonomyes, avec un mince lit de plaquettes calcaires à la base et un autre intercalé à 0ᵐ20 au-dessus. 0ᵐ50

9. — Banc calcaire en minces plaquettes. Nombreuses Posidonomyes. 0ᵐ25

C. — Niveau des schistes moyens a Posidonomyes (6ᵐ85).

10. — Marne schisteuse analogue à la précédente, avec Posidonomyes très nombreuses dans le bas, surtout vers 2 mètres, plus rares dans le milieu. 6ᵐ60

11. — Calcaire assez dur, en deux bancs qui se divisent plus ou moins en minces plaquettes, pétries de Posidonomyes et autres petits bivalves. 0ᵐ25

D. — Niveau des schistes supérieurs a Posidonomyes.

12. — Marnes analogues aux précédentes, avec Posidonomyes assez rares. Visibles sur 6ᵐ

Interruption. — Les couches supérieures manquent dans la partie située directement au-dessus des points d'observation précédents, où l'on arrive au sommet de la tranchée. Une dislocation peu apparente, masquée actuellement par une pierrée d'assainissement, modifie l'inclinaison et la nature des couches en tranchée, de façon que les couches immédiatement supérieures à la c. 12 ne se voient pas à la suite au bord de la voie. Au S. de la pierrée, on a des marnes grossièrement feuilletées, moins inclinées, qui paraissent dépourvues de fossiles ; elles appartiennent sans doute à un niveau sensiblement plus élevé que la couche 12, fort probablement à la partie inférieure du Toarcien moyen.

Plus au S., on retrouve sur le bord de la voie, à la suite du tournant, une belle série, sensiblement horizontale, des Schistes à Posidonomyes, qui permet de compléter un peu dans le haut la coupe précédente.

Ici, la base du Lias supérieur est cachée. Au-dessus d'un mur de revêtement d'environ 1 mètre, on observe la plus grande partie de la c. 7, de la coupe précédente, surmontée d'un seul banc calcaire de 0ᵐ25 qui se divise en plaquettes et correspond à la c. 9 de cette coupe : les 2 minces bancs de la c. 8 paraissent absents ici, et cette couche se confond avec la c. 7.

Le niveau des schistes moyens offre, comme dans la première coupe, 6ᵐ70 de marne feuilletée à *Posidonomya Bronni*, suivie de 2 bancs calcaires, épais en tout de 0ᵐ25, qui se divisent en plaquettes.

Le niveau des schistes supérieurs est en grande partie couvert par la végétation ; mais on observe pourtant des schistes à Posidonomyes dans la partie inférieure de ce niveau, et l'on retrouve un léger affleurement de ces marnes, avec des *Posidonomya Bronni*, en bon état, à 9 mètres au-dessus de sa base.

Les couches supérieures sont complètement cachées par les

13

vignes jusqu'au sommet du Lias ; mais, trois mètres plus haut que le dernier affleurement à Posidonomyes, existe un gradin assez marqué, qui indique une modification dans la résistance et la nature du sous-sol. Il y a lieu de croire que les Schistes à Posidonomyes s'élèvent jusque tout près de là, d'autant mieux que ce gradin correspond exactement, par sa hauteur au-dessus de la deuxième intercalation calcaire (c. 11), à la limite indiquée dans la coupe de Ronnay par le changement de texture des marnes. De la sorte, on ne peut attribuer au niveau supérieur des Schistes à Posidonomyes moins de 10 à 12 mètres.

La puissance du Toarcien inférieur est donc de 28 mètres au moins, et probablement d'environ 30 m. dans la vallée de Conliège.

Puissance de l'étage Toarcien au-dessous de St-Étienne-de-Coldres. — Depuis le gradin qui vient d'être indiqué jusqu'à la surface du banc d'oolithe ferrugineuse à *Ammonites opalinus* qui termine le Lias (à peu près au-dessous et à l'O. de l'Église de St-Étienne-de-Coldres), l'épaisseur (mesurée au baromètre orométrique) est de 40 mètres pour le Toarcien moyen et supérieur. L'étage Toarcien complet aurait donc sur ce point une puissance de 70 à 71 mètres.

2º Coupe du Toarcien près de la gare de Conliège.

I. — Toarcien inférieur.

1. — Au-dessous de l'emplacement de la gare, du côté S., un gradin incliné, dans les vignes, indique la surface des bancs calcaires très résistants à *Ammonites spinatus*, dont on voit d'ailleurs quelques blocs arrachés par la culture. En prenant à peu près le milieu de la pente de ce gradin pour base des Schistes à Posidonomyes, on obtient, jusqu'à l'emplacement de la gare une épaisseur de 33 mètres (mesurée au baromètre orométrique).

Les Schistes à Posidonomyes, totalement recouverts, ne peuvent être étudiés sur ce point. Mais on les voit sur le bord du chemin d'accès de la gare, au-dessus du tournant, à la suite des larges pierrées de soutènement. A partir d'un petit aqueduc, on observe la série suivante :

a. — Marne à *Posidonomya Bronni,* en plaquettes dans le bas (bouche de l'aqueduc). Les Posidonomyes se montrent vers 2 m., puis paraissent absentes sur une certaine épaisseur, et réapparaissent dans le haut sur 3 à 4 mètres. La partie supérieure s'effrite en petites parcelles feuilletées. La base est cachée. Visible sur environ . . . . 10^m

b. — Mince banc calcaire de quelques centimètres, grisâtre, à Posidonomyes et petits bivalves.

c. — Deux bancs calcaires de 10 à 15 centimètres, gris-bleu intérieurement, se divisant en plaquettes à Posidonomyes et petits bivalves, avec marne intermédiaire. . . . . 0^{m}50

d. — Marne grise, analogue à celle du sommet de *a.* Visible sur . . . . 1^m

e. — Interruption. — Puis les Schistes à Posidonomyes, peu fossilifères, réapparaissent sur 2 m.,et sont suivis d'une nouvelle interruption jusqu'au niveau de la voie.

Les couches *a, b* et *c* appartiennent sans doute au niveau **B**, et les deux suivantes au niveau **C** de la coupe précédente. La partie supérieure n'existe fort probablement pas sur ce point. L'inclinaison de ces couches parait différente de celle que l'on observe pour les couches suivantes au bord de la voie ; on ne peut donc raccorder cette coupe aux observations ci-après.

II. — Toarcien moyen.

A. — Niveau des marnes inférieures.(Soit au moins 10 m.)

2. — A l'emplacement de la gare (soit à peu près 1 ou 2 m. au-dessus des Schistes à Posidonomyes, d'après l'évaluation qui précède la dernière coupe), un fossé, creusé tout récemment à partir de la gare des marchandises dans la direction du N., m'a permis d'observer environ 50 centimètres de marne assez dure, non feuilletée, où j'ai recueilli un certain nombre d'*Ammonites bifrons,* pyriteux et en mauvais état, mais parfaitement reconnaissables, en compagnie de grands exemplaires d'*Am. subplanatus,* et avec *Belemnites tripartitus* assez fréquent.

A partir de ce point, le talus, garni de pierrées, du bord N -E. de l'emplacement de la gare, permet d'observer les couches ci-après :

3. — Marne, en grande partie cachée. . . . . . . 9^m

Belemnites tripartitus n'est pas rare dans la partie supérieure, seule visible.

B.— NIVEAU DES MARNES ET MARNO-CALCAIRES MOYENS (Soit environ 10 m.).

4. — Banc de calcaire marneux de 0^m10, parfois double et offrant alors. . . . . 0^m20

5. — Marne gris-bleuâtre, à fines particules de mica, peu abondantes, renfermant, à 0^m50 de la base un banc marno-calcaire de 0^m08 qui paraît peu continu. . . . . . . 2^m90

Belemnites tripartitus, Schl., 4, *Ammonites bifrons*, Brug.

6. — Banc de calcaire marneux. . . . . . . 0^m10

7. — Marne analogue à c. 5. Mêmes Bélemnites . . 3^m50

8. — Banc de calcaire marneux peu régulier. 0^m10 à 0^m15

9. — Marne. . . . . 0^m80 à 0^m75

10. — Banc de calcaire marneux, peu visible ; soit . 0^m13

11. — Marne, visible sur . . . . 1^m50

Interruption. Terre végétale, formant gradin et supportant un sentier à peu près horizontal, vers 1^m50 au-dessus de la couche précédente.

Depuis ce point jusqu'à la base des couches à *Cancellophycus scoparius* qui surmontent immédiatement le Lias supérieur, et qui se voient au pied du rocher, de côté et d'autre du sentier qui monte à l'ermitage et au cimetière de St-Etienne-de-Coldres, les couches sont cachées. La mesure, prise au niveau à perpendicule et au baromètre orométrique, m'a donné fort sensiblement la même épaisseur de 26 mètres pour cette partie comprenant le niveau supérieur du Toarcien moyen et le Toarcien supérieur.

La tranchée qui se trouve entre la gare et le premier tunnel offre pour le niveau **B** du Toarcien moyen une coupe un peu plus complète que la précédente, dont elle diffère par le nombre et la position des bancs marno-calcaires. Les couches offrent sur le bord méridional, seul visible à présent, une inclinaison très sensible du côté de l'E.

Après 1 m. environ de marne, qui appartient sans doute au niveau **A** du Toarcien moyen (c. 3 de la coupe précédente), on observe en allant vers le tunnel :

B. — Niveau des marnes et marno-calcaires moyens (10 m.).

4. — Banc de calcaire marneux. . . . . 0^{m}10

5. — Marne bleuâtre, soit 1^{m}50 à 1^{m}75, suivie d'un banc de calcaire marneux de 0^{m}10, puis de 1^{m}50 environ de la même marne. Soit à peu près. . . . . 3^{m}25

6. — Banc de calcaire marneux. . . . . . . 0^{m}15

7. — Marne bleuâtre, 1^{m}35, suivie d'un banc variable d'environ 0^{m}15 à 0^{m}35 de marno-calcaires en rognons inégaux, puis à peu près 2 m. de marne. Soit. . . . . . 3^{m}50

Quelques Bélemnites.

8. — Banc de calcaire marneux. . . . . . . 0^{m}10

9. — Marne. Quelques Bélemnites . . . . . . 0^{m}80

10. — Banc de calcaire marneux. . . . . . . 0^{m}12

11. — Marne. . . . . 1^{m}50

12. — Banc de calcaire marneux dur, grenu, peu visible. 0^{m}25

Interruption.

Au-dessus et au N. de cette tranchée, les couches supérieures du Toarcien ont été entamées jusque dans le voisinage de l'Oolithe ferrugineuse à *Ammonites opalinus* par les travaux de drainage destinés à la protection de la voie ; mais les couches mises à découvert alors sont à peu près totalement cachées à présent. Dans ces travaux, on a extrait de nombreux et très gros rognons renfermant, dans le milieu, des cristallisations de sulfate de strontiane. On en voit encore quelques-uns sur ce point vers le haut du Toarcien, à quelques mètres seulement de la base du Bajocien, ce qui indique pour ces sphérites à célestine un niveau au moins aussi élevé que celui qui leur a été reconnu dans la coupe de Ronnay.

ÉTAGE BAJOCIEN.

SYNONYMIE.

Oolithe ferrugineuse (en partie), *Calcaire lédonien* et *Calcaire à Polypiers*. Marcou, 1846.

Groupe du département du Jura (moins la partie inférieure de l'*Oolithe ferrugineuse* et les *Marnes de Plasne*). Marcou, 1856.

Bajocien (moins le *groupe D, Fullers earth)*. Bonjour 1863.

Etage Bajocien, Pidancet, 1863. Ogérien, 1867. Bertrand, 1882 et 1884. Bourgeat, 1887.

Caractères généraux. — L'étage Bajocien des environs de Lons-le-Saunier constitue un puissant massif, presque entièrement formé de calcaires, parfois oolithiques ou bien à grain fin, plus ordinairement spathiques et pétris de débris de Crinoïdes (1), où s'intercalent à plusieurs niveaux, surtout dans la moitié inférieure, de faibles couches ferrugineuses, des bancs marneux et d'épaisses assises à rognons de silex.

L'étage débute par des bancs plus ou moins marno-gréseux et micacés, avec intercalation de calcaires gréseux en rognons, et dans lesquels on trouve *Belemnites Blainvillei, Ammonites Murchisoni*, ainsi que des empreintes peu fréquentes du *Cancellophycus scoparius*. Au-dessus,

(1) Sous le nom de *calcaires spathiques*, je désigne en général dans ce travail les *calcaires miroitants* ou *calcaires à entroques* des auteurs c'est-à-dire les calcaires pétris de débris d'Echinodermes donnant à la cassure une multitude de facettes de clivage bien distinctes. J'emploie l'expression *calcaire à Crinoïdes* dans le cas où la roche est formée en grande partie d'articles et portions de tiges de Crinoïdes (ordinairement des *Pentacrinus*) de dimensions notables, qui se voient très nettement et en abondance sur les surfaces longtemps exposées aux agents atmosphériques ; dans ce cas, on a généralement un calcaire grossièrement spatbique.

vient une épaisse couche de calcaire plus ou moins oolithique et passant, sur une épaisseur variable, dans le haut
surtout, à un calcaire spathique à Crinoïdes ; elle renferme parfois, dans le bas, des bancs plus ou moins ferru-
rugineux (Messia), et plus ordinairement il s'y trouve
un niveau à rognons de silex, qui se développent sur une
grande épaisseur dans certaines localités (Conliège). Puis
on a une alternance de bancs marneux et calcaires, à
nombreux fossiles (Bryozoaires, Oursins, Spongiaires et
bivalves), avec *Ammonites Murchisoni*, que surmontent
des calcaires, parfois en partie ferrugineux, contenant
encore des bivalves, avec *Ammonites propinquans* et **A.**
præradiatus.

On trouve ensuite un massif, d'environ 30 à 40 mètres
selon les points, d'un calcaire plus ou moins dur ou marneux, à très nombreux rognons de silex ; puis 25 mètres
en moyenne de calcaires ordinairement spathiques, parfois
encore chargés de rognons de silex dans le bas, et renfermant par places des Polypiers, ainsi que deux ou trois
minces niveaux à *Ammonites Blagdeni* et *A. Humphriesi*,
avec une foule de Brachiopodes, etc. Le tout est surmonté
de 25 mètres environ de calcaires plus ou moins spathiques,
dont la surface est criblée de perforations de lithophages
(surface taraudée), et porte de grandes Huîtres plates,
soudées.

L'étage se termine par 30 à 40 mètres de calcaires, souvent encore plus ou moins spathiques. Ils débutent parfois,
sur le banc taraudé précédent, par une très mince croûte,
renfermant à Publy de nombreux *Eudesia Bessina* avec
Terebratula globata, et dans la partie inférieure ils sont
fréquemment à grain fin sur une épaisseur variable, parfois
même à petites oolithes (Montmorot). Dans la moitié supérieure, on trouve soit un calcaire assez grossièrement
spathique à Crinoïdes, soit, plus rarement, une oolithe
assez blanche à Polypiers et Nérinées (Publy). Toujours

dans nos gisements la surface supérieure du Bajocien est lisse et criblée de perforations de lithophages.

Principaux fossiles. — Bien que le Bajocien des environs de Lons-le-Saunier possède une épaisseur considérable et soit souvent formé en grande partie de débris fossiles, on n'y trouve qu'un petit nombre de niveaux renfermant des espèces déterminables. En outre de rares dents et vertèbres d'Ichtyosaure et de Plésiosaure et d'une espèce nouvelle de Poisson du genre *Meristodon*, ce sont des Bélemnites, 8 à 10 espèces d'Ammonites, quelques rares Gastéropodes, des Lamellibranches parfois assez nombreux, surtout dans l'assise inférieure, mais souvent d'une très mauvaise conservation, et une quinzaine d'espèces de Brachiopodes qui abondent à certains niveaux de la partie moyenne dans quelques localités. On y trouve aussi, dans l'assise inférieure, de nombreux Bryozoaires et Spongiaires et quelques espèces d'Échinodermes déterminables ; mais on doit mentionner tout particulièrement les Crinoïdes du genre *Pentacrinus* qui, joints à des articles d'Astérides et à des radioles et portions de test d'Oursins ordinairement indéterminables, pullulent dans les calcaires grossièrement spathiques, à tel point qu'une partie notable des calcaires de l'étage doit être considérée comme composée de leurs débris. Enfin, les Polypiers se montrent à deux reprises dans notre région, vers le milieu et dans le haut de l'étage; ils n'ont été reconnus dans le voisinage de Lons-le-Saunier que près de Briod et de Publy, où ils sont peu abondants, quoique d'espèces assez variées dans le niveau supérieur ; mais plus au N. ils prennent un développement plus considérable.

Je ne me suis guère préoccupé jusqu'à présent que de posséder les déterminations des Céphalopodes, des Brachiopodes et des Rayonnés de cet étage, les fossiles des autres classes étant souvent d'une détermination difficile et généralement de peu d'importance pour les questions de parallélisme.

Voici les espèces déterminées que j'ai recueillies dans l'étage entier. Elles sont au nombre de 57, et comprennent 1 Poisson, 12 Céphalopodes, 1 Gastéropode, 12 Lamellibranches, 14 Brachiopodes, 5 Échinodermes, 11 Polypiers et 1 Algue. Je possède en outre près d'une trentaine d'espèces non déterminées, comprenant une douzaine de Lamellibranches, et surtout des Bryozoaires, des Serpules et des Spongiaires. Des explorations suivies et dans un rayon plus étendu augmenteront certainement d'une manière très notable l'ensemble de cette faune.

Meristodon jurensis, Sauvage.

Belemnites brevifornis, Voltz.

— *Blainvillei*, Voltz.

— *sulcatus*, Miller.

— *giganteus*, Schl.

Nautilus cfr. *lineatus*, Sow.

Ammonites Murchisoni, Sow.

— *propinquans*, Bayle.

— *præradiatus*, Douv.

— *Zurcheri*, Douv.

— *Humphriesi*, Sow.

— *Blagdeni*, Sow.

— cfr. *Braikenridgi*, Sow.

Nerinea cfr. *jurensis*, d'Orb.

Pholadomya cfr. *Murchisoni*, Sow.

Panopæa cfr. *sinistra*, Ag.

Hinnites tuberculosus, Goldf.

Pecten articulatus, Schl.

Lima proboscidea, Sow.

— cfr. *punctata*, Sow.

— sp. nov. A.

— sp. nov. B.

— sp. nov. C.

Ostrea cfr. *obscura*.

— *Marshi*, Sow.

— cfr. *costata*, Sow.

Terebratula infra-oolithica, Desl.

— cfr. *Stephani*, Dav.

— *Faivrei*, Bayle.

— *ventricosa*, Ziet.

— *ovoïdes*, Sow.

— *globata*, Sow.

Zeilleria Waltoni. (Dav.)

Eudesia bessina (Desl.)

Rhynchonella subangulata, Dav.

— *subobsoleta*. Dav.

— cfr. *angulata*, Dav.

— *Garanti*, d'Orb.

— sp. nov., 1.

— *spinosa*, Schl.

Cidaris Pacomei, Cott.

Rhabdocidaris horrida (Munst).

Stomechinus sulcatus, Cott.

Pentacrinus bajocensis, d'Orb.

— *crista-galli*, Quenst.

Stylina solida, Mc Coy.

— *Ploti*, E. et H.

Isastrea salinensis, Koby.

— *dissimilis*, E. et H.

— *serialis*, E. et H.

— *Richardsoni*, E. et H.

Astrocœnia sp. nov.

Latomæandra Flemingi, E. et H. *Anabacia Bouchardi,* E. et H. *Thecosmilia gregarea,* M'. Coy. *Cancellophycus scoparius,* Th. *Cladophyllia Babeana,* d'Orb.

Puissance. — Les coupes de Messia et Courbouzon indiquent à l'O. de Lons-le-Saunier une puissance totale de 180 à 185 mètres, qui se réduirait à 172 m. à Montmorot ; celles de Conliège et Publy accusent au bord du plateau une épaisseur un peu plus forte, environ 195 à 199 mètres. La puissance moyenne du Bajocien au voisinage de Lons-le-Saunier est donc au moins de 185 mètres.

Limites. — Les limites attribuées à l'étage Bajocien dans ce travail sont celles qu'adoptent aujourd'hui la plupart des géologues français : à la base, l'oolithe ferrugineuse à *Ammonites opalinus* qui termine le Lias ; au sommet, la couche ordinairement marneuse à *Ostrea acuminata,* par laquelle débute le Bathonien.

EXAMEN DE LA LIMITE INFÉRIEURE. — Toutefois, plusieurs opinions sérieusement basées restent en présence relativement à la limite entre le Lias et le Bajocien, qui est diversement établie et placée à des hauteurs différentes selon les contrées, et des travaux assez récents sont venus appuyer un groupement très différent de celui que j'ai cru devoir suivre.

Sans nous arrêter à l'opinion de De la Bèche qui limitait le Lias à la base du Toarcien, ce qui est à peu près complètement abandonné aujourd'hui, rappelons tout d'abord que Léopold de Buch séparait le Lias du Bajocien par une ligne passant au-dessous des couches à *Ammonites opalinus.* Cette limite, adoptée ensuite par Thurmann et Gressly, appuyée surtout de l'autorité d'Oppel et popularisée par ses remarquables travaux, est encore généralement suivie en Allemagne. Selon ce mode de groupement des strates, le Grès superliasique de M. Marcou (1846 ; Marnes d'Aresches, de 1856), c'est-à-dire nos Marnes de l'Étoile à

Pentacrinus, et, par suite, tout notre Toarcien supérieur lédonien, se trouve rattaché au Bajocien. Notre éminent compatriote a fait voir en 1846 combien la faune et la pétrographie du Jura salinois s'opposaient à une telle délimitation (1), et j'ai déjà rappelé plus haut que c'est seulement en l'absence d'observations suffisantes que, tout en exprimant des préférences pour comprendre dans le Lias son Oolithe ferrugineuse elle-même, il a placé, provisoirement et sous des réserves expresses, la limite immédiatement au-dessous de l'Oolithe ferrugineuse à *Ammonites opalinus*.

Depuis les publications d'Oppel, M. Mayer-Eymar, en présence de la liaison intime qu'offrent dans certaines contrées les faunes des couches à *Ammonites opalinus* et de celles à *Am. Murchisoni*, a réuni ces couches pour en former un étage, intermédiaire entre le Toarcien et le Bajocien, qu'il a appelé étage *Aalénien*. Mais il réunit cet étage à l'Oolithe inférieure ou Dogger, de sorte que la limite supérieure du Lias reste la même que celle de L. de Buch.

Enfin, un géologue autrichien, M. Vacek, a publié récemment un important mémoire où il cherche à démontrer « qu'il a existé dans toute l'Europe un arrêt de la sédimentation après le dépôt des couches à *Ammonites Murchisoni* ». En conséquence, il place la limite inférieure du Bajocien *au-dessus* de ces couches, ainsi que l'avait déjà proposé Muenster en 1831. Mais de plus « il se prononce

(1) MARCOU. *Recherches géol. sur le Jura salinois*, p. 56 et 67. — En 1858 (*Lettres sur les Roches du Jura*, p. 186), M. Marcou insista sur ses objections de 1846, lorsque Oppel eut placé cette limite entre sa zone à *Ammonites jurensis* et sa zone de l'*Am. torulosus*. « Il n'est guère possible, lui écrivait-il, de trouver une séparation plus artificielle que celle-là ; rien ne la justifie, car il n'y a nulle part de séparation, ni pétrographique, ni orographique, ni même paléontologique entre ces couches ».

contre la division du Jurassique en trois sections, Lias,
Dogger et Malm ; il n'en voit que deux, le Lias et le Jurassique, bien distincts par leur extension et leurs faunes ».
Par suite, le travail de M. Vacek vient à l'appui de l'idée
de retrancher le Lias du Jurassique pour en faire un système spécial et distinct, de même valeur que le Jurassique
restant (1).

Les faits observés dans notre région ne paraissent permettre ni la distinction d'un étage Aalénien, avec M.
Mayer-Eymar, ni la fixation de la limite inférieure du
Bajocien à un autre niveau que celui qui a été adopté plus
haut.

En outre des différences pétrographiques très marquées
que l'on observe entre les couches inférieures et les couches supérieures au banc d'oolithe ferrugineuse à *Ammonites opalinus* dans nos environs, il existe entre leurs
faunes des différences considérables. Jusqu'à présent, je ne
puis citer que deux ou trois espèces communes : *Belemnites breviformis* et probablement *Terebratula infra-oolithica,* peut-être aussi *Lima punctata.* Quoique l'étude de
la partie tout à fait supérieure du Lias soit encore incomplète, la faunule du banc ferrugineux à *Ammonites opalinus* paraît elle-même se rattacher surtout à celle des
couches liasiques sous-jacentes. D'autre part, la série des
strates qui vient au-dessus et dont je forme le Bajocien
inférieur ne m'a fourni que l'*Ammonites Murchisoni,*
puis, dans le haut de cette assise, les *Am. propinquans* et
Am. præradiatus du niveau classique de l'*Ammonites
Sowerbyi,* et pourtant il s'y trouve des intercalations fer-

(1) Au sujet des diverses délimitations proposées entre le Lias et le
Bajocien, je puise de nombreux renseignements, et en particulier les
deux citations qui précèdent relatives à M. Vacek, dans les savants
articles publiés par M. Paul Choffat dans l'*Annuaire géologique universel* de M. le D' Dagincourt (1887, p. 278).

rugineuses, pétrographiquement plus ou moins analogues à la couche d'oolithe à *Ammonites opalinus*. On a vu d'ailleurs plus haut combien il est difficile de séparer nettement cette couche des strates inférieures, même pour une simple distinction de niveaux, du moment que le facies à oolithes ferrugineuses paraît vraiment avoir commencé plus tôt vers le S., selon l'opinion de M. Marcou. Il ne serait donc pas possible de placer sous le banc à *Ammonites opalinus* une coupure stratigraphique d'ordre plus élevé.

Par contre, immédiatement au-dessus de ce banc, vers la base des couches gréseuses à *Cancellophycus scoparius* et *Ammonites Murchisoni*, de Ronnay, on trouve des empreintes charbonneuses, des morceaux de bois fossile ferrugineux fortement aplatis, et peut-être jusqu'à des empreintes de plantes terrestres, Fougères ou Cycadées, le tout rappelant les débris végétaux de la base même du Toarcien. En ajoutant à ces faits le changement si marqué dans la nature des sédiments, qui deviennent gréseux, bientôt presque entièrement calcaires et où se développe déjà largement le facies oolithique, et tenant compte principalement des différences considérables de la faune, on voit que, dans notre région, tout annonce l'époque d'une modification importante et durable dans le régime de la mer. Il convient donc de placer une coupure stratigraphique assez importante sur ce point, de préférence à tout autre.

A partir de cette couche inférieure à *Cancellophycus scoparius* et *Ammonites Murchisoni*, la série de nos strates bajociennes comprend d'abord les zones classiques à *Ammonites Murchisoni*, puis à *Ammonites Sowerbyi* ; les 75 à 80 mètres de couches à *Ammonites Blagdeni* et *Am. Humphriesi* qui viennent ensuite comprennent à la base plus d'une trentaine de mètres à rognons de silex, à peu près sans fossiles, et laissant toute la marge nécessaire à l'intercalation d'une zone à *Ammonites Sauzei* qu'il ne m'a pas encore été possible de distinguer dans notre région; enfin, les couches supérieures, avec *Eudesia bessina*, peuvent parfaitement représenter la zone à *Ammonites Parkinsoni*. De la sorte, la série des cinq zones paléontologiques de l'époque bajocienne, rendues classiques par les travaux d'Oppel, peut être considérée comme se trouvant représentée tout entière, avec un développement considérable, dans notre région.

On remarque, il est vrai, dans cette série une répétition de surfaces taraudées, indiquant des alternatives de fonctionnement et de cessation de la sédimentation, au moins à quatre reprises différentes pendant le dépôt de l'étage. La première de ces surfaces se trouve dans la partie supérieure de l'assise de l'*Ammonites Murchisoni ;* mais cette Ammonite reparaît au-dessus où elle a même son niveau principal, et, par suite, l'interruption a dû être relativement très courte. Entre cette surface et les couches à silex du Bajocien moyen, on trouve ensuite un banc qui porte, en dessus, des sillons en forme de larges coups de gouge, que l'on pourrait peut-être attribuer à un ravinement subi par ce banc peu après son dépôt ; toutefois, ce fait, observable seulement à Conliège, n'est pas visible sur une assez grande surface pour permettre une conclusion précise, et d'ailleurs on ne remarque pas à Messia de phénomène caractéristique de cet ordre vers ce niveau. Au-dessus, on observe à deux reprises des lits durcis de fossiles triturés, dus sans doute à un ralentissement de la sédimentation. Mais en somme ces trois dernières surfaces sont bien moins caractéristiques que des surfaces taraudées.

Ces faits, joints aux différences que nous constaterons plus loin entre nos divers gisements dans l'épaisseur de certains niveaux de cette époque, plus réduits à Conliège, permettent de conclure à l'instabilité de la mer et à des conditions assez variées d'un point à un autre dans la

région lédonienne, vers la fin du dépôt des couches à
Ammonites Murchisoni. Mais cette instabilité n'est pas
spéciale à cette époque ; elle s'est manifestée fréquemment
dans cette contrée pendant le reste du dépôt du Jurassique
inférieur, et l'on ne remarque pas ici l'intensité des caractères de suspension de la sédimentation (surfaces taraudées, ravinées et couvertes de galets taraudés) que l'on
retrouve plus tard, surtout vers la fin de l'époque bathonienne.

Les diverses zones paléontologiques étant chacune largement représentées dans nos gisements (ou du moins pouvant être considérées comme telles) et offrant, au total,
une puissance considérable, on ne peut attribuer à chaque
interruption ou ralentissement de dépôt qu'une faible
durée. Rien n'autorise d'ailleurs à croire que les phénomènes de cet ordre aient eu plus d'importance dans les
derniers temps du Bajocien inférieur que dans la seconde
moitié de l'époque bajocienne : c'est plutôt le contraire.

En résumé, notre région ne paraît pas offrir de faits
spéciaux de cessation de la sédimentation à l'époque signalée par M. Vacek, et il ne me semble pas possible de
limiter le Bajocien de notre pays ainsi qu'il l'a proposé.

L'un des savants qui font le plus autorité à notre époque
sur les délicates questions de parallélisme, M. Neumayr,
avait d'ailleurs fait remarquer, dès 1887, que les faits invoqués par M. Vacek au sujet de l'arrêt de la sédimentation que ce dernier prétend exister dans toute l'Europe
à ce niveau, ne lui semblaient pas suffisamment démon-
trés (1).

Le désaccord qui subsiste entre les géologues des diverses
contrées au sujet de la simple délimitation d'étages à la
base du Bajocien suffit à montrer toute la difficulté que

(1) Voir dans l'*Annuaire géologique universel*, 1888, la revue par
M. Choffat, p. 220.

doit offrir l'établissement à ce niveau d'une limite séparant nettement le Lias de la série oolithique qui le suit,
pour faire du premier un groupe stratigraphique de même
valeur que toute celle-ci. L'étude de notre région laisse au
sujet de cette séparation une impression analogue. Dans la
série jurassique tout entière du Jura lédonien, l'ensemble
des faits conduit bien plutôt à placer une seule division
principale à la base de l'Oxfordien, ce qui paraît être le
temps de la plus grande extension des mers jurassiques en
Europe ; puis, dans la partie inférieure, ou Jurassique inférieur, une division moins caractérisée s'établit entre le
Lias et le Bajocien, à la limite indiquée plus haut.

EXAMEN DE LA LIMITE SUPÉRIEURE. — La limite supérieure
est très nette, en général, dans notre région, grâce à l'existence de la surface terminale taraudée qui porte la couche
marneuse à *Ostrea acuminata* par laquelle commence le
Bathonien. Néanmoins, il arrive parfois qu'une grande attention est nécessaire pour la reconnaître, ainsi qu'on en
verra plus loin des exemples (coupe de Publy), par suite
de la répétition des surfaces taraudées et des grandes variations de cette couche marneuse, qui est très réduite et
presque stérile par places et disparaît même plus à l'E.

Cette limite a été placée au même niveau par Pidancet,
en 1863, puis par le frère Ogérien, et enfin par M. Bertrand
et M. l'abbé Bourgeat.

Elle est un peu plus basse que celle que M. Marcou attribuait en 1856 à son Groupe du département du Doubs,
dans lequel il comprenait ses Marnes de Plasne, c'est-à-dire
les Marnes à *Ostrea acuminata*, ainsi que l'avait fait d'ailleurs Alcide d'Orbigny en établissant l'étage Bajocien.
Bonjour a suivi la même limite en 1863. Mais elle s'applique
moins facilement que la précédente dans notre région, où
les Marnes à *Ostrea acuminata* offrent un développement
et un facies très variables et où l'on passe parfois presque
insensiblement à l'oolithe bathonienne.

Par contre, dans la partie orientale du Jura lédonien, au voisinage de Champagnole et en particulier près de Syam et de Bourg-de-Sirod, on observe un faciès spécial des strates bathoniennes les plus inférieures, qui sont complètement calcaires et dont *Ostrea acuminata* paraît absent.

La limite que j'adopte est donc moins nette dans ce pays, et il pourrait, en conséquence, paraître préférable d'étendre le Bajocien jusqu'à l'apparition du niveau marneux à Térébratules et bivalves qui s'y trouve et dont je forme la base du Bathonien moyen; cette extension correspondrait justement au groupement adopté par M. Marcou. Toutefois il est possible encore, dans cette partie du Jura, de reconnaître la limite correspondante à la base des Marnes à *Ostrea acuminata* des environs de Lons-le-Saunier, grâce au changement de texture de la roche et à l'existence d'un premier banc bathonien criblé de bivalves (principalement *Trichites*, *Ostrea Marshi*, et petites Huîtres) avec *Aulacothyris* cfr. *carinata*, etc., et dont le parallélisme avec la couche bathonienne inférieure de Châtillon, Publy et Courbouzon ne me paraît pas douteux (1). En somme, il paraît plus avantageux de placer la limite au-dessous des Marnes à *Ostrea acuminata*.

Variations de faciès. — L'étage Bajocien de la région lédonienne présente, sur l'épaisseur considérable d'environ 185 mètres, des variations plus importantes encore, dans les faunules successives et la composition des strates, que chacun des étages du Lias. De plus, on constate, d'une localité à l'autre et parfois même sur des points très rapprochés, des différences horizontales, ou variations de faciès, qui ne sont pas moins considérables. Comme les différences dans le sens vertical, ces dernières variations sont principalement caractérisées, soit par la présence de nombreux

(1) On trouvera plus loin des détails sur ce point, dans la description du Bathonien, qui sera étudié de l'O. à l'E. du Jura lédonien.

rognons de silex, d'oolithes ferrugineuses ou de bancs marneux à bivalves, soit par l'existence de calcaires oolithiques ou de calcaires spathiques à débris de Crinoïdes, ou bien encore par des gisements de Polypiers ou des bancs criblés de Brachiopodes.

Par suite, on peut distinguer dans cet étage une série d'états ou facies locaux synchroniques, dont les principales particularités seront indiquées plus loin dans l'étude des assises et des niveaux. Il importe seulement de signaler dès à présent le grand développement, dans la partie inférieure, de calcaires oolithiques à rognons de silex (Conliège), qui correspondent à des calcaires oolithiques et spathiques (Messia) ; l'absence de Polypiers, Térébratules et Ammonites dans la partie moyenne à Messia, et surtout l'existence à la partie supérieure de l'étage de deux facies très distincts, celui de l'oolithe blanchâtre à Polypiers, de Publy, avec calcaires grenus à *Eudesia bessina* à la base, et le facies des calcaires grossièrement spathiques à Crinoïdes, de Messia et Courbouzon.

En outre, on peut s'attendre à rencontrer sur d'autres points de la région lédonienne des variations plus considérables encore, dues au développement de véritables îlots de Polypiers, comme celui de 8 à 10 mètres d'épaisseur sur une quarantaine de mètres de diamètre que M. l'abbé Bourgeat signale entre les fermes de la Doye et le village de Lamarre (1). Je regrette de n'avoir pas encore pu pousser mes observations de détail jusqu'à cette localité et aux autres points de la région lédonienne dont ce savant géologue a publié les coupes.

Subdivisions. — En présence du grand développement et des variations de facies du Bajocien de la région lédonienne, il est fort désirable, pour en faciliter l'étude, d'éta-

(1) Abbé BOURGEAT. *Recherches sur les formations coralligènes dans le Jura méridional*, p. 32.

blir une subdivision en assises et niveaux nettement caractérisés. Mais la rareté des horizons fossilifères et les variations pétrographiques rendent le groupement des strates
d'autant plus délicat que mon étude de détail porte seulement sur une région restreinte. Toutefois, la présence de
quelques Ammonites localisées à des hauteurs différentes,
puis l'apparition de Brachiopodes spéciaux permettent de
reconnaître la succession des zones paléontologiques qui
ont été distinguées dans les contrées ordinairement prises
pour type de l'étage Bajocien. En considérant, de plus,
l'existence de puissantes couches à rognons de silex, celle
de deux niveaux bien distincts à Polypiers, ainsi que l'intercalation de surfaces nettement taraudées, on arrive à
établir une division en trois assises, d'une distinction facile,
qui pourront se retrouver dans les alentours de notre région,
tout en concordant avec les principales divisions reconnues
dans les autres contrées.

Une première assise est indiquée par la présence
d'*Ammonites Murchisoni*, qui se montre dès les premières
couches de l'étage, dans les bancs à *Cancellophycus
scoparius*, et se retrouve beaucoup plus haut, dans les premiers bancs marneux à Bryozoaires, auxquels succèdent des
couches à *Ammonites Sowerbyi*, avec *A.præradiatus*, *A.Broc-
chi*, etc. La couche moyenne à rognons de silex qui vient
au-dessus et les calcaires suivants où se trouvent des bancs
à Brachiopodes avec *Ammonites Blagdeni* et *A. Humphriesi*,
parfois en compagnie de Polypiers siliceux, constituent une
seconde division principale parfaitement caractérisée. Enfin,
la partie supérieure de l'étage, avec son oolithe blanchâtre à
Polypiers et Nérinées, forme une assise supérieure, séparée
de la précédente par une surface fortement taraudée qui se
retrouve sur tous les points étudiés et sur laquelle j'ai recueilli, à Publy, de nombreux *Eudesia bessina*. Cette espèce
si rare, découverte par Eudes Deslongchamps à Sainte-Ho-
norine-des-Perthes, près de Port-en-Bessin (Calvados), dans

l'Oolithe blanche qui forme la division supérieure du Bajocien de Normandie, vient fort à point appuyer la proposition d'établir une coupure stratigraphique au niveau de la surface taraudée qui la porte, d'autant mieux que *Terebratula globata* fait également ici sa première apparition en sa compagnie, comme en Normandie.

On obtient ainsi les trois assises suivantes :

I.— Assise de l'*Ammonites Murchisoni* et de l'*Am. Sowerbyi*, ou Calcaire lédonien (1).

II. — Assise des *Ammonites Blagdeni* et *A. Humphriesi*.

III.— Assise de l'*Eudesia bessina*.

Points d'étude et coupes. — Les escarpements des environs de Lons-le-Saunier et spécialement ceux des bords du premier plateau offrent, sur une foule de points, des coupes

(1) Dans la dénomination des assises et des niveaux, je n'ai pas cru devoir conserver l'expression *Calcaire à Entroques*, bien qu'elle ait été fréquemment employée et en particulier par divers auteurs jurassiens. Déjà en 1846, en créant le terme de « calcaire lédonien », M. Marcou a fait remarquer que « la distribution de ce calcaire à Entroques est trop variable pour permettre qu'on le regarde comme caractérisant un niveau général » (voir *Jura salinois*, p. 71). Le *calcaire à Entroques* (calcaire spathique ou calcaire à Crinoïdes) est un *facies*, fort étendu il est vrai, mais qui se retrouve à des niveaux différents et qui, dans la région lédonienne, est tout spécialement développé dans la *moitié supérieure* de l'étage, tandis que, dans les environs de Besançon, il en occupe la partie *inférieure*. Aussi l'emploi de cette désignation de facies comme nom d'assise expose à des erreurs de parallélisme, ainsi qu'il est arrivé pour le Jura, où l'on a parfois attribué à une division du « Calcaire à Entroque » faisant partie du Bajocien inférieur, des calcaires fortement spathiques des couches supérieures de l'étage, tels que ceux des carrières de St-Maur et Crançot (Ogérien, 1867, p. 715). En conséquence, il m'a paru nécessaire de faire disparaître, dans ce travail, le terme *Calcaire à Entroques* de la nomenclature en tant que nom de groupe stratigraphique, et, de plus, afin d'éviter toute équivoque, autant que pour être plus exact, j'ai cru devoir aussi remplacer cette expression dans les descriptions de roches par celles de calcaire spathique et calcaire à Crinoïdes.

partielles du Bajocien. Mais nulle part on n'en trouve une
série naturelle complète, observable dans de bonnes conditions. Les difficultés d'étude sont rendues plus considérables
encore par la rareté des niveaux fossilifères et surtout les
grandes variations de composition pétrographique. Aussi
la remarque faite par M. Marcou, en 1856, que de longues
recherches étaient encore nécessaires pour son groupe du
Calcaire lédonien, pouvait-elle s'appliquer à l'ensemble de
l'étage : sa composition générale précise dans notre région
n'était pas mieux connue que sa puissance, évaluée par
Bonjour à 38 mètres (1), tandis que le frère Ogérien lui
attribuait seulement 57 m. dans sa coupe de Pannessières,
et pensait que dans les parties basses du Jura il pouvait
à peine atteindre 100 mètres (2).

Les vastes carrières de nos environs et l'exécution du
chemin de fer de la Montagne m'ont permis de relever des
coupes détaillées, plus ou moins complètes, et de reconnaître l'existence et la position exacte de plusieurs niveaux
fossilifères, ainsi que celles de surfaces taraudées qui
peuvent être prises pour points de repère dans la série des
strates. De la sorte, et grâce à ces gisements que n'avaient
pas à leur disposition nos anciens observateurs, il est
possible d'établir à présent avec une assez grande précision
la composition générale du Bajocien au voisinage de
Lons-le-Saunier, d'y reconnaître plusieurs assises distinctes
et de signaler les principales variations qu'elles présentent.

Les grandes carrières de la Côte du Tartre, près du
cimetière de Messia, offrent la série à très peu près
complète de l'étage, à partir de l'Oolithe ferrugineuse à
Ammonites opalinus, sauf une légère interruption à la
base et une autre dans le milieu des couches moyennes à
silex, ainsi que de l'incertitude sur les couches du sommet.

(1) *Géologie stratigraphique du Jura*, p. 13 et 15.
(2) *Géologie*, p. 693 et 724.

Les carrières de Courbouzon, dans la Côte de Grandchamp, près du passage à niveau de la ligne de Bourg, à Messia, présentent une belle coupe de toute la partie supérieure, sans interruption, sur 85 mètres d'épaisseur à partir des couches moyennes à silex, avec plusieurs niveaux fossilifères suffisamment riches et une magnifique surface taraudée à la base de l'assise supérieure. Le sommet de l'étage se voit en détail, sur 36 mètres seulement, avec intercalation de plusieurs surfaces taraudées et d'un intéressant niveau fossilifère à bivalves, dans les grandes carrières de Montmorot, au bord méridional de la route de Courlans.

L'observation sur divers points des bords du premier plateau, entre la gare de Conliège et le sommet au-dessus de l'ermitage, mais surtout entre Conliège et Briod, permet d'établir une série bajocienne, à fort peu près continue, de plus de 110 mètres d'épaisseur à partir de la base de l'étage. De plus, les tranchées du chemin de fer entre Conliège et la gare de Publy, surtout près de celle-ci, offrent diverses coupes partielles dont le raccordement entre elles et avec les précédentes permet d'établir une coupe générale de l'étage sur ce point, où il atteint au moins 195 mètres d'épaisseur.

Les couches marneuses à Bryozoaires du Bajocien inférieur sont encore visibles dans une petite carrière de Montmorot, au N. de la route de Courlans, où j'ai recueilli un certain nombre de fossiles. Ce gisement a fourni le second exemplaire connu d'un Oursin, le *Stomechinus sulcatus*, Cott., ainsi que des *Ammonites Murchisoni*, etc.

On trouvera plus loin les coupes des localités que je viens de citer, ainsi que la coupe de Grusse qui donne seulement la partie inférieure de l'étage. On a de plus pour cette partie les coupes de Ronnay et de Montaigu, rapportées précédemment (p. 179 et p. 147).

Dans le relevé de toutes ces coupes, les épaisseurs ont été mesurées soit au double mètre, surtout pour les couches

redressées plus ou moins verticalement dans les carrières
et les tranchées, soit au niveau à perpendicule et au baromètre orométrique pour les bords du plateau, où les strates
sont à peu près horizontales : ces deux derniers procédés
se vérifiant mutuellement.

Bien d'autres points peuvent offrir d'intéressants sujets
d'observation, par exemple le bord du chemin qui monte
sur la côte de Montciel, l'extrémité méridionale de la côte
de Mancy, près de Macornay, où les couches moyennes
présentent un facies particulier et fournissent bon nombre
de Brachiopodes, etc., le bord du chemin de Vincelles à
Grusse, mais surtout différents points de la vallée de Baume,
principalement sur le bord du chemin de cette localité à
Crançot, dans la vallée de Blois, près de Château-Chalon,
etc., etc.

Le frère Ogérien a donné une « Coupe à partir du dessus des roches de Baume à Pannessières » (1), où il attribue
au Bajocien et au Bathonien réunis une épaisseur totale
de 110m50, dont 57 m. pour le premier de ces étages. Je
ne vois pas la possibilité de relever avec quelque exactitude
une coupe sur ce point, et je ne sais même où une telle
série a pu être observée. En tous cas, les épaisseurs beaucoup trop faibles qu'elle présente ne permettent pas de la
prendre en considération.

Les localités où se trouvent des îlots de Polypiers sont
au nombre des plus intéressantes à étudier. M. Jules Marcou,
qui a signalé, en 1846, l'existence de constructions coralligènes dans le Bajocien du Jura, en avait reconnu la présence non seulement aux alentours de Salins (récifs du
fort St-André, etc.), mais aussi dans le « voisinage de Poligny et de Conliège » (2). Depuis lors, Bonjour, en 1863,

(1) *Hist. nat. du Jura. Géologie*, p. 693.
(2) *Recherches géol. dans le Jura salinois*, p. 72, et surtout p. 80,
dans la liste de fossiles, pour les mentions de localités. M. Marcou in-

en a signalé des gisements dans le Jura lédonien au Fied, à Chamole et à Bourg-de-Sirod (1). Ensuite, le frère Ogérien a indiqué « pour une étude facile et fructueuse » de sa « zone des Calcaires à Polypiers », les points suivants : « sur le premier plateau, au-dessus de Fontenailles et au cimetière de St-Etienne-de-Coldres, près Conliège, les vallées de Baume, de St-Aldegrin et de Ladoye, Pannessières, Picarreau, le Fied, Lamarre, Plasne, Chamole, où l'on trouve de magnifiques îlots de Polypiers », puis Bourg-de-Sirod, ainsi que d'autres localités en dehors de notre région (2). Mais il ne s'en suit pas nécessairement qu'il ait observé des Polypiers dans toutes ces localités. Je n'en connais pas de gisements à Pannessières.

A l'occasion de ses études sur les formations coralligènes du Jura méridional, M. l'abbé Bourgeat s'est occupé du Bajocien, et il a publié en 1887 six coupes de cet étage, relevées sur les principaux points où il y avait rencontré des Polypiers. Sur ce nombre, on remarque, dans le N. de la région lédonienne, celles du Fied et de Chamole; au N. de notre région, celle de Molamboz, et au S.-E. celle de Prénovel (3). Je n'ai pu visiter ces localités, et le peu de niveaux fossilifères bien caractérisés mentionnés dans ces coupes, ainsi que les différences très considérables des épaisseurs qu'elles indiquent (37 m. au Fied, 40 m. à Molamboz, 62 m. à Chamole et à Prénovel), comparativement à celles que j'ai reconnues aux environs de Lons-le-Saunier, ne me permettent pas d'essayer une comparaison de détail avec mes propres coupes du Bajocien. Remarquons seulement

dique au voisinage de Conliège son *Agaricia salinensis*, provenant selon toute probabilité des carrières de Conliège, près de Briod, dans le niveau inférieur à Polypiers.

(1) *Géologie stratigraphique du Jura*, p. 15.

(2) *Géologie*, p. 712.

(3) *Recherches sur les formations coralligènes du Jura méridional*, p. 27-28.

ici que M. l'abbé Bourgeat signale des couches inférieures à *Ammonites Murchisoni* au Fied, à Chamole et à Prénovel, et que les Polypiers qu'il indique au sommet de l'étage, dans les deux premières localités, appartiennent, par suite, au niveau supérieur à Polypiers de Publy, tandis que ceux de Prénovel, signalés vers une trentaine de mètres du sommet, doivent très probablement être attribués à un niveau inférieur. Notre savant compatriote a encore indiqué des Polypiers dans notre région ou dans son voisinage immédiat, près de Mouchard, dans le voisinage de Mantry, de Quintigny et de l'Étoile, sur le chemin de la Doye à Crançot, et près de Syam ; « mais, ajoute-t-il, j'en ai vainement cherché à Picarreau, aux Faisses, à Nogna, dans les carrières de Saint-Maur... » (1).

En résumé, les coupes totalement inédites que je rapporte dans ce travail fournissent la connaissance de deux séries complètes du Bajocien, l'une à l'O. de Lons-le-Saunier et l'autre à l'E., séparées par une distance moyenne d'environ 7 kilomètres.

Il serait indispensable de relever avec soin de nombreuses coupes de cet étage, surtout au N., au S. et à l'E. de cette ville, afin de poursuivre, dans une région plus étendue que je n'ai pu le faire jusqu'ici, l'étude intéressante des variations de facies qu'il subit.

L'étude détaillée des affleurements bajociens situés au voisinage de Champagnole, près de Syam et de Bourg-de-Sirod et sur les bords de la vallée des Nans, serait particulièrement utile pour montrer les variations de l'étage de l'O. à l'E. En attendant qu'une description suffisante en soit donnée, on trouvera plus loin quelques indications sur la partie supérieure de l'étage dans ce pays, et en particulier sur le récif de Polypiers de Bourg-de-Sirod qui, jusqu'à présent, a seulement été l'objet de simples mentions.

(1) Loc. cit., p. 26.

RACCORDEMENT DES COUPES. — La coupe de Messia, qui donne la série presque entière du Bajocien, est défectueuse au sommet, où les calcaires sont fortement broyés et tourmentés, peut-être en partie enlevés, et la surface supérieure non visible. A Courbouzon, au contraire, c'est la partie inférieure de l'étage qui n'est pas observable, de sorte que ces deux coupes voisines doivent se compléter l'une par l'autre, et ne peuvent guère être comparées que sur la plus grande partie de la moitié supérieure de l'étage. Mais bien que ces deux gisements ne soient guère distants que d'un kilomètre, on constate qu'ils offrent dans cette partie des différences assez notables, qui rendent le raccordement moins facile au premier abord. C'est ainsi que l'on trouve à Courbouzon, au-dessus des couches moyennes à rognons de silex, plusieurs niveaux fossilifères à *Ammonites Humphriesi* et Brachiopodes que j'ai vainement cherchés à Messia, où ces fossiles ne paraissent pas s'être déposés. Toutefois, à raison du voisinage de ces deux localités, il est permis de penser que le dépôt considérable de silice qui s'est effectué vers le milieu de l'époque bajocienne et d'où sont résultées les couches moyennes à rognons de silex, n'a pas dû cesser sensiblement plus tôt dans l'une que dans l'autre. Pour cette raison, le raccordement de ces coupes est fait au sommet de ces couches moyennes à rognons de silex, et il est justifié par la correspondance qui s'établit, à fort peu près, vers 57 mètres au-dessus de ce niveau, entre deux surfaces fortement taraudées. En opérant ainsi, il manquerait à la coupe de Messia 8 à 10 mètres au sommet, soit qu'il y ait eu différence d'activité de la sédimentation ou qu'une certaine érosion à la fin de l'époque bajocienne ait été plus intense sur ce point, soit plutôt que les froissements du Bajocien supérieur dans cette localité en aient fait disparaître les couches tout à fait supérieures ou masquent simplement l'épaisseur réelle.

La coupe de Montmorot se raccorde aux précédentes à

la grande surface taraudée, base du Bajocien supérieur, ce que vient justifier la concordance des épaisseurs qui s'établit, à fort peu près, depuis cette surface au banc à grains ferrugineux du niveau de l'*Ammonites Sowerbyi*, dans cette localité et à Messia. Mais le Bajocien supérieur ainsi limité diffère sensiblement par le détail de celui des deux autres localités, comme on le verra plus loin, et aussi par une épaisseur un peu plus faible qu'à Courbouzon. On peut donc croire que la diminution d'épaisseur qui se remarque à Messia, selon le parallélisme proposé ci-dessus, est réelle pour une certaine partie, et ne résulte pas uniquement du froissement des couches.

Le raccord des coupes de Messia, Courbouzon et Montmorot constitue, pour la région à l'O. de Lons-le-Saunier, une série bajocienne complète, d'environ 180 mètres de puissance, à peu près entièrement observable dans de bonnes conditions.

A l'E. de cette ville, les coupes de Conliège et de Publy donnent une série d'épaisseur peu différente (environ 195 mètres), mais dont la partie supérieure, obtenue par le raccordement de plusieurs coupes partielles, n'offre pas tout à fait autant de précision que la précédente.

En comparant les deux séries, on constate bientôt des différences assez marquées, dues principalement à l'extension plus considérable à Conliège du faciès à rognons de silex, surtout dans la moitié inférieure, et à l'existence, dans la moitié supérieure, de deux niveaux à Polypiers. Heureusement on y reconnaît l'existence d'un niveau à Bryozoaires avec *Ammonites Murchisoni*, comme à Messia ; puis un niveau à bivalves, qui m'a fourni à Conliège les *Ammonites Sowerbyi* et *A. præradiatus,* est suivi, dans les deux localités, d'un banc fossilifère à *Ammonites Brocchi, Am. adicrus,* etc., avec nodules phosphatés, situé à la base des couches moyennes à rognons de silex. Au-dessus de celles-ci, on trouve ensuite, à Conliège comme à Courbouzon, un niveau très fossilifère, à nombreux Brachiopodes, qui renferme les *Ammonites Blagdeni* et *Am. Humphriesi*, et contient en outre des Polypiers siliceux dans la première de ces localités. La succession de ces niveaux à Ammonites permet de vérifier sûrement le parallélisme de détail pour plus de 110 mètres de cette seconde série.

D'autre part, le parallélisme des couches oolithiques supérieures à Polypiers de la tranchée de Publy avec les calcaires spathiques à Crinoïdes supérieurs de Courbouzon s'établit très facilement à partir du sommet de l'étage, où l'on observe dans les deux localités la couche marneuse inférieure du Bathonien, à *Ostrea acuminata*, *Homomya gibbosa*, etc. Il reste seulement à reconnaître la position stratigraphique exacte des couches intermédiaires de Publy où se trouve *Eudesia bessina*, avec *Terebratula globata*. Pour les raisons qui seront exposées plus loin, dans le détail des coupes, et qui sont tirées de la série observée dans les tranchées du tunnel supérieur de Revigny, la surface taraudée qui porte ces 2 espèces m'a paru devoir être raccordée à la grande surface taraudée de Courbouzon, prise pour limite entre le Bajocien moyen et le Bajocien supérieur. La série de Publy offre au-dessous, il est vrai, une autre surface taraudée portant une couche marneuse, presque sans fossiles, dont je n'ai pas reconnu l'existence dans la coupe de Courbouzon. Toutefois, le parallélisme que j'ai adopté pour la petite série intermédiaire, où se trouve *Eudesia bessina* me paraît tout à fait probable.

OBSERVATIONS SUR LES MODIFICATIONS DES SURFACES TARAUDÉES, SOUS L'ACTION DES PHÉNOMÈNES OROGÉNIQUES. — Dans la carrière de Montmorot, où les couches sont presque verticales, la grande surface taraudée prise pour base du Bajocien supérieur présente ordinairement un poli et des stries de frottement très caractérisés, où l'on remarque parfois des stries plus profondes qui rappellent celles des cailloux impressionnés tertiaires. Les trous de lithophages ont plus ou moins complètement disparu sur de très grandes étendues, par suite de l'usure résultant du frottement de la couche supérieure ; mais on en retrouve de fort nets par places, et d'ailleurs les Huîtres plates soudées, souvent si caractéristiques des surfaces taraudées, n'y sont pas rares, quoique fréquemment elles aient aussi été enlevées ou considérablement altérées par la même action mécanique. Dans les carrières de Messia et de Courbouzon, où les couches sont aussi très fortement inclinées, on observe de même que des surfaces taraudées offrent des stries de frottement, et, dans la première localité, les trous de lithophages sont même devenus difficilement observables d'ordinaire, par l'usure ou la déformation de la surface.

Lorsqu'on examine ces mêmes surfaces taraudées bajociennes sur des points où elles n'ont pas été exposées à des actions mécaniques intenses postérieures à leur formation, par exemple, dans les tranchées de Publy, où elles sont peu inclinées et même protégées par un niveau marneux, on les trouve remarquablement lisses. On conçoit donc que, même en l'absence des couches marneuses qui auraient facilité le glissement de ces surfaces, leur régularité en a fait autant de points où les strates en contact ont glissé l'une sur l'autre, lors des phénomènes orogéniques qui ont redressé plus ou moins verticalement des massifs considérables du Jurassique, au bord de la Bresse.

Les surfaces taraudées du Bajocien de notre région ayant été ainsi parfois des niveaux de glissement, la présence du poli et des stries de frottement peut guider pour la recherche et la reconnaissance, dans les massifs plus ou moins disloqués de cet étage, de celles de ces surfaces où je place des coupures stratigraphiques.

Certaines surfaces de glissement que l'on observe dans nos carrières sont très intéressantes à un autre point de vue. La diversité de leurs stries, tantôt rectilignes et suivant diverses directions, tantôt fortement arquées et rappelant en quelque façon l'aspect du *Cancellophicus scoparius*, montre, en effet, la complexité des mouvements imprimés à ces puissantes masses calcaires par les efforts orogéniques. On y reconnaît facilement, par exemple, qu'en outre du glissement selon le sens du plissement des couches, il y a eu glissement de translation dans un sens plus ou moins perpendiculaire au premier, ou encore combinaison des deux directions simultanées. De là, des stries rectilignes de directions diverses, et aussi, dans le dernier cas, des groupes de stries courbes à la façon de coups de balai demi-circulaires.

Ces faits accusent des actions successives diverses. Elles pourraient parfaitement faire partie d'une même série de phénomènes orogéniques. Mais il est d'ailleurs permis de penser que ces masses ont joué l'une sur l'autre à plusieurs reprises, d'abord vers les premiers temps de l'ère Tertiaire, lorsque les massifs de Jurassique du bord oriental de la Bresse ont commencé à prendre une inclinaison analogue à celle qu'ils offrent à présent, puis à chacun des grands mouvements qui se sont produits depuis lors et ont, en somme, considérablement augmenté cette inclinaison (1). Les grandes surfaces à stries de frottement nous conservent ainsi la trace d'impulsions diverses que notre région a subies lors de la formation de la chaîne du Jura.

(1) Ce relèvement en plusieurs temps successifs de portions du Jurassique de notre région est bien visible à Grusse, grâce à la superposition dans cette localité d'une formation tertiaire de l'époque oligocène sur le Bathonien, qui se trouvait alors beaucoup moins incliné vers l'E. qu'à présent. (Voir : L.-A. GIRARDOT et M. BUCHIN, *Découverte du gisement à végétaux tertiaires de Grusse*, 1887).

I. — BAJOCIEN INFÉRIEUR.

ASSISE DE L'AMMONITES MURCHISONI
& DE L'AMMONITES SOWERBYI,
ou CALCAIRE LÉDONIEN.

Synonymie.

Calcaire lédonien et partie supérieure de l'*Oolithe ferrugineuse.*
Marcou, 1846.
Calcaire de la Rochepourrie et partie supérieure du *Fer de la Roche-*
pourrie. Marcou, 1856.
Calcaire lédonien (en partie) avec les couches supérieure de l'*Oolithe*
ferrugineuse. Bonjour, 1863.
Lédonien. Pidancet, 1863.
Calcaire siliceux à Ammonites Murchisoni et *Calcaire à entroques*
(en partie selon les localités). Ogérien, 1867 (1).

Caractères généraux. — Le Bajocien inférieur comprend
les couches marno-gréseuses, micacées et à rognons calcaro-gréseux, avec *Ammonites Murchisoni* et *Cancellophy-*
cus scoparius, par lesquelles débute l'étage, puis un massif
de calcaire oolithique ou spathique (surtout dans le haut),
et parfois ferrugineux vers la base, qui renferme des rognons
de silex d'une abondance variable, tantôt sur quelques mètres dans le bas seulement (Messia et Grusse), tantôt jusqu'au
dessus du milieu de l'assise (Conliège). Ce massif passe plus
ou moins brusquement, avec intercalation de surfaces cor-
rodées et taraudées, à une alternance variable de marnes
noires, en bancs peu réguliers, et de calcaires parfois gré-

(1) Toute cette synonymie est seulement approximative pour la limite supérieure. — Le frère Ogérien cite son *Calcaire à entroques*
« entre Champagnole et la Billode » (Géologie, p. 715) où affleure
seulement l'étage Bathonien, avec les couches supérieures du Bajocien
près de Syam.

seux ou marneux, souvent imprégnés d'oxyde de fer et pétris de bivalves, dans laquelle on retrouve encore *Ammonites Murchisoni*, et que termine un banc à nombreux bivalves et à surface irrégulière.

Au-dessus, viennent 10 à 11 mètres de calcaires variables, grenus ou à petits débris spathiques, et souvent très riches en bivalves, qui alternent avec des lits de marne plus ou moins fréquents. Dans la partie inférieure, où ils sont un peu marneux, ces calcaires contiennent quelques silex et parfois des nodules phosphatés à la base, et ils renferment *Ammonites Sowerbyi* et *A. præradiatus*. Dans le haut, ils offrent par places un banc à grains ferrugineux, et se terminent par une surface irrégulière qui paraît taraudée à Conliège. Sur celle-ci, on observe dans cette localité ainsi qu'à Messia, un banc calcaire, de structure et d'épaisseur très variables, parfois subdivisé et avec lits marneux dans le bas, souvent chargé d'oxyde de fer en rognons ou en nombreuses petites oolithes, surtout dans la partie inférieure, et contenant aussi du phosphate de chaux, à l'état de nodules et de moules de fossiles. Certaines parties sont fréquemment criblées de bivalves, principalement des Pleuromyes avec *Lima proboscidea*, et l'on y recueille en outre *Ammonites propinquans*, *A. adicrus*, *A. Brocchi*, *A. Freycinetti*, etc. Ce banc termine l'assise ; mais à l'extrémité N. du gisement de Messia il se réduit au point de disparaître plus ou moins complètement.

Sous le rapport pétrographique, cette assise est principalement caractérisée par la présence de matières ferrugineuses, amorphes ou bien oolithiques, qui se montrent parfois à trois ou quatre reprises, depuis la partie inférieure jusqu'au sommet, surtout à Messia, et en outre par l'existence des rognons de silex, et même celle de géodes gypsifères dans la partie moyenne (Conliège), ainsi que par la réapparition, dans la partie supérieure, de nodules et fossiles phosphatés, comme il s'en trouve dans le Lias de notre région.

FOSSILES. — Grâce aux couches marneuses et surtout à celles de la partie supérieure, qui renferme une faune assez riche, le Bajocien inférieur de notre région fournit de nombreux fossiles, trop souvent, il est vrai, d'une mauvaise conservation. Les Céphalopodes sont peu abondants. Les espèces les plus fréquentes sont des Lamellibranches, et en particulier des Huîtres, Limes et Pectens, ainsi que des Bryozoaires, des débris d'Échinodermes et des Spongiaires. On remarque surtout plusieurs espèces de *Lima* qui paraissent spéciales à la partie supérieure de l'assise, où elles sont très abondantes, et que M. de Loriol, à qui j'ai eu l'avantage de les soumettre, considère comme nouvelles ; je les désigne provisoirement par les lettres A, B, C, afin de pouvoir indiquer dans les coupes leur niveau exact.

Voici les principaux fossiles que j'ai recueillis dans cette assise ; ils comprennent 46 espèces déterminées.

Ichtyosaurus sp., 1.
Crustacé (pince de Macroure)
Crustacé (plaque de Cirrhipède), 1
Belemnites breviformis, Voltz, 3.
— *Blainvillei*, Voltz, 3.
— cfr. *giganteus*, Schl.
Nautilus lineatus, Sow.
Ammonites Murchisoni, Sow., 2.
— *Sowerbyi*, Miller, 1.
— *propinquans*, Bayle, 1
— *præradiatus*, Douv., 1
— *Zurcheri*, Douv., 1.
— sp. nov.
— *adicrus*, Waagen.
— *Brocchi*, Sow.
— *Freycineti*, Bayle.
— (*Sphæroceras*) sp., 1.
Pleurotomaria cfr. *Ebrayi*, d'Orb.
Pleurotomaria aff. *pictaviensis*, d'Orb.

Pholadomya cfr. *Murchisoni*, Sow.
— *fidicula*, Sow.
Pleuromya sp.
Ceromya sp.
Arca sp.
Trigonia costata, Park.
Pinna sp.
Trichites sp.
Avicula sp.
Pecten articulatus, Schl., 5.
— *pumilus*, Lam., 2.
— cfr. *demissus*, Bean.
— *lens*, Sow.
Lima proboscidea, Sow. 4.
— cfr. *punctata*, Sow.
— cfr. *duplicata*, Sow.
— sp. nov. A, 5.
— sp. nov. B, 4.
— sp. nov. C, 4.
Ostrea Marshi, Sow., 4.

15

Ostrea cfr. *obscura*, Sow.

— cfr. *costata*, Sow.

— sp.

Terebratula infra - oolithica, Desl., 1.

Terebratula cfr. *Stephani*, Dav. 1.

— cfr. *Faivrei*, Bayle, 1.

Rhynchonella subangulata, D. 2

— *subobsoleta*, Dav. 1

— *spinosa*, Schl., 3.

Bryozoaires, 5.

Echinobrissus sp., 1.

Cidaris Lorteti, Cott. 2.

— *Pacomei*, Cott., 2.

— cfr. *spinulosa*, Rœ.

— *Zschokkei*, Des., 5.

Rhabdocidaris horrida (Munst.), 4

Stomechinus sulcatus, Cott., 1.

Pentacrinus cfr. *bajocensis*, d'Orb.

— *crista-galli*, Quenst.

Serpula sp., 3.

Spongiaires, 4.

Cancellophycus scoparius, (Thioll.), 3.

PUISSANCE. — A Messia, le Bajocien inférieur mesure, à très peu près, 60 mètres. A Conliège, on ne peut lui attribuer moins de 80 mètres.

LIMITES. — La limite inférieure de cette assise, formée par la surface de l'Oolithe ferrugineuse à *Ammonites opalinus,* est des plus facilement reconnaissables. Mais cette oolithe offrant un développement variable dans notre région, il est nécessaire d'étudier attentivement le passage de l'un à l'autre étage dans chaque localité. Je n'ai pu encore l'observer qu'à Ronnay et à Grusse ; car la végétation ou les éboulis recouvrent ordinairement l'Oolithe ferrugineuse et les premières strates qui la surmontent. La présence dans ces dernières, à Ronnay, d'espèces telles que *Belemnites Blainvillei,* avec du bois fossile et peut-être aussi des empreintes de plantes terrestres, et en même temps celle du *Cancellophycus scoparius* que l'on rencontre à la base du Bajocien dans tout le Jura méridional (1), permettent

(1) Je dois à M. Attale RICHE d'avoir attiré mon attention sur la probabilité de l'existence à ce niveau, dans les environs de Lons-le-Saunier, de cette Algue qu'il avait constamment rencontrée plus au S., et j'en ai ensuite constaté la présence à Conliège et à Ronnay. Depuis lors, M. Riche a fait connaître la grande extension de cette espèce dans tout le Jura méridional, dans sa *Note sur le Système oolithique inférieur du Jura méridional* (Bulletin Société géol. de France, 3e série, t. XVIII, p. 109, 1889).

de considérer cette localité comme un bon type, au point de vue de la délimitation des deux étages. A Grusse, les premières couches que j'attribue au Bajocien et qui surmontent immédiatement aussi l'Oolithe ferrugineuse, sont plus marneuses, de couleur plus claire, moins micacées et moins chargées de lits de rognons ; le bois fossile est absent et je n'y ai pas remarqué les traces du *Cancellophycus scoparius*. Mais *Belemnites Blainvillei* n'y est pas rare et appuie le parallélisme que j'ai admis. On retrouve la même espèce près de Lons-le-Saunier, au chemin de Montciel, où le facies paraît moins marneux et plus dur encore qu'à Ronnay, et où je n'ai pas rencontré le *Cancellophycus scoparius*. L'Oolithe ferrugineuse et les premières couches qu'elle porte ne sont pas visibles ici ; mais les travaux de culture découvrent parfois cette oolithe en dessous du chemin, et elle se voit non loin de là, dans le haut des vignes.

L'assise se termine au sommet par le dernier banc à bivalves, plus ou moins ferrugineux et à nodules phosphatés, où se trouvent des Ammonites, telles que *Am. propinquans*, *A. adicrus*, *A. Brocchi*, *A. Freycineti*, appartenant à la faune des zones à *A. Sowerbyi* et *A. Sauzei* du bassin de Paris : de la sorte, le Bajocien inférieur lédonien correspond à fort peu près à la *Mâlière* ou assise inférieure du Bajocien dans les environs de Bayeux.

La limite supérieure est assez nette sur les rares points où j'ai pu l'observer ; car l'assise suivante commence par une épaisse alternance de marne blanchâtre et de calcaire à grain fin, le tout en bancs minces et très peu fossilifère ou même stérile, mais se chargeant de rognons de silex dès la base (Messia) ou peu au-dessus (Conliège). A Messia, le banc terminal phosphaté à *Am. Brocchi*, quoique ferrugineux seulement par places, est très facilement reconnaissable par sa position sous les couches moyennes à silex, par sa composition variable et surtout ses nombreux fossiles comprenant toutes les Ammonites qui viennent d'être mentionnées. Mais il s'amincit au N. du gisement, et, sur un point peu abordable actuellement, il semble même disparaître : l'assise serait terminée dans ce cas par un calcaire dur, à débris de Crinoïdes et à surface très irrégulière, offrant, à 1m50 au-dessous, une intercalation de couleur noirâtre, à grains ferrugineux irréguliers. A Conliège, où les couches supérieures de l'assise sont plus marneuses, le banc terminal à *Am. Brocchi* est moins ferrugineux, de texture plus uniforme, quoique d'aspect variable et parfois nettement subdivisé, et les silex n'apparaissent que 3 mètres plus haut; mais ses fossiles quoique plus, disséminés (*Am. adicrus, A. Brocchi,* bivalves et surtout *Lima proboscidea*) et la présence de nodules phosphatés un peu verdâtres permettent de le reconnaître assez facilement. On remarque d'ailleurs, par places, immédiatement au-dessus de ce banc, un lit de calcaire marneux, noirâtre, à débris spathiques et grains ferrugineux irréguliers, que l'on pourrait même lui rattacher et qui aide à reconnaître la limite en l'absence des fossiles.

Un point intermédiaire entre ces deux localités, vers le haut du chemin de Vatagna à Montaigu, offre une petite série bajocienne, composée de 7 à 8 m. de calcaire alternant avec des marnes noirâtres à *Rhabdocidaris horrida*, etc., suivis de 4 à 5 m. de calcaire blanchâtre, à rognons de silex, avec bancs marneux intercalés. Bien que je n'y aie pas rencontré, comme dans les premières localités, des Ammonites caractéristiques, l'alternance à *Rhabdocidaris* me paraît appartenir aux dernières couches du Bajocien inférieur, qui sont ici plus marneuses, et les couches à silex à l'assise suivante. La limite entre les deux assises est donnée sur ce point par un banc calcaire qui porte un lit très dur pétri de débris fossiles et surtout de bivalves ; mais un banc mince de calcaire est soudé sur ce lit fossilifère, de sorte qu'il passerait facilement inaperçu sans le changement de texture et d'aspect des couches supérieures à rognons siliceux.

En résumé, et malgré les variations qui viennent d'être signalées dans le haut du Bajocien inférieur, sa limite supérieure s'annonce par un changement pétrographique notable, et par la disparition plus ou moins complète des fossiles. Elle est donnée exactement d'ordinaire par un banc fossilifère à nombreux bivalves, plus ou moins chargé de matières ferrugineuses et de phosphate de chaux, avec des Ammonites telles que *Ammonites Brocchi* et *A. Freycineti*, situé à la base du massif à rognons siliceux par lequel débute le Bajocien moyen, et dont la stérilité contraste fortement avec l'abondance des fossiles dans la partie supérieure de l'assise précédente.

Subdivisions. — La faunule d'Ammonites que m'ont fournie les gisements de Messia et de Conliège comprend sept espèces des zones à *Ammonites Sowerbyi* et à *Am. Sauzei* des environs de Bayeux, cantonnées dans le haut de notre Bajocien inférieur, tandis qu'*A. Murchisoni* se trouve seulement au-dessous, dans des couches séparées des premières par un lit fossilifère à surface inégale. Il convient, en conséquence, de distinguer dans cette assise une première zone à *Ammonites Murchisoni*, au-dessus de laquelle une zone à *Ammonites Sowerbyi* est parfaitement indiquée par là présence de cette espèce elle-même. Mais de plus *Am. Brocchi* et *A. Freycineti*, relativement fréquents dans le banc tout à fait supérieur de nos deux principaux gisements, sont des espèces qui se trouvent ordinairement en compagnie d'*A. Sauzei*, par exemple dans la Normandie, le Berry et le Nivernais, et la première ne paraît même guère avoir d'autre niveau. En conséquence, il me semble convenable d'attribuer le banc à *Am. Brocchi* à la zone à *Ammonites Sauzei*, bien que je n'y aie pas encore rencontré cette dernière espèce ; son absence ne doit pas trop surprendre, eu égard à la faible étendue fossilifère étudiée, et il est permis d'espérer que de nouvelles fouilles viendront combler cette lacune. Une surface irrégulière, qui paraît même parfois taraudée, facilite la distinction de cette zone d'avec la précédente.

Le Bajocien inférieur lédonien comprend ainsi trois divisions principales, correspondantes aux trois premières zones d'Oppel, reconnues dans le Bajocien des localités types du bassin de Paris :

1º Zone de l'*Ammonites Murchisoni*.

2º Zone de l'*Ammonites Sowerbyi*.

3º Zone de l'*Ammonites Sauzei*.

En voyant ces zones nettement caractérisées par leurs Ammonites, on pourrait se demander s'il ne conviendrait point de les élever au rang d'assises, ou du moins de réunir les deux dernières en une assise spéciale, ce qui donnerait une division en quatre assises de notre Bajocien. Mais les études faites jusqu'à présent dans le Jura français n'avaient pas permis de distinguer ces diverses zones, et ce n'est qu'après de longues recherches dans les environs de Lons-le-Saunier que je m'y vois conduit (1). On peut donc craindre que la reconnaissance et la séparation des zones

(1) Après avoir maintes fois visité les gisements de Conliège et Messia pendant une dizaine d'années, je n'y avais encore rencontré aucune espèce caractéristique des zones à A. *Sowerbyi* et A. *Sauzei*, et j'avais dû établir la distinction et la délimitation du Bajocien inférieur et moyen de la région lédonienne principalement d'après la pétrographie. Les difficultés du parallélisme de détail de la partie supérieure de l'assise entre ces deux gisements et le désir de préciser la position de la limite entre ces deux assises m'ont obligé à une étude minutieuse qui m'a permis de recueillir les premières données pour la distinction de la zone à A. *Sowerbyi*. L'étude du banc supérieur à *Am. Brocchi* m'a pris à elle seule plusieurs journées, et ce n'est qu'après des fouilles répétées que j'y ai recueilli en dernier lieu les espèces citées plus haut.

Le tirage de la feuille précédente qui contient la description et la faune générales de l'étage se trouvant déjà effectué, je n'ai pu introduire dans cette partie les résultats de mes dernières recherches ; mais ils se trouvent compris en entier dans l'étude spéciale du Bajocien inférieur.

à *Ammonites Sowerbyi* et *A. Sauzei*, relativement peu épaisses d'ailleurs, ne présentent de sérieuses difficultés dans les régions voisines, d'autant plus que la dernière semble déjà disparaître par places dans nos gisements. Il est donc préférable de les réunir en une seule assise avec la précédente, à laquelle elles se rattachent d'ailleurs beaucoup plus, par l'ensemble des caractères, qu'à l'assise supérieure. La division en trois ou en quatre assises n'est guère d'ailleurs qu'une question d'accolade, et elle ne pourrait être utilement discutée que lorsqu'on possédera la connaissance détaillée de l'étage dans les régions voisines.

POINTS D'ÉTUDE ET COUPES. — On peut étudier cette assise, plus ou moins complète, sur de nombreux points de la région, principalement sur les bords du plateau, etc. Les coupes de Messia et de Conliège, que je rapporte plus loin, en comprennent la série entière ; celles de Ronnay, Montaigu (voir ci-devant, p. 179 et 147), Grusse et Montciel en offrent seulement une partie. La moitié supérieure affleure sur le bord du chemin de Baume à Crançot, où elle offre un facies plus marneux que près de Lons-le-Saunier ; je regrette de ne pouvoir donner à présent la coupe de cette localité.

VARIATIONS. — Des différences assez sensibles se manifestent dans la série du Bajocien inférieur au voisinage de Lons-le-Saunier. Ainsi qu'on l'a vu déjà, elles consistent principalement dans la réapparition et le grand développement à Conliège de rognons de silex dans le massif calcaire de la partie moyenne, qui est plus épais et possède un facies oolithique beaucoup plus net dans cette localité. De plus, les couches supérieures de l'assise offrent un développement variable du facies marneux, qui paraît prendre son maximum d'extension à l'E. de la vallée de Baume.

Il semble d'ailleurs que, de tout le Jura français, ce soit dans les environs de Lons-le-Saunier que cette dernière partie de l'assise est le plus riche en fossiles et présente le facies marneux le plus développé. Il serait d'autant plus intéressant de suivre avec soin, à partir de nos gisements, les variations qu'elle peut offrir dans les diverses directions.

1° ZONE DE L'AMMONITES MURCHISONI.

SYNONYMIE.

Calcaire siliceux à Ammonites Murchisonœ et *Calcaire à entroques* (en partie). Ogérien, 1867.

CARACTÈRES GÉNÉRAUX. — Cette zone comprend l'alternance marno-gréseuse, micacée et calcaro-gréseuse, à *Ammonites Murchisoni* et *Cancellophycus scoparius*, de la base de l'étage, puis un épais massif de calcaire plus ou moins oolithique ou spathique, souvent un peu ferrugineux dans le bas, à nombreux rognons de silex sur une épaisseur variable et parfois à géodes gypsifères, et elle se termine par une alternance plus ou moins gréseuse et ferrugineuse, très fossilifère, de marnes noires, à *Ammonites Murchisoni* et Bryozoaires, et de calcaires variables à bivalves, dont le banc supérieur offre une surface irrégulièrement bosselée et parfois criblée de fossiles.

PRINCIPAUX FOSSILES. — Peu fréquents dans la partie inférieure, et très rares dans la partie moyenne, sauf les débris de Crinoïdes, les fossiles (principalement des bivalves) abondent dans la partie supérieure de la zone. Ils comprennent surtout les espèces indiquées plus loin dans l'étude du niveau **D**. Les plus importantes sont :

Belemnites breviformis, Voltz.	*Terebratula infra-oolithica*,
* — *Blainvillei*, Voltz, 3.	Desl., 1.
Ammonites Murchisoni, Sow. 2.	*Rhynchonella spinosa*, Schl., 3.
Pecten articulatus, Schl. 5.	*Rhynchonella subangulata*, Dav. 2
Lima proboscidea, Sow., 4.	Bryozoaires non déterminés.
Lima sp. nov. A, B, C, 5.	*Cidaris Lorteti*, Coll., 1.
Ostrea Marshi, Sow., 4.	* — *Pacomei*, Coll., 2.

Cidaris Zschokkei, Desor.　　Spongiaires non déterminés.
Rhabdocidaris horrida (Munst.)4 *Cancellophycus scoparius*,
Stomechinus sulcatus, Cott.,1.　　(Thioll.), 3.
Pentacrinus cfr. *bajocensis*, d'Orb.

Les espèces notées d'un astérisque sont celles que je n'ai rencontrées encore que dans cette zone.

PUISSANCE. — La zone mesure, à très peu près, 48 mètres à Messia, et elle atteint 68 m. à Conliège, par suite du développement plus considérable du massif calcaire à rognons de silex.

LIMITE SUPÉRIEURE. — Sur un intervalle de 5 à 6 m., je n'ai pas rencontré de fossiles caractéristiques entre la dernière couche qui m'a donné d'assez nombreux *Ammonites Murchisoni* et, plus haut, celle où j'ai recueilli *Ammonites Sowerbyi*. Mais il ne me paraît guère possible de ne pas étendre la zone jusqu'au banc à bivalves dont la surface irrégulière a été indiquée ci-dessus comme limite supérieure. De nouvelles observations pourront fournir des données plus précises sur ce point.

SUBDIVISIONS. — Les couches marneuses et plus ou moins calcaires ou gréseuses de la base forment un niveau inférieur, parfaitement caractérisé par la présence de *Cancellophycus scoparius*. Un second niveau, composé de calcaires à rognons siliceux, imprégnés en partie de matières ferrugineuses, est indiqué à Messia par l'existence de la silice et du fer. Les calcaires plus ou moins oolithiques, puis spathiques, qui occupent le milieu de la zone sur une épaisseur notable, forment un troisième niveau, remarquable par la réapparition des silex dans certaines localités où ils prennent parfois un développement considérable (Conliège). Un dernier niveau, très nettement indiqué par le changement pétrographique et la présence de nombreux fossiles, comprend les marnes et calcaires à Bryozoaires et *Rhabdocidaris horrida*, avec *Ammonites Murchisoni* et les calcaires fossilifères à surface irrégulière qui terminent la zone.

A. — Niveau du Cancellophycus scoparius.

Alternance de minces couches de marne dure, souvent gréseuse et micacée (Ronnay), et de petits bancs ou lits de rognons calcaires plus ou moins gréseux, le tout passant dans le haut à des bancs d'un calcaire analogue, tantôt épais et résistants (Ronnay), tantôt subdivisés, ou présentant une texture irrégulière et se fendillant à l'air d'une manière variable (Montciel).

Fossiles peu abondants en général :

Belemnites Blainvillei, Voltz. *Ammonites Murchisoni*, Sow.

Ce sont les frondes du *Cancellophycus scoparius* qui caractérisent essentiellement ce niveau dans notre région. Elles ne sont pas rares à Ronnay et à Conliège ; mais je ne les ai pas encore rencontrées à Grusse, Messia et Montciel. En somme, cette espèce paraît notablement moins fréquente dans les environs de Lons-le-Saunier qu'elle ne l'est dans le Jura méridional.

Il existe en outre dans la partie inférieure, à Ronnay, des morceaux de bois fossile, et, comme on l'a déjà vu cidevant, il paraît même s'y trouver des empreintes de plantes terrestres. Il serait très intéressant de constater la présence de ces dernières à ce niveau et d'en recueillir des échantillons déterminables.

Puissance.— 6m40 à Ronnay, et environ 7 mètres à Conliège et à Messia.

B. — Niveau des calcaires ferrugineux à rognons de silex inférieurs de Messia.

Calcaire dur, finement grenu, avec rognons de silex en quantité variable, et parfois imprégné, surtout dans le haut, de matières ferrugineuses.

Ce niveau atteint 6^m80 à Messia, où les bancs supérieurs sont oolithiques et sans silex sur 1 m. 50, et où j'ai plus spécialement remarqué la présence de l'oxyde de fer. A Grusse, on a 6 m. de calcaire dur, comprenant de minces bancs formés en partie de rognons de silex très allongés. A Conliège, la partie inférieure, chargée aussi de rognons de silex, m'a paru seule observable, dans le voisinage du chemin de Briod, sur 1^m80 ; puis vient une interruption de 11 m. A Ronnay, on trouve sur 11 m. d'épaisseur, une succession de bancs calcaires à rognons de silex, dont une partie appartient sans doute au niveau suivant ; ces couches sont d'ailleurs peu visibles.

Fossiles. — Je n'ai recueilli jusqu'à présent aucun fossile dans ce niveau, qui paraît très pauvre en général.

Puissance. — Elle mesure 6 mètres à Grusse et 6^m80 à Messia.

Variations. — Les matières ferrugineuses, qui teintent fortement une partie de ce niveau en jaunâtre, à Messia, Montciel, etc., sont en faible proportion et se remarquent moins dans d'autres localités, par exemple à Grusse. D'autre part, les rognons de silex persistent sur divers points dans le niveau suivant, spécialement à Conliège et Ronnay. Quand ces deux cas se présentent simultanément, la distinction des deux niveaux est difficile ; elle n'est plus guère indiquée que par l'abondance des oolithes calcaires du niveau supérieur, caractère qui est lui-même très sujet à varier d'un point à un autre.

Il convient toutefois d'établir un niveau spécial pour les bancs ferrugineux de Messia ; car des dépôts ferrugineux se retrouvent ailleurs vers ce même niveau, surtout au N. de notre région dans les environs de Salins. Il est même fort probable que ce niveau correspond à la couche ferrugineuse supérieure indiquée par M. Marcou à la Rochepourrie, près de cette ville, dans son Fer de la Rochepourrie (1856).

C. — Niveau des calcaires oolithiques et spathiques à rognons de silex de Conliège.

Calcaire dur et résistant à l'air, à petites oolithes assez régulières, ordinairement nombreuses dans une pâte finement spathique, qui passe, dans le haut, à un calcaire plus ou moins grossièrement spathique, à débris de Crinoïdes, et ne renfermant parfois plus d'oolithes.

A Messia, la moitié supérieure offre seulement deux intercalations de quelques mètres de calcaire à Crinoïdes, dans le calcaire plus ou moins oolithique qui se retrouve jusqu'au sommet ; de plus, on voit à 3 mètres de celui-ci une alternance de 0^{m}90 de bancs marneux et calcaires, à bivalves, débris d'Oursins et Bryozoaires que l'on retrouve en plus grande abondance dans le niveau suivant. La face inférieure de la couche calcaire terminale est couverte de grands Fucoïdes rameux entrelacés, et la surface supérieure porte, par places, une croûte ferrugineuse.

La série est notablement différente à Conliège. Ici, la partie inférieure cachée d'abord sur quelques mètres, offre ensuite une oolithe fine, souvent régulière et parfois très belle ; celle-ci passe à un calcaire grenu, puis à un calcaire spathique à Crinoïdes, dépourvu d'oolithes, qui occupe toute la partie supérieure et dont la surface est irrégulière et semble ravinée. A 3 ou 4 m. du sommet, de très minces délits marneux rappellent l'alternance marneuse supérieure, si fossilifère à Messia ; mais je n'ai guère rencontré d'autres fossiles sur ce point que des débris des Crinoïdes dont la roche est criblée. A partir des premiers bancs visibles, jusqu'à une trentaine de mètres au moins, cette localité offre des rognons de silex, d'une fréquence et d'un volume variables, parfois allongés, dans certains bancs minces, au point de former des portions de ces bancs. Les silex disparaissent vers 12 à 15 mètres du sommet, où la roche passe au calcaire à Crinoïdes qui forme le reste du niveau. Peu au-dessus de ce point, ce dernier offre de petites géodes, occupées, en partie seulement, par du gypse cristallin, légèrement rosé, en grumeaux très irréguliers (1).

La petite carrière de Montmorot, au N. de la route de Courlans, montre la partie supérieure du niveau sur 12 mètres 50. C'est un calcaire jaunâtre, dur et résistant à l'air, à petites oolithes, qui se charge dans le haut, sur 5 m., de petits débris spathiques, et se termine par une surface nettement taraudée.

A Grusse, le niveau entier comprend des calcaires en grande partie spathiques, oolithiques surtout dans la partie moyenne.

Fossiles. — En outre des Crinoïdes et autres Échinodermes, dont les nombreux débris constituent pour une grande part, le calcaire grossièrement spathique qui se trouve par places dans ce niveau (calcaire à entroques des auteurs), et des petites Huîtres et autres bivalves parfois inclus dans le calcaire à Messia (vers le milieu), je n'ai à citer que les fossiles de la petite alternance marneuse supérieure de Messia et des bancs en contact avec celle-ci. Ce sont principalement :

Pecten articulatus, Schl.	*Cidaris Pacomei*, Cott.
Lima proboscidea, Sow.	Bryozoaires.
— sp. nov. A.	Spongiaires.
Ostrea cfr. *obscura*, Sow.	

(1) C'est à M. Henri CHEVAUX, conducteur des Ponts-et-Chaussées, attaché à la construction de la voie ferrée à Conliège, que je dois de m'avoir fait remarquer, dans les matériaux extraits de la partie méridionale du grand tunnel de Conliège, l'existence de ces géodes gypsifères. Je n'ai pu les observer en place ; mais la nature du calcaire qui les renferme et le point probable d'origine des matériaux du tunnel ne permet pas de leur attribuer un niveau différent de celui qui est indiqué ci-dessus.— M. Marcou a signalé dans sa coupe de la Rochepourrie, des géodes gypsifères dans les calcaires supérieurs à son Oolithe ferrugineuse (*Recherches géol. dans le Jura salinois*, p. 81).

Puissance. — Réduit à 24^{m}40 à Messia, ce niveau ne mesure pas moins de 36 à 37 mètres à Grusse. A Conliège, l'interruption qui existe à la base ne permet pas d'observer le passage au niveau inférieur et de préciser la limite, mais en évaluant ce dernier à 7 m., on trouve que le niveau **C** atteint au minimum 45 m. dans cette localité.

Variations. — En constatant cette différence d'épaisseur, qui va presque du simple au double sur la distance de 7 kilomètres entre Conliége et Messia, ainsi que les différences pétrographiques indiquées plus haut, qui portent essentiellement sur le développement variable du facies oolithique et du facies à Crinoïdes, et surtout la présence sporadique des silex, on peut considérer ce niveau comme l'un des plus variables de l'étage Bajocien.

D. — Niveau des marnes noires à Bryozoaires avec Ammonites Murchisoni.

Alternance de marnes dures, grenues, fossilifères, ordinairement noires et en bancs peu épais, avec des calcaires variables, plus ou moins riches en fossiles, et qui prennent le dessus dans les deux tiers supérieurs.

A Messia, l'alternance marneuse occupe à peu près la moitié inférieure ; les deux premiers bancs de marne sont presque stériles, mais les suivants pétris de débris fossiles, et les bancs calcaires intercalés sont noirâtres ou rougeâtres, criblés de bivalves, et se délitent irrégulièrement. Vers 2 mètres de la base est une surface taraudée, couverte par places d'une croûte ferrugineuse ; l'oxyde de fer imprègne aussi plus ou moins les bancs calcaires qui suivent. La moitié supérieure se compose d'un calcaire finement grenu d'ordinaire, qui se délite peu à peu dans le bas et renferme des bivalves et autres débris fossiles ; il se termine par une surface irrégulière, assez fossilifère, avec quelques *Pecten pumilus*.

La partie inférieure de ce niveau, contenant de même des alternances marneuses très fossilifères, se voit bien dans la petite carrière de Montmorot, au N. de la route de Courlans : les bancs calcaires sont plus réguliers, le facies un peu moins marneux et le fer moins abondant. Sur la surface taraudée du calcaire précédent, on a d'abord deux bancs marneux noirâtres, peu fossilifères, séparés par un banc calcaire à gros Bryozoaires, puis 2ᵐ80 de calcaire qui offre en dessous de grosses tiges rameuses de Fucoïdes et un lit marneux dans le milieu, et se termine par une surface extrêmement irrégulière, sur laquelle se trouve une alternance de 2ᵐ50 de bancs marneux et calcaires peu réguliers, à nombreux fossiles, avec *Ammonites Murchisoni* dans le premier (1). Au-dessus, on observe 3 m. de calcaire dur, grenu, à débris spathiques, qui terminent probablement le niveau, et les couches suivantes ne sont pas visibles.

A Conliège, ce niveau débute, sur la surface très irrégulière du niveau précédent, par une couche marneuse, un peu variable, à Bryozoaires et Spongiaires, etc., qui renferme des lits de plaquettes gréseuses, avec de petits bancs gréseux, et au-dessus de laquelle le facies ferrugineux est à peine indiqué par un mince lit irrégulier de grosses oolithes ferrugineuses, lenticulaires, peu dures, avec *Ammonites Murchisoni*, etc. Viennent ensuite des bancs calcaires, durs et assez réguliers, dont le dernier offre par places des sortes de larges coups de gouge, atteignant près de 0ᵐ10 de profondeur, qui lui donnent l'aspect d'une surface ravinée. Puis on a un banc de marne noire à débris d'Oursins et de bivalves, suivie de 3ᵐ65 de calcaire à bivalves, nombreux

(1) C'est dans cette alternance que le second exemplaire connu d'un charmant petit Oursin, *Stomechinus sulcatus*, Cott., a été recueilli en 1883, par M. le Dʳ Marcel Buchin, dans l'une de nos excursions. J'ai maintes fois exploré ce gisement depuis lors sans retrouver les moindres traces de cette espèce si rare.

dans le bas, qui se termine par un banc noduleux, dur, d'épaisseur variable et à surface irrégulière, criblé de fossiles.

Un peu plus au S., les travaux de la voie ont entamé ces couches, au-dessus de la première tranchée voûtée ; ici les bancs marneux, de couleur jaunâtre par altération, paraissent un peu plus développés.

Le parallélisme de détail est difficile à établir entre les strates de ce niveau à Messia, Montmorot et Conliège, à raison des différences qu'elles présentent. Mais il ne parait pas douteux que le synchronisme ne soit exact, pour l'ensemble des couches que je lui attribue dans ces localités.

Fossiles. — De tout le Bajocien, c'est ce niveau qui offre les fossiles les plus abondants et les plus variés. Ce sont de rares Céphalopodes et Gastéropodes ; de nombreux Lamellibranches, appartenant la plupart à un petit nombre d'espèces de Pholadomyes, Pleuromyes, Céromyes, Avicules, Pinnes, Trichites, Peignes, Limes et Huîtres ; quelques Brachiopodes ; mais surtout une multitude de Bryozoaires et de Spongiaires, avec quelques Oursins.

Voici les principales espèces que j'y ai recueillies, dans les trois gisements de Messia, Montmorot et Conliège :

Ichtyosaurus sp.	*Terebratula* cfr. *Faivrei*, Bayle, 1.
Crustacé (plaque de Cirrhipède).	*Rhynchonella subangulata*, Dav. 2
Belemnites breviformis, Voltz.	— *subobsoleta*, Dav. 1
— sp.	— *spinosa*, Schl., 3.
Ammonites Murchisoni, Sow., 3.	Bryozoaires, 5.
— sp.	*Echinobrissus* sp., 1.
Pleurotomaria sp.	*Cidaris Lorteti*, Cott., 1.
Pholadomya cfr. *Murchisoni*, Sow.	— *Pacomei*, Cott., 2.
Pecten articulatus, Schl., 4.	— *Zschokkei*, Desor, 4.
Lima proboscidea, Sow., 4.	*Rhabdocidaris horrida* (Munst) 4
— sp. nov. A, B, C, 4.	*Stomechinus sulcatus*, Cott., 1.
Ostrea Marshi, Sow.	*Pentacrinus* cfr. *bajocensis*, d'Orb.
— cfr. *costata*, Sow.	— sp.
Terebratula infra-oolithica, Desl.	Serpules, 3.
Terebratula cfr. *Stephani*, Dav. 1.	Spongiaires, 4.

Des recherches quelque peu suivies dans les couches marneuses de ce niveau permettront évidemment d'y recueillir une belle faune.

Puissance. — Elle atteint 9ᵐ70 à Messia et à Montmorot, et 9 m. environ à Conliége.

Variations. — Les différences qui viennent d'être signalées, surtout quant à l'abondance variable des éléments marneux et ferrugineux, dans une région aussi peu étendue, permettent de penser que les couches de ce niveau présentent des variations notables de facies dans nos environs, tout en restant caractérisées par l'abondance des Bryozoaires, etc. Plus marneuses au bord oriental de la vallée de Baume, où je n'ai pas encore pu en étudier le détail, elles paraissent offrir au N. et au N.-O. une prédominance de plus en plus grande des calcaires, surtout dans la partie supérieure, où ils passent même au calcaire à Crinoïdes.

Aux environs de Poligny, M. Marcou (1) a cité une seule couche marneuse de 1 mètre d'épaisseur, riche en Pecten et Lima, qui appartient sans doute au niveau à Bryozoaires et *Ammonites Murchisoni*.

2° — ZONE DE L'AMMONITES SOWERBYI.

SYNONYMIE.

Calcaire siliceux à Ammonites Murchisoni (en partie) et *Calcaire à Entroques* (en partie). Ogérien 1867.

CARACTÈRES GÉNÉRAUX. — La zone de l'*Ammonites Sowerbyi* comprend une série peu considérable de calcaires variés, qui offrent des bancs riches en bivalves et alternent, surtout dans la moitié supérieure, avec des lits de marne plus ou moins fréquents. Les calcaires sont durs ou un peu marneux, grenus ou à petits débris miroitants et passant

---

(1) *Recherches géol. sur le Jura salinois*, p. 71, note.

même au calcaire spathique, et ils se terminent par une surface inégale ou fortement bosselée, qui porte parfois de petites perforations irrégulières et des trous qui paraissent dus à des lithophages. Quelques rognons de silex réapparraissent dans la partie inférieure, où les calcaires sont plus marneux et se délitent irrégulièrement, et l'on trouve, dans le bas, des moules de bivalves ou de petites parties de la roche chargés de phosphate de chaux dans certaines localités. L'oxyde de fer imprègne la roche, par places, dans la partie supérieure, et parfois il abonde au point d'incruster fortement la surface de certains bancs et de former vers le haut un banc à nombreux grains ferrugineux irréguliers, mélangés de débris spathiques.

FOSSILES. — Cette zone est l'une des divisions les plus fossilifères de l'étage, grâce aux bancs inférieurs, qui renferment surtout des bivalves et quelques Ammonites. Mais les fossiles sont le plus souvent inclus dans une roche assez dure, et l'on ne peut guère les obtenir en bon état que dans les parties suffisamment marneuses. Souvent aussi ils se trouvent d'une mauvaise conservation ; mais on peut espérer que d'autres gisements, plus marneux, offriraient des conditions plus favorables. J'ai recueilli dans cette zone une trentaine d'espèces, dont je ne puis citer actuellement que :

Belemnites breviformis, Voltz, 2. *Lima proboscidea*, Sow., 4.
Nautilus cfr. *lineatus*, Sow., 1.   — cfr. *duplicata*, Sow., 3.
Ammonites Sowerbyi, Miller, 1.   — sp. nov. A, B, C, 4.
   — *præradiatus*, Douvillé, 1 *Ostrea Marshi*, Sow., 3.
Pholadomya fidicula, Sow., 1. *Rhynchonella spinosa*, Schl., 2.
Trigonia costata, Lam.   *Rhabdocidaris horrida* (Munst) 2
Pecten pumilus, Lam., 2.   *Cidaris* cfr. *spinulosa*, Rœ., 2.
   — *articulatus*, Schl.

Les autres espèces sont des Gastéropodes (plusieurs *Pleurotomaria*), de nombreux Lamellibranches des genres

Pholadomya, *Homomya*, *Pleuromya* (plusieurs espèces), *Ceromya*, *Astarte*, *Arca*, *Pinna*, *Trichites*, *Mytilus*, *Gervilia* et *Avicula*, ainsi que de rares Térébratules, de petits *Pentacrinus*, des Serpules et des Bryozoaires. En outre, il faut mentionner de rares échantillons, peu déterminables, d'un Fucoïde ayant quelque analogie avec *Cancellophycus scoparius* (Thioll.),

Puissance. — L'épaisseur de la zone est, à fort peu près, de 11 m. dans nos deux gisements (10ᵐ70 à Conliège, 10ᵐ85 à Messia).

Limites. — La position de la limite inférieure a été appréciée à propos de la zone précédente. Fort nette quand il existe à la base un banc pétri de fossiles, comme à Conliège, elle l'est bien moins à Messia, où l'on a seulement une surface bosselée. Quant à la limite supérieure, elle est fixée ici à la surface bosselée et parfois peut-être taraudée du sommet ; mais on verra dans l'étude de la zone suivante quelques réserves à ce sujet, en attendant une étude plus complète et plus étendue de ces couches dans nos environs.

Subdivisions. — Malgré l'épaisseur assez faible de cette zone, l'intérêt qu'elle présente, à raison de la richesse de la faune et surtout de la présence d'Ammonites dans la partie inférieure, tandis que la partie supérieure est peu fossilifère dans les gisements étudiés, m'engage à la subdiviser en niveaux, afin d'appeler l'attention des observateurs jurassiens sur les modifications que pourraient offrir les faunules de ses diverses parties, et de faciliter peut-être l'établissement d'un parallélisme plus précis avec les régions environnantes. Toutefois les différences qui existent entre nos gisements laissent une certaine indécision sur le nombre des subdivisions qu'il convient d'adopter et sur leur délimitation. En l'absence d'indications positives tirées de la faune et en attendant que des études de détail plus étendues fournissent à cet égard des données plus complètes, je distingue seulement deux niveaux, mais en séparant toutefois dans le second les bancs supérieurs, de l'alternance calcaire et marneuse qui est au-dessous. La limite séparative de ces niveaux est donnée par le banc pétri de fossiles qui occupe le milieu de la zone à Conliège, et qui répond à un banc calcaire à surface irrégulière, à Messia.

VARIATIONS. — Malgré la concordance des épaisseurs, il existe entre nos deux principaux gisements des différences assez sensibles, qui m'ont longtemps retardé pour l'établissement du parallélisme de détail de cette partie de l'étage. Il n'est même pas rare de voir les diverses parties de la zone se modifier d'un point à l'autre dans chaque localité. Ces variations portent principalement sur le nombre et l'importance des intercalations marneuses, la résistance plus ou moins grande des calcaires aux influences atmosphériques, la présence à Messia de calcaires spathiques en gros bancs dans la moitié supérieure, et l'existence de matières ferrugineuses en plus grande quantité sur ce point ; enfin l'abondance variable des fossiles dans certains bancs. Ces différences peuvent s'accentuer davantage encore, et ce n'est que par des observations minutieuses qu'il sera possible de poursuivre dans nos environs l'étude de cette zone.

A. — Niveau inférieur à Ammonites Sowerbyi avec Pecten pumilus.

Calcaire plus ou moins marneux, se délitant fréquemment d'une manière très irrégulière dans la partie inférieure, où il renferme un ou deux lits de rognons de silex, et passant dans le haut à un calcaire dur et le plus souvent assez résistant, qui se termine par un banc à surface inégale, pétri de fossiles sur certains points. A la base est une couche marneuse, parfois très réduite et peu distincte.

Des nodules et fossiles phosphatés se trouvent, par places, dans la partie inférieure des calcaires.

A Conliège, le niveau débute par 0m40 à 0m50 de marne noire, suivie de 1m75 de calcaire à bivalves se délitant d'une façon variable et contenant, dans le bas, des parties phosphatées, ainsi que les *Ammonites Sowerbyi* et *A. præradiatus* ; puis vient un banc fossilifère à rognons de silex, suivi de calcaires plus ou moins résistants à l'air selon les points, et que surmonte un banc de 0m20 à 0m70, pétri de fossiles, surtout de bivalves.

A Messia, on a d'abord un lit irrégulier (environ 0m10) de marno-calcaire jaunâtre, tendre, passant à un gros banc calcaire d'aspect analogue, criblé de bivalves et de Gastéropodes avec quelques *Pecten pumilus*, qui se délite lentement à l'air et contient, à quelques décimètres de la base, un ou deux lits de rognons de silex peu apparents. On trouve ensuite un banc dur, à nombreux bivalves, accompagné de très minces lits marneux, et suivi d'un calcaire dur en bancs réguliers, à débris d'Échinodermes dans le haut, qui se termine par une surface bosselée, portant un faible lit marneux.

Fossiles. — Les observations faites plus haut sur la richesse en bivalves de la zone à *Ammonites Sowerbyi* et sur l'état des fossiles s'appliquent particulièrement à ce niveau. J'y ai recueilli tous ceux qui sont indiqués dans la faune générale de cette zone, à l'exception de *Cidaris* cfr. *spinulosa*. Les espèces déterminées les plus remarquables ou les plus fréquentes sont :

Ammonites Sowerbyi, Miller, 1.	*Pecten pumilus*, Lam., 3.
— *præradiatus*, Douv., 1	— *articulatus*, Schl., 3.
Pholadomya fidicula, Sow., 1.	*Lima proboscidea*, Sow., 3.
Trigonia costata, Lam., 1.	— sp. nov. A, B, C. 4.

Puissance. — Environ 5 m. à Messia (4m90), et 5m25 à Conliège.

Variations. — En outre de la grande variabilité des calcaires, qui renferment des silex à des hauteurs différentes dans nos deux gisements et se délitent souvent d'une manière fort irrégulière à Conliège, parfois jusque dans le haut, on remarque surtout les modifications de la couche marneuse inférieure, bien plus épaisse et de couleur noire dans cette localité. Je n'ai pas encore reconnu la présence du phosphate de chaux à Messia dans ce niveau.

B. — Niveau des marnes à Pholadomyes et des calcaires spathiques à grains ferrugineux de Messia.

Alternance de calcaire variable, tantôt grenu et souvent gélif, ou passant à un calcaire spathique et résistant à l'air, avec des lits marneux, la plupart très minces, en nombre plus ou moins considérable, plus rares quand le calcaire est spathique (Messia). Dans ce cas, on observe, dans le haut, un banc assez dur, à grains ferrugineux, irréguliers, cannabins, très abondants, mélangés aux débris spathiques. La surface supérieure est inégale et parfois fortement bosselée, et, dans certaines localités, elle porte de petites perforations, la plupart irrégulières, obliques et sinueuses, mais accompagnées de quelques trous qui paraissent dus à des lithophages.

A Messia, on a d'abord 2^m10 de calcaire à débris spathiques, dont la surface porte un placage ferrugineux d'épaisseur variable, puis deux bancs de marne friable, à petites Pholadomyes dans le premier et avec un banc calcaire intercalé. Au-dessus, viennent 3 m. de calcaire spathique, à surface plus ou moins irrégulière ; il offre dans le milieu un banc peu distinct, de 0^m20 à 0^m50, criblé de grains ferrugineux irréguliers, très souvent noirâtres.

Ce banc à grains ferrugineux paraît plus développé à Montmorot (bord oriental du massif des carrières au S. de la route de Courlans), où il renferme des grains limoniteux plus abondants, qui simulent presque des oolithes canna-bines ; mais les couches voisines ne sont pas visibles.

On retrouve encore le même banc, un peu au-dessous des couches à rognons de silex, vers l'extrémité méridio-nale de la côte de Mancy, près de Macornay.

A Conliège, le facies du niveau tout entier est plus mar-neux qu'à Messia. La partie inférieure, en partie cachée, offre des bancs calcaires plus ou moins durs, qui paraissent séparés par six intercalations marneuses, et que surmonte un banc, épais d'au moins 0m45, de marne grise, friable, où je n'ai pu trouver de fossiles. Le reste du niveau com-prend une série de bancs calcaires peu épais et à surfaces très irrégulières, un peu ferrugineux dans le haut, alter-nant avec de minces lits marneux, et terminés par une sur-face plus ou moins chargée de petites perforations irrégu-lières et paraissant porter, par places, des traces de tarau-dage.

On retrouve les couches de ce niveau près de Montaigu, sur le chemin de Vatagna. En attendant une étude plus complète de la petite série bajocienne qui s'y montre, il semble que l'on puisse attribuer au niveau précédent les 5 premiers bancs calcaires (couche 1 de la coupe donnée précédemment à la fin de l'étude du Lias moyen). Le ni-veau **B** comprendrait ainsi une alternance de bancs cal-caires et de lits marneux, qui offre une assez grande ana-logie avec la série du même niveau à Conliège. Mais un banc à bivalves s'y intercale un peu au-dessus du milieu, sous la principale couche de marne, et l'on trouve sous le banc supérieur, à 0m60 du sommet, une ligne de géodes à remplissage ferrugineux, qui correspondrait assez bien par sa position au banc à grains ferrugineux de Messia, dont je n'ai pas reconnu la présence à Conliège.

Fossiles. — Ce niveau m'a paru le plus souvent peu fos-silifère. En outre des débris de Crinoïdes des calcaires spathiques et des bivalves indéterminables du banc calcaire qui s'intercale à Montaigu, je ne puis citer que

Belemnites breviformis, Voltz, 2.   *Cidaris* cfr. *spinulosa*, Rœ, 2.
Pholadomya sp. ind., 2.   *Pentacrinus* sp. ind., 2.
Rhabdocidaris horrida (Munst.), 2.

Puissance. — Elle est fort sensiblement de 6 mètres à Messia et 5^{m}50 à Conliège ; elle se réduirait à 5 m. à Montaigu, selon le parallélisme provisoire établi ci-dessus.

Variations. — Ce niveau présente des variations notables, caractérisées principalement par la présence, du côté occidental (Messia), de calcaires plus ou moins spathiques, contenant des lits ferrugineux et n'offrant que de rares bancs de marne, tandis que les intercalations marneuses deviennent beaucoup plus nombreuses et les matières ferrugineuses moins abondantes en allant vers l'E.

Subdivision du niveau. — L'apparition du banc de marne à petites Pholadomyes de Messia, qui repose sur une surface calcaire fortement incrustée d'oxyde de fer, donne une limite que l'on suit avec facilité dans les autres gisements. Il n'en serait pas de même de la couche de marne de 0^{m}45 de Conliège et de la marne micacée de Montaigu, qui répondent à un simple délit calcaire feuilleté, par places, sur quelques centimètres, dans les calcaires spathiques de Messia. Le banc à Pholadomyes de cette localité permet une division du niveau en deux parties :

a. — Calcaire inférieur, dur et à petits débris spathiques à Messia, moins dur et subdivisé en bancs plus ou moins nombreux, avec délits marneux, du côté de l'E. Surface supérieure portant une croûte ferrugineuse à Messia, simplement inégale à Conliège. — Épaisseur : 2^{m}10 à Messia ; 1^{m}60 à Conliège ; 1^{m}90 à Montaigu.

b. — Alternance marneuse et calcaire, avec petites Pholadomyes à la base, surmontée de calcaires variables, massifs et spathiques avec intercalation d'un banc à grains ferrugineux à Messia, subdivisés et avec lits marneux du

côté de l'E. Surface irrégulière, paraissant même taraudée
à l'E. — Épaisseur : 3m90 à Messia ; 3m85 à Conliège ; 3 m.
à Montaigu.

Cette division du niveau se retrouvera fort probablement
dans les autres coupes des environs de Lons-le-Saunier, et
elle permettra de mieux préciser la position des fossiles
que donneront sans doute, sur certains points, les couches
marneuses supérieures de la zone. De plus, s'il se trouvait
que le banc à Pholadomyes de Messia fournît une coupure
stratigraphique plus marquée et plus générale dans notre
région que le banc calcaire fossilifère de Conliège qui a
servi de limite séparative des deux niveaux de la zone, il
suffira, pour obtenir le groupement le plus naturel, de
réunir la division *a* au niveau inférieur.

3° ZONE DE L'AMMONITES SAUZEI.

CARACTÈRES GÉNÉRAUX.— La zone de l'*Ammonites Sauzei*,
qui est ordinairement très réduite dans les autres contrées
et souvent même ne peut y être distinguée, ne possède
aussi, dans le voisinage de Lons-le-Saunier, qu'une faible
épaisseur et paraît absente sur certains points.

Elle comprend une couche, souvent très fossilifère, extrêmement variable de composition, de structure et d'épaisseur, tantôt presque uniquement composée de calcaire paraissant ne former qu'un seul banc, parfois très complexe,
accompagné par places d'un lit marneux dans le bas, et
tantôt offrant plusieurs bancs calcaires qui alternent avec
des lits marneux. On y rencontre plus ou moins fréquemment des nodules et des moules de fossiles chargés d'une
forte proportion de phosphate de chaux, et souvent l'oxyde
de fer y forme des rognons, des masses ocreuses, ou, plus
rarement, de petites oolithes terreuses qui abondent parfois au point de constituer, par places, un calcaire à fines
oolithes ferrugineuses, assez net.

Fossiles. — Grâce au gisement de Messia surtout, dont j'ai pu fouiller assez longuement quelques points délitables, la faune de cette zone comprend déjà plus d'une trentaine d'espèces, dont une dizaine de Céphalopodes, et l'on peut espérer que des recherches suivies augmenteront notablement ces nombres. Il n'est pas rare de rencontrer dans les parties les plus délitables, à Messia, des individus bien conservés, par exemple des bivalves avec le test, parfois ferrugineux. Mais, d'autre part, j'ai remarqué, dans la partie supérieure de ce gisement, des portions isolées d'Ammonites qui avaient dû être brisées avant la fossilisation.

Voici les espèces déterminées. Celles qui n'ont été rencontrées que dans la partie supérieure sont précédées d'un astérisque.

Belemnites cfr. *breviformis*, Voltz., 2.
— cfr. *giganteus*, Schl., 1.
Nautilus lineatus, Sow.,
Ammonites propinquans, Bayle, 1.
— sp. nov., 2.
— *adicrus*, Waagen, 2.
* — *Freycineti*, Bayle, 3
* — *Brocchi*, Sow., 3.
— *(Sphæroceras)* sp. ind.

Pleurotomaria cfr. *Ebrayi*, d'Orb.
— aff. *Pictaviensis*, d'Orb.
Pecten lens, Sow., 1.
— cfr. *demissus*, Bean., 3
Lima proboscidea, Sow., 4.
— sp. nov., A. B.
Rhynchonella spinosa, Schl.

Il faut mentionner en outre quelques débris de carapace et de pince d'un Crustacé (Macroure), et surtout de nombreux Lamellibranches appartenant à une quinzaine d'espèces des genres *Pleuromya*, 5, *Ceromya*, 4, *Astarte*, *Trigonia*, *Arca*, *Pinna*, *Trichites*, *Mytilus*, *Gervilia* et *Avicula*, ainsi que de rares Térébratules peu déterminables et parfois de grande taille, avec quelques Rynchonelles.

PUISSANCE. — Très variable en épaisseur, la zone mesure au maximum 0m70 à Messia, et 1m50 à Conliège.

ÉTUDE DÉTAILLÉE DE LA ZONE.

A raison des variations considérables de cette zone dans

notre région et de l'intérêt qu'elle présente pour les questions de parallélisme de l'étage, il importe de l'étudier en détail dans chacun des deux seuls affleurements de Messia et de Conliège où il m'a été possible de l'observer d'une façon suffisante.

A Messia, le bord E. de la carrière occidentale, à présent abandonnée, offre, sur une quarantaine de mètres de longueur, plusieurs petits affleurements de cette zone, qui permettent de recueillir une riche faunule et d'observer d'intéressantes modifications. Dans le premier, situé à l'extrémité S. et long d'environ 2 mètres, la zone comprend un petit lit de marne tachetée de noirâtre, probablement par des Fucoïdes, et suivi d'un banc calcaire assez dur. Celui-ci est très ferrugineux dans le bas, avec quelques débris spathiques ; puis il passe à un calcaire criblé de petites oolithes ferrugineuses peu dures, suivi, sans délit apparent, d'un calcaire blanc, grenu, auquel se soude un lit irrégulier, de 0^{m}15 à 0^{m}20, pétri de fossiles. L'épaisseur totale atteint 0^{m}70. — Quelques mètres plus au N., la partie supérieure, seule visible sur 0^{m}35, offre un calcaire blanchâtre, assez dur, criblé de bivalves ; j'ai recueilli sur ce point un *Ammonites Freycineti* qui provenait sans doute de cette partie. — Au-delà, après 7 à 8 m. d'interruption, la zone reparaît sur une longueur de 15 à 20 mètres, mais n'est guère abordable à présent que dans quelques mètres de la partie méridionale. Là, elle possède encore la même épaisseur de 0^{m}70, et offre d'abord de minces bancs calcaires très irréguliers, peu distincts et assez durs, avec de très minces délits marneux intercalés dans le bas ; puis le calcaire devient plus tendre, au moins par places, et l'on remarque, vers le milieu de la zone, un lit marneux variable, discontinu, à rognons ferrugineux, durs ou friables, ou à parties ocracées, teintés d'un rougeâtre souvent assez vif ; cette moitié inférieure renferme des nids de fossiles, à test ferrugineux et à moules plus ou moins phosphatés ; j'y ai recueilli, avec de nombreuses Pleuromyes, etc , *Ammonites propinquans*, **A**. *sp. nov.*, et probablement **A**. *adicrus*. La moitié supérieure de la zone, qui se sépare parfois assez mal de la précédente, est plus dure, plus résistante à la gelée et bien moins ferrugineuse ; elle offre encore, par places, de nombreux bivalves et des Ammonites, spécialement *Ammonites Brocchi* et **A**. *Freycineti*. — Plus loin, l'épaisseur totale est réduite à 0^{m}35 ; la partie inférieure (environ 0^{m}15), très peu ferrugineuse, est un calcaire peu dur, blanchâtre ou jaunâtre, à texture très irrégulière et fragmenté par la gelée, qui repose sur la surface bosselée du niveau précédent ; un calcaire assez dur et plus régulier forme la partie supérieure, sans qu'il y ait une séparation nette entre ces deux parties. Le tout est très riche en bivalves (Pleuromyes, *Lima proboscidea*, etc.), avec quelques Ammonites et des Crustacés : la moitié supérieure m'a encore fourni *Ammonites Freycineti*. — Au-delà, l'épaisseur de la zone se réduit davantage encore, et à quelques mètres plus au N., sur un point d'accès fort difficile à présent, on voit la surface de la zone précédente très fortement bosselée, peut-être chargée par places d'une faible croûte qui représenterait seule la zone de l'*Ammonites Sauzei*, et suivie de la couche de marne par laquelle débute l'assise suivante dans les autres parties du gisement ; à peine cette couche semble-t-elle ici un peu plus épaisse. Il serait très intéressant d'étudier cette partie avec plus d'attention que l'état actuel des lieux ne m'a permis de le faire.

En somme, la zone de l'*Ammonites Sauzei* se compose, dans la carrière de Messia, d'une couche de 0^{m}70 qui s'amincit rapidement et disparaît d'une manière plus ou moins complète, à une vingtaine de mètres plus au N. Elle pourrait, à la rigueur, se prêter, par places, à une division en deux bancs, assez peu distincts, il est vrai, séparés par le lit de nodules ferrugineux, et dont le premier contient *Ammo-*

nites propinquans, **A**. *sp. nov.* et probablement **A**. *adicrus*, tandis que les **Am**. **Brocchi** et **A**. *Freycineti* sont localisées dans le banc supérieur. Les fossiles sont d'ailleurs disposés en amas d'une façon très inégale dans l'une ou l'autre partie. Le phosphate de chaux paraît entrer pour une part assez considérable dans la composition de cette zone, particulièrement dans les parties blanchâtres, fossilifères, peu dures.

Les affleurements de Conliège permettent d'observer la composition de la zone sur une longueur plus considérable qu'à Messia, et l'on y remarque aussi des variations notables. Ici, l'on trouve ordinairement à la base un petit lit marneux de 0m05 à 0m10. Au tournant des Tilleuls, ce lit est surmonté d'un gros banc calcaire de 1m40, à surface irrégulière, dure, avec bivalves et parties noduleuses phosphatées, mais dont la partie inférieure se délite lentement sur 0m25. Tout à côté, sur un point où il n'est pas complètement visible, ce banc semble déjà se subdiviser, et la partie inférieure m'a fourni, vers 0m15 de la base, un assez grand exemplaire d'*Ammonites adicrus*, chargé d'une couche épaisse de Serpules du côté supérieur seulement. — Dans la petite série d'affleurements, décrits dans la coupe, qui se trouvent plus au N., au bord de l'ancien chemin descendant des Tilleuls, un premier point montre, sur le petit lit marneux de la base, un banc calcaire dur, de 0m20, marneux en dessous, qui offre des parties ferrugineuses et de nombreux bivalves ; puis on a 0m30 de calcaire lentement délitable en fragments irréguliers, avec lits marneux en dessous et en dessus, surmonté d'un banc de 0m40 assez résistant, à surface dure, irrégulière, et à parties blanchâtres et verdâtres, phosphatées, qui porte de gros nodules verdâtres extérieurement, riches en phosphate de chaux et semblant parfois taraudés en dessus ; ce banc renferme, par places, des bivalves dans le haut, avec quelques *Ammonites Brocchi*. — Un autre point, situé un peu plus au N., offre également à la base un banc bien distinct, ferrugineux par places et à nombreux fossiles, surtout *Lima proboscidea*, avec de rares Ammonites dont je n'ai pu obtenir aucun échantillon déterminable et un *Belemnites* qui paraît être **B**. *giganteus* ; mais la partie supérieure de la zone se compose de calcaires plus ou moins délitables, à la longue, en grands fragments irréguliers et qui paraissent peu fossilifères. L'épaisseur totale remonte ici à 1m40. On retrouve encore sur ce point le banc supérieur à grains ferrugineux ; mais il disparaît vers l'extrémité du gisement.

Ainsi, la zone de l'*Ammonites Sauzei* offre le plus souvent à Conliège deux parties distinctes, mais parfois intimement unies : l'inférieure, ferrugineuse par places et beaucoup plus fossilifère, avec *Ammonites adicrus*, tandis que la partie supérieure, remarquable surtout par ses nodules phosphatés, contient *A. Brocchi*. L'épaisseur totale varie de 1m50 à 0m90.

A Montaigu (chemin de Vatagna), où je n'ai pu faire encore une étude suffisante de cette zone, elle paraît représentée par une alternance, de 0m50, de petits lits de marne avec deux minces bancs calcaires dont le supérieur se délite en rognons, le tout suivi d'un banc calcaire, de 0m40, pétri de fossiles, auquel se soude 0m10 de calcaire blanchâtre. L'épaisseur totale serait ainsi de 1 m.

En résumé, les deux affleurements de la zone de l'*Ammonites Sauzei* que j'ai pu étudier avec quelque soin fournissent, au sujet de la couche attribuée à cette zone, les résultats suivants :

1o L'épaisseur, qui paraît si réduite et peut-être même nulle au N. du gisement de Messia, augmente rapidement vers le S. jusqu'à 0m70, et s'accroît aussi du côté de l'E., au point d'atteindre à Conliège une épaisseur double et au-delà (1m50).

2° La division en deux parties, qui ne serait guère possible à Messia que par places et d'une façon peu nette, devient très marquée plus à l'E., à Conliège, où il existe sur la plupart des points un banc inférieur bien distinct. La croûte de Serpules qui recouvre en dessus la grande Ammonite recueillie au niveau de ce banc inférieur dans cette localité, accentue encore cette distinction.

3° On observe dans ces deux gisements, distants de sept kilomètres, une remarquable coïncidence dans la distribution des Ammonites que renferment les deux parties de la zone. La partie inférieure offre des espèces habituellement plus spéciales à la zone de l'*Ammonites Sowerbyi* dans le bassin de Paris (*Ammonites adicrus* à Conliège et probablement aussi à Messia, et *Am. sp. nov.*, de la zone à *Am. Sowerbyi* de Bayeux, à Messia), avec une espèce (*A. propinquans*) qui est commune aux deux zones dans le Berry, etc. Par contre, la partie supérieure renferme, dans les deux localités, des individus, relativement fréquents, qui appartiennent à des espèces de la zone à *Ammonites Sauzei* des environs de Bayeux, etc. (*A. Brocchi, A. Freycineti*) (1). La partie inférieure semblerait ainsi se rattacher plus spécialement à la zone de l'*Ammonites Sowerbyi*, ou constituer une couche de passage entre les deux zones.

De nouvelles observations pourront, je l'espère, me permettre de préciser davantage. Mais, dès à présent, il me paraît nécessaire de diviser, au moins provisoirement, en deux parties, de la manière suivante, la couche que j'attribue à la zone de l'*Ammonites Sauzei* :

a. — Partie inférieure, à *Ammonites adicrus*. Elle com-

(1) M. l'Ingénieur A. DE GROSSOUVRE, à qui je dois la détermination de toutes les Ammonites de cette zone et de la précédente, a indiqué leur position stratigraphique précise sur divers points du bassin parisien dans sa *Note sur l'Oolithe inférieure du bord méridional du bassin de Paris*. (Bull. de la Société géol. de France, 1885).

prend le banc calcaire inférieur de Conliège, avec le lit marneux qui le précède, et la partie inférieure de Messia, à *Am. propinquans*, *A. sp. nov.* et probablement aussi *A. adicrus*, avec de nombreux bivalves. On y trouve des portions phosphatées, blanchâtres, à Messia. — Épaisseur maximum : environ 0m35 dans les deux localités.

b. — Partie supérieure, à *Ammonites Brocchi*, comprenant toute la partie supérieure de la zone, avec *A. Brocchi* dans les deux localités et en outre *A. Freycineti* assez fréquent à Messia. Nodules phosphatés verdâtres à Conliège. — Épaisseur maximum : 1m15 à Conliège ; 0m35 à Messia.

S'il se trouve que les deux parties soient nettement séparables dans d'autres affleurements par leurs fossiles et par la stratification, elles devront constituer deux niveaux distincts. Dans ce cas, il pourrait même arriver que la partie intérieure contînt uniquement des espèces de la zone à *Ammonites Sowerbyi*, et alors elle serait à rattacher à cette zone, dont elle formerait un troisième niveau. Ou bien elle offrira une faunule de passage entre les deux zones, et pourra continuer d'être attribuée à la zone à *Ammonites Sauzei*.

En remarquant la disparition plus ou moins totale de la zone à *Ammonites Sauzei*, au N. de l'affleurement de Messia, il semblerait tout d'abord que l'on puisse prévoir le manque de cette zone dans une certaine étendue de la région située au N.-O. de Lons-le-Saunier. Un tel fait, s'il existe, pourrait être le résultat d'un relèvement du sol dans cette région, vers la fin du dépôt de la zone à *Ammonites Sowerbyi*, et, dans ce cas, il pourrait même arriver que cette dernière fût plus ou moins réduite en s'avançant dans cette direction. Mais quoique la couche à *Ammonites Brocchi* et *A. propinquans* observée à Messia, présente certains caractères d'une formation de rivage, par sa composition irrégulière, l'accumulation de fossiles variés, la présence d'Ammonites fragmentées et le bossellement considérable de la zone inférieure quand cette couche semble disparaître, il serait téméraire de rien préjuger. Des observations plus complètes, et surtout l'étude d'autres gisements dans un rayon plus étendu, permettront seules de reconnaître si la diminution d'épaisseur qui s'observe dans cette localité correspond à une véritable discordance de stratification, causée par des mouvements du sol, ou si elle résulte simplement d'actions tout à fait locales, agissant d'ailleurs dans des eaux d'une faible profondeur. Il serait donc fort intéressant de poursuivre dans les autres affleurements de la région lédonienne l'étude détaillée et précise de cette partie de l'étage.

Quoi qu'il en soit des causes de variation d'épaisseur, il est peu probable que la puissance de la zone à *Ammonites Sauzei* atteigne à Conliège son maximum pour notre région, et il est permis d'espérer qu'elle augmente davantage encore dans d'autres gisements, particulièrement au S.-E. et peut-être à l'E. L'étude minutieuse de la faunule d'Ammonites de chaque banc que l'on y pourrait distinguer permettra plus facilement, dans ce cas, de voir si le banc inférieur de Conliège se développe en une couche spéciale contenant des Ammonites de la zone de l'*Am. Sowerbyi*, ou une faunule de passage, tandis que le banc supérieur à *Am. Brocchi* correspondrait seul aux couches à *Ammonites Sauzei* typiques, comme il peut le paraître d'après les faits observés jusqu'à présent dans notre région.

OBSERVATIONS SUR LES NIVEAUX A NODULES PHOSPHATÉS DU BAJOCIEN INFÉRIEUR

L'existence du phosphate de chaux dans le Bajocien du Jura, où il n'avait pas été signalé jusqu'ici, suscite quelques observations spéciales.

Il est particulièrement intéressant de constater dans notre

région la présence de cette substance, en même temps que du fer, principalement dans la zone de l'*Ammonites Sauzei* qui correspond à la base de l'Oolithe ferrugineuse de la Normandie, où se trouvent également, surtout aux environs de Bayeux, des « parties dures, noduleuses, riches en phosphate de chaux » (1). Nos gisements montrent ainsi, une fois de plus, la connexion qui existe si fréquemment entre la présence de cette substance et celle du fer, et l'intérêt qu'il peut y avoir d'en rechercher des gisements dans les horizons géologiques ordinairement ferrugineux (2). Des parties phosphatées se montrent en outre, dans la région de Lons-le-Saunier, dès la base de la zone à *Ammonites Sowerbyi,* que représente seulement en Normandie une mince couche fossilifère du sommet de la *Malière,* au contact de l'Oolithe ferrugineuse. Je n'ai remarqué encore dans cette dernière zone que quelques moules de fossiles avec de petites parties noduleuses, à Conliège, et le temps m'a manqué pour compléter mes observations à ce sujet. Il conviendrait d'ailleurs de rechercher le phosphate de chaux dans toute l'épaisseur de la zone à *Am. Sowerbyi,* et même de voir si cette substance n'apparaît point déjà dans le niveau des marnes à Bryozoaires de la zone à *Ammonites Murchisoni,* où le fer se trouve par places, en proportion notable.

Les parties phosphatées de la zone à *Ammonites Sauzei* présentent de grandes différences dans les deux gisements de Messia et de Conliège. Le premier offre des moules de fossiles ou des parties de la roche (nodules, etc.), de

---

(1) DE LAPPARENT. *Traité de Géologie,* 2e édition, p. 960.

(2) Cette connexion ressort, en particulier, de l'*Etude sur les gisements de phosphate de chaux du centre de la France,* par M. l'Ingénieur des Mines A. DE GROSSOUVRE. (Annales des Mines, 1885). — On verra d'ailleurs plus loin qu'un lit de fossiles phosphatés, signalé dans la chaîne du Jura, dès 1878, par M. Paul CHOFFAT, existe au sommet des couches à oolithes ferrugineuses du Callovien supérieur.

couleur blanchâtre ou plutôt jaunâtre, toujours poreux, peu denses, tendres et presque friables, au moins dans les points altérés par les agents atmosphériques, et rappelant, par ces derniers caractères, les nodules et moules phosphatés du Lias inférieur de notre région. A Conliège au contraire, ce sont des nodules irréguliers, durs et possédant sensiblement la densité du calcaire, qui montrent à la cassure une texture serrée, finement grenue, avec de très petites parcelles cristallines ; la couleur est d'un gris rougeâtre clair à l'intérieur, tandis que la surface, nuancée de teintes variées, est grise, noirâtre, jaunâtre ou même blanchâtre par places, avec des portions plus ou moins étendues d'un beau vert clair. A la base de la zone à *Ammonites Sowerbyi*, les parties phosphatées sont peu dures et d'un gris blanchâtre. L'abondance des nodules paraît d'ailleurs fort variable d'un point à l'autre dans ces deux zones.

Ces différences montrent la nécessité de multiplier les observations pour la recherche des phosphates fossiles et de recourir à de nombreux essais, quand on se trouve dans une couche appartenant à un horizon géologique où la présence en a été reconnue.

Les variations considérables de la zone à *Ammonites Sauzei* et les différences déjà constatées dans la fréquence des nodules permettent de penser que le phosphate de chaux pourrait se trouver en quantité beaucoup plus considérable sur certains points. Il serait donc fort intéressant de poursuivre, dans les diverses directions, l'étude de la partie supérieure du Calcaire lédonien, et spécialement des zones à *Ammonites Sowerbyi* et *Am. Sauzei*, afin de reconnaître s'il n'existe point quelques gisements exploitables dans certaines localités du Jura.

II — BAJOCIEN MOYEN

ASSISE DES AMMONITES BLAGDENI ET HUMPHRIESI.

SYNONYMIE (1).

Calcaire à Polypiers (partie inférieure). Marcou, 1846; Bonjour, 1863.

Roches de coraux du fort St-André (partie inférieure; probablement les *Couches à Coraux*). Marcou, 1856.

Burgondien (en partie). Pidancet, 1863.

Calcaires à Polypiers. Ogérien, 1867.

CARACTÈRES GÉNÉRAUX. — Le Bajocien moyen débute par une puissante couche de calcaires variables, ordinairement à grain fin, à stratification régulière dans la partie inférieure où ils alternent avec des lits marneux, et qui renferment des rognons de silex abondants, surtout dans la partie supérieure. Viennent ensuite des calcaires grenus ou un peu cristallins, plus ou moins chargés de parcelles spathiques, et qui passent d'une manière variable, principalement dans la partie moyenne et supérieure, à des calcaires grossièrement spathiques, presque entièrement formés de débris d'Échinodermes et surtout de Crinoïdes. Parfois, ils sont remplacés dans le bas, sur une épaisseur notable, par la continuation des calcaires à rognons de silex (Conliège), dont les derniers bancs se divisent alors, au moins dans certaines localités, en grandes dalles exploitées pour la clôture des propriétés. Une première surface taraudée se voit au sommet du massif inférieur à rognons de silex (Messia), d'autres se trouvent à diverses hauteurs dans la série des calcaires grenus et spathiques; la principale existe ordinairement vers le milieu de ces calcaires, et,

(1) Cette synonymie n'est qu'approximative, principalement pour la limite supérieure.

près de Publy, elle porte une intercalation marneuse. Dans tous nos gisements, la surface supérieure de l'assise est criblée de perforations de lithophages.

La partie moyenne de cette assise offre, au-dessus des couches à silex, un ou plusieurs bancs fossilifères à Céphalopodes et Lamellibranches, parfois pétris de Brachiopodes; en outre, il existe, par places, dans cette assise, des îlots de Polypiers; mais ils ne paraissent pas s'être développés dans le voisinage de Lons-le-Saunier : on en trouve seulement quelques vestiges sur le bord oriental de la vallée de Conliège.

PRINCIPAUX FOSSILES. — Les bancs fossilifères, souvent un peu délitables dans les parties longtemps exposées à l'air, et certaines surfaces légèrement marneuses permettent de recueillir de nombreux Mollusques dans la partie moyenne de l'assise, principalement à Courbouzon et Conliège, ainsi qu'au-dessus de la Côte-de-Mancy, près de Lons-le-Saunier, et à l'extrémité S.-O. de cette dernière. En outre, les calcaires à Crinoïdes offrent assez fréquemment des surfaces où l'érosion lente a dissous la pâte de calcaire amorphe en respectant plus ou moins les fossiles spathiques, à raison de la moins grande solubilité de la calcite dont ils sont formés ; par suite, on peut observer et souvent même recueillir en bon état une multitude d'articles et de portions de tige de *Pentacrinus*, des radioles et des portions de test d'Oursins, des plaques isolées d'Astérides, etc ; mais je n'ai pu y trouver des tests entiers, non plus que des calices de Crinoïdes. Dans les carrières de Messia, en particulier, il n'est même pas rare de rencontrer des fissures et des cavités où une intensité plus grande et peut-être aussi plus régulière de cette action a mis en liberté une foule de ces portions d'Échinodermes, sous forme d'une sorte de sable légèrement argileux. La lévigation d'échantillons de cette nature m'a permis de recueillir deux dents d'une espèce nouvelle de Poisson du genre *Meristodon*, d'après lesquelles M. le Dr Sauvage a établi les caractères de cette espèce.

Les Polypiers que l'on trouve dans les carrières de Conliège, sur le bord du plateau de Briod, sont siliceux et généralement fort mal conservés, et je n'ai encore pu y recueillir qu'un ou deux échantillons déterminables. Il serait particulièrement intéressant de reconnaître des points de notre région où les constructions coralligènes aient pris dans cette assise un certain développement, afin d'y rechercher les espèces de cette classe ; car la faune de Polypiers bajociens de la chaîne du Jura et la position stratigraphique exacte des espèces ne sont encore qu'imparfaitement connues, ainsi que le constate M. Koby.

Il arrive souvent au niveau des Polypiers de Conliège et surtout dans cette localité que le test des Mollusques, et plus spécialement celui des Térébratules, est également formé, d'une manière plus ou moins complète, par la silice, qui constitue fréquemment à la surface d'élégantes séries d'orbicules.

Voici les espèces que j'ai recueillies dans cette assise :

Reptile (ossement indétermin.).
Meristodon jurensis, Sauvage, 1.
Belemnites giganteus, Schl., 3.
— *sulcatus*, Miller, 3.
— *breviformis*, Voltz, 1.
Nautilus cfr. *lineatus*, Sow.
Ammonites Blagdeni, Sow., 2.
— *Humphriesi*, Sow., 3.
— cfr. *Braikenridgi*, Sow.
Pleurotomaria (2 espèces ind.).
Turbo sp.
Pholadomya sp.
Pleuromya sp.
Astarte sp.
Hinnites tuberculosus, Goldf., 3.
Lima cfr. *punctata*, Sow, 1.

Lima sp.
Ostrea Marshi, Sow.
Terebratula ventricosa, Ziet.
— *Faivrei*, Bayle, 4.
— *ovoides*, Sow, 5.
Zeilleria Waltoni, (Dav.).
Rhynchonella Garanti, d'Orb. 5.
— cfr. *angulata*, Dav.
— sp. nov., 1.
Cidaris Zschokkei, Desor.
Pentacrinus bajocensis, d'Orb. 5.
— *crista-galli*, Quenst.
Astérides, plaques indét.
Isastrea salinensis, Koby.
Bryozoaires.
Spongiaires.

PUISSANCE. — A Messia, le Bajocien moyen mesure sensiblement 83 mètres ; à Conliège, où la puissance exacte est plus difficilement appréciable, par suite des raccordements de coupes partielles, elle ne peut être portée à moins de 78 à 80 mètres.

LIMITES. — Ordinairement bornée à la base par les calcaires fossilifères, souvent ferrugineux et phosphatés, de la zone à *Ammonites Sauzei*, qui terminent l'assise précédente, cette assise est nettement limitée au sommet par la surface très fortement taraudée qui porte, à Publy, une croûte à *Eudesia bessina*, et qui est facilement reconnaissable dans tous les gisements dont je rapporte les coupes.

POINTS D'ÉTUDE ET COUPES. — Le Bajocien moyen est observable en entier dans la carrière de Messia, sauf dans la partie moyenne des calcaires à silex qui est cachée par la végétation. La carrière de Courbouzon montre surtout parfaitement la partie moyenne et supérieure de l'assise. Entre Conliège et Briod, sur le bord du premier plateau, la moitié inférieure affleure à peu près en entier, sauf quelques parties intermédiaires qui sont cachées ; mais les couches supérieures manquent sur ce point. On peut observer l'assise au complet sur le bord de la voie entre Conliège et Publy ; toutefois, il se présente quelque difficulté pour la détermination des épaisseurs, par suite de la nécessité de raccorder plusieurs coupes partielles. On trouvera plus loin les coupes de ces diverses localités. Les bords du premier plateau offrent évidemment une foule d'autres points d'observation, et il faut citer en outre l'extrémité méridionale de la côte de Mancy.

Il convient de prendre le type du Bajocien moyen de notre région dans les carrières de Messia pour les couches inférieures à rognons de silex, et pour le reste de l'assise dans les carrières de Courbouzon, où les bancs fossilifères se répètent à quatre reprises et s'échelonnent jusqu'au sommet.

Subdivisions. — Il est facile de diviser cette assise en trois niveaux dans la région de Lons-le-Saunier : les couches inférieures à rognons de silex, limitées à la série qu'offre la carrière de Messia et aux couches synchroniques ; puis les couches moyennes à Polypiers, Brachiopodes et Ammonites, etc., et enfin les calcaires supérieurs plus ou moins spathiques.

Variations. — Les variations de facies marquées par l'absence, sur certains points, des bancs fossilifères à Mollusques et Polypiers ont déjà été signalées plus haut. Il importe surtout d'indiquer encore le développement plus considérable à Conliège du facies siliceux, qui y avait déjà pris dans l'assise inférieure une extension toute spéciale. Selon le parallélisme que j'ai cru devoir adopter, les rognons de silex du Bajocien moyen apparaissent ici à peu près en même temps qu'à Messia, mais ils s'élèvent jusqu'au-delà du milieu du niveau moyen, de sorte que la distinction de ce dernier d'avec le niveau inférieur est plus difficile à établir dans cette localité.

A.— Niveau des calcaires moyens à rognons de silex de Messia.

Calcaire finement grenu, en bancs minces et réguliers dans le bas, où il alterne avec des bancs marneux, et passant ensuite à un calcaire plus ou moins massif ou qui offre des dispositions variables. Des rognons de silex, de grosseur et de forme très diverses, se montrent dès la base ou à peu près, en quantité plus ou moins grande. Sur le seul point où elle a pu être observée, la surface est fortement bosselée et taraudée d'une manière fort nette.

A Messia, on observe une dizaine de mètres de l'alternance inférieure, calcaire et marneuse, en bancs minces et réguliers, avec de nombreux silex dans les calcaires ; les couches suivantes, sur une quinzaine de mètres, sont très peu visibles, mais paraissent de même nature pour la plus grande part, sauf probablement une épaisseur et une régularité moindres des bancs marneux dans le haut. La partie supérieure, visible sur 5 mètres, mais fortement altérée par les actions atmosphériques, forme un massif à stratification peu distincte, composé en grande partie de silex épars dans une gangue plus ou moins dure, devenue terreuse par altération, chargée par places vers le sommet d'une forte proportion de matières ferrugineuses. Ici les silex sont beaucoup plus altérables, et la plupart offrent des formes branchues très variées. Le niveau se termine par un banc de 0m65 de calcaire grenu-cristallin, légèrement gris-rougeâtre, siliceux et très dur, contenant encore des silex altérés, et chargé en dessus de gros rognons de même nature qui y sont plus ou moins soudés. Il semblerait même, par places, que le banc soit formé au moins en partie de semblables rognons. La surface est très fortement bosselée et paraît avoir subi un ravinement notable. Elle offre des Huîtres plates fixées, ainsi que de nombreuses perforations de lithophages, bien nettes, la plupart très petites et peu profondes, qui se rencontrent plus spécialement au sommet des bossellements et des rognons du calcaire. — On remarque d'ailleurs que cette surface a formé un joint de glissement des strates, lors du redressement presque vertical que le massif de la Côte-du-Tartre a subi. Sous l'effort mécanique qu'elles ont supporté, les parties proéminentes ont été fortement striées, et les gros rognons calcaires présentent, en outre, des enfoncements ou pénétrations et jusqu'à des fractures plus ou moins incomplètes, tout à fait analogues aux accidents que présentent les cailloux impressionnés de certains conglomérats tertiaires (1).

---

(1) Les accidents de cette sorte ont été signalés en particulier dans le Tertiaire de Grusse (A. GIRARDOT et M. BUCHIN. *Découverte du gisement à végétaux tertiaires de Grusse (Jura).* Mém. Société d'Émulation du Jura, 1887).

Les carrières de Courbouzon n'offrent à découvert que 6 à 7 mètres de la partie supérieure du niveau, où l'on a un calcaire assez régulier, avec silex plus résistants à l'altération que ceux des bancs supérieurs de Messia

A Conliége, la partie inférieure, visible sur une dizaine de mètres, débute par 3 mètres, à peu près, de calcaire à grain fin, gélif, sans intercalations marneuses régulières, suivi d'une alternance de bancs minces à silex et de lits marneux, analogue à celle de Messia ; la partie moyenne est cachée ; les couches du sommet, visibles sur 7m50, offrent encore des bancs à silex analogues à ceux de la base et assez réguliers, mais avec lits marneux intermédiaires plus minces.

Dans ces deux dernières localités, la surface n'est pas observable. Le niveau suivant débute, comme à Messia, par un banc calcaire pétri de débris d'Échinodermes, ce qui permet de reconnaître facilement la limite du niveau **A** quand les rognons de silex se retrouvent dans les calcaires supérieurs, ainsi qu'il arrive à Conliége.

Tous ces silex présentent des particularités remarquables, analogues d'ailleurs à celles des chailles du Jurassique supérieur. Très durs à l'état non altéré, dans l'intérieur de la roche, et offrant alors un aspect voisin de celui des silex pyromaques de la craie, ils perdent une partie notable de leur substance sous l'action prolongée des agents atmosphériques ; ils deviennent poreux, peu résistants aux actions mécaniques, et en même temps leur densité diminue dans une proportion considérable. Dans la plupart des cas, la modification paraît en rester là. Mais beaucoup de silex des couches les plus élevées de Messia ont subi une altération plus marquée : ils sont devenus d'un blanc plus ou moins pur ou légèrement jaunâtre, et sont friables ou même tout à fait pulvérulents.

Fossiles. — Les fossiles paraissent d'une extrême rareté dans ce niveau. Il serait intéressant d'y rechercher avec plus de soin que je n'ai pu le faire jusqu'ici, et surtout en cassant les silex altérés, pour le cas où ils renfermeraient des corps organisés ayant servi de centre d'attraction de la silice, comme dans beaucoup de chailles du Jurassique supérieur de la Haute-Saône. Mes observations sur la roche en place ne m'ont encore fourni aucun fait de ce genre ; mais quelques traces de bivalves avec des *Pentacrinus* se voient parfois dans des rognons de silex non en place qui pourraient provenir de ce niveau.

A Messia, en outre des Huîtres et de quelques autres débris de bivalves, ainsi que de *Pentacrinus* cfr. *bajocensis*, soudés à la surface, une faible croûte, plus ou moins soudée elle-même, située dans l'intervalle des bossellements et des rognons calcaires taraudés, offre de nombreux débris de bivalves et autres fossiles de la fin de ce niveau ou du commencement du suivant. On y remarque principalement :

Belemnites giganteus, Schl., 3.	*Ostrea Marshi*, Sow., 4.
— sp., 3.	*Cidaris Zschokkei*, Des., 3.
Trichites, débris indét.	*Rhabdocidaris horrida* (Munst.)2
Pecten articulatus, Schl., 4.	*Pentacrinus* sp.

Puissance. — Ce niveau mesure, à fort peu près, 30 mèt. à Messia. A Courbouzon, la base est cachée et les silex se voient sur 22 m. de la partie supérieure. A Conliège, où les silex envahissent le niveau suivant, il est difficile de préciser la puissance du niveau **A** : il me paraît convenable de limiter celui-ci à l'apparition d'un banc à débris d'Échinodermes, intercalé dans les couches à silex, de sorte que ce niveau comprendrait ici 26 à 27 mètres.

Variations. — A part le léger retard dans l'apparition des silex sur les points étudiés à Conliège, ainsi que l'aspect particulier de la partie supérieure à Messia et quelque différence dans les épaisseurs, ce niveau paraît assez uniforme au voisinage de Lons-le-Saunier.

B. — Niveau des calcaires de Courbouzon à Ammonites Humphriesi et des Polypiers de Conliège.

Calcaire spathique ou grenu, rarement à rognons siliceux dans le bas ; il passe fréquemment, dans le haut surtout, à un calcaire spathique à Crinoïdes, très caractérisé, et renferme parfois à divers niveaux des lits de Mollusques et des Polypiers silicifiés.

Dans la carrière de Courbouzon, où je prends le type de ce niveau malgré l'absence des Polypiers, il débute, sur les bancs à silex du niveau précédent, par un banc à débris d'Échinodermes, suivi d'un banc peu épais dont la surface est criblée de fossiles, surtout de Lamellibranches (Huîtres, etc.), avec de rares *Ammonites Humphriesi* et des Brachiopodes peu fréquents, particulièrement *Zeilleria Waltoni*. Deux autres bancs fossilifères se montrent dans le tiers supérieur de ce niveau : le premier renferme également des *Am. Humphriesi*, avec des Lamellibranches (Pholadomyes *Hinnites tuberculosus*, etc.), et surtout des Brachiopodes, principalement *Terebratula ovoides*; le second n'offrirait, paraît-il, que des bivalves et des Brachiopodes. A plusieurs reprises, on observe dans cette série des surfaces qui paraissent taraudées.

A Messia, malgré une puissance un peu plus grande, les bancs précédents à Ammonites et Brachiopodes n'existent pas ; mais on trouve à plusieurs reprises, dans la série des strates, des surfaces fort probablement taraudées, correspondantes à celles de Courbouzon et dont les premières offrent des exemplaires assez nombreux de *Belemnites giganteus* et *B. sulcatus* avec quelques Lamellibranches et particulièrement *Hinnites tuberculosus*, qui se trouve également à ce niveau dans les bancs à Polypiers de Conliège.

Sur le bord du plateau de Briod, les carrières de Con-

liège offrent à la surface un gros banc à rares Polypiers siliceux (*Isastrea salinensis*, etc.), avec *Ammonites Humphriesi*, *A. Blagdeni*, *A.* cfr. *Braikenridgi*, ainsi que des
Lamellibranches (Pholadomyes, Hinnites, etc.), et surtout
une multitude de Brachiopodes (*Terebratula ovoides*, *T. ventricosa*, *Rhynchonella Garanti*, *Rh.* cfr. *angulata*) que l'on
peut extraire assez facilement dans certaines parties moins
dures. Il correspond évidemment à l'avant-dernier banc
fossilifère supérieur de Courbouzon. Au-dessous, se trouvent
18 à 19 m. de calcaires à grain fin et à rognons de silex,
qui paraissent représenter les couches inférieures du niveau **B** dans cette localité. La partie supérieure de ces calcaires, exploitée dans ces carrières sur 5^{m}80, se délite en
grandes dalles minces que l'on emploie dans notre ville et
aux alentours pour former les clôtures des propriétés, etc.
C'est là un facies particulier de la partie moyenne du niveau des calcaires à Polypiers de Conliège, et on ne le
trouve guère que là dans nos environs.

Ces dalles contiennent des nodules siliceux et offrent à
leur surface des ramifications qui paraissent être des Fucoïdes. A part les silex, elles rappellent assez bien les dalles
que l'on trouve dans le Séquanien inférieur de Châtelneuf,
au voisinage d'un intéressant niveau à nombreux débris
de végétaux terrestres, et qui ont évidemment été formées
dans une portion de mer tranquille occupant l'intervalle
d'îlots de Polypiers. Les dalles de Conliège ont sans doute
une origine assez analogue, et il serait fort intéressant de
rechercher soigneusement s'il ne s'y trouve point aussi, ou
dans leur voisinage, des empreintes de plantes terrestres.

Le facies de ce niveau est peu différent un peu plus
au S., sur le bord de la voie à l'O. de Publy. Dans le dessus
de la tranchée-tunnel de Revigny, on observe, en effet, un
banc à Térébratules qu'il convient de paralléliser avec celui de Conliège. Au-dessous, se trouvent, jusqu'à la couche
à silex bien caractérisés du niveau **A**, 16 à 17 m. de cal-

caires jaunâtres, fort tourmentés, où les silex sont peu abondants, et qui forment la partie inférieure du niveau **B**. Sur le banc à Térébratules, on a 11 m. de calcaire, grossièrement spathique dans le haut, qui terminent ce niveau par une belle surface lisse, taraudée, sans que l'on retrouve sur ce point un dernier banc à Brachiopodes comme à Courbouzon.

Fossiles. — Les espèces que j'ai recueillies à ce niveau, dans les divers gisements indiqués, sont toutes celles qui figurent dans la faune générale de l'assise (voir p. 254) et comprennent 22 espèces déterminées. L'étude de meilleurs gisements de Polypiers, si l'on en trouve à ce niveau dans notre région, comme il est fort probable, permettra sans doute d'augmenter notablement cette faunule, surtout quant aux fossiles de cette classe : je ne puis encore citer qu'une seule espèce, *Isastrea salinensis,* que nous retrouverons dans les calcaires à Polypiers du Bajocien supérieur de Publy. En outre des Polypiers, on remarque surtout :

Belemnites giganteus, Schl.	*Terebratula Faivrei,* Bayle, 4.
Ammonites Blagdeni, Sow.	— ovoides, Sow., 5.
— *Humphriesi,* Sow., 3.	*Zeilleria Waltoni* (**Dav.**).
Hinnites tuberculosus, Goldf., 3.	*Rhynchonella Garanti,* d'Orb., 5.

Puissance. — Elle paraît varier assez sensiblement au voisinage de Lons-le-Saunier; pour 24 à 25 m. à Courbouzon, elle atteint 28m50 à Messia, et 28 à 30 m. environ dans la tranchée-tunnel de Revigny.

Variations. — On a vu suffisamment par ce qui précède que ce niveau, l'un des plus importants de tout notre Bajocien par ses bancs fossilifères, en est aussi l'un des plus variables, tant par la persistance sporadique de rognons de silex, et la présence des dalles de Conliège, etc., que sous le rapport paléontologique. On peut s'attendre à des variations encore plus marquées et fort intéressantes à étudier, sur les points où les Polypiers auraient pris un développement plus considérable.

C. — Niveau des calcaires spathiques à Trigonies de Courbouzon.

Calcaire ordinairement dur et très résistant à l'air, finement grenu ou à petits débris spathiques, et passant le
plus souvent, sur 10 à 12 mètres de la partie supérieure, à
un calcaire plus ou moins grossièrement spathique à Crinoïdes. Parfois, il existe à la base une couche de marne
dure, pauvre en fossiles. Sur tous les points étudiés, le
niveau se termine par une surface plane, fortement taraudée, avec des Huîtres plates soudées.

Les carrières de Courbouzon et de Messia offrent toutes
deux à ce niveau cette série de calcaires passant au calcaire à Crinoïdes à peu près dans la moitié supérieure ;
mais il n'existe pas de couche marneuse à la base. A Courbouzon seulement, les bancs supérieurs, sur 2 m. d'épaisseur, renferment, surtout par places, des Lamellibranches
(Trigonies, etc.) et de nombreux Brachiopodes, que l'on
ne peut guère extraire, en particulier *Zeilleria Waltoni*.

Dans la tranchée-tunnel de Revigny, ce niveau débute,
sur la belle surface taraudée du niveau précédent, par une
couche de marne dure, de 1m50, très peu fossilifère (quelques débris d'Huître et de rares Bélemnites), et l'on passe
peu à peu au calcaire dur, finement grenu puis spathique,
à grossiers débris d'Échinodermes dans le haut. Un peu
plus à l'E., la seconde tranchée de la voie offre seulement
2 mètres visibles de la partie supérieure, comprenant un
calcaire à petites oolithes, dont la surface taraudée porte
une croûte à *Eudesia bessina* que j'attribue à l'assise suivante.

Fossiles. — Les seuls fossiles que je puisse mentionner
à ce niveau sont :

Trigonia (plusieurs espèces).	*Rhynchonella* sp.
Zeilleria Waltoni, Dav.	Débris d'Échinodermes.

Puissance : 25 m. à Messia et à peu près autant à Courbouzon (24m50). Dans la tranchée-tunnel de Revigny, où
le raccordement de deux coupes laisse quelque incertitude,
on peut l'évaluer de 22m50 à 25 m.

Variations.— Ce niveau est l'un des moins variables de
l'étage dans nos gisements. Quelques modifications se
produisent toutefois dans le haut, où le facies à Crinoïdes
offre le banc fossilifère de Courbouzon, ou bien est remplacé par le facies oolithique, ainsi qu'il arrive à Publy
selon le parallélisme que j'ai cru devoir adopter.

III· — BAJOCIEN SUPÉRIEUR·

ASSISE DE L'EUDESIA BESSINA

SYNONYMIE (1).

Calcaire à Polypiers (partie supérieure). Marcou, 1846. Bonjour, 1863.
Roches de coraux du fort St-André (partie supérieure, *Calcaire blan-
châtre*). Marcou, 1856.
Burgondien (partie supérieure). Pidancet, 1863.
Calcaire à Nerinea jurensis (dans certaines localités seulement);
Calcaire à Entroques (dans les carrières de Crançot). Ogérien, 1867.

CARACTÈRES GÉNÉRAUX. — Cette assise comprend une
première série de calcaires, parfois oolithiques, mais d'ordinaire plus ou moins finement spathiques et passant même
sur différents points et à divers niveaux à un calcaire à
Crinoïdes, ou bien finement grenu et contenant quelques
rognons de silex vers le milieu, ainsi que de nombreux rognons de calcite par places (Publy). Puis on a parfois une
ou deux surfaces taraudées (Montmorot), et, sur plusieurs

(1) Pour la limite inférieure des divers auteurs, cette synonymie
n'est qu'approximative. Il n'est pas possible, en particulier, de préciser jusqu'où s'étendait dans le bas le Calcaire à *Nerinea jurensis* du
frère Ogérien.

points, un niveau marneux à bivalves (Huîtres, etc.), au-dessus desquels vient une nouvelle succession de calcaires ordinairement plus ou moins spathiques ou oolithiques, remplacée à Publy par une suite de bancs d'oolithe blan-châtre, avec petits Polypiers assez nombreux et faunule coralligène. Sur tous les points, la surface est fortement taraudée au contact du Bathonien.

Fossiles. — A la base du Bajocien supérieur, une mince croûte, plus ou moins soudée à la surface taraudée de l'as-sise précédente, à Publy, m'a fourni *Eudesia bessina*, avec *Terebratula globata* qui se retrouve dans les bancs suivants. Les couches supérieures à Polypiers de cette localité ne m'ont guère permis de recueillir que quelques échantillons d'une Nérinée qui paraît être *Nerinea jurensis*, d'Orb., et de rares bivalves ; mais ils m'ont fourni de petits Polypiers appar-tenant à une faunule assez variée, et M. Koby, qui a eu l'obligeance de les étudier, y a reconnu 11 espèces dont l'une est probablement inédite. On peut espérer que l'étude de bons gisements fournirait dans cette assise une faune assez nombreuse, surtout quant à cette dernière classe.

Voici les espèces que j'y ai recueillies jusqu'à présent. Celles qui proviennent seulement du niveau inférieur sont précédées d'un astérisque.

Plesiosaurus sp.

Belemnites sp. ind.

Nerinea cfr. *jurensis*, d'Orb.

Panopæa cfr. *sinistra*, Ag.

Trigonia sp.

Trichites sp.

Lima proboscidea, Sow.

— *duplicata*, Sow.

Ostrea Marshi, Sow.

Terebratula ovoides, Sow.

* — *globata*, Sow.

Eudesia bessina (Desl.).

Rhynchonella sp.

Serpula sp.

Bryozoaires.

Débris d'Échinodermes.

Stylina solida, M' Coy.

— *Ploti*, E. et H.

Isastrea salinensis, Koby.

— *dissimilis*, E. et H.

— *serialis*, E. et H.

— *Richardsoni*, E. et H.

Astrocœnia sp. nov. ?

Latomæandra Flemingi, E. et H.

Thecosmilia gregarea, M'Coy.

Cladophyllia Babeana, d'Orb.

Anabacia Bouchardi, E. et H.

Puissance. — Cette assise mesure à Courbouzon 37 mètres, pour 29 m. seulement à Montmorot, et elle n'est observable que sur 29 m. environ à Messia, où le sommet n'est pas visible. A Publy, où le raccordement de deux coupes partielles ne permet pas une évaluation précise, elle paraît atteindre 40 mètres.

Limites. — Ainsi qu'on l'a vu déjà plus haut, le Bajocien supérieur est assez nettement limité à la base par la surface taraudée de l'assise précédente, qui est surtout bien reconnaissable à Publy grâce à la présence d'*Eudesia bessina*. Au sommet, la surface taraudée qui porte la couche marneuse bathonienne à *Ostrea acuminata* fournit une limite plus précise encore.

Points d'étude et coupes. — Les carrières de Courbouzon et de Montmorot permettent une étude facile de cette assise, et la seconde est particulièrement intéressante par le niveau marneux à nombreux bivalves qui s'y trouve. Elle peut aussi être observée pour la plus grande partie dans la carrière de Messia. En raccordant les séries partielles qu'offrent les deux premières tranchées à l'O. de la gare de Publy, on parvient à étudier l'assise entière sur ce point. On l'observerait probablement aussi en entier dans le voisinage de Nogna. La partie supérieure est exploitée dans les carrières de Crançot, sur 7 à 8 m. environ.

Subdivisions. — L'existence dans la partie moyenne de l'assise d'un banc plus ou moins marneux à bivalves, à Courbouzon et Montmorot surtout, et l'apparition du facies oolithique à Polypiers de Publy indiquent une division en deux niveaux pour notre région.

Variations. — Les détails qui précèdent font ressortir suffisamment les variations notables du Bajocien supérieur. En résumé, il offre deux facies principaux qui passent de l'un à l'autre par places : le facies des calcaires spathiques à Crinoïdes, qui est le plus ordinaire, et le facies coralligène, remarquable à Publy par l'analogie de structure qu'il présente avec les couches coralligènes du Jurassique supérieur.

A.— Niveau des calcaires de Conliège à Eudesia bessina et Terebratula globata.

Calcaire dur, plus ou moins spathique et passant même au calcaire à Crinoïdes, rarement oolithique, mais parfois compact et à grain très fin.

Les calcaires de ce niveau varient notablement dans le sens de la hauteur, ainsi que d'une localité à l'autre. Dans les carrières de Courbouzon, ils sont compacts ou très finement grenus-cristallins à la base; puis ils deviennent spathiques et passent au calcaire à Crinoïdes sur la plus grande partie de l'épaisseur. A Messia, on a un calcaire plus ou moins finement spathique, ou à grain assez fin, passant aussi au calcaire à Crinoïdes.

A Montmorot, c'est le facies oolithique qui se manifeste à ce niveau. En prenant pour limite supérieure une couche marneuse pétrie de débris fossiles, principalement de bivalves, il se trouve comprendre seulement 5m80 de calcaires à petites oolithes jaunâtres et parcelles spathiques, qui offrent une surface taraudée à 0m90 du sommet et se terminent également par une surface à perforations de lithophages. Ici le niveau ainsi limité est réduit au tiers de l'épaisseur qu'il présente à Courbouzon et Publy, et, par contre, le niveau suivant possède 3m60 de plus. Cette diminution considérable dans l'épaisseur ne suffit pas toutefois à infirmer l'exactitude du parallélisme, soit de la limite inférieure, soit de la limite supérieure du premier niveau; car l'existence de deux surfaces taraudées, si rapprochées surtout, indique dans cette localité un état bien instable de la sédimentation, qui a parfaitement pu donner ce résultat.

Dans les tranchées de Publy, à l'O. de la gare, le facies

compact, finement grenu et légèrement cristallin, des bancs inférieurs de Courbouzon se continue sur toute la hauteur. En outre de la présence si intéressante d'*Eudesia bessina,* en compagnie de *Terebratula globata,* dans une mince croûte sur la surface taraudée de la base, on remarque ici la réapparition, vers le milieu du niveau, de rognons de silex qui restent peu abondants sur ce point. De plus, on observe, dans deux de ces tranchées, que le calcaire s'imprègne, par places, dans la moitié inférieure et sur d'assez grandes étendues, de matières ferrugineuses qui le colorent en jaunâtre ou en brunâtre ; en même temps, il prend soit une texture plus cristalline, soit un aspect dolomitoïde, et offre souvent des vacuoles occupées par une matière ferrugineuse. On y remarque, en outre, à deux niveaux superposés, des amas de près d'un mètre d'épaisseur de gros rognons de calcite, plus ou moins colorés en jaunâtre, à structure irradiée et souvent chargés de cristaux sur le pourtour.

Fossiles. — A l'exception des débris d'Échinodermes et principalement des *Pentacrinus* du calcaire à Crinoïdes, les fossiles sont, en général, très rares à ce niveau. Je ne puis citer que :

Lima cfr. *proboscidea,* Sow.	*Eudesia bessina* (Desl.).
Ostrea sp.	*Rhynchonella* sp.
Terebratula globata, Sow.	

Puissance. — Sauf à Montmorot, où elle se réduit à 5m80, la puissance est assez uniforme dans nos gisements; on a 18 m. à Courbouzon, 17m30 à Messia, et environ 18 à 19 m. à Publy.

Variations. — En outre d'une instabilité notable de la sédimentation, accusée dans certaines localités par la réduction au tiers de l'épaisseur, et l'intercalation d'une surface taraudée (Montmorot), on remarque dans ce niveau les variations du faciès pétrographique, qui offre, selon les points, des calcaires finement grenus ou bien oolithiques, ou des calcaires à Crinoïdes, et présente même, à Publy, une courte réapparition du facies à rognons de silex.

B. — Niveau des calcaires supérieurs à Polypiers de la gare de Publy.

Calcaire dur, parfois finement grenu-cristallin, ordinairement plus ou moins spathique et à débris de Crinoïdes, ou bien oolithique avec faune coralligène et Polypiers en récifs ou épars. Sur plusieurs points, on observe à la base une couche plus ou moins marneuse ou grumeleuse, d'une richesse variable en bivalves, etc.

A Courbouzon, ce niveau commence par un banc fortement teinté par des matières ferrugineuses, avec de nombreuses Huîtres, etc., suivi d'un calcaire grumeleux où se trouvent encore quelques fossiles de ce genre, puis d'une alternance de calcaire grenu cristallin et de calcaire à Crinoïdes.

A Montmorot et Messia, on a d'abord une couche marneuse, dure et criblée de bivalves (*Ostrea Marshi*, etc.) dans la première localité, argileuse, très mince et stérile dans la seconde ; puis un calcaire oolithique à petits débris spathiques, suivi de calcaire à Crinoïdes.

Mais à Publy, c'est le facies coralligène qui occupe tout le niveau, sous forme d'une succession de calcaires blanchâtres, tantôt à oolithes irrégulières ou bien à petites oolithes régulières, et qui renferment des Polypiers sur toute la hauteur, sauf 4 mètres dans le haut.

C'est à ce niveau qu'appartiennent les calcaires exploités dans les carrières de Crançot. Plus au N., il offre les îlots de Polypiers du Fied, etc., indiqués par les auteurs cités précédemment.

Fossiles. — Malgré l'abondance des bivalves dans le niveau marneux inférieur de Montmorot, je n'ai pu y trouver qu'un petit nombre d'espèces déterminables du facies vaseux. Les calcaires à Crinoïdes n'offrent guère à déterminer que des *Pentacrinus* appartenant probablement aux espèces bajociennes citées précédemment. Mais le facies oolithique coralligène de Publy m'a fourni, avec de rares Mollusques, 11 espèces de Polypiers, constituant pour cette classe un premier appoint assez sérieux à la connaissance de la faune de l'étage Bajocien dans le Jura lédonien.

L'ensemble de la faune de ce niveau est indiqué plus haut (p. 265, fossiles non précédés d'un astérisque). Les couches à Polypiers de Publy ont fourni en particulier *Nerinea* cfr. *jurensis*, *Trigonia* et *Terebratula* sp., et tous les Polypiers :

Stylina solida, M' Coy.	*Astrocœnia* sp. nov.
— *Ploti*, E. et H.	*Latomœandra Flemingi*, E. et H.
Isastrea salinensis, Koby.	*Thecosmilia gregarea*, M' Coy.
— *dissimilis*, E. et H.	*Cladophyllia Babeana*, d'Orb.
— *serialis*, E. et H.	*Anabacia Bouchardi*, E. et H.
— *Richardsoni*, E. et H.	

La couche inférieure à facies vaseux de Montmorot, riche en bivalves, n'a permis de déterminer que :

Panopæa cfr. *sinistra*, Ag.	*Ostrea Marshi*, Sow.
Lima proboscidea, Sow.	*Terebratula ovoides*, Sow.
— *duplicata*, Sow.	

Puissance. — Ce niveau mesure 20 mètres à Courbouzon, et 23^{m}60 à Montmorot ; à Messia, où le sommet n'est pas observable, on peut l'étudier sur 11 m. environ. — A Publy, avec le facies coralligène, il atteint sensiblement 21 m.

Variations. — Les environs de Lons-le-Saunier offrent dans ce niveau deux facies principaux : le facies à Crinoïdes, qui occupe le plus souvent la partie supérieure, et le facies oolithique coralligène (Publy), dont il convient de rapprocher le facies à petites oolithes de la partie inférieure, à Messia et Montmorot. En outre, on observe à la base une brève apparition du facies marno-vaseux à bivalves (Montmorot).

BAJOCIEN SUPÉRIEUR ET RÉCIF DE POLYPIERS DE SYAM ET BOURG-DE-SIROD.

Les coupes données plus loin pour servir à l'étude du Bathonien de l'O. à l'E. du Jura lédonien fournissent quelques indications sur la partie supérieure de l'étage Bajocien près de Champagnole, à Syam et à Bourg-de-Sirod.

Près de la gare de Syam, le sommet de l'étage offre une vingtaine de mètres de calcaires variables, spathiques à la base et surtout dans le haut (8 m.), tandis que la partie moyenne comprend un calcaire blanchâtre à petites oolithes plus ou moins régulières, avec un banc intercalé pétri de fossiles, surtout *Trichites, Ostrea Marshi*, avec des *Pentacrinus*, etc., et quelques *Pholadomya Murchisoni* en dessous. Cette petite série correspond au niveau des calcaires oolithiques supérieurs à Polypiers de Publy, et le caractère assez net du faciès oolithique sur ce point permet de penser que des Polypiers peuvent aussi se trouver dans le voisinage.

A 3 kilomètres plus au N., l'étage Bajocien affleure en grande partie dans les puissants escarpements situés à l'O. de Bourg-de-Sirod (1). Les couches inférieures du Bathonien analogues à celles de Syam se montrent, vers la sommité, dans la forêt dite Bois de Sapois (carte de l'État-major), sur le bord de l'ancien chemin qui se rend à Champagnole, et l'on y retrouve le banc fossilifère que j'ai pris pour limite inférieure ; au-dessous, on voit, sur 17 mètres, une suite de calcaires spathiques, de sorte que le niveau des calcaires à Polypiers de Publy est occupé ici, du moins pour la plus grande partie, par le faciès à Crinoïdes, comme à Messia et à Courbouzon.

(1) Voir la *Carte géologique détaillée*, feuille *Lons-le-Saunier*, par M. Marcel BERTRAND.

En descendant sur Bourg-de-Sirod, on arrive à un gradin fortement escarpé du côté oriental et qui domine d'environ 150 mètres le cours de l'Ain près des forges. Des carrières sont ouvertes vers le haut de ce gradin, dans un calcaire grossièrement spathique. Au-dessus, une large surface, inclinée vers l'O., et qui s'étend au S. sur plus d'un kilomètre, présente, sur une grande étendue, des constructions de Polypiers formant des moutonnements caractéristiques.

La roche coralligène renferme des rognons de silex assez nombreux, qui paraissent bien moins altérables que ceux du Bajocien moyen des environs de Lons-le-Saunier et contiennent parfois des fossiles, par exemple des Rhynchonelles. On y remarque des portions de roche siliceuse passant à une belle calcédoine mamelonnée. Les Polypiers sont siliceux. Les fossiles en bon état sont rares, malgré l'étendue de l'affleurement ; les meilleurs se voient dans les murs de clôture. En outre de quelques Rhynchonelles et Térébratules peu déterminables, j'y ai recueilli les espèces suivantes de Polypiers, dont je dois la détermination à l'obligeance de M. le professeur Koby.

Isastrea salinensis, Koby.   *Thamnastrea Terquemi*, E. et H.
—   *tenuistriata*, E. et H.   —   *M' Coyi*, E. et H.
—   *Bernardi*, d'Orb.

La première espèce appartient au Bajocien moyen et au Bajocien supérieur des environs de Lons-le-Saunier ; je n'ai pas rencontré les autres dans cette dernière région.

Bien que je n'aie pas encore pu étudier suffisamment le Bajocien de Bourg-de-Sirod pour préciser la position de cette formation coralligène, elle me semblerait occuper un niveau sensiblement plus élevé que les Polypiers de Conliège ; mais il ne paraît pas possible de la synchroniser avec les Polypiers supérieurs de Publy. Si elle est plus récente que les calcaires spathiques à Trigonies de Courbouzon qui terminent le Bajocien moyen, elle pourrait tout au plus appartenir au niveau des calcaires de Publy à *Eudesia bessina* et *Terebratula globata.*

COUPES DU BAJOCIEN.

I. — COUPE DE MESSIA.

Relevée dans les carrières de la Côte-du-Tartre.

Sur les bords de la plaine, en face de Lons-le-Saunier, à l'O. du méridien de Montciel, s'aligne du N. au S. une première série de monts calcaires, à formes plus ou moins arrondies, qui s'élèvent du milieu des formations triasiques et jurassiques, et atteignent 330ᵐ d'altitude et au-delà : c'est l'un de ces monts qui porte le donjon ruiné de Montmorot. Ils font partie d'un grand lambeau de Jurassique inférieur, avec Marnes irisées à l'O., qui plonge vers l'E. et se trouve pincé entre deux longues failles N. S., presque rectilignes, dont la plus occidentale passe par Grand-Messia et l'autre, près de l'église de Montmorot (1). Ce lambeau est lui-même parcouru du N. au S. par des accidents de stratification (petites failles locales et même de petits plissements), mais en outre il est partagé en plusieurs tronçons par des cassures transversales, qui ont joué un rôle important dans le modelé du sol par l'érosion. De là, sont résultés les monts isolés, formés des calcaires de l'Oolithe inférieure et échelonnés sur une dizaine de kilomètres, qui portent les châteaux de l'Étoile, de Montarbey, de Montmorot et constituent la Côte-du-Tartre, puis la Côte-de-Grandchamp, entre Courbouzon et Gevingey (2).

La Côte-du-Tartre s'élève entre Messia-les-Chilly et Montmorot, à une altitude de 357 m,, selon la carte de l'État-major. Elle est séparée de la première de ces localités par des vignes qui reposent sur les Marnes irisées, puis sur les divers étages

(1) *Messia-les-Chilly* de la carte de l'État-major.
(2) Voir la *Carte géologique détaillée*, feuille *Lons-le-Saunier*, par M. Marcel Bᴇʀᴛʀᴀɴᴅ.

du Lias, plongeant fortement vers l'E. et se succédant en bandes étroites dans cette direction. Le Bajocien qui vient ensuite, incliné presque verticalement, forme le versant occidental et le sommet de la côte. Il est suivi, sur le versant oriental, par le Bathonien inférieur, puis le Bathonien moyen ; ce dernier paraît se continuer jusque près de la tour de la Grange-Chantrans, où se voit un banc à surface fortement taraudée qui en forme la limite supérieure. La grande faille de Montmorot, qui limite tout le massif du côté de l'E., passe vers ce point et met le Bathonien en contact avec du Lias, etc. Les deux étages Bajocien et Bathonien, quoique paraissant tout d'abord se succéder d'une façon normale, sont séparés, au moins dans la partie méridionale de la côte, par une ligne de froissements peu considérables (carrières actuelles). Plus au N., les accidents de la stratification sont plus importants, et le massif bathonien paraît lui-même disloqué. On retrouve d'ailleurs le Bajocien vers l'extrémité N.-E., dans une carrière ouverte depuis peu d'années : là se voit une faille très nette, avec remplissage de roches broyées, et, tout à côté, un plissement fort accentué.

Depuis l'établissement de la ligne de Chalon, les calcaires bajociens de la Côte-du-Tartre sont exploités activement à l'extrémité méridionale de celle-ci. Ils fournissent de la pierre de construction de bonne qualité et surtout de grandes quantités de matériaux d'empierrement des chemins, qui sont transportés en Bresse par cette voie ferrée. L'exploitation des calcaires bathoniens s'est faite autrefois sur divers points du versant oriental, où l'on en voit une épaisseur considérable, dans une succession de carrières abandonnées. Depuis quelque temps on a repris cette exploitation pour des matériaux d'empierrement.

L'ensemble de ces carrières permet d'observer, dans des conditions très favorables, la plus grande partie du massif d'Oolithe inférieure qui forme la Côte-du-Tartre. J'y ai relevé la coupe suivante, en prenant pour point de départ une fosse ouverte, pour l'extraction de la marne, vers le sommet du Lias, au bord oriental des vignes, assez près des carrières.

ÉTAGE TOARCIEN.

III. — Assise de l'Ammonites opalinus (partie supérieure).

1. — Marne grise, finement grenue ; peut-être avec de minces alternances ferrugineuses. A peine visible dans la fosse au bord des vignes, sur environ . . . . 1^m

2. — Deux bancs de calcaire bleuâtre, compact, contenant, par places, de nombreuses oolithes ferrugineuses et alternant avec des marnes grises, finement grenues, à taches et pointillé ferrugineux. Visibles dans la fosse . . . . 1^{m}15

Ammonites radiosus, Seebach, et *A. crassus*, Phill., paraissent provenir de cette couche.

DÉTAIL DE LA C. 2.

    a. — Banc calcaire inférieur dur . . . . 0^{m}15
    b. — Marnes et banc calcaire intercalé, peu dur . 1^m

3. — Calcaire à nombreuses oolithes ferrugineuses miliaires, en bancs minces, avec de faibles lits des marnes précédentes dans le bas, et plongeant fortement vers l'E., de même que les couches précédentes. Limite supérieure cachée. Nombreuses Ammonites, surtout en dessous du deuxième banc, *Am. opalinus* etc. Visible au bord de la fosse, sur . . . . 1^m

Cette couche affleure légèrement dans le voisinage au bord de la vigne.

Peut-être une petite partie de l'interruption suivante appartient-elle encore au sommet du Lias.

ÉTAGE BAJOCIEN.

I. — Assise de l'Ammonites Murchisoni et de l'Ammonites Sowerbyi.

ZONE DE L'AMMONITES MURCHISONI.

A. — Niveau du Cancellophycus scoparius (Environ 7 à 8 m.).

4. — Interruption, paraissant correspondre à des couches marneuses. Peut-être encore liasique sur quelques décimètres. Environ . . . . 1^{m}50

5. — Couche en partie cachée, surtout au milieu. Calcaires grenus, un peu gréseux, peu résistants et mal lités, avec délits d'une marne dure, grenue. Visible à la base, et sur 2 ou 3^m au sommet. Environ . . . . 7^m

En face de l'affleurement d'oolithe ferrugineuse indiqué plus haut, se trouve l'interruption de la c. 4, suivie d'une seconde interruption de 4^m environ (talus couvert de cailloux non en place), à laquelle succèdent les calcaires du sommet de la c. 5. En observant un peu plus au S., au côté même de la carrière, on retrouve ces mêmes calcaires, et en dessous de ceux ci, jusqu'à une distance d'environ 7^m de la base de c. 6, on a des calcaires analogues, en grande partie cachés, mais dont le banc inférieur est visible sur ce point en abrupt au bord de la vigne.

B. — NIVEAU DES CALCAIRES FERRUGINEUX A ROGNONS DE SILEX INFÉRIEURS DE MESSIA (6^{m}80).

6. — Calcaire jaunâtre, finement grenu, avec quelques débris d'Échinodermes, et paraissant chargé par places d'une certaine proportion de matières ferrugineuses. Rognons de silex dès la base, mais plus abondants à partir du milieu. Bancs minces dans le bas. Visible au bord occidental de la carrière. 5^{m}30

7. — Calcaire analogue, avec petites oolithes grisâtres. Par places, il se charge d'oxyde de fer, et dans le haut il se délite un peu sur certains points. . . . . 1^{m}50

C. — NIVEAU DES CALCAIRES OOLITHIQUES ET SPATHIQUES A ROGNONS DE SILEX DE CONLIÈGE (24 m. 50).

8. — Calcaire dur, à pâte rougeâtre, finement spathique, englobant de petites oolithes blanchâtres, d'abondance variable . . . . 2^{m}50

9. — Calcaire dur, à nombreuses petites oolithes. Bancs peu épais . . . . 3^m

10. — Calcaires durs, à fines oolithes, plus nombreuses dans la partie inférieure et dans le haut, et parcelles spathiques qui dominent dans le milieu, où se trouvent, par places, quelques petites Huîtres. . . . . 7^m

11. — Calcaire à parcelles spathiques abondantes, passant à un calcaire à Crinoïdes, souvent avec petites oolithes en quantité variable, plus fréquentes dans le bas et surtout dans le haut. 8^m

12. — Banc de calcaire oolithique. Quelques petits bivalves . . . . 0^{m}70

13. — Banc irrégulier de calcaire oolithique, à nombreux petits fossiles (Huîtres surtout), intercalé entre deux lits mar neux, jaunâtres, fossilifères . . . . 0^{m}30

Lime, Huîtres, *Cidaris Pacomei*, Cott., *C. Zschokkei*, Desor, Bryozoaires dans les lits marneux.

14. — Calcaire à petites oolithes blanchâtres, peu dures, avec débris d'Échinodermes et de Bivalves, surtout à la face inférieure. Bancs épais, peu distincts. Surface supérieure portant par places un placage ferrugineux . . . . 3^m

Lima proboscidea, Sow., *Lima* sp. nov , *Pecten articulatus*, Schl., Bryozoaires, etc., à la face inférieure. Quelques *Belemnites* sp. ind. vers le haut.

D. — NIVEAU DES MARNES NOIRES A BRYOZOAIRES AVEC AMMONITES MURCHISONI (9 m. 70)

15. — Deux alternances de marnes très peu fossilifères et de bancs calcaires jaunâtres, avec débris fossiles et traces de Fucoïdes (?). Environ . . . . 1^{m}10

DÉTAIL DE LA C. 15.

a. — Marne jaunâtre . . . . 0^{m}10 à 0^{m}20

b. — Banc calcaire, très irrégulièrement bosselé en dessous, jaunâtre, peu dur, finement grenu. Débris d'Huîtres, etc. Épaisseur variable de . . . . 0^{m}15 à 0^{m}30.

c. — Marne jaunâtre feuilletée, traces noirâtres de Fucoïdes (?) Quelques petits débris fossiles, très rares. . . . 0^{m}30.

d. — Banc calcaire jaunâtre ; se délite plus ou moins en dessus et en dessous . . . . 0^{m}35

16. — Calcaire grenu, finement cristallin, plus ou moins chargé d'oxyde de fer et rougeâtre selon les points, surtout dans la moitié supérieure, et contenant des oolithes peu abondantes, analogues à celles de la couche 14. Trois ou quatre bancs . . . . 1$^{\alpha}$

La surface est irrégulière par places et alors rognoneuse ;
elle offre de nombreux fossiles, et, sur certains points, des
perforations de lithophages. Parfois, elle porte une croûte dure,
criblée de ces perforations.

17. — Marne dure, grumeleuse, bleu foncé, à nombreux
fossiles, surtout dans le bas, et contenant un ou deux bancs de
calcaire bleu, grenu-cristallin, très dur, pétri de bivalves, etc.,
qui se délitent irrégulièrement. 0m85

Pleuromya, sp.	*Pecten articulatus*, Schl.
Trichites, sp.	*Ostrea* cfr. *Marshi*, Sow.
Lima sp. nov.	*Cidaris Zschokkei*, Desor.
— sp.	*Rhabdocidaris horrida*, (Munst).

DÉTAIL DE LA C. 17.

a. — Marne dure, très fossilifère. Épaisseur un peu variable.
soit 0m20
b. — Banc calcaire très fossilifère, surtout en dessus, et chargé
d'oxyde de fer, principalement dans la moitié supérieure.
Il se délite irrégulièrement sur les deux faces. 0m20 à 0m45
c. — Marne analogue à la c. a. Passe par places, dans le haut,
à un banc calcaire, sur 0m10. Épaisseur variable selon le
délitement du banc b. . . . . 0m40 à 0m10

18. — Banc de 0m25 de calcaire bleu, dur, plus ou moins
ferrugineux, suivi de 0m50 de marne bleue, dure, contenant 1 à
3 lits calcaires irréguliers 0m75

Quelques rares *Belemnites* cfr. *breviformis*, Voltz, et de
nombreux bivalves dans les calcaires et les marnes, *Pleuromya*
sp., *Lima* sp. nov., *Ostrea Marshi*, Sow., avec *Cidaris Zschokkei*,
Desor, et des Bryozoaires.

19. — Calcaire jaunâtre, grenu, peu dur, suivi d'un délit
marneux bleu par places. Fossiles rares 0m50

20. — Calcaire analogue, se délite un peu. Quelques bivalves 0m90

21. — Calcaire dur, grenu-cristallin, jaunâtre, à débris de
bivalves et d'Échinodermes plus nombreux vers 1 m. de la base.
Bancs épais. Quelques parties se délitent un peu vers le bas. 3m

22. — Calcaire jaunâtre, avec débris d'Échinodermes et oolithes terreuses, par places. Sur quelques points il semblerait que

de la silice est déjà condensée en rognons peu caractérisés. Surface très irrégulière, à nombreux petits débris fossiles. 1ᵐ60 Avicules, Limes, Huîtres et Cidaris. Quelques *Pecten pumilus* à la surface.

ZONE DE L'AMMONITES SOWERBYI.

A. — NIVEAU DES CALCAIRES MARNEUX INFÉRIEURS A AMMONITES SOWERBYI ET PECTEN PUMILUS (4ᵐ90).

23. — Calcaire jaunâtre, finement grenu, avec parties à petites oolithes terreuses et débris d'Échinodermes. Le banc inférieur (0ᵐ45), peu dur, offre en dessous une surface très irrégulière et contient de nombreux bivalves. A la base est une mince couche marneuse, jaunâtre, de 0ᵐ05 à 0ᵐ10, contenant quelques bivalves. Le calcaire se délite d'une façon irrégulière. . 2ᵐ40
Belemnites sp. ind., *Pleurotomaria* sp., *Avicula* sp., *Pecten* cfr. *articulatus*, Schl., *P. pumilus*, *Lima* cfr. *duplicata*, Sow. *Lima* sp. nov. **A.**

24. — Banc de calcaire dur, de 0ᵐ25, finement grenu-cristallin, avec bivalves assez nombreux. A la base est un mince délit marneux ; au-dessus, un petit banc de 0ᵐ05 qui devient marneux par places 0ᵐ30
Rhabdocidaris horrida (Munst.) dans le lit marneux inférieur; *Pecten articulatus*, Schl., *Lima* sp., *Ostrea Marshi*, Sow., etc. dans le calcaire.

25. — Calcaire finement grenu-cristallin, se chargeant dans le haut de débris d'Échinodermes 2ᵐ

26. — Banc calcaire d'environ 0ᵐ15, irrégulier en dessus, portant un lit de marne blanche de 0ᵐ02 à 0ᵐ07 qui forme une surface plane 0ᵐ20
Le lit marneux renferme de très petits *Belemnites* cfr. *breviformis*, Voltz, avec *Trigonia* sp. ind., *Cidaris* cfr. *spinulosa*, Rœ. et de fines tigelles de *Pentacrinus* sp. ind.

B. — NIVEAU DES MARNES A PHOLADOMYES ET DES CALCAIRES SPATHIQUES A GRAINS FERRUGINEUX DE MESSIA (6m.).

a. — *Bancs inférieurs* (2ᵐ10).

27. — Calcaire dur, à débris spathiques assez fréquents,

plaqué en dessus d'une croûte variable d'oxyde de fer . 2^m10

Le lit marneux précédent peut être attribué à ce niveau.

b. — Bancs supérieurs (3^m85).

28. — Marne dure, grenue, noirâtre, feuilletée, à petites Pholadomyes, suivie d'un banc calcaire, puis d'une mince couche de marne . . . . 0^m85

DÉTAIL DE LA C. 28.

a. — Marne inférieure, avec *Pholadomya* sp. ind. 0^m35
b. — Calcaires à débris d'Échinodermes épars dans une
    pâte grenue cristalline rougeâtre . . . . . 0^m40
c. — Lit marneux. . . . . 0^m10

29. — Calcaire, dur, grenu-cristallin, offrant par places un délit feuilleté, intercalé vers 0^m50 de la base . . . . 1^m30

30. — Banc calcaire à nombreux grains ferrugineux, cannabins subpolyédriques et peu durs, mélangés de débris spathiques. Peu distinct de la couche suivante. Environ . . . . 0^m20

31. — Calcaire dur, à débris spathiques disséminés . 1^m50

ZONE DE L'AMMONITES SAUZEI.

32. — Banc de calcaire finement grenu, d'aspect variable, tantôt dur et de structure assez uniforme (vers le N.), tantôt se délitant irrégulièrement, surtout dans le bas. Dans ce cas, il présente des parties blanchâtres plus ou moins chargées de phosphate de chaux, ainsi que des nodules très ferrugineux et se tache fortement de jaunâtre ou de rougeâtre. Il s'y trouve par places, de nombreux fossiles, assez souvent phosphatés, dans les parties délitables, et ayant parfois le test ferrugineux.

Belemnites sp. ind.   *Arca* sp.
Ammonites propinquans, Bayle.   *Avicula* sp. ind.
    — sp.   *Terebratula* sp. ind.
Pleurotomaria cfr. *Ebrayi* d'Orb.   *Rhynchonella spinosa*, Schl.
    — aff. *pictaviensis*, d'Orb.   Bryozoaires.
Pleuromya sp.

II. — Bajocien moyen.

A. — Niveau des calcaires moyens a rognons de silex de Messia (Soit 30m).

33. — Calcaire finement grenu, blanchâtre, peu dur et prenant à l'air un aspect dolomitoïde, en bancs réguliers, peu épais, qui alternent avec des lits de marne dure, blanchâtre. La couche débute par 0m15 de cette marne. Rognons de silex assez fréquents, souvent dès les premiers bancs calcaires. . . 5m40

34. — Calcaire analogue, paraissant plus dur, avec intercalation de marne dure, feuilletée, dolomitoïde, en petits lits de diverses épaisseurs. Nombreux rognons de silex. Inclinaison E., 55°. Visible jusqu'au bord E. de la carrière occidentale (à présent abandonnée), sur une épaisseur de. 4m

35. — Massif de calcaires à rognons de silex, non exploités actuellement entre les deux carrières bajociennes, et en grande partie cachés par la végétation. La partie inférieure est assez analogue à la couche précédente ; mais les délits marneux paraissent devenir de moins en moins marqués, de façon à passer dans le haut à la couche suivante. Environ . . 15 à 16m

36. — Calcaire un peu marneux, roussâtre, légèrement grenu et à fines parcelles spathiques, avec de nombreux silex, souvent plus ou moins branchus, qui arrivent à former une grande partie de la roche. Inclinaison E. 63°. Visible au bord O. de la grande carrière, à l'entrée de laquelle il a été exploité. . 5m

Le banc supérieur, épais d'environ 0m65, plus dur, finement cristallin et un peu siliceux, résistant bien à l'air, est fortement bosselé en dessus et porte de gros rognons de même nature, plus ou moins soudés. Les parties proéminentes sont taraudées. Dans l'intervalle de celles-ci, un mince placage peu dur est pétri de débris fossiles, surtout *Pecten articulatus*, radioles d'Oursins et *Pentacrinus*, avec de grands *Belemnites giganteus* et *Belemnites* sp. de petite taille. — La surface porte d'ailleurs des stries de frottement, et les rognons calcaires présentent parfois en outre des impressions et des fractures plus ou moins incomplètes, dues aux actions orogéniques.

19

B.— Niveau des calcaires de Courbouzon a Ammonites Humphriesi et des Polypiers de Conliège (28ᵐ70).

37. — Banc calcaire blanchâtre, pétri de débris d'Échinodermes (radioles d'Oursins et Crinoïdes), parfois avec calcaire peu dur, feuilleté par places. Surface supérieure régulière. Ce banc est ordinairement respecté à présent par l'exploitation dans la grande carrière, et forme à son bord occidental une large surface visible 0ᵐ50

38. — Calcaire dur, spathique, à Crinoïdes. Bancs épais. 4ᵐ50

39. — Calcaire dur, analogue au précédent, bleu à l'intérieur où il contient par places de nombreux fossiles indéterminables ; ce sont principalement des bivalves (Limes et Huîtres, etc.) et des débris d'Échinodermes, avec de rares Térébratules. La surface porte des perforations de lithophages, plus ou moins effacées par le frottement qu'elle a subi lors des actions orogéniques et qui l'a notablement striée. Elle était suivie d'une mince couche marneuse d'environ 0ᵐ02, à bivalves et Bélemnites, qui a souvent disparu par ce frottement. Épaisseur totale . . 2ᵐ80

A la surface du calcaire, on recueille des fossiles en mauvais état, dont une partie y sont soudés ; les principaux sont :

Belemnites giganteus, Schl., 3.   *Hinnites tuberculosus*, Gdf., 4.
— *sulcatus*, Miller.   *Rhynchonella* sp. ind.
Trichites sp. ind.   *Serpula* sp. ind.
Lima sp. ind.

40. — Calcaire finement spathique et grenu, à cassure légèrement esquilleuse. La surface de l'avant-dernier banc présente de nombreuses inégalités en forme de trous irréguliers. Le banc supérieur (0ᵐ40) offre une surface lisse et taraudée qui porte des *Belemnites giganteus* assez fréquents. Le taraudage a été masqué en partie par les glissements qui ont strié cette surface 2ᵐ20

41. — Calcaire dur, à pâte spathique et pointillé de blanchâtre, contenant quelques débris d'Échinodermes avec de rares bivalves, et passant dans le haut à un calcaire spathique à Crinoïdes *Pecten articulatus*, Schl., et autres bivalves à la surface. 5ᵐ30

42. — Calcaire spathique, à surface taraudée, portant en outre des stries de frottement. 1ᵐ80

43. — Calcaire dur, plus ou moins riche en débris spathiques de Crinoïdes et d'Oursins, avec pointillé blanchâtre moins abondant que dans les couches inférieures. 9ᵐ

44. — Banc de calcaire dur, spathique, à nombreux débris d'Échinodermes et surtout de *Pentacrinus*, délités par places sous l'action de l'érosion 1ᵐ30

Meristodon jurensis, Sauvage, 1. *Pentacrinus crista-galli*, Quenst.
Cidaris Zschokkei, Desor, 4. Astérides (plaques indéterm.),3.
Pentacrinus bajocensis, d'Orb., 5.

45. — Calcaire dur, à petits débris spathiques et petites oolithes blanchâtres. Vers le haut, surface irrégulière à stylolithes, puis banc supérieur (0ᵐ30) à nombreuses petites oolithes, et à surface régulière, lisse (peut-être taraudée), qui porte des stries de glissement 1ᵐ30

C. — NIVEAU DES CALCAIRES A TRIGONIES DE COURBOUZON (25ᵐ.)

46. — Calcaire bleuâtre intérieurement, très dur, un peu grenu et à parcelles cristallines d'abondance et de grosseur variables, souvent assez fines. Parfois il passe au calcaire spathique à Crinoïdes, et la couche se distingue peu de la suivante. Quelques Rhynchonelles indéterminables. 15ᵐ

A 5ᵐ80 de la base est une surface de glissement striée. Une autre surface, également striée par le glissement des strates en contact, se voit à 3 m. plus haut, et l'on y remarque quelques fossiles indéterminables.

47. — Calcaire dur, fortement spathique et formé en grande partie de débris d'Échinodermes. La surface supérieure est à présent visible sur une étendue notable dans une petite carrière ancienne, au fond de la grande carrière actuelle ; là, elle est fort irrégulière. A quelques mètres de distance, sur des parties récemment découvertes, la même surface est à peu près régulière et présente de nombreuses perforations de lithophages. Une très mince plaquette, formée presque uniquement d'articles de bras de Crinoïdes, s'y trouve parfois soudée. 10ᵐ

III. — Bajocien supérieur.

A. — Niveau des calcaires de Conliège a Eudesia bessina et Terebratula globata (18 m. 50).

48. — Calcaire finement grenu et peu dur par places dans le banc inférieur, qui renferme quelques Brachiopodes, suivi de calcaire dur à parcelles cristallines. . . . . 11^m

49. — Calcaire dur, à grossiers débris de Crinoïdes. Visible au côté oriental de la carrière. Puissance difficilement appréciable avec exactitude dans l'état actuel de l'exploitation. Environ 5 à 6 m., soit. . . . . 5^{m}50

50. — Banc calcaire dur, de 0^{m}50, à débris de bivalves, avec *Lima proboscidea* et rares Oursins, suivi d'un petit banc calcaire de 0^{m}05, puis de 1^{m}50 de calcaire dur, à débris de Crinoïdes. . . . . 2^m

B. — Niveau des calcaires oolithiques supérieurs a Polypiers de la gare Publy (en partie).

51. — Mince banc de calcaire à Crinoïdes, suivi d'un lit argileux, bleu-noirâtre, de 5 à 6 centimètres. . . . 0^{m}15

52. — Calcaire spathique à Crinoïdes, bleu dans le haut ; bancs minces dans le bas. . . . . 1^{m}50

53. — Calcaire dur, à petites oolithes blanchâtres, éparses dans une pâte à nombreuses parcelles spathiques, suivi de calcaire grossièrement spathique, à Crinoïdes, broyé dans le haut sur 1 à 2 m. . . . . 4^m

54. — Calcaire dur, grossièrement spathique, à Crinoïdes. Visible au bord oriental de la grande carrière. Jusqu'à la surface du dernier banc visible, couverte sur ce point par des pierrailles non en place, il y a 4^{m}50 à 5 m. Soit. . . . . 5^m

55. — Interruption. Jusqu'au calcaire marneux du Bathonien inférieur qui se voit plus à l'E., dans une ancienne carrière, il existe un intervalle (terrain non en place supportant un chemin de desserte) d'environ 3 m., dont on peut attribuer à peu près 1 m. au Bajocien. Mais il est fort probable que, par

suite du froissement qu'a éprouvé la partie supérieure du Bajocien dans cette localité, il manque ici une partie des strates du sommet de l'étage.

ÉTAGE BATHONIEN.

I. — Bathonien inférieur.

A. — Niveau des marnes a Ostrea acuminata.

56. — Interruption correspondante à la couche inférieure fossilifère de ce niveau. A cette couche appartient sans doute une partie de l'interruption apparente de 3 m., indiquée ci-dessus. Sous toutes réserves, on peut l'évaluer de 1 à 2 m. environ, qui est à peu près l'épaisseur qu'offre cette couche fossilifère dans une ancienne carrière située à quelques centaines de mètres plus au N., où elle renferme surtout de nombreux *Terebratula globata* de grande taille, plus ou moins déformés, avec *Pecten annulatus*, etc.

Les couches suivantes se voient à peu près en face de la grande carrière bajocienne, dans une succession d'anciennes carrières.

B. — Niveau des marnes feuilletées de Courbouzon (Soit 6ᵐ50).

57. — Calcaire marneux blanchâtre, tendre et d'aspect dolomitique, qui se délite plus ou moins, et renferme parfois quelques rognons plus résistants. A 1 m. 80 de la base visible, on y recueille des bivalves très rares (*Pleuromya* sp., etc.). Il est plus résistant dans le haut, où il forme des bancs assez réguliers. Visible sur. 6ᵐ50

C. — Niveau de l'oolithe bathonienne inférieure de Syam et des calcaires hydrauliques de Courbouzon (9ᵐ40).

58. — Calcaire blanchâtre, peu dur, analogue à la partie supérieure de la couche précédente, mais fragmenté. Quelques délits marneux intercalés 2ᵐ

. 59. — Calcaire plus dur, finement grenu, bleuâtre ou blanchâtre, avec un mince lit feuilleté, intercalé vers le haut. 1ᵐ40

60. — Calcaire plus résistant, à parcelles spathiques et passant à un calcaire à Crinoïdes. Il se termine actuellement par une large surface découverte. . . . . 4^m

61. — Calcaire dur, à débris fossiles d'Échinodermes, etc. Surface irrégulière à petites Huîtres, etc., soudée à la couche suivante. . . . . 1^m80 à 2^m

II. — Bathonien moyen.

A. — Niveau des marnes et calcaires a Térébratules de la gare de Syam (14 m. 40).

62. — Calcaire à oolithes fines, très fines et régulières dans le haut. . . . . 3^m40

63. — Calcaire à fines oolithes un peu variables, offrant à la base un banc à Échinodermes et autres débris fossiles. . 11^m

B. — Niveau des calcaires compacts de la gare de Syàm et des Polypiers de Messia (Soit 36 m.).

64. — Interruption. Petit chemin au bord oriental de la première ancienne carrière bathonienne. Probablement, calcaires assez analogues aux couches voisines. . . . . . . 1^m

65. — Calcaire oolithique brunâtre, avec petits débris fossiles. . . . . 1^m50

66. — Banc de calcaire oolithique à débris d'Échinodermes (*Pentacrinus*, etc.), avec Nérinées et bivalves par places. Environ . . . . 1^m

67. — Calcaire oolithique. . . . . 6^m

68. — Calcaire à fines oolithes blanches, régulières. (Sur le point où cette couche est observable, une suite de petites cassures simulent une stratification renversée) . . . . . 6^m

69. — Banc de calcaire oolithique à Gastéropodes, Bivalves, débris d'Échinodermes et quelques rares petits Polypiers. 1^m

70. — Calcaire oolithique, avec Nérinées dans le milieu. 4^m

71. — Calcaire compact, à pâte fine, passant au calcaire à petites parcelles spathiques . . . . 6^m

72. — Calcaire oolithique, avec quelques Bryozoaires dans le haut . . . . 2^m

73. — Interruption de quelques mètres, puis calcaire oolithique passant à une oolithe grossière. Jusqu'au bord d'un terrain clos planté d'acacia, il y a . . . . . , ... 8^m

C. — Niveau des calcaires oolithiques et spathiques de Syam.

74. — Interruption. — La végétation et les terres cultivées cachent complètement la roche jusque près de la tour de la Grange-Chantrans, où se montre la couche suivante qui termine l'assise. L'interruption mesure environ 50 mètres.

75. — Calcaire très dur, blanchâtre, compact, à cassure vive, visible au bord O. du jardin attenant à la tour de la Grange-Chantrans, où il offre à découvert une grande surface plongeant vers l'E. à la façon des couches précédentes. Cette surface, assez régulière d'ailleurs, présente des perforations de lithophages assez fréquentes, remplies d'un calcaire grenu, légèrement jaunâtre. Visible sur quelques décimètres d'épaisseur.

Interruption. — Les couches supérieures de l'étage ne paraissent pas exister sur ce point.

COUPE DE COURBOUZON.

Relevée dans les carrières de la Côte-de-Grandchamp, près de Messia.

La Côte-de-Grandchamp s'élève entre Messia et Courbouzon, et se poursuit au S., sur une longueur de 3 kilomètres à partir du val de la Sorne, pour se terminer sous le même nom en face de Gevingey, où elle atteint 383 m. d'altitude (État-major) et porte de nombreux tumulus. Comme la Côte-du-Tartre, près de Messia, dont elle n'est que la continuation au S. de la Sorne, elle se compose d'un massif d'Oolithe inférieure, présentant également une forte inclinaison vers l'E. Sur le versant occidental, elle offre le Bajocien ; au sommet, se trouvent des terres cultivées, dont une partie marque l'emplacement de la base marneuse du Bathonien ; puis vient la série des couches bathoniennes, qui se termine sur le versant oriental, au bord du chemin de Courbouzon à Montorient, suivie du Callovien et d'un lambeau d'Oxfordien (Marnes à *Ammonites Renggeri*), au pied de la sommité de Montorient. Une faille qui arrive du S.

coupe le Bathonien et détermine la présence d'un petit lambeau de ces mêmes marnes oxfordiennes dans le milieu de la Côte, où on peut l'observer à peu près en face de l'extrémité N. de Montorient. Sauf cet accident, la série bathonienne paraît être complète dans cette partie moyenne de la Côte. Il n'en est pas de même au N. et au S., où elle est fort incomplète.

La coupe suivante du Bajocien a été relevée près de Petit-Messia, vers l'extrémité septentrionale de la Côte-de-Grandchamp, non loin du passage à niveau de la ligne de Bourg. La partie inférieure de l'étage est cachée par des terres cultivées, et les couches moyennes à rognons de silex ne sont qu'imparfaitement observables. Depuis la construction des premières voies ferrées de notre pays, les calcaires puissants du reste de l'étage ont été l'objet d'une exploitation active, comme pierre de construction de bonne qualité (taille et moellons), ainsi que pour le ballast et l'empierrement des chemins. Ils ont été ainsi rendus visibles en entier, sur 80 m. d'épaisseur, dans de grandes carrières formant actuellement trois vastes chambres, que je désignerai, à partir des couches moyennes à rognons de silex (à l'O.), par les chiffres I, II et III.

Les calcaires moyens du Bathonien sont exploités pour l'empierrement, et ils se voient fort bien, sur une soixantaine de mètres, dans de grandes carrières qui viennent à l'E. des premières.

I. —Bajocien inférieur (partie supérieure).

1. — Marne dure, grenue, avec intercalation d'un banc de calcaire fossilifère. Visible au bord E. d'une vigne, sur 1^{m}40

Pecten articulatus, Schl.,   *Rhynchonella spinosa*, Schl.

2. —Calcaire dur, à débris d'Échinodermes et de Mollusques, dans une pâte dolomitoïde grisâtre. Les débris d'Échinodermes sont plus nombreux dans le banc supérieur, avec quelques points ferrugineux . . . . 5^m

II.— Bajocien moyen.

A. — NIVEAU DES CALCAIRES MOYENS A ROGNONS DE SILEX DE MESSIA (soit environ 28 à 29 m.).

3. — Interruption (prairie ou vigne), jusqu'à un banc à

rognons de silex visible par la tranche au bord E. d'une
vigne. . . . . 6 à 7ᵐ

4. — Interruption correspondante à des couches à rognons
de silex qui ont été exploitées dans une ancienne carrière. Soit
environ 15ᵐ

5. — Calcaire à nombreux rognons de silex. Visible au bord
E. de l'ancienne carrière. Soit. . . . . 6 à 7ᵐ

B.— Niveau des calcaires de Courbouzon a Ammonites Humphriesi
et des Polypiers de Conliège (24 à 25 m.).

6. — Calcaire à petits débris d'Échinodermes (et surtout
d'Échinides à ce qu'il paraît), mal liés et s'égrenant assez facilement après une exposition prolongée à l'air. Il supporte le
chemin d'une ancienne carrière passant sur le bord O. de la
carrière I actuelle 1ᵐ60

7. — Banc de calcaire grenu, grisâtre, dont la surface, fortement inclinée vers l'E., est à découvert sur une assez grande
étendue, au bord O. de la carrière I. Cette surface est irrégulière et porte de nombreux fossiles, souvent d'une mauvaise
conservation, contenus principalement dans une croûte de quelques centimètres. L'épaisseur totale n'a pu être déterminée,
mais n'est probablement pas supérieure à 0ᵐ50

En outre de grandes Huîtres plates indéterminables, cette
couche fournit :

Belemnites sp. ind.　　　　　*Terebratula ventricosa,* Ziet.
Ammonites cfr. *Humphriesi,* Sow.　*Zeilleria Waltoni,* Dav.
Lima proboscidea, Sow.　　　*Rhynchonella* cfr. *angulata,* Dav.
Lima duplicata, Sow.　　　　— 　　*spinosa,* Schl.
　　— 　sp.　　　　　　　*Serpula conformis,* Goldf.
Hinnites sp.　　　　　　Bryozoaires.
Ostrea Marshi, Sow.　　　　Spongiaires.
　　— 　sp.

8. — Calcaire grenu esquilleux, pointillé de blanchâtre, peu
dur, bleu à l'intérieur, suivi de 0 m. 70 de calcaire analogue,
feuilleté dans le bas, puis en bancs minces. 1ᵐ70

9. — Calcaire grenu, bleuâtre, pointillé de blanchâtre, en

bancs épais, jaunâtre par altération, et prenant quelques parcelles spathiques dans le haut. 3ᵐ10

10. — Banc plus ou moins subdivisé d'un calcaire analogue, avec quelques débris spathiques. Grand os de Reptile. Surface probablement taraudée. 1ᵐ

11. — Calcaire analogue à la couche 9, avec de fines parcelles spathiques et quelques débris d'Échinodermes ; cassure esquilleuse. Surface peu régulière et paraissant taraudée . . 7ᵐ60

12. — Calcaire analogue, un banc de 0 m. 40, paraissant s'amincir du côté de l'O., suivi d'un banc de 0 m. 60 dont la surface paraît taraudée. 1ᵐ

13. — Gros banc de calcaire fossilifère et à débris spathiques, suivi d'une couche de 0 m. 05 à 0 m. 15, plus tendre et un peu marneuse, à nombreux débris d'Échinodermes, avec des bivalves, etc. 1ᵐ30

Ammonites Humphriesi, Sow.	*Terebratula ventricosa*, Ziet.
Pholadomya sp.	— *ovoides*, Sow.
Hinnites tuberculosus, Goldf.	*Rhynchonella* cfr. *subangulata*, Dav.

14. — Calcaire dur, à Crinoïdes 3ᵐ80
15. — Calcaire analogue, avec quelques petites Huîtres. 1ᵐ50
16. — Gros banc fossilifère de calcaire esquilleux, avec débris spathiques 1ᵐ30

Brachiopodes analogues à ceux de la c. 13.

C. — Niveau des calcaires spathiques a Trigonies de Courbouzon (25 m.).

17. — Calcaire dur à débris de Crinoïdes, grossiers dans le bas, puis de plus petite dimension. 12ᵐ50

Rhynchonella sp. nov.?

18. — Calcaire à débris spathiques assez grossiers . 10ᵐ50

Quelques *Ostrea Marshi* et Rhynchonelles, avec des *Cidaris* et une multitude d'articles de *Pentacrinus*, visibles sur la tranche des bancs, surtout dans le bas. — Cette couche et la suivante comprennent le massif calcaire qui s'élève entre les carrières I et II, et que l'on exploite parfois actuellement.

19. — Calcaire dur, à débris spathiques d'Échinodermes, avec de nombreuses Trigonies, Limes, Huîtres, Térébratules et Rhynchonelles, inclus dans la roche. 2ᵐ

Surface fortement taraudée et portant des Huîtres plates soudées, visible sur une grande étendue, au bord O. de la carrière II. Cette surface a formé un plan de glissement, d'où sont résultées de nombreuses stries de frottement sur certains points. Par places, le banc supérieur taraudé (épais de 0ᵐ20 à 0ᵐ30 à ce qu'il paraît), a été enlevé par l'exploitation, et la surface du banc inférieur, mise à découvert, est irrégulière, parfois criblée de bivalves et surtout de Trigonies, et porte une croûte dure, pétrie de fossiles. Les Trigonies appartiennent à plusieurs espèces de *clavellatæ* et de *costatæ*. On peut extraire quelques *Zeilleria Waltoni* (Dav.).

III. — Bajocien supérieur.

A. — Niveau des calcaires de Conliège a Eudesia bessina et Terebratula globata (soit 18ᵐ).

20. — Banc calcaire d'épaisseur variable, plus épais au N. de la carrière, où il atteint 0ᵐ50 et se trouve séparé de la couche précédente par un mince délit marneux ; réduit à 0ᵐ40 à l'extrémité S. de la surface visible, et soudé sur ce point à la surface taraudée. Soit. 0ᵐ50

Quelques fossiles. Peut-être encore *Zeilleria Waltoni* (Dav.).

21. — Calcaire grenu esquilleux, en bancs assez minces et peu distincts, continuant la couche 19, et se terminant par un mince banc bleuâtre, un peu marneux. 1ᵐ50

22. — Calcaire assez finement grenu-cristallin ; 3 ou 4 bancs. 0ᵐ50

23. — Calcaire dur, grenu, un peu cristallin, bleu intérieurement. 2ᵐ

24. — Calcaire roux, finement spathique. 3ᵐ40

25. — Calcaire analogue, grisâtre. 2ᵐ60

26. — Calcaire spathique, à débris d'Échinodermes . 3ᵐ80

27. — Calcaire à grains cristallins, peu régulièrement subdivisé, surmonté d'un délit ferrugineux, violacé par places, avec quelques Rhynchonelles. Il se termine au bord oriental de la carrière II. 3ᵐ60

B. — Niveau des calcaires oolithiques supérieurs a Polypiers de la gare de Publy (19ᵐ).

28. — Banc de 0ᵐ15 de calcaire finement grenu, jaunâtre, à nombreuses Huîtres, plus tendre au S. et se délitant peu à peu, suivi d'un banc calcaire d'environ 0ᵐ65, plus dur et à parcelles cristallines, que surmonte un délit marno-grumeleux, bleuâtre, de 0ᵐ05 à 0ᵐ10 . . . . 0ᵐ90

29. — Couche de calcaire grenu, bleuâtre, un peu marneux par places, où il se délite lentement en petits grumeaux ; puis calcaire fortement teinté en jaunâtre ou en brunâtre par l'oxyde de fer, avec rognons plus ferrugineux. Ce dernier se délite plus ou moins, et renferme quelques petites Huîtres . 2ᵐ50

30. — Calcaire dur et résistant à l'air, à nombreux débris d'Échinodermes. Il forme le bord occidental de la carrière III, où il est à découvert sur une assez grande étendue. La surface est irrégulière et offre quelques cavités simulant de grosses perforations de lithophages. Elle porte une croûte calcaire, d'environ 0ᵐ10, pétrie de Crinoïdes et offrant même des calices de Crinoïdes encore pourvus de leurs bras. 1ᵐ

31. — Calcaire dur, grenu-cristallin dans le bas, puis se chargeant de débris spathiques peu abondants. 2ᵐ40

32. — Calcaire à Crinoïdes. 5ᵐ

33. — Calcaire dur, grenu-cristallin dans le bas, et passant à un calcaire à Crinoïdes dans le haut. Il a été exploité ainsi que le précédent dans la carrière III. 8 m. à 8ᵐ50, soit. . 8ᵐ20

La surface de ce calcaire est plane, lisse et fortement taraudée. Elle porte les Marnes à *Ostrea acuminata* par lesquelles débute l'étage Bathonien.

On trouvera plus loin, à la suite de l'étude générale du Bathonien, le reste de la coupe de la Côte-de-Grandchamp, pour ce dernier étage et pour le Callovien.

COUPE DE MONTMOROT.

Relevée dans les carrières au S. de la route de Montmorot à Courlans.

A l'O. de la bande N.-S. d'Oolithe inférieure, Lias et Marnes irisées, à laquelle appartiennent la sommité du château de Mont-

morot et la Côte-du-Tartre, au bord occidental de la grande
faille de Messia qui limite ces terrains de ce côté, on trouve une
bande de Lias supérieur, couverte par les vignes ; puis vient un
large massif d'Oolithe inférieur, coupé transversalement par le
val de la Vallière, et qui forme au N. et au S. de celle-ci des
monticules en partie incultes.

Des carrières situées de part et d'autre de la route de Courlans, entament les calcaires de l'Oolithe inférieur sur des épaisseurs et à des niveaux divers. Les deux plus rapprochées de
Montmorot et situées dans la partie orientale du massif calcaire,
s'ouvrent dans le Bajocien : l'une, plus petite, au N. de la route,
est creusée dans les calcaires durs du Bajocien inférieur (niveau
de l'oolithe à rognons de silex de Conliège) et montre, du côté
occidental, les marnes à Bryozoaires et *Ammonites Murchisoni* ;
l'autre, au S. de la route, tout au bord de la Vallière, est plus
importante. Cette carrière, qui appartient à M. Karl, comprend
une chambre d'exploitation principale dans le Bajocien supérieur, qui fournit de la pierre de taille de bonne qualité, et à
l'O. de laquelle le Bathonien est entamé sur une soixantaine de
mètres d'épaisseur, pour l'extraction de matériaux d'empierrement.

On a donc dans cette partie un massif de Jurassique inférieur
qui a plongé vers l'O. au point de dépasser la verticale, et dans
lequel la succession des strates se présente de l'E. à l'O., contrairement à ce que nous ont offert la Côte-du-Tartre et la Côte-
de-Grandchamp. Par suite, on pourrait considérer les deux massifs d'Oolithe inférieur de la Côte-du-Tartre et des carrières de
Montmorot comme dus à la formation d'un anticlinal N.-S., légèrement penché vers l'O. et crevé par la faille de Messia, mais
dont la voûte entière a disparu par l'érosion.

Le massif entamé par les carrières Karl offre une série intéressante, bien que l'on n'y puisse relever en détail qu'une coupe
très incomplète.

Sur le bord oriental de ce massif, se trouvent de petites carrières bien anciennes, où l'on observe des bancs à bivalves du
Bajocien inférieur, qui appartiennent à la partie supérieure du
niveau des marnes noires à Bryozoaires et *Ammonites Murchisoni*. Tout à côté, on reconnaît le banc à grains ferrugineux,

cannabins et subpolyédriques, du niveau de l'*Ammonites So-werbyi*, offrant ici des caractères plus tranchés encore qu'à Messia, et affleurant par sa tranche au bord supérieur du gradin, ce qui forme un excellent point de repère.

Le Bajocien moyen qui vient ensuite est complètement caché pour la plus grande partie par la végétation (pâturage, brous-sailles et terres cultivées). Sur une largeur de 40 à 45 mètres à partir du banc ferrugineux, l'abondance de plantes silicicoles et particulièrement de *Pteris aquilina*, révèle la présence du niveau des calcaires moyens à rognons de silex. Au-delà du bord des broussailles et friches où ces Fougères cessent, on mesure en-core 30 mètres environ d'épaisseur de couches cachées par la végétation, et l'on arrive à des bancs visibles au bord oriental et à l'entrée de la carrière, dans un élargissement de celle-ci, où l'on observe ensuite la partie supérieure du Bajocien moyen sur 17m40. Ainsi, le Bajocien moyen mesurerait sur ce point envi-ron 85 m. pour le moins.

Voici toute la série observable dans la carrière.

II. — Bajocien moyen (partie supérieure).

1. — Calcaire dur, à petits débris spathiques fondus dans une pâte cristalline, et paraissant grenu-cristallin, suboolithique. Vi-sible sur 15m

2. — Gros banc de calcaire dur, visible sur une grande lon-gueur au côté oriental de la carrière, par sa face supérieure qui est taraudée et porte des Huîtres plates soudées, assez nom-breuses, mais où les perforations de lithophages ont été souvent effacées par les actions orogéniques, qui ont usé cette surface et l'ont couverte de stries de glissement disposées suivant diverses directions. 2m40

III. — Bajocien supérieur.

A. — Niveau des calcaires de Conliège a Eudesia bessina et Terebratula globata (5m80).

3. — Calcaire à petites oolithes jaunâtres, souvent peu appa-rentes, et débris spathiques. Surface lisse, taraudée . . 4m90

4. — Calcaire analogue. Surface plane et lisse, portant de nombreuses perforations de lithophages. 0ᵐ90

B. — Niveau des calcaires oolithiques supérieurs a Polypiers de la gare de Publy (23ᵐ).

5. — Couche marneuse, dure, grenue, bleue, pétrie de fossiles et surtout de bivalves en mauvais état, surmontée d'un banc calcaire bleu, d'environ 0ᵐ10, contenant les mêmes nombreux fossiles, et soudé aux calcaires supérieurs . . . 0ᵐ70

Belemnites sp. ind.

Panopœa cfr. *sinistra*, Ag.

Trichites sp. ind., 5.

Bivalves indét. (plusieurs espèces).

Lima proboscidea, Sow.

— *duplicata*, Sow.

Lima sp.

Ostrea Marshi, Sow., 4,

— sp.

Terebratula ovoides, Sow., 2.

Rhynchonella (2 ou 3 espèces), **3.**

Serpula sp.

Bryozoaires, 5.

6. — Calcaire dur, à petites oolithes jaunâtres, avec parcelles spathiques en quantité variable. Dent de *Plesiosaurus* sp. 4ᵐ20

7. — Calcaire dur, à pâte jaunâtre, grenue, avec de nombreux débris spathiques de moyenne grosseur. Gros bancs se subdivisant irrégulièrement en bancs minces 4ᵐ

8. — Calcaire analogue, en gros bancs, à débris spathiques assez abondants, et parfois de nombreux petits fragments de fossiles. 7ᵐ10

9. — Calcaire dur, à pâte jaunâtre, grenue, englobant des débris spathiques assez grossiers, peu abondants. . . . 2ᵐ10

10. — Calcaire à débris spathiques assez petits à la base, et passant, sur la plus grande partie, à un grossier calcaire à Crinoïdes 5ᵐ60

ÉTAGE BATHONIEN.

I. — Bathonien inférieur.

A. — Niveau des marnes inférieures a Ostrea acuminata (Soit 2 m.).

11. — Couche marneuse, blanchâtre, assez dure, très fossi-

lifère à la base, sur quelques décimètres, où elle constitue une sorte de croûte jaunâtre, plus résistante. Soit environ . . 2^m

Cette couche forme le bord O. de la grande carrière bajocienne, et sa face inférieure, presque verticale, visible sur une assez grande étendue par suite de l'exploitation du Bajocien supérieur, est criblée de fossiles.

Strophodus, sp. 1.	*Lima duplicata*, Sow., 5.
Pleurotomaria, sp. ind.	— sp.
Trichites sp. 4.	*Ostrea Marshi*, Sow., 4.
Mytilus sp.	*Aulacothyris carinata* (Lam.), 2.
Avicula sp.	*Rhynchonella* cfr. *subtetraedra*,
Pecten annulatus, Sow., 5.	Bryozoaires.
Lima proboscidea, Sow.	

B. — Niveau des Marnes feuilletées de Courbouzon
et C. — Niveau de l'Oolithe bathonienne inférieure de Syam
et des calcaires hydrauliques de Courbouzon (Soit 21 m.)

12. — Calcaire marneux, blanchâtre, peu visible dans la partie moyenne, et passant dans le haut, sur quelques mètres, à un calcaire dur, grenu ou à petites oolithes disséminées, contenant de nombreux débris d'Huîtres, etc. Surface supérieure plane et lisse, ayant servi de plan de glissement (ce qui pourrait avoir fait disparaître des perforations de lithophages); visible au côté E. de la carrière bathonienne. Puissance, 20 à 22^m, soit 21^m

II. — Bathonien moyen (en partie).

13. — Calcaire grisâtre, à petites oolithes fortement soudées et cassantes, exploité ainsi que les c. 14 à 16.

14. — Calcaire à petites oolithes, passant dans le haut à une oolithe blanche, fine et régulière.

La puissance totale des couches 13 et 14 est de 28 à 30m., soit . . . . 29^m

15. — Interruption. Soit environ (?) . . . . 10^m

16. — Calcaire oolithique, passant à un calcaire compact. Soit. . . . . 20 à 25^m

Interruption, au bord occidental de la carrière.

COUPE DU BAJOCIEN DE CONLIÈGE.

Les pentes rapides et les escarpements des bords du premier plateau à l'E. de Conliège offrent, à partir du Lias qui s'élève presque jusqu'à mi-côte, environ 110m. de couches bajociennes inférieures et moyennes, Mais cette série n'est pas observable tout entière sur un seul point. Il est nécessaire pour l'établir d'étudier plusieurs coupes, choisies de telle sorte qu'elles se complètent l'une par l'autre. C'est ainsi que j'ai dû étudier cette première série sur les points suivants pour obtenir la coupe générale suffisamment complète : sur le bord du massif de Fontenailles traversé par le premier tunnel, et sur le parcours du sentier ou ancien chemin de Fontenailles ; sur le bord du chemin vicinal de Conliège à Briod ; dans les carrières actuelles et les anciennes carrières de Conliège, au-dessus du plateau ; enfin au-dessous et au-dessus de l'Ermitage de Conliège.

Les couches supérieures de l'étage ont été enlevées par l'érosion, sur un tiers à peu près de son épaisseur totale, dans le voisinage du bord occidental du plateau, en face de Conliège et Perrigny. Mais, entre la vallée de Conliège et Revigny et la chaîne de l'Eute, il existe plusieurs failles, ayant à peu près la direction de cette chaîne et parfois accompagnées de ploiements ; elles partagent cette région du plateau en une série de lambeaux plongeant plus ou moins vers l'E. pour la plupart, et de plus en plus élevés dans la série stratigraphique quand on avance dans cette direction. Grâce à cette disposition, les tranchées de la voie ferrée, à partir du tunnel de Revigny, coupent successivement des lambeaux bajociens de plus en plus récents, et fournissent des coupes partielles dont le raccordement permet de compléter la série de l'étage Bajocien.

Le ravin de Rochechien, près de Revigny, offre un intéressant exemple de l'importance que peuvent présenter les accidents de la stratification du massif d'oolithe inférieure du premier plateau, bien que la surface de celui-ci soit peu accidentée. On y voit que le plateau est coupé par une faille qui paraît se diriger vers le N. ou le N.-E.; sa lèvre occidentale est formée par un

20

lambeau bajocien fortement ployé en voûte ; tandis que le lambeau du même étage qui forme la lèvre orientale et dans lequel sont creusées les grottes de Revigny, est lui-même fragmenté de distance en distance par des cassures accompagnées de légères dénivellations.

Sur le bord occidental du ravin, une grande tranchée coupe un massif bajocien plongeant de 33° vers le S.-E.; cette tranchée a dû être voûtée en tunnel sur une partie de sa longueur, mais elle permet encore de voir, au-dessus de la voûte et à l'E. de celle-ci, une série importante comprenant les couches supérieures du bord du plateau de Conliège (couches à silex et à Polypiers) avec une partie des suivantes. Les deux autres tranchées qui lui succèdent sur le plateau, lieux dits Aux Sablières et la Croix-du-Monceau, avant d'arriver à la station de Publy, montrent le reste de l'étage, et comprennent en outre, dans la dernière, les premières strates bathoniennes.

Ces dernières tranchées appartiennent encore, au moins en grande partie, de même que les carrières voisines de Briod, au territoire de Conliège, qui s'étend largement sur le plateau jusqu'à la station de Publy ; c'est pourquoi je désigne la coupe générale du Bajocien de cette région sous le nom de Coupe de Conliège.

Au lieu de rapporter d'abord les diverses coupes partielles, puis d'établir la coupe générale, il semble préférable, pour éviter un trop grand nombre de redites fastidieuses, de donner seulement cette dernière, en signalant dans quelques notes complémentaires les principales particularités des coupes partielles.

Les couches·les plus importantes de cette coupe dans le Bajocien inférieur et moyen se voient sur les bords du chemin vicinal de Conliège à Briod ou tout à côté (sentier de Fontenailles, carrières voisines de Briod). Mais le passage du Lias supérieur au Bajocien n'est pas observable dans le voisinage, et je ne connais d'ailleurs aucun point des côtes de Conliège où il puisse être étudié en entier. Le banc d'Oolithe ferrugineuse à *Ammonites opalinus* qui termine le Lias ne s'y montre même que rarement à découvert, et la base marneuse du Bajocien reste ordinairement cachée par la végétation et les éboulis.

On trouve le banc ferrugineux à *Ammonites opalinus*, visible sur 1^{m}30, au sommet des vignes vers le milieu du massif de Fontenailles que traverse le premier tunnel ; puis une interruption de 3 m. est suivie d'un calcaire à rognons gréseux du niveau à *Cancellophycus*, formant un abrupt qui se délite peu à peu. Plus au S. et tout à côté des carrières de Fontenailles, dans la vigne qui se termine en pointe au bord du chemin, on trouve, à la surface du sol, près de l'abrupt rocheux, des morceaux de la même oolithe ferrugineuse ; ils ont évidemment été arrachés lors des travaux de culture, à une profondeur qui, sans doute, ne dépasse guère un mètre. L'abrupt montre un calcaire irrégulièrement gréseux, qui se délite lentement et renferme *Cancellophycus scoparius*. On peut donc prendre ici le point de départ de la coupe.

I. — Bajocien inférieur.

A. — NIVEAU DU CANCELLOPHYCUS SCOPARIUS (Soit environ 6 à 7 m.)

1. — Interruption, comprenant la couche qui repose sur l'Oolithe ferrugineuse à *Ammonites opalinus*. Soit environ . . 1 à 2^m

2. — Calcaire marno-gréseux, à empreintes de *Cancellophycus scoparius*, et se délitant irrégulièrement. Visible sur . . **1^m**
Quelques rares *Ammonites* du groupe d'*Am. Murchisoni*.

3. — Calcaire en bancs assez réguliers, qui se délitent lentements en fragments et rognons gréseux . , ... 4^m
Cette couche forme ordinairement un petit abrupt au-dessus des vignes.

B. — NIVEAU DES CALCAIRES FERRUGINEUX A ROGNONS DE SILEX INFÉRIEURS DE MESSIA (Soit environ 7 m.).

4. — Calcaire grenu, assez dur, avec silex. Visible au bord du chemin sur . . . . 1^{m}80

5. — Interruption (éboulis ou végétation). Jusqu'au banc inférieur de la carrière de Fontenailles, il y a 11 mètres où les éboulis empêchent de voir le passage au niveau suivant. Il est probable qu'on pourra l'étudier à la carrière exploitée pour la construction de la voie ferrée au-dessous de la Ferme romaine (État-major), à peu près vis-à-vis du viaduc de Conliège.

C. — Niveau des calcaires oolithiques et spathiques a rognons
de silex de Conliège (Soit approximativement 45 m.)

6. — Interruption. — Une partie des 11 m. de l'interruption
totale appartient probablement à ce niveau. Soit environ 5 à 6 m.

7. — Calcaire grenu, rugueux, bleuâtre à l'intérieur, à petites
oolithes blanches, régulières. Visible au fond de la carrière
sur 1m20

8. — Calcaire à petites oolithes plus apparentes, avec silex
allongés dans le sens des bancs, qui sont peu épais . . . 3m

9. — Calcaire analogue, contenant, dans le haut, des silex peu
fréquents. Il se termine par une mince plaquette bleue, pétrie
de débris d'Oursins et surtout de petits radioles. . . 4m80

10. — Calcaire grenu-cristallin, avec pointillé ferrugineux et
rognons de silex disséminés 7m50

11. — Calcaire analogue, paraissant contenir encore quelques
silex dans les carrières, environ . . . . 7 à 8m

12. — Calcaire se chargeant plus ou moins de débris spathiques. Par places, il offre dans le haut de minces lits délitables
intercalés. Visible près du passage à niveau de Fontenailles et
de chaque côté de l'entrée du tunnel, jusqu'à mi-hauteur à peu
près. Soit environ. 10m

La puissance totale des c. 11 et 12 est au moins 18 m. d'après
les épaisseurs mesurées dans la carrière de Fontenailles et les
petits escarpements naturels du voisinage, ainsi qu'au-dessous
de l'Ermitage ; mais je n'ai pu les étudier complètement en
détail, à raison de petites interruptions dues à la végétation, etc.
— Dans l'une de ces couches, probablement dans la partie
inférieure de la dernière, se trouvent de petites géodes, en
partie occupées par du gypse cristallin. On en peut recueillir
des échantillons sur les talus de la voie près du passage à
niveau, où se trouvent des matériaux extraits de la partie méridionale du premier tunnel.

13. — Couche calcaire et marneuse plus ou moins délitable 0m75

Dans les affleurements de la côte, au N. des carrières de
Fontenailles, vers le haut de la zone de buissons, cette couche

comprend un lit marneux à plaquettes et rognons calcaires, sur-monté de calcaire délité en fragments et rognons, avec petites intercalations marneuses irrégulières, le tout ayant l'épaisseur indiquée de 0m75. Fossiles rares : quelques Bryozoaires.

Cette couche, moins délitée et moins apparente, se voit près du passage à niveau, vers le milieu de la tranchée à l'entrée du premier tunnel, et vers le haut du mur de soutènement, dans la tranchée qui précède le deuxième tunnel : ici, elle offre un calcaire à Crinoïdes divisé en plaquettes, avec de très minces délits un peu marneux.

14. — Calcaire dur, à débris spathiques abondants. Soit   4m

Visible en entier sur la couche précédente, à l'entrée méridionale du premier tunnel, et dans la côte entre les vignes et les carrières de Fontenailles, où il forme les derniers affleurements calcaires parsemés de buissons, au-dessus desquels la côte est à peu près entièrement herbeuse. La partie supérieure seulement affleure, sur 1m au plus, au bord du chemin vicinal, entre le passage à niveau de Fontenailles et le tournant supérieur ; elle se termine sur ce point par une surface très irrégulièrement bosselée, offrant des dépressions qui atteignent parfois jusqu'à 0m20 de profondeur, et au-dessus de laquelle on observe la suite des couches 15 à 33. L'Ermitage de Conliège, construit sur des bancs un peu inférieurs à la c. 14, se trouve adossé contre ce calcaire.

D. — Niveau des marnes noires a Bryozoaires et Ammonites Murchisoni (8m85).

15. — Banc mince irrégulier, à grumeaux ferrugineux par places, avec des parties criblées de Bryozoaires et de Spongiaires, surtout à la surface. Épaisseur variable selon les inégalités de la couche précédente. Soit 0m10

16. — Couche marno-gréseuse, micacée, noirâtre, peu fossilifère, avec petits bancs calcaro-gréseux et plaquettes de même nature un peu feuilletées (1). Puissance variable: à l'extrémité S.

_____

(1) Au moment de l'impression de cette feuille, l'exécution d'un mur de soutènement paraît devoir cacher entièrement les c. 15 à 18

de l'affleurement, elle est réduite à 0m65; à une trentaine de
mètres plus au N. elle atteint 1m40

DÉTAIL DE LA C. 16.

a. — Couche marno-gréseuse, à débris d'Échinodermes
avec intercalation de très minces bancs gréseux irréguliers 0m20
b. — Petits bancs gréseux, à surface régulière. . 0m45
c. — Couche marno-gréseuse, micacée, avec plaquettes
gréseuses un peu feuilletées. Passe par places, dans le
haut, à un calcaire gréseux dur 0m75

17. — Bancs gréseux assez résistants, très ferrugineux par
places, rougeâtres ou grisâtres, passant à une couche gréseuse
et se délitant en rognons, avec calcaire grenu cristallin et lits
marno-gréseux intercalés. Fossiles assez rares : quelques Bélemnites, etc. Gros Fucoïdes en dessous du banc inférieur et de
celui du milieu. Épaisseur variable : 0m80 au S., et au N. 0m90

18. — Mince lit marno-calcaire assez dur, peu distinct de
la couche précédente et soudé à la base du calcaire suivant,
contenant par places des pisolithes ferrugineuses ovoïdes, fortement aplaties, ainsi que des rognons ferrugineux, et quelques
fossiles. Épaisseur variable ; soit 0m05
Ammonites Murchisoni, Sow. *Lima* sp. nov.

19. — Banc de calcaire spathique, avec pisolithes ferrugineuses en dessous, qui l'envahissent peut-être par places dans
le bas. *Pecten articulatus*. 0m45

20. — Banc marneux de 0m15 en moyenne, très irrégulier,
avec plaquettes calcaires intercalées, suivi de 2 bancs calcaires
séparés par un mince lit marneux irrégulier. Débris d'Échinodermes en dessus 0m90

21. — Marne noirâtre, fossilifère, et mince banc calcaire en
dessus 0m15
Limes et autres Lamellibranches, *Rhynchonella spinosa*, Schl.
Bryozoaires, Serpules.

sur le bord du chemin vicinal. Elles pourront être observées à l'extrémité S. du grand tunnel (au-dessus de l'entrée), mais leur composition s'y trouve un peu modifiée, et je n'y ai pas remarqué l'oolithe
ferrugineuse de la c. 18.

22. — Deux bancs de calcaire spathique, avec délit marneux intermédiaire, surmontés d'un lit marneux de 0m08 à0m10. 0m75

23. — Banc calcaire dur, à grains assez fins. Surface irrégulière portant, par places, des rainures arrondies à la façon de larges coups de gouge et qui semblent des traces d'érosion. L'épaisseur varie, par suite, de . . . . 0m15 à 0m25

Plus au S. ce banc paraît diminuer d'épaisseur et devient peu distinct.

24. — Marne noirâtre, un peu feuilletée, fossilifère. Épaisseur très variable, par suite des inégalités du banc précédent, 0m35 à. 0m25

Belemnites sp.	*Cidaris Zschokkei*, Desor.
Terebratula sp.	*Rhabdocidaris horrida* (Munst).
Rhynchonella spinosa, Schl.	Bryozoaires.

25. — Calcaire assez dur, en bancs épais, avec quelques bancs minces et petits lits marneux, terminé par une surface irrégulière, qui porte un banc de 0m15 à 0m30, à texture très inégale, pétri de fossiles, principalement des bivalves, et offrant l'aspect d'un lit durci dans un temps de ralentissement de la sédimentation 3m65

Un peu plus au S., cette couche est réduite à 3m20, y compris 0m20 sur ce point pour la couche supérieure fossilifère durcie.

Nombreux Lamellibranches, *Avicula*, *Lima*, etc., avec de rares *Ammonites* sp. ind.

ZONE DE L'AMMONITES SOWERBYI.

A.— NIVEAU DES CALCAIRES MARNEUX INFÉRIEURS A AMMONITES SOWERBYI ET PECTEN PUMILUS (5m25).

26. — Marne noire, sèche, fossilifère, se délitant facilement. . . . . 0m40 à 0m50

Quelques *Belemnites* sp.,avec *Terebratula* cfr. *Stephani*, *T*. sp., *Rhynchonella spinosa*, *Cidaris Zschokkei*, *Rhabdocidaris horrida*, Bryozoaires, etc.

Cette couche se retrouve sur divers points,où le lit de fossiles qui termine la c. 25 permet de la reconnaître facilement. La série suivante se voit, pour les c. 27 à 45, dans de petits affleurements partiels, au bord du chemin actuel et de deux anciens chemins qui forment gradin au-dessus. La partie inférieure jusqu'à la c. 31 est assez difficile à suivre à cause de son aspect variable, mais un premier banc à rognons de silex (c. 29) que l'on retrouve sur différents points, ainsi que le banc fossilifère de la c. 32, facilitent la reconnaissance de cette série.

27. — Calcaire plus ou moins dur et se délitant d'une manière variable, surtout dans la moitié inférieure, avec intercalation de petits lits marneux irréguliers, à grains ferrugineux par place. Parties blanchâtres contenant du *phosphate de chaux*. Soit 0ᵐ75

Fossiles assez nombreux et parfois phosphatés : *Ammonites Sowerbyi*, *A. præradiatus*, et surtout des Lamellibranches, - *Lima* sp. nov. (plusieurs espèces), etc.

Cette couche est plus délitable vers le S. Elle forme le banc marneux, à lits de rognons, qui affleure dans le fossé du chemin au tournant des Tilleuls.

28. — Calcaire variable, analogue au précédent dont il ne se distingue parfois que fort peu, mais souvent plus résistant. Nombreux bivalves. Les couches 27 et 28 mesurent 1ᵐ75 ; soit pour celle-ci 1ᵐ

29. — Banc calcaire, à surfaces irrégulières, assez résistant et contenant de gros rognons de silex qui se voient sur divers points du gisement. Nombreux bivalves par places. Sauf par les silex, ce banc ne se distingue guère des couches voisines quand elles sont peu délitables. En moyenne 0ᵐ45

30. — Calcaire grisâtre, à texture inégale, parfois un peu marneux, contenant des Lamellibranches assez nombreux et un lit de rognons de silex. Par places, il se délite fort irrégulièrement ainsi que le suivant, et dans ce cas les c. 30 et 31 ne peuvent être distinguées 1ᵐ10

31. — Calcaire variable, formant parfois (tournant des Tilleuls) un gros banc, très dur et résistant bien à l'air, à débris fossiles et bivalves, dans le bas surtout, avec un lit de rognons soudé à la base ; par places (un peu plus au N.), il se délite irrégulièrement 1ᵐ

Les c. 28 à 31 et 32 forment dans la tranchée du tournant des Tilleuls un petit abrupt, résistant assez bien à l'air.

32. — Banc dur, grenu, résistant à l'air ou un peu fendillé, pétri de fossiles, principalement des Lamellibranches, avec quelques Bélemnites et de gros Nautiles. Épaisseur variable de 0m20 à 0m70 ; au tournant des Tilleuls, il mesure . . 0m50

B— Niveau des marnes à Pholadomyes et des calcaires spathiques à grains ferrugineux de Messia (5m45).

a. — *Bancs inférieurs* (1m60)·

33. — Calcaire grisâtre, grenu, avec de minces lits marneux intercalés. Au tournant des Tilleuls, il comprend 2 bancs assez durs, suivis de 0m20 de calcaire marneux et de marne, puis un banc de 0m75 à surface irrégulière. Quelques bivalves 1m60

b. — *Bancs supérieurs* (3m85).

34. — Couche ordinairement cachée par la végétation, mais offrant, au tournant des Tilleuls, 3 bancs calcaires, assez durs, séparés par de petites interruptions qui paraissent indiquer des bancs marneux, et suivis d'une interruption de 0m40 . 1m40

35. — Marne grise, assez friable, paraissant stérile. Visible sur. .   .   .   . 0m45.

36. — Calcaire grenu, assez dur, mais se brisant un peu à l'air. Dans la moitié inférieure il se délite en gros rognons, disposés en bancs peu distincts ; la moitié supérieure forme 2 bancs assez nets. Surface inférieure et surface supérieure très irrégulières. Fossiles rares. 0m85

Visible avec les couches voisines, au tournant des Tilleuls, près de la carrière des calcaires à rognons de silex.

37. — Lit marneux, très irrégulier selon les bosselements des couches voisines. 0m05 à 0m15 ; soit. 0m10

38. — Calcaire dur, en 5 bancs bosselés, à pointillé ferrugineux, plus chargé d'oxyde de fer dans les 3 bancs supérieurs, qui sont rougeâtres sur 0m60. Surface inférieure bosselée. Surface supérieure peu régulière, ordinairement criblée de petites perforations variables dont quelques-unes seulement paraissent être des trous de lithophages 1m05

Le banc supérieur se voit au tournant des Tilleuls avec des couches inférieures et supérieures. On le retrouve, bien caractérisé, sur une certaine longueur, à la base d'une suite de petits affleurements, sur le bord du chemin abandonné qui descend du plateau depuis les tilleuls. C'est sur ce point que l'on observe tout le détail de la succession suivante, pour les c. 39 à 44.

ZONE DE L'AMMONITES SAUZEI.

a. — *Partie inférieure.*

39. — Lit marneux. Soit. . . . . 0ᵐ05 à 0ᵐ10

40. — Banc de calcaire dur, grenu, pointillé de rougeâtre, avec parties très ferrugineuses par places. Surface irrégulière. Fossiles nombreux, principalement des bivalves et surtout *Lima proboscidea*, ainsi que *Belemnites* cfr. *breviformis*, *B.* cfr. *giganteus*, *Ammonites* sp. ind., *Lima* sp. nov., *Ostrea Marshi*, etc. Soit. 0ᵐ20

Ce banc est bien visible sur une certaine longueur au bord de l'ancien chemin ; au tournant du chemin actuel, il est remplacé par une couche marno-calcaire qui m'a fourni *Ammonites adicrus*, Waagen.

b. — *Partie supérieure.*

41. — Lit marneux, soit 0ᵐ10

42. — Calcaire grisâtre, grenu, se brisant un peu à l'air, parfois avec lit marneux intercalé vers la base. Surface irrégulière, à nodules phosphatés verdâtres ou blanchâtres. Épaisseur variable, selon les points : 0ᵐ70 à 1ᵐ10 au bord de l'ancien chemin ; soit 1ᵐ10

Dans le haut se trouvent des bivalves, etc.; j'y ai recueilli *Ammonites Brocchi*, Sow.,

Au tournant du chemin actuel, à la base de la carrière à rognons de silex, les c. 40 à 42 sont réunies en un gros banc calcaire de 1ᵐ40, dont la partie inférieure, qui se délite sur 0ᵐ25, représente les c. 40 et 41, tandis que la partie supérieure, épaisse de 1ᵐ15, appartient à la c. 42.

II. — Bajocien moyen.

A. — Niveau des calcaires moyens a rognons de silex de Messia. (Soit 27ᵐ).

43. — Lit marneux, de composition et d'épaisseur variables.
Soit . . . . 0ᵐ10 à 0ᵐ15

Au tournant du chemin actuel, cette couche offre, sur le gros banc précédent, un lit de marne grisâtre, de 0ᵐ15 en moyenne.

Plus au N., sur le bord de l'ancien chemin, où l'épaisseur de la c. 42 varie notablement, on observe sur celle-ci un banc calcaro-marneux, gris-noirâtre, à débris de Crinoïdes et petits grains ferrugineux irréguliers, qui atteint jusqu'à 0ᵐ25 et paraît représenter la c. 43, mais qui semble disparaître à l'extrémité N. du gisement, où la c. 42 passe d'une manière peu sensible à la c. 44. Il reste à voir si ce petit banc ferrugineux n'est point à rattacher à la c. 42. En tout cas, la c. 43 paraît se réduire par places à un lit de quelques centimètres.

44. — Calcaire un peu grisâtre, finement grenu, se brisant un peu à l'air. Partie supérieure cachée, sur quelques décimètres seulement au bord de l'ancien chemin. Soit . . 3ᵐ

45. — Calcaire à texture analogue, mais en bancs assez minces, réguliers, contenant de gros rognons de silex et alternant avec de petits bancs marneux, blanchâtres, assez durs, le tout paraissant dépourvu de fossiles. Visible au bord de l'ancien chemin et surtout dans la carrière du tournant supérieur du chemin vicinal, jusqu'au bord du plateau près des tilleuls, sur . 10ᵐ

Les couches supérieures manquent sur ce point ; mais, à raison surtout du plongement des couches vers le N.-E., elles se retrouvent sur une épaisseur notable, un peu plus au N., sur le bord du sentier de Fontenailles.

46. — Calcaire à rognons de silex, caché à la base sur ce dernier point, où l'on en voit la partie supérieure sur 7ᵐ50. La coupe du sentier de Fontenailles, comparée à celle du chemin vicinal, accuse pour cette couche une épaisseur totale de 13 à 14ᵐ

B. — Niveau des calcaires de Courbouzon a Ammonites Humphriesi et des Polypiers de Conliège (Soit 33ᵐ).

47. — Banc calcaire se désagrégeant par places, pétri de dé-

bris d'Échinodermes, avec parcelles ferrugineuses disséminées. Visible à quelques mètres au S. du sentier de Fontenailles. 1^m

48. — Massif de calcaire à grain fin, grisâtre, et se fendillant un peu à l'air, avec silex au moins dans la partie inférieure. Paraît sans fossiles. Visible au bord du sentier de Fontenailles. . . . . 12^m

Cette couche se termine par une surface régulière qui n'est pas observable à Fontenailles, mais elle forme sur une grande étendue le fond de la carrière actuelle de grandes dalles, située sur le plateau, à l'E. de la cote 515 de la carte de l'État-major.

49. — Calcaire finement grenu et à très petites particules cristallines, avec de petits rognons de silex disséminés. Il est divisé en minces bancs, de 0^m10 à 0^m15 d'épaisseur et au-dessous, qui se séparent en grandes dalles employées pour la clôture des propriétés. La surface des bancs présente des tigelles qui pourraient être des traces de Fucoïdes. Les bancs supérieurs se délitent légèrement par une longue exposition à l'air, sur 1 m. dans la carrière actuelle, sur 2 m. en haut du sentier de Fontenailles, où la couche suivante forme une légère corniche. Épaisseur, mesurée dans la carrière actuelle . . . . . 5^m80

Ce calcaire a été exploité dans de grandes carrières abandonnées du bord du plateau, à la surface du massif que traverse le premier tunnel, près de la cote 534 de la carte de l'État-major (carrières de Fontenailles).

50. — Calcaire très dur et résistant ordinairement bien à l'air, blanchâtre, grenu, avec quelques parcelles spathiques, imprégné de silice et contenant de nombreux fossiles ordinairement plus ou moins siliceux, souvent à test silicifié et couvert d'orbicules. Dans la carrière actuelle, où il est séparé du précédent par une surface très nette, il comprend un banc inférieur, de 1^m10, où les fossiles paraissent très rares, suivi d'un gros banc, un peu subdivisé dans le haut, qui offre des fossiles nombreux par places, surtout vers la base, et souvent silicifiés, parfois même les Crinoïdes. Sur ce point, où les couches supérieures manquent, il mesure. . . . . 3^m50

Les fossiles, principalement les Brachiopodes, abondent dans ce gisement. En outre des Ammonites, etc., rencontrées dans l'exploitation de la carrière, plus spécialement à la base du banc supérieur, à ce qu'il paraît, on recueille de nombreux Brachio-

podes sur certains points des bancs superficiels, et surtout dans
de petites carrières anciennes, situées tout à côté, où le calcaire
est moins résistant à l'air et se trouve très fragmenté. Je n'ai
pas rencontré de Polypiers sur ce point.

La même couche affleure en haut du sentier de Fontenailles,
où elle forme du côté N. une courte corniche et se continue du
côté S. en un abrupt d'une certaine longueur. Les bancs superficiels des anciennes carrières de Fontenailles, situées tout auprès (cote 534 de la carte), appartenaient encore au même calcaire ; les monticules de déchets de cette carrière en sont formés en partie et fournissent de nombreux fossiles. On l'y retrouve d'ailleurs en place sur divers points. Ce gisement est particulièrement intéressant par la présence de Polypiers que l'on
recueille à la surface du sol ; ils sont silicifiés, mais ordinairement indéterminables.

Les principales espèces que cette couche m'a fournies dans
ces diverses carrières, sont :

Nautilus sp. aff. *lineatus*, Sow.	*Lima* cfr. *punctata*, Sow. 1.
Ammonites Humphriesi, Sow.	— sp., 3.
— cfr. *Braikenridgi*, Sow.	*Hinnites tuberculosus*, Goldf.
— *Blagdeni*, Sow.	*Terebratula ovoides*, Sow., 5.
Nerinea sp. ind.	— *Faivrei*, Bayle, 3.
Pleurotomaria (2 ou 3 es-	*Zeilleria Waltoni* (Dav.), 1.
pèces).	*Rhynchonella Garanti*, d'Orb., 5.
Turbo sp.	— cfr. *angulata*, Dav., 1.
Pholadomya sp.	*Pentacrinus* sp.
Pleuromya sp.	*Isastrea salinensis*, Koby.

51. — Calcaire blanchâtre, peu dur et un peu marneux par
places. Visible sur 2 m. environ près du bord de l'escarpement,
au S. du sentier et de la croix de Fontenailles. . . . 2m

Les couches supérieures manquent dans toute cette partie du
plateau.

La suite des couches bajociennes doit être reprise dans la
tranchée-tunnel de Rochechien, vers la cote 541 (État-major).

A partir de l'extrémité occidentale du tunnel, on trouve, dans
la tranchée au-dessus de la voûte, une interruption de 5 à 6 m.
de couches cachées, puis une série d'environ 23 m. de calcaire
à nombreux rognons de silex, plongeant vers le S.-E. comme

les couches suivantes, et qui doivent correspondre aux c. 45 et 46 de Fontenailles.

A leur suite se trouvent 9 à 10 m. de calcaires jaunâtres, peu durs, plus ou moins froissés, qui représentent les c. 47 et 48 ; puis on a 3 à 4 m. de calcaire blanchâtre, grenu, ployé et broyé, suivi de 3m80 de calcaire finement grenu, le tout en bancs minces et rappelant les dalles de la c. 49 des carrières de Conliège, auxquelles ces calcaires correspondent. Vient ensuite un banc de 0m65 de calcaire dur, à nombreuses Térébratules et Rhynchonelles, correspondant évidemment, par sa position dans la série des strates comme par ses fossiles, à la c. 50, à Brachiopodes et Polypiers, de Fontenailles ; ce banc fournit un point de repère assez précis pour la continuation de la coupe sur ce point.

Au-dessus, on observe un massif de 11 m. de calcaire à débris spathiques, plus petits dans le bas, où il est peu dur, et portant à la face inférieure de nombreux débris de Crinoïdes : la partie inférieure de ce massif, peut être considérée comme correspondante sur une épaisseur de 2 m., à la c. 51 de Fontenailles. On a donc ensuite à Rochechien la série ci-après :

52. — Calcaire dur, à débris spathiques, plus grossiers dans le haut. Surface supérieure plane, lisse et fortement taraudée. Soit. 9m

C. — Niveau des calcaires a Trigonies de Courbouzon (22m50).

53. — Marne gris-blanchâtre, dure, grenue, avec intercalation de lits marno-calcaires dans le haut, où elle passe au calcaire de la couche suivante. Fossiles rares ; quelques Bélemnites et débris d'Huîtres indéterminables. Visible avec les c. 51 et 52, ainsi que les c. 54 et 55, au-dessus de la voûte de la tranchée-tunnel 1m50

54. — Calcaire grenu, peu dur, bleu intérieurement, avec quelques débris spathiques ; passe par places à un calcaire à Crinoïdes. Rares Bélemnites indéterminables. . . . 2m

55. — Calcaire dur, finement grenu, avec quelques débris de Crinoïdes. Dernière couche visible sur la voûte de la tranchée-tunnel, au bord O. du passage du chemin de Conliège à Publy sur celle-ci. Soit. 2m

Les strates de cette couche s'infléchissent de façon qu'elles paraissent devoir aboutir à l'extrémité E. du tunnel, au ras de la voie ou tout près de cette extrémité. Je n'ai pu le vérifier par des observations spéciales précises ; mais en admettant que la couche suivante, visible à la sortie du tunnel, soit immédiatement superposée à celle-ci, on a une épaisseur *minimum*, et l'erreur à craindre ne paraît pas devoir dépasser 2 mètres.

56. — Calcaire assez finement grenu, avec petits débris spathiques disséminés, et pointillé noirâtre dans le bas ; passe à un calcaire à débris spathiques dans le haut. Visible dans la tranchée à l'E. de la voûte-tunnel. Soit . . . . 6^m

57. — Calcaire dur, à Crinoïdes, grossièrement spathique. Surface taraudée. Environ. . . . . 11^m

Plus à l'E., la partie supérieure de cette couche passe à un calcaire à petites oolithes, comme on le verra ci-après.

III. — Bajocien supérieur.

A. — Niveau des calcaires de Conliège a Eudesia bessina et Terebratula globata, (visible sur 13^{m}25).

La tranchée orientale de Rochechien offre, au-dessus de la surface taraudée précédente, un mince banc marneux broyé, de 0^{m}10 à 0^{m}20, où j'ai recueilli seulement quelques Bélemnites à la base ; puis on a 11 m. d'une succession de calcaires grenus, avec petits débris d'Échinodermes assez rares, bleu-noirâtre à l'intérieur, jaunâtres par altération, et à grain plus fin à mesure qu'on s'élève, qui renferment un banc à rognons de silex vers 7 m. de la base. On observe au-dessus de ces calcaires 5 à 6 m. de bancs calcaires à petits débris de Crinoïdes, qui suivent la même inclinaison que les précédents. Le reste de la tranchée (partie orientale) n'offre que des lambeaux de calcaire grossièrement spathique, disloqués et diversement disposés, où il n'est plus possible de continuer le relevé de la coupe.

Plus à l'E., vers la région de tumulus de la Croix-des-Monceaux, la tranchée principale, entre la tranchée-tunnel précédente et la station de Publy, offre une série de strates, inclinées vers l'E. de 5°, qui est fort intéressante par les fossiles que l'on y recueille. A partir d'une surface taraudée, on y observe 11 à 12 m. de calcaires finement grenus, avec un banc à rognons de silex intercalé vers 8 m., de sorte que cette série est tout à fait analogue à celle qui vient d'être indiquée. Tant à cause de la présence des fossiles que parce que l'observation est plus facile dans la tranchée de la Croix-des-Monceaux, je prends sur ce point la continuation de la coupe.

A l'entrée occidentale de cette tranchée, on observe 2 m. de calcaire dur, à petites oolithes, dont la surface est taraudée et porte des Huîtres plates soudées. Ce calcaire correspond à la partie supérieure de la c. 56 précédente. La différence de structure n'a rien qui doive surprendre, puisque la partie supérieure du Bajocien présente tantôt le facies oolithique et tantôt le facies à Crinoïdes. A partir de cette surface taraudée, on observe la série suivante :

58. — Mince couche calcaire un peu marneuse, grenue, soudée à la surface taraudée, ainsi qu'à la couche supérieure, et contenant de nombreux fossiles. Épaisseur de quelques centimètres à peine. Elle correspond évidemment à la couche marneuse de 0^m10 à 0^m20 de la tranchée de Rochechien. Soit 0^m05

Terebratula globata, Sow., 4. *Rhynchonella* sp. ind., 3. *Eudesia bessina*, Desl., 5.

59. — Calcaire finement grenu, bleuâtre, peu dur, en bancs épais, avec petites oolithes sableuses en quantité variable, nombreuses dans le bas. Quelques *Terebratula globata* . . 2^m90

60. — Calcaire analogue, avec petites oolithes sableuses par places. Sur une longueur de quelques mètres, il passe à un massif d'apparence dolomitique, puis brunâtre et d'aspect ferrugineux, contenant un amas de rognons cristallisés de calcite, à structure irradiée, entre lesquels se trouvent des parties ferrugineuses friables. . . . . 2^m80

61. — Banc de calcaire finement grenu, bleuâtre à l'intérieur. . . , ... 1^m

62. — Calcaire finement grenu, offrant sur une certaine longueur un aspect dolomitoïde et passant, comme dans la c. 60, à un amas brunâtre de rognons de calcite, avec parties ferrugineuses friables. . . . . 1^m60

63. — Banc de calcaire dur, finement grenu, avec rognons de silex en dessus. Visible surtout dans une petite carrière au S. de la tranchée. . . . . 1^m

64. — Calcaire analogue, sans silex, exploité dans la même carrière sur. 2m50

65. — Les couches supérieures manquent dans la tranchée ; mais on observe tout à côté (au S.) des couches plus élevées, comprenant environ 7 m. de calcaire dur, finement grenu, superposé au calcaire exploité dans la petite carrière. Soit   7m
La série est interrompue sur ce point.

Plus à l'E., la tranchée située immédiatement à l'O. de la station de Publy (lieu dit En Bulin), offre la série suivante des couches les plus élevées du Bajocien, avec les premières strates bathoniennes, le tout plongeant de 7 à 8° vers l'E.

B. — Niveau des calcaires oolithiques supérieurs a Polypiers de Publy (Soit au moins 21 à 22 m.)

66. — Interruption. — A la base de la série ci-après, l'extrémité méridionale de la tranchée montre des roches fortement broyées et même plissées qui paraissent inférieures à cette série. On y reconnaît à peu près 2 à 3 m. d'épaisseur de couches d'un calcaire jaunâtre, un peu marneux, feuilleté par places, et de calcaire dur à petites oolithes cristallines, le tout fortement dénaturé par les actions mécaniques. — Ces couches froissées pourraient appartenir au niveau précédent, du moins en partie. Leur présence permet seulement d'indiquer l'existence probable, à la base du niveau à Polypiers, d'une couche marno-calcaire, comme il en existe à Montmorot, Messia et Courbouzon, et qui peut-être serait assez mince, ainsi que le fait penser la comparaison des épaisseurs de ces diverses coupes.
La succession ci-après se présente ensuite régulièrement :

67. — Calcaire dur, blanchâtre, à oolithes irrégulières, passant par places à l'oolithe fine, régulière. Quelques petits Polypiers épars et autres fossiles coralligènes. Environ . . . . 5m.

68. — Calcaire oolithique, blanchâtre, contenant de petits massifs de Polypiers en place, avec Nérinées, Trigonies, Bryozoaires, etc. Peu distinct de la couche précédente. . . 1m

69. — Calcaire à oolithes variables. Nérinées, Trichites, Bryozoaires, Polypiers, etc. 3m

70. — Calcaire grenu, suboolithique. Nombreux Polypiers et autres fossiles coralligènes dans la moitié supérieure. . 2m70

71. — Calcaire suboolithique dans le bas, où il renferme de nombreux Polypiers sur 1 m., et passant à une oolithe fine dans le haut. . . . . 2^{m}50

72. — Calcaire blanchâtre, à petites oolithes abondantes. Petits Polypiers dans le haut et surtout dans le bas, avec de petits Gastéropodes, Trichites, etc. . . . . 3^m

73. — Calcaire blanchâtre, à fines oolithes nombreuses et petits débris fossiles. Surface lisse fortement taraudée, inclinée vers l'E. de 7° 1/2. . . . . 4^m

ÉTAGE BATHONIEN.

I. — Bathonien inférieur.

A. — NIVEAU DES MARNES INFÉRIEURES A OSTREA ACUMINATA (2^m).

74. — Marno-calcaire, grumeleux et finement sableux, passant vers le haut à un banc calcaire. Fossiles très rares. . . 2^m

Pholadomya Murchisoni, Sow.   Petites Huîtres indét.
Homomya gibbosa, Ag.   *Terebratula* sp. ind.

B. — NIVEAU DES CALCAIRES A PETITS DÉBRIS DE BIVALVES DE SYAM ET DES MARNES FEUILLETÉES DE COURBOUZON (8^{m}50).

75. — Calcaire finement sableux, avec lits marneux dans la partie inférieure. . . . . 4^m

Pholadomya Murchisoni, Sow.   *Gresslya* sp.
Homomya gibbosa, Ag.

76. — Calcaire blanchâtre, grenu, avec rognons de silex. 3^m

77. — Calcaire finement grenu-cristallin, suivi d'un banc marneux, dur. . . . . 1^{m}50

C. — NIVEAU DES CALCAIRES HYDRAULIQUES INFÉRIEURS DE COURBOUZON (en partie, 3^{m}50).

78. — Calcaire dur, en gros bancs. Visible jusque vers le passage à niveau. . . . . 3^{m}50
Interruption.

COUPES PARTIELLES DU BAJOCIEN

Compléments de la coupe de Conliège.

1° BAJOCIEN INFÉRIEUR DE L'ERMITAGE DE CONLIÈGE.

La côte de l'Ermitage, située au-dessus de la gare de Conliège, montre çà et là, parmi les friches et les buissons, de nombreux petits affleurements qui pourraient fournir une assez bonne coupe du Bajocien inférieur. Les notes suivantes, destinées surtout à signaler les affleurements des deux zones supérieures de l'assise, permettront de préciser facilement la position stratigraphique des fossiles que l'on y recueillera.

En suivant le sentier à partir de la gare, on observe, dans le haut des vignes, un léger gradin, très adouci, évidemment formé par le banc d'oolithe ferrugineuse à *Ammonites opalinus* qui termine le Lias.

La base du Bajocien est cachée par le sommet des vignes, sur une épaisseur approximative de 3 mètres, comprenant les premières couches du niveau **A**, à *Cancellophycus scoparius*. Les bancs supérieurs de ce niveau, qui sont assez résistants, forment le petit abrupt qui existe ordinairement au-dessus des vignes et où l'on trouve quelques exemplaires de ce fossile. Sur divers points, l'abrupt s'élève davantage et atteint aussi le niveau **B**, dont il montre les couches. A 6 m. au-dessus du pied de l'abrupt, soit environ 9 m., au-dessus de la base de l'étage, le sentier rencontre un petit gradin rocheux sur lequel est situé l'oratoire, qui se trouve ainsi vers la base du niveau **B**.

De ce point jusqu'au seuil de l'Ermitage, on mesure 39 à 40 m. L'Ermitage paraît construit sur le sommet du niveau **C** ou peu au-dessous (1), de sorte que ce niveau aurait ici 35 m. environ.

(1) Dans la coupe de Conliège, après l'indication de la c. 14, j'ai dit que l'Ermitage est construit sur des bancs un peu inférieurs à cette couche. Un nouvel examen me conduit à l'opinion ci-dessus, ce qui porte le niveau de l'Ermitage à 4 m. plus haut.

Un escalier conduit depuis l'Ermitage à une sorte d'esplanade, située à 9ᵐ30 au-dessus du seuil, et l'on y trouve une couche marneuse qui donne lieu à une petite fontaine. Bien que je n'aie pu vérifier si la surface du banc inférieur offre les caractères de la couche 25 de la coupe de Conliège à Fontenailles, cette marne me paraît être la couche inférieure de la zone à *Ammonites Sowerbyi*. La puissance de la zone à *Ammonites Murchisoni* serait donc ici de près de 60 m.

On relève à partir de ce point la coupe suivante.

ZONE DE L'AMMONITES SOWERBYI.

A. — NIVEAU DES CALCAIRES MARNEUX INFÉRIEURS A AMMONITES SOWERBYI ET PECTEN PUMILUS (5 m.)

1. — Marne dure, dont la base est cachée.
2. — Banc calcaire et marne assez dure au-dessus. .... } Épaiss. visible 1ᵐ45

Dans la c. 1, j'ai recueilli *Terebratula infra-oolithica*, 2, *Acanthothyris spinosa*, 3, et quelques Bryozoaires.

3. — Banc régulier de calcaire dur.............. 0ᵐ15
4. – Interruption 1ᵐ50
5. -- Calcaire, visible sur 1ᵐ90

B. — NIVEAU DES MARNES A PHOLADOMYES ET DES CALCAIRES SPATHIQUES A GRAINS FERRUGINEUX DE MESSIA (soit 6ᵐ70).

6. — Interruption, environ 0ᵐ50
7. — Calcaire, visible sur.............. .... 0ᵐ80
8. — Calcaire un peu marneux; se délite par places. 0ᵐ80
9. — Calcaire dur, un peu feuilleté dans le bas sous l'action de la gelée, puis résistant ; interruption dans le milieu et au sommet 4ᵐ60

ZONE DE L'AMMONITES SAUZEI.

10. — Banc calcaire, de texture très irrégulière, souvent pétri de bivalves et avec parties assez fortement phosphatées,

verdâtres ou blanchâtres. Ce banc se fragmente assez facilement dans certaines parties très fossilifères. Il se voit sur une épaisseur variable et sur une grande longueur, au pied d'un petit gradin formé par le calcaire suivant. Au point le plus fossilifère, il est à découvert sur 0m50 environ.

Bajocien moyen.

A. — NIVEAU DES CALCAIRES MOYENS A ROGNONS DE SILEX DE MESSIA (en partie, sur 23 m. environ).

11. — Calcaire dur, visible sur quelques décimètres et paraissant se continuer pour former un gradin de............ 2m

12. — Interruption. Prairie et terres cultivées, en pente faible puis un peu plus forte. Jusqu'au bord supérieur du plateau.................................. .... 9m

13. — Depuis ce bord jusqu'au sommet, dans l'ancien camp, près du rempart, et à très peu près au niveau du seuil de la « Ferme romaine » (carte de l'état-major), il y a environ 12m.

2° BAJOCIEN DE ROCHECHIEN, PRÈS DE REVIGNY.

Depuis l'impression des coupes générales du Bajocien qui précèdent, une excursion sur la voie ferrée près de Revigny, faite en compagnie de M. Henri Chevaux, conducteur des Ponts et Chaussées à Lons-le-Saunier, qui a bien voulu m'indiquer des gisements où il avait remarqué des fossiles lors des travaux, m'a permis les observations suivantes.

ZONES A AMMONITES SOWERBYI ET A AM. SAUZEI.

Les couches marneuses et calcaires de ces deux zones ont été coupées par la tranchée qui sépare les deux tunnels du tournant de Revigny. On les voit en grande partie surtout au-dessus de la tête du principal souterrain, où de bonnes observations pourront être faites quand les couches auront subi plus longtemps les actions atmosphériques. Toutefois, la zone à *Am. Sauzei* semblerait représentée ici par un banc peu fossilifère.

Plus à l'E., au-dessous de la tranchée voûtée et munie latéralement d'arcades si pittoresques, qui fait suite au viaduc métallique, le flanc septentrional du ravin de Rochechien offre un lambeau bajocien, fortement incliné presque jusqu'à mi-côte, où l'on relève la petite succession ci-après (1).

ZONE DE L'AMMONITES SOWERBYI (partie supérieure).

1. — Couche de calcaire marno-sableux, contenant des rognons de calcaire dur, finement grenu et à pointillé ferrugineux abondant, surtout dans le haut. Se délite par places en une sorte de sable fin, à parcelles ferrugineuses...... 0^m35

Nombreux bivalves sur certains points. *Homomya* sp., *Trichites* sp. ind., *Rhynchonella* sp.

2. — Gros banc de calcaire dur, grenu et finement spathique, à pointillé rougeâtre. Surface ravinée, très irrégulière, portant un banc grossièrement noduleux, irrégulier, épais de 0^m05 à 0^m20, à surface un peu inégale, taraudée. En tout..... 0^m90

ZONE DE L'AMMONITES SAUZEI (0^m60).

3. — Couche marneuse, finement grenue, très dure, fossilifère....... · .... 0^m20

Pleurotomaria sp. *Lima proboscidea*, et autres bivalves.

4. — Banc de calcaire dur, un peu marneux en dessus, contenant des rognons qui semblent des cailloux roulés et atteignent jusqu'à 0^m25 de diamètre. Nombreux débris de bivalves, surtout à la surface, qui est irrégulière............ 0^m15

5. — Couche marneuse, grenue, très dure, fossilifère, contenant par places un petit banc calcaire ou une ligne de rognons.... .... 0^m25

Ammonites Freycineti, 3 ; bivalves, 4 ; Térébratules, 3 ; Rhynchonelles, 2. En outre, j'ai recueilli dans ces deux couches, sans les distinguer :

(1) Ce lambeau se voit bien dans la *Vue d'ensemble des ouvrages de la gorge de Rochechien* (phototypie Berthaud, Paris).

Belemnites sp., *Chemnitzia* sp., *Pleuromya* sp., *Avicula* sp., *Lima* (3 espèces), *Ostrea* sp.

Bathonien moyen (base).

6. — Calcaire grenu, finement spathique et à pointillé rougeàtre, assez analogue à la c. 2. D'abord 2 m. de gros bancs subdivisés dans le bas puis de petits bancs bien visibles sur 2 à 3 m. En tout, soit.... .... 5ᵐ
Interruption : éboulis.

Comme à Conliège (Fontenailles), les rognons de silex n'apparaissent donc ici que quelques mètres au-dessus de la zone à *Ammonites Sauzei*. Par contre, cette dernière zone diffère sensiblement de l'aspect qu'elle offre au-dessus de Conliège, tant par le plus grand nombre des fossiles dans le haut, ce qui rappelle l'affleurement de Messia, que par la netteté de la séparation des calcaires supérieurs. Sa nature plus marneuse fait de ce point le meilleur gisement connu jusqu'ici dans cette zone pour la recherche de sa faune.

COUPE DU VIADUC MÉTALLIQUE.

Le petit tunnel de 85 m. qui précède le viaduc métallique se dédouble à l'E. ; car les difficultés rencontrées dans cette partie de la voie ont exigé, en outre de l'établissement du viaduc, une légère déviation du tracé primitif dont l'exécution était déjà fort avancée. Les premières couches de la succession ci-après se voient sur le bord de la petite tranchée qui précède la branche de tunnel abandonnée et d'où l'on peut arriver jusque sur la tête du souterrain suivi par la voie.

Bathonien moyen (couches moyennes).

A. — NIVEAU DES CALCAIRES MOYENS A ROGNONS DE SILEX DE MESSIA (partie supérieure).

1. — Calcaire dur, à rognons de silex ; surface fortement taraudée. Se voit en bas de la tranchée, sur 2 m. environ.

B. — NIVEAU DES CALCAIRES DE COURBOUZON A AMMONITES HUM-
PHRIESI ET DES POLYPIERS DE CONLIÉGE (visible sur environ 27 m.)

2. — Calcaire grenu, se délitant à la base et au-dessus en
délits marneux fossilifères, parfois peu marqués . . . 0ᵐ50
Brachiopodes assez fréquents ; les Térébratules ont le test un
peu siliceux. *Terebratula ovoides, Rhynchonella* sp.

3. — Deux bancs calcaires, à surface peu régulière, suivi d'un
mince lit marneux fossilifère 1ᵐ70
Belemnites sp., *Ostrea Marshi, Terebratula ovoides, Rhynchonella* sp.

4. — Trois ou quatre bancs calcaires dur. Soit. . 1 à 2ᵐ

5. — Lit marneux. *Ammonites Humphriesi*, Brachiopodes. 0ᵐ18

6. — Banc de calcaire grenu, à surface irrégulière
(peut être taraudée ?) . . . . ⎱
7. — Petit lit marneux, suivi de calcaire qui se délite ⎰ 0ᵐ55
un peu en dessus. . . . . ⎭

8. — Calcaire avec quelques rognons de silex ; surface irrégulière, suivie d'un mince délit marneux. 2ᵐ30

9. — Calcaire avec quelques silex 1ᵐ70

10. — Couche marno-calcaire, finement grenue, grisâtre.
Quelques Térébratules 0ᵐ45

11. — Calcaire à débris de Crinoïdes, avec quelques silex.
Environ. 3ᵐ
Les c. 8 à 11 se voient au-dessus de la tête du tunnel de la
voie, où la c. 11 se trouve un peu en saillie. Au-dessus viennent des calcaires, qui ne sont guère observables dans l'escarpement sur ce point; mais on peut reprendre la succession des
bancs au bord de la voie, vers l'extrémité E. du viaduc, en
partant d'un banc situé très peu au-dessus du bord supérieur
de la charpente métallique, et qui paraît être la c. 11 ci-dessus.

12. — Lit marno-calcaire de quelques centimètres, avec Térébratules.

13. — Calcaire grenu à débris de Crinoïdes ; passe à un banc
supérieur grenu, fendillé 2ᵐ20

14. — Calcaire à nombreux Crinoïdes, avec Bryozoaires et
Brachiopodes. Les Bryozoaires et le test des Térébratules sont

siliceux. Cette couche, qui se sépare assez mal de la suivante, offre par places l'aspect d'un calcaire à Polypiers. Environ. 0^{m}80

15. — Calcaire à débris de Crinoïdes, exploité pour la construction de la voie jusqu'au bord supérieur du plateau. 11 à 12^m

Interruption : terre végétale. Les couches supérieures manquent dans le voisinage, mais se voient un peu plus à l'E., dans la tranchée-tunnel.

La coupe précédente complète pour le niveau **B** la coupe générale du Bajocien de Conliège ; car je n'avais encore étudié en entier ce niveau dans cette partie de la région qu'un peu plus à l'E., sur la grande tranchée-tunnel de Rochechien, où la roche, fortement tourmentée, a perdu en partie ses caractères, et où je n'avais pu observer la surface taraudée qui termine le niveau précédent (c. 1 ci-dessus). Par contre, le banc, siliceux dans le haut et à surface taraudée, qui forme le sommet du niveau **B** dans la tranchée-tunnel (c. 52 de la coupe de Conliège) manque, à ce qu'il paraît, au sommet de la c. 15, près du viaduc. Pourtant il est très probable, d'après la comparaison des deux gisements, que le niveau **B** est ici à très peu près complet.

La c. 15 du viaduc correspond, je pense, aux 11 m. des c. 52 et 51, indiquées dans la coupe de Conliège. La c. 14 du viaduc répondrait ainsi au banc de 0^{m}65 à Brachiopodes de la tranchée-tunnel, et, par suite, à peu près à la couche à Brachiopodes et Polypiers des carrières de Conliège (coupe de Conliège, c. 50). Enfin, les 14 à 15 m. des c. 2 à 13, qui forment la partie inférieure du niveau près du viaduc, correspondent, dans la tranchée-tunnel, à 16 m. 30 de calcaires en bancs minces, avec quelques silex ; et à Conliège (Fontenailles), ces c. 2 à 13 répondent aux 18^{m}30 des couches 47, 48 et 49 (coupe de Conliège).

La puissance du niveau **B** serait de 27 à 28 m. à Rochechien, sur les deux points où je l'ai observé. Au lieu de 33 m. indiqués dans la coupe de Conliège, elle ne devrait pas être portée à plus de 28 à 30 m., comme il a été indiqué dans l'étude générale de ce niveau.

COUPES DU BAJOCIEN INFÉRIEUR DE MONTMOROT.

En outre du gisement d'Oolithe inférieure des grandes carrières au S. de la route, dont la coupe a été donnée précédemment, il existe entre Montmorot et Courlans, au bord septentrional de la route, deux affleurements où l'on peut étudier plusieurs des couches les plus fossilifères des dernières zones du Bajocien inférieur : l'un dans une petite carrière où l'on a exploité les calcaires moyens de la zone de l'*Am. Murchisoni* ; l'autre dans une tranchée de la route, près de la bifurcation sur Bletterans.

L'affleurement de la petite carrière fait partie du massif qu'entament les grandes carrières au S. de la route, et qui est redressé au point de dépasser la verticale. Le second gisement appartient à un autre massif d'Oolithe inférieure, plus occidental, disloqué par une faille longitudinale, et plongeant vers l'E. de 27 à 53 degrés selon les points. Ces deux massifs peuvent être considérés comme appartenant à un pli synclinal disloqué, qui enserre l'affleurement oxfordien de la mare de Messia-les-Chilly; mais en même temps le premier de ces massifs et celui de la Côte-du-Tartre (ou Mont-Boulot) font partie d'un pli anticlinal penché vers l'O., déjà indiqué précédemment dans la coupe de Montmorot, et situé à l'E. du synclinal. Les lambeaux jurassiques, ayant à peu près la direction N.-S., qui s'échelonnent entre la plaine de Bresse et la côte de Montciel près de Lons-le-Saunier, appartiendraient ainsi à un double pli, un synclinal à l'O. suivi d'un anticlinal, tous deux compliqués d'ailleurs de failles longitudinales et transversales.

COUPE DE LA PETITE CARRIÈRE DE MONTMOROT.

Au N. de la route, en face de la borne kilomètrique 7,7.

Le massif bajocien, à peu près vertical, entamé par cette carrière porte un dépôt glaciaire avec galets striés tout à fait caractéristiques, bien visible surtout sur le bord oriental de la carrière.

ZONE DE L'AMMONITES MURCHISONI (partie supérieure).

C. — NIVEAU DES CALCAIRES OOLITHIQUES ET SPATHIQUES A ROGNONS DE SILEX DE CONLIÈGE (en partie, 12m50).

1. — Calcaire jaunâtre, visible seulement par la face supérieure, verticale, au bord E. de la carrière.

2. — Calcaire jaunâtre, dur, à petites oolithes nombreuses. 5^m

3. — Même calcaire, se divisant en bancs assez minces. 2^m50

4. — Calcaire analogue, à petites oolithes moins fréquentes, mais avec débris miroitants qui le font passer à un calcaire spathique. Bancs épais, n'offrant guère qu'un délit très mince à 1 m. 50 du sommet. Surface assez plane, taraudée. . . 5^m

D. — Niveau des marnes noires a Bryozoaires avec Ammonites Murchisoni (visible sur 9^m).

5. — Lit marneux friable. . . . . 0^m10

6. — Banc calcaire noirâtre, assez dur, un peu marneux et de structure irrégulière, contenant de nombreux fossiles que l'on ne peut extraire. Surface inégale en dessous et en dessus. Environ . . . . 0^m40
Bryozoaires, débris d'Échinodermes et petits bivalves.

7. — Marne noire, grenue, peu fossilifère. Quelques petites Huîtres . . . . 0^m80

8. — Petits bancs de calcaire grenu, se divisant à la base en plaquettes minces. Face inférieure couverte de grands Fucoïdes rameux . . . . 0^m25

9. — Calcaire grenu, à petits débris spathiques. Surface irrégulière, plaquée de matières ferrugineuses. . . . 1^m

10. — Marne feuilletée ; épaisseur variable de 0 m. 07 à 0 m.15
Soit . . . . 0^m10

11. — Calcaire à petits débris spathiques assez fréquents, très irrégulier en dessus, où il paraît avoir été fortement raviné. Parfois il semble formé dans le haut de deux bancs, dont le plus élevé aurait totalement disparu par places, au point de n'être plus représenté que par des rognons disséminés ; mais il reste à vérifier si cette apparence n'est point due à l'inégalité de composition du banc supérieur, qui se déliterait irrégulièrement en passant, par places, à la marne de la c. 12 (Un échantillon non en place, mais qui paraît en provenir, est pourtant nettement taraudé). . . . . 1^m45

12. — Couche marneuse noirâtre, très fossilifère, d'épaisseur variable par suite des inégalités de la couche précédente . . . . 0^m15 à 0^m30

Belemnites breviformis, Voltz.   *Rhynchonella* sp.
Ammonites Murchisoni, Sow.   *Rhabdocidaris horrida* (Munst.).
Pecten articulatus, Schl.   *Pentacrinus* cfr. *bajocensis*, d'Orb.
Lima sp. nov.   Bryozoaires.
Huîtres et autres bivalves.   Spongiaires.

13. — Calcaire grenu, à nombreux fossiles en dessus (*Pecten articulatus*, *Lima sp. nov.*, *Ostrea Marshi*), surmonté d'un lit de 2 à 3 centim. de marne feuilletée . . . . . . 0^m60

14. — Banc calcaire, passant dans le haut et parfois dès le milieu à la marne suivante. Au plus . . . . 0^m45

15. — Marne noir-bleuâtre, feuilletée. L'épaisseur atteint jusqu'à 0 m. 75 quand le banc précédent se délite dès le milieu. Soit . . . . 0^m55
Pecten articulatus, Bryozoaires, etc. — Un *Stomechinus sulcatus*, Cott., provient de cette marne ou de la c. 12.

16. — Lit fossilifère de calcaire légèrement marneux, formant à la base de la couche suivante une croûte mince, qui paraît augmenter d'épaisseur un peu plus au N., où elle formerait un petit banc de 0 m. 20, avec délit marneux en dessus. Soit en moyenne. . . . . 0^m10
Pecten articulatus, *Lima sp. nov.* A. et B. Bryozoaires.

17. — Calcaire dur, grenu, à débris spathiques nombreux, commençant par un banc de 0 m.50, auquel se soude la c. 16, ce qui lui donne l'apparence d'une épaisseur variable. Visible au bord O. de la carrière sur. . . . . 3^m
Interruption.

COUPE DES ROCHETTES DE MONTMOROT.

Près de la bifurcation des routes de Courlans et Bletterans.

Immédiatement après la bifurcation, la route de Courlans coupe en partie le Bajocien inférieur et moyen, et montre une petite série où l'observation est peu fructueuse, par suite du froissement des couches. Les notes suivantes suffiront à indiquer les points les plus intéressants de cet affleurement et de ceux qui lui succèdent, à l'entrée de la route de Bletterans et dans la carrière voisine.

A partir du kilomètre 7,8 en s'avançant vers l'E., on trouve d'abord sur ce point une alternance de couches marneuses à Bryozoaires et bivalves et de bancs calcaires, plongeant de 50° vers l'E., qui appartient au niveau supérieur de la zone de l'*Ammonites Murchisoni*.

A celles-ci succèdent, selon la même inclinaison, les couches de la zone à *Ammonites Sowerbyi*, un peu froissées et altérées dans le haut, où l'inclinaison s'accentue encore. Par suite, il est difficile de retrouver ici la zone à *Ammonites Sauzei*, qui a dû le plus souffrir de ces accidents. On observe pourtant quelques parties d'un petit banc calcaire irrégulier, à nombreux bivalves, qui paraissent appartenir à cette zone.

Le Bajocien moyen, qui vient ensuite, offre d'abord une série de petits bancs à silex, inclinés dès la base de 53 degrés, et auxquels succèdent des calcaires spathiques, un peu froissés. Ces calcaires se voient davantage, tout à côté, dans la tranchée de la route de Bletterans, où on les observe sur une assez grande épaisseur en continuant de s'avancer vers l'E Je n'ai pas reconnu ici les couches fossilifères du niveau **B**, à *Ammonites Humphriesi* et Brachiopodes. Le froissement de la roche y est d'ailleurs parfois trop intense pour que les couches fossilifères aient conservé leurs caractères. La série des strates est brusquement coupée par une faille qui suit à peu près la direction N.-S. A celle-ci succède un massif de Bajocien supérieur (calcaire spathique), dont le plongement vers l'E. n'est plus que de 28°, et que suit le Bathonien inférieur, bientôt caché par les terres cultivées ou les alluvions.

L'exploitation de ce massif de Bajocien supérieur, à partir de la faille, a creusé sur ce point une vaste chambre, en partie occupée par un jardin. La lèvre occidentale de la faille se trouve ainsi à découvert sur une assez grande longueur et sur 7 à 8 m. de haut, ce qui permet de l'observer dans des conditions exceptionnelles. La cassure n'est pas verticale, mais inclinée de 5 degrés au moins du côté de l'E.; elle n'est pas non plus absolument rectiligne. La surface de cette lèvre a été plus ou moins aplanie par les frottements énergiques qu'elle a subis ; elle présente une multitude de stries de frottement, suivant des directions diverses qui se rapportent principalement aux directions

24° d'inclinaison du côté du N. et 55° vers le S., par rapport à la verticale.

Un remplissage de faille, formé de roches broyées, se voit encore sur certains points, au N. Mais on remarque surtout, vers le milieu de la longueur découverte, un amas de remplissage, à l'état d'une sorte de poudingue, offrant un grand nombre de cailloux calcaires, couverts de stries et de creux de pénétration produits par le froissement entre les lèvres de la faille, tout-à-fait analogues à ceux des cailloux impressionnés tertiaires de Grusse, etc. Il semblerait que l'on ait ici un amas de cailloux de l'ère Tertiaire qui auraient été comprimés dans cette faille après l'époque Oligocène, lors des dernières phases de l'exaltation du Jura.

Le Bathonien offre seulement à découvert, dans la carrière, environ 3 m. de la base, c'est-à-dire à peu près tout le niveau inférieur à *Homomya gibbosa* et *Ammonites ferrugineus*. Ce sont des marnes dures, suivies d'un banc de calcaire irrégulier, un peu marneux, très fossilifère, le tout rappelant l'aspect de ce niveau à Courbouzon. On y recueille surtout :

Avicula Munsteri, Goldf.
Pecten ledonensis, Riche.
— *articulatus*, Schl.
Lima duplicata, Sow.
Ostrea Marshi, Sow.

Terebratula globata, Sow.
Rhynchonella cfr. *angulata*, Sow.
Bryozoaires (*Heteropora, Berenicea*).

COUPE DE MONTCIEL PRÈS DE LONS-LE-SAUNIER.

La côte de Montciel ou côte de l'Ermitage forme un étroit plateau, à surface inégale, allongé de plus d'un kilomètre vers le S. entre Montmorot et Courbouzon, et qui s'élève au bord occidental de la ville de Lons-le-Saunier, jusqu'aux altitudes 360 et 376 m., dominant celle-ci d'environ 120 m. en moyenne.

Au-dessus d'un large soubassement de Lias, à pentes adoucies et partout couvertes de cultures, avec les Marnes irisées salifères à la base (Montmorot, etc.), ce plateau offre un massif calcaire de Bajocien inférieur, qui est lui-même recouvert le plus souvent par les éboulis et la végétation. Quelques abrupts se voient pourtant çà et là, vers l'extrémité N., surtout dans des carrières abandonnées et au bord du chemin qui serpente sur le versant N.-E à partir de la ville. Ils permettent d'observer une bonne partie des couches de ce massif, mais il n'est pas possible d'y relever une coupe continue.

Le sommet, caché d'ordinaire par la végétation, offre seulement quelques points dénudés (tranchées du stand, etc.), où l'on remarque une couche plus ou moins épaisse d'argile siliceuse, jaunâtre, contenant de nombreux silex altérés. Elle résulte évidemment de l'altération, sur place ou à peu près, des couches à rognons de silex du Bajocien moyen, qui ont été enlevées plus ou moins totalement ici par l'érosion (1).

Bien qu'elle n'ait pas subi des accidents de dislocation comparables à ceux des massifs d'Oolithe inférieure situés plus à l'O., et que sa structure soit fort analogue à celle du premier plateau au-dessus de Perrigny, la côte de Montciel est loin d'offrir un massif calcaire continu, plongeant seulement un peu vers l'E., comme il pourrait le sembler à distance. Des cassures qui suivent diverses directions divisent les calcaires bajociens qui la couronnent en lambeaux, dont les uns sont assez fortement inclinés vers le S. ou le S.-E. et d'autres vers l'E., tandis que certains blocs rocheux plongent même vers le N. On remarque d'ailleurs au sommet de la côte des entonnoirs analogues à ceux qui abondent sur le premier plateau, surtout au voisinage de l'Eute, où ils jalonnent le parcours des lignes de fracture. Deux de ces entonnoirs se voient près du bord oriental du champ de tir, sous forme de larges dépressions circulaires, assez régulières, dont les bords, en pente douce, sont complètement gazonnés.

La petite carrière du tournant supérieur du chemin, où l'on exploite parfois les bancs supérieurs du calcaire dur, spathique de la zone à *Ammonites Murchisoni*, permet d'observer une disposition qui doit être rapprochée de l'existence de ces entonnoirs. L'exploitation s'arrête à présent à une coupure verticale

---

(1) C'est *l'Argile à cailloux siliceux* de M. Marcel BERTRAND, qui a indiqué ce mode de formation dans la *Notice explicative* de la *Carte géologique*, feuille *Lons-le-Saunier*.

naturelle, où le calcaire se trouve réduit en fragments plus ou moins broyés et avec parties striées, le tout indiquant une cassure dirigée à peu près vers le S.-E., et accompagnée sur ce point d'actions mécaniques intenses. Le même calcaire, non fragmenté de cette sorte, se voit un peu plus au N., dans la tranchée du chemin. Entre ces deux points, le massif calcaire est interrompu par une colonne verticale, d'environ 6 m. de largeur, qui se compose, au moins dans la partie supérieure actuellement visible sur 2 à 3 mètres, d'une argile siliceuse jaunâtre, à nombreux silex altérés, identique à celle du sommet. De plus, il semble que la partie inférieure de cette colonne de remplissage soit formée de la même roche sableuse, à éléments siliceux et à grains ferrugineux, que l'on rencontre dans les poches et crevasses des carrières de Messia, ainsi qu'au sommet de la colline de Montmorot, etc., et que l'on attribue ordinairement, sous le nom de *sidérolithique*, à la première moitié de l'ère Tertiaire. Quoi qu'il en soit de ce dernier dépôt, dont l'agrandissement de la carrière permettra peut-être de vérifier l'existence, on a, sur ce point, un ancien puits, pratiqué par l'érosion sur le parcours d'une ligne de fracture, et qui a été comblé, soit en grande partie par des matériaux sidérolithiques, du moins dans le haut et en dernier lieu, par l'apport de matériaux superficiels, à une époque où le plateau s'étendait encore probablement davantage au N. et à l'E.

Tout près de l'Ermitage, une suite de degrés naturels permet de gravir les escarpements du même massif calcaire à partir du chemin. On arrive, à 3 m. environ du sommet de ces calcaires, à l'entrée d'un puits vertical étroit, nettement creusé dans la roche dure, qui offre seulement ici de légères cassures, sans traces de dislocations. Les bancs supérieurs du massif recouvrent encore en partie l'orifice, et il ne paraît pas que le puits les ait traversés : il se pourrait donc que la formation de celui-ci soit le résultat d'une érosion intérieure et de bas en haut.

Sur divers points au pourtour du plateau, on peut observer, au sommet des vignes, quelques parties de l'Oolithe ferrugineuse à *Ammonites opalinus*. Les travaux de culture ont permis, il y a quelques années, d'en constater la présence près du tournant du chemin de Montciel, au bord septentrional de l'ancienne

route de Bourg. Après une interruption que l'on peut évaluer
à 2 ou 3 mètres environ, à l'emplacement de celle-ci, on observe
sur le bord du chemin qui gravit la côte, la série suivante, qui
est interrompue à diverses reprises par la végétation, etc. La
partie inférieure offre d'ailleurs de nombreuses petites cassures,
parfois accompagnées de très légers froissements, et l'inclinaison varie de 1 à 6° et même 9°. Dans ces conditions, il n'est pas
possible de préciser les épaisseurs, ni même de bien reconnaître toujours les limites des niveaux, et je n'ai guère pu tenir
compte de la coupe de Montciel dans l'étude générale du Bajocien. Je la rapporte ici, augmentée des détails qui précèdent,
principalement à cause de l'intérêt que donne à cette localité
son voisinage de Lons-le-Saunier.

Bajocien inférieur.

Zone de l'Ammonites Murchisoni.

A. — Niveau du Cancellophycus scoparius (sauf la base
non visible, 6 m.).

1. — Couche marno-calcaire, gréseuse, micacée, assez dure,
avec lits de rognons calcaro-gréseux, entamée par le tournant
du chemin sur 2 m environ, visible à présent sur 1 m. dans le
haut, où elle renferme 3 ou 4 lits de rognons. Efflorescences
blanches. Soit. . . . . 2^m
Belemnites Blainvillei, Ammonites sp. ind. ; nombreuses
traces noirâtres de petits Fucoïdes, paraissant être des *Chon-*
drites ; quelques rares empreintes, recueillies en dernier lieu,
pourraient être rapportées au *Cancellophycus scoparius*.

2. — Gros banc plus résistant, calcaro-gréseux, avec parties
marneuses, micacées et gréseuses ; il se délite, par places, en
lits de rognons, surtout dans la moitié supérieure, et se termine
par un lit marneux d'environ 0^{m}20. Efflorescences blanches. Inclinaison de 8 à 9°, puis 6°, vers le S.-E. Soit. . . . . 2^m

3. — Calcaire grenu, jaunâtre, assez dur ; 2 bancs assez réguliers, parfois réunis en un seul. Inclinaison de 6° vers le
S.-E. . . . . 0^{m}40

4. — Calcaire analogue, mais avec parties marno-gréseuses, un peu micacées, à efflorescences blanches, et se délitant parfois en rognons, de façon à ressembler à la couche 2. . . 1ᵐ60

La limite entre les niveaux **A** et **B** est difficilement appréciable avec exactitude.

B. — Niveau des calcaires ferrugineux a rognons de silex
inférieurs de Messia (soit 7ᵐ).

5. — Calcaire jaunâtre, grenu, un peu gréseux et micacé, se délitant par places, surtout dans le haut. 2ᵐ

6. — Calcaire analogue, de plus en plus dur, n'offrant plus que rarement de minces délits marneux et des parties délitables. Il se charge de fines parcelles spathiques et de petites oolithes peu dures, et renferme, dans la moitié supérieure, des rognons de silex, assez peu visibles sur les surfaces qui ont longtemps subi les actions atmosphériques ; par places, on remarque des parties plus ferrugineuses, et les joints des fissures portent des placages d'oxyde de fer. Soit. 5ᵐ

La limite avec le niveau suivant ne peut guère être précisée.

C. — Niveau des calcaires oolithiques et spathiques a rognons
de silex de Conliège (soit environ 36 m.).

7. — Calcaire jaunâtre, grenu, à fines parcelles spathiques et à petites oolithes peu dures, avec quelques très minces lits marneux intercalés. La couche est en grande partie cachée, et l'on en voit seulement quelques bancs de distance en distance. L'inclinaison qui est d'abord de 4 à 5° S.-E., diminue et se réduit à 1° dans le haut. Jusqu'à une ancienne carrière au pied du rocher à pic du belvédère, il y a une épaisseur de 9 à 10 m. Soit. 9ᵐ

8. — Calcaire assez dur, un peu grenu, à débris spathiques plus apparents, parfois pointillé de blanchâtre ou de rougeâtre, avec quelques lits gélifs. Il forme la partie inférieure de l'abrupt du belvédère, où il se continue par la couche suivante. Au bord du chemin, il se voit, par places, jusqu'au grand mur de soutènement, sur 6ᵐ

9.—Calcaire dur, formant la partie moyenne de l'abrupt, où il ne peut être étudié et ne se distingue pas d'ailleurs d'une façon spéciale des couches 8 et 10 ; il est caché au bord du chemin par le mur de soutènement, jusqu'au pied du rocher abrupt, à côté de l'Ermitage. Environ . . . . 7 à 8ᵐ

10. – Calcaire spathique, avec des bancs oolithiques et d'autres à pointillé ferrugineux vers le milieu ; assez fortement spathique dans le haut, avec quelques oolithes peu distinctes. Surface irrégulière. Visible en entier dans les escarpements proches de l'Ermitage. La partie supérieure se voit, sur 3 m. à peu près, dans la tranchée du tournant supérieur du chemin. Environ 12ᵐ

11. — Calcaire plus ou moins dur, en bancs très minces, à nombreux débris de bivalves, avec lits marneux. Passe au suivant 0ᵐ40

12. — Calcaire assez dur, plus tendre par places et se divisant dans le haut. 1ᵐ30

13. — Calcaire irrégulièrement divisé en petits bancs ou plutôt en fragments, avec parties marneuses intermédiaires. 0ᵐ80

D. — Niveau des marnes noires à Bryozoaires avec Ammonites Murchisoni (partie inférieure).

14. – Marne grise, friable, paraissant stérile ; dans le bas s'intercale un mince banc de calcaire marneux, peu régulier. Visible vers l'extrémité N. du mur de soutènement, qui la cache ensuite Cᵐ60

15. — Calcaire spathique jaunâtre, incliné vers le S.-E. d'environ 5°. Visible au-dessus du mur de soutènement, sur 2ᵐ à 2ᵐ50

Interruption. Les couches supérieures manquent au bord du plateau, ou sont cachées par la végétation en face du mur de soutènement.

Au S. de ce mur, quelques bancs calcaires affleurent légèrement au bord du chemin, et à quelques mètres à l'O de celui-ci, le gazon laisse percer, sur plusieurs points, des bancs calcaires à grains ferrugineux, du haut de la zone à *Ammonites Sowerbyi*, qui plongent la plupart vers le S. ou le S.-E., selon l'inclinaison des couches précédentes, de sorte que la zone entière doit exister sur ce point.

Plus au sud, on remarque, près du chemin, une multitude de silex altérés, situés probablement à l'emplacement des premiers bancs calcaires et marneux, à rognons de silex, du Bajocien moyen.

COUPE DE GRUSSE

Relevée sur le bord du chemin de Grusse à Saint-Laurent-la-Roche.

La partie inférieure de ce chemin entame, par une tranchée continue, une grande partie du Lias et du Bajocien inférieur ; mais plusieurs failles, parfois bien peu visibles, interrompent la série des strates. La coupe commence tout à côté du village de Grusse, où l'on observe d'abord, au tournant du chemin, 3 m. de terre grumeleuse rougeâtre ; puis on a la succession suivante :

LIASIEN.

III. — Assise de l'Ammonites spinatus.

1. — Marne dure, grenue, micacée, visible sur. . . . 2^m
2. — Alternance de gros bancs calcaires, plongeant presque verticalement vers le N.-O., et de marno-calcaires ou de lits marneux durs, le tout grenu et micacé . . . . . . 9^m
Ammonites spinatus, etc.

TOARCIEN.

I. — Schistes à Posidonomyes (partie inférieure).

3. — Marne schisteuse, gris-bleu. Quelques Ammonites écrasées, dans le bas. Environ. . . . . 10^m
4. — Marne schisteuse à Posidonomyes, noirâtre vers le haut ; elle renferme, à 0^m50 du sommet, un banc calcaire, qui passe par places à la marne et ne s'en distingue plus. . . . 5 à 6^m
Interruption. Malgré la continuité apparente qu'offrent les marnes au premier abord, il existe évidemment sur ce point une faille accompagnée d'une dénivellation notable ; mais elle est masquée par la nature marneuse des couches en contact.

II. — Toarcien moyen (partie supérieure).

5. — Marne noirâtre intérieurement, avec un bloc marno-calcaire isolé au sommet. . . . . 3 à 4^m

6. — Marne analogue, plus grise et plus sèche dans le haut. Quelques Bélemnites . . . . 3^{m}50

III. — Toarcien supérieur.

A. — Niveau des marnes de l'Étoile.

7. — Banc de calcaire hydraulique, plongeant vers le N.-O., mais beaucoup moins que les calcaires du Liasien . . 0^{m}20

8. — Marne grise, sèche, englobant dans le haut une grosse sphérite, qui paraît isolée . . . . 1^{m}80

9. — Marne analogue. Quelques Bélemnites . . . . 8^m

La continuité des couches 7 à 9 n'est pas certaine ; il se pourrait que ces couches soient disloquées, et que la partie inférieure appartienne encore au Toarcien moyen.

B. — Niveau de l'oolithe ferrugineuse de Ronnay (1).

Bancs inférieurs (1^{m}15).

10. — Banc calcaire finement grenu, un peu marno-siliceux, bleu intérieurement, chargé par places d'oolithes ferrugineuses miliaires. . . . . 0^{m}15

11. — Quatre bancs marno-calcaires, durs et à nombreuses oolithes ferrugineuses miliaires, séparés par des lits marneux

---

(1) Dans l'étude générale qui précède du Toarcien supérieur, j'ai indiqué que la partie inférieure des couches à oolithes ferrugineuses de Grusse appartient fort probablement au niveau des marnes de l'Étoile. Mais depuis l'impression de cette partie, j'ai reconnu que l'Oolithe ferrugineuse de Ronnay a une puissance de 3 à 4 m. au N.-E. de Lons-le-Saunier 3^{m}50 à Blois) et probablement aussi à Ronnay ; il convient donc d'attribuer au niveau **B** l'ensemble des couches à oolithes ferrugineuses de Grusse.

grisâtres, plus ou moins feuilletés. Le banc calcaire inférieur est soudé sur la c. 10; le banc supérieur est irrégulier et n'a que 0ᵐ05. Nombreux fossiles 0ᵐ80

Belemnites pyramidalis, Ziet. *Ammonites* sp.
— *irregularis*, Schl. *Serpula lumbricalis*, Schl.
— *breviformis*, Voltz. — sp.
— sp. *Pentacrinus jurensis*, Quenst. 1.
Ammonites costula (Reinecke).

Bancs moyens (2ᵐ05).

12. — Marne grisâtre, avec Bélemnites 0ᵐ20
13. — Banc de calcaire marneux, à oolithes ferrugineuses. 0ᵐ15
14. — Marne grisâtre, dure et avec quelques oolithes ferrugineuses, alternant avec plusieurs lits minces de calcaire marneux, qui renferment un grand nombre de ces oolithes et sont disposés en morceaux irréguliers. Nombreux fossiles. . 0ᵐ75
15. — Alternance de plaquettes de calcaire marneux à oolithes ferrugineuses, avec de minces lits marneux. Fossiles très nombreux. 0ᵐ55
16. — Calcaire marneux, peu dur, à oolithes ferrugineuses, parfois divisé en plaquettes ou plutôt en fragments irréguliers 0ᵐ20
17. — Marne grise, dure, grenue, avec intercalations de plaquettes à oolithes ferrugineuses 0ᵐ20
Les fossiles de ces couches sont ordinairement en mauvais état. J'y ai remarqué seulement :

Belemnites sp. *Ammonites gonionotus*, Benecke.
Ammonites opalinus (Reinecke). — cfr. *radiosus*, Seebach.
— *Aalensis*, Ziet. — sp.

Bancs supérieurs (1ᵐ20).

18. — Calcaire assez dur, à nombreuses oolithes ferrugineuses, miliaires, tantôt en un seul banc assez uniforme, tantôt un peu marneux dans le milieu, sur 0ᵐ20, ce qui détermine une division, peu régulière et peu distincte, en 3 bancs. Fossiles peu

abondants en général, mais assez nombreux par places ; toujours l'extraction en est difficile. 1ᵐ10

19. — Marne dure, à nombreuses oolithes ferrugineuses. Fossiles assez nombreux. Ammonites de grande taille, etc. Environ 0ᵐ10

Je n'ai recueilli dans ces deux bancs que quelques fossiles déterminables :

Ammonites opalinus (Reinecke). *Lima Elea*, d'Orb.

En outre *Ammonites heterophyllus*, Sow., provient de la c. 19 ou des bancs moyens, mais plutôt de la première.

Bajocien inférieur.

ZONE DE L'AMMONITES MURCHISONI (en partie).

A. — NIVEAU DU CANCELLOPHYCUS SCOPARIUS (soit 6 à 8 m.)

20. — Alternance de marne dure, blanchâtre, micacée, avec 3 petits bancs marno-calcaires, qui se délitent plus ou moins en rognons 1ᵐ50
Ammonites Blainvillei, Voltz, assez fréquent.

DÉTAIL DE LA C. 20,

a. — Marne grise, avec *Belemnites Blainvillei* . . 0ᵐ20
b. — Banc marno-calcaire, variant de 0ᵐ07 à 0ᵐ10; soit 0ᵐ10
c. — Marne à *Belemnites Blainvillei* 0ᵐ60
d. — Lit de rognons calcaires 0ᵐ15
e. — Marne 0ᵐ35
f. — Lit marno-calcaire 0ᵐ10

21. — Marne blanchâtre, un peu micacée, avec quelques *Belemnites Blainvillei*. 1ᵐ
22. — Quatre lits de rognons marno-calcaires durs, alternant avec des lits de la marne précédente *Belemnites Blainvillei* assez fréquent. 1ᵐ60
23. — Cinq ou six bancs calcaires, minces, fragmentés, alter-

nant avec de minces lits marneux, et suivis d'un lit plus épais de marne grise, sèche et dure. Quelques *Belemnites* sp. . 1^m

24. — Calcaire en bancs minces, juxtaposés et fragmentés, peut-être plus marneux en dessus. Visible sur. . . . 1^m

Les couches supérieures ont été enlevées par l'érosion sur ce point, et il s'y trouve une faille qui traverse la tranchée. A la suite de la fracture, la série des couches reparaît, plongeant fortement vers l'O., et recommence par la c. 25 ci-après, qui appartient évidemment au sommet du niveau à *Cancellophycus scoparius* ; mais il est fort probable que la partie inférieure de cette couche n'est autre que la c. 24. La dénivellation de la faille peut donc être évaluée à une dizaine de mètres.

25. — Calcaire bleu, en lits de rognons, avec un peu de marne dure intercalée. Visible sur 2 à 3 m. ; en attribuant les premiers lits à la c. 24, il reste pour celle-ci. . . . . . . 1 à 2^m

B. — Niveau des calcaires ferrugineux a rognons de silex inférieurs de Messia (6 m.).

26. — Calcaire dur, en bancs peu épais, avec rognons de silex très allongés. . . . . 6^m

C. — Niveau des calcaires oolithiques et spathiques a rognons de silex de Conliège (soit 36 m.).

27. — Calcaire variable, souvent spathique, ou bien oolithique, surtout dans la partie moyenne. Environ . . . 36^m

D. — Niveau des marnes noires a Bryozoaires avec Ammonites Murchisoni (base).

28. — Alternance de marne noirâtre et de bancs calcaires. . . . . 1^m 50 à 2^m
29. — Bancs calcaires. . . . . 1 à 2^m
Interruption,

ETAGE BATHONIEN.

SYNONYMIE.

Marnes vésuliennes, Great-Oolite et *Forest-Marble*, avec partie du *Cornbrash.* Marcou, 1846.

Groupe du département du Doubs ou Groupe Mandubien (sauf la partie supérieure des *Calcaires de Palente*), avec les *Marnes de Plasne.* Marcou, 1856-1860.

Bathonien, moins la *Dalle nacrée.* Etallon, 1857 ; Pidancet, 1863 ; Ogérien, 1867.

Bathonien, avec le *groupe D.Fullers earth,du Bajocien,* mais parfois sauf une partie du *Cornbrash,* selon les localités. Bonjour, 1863.

Etage Bathonien. Bertrand, 1882 et 1884; Bourgeat, 1885; Riche, 1889.

Caractères généraux. — Considéré de l'O. à l'E. du Jura lédonien, jusqu'aux environs de Champagnole, l'étage Bathonien se compose essentiellement d'un puissant massif de calcaires, la plupart oolithiques et rarement à débris d'Échinodermes, où s'intercalent à plusieurs reprises des calcaires compacts, plus développés à l'E., et parfois, dans la moitié inférieure, quelques bancs à rognons de silex. Des couches plus ou moins marneuses se trouvent à la base et dans le haut à l'O., mais presque uniquement au sommet dans la partie orientale de la contrée.

L'étage débute par une assise de composition variable, ordinairement très fossilifère à la base, et dont la puissance atteint 22 à 27 mètres. A l'O. de la contrée, on a d'abord une couche marno-grumeleuse, le plus souvent avec rognons ou bancs peu réguliers d'une lumachelle calcaire, plus ou moins caractérisée, et qui renferme une riche faune comprenant *Ammonites ferrugineus, Homomya gibbosa, Pecten ledonensis,* etc., avec de rares *Ostrea acuminata* ; elle est suivie soit d'une couche plus marneuse à

faunule assez analogue (Arlay), soit d'un marno-calcaire
tendre, à peu près stérile (Courbouzon), puis de calcaires
plus ou moins marneux, qui passent parfois dans le haut à
un calcaire dur, avec petites oolithes disséminées, et se
terminent par une surface offrant des indices de cessation
temporaire de la sédimentation. Dans la partie moyenne
de la contrée, l'assise comprend un calcaire lumachelle
inférieur, assez résistant à l'air, et parfois à surface taraudée (Le Fied, Châtillon), puis une couche marneuse pétrie
d'*Ostrea acuminata* (Plâne, Le Fied, Châtillon, Publy, etc.),
suivie soit de calcaires variés (Châtillon), soit d'une lumachelle marno-calcaire, à grosses oolithes oblongues, avec
faunule d'Oursins (*Pseudodiadema subcomplanatum*, etc.),
et *Zeilleria ornithocephala* (Plâne, Lamarre); le tout surmonté, à partir de Plâne et Publy, d'une oolithe blanche
qui renferme parfois des Polypiers (Crançot, Publy) et dont
la surface est d'ordinaire fortement taraudée Mais à l'E.
(Syam), on n'a plus que des calcaires durs, qui débutent
par une lumachelle à petites Huîtres, où l'on a peine à
retrouver *Ostrea acuminata*, et que surmonte de même
une belle oolithe blanche, à surface taraudée.

La partie moyenne de l'étage offre un massif calcaire,
puissant de 80 à 90 m. et terminé, à l'E. comme à l'O. de
la contrée, par une surface fortement taraudée. A l'O. de
Lons-le-Saunier, ce sont uniquement des calcaires, plus ou
moins blancs ou un peu grisâtres, oolithiques pour la
plupart, avec 3 ou 4 intercalations de calcaires compacts,
et l'on y trouve, à divers niveaux, des bancs à faunule coralligène, avec de petits Polypiers, qui sont parfois assez
fréquents dans le milieu et vers le haut (Montmorot, Messia).
A l'E. de la contrée (Syam), on a d'abord un niveau plus
ou moins marneux, riche en Brachiopodes et en bivalves
vaseux (*Homomya gibbosa, Ceromya plicata*, etc., et ensuite *Pinna ampla*), qui se développe à partir de la gare
de Publy et que surmontent deux puissantes alternances

successives de calcaires compacts, bleu-grisâtre, et de calcaires oolithiques, blanchâtres, contenant des Polypiers dans la partie supérieure. Une surface taraudée, suivie de calcaires compacts, qui sépare ces deux alternances à l'E., paraît se retrouver du côté de l'O. (Lavigny), également surmontée de calcaire à grain assez fin, ou du moins elle y est représentée par un délit principal offrant d'autres traces d'un arrêt de la sédimentation (croûte à larges Huîtres aplaties, à Lavigny et à Courbouzon). De la sorte, ces couches moyennes du Bathonien comprennent, dans notre contrée lédonienne, deux divisions principales assez distinctes.

Enfin, la partie supérieure de l'étage, dont l'épaisseur peut être évaluée de 30 à 40 mètres, offre une composition variée, plus uniforme toutefois du côté oriental ; mais je n'ai pu trouver encore aucun point où la série des strates soit observable en entier, sans froissements ni interruptions. Près de Lons-le-Saunier (Courbouzon, Messia), elle débute par des bancs calcaires, avec alternances plus ou moins marno-sableuses, ordinairement peu visibles, qui offrent par places *Ammonites subbakeriæ*, de nombreux *Zeilleria digona* (type), ou une faunule de gros bivalves ; après une interruption due à des dislocations, on observe à Courbouzon une vingtaine de mètres environ de calcaires à petites oolithes, avec quelques bancs compacts, surmontés de 2 à 3 m. de calcaires marno-sableux, à nombreux *Rhynchonella elegantula*, en compagnie de *Zeilleria obovata* et *Eudesia cardium*, auxquels succèdent 3 mètres de calcaires grenus pétris de débris spathiques d'Echinodermes. Dans la partie orientale de la contrée (Champagnole et Vaudioux), les couches correspondantes comprennent seulement des calcaires durs et un peu grisâtres : d'abord à grain assez fin et un peu gélifs à la base, où se trouvent quelques Lamellibranches et de rares Brachiopodes, ils sont plus ou moins oolithiques dans la partie moyenne, où s'intercale une surface à Huîtres plates soudées ; puis ils deviennent compacts dans la partie supérieure, qui présente une semblable surface encore plus caractérisée, à 5 m. du sommet. Dans les deux localités de l'E. et de l'O. (Vaudioux, Courbouzon) où la surface des calcaires supérieurs a été observée, elle est fortement bosselée, plus ou moins criblée de perforations de lithophages, et parfois couverte de galets taraudés sur le pourtour. Ordinairement elle porte une couche plus ou moins marneuse, très dure, grenue et sableuse, qui termine l'étage et contient une faunule de bivalves, avec *Terebratula intermedia*, *Eudesia cardium*, *Acrosalenia spinosa*, *Stomechinus Schlumbergeri* (Vaudioux, Verges, Courbouzon) ; mais cette couche manque sur un point intermédiaire de la contrée (Châtillon).

Fossiles. — Malgré le petit nombre de niveaux fossilifères donnant des échantillons déterminables, l'étage Bathonien de notre région d'étude fournit une faune très riche. J'y ai recueilli plus de 170 espèces, provenant la plupart de 5 ou 6 gisements, et l'on peut croire que des observations plus suivies et plus étendues augmenteraient ce nombre d'une façon notable.

Ce sont les Lamellibranches qui donnent à cette faune son caractère spécial : ils fournissent de nombreux individus, trop souvent, il est vrai, d'une mauvaise conservation et difficilement déterminables, qui représentent environ les deux cinquièmes du nombre total des espèces, et sur l'ensemble des fossiles de cette classe, un tiers appartiennent à la famille essentiellement vaseuse des myacides. Les Brachiopodes forment le cinquième de la faune, et les Rayonnés y entrent pour un quart ; mais tandis que les premiers comptent plusieurs espèces très fréquentes à certains niveaux, la plupart des espèces de la dernière classe sont rares ou peu fréquentes. Les Polypiers, qui entrent pour moitié dans le nombre des Rayonnés que j'ai recueillis, pourraient faire exception, toutefois, à cette remarque, dans certaines localités ; mais les affleurements étudiés ne m'ont offert encore que des échantillons épars, et je n'ai reconnu sur aucun point des traces quelque peu notables de constructions coralligènes en place.

Les autres classes ne sont représentées jusqu'à présent que par un petit nombre d'espèces dans notre Bathonien. Les Céphalopodes ont donné quelques échantillons, appartenant à 6 espèces d'Ammonites, un Nautile et une Bélemnite, et les Gastéropodes ne m'ont laissé distinguer que des Nérinées et de rares individus appartenant à 6 autres genres ; mais il paraît exister parfois, dans la roche dure, de petites coquilles assez nombreuses de cette dernière classe. Les Bryozoaires se rencontrent assez fréquemment, surtout à la base et dans le haut de l'étage, et les Serpules n'y sont pas rares ; on y trouve aussi quelques petits Spongiaires. Je n'ai recherché les Foraminifères que dans une couche marneuse voisine de la base : ils s'y montrent peu abondants et d'espèces peu variées. Ajoutons que les Vertébrés sont à peine indiqués jusqu'ici dans nos gisements par deux dents de Poisson. Enfin, il faut mentionner des empreintes de végétaux terrestres, ordinairement indéterminables, qui se rencontrent surtout vers le milieu de l'étage, et paraissent assez fréquentes sur certains points (Lavigny).

Les espèces déterminées sont au nombre de 134, comprenant 7 Céphalopodes, 1 Gastéropode, 47 Lamellibranches, 35 Brachiopodes, 22 Oursins et 2 Crinoïdes, 19 Polypiers dont 2 ne sont pas encore décrits, et 1 Serpule. Sur ce nombre, se trouvent seulement 13 espèces provenant du Bajocien de notre région, et 25 passent aux étages supérieurs. Les tableau suivant comprend l'ensemble de cette faune, avec les indications de présence dans chacune des 4 assises qui seront distinguées plus loin dans l'étage Bathonien de notre contrée.

Faune de l'étage Bathonien.

Passages inférieurs	ESPÈCES	Bathonien inférieur. I	Bathonien moyen II	III	Bathonien supérieur. IV	Passages supérieurs
	Strophodus sp...................	1				
	Pycnodus sp....................	1				
	Belemnites sp..................	1				
*	*Nautilus* cfr. *lineatus*, Sow......	1	*			
	Ammonites ferrugineus, Opp......	3				
	— *neuffensis* Opp.........		1			
	— cfr. *Garanti*, d'Orb....	1				
	— *subbackeriæ*, d'Orb. ...				2	*
	— cfr. *fuscus*, Quenst	1				
	— cfr. *aspidoides*, Opp...		1			
	Nerinea aff. *axonensis*, d'Orb.....				2	*
	Anatina pinguis, d'Orb..........				1	
*	*Pholadomya Murchisoni*, Sow....	3	4		3	
	Goniomya scalprum, Ag.........		*			
	— *proboscidea*, Ag.......		*			
	Homomya gibbosa, Ag..........	3	3		3	
	Pleuromya elongata, Ag.........	*	4		2	
	— *tenuistria*, Ag		*			
	— sp. A..............		*			
	Panopæa Jurassi, Ag..........	3 cf.			1	
*	— *sinistra*, Ag..........		*			
	Ceromya concentrica (Sow)......				1	
	— *plicata*, Ag............		3		2	
	Gresslya lunulata, Ag..........	3	4		1 cf.	*
	Isocardia minima, Sow..........	3			3	*
	Cardium concinnum, Buv.......		*			
	— *citrinoideum*, Phill		*			
	— aff. *semicostatum*, Lycett.				*	
	Lucina cfr. *jurensis*, d'Orb......	1				
	Trigonia costata, Sow..........				1	
	Pinna ampla, Sow..............		3			*
	Mytilus furcatus var. *bathonicus*, M. et L.......................	2				

Passages inférieurs	ESPÈCES.	Bathonien inférieur I	Bathonien moyen II	Bathonien moyen III	Bathonien supérieur IV	Passages supérieurs
	Mytilus gibbosus, d'Orb.........	3	*			
	— plicatus, Sow..........		*			
	— imbricatus, Sow. ?......		*		*	
	Avicula Munsteri, Goldf.........	3			1	*
	— echinata, Sow..........	1			4	*
*	Pecten articulatus, Schl.........	4			1	*
	— articulatus, M. et L......	*				
	— lens, Sow	3	*			*
	— annulatus, Sow...........	1				
	— ledonensis, Riche.........	5				
	— vagans, Sow :...........				2	*
	— Michaelensis.............				1	*
	— luciensis, d'Orb..........				2	*
*	— cfr. demissus, d'Orb	*	*	*	3	*
*	Lima proboscidea, Sow..........	4			1	*
	— planulata, Et.............				1	*
	— sp. nov.	3				
	— duplicata, Sow............	5			2	*
	— gibbosa, Sow.	1	1		3	
	— aff. bellula, M. et L				2	
	Hinnites Morrisi, Mœsch........				1	*
*	Ostrea Marshi, Sow........ ...	4			1	*
	— acuminata, Sow.	5				
	— costata, Sow.	*	*		4	*
	— obscura, Sow.				2	*
	— Knorri, Ziet.				1	
*	Terebratula Faivrei, Bayle.	2				
*	— cfr ventricosa, Ziet...	2				
*	— globata, Sow........	3	5			
	— conglobata, Desl.	1				
	— maxillata, Sow.	1				
	— quillyensis, Bayle.....	2				
	— aff. curvifrons.	1				
	— Ferryi, Desl.........		4			
	— sp. nov. A.	1				
	— sp. nov. B.				*	

Passages inférieurs	ESPÈCES.	Bathonien inférieur. I	Bathonien moyen II	III	Bathonien supérieur. IV	Passages supérieurs
	Terebratula intermedia, Sow.....				4	
	— cfr. bradfordiensis, Dav.				*	
	— cfr. Fleischeri, Opp...				*	
	Dictyothyris coarctata (Park.)....				2	*
	Waldheimya subbucculenta (Ch. et D)				1	
	Zeilleria Waltoni (Dav.), var.....	1				
	— ornithocephala (Sow.)...	2				
	— emarginata (Sow)......	1				
	— obovata (Sow)........				3	
	— digona (Sow).........				3	*
	Eudesia cardium (Lam.)........				2	
	Aulacothyris carinata (Lam.)....	2				
	Rhynchonella cfr. angulata (Sow.)	3				
	— cfr. subtetraedra....	4				
	— subobsoleta, Dav.....	4				
	— obsoleta (Sow)......	1 cf.			3	
	— badensis, Opp.......				3	
	— varians (Schl.)......		1			
	— quadriplicata, (Sow.)		*			
	— Boueti.............				1	
	— elegantula, Bouch....				3	
	— decorata (Schl.).....				1	
	— aff. Morierei, Dav...				1	
	— aff. concinnoides, d'Orb				1	
*	Acanthothyris spinosa (Schl.).....		4			
	Bryozoaires non déterminés.....	*	*	*	*	
	Collyrites sp.	*				
	Clypeus Ploti, Klein............	*			*	
	— altus, S'Coy...........			*		
*	Echinobrissus Terquemi (Ag.)....	1				
	— clunicularis, Llwyd	2			1	
	Galeropygus Nodoti, Cott........	3				
	Holectypus hemisphæricus, Des....				1	
	— depressus, Des........	2			1	*
	Pygaster laganoides, Ag.........	2				
	— cfr. Trigeri, Cott......		1			

Passages inférieurs	ESPÈCES.	Bathonien inférieur I	Bathonien moyen II	III	Bathonien supérieur IV	Passages supérieurs
*	Cidaris Kœchlini, Cott.	2				
	— bathonica, Cott.				1	
	— cfr. Wrighti, Des.				1	
	Acrosalenia cfr. Lycetti, Wright.	1				
	— spinosa, Ag.	2			1	
	— cfr. hemicidaroides, Wr.				1	
	Pseudodiadema subcomplanatum, (d'Orb.)	1				
	Hemicidaris cfr. Jauberti, Cott.	1				
	— langrunensis, Cott.				2	
	— luciensis, d'Orb				1	
	Pseudocidaris sp. nov.?				1	
	Stomechinus Heberti, Cott.	1				
	— serratus, (Cott.)	1			1	
	— Schlumbergeri, Cott.				1	
	Pentacrinus Nicoleti, Des.	3				*
	Apiocrinus cfr. elegans, Defr.				*	
	Serpula quadrilatera, Gdf.				*	*
	Stylina solida, M'Coy	*				
	— Ploti, E. et H.	*				
	— conifera, E. et H.			*		
*	Isastrea salinensis, Koby	*				
	— dissimilis, E. et H.	*				
	— serialis, E. et H.	*				
	— Richardsoni, E. et H.	*				
	— limitata (Lam.)			*		
	Astrocœnia sp. nov	*				
	— digitata (Defr.)			*		
	Cryptocœnia sp. nov			*		
	— sertifera (Mich.)			*		
	Convexastrea cfr. luciensis, d'Orb.			*		
	Latomœandra Flemingi, E. et H.	*				
	Thecosmilia gregarea, M'Coy	*				
	Cladophyllia Babeana, d'Orb	*				
	Montlivaultia sp. ind.			*		
	Thamnastrea cadomensis (Mich.)			*		

Passages inférieurs	ESPÈCES	Bathonien inférieur I	Bathonien moyen II	III	Bathonien supérieur IV	Passages supérieurs
	Leptophyllia Flouesti, Fr. et F....				*	
	Anabacia Bouchardi, E. et H....	*				
	Polypiers non déterminés.......		3	*	1	
	Spongiaires non déterminés.....	*				
	Foraminifères non déterminés....	*				
	PLANTES.					
	Végétaux terrestres (Fougères? et Cycadées?)................		*	?	*	

Puissance. — Les difficultés d'observation de nos gisements ne permettent pas de déterminer avec une égale précision la puissance des diverses parties de l'étage, surtout à l'O. de la région, de sorte que son épaisseur totale ne m'est connue qu'avec une certaine approximation, qui peut suffire d'ailleurs. Près de Lons-le-Saunier, dans des conditions où certaines couches paraissent réduites par les froissements et les dislocations, j'ai trouvé *au moins* 130 à 135 mètres, de sorte que la puissance totale réelle s'élève très probablement à 140 mètres. Elle paraît atteindre aussi fort près de 140 mètres au voisinage de Champagnole. Sur un point intermédiaire, les tranchées de l'Eute offrent, à Châtillon, 75 m. d'épaisseur pour des couches formant à peu près la moitié inférieure de l'étage, et, en outre, à l'E. du tunnel de Verges, une épaisseur notable de calcaires que l'on peut attribuer à la moitié supérieure. Ainsi la puissance de l'étage ne semble pas varier d'une façon sensible, de l'O. à l'E. du Jura lédonien.

Limites. — L'étage Bathonien est limité fort nettement en général : à la base par son niveau inférieur, souvent plus ou moins marneux, à *Ammonites ferrugineus, Homomya gibbosa* et rares *Ostrea acuminata* ; au sommet, par la couche fossilifère marno-sableuse, terminale, à *Eudesia cardium* et bivalves.

On a vu déjà, dans l'étude de l'étage précédent, les observations que suscite la limite inférieure du Bathonien et les raisons pour lesquelles je n'ai pas cru devoir comprendre les couches à *Ostrea acuminata* dans le Bajocien, à l'exemple de M. Marcou, suivi depuis lors par Bonjour, et comme l'a fait d'ailleurs Alcide d'Orbigny en créant ces étages. Le groupement de ces couches avec le Bathonien est justifié dans notre région par les relations étroites qui existent entre elles et le reste de cet étage, sous le double rapport de la faune et de la composition pétrographique, tandis que les différences sont très sensibles avec le Bajocien. Guidé par des considérations analogues, Etallon [1] est le premier de nos auteurs jurassiens qui ait adopté le groupement auquel je suis conduit moi-même, et Pidancet puis Ogérien ont suivi la même délimitation. D'autre part quelques espèces, en particulier *Terebratula globata, Zeilleria Waltoni* et *Cidaris Kœchlini*, qui sont communes entre le Bathonien inférieur et le Bajocien supérieur, indiquent certaines relations paléontologiques entre ces assises, comme il est tout naturel ; mais il ne semble pas possible de placer la limite des deux étages à un niveau inférieur à la base des couches à *Ostrea acuminata*, comme l'a fait, dans le Jura bernois, J.-B. Greppin [2], qui range dans le Bathonien des couches correspondantes à notre Bajocien supérieur avec une partie de notre Bajocien moyen. Le groupement que j'adopte, comme étant le mieux d'accord avec les faits observés dans le Jura lédonien, est d'ailleurs

(1) *Esquisse... géol. du Haut-Jura*, 1857, p. 15.
(2) *Essai géol. sur le Jura suisse*, 1867, et *Description géol. du Jura bernois*, 1870.

celui qui est suivi d'ordinaire à présent, en particulier par M. Marcel Bertrand, dans la Carte géologique du Jura, et plus récemment par M. l'abbé Bourgeat (1) et M. Attale Riche (2).

La limite supérieure exige aussi quelques remarques. On sait que les anciens géologues francs-comtois rattachaient au Bathonien, comme il était alors généralement admis, les couches du sommet de l'étage, connues sous le nom de *Dalle nacrée*, donné par Thurmann, et qui se composent d'ordinaire de calcaires spathiques, formés presque en entier de débris de Crinoïdes. En 1878, M. Paul Choffat (3) a démontré le parallélisme de ces calcaires de la Dalle nacrée avec les couches plus ou moins ferrugineuses, contenant *Ammonites macrocephalus*, que l'on avait toujours considérées comme formant l'assise inférieure du Callovien. L'éminent géologue termine, en conséquence, le Bathonien par une couche marneuse, qui possède ordinairement une assez riche faunule d'espèces de cet étage et qu'il a désignée sous le nom de « Marnes de Champforgeron »; c'est à cette couche que se rapportent nos Marnes bathoniennes supérieures de Vaudioux et de Courbouzon. Depuis lors, la Dalle nacrée est considérée comme un facies particulier (facies bathonien) du Callovien inférieur, dû à la persistance, dans certaines localités, pendant la première partie de l'époque callovienne, des mêmes causes générales qui avaient présidé à la sédimentation durant l'époque précédente.

Les faits que nous allons examiner dans le Jura lédonien concordent avec cette manière de voir. Il en résulte que sur les points où l'étage Callovien commence par les couches à *Ammonites macrocephalus*, la limite que j'adopte

(1) Loc. cit.
(2) Id.
(3) *Esquisse du Callovien et de l'Oxfordien...* p. 10 à 22.

est justement celle qui a toujours été suivie : c'est, à fort peu près, ce qui a lieu à Courbouzon (1). Par contre, dans les localités où le Callovien inférieur possède le facies bathonien, c'est-à-dire est à l'état de *Dalle nacrée*, comme il arrive à la Billode, près de la gare de Vaudioux, la limite actuellement suivie est inférieure à celle qui était adoptée par tous nos géologues avant les beaux travaux de M. Choffat.

Variations de facies. —- Les données générales qui précèdent sur la composition de l'étage indiquent des modifications de facies, parfois assez sensibles, de l'O. à l'E. du Jura lédonien. Elles seront signalées d'une façon plus détaillée dans l'étude de chaque assise, après avoir été indiquées ici, pour l'étage entier, d'une façon plus générale.

Les couches qui forment notre Bathonien appartiennent à deux facies principaux, qui se remplacent parfois, plus ou moins nettement, de l'O. à l'E.

1° Le *facies vaseux*, souvent bien caractérisé par sa faune de bivalves, surtout de myacides (Pholadomyes, Homomyes, Pleuromyes, Goniomyes, Céromyes, Anatines) ; il offre des couches plus ou moins marneuses, des calcaires lumachelles, ou même des calcaires bleuâtres, à grain fin.

2° Le *facies oolithique* ou *facies coralligène*, qui possède assez fréquemment une faunule coralligène, avec de petits Polypiers ; il comprend des calcaires plus ou moins oolithiques, de couleur claire, parfois très blancs, souvent aussi un peu grisâtres, et, en outre, des calcaires compacts blanchâtres, la plupart à texture très finement cristalline ou d'aspect crayeux.

---

(1) D'après l'indication des fossiles, dans sa *Géologie stratigraphique du Jura*, on voit que Bonjour, avec beaucoup de vraisemblance d'ailleurs, considérait comme couche terminale du Bathonien le banc de 0m80, à grandes Huîtres plates, de Courbouzon, dont je forme le niveau inférieur du Callovien de cette localité.

Les calcaires compacts, c'est-à-dire non oolithiques et à grain plus ou moins fin, qui se rencontrent à différents niveaux, parfois en couches d'une épaisseur notable, sont, comme on le voit, à rattacher à l'un ou à l'autre de ces faciès, selon les cas. Au faciès oolithique se rapportent généralement les calcaires compacts, de couleur claire et sans fossiles vaseux, tantôt à texture très fine et tantôt plus ou moins grenus, qui résistent bien à l'air ou sont de nature un peu crayeuse. Au contraire, il convient de rattacher au faciès vaseux les calcaires compacts, de couleur foncée à l'intérieur et grisâtre par altération, non seulement lorsqu'ils renferment des Lamellibranches vaseux, mais encore quand ils semblent stériles et surtout quand ils sont plus ou moins gélifs.

Le passage latéral ou vertical du faciès vaseux au faciès oolithique, lorsqu'il s'effectue progressivement, se fait par l'intermédiaire de ces divers calcaires compacts, de sorte qu'il n'est pas toujours facile, dans les observations locales, de préciser auquel des deux faciès doit être rattachée la couche de ces calcaires que l'on étudie sur une trop faible étendue. Les rapports avec le faciès vaseux deviennent évidents lorsqu'en poursuivant les recherches dans une certaine direction et comparant les coupes relevées de distance en distance, on voit ces calcaires correspondre à des couches vaseuses bien caractérisées par leur faune. C'est ainsi que les deux puissantes intercalations de calcaires compacts bleuâtres, presque stériles, qui se montrent à l'E. du Jura lédonien, doivent être rattachées au faciès vaseux; car elles paraissent une amorce des niveaux marneux à fossiles de ce faciès, qui se développent sur le versant oriental de la chaîne, dans le Bathonien du Jura neuchâtelois et du Jura bernois (1), tandis qu'à l'O., près

(1) Voir plus loin le résumé comparatif des coupes, en note, dans l'examen de la subdivision de l'étage.

de Lons-le-Saunier, etc., on n'a que le facies oolithique,
parfois avec de faibles intercalations de calcaires compacts,
blanchâtres, qui se rapportent plutôt à ce dernier facies.

La plus grande partie de l'étage Bathonien possède dans
notre contrée le facies oolithique; mais il est surtout développé du côté occidental. Il offre à plusieurs reprises
des Polypiers épars : dans le haut des couches inférieures
au centre de la région ; à divers niveaux des couches
moyennes à l'O., et dans le haut de celles-ci à l'O. et à
l'E. Le facies vaseux, qui est assez marneux et très variable
à l'O., mais calcaire à l'E., occupe la base de l'étage, où
il s'élève davantage du côté occidental ; il constitue dans la
partie moyenne, du côté oriental, les deux intercalations
épaisses qui viennent d'être indiquées, reparaît vers la base
des couches supérieures, et forme enfin, au sommet de
l'étage, une couche marno-sableuse, qui manque parfois
au centre de la région.

En résumé, l'étude du Bathonien, poursuivie de l'O. à
l'E. de la contrée, permet de constater qu'à diverses reprises les deux facies ont existé simultanément dans nos
limites, avec des caractères plus ou moins nets, et qu'ils
ont éprouvé, pendant le dépôt de l'étage, des oscillations
qui les ont fait alterner, d'une façon plus ou moins caractérisée, de l'une à l'autre extrémité de la région, à la suite
d'interruptions de la sédimentation.

1º L'étage débute par le facies vaseux, calcaro-marneux
à l'O., calcaire à l'E.; puis le facies oolithique s'établit à
l'E., pendant que le facies vaseux persiste du côté occidental, parfois jusqu'à la fin du Bathonien inférieur.

2º Après l'interruption de la sédimentation accusée par
la surface taraudée qui termine cette assise, les conditions
de répartition géographique deviennent inverses : le facies
oolithique s'établit à l'O., pour très longtemps, pendant
que règne d'abord à l'E. le facies vaseux, passant ensuite
presque insensiblement au facies oolithique, par l'intermé-

diaire de calcaires compacts, bleuâtres, peu fossilifères. Puis une seconde interruption de la sédimentation est suivie à l'E. du retour de calcaires compacts analogues, du facies vaseux peu accusé, qui passent de même au facies oolithique à Polypiers De la sorte, pendant le Bathonien moyen, on a, du côté occidental, le facies oolithique plus ou moins net, tandis qu'à l'E. c'est une double alternance du facies vaseux et du facies oolithique.

3º Une troisième interruption principale de la sédimentation modifie encore la répartition des facies : elle paraît tendre à ramener des conditions inverses, moins nettes, il est vrai, et que les difficultés d'étude du Bathonien supérieur dans nos gisements ne permettent pas de préciser. Disons toutefois que le facies est presque entièrement oolithique à l'E., seulement avec quelques bancs un peu vaseux à la base, tandis que les gisements occidentaux offrent, sur une épaisseur notablement plus considérable, mais qui n'a pu être déterminée près de Lons-le-Saunier, une alternance d'apparence vaseuse, suivie du facies oolithique, où le facies vaseux tend à reparaître encore vers le haut.

4º Enfin, une dernière suspension de la sédimentation est suivie de l'établissement, aux deux extrémités de la région, du facies vaseux, un peu plus développé à l'E., tandis qu'au centre de la contrée il y aurait absence de tout dépôt (Châtillon).

L'origine de ces variations diverses de facies est à rechercher dans des mouvements du fond de la mer du Jura et des mers voisines en large communication avec celle-ci : ce devaient être, d'une part, des mouvements lents d'affaissement ou de relèvement qui se produisaient d'une façon plus ou moins continue, et, d'autre part, des mouvements rapides plus ou moins brusques, soit de la région, soit des régions voisines, qui venaient, de temps à autre, modifier les effets des premiers et déterminaient la formation de surfaces taraudées, suivies, le plus souvent, d'une modification plus ou moins profonde dans le régime des courants et par suite dans la disposition respective des dépôts sédimentaires, oolithiques ou vaseux. De là, plusieurs *facies géographiques*, différemment répartis dans le Jura, à chacun des temps successifs de l'époque bathonienne que permettent de distinguer les principales surfaces taraudées.

Les diverses modifications de facies et le taraudage à la surface de certains bancs, qui se sont produits dans nos limites à cette époque, ont dû n'être parfois que l'écho de phénomènes s'accomplissant au loin, et sur lesquels il manque trop souvent encore des données suffisantes. Il ne peut donc être question, dans ce travail sur une région si limitée et qui reste encore incomplètement connue, de tenter une esquisse, même très sommaire, des facies géographiques du Jura à l'époque bathonienne, et de chercher à déterminer les diverses particularités relatives aux mouvements du sol qui ont pu les produire. Toutefois, dans le but de fournir de premières indications aux jeunes Jurassiens qui liraient ces pages, j'indiquerai plus loin, avec quelques détails, l'existence dans la chaîne du Jura, au temps de la formation du Bathonien moyen, de deux facies, entre lesquels les couches observées dans notre région forment le passage : au N.-O., le facies franc-comtois, en grande partie oolithique ; à l'E., le facies argovien, essentiellement vaseux. Je n'ajouterai, pour l'assise inférieure et l'assise supérieure, que des indications sur les variations de détail observées dans la région lédonienne.

Subdivisions.— La rareté des bons niveaux fossilifères dans notre Bathonien et même leur absence sur la plus grande partie de l'épaisseur, ainsi que les nombreuses variations de facies et la longue durée d'un bon nombre des espèces, qui se montrent de la base au sommet de l'étage dans les couches de même facies, rendent l'établissement de subdivisions régionales, vraiment naturelles, plus difficile encore dans cet étage que dans le précédent (1). L'étude détaillée des divers gisements de la contrée serait désirable pour y parvenir ; mais beaucoup d'entre eux ne permettent que des recherches incomplètes et bien peu fructueuses à cet égard, par suite de la rareté des fossiles déterminables : c'est ce qui arrive souvent dans les lambeaux bathoniens de l'Eute. Aussi, quoique mes observations de détail portent seulement sur un petit nombre de localités et soient encore moins complètes à certains niveaux que je ne l'eusse désiré, il me semble indispensable, pour faciliter les études subséquentes dans notre contrée, de former dès à présent des groupements dans cette puissante série de strates. Les niveaux fossilifères de la partie inférieure et des couches supérieures fournissent pour cet objet d'importantes indications ; mais en outre il convient, pour établir les divisions principales, de prendre en sérieuse considération, même en l'absence de données de paléontostatique, les modifications dans le régime de la mer accusées par l'existence de surfaces taraudées se prolongeant sur une grande étendue et accompagnées de changements notables dans la nature des sédiments. On peut espérer que les groupements de strates établis sur ces bases reproduisent fidèlement la physionomie de l'étage dans notre contrée, et correspondent aux divisions qu'il présente dans les contrées avoisinantes.

Les deux surfaces taraudées qui s'intercalent dans le Bathonien à la gare de Syam et au stand de Champagnole, et qui se retrouvent à l'ouest aux environs de Lons-le-

---

(1) La même difficulté s'est évidemment fait ressentir dans les autres parties du Jura : de là cette réunion en une même assise, par divers auteurs, d'une grande épaisseur de la partie moyenne de l'étage, sous le nom de *Grande oolithe*, ainsi que les différences considérables qu'offrent les diverses manières de subdiviser l'étage dans les contrées voisines (Jura neuchâtelois, Jura bernois, etc.), et la difficulté d'établir avec celles-ci le parallélisme de détail.

Saunier, surmontées toutes deux, au moins par places, de couches fossilifères spéciales, séparent très nettement une assise inférieure et une assise supérieure.

La partie inférieure de l'étage, dont la faune est caractérisée principalement par *Ammonites ferrugineus*, *Ostrea acuminata*, *Pecten ledonensis*, et divers Oursins tels que *Pygaster laganoides*, *Galeropygus Nodoti*, etc., constitue une première assise, nettement limitée au sommet, surtout au centre et à l'E. du Jura lédonien, par une surface taraudée. La succession épaisse de calcaires divers qui vient au-dessus et se termine par la surface taraudée de Courbouzon et de la Grange-Chantrans, forme un Bathonien moyen, comprenant plus de la moitié de l'épaisseur de l'étage. Enfin les couches supérieures, qui offrent parfois dès la base de nombreux *Zeilleria digona* (type) et fournissent une faune assez riche, contenant en particulier *Eudesia cardium*, constituent une assise supérieure, bien caractérisée par des espèces spéciales.

Le Bathonien moyen ainsi limité correspond à l'assise moyenne distinguée par M. Marcel Bertrand, dans les feuilles Besançon et Lons-le-Saunier de la *Carte géologique détaillée*, et qu'il a désignée, dans la première de ces feuilles, sous le nom de *Grande oolithe*. L'étude de notre région montre bien vite qu'au point de vue de cette carte il n'était pas possible de subdiviser cette assise.

Mais la série de plus de 80 mètres d'épaisseur qui forme cette partie moyenne de l'étage est nettement partagée, dans la région de Champagnole et Châtelneuf, par une surface fortement taraudée, que termine un niveau de calcaires fossilifères d'aspect spécial, et au-dessus de laquelle recommence une nouvelle série, compacte puis oolithique, assez analogue à la précédente ; la limite séparative est ici rendue plus nette par la différence de composition des couches en contact, ce qui détermine parfois à leur jonction l'existence d'une légère corniche par places ou d'un gradin.

Cé doit être la même surface taraudée qui se retrouve à l'E. de la gare de Publy, mais suivie sur ce point d'un banc à Polypiers. Des indices analogues, plus ou moins sensibles, de suspension temporaire de la sédimentation se retrouvent aussi près de Lons-le-Saunier, à ce même niveau. A Lavigny, on observe dans l'abrupt, au-dessus d'un gradin assez net, un délit très marqué, où semblent se trouver des traces de taraudage, et sur le chemin de Ronnay on voit à ce même niveau une surface chargée de grandes Huîtres. La surface correspondante n'est pas observable à Messia et à Montmorot. Mais elle offre à Courbouzon une croûte calcaire, contenant de larges Huîtres aplaties et des Bryozoaires, qui est fortement soudée sur un banc dont la surface inégale a dû être ravinée aussitôt après sa formation. Dans cette localité ainsi qu'à Lavigny, on trouve ensuite, comme à Syam, une couche de calcaire compact ou grenu, suivie de calcaires oolithiques. Des modifications assez notables de la sédimentation se sont donc produites simultanément à l'O. et à l'E. du Jura lédonien, à l'époque de la surface taraudée de Syam, ce qui permet d'établir une coupure stratigraphique à ce niveau.

La puissance du Bathonien moyen étant sensiblement plus élevée que celle de l'assise inférieure et de l'assise supérieure réunies, il serait désirable de pouvoir élever au rang d'assises les deux divisions séparées par la surface taraudée de Syam. Les données paléontologiques, quoique fort incomplètes, sont plutôt favorables à cette manière de voir; car la division inférieure débute, dans la moitié orientale de la contrée, par une faunule de bivalves offrant beaucoup de rapports avec la faune du Bathonien inférieur, tandis que la seconde division contient surtout, dans les gisements étudiés, des couches fossilifères coralligènes.

Il me semble donc convenable de distinguer 4 assises dans notre Bathonien, comme l'a fait d'ailleurs M. Jules Marcou, dans sa classification de 1856. Ce mode de division a l'avantage de donner des assises bien moins inégales quant aux épaisseurs respectives, et, par suite, quant à l'importance des phénomènes de sédimentation qui ont présidé à la formation de chacune d'elles et aux temps qu'ils ont exigé; mais surtout il conduit à une étude plus complète des changements qu'ont pu subir le régime de la mer et la faune pendant le dépôt des 80 à 90 mètres de Bathonien moyen.

Toutefois, l'insuffisance des données sur les faunes des 2 assises moyennes et sur le parallélisme des 4 assises de l'étage avec les contrées environnantes (1) m'oblige à ne

(1) Le Bathonien du Jura bernois offre aussi plusieurs intercalations de surfaces taraudées, dont 2 au moins paraissent correspondre à celles que l'on observe dans le Jura lédonien, et, malgré les différences considérables dans les épaisseurs, le parallélisme paraît facile entre les deux contrées, si l'on s'en rapporte à la description donnée par GREPPIN et en particulier à sa coupe de Movelier (*Description géologique du Jura bernois*, 1870, p. 43). Après avoir rattaché au Bajocien 2 m. de « Marnes à *Ostrea acuminata* », cet auteur désigne les couches supérieures de son Bathonien sous le nom de « Calcaire roux sableux et Dalle nacrée », d'après Thurmann, et il réunit toutes les couches intermédiaires sous le nom de « Grande oolithe ». Dans cette dernière, une couche marneuse à bivalves, etc. (« Marnes grises de Movelier à *Hemicidaris luciensis*, ou Marnes à Homomyes » de Desor et Gressly) paraît bien correspondre au niveau à bivalves de la base de notre Bathonien moyen, avec lequel cette couche a 7 espèces communes. Le tableau suivant indique le parallélisme probable entre les deux régions.

JURA BERNOIS.		JURA LÉDONIEN.	
Calcaire roux sableux.		Bathonien supérieur.	
Grande Oolithe	Calcaires à surface perforée, avec marne à la base . 3^m	Calcaires de Champagnole	Bathonien
	Calcaires à surface taraudée et marne à la base . . 2^m		
	Calcaires à surface taraudée. . . . . . . 5^m	Calcaires de Syam.	moyen.
	Marnes de Movelier à *Homomya gibbosa*. . . 3^m		
	Calcaires. . . . 10^m	Bathonien inférieur.	
Marnes à *Ostrea acuminata*. . 2^m			

proposer cette division qu'avec une grande réserve. Aussi, tant pour ce motif que pour le cas très probable où il ne serait pas toujours possible de préciser la position de certains lambeaux de la partie moyenne de l'étage, j'ai cru devoir conserver, au moins à titre provisoire, une division principale ternaire, dans laquelle le Bathonien moyen forme les assises II et III, et je donne à celles-ci des dénominations tirées des localités où elles sont le mieux observables dans mon champ d'étude, Syam (tranchées de la gare) et Champagnole (tranchées voisines du stand). On a ainsi le groupement ci-après :

I. — Bathonien inférieur. Assise de l'*Ammonites ferrugineus*.

II et III.— Bathonien ⎰ II. — Calcaires de Syam.
          moyen. ⎱ III.— Calcaires de Champagnole.

IV. — Bathonien supérieur. Assise de l'*Eudesia cardium*.

Les assises II et III doivent correspondre respectivement, au moins en grande partie, aux « Calcaires de la porte de Tarragnoz » et aux « Calcaires de la Citadelle », de M. Jules Marcou (1856). Il ne serait pas prudent toutefois d'appliquer ces dernières dénominations à des groupes de strates du Jura lédonien, tant que le parallélisme avec le Jura bisontin ne sera pas établi d'une façon précise, et, en l'absence de fossiles caractéristiques de ces deux assises, j'ai dû employer les noms de localités types de la région que je décris.

Points d'étude et coupes. — Le Bathonien se présente moins fréquemment que l'étage précédent aux environs immédiats de Lons-le-Saunier, et les conditions des giscments en rendent l'étude plus difficile encore. Je n'ai pu en relever des coupes qu'à Messia, Montmorot, Courbouzon, Arlay et Lavigny.

L'étage entier constitue la partie orientale de la côte de Grandchamp, entre Messia et Courbouzon, ainsi qu'on l'a vu précédemment, dans la coupe du Bajocien de cette localité. Les calcaires de la moitié inférieure y sont exploités, de sorte qu'à partir de la base de l'étage on peut étudier à présent, dans les carrières, une série de près de 70 mètres d'épaisseur ; mais des froissements notables viennent à plusieurs reprises gêner l'observation et masquer en partie la puissance réelle. Les couches suivantes affleurent par leur tranche dans les pâturages, et se voient assez bien, pour la plupart, jusqu'à la grande surface taraudée qui termine le Bathonien moyen et aux premiers bancs à *Zeilleria digona* de l'assise suivante. Les couches du sommet de l'étage sont facilement observables, avec le Callovien à leur suite ; mais la partie inférieure du Bathonien supérieur, fortement disloquée, plus ou moins cachée par la végétation et peut-être incomplète, ne peut pas être étudiée d'une manière suffisante.

L'étage se montre encore dans des conditions analogues à l'O. de Montmorot, au S. de la route de Courlans : la base et les couches moyennes se voient dans les carrières, sauf quelques interruptions ; mais l'assise supérieure, très froissée, et rendue évidemment incomplète par les dislocations qu'elle a subies, ne se montre que fort peu, suivie de quelques bancs calloviens. La coupe, donnée en partie à la fin de l'étude du Bajocien, sera complétée plus loin, à la suite d'observations récentes. La base de l'étage est seule observable dans les carrières au N. de la route.

Les anciennes carrières du flanc oriental de la Côte-du-Tartre, ou Mont-Boutot, entre la grande carrière bajocienne de Messia et la tour de la Grange-Chantrans, permettent d'observer à peu près la moitié inférieure de l'étage ; puis une interruption d'une cinquantaine de mètres est suivie des bancs supérieurs, à surface taraudée, du Bathonien moyen (voir la coupe à la fin de l'étude du Bajocien).

D'autres affleurements s'étendent au N. de Lons-le-Saunier, à partir des Barraques de Montmorot, principalement sur le territoire d'Arlay, où ils sont l'objet d'une exploitation assez active, pour fournir à l'empierrement des chemins. Mais il est difficile ici d'observer des séries continues de strates sur une épaisseur notable, et surtout de trouver des points de repère pour la reconnaissance des principales divisions de l'étage. L'exploration rapide des principaux affleurements m'a permis seulement de relever de petites coupes partielles, surtout celle des carrières de l'ancien four à chaux dit Sur Courreaux, que je rapporte plus loin ; elle comprend les couches bathoniennes inférieures, avec le sommet du Bajocien.

Ces divers affleurements situés à l'O. de la région lédonienne forment des bandes étroites selon la direction N.-E., et appartiennent à des lambeaux d'Oolithe inférieure, parfois accompagnés de Jurassique supérieur, qui plongent plus ou moins fortement les uns vers l'E., d'autres vers l'O., par suite de plissements parallèles à la direction de la chaîne du Jura et souvent disloqués par des failles longitudinales et transversales.

On retrouve d'ailleurs au S. de Lons-le-Saunier, et en particulier au voisinage de Grusse, St-Laurent-la-Roche, Arthenas et Courbette, des affleurements bathoniens assez importants, où il serait intéressant de poursuivre l'étude de détail.

A l'E. de cette ville, l'étage forme, sur le bord occidental du premier plateau, une bande étroite, qui s'étend vers le N., à partir de Perrigny, jusqu'à la vallée de Nevy, et reparaît, plus étroite encore, entre Plâne et Arbois (1).

(1) Une mention spéciale est donnée à ces affleurements dans la *Notice explicative* de la feuille *Lons-le-Saunier* de la *Carte géologique*, par M. Marcel BERTRAND. « Ces deux bandes étroites de Bathonien sont, dit-il, au milieu du Lias et du Bajocien, isolées par des failles courbes à contours fermés. Leur présence ne peut guère s'expliquer que par une dissolution souterraine créant des vides où les terrains supérieurs se sont lentement affaissés. »

Elle offre, pour la partie inférieure de l'étage, le gisement
de Plâne (ou Plasne), rendu classique par les publications
de M. Jules Marcou, et celui du village de Pannessières,
tandis que les couches moyennes se voient à peu près en
entier dans les abrupts qui s'élèvent à l'E. de Lavigny.
On trouvera plus loin les coupes de ces trois dernières
localités.

Le Bathonien affleure sur une étendue considérable dans
la partie orientale du premier plateau, où il repose presque horizontalement sur l'étage précédent, et il constitue
en outre la plupart des massifs rocheux de la côte de
l'Eute. On ne peut guère y relever des séries continues
d'une grande épaisseur ; mais il serait intéressant d'étudier avec soin les principaux affleurements de l'Eute, tels
que ceux de Binans, etc. Je ne puis rapporter que six
coupes partielles de couches inférieures et moyennes de
l'étage, relevées, les deux premières au Fied et près de
Crançot, deux autres au voisinage de la gare de Publy, et
les deux dernières sur le chemin de Châtillon à Vevy, et à
la source de la Doye de Nogna. A ces coupes s'ajoutent les
observations que j'ai faites à l'E. de Poligny, au voisinage
de Chaussenans et près de la route de Champagnole, sur des
points déjà étudiés, ainsi que la marnière du Fied, par
M. l'abbé Bourgeat.

Le bord oriental du Jura lédonien offre de puissants
massifs bathoniens dans la montagne de Bonlieu, et depuis
la Billode à Syam, Champagnole et la montagne de Fresse.
Je les ai surtout étudiés entre Champagnole, Syam et Bourg-
de-Sirod, de Syam à Vaudioux et d'Ilay à Chaux-du-
Dombief. Quoique je n'aie pas encore pu faire dans ce
pays une étude aussi complète du Bathonien que du Jurassique supérieur, il est intéressant d'examiner dès à présent
les principales particularités que cet étage y présente,
comparativement avec les faits observés dans la région de
Lons-le-Saunier. Cette première étude détaillée, faite ainsi

24

de l'O. à l'E. du Jura lédonien pour le Bathonien et le Callovien, suffit déjà à mettre en lumière d'intéressantes variations de facies, et cette considération me détermine à étendre à toute cette contrée, pour ces deux étages, les limites que je me suis tracées dans ce travail pour les étages précédents.

On trouvera donc, à la suite des coupes de la région de Lons-le-Saunier mentionnées plus haut, une coupe de l'étage Bathonien, à peu près entier, entre Syam et Vaudioux, et une autre des trois assises inférieures entre Syam et Champagnole, ainsi que des coupes partielles du même étage relevées à l'O. de Bourg-de-Sirod (partie inférieure avec les couches supérieures du Bajocien), et d'Ilay à Chaux-du-Dombief (partie inférieure du Bathonien moyen).

Raccordement des coupes. — En présence de la rareté des niveaux fossilifères et des variations de facies, les deux surfaces taraudées situées à la base et au sommet du Bathonien moyen, sont d'un grand secours pour comparer entre elles nos diverses coupes de l'étage et en étudier le parallélisme de détail.

Les coupes que je rapporte fournissent en somme deux séries principales assez complètes du Bathonien : l'une à l'O. du Jura lédonien, à Courbouzon et Montmorot, l'autre à l'E., entre Syam et Champagnole et de Syam à Vaudioux. La surface taraudée qui termine le Bathonien inférieur près de Syam se retrouve, à peu près, à la même hauteur au-dessus de la base, à Châtillon et, selon toute probabilité, à l'O. de Lons-le-Saunier, dans les carrières de Courbouzon et de Montmorot, de sorte qu'elle fournit un bon point de repère pour le parallélisme entre ces diverses localités. Il ne semble d'ailleurs pas douteux, quoique je n'aie pas encore pu la retrouver dans la partie moyenne de la contrée, que la surface taraudée du sommet du Bathonien moyen de Courbouzon ne soit la même que l'on observe dans les carrières de Champagnole. De plus, on a vu, à propos de la division en assises, que la surface taraudée intermédiaire à Syam, entre les deux précédentes, paraît se poursuivre près de Lons-le-Saunier, à Lavigny et Courbouzon, ou du moins qu'elle y correspond à un délit offrant des indices d'un certain arrêt de la sédimentation. De la sorte, la comparaison s'établit facilement entre les deux séries du Bathonien, pour la délimitation des quatre assises.

La coupe incomplète de Messia est aussi très facilement comparable à celle de Courbouzon, grâce à la surface durcie ou taraudée de la base du Bathonien moyen, et aux bancs à grosses oolithes qui existent au sommet du Bathonien II. La coupe de Montmorot se raccorde d'ailleurs à cette dernière de la même façon et en outre par la base et le sommet de l'étage.

En comparant à partir de la base les coupes de Châtillon et de Syam, on trouve une première couche de calcaire blanc, oolithique, à surface taraudée, de 11 mètres d'épaisseur, tout à fait analogue dans les deux localités, ce qui justifie le parallélisme de la surface taraudée, malgré les différences notables des couches voisines, inférieures et supérieures.

L'existence à la Doye de Nogna et à l'O. de la gare de Publy, ainsi qu'entre Mirebel et Crançot, de semblables calcaires oolithiques à surface taraudée, suivis, comme à Syam, de calcaires marneux à *Pinna ampla*, permet de raccorder sûrement les coupes partielles des trois premières localités avec les séries observables à Syam et Châtillon. Les calcaires oolithiques à Polypiers de la gare de Publy et de Crançot, qui sont ainsi rangés dans l'assise inférieure de l'étage, semblent avoir, il est vrai, une épaisseur notablement plus considérable que dans les deux dernières localités; mais les petites dislocations qu'ils présentent en rendent la mesure trop difficile pour permettre de prendre cette apparence en considération.

La présence entre Ilay et Chaux-du-Dombief des calcaires

marneux à *Pinna ampla* et autres bivalves, par dessus des bancs criblés de Brachiopodes, permet de synchroniser ces diverses couches fossilifères avec la base du Bathonien moyen de Syam, bien que *Terebratula Ferryi* remplace, près d'Ilay, *T. globata*.

Enfin, la comparaison de la petite coupe de Bourg-de-Sirod avec celle de Syam s'établit à partir de la base de l'étage et à l'aide des bancs compacts à *Terebratula globata* de la partie inférieure du Bathonien moyen.

On verra plus loin que l'étude comparative des coupes des diverses localités étudiées dans la région permet d'ailleurs assez souvent d'établir la subdivision en niveaux, avec une précision satisfaisante.

Premières études du Bathonien dans le Jura lédonien. — Comme pour les étages précédents, c'est à l'ingénieur des Mines CHARBAUT que l'on doit, vers 1818, les premières observations de géologie proprement dite dans les environs de Lons-le-Saunier. Le Bathonien réuni à la plus grande partie du Bajocien forme la série des calcaires compacts et grenus de cet auteur.

M. PARANDIER, qui exposa, en 1840, au Congrès scientifique de France tenu à Besançon, les principaux traits déjà reconnus dans le Jurassique du Jura français, s'occupa tout spécialement alors de la partie supérieure du Bathonien des environs de Besançon, contenant *Ostrea Knorri* et *Terebratula digona*, et la décrivit sous le nom de *Cornbrash* ; de plus il mentionna les couches à *Ostrea acuminata*, etc. Sans doute, notre éminent compatriote n'avait pu délaisser les environs d'Arbois, dans ses recher-ches ; mais on ne les trouve pas cités alors.

En 1885, il a entretenu la Société géologique de France, lors de sa réunion extraordinaire dans le Jura, d'un crâne et d'une mâchoire de Téléosaurien, trouvés « incrustés entre deux couches du Forest-marble ou Bathonien moyen des carrières de Picarreau, près de Poligny, au pied sud-

ouest de la côte de l'Heute (1) ». Grâce aux indications
particulières qu'il a eu l'obligeance de me donner à ce sujet (2), je puis ajouter que lors de cette découverte, vers
1840, M. Parandier avait rédigé une notice contenant la
description du gisement et établi, à l'appui, une coupe,
par Miéry, Plâne et le Fied, jusqu'à la côte de l'Eute. Il
est fort regrettable que ces notes intéressantes n'aient pas
été publiées alors (3).

Les premières études si remarquables de M. Jules
Marcou, qu'il suffit de rappeler ici, firent connaître dès
1846, dans notre région, comme l'un des meilleurs gisements des couches à *Ostrea acuminata*, la marnière de
Plâne, où le célèbre géologue avait recueilli de nombreux
fossiles, et il l'indiqua, en 1856, comme type de l'une des
subdivisions de l'étage.

Après avoir étudié, sans doute en même temps que Frédéric Thevenin, de Vaudioux, le Bathonien des environs de

(1) Bulletin de la Société géol. de France, 3e série, t. XIII, p.674,
1886.

(2) Par lettre. — N'ayant pas eu alors plus ample connaissance du
travail de M. Parandier que je mentionne, je n'ai pu rechercher, dans
mon étude de l'étage, la position stratigraphique précise de cet intéressant fossile.

(3) Au moment de la mise en pages de cette feuille, je reçois de
M. Parandier un exemplaire de la notice dont il vient d'être question
et qu'il vient de publier sous le titre *Un Saurien dans le Forest-marble*
(in-4°, 4 p., 3 pl., Lons-le-Saunier, Declume, 1891). Le crâne incomplet de ce Téléosaurien est figuré dans cette notice, qui renferme en
outre un profil sous l'indication « Coupe géologique de Plasne à la côte
de l'Heute par le Fied et Picarreau », et un tableau des subdivisions
distinguées autrefois par l'auteur dans le Lias, l'Oolithe inférieure et
l'Oxfordien. Ce fossile a été recueilli, en 1838, au fond de la carrière
dite de Bic-Bouc, située à quelques minutes à l'E. de Picarreau ; il
se trouvait entre deux bancs subcompacts, de 8 à 10 centimètres d'é-
paisseur, précédés d'une mince couche marneuse et surmontés de bancs
calcaires analogues, puis de calcaires compacts, suivis d'une oolithe
miliaire.

Champagnole, Jacques BONJOUR explora soigneusement, à partir de 1856, les principaux gisements fossilifères du voisinage de Lons-le-Saunier, surtout ceux de Pannessières et de Courbouzon. Il y fit de fructueuses récoltes, ainsi qu'en témoignent les collections des musées de Lons-le-Saunier et de Champagnole, et les nombreuses mentions de ces localités dans ses deux publications de 1863.

Le frère OGÉRIEN étudia nécessairement aussi d'une façon spéciale les affleurements bathoniens des environs de Lons-le-Saunier, de 1854 à 1867. Il a donné deux coupes de l'étage dans notre région : la « Coupe à partir du dessus des roches de Baume à Pannessières », comprenant le Bajocien et le Bathonien, et la « Coupe d'Epy à Cessia » (1). Dans toutes deux, les épaisseurs totales sont évidemment bien trop faibles (53 m. 50 et 58 m.), et l'on ne peut guère reconnaître sur le terrain les diverses zones bathoniennes de la première, sauf la couche à *Ostrea acuminata*.

Il faut se borner à rappeler le long séjour à Poligny de Just PIDANCET, qui dût visiter maintes fois les affleurements bathoniens des environs, jusqu'à sa mort, en 1871, et tout spécialement ceux de la route de Plasne, mais il n'a rien publié à ce sujet.

Depuis lors, on n'a plus guère à citer que les observations si savantes et si consciencieuses de M. Marcel BERTRAND, pour la carte géologique détaillée ; puis une note de M. l'abbé BOURGEAT, sur le Bathonien du Jura (2). Dans celle-ci notre éminent compatriote a publié plusieurs coupes relevées dans le Jura lédonien : celle de la marnière du Fied et celle de la carrière d'Orsat, à l'E. de Poligny, sur la route de Champagnole, et, un peu à l'E. de nos

(1) *Hist. nat. du Jura. Géologie*, p. 693-694.
(2) *Sur la limite du Bajocien et du Bathonien dans le Jura. Caractères et degré de développement que ce dernier présente* (Bulletin Société géol., t. XIII, p. 167, 1885.

limites, la coupe de Prénovel. Sans doute, des dislocations, dont l'observation est parfois si difficile sur le premier plateau, ont dissimulé à ce savant la véritable épaisseur du Bathonien, qui lui a paru réduit à 42 mètres au Fied.

OBSERVATIONS DE FRÉDÉRIC THEVENIN SUR LE BATHONIEN DE LA RÉGION DE CHATELNEUF. — On a vu déjà, dans l'introduction de ce travail, une courte mention des recherches, fort dignes d'intérêt, du modeste géologue-laboureur de Vaudioux F. THEVENIN, non seulement aux alentours de son village, mais encore dans les environs de Lons-le-Saunier et sur bien d'autres points du département. Les beaux affleurements du Bathonien entre Syam, Vaudioux et Champagnole avaient été de sa part l'objet d'études spéciales, qu'il convient de rappeler ici avec quelques développements.

Après avoir donné ailleurs (1) plus de détails sur ce villageois, dont l'ardeur pour les études scientifiques pourrait servir de modèle à tant de gens plus favorisés, j'ai ajouté que mon ami M. Joseph Thevenin, son frère, avait eu la bienveillance de m'envoyer, en 1886, ce qu'il avait pu retrouver de ses manuscrits, au moment où je venais de commencer l'impression de mes propres recherches dans la même région, mais que, sauf deux points peu importants, je n'avais « profité en aucune façon des travaux du géologue de Vaudioux » (2). Depuis lors, toutes mes observations ont été faites sans que j'aie tiré aucune aide des notes manuscrites ainsi parvenues en ma possession.

Peut-être me sera-t-il possible quelque jour de faire connaître les faits les plus intéressants que ces manuscrits de Frédéric Thevenin peuvent contenir, et de consacrer

(1) *Recherches géol. dans les environs de Châtelneuf.* Fascicule I, 1886, p. 40-45.

(2) Id., p. 45.

une notice spéciale à la mémoire de ce travailleur si méri-
tant, mais qui serait ignoré si quelques mentions dans les
publications de Bonjour et d'Ogérien, quelques fossiles à
lui dédiés par Auguste Etallon et tout récemment par M. de
Loriol, peut-être aussi les courtes pages où je m'en suis
occupé déjà en 1886, mais surtout le passage que vient de
lui consacrer M.Marcou (1) n'en conservaient le souvenir.

En attendant, il m'a semblé nécessaire de rechercher
dans ces manuscrits les faits de quelque importance observés par cet auteur dans le Bathonien, et qui n'auraient
pas encore été indiqués ou pour lesquels il aurait la priorité, de façon que ses travaux ne risquent pas d'être complètement perdus pour la science et que justice soit rendue
à ses efforts.

Un cahier de notes d'excursions et une étude stratigraphique générale de sa région, où il s'inspirait des *Recherches
sur le Jura salinois*, de M. Marcou, renferment de longs
détails sur la série des couches bathoniennes que Thevenin
avait observées entre Syam et Vaudioux. Il s'était occupé
en particulier de la position stratigraphique des trois fortes
sources de l'Adjire (2), qui sourdent sur la rive droite de
l'Ain, entre Syam et Champagnole, et de la source du
Rondot située au pied de l'escarpement entre Syam et
Vaudioux (3), mais surtout il avait relevé à partir de cette

(1) *Les Géologues et la Géologie du Jura, jusqu'en 1870* (Mémoires de
la Soc. d'Émul. du Jura, série IV, vol. 4e, 1888, p. 137).

(2) Thevenin écrit l'*Adjire* ou *Ladgire* pour représenter autant que
possible la prononciation locale, qui est assez voisine de celle du mot
Aiguière dans le même patois : ces deux mots ont d'ailleurs sans doute
la même racine. En français, on prononce et l'on écrit ordinairement
à présent, dans le pays, *Lardière*, ce qui rend le nom réel méconnais-
sable.

(3) A la suite d'expériences spéciales, F. Thevenin avait reconnu
que la source du Rondot est alimentée, au moins en partie, par le
ruisseau du Vaudioux qui, en temps de basses eaux, s'infiltre complètement entre ce village et la Billode, dans de petites fissures du

dernière une coupe que je rapporterai à la suite de celles que j'ai établies moi-même, et qui comprend le Bathonien moyen et le Bathonien supérieur. On y remarque l'indication des nombreux fossiles de la couche inférieure, parmi lesquels *Pholadomya Murchisoni* est seul nommé, et, de plus, une première mention de l'existence de Polypiers dans la moitié supérieure de l'étage; de bons exemplaires de ceux-ci, recueillis par lui, furent envoyés au musée de Lons-le-Saunier, où je n'ai pu les retrouver (1).

Les difficultés d'observation des couches inférieures à la série décrite dans cette coupe et surtout le faciès exclusivement calcaire que possède sur ce point la base de l'étage, avaient empêché notre auteur d'y reconnaître les « Marnes vésuliennes » du Bathonien inférieur et les dernières couches du Bajocien. Il faisait même une erreur assez surprenante en désignant parfois sous le nom de « Cornbrash » toute la puissante série de couches comprise dans sa coupe; mais il n'en reste pas moins fort intéressant de voir que, dès 1853, F. Thevenin avait étudié les principales couches bathoniennes de ce pays, sur une épaisseur de 120 m. qui paraît fort approchée, tandis que dix ans plus tard Bonjour n'attribuait encore à l'étage entier que 25 m. dans le Jura.

Ainsi que les auteurs de son temps, Thevenin compre-

sommet du Bathonien ; mais il arrive jusqu'à l'Ainme, près de la Billode, quand les eaux sont abondantes. Je dois ce renseignement à l'obligeance de mon excellent ami M. Joseph Thevenin, qui m'a fait d'ailleurs le plaisir de m'accompagner dans plusieurs excursions entre Champagnole, Syam et Vaudioux, et m'a indiqué la position de divers points signalés par son frère, particulièrement les sources du Rondot et de l'Adjire.

(1) Les nombreux fossiles recueillis par Frédéric Thevenin comprennent sans doute bien d'autres échantillons provenant du Bathonien de ce pays. Mais il n'existe le plus souvent dans sa collection aucune indication de provenance, et je n'ai pu songer à y rechercher des renseignements sur les faunes des divers étages de la région.

naît dans le Bathonien les couches immédiatement supérieures et de même faciès (*Dalle nacrée* des auteurs) que
je décrirai sous le nom de Callovien inférieur. Il ne mentionne d'ailleurs aucune des surfaces taraudées que j'ai
reconnues dans l'Oolithe inférieure de la région, et qui
m'ont fourni d'importants points de repère pour la distinction des assises et la délimitation précise des étages.

Ses notes renferment, en outre, une première indication
du gisement fossilifère à bivalves de la base du Bathonien
moyen, situé entre Crançot et Mirebel, et dont je dois la
connaissance à M. Marcel Bertrand. Notre auteur l'attribuait au Forest-marble. A cette occasion, il emploie déjà
l'expression « *Jura lœdonien* » pour désigner les environs de
Lons-le-Saunier. Mais il rapporte à tort les carrières de
Crançot à la Grande oolithe.

Malgré certaines erreurs, souvent inévitables alors, surtout
pour un observateur isolé dans son petit village, les extraits
que l'on trouvera plus loin suffisent à montrer combien il
est regrettable que les travaux de Frédéric Thevenin n'aient
pas été publiés. A présent encore on trouverait à y puiser
bien des indications utiles pour la géologie locale. L'examen attentif de ceux des manuscrits de cet auteur qui nous
restent, les incertitudes, les tâtonnements qu'ils révèlent
souvent, les erreurs même qui s'y trouvent font mieux
connaître quelles difficultés rencontraient nos premiers
observateurs jurassiens, et quels durent être leur courage
et leur dévouement à la connaissance du Jura pour persé-
vérer dans une voie si aride ; ils nous font surtout grandement apprécier les facilités d'études qu'offre à présent
le sol de notre pays, grâce aux nombreux travaux qui
l'entament depuis 40 ans, ainsi qu'aux diverses publications
géologiques parues depuis lors sur notre département, et
tout spécialement la *Carte géologique détaillée*, de M.
Marcel Bertrand, avec ses excellentes notices stratigraphiques.

I. — BATHONIEN INFÉRIEUR.

ASSISE DE L'AMMONITES FERRUGINEUS.

SYNONYMIE.

Marnes vésuliennes. Marcou, 1846.
Marnes de Plasne. Marcou, 1856.
Vésulien. Etallon, 1857.
Fuller's earth. Marnes à Ostrea acuminata (*Thurmann*).Bonjour,1863.
Vésulien (*Fullers earth*). Pidancet, 1863.
Marnes à Ostrea acuminata. Ogérien, 1867.
Fullers earth. Bertrand, 1882.

CARACTÈRES GÉNÉRAUX. — Le Bathonien inférieur débute par une couche fort variable, généralement très fossilifère, surtout à la base, et dont l'épaisseur ne dépasse que rarement 3 à 4 m. Dans la moitié occidentale du Jura lédonien, elle offre d'ordinaire des calcaires marneux, jaunâtres, criblés de débris fossiles et à texture très irrégulière, avec des bancs marno-grumeleux intercalés, et elle possède le plus souvent une riche faune de Lamellibranches, où l'on remarque surtout *Homomya gibbosa, Pecten ledonensis* et quelques rares *Ostrea acuminata* ; on y trouve aussi *Ammonites ferrugineus*, et parfois divers Oursins assez fréquents (Pannessières). Mais dans le centre et l'E. de la contrée, au moins à partir du Fied et de Publy, cette couche est entièrement formée d'un calcaire lumachelle, souvent très résistant à l'air, pétri de petites Huîtres, et terminé, sur le plateau (le Fied, Châtillon, Publy), par une surface taraudée.

La partie moyenne de l'assise, également très variable, offre à l'O. une marne grumeleuse, dure, blanchâtre, contenant parfois (Arlay) des bivalves assez fréquents de la couche précédente, mais sans *Homomya gibbosa*, ou bien (à Courbouzon) une marne dure, en plaquettes, dans laquelle

25

on ne trouve guère que de rares débris de Crinoïdes et des Foraminifères ; le tout est suivi de calcaires plus ou moins marneux, à peu près sans fossiles, en partie finement spathiques à Arlay. Sur le premier plateau, on a d'ordinaire, à la base, une couche marneuse pétrie d'*Ostrea acuminata* (Plâne, le Fied, Publy, etc.), parfois exploitée pour l'agriculture, et à laquelle succèdent, à Plâne et Lamarre, des marno-calcaires blanchâtres, contenant *Zeilleria ornithocephala*, avec des Lamellibranches et une intéressante faunule d'Oursins ; ces marno-calcaires se chargent de grosses oolithes irrégulières, oblongues, formées autour d'un petit bivalve, et ils se terminent par quelques bancs d'une sorte de calcaire lumachelle, presque entièrement composé de ces mêmes oolithes. Dans la côte de l'Eute, la tranchée de Châtillon offre d'abord une première couche marno-sableuse, dure, analogue à celle de Plâne, et contenant des fossiles assez nombreux par places, particulièrement *Ammonites ferrugineus*, *Pecten ledonensis* et surtout *Ostrea acuminata* qui possède à ce niveau son extension principale dans notre pays ; puis viennent des calcaires variés, avec lits marneux à bivalves et Brachiopodes, mais où l'on n'a plus les grosses oolithes de Plâne. A l'E. de la contrée lédonienne, on trouve seulement un calcaire finement lumachelle, pétri de petites Huîtres indéterminables, qui paraît contenir, dans le bas, quelques *O. acuminata*, et possède parfois, dans le haut, des amas de bivalves de plus grande taille.

La partie supérieure de l'assise présente à l'O. des calcaires plus ou moins marneux, stériles ou à peu près, qui passent par places à l'oolithe dans le haut ; ils se terminent par une surface d'apparence taraudée, ou du moins qui est irrégulière et chargée de petites Huîtres et autres fossiles. A l'E., cette portion de l'assise offre, dès les premiers affleurements du plateau (Plâne, Publy), des calcaires durs, plus ou moins oolithiques, riches en petits Polypiers près de la gare de Publy, et contenant parfois au sommet quelques bivalves vaseux (la Doye près de Nogna) ; mais à partir de Crançot et de Châtillon, on n'a plus qu'une belle oolithe, de 11 à 12 m. d'épaisseur ; la surface de ces calcaires est fortement taraudée et porte des Huîtres plates soudées.

FOSSILES. — La faune de cette assise est l'une des plus riches et des plus variées de tout le Jurassique inférieur de notre contrée. Cette importance est due aux nombreux fossiles que fournissent d'ordinaire les couches inférieures et parfois aussi les couches moyennes de l'assise, lorsqu'elles sont marneuses, et qui abondent surtout à Pannessières, Plâne, le Fied, Courbouzon et Arlay ; mais les couches supérieures ne m'ont guère fourni que des Polypiers, et seulement près de la gare de Publy. On a trop souvent d'ailleurs à regretter la mauvaise conservation des fossiles, surtout des Céphalopodes et des Lamellibranches. La liste suivante comprend toute cette faune, répartie entre les quatre niveaux qui seront distingués plus loin dans le Bathonien inférieur.

Sur un ensemble d'environ 120 espèces, 74 sont déterminées : 4 Céphalopodes (sur 5 ou 6), 29 Lamellibranches (sur 53), tous les Brachiopodes au nombre de 16, 12 Oursins (sur 15), 1 Crinoïde, 1 Serpule (sur 3 ou 4) et 11 Polypiers. D'autres classes ne comprennent que des espèces non encore déterminées : 1 Poisson, 4 Gastéropodes, et au moins 2 ou 3 espèces de chacune des classes des Bryozoaires, des Spongiaires et des Foraminifères.

Si l'on considère seulement les 74 espèces déterminées, celles qui proviennent de l'étage précédent, au nombre de 21, y entrent pour $\frac{2}{7}$; 13 de ces dernières passent au-dessus, ainsi que 17 autres, de sorte que 30 espèces, soit les $\frac{2}{5}$ du total, s'élèvent dans les assises supérieures au Bathonien I, et surtout dans les couches marneuses du sommet de l'étage où l'on en voit reparaître 27 (21 Lamellibranches, 1 Brachiopode et 6 Oursins) ; 34 espèces, ou fort sensiblement les $\frac{4}{9}$ du tout, restent jusqu'à présent spéciales à cette assise, dans les gisements de la région. La considération des 45 espèces non déterminées, mais surtout l'étude plus complète de la contrée modifieront sans doute notablement les rapports ainsi obtenus avec les assises voisines ; il est fort probable, en particulier, que la proportion des espèces qui proviennent de l'étage précédent s'accroîtra encore d'une manière sensible, par l'exploration soigneuse des gisements à faciès marneux du Bajocien supérieur.

En outre d'*Ammonites ferrugineus,* dont les exemplaires assez fréquents sont d'ordinaire en mauvais état, on remarque spécialement dans cette faune *Am. fuscus,* représenté par un seul exemplaire de Plâne, trop mal conservé pour permettre une détermination parfaitement correcte. Cette dernière espèce caractérise le Bathonien inférieur beaucoup mieux que la première ; car *Am. ferrugineus,* bien qu'ayant en général son niveau principal dans cette assise, se montre parfois déjà dans l'assise précédente (environs de Bayeux et Provence) ou s'élève même jusque dans le Bathonien supérieur (Alsace, selon M. Schlippe). Aussi *Am. fuscus* sert assez souvent à désigner la première assise bathonienne, depuis que Waagen l'a employé dans ce sens. C'est aussi ce que j'aurais trouvé convenable de faire moi-même, si la détermination de mon exemplaire était absolument certaine, et si, d'un autre côté, *Am. ferrugineus,* que je n'ai pas encore rencontré hors de cette assise, ne paraissait offrir, par sa fréquence dans la plupart de nos affleurements marneux de la partie inférieure de celle-ci, une bonne caractéristique pour notre région. D'ailleurs, il s'agit bien ici de l'espèce désignée par Oppel sous le nom d'*Am. ferrugineus,* qui caractérise le Bathonien inférieur (ou zone à *Am. fuscus*) de la Souabe, et non des formes plus ou moins différentes qui ont été souvent confondues sous ce nom.

Faune du Bathonien inférieur.

Passages inférieurs.	ESPÈCES.	NIVEAUX				Passages supérieurs.
		A	B	C	D	
	Strophodus sp.....................	1				
	Belemnites sp. ind..................	1		1		
*	Nautilus cfr. lineatus, Sow...	1		1		*
	Ammonites ferrugineus, Opp..........	3	2	2		
*	— cfr. Garanti, d'Orb........	1				
	— cfr. fuscus, Quenst........			1		
	Nerinea sp...................... ...				*	
	Pleurotomaria sp.(2 ou 3 espèces)......	3		1		
	Trochus ? sp.....................			*		
	Thracia sp.....................	1				
	Analina sp.....................			*		
*	Pholadomya Murchisoni, Sow..	3		2		*
	— sp. (2 espèces)...........	2	*			
	Homomya gibbosa, Ag..............	3				*
	Goniomya sp....................			1		
	Pleuromya elongata, Ag.....	3				*
*	— tenuistria, Ag.............	1				*
*	— cfr. Alduini, Ag	1				*
	— sp......	4		1		
	Ceromya sp..................... ..	1				
	Gresslya lunulata, Ag..............	1				*
	Panopœa Jurassi, Ag..............	3				*
*	— sinistra, Ag.....	1				*
	Isocardia minima, Sow..............	3		*		*
	— sp.....................	*	*	*		
	Cypricardia sp..................	2		?		
	Cardium sp. (2 espèces)............	4	*	*		
	Lucina cfr. jurensis, d'Orb	1				
	Astarte sp.	1				
	Trigonia sp. (2 ou 3 espèces).	2			*	
	Arca sp. ind.................	1				
	Pinna sp. ind.................	1		*		
	Trichites sp...................	4		*		
	Mytilus furcatus, var. bathonicus, M. et L.	2				
*	— gibbosus, d'Orb.............	2		cf.		*
	— imbricatus, Sow.?...........			1		*

Passages inférieurs	ESPÈCES.	A	B	C	D	Passages supérieurs.
	Mytilus sp............................	*	*			
	Lithophages non déterminés............	*			*	
	Perna sp...........................	1				
*	*Avicula Munsteri*, Goldf.	3		3cf.		*
	— *echinata*, Sow..................				1	*
*	*Pecten articulatus*, Schl.............	4			cf.	*
	— *articulatus*, M.et L.(non Schl.)..	*				
	— *lens*, Sow....................	3		*		*
	— *exaratus*, T. et J..............	1				
	— *annulatus*, Sow...............	1				
	— *ledonensis*, Riche..............	5	4			
	— cfr. *demissus*, d'Orb...........			*		*
	— sp.............................				3	
*	*Lima proboscidea*, Sow...............	3	*			*
	— sp. nov......................	*				
*	— *duplicata*, Sow...............	5	*	*		*
	— *gibbosa*, Sow.................	1				*
	— sp...........................	*	*	1		
	Hinnites sp. ind...................		*			
*	*Ostrea Marshi*, Sow....	4	*			
	— *acuminata*, Sow...............	1	5	1	1	
*	— *costata*, Sow..................	*	*			*
	— sp............................	*	*			
*	*Terebratula Faivrei*, Bayle............	2				
*	— cfr. *ventricosa*, Ziet........	2				
?	— *globata*, Sow..............	3	*	*		*
	— *conglobata*, Desl............	1				
	— *maxillata*, Sow.	1				
	— *quillyensis*, Bayle.........	2				
	— aff. *curvifrons*............	1				
	— sp. nov. A..............	1				
	— sp. ind..................		*		*	
*	*Zeilleria Waltoni* (Dav.), var..........	1				
	— *ornithocephala* (Sow.)........	1		3		
	— *emarginata* (Sow.)...........	1	1cf.			
*	*Aulacothyris carinata* (Lam.).......	2				
*	*Rhynchonella* cfr. *angulata* (Sow.)......	3		*		

Passages inférieurs	ESPÈCES.	A	B	C	D	Passages supérieurs
	Rhynchonella cfr. subtetraedra	4	*			
	— subobsoleta, Dav	4				
	— cfr. obsoleta (Sow.)	1				*
	— sp. ind.		*		2	
	Bryozoaires non déterminés	4	*	*	*	
	Collyrites sp. ind.			1		
	Clypeus Ploti, Klein	1	*	*		
*	Echinobrissus Terquemi (Ag.)		1			
	— clunicularis (Ag.)			1		*
	Galeropygus Nodoti, Cott	2				
	Holectypus depressus (Ag.)			*		*
	Pygaster laganoides, Ag	2		*		
*	Cidaris Kœchlini, Cott	2				
	— sp		1			
	Acrosalenia spinosa, Ag			3		*
	— sp	1				
	Pseudodiadema subcomplanatum, d'Orb			1		
	Hemicidaris cfr. Jauberti, Cott	1				
	Stomechinus Heberti, Cott	2				
	— serratus, Cott	1				*
	Pentacrinus Nicoleti, Dés	3				*
	Serpula cfr. conformis, Goldf			*		*
	— sp. (plusieurs espèces)	*	*			
	Stylina solida, M'Coy					*
	— Ploti, E. et H					*
*	Isastrea salinensis, Koby					*
	— dissimilis, E. et H					*
	— serialis, E. et H					*
	— Richardsoni, E. et H					*
	Astrocœnia sp. nov					*
	Latomœandra Flemingi, E. et H					*
	Thecosmilia gregarea, M'Coy					*
	Cladophyllia Babeana, d'Orb					*
	Anabacia Bouchardi, E. et H					*
	Eudea sp	2				
	Amorphospongia sp	1				
	Foraminifères (Cristellaria, etc.)		3			

Puissance. — A Courbouzon, le Bathonien inférieur semble réduit à 22 m. 50 dans les carrières, par suite des froissements de la partie supérieure ; mais les mesures prises à une centaine de mètres plus au S., dans des conditions plus favorables, montrent qu'il atteint réellement 27 m. au moins dans cette localité. Il paraîtrait n'avoir à Montmorot que 24 m., si des froissements qui s'y trouvent aussi dans le haut n'avaient pu le réduire quelque peu. Des accidents analogues, encore plus intenses, qui existent à la base à Messia, ne permettent de voir qu'une vingtaine de mètres de cette assise dans les diverses carrières de la Côte du Tartre, où la série des couches est évidemment incomplète dans le bas. L'épaisseur n'est pas moindre de 27 m. près d'Arlay. On peut donc estimer la puissance de l'assise à 27 m. environ, à l'O. de la contrée. Sur le premier plateau, il n'est guère possible de l'évaluer convenablement entre Publy et Nogna, ni près de Crançot, et l'épaisseur de 23 à 24 m. que l'on observe à Plâne est fort probablement un peu trop faible, puisque les limites n'ont pu être reconnues à la base ni au sommet. L'assise entière atteint 27 m. dans la tranchée de Châtillon, et sa puissance réelle sur le plateau est sans doute très voisine de ce nombre. Enfin, elle n'a près de Syam que 22 à 23 m.

Limites. — Ainsi qu'on l'a vu plus haut, le Bathonien inférieur, nettement borné à la base par la surface taraudée du Bajocien, est aussi généralement limité au sommet par une surface criblée de perforations de lithophages, ou du moins offrant des traces de cessation temporaire de la sédimentation. Cette dernière limite est rendue plus facilement observable du côté de l'E. par la présence des couches fossilifères qui la surmontent à Publy, Crançot, Châtillon, la Doye de Nogna, Syam, Chaux-du-Dombief, etc. Ces couches n'ayant pas le même faciès au voisinage de Lons-le-Saunier, où le taraudage paraît d'ailleurs souvent absent ou moins caractérisé, cette limite y serait moins facilement reconnaissable ;

mais ici on a d'ordinaire des couches plus ou moins marneuses jusque dans le haut de l'assise, tandis que les suivantes
sont des calcaires oolithiques durs.

POINTS D'ÉTUDE ET COUPES. — Les affleurements situés à
l'O. du Jura lédonien m'ont permis de relever à Courbouzon
une coupe complète de cette assise, et d'autres moins
entières à Messia, Montmorot et Arlay. Le premier plateau
n'offre le plus souvent à étudier que des affleurements
partiels : la partie inférieure se voit bien à Pannessières
ainsi qu'à l'entrée occidentale du village de Crançot ; des
couches fossilifères voisines de la base affleurent entre Publy
et Nogna, sur le bord du chemin, et l'on y trouve aussi
parfois la partie moyenne et les calcaires oolithiques supérieurs ; ces derniers calcaires seuls sont visibles à la source
de la Doye, près de Nogna, ainsi que dans la tranchée O. de
la gare de Publy, et on les retrouve à l'E. de Crançot. Des
affleurements qui appartiennent à la moitié inférieure de
l'assise s'observent près de Lamarre, de Fay, dans la marnière du Fied, etc., et sur les monts de Poligny (Barretaine
et Chaussenans). L'assise presque entière se voit très bien
sur le bord occidental du plateau, dans le gisement renommé
de Plâne, où l'on ne peut toutefois observer la superposition
sur le Bajocien, ni le passage au Bathonien moyen. Diverses
portions de l'assise se montrent sans doute sur d'autres
points du plateau que je n'ai pu visiter, et qu'il serait
intéressant d'explorer pour compléter la connaissance de la
faune. Mais le plus bel affleurement de la région, pour
l'étude stratigraphique, est la tranchée de Châtillon, où l'on
observe toute la série des couches du Bathonien inférieur,
avec le passage au Bajocien et à l'assise supérieure. Enfin,
sur le bord oriental du Jura lédonien, je n'ai pu étudier
que les gisements voisins de Syam et de Bourg-de-Sirod,
dans lesquels l'assise entière se compose de calcaires.

VARIATIONS. — De tous les terrains du Jura lédonien,
c'est probablement cette assise qui offre, sous le double

rapport pétrographique et paléontologique, les variations de facies les plus considérables et les plus fréquentes, aussi bien dans le sens horizontal que dans la succession verticale des strates. Considérée de la base au sommet, elle comprend une série très variée de couches plus ou moins marneuses ou calcaires, souvent pétries de bivalves ou bien presque stériles, qui appartiennent parfois en entier au facies vaseux, ou passent de ce facies au facies oolithique coralligène, et chacune des couches présente à son tour, d'une localité à une autre parfois peu distante, des différences qui peuvent être fort accentuées.

Le facies vaseux, qui est plus ou moins marneux et très variable à tous égards à l'O., mais qui offre seulement à l'E. des calcaires lumachelles, occupe la partie inférieure dans toute l'étendue de la région. Il ne se poursuit vers le haut qu'à l'O. du premier plateau, et s'élève alors, par places, jusqu'au sommet.

Le facies oolithique, relégué dans la moitié supérieure de l'assise, ne s'accuse d'ordinaire que très légèrement au sommet de celle-ci dans les affleurements de l'O., et parfois même il n'y paraît pas représenté ; mais il se développe au centre et à l'E. de la contrée, au point de former près de la moitié du Bathonien inférieur, et il présente, sur certains points, des Polypiers assez abondants pour qu'il soit très nettement coralligène.

Le plus grand nombre des fossiles que j'ai recueillis dans cette assise proviennent des niveaux inférieurs et appartiennent au premier facies, qui présente lui-même, ainsi qu'il résulte de la liste précédente, des différences considérables dans l'association des espèces. Elles ont été signalées d'une manière générale, dès 1846, par M. Marcou, et vont être examinées sommairement dans l'étude de chaque niveau.

SUBDIVISIONS. — Dans une assise qui offre des variations si multiples, il est fort difficile de reconnaître, dans les groupes de strates des divers affleurements, des lignes de démarcation susceptibles d'être poursuivies sur une étendue notable. En établissant dans un tel cas une subdivision de l'assise en niveaux, il convient de chercher à mettre en lumière les faits de quelque importance qu'offrent les principaux gisements de la région considérée ; mais, comme pour toute subdivision très détaillée poursuivie au-delà d'un certain rayon, on doit se résoudre à ne pas toujours distinguer entre eux tous ces niveaux dans quelque partie de la contrée étudiée, là où les mêmes influences ne se sont pas fait sentir dans la sédimentation, ou quand les dépôts n'en conservent pas les traces.

Or, il n'est guère possible, dans les affleurements occidentaux voisins de Lons-le-Saunier, de reconnaître plusieurs subdivisions dans le Bathonien inférieur, et à l'E. de notre contrée, près de Syam, il n'en est que deux qui soient bien distinctes. Mais dans la région intermédiaire, sur le premier plateau, où se trouvent les affleurements bathoniens les plus étendus compris dans nos limites, les couches successives de l'assise se différencient d'ordinaire fort sensiblement en plusieurs groupes, qui sont assez caractérisés et paraissent se poursuivre sur une assez grande étendue pour qu'on puisse les considérer comme autant de niveaux distincts. De bons types du Bathonien inférieur de cette région sont les gisements de Plàne et de Châtillon, qui offrent tous deux quatre subdivisions sensiblement correspondantes, quoique parfois sous un facies assez différent. J'aurais voulu établir plus spécialement la division de l'assise d'après la première localité, que les travaux de M. Marcou, sa situation près de Poligny et surtout sa faunule d'Oursins, rendent plus intéressante encore ; mais la tranchée de l'Eute près de Châtillon a sur celle-ci l'avantage d'offrir l'assise entière parfaitement limitée à la base comme au sommet, et les caractères distinctifs des quatre niveaux y sont très marqués.

Dans cette dernière localité, l'intercalation d'une surface

perforée par les lithophages, à 6 m. de la surface taraudée de l'étage Bajocien, et l'existence d'un massif de 11 m. de calcaire oolithique dans le haut de l'assise, partagent très nettement le Bathonien inférieur en trois groupes de strates, qui sont les trois parties distinguées dans les généralités. qui précèdent sur cette assise. De plus, le groupe moyen débute par une couche marneuse, parfois très riche en *Ostrea acuminata*, qui paraît bien correspondre à la lumachelle marneuse, pétrie de cette même espèce, que l'on observe entre Publy et Nogna, et surtout à Plâne, le Fied, etc. Cette couche doit être distinguée, au moins pour cette région, à titre de niveau particulier, ce qui conduit aux quatre niveaux indiqués.

Le niveau inférieur comprend à Châtillon 6 m. de calcaire lumachelle, à surface taraudée, contenant une grande quantité de petites Huîtres, avec *Pecten ledonensis* et *Lima duplicata*. Cette lumachelle, qui se retrouve au Fied, etc , correspond évidemment aux 2 à 3 m. de calcaire lumachelle inférieur de Syam, et, près de Lons-le-Saunier, à la couche fossilifère inférieure, épaisse de 3 à 4 m., où se trouvent parfois (Courbouzon) de petits bancs d'un calcaire analogue, et dans laquelle abondent les deux derniers fossiles, en compagnie d'*Homomya gibbosa*, avec de très rares *Ostrea acuminata*; à Plâne, elle répond au calcaire marneux irrégulier inférieur, pétri de débris fossiles, surtout de *Lima duplicata*.

Le deuxième niveau se compose de la couche de marne de Châtillon, épaisse de 2 m. 40, et contenant de nombreux *Ostrea acuminata*, *Pecten ledonensis* et *Lima duplicata*, qui repose sur la surface taraudée précédente, et à laquelle répond la lumachelle marneuse à *Ostrea acuminata* de Plâne (5 à 6 m.) et du Fied.

Un troisième niveau comprend à Châtillon une suite de calcaires variables (6 m. 10), avec de minces lits marneux intercalés, et à Plâne des marno-calcaires à bivalves et Oursins, passant à une lumachelle à grosses oolithes.

Ces deux derniers niveaux correspondent, près de Syam, à une lumachelle calcaire à petites Ostracées, analogue à celle du niveau inférieur de Châtillon, et dans laquelle je n'ai pas encore pu reconnaître de ligne de démarcation, tandis qu'à l'O. de Lons-le-Saunier on a seulement une marne dure, à peu près stérile, passant à un calcaire hydraulique, qui se continue dans les couches suivantes, sans que l'état des gisements permette jusqu'ici de distinguer nettement les divers niveaux.

Enfin, le niveau supérieur de Châtillon comprend un calcaire oolithique, blanc, des mieux caractérisés, qui se retrouve identique près de Syam et assez analogue à Plâne, et qui renferme des Polypiers près de Crançot, mais surtout à l'O. de la gare de Publy, tandis qu'au voisinage de Lons-le-Saunier on voit se continuer les calcaires hydrauliques, passant par places, dans le haut, à un calcaire dur, à petites oolithes.

Résumé stratigraphique du Bathonien inférieur. — Le tableau ci-après résume très sommairement la composition et les variations de facies de cette assise, de l'O. à l'E. du Jura lédonien, comparativement aux quatre niveaux de Châtillon et de Plâne (1).

(1) Ainsi que ce tableau le comporte pour Courbouzon et Syam, il sera toujours possible, dans les études postérieures des autres gisements de la région, de réunir en un seul deux ou trois de ces niveaux, quand il n'existe pas entre eux des lignes de démarcation facilement reconnaissables. Le groupe obtenu de cette sorte peut être désigné en réunissant les dénominations des niveaux qu'il comprend, comme il sera fait plus loin dans les coupes de ces deux localités. Il est évident, d'ailleurs, que s'il s'agissait d'un facies particulier assez différent de nos localités types, surtout par sa faunule, et se manifestant sur une étendue géographique notable, il serait plus avantageux d'employer seule une nouvelle dénomination, tirée de la localité où l'on verrait ce facies le mieux caractérisé : c'est déjà même ce qu'il conviendrait de faire pour les trois niveaux supérieurs de Courbouzon et pour les trois niveaux inférieurs de Syam, si ces facies particuliers étaient reconnus s'étendre sur une portion considérable du Jura.

Ouest de Lons-le-Saunⁱᵉʳ. Courbouzon et Montmorot.	Premier Plateau. Châtillon et Plâne.	Est du Jura lédonien. Syam.
D. Marne et calcaires plus ou moins marneux de Courbouzon, durs et parfois oolithiques dans le haut. Presque stériles... 23^m	**D.** — Niveau de l'oolithe bathonienne inférieure de Syam et Châtillon, avec Polypiers à la gare de Publy..... 11^{m}70	**D.** — Niveau de l'oolithe bathonienne inférieure de Syam et Châtillon, avec Polypiers à la gare de Publy........ 11^m
C.	**C.** — Niveau des calcaires marneux à bivalves de Châtillon et des marno-calcaires pisolithiques de Plâne, à *Zeilleria ornithocephala* et Oursins .... 6^{m}70 à 6^m	**C.**
B.	**B.** — Niveau des marnes de Plâne et Châtillon à *Ostrea acuminata*.. 6^m à 2^{m}40	Calcaire lumachelle de Syam, avec traces d'*Ostrea acuminata* dans la partie inférieure. Parfois lumachelle plus grossière à **B.** la base (niveau A)... 11 à 12^m
A. — Niveau des bancs marneux inférieurs de Courbouzon, à *Homomya gibbosa* et rares *Ostrea acuminata* (par places, facies du calcaire lumachelle de Syam)..... **4 m.**	**A.** — Niveau des bancs marneux inférieurs de Courbouzon, à *Homomya gibbosa* et rares *Ostrea acuminata* (facies du calcaire lumachelle de Syam par places). 4^m à 6^m	**A.**

A. — Niveau des bancs marneux inférieurs de Courbouzon à Homomya gibbosa et rares Ostrea acuminata.

Couche ordinairement très fossilifère, extrêmement variable. Elle comprend à l'O. du Jura lédonien des bancs peu réguliers de calcaire plus ou moins marneux, passant par places à une marne grumeleuse, très dure, chargée de concrétions calcaires et quelquefois avec lits de rognons lumachelliques, le tout criblé de fossiles ; au centre, une lumachelle calcaire, dure ou un peu marneuse, à petites Huîtres, etc., et à l'E., de gros bancs calcaires pétris de fossiles. Le tout repose sur la surface taraudée du Bajocien, et parfois se termine par une surface taraudée (Messia, Châtillon, le Fied, Chaussenans, etc.).

Les affleurements de Courbouzon et de Pannessières peuvent être pris pour types de ce niveau près de Lons-le-Saunier. Dans la première localité, il débute par 2 m. de marno-calcaire, irrégulier et très grumeleux, assez fossilifère, suivi d'un gros banc, de même épaisseur, de calcaire dur, peu régulier et se délitant un peu par places, partout criblé de fossiles, particulièrement à la surface ; celle-ci est irrégulière, au contact d'une couche marneuse stérile qui commence le niveau suivant, mais je n'y ai pas observé de trous de lithophages. Sur certains points, on a, dès la base ou à peu près, un calcaire lumachelle, dur, pétri de petits bivalves (*Lima duplicata*, *Pecten ledonensis*, etc.) et disposé en petits bancs peu réguliers, ou plutôt en lits de rognons aplatis, dans un marno-calcaire grumeleux. Ce gisement est seulement riche en Lamellibranches, surtout *Lima proboscidea*, *L. duplicata*, *Pecten articulatus*, *P. ledonensis*, *Ostrea Marshi*, avec *Homomya gibbosa* sur toute l'épaisseur ; *Ostrea acuminata* est ici tellement rare que je ne puis guère en citer que 3 ou 4 exemplaires, dont deux très âgés ont été recueillis, dans la même couche, un peu au S. des carrières. Les Brachiopodes sont assez rares. Les Oursins ne m'ont fourni que des radioles appartenant pour la plupart au *Cidaris Kœchlini*, espèce très rare du Bathonien des environs de Toul et de Belfort, ainsi que du Jura bernois et argovien, mais qui s'est déjà rencontrée vers le milieu du Bajocien supérieur, dans la grande

26

carrière de Montmorot et dans les carrières de Crançot. Au point de vue pétrographique, l'affleurement de Courbouzon possède un facies mixte entre les localités où le niveau est principalement marneux, ainsi qu'il arrive à Montmorot et à Pannessières, et celles où il est essentiellement formé d'une lumachelle calcaire, comme à Châtillon et à Syam.

Le niveau **A** n'est pas visible dans les carrières de Messia ; mais on observe des calcaires irréguliers et très fossilifères de ce niveau, sur le bord occidental de la bande de terres cultivées ou de prairies qui s'étend à mi-côte, au nord de ces carrières, et l'on y recueille surtout *Pecten ledonensis* avec *Lima duplicata*, etc. La surface du Bajocien sur laquelle ils reposent est ici fortement taraudée, comme à l'ordinaire, et elle se voit sur une certaine étendue, presque verticale. Quelques-uns des petits blocs de ces calcaires qui ont été extraits par la culture et rejetés sur le bord O. des terres, montrent que le niveau **A** se termine, au moins par places, dans cette localité, par une surface à perforations de lithophages. On retrouve d'ailleurs en entier ce niveau, dans l'une des anciennes carrières situées vers l'extrémité N.-O. de la montagne, aussi à peu près à mi-côte : ici on a deux mètres au moins d'un calcaire marneux, moins fossilifère d'abord, qui se termine par un banc assez dur, riche en fossiles triturés, principalement des *Terebratula globata* de grande taille, déformés ou en valves séparées. Je n'ai pas observé ici le taraudage à la surface. Peut-être les actions orogéniques ont-elles altéré la base du niveau sur ce point, et l'épaisseur pourrait, par suite, se trouver un peu réduite. Au-dessus du banc à Térébratules viennent 3 à 4 m. d'une marne très dure, blanchâtre et paraissant dépourvue de fossiles, qui termine la série observable dans cette carrière ; c'est la même marne que l'on trouve à Courbouzon dans le niveau **B**, et elle doit être attribuée à ce dernier niveau.

Dans la grande carrière de Montmorot, le facies est assez analogue à celui de Courbouzon, sauf l'absence de rognons de calcaire lumachelle ; je n'y ai pas rencontré d'ailleurs *Homomya gibbosa*, ni *Ostrea acuminata*, et la puissance n'est guère que de 3 m. Le niveau débute par une couche dure, épaisse de 1 m. à peu près, reposant sur la surface taraudée du Bajocien et pétrie de fossiles, surtout *Ostrea Marshi*, *Pecten articulatus*, *P. ledonensis*, *Lima proboscidea*, *L. duplicata*, etc. ; à la base, on trouve de grandes valves de *Trichites*, isolées le plus souvent, criblées de perforations de lithophages sur les deux faces et passées à l'état de galets taraudés. J'y ai recueilli en outre une dent de *Strophodus*, un *Pygaster laganoides*, un *Stomechinus Heberti* et quelques Brachiopodes, entre autres un seul exemplaire de *Zeilleria carinata*. Une marne blanchâtre, bien moins fossilifère, vient ensuite, et le niveau se termine par un banc d'environ 0m70 de calcaire pétri de fossiles, surtout *Pecten ledonensis*.

La carrière de la bifurcation des routes, à quelques centaines de mètres au N.-O. de la précédente, offre des couches analogues.

A 6 ou 7 kilomètres au S. de Lons-le-Saunier, un petit affleurement de ce même niveau, avec *Pecten ledonensis*, etc., se voit, dans des conditions d'observation peu favorables, un peu au S. de la sommité qui porte la Vierge de Vernantois. Il occupe l'extrémité septentrionale d'une bande de Bathonien inférieur qui se dirige entre Courbette et Alièze, mais dont je n'ai pas encore pu étudier d'autres affleurements.

Au voisinage d'Arlay, à une dizaine de kilomètres au N. de Lons-le-Saunier et Montmorot, la carrière principale voisine de l'ancien four à chaux de Sur Courreaux permet d'observer, au-dessus du Bajocien supérieur à surface taraudée, 6 à 7 m. de couches marno-calcaires, fortement grumeleuses, fossilifères, avec intercalations calcaires sous forme de bancs peu réguliers ou de lits de rognons, de moins en moins apparents vers le haut. On peut attribuer au niveau **A** 3 à 4 m. de la partie inférieure de ces couches, où se trouvent des bancs jaunâtres plus résistants, assez analogues à ceux de Courbouzon, quoique moins distincts; j'y ai remarqué surtout *Homomya gibbosa*, avec *Pecten ledonensis* et *Lima duplicata* très fréquents, et seulement un exemplaire d'*Ostrea acuminata*. Les couches suivantes, qui sont d'abord assez analogues, mais deviennent plus blanches et passent progressivement à une marne très grossièrement grumeleuse, bien moins fossilifère, paraissent appartenir au niveau suivant, quoique je n'y aie pas trouvé cette dernière espèce. Le passage entre les deux niveaux se produirait ici d'une manière très peu sensible; mais il reste à voir si les actions atmosphériques ne mettront point en évidence quelques caractères différentiels, qui sont à présent peu apparents sur la coupure récente des couches au front de carrière. Au N. du village, les carrières Hugon offrent seulement, par dessus le Bajocien à surface fortement taraudée, 2 à 3 m. de calcaires marneux irréguliers et de marnes très grumeleuses, contenant *Homomya gibbosa* assez fréquent, avec les *Pecten* et *Lima* habituels; mais je n'y ai pas rencontré *Ostrea acuminata*.

A raison de la richesse et de la variété de sa faune, le gisement de Pannessières, situé à 6 kilomètres à l'E. du méridien de Montmorot et Arlay, donnerait le meilleur type de ce niveau dans notre région, si les couches étaient plus complètement visibles et moins disloquées, et la limite avec le niveau suivant plus précise. Cette localité offre deux affleurements, situés de côté et d'autre de la route de Champagnole, près de la dernière maison : l'un tout à côté de celle-ci, dans la carrière inférieure à l'E. de la route, et le second au bord du chemin qui descend au village. Des différences notables se manifestent d'un point à l'autre. Tout en faisant une certaine part aux actions mécaniques intenses auxquelles ce lambeau d'Oolithe inférieure a été soumis, et qui ont dû altérer plus ou moins les couches marneuses, il convient d'attribuer au moins une partie de ces variations à des différences dans la sédimentation.

Dans la carrière de la route, où les calcaires supérieurs du Bajocien, plongeant vers l'O. de plus de 20 degrés, sont exploités de temps à autre pour les constructions, la surface de cet étage est, comme à l'ordinaire, fortement taraudée ; mais, de plus, elle a été striée postérieurement par le frottement de la base du Bathonien, lors des phénomènes orogéniques. Il est intéressant de remarquer que les stries offrent surtout la direction du N., ce qui accuse un mouvement principal de translation dans le sens même de la longueur du lambeau d'Oolithe inférieure, au lieu de la direction transversale, selon le plongement vers l'O., qui serait le plus naturel. La plus grande partie de l'affleurement du Bathonien inférieur offre seulement ici une couche marno-grumeleuse, très dure, blanchâtre, fossilifère, de près de 3 mètres d'épaisseur, qui repose sur le Bajocien et contient deux bancs intercalés, peu épais, plus résistants. Les couches supérieures manquent. Au nord de la carrière, on trouve à la base du niveau **A** un banc calcaire dur, de 0m30, pétri de bivalves, exactement appliqué sur la surface bajocienne taraudée, de sorte que celle-ci pourrait facilement rester inaperçue. Il passe à une couche grumelo-marneuse, visible sur 2 m. au plus, riche en bivalves et Brachiopodes, qui m'a fourni, sur un espace de 2 ou 3 mètres carrés, une vingtaine d'Oursins, principalement *Galeropygus Nodoti* et *Pygaster laganoides*.

Au bord du chemin qui descend au village, une petite carrière bajocienne offre la base du niveau, riche en gros bivalves, surtout *Homomya gibbosa* et *Lima proboscidea*, etc., sur un point que la végétation envahit de plus en plus. Peu après se trouve l'affleurement principal du niveau sur ce chemin, tant dans la tranchée ouverte par ce dernier que dans une fouille pour une recherche de source effectuée il y a quelques années, et au sujet de laquelle, comme on peut le penser à vue des lieux, la Géologie n'avait nullement été consultée. La surface du Bajocien n'est pas à découvert ici. Le petit abrupt de la tranchée comprend une alternance de bancs marno-grumeleux et de bancs calcaires peu distincts, dont l'épaisseur respective varie selon que ces derniers sont plus ou moins délitables. On y trouve d'abord une couche marneuse de 1 m., à la base de laquelle est un petit banc calcaire peu visible, qui paraît être le banc inférieur du niveau ; puis on a 2 bancs calcaires à débris spathiques et bivalves, de 0^{m}50 et de 0^{m}80 en moyenne, séparés par un banc marneux de 0^{m}20 à 0^{m}40, le tout assez fossilifère. Au-dessus, vient une couche grumelo-marneuse, dure, épaisse de 2 à 3 m., qui renferme les mêmes fossiles, entre autres *Homomya gibbosa*, et qui m'a fourni un *Clypeus Ploti*. On pourrait se demander si elle ne doit point être rapportée au niveau **B**. Elle est surmontée d'une marne blanchâtre, dure, à grumeaux plus petits, paraissant dépourvue de fossiles et visible sur 2 m. environ, qui appartient évidemment à ce dernier niveau.

La faunule du niveau **A** de Pannessières, variable ici d'un point à l'autre, offre près de 70 espèces, qui ont été indiquées pour cette localité dans la faune générale de l'assise. La plupart sont des Lamellibranches, des Brachiopodes et des Oursins, auxquels s'ajoutent quelques Céphalopodes, Gastéropodes et Crinoïdes ; il s'y trouve encore des Bryozoaires assez nombreux, des Serpules et des Spongiaires, qui n'ont pas été déterminés. Les Céphalopodes comprennent de rares Bélemnites et Nautiles en mauvais état, mais surtout *Ammonites ferrugineus*, assez fréquent et ordinairement fragmenté, ainsi que de très rares *A.* cfr. *Garanti*. Les Gastéropodes ne sont guère représentés que par des moules de Pleurotomaires. Les Lamellibranches fournissent de nombreux individus, presque toujours en mauvais état, qui appartiennent à près de 40 espèces, réparties entre 24 genres. On y remarque principalement *Homomya gibbosa*, qui est assez fréquent par places, des Pholadomyes, Pleuromyes et autres Myacides, *Lima proboscidea*, *L. duplicata*, *Pecten annulatus* et *P. ledonensis*, *Ostrea Marshi*, parfois très bien conservé, et seulement quelques rares exemplaires d'*Ostrea acuminata*. Parmi les Brachiopodes, qui sont assez nombreux en individus, *Aulacothyris carinata* n'est pas très rare, en compagnie de *Terebratula globata*, peu abondant, et de *Zeilleria emarginata* et *Z. ornithocephala*, dont je n'ai recueilli qu'un seul exemplaire, avec deux échantillons d'une forme de passage entre ces deux espèces et *Z. Waltoni* ; mais de plus il s'y trouve de nombreuses Rhynchonelles, surtout *Rhynchonella subobsoleta*. Cette localité se fait remarquer d'une façon toute spéciale par une intéressante faunule d'Oursins assez fréquents, surtout *Galeropygus Nodoti* et *Pygaster laganoides*, espèces du Bathonien inférieur de la Côte-d'Or, dont la première se trouve aussi dans la Sarthe et en Argovie, et la seconde dans le Calvados, ainsi que dans le Jura aux environs de Dôle, toutes deux rares partout. En outre, on recueille à Pannessières *Clypeus Ploti*, *Hemicidaris* cfr. *Jauberti*, *Stomechinus Heberti*, *St. serratus*. En somme, ce gisement m'a donné à lui seul les 7 dixièmes de la faune du Bathonien inférieur, soit à peu près les deux cinquièmes de la faune totale que j'ai recueillie dans l'étage entier. Il n'est aucune des localités étudiées dans la région lédonienne, pas même le classique gisement de Plâne, qui présente dans ce niveau une aussi riche association d'espèces.

Cet affleurement remarquable de Plâne, situé à une quinzaine de kilomètres au N. de Pannessières, est incomplet pour le niveau **A**, du moins dans l'état actuel de la carrière. La première couche observable, qui paraît bien appartenir à ce niveau dont elle serait la partie supérieure,

comprend environ 2 m. de calcaire assez dur, à texture
très irrégulière, un peu délitable à l'air par places, pétri de
bivalves, mais qui m'a fourni seulement une dizaine d'espèces, principalement *Lima duplicata, L. proboscidea,
Pecten annulatus, P. lens, Ostrea Marshi, O. costata,* et
quelques Brachiopodes en mauvais état. Je n'ai pas trouvé
ici *Homomya gibbosa* et *Aulacothyris carinata,* non plus que
Pecten ledonensis. La base n'est pas visible; la surface
supérieure est très irrégulière, mais je n'y ai pas observé
de perforations de lithophages. L'analogie de cette couche
avec le niveau **A** des gisements les plus voisins de Lons-le-
Saunier ne laisse guère de doute sur l'exactitude du parallélisme.

A 5 kilomètres au N.-E., se trouvent les affleurements
des monts de Poligny, situés à peu de distance de l'extrémité
orientale du Vallon de Vaux, non loin de la maison Lolo,
sur les bords de la route de Champagnole et du chemin de
Chaussenans. Ces gisements ont été signalés, dès 1885, par
M. l'abbé Bourgeat, qui en a donné une coupe sommaire.
Voici les observations que j'y ai faites récemment, dans des
visites trop rapides pour pouvoir y relever une série aussi
complète que je l'eusse désiré. Elles suffisent néanmoins
pour montrer que la distinction des divers niveaux du Bathonien inférieur se poursuit au N. du Jura lédonien.

Au point de jonction du chemin de Chaussenans avec la
grande route, de vastes carrières en exploitation se voient
de chaque côté de celle-ci : l'une au bord méridional, autrefois exploitée, m'a-t-on dit, par un sieur Orsat, est située
sur la commune de Barretaine; la seconde, au côté N. de
la route, appartient au territoire de Chaussenans. Dans ces
deux carrières, que je désigne par les noms de ces communes, on relève la petite succession suivante :

1. — Calcaire spathique du Bajocien supérieur, avec de petits
débris d'Ostracées, dur et résistant bien à l'air, exploité actuellement sur 4 à 5 m. Pointillé ferrugineux dans le haut. Surface

taraudée, avec Huîtres plates soudées, par places. Inclinaison vers l'E. 2 à 3°.

2. — Calcaire à fragments spathiques de Crinoïdes, mélangés de débris de petits bivalves. Nombreux délits obliques à la stratification. Surface taraudée, visible dans les carrières et surtout au bord de la seconde, sur une certaine étendue, au chemin de Chaussenans. L'épaisseur augmente en allant vers le N. : dans la carrière de Barretaine, elle est de 1ᵐ10 au côté S., et arrive à 1ᵐ20 au bord opposé ; elle atteint 1ᵐ50 à 1ᵐ60 au bord septentrional de la carrière de Chaussenans. Ici le calcaire se délite un peu à la base dans certaines places, où se trouvent quelques bivalves (*Trichites*) et des Bryozoaires, et il offre parfois, sur la tranche, des *Pentacrinus* assez fréquents. Soit . 1ᵐ10 à 1ᵐ50.

3. — Calcaire bathonien, à texture irrégulière, dur le plus souvent, et passant par places à une marne grumeleuse, jaunâtre par altération. Nombreux fossiles en mauvais état et d'un petit nombre d'espèces, surtout *Lima duplicata*, *L. proboscidea*, *Pecten articulatus*, *Ostrea Marshi*, etc., quelques *Terebratula globata*, *Rhynchonella* sp., et rares *Ostrea* cfr. *acuminata*. 1ᵐ.

Les couches supérieures manquent.

A très peu de distance des carrières, un monticule, situé au côté N. du chemin de Chaussenans, offre une petite série qui représente environ la moitié inférieure de la puissance de l'assise et correspond ainsi fort sensiblement aux trois premiers niveaux de Plâne.

1. — Au bord O. du chemin se voit un calcaire dur, à surface taraudée, qui ne peut être que le sommet du Bajocien.

2. — Au-dessus se trouve une couche calcaire, un peu marneuse et irrégulièrement délitée au bord du chemin, où elle renferme des Lamellibranches, etc. Selon toute probabilité, c'est la couche 2 des carrières, devenue ici plus¸ marneuse et plus fossilifère ; mais, quoi qu'il en soit, elle forme évidemment le niveau **A**, base du Bathonien. La surface en est taraudée, ainsi qu'on le voit sur un point vers le bas du monticule. La puissance du niveau ne peut guère être portée qu'à . . . . . . 1ᵐ60.

3. — Calcaire marneux, se délitant irrégulièrement et d'une manière variable, suivi de couches marno-grumeleuses, le tout assez fossilifère. Les espèces les plus importantes sont :

Ammonites ferrugineus, Opp.   *Lima duplicata,* Sow.
Pecten ledonensis, Riche.   *Ostrea acuminata,* Sow.

Cette couche, dont la puissance paraît être à peu près de 5 m., appartient au niveau **B**, qui possède dans cette localité une faunule plus variée qu'à Plâne et au Fied.

4. — Calcaire en bancs plus ou moins résistants, dont quelques-uns se délitent dans la partie inférieure de la couche. — Comptant faire dans ce gisement une étude plus complète, qu'il ne m'a pas encore été possible d'effectuer, je n'ai pas pris note de la texture de ces calcaires, qui, de souvenir, me semblent composés d'assez grosses oolithes à petits bivalves.

Cette couche appartient au niveau **C** du Bathonien inférieur. La puissance des c. 3 et 4 est d'une dizaine de mètres, de sorte que cette dernière possède une puissance de 5 m. environ.

Les couches supérieures manquent.

Près du village du Fied, à 8 kilomètres au S. des affleurements qui précèdent, on observe très nettement le niveau **A**, sous forme d'un calcaire lumachelle, à surface taraudée, dont l'épaisseur est au moins de 2 à 3 mètres, et qui repose sur la surface également taraudée des calcaires bajociens; il porte les marnes à *Ostrea acuminata,* exploitées dans la marnière de cette commune et qui appartiennent au niveau suivant. Ce calcaire n'est pas compris dans la coupe de la marnière du Fied, publiée par M. l'abbé Bourgeat. Voici le détail des observations que j'ai faites dans cette localité :

1. — A peu de distance au S.-E. du village, au point de bifurcation des chemins du Fied à Picarreau et à la marnière, en face même du poteau indicateur, on observe, à découvert sur quelques mètres carrés, un calcaire très dur, à petits débris de coquillages et fragments miroitants, tacheté de jaunâtre dans le haut et fortement taraudé en dessus, qui forme le sommet du Bajocien.

2. — Au-dessus, vient un calcaire lumachelle, dur, teinté de rougeâtre ou grisâtre, avec pointillé ou petites lignes irrégulières de la même couleur plus foncée, et qui se fragmente légè-

rement par places. Il est pétri de valves isolées de petits Lamellibranches, qui sont parfois englobées isolément dans de grosses oolithes irrégulières, analogues à celles qui se trouvent par places dans le niveau **A** de Courbouzon et qui pullulent à Plâne dans le niveau **C**. Ce calcaire lumachelle forme la base du Bathonien (niveau **A**). En avançant vers le S., à l'entrée d'un petit chemin de desserte, on l'observe sur 2 m. d'épaisseur environ. La partie supérieure du niveau, ainsi que les couches suivantes n'existent plus sur ce point. J'ai recueilli vers la base de cette couche des fossiles en mauvais état, mais où l'on reconnaît parfaitement de nombreux exemplaires des deux espèces les plus fréquentes dans ce niveau à Courbouzon, etc.

Isocardia sp.	*Ostrea* sp. ind.
Trigonia sp. ind.	*Terebratula* sp. ind.
Pecten ledonensis, Riche, 5.	*Rhynchonella* sp. ind.
Lima duplicata, Sow., 5.	*Acrosalenia* sp. ind.

3. — Le banc supérieur du niveau **A**, composé d'une lumachelle dure, analogue à la c. 2, est à découvert sur une surface notable au fond de la grande marnière qui se trouve un peu plus au N. La surface en est fortement taraudée, et sur certains points, où elle se fragmente un peu par la gelée, on recueille de nombreux lithophages (*Lithodomus* sp.), et en outre *Mytilus* sp., *Ostrea* sp. L'épaisseur n'a pu être déterminée.

4. — Lumachelle marno-calcaire, dure, grisâtre, qui se délite lentement en fragments irréguliers ; elle est pétrie de *Pecten ledonensis* et *Lima duplicata*, avec quelques *Ostrea acuminata*, surtout dans le haut, *Terebratula globata*, *Rhynchonella* sp. Environ . . . . 0m75.

5. — Lumachelle plus marneuse et se délitant plus facilement, pétrie d'*Ostrea acuminata*, et surtout employée pour les marnages. La partie supérieure est jaunâtre par altération, sur quelques décimètres, au voisinage de la terre végétale. En outre d'*O. acuminata*, dont on peut distinguer trois variétés principales, on y recueille quelques rares *Cardium* et *Isocardia* sp., *Pecten ledonensis*, *Lima duplicata*, *Terebratula* sp., *Zeilleria* cfr. *emarginata*, *Rhynchonella* sp., *Cidaris* sp. Visible sur 3m30.

Les couches supérieures manquent sur ce point et dans le

voisinage, de sorte que je n'ai pu relever la suite de la coupe dans cette localité.

Il importe de constater l'existence, à l'extrémité N.-E. de la marnière, d'un amas de 1 à 2 m. d'épaisseur de boue glaciaire, contenant des cailloux assez volumineux, dont un certain nombre présentent encore les stries caractéristiques, parfaitement visibles. C'est l'un des deux seuls exemples, à ma connaissance, d'un dépôt à cailloux striés glaciaires sur le premier plateau, dans le Jura lédonien.

Au bord O. du village de Crançot, à 10 kilom. au S. du Fied, près de la troisième maison, la route coupe sur une épaisseur de 3 m., dans la légère éminence qui porte la croix, un calcaire marneux lumachelle, à taches noirâtres intérieurement, rougeâtres par altération (grosses oolithes peu distinctes, à petites coquilles de bivalves), et qui passe à un marno-calcaire dur, grossièrement grenu dans le haut. Le tout offre des bancs plus ou moins résistants, et repose sur un calcaire dur, à surface taraudée (visible dans le côté S. de la route près de la maison), qui me paraît être le sommet du Bajocien. Cette couche lumachelle appartient, je pense, au niveau **A**, qui est ainsi plus marneux sur ce point qu'au Fied et à Châtillon. Les fossiles déterminables sont assez rares ; je n'y ai recueilli que *Pinnigena* sp. ind., *Cardium* sp. ind., *Pecten ledonensis*, 1, *Lima duplicata*, 1, *Lima* sp., *Ostrea Marshi*, 1, *O. acuminata*, 1, *Terebratula globata*, 2, *Rhynchonella* sp., et des *Bryozoaires*.

Entre Châtillon et Vevy, la tranchée qui traverse la partie orientale de l'Eute, à 6 kilomètres au S.-E. de l'affleurement de Crançot, offre pour ce niveau, sur la surface taraudée du Bajocien, environ 6 m. d'un calcaire lumachelle dur, également taraudé à la surface, pétri de petits bivalves, et se délitant lentement par places, surtout dans le tiers inférieur, en une masse grumeleuse, avec *Lima duplicata*, *Pecten ledonensis*, petites Huîtres, débris d'Échinodermes, etc.

Les affleurements qui se trouvent à 7 kilomètres au S.-O., entre Publy et Nogna, sont trop incomplètement observables pour permettre de préciser la composition du niveau. A 500 ou 600 m. de la première localité, une faible tranchée du chemin de Nogna coupe la partie inférieure de l'assise, et montre la petite série ci-après :

1. — Calcaire dur, à surface fortement taraudée (fossé du chemin), offrant par places la texture spathique du calcaire bajocien, ou bien ayant l'aspect d'un calcaire lumachelle qui rappelle celui du niveau **A** de Châtillon. Visible sur . 1 à 2ᵐ.

2. — Calcaire dur, à texture irrégulière, un peu marneux dans le haut, pétri par places, en dessus, de petites Huîtres, principalement *Ostrea acuminata*. Soit .   .   . 0ᵐ60 à 0ᵐ80.

3. — Couche marno-grumeleuse, lumachelle, plus ou moins dure, noirâtre intérieurement à la base, sur quelques décimètres, et riche en fossiles sur toute l'épaisseur. *Ammonites ferrugineus, Lima duplicata, Ostrea Marshi, Rhynchonella* sp., et surtout une multitude de *Pecten ledonensis*. .   .   .   . 2ᵐ50.

Par analogie avec Châtillon et le Fied, il est tout à fait probable que la couche 1 est la partie supérieure du niveau **A** ; mais cela reste à vérifier par l'observation d'affleurements plus complets.

Enfin, les tranchées étudiées à l'E. de la région, au voisinage de Syam, présentent à ce niveau 2 à 3 m. de calcaire dur, peu distinct des couches suivantes, pétri, surtout par places, de petites Huîtres et souvent de Lamellibranches de plus grande taille, principalement *Ostrea Marshi*, etc.. Comme dans les localités précédentes, *Ostrea acuminata* paraît très rare ici, et c'est à grand'peine que j'en puis citer un ou deux fragments.

FOSSILES. — Considérée dans l'ensemble des gisements, la faune du niveau inférieur à *Homomya gibbosa*, l'une des plus riches du Jurassique de notre contrée, comprend environ 80 espèces, dont la liste est donnée ci-après, avec l'indication des localités. Les espèces déterminées, au nombre

de 53, comprennent : 3 Céphalopodes (sur 4), 26 Lamellibranches (sur une quarantaine), tous les Brachiopodes au
nombre de 16, 7 Oursins (sur 8) et un Crinoïde. Ce sont
toutes les espèces de Mollusques et d'Échinodermes nommées dans la faune générale de l'assise, à l'exception
d'*Ammonites* cfr. *fuscus*, *Avicula echinata*, et 3 Oursins.
Toutes se rencontrent à Pannessières dans ce niveau, sauf
Pecten articulatus, M. et L. (non Schl., non Sow.) et *Cidaris
Kœchlini*. Les autres espèces de ce même niveau, non déterminées, sont : 1 Poisson, 2 ou 3 Gastéropodes, et au moins
autant de Bryozoaires, de Serpules et de Spongiaires. Aucun
Polypier ne s'y est rencontré, et je n'y ai pas recherché les
Foraminifères.

La comparaison des faunules de chaque localité montre
combien la faune varie, quant au nombre et à l'association
des espèces, dans le niveau **A**, bien qu'il offre partout un
très grand nombre de fossiles. Le gisement si riche de
Pannessières, où j'ai pu faire de fréquentes recherches pendant toute une année, se trouve par suite, il est vrai, plus
favorisé ; mais cette circonstance est loin de suffire pour
expliquer la plus grande richesse et les différences de la
faune sur ce point ; car d'autres affleurements, surtout ceux
de Courbouzon et de Montmorot, ont été aussi de ma part
l'objet de recherches maintes fois renouvelées, avec assez
de soin pour que bien peu d'espèces aient pu m'échapper.

On a vu que, dans tous les gisements étudiés, *Ostrea
acuminata* est très rare à ce niveau. En outre de *Lima
duplicata*, l'espèce la plus remarquable par sa fréquence
est un *Pecten* de petite taille, à nombreuses rides concentriques, fort voisin de *P. annulatus*, Sow., en compagnie
duquel il se trouve parfois (Pannessières). M. Attale Riche
lui donne le nom de *P. ledonensis* ; car il ne l'a pas rencontré au S. de la région de Lons-le-Saunier (1). Cette

(1) Je dois cette mention à l'obligeante communication de M. Attale
Riche, qui a bien voulu me permettre d'employer dès à présent la

espèce est peut-être absente à Plâne, ou du moins elle y serait beaucoup plus rare que dans nos gisements des alentours de cette ville, et je n'en ai pas reconnu l'existence près de Syam ; mais elle se retrouve, en assez petite quantité, au N. de notre contrée près de Chaussenans. Il faut noter aussi la fréquence assez grande à ce niveau, mais seulement dans la partie occidentale de la région (Courbouzon, Arlay, Pannessières surtout), d'*Homomya gibbosa*, qui se retrouve à la base du Bathonien moyen au centre de la contrée (Publy, la Doye de Nogna, Mirebel), et au sommet de l'étage à l'E. (Vaudioux). Rappelons encore la présence des Oursins, principalement à Pannessières.

Faune du niveau A.

ABRÉVIATIONS : C., Courbouzon ; Ma., Messia ; M., Montmorot ; A., Arlay; P., Pannessières ; Pl., Plâne ; F., le Fied ; Cr., Crançot ; Py., Publy ; Ch., Châtillon ; S., Syam. — La fréquence indiquée est celle de Pannessières.

Strophodus sp.		M.		
Belemnites sp. ind., 1			P.	
Nautilus cfr. *lineatus*, Sow., 1.			P.	
Ammonites ferrugineus, Opp., 3.	C.	M.	P.	
— cfr. *Garanti*, d'Orb., 1.			P.	
Pleurotomaria sp. (2 espèces), 3.		M.	P.	
Thracia sp., 1			P.	
Pholadomya Murchisoni, Sow. 3.	C.		P.	
— sp. (2 espèces), 2	Ma.		P.	Pl.
Homomya gibbosa, Ag., 3	C.	M.	A.	P.
Pleuromya elongata, Ag., 3			P.	
— *tenuistria*, Ag., 1			P.	

dénomination qu'il donne à cette espèce nouvelle, en attendant la publication très prochaine de son important mémoire sur l'Oolithe inférieure du Jura méridional. De plus, il m'a fait le plaisir de me signaler la présence à Courbouzon de *Pecten exaratus*, Terquem et Jourdy, dont il a recueilli un fragment dans le niveau **A** de cette localité, lors de la visite que nous y avons faite ensemble, et c'est d'après son indication que je mentionne cette espèce dans la faune du Bathonien inférieur, car je ne l'ai pas encore rencontrée moi-même.

	C.	Ma.	M.	A.	P.	Pl.	F.	Cr.	Py.	Ch.	S.
Pleuromya cfr. *Alduini*, Ag.,1.					P.						
— sp. 4.			M.		P.						
Ceromya sp. 1..............					P.						
Gresslya lunulata, Ag., 1......					P.						
Panopæa Jurassi, Ag., 3......					P.						
— *sinistra*, Ag., ...					P.						
Isocardia minima, Sow., 3....			M.		P.						
— sp.							F.				
Cypricardia sp., 2.					P.						
Cardium sp. (2 espèces), 4....	C.		M.		P.			Cr.			S.
Lucina cfr. *jurensis*, d'Orb., 1.					P.						
Astarte sp., 1..............					P.						
Trigonia sp. (2 espèces), 2....					P.		F.				
Arca sp. ind., 1............					P.						
Pinna sp. ind., 1............					P.						S.
Trichites sp., 4..............	C.	Ma.	M.		P.	Pl.		Cr.			
Mytilus furcatus var.*bathonicus*,											
M. et L., 2............ ..					P.						
Mytilus gibbosus, d'Orb., 2. ..			M.		P.	Pl.					
— sp..................			M.		P.		F.				
Lithophages non déterminés...		Ma.					F.		Py.	Ch.	
Perna sp., 1..............		Ma.	M.		P.						
Avicula Munsteri, Goldf., 3.			M.		P.						
Pecten articulatus, Schl., 4....		Ma.	M.		P.	Pl.					
— *articulatus*, M. et L.....	C.										
— *lens*, Sow , 3.........	C.	Ma.			P.	Pl.					
— *annulatus*, Sow., 1.....					P.	Pl.					
— *ledonensis*, Riche, 5....	C.	Ma.	M.	A.	P.		F.	Cr.	Py.	Ch.	
— *exaratus*, T. et J......	C.										
Lima proboscidea, Sow., 3.....	C.	Ma.	M.		P.	Pl.					
— sp. nov..............			M.		P.						
— *duplicata*, Sow.,5......	C.	Ma.	M.	A.	P.	Pl.	F.	Cr.	Py.	Ch.	
— *gibbosa*, Sow., 1.......					P.						
— sp..................		Ma.					F.	Cr.	Py.		
Ostrea Marshi, Sow., 4......	C.	Ma.	M.		P.	Pl.		Cr.	Py.		S.
— *acuminata*, Sow., 1....	C.		M.	A.	P.			Cr.			
— *costata*, Sow..........	C.				P.	Pl.					
— sp.................	C.						F.				S.

Terebratula Faivrei, Bayle, 2.. P.
— cfr.*ventricosa*, Ziet.2. P.
— *globata*, Sow., 3.... C. Ma.M. P. Pl. Cr.
— *congoblata*, Desl., 1. P.
— *maxillata*, Sow., 1.. P.
— *quillyensis*, Bayle, 2. P.
— aff. *curvifrons*, 1. .. P.
— sp. nov. A, 1... ... M.
— sp. ind........... F.
Zeilleria Walloni (Dav.), var. 1. M.? P.
— *ornithocephala*(Sow.),1. P.
— *emarginata*, (Sow.),1. P.
Aulacothyris carinata (Lam.),2. M. P.
Rhynchonella subobsoleta, Dav.4 P.
— cfr.*obsoleta*(Sow.),1. P.
— cfr.*angulata*(Sow.)3. C. M. P. Pl.
— cfr.*subtetraedra*, 4. M. P.
— sp. ind.......... Ma. F.
Bryozoaires non déterminés, 4. C. Ma.M. P. Cr.
Clypeus Ploti, Klein, 1........ P.
Galeropygus Nodoti, Cott., 2... P.
Pygaster laganoides, Ag., 2.... M. P.
Cidaris Kœchlini, Cott., 2.. ... M.
Acrosalenia sp., 1........... Ma. F.
Hemicidaris cfr. *Jauberti*,Cott.1 P.
Stomechinus Heberti, Cott., 2.. M. P.
— *serratus*, Cott., 1. P.
Pentacrinus Nicoleti, Des., 3.. P.
Serpules non déterminées.... . C. Ma.M. A. P. Pl. F. Cr.
Eudea, sp. 2.......... . .. P.
Amorphospongia sp., 1.... .. P.

VARIATIONS DE FACIES. — Malgré ses multiples variations, le niveau **A** présente en général, dans tous nos gisements, le facies vaseux. Mais on peut en distinguer deux variétés principales, surtout d'après la composition de la faune : le facies marno-grumeleux de Pannessières, à Céphalopodes, Myacides et Oursins, et le facies du calcaire lumachelle de

3·

Châtillon, riche seulement en Ostracées et genres voisins. Le premier est développé du côté occidental, où il possède une richesse et une variété en espèces plus ou moins grandes selon les points ; le second se trouve à l'E., surtout à partir du Fied. L'étude d'autres gisements, dans un rayon plus étendu, montrera si ces variations sont localisées dans une région tout à fait restreinte, ou si elles se poursuivent en dehors de notre contrée, de façon à indiquer un état différent de la mer bathonienne dans l'O. et dans l'E. du Jura, au début de l'étage, ce qui est fort probable.

PUISSANCE. — Les détails qui précèdent accusent pour ce niveau, dans les quelques localités où il a pu être étudié en entier, 4 m. à Courbouzon, 4 à 5 m. à Pannessières et 6 m. à Châtillon. On peut lui attribuer 3 m. à Montmorot et 3 à 4 m. à Arlay ; on l'observe sur 3 m. à Crançot, où la partie supérieure est probablement incomplète, et il n'est pas inférieur à 2 m. à Plâne, où la base est cachée, non plus qu'au Fied, où la partie moyenne n'est pas observable, mais il n'a guère que 1 m. 60 près de Chaussenans ; enfin il atteindrait seulement 2 à 3 m. au voisinage de Syam.

OBSERVATION SUR LA DISTINCTION DU NIVEAU **A**. — Jusqu'à présent, nos auteurs jurassiens ont réuni en une seule division les couches inférieures de l'étage Bathonien où l'on rencontre *Ostrea acuminata*. C'est aussi ce que je comptais faire moi-même tout d'abord, jusqu'à ce qu'une nouvelle étude de la tranchée de Châtillon, où la base de l'étage n'a été mise à découvert que depuis deux ans, soit venue appeler mon attention sur la possibilité de distinguer un niveau inférieur, caractérisé dans l'O. de la contrée par une première apparition, dans cet étage, d'*Homomya gibbosa* et par la rareté d'*Ostrea acuminata*, tandis que cette dernière espèce pullule sur divers points dans le niveau suivant, dont la faunule est moins variée d'ordinaire. Dans beaucoup de gisements, il existe de grands rapports entre ces deux premières divisions de l'assise, et l'on pourrait se demander

si la présence des lithophages à la surface des calcaires
lumachelles de Châtillon, du Fied et de Chaussenans, n'est
point un accident purement local, ne correspondant pas à
des modifications assez importantes pour motiver une telle
subdivision. Or, des faits analogues, mis en évidence par
M. Jules Martin, se rencontrent dans la Côte-d'Or, où le
Bathonien débute également, sur la surface taraudée de
l'étage précédent, par une couche peu épaisse (1 à 2 m.),
de composition complexe et variable, souvent lumachellique,
et contenant *Homomya gibbosa* avec de rares *Ostrea
acuminata*, parfois aussi criblée à la surface de perforations
de lithophages, comme il arrive dans plusieurs de nos
gisements (1). Une telle concordance entre cette région,
qui appartient en partie au bassin de Paris, et le Jura
lédonien, montre qu'il s'est produit, peu après le début de
l'étage, un phénomène affectant une étendue notable de la
mer bathonienne, de part et d'autre du détroit de Dijon et
jusqu'à l'emplacement du Jura. Il importe de préciser
autant que possible les conditions de ce phénomène dans
notre contrée, par l'étude attentive du bathonien inférieur
jurassien, et ce but justifie suffisamment la distinction
dans ce travail du niveau inférieur à *Homomya gibbosa*.

Le taraudage n'a été observé encore que dans quatre
gisements de la partie centrale de notre contrée lédonienne,
et à l'O. dans le seul affleurement de Messia. Mais, selon
M. Martin, il n'existe pas non plus partout dans la Côte-
d'Or, et ce fait ne doit pas surprendre pour des couches de
composition si variable. A supposer même que les autres
conditions pouvant amener le taraudage se fussent trouvées
égales dans toute l'étendue de la région dont il s'agit, on

(1) J. MARTIN. *De l'étage Bathonien dans la Côte-d'Or*. (Bulletin
Société géol. de France, 1860–1861, p. 640) ; — *Description du groupe
Bathonien dans la Côte-d'Or*. (Mém. Acad. de Dijon, 1878–1879, p. 17);
— *Aperçu général sur l'histoire géologique de la Côte-d'Or*. (Mém. Acad.
de Dijon, 1890–1891, p. 41 et 95).

conçoit que les perforations de lithophages ne durent être produites ou conservées que lorsque la surface des couches présentait une résistance suffisante. L'absence de taraudage peut laisser toutefois dans l'indécision sur la position des couches observées, surtout s'il arrive que l'on trouve, comme il est fort possible, des localités où *Ostrea acuminata* prenne, dans le niveau **A**, une fréquence assez grande.

B. — Niveau des Marnes de Plâne et de Châtillon à Ostrea acuminata.

SYNONYMIE : *Marnes de Plasne* (en partie). Marcou, 1856.

Couche peu épaisse, très variable : marno-grumeleuse plus ou moins calcaire, et riche en petits bivalves, surtout *Ostrea acuminata,* sur le premier plateau (Châtillon, le Fied, Plâne, etc.), mais moins fossilifère et paraissant dépourvue de cette espèce au N.-O. de la région, près d'Arlay ; marno-calcaire tendre, à peu près stérile et peu distincte du niveau suivant à l'O. (Courbouzon etc) ; formée en entier à l'E. (Syam) d'un calcaire lumachelle dur, qui renferme dans le bas, à ce qu'il semble, quelques *O. acuminata,* et se continue dans le niveau supérieur.

Le facies principal est la lumachelle marneuse à *Ostrea acuminata,* qui offre de bons types sur les bords E. et O. du premier plateau, à Châtillon, à Plâne et surtout dans la marnière du Fied.

La tranchée de Châtillon présente à ce niveau 2 m 40 de marne grumeleuse, très dure, blanchâtre, qui renferme de nombreux *Ostrea acuminata,* avec *Ammonites ferrugineus, Pecten ledonensis, Lima duplicata, Ostrea Marshi, Clypeus Ploti,* etc.

A 7 kilomètres au S.-O. de Châtillon, dans la petite tranchée de Publy, il convient de rapporter au niveau **B** le banc calcaire inférieur à bivalves, épais de 0 m 60 à 0 m 80, qui est souvent criblé en dessus d'*Ostrea acuminata,* puis la

marne lumachelle, visible sur 2 ^m 50, où abonde *Pecten
ledonensis*, et, par places, *O. acuminata*, vers la base. Cette
marne a dû souffrir de l'érosion, et l'épaisseur du niveau
est sans doute incomplète sur ce point.

Les couches marneuses de ce niveau reparaissent à
1 kilomètre au N. de Nogna, sur le chemin de Publy, avec
un faciès analogue, à ce qu'il semble ; mais elles sont peu
visibles et je n'ai pu les étudier suffisamment.

On les retrouve encore sur le territoire de Poids-de-Fiole,
au N. de cette localité, dans la principale tranchée de la
route (cote 543 de la carte de l'État-major). Tout à fait à
l'extrémité S.-E. de cette tranchée, les couches marneuses
de ce niveau, quoique envahies à présent par la végétation,
m'ont permis de recueillir *Pecten ledonensis*. Elles plongent
sensiblement vers le N.-O. sur ce point, et portent quelques
mètres de calcaires marneux du niveau **C**, en bancs qui
s'effritent plus ou moins sous les actions atmosphériques et
paraissent très peu fossilifères. D'abord un peu inclinés dans
la même direction, ces bancs passent à l'horizontale, puis
se relèvent légèrement et présentent, dans la moitié septentrionale de la tranchée, une succession de très petits
plissements, accompagnés par places de froissements et de
légères dislocations.

L'ancienne marnière de Plâne, citée par M. Marcou, et
située, comme il l'indique, « à gauche de la route, en montant de Poligny, précisément près du sommet du mont de
Plasne » (1), à 4 kilomètres au S.-S.-E. de Poligny, présente, à raison de l'étendue de l'affleurement, l'un des
meilleurs points d'étude de la région pour ce niveau. Il
comprend une couche marno-grumeleuse, lumachellique,
très dure, épaisse de 5 mètres environ, en bancs peu distincts, alternativement plus durs et plus marneux, pétris,
surtout vers le bas, d'*Ostrea acuminata* et *Lima duplicata*.

---

(1) *Lettres sur les Roches du Jura*, p 32.

On peut y rattacher une couche supérieure, épaisse de 1 m. et de composition assez analogue, mais plus résistante, sauf dans le milieu où elle se délite en un banc marneux peu distinct. L'épaisseur serait donc ici à peu près de 6 m.

La marnière du Fied, déjà exploitée depuis longtemps pour l'amendement des terres à l'époque où écrivait le frère Ogérien, et dont M. l'abbé Bourgeat a donné en 1885 une première coupe, est l'affleurement le plus remarquable de la région pour le facies à *O. acuminata* du niveau **B**, tant par la nature plus marneuse de la roche que par la prodigieuse acumulation de fossiles qui s'y trouve et les facilités d'observation qu'elle présente. Elle offre, sur une épaisseur de 4 mètres, une lumachelle marno-calcaire, grisâtre à l'intérieur et jaunâtre par altération, plus dure, sur 0^m75 environ, à la base, où abondent *Pecten ledonensis* et *Lima duplicata*, avec un petit nombre d'*Ostrea acuminata*, tandis que cette dernière espèce est seule fréquente dans la partie moyenne et supérieure, où elle pullule au point de composer la roche en grande partie. Malgré l'abondance extraordinaire des fossiles, la faunule paraît pauvre en espèces dans cette localité, où je n'ai pu, il est vrai, passer que quelques heures seulement. Les couches supérieures ayant été enlevées par l'érosion, il est fort probable que la partie supérieure du niveau a disparu, sur une épaisseur que l'on ne saurait préciser.

Au bord du chemin de Chaussenans à la route de Poligny sur Champagnole, on trouve à ce niveau environ 5 m. de couches marno-calcaires, à texture irrégulière dans le bas, fossilifères, et offrant une petite faunule assez variée : *Ammonites ferrugineus*, *Pecten ledonensis*, *Lima duplicata*, etc., avec *Ostrea acuminata*, peu abondant à ce qu'il paraît.

Près d'Arlay (carrière de Sur Courreaux), on peut attribuer 4 à 5 m. au niveau **B**. Il offre d'abord 2 à 3 m. de marnes dures, blanchâtres, grossièrement grumeleuses, qui paraissent devenir plus uniformes dans le haut (partie peu visible) et se continuer sur 2 m. environ ; mais dans le bas elles se rapprochent des caractères du niveau précédent, de sorte qu'il est difficile d'établir la limite séparative, du moins dans l'état actuel du gisement. On y trouve des bivalves, *Pecten ledonensis* et *Lima duplicata*, avec des *Cardium*, etc., et j'y ai recueilli un *Echinobrissus Terquemi*.

A l'O. de Lons-le-Saunier, dans les carrières de Courbouzon, la différence de facies est considérable. La comparaison des coupes conduit à attribuer au niveau **B** 5 m. de marne dure, blanchâtre, grossièrement schistoïde et paraissant à peu près stérile, qui se termine pour ce niveau à un mince banc marno-calcaire et reparaît à la base du niveau suivant. Le lavage d'un petit échantillon m'a permis seulement d'y reconnaître la présence de rares débris de *Pentacrinus*, et des Foraminifères peu abondants qui appartiennent principalement au genre *Cristellaria*. Dans la carrière la plus élevée, on voit 2 m. de la base de cette marne ; la partie supérieure de la couche, qui est cachée, est couverte par places, sur le bord de la carrière, d'amas calcaro-marneux, fossilifères, où se trouvent quelques rares *Ostrea acuminata*, avec des espèces du niveau précédent ; mais ces amas ne sont pas en place et doivent provenir de la couche inférieure, rejetée sur ce point, lors de l'ouverture de la carrière. Une fouille récente, faite un peu plus au S., au bord d'une vigne, met d'ailleurs à découvert à peu près toute la couche marneuse de ce niveau, et l'on n'y voit aucun fossile. A Messia la partie correspondante paraît complètement cachée à l'E des grandes carrières ; mais une petite carrière, plus au S., montre, sur des bancs à gros *Terebratula globata*, une marne dure, blanchâtre, qui doit être rapportée à ce même niveau. On ne peut l'étudier à présent que d'une manière très imparfaite dans les carrières de Montmorot, où il présente une couche marneuse analogue, peut-être plus résistante, mais dont la partie supérieure n'est pas observable.

C'est aussi une marne blanchâtre, grumeleuse, très dure et d'apparence stérile, qui paraît occuper seule ce niveau à Pannessières. On en voit encore 2 m. environ, et la partie supérieure manque.

Par contre, à l'E. du Jura lédonien, près de la gare de Syam, on trouve à ce niveau un calcaire lumachelle, pétri de petites Ostracées indéterminables, et qui offre parfois dans le bas, sur la tranche des bancs altérés à l'air, une foule de petites Huîtres, parmi lesquelles il m'a paru que se trouvent de très rares *Ostrea acuminata*. Cette lumachelle se continue dans le niveau suivant, sans démarcation apparente.

Enfin, près de Bourg-de-Sirod, un peu au N.-E. des affleurements de Syam, la lumachelle paraît remplacée par un calcaire à oolithes variables, avec quelques débris de Crinoïdes et d'Oursins.

FOSSILES. — Je n'ai recueilli encore dans le niveau **B** que 25 espèces, dont une douzaine seulement sont déterminées et proviennent des couches précédentes. Mais l'éloignement des localités fossilifères ne m'a pas permis des observations répétées comme dans le niveau précédent, et, sans doute, des recherches plus suivies augmenteront sensiblement ces nombres ; c'est le cas surtout pour l'affleurement de Chaussenans, où la faune paraît plus variée et où mes observations sont d'ailleurs fort incomplètes, et même pour celui de Châtillon où la surface découverte est très faible. Tout en offrant beaucoup de rapports avec la précédente, cette faune paraît en somme bien moins variée, et d'ordinaire elle est assez pauvre en espèces dans nos gisements les plus fossilifères. L'extrême abondance d'*Ostrea acuminata* dans la partie moyenne de la contrée, jointe à la persistance de *Pecten ledonensis*, surtout dans les bancs inférieurs, ainsi que la rareté des Myacides et principalement l'absence d'*Homomya gibbosa*, du moins jusqu'à présent, sont les caractères les plus apparents.

Faune du niveau B.

Abréviations: C., Courbouzon ; A., Arlay ; Pl., Plâne ; F., le Fied ;
Chs.,Chaussenans ; Py, Publy ; Ch., Châtillon ; S., Syam.

Ammonites ferrugineus, Opp.2.			Chs.	Ch.	
Pholadomya sp. ind	Pl.				
Isocardia sp...............		F.			
Cardium sp................	Pl.				
Pecten ledonensis, Riche.	A. Pl.	F.	Chs.Py.	Ch.	
Lima proboscidea, Sow.	Pl.				
— *duplicata*, Sow..	A. Pl.	F.	Chs.	Ch.	
— sp.				Ch.	
Hinnites sp. ind.............	Pl.				
Ostrea acuminata, Sow. 5.....	Pl.	F.	Chs.Py.	Ch. S.1.	
— *costata*, Sow.	Pl.				
— *Marshi*, Sow..........			Py.	Ch.	
— sp. ind.				S.	
Terebratula globata, Sow.....	Pl.			Ch.	
— sp. ind..........	Pl.	F.			
Zeilleria cfr.*emarginata* (Sow.)		F.			
Rhynchonella cfr. *subtetraedra*.	Pl.				
— sp....	Pl.	F.	Py.	Ch.	
Bryozoaires et Serpules.......	A. Pl.	F.	Chs.Py.	Ch.	
Clypeus Ploti, Klein..........				Ch.	
Echinobrissus Terquemi, Ag.,1.	A.				
Cidaris sp................	Pl.	F.			
Pentacrinus sp............. C.					
Spongiaires (*Eudea*)..				Ch.	
Foraminifères(*Cristellaria*,etc.). C.					

Puissance. — Dans les affleurements de la lumachelle
marneuse à *Ostrea acuminata*, seuls points où la puissance
du niveau peut être déterminée, on a vu qu'elle varie de
5 ou 6 m.(Plâne) à 2^{m}40 (Châtillon) ; mais d'ordinaire elle
est voisine de 5 m., du moins dans la partie moyenne et la
partie occidentale de la contrée, puisque l'on a encore
3^{m}30 de ce niveau à Publy et 4 m. au Fied, où la partie

supérieure a probablement été enlevée par l'érosion, et qu'on peut lui attribuer environ 5 m. à Courbouzon, Arlay et Chaussenans.

VARIATIONS DE FACIES. - C'est toujours le facies vaseux que possède le niveau **B** dans nos affleurements jusqu'à Syam, mais avec de profondes modifications, depuis les marnes ordinairement stériles de l'O. à la lumachelle marneuse du centre et au calcaire lumachelle à fossiles vaseux de l'E. de la contrée. Le facies oolithique paraît occuper ce niveau un peu plus à l'E. (Bourg-de-Sirod), de sorte que le calcaire lumachelle de Syam formerait le passage latéral du facies vaseux au facies oolithique.

C. — Niveau des marno-calcaires pisolithiques de Plâne, à Zeilleria ornithocephala, et des calcaires à bivalves de Châtillon.

Couche extrêmement variable, comprenant au centre de la contrée une alternance de calcaires un peu spathiques et de marno-calcaires à bivalves et Brachiopodes (Châtillon) ; au N., des marno-calcaires passant à une lumachelle à très grosses oolithes irrégulières, et contenant des bivalves, des Brachiopodes et des Oursins (Plâne) ; à l'O. des marno-calcaires blanchâtres, presque stériles, parfois précédés (Arlay) de quelques bancs finement spathiques ; enfin, à l'E., un calcaire lumachelle dur, à petits bivalves (Ostracées, etc.) indéterminables.

La marnière de Plâne, où ce niveau est assez fossilifère et se trouve maintenu à découvert par l'exploitation qui s'y fait de temps à autre pour l'entretien des chemins, offre le meilleur point de la région pour la recherche de la faunule. On y trouve d'abord 3 m de marno-calcaires blanchâtres, en bancs plus ou moins tendres, contenant une multitude de concrétions ovoïdes aplaties, irrégulières, formées autour de valves isolées de petits Lamellibranches.

Ils renferment non seulement des bivalves, mais des Brachiopodes, surtout *Zeilleria ornithocephala*, et une faunule intéressante d'Oursins variés, *Collyrites* sp. ind., *Clypeus Ploti*, *Echinobrissus clunicularis*, *Holectypus depressus*, *Pygaster laganoides*, *Acrosalenia spinosa* et *Pseudodiadema subcomplanatum*, avec *Ammonites ferrugineus* et, tout à fait à la base, quelques *Ostrea acuminata*. Puis viennent, sur 2m40 d'épaisseur, 4 bancs à très grosses oolithes plus ou moins irrégulières, dont le premier et le troisième se délitent en une sorte de *groise*, tandis que les deux autres, plus résistants, forment un calcaire lumachelle où les oolithes et les fossiles sont colorés en noirâtre, dans les parties non altérées, et soudés par une pâte grise. Ces bancs, qui se décolorent peu à peu sous l'action de l'air, ressemblent à s'y méprendre à certains calcaires lumachelles à *Ostrea Bruntrutana* du Séquanien moyen. On y recueille *Ammonites ferrugineus*, avec de nombreux bivalves, la plupart de petite taille, appartenant surtout aux Ostracées et genres voisins (*Lima duplicata*, 5, *Pecten* sp.), le plus souvent inclus dans la roche et indéterminables, ainsi que de petits Gastéropodes et des Brachiopodes, surtout *Terebratula globata* et *Zeilleria ornithocephala*.

Les calcaires, en partie délités dans les bancs inférieurs, qui occupent ce niveau plus au N. près de Chaussenans (5 m. d'épaisseur environ), participent aussi du même faciès, si mes souvenirs sont exacts ; toutefois, ils seraient moins lumachelliques et plus résistants.

Le faciès oolithico-lumachelle de Plâne se poursuit d'ailleurs au S.-E. de cette localité ; on le retrouve, par exemple, à 7 ou 8 kilom. de distance, au bord du chemin entre Fay et Lamarre. Mais la composition du niveau varie sensiblement lorsqu'on s'avance à une dizaine de kilomètres de plus, dans cette direction.

La tranchée de Châtillon offre, en effet, à ce niveau, 4m20

de calcaire à petits débris spathiques dans le bas, sub-spathique dans le haut, en deux couches séparées par un banc marneux, fossilifère, de 0m50, à *Ammonites ferrugineus*, Lamellibranches et *Terebratula globata*, le tout surmonté de 2 m. de calcaire à Myacides, d'abord sableux et un peu spathique, puis légèrement marneux.

Entre Publy et Nogna, à 1 kil. au N. de ce dernier village (8 kilom. au S.-O. de Châtillon, 22 kilom. au S. de Plâne), un monticule situé au bord O. du chemin (cote 578 de la carte de l'État-major) offre la série ci-après, qui accuse pour ce niveau d'autres modifications, mais dont je n'ai fait encore qu'un examen sommaire.

1. — Couche marneuse, portant 2 petites mares au bord E. du chemin, et contenant, dans la partie supérieure visible, de nombreuses oolithes grossières avec petites coquilles à l'intérieur. Quelques mètres. — Cette couche me paraît être la même que celle du niveau **B** visible plus au N., un peu avant d'arriver à Publy.

2. — Calcaire dur, contenant de nombreux bivalves ; structure irrégulière et rappelant celle des calcaires dans les récifs coralligènes. Cette couche, épaisse de 4 à 5 m., appartient au niveau **C**.

3. — Calcaire oolithique, blanchâtre, du niveau **D**, 6 à 7 m. La partie supérieure de ce calcaire a été enlevée par l'érosion.

A 2 kilom. environ à l'O. de cet affleurement, là tranchée de la route, au N. de Poids-de-Fiole, offre, dans le niveau **C**, quelques mètres de bancs calcaro-marneux, plus ou moins gélifs et très peu fossilifères.

Près de Lons-le-Saunier, il convient d'attribuer à ce niveau, dans la carrière de Courbouzon, d'abord 1m50 de marne dure, blanchâtre, à peu près stérile, tout à fait analogue à celle du niveau précédent de cette localité, et avec un petit banc marneux à la base ; puis on a 3 à 4 m. de calcaire marneux, hydraulique, peu dur, en petits bancs réguliers, qui paraissent dépourvus de fossiles, et qui passent au niveau supérieur sans distinction bien tranchée. Un fragment d'*Holectypus* indéterminable paraît provenir du banc supérieur. — A Messia, on peut considérer comme appartenant à ce niveau (sauf peut-être une légère épaisseur à la base) 6ᵐ50 de calcaire marneux, blanchâtre, assez tendre dans le bas, où il se délite en une marne dure, grenue, dans laquelle j'ai recueilli seulement une Pleuromye, et qui passe au niveau supérieur sans différences bien notables. Ce doit être une couche analogue qui occupe le niveau à Montmorot, où je n'ai pu la voir suffisamment à découvert.

Au voisinage d'Arlay, le niveau débute par 2 à 3 m. de calcaire dur, finement spathique, auquel succèdent des marno-calcaires blanchâtres, peu visibles, qui paraissent dépourvus de fossiles. Les bancs spathiques inférieurs établissent ici de l'analogie avec l'affleurement de Châtillon.

Les coupés de Syam, à l'E. de notre région, comprennent pour les deux niveaux **B** et **C**, qu'il n'est pas possible de séparer dans cette localité, 8 à 9 m., en moyenne, de calcaire lumachelle, pétri de petits bivalves indéterminables (Ostracées et genres voisins), et contenant parfois de plus gros bivalves dans le haut. Mais à 2 ou 3 kilomètres au N.-E., sur le vieux chemin de Bourg de-Sirod à Champagnole, ces deux niveaux paraissent comprendre des calcaires à oolithes variables.

Fossiles. — La marnière de Plâne offre un bon gisement fossilifère du niveau **C**, et des recherches suivies permettraient sans doute d'y recueillir une riche faunule. C'est évidemment des couches marneuses de ce niveau que proviennent la plupart des Oursins signalés dans cette localité par M. Marcou, et elles m'ont fourni déjà 8 espèces de cette classe, malgré la pauvreté actuelle de l'affleurement. Les quelques bancs marneux de Châtillon donneraient aussi de nombreux Mollusques, s'ils n'étaient visibles seulement par la tranche. Je n'ai pu faire dans ces deux gisements que de

trop rares visites, et les recherches fréquentes dont ils ont
été l'objet, surtout le premier, depuis que notre célèbre
géologue salinois l'a pris pour type,ne m'ont permis d'y
trouver que peu de fossiles en bon état ; c'est pourquoi je
ne puis citer qu'un nombre assez restreint d'espèces déterminées avec certitude. De nouvelles recherches, poursuivies
dans les divers affleurements du plateau où l'on retrou-
verait le même facies marneux fossilifère qu'à Plâne et Châtillon, augmenteront sans doute notablement ce nombre.
Mais les calcaires lumachelles de l'E., où les fossiles sont
inclus dans la roche dure, ne permettent guère des recherches plus fructueuses que les marno-calcaires presque
stériles de l'O.

Ce niveau m'a fourni environ 35 espèces, dont 22 sont
désignées spécifiquement. La plus remarquable est *Ammonites* cfr. *fuscus*, que je n'ai rencontré encore que dans ce
niveau, ainsi que *Pseudodiadema subcomplanatum*. Quelques autres espèces, que je n'ai pas non plus recueillies
dans les niveaux précédents, se retrouveront tout au sommet de l'étage, après avoir fait au niveau **C** une première
apparition dans notre contrée (*Echinobrissus clunicularis,
Holectypus depressus* et *Acrosalenia spinosa*). Les autres
espèces dénommées se trouvaient déjà dans les deux niveaux
qui précèdent ; mais on remarque ici, dans le gisement de
Plâne, en outre de son intéressante faunule d'Oursins, la
fréquence de *Zeilleria ornithocephala*, représenté par d'assez
jeunes exemplaires.

Faune du niveau C.

ABRÉVIATIONS : C., Courbouzon ; Ma, Messia ; Pl., Plâne ; Ch., Châtillon;
S., Syam.

Nautilus cfr. *lineatus*, Sow....	Pl.	
Ammonites ferrugineus,Opp.,3.	Pl.	Ch.
— cfr.*fuscus*, Quenst..	Pl.	
Pleurotomaria sp., 1.........	Pl.	

Trochus sp., 1..............			Pl.	
Anatina sp., 1				Ch.
Pholadomya Murchisoni, Sow..			Pl.	
Goniomya sp................			Pl.	
Pleuromya sp., 2...........	C.	Ma.	Pl.	Ch.
Isocardia minima, Sow.......			Pl.	
— sp................			Pl.	
Cypricardia ? sp............			Pl.	
Cardium sp................			Pl.	
Pinna sp ind	C.		Pl.	
Mytilus cfr.*gibbosus*, d'Orb....			Pl.	
— *imbricatus*, Sow.?.			Pl.	
Avicula cfr.*Munsteri*,Goldf.,3.			Pl.	
Pecten lens, Sow.....			Pl.	
— cfr. *demissus*, d'Orb....			Pl.	
Lima duplicata, Sow.........			Pl.	
— sp...................			Pl.	
Ostrea acuminata, Sow., 2. ..			Pl.	
Ostracées indéterminables.....				S.
Terebratula globata, Sow......			Pl.	Ch.
Zeilleria ornithocephala(Sow.)3			Pl.	
Rhynchonella cfr.*angulata*,Sow.			Pl.	
Bryozoaires noñ déterminés....			Pl.	
Collyrites sp. ind.......... .			Pl.	
Clypeus Ploti, Klein..........			Pl.	
Echinobrissus clunicularis (Ag.)			Pl.	
Holectypus depressus (Ag.).....			Pl.	
— sp. ind............	C.			
Pygaster laganoides, Ag.......			Pl.	
Acrosalenia spinosa, Ag.,3....			Pl.	
Pseudodiadema subcomplana-tum, d'Orb..............			Pl.	
Serpula cfr. *conformis*, Goldf..			Pl.	

Puissance. — Le niveau **C** atteint 5 ᵐ 40 à Plâne et 6ᵐ 70 à Châtillon, seuls points où j'aie pu en reconnaître exactement les limites. On peut lui attribuer à peu près 6 m. en moyenne à Courbouzon et à Messia, et au moins

la même épaisseur à Arlay, par approximation. La puissance paraît aussi voisine de 5 m. près de Chaussenans et de
Nogna.

VARIATIONS DE FACIES. — C'est encore le facies vaseux qui
règne principalement à ce niveau. Il présente plusieurs
variétés, passant des calcaires marneux, presque stériles,
de l'O., à la lumachelle à grosses oolithes irrégulières de
Plâne, avec Ammonites, bivalves et Oursins, pour arriver
au calcaire lumachelle, à petits bivalves vaseux, de Syam.
Mais les calcaires finement spathiques, qui se montrent par
places (Arlay, Châtillon), sont à rapprocher déjà du facies
oolithique, et ce facies paraît occuper le niveau dès la base
près de Bourg de Sirod, à l'extrémité orientale de notre
région d'étude, pour s'établir pendant tout le niveau suivant
à l'E. et au centre de cette contrée.

D. — Niveau de l'oolithe bathonienne inférieure de Syam et Châtillon, avec Polypiers à la gare de Publy.

Calcaires variables, ordinairement peu fossilifères : à l'O.
ils sont la plupart un peu marneux, grenus, parfois spathiques en partie (Messia), et passent à l'oolithe dans le
haut sur divers points ; dans le centre et l'E. de la contrée,
ce sont des calcaires oolithiques blancs, contenant par
places des Polypiers, parfois assez fréquents (gare de Publy,
Crançot), et qui se terminent par une surface taraudée.

A l'E. du Jura lédonien, près de Syam, ce niveau comprend 11 m. (près de la gare) à 11 m 50 (près du viaduc)
de calcaire à petites oolithes, plus ou moins blanc, qui
offre par places à la base, sur quelques décimètres d'épaisseur, une lumachelle de débris de Lamellibranches d'assez
grande taille (*Trichites* etc.). Il se termine dans le haut
par un banc à surface taraudée et portant des Huîtres
plates fixées, qui est parsemé à l'intérieur de grains ferrugineux, à l'état de fer sulfuré dans les parties non altérées.

Dans la tranchée de Châtillon, où le calcaire de ce niveau est exploité depuis peu, il offre 12 m. d'oolithe blanche, dure, irrégulière sur 3 à 4 m. dans le bas, puis régulière et de plus en plus fine à mesure qu'on s'élève, mais qui redevient un peu variable dans le haut, où elle prend par places un aspect coralligène, bien que je n'y aie pas rencontré de Polypiers. La surface est taraudée.

C'est à ce niveau que doivent être attribués les calcaires plus ou moins oolithiques et souvent à faunule coralligène, ou parfois grenus, qui affleurent dans la tranchée à l'O. de la gare de Publy, et qui sont de même taraudés en dessus. On y trouve, surtout dans la partie moyenne, un grand nombre de petits Polypiers épars (*Stylina, Isastrea*, etc.), où j'ai recueilli les 11 espèces de cette classe qui sont indiquées plus loin. Ces calcaires m'avaient semblé d'abord atteindre une vingtaine de mètres d'épaisseur, mais il est probable que c'est une apparence due à de petites dislocations, et qu'ils ne dépassent pas une douzaine de mètres.

Les calcaires oolithiques de ce même niveau se voient aussi entre Publy et Nogna (partie inférieure sur 6 à 7 m.), et surtout à la source de la Doye, près de cette dernière localité. Ici, ils offrent à la base une oolithe fine, parsemée de grosses oolithes irrégulières ; puis on a une oolithe blanche, régulière, qui se fragmente en plaquettes, dans le bas ; mais le banc supérieur est un calcaire grenu, contenant quelques bivalves, et fortement taraudé en dessus. L'épaisseur paraît être de 12 à 15 m.

Des calcaires analogues se montrent, sur le bord de la route, entre Crançot et Mirebel, et ils sont également d'une désagrégation assez facile dans le milieu du niveau. Ils renferment, à 2 ou 3 m. de la surface, de très petits nids de Polypiers (1) et se terminent par un banc oolithique dur, cri-

(1) C'est M. Attale Riche qui a le premier observé des traces de Polypiers sur ce point, lorsque j'ai eu l'avantage de le conduire à ce gisement.

blé en tous sens de petites perforations irrégulières, et taraudé en dessus par les lithophages.

L'affleurement de Plâne offre aussi à ce niveau une dizaine de mètres de calcaires durs, très peu fossilifères, grenus à la base, puis oolithiques, suivis d'une interruption. Il reste à voir si la surface taraudée se retrouve ici, ce qui est fort probable; mais l'état de l'affleurement ne m'a pas permis de le vérifier.

Au voisinage de Lons-le-Saunier, ce niveau n'est guère distinct du précédent. On peut lui attribuer, à Courbouzon, une dizaine de mètres environ de calcaire marneux, assez dur, très peu fossilifère (quelques rares bivalves en mauvais état). Dans les carrières de cette localité, où ce calcaire est froissé au point de paraître notablement réduit, il semble passer par places à une oolithe blanchâtre, et se termine par un gros banc de calcaire oolithique, dur, à nombreux débris de fossiles peu déterminables (*Pecten* cfr. *articulatus*, Térébratules, Rhynchonelles, Bryozoaires), avec de très rares *Avicula echinata* et *Ostrea acuminata*, et dont la surface offre de petites cavités qui pourraient être parfois des trous de lithophages altérés; mais un peu plus au S., le calcaire marneux paraît occuper seul tout le niveau.

A Messia, on a une dizaine de mètres (9m 40) de calcaires un peu marneux dans le bas, plus durs dans le milieu, où ils se chargent de débris miroitants et passent à un calcaire spathique, surmonté de deux bancs durs, à débris de bivalves, etc., que termine une surface irrégulière portant de petites Huîtres et autres bivalves. A Montmorot, la partie inférieure n'est guère visible; on observe dans le haut un calcaire dur, qui se charge, sur quelques mètres, de nombreux débris d'Huîtres ou de petites oolithes éparses, et dont la surface, fortement usée et striée par le glissement du banc supérieur, est probablement taraudée sur les points qui n'ont pas subi cette altération.

Près d'Arlay, le gisement de Sur Courreaux offre au

moins une dizaine de mètres de calcaires hydrauliques, blanchâtres, à grain assez fin, qui paraissent très peu fossilifères, et il faut probablement rattacher encore à ce même niveau quelques bancs à nombreux débris d'Huîtres et autres bivalves, qui se voient à la suite, sur 1 à 2 m., mais dont on ne peut guère apprécier exactement l'épaisseur et les caractères, dans les conditions actuelles de l'affleurement.

FOSSILES. — L'état des affleurements du facies vaseux que j'ai étudiés n'a pas permis des recherches suffisantes sur la faune de ce facies, qui semble très pauvre (rares bivalves indéterminables à Courbouzon). La plupart des affleurements du facies oolithique que j'ai visités m'ont aussi paru peu fossilifères ; mais le gisement à Polypiers de la gare de Publy permet l'espoir de recueillir de nombreux fossiles sur d'autres points. En attendant des données plus complètes, je rapporte ici les espèces déjà citées dans la faune générale de l'assise. Elles proviennent de Publy, à l'exception de celles qui sont suivies d'un C (Courbouzon).

Nerinea sp.	*Stylina solida*, M'Coy.
Trigonia sp.	— *Ploti*, E. et H.
Lithophages indéterminés.	*Isastrea salinensis*, Koby.
Avicula echinata, Sow., 1, C.	— *dissimilis*, E. et H.
Ostrea acuminata, Sow., 1, C.	— *serialis*, E. et H.
— sp.	— *Richardsoni*, E. et H.
Lamellibr. indéterm., 1, C.	*Astrocœnia* sp. nov.
Terebratula sp. ind.	*Latomœandra Flemingi*, E. et H.
Rhynchonella sp.	*Thecosmilia gregara*, M'Coy.
Bryozoaires non déterminés.	*Cladophyllia Babeana*, d'Orb.
Débris d'Oursins.	*Anabacia Bouchardi*, E. et H.

PUISSANCE. — Le niveau **D** atteint près de 12 m. à Châtillon (11 m 70), et 11 m. à 11 m 50 près de Syam ; sa puissance ne paraît pas varier fort sensiblement sur les autres points étudiés (12 m. au moins à Publy et à Nogna, et près de 10 m. à Messia).

Variations de facies. — Les deux facies généraux de l'étage se partagent ce niveau. A l'O., c'est le facies vaseux, presque stérile, qui l'occupe, au moins dans la partie inférieure, et même en entier sur certains points (Courbouzon) ; mais, sur d'autres, il s'intercale de calcaires spathiques (Messia), ou, plus ordinairement, se charge de petites oolithes dans le haut. Ces bancs spathiques ou oolithiques amorcent, en quelque sorte, du côté occidental, le facies oolithique, qui se développe à l'E., au point d'occuper le niveau entier dès les premiers gisements du plateau (Plâne, Publy), avec une faunule de Polypiers au centre de la contrée.

II ET III. — BATHONIEN MOYEN.

Synonymie.

Great oolite et Forest Marble. Marcou, 1848 ; Etallon, 1857 ; Bonjour, 1863.

Calcaire de la porte de Tarragnoz et Calcaire de la citadelle. Marcou, 1856.

Calcaire de la Grande oolithe et Calcaire à Encrines. Ogérien, 1867.

Grande oolithe. Bertrand, 1882.

Caractères généraux. — Le Bathonien moyen comprend un épais massif, entièrement calcaire à l'O., un peu marneux vers la base à l'E. et au S.-E., principalement formé de calcaires oolithiques, qui alternent, surtout du côté oriental, avec des calcaires compacts. Il se termine, dans tous les gisements où le sommet a pu être observé, par une surface criblée de perforations de lithophages ; une autre surface taraudée, qui se trouve un peu au-dessus du milieu de ce massif, le partage en deux assises (Bathonien II et Bathonien III).

Dans les affleurements les plus occidentaux (Courbouzon, Messia, Montmorot), on a une série continue de calcaires

variés, d'abord un peu grisâtres, puis de couleur plus
claire et souvent assez blancs, oolithiques pour la plupart
et résistant bien à l'air, qui offrent soit des oolithes fines et
régulières, soit des oolithes variables, parfois très grosses
et souvent alors plus ou moins fondues dans la pâte, soit
encore de grossières oolithes sableuses, et l'on n'y trouve que
des intercalations peu considérables de calcaire compact
ou finement grenu, qui se répètent à plusieurs niveaux.
Des bancs à faunule coralligène, contenant par places de
petits Polypiers épars, se montrent aussi à plusieurs reprises
dans cette série, surtout au-dessus du tiers inférieur (Messia, Vevy), et à quelque distance du sommet (Messia).

A Courbouzon, le groupe est assez nettement partagé en
deux assises par un délit principal régulier, où l'on observe
des traces incontestables d'un arrêt de la sédimentation :
le calcaire à très grosses oolithes qui précède ce délit offre
une surface inégale, évidemment bosselée par l'érosion et
parfois avec perforations de lithophages remplies, sur laquelle est fortement soudée une mince croûte calcaire, très
dure, de nature différente et d'épaisseur fort variable, qui
en comble les dépressions ; cette croûte forme une surface
régulière, portant de larges Huîtres plates fixées et des
Bryozoaires, et, dans les portions les plus épaisses, elle est
souvent elle-même composée en partie de grandes Huîtres
minces, superposées. Au-dessus viennent des calcaires à
grain assez fin, par lesquels débute l'assise suivante, qui
offre en outre des calcaires à petites oolithes, puis d'autres
à grosses oolithes fondues. Une série calcaire assez analogue
se voit un peu plus à l'E , à Lavigny, également partagée
en deux parties, soit par un délit plus marqué et peut-être
avec surface taraudée, soit par une croûte à grandes Huîtres
plates, analogue à celle de Courbouzon, et l'on a de même
au-dessus une intercalation de calcaire à grain fin ; mais
de plus on remarque, à une douzaine de mètres au-dessous
de cette ligne de démarcation, des bancs de calcaire com-

pact, contenant des débris indéterminables de plantes terrestres et des bivalves vaseux (*Pholadomya Murchisoni,
Ceromya plicata*, etc.) que je n'ai pas observés à ce niveau
dans les autres gisements.

En s'avançant davantage vers l'E., on voit, aux approches de l'Eute, les bancs inférieurs devenir marneux et
prendre une faunule de bivalves du faciès vaseux, où l'on
remarque principalement la réapparition d'*Homomya gibbosa* à la base, avec *Ceromya plicata, Gresslya lunulata*, etc.,
et, très peu après, la présence de *Pinna ampla*. Déjà visibles en partie près de Crançot, avec *P. ampla*, mais sans
Homomya gibbosa à ce qu'il paraît, ces couches inférieures
offrent surtout ces caractères à l'O. de la gare de Publy, à
la Doye de Nogna et au bord oriental de l'Eute à l'E. de
Mirebel ; ici, ces deux espèces ne sont pas rares, et la base
passe plus ou moins à une marne dure. Le même faciès
vaseux des couches inférieures se voit à l'O. de Châtillon, où
la roche est moins marneuse et ne m'a pas encore fourni ces
deux dernières espèces, mais on y trouve, comme à la gare
de Publy, une intercalation de quelques mètres de bancs à
rognons de silex ; puis viennent des calcaires compacts et
des calcaires oolithiques de la première assise moyenne. A
l'E. de la gare de Publy, un calcaire dur offre une surface
taraudée, qui paraît être un peu inférieure à la limite séparative des deux assises du Bathonien moyen ; elle est surmontée de calcaires oolithiques, qui offrent dans le bas une
faunule coralligène nombreuse, incluse dans la roche, en
particulier *Cryptocœnia* sp. nov., *Convexastrea* cfr. *luciensis, Thamnastrea cadomensis*, avec des *Thecosmilia* et
Montlivaultia indéterminables. Mais je n'ai pas encore pu
étudier suffisamment la région de l'Eute pour y observer
le passage entre les deux assises et relever le détail de la
seconde.

Le faciès vaseux de la base est très caractérisé dans la
partie orientale de la contrée, qui offre d'ailleurs fort net-

tement la division du Bathonien moyen en deux assises superposées (Syam, Champagnole). La première débute, comme sur le plateau, par des calcaires sableux et un peu marneux, riches en bivalves et Brachiopodes (*Ceromya plicata*, *Gresslya lunulata*, *Terebratula globata*), avec *Ammonites neuffensis* et *A*. cfr. *aspidoides*, mais où je n'ai pas rencontré *Homomya gibbosa* ; puis viennent des calcaires compacts, bleuâtres, qui renferment à la base *Pinna ampla* et *Pholadomya Murchisoni*, et passent à un massif de calcaires blancs, oolithiques, à surface fortement taraudée, fossilifères dans le haut, où semble se trouver une faunule de Mollusques coralligènes. La seconde assise, qui est assez analogue à la précédente au point de vue pétrographique, offre d'abord des calcaires plus ou moins compacts, bleuâtres, d'apparence stérile, puis des calcaires oolithiques où l'on trouve quelques Polypiers ; elle se termine par une belle surface taraudée, chargée d'Huîtres plates soudées (carrière et tranchée du stand de Champagnole).

Fossiles. — Il ne m'a pas encore été possible de rechercher la faune des divers niveaux de cette partie de l'étage avec autant de soin qu'il serait nécessaire dans une aussi puissante série calcaire, où les échantillons déterminables se présentent toujours trop rarement, et dans laquelle il est pour ainsi dire exceptionnel de rencontrer des espèces caractérisant un niveau bien déterminé, des Ammonites surtout. Les bancs, parfois très fossilifères, qui s'intercalent, près de Lons-le-Saunier, dans la moitié inférieure et vers le haut, contiennent des Gastéropodes (Nérinées, etc.), des Lamellibranches, (*Ostrea*, etc.), des Brachiopodes et des Bryozoaires, avec des débris d'Échinodermes et des Polypiers, le tout inclus dans la roche ou faisant saillie à la surface après une longue exposition à l'air ; mais les fossiles sont le plus souvent indéterminables, et je ne puis guère en citer que 7 ou 8 espèces. Le banc à Pholadomyes et

Céromyes, avec petits débris de végétaux terrestres, de Lavigny, dont je ne possède encore que trois espèces déterminées, mériterait d'être exploré davantage, en cassant pa-
tiemment la roche, bien que l'on n'ait guère de chances d'y
rencontrer des empreintes végétales dans un état suffisant
de conservation. Dans le centre et l'E. de la région, les
couches fossilifères à facies vaseux de la base, trop rarement à découvert, il est vrai, fournissent de nombreux
échantillons de plus de 30 espèces, dont les plus fréquentes
sont des Lamellibranches du groupe des Myacides et des
Brachiopodes ; mais les couches suivantes ne m'ont presque
plus donné de fossiles déterminables. Une belle empreinte
de plante, qui paraît être une Fougère ou une Cycadée,
avait été recueillie lors de l'exécution des tranchées de la
voie ferrée, entre le stand de Champagnole et le viaduc
actuel de Syam, fort probablement vers la limite du Bathonien II et du Bathonien III ; mais elle paraît s'être égarée,
et je n'ai pu l'examiner.

Le Bathonien moyen m'a fourni jusqu'ici 36 espèces déterminées, indiquées plus haut dans la faune générale de
l'étage : 3 Céphalopodes, 19 Lamellibranches, 5 Brachiopodes, 2 Oursins et 7 Polypiers. Sur ce nombre, 13 espèces
ont été rencontrées déjà dans les assises précédentes de la
région, et 11 se sont retrouvées dans le Bathonien supérieur
de nos gisements ; toutes ces espèces de passage sont des
Lamellibranches avec 2 Brachiopodes.

On trouvera le détail de la faune complète dans l'étude
de chacune des deux assises. Voici les espèces déterminées
les plus fréquentes, et toutes celles que je n'ai encore rencontrées que dans le Bathonien moyen. Les Polypiers seuls
proviennent des couches moyennes et supérieures ; les autres espèces ont été recueillies dans la partie inférieure.
L'astérisque avant le nom indique les espèces que j'ai rencontrées dans d'autres assises du Jura lédonien.

Ammonites neuffensis, Oppel. Mytilus plicatus, Sow.
    — cfr. aspidoides, Opp. * Pecten cfr. demissus. d'Orb.
* Pholadomya Murchisoni, Sow. * Terebratula globata, Sow.
Goniomya scalprum, Ag.   — Ferryi, Desl.
    — proboscidea, Ag. *Rhynchonella varians (Schl.).
* Homomya gibbosa, Ag.   — quadriplicata, Sow.
* Pleuromya elongata, Ag. * Acanthothyris spinosa (Schl.).
*   — tenuistria, Ag. Clypeus altus, M'Coy.
    — sp. A. Pygaster cfr. Trigeri, Cott.
Panopæa sinistra, Ag. Stylina conifera, E. et H.
* Ceromya plicata, Ag. Isastrea limitata (Lam.).
* Gresslya lunulata, Ag. Astrocœnia digitata, (Defr.).
Cardium concinnum, Buv. Cryptocœnia sertifera (Mich.).
    — citrinoideum, Phill.   — sp. nov.
* Pinna ampla, Sow. Convexastrea cfr. luciensis, d'Orb.
* Mytilus gibbosus, d'Orb. Thamnastrea cadomensis (Mich.)

PUISSANCE. — Il n'est pas facile de déterminer exactement la puissance du Bathonien moyen près de Lons-le-Saunier ; car aucune de nos carrières ne l'entame encore en entier, et les massifs bathoniens de ce pays ont fréquemment subi des dislocations plus ou moins considérarables. A Courbouzon, où le froissement des couches inférieures et les variations d'inclinaison, qui paraissent accuser une dislocation dans la partie moyenne, causent un peu d'incertitude, elle est au moins de 78 à 80 mètres, et elle ne paraît pas moindre de 80 mètres à Montmorot, où l'observation rencontre aussi des difficultés dans la partie supérieure. La série des strates de ce groupe n'est pas visible en entier à Messia dans la moitié supérieure ; mais la surface taraudée terminale qui se voit près de la Grange-Chantrans, après une interruption d'environ 50 mètres, possède exactement la même direction et la même inclinaison que les couches inférieures : on obtiendrait ici une centaine de mètres pour la puissance totale du groupe, si l'on admettait que la succession des bancs est régulière ; toutefois cette épaisseur paraît exagérée. La coupe de Lavigny, où la base n'est pas visible et où la limite supérieure n'est pas non plus très certaine, offre déjà 80 m. de calcaires appartenant au Bathonien moyen. En somme, il résulte des mesurages effectués sur ces différents points que l'on ne peut attribuer moins de 80 mètres à ce groupe, dans la partie occidentale du Jura lédonien ; d'autre part, il atteint 85 à 90 m. entre Syam et Champagnole. Il conserve donc, à fort peu près, la même épaisseur à l'O. et à l'E. de notre région d'étude.

LIMITES. — Les surfaces taraudées de la base et du sommet limitent nettement le Bathonien moyen, et leur position est d'ordinaire moins difficile à préciser, grâce aux modifications pétrographiques qui les accompagnent le plus souvent.

SUBDIVISIONS. — Comme on l'a vu dans l'étude générale de l'étage, le Bathonien moyen peut être scindé, au niveau de la surface taraudée intermédiaire qui se voit près de Syam et de Courbouzon, en deux divisions principales, qu'il paraît convenable de considérer, au moins provisoirement, comme assises distinctes, et auxquelles je donne des noms de localités types :

1° Bathonien II. — Calcaires de Syam, à la base.

2° Bathonien III. — Calcaires de Champagnole.

POINTS D'ÉTUDE. — Près de Lons-le-Saunier, le Bathonien moyen affleure en entier dans la Grande-Côte de Courbouzon, où les carrières permettent à présent d'en étudier 55 mètres à partir de la base ; mais les couches suivantes ne sont visibles que par places dans les pâturages, avec le banc taraudé au sommet. Le groupe se trouve probablement complet à l'E. des carrières de Messia ; toutefois on ne peut observer qu'une cinquantaine de mètres des couches inférieures ; le reste est caché, à l'exception du banc supérieur taraudé. Les carrières de Montmorot permettent d'étudier le groupe à peu près en entier, sauf quelques mètres de la partie supérieure ; le sommet n'est pas à découvert actuellement, mais il est possible d'apprécier la limite avec une précision suffisante. A Lavigny, la base est cachée, et la partie supérieure incomplètement observable. Dans la partie centrale de la région, j'ai relevé seulement la coupe des couches inférieures fossilifères, entre Mirebel et Crançot, et, à l'E. de Mirebel, sur le versant oriental de l'Eute, ainsi que dans la tranchée O. de la gare de Publy, dans une autre tranchée à l'E., dans celle de Châtillon à Vevy, et à la source de la Doye près de Nogna. Les petites tranchées de la voie à l'E. de la gare de Publy, où l'observation est souvent peu facile, montrent surtout un banc taraudé, suivi de calcaires à Polypiers et de calcaires grenus qui paraissent appartenir à la partie supérieure du Bathonien II. Mais à l'E. de la région, de belles séries du Bathonien moyen tout entier se voient près de la gare de Syam, et de cette localité à Champagnole. On le retrouve encore, presque en entier, entre Ilay et Chaux-du-Dombief; mais je regrette de n'avoir pu compléter mes observations sur cet affleurement, où j'ai relevé seulement autrefois le détail des couches inférieures fossilifères, visibles sur la route. La coupe de Messia se trouve à la fin de l'étude du Bajocien; les autres seront rapportées plus loin.

De nombreuses observations seraient encore nécessaires pour compléter l'étude de cette partie si notable de l'étage dans le Jura lédonien, par exemple entre Grusse et Vincelles et au voisinage d'Arlay, mais surtout dans la région de l'Eute, principalement aux alentours de Montrond, au voisinage du château de Binans et dans la longue tranchée à l'E. du tunnel de Verges, ainsi que près de Chaux-du-Dombief.

VARIATIONS DE FACIES. — Le Bathonien moyen de notre région d'étude présente, dans la composition pétrographique et la faune, des variations qui le rattachent aux deux facies géographiques distincts, indiqués dès 1846, par

M. Jules Marcou, pour le Bajocien et le Bathonien du Jura (1), et qui ont été signalés tout spécialement dans la partie moyenne du Bathonien du Jura occidental par M. Marcel Bertrand, en 1884 (2).

On sait que les environs de Besançon présentent, sur toute l'épaisseur du Bathonien moyen, de puissantes couches de calcaires, principalement oolithiques, parfois compacts, mais en général de couleur très claire et sans intercalations marneuses, caractères que l'on observe d'ailleurs sur divers points du bassin de Paris (Ardennes, etc.) : c'est là ce que l'on peut appeler *facies bisontin* (facies franc-comtois des auteurs). Mais à l'E. et au S.-E. de cette région, dans le Jura bernois, le Jura neuchâtelois, les environs de Morez et Saint-Claude, etc., des couches plus ou moins marneuses, contenant des bivalves vaseux et dans lesquelles on remarque surtout *Rhynchonella varians* (3), s'interca-

---

(1) *Jura salinois*, p. 67.

(2) *Notice explicative* de la feuille LONS-LE-SAUNIER de la *Carte géologique*.

(3) Selon M. Paul CHOFFAT, *Rhynchonella varians* « caractérise, par sa grande abondance, le Bathonien du Jura oriental et du Jura bernois, semble complètement manquer dans le Jura bisontin et la Haute-Saône, tandis qu'il se maintient dans le Bathonien du bord intérieur de la chaîne : dans le Jura neuchâtelois, les environs de Champagnole, de Saint-Claude, de Saint-Germain-de-Joux et au Mont-du-Chat. Dans cette dernière contrée, il se trouve à deux niveaux : le Bathonien et les couches à Am. macrocephalus. A l'ouest, dans les environs de Saint-Rambert en Bugey, il occupe encore cette seconde position ». (*Esquisse du Callovien et de l'Oxfordien... p. 22*). — C'est, je pense, d'après les échantillons que j'ai recueillis à Syam et qu'il avait eu l'obligeance de déterminer, que M. Choffat a cité cette espèce dans le Bathonien des environs de Champagnole. Je l'ai retrouvée depuis lors à Chaux-du-Dombief, dans les mêmes couches, et M. l'abbé BOURGEAT l'a signalée, en 1885, plus au S., à Prénovel, fort probablement au même niveau. (*Sur la limite du Bajocien et du Bathonien dans le Jura*). — Je n'ai pas rencontré *Rh. varians* dans le Callovien à Courbouzon et à la Billode; mais il paraît s'y retrouver, très rare, à Binans.

lent à plusieurs reprises dans la série des calcaires, et prennent aux dépens de ces derniers une importance de plus en plus grande vers l'E., au point de les remplacer plus ou moins entièrement (Argovie, etc.); la teinte générale devient plus foncée : de là ce nom de *Jura brun*, souvent donné à l'Oolithe inférieure ou Dogger, en Suisse et dans l'Allemagne du Sud. Ce dernier facies, où les formations vaseuses ont une part considérable, peut être désigné sous le nom de *facies argovien*. La limite entre les deux facies est une ligne infléchie vers le N.-E., et suivant approximativement, à ce qu'il paraît, la direction générale de la chaîne ; elle passe à l'E. de Baume-les-Dames, Besançon et Lons-le-Saunier, localités indiquées par M. Marcou (1) comme jalonnant les points où les calcaires de l'Oolithe inférieure présentent le plus grand développement, et se prolonge à peu près dans la direction de Saint-Amour, car M. Riche a reconnu la présence des couches marneuses du facies vaseux à Saint-Julien (Jura) (2). Cette limite appartient, d'une manière générale, à la ligne séparative du facies franc-comtois et du facies argovien, indiquée, en 1856, par M. Marcou (3), pour l'ensemble des étages oolithiques du Jura, et dont la position « varie pour chaque étage », ainsi que l'a fait remarquer M. Choffat (4).

Le Jura lédonien, traversé par cette limite, se trouve ainsi présenter, de l'O. à l'E., le passage entre les deux facies. Dans la partie occidentale de cette contrée, on a seulement le facies bisontin, toujours calcaire et pour la plus grande part oolithique, mais de couleur un peu moins claire en avançant vers le S. Dans la portion orientale, au contraire, des couches à faune vaseuse et dans les-

(1) *Jura salinois*, p. 68.
(2) A. RICHE. *Note sur le Système oolithique inférieur du Jura méridional* (Bull. Société géol. de France, 1889, 3e série, t. XVIII, p. 109).
(3) *Lettres sur les Roches du Jura*, p. 7.
(4) *Esquisse du Callovien et de l'Oxfordien...*, p. 3.

quelles nos gisements les plus orientaux contiennent *Rhyn-chonella varians*, se montrent au début des formations du Bathonien moyen, dès les premiers affleurements du plateau, de sorte que la limite entre les deux facies passe, sur ce point, dans le voisinage du bord O. de celui-ci ; puis le facies vaseux cède peu à peu la place au facies oolithique, et les calcaires blanchâtres de ce dernier reparaissent, pour se continuer sur le plateau pendant tout le Bathonien III, du moins à ce qu'il semble au voisinage de Verges. Mais à l'E., près de Syam, les calcaires compacts bleuâtres de la base de cette assise, qui rappellent les calcaires du facies vaseux, correspondent plus loin, à l'E. et au S.-E , à des couches marneuses de ce dernier facies, ainsi que l'indiquent les coupes relevées à Prénovel et aux Prés-de-Valfin par M. l'abbé Bourgeat (1), et celles du Jura bernois rapportées par Greppin (2). Le facies oolithique reparaît au-dessus dans nos gisements. En somme, la limite entre les deux facies a donc subi des oscillations du côté de l'E., d'où résultent ces alternances de couches plus ou moins vaseuses et de calcaires oolithiques ; mais de plus elle s'est trouvée transportée sensiblement dans cette direction au début du Bathonien III, ce qui pourrait bien correspondre à l'indication donnée par M. Choffat, au sujet de ses belles études sur le Jurassique supérieur, que « la ligne de séparation » du facies franc-comtois et du facies argovien « se meut du N.-O. au S.-E. au fur et à mesure que nous montons la série stratigraphique » (3).

La poursuite des études détaillées de stratigraphie dans le reste du Jura permettra de préciser les conditions de ces

(1) *Sur la limite du Bajocien et du Bathonien dans le Jura.* Bull. Société géol. de France, 1885, t. xiii, p. 176 et 177.

(2) J.-B. GREPPIN. *Essai géol. sur le Jura suisse*, 1867, p. 45 et 50; *Description géol. du Jura bernois*, 1870, p. 39 et 43.

(3) *Le Corallien dans le Jura occidental*, p. 15 (Archives des Sciences de la Bibliothèque universelle de Genève, décembre 1875).

variations de facies et d'en rechercher les causes. Il est fort probable que ces dernières sont analogues à celles que M. Choffat a indiquées pour les principaux changements de facies de l'Oxfordien et du Jurassique supérieur dans la chaîne du Jura, si l'on ajoute toutefois à l'idée de mouvements lents du sol, celle de mouvements beaucoup plus rapides, se produisant par intervalles, et déterminant d'ordinaire des affaissements. Il nous suffit, d'ailleurs, d'appeler ici l'attention de nos compatriotes jurassiens sur l'intérêt que peut offrir l'étude détaillée et précise de l'étage Bathonien, même dans sa partie moyenne où les observations sont pourtant si arides, pour arriver à la connaissance des facies géologiques du Jura, ce but si important de la stratigraphie actuelle (1).

BATHONIEN II. — CALCAIRES DE SYAM.

SYNONYMIE PROBABLE.

Great oolite. Marcou, 1846.
Calcaire de la porte de Tarragnoz. Marcou, 1856.

CARACTÈRES GÉNÉRAUX. — Cette assise comprend un épais massif calcaire, principalement oolithique et souvent coral-

(1) En présence des variations de facies qui viennent d'être rappelées, il m'a paru que l'expression *Grande-Oolithe*, dont l'usage est pourtant si fréquent, ne devrait pas être employée pour désigner une portion déterminée de l'étage ; car elle offre, au point de vue des discussions de parallélisme, des inconvénients analogues à celles de *Corallien* et de *Calcaire à entroques.* C'est ainsi que dans le Jura bernois, Greppin a été conduit à ranger dans la « Grande-Oolithe » le calcaire oolithique inférieur du Bathonien de ce pays, que la comparaison de nos coupes nous porte à considérer comme synchronique de notre niveau supérieur de l'assise à *Ammonites ferrugineus.* Cette expression devrait être réservée comme dénomination de facies, ou précisée par l'adjonction d'un nom de localité qui en fixât nettement la signification.

ligène à l'O., mais qui débute à l'E. et au S. par des couches un peu marneuses, à fossiles vaseux, suivies de calcaires compacts, puis oolithiques. Elle se termine par une surface taraudée, surtout à l'E., ou bien offrant à l'O. d'autres indices d'un arrêt momentané dans la sédimentation.

Entre Syam et Champagnole, où je prends le type de cette division de l'étage, on a la succession déjà décrite dans l'étude générale du Bathonien moyen : d'abord des calcaires marno-sableux, à bivalves et Brachiopodes, avec *Ammonites neuffensis* et *A.* cfr. *aspidoides,* puis des calcaires compacts à *Pinna ampla, Pholadomya Murchisoni,* etc., suivis de calcaires analogues à peu près stériles, qui passent à un massif oolithique, fossilifère au sommet sur certains points. Le facies est assez analogue dans la partie moyenne de la contrée ; mais des calcaires à rognons de silex s'intercalent parfois à quelques mètres de la base (Châtillon, Publy), et les couches inférieures à bivalves, plus marneuses encore à Mirebel, à la gare de Publy et près de Nogna, contiennent *Homomya gibbosa,* qui prend ici son deuxième niveau bathonien ; par contre, les Brachiopodes y sont très rares. Des bivalves vaseux (*Pholadomya Murchisoni, Ceromya plicata*) se retrouvent encore vers le haut à Lavigny. Près de Lons-le-Saunier, on a surtout, dès la base, des calcaires oolithiques, avec faunule coralligène et Polypiers à divers niveaux, principalement dans la moitié supérieure, et des calcaires compacts, sans fossiles, intercalés.

FOSSILES. — Cette assise m'a fourni une cinquantaine d'espèces, comprenant surtout des Mollusques des couches inférieures à facies vaseux du centre et de l'E. de la contrée, et quelques Polypiers des niveaux supérieurs coralligènes du centre et de l'O. Les espèces déterminées, au nombre de 32, sont : 2 Céphalopodes, 22 Lamellibranches dont l'un paraît nouveau, 5 Brachiopodes, 2 Oursins et 1 Polypier. Voici l'ensemble de la faune, répartie dans les niveaux qui seront distingués plus loin.

Faune du Bathonien II.

Passages inférieurs.	ESPÈCES.	NIVEAUX				Passages supérieurs.
		A	B	C	D	
	Pycnodus sp.............................				1	
	Nautilus sp...........................	2				
	Ammonites neuffensis, Opp.............	1				
	— cfr. aspidoides, Opp.........	1				
	— sp. ind...................		?			
	Nerinea sp...........................			*	*	
	Patella sp.	1				
	Gastéropodes indéterminables..........			*	*	
	Anatina sp...........................				1	
*	Pholadomya Murchisoni, Sow..........	4	*		1	*
*	Homomya gibbosa, Ag.	3				*
*	Pleuromya cfr. elongata, Ag..........	*				*
*	— tenuistria, Ag.............	*				
	— sp. nov. ? A.		*			
*	Panopæa sinistra, Ag................	2				
	Goniomya scalprum, Ag..............	2				
	— proboscidea, Ag.............	2	?			
	Ceromya plicata, Sow................	3			1	*
	— sp. ind.....................		*			
*	Gresslya lunulata, Ag............	4				*
	Cardium concinnum, Buv.............	*				
	— citrinoideum, Phill.	*				
	— sp.........................	*				
	Trigonia sp.	*				
	Pinna ampla, Sow....................	1	3			*
	Trichites sp..........................				*	
	Lithodomus sp........................				*	
*	Mytilus gibbosus, d'Orb.	3				*
	— plicatus, Sow...............		*			
*	— imbricatus, Sow.?...........	2				*
	— sp.........................				*	
*	Avicula cfr. echinata, Sow.				1	*
*	Pecten lens, Sow....................	2				*
*	— cfr. demissus, d'Orb........	*		*	*	*
	— sp.........................		*			
*	Lima gibbosa, Sow....................		1			*

29

Passages inférieures.	ESPÈCES.	NIVEAUX				Passages supérieurs.
		A	B	C	D	
	Lima sp.		*			
*	Ostrea costata, Sow.		*			*
	— sp.				*	
*	Terebratula globata, Sow.	3	?	*	?	
	— Ferryi, Desl.	3		*		
	Rhynchonella quadriplicata, Sow.	*				
	— varians, Schl.	1	*?			
	— sp.			*	*	
*	Acanthothyris spinosa (Schl.)	3	*?		*	
	Bryozoaires.		*			
	Clypeus altus, M'Coy.		*			
	Pygaster cfr. Trigeri, Cott.	1			*	
	Cidaris sp.			*		
	Pentacrinus sp.				*	
	Apiocrinus sp. ind.				*	
	Stylina conifera, E. et H.				*	
	Isastrea limitata (Lam.)				*	
	Cryptocœnia sp. nov.				*	
	Convexastrea cfr. luciensis, d'Orb.				*	
	Thecosmilia sp. ind.				*	
	Montlivaultia sp. ind.				*	
	Thamnastrea cadomensis (Mich.)				*	

Puissance. — Le Bathonien II atteint au moins 53 m. près de la gare de Syam. Il a probablement la même épaisseur ou à peu près au voisinage de Châtillon ; car j'y ai mesuré environ 45 m. de calcaires de cette assise, sans être arrivé aux bancs du sommet. La base n'est pas visible à Lavigny, mais la partie observable atteint déjà 44 m. A Courbouzon, où la limite supérieure est très nette, la moitié inférieure de l'assise offre, à deux reprises, des froissements qui ne permettent pas une évaluation exacte ; la puissance observable est sensiblement de 47 m., mais ce nombre est trop faible, par suite de ces accidents, ainsi que l'indiquent les coupes du voisinage. La succession des strates est normale dans cette assise à Messia, mais la surface terminale taraudée ou portant une croûte à Huîtres plates en dessus n'a pu être observée; toutefois la présence, dans le haut de la série visible, de calcaires à grosses oolithes fondues, qui font place brusquement à des calcaires à grain fin, comme il arrive au sommet de l'assise à Courbouzon, permet d'apprécier assez exactement la position de la limite supérieure, qui passe évidemment entre ces deux calcaires : la puissance du Bathonien II s'élève ici à 56 ou 57 m. Elle paraît être au moins de 57 m. à Montmorot, où la surface terminale n'est pas non plus observable, mais où l'on trouve aussi, dans le haut de la série visible de cette assise, quelques mètres des mêmes calcaires à grosses oolithes fondues, en partie disloqués. Ainsi la puissance du Bathonien II, considéré de l'O. à l'E. du Jura lédonien, passerait de 57 à 53 m., n'offrant dans ces limites qu'une diminution bien faible et presque insignifiante du côté oriental. On peut donc indiquer dans notre contrée, pour cette assise, une puissance à peu près uniforme, de 55 m. en moyenne.

LIMITES. — Bornée à la base par la surface taraudée du Bathonien inférieur, l'assise des Calcaires de Syam est également limitée au sommet par des indices précis d'un arrêt temporaire de la sédimentation. A l'E., entre Syam et Champagnole, où se trouve le type de cette assise, cette limite est donnée d'une manière fort nette, par une surface plane, criblée de perforations de lithophages et portant des Huîtres plates fixées, qui paraît se retrouver aussi à Lavigny (dans l'abrupt). A l'O. (Courbouzon), on a de même une surface taraudée, et qui, de plus, est bosselée par l'érosion; mais elle se trouve masquée par la croûte calcaire très dure, déjà décrite plus haut, qui la nivelle, en y adhérant fortement : toutefois, de grandes Huîtres plates que porte cette croûte et dont elle est même formée en partie, par places, permettent encore de reconnaître la limite supérieure de l'assise (1). Il est probable que le taraudage s'observe mieux sur d'autres points des environs, où il n'est pas masqué de cette sorte ; mais d'ailleurs la croûte à Huîtres plates possède à elle seule une signification analogue, et suffit à indiquer un arrêt de la sédimentation.

Cette limite supérieure forme en général, de l'E. à l'O.,

(1) Ce n'est qu'après un examen minutieux que j'ai pu reconnaître l'ensemble des caractères d'arrêt de la sédimentation, indiqués ci-dessus pour la surface limite de Courbouzon. La croûte à Huîtres reste ordinairement adhérente à la surface bosselée du calcaire à grosses oolithes sous-jacent, lorsqu'on détache des fragments de celui-ci. En polissant de tels échantillons sur leur tranche, on parvient, quoique avec une certaine difficulté, à constater que les grosses oolithes sont plus ou moins incomplètes, au contact de la ligne irrégulière de soudure de la croûte, et qu'elles ont évidemment subi, de ce côté, une ablation, parfois très notable, avant le dépôt de celle-ci. On a donc la preuve que le bossellement du calcaire oolithique résulte de l'érosion. — De plus, en examinant avec soin la face inférieure d'échantillons qui comprennent seulement une très mince lame superficielle (moins d'un centimètre d'épaisseur) du sommet du calcaire à grosses oolithes, on y remarque la section circulaire de trous de lithophages coupant nettement les oolithes, et remplis du calcaire dur, un peu jaunâtre, de la croûte. Le polissage rend ces faits plus apparents, et l'on observe même dans quelques-uns de ces remplissages, la section de la coquille perforante.

Ce sont d'ailleurs des observations de ce dernier genre qui permettent de vérifier l'existence du taraudage lorsqu'il y a quelque doute : l'enlèvement d'un mince éclat à la surface du banc étudié montre s'il existe ou non des lignes de section des perforations remplies, et le fait est d'autant plus facile à constater que, le plus souvent, le remplissage des trous de lithophages présente une texture et une couleur sensiblement différentes de celles du banc taraudé. Ce procédé est surtout applicable dans les carrières en exploitation, où les surfaces taraudées, à perforations remplies, n'ont pas encore subi les actions atmosphériques qui nettoient souvent ces dernières, quand elles y restent assez longtemps exposées ; dans ces carrières, le taraudage pourrait facilement passer inaperçu ou paraître trop peu caractérisé, si l'on se bornait à un simple coup d'œil sur la surface du banc.

un délit bien marqué, suivi de calcaires compacts ou à grain assez fin, contenant parfois de petites oolithes disséminées, peu apparentes, et disposés en un massif où la stratification est fréquemment plus ou moins indistincte (Syam, Lavigny). Dans les grands escarpements comme à Syam et Lavigny, l'existence d'un petit gradin incliné formé par le haut de l'assise, et, par places, un léger délitement qui creuse de cavités irrégulières le pied de l'abrupt des calcaires compacts du Bathonien III, peuvent aider à reconnaître la limite des deux assises.

VARIATIONS DE FACIES. — Cette assise comprend, en résumé, des calcaires marneux et sableux à Myacides, des calcaires compacts, ordinairement très peu fossilifères, et des calcaires oolithiques variés, parfois avec Polypiers épars. Dans la partie occidentale du Jura lédonien, elle offre, sur toute l'épaisseur, le facies bisontin avec calcaires oolithiques plus ou moins coralligènes, où s'intercalent seulement, vers les $\frac{2}{3}$ de l'épaisseur totale, quelques mètres de calcaires compacts, blanchâtres, qui offrent aussi des fossiles du facies coralligène dans les gisements les plus occidentaux. (Nérinées et Cidaris à Courbouzon); mais un peu plus à l'E., au bord du plateau (Lavigny), des bancs de calcaire compact, grisâtre, qui occupent à peu près le même niveau, contiennent des fossiles du facies vaseux argovien, avec quelques débris de plantes terrestres. Une courte apparition de ce dernier facies a donc eu lieu à cette époque dans notre contrée et s'est fait sentir jusqu'aux approches de Lons-le-Saunier, mais sans prendre alors, à ce qu'il semble, une extension considérable dans nos limites.

Sur le premier plateau et dans les affleurements orientaux du Jura lédonien, l'assise débute par les couches marneuses à Myacides du facies argovien, surmontées de calcaires compacts bleuâtres, qui se rapportent encore à ce dernier facies ; mais ceux-ci passent ensuite à des calcaires blancs oolithiques, accusant le retour des conditions du facies oolithique, qui ne s'étaient pas représentées dans ce pays depuis les derniers temps du Bathonien inférieur. Toutefois cette extension, de l'O. à l'E. de notre contrée, du facies oolithique bisontin à la partie supérieure de l'assise, fut troublée par de légers retours vers l'O. du facies vaseux, qui donnèrent en particulier les bancs à Myacides et débris de plantes de Lavigny. Les couches supérieures du Bathonien II accusent donc des oscillations de l'E. à l'O. dans les causes de formation des deux facies.

Nos gisements des couches inférieures permettent de constater qu'en outre de son développement progressif dans la direction de l'E. et du S.-E., à partir du centre du plateau, le facies vaseux de ces couches présente des variations notables, quant à la richesse de leur faunule et à l'association des espèces. C'est à ces couches que doivent correspondre les 7 m. de calcaires grumeleux et de marnes à *Pholadomya Murchisoni,* avec de nombreux Gastéropodes et Brachiopodes, indiqués à Prénovel, un peu au S.-E. de notre région d'étude, par M. l'abbé Bourgeat ; nous voyons en effet quelques Gastéropodes apparaître dans cette direction, près de Nogna. Mais notre savant compatriote n'a pas retrouvé cette faunule intéressante près de Valfin, où la roche est plus marneuse encore (1).

On peut s'attendre, d'ailleurs, à des variations diverses du Bathonien II, dans les parties du Jura lédonien qui restent à étudier ; mais il est probable qu'elles se grouperont autour des deux sortes de facies qui viennent d'être signalées.

Subdivisions. — En présence de ces variations multiples et du petit nombre de gisements étudiés en détail, il est plus difficile encore pour cette assise que pour la précédente de proposer une subdivision en niveaux, suscep-

_____

(1) Abbé Bourgeat. *Sur la limite du Bajocien et du Bathonien dans le Jura* (Bull. Société géol. de France, 1885, p. 176).

tible d'être poursuivie sur une étendue notable du Jura.
Nos affleurements de l'O. paraissent même, au premier
abord, ne guère se prêter à une subdivision quelconque.
Toutefois,il convient de prendre en plus grande considération les coupes de la partie orientale de la contrée, où se
trouvent des niveaux fossilifères assez distincts et une succession de strates bien plus variée dans le sens vertical. La
subdivision établie d'après ces caractères permet de faire
mieux ressortir les modifications successives du régime de
la mer dans cette direction, et d'appeler l'attention des
observateurs locaux sur l'étude des faits particuliers qui se
sont produits dans les régions à faciès vaseux argovien,
tandis que régnait presque uniformément à l'O. le faciès
oolithique, souvent coralligène. Le type de la division en
niveaux sera donc l'affleurement de Syam.

Tout d'abord, la distinction qui s'établit sur ce point
entre les couches fossilifères de la base et les calcaires compacts et presque stériles, puis oolithiques, qui les surmontent, suggère un partage de l'assise en deux groupes ; mais
chacun de ceux-ci offre à son tour deux divisions, assez nettes dans cette localité et dans un certain nombre d'autres
gisements. En conséquence, on peut distinguer, au moins
provisoirement, quatre niveaux dans les Calcaires de Syam,
sauf à voir deux ou plusieurs de ces subdivisions réunies
en un seul groupe dans les affleurements occidentaux, où
préside essentiellement le faciès oolithique.

Le niveau inférieur comprend à Syam 4 m. de bancs calcaires avec lits marneux alternants, le tout plus ou moins
sableux ou à petites oolithes, riche en Lamellibranches
vaseux (*Pholadomya Murchisoni, Ceromya plicata*) et en
Brachiopodes (*Terebratula globata, Acanthothyris spinosa*
et rares *Rhynchonella varians*), avec quelques Ammonites
très rares (*Am.* cfr. *aspidoides*) ; il est séparé des couches
suivantes par un délit marneux, contenant des sortes de
galets,et qui m'a fourni *Ammonites neuffensis.* Ce niveau se

reconnaît facilement, sous forme de couches plus ou moins marneuses : à Chaux-du-Dombief, avec *Terebratula Ferryi*, *Acanthothyris spinosa* et *Rhynchonella varians* ; à Châtillon (2^m70), avec bivalves et Térébratules, ainsi que de grands Nautiles dans le bas ; à Mirebel (au moins 3 m.), à Publy (2 m.) et à la Doye de Nogna (1^m30 et 1^m50), avec *Homomya gibbosa*, *Pholadomya Murchisoni*, *Ceromya plicata* et autres Myacides, dans ces trois localités, mais sans Brachiopodes ou à peu près.

Un deuxième niveau présente à Syam 6 m. de calcaire compact, assez fossilifère à la base, avec *Pinna ampla*, *Pholadomya Murchisoni* et quelques *Terebratula globata*, et dont la surface, un peu irrégulière, porte de petites Huîtres. Le même calcaire se retrouve à Chaux-du-Dombief, où il est fossilifère sur une plus grande épaisseur, et à la Doye de Nogna, ainsi qu'à Publy et Châtillon, où la partie moyenne se charge de rognons de silex.

Le reste de l'assise, puissant de 42 à 45 mètres, comprend à Syam des calcaires compacts, bleuâtres, peu fossilifères et passant à une oolithe blanche, qui prend dans le haut une teinte moins claire et parfois une texture irrégulière, peut-être coralligène, avec bivalves par places, etc. Malgré la difficulté d'y trouver une ligne de démarcation bien marquée, il convient de scinder en deux niveaux cette épaisse succession de strates, qui offre le passage vertical du facies vaseux au facies oolithique. La division peut s'établir à Syam à partir d'un banc de calcaire compact bleuâtre, intercalé dans les calcaires oolithiques, à 18 m. du sommet, et qui paraît accuser une légère oscillation de la limite des facies au moment de sa formation. De la sorte, on a un troisième niveau, essentiellement composé de calcaire compact, bleuâtre à l'intérieur, passant à l'oolithe dans le haut, et dont l'épaisseur à Syam et à Châtillon est d'environ 25 mètres. Enfin, les calcaires oolithiques qui restent au sommet de l'assise forment le quatrième niveau, dont la puissance près de Syam est de 18 m.

A l'O. de Lons-le-Saunier, on peut, à la rigueur, distinguer un niveau supérieur, épais de 17 à 18 m., qui débute à Courbouzon par une intercalation de calcaire compact, blanchâtre, à petites Nérinées, et répond assez bien au niveau supérieur de Syam. Le reste de l'assise ne m'a pas permis de retrouver des divisions correspondantes aux trois niveaux inférieurs des gisements à facies vaseux.

A. — Niveau des calcaires marno-sableux de Syam à Ammonites neuffensis et Am. cfr. aspidoides.

Niveau variable, comprenant, dans la partie orientale du Jura lédonien, des calcaires marno-sableux ou grenus, avec de minces lits marneux, où se trouvent de nombreux Lamellibranches de la famille des Myacides, et surtout des Brachiopodes, avec quelques Céphalopodes (*Ammonites neuffensis* et *Am.* cfr. *aspidoides* à Syam) ; à l'O. de la contrée, on n'a que des calcaires oolithiques.

Au voisinage de la gare de Syam, ce niveau comprend environ 4 m. de calcaires un peu marneux, avec oolithes sableuses à la base, puis grenus, bleuâtres et pointillés de noir, qui alternent avec de minces lits d'une marne dure, le tout riche en fossiles. La surface, un peu irrégulière, porte de petits rognons ou galets, avec quelques fossiles qui paraissent roulés, parmi lesquels *Ammonites neuffensis*. Les autres espèces principales sont :

Pholadomya Murchisoni, Sow., 3.	*Gresslya lunulata,* Ag.,4.
Goniomya scalprum, Ag.	*Panopæa sinistra,* Ag.
Pleuromya elongata, Ag.	*Terebratula globata,* Sow. 5.
— *tenuistria,* Ag.	*Acanthothyris spinosa* (Schl.), 3.
Ceromya plicata, Ag.	*Pygaster* cfr. *Trigeri,* Cott.

Un autre affleurement se trouve près du village de Syam, au bord du chemin qui conduit à la Billode, à l'extrémité

méridionale des monticules rocheux qui portent le cimetière. Là, quelques petits bancs marneux, grenus, intercalés dans des calcaires grisâtres qui plongent légèrement
vers l'O., m'ont fourni de nombreux fossiles, comprenant
surtout les Myacides et les Brachiopodes des gisements voisins de la gare :

Nautilus sp.	Cardium concinnum, Buv.
Ammonites cfr. aspidoides, Opp.	— citrinoideum, Phill.
Pholadomya Murchisoni, Sow.	Terebratula globata, Sow., 4.
Pleuromya elongata, Ag.	Rhynchonella quadriplicata, Sow.
— tenuistria, Ag.	— varians, Schl., 1.
Panopæa sinistra, Ag.	Acanthothyris spinosa (Schl.), 4.
Gresslya lunulata, Ag.	

Bien que l'on ne puisse constater, dans ce petit affleurement, la superposition sur les couches fossilifères du Bathonien inférieur, il ne me paraît nullement douteux qu'il
ne corresponde exactement aux affleurements de la gare.
L'unique exemplaire d'Ammonite que j'y ai recueilli est un
fragment en mauvais état, mais il est à peu près hors de
doute qu'il appartient à l'Ammonites aspidoides. La présence de cette espèce et de Rhynchonella varians appuie
le rattachement de ce niveau au Bathonien moyen, quoique
les mêmes couches m'aient fourni Ammonites neuffensis
près de la gare et de nombreux Terebratula Ferryi à Chaux-
du-Dombief. M. Wohlgemuth a d'ailleurs signalé déjà l'existence d'A. neuffensis dans le Bathonien moyen de l'E. de la
France, contrairement à ce qui arrive dans l'O., où cette
espèce est localisée dans l'assise inférieure de l'étage.

Un affleurement partiel de ce niveau, avec les couches
suivantes, se voit sur la route d'Ilay à Chaux-du-Dombief, dans le bas du massif bathonien, légèrement incliné
vers l'E., qui forme les rochers escarpés de l'Aigle, à l'O.
de ce dernier village. Le pied de l'escarpement se creuse
quelque peu en corniche, sur 10 à 12 m. d'épaisseur au
moins, par le délitement de la roche. Un mur de soutène-

ment de 1 m. de haut, qui borde la route au-dessous de ce point, cache la base du niveau **A**, peut-être plus marneuse. A partir de l'extrémité N. de ce mur, on observe la succession ci-après, pour le reste de ce niveau et pour le suivant :

A. — Niveau des calcaires marno-sableux de Syam a Ammonites neuffensis et Am. cfr. aspidoides (partie supérieure).

1. — Banc de calcaire marneux aboutissant à l'extrémité du mur . . . . 0^m10

2. — Calcaire marneux très fossilifère, se brisant faciment. . . . . 0^m50

Terebratula Ferryi, Desl., 5   *Acanthothyris spinosa* (Schl.)
Rhynchonella varians, Schl.

3. — Calcaire fragmenté, un peu plus résistant que le précédent . . . . 2^m

B. — Niveau des calcaires compacts a Pinna ampla de la gare de Syam.

4. Calcaire compact, un peu marneux, fragmenté. *Pholadomya Murchisoni*, Sow . . . . 3^m

5. — Calcaire analogue, fossilifère, surtout dans le bas. 5 à 6^m

Pholadomya Murchisoni, Sow.   *Rhynchonella varians*, Schl.
Pinna ampla, Sow.   *Acanthothyris spinosa* (Schl.).
Mytilus plicatus, Sow.   *Clypeus altus*, M'Coy.
Pecten sp.   Bryozoaires.

Puis viennent des calcaires durs qui appartiennent aux niveaux supérieurs.

Les calcaires à *Pinna ampla* du niveau **B** sont ici fort analogues à ceux que l'on trouve à ce niveau près de Syam. Il ne me paraît donc pas douteux que la partie inférieure de cette petite série de strates, où l'on a, comme dans cette dernière localité, *Rhynchonella varians* et *Acanthothyris* *spinosa*, n'appartienne au niveau **A**, bien que *Terebratula globata* soit ici remplacé par *T. Ferryi*, que je n'ai encore rencontré que sur ce point, et qui est généralement considéré comme une espèce spéciale au Bathonien inférieur. Les observations trop rapides que j'ai faites dans cette localité, il y a une dizaine d'années, ne me permettent pas d'ailleurs de fixer avec précision la limite entre les deux niveaux, ni d'en signaler tous les fossiles (1).

A une vingtaine de kilomètres à l'O. de Chaux--du-Dombief, et à peu près sous le même parallèle, un bon affleurement des niveaux **A** et **B** se trouve, au bord occidental de l'Eute, entre Nogna et le hameau de Buron, près de la source de la Doye. Les eaux de cette petite rivière sourdent au pied d'une couche de calcaire oolithique, qui appartient évidemment au niveau des calcaires oolithiques de Châtillon. Les premières couches du Bathonien moyen, reposant sur la surface taraudée de ce calcaire, se voient, sur une assez grande longueur, au bord de l'ancienne route et de la route actuelle, à partir de leur bifurcation. On y relève la petite succession suivante :

COUPE DE LA DOYE DE NOGNA.

Bathonien inférieur.

D. — Niveau de l'oolithe bathonienne inférieure de Syam et Chatillon.

1. — Calcaire oolithique, blanc. La base, visible dans le lit de la rivière, près de la source, offre, sur quelques décimètres d'épaisseur, un grand nombre d'oolithes très irrégulières, ayant l'aspect de grains de sable, mais à couches concentriques ; puis

(1) Je dois la connaissance de ce gisement et de celui de Crançot, dont il sera question plus loin, aux indications de M. Marcel Bertrand, qui a eu l'obligeance de me les faire visiter en 1881. J'ai pu y recueillir depuis lors un certain nombre de fossiles.

on a une oolithe fine, régulière, qui se fragmente sur une certaine épaisseur et résiste mieux dans le haut. Le banc supérieur est un calcaire dur, grenu, subcompact, contenant des bivalves indéterminables, et dont la surface, parfois un peu irrégulière, est fortement taraudée. C'est ce banc qui forme la surface dénudée de la vieille route, avant d'arriver au tournant où affleurent des couches appartenant aux Marnes irisées et au Lias, et la couche marneuse du niveau suivant permet de l'étudier avec facilité sur le côté N. de cette route et au bord O. de la route actuelle, en face de la source. Depuis le niveau de celle-ci, l'épaisseur totale de la couche calcaire est de. . . 12 à 15^m

Bathonien moyen.

A. — Niveau des calcaires marno-sableux de Syam a Ammonites neuffensis et Am. cfr. aspidoides (1^{m}30 à 1^{m}50).

2. — Couche marneuse et marno-calcaire, blanchâtre, variable sur des points rapprochés. Parfois, elle est formée presque en entier d'une marne dure, un peu grisâtre, à très petits grains sableux (sur un point de la vieille route); plus ordinairement, elle se compose de 3 ou 4 bancs marno-calcaires, plus ou moins distincts selon les points, et intercalés entre de petits bancs de la même marne (route actuelle et vieille route). Epaisseur un peu variable : 1^{m}10 sur la vieille route, et sur la route actuelle . . . . 1^{m}20

Fossiles peu fréquents : *Pholadomya Murchisoni*, 3, *Homomya gibbosa*, 3.

3. — Banc plus ou moins régulier de calcaire grisâtre, formé pour la plus grande partie de petits grains sableux un peu rougeâtres, et pétri de bivalves et autres fossiles en très mauvais état, parfois roulés et fragmentés avant la fossilisation. Il se délite plus ou moins facilement en débris irréguliers, avec nodules simulant des cailloux roulés, surtout au bord de la vieille route, où il a en moyenne 0^{m}20; au bord de la route actuelle, il est plus régulier, plus résistant, et atteint. . . . . . . 0^{m}30

Ce banc renferme une faunule variée, assez riche en individus, et il serait intéressant d'y rechercher davantage. J'y ai recueilli :

Belemnites sp. ind.

Natica sp. ind.

Patella sp.

Pholadomya Murchisoni, Sow., 3.

Pleuromya tenuistria, Ag.

    — elongata, Ag.

Homomya gibbosa, Ag., 3.

Goniomya sp. ind.

Ceromya plicata, Ag.

Panopæa cfr. Jurassi, Ag.

Pinna cfr. ampla, Sow., 1.

Trigonia sp. ind. (plus. espèces).

Cardium sp. ind. (plus. espèces).

Mytilus cfr. imbricatus, Sow.

Lima sp. (2 espèces).

Ostrea sp. ind.

Clypeus sp. ind.

B. — Niveau des calcaires compacts a Pinna ampla de la gare de Syam.

4. — Banc de calcaire finement grenu, plus ou moins marneux, surtout dans la partie inférieure où il se délite en une marne dure, grenue, sur une épaisseur qui varie de 0m30 (route actuelle) à 0m60 (vieille route) ; la partie supérieure, assez résistante, forme corniche. Soit en tout. 1m

Ammonites sp. ind.   Pinna ampla, Sow.

Pholadomya Murchisoni, Sow.

5. — Calcaire à grain fin, plus résistant. . . . 6 à 7m

6. — Calcaire analogue, visible sur quelques mètres au bord de la vieille route.

Les bancs marno-sableux, épais de 1m50 environ, qui sont attribués au niveau **A** de la Doye de Nogna et qui varient sous tous les rapports d'un point à l'autre de ce gisement, offrent une assez grande analogie avec les couches du même niveau près de Syam. On y retrouve, au moins dans le haut, le calcaire à petits grains sableux, noirâtres à l'intérieur et rougeâtres par altération, de cette dernière localité; mais il est ici moins résistant, et la couche inférieure bien plus marneuse. La faune, qui se localise surtout dans le banc supérieur, contrairement à ce qui a lieu à Syam, se compose essentiellement de bivalves, dont un bon nombre se rencontrent dans cette dernière localité. Mais on a de plus, à la Doye, des Gastéropodes, des Trigonies, et surtout des exemplaires assez fréquents d'*Homomya gibbosa* ; par contre, je n'y ai pas trouvé un seul des Brachiopodes si nombreux à Syam et à Chaux-du-Dombief.

La même variété de facies vaseux, avec *Homomya gibbosa*, mais sans Brachiopodes ou à peu près, se retrouve à 6 kilomètres au N. de Nogna, dans la tranchée de la voie ferrée à l'O. de la gare de Publy. C'est le plus occidental de nos affleurements pour les couches vaseuses inférieures du Bathonien moyen. On y relève la petite série suivante :

COUPE DE LA TRANCHÉE O. DE LA GARE DE PUBLY.

Bathonien inférieur.

C. — Niveau des marno-calcaires pisolithiques de Plane a Zeilleria ornithocephala (en partie).

1. — Calcaire marneux, plus ou moins broyé. Soit quelques mètres.

D. — Niveau de l'oolithe bathonienne inférieure de Syam et Chatillon.

2. — Calcaire dur, blanchâtre, plus ou moins oolithique et parfois à fines oolithes très abondantes. Surface fortement taraudée, inclinée vers l'E. de $7°\frac{1}{2}$. Puissance assez difficilement appréciable avec exactitude. Soit environ. . . . 12^m

Faunule coralligène abondante par places, avec Nérinées, Trigonies, Bryozoaires et Polypiers nombreux dans certains bancs, sauf dans 4 m. d'oolithe fine au sommet. 11 espèces de Polypiers, recueillies dans ce calcaire, ont été indiquées dans la faunule générale de ce niveau.

Bathonien moyen.

A. — Niveau des calcaires marno-sableux de Syam a Ammonites neuffensis et Am. cfr. aspidoides (2^m70).

3. — Marno-calcaire grenu, finement sableux, qui se délite en une marne dure peu fossilifère. . . . . 1^m50

4. — Banc calcaire grenu, sableux, pointillé de noirâtre, suivi de 0^m30 de marne dure, finement sableuse. . . 0^m50

On recueille dans ces deux couches : *Pholadomya Murchisoni*, Sow., *Homomya gibbosa*, Ag., *Ceromya plicata*, Ag., avec quelques petites Huîtres et de très rares Térébratules indéterminables.

5. — Calcaire grenu-sableux, à pointillé noirâtre, rougeâtre par altération ; se délite par places, sur 0^m20, en dessus. 0^m70

Pholadomya Murchisoni, *Homomya gibbosa*, *Ceromya plicata*, et probablement aussi *Pinna ampla*, Sow., rare.

B. — Niveau des calcaires compacts a Pinna ampla de la gare de Syam (7^m40).

6. — Calcaire dur, grenu, assez analogue au précédent, et se délitant un peu par places, sur une épaisseur variable, surtout dans le bas. Surface très irrégulière . . . . . . 1^m30

Quelques bivalves dans les parties délitées :

Pholadomya Murchisoni, Sow.   *Lima gibbosa*, Sow., 1.
Pinna ampla, Sow.

7. — Petit banc calcaire, dur, grenu-cristallin, à nombreux fossiles siliceux, soudé sur le précédent dont il remplit les inégalités. Surface assez régulière. Varie de 0^m08 à 0^m15, soit . . . . 0^m10

Petits Gastéropodes.   *Apiocrinus* sp. ind.
Ostrea costata, Sow., 3.   Bryozoaires, 4.

8. — Calcaire finement grenu. Quelques silex dans le haut . . . . 1^m50

Pinna ampla, dans le bas.

9. — Calcaire à grain fin, contenant des rognons de silex assez nombreux . . . . 3^m

10. — Calcaire finement grenu-cristallin, suivi d'un banc légèrement marneux. . . . . 1^m50

C. — Niveau des calcaires compacts de la gare de Syam (en partie).

11. — Calcaire dur, en gros bancs, visible sur . . 3^m50
Interruption.

On voit que près de Publy le niveau **A** comprend au moins 2^m70 de couches plus ou moins marno-sableuses à *Homomya gibbosa*, dans le haut desquelles paraît déjà se trouver *Pinna ampla*, comme à Nogna, tandis que dans cette dernière localité les couches correspondantes n'ont que 1^m50. Toutefois il n'est pas certain que la couche qui vient au-dessus, dans ces deux gisements, ne doive pas être rattachée encore à ce niveau.

A 2 kilomètres environ à l'E. de l'affleurement qui précède, dans l'intervalle des deux passages à niveau situés entre les gares de Publy et de Verges, dans le bois de Rette, une petite tranchée de la voie montre à peu près 18 m. de couches qui me paraissent appartenir au niveau **A** et aux niveaux voisins. Voici la coupe que j'y ai relevée, de l'E. à l'O., sans avoir eu le temps de rechercher suffisamment les fossiles. Les bancs plongent assez fortement vers l'O., et une partie des couches sont froissées.

1. — Calcaire oolithique, contenant des débris d'Échinodermes et des Bryozoaires, avec quelques pyrites. Se fragmente dans le haut. Visible sur . . . . 3^m
2. — Trois bancs calcaires, avec 3 délits marneux alternants. Quelques Térébratules. . . . . 1^m
3. — Calcaire grenu. . . . . 2^m
4. — Calcaire à rognons de silex, très froissé. Puissance douteuse, soit . . . . 7^m
5. — Calcaire grenu, dur, soit. . . . . 3^m

Les 3 m. de calcaire oolithique de la base, avec pyrites, appartiennent, selon toute probabilité, au sommet des Calcaires oolithiques de Châtillon, qui terminent le Bathonien inférieur et possèdent aussi des pyrites dans le haut à Syam. L'état de l'affleurement lors de ma visite ne m'a pas permis de voir si la surface est taraudée, ce qu'un examen plus minutieux permettrait peut-être de vérifier à présent. Il ne me paraît pas douteux que les couches suivantes ne soient

30

la base du Bathonien II. Les couches 2 et 3, avec leurs lits marneux à Térébratules, forment le niveau **A** de cette assise, épais de 3 m.; la c. 4, à rognons de silex, constitue le niveau **B**, qui offre aussi des silex à l'O. de la gare de Publy et près de Châtillon ; enfin la c. 5 comprend les premiers bancs du niveau **C**.— On voit que, pour le niveau **A**, le facies diffère un peu de l'affleurement précédent, surtout par la présence de Térébratules, par la nature moins marneuse de la roche et peut-être aussi par la rareté des Myacides. Toutefois il est probable que les couches marneuses, plus délitées que lors de ma visite, paraissent à présent plus fossilifères, et il serait intéressant d'explorer avec soin ce petit affleurement.

Dans la tranchée de Châtillon, sur le chemin de Vevy, à 4 kilomètres et demi au N.-E. de ce dernier affleurement, le facies diffère de même quelque peu de celui de la tranchée occidentale de la gare de Publy, surtout par la présence de Térébratules et peut-être l'absence d'*Homomya gibbosa*, tout en présentant la même épaisseur de 2^{m}70 et des bancs correspondants. Sur le calcaire oolithique, à surface taraudée, qui termine l'assise précédente, le niveau **A** comprend 1^{m}20 de calcaire grisâtre, finement grenu, en bancs minces, contenant des bivalves (*Mytilus gibbosus*, etc.) et de grands Nautiles ; puis 0^{m}50 de bancs marneux fossilifères, avec un mince banc calcaire intercalé, et 1 m. de calcaire à grain fin, un peu marneux, le tout offrant une faunule de bivalves et de Brachiopodes, analogue à celle de Syam. L'examen rapide de ce point m'a permis seulement d'y recueillir *Pholadomya Murchisoni*, Sow., *Pleuromya* sp., *Ceromya plicata*, Ag., *Terebratula globata*, Sow.

A 4 kilomètres au N. de Châtillon, entre le village de Mirebel et la halte de la voie ferrée qui dessert cette localité, le versant oriental de l'Eute offre la base du Bathonien moyen, plus marneuse encore que dans les autres affleurements étudiés. Un premier gisement se voit, un peu au

N.-O. de la halte, sur l'ancien chemin abandonné qui descend directement vers l'E., à partir de la grande route, à travers les pâturages boisés. Je n'ai pas observé ici la surface taraudée du Bathonien inférieur ; on voit seulement à peine, au bord oriental de ce gisement, un calcaire dur, grenu, qui pourrait être la partie supérieure de cette assise. Quoi qu'il en soit, les couches suivantes appartiennent évidemment, d'après leur faunule, au niveau **A** du Bathonien II. Elles comprennent, au-dessus du calcaire précédent, un banc de calcaire légèrement grenu, un peu marneux, gris-blanchâtre, visible sur quelques décimètres, qui passe, d'une manière peu distincte, à une marne très dure, grenue, blanchâtre, épaisse de 2 ^{m} 50 à 3 m. ; cette marne paraît se terminer par un banc mince, un peu plus plus résistant, et un autre petit banc analogue s'intercale à 0 ^{m} 50 du sommet. Les couches supérieures manquent sur ce point. L'affleurement est interrompu à son bord O. par une faille dirigée N. 13° O., dont la lèvre occidentale présente des calcaires durs, redressés et fortement disloqués.

Ce gisement est fort peu fossilifère. Malgré plusieurs visites à de longs intervalles, il m'a fourni seulement :

Pholadomya Murchisoni, Sow. 2.   *Terebratula* sp., 1.
Ceromya plicata, Ag., 1.   *Pygaster* sp. ind., 1.
Lima sp. (très grand), 1.

Le chemin qui va de la halte de la voie à Mirebel, coupe sur 1 m., un peu au sud du premier gisement, une marne analogue, très dure, blanchâtre, peu fossilifère, inclinée de 8° E., qui appartient évidemment à la même couche. J'y ai recueilli quelques fossiles en mauvais état :

Pholadomya Murchisoni, Sow. 2.   *Cardium* sp. ind., 2.
Homomya gibbosa, Ag., 1.   *Isocardia* sp. ind., 1.
Pleuromya sp. ind., 1.   *Pinna ampla*, Sow., 2.
Gresslya lunulata, Ag., 1.   *Terebratula* sp. ind., 1.

La présence de *Pinna ampla* pourrait faire penser que la couche appartient au niveau **B**. Mais cette espèce paraît bien réellement se trouver déjà dans le haut du niveau **A** près de Nogna et de Publy ; on peut donc rapporter à ce dernier niveau le gisement de Mirebel.

Les marnes bathoniennes de Mirebel ont été longtemps utilisées dans les localités environnantes pour la construction et la réparation des fours à pain, et elles étaient fort appréciées pour cet usage, dans un rayon assez étendu. La construction de fours en briques fait abandonner de plus en plus leur emploi depuis quelques années.

Entre Crançot et Mirebel, à 5 kilomètres au N.-O. de la tranchée de Châtillon à Vevy, on voit seulement, sur le banc taraudé qui termine le Bathonien inférieur, 2 mètres de calcaire dur à grain fin, qui paraît sans fossiles. Les couches suivantes sont cachées par la végétation sur une épaisseur de 4 m., de sorte qu'il pourrait s'y trouver des bancs marneux fossilifères. Quoi qu'il en soit, la partie visible accuse une modification notable du faciès vaseux et le passage latéral au faciès calcaire oolithique occidental. Voici la coupe que j'ai relevée sur ce point :

COUPE DE CRANÇOT.

Au bas de la descente que présente, au sortir de Crançot, la route de Mirebel, se trouve une petite mare. A partir de ce point, on observe des calcaires oolithiques du Bathonien inférieur, dont l'épaisseur est difficilement appréciable, à raison des petites cassures, des variations d'inclinaison et des interruptions qui se présentent. On y remarque, à quelques mètres au-dessus de la couche qui forme la mare, un petit banc grisâtre, peu dur, intercalé, dont la surface, visible au N. de la route, est irrégulière et porte de nombreuses petites Huîtres, avec des Rhynchonelles. Plus loin, on relève la petite série ci-après, dont les premières couches terminent le niveau supérieur du Bathonien inférieur.

1. — Calcaire oolithique blanc, qui se désagrège lentement à l'air. Visible sur . . . . 2^m50.

2. — Calcaire analogue, plus ou moins résistant à l'air. Banc supérieur désagrégé. Petits nids cristallins de Polypiers dans le milieu . . . . 4ᵐ75.

3. — Banc de calcaire oolithique très dur, criblé en tous sens de petites perforations tortueuses. Surface irrégulière, fortement taraudée, et portant des Huîtres plates soudées . . . 0ᵐ25.

Bathonien moyen.

Niveaux A et B.

4. — Calcaire grisâtre, finement grenu-cristallin, d'aspect dolomitoïde. Paraît sans fossiles. Visible sur . . . . . 2ᵐ.

5. — Interruption : végétation. La partie inférieure appartient encore au niveau A . . . . 4ᵐ.

6. — Calcaire finement grenu-cristallin, d'aspect un peu dolomitoïde. Visible sur . . . . 2ᵐ50.

7. — Calcaire analogue, mais se brisant lentement à l'air en plaquettes irrégulières, dans le bas et surtout dans le haut, sur quelques décimètres. Fossiles assez nombreux, particulièrement dans le haut . . . . 1ᵐ30.

Ammonites sp. ind.	*Pinna ampla*, Sow.
Pholadomya Murchisoni, Sow.	*Isocardia* sp.
Pleuromya sp. nov.? A.	*Arca* sp. ind.
Goniomya proboscidea, Ag.?	*Terebratula globata*, Sow.
Ceromya sp.	

C. — Niveau des calcaires compacts de la gare de Syam (base).

8. — Calcaire finement grenu-cristallin, légèrement divisé en plaquettes dans la moitié inférieure. Visible sur . . . . 5ᵐ.

Les couches supérieures manquent.

Dans les affleurements à l'O. de Lons-le-Saunier, le niveau A présente dès la base un calcaire dur, à petites oolithes fortement soudées d'ordinaire, et il ne paraît pas se distinguer du suivant.

Fossiles — Des recherches suivies dans les gisements à

facies vaseux du niveau **A** fourniront une riche faunule. Les espèces que j'y ai recueillies jusqu'à présent, dans des observations assez rapides, sont au nombre de 36, dont 24 ont pu être déterminées. Je les répète ici, afin de donner l'indication des localités.

Faune du niveau A.

ABRÉVIATIONS : S., Syam (gisement proche du village), Sg., Syam (gisements voisins de la gare et du viaduc) ; Cd., Chaux-du-Dombief ; Mb., Mirebel ; Ch., Châtillon ; N., Doye de Nogna ; P., Publy.

Belemnites sp. ind., 1					N.	
Nautilus sp. 2	S.			Ch.		
Ammonites neuffensis, Opp., 1.		Sg.				
— cfr. *aspidoides*, Opp., 1.	S.					
Natica sp. ind., 2					N.	
Patella sp., 1					N.	
Pholadomya Murchisoni, Sow, 4.	S.	Sg.	Mb.	Ch.	N.	P.
Homomya gibbosa, Ag			Mb.		N.	P.
Pleuromya elongata, Ag., 4 . . .	S.	Sg.			N.	
— *tenuistria*, Ag., 3 . .	S.	Sg.		Ch.	N.	
Panopæa sinistra, Ag., 2	S.	Sg.			N.	
Goniomya scalprum, Ag., 2		Sg.				
— *proboscidea*, Ag., 2 . . .		Sg.		Ch.		
— sp					N.	
Ceromya plicata, Ag., 3		Sg.	Mb.		N.	P.
Gresslya lunulata, Ag., 5	S.	Sg.	Mb.	Ch.		
Cardium concinnum, Buv., 2 . .	S.					
— *citrinoideum*, Phill., 2.	S.					
— sp. ind., 2			Mb.			
Isocardia sp. ind., 1			Mb.			
Trigonia sp., 3					N.	
Pinna ampla, Sow., 1			Mb.		N.	P.
Mytilus gibbosus, d'Orb., 3		Sg.				
— cfr. *imbricatus*, Sow, 2.					N.	
Pecten lens, Sow., 2		Sg.				
— cfr. *demissus*, d'Orb		Sg.				
Lima sp					N.	

Lima sp. (très grand), 1.......   Mb.

Ostrea sp.(diverses espèces)...   Sg.   N. P.

Terebratula globata, Sow.,4... S. Sg.   Ch.

—   *Ferryi*, Desl., 5....   Cd.

—   sp. (2 espèces), 1...   Mb.

*Rhynchonella quadriplicata,*Sow S.

—   *varians*, Schl.... S.   Cd.

Acanthothyris spinosa(Schl.)... S. Sg. Cd.

Pygaster cfr. *Trigeri*, Colt.....   Sg.

—   sp. ind., 1..........   Mb.

Clypeus sp. ind............   N.

Puissance. — Au voisinage de la gare de Syam, seul
point observé où la limite supérieure soit très nette, ce
niveau atteint 4 m. en moyenne, mais paraît un peu variable d'un gisement à l'autre : sous réserve de la vérification des mesures, il se réduirait à 3m70 au S. de la gare,
tandis qu'il aurait près de 4m50 à côté du viaduc. Il atteindrait encore 3 m. sur le plateau, entre les gares de Publy
et de Verges. Enfin, on doit lui attribuer au moins 3 m. à Mirebel 2m70 à Châtillon et à Publy, et 1m30 à 1m50 à Nogna,
localités où la limite supérieure est moins précise.

Variations de faciès. — Oolithique à l'O., le faciès passe
latéralement aux calcaires sablo-marneux et à faune vaseuse
de l'E., par l'intermédiaire de calcaires compacts, très peu
fossilifères ou même stériles, qui occupent au moins la base
du niveau à Crançot, où l'on en voit 2 m. Le faciès vaseux
offre lui-même des variations multiples, caractérisées surtout soit par la présence de Brachiopodes nombreux, soit
par celle d'*Homomya gibbosa*, et par l'apparition plus ou
moins tardive de *Pinna ampla*. Cette dernière espèce, qui
semble localisée dans le niveau suivant à Syam et Chaux-
du-Dombief, paraît bien se trouver déjà dans le niveau **A**,
tel qu'il a été limité plus haut, à la Doye de Nogna et Publy;
mais, dans ce cas même, elle ne se montre qu'à une certaine distance de la base, après la réapparition d'*Homo-*

mya gibbosa (1). Il est, par suite, assez difficile de préciser la limite entre ce niveau et le suivant sur le premier plateau. Aussi je n'aurais pas hésité à les réunir dans ce travail, s'il ne m'avait paru nécessaire, — au point de vue des discussions de parallélisme et des études subséquentes dans les régions orientales du Jura où existe le facies vaseux, — de séparer, aussi nettement qu'elles le comportent à Syam, les couches à Céphalopodes de cette localité et de Châtillon, des bancs supérieurs où je n'ai pas rencontré de fossiles de cette classe.

B. — Niveau des calcaires compacts à Pinna ampla de la gare de Syam.

Calcaires variables : au centre et à l'E. de la région, ce sont des calcaires compacts, un peu grisâtres, parfois grenus à la base, qui se délitent ordinairement, sur une épaisseur variable, dans le bas et quelquefois dans le haut, en menus grumeaux ou en morceaux cuboïdes, et contiennent des bivalves assez fréquents par places, dans les bancs délitables (*Pinna ampla*, *Pholadomya Murchisoni*), ainsi que des rognons de silex dans le milieu, sur certains points (Châtillon, gare de Publy) ; à l'O., le niveau comprend des calcaires blanchâtres, plus ou moins oolithiques, ordinairement peu fossilifères et surtout sans Myacides.

On a vu pour ce niveau les coupes de Publy, Crançot, la Doye de Nogna et Chaux-du-Dombief rapportées dans l'étude

(1) Dans sa *Description du groupe bathonien de la Côte-d'Or*, M. Jules Martin réunit, sous le nom de *Zone à Pinna ampla et à Pholadomya buccardium*, des couches marneuses et calcaires évidemment synchroniques des niveaux A et B du Jura lédonien, et il constate que *Pinna ampla* n'apparaît également dans sa région qu'à une certaine hauteur au-dessus de la base de cette zone, dans des calcaires fendillés comme à Syam, etc. (*Mém. Acad. des Sciences de Dijon*, 1878-1879, partie des Sciences, p. 28).

du niveau précédent, et celles de Messia et Montmorot à la suite de l'étude du Bajocien ; on trouvera plus loin celles de Syam, Châtillon et Courbouzon.

Dans le voisinage de la gare et du viaduc de Syam, où je prends le type de ce niveau, il comprend 6 m. de calcaire blanchâtre, à grain très fin, qui renferme des bivalves, tels que *Pinna ampla* et *Pholadomya Murchisoni*, principalement à la base sur 1 mètre environ, avec quelques Térébratules. Il se termine par une surface légèrement irrégulière, portant de petites Huîtres et quelques autres bivalves, et suivie d'un mince délit marneux, très net.

L'affleurement de Chaux-du-Dombief, sur la route d'Ilay, offre à ce niveau 8 à 9 m. environ de calcaires grisâtres, de même texture que ceux de Syam, et renfermant une faunule analogue, en particulier *Pinna ampla* et *Pholadomya Murchisoni*, avec *Acanthothyris spinosa*, *Rhynchonella varians*, *Clypeus altus*, etc.

Dans la tranchée de Châtillon, on peut attribuer au niveau **B** 3m60 de calcaire grisâtre, à grain fin, contenant des Myacides (*Pholadomya Murchisoni*, *Pleuromya* sp. nov. A., *Goniomya* sp.), et auxquels succèdent 5 m. de calcaires compacts, avec rognons de silex dans les deux tiers inférieurs, puis 1 m. de calcaire marneux, jaunâtre, à nombreux Myacides, soit en tout 9m60.

La tranchée occidentale de la gare de Publy présente à ce niveau d'abord 1m30 de calcaire grenu, à surface inégale, contenant *Pinna ampla* et divers Myacides, et suivi d'un mince banc à fossiles siliceux (*Ostrea costata*, Bryozoaires), puis 1m50 de calcaire finement grenu, avec *Pinna ampla* dès la base et quelques silex dans le haut ; on a ensuite 3 m. de calcaire à rognons de silex, surmonté de 1m50 de calcaire à grain fin, un peu marneux en dessus, ce qui donne une épaisseur totale de 7m50. Le facies pétrographique est ainsi fort analogue à celui de Châtillon ; mais on a ici *Pinna ampla* que je n'ai pas encore rencontré dans ce dernier gisement.

L'affleurement incomplet de Crançot n'offre à découvert que la partie supérieure du niveau, comprenant 3ᵐ80 de calcaire à grain assez fin, un peu cristallin, stérile dans le bas, mais délité en plaques irrégulières dans le haut, où se trouvent *Pinna ampla*, *Pholadomya Murchisoni* et d'autres bivalves, en particulier *Pleuromya* sp. nov.? A, espèce que j'ai aussi rencontrée à Châtillon et qui ne paraît pas décrite.

A la Doye de Nogna, le niveau débute par 1 m. de calcaire grenu, un peu marneux, qui se délite sur une épaisseur variable dans la partie inférieure et contient *Pholadomya Murchisoni* avec *Pinna ampla* ; puis on a un petit massif de 6 à 7 m. de calcaire à grain fin, plus résistant, où je n'ai remarqué ni fossiles, ni rognons siliceux.

Les affleurements situés à l'O. de Lons-le-Saunier offrent d'ordinaire à ce niveau un calcaire un peu grisâtre ou de couleur assez claire, dur et résistant bien à l'air, plus ou moins chargé de petites oolithes et parfois de nombreux débris fossiles (bivalves, etc.), qui ne m'a pas semblé se distinguer sensiblement des couches voisines (Courbouzon, Messia, Montmorot, Arlay). A Lavigny, les bancs inférieurs du niveau ne sont pas observables ; tout au plus se pourrait-il que quelques mètres des premiers calcaires oolithiques, actuellement visibles à la base des carrières, appartinssent à sa partie supérieure. Il est probable qu'ici le faciès est oolithique sur toute l'épaisseur.

FOSSILES. — La faunule du niveau **B** est évidemment bien moins riche et moins variée que la précédente ; mais on peut espérer que des recherches suffisantes dans les gisements du faciès vaseux permettront d'y recueillir un assez bon nombre d'espèces. Voici toutes celles que j'y ai rencontrées jusqu'à présent, avec l'indication des localités.

Faune du niveau B.

Abréviations : Sg., Syam (près de la gare et du viaduc); Cd., Chaux-du-Dombief; N., la Doye de Nogna; Ch., Châtillon; P., Publy; Cr., Crançot; Co., Courbouzon.

Ammonites sp. ind..............					Cr.
Pholadomya Murchisoni, Sow.....	Sg. Cd. N., Ch.? P.				Cr.
Pleuromya sp. nov.? A..........			Ch.		Cr.
Goniomya proboscidea, Ag.?....			Ch.		Cr.
Ceromya sp....					Cr.
Pinna ampla, Sow.,3..........	Sg. Cd. N.	Ch.	P.		Cr.
Isocardia sp					Cr.
Arca sp. ind					Cr.
Mytilus plicatus, Sow...........	Cd.				
Pecten sp	Cd.				
Lima gibbosa, Sow., 1.........				P.	
— sp				P.	
Ostrea costata, Sow............				P.	
Terebratula globata, Sow.......					Cr.
Rhynchonella varians, Schl......	Cd.				
Acanthothyris spinosa (Schl.).. ..	Cd.				
Clypeus altus, M'Coy..........	Cd.				
Bryozoaires..................	Cd.			P.	

Puissance. — On a vu que près de la gare de Syam, — le seul des affleurements étudiés où les limites soient très nettes, — l'épaisseur du niveau n'est que de 6 m. Sous réserve de l'exactitude complète du parallélisme des limites adoptées, à la base et au sommet, dans les autres localités du faciès vaseux, elle atteindrait 8 à 9 m. près de Chaux-du-Dombief, 9m50 à Châtillon, 7m50 à Publy, et 7 à 8 m. à la Doye de Nogna. La puissance ne peut être déterminée dans nos gisements oolithiques occidentaux.

Variations de faciès. — Entièrement oolithique à l'O., ce niveau présente, dans nos gisements du centre et de l'E. du Jura lédonien, le faciès vaseux, passant plus ou moins complètement aux calcaires compacts, bleuâtres et peu fossilifères qui servent ordinairement d'intermédiaire entre le facies oolithique et le premier facies. On y remarque la présence de rognons de silex et parfois de fossiles siliceux, dans les bancs moyens, à Châtillon et Publy, mais surtout la position variable des bancs fossilifères : à la base seulement à Syam et sans doute à la Doye de Nogna, dans la plus grande partie de l'épaisseur à Chaux-du-Dombief, ou bien à la base et au sommet à Châtillon et probablement aussi à Crançot.

C. — Niveau des calcaires compacts de la gare de Syam.

Massif de calcaires variables : compacts et gris-bleuâtre à l'E., où ils sont très peu fossilifères et passent dans le haut à une oolithe blanche ; entièrement oolithiques et de couleur plus ou moins claire à l'O., où ils présentent des bancs à faunule coralligène, parfois avec de petits Polypiers.

A l'emplacement de la gare de Syam, où je prends le type de ce niveau, il comprend 25 mètres de calcaires bleuâtres à l'intérieur, gris clair par altération, légèrement grenus, avec de très fines parcelles cristallines, et de texture fort analogue aux calcaires compacts du niveau précédent. Ils contiennent, dans le bas, quelques *Terebratula globata*, et passent assez brusquement, mais sans délit séparatif, à une couche de 4 à 5 m. de calcaire blanchâtre, à petites oolithes, suivi d'un délit assez net, pris pour limite supérieure ; puis vient un banc compact de 0m50, auquel succèdent les calcaires blancs oolithiques du niveau suivant.

Le facies est encore sensiblement le même entre Châtillon et Vevy. Le niveau comprend ici 25 à 28 m. de calcaire compact, bleuâtre à l'intérieur, dont les bancs inférieurs, jaunâtres par altération, se délitent légèrement, et qui se charge peu à peu d'oolithes dans le haut ; puis vient assez brusquement une fine oolithe blanche, visible sur quelques mètres, qui appartient au niveau supérieur.

Sur le bord occidental du premier plateau, à Lavigny, le faciès oolithique envahit déjà ce niveau en entier. On peut lui attribuer ici environ 25 m. de calcaires oolithiques, très variables, grossièrement grenus et avec débris spathiques mélangés de petites oolithes à la base, mais ordinairement à nombreuses oolithes, plus ou moins fines, sur la plus grande partie de la hauteur. Ils offrent quelques Térébratules vers le tiers inférieur, et, dans la moitié supérieure, de petits bivalves, puis quelques bancs à débris d'Échinodermes et à Gastéropodes de petite taille, ou bien des bivalves, le tout inclus dans la roche et indéterminable. Le niveau paraît se terminer à l'apparition de bancs d'oolithe blanche, légèrement délitables, qui appartiennent au suivant.

C'est encore le faciès oolithique, très variable, il est vrai, d'un point à l'autre, qui occupe le niveau **C** à l'O. de Lons-le-Saunier. On peut lui attribuer, à Messia, environ 25 mètres de calcaires oolithiques variés, dont la partie inférieure est riche en petits Gastéropodes (Nérinées, etc.), en bivalves (*Ostrea*, etc.), en débris d'Échinodermes (*Pentacrinus*, etc.), et qui offrent, dans le haut, des fossiles analogues, avec de petits Polypiers épars ; le niveau se termine par une surface peu distincte, qui paraît offrir quelques perforations de lithophages, et que surmontent des calcaires, oolithiques d'abord sur 1 m. d'épaisseur, puis compacts, par lesquels débute le niveau suivant. On observe à Montmorot une épaisseur correspondante de calcaires oolithiques variés, qui se terminent par 8 m. d'oolithe fine contenant des Mollusques coralligènes, ainsi que de petits Polypiers épars, et dont la surface, qui a été striée par le glissement du banc supérieur, porte encore quelques indices de taraudage. Les calcaires oolithiques qui occupent également le niveau à Courbouzon présentent, à 8 m. du sommet et dans la partie correspondante à la base, des froissements qui ne permettent pas d'en faire l'étude complète et réduisent sensiblement l'épaisseur.

FOSSILES. — On ne peut guère obtenir des fossiles déterminables dans les calcaires durs de ce niveau, bien que les échantillons abondent parfois, dans les gisements de l'O., surtout dans les bancs à faunule coralligène. Il serait intéressant de trouver des points où les calcaires bleuâtres compacts des gisements orientaux soient plus fossilifères, et se délitent suffisamment pour permettre d'en recueillir la faunule. Voici les seules indications que je puis donner à présent.

Faune du niveau C.

ABRÉVIATIONS : Sg., Syam (voisinage de la gare et du viaduc) ; L., Lavigny ; M., Montmorot ; Me., Messia ; C., Courbouzon.

Nerinea sp......................	M.	Me.	C.
Gastéropodes	L.		
Pecten cfr. *demissus*, Bean....... Sg.			
Ostrea sp.....................	L.	Me.	
Terebratula globata, Sow........ Sg.			
— sp................	L.		
Rhynchonella sp..............		Me.	
Débris d'Échinodermes..........	L.	M.	Me.
Pentacrinus sp................		Me.	
Polypiers astréens.............		M.	Me.

PUISSANCE. — Le niveau **C** atteint 25 m. à Syam, et au moins autant près de Châtillon. Il paraît convenable de lui attribuer à peu près la même épaisseur dans nos affleurements occidentaux, où la limite inférieure ne peut être précisée.

VARIATIONS DE FACIÈS. — Complètement oolithique à l'O., ce niveau peut être considéré comme appartenant pour la plus grande partie au faciès vaseux dans le centre et à l'E. de la contrée, par les calcaires compacts bleuâtres, qui deviennent parfois un peu marneux à la base (Châtillon);

mais ils cèdent la place au facies oolithique dans la partie
supérieure du niveau, et ce dernier s'étend alors de l'O. à
l'E. de la contrée.

D.— Niveau des calcaires oolithiques de la gare de Syam.

Calcaires durs et très résistants à l'O., fendillés sous
l'action de l'air à l'E., ordinairement de couleur claire et
parfois un peu grisâtre (vers la base à Lavigny, à la base
et au sommet près de Syam), la plupart à petites oolithes,
assez variables dans le haut, du côté oriental, mais offrant
à l'O., dans la partie supérieure, de grosses oolithes sableuses ou bien plus ou moins fondues dans la pâte ; des calcaires compacts, très réduits à Syam, se trouvent, à l'O. comme
à l'E., soit à la base, soit un peu au-dessus à Lavigny, où
ils contiennent quelques Lamellibranches du facies vaseux
et de petits débris de végétaux terrestres. Surface taraudée,
parfois bosselée et alors nivelée par une croûte dure, à
larges Huîtres plates soudées.

Entre Syam et Champagnole, ce niveau débute par un
banc compact, grisâtre, de 0^m 50, auquel succèdent 14 m.
de calcaires assez blancs, à très fines oolithes, fendillés en
tous sens par les actions atmosphériques et formant des
talus d'éboulis, mais dont les bancs supérieurs offrent de
très grosses oolithes irrégulières, éparses dans la même
oolithe fine ; au-dessus vient, sur 3^m 50, un calcaire
grisâtre, à parcelles spathiques dans le banc inférieur, puis
oolithique, à texture irrégulière et fragmenté, qui renferme
par places des Lamellibranches assez nombreux (*Trichites*
et *Ostrea* surtout, et peut-être quelques espèces du facies
vaseux à Myacides ?), mais aussi rappelle parfois l'aspect
des calcaires coralligènes. La surface, fortement taraudée,
porte de nombreuses Huîtres plates soudées.

Je n'ai pas étudié en entier le niveau **D** entre Châtillon et Vevy. La partie inférieure se voit, sur quelques mètres, à l'O. de la grande tranchée, où elle comprend des calcaires oolithiques blancs, qui se fragmentent sous les influences atmosphériques. Ces mêmes calcaires se retrouvent dans le voisinage, et il est probable qu'ils se continuent dans la partie supérieure du niveau.

C'est à ce même niveau qu'il semble convenable d'attribuer de petits affleurements de calcaires oolithiques ou grenus, alternant avec des bancs à Polypiers et fendillés à l'air, qui se trouvent sur la voie entre les stations de Publy et de Verges et qui appartiennent certainement au Bathonien ; mais à cause d'une légère incertitude sur le niveau précis auquel ils doivent être rattachés, je les décris ci-après, sous la désignation de calcaires à Polypiers de Vevy.

A Lavigny, on peut attribuer à ce niveau d'abord 2 m. d'une fine oolithe blanche, qui se désagrège un peu à l'air et passe assez brusquement, sans délit bien distinct, à un calcaire compact, plus résistant, quoique souvent fendillé en différents sens, un peu grisâtre, épais d'environ 3 m. A 0 m 80 au-dessus de l'oolithe, ce dernier offre un délit à peine plus marqué, avec des stylolithes, et, sur le banc inférieur, un placage de tigelles calcaires, courtes, tortueuses, irrégulières et paraissant anastomosées, enduites sur le pourtour d'une substance noirâtre qui pourrait indiquer une origine végétale (Fucoïdes ??), mais dont il ne m'a pas encore été possible de faire une étude suffisante. En cassant la roche au voisinage de ce délit, on y trouve quelques Lamellibranches du faciès vaseux (*Pholadomya Murchisoni, Anatina* sp., *Ceromya plicata*, etc.), avec de petits débris de végétaux terrestres absolument indéterminables. Au-dessus de ces calcaires compacts viennent une dizaine de mètres de calcaires, d'abord plus ou moins oolithiques, mais difficilement observables dans la partie moyenne, où se trouvent peut-être encore quelques traces de végétaux ; dans le haut ils redeviennent compacts, avec de rares bivalves (*Mytilus*), et semblent contenir par places des noyaux de grosses oolithes fondues. La surface présente quelque apparence de taraudage ou bien porte une croûte d'Huîtres soudées. Le tout, épais d'une quinzaine de mètres, forme, dans sa moitié supérieure, un gradin incliné, envahi par la végétation.

Les affleurements à l'O. de Lons-le-Saunier présentent à ce niveau trois séries assez analogues entre elles. A Courbouzon, il débute par 3 m. de calcaire compact, blanchâtre, qui offre, dans le haut, de nombreuses petites Nérinées, avec test de *Cidaris* sp. ; au-dessus, on a 14 m. de calcaires très durs, d'abord à petites oolithes, puis extrêmement compacts et à cassure très vive, mais se chargeant ensuite de très grosses oolithes, plus ou moins fondues dans la pâte très fine, et qui deviennent fort abondantes sur 5 à 6 m., dans les bancs supérieurs. La surface, bosselée par l'érosion et parfois taraudée, porte la croûte calcaire à Huîtres plates et Bryozoaires qui a été décrite ci-devant. A Messia, on a d'abord 1 m. de calcaire oolithique et contenant de rares Polypiers disséminés, suivi de 9 m. de calcaire compact, à parcelles spathiques vers le haut, puis grenu, avec de petits bivalves à test ferrugineux et quelques Bryozoaires au sommet ; le tout est surmonté de 9 m. d'une oolithe variable dans le bas, grossière dans le haut, dont la surface n'est pas observable. Enfin, dans la carrière de Montmorot, le niveau commence par 5 m 60 de calcaire compact, dont le banc inférieur offre encore de petites oolithes à la base, sur quelques décimètres, et contient de rares Polypiers roulés (*Isastrea limitata*) ; puis vient un petit massif de 4 m 30 de calcaire, d'abord à grain fin, mais qui se charge brusquement dans le haut, sans délit apparent, d'une multitude de grosses oolithes, sur 0 m 80. On voit ensuite, sur 6 à 7 m., dans l'état actuel de la carrière, un calcaire dur, d'abord à petites oolithes, puis criblé de grains grossiers, peu réguliers, à texture très fine, soudés entre eux par une pâte cristalline, de façon à constituer une sorte de calcaire sableux, où l'on trouve même de véritables petits galets de calcaire blanc, compact, et de rares débris roulés de bivalves. Ce calcaire est disloqué et froissé dans le haut, et la surface n'est pas observable.

Fossiles. — Bien que souvent à peu près stériles, les calcaires de ce niveau renferment par places, principalement du côté oriental, un assez grand nombre de fossiles, qui sont d'ordinaire en mauvais état et d'une extraction difficile. Je ne puis en citer que bien peu d'espèces. Toutefois, des recherches plus suivies dans les gisements à Polypiers et sur les points où la roche se délite lentement, comme entre Syam et Champagnole et à Lavigny, permettront sans doute de recueillir un certain nombre d'espèces déterminables. Je comprends dans la liste suivante, en les faisant précéder d'un astérisque, les espèces des affleurements décrits ci-après sous le nom de Calcaires à Polypiers de Vevy, et dont l'attribution à ce niveau n'est pas absolument certaine.

Faune du niveau D.

Abréviations : Sg., Syam à Champagnole (tranchées du chemin de fer); V., Vevy ; L., Lavigny ; M., Montmorot ; Me., Messia ; C., Courbouzon.

Pycnodus sp. ind...............		M.		
Nerinea sp.		M.		C.
Petit Gastéropode indét..........				C.
Anatina sp...................	L.			
Pholadomya Murchisoni, Sow....	L.			
Pleuromya sp..................	L.			
Ceromya plicata, Sow..........	L.			
Isocardia sp..................	L.			
Cardium sp...................	L.			
Trichites sp.......... Sg. V.				
Lithodomus sp.......... Sg. V.	L.			C.
Avicula cfr. *echinata*, Sow.......	L.			
Pecten cfr. *demissus*, d'Orb.......	L.		Me.	
— sp.....................	L.			
Lima sp.............. V.				

Hinnites sp.....................   L.

Ostrea cfr. *costata*, Sow .... Sg.

— sp ....· .... Sg.

Terebratula cfr. *globata*, Sow.... Sg.

Rhynchonella sp. indét .... Sg.

Bryozoaires ....   Me. C.

Cidaris sp....................   M.   C.

Apiocrinus sp ....   M.

* *Stylina conifera*, E. et H....... V.

Isastrea limitata (Lam.)........   M.

Cryptocœnia sp. nov........... V.

Convexastrea cfr.*luciensis*, d'Orb. V.

Thecosmilia sp.ind............ V.

Montlivaultia sp.ind........... V.

Thamnastrea cadomensis (Mich.). V.

Puissance. — Le niveau **D** a 18 m. entre Syam et Champagnole. Selon le parallélisme admis ci-dessus, il aurait à peu près 15 m. à Lavigny, 17ᵐ30 à Courbouzon, 19 m. à Messia, et il se voit sur près de 16 m. à Montmorot, sans atteindre la surface supérieure.

Variations de facies. — Ce niveau appartient principalement au facies oolithique, qui s'étend à cette époque de l'O. à l'E. du Jura lédonien. C'est à ce facies qu'il faut attribuer la série entière de nos affleurements les plus occidentaux ; car les calcaires compacts, blanchâtres, de la partie inférieure, qui offrent des Polypiers à la base à Montmorot et renferment à Courbouzon de nombreuses Nérinées et des Cidaris, indiquant le voisinage de stations coralligènes, sont à rattacher à ce facies. Il forme encore la plus grande partie du niveau à l'E. Mais dans la région intermédiaire, la présence à Lavigny de Myacides et autres Lamellibranches du facies vaseux, dans les calcaires compacts situés un peu au-dessus de la base, doit les faire attribuer au facies vaseux des régions orientales du Jura, et le banc compact de la base près de Syam a dû se former sous l'influence des mêmes causes. Il semblerait que, dans les premiers temps du niveau **D**, une dérivation de courants à sédiments vaseux a traversé notre contrée, d'une façon plus ou moins parallèle à la chaîne, apportant les débris de végétaux terrestres et permettant l'établissement à Lavigny des Lamellibranches vaseux.

CALCAIRES A POLYPIERS DE VEVY.

Sur le plateau de Publy et Vevy, dans les tranchées du chemin de fer entre les gares de Publy et de Verges, se montrent successivement de petits affleurements partiels du Bathonien moyen, dont je ne puis encore fixer avec certitude la position stratigraphique exacte vers le milieu de ce groupe. Ils méritent pourtant d'être signalés dès à présent, à cause de l'existence de nombreux Polypiers dans des bancs oolithiques qui alternent avec des calcaires blancs, grenus ou passant eux-mêmes à une fine oolithe ; ces derniers se délitent légèrement dans les points les plus exposés à l'air, de façon à rappeler les calcaires blancs à petites oolithes du niveau **D**, entre Vevy et Châtillon et près de Syam, et il est fort probable qu'ils appartiennent à ce niveau.

TRANCHÉE I. — A l'entrée occidentale de la première tranchée à l'E. de la gare de Publy, et tout près du passage à niveau du chemin de Vevy, on observe d'abord les quelques bancs ci-après :

1. — Calcaire à petites oolithes ; surface criblée de perforations de lithophages et portant des Huîtres plates soudées. Visible dans le fossé de la voie, sur.................... 1ᵐ

2. — Banc calcaire très résistant, oolithique, contenant de nombreux Mollusques coralligènes et des Polypiers qui apparaissent sur la tranche des bancs. Environ.......... . 0ᵐ75

Stylina conifera, E. et H.	*Thecosmilia*, sp. ind.
Cryptocœnia, sp. nov.	*Montlivaultia* sp. ind.
Convexastrea cfr. *luciensis*, d'Orb.	*Thamnastrea cadomensis* (Mich.)

3. — Calcaire oolithique, sans Polypiers, visible sur quelques décimètres.

Les calcaires sont ensuite fortement froissés, sur une ligne transversale à la voie, ce qui ne permet pas de juger de la position, par rapport aux couches 1 et 2, des bancs ci-après qui se voient à la suite dans la même tranchée. Il est fort probable, toutefois, qu'ils sont un peu plus élevés que ces couches, mais encore dans la partie inférieure du niveau **D**.

r. — Calcaire grenu, bancs épais, visible sur . . . 2m50

s. — Calcaire finement grenu ; petites oolithes dans le haut. Se délite un peu, en simulant une division en bancs minces. Épaisseur difficilement appréciable, soit 3m

Plus loin, la même tranchée présente cette petite succession :

x. — Calcaire bleu intérieurement, grenu, oolithique par places, visible sur 2m

y. — Calcaire oolithique, avec quelques Polypiers . 1m50

z. — Calcaire à Polypiers très fréquents 0m75

Il semblerait volontiers que ce dernier banc n'est autre que le banc 2, à Polypiers, du commencement de la tranchée ; mais il est plus probable que les c. x, y, z sont un peu plus élevées dans le niveau D.

TRANCHÉE II. — La deuxième tranchée offre la succession suivante, qui paraît appartenir encore au même niveau :

1. — Calcaire grenu, oolithique par places ; soit . . . 4m

2. — Calcaire à Polypiers . . . . , . . 1m50

3. — Calcaire oolithique, à petites parcelles cristallines ; se délite en minces bancs, peu réguliers, ou plutôt en grossières plaquettes, qui suivent à peu près la direction de la voie. Visible sur une certaine longueur et sur une épaisseur d'environ 3m

TRANCHÉE III. — A l'approche du premier passage à niveau (avec barrières à bascule, mues à distance), on observe environ 4m. de calcaire oolithique, en gros bancs, légèrement relevés vers l'E., et fragmentés à l'air en grossières plaquettes. Ce pourrait être la c. 3 de la seconde tranchée, mais un plus complète dans le haut.

TRANCHÉE IV. — Entre le premier passage à niveau et le second (avec maison de garde-barrière), dans la grande courbe de la voie, la quatrième tranchée montre une série de couches plus ou moins froissées et plongeant assez fortement vers l'O., qui m'a paru appartenir au niveau supérieur du Bathonien inférieur, ainsi qu'à la base du Bathonien II (3 m. d'alternance calcaire et marneuse à Térébratules, suivie de calcaires à rognons de silex, comme dans la tranchée à l'O. de la gare de Publy). La coupe de cet affleurement a été donnée dans l'étude du niveau **A** de cette dernière assise.

Tranchée V. — Un peu à l'E. du passage à niveau avec maison de garde-barrière, dans le bois de Rette, on retrouve une petite série qui paraît appartenir, comme les premières tranchées, à la partie supérieure du Bathonien II ; mais ici on a deux intercalations bien distinctes de bancs à Polypiers.

1. — Calcaire à Polypiers, très fréquents par places dans le haut. Plonge un peu vers l'E. Visible sur . . . . . . 2^{m}50

2. — Calcaire grenu, parfois oolithique. . . . . . . 2^m

3. — Calcaire à Polypiers . . . . 1^{m}20

4. — Calcaire finement grenu, visible à l'E. de la tranchée, où il est à peu près horizontal. Environ . . . . 1^m

Tranchée VI. — Après l'interruption assez courte, causée par une légère dépression du terrain, qui la sépare de la précédente, cette tranchée permet d'observer :

1. — Calcaire oolithique, un peu incliné vers l'E. . 4 à 5^m

2. — Mince délit marneux, blanchâtre.

3. — Calcaire très finement grenu-cristallin, blanchâtre, en gros bancs, visible sur environ . . . . 2^m

Il reste à vérifier sur ce point si la surface de la c. 1 n'est point taraudée. Dans ce cas, il serait probable que cette couche forme le sommet du Bathonien II, et que la c. 2 est la base du Bathonien III.

En considérant, à partir de la tranchée à l'O. de la gare de Publy jusqu'à la tranchée IV inclusivement, les lambeaux bathoniens, à peu près parallèles à la direction de la côte de l'Eute, qui sont coupés par la voie, on peut les considérer comme représentant dans leur ensemble un léger synclinal, à fond large et presque plat, parcouru par des cassures parallèles à sa propre direction : à chacune de ses extrémités sont les calcaires oolithiques supérieurs du Bathonien I, plongeant l'un contre l'autre et suivis des premières couches du Bathonien II, tandis que l'intervalle est occupé par des couches plus élevées dans la série.

Les Polypiers observés dans ces couches sont bien des espèces bathoniennes, mais ils ne donnent aucune indication de niveau particulier dans l'étage. A raison de la nature du banc qui la surmonte, la surface taraudée de la tranchée I ne peut être parallélisée avec celle de la base ou celle du sommet du Bathonien moyen. Il semblerait tout d'abord qu'elle peut être rapportée à la surface à perforations de lithophages qui termine le Bathonien II, d'autant plus que l'inclinaison E. de 7 à 8°, que possède la base de cette assise dans la tranchée occidentale de la gare de Publy, serait à elle seule plus que suffisante pour amener l'apparition du Bathonien III à l'entrée de la tranchée I, à près de 900 m. plus à l'E. C'est même ce parallélisme que j'ai indiqué ci-devant, du moins comme très probable, en établissant la subdivision générale de l'étage; mais un nouvel examen modifie cette appréciation. En effet, l'existence de lignes de fracture transversales à la voie, qui sont indiquées par des *entonnoirs* situés de part et d'autre de celle-ci, entre la gare et cet affleurement, ne permet pas de s'appuyer sur la considération de l'inclinaison des strates dans la tranchée occidentale de la gare. De plus, les couches à Polypiers avec les calcaires oolithiques ou grenus, légèrement délitables, de nos tranchées I, II, III et V, se rapporteraient mieux à la partie supérieure du Bathonien II, d'après ce que nous connaissons du Bathonien moyen de notre contrée lédonienne, particulièrement au voisinage de la tranchée de Vevy à Châtillon, sous cette réserve, toutefois, que nous n'avons pas encore une série détaillée du Bathonien III sur le plateau, ni dans la chaîne de l'Eute. Les conditions de l'établissement des lithophages paraissent d'ailleurs s'être réalisées déjà à une époque un peu antérieure, au moins du côté occidental; car la coupe de

Montmorot présente, par dessus des calcaires oolithiques à Polypiers, une surface de glissement qui porte encore quelques traces de taraudage, et que surmonte un banc oolithique à rares Polypiers, suivi de calcaires compacts ou grenus. C'est donc avec cette surface, prise pour limite entre les niveaux **C** et **D** à Montmorot, qu'il me semble à présent le plus convenable de paralléliser la surface taraudée de la tranchée I : les bancs à Polypiers qui surmontent celle-ci formeraient, par suite, la base du niveau **D**, et les calcaires, souvent un peu délitables et parfois intercalés de bancs à Polypiers, qui se voient à l'E., dans cet affleurement ainsi que dans les tranchées II, III et V, occuperaient certaines positions dans l'intérieur de ce niveau.

La longue tranchée I est située à la limite même des communes de Publy et de Vevy ; les suivantes sont du territoire de la première localité, mais fort proche de celui de Vevy. Afin d'éviter toute méprise au sujet des divers affleurements coralligènes de cette région, je désigne les gisements à Polypiers de ces tranchées sous le nom de Vevy.

BATHONIEN III. — CALCAIRES DE CHAMPAGNOLE.

SYNONYMIE PROBABLE.

*Forest-Marble.*Marcou, 1846.
Calcaire de la citadelle. Marcou, 1856.

CARACTÈRES GÉNÉRAUX. — Cette assise débute par un massif de calcaires compacts ou du moins à grain assez fin, qui offrent, par places, de petites oolithes disséminées ; puis viennent des calcaires oolithiques variables, qui renferment des Polypiers à l'O. et à l'E. (Messia, Champagnole) et présentent parfois des bancs à débris spathiques intercalés ; ils passent dans le haut, près de Lons-le-Saunier, à un calcaire blanchâtre, à texture très fine, englobant par places de grosses oolithes fondues dans la pâte. Sur tous les points étudiés, la surface est fortement taraudée, et elle porte d'ordinaire de nombreuses Huîtres plates, de grande taille, qui y sont soudées.

Entre Syam et Champagnole, où je prends le type de cette division de l'étage, elle commence par un massif, sans délits bien distincts, de calcaire gris-bleuâtre, finement grenu, avec de petites oolithes peu distinctes et de fines parcelles spathiques ; ce massif résiste bien à l'air pour la plus grande partie et constitue des abrupts très marqués, mais se brise légèrement dans le bas, sous les actions atmosphériques, surtout par places, de façon à former des enfoncements latéraux arrondis, assez caractéristiques. Vers 10 m. au-dessus de la base, il passe à une oolithe fine, blanchâtre, qui se charge bientôt de parcelles spathiques et prend même, à 6 m. plus haut, une texture grossièrement spathique, analogue à celle des calcaires à Crinoïdes du Bajocien ; puis reparaissent des calcaires à petites oolithes, un peu variables, dans lesquels se trouvent de rares Polypiers du type astréen, vers 9 m. du sommet, et ils se terminent par une belle surface taraudée, chargée de grandes Huîtres plates soudées, en compagnie de quelques *Pecten*, Térébratules et Rhynchonelles indéterminables.

Ce sont très probablement les calcaires de cette assise qui se montrent dans la tranchée de la voie au N.-E. du tunnel de Verges ; mais je n'ai pas encore pu en étudier le détail dans cette localité.

Sur le bord occidental du plateau, à Lavigny, on a, comme à Syam, un massif de calcaires à grain assez fin, légèrement creusés par l'érosion dans le bas, qui se chargent bientôt de petites oolithes disséminées, et n'offrent, sur une quinzaine de mètres d'épaisseur, que de rares délits, souvent peu distincts ; puis viennent environ 25 mètres de calcaires difficilement observables, dont je n'ai pu étudier que quelques bancs de distance en distance dans l'abrupt, mais qui se voient un peu mieux sur le chemin de Ronnay : c'est d'abord une oolithe fine, blanche, qui s'intercale, dans le milieu, de calcaires grenus ; puis, dans le haut, un calcaire à grosses oolithes, plus ou moins fondues dans une pâte à texture très fine, et qui, par places, est simplement pointillée par les noyaux des oolithes. Le massif compact inférieur est remarquable, dans cette localité, par la disposition en grandes aiguilles qu'il prend sous l'action de l'érosion ; celle-ci agit en élargissant des fissures verticales préexistantes, assez rapprochées, et qui suivent diverses directions ; les colonnettes pyramidales irrégulières ainsi isolées demeurent en place, grâce à la rareté des joints de stratification et à la direction à peu près horizontale du massif.

L'état des affleurements à l'O. de Lons-le-Saunier ne permet pas actuellement d'étudier en entier cette assise, ni d'en mesurer exactement la puissance. A Courbouzon, elle .débute par 9 m. de calcaire à grain assez fin, à cassure esquilleuse, visible dans la carrière, et qui passe, dans le haut, sur 2 m., à une oolithe grossière ; à la suite on observe, au bord E.de la carrière, environ 6 m. de calcaire plus ou moins oolithique, et les couches suivantes sont cachées sur ce point par les cultures ou peut-être interrompues par une faille. Il est difficile de reprendre exactement la continuation de cette série dans la Grande-Côte, en face même de Courbouzon, car le Bathonien moyen paraît y être aussi coupé par des dislocations ; mais on peut dire que la partie supérieure de l'assise offre, au-dessus d'une oolithe assez fine, des calcaires compacts, à pâte très fine englobant de grosses oolithes fondues, d'abord abondantes, puis de plus en plus rares et souvent peu distinctes au sommet, qui présente une surface fortement taraudée.

L'assise n'est pas encore atteinte par l'exploitation au bord O. des grandes carrières de Montmorot, où elle paraît d'ailleurs notablement réduite en épaisseur, par des froissements et des dislocations. Mais la partie moyenne et supérieure se montre dans des carrières voisines, situées un peu plus au S., sur le territoire de Messia. A la suite de calcaires extrêmement froissés, on y observe, dans l'état actuel de l'exploitation, d'abord 5 mètres environ de calcaires à petites oolithes fortement soudées et peu distinctes, puis une quinzaine de mètres de calcaires analogues, très durs, qui offrent, de la base au sommet, un bon nombre de bancs intercalés contenant une faunule coralligène, à nombreuses Nérinées et petits Polypiers disséminés (Polypiers de Messia) ; au-dessus, une interruption de 10 à 12 m. au moins laisse voir, par places, dans le haut, un calcaire compact blanchâtre, à texture très fine, qui termine l'assise, mais dont la surface n'est pas visible à présent sur ce point.

FOSSILES. — Ordinairement très rares dans la plupart de ces calcaires, les fossiles sont parfois réunis en grand nombre, par places, dans l'oolithe de la partie moyenne et supérieure, à l'O. comme à l'E. de la contrée, mais toujours inclus dans la roche dure et visibles seulement sur la tranche des bancs, quand elle est légèrement érodée. Ce sont des Gastéropodes, la plupart de petite taille, des Lamellibranches coralligènes, quelques Brachiopodes et des débris d'Échinodermes, le tout indéterminable d'ordinaire ; mais en outre il s'y trouve des Polypiers astréens, de petite dimension, épars dans la partie moyenne (Messia, Champagnole), et dont les calices sont parfois assez bien conservés pour être déterminés. C'est probablement à ce niveau que Frédéric Thevenin avait recueilli, dans la forêt de Vaudioux, les Polypiers siliceux dont il fit don au Musée de Lons-le-Saunier en 1853 ; mais je ne les ai retrouvés ni dans les vitrines de cet établissement, ni parmi les échantillons non exposés, et l'on ne peut savoir ce que sont devenus ces intéressants fossiles. Des recherches suivies, sur les points où ce géologue les avait rencontrés, permettront peut-être d'en retrouver le gisement et de récolter de nouveaux échantillons. Les Polypiers que j'ai observés moi-même dans ce terrain sont tous calcaires.

Faune du Bathonien III.

Abréviations : Sg., Syam à Champagnole (tranchées du chemin de fer) ; Me., Messia. — L'astérisque avant le nom indique un léger doute sur la présence des espèces dans cette assise.

Passages inférieurs	ESPÈCES	NIVEAUX A	NIVEAUX B	Passages supérieurs	LOCALITÉS
	Nerinea sp. (plus. espèces)		4		Me.
	* Pleuromya ? sp. ind	*			Sg
	*Ceromya concentrica, Sow ? ?	*		*	Sg.
	*Gervilia sp. ind	*			Sg.
	*Isocardia sp	*			Sg.
	*Trigonia sp. (2 espèces)	*			Sg.
	Trichites sp. ind	*			Sg.
*	Pecten cfr. demissus; d'Orb	*		*	Sg.
	Ostrea sp. (2 espèces)	*			Sg.
	Terebratula sp. ind		*		Sg.
	Rhynchonella sp. ind		*		Me.
	Bryozoaires		*		Me.
	Débris d'Échinodermes		*		Me.
	Apiocrinus sp. ind		*		Me.
	Astrocœnia digitata (Defr.)		*		Me.
	Cryptocœnia sertifera (Mich.)		*		Me.
	Isastrea ? sp		*		Sg.

Puissance. — Cette assise atteint 33 à 35 m. entre Champagnole et Syam. Elle ne paraît pas avoir moins de 40 m. à Lavigny. Dans nos gisements les plus occidentaux, où la puissance n'a pu être convenablement déterminée et où les froissements et dislocations la font paraître parfois sensiblement réduite, elle est probablement fort voisine de ce dernier nombre, d'après la série incomplète observable au N. de Messia.

Limites. — On a vu déjà précédemment que l'assise des Calcaires de Champagnole est nettement bornée à la base et au sommet par des surfaces taraudées, ou du moins à la base, du côté O., par une croûte d'Huîtres plates. La limite inférieure est indiquée d'ordinaire par les calcaires compacts de la partie inférieure, surtout à l'E., où ils ont une teinte bleuâtre, grise par altération, qui tranche assez bien sur les calcaires blanchâtres du niveau supérieur du Bathonien II. La disposition de ces calcaires de la base en massifs qui forment abrupt (Syam, Lavigny) aide aussi à reconnaître cette limite, et, d'autre part, un changement de texture plus ou moins notable permet d'apprécier plus facilement la position de la limite supérieure, surtout dans les gisements de l'O.

Subdivisions. — Je n'ai reconnu jusqu'ici dans l'intérieur de cette assise, dont l'étude est d'ailleurs trop incomplète, aucune ligne de démarcation assez tranchée pour en permettre une subdivision précise. Toutefois, une modification du régime de la mer est indiquée, à peu près vers le tiers inférieur de l'assise, par l'existence, près de Syam et Champagnole, du massif de calcaires bleuâtres et plus ou moins compacts de la base, où se trouvent peut être des Lamellibranches vaseux : ce massif paraît bien répondre plus ou moins, à l'E. et au S.-E., à des couches marneuses (1), et il est à rattacher au facies vaseux, tandis que les couches supérieures appartiennent très nettement au facies oolithique. Par suite, il semble convenable d'indiquer une division de l'assise en deux parties, que l'on peut considérer, du moins provisoirement, comme deux niveaux. Cette division a pour effet de faire mieux ressortir la position des Polypiers de Messia et de Champagnole dans la partie supérieure de l'assise, et de fournir aux observateurs locaux, qui étudieront nos gisements ou d'autres points dans lesquels cette distinction serait possible, une occasion d'indiquer plus exactement la position stratigraphique des fossiles. Ces

(1) C'est ce qui paraît résulter de la comparaison avec les coupes de Prénovel et surtout des Prés de Valfin, publiées par M. l'abbé Bourgeat, ainsi qu'avec la série bathonienne observée dans le Jura bernois et déjà citée précédemment.

deux niveaux peuvent être désignés et caractérisés sommairement comme on le verra ci-après.

VARIATIONS DE FACIES. — A l'O. du Jura lédonien, l'assise entière peut être considérée comme appartenant au facies bisontin ou facies oolithique, qui varie d'ailleurs, aussi bien dans le sens horizontal que dans le sens vertical : des calcaires oolithiques très divers et souvent à Polypiers qui en constituent la plus grande part, ce facies passe à des calcaires compacts, de couleur claire, formés aussi sous l'influence des actions coralligènes. Mais du côté oriental, l'influence du facies vaseux, qui se développe plus loin dans cette direction, est légèrement accusée, au voisinage de Champagnole et Syam, par la formation des calcaires inférieurs, bleuâtres et plus ou moins compacts, par dessus lesquels se développe le facies oolithique coralligène, qui règne désormais de l'O. à l'E. de la contrée, sur plus des deux tiers de l'épaisseur de l'assise.

A. — Niveau des calcaires compacts de l'ancien viaduc de Champagnole.

Massif de calcaires compacts ou grenus, généralement peu fossilifères, de couleur claire à l'O., bleuâtre ou grisâtre à l'E., qui prennent, à une distance variable de la base, de petites oolithes, d'abord disséminées et peu distinctes, mais qui deviennent assez brusquement très abondantes dans le haut, de façon à passer au niveau suivant sans délimitation nette, à ce qu'il paraît. Ce massif, où les joints de stratification sont rares du côté occidental, forme souvent un abrupt résistant, parfois ruiniforme et déchiqueté en aiguilles (Lavigny).

PUISSANCE. — En attendant que l'étude de nouveaux affleurements fournisse des données plus complètes sur ce niveau, on peut lui attribuer approximativement une dizaine de mètres d'épaisseur.

Fossiles. — Je n'ai recueilli encore des fossiles à ce niveau que dans la partie inférieure, entre Champagnole et Syam, en cassant la roche fendillée. Ce sont quelques bivalves peu déterminables, surtout *Pecten* cfr. *demissus*, de rares Térébratules en très mauvais état, et peut-être des traces de végétaux terrestres.

Mais de plus j'ai rencontré dans le haut de l'assise précédente, sur le talus d'éboulis du bord de la tranchée abandonnée de la gare de Syam, un petit bloc, probablement non en place et qui, à raison de sa texture, paraît bien être tombé de l'abrupt fendillé que forme immédiatement au-dessus le niveau **A**. Il contenait de nombreux fossiles appartenant en partie à la faune des couches à faciès vaseux, et de plus des traces de végétaux terrestres. Voici ces fossiles, que j'attribue, sous toutes réserves, à ce niveau.

Pleuromya ? sp. ind.

Trigonia sp. ind. (2 espèces).

Ceromya concentrica, Sow.??

Ostrea sp. (2 espèces).

Gervilia sp. ind.

Terebratula sp. ind.

Isocardia sp.

Il se trouvera sans doute dans la partie orientale du Jura lédonien, et surtout à l'E. et au N.-E. de celle-ci, des gisements fossilifères de ce niveau, contenant une faunule plus riche et mieux conservée.

B. — Niveau des calcaires oolithiques à Polypiers du stand de Champagnole.

Calcaires blanchâtres plus ou moins oolithiques pour la plupart, parfois compacts dans le haut : à l'E., oolithe assez fine ou très fine, avec bancs spathiques intercalés dans la partie inférieure ; à l'O., calcaire oolithique, parfois grenu en partie, qui offre sur certains points (Messia) une épaisseur notable de bancs coralligènes à Polypiers et Nérinées, et passe, dans le haut, à un calcaire compact, à texture très fine, contenant par places de grosses oolithes fondues, rarement bien distinctes. Surface fortement taraudée et souvent avec Huîtres plates soudées.

PUISSANCE. — Sous les réserves exprimées plus haut, on peut attribuer à ce niveau une puissance moyenne d'environ 25 m. au moins.

FOSSILES. — Très rares d'ordinaire, les fossiles abondent, par places, dans les bancs coralligènes que renferme surtout la partie moyenne. Mais, à l'exception des Polypiers restés en saillie sur les bancs soumis à une lente érosion, il est exceptionnel de rencontrer des individus déterminables. Je ne puis que mentionner en général des Nérinées, parfois très fréquentes (Messia), des Huîtres et quelques autres Lamellibranches, de rares Térébratules et Rhynchonelles, des débris d'Échinodermes et citer quelques Polypiers. Je n'ai pu obtenir d'échantillons déterminables des rares fossiles de cette dernière classe, paraissant appartenir au genre *Isastrea*, que m'a offert l'affleurement de Champagnole ; mais la carrière de matériaux d'empierrement de Messia, voisine de la grande carrière de Montmorot, m'a fourni un certain nombre d'exemplaires appartenant à deux espèces :

Cryptocœnia sertifera (Mich.).   *Astrocœnia digitata* (Defr.).

III. — BATHONIEN SUPÉRIEUR.

ASSISE DE L'EUDESIA CARDIUM.

SYNONYMIE.

Cornbrash (en partie). Marcou, 1846.
Calcaire de Palente (partie inférieure et moyenne). Marcou, 1856.
Cornbrash et *Dalle nacrée*. Etallon, 1857.
Cornbrash (plus ou moins entier selon les localités). Bonjour, 1863.
Calcaire marneux à Gervilia acuta et *Calcaire Cornbrash*. Ogérien, 1867.
Cornbrash. Bertrand, 1882.

CARACTÈRES GÉNÉRAUX. — Le Bathonien supérieur comprend une succession de calcaires, assez uniformes et fort peu fossilifères à l'E., très variés et contenant plusieurs niveaux riches en fossiles à l'O., mais offrant, dans tous les gisements étudiés, une surface fortement bosselée et taraudée, qui porte d'ordinaire une couche marneuse, plus ou moins fossilifère, par laquelle se termine l'étage.

Au voisinage de Lons-le-Saunier (Courbouzon, Messia), l'assise débute par une couche incomplètement observable, qui offre, dans la partie inférieure visible, des calcaires très variés, grenus ou sableux, souvent un peu marneux par places et surtout dans certains bancs qui s'intercalent à quelque distance de la base ; il s'y trouve des parties criblées de fossiles plus ou moins roulés, soit de petits amas de *Zeilleria digona* (forme type), soit de nombreux Lamellibranches (*Cardium*, Gervilies, Avicules), des débris d'Oursins et de Crinoïdes, ainsi que des Bryozoaires, et même (à Messia) quelques *Ammonites subbackeriæ* (1). Au-dessus viennent des calcaires durs, oolithiques pour la plupart, surmontés d'une petite couche marno-sableuse, lentement délitable, à *Rhynchonella elegantula* et *Eudesia cardium*. On a ensuite un calcaire chargé de parcelles spathiques et très résistant à l'air, dont la surface est irrégulièrement bosselée et en partie taraudée ; elle porte la couche marneuse terminale de l'étage, qui est sableuse, très dure, et paraît s'être déposée d'une façon fort irrégulière.

Cette assise n'a pas été étudiée en entier dans la partie centrale de la région. La couche marneuse terminale, qui affleure sur divers points au voisinage de Verges, est très fossilifère près de ce village, où elle renferme en particu-

(1) On verra plus loin, dans l'étude du niveau **A** du Bathonien supérieur, qu'il est très difficile de fixer avec certitude la position stratigraphique précise des couches de Courbouzon et de Messia qui viennent d'être attribuées à la base de cette assise. Il peut même rester un léger doute sur la composition de ce niveau à l'O. de Lons-le-Saunier, et, par suite, sur l'existence d'*Ammonites subbackeriæ* et de *Zeilleria digona* dès le début de l'assise.

lier *Terebratula intermedia*, *Eudesia cardium* et *Dictyo-thyris coarctata ;* mais elle est pauvre en fossiles un peu plus à l'E., entre cette localité et Blye, et elle manque même totalement, à ce qu'il paraît, près de Châtillon, où un massif de calcaires du Bathonien supérieur est immédiatement surmonté du Callovien.

A l'E. de la contrée, l'assise débute par des calcaires à peine marneux, contenant quelques Lamellibranches et Térébratules peu déterminables (Champagnole) et auxquels succèdent, à Vaudioux, des calcaires, d'abord à petites oolithes, puis compacts et à très fines parcelles cristallines, qui offrent deux intercalations de surfaces à grandes Huîtres plates soudées. Ils se terminent par une surface fortement bosselée, criblée de perforations de lithophages et couverte de galets taraudés et de traînées ferrugineuses, sur laquelle se trouve une couche marneuse, grenue, à *Terebratula intermedia* et *Eudesia cardium*.

FOSSILES. — La faune de cette assise comprend des espèces variées et assez nombreuses, dont la plupart se trouvent dans les marnes supérieures. Mais, à part quelques bivalves, surtout des Huîtres, et quelques Brachiopodes, la fréquence des échantillons est relativement faible. Voici la liste des espèces que l'assise entière m'a fournies dans chacun des niveaux qui vont être établis plus loin. Cette liste comprend l'indication d'environ 120 espèces, dont 72 sont déterminées ; ces dernières sont : 1 Ammonite, 1 Gastéropode (sur 5), 39 Lamellibranches (sur 70 à peu près), 15 Brachiopodes (sur 18), 12 Oursins (sur 14), 1 Crinoïde (sur 4 au moins), 2 Serpules (sur 5 environ) et 1 Polypier (sur 3). Les autres espèces non déterminées comprennent 1 Bélemnite, 3 Bryozoaires au moins et 2 Spongiaires. Sur l'ensemble des espèces déterminées, il en est 29, soit à peu près les $\frac{2}{5}$, qui proviennent des assises précédentes, et 27, ou près de $\frac{1}{3}$, passent aux étages supérieurs.

Faune du Bathonien supérieur.

Passages inférieurs	ESPÈCES.	NIVEAUX					Passages supérieurs
		A	B	C	D	E	
	Belemnites sp. ind...............					1	
	Ammonites subbackeriæ,d'Orb.......	2				1	*
	Alaria? sp. ind...............					1	
	Nerinea aff. axonensis, d'Orb........					1	*
	— ? sp. ind...............	1					
	Pseudomelania ? sp. ind..........					1	
	Natica sp.					2	
	Nerita? sp. ind.			1			
	Pleurotomaria sp.................	1				1	
	Analina pinguis, d'Orb.					1	
	Thracia sp......................	1					
*	Pholadomya Murchisoni, Sow.					3	*
	— deltoidea,Sow..........					?	
*	Goniomya cfr. scalprum, Ag.					1	
*	Homomya gibbosa, Ag.............					2	
*	Pleuromya elongata, Ag...........					2	
*	— tenuistria, Ag..........					1	
*	— Alduini, Ag.					1	
*	Panopœa Jurassi,Ag..............					1	
	— cfr. sinistra, Ag.					1	
*	Ceromya plicata, Ag.					1	
	— concentrica (Sow.)	1cf.				1	
*	Gresslya cfr. lunulata. Ag.					*	*
	Isocardia minima, Sow.					2	*
	Cypricardia sp.	1?				1	
	Cardium aff. semicostatum, Lycett...					1	
	— sp. (grand)	2				1?	
	— sp.					1	
	Lithophages non déterminés.......					5	
	Trigonia sp. (groupe de costata).....	*				1	
	Arca sp. (grand)................	1					
	— sp...................					1	
*	Pinna cfr. ampla, Sow.	*					*
	— sp.					1	
	Trichites sp.	*				*	
	Perna sp. ind.	*					

Passages inférieures.	ESPÈCES	NIVEAUX					Passages supérieures.
		A	B	C	D	E	
	Mytilus imbricatus, Sow.?	*				1	
*	— cfr. gibbosus, d'Orb.					1	
*	— cfr. plicatus, Sow					1	
*	— furcatus,var.bathonicus,M.et L.	1					
	Gervilia sp.	2				1	
*	Avicula Munsteri, Goldf.					1	*
*	— echinata, Sow.					4	*
	— sp.					3	
	— sp.	*					
*	Pecten articulatus, Schl.					*	*
*	— lens, Sow.					*	*
	— sp. (aff. lens, Sow.)					*	
	— vagans, Sow.			2		2	*
	— Michaelensis, M. et L					1	*
	— sp. (aff. subspinosus, Schl)...					2	
	— luciensis, d'Orb.	*					
*	— cfr. demissus, d'Orb.	*					*
	— sp.			*			
	— sp. (4 ou 5 espèces)					2	
*	Lima proboscidea, Sow					2	*
	— planulata, Etallon					1	*
*	— duplicata, Sow.	*				*	*
*	— gibbosa, Sow.					2	
	— aff. Bellula, M. et L.					1	
	— sp.	*					
	— sp.			*			
	— sp. (4 ou 5 espèces)					*	
	Hinnites Morrisi, Mœsch.					1	*
	— sp. ind.	1					
*	Ostrea Marshi, Sow.					2	*
	— aff.Sowerbyi M.et L.(= O.acu-minata, var.)					1	
*	— costata, Sow.					4	
	— obscura, Sow.					4	*
	— Knorri, Ziet.	*				1	
	— sp.	*					

— 485 —

Passages inférieurs	ESPÈCES	A	B	C	D	E	Passages supérieurs
				NIVEAUX			
	Ostrea sp. (2 espèces)				*		
	— sp. (plusieurs espèces)					2	
	— sp. (grandes, plates, soudées)	*			*	*	
	Terebratula intermedia, Sow.					4	
	— cfr. bradfordiensis, Dav.			*			
	— cfr. Fleischeri, Opp.			*			
	— sp.	*					
	— sp.					*	
	Dictyothyris coarctata (Park.)					2	*
	Waldheimya subbuculenta (Ch. et D.)					1	
	Zeilleria digona (Sow.). type	4					
	— — var.					1	*
	— obovata (Sow.)			3		4	*
	Eudesia cardium (Lam.)			1		2	
	Rhynchonella elegantula, Bouch.			3		1	
	— Boueti			1			
* ?	— obsoleta, Sow.					3	
	— badensis, Opp.					3	
	— aff. concinnoides, d'Orb.					1	
	— sp. (aff. Morieri, Dav. et obsoleta, Sow.)					1	
	— decorata (Schl.)					1	
	— sp. (plusieurs espèces)					*	
	— sp. ind				*		
	Heteropora sp.	*				3	
	Stomatopora sp.					1	
	Berenicea sp.				*	*	
*	Clypeus cfr. Ploti, Klein	1					
*	Echinobrissus clunicularis, d'Orb					1	*
	— sp. ind.	*					
*	Holectypus cfr. depressus, Des.			1			*
	Pygaster? sp. ind.					1	
	Cidaris bathonica, Cott.					1	
	— cfr. Wrighti, Des.					1	
	— sp.	1					
*	Acrosalenia spinosa, Ag.					1	

Passages inférieurs.	ESPÈCES	NIVEAUX					Passages supérieurs.
		A	B	C	D	E	
	Acrosalenia cfr. hemicidaroides, Wright					1	
	Hemicidaris langrunensis, Cott.					2	
	— luciensis, d'Orb.					2	
	Pseudocidaris, sp. nov............					1	
*	Stomechinus serratus (Cott.)					1	
	— Schlumbergeri (Cott.)...					1	
	Apiocrinus cfr. elegans, Defr........					*	
	— sp.					*	
	Millericrinus sp. ind.					*	
	Pentacrinus sp.					2	
	Débris de Crinoïdes indéterminés ...	*					
	Asteropecten sp. ind.............					1	
	Serpula conformis, Goldf.	*cf.				*	*
	— quadrilatera, Goldf.........					1	*
	— sp. (plusieurs espèces)......					*	
	Cladophyllia sp. ind.	1					
	Leptophyllia Flouesti, Fr. et F.			1			
	Polypiers non déterminés					1	
	Eudea sp.....................					*	
	Amorphospongia sp..............					*	

PUISSANCE. — Je n'ai pu déterminer exactement la puissance du Bathonien supérieur, dans l'état actuel des gisements étudiés. Elle ne paraît pas être moindre de 30 à 35 m. à Courbouzon. Entre Syam et Vaudioux, dans la tranchée qui précède la gare de cette dernière localité, on observe au moins 23 à 25 m. de couches de cette assise, mais la base de celle-ci n'est pas visible sur ce point, de sorte que l'épaisseur minimum à lui attribuer est probablement voisine d'une trentaine de mètres. Il semble donc que la puissance du Bathonien supérieur ne diffère pas d'une façon notable à l'O. et à l'E. du Jura lédonien ; mais je ne possède encore aucune donnée qui permette de l'évaluer dans la partie moyenne de cette contrée.

LIMITES. — On a vu déjà que la limite inférieure, formée par la surface taraudée de l'assise précédente, est rendue plus facilement reconnaissable par la réapparition de couches un peu marneuses à bivalves, et parfois avec *Zeilleria digona* (forme type) du côté occidental.

La limite supérieure est souvent difficile à fixer avec précision, à cause des variations locales de facies et de la répétition des surfaces taraudées que présentent les dernières assises du Jurassique inférieur. On sait à présent, en effet, que, dans diverses parties de la chaîne du Jura, ainsi que sur d'autres points dans le N.-E. de la France, les couches formées à l'époque du Callovien inférieur offrent le facies bathonien, c'est-à-dire possèdent une composition pétrographique et une faune fort analogues à celles de l'étage précédent, tandis qu'il en est tout autrement d'ordinaire, dans les autres localités ; on conçoit quelles difficultés en résultent pour l'établissement des parallélismes. Mais un horizon précieux pour faciliter la reconnaissance de cette limite supérieure, est la couche marneuse bathonienne terminale à *Eudesia cardium*, dont M. Paul Choffat a signalé la présence dans diverses localités du Jura occidental, sous le nom de Marnes de Champforgeron, et à laquelle se rapportent nos Marnes bathoniennes supérieures de Vaudioux et de Courbouzon. Le savant géologue a montré suffisamment tout le parti que l'on peut tirer, à cet effet, de la présence de ces marnes, en établissant le parallélisme des deux principaux facies jurassiens du Callovien inférieur, par la comparaison des couches qui s'intercalent entre elles et le Callovien supérieur typique (oolithe ferrugineuse à *Ammonites anceps*), tant à Vaudioux (sous le nom de l'affleurement de la Billode) qu'à Prénovel (1). Toutefois les

(1) Ces deux facies sont, comme on le sait, l'oolithe ferrugineuse à *Ammonites macrocephalus* ou facies callovien, et la Dalle nacrée ou facies bathonien. M. Choffat a rendu sensible l'établissement de leur parallélisme, à la Billode, près de Vaudioux, et à Prénovel, par le

Marnes bathoniennes supérieures ou Marnes de Champforgeron présentent elles-mêmes des variations notables d'un point à un autre, et elles manquent dans certaines localités. Il importe donc d'étudier avec grand soin le passage de l'un à l'autre étage, en recueillant séparément la faunule de chaque banc, et en observant avec attention les moindres changements qui se produisent de l'un à l'autre.

Si l'on considère, à l'exemple de M. Choffat, les Marnes bathoniennes supérieures de Vaudioux, etc., comme couche terminale de l'étage, ainsi que l'étude de nos affleurements le permet d'ailleurs, comme on va le voir, on ne peut espérer de trouver le Bathonien nettement limité, dans les localités où elles existent, par une de ces surfaces taraudées qui nous ont servi si souvent jusqu'ici à préciser les limites des assises. En effet, s'il s'est produit un arrêt de la sédimentation entre le dépôt de ces marnes et celui des premiers bancs de l'époque callovienne, les lithophages ne trouvèrent pas, sur ce fond plus ou moins vaseux, des conditions d'existence convenables ; tout au plus, dans le cas le plus favorable, des Huîtres plates pouvaient s'établir sur la couche marneuse, lorsqu'elle présentait une résistance suffisante. Mais, d'autre part, les courants ont pu raser le sommet de la couche, sans laisser toujours des traces bien appréciables de cette érosion sur des affleurements d'étendue restreinte, et même les Marnes bathoniennes supé-

petit tableau suivant (*Esquisse du Callovien et de l'Oxfordien*, p. 15), qui fait ressortir le rôle des Marnes bathoniennes supérieures comme limite entre les deux étages :

Billode	*Prénovel.*
Oolithes ferrugineuses à Am. anceps et ornatus.	
Dalle nacrée.	Ool. ferr. à Am. macrocephalus.
Marnes bathoniennes à Phol. Murchisoni, etc.	

rieures ont fort bien pu disparaître complètement sur certains points. Dans le cas où elles sont restées, en totalité ou en partie, il ne serait pas surprenant que les premiers sédiments de l'époque callovienne, souvent eux-mêmes plus ou moins marneux, n'en soient point séparés partout par un délit régulier, ni par des différences pétrographiques bien sensibles dans les localités où le facies bathonien a persisté pendant cette époque. On est donc assez souvent exposé, dans notre contrée, à placer trop haut la limite des deux étages, par exemple sur les points où des couches à facies bathonien, comprises entre les Marnes bathoniennes supérieures et le Callovien supérieur à *Ammonites anceps*, offrent dans leur épaisseur une surface taraudée, ainsi qu'il arrive à la Billode : prendre, sans autres indices, cette surface pour limite serait s'exposer à un parallélisme notablement inexact.

Le seul moyen d'établir autant qu'il se peut une délimitation partout réellement synchronique entre les deux étages, dans les divers facies, est donc la marche suivie par M. Paul Choffat dans ses belles études de 1878 : relever dans le plus grand nombre de localités que possible des coupes très exactes comprenant les couches supérieures du Bathonien, ainsi que l'étage Callovien dans les divers facies de son assise inférieure ; puis comparer attentivement ces coupes entre elles, à partir des points de repère fournis par le Callovien supérieur et, lorsqu'il y a lieu, par la présence des Marnes bathoniennes supérieures, mais en cherchant le plus possible, au prix d'observations multipliées, à s'aider de la continuité stratigraphique.

Je n'ai pu jusqu'à présent étudier ces couches que sur un trop petit nombre de points du Jura lédonien, et si j'entre dans les détails qui précèdent, c'est afin de signaler l'utilité d'observations plus nombreuses aux géologues locaux qui pourront se trouver dans ce pays. En attendant des études plus complètes, il est possible dès à présent, toutefois, à l'aide des observations faites par M. Paul Choffat à Prénovel, au S.-E. et un peu en dehors de nos limites, de signaler les principaux cas qui peuvent se présenter dans l'étude de notre contrée, et d'en chercher l'interprétation, sous le rapport spécial qui nous occupe :

1° La limite entre les deux étages Bathonien et Callovien est fort nette quand le Callovien inférieur offre dès la base le facies Callovien, à oolithes ferrugineuses et *Ammonites macrocephalus*, que M. Choffat a reconnu à Prénovel, immédiatement au-dessus des Marnes bathoniennes supérieures. Je n'ai pas encore observé ce cas dans le Jura lédonien, mais il est probable qu'il s'y rencontre dans quelques points.

2° Cette limite est plus tranchée encore quand il existe une lacune entre les deux étages, comme il arrive près de Châtillon, où les marnes bathoniennes supérieures manquent, ainsi que la base du Callovien.

3° Dans le cas où les oolithes ferrugineuses ne se montrent pas dès la base de l'étage Callovien, on trouve parfois, au-dessous d'un niveau à Céphalopodes caractéristiques du Callovien inférieur, une couche à surface taraudée ou à nombreuses Huîtres plates, qui est peu distincte des marnes bathoniennes sous-jacentes, auxquelles elle semble unie, et qui renferme une faunule mixte, riche en fossiles bathoniens. C'est ce que l'on observe à Courbouzon, et la délimitation des étages exige dans ce cas une attention particulière.

Dans cette localité, les oolithes ferrugineuses n'apparaissent que dans le Callovien supérieur. Au-dessous, on a des calcaires marneux à *Ammonites calloviensis* et autres fossiles de la faune du Callovien inférieur, de sorte que leur attribution à cette assise ne fait aucun doute. A leur base, se trouve une couche de quelques décimètres, fort variable, calcaire par places et alors à surface fortement taraudée, ou bien un peu marneuse et formée pour une bonne part de grandes Huîtres plates superposées, en compagnie de nombreux Lamellibranches et Brachiopodes, provenant pour la plupart du Bathonien ; on y trouve en outre de rares Ammonites, par exemple *Am. subbackeriæ*, *A. macrocephalus* et *A.* cfr. *microstoma,* qui ont leur niveau principal dans le Callovien, mais ne sont pas suffisamment caractéristiques, puisqu'elles se montrent parfois dès le haut du Bathonien. Cette couche se sépare souvent fort mal d'une couche sous-jacente, marno-grumeleuse, très dure, à fossiles bathoniens, qui appartient évidemment aux marnes bathoniennes supérieures, malgré des différences assez sensibles entre sa faunule et celle des autres gisements de ces marnes, et qui semble absente ou du moins notablement réduite au N. de l'affleurement. Au premier abord, on prendrait volontiers pour limite entre les deux étages, la surface taraudée de la couche à Huîtres ; mais la faunule de cette couche renferme quelques espèces du Callovien, entre autres *Zeilleria Sœmanni,* qui me conduisent à la rapporter à ce dernier étage : cette attribution est justifiée mieux encore par l'analogie de cette faunule avec celle de la première couche callovienne de Binans, décrite ci-après, et de Prénovel. Ainsi la délimitation des étages se fait à Courbouzon en l'absence de joints de stratification bien nets, et de telle sorte qu'il est même assez difficile parfois d'attribuer à la couche à Huîtres ou à la couche sous-jacente les fossiles recueillis sur certains points. Ce fait répond aux conditions probables signalées plus haut, pour le cas de la terminaison du Bathonien par une assise marneuse exposée aux effets d'une suspension de la sédimentation, compliquée d'érosion.

4° Une série callovienne analogue à celle de Courbouzon repose parfois sur des couches dépourvues de fossiles déterminables, et, par suite, plus mal caractérisées encore que dans cette localité. C'est ce que l'on voit au bord oriental du territoire de Publy, à moins d'un kilomètre du château ruiné de Binans, sur le chemin tout récemment construit de Verges à Pont-de-Poitte. Mais il se trouve ici quelques espèces très caractéristiques de la partie inférieure du Callovien, et une observation attentive permet de reconnaître une limite qui répond à celle de Courbouzon.

La première couche observable près de Binans est un calcaire dur, à très petites oolithes, et dont la surface, peu régulière et chargée par places d'oxyde de fer, porte quelques perforations de lithophages. Puis vient une couche fort variable, peu fossilifère, contenant des débris de Crinoïdes, parfois sableuse et un peu marneuse, mais d'ordinaire à l'état d'un calcaire fort dur, bleu foncé, qui renferme, dans le haut, de nombreux grumeaux et cristaux de fer sulfuré et des noyaux amygdaliformes de marno-calcaire dur, grisâtre ; sa surface est fort irrégulière, surtout au N. de l'affleurement, et présente des bossellements nombreux, qui s'élèvent parfois de quelques décimètres, au point de lui donner un aspect qui rappelle la surface des calcaires durs, dénudés et fortement attaqués par l'érosion actuelle, dans nos montagnes.

Au-dessus, vient une couche calcaire très fossilifère et de texture irrégulière, qui se délite grossièrement à la longue. Cette couche, épaisse en moyenne de 0m50, nivelle les inégalités de la précédente, de sorte qu'au N. de l'affleurement elle se réduit brusquement, par places, à quelques centimètres ; elle offre une surface assez régulière, portant quelques Huîtres plates soudées et des traces de perforations de lithophages. Sa riche faunule, de plus de 90 espèces, comprend surtout des fossiles bathoniens, avec des espèces qui appartiennent aux deux étages, quoique plus spécialement calloviennes (*Ammonites subbackeriæ, A. macrocephalus, A. microstoma*, etc.), et d'autres qui sont généralement considérées comme calloviennes. En outre de *Terebratula Sœmanni, Pseudodiadema calloviensis*, etc., on remarque tout spécialement parmi ces dernières *Ammonites Kœnighi*, l'une des rares espèces tout à fait caractéristiques des couches calloviennes les plus inférieures : c'est donc à celles-ci que notre couche de Binans doit être attribuée.

Cette couche à *Ammonites Kœnighi* est la même que la couche inférieure à *A. macrocephalus* et Huîtres plates de Courbouzon, comme l'indique la grande analogie de leurs faunules et celle des strates qui leur succèdent dans ces deux localités. Au-dessus, en effet, on trouve, à Binans comme à Courbouzon, un niveau marno-calcaire à *A. calloviensis*, puis le Callovien supérieur, d'abord très riche en oolithes ferrugineuses, avec *A. anceps* et *A. Jason*, et terminé par le niveau à *A. athleta*, caractérisé par *Belemnites latesulcatus*.

La couche inférieure bosselée, à débris de Crinoïdes, de Binans, répond évidemment à la Marne bathonienne supérieure de Courbouzon. La couche à *A. Kœnighi* de la première de ces localités y forme donc la base même du Callovien, et la surface sinueuse de la couche bosselée sous-jacente est la limite entre les deux étages.

5° La limite devient plus difficile encore à préciser dans les localités où le Callovien inférieur tout entier possède le facies bathonien, surtout lorsqu'il existe entre les Marnes bathoniennes supérieures et le Callovien supérieur, parfaitement caractérisé, plusieurs couches distinctes à surface taraudée, dont la première au moins pourrait être rattachée à ces marnes. C'est ce qui arrive à l'E. de notre contrée, près de Cize et de Vaudioux.

Ici l'on trouve, au-dessus des marnes bathoniennes, trois couches bien distinctes, qui occupent la position du Callovien inférieur. La première débute par un banc de 0m30 de calcaire dur, à Lamellibranches et Brachiopodes, suivi de 0m20 de calcaire marneux ; elle se termine par 1 m. de calcaire dur, à petites oolithes et cristaux de fer sulfuré, qui se divise un peu en plaquettes dans le bas, et dont la surface, irrégulièrement bosselée par l'érosion, est couverte de perforations de lithophages, ainsi que de

grandes Huîtres plates soudées et de petits bivalves bathoniens. La seconde couche comprend 0m20 à 0m40 de
marne dure, grenue, qui renferme un mince banc calcaire
ou un lit de rognons, et se divise, en dessus, en feuillets
portant des empreintes analogues à celles qui ont été signalées comme traces de gouttes de pluie; on y rencontre
une douzaine d'espèces, la plupart bathoniennes, mais la
présence de *Terebratula dorsoplicata*, très rare encore, fait
attribuer cette couche au Callovien inférieur. Au-dessus,
on a 0m70 de calcaire à Crinoïdes (Dalle nacrée des auteurs), qui appartiennent encore à cette assise, et que surmontent les marno-calcaires à oolithes ferrugineuses, avec
Ammonites anceps et *A. Jason*, du Callovien supérieur.

Ainsi dans cette localité, l'attribution au Callovien inférieur du calcaire à Crinoïdes et de la couche sous-jacente
ne laisse aucun doute, en face du parallélisme avec
Prénovel, établi par M. Paul Choffat et justifié par la présence de *Terebratula dorsoplicata* que j'ai recueilli depuis
lors à la Billode, grâce aux travaux du chemin de fer. Mais
on pourrait se demander si la couche inférieure oolithique,
taraudée, avec banc marneux dans le bas et fossiles tous
bathoniens en dessus, n'appartiendrait point encore au
Bathonien, par exemple comme modification locale des
Marnes bathoniennes supérieures : aussi n'est-ce qu'avec une
certaine réserve qu'en 1885 et 1886 je m'étais décidé à
l'attribuer au Callovien inférieur, en remarquant la correspondance qui paraît exister entre les 3 couches à faciès bathonien de la Billode et les 3 couches à faciès callovien de
Prénovel, qui surmontent les Marnes bathoniennes dans
les deux localités et possèdent à peu près la même épaisseur. Les observations que j'ai faites en étudiant, depuis
lors, le détail des coupes de Courbouzon et de Binans, viennent appuyer cette attribution ; car cette première couche
de la Billode, avec sa surface taraudée et sa faunule bathonienne, répond à la couche à Huîtres de Courbouzon,
également taraudée et riche en fossiles bathoniens.

En résumé, lorsqu'on arrive au voisinage de la limite entre les étages Bathonien et Callovien, on ne pourrait, dans nos régions à faciès variés, se baser uniquement sur la présence d'une grande majorité d'espèces ayant leur niveau principal dans le Bathonien, pour attribuer à cet étage les couches où on les rencontre mélangées de fossiles de l'étage suivant. Quelques espèces nettement localisées dans le Callovien des autres contrées mériteraient d'être prises en beaucoup plus sérieuse considération que les premières pour l'établissement du parallélisme, et même une seule Ammonite de cette sorte, telle que *Ammonites calloviensis* ou *A. Kœnighi,* peut suffire pour déterminer le rattachement à ce dernier étage.

En l'absence d'Ammonites caractéristiques du Bathonien, l'existence d'une faunule uniquement composée d'espèces dont le niveau principal est dans cet étage, peut même fort bien n'avoir aucune valeur réelle au point de vue du parallélisme, ainsi qu'on le voit à la Billode. L'étude comparative, détaillée et précise, de nombreux affleurements, aussi rapprochés entre eux que possible, est donc indispensable pour reconnaître la limite entre les deux étages et préciser les conditions de la formation des divers faciès, afin d'arriver à reconstituer l'état de la mer du Jura à cette époque.

Subdivisions. — Trois niveaux fossilifères, plus ou moins marno-sableux et bien distincts, s'échelonnent dans le Bathonien supérieur de Courbouzon : à la base, avec *Zeilleria digona* (forme type), bivalves, Oursins et traces de Polypiers ; dans la partie moyenne, avec *Eudesia cardium,* et *Rhynchonella elegantula* ; enfin, au sommet, la couche marno-sableuse à bivalves, *Terebratula intermedia, Zeilleria obovata* et *Eudesia cardium,* avec divers Oursins. Les calcaires intermédiaires entre ces trois couches forment deux autres niveaux, ce qui porte à cinq le nombre des divisions de l'assise dans cette localité. Il est beaucoup moins facile de reconnaître toutes ces subdivisions dans la partie orientale du Jura lédonien, du moins entre Champagnole et Châtelneuf, où la couche supérieure seule se montre fossilifère ; mais il est possible de les distinguer encore, grâce à des intercalations de surfaces qui offrent quelques traces d'arrêt de la sédimentation. En somme, la distinction de cinq niveaux dans le Bathonien supérieur paraît utile, afin de permettre, dans les localités où elle est possible, de préciser les modifications de la faune et les conditions de la sédimentation aux approches de l'époque callovienne.

Points d'étude et coupes. — La coupe de Courbouzon et celles de Syam à Champagnole et à Vaudioux offrent une précision suffisante pour la partie moyenne et supérieure de l'assise ; mais il existe dans la partie inférieure une interruption qui n'a pas permis de l'étudier en entier. Dans le centre du Jura lédonien, on retrouve cette assise sur le bord oriental du plateau entre Besain et Verges, sous forme d'une bande discontinue, assez étroite d'ordinaire ; elle se rencontre aussi dans quelques parties de l'Eute au S. de Mirebel, mais il ne paraît guère se trouver de bonnes coupes dans cette région, et je n'y ai pu observer encore que les couches terminales, sur quelques points seulement. Les marnes supérieures affleurent au voisinage de Verges, où M. Paul Choffat les a visitées vers 1875, et elles ont été signalées par lui, en 1878, comme contenant une belle faune dans cette localité (1). M. Albini Cottez, instituteur à Ruffey, m'a fait connaître en 1881 le principal gisement, situé entre le village et la gare de Verges, et il m'en indique d'autres que je n'ai pu visiter (2). Ces marnes semblent appa-

(1) *Esquisse du Callovien et de l'Oxfordien...* p. 94.

(2) Je dois à l'obligeante indication de M. le général Chomereau de Saint-André la connaissance toute récente d'un gisement voisin, à la mare dite le Creux-le-la-Terre.

raître fort légèrement sur les bords du chemin qui descend à partir de la gare, dans la direction de Blye ; un peu plus au S., au bord oriental du Bois de Pierrefeu, le chemin de Verges à Pont-de-Poitte entame quelque peu le sommet de l'étage, ainsi qu'on l'a vu ci-devant. L'extrémité orientale du tunnel de Verges offre des calcaires presque verticaux qui peuvent être ceux du haut de l'assise, puisque, très peu après, on a dû déblayer les Marnes oxfordiennes à *Ammonites Renggeri*, pour asseoir solidement le remblai. Ces calcaires supérieurs se montrent, en tous cas, dans la grande tranchée de la voie près de Châtillon, dont je rapporterai la coupe ; mais ici les marnes supérieures manquent. Je n'ai pu explorer les affleurements qui s'allongent plus au N. entre Mirebel et Besain, et qui sont indiqués par M. Marcel Bertrand dans la carte géologique. Il serait fort intéressant d'étudier avec soin tous les gisements de la partie moyenne de notre contrée, afin de suivre de l'O. à l'E. les modifications de facies de l'assise, particulièrement dans ses couches supérieures, et d'en établir plus sûrement encore le parallélisme de détail.

Des affleurements plus étendus, situés au N.-E. du Jura lédonien, mais la plupart en dehors de cette zone d'étude, se voient au N. de Champagnole. A raison de l'intérêt que présente la comparaison des faunules, il convient de mentionner parmi ces derniers le gisement de Marnes bathoniennes supérieures du Crêt-des-Échos, situé au bord oriental de l'Eute, à 2 kilomètres à l'O. d'Andelot-en-Montagne, et dont je dois la connaissance aux indications de notre regretté compatriote M. Georges Boyer.

VARIATIONS. — L'indication des caractères généraux de l'assise a montré déjà combien elle varie dans nos limites, soit quant aux caractères pétrographiques, soit quant au nombre et à l'importance des niveaux fossilifères. Il importe de remarquer surtout les variations de la couche inférieure, où je n'ai rencontré *Zeilleria digona* qu'à l'O.,

33

près de Courbouzon et de Messia ; puis les modifications de la couche à *Rhynchonella elegantula*, qui n'offre, à l'E., qu'un calcaire subcompact et paraissant stérile (Châtillon, Syam), enfin celles de la couche marneuse supérieure, tantôt peu fertile, tantôt d'une variété en espèces ou d'une richesse en individus qui rappellent le Bathonien inférieur.

A. — Niveau des calcaires à bivalves du stand de Champagnole et des calcaires inférieurs à Zeilleria digona de Courbouzon.

Couche variable : à l'O., calcaires irréguliers, assez durs et parfois marno-sableux, avec *Zeilleria digona* (forme type) et bivalves, suivis de calcaires plus ou moins marneux ; à l'E., calcaires d'abord à grain fin et un peu marneux, avec quelques Lamellibranches et Térébratules, et passant ensuite à l'oolithe fine.

A Courbouzon, le niveau débute, sur la surface taraudée de l'assise précédente, par 2 mètres de calcaire à texture irrégulière : à la base, il est ordinairement jaunâtre, à petites parcelles spathiques, et criblé, par places, de *Zeilleria digona*, dont une partie sont entières et d'autres en valves séparées ; mais il devient bientôt plus ou moins sableux, et même un peu marneux sur certains points, où il renferme soit de nombreux bivalves (*Cardium, Arca, Gervilia*, etc.), soit des débris d'Échinodermes et surtout de Crinoïdes, avec quelques traces de Polypiers. Les couches suivantes ne sont pas visibles dans l'affleurement du bord méridional du village. Au-dessus de la côte, à la suite des dislocations qui intercalent dans le massif bathonien un lambeau des Marnes à *Ammonites Renggeri*, on trouve 6 à 8 m. de calcaires marneux grenus, en petits bancs plus ou moins durs, et d'ordinaire à peu près stériles ; l'absence de fossiles déterminables ne m'a pas permis de voir si ces bancs marneux font encore partie du niveau **A** ou s'ils appartiennent à l'Oxfordien.

L'affleurement de Messia, situé au S.-O. des carrières de Montmorot, à la suite du massif de calcaires à Polypiers, puis de calcaires compacts du Bathonien III, ne permet pas à présent d'observer la base du niveau. A partir de 2 m. environ au-dessus de celle-ci, on trouve un calcaire jaunâtre, à petites parcelles spathiques ou grossièrement grenu, souvent en bancs plus ou moins marno-sableux, qui se délitent lentement d'une manière irrégulière, et ne se voient d'ailleurs qu'imparfaitement. Les fossiles sont abondants par places, mais souvent en mauvais état et d'une extraction difficile ; ce sont des débris de Crinoïdes, des Oursins, des Bryozoaires, parfois quelques Brachiopodes (*Zeilleria digona*, rare ; *Terebratula* sp. nov.), et même quelques exemplaires assez mauvais d'*Ammonites subbackeriæ*. Les couches suivantes sont cachées par la végétation ; mais il semble que l'on puisse attribuer au niveau **A** une dizaine de mètres sur ce point.

Ce n'est qu'après avoir passé beaucoup de temps à l'étude de ce niveau et revu maintes fois les gisements de Courbouzon et de Messia que je me décide à lui attribuer les couches qui viennent d'être indiquées. En présence des dislocations et des froissements qui s'observent dans ces deux localités, l'erreur est facile dans l'attribution à un niveau déterminé de lambeaux incomplètement observables, comme ceux de Messia, par exemple, et l'on verra, dans la coupe de Courbouzon, que la difficulté s'augmente encore par suite des dislocations qui ramènent à peu près dans la position où l'on croirait devoir trouver le sommet de l'étage la couche attribuée ci-dessus au niveau **A**. D'après ce que l'on connaît de plus précis sur la position stratigraphique de *Zeilleria digona* et *Ammonites subbackeriæ* dans le Jura, les calcaires marno-sableux qui viennent d'être indiqués devraient appartenir plutôt au sommet de l'étage ou à la base du Callovien. Mais sur un point voisin, à Courbouzon, on suit toute la série des couches supérieures bathoniennes, sur plus de 25 m. d'épaisseur, avec le Callovien à leur suite, sans rien rencontrer de semblable : on ne trouve pas dans cette série les calcaires compacts à surface taraudée qui portent nos bancs inférieurs à *Zeilleria digona* type, et l'on ne rencontre même plus cette espèce dans ces couches bathoniennes supérieures. *Zeilleria digona* se montre, il est vrai, en nombreux individus, à la base du Callovien ; mais d'ordinaire sous une forme notablement différente de la première et fort voisine de *Z. obovata* (1). Aussi, quelle que soit la réserve que je m'étais tout d'abord imposée à leur sujet, je ne vois guère la possibilité d'attribuer aux couches à *Zeilleria digona* (type) et *Am. subbackeriœ* de nos deux localités une position plus élevée que la base du Bathonien supérieur. L'étude d'affleurements moins disloqués et plus complets permettra seule de faire disparaître le doute qui peut subsister sur la position des couches de Courbouzon et de Messia que j'attribue au niveau **A**, et sur la présence à ce niveau d'*Ammonites subbackeriœ* et *Zeilleria digona* (type), ainsi que des autres espèces que j'y ai recueillies.

On sait d'ailleurs que dans le Bathonien de la Côte-d'Or, qui offre plus d'un rapport avec le nôtre, M. Jules Martin (2) a rencontré également à la base du Bathonien supérieur, vers 25 m. environ du sommet, de nombreux *Zeilleria digona*, mais en compagnie de *Eudesia cardium* et *Dictyothyris coarctata*, qui paraissent occuper seulement le haut de l'étage dans notre région. De plus, il a trouvé, peu au-dessus de ce premier niveau, une Ammonite qui n'est probablement autre que *Am. subbackeriœ*.

A Lavigny, sur des calcaires à grain fin du niveau pré-

---

(1) En dernier lieu, j'ai recueilli à Courbouzon 1 ou 2 exemplaires de cette même variété de *Zeilleria digona*, qui paraissent provenir de la Marne bathonienne supérieure.

(2) *Description du groupe Bathonien dans la Côte-d'Or.* (Mém. Acad. de Dijon, 1878-1879, partie des sciences, p. 53).

cédent, tant au-dessus de l'abrupt qu'en haut du chemin de Ronnay, on observe des calcaires grenus, grisâtres ou pointillés de rougeâtre et contenant *Pinna* cfr. *ampla*, qui appartiennent sans doute au niveau **A**.

Je n'ai pas encore pu observer ce niveau dans la partie moyenne du Jura lédonien.

A l'E. de cette région, la carrière du stand de Champagnole montre seulement 3^m30 de la partie inférieure du niveau, sur la surface taraudée de l'assise précédente : c'est un calcaire bleu, finement grenu et à petites parcelles spathiques, gris-jaunâtre par altération, légèrement marneux par places, avec de petites oolithes, peu distinctes, dans la moitié supérieure ; il renferme quelques bivalves (*Thracia* sp., *Pleuromya* sp.) et des Térébratules dans le milieu. Les couches supérieures du niveau n'existent pas ici. Mais il affleure en entier dans l'abrupt supérieur qui se voit entre la gare de Syam et le village de Cize ; il comprend un calcaire dur et très résistant, qui se continue dans les niveaux supérieurs, de sorte que l'on n'a pas ici de couches marneuses dans le niveau **A**, comme près de Lons-le-Saunier.

Les calcaires de ce niveau affleurent sur le bord de la voie avant d'arriver à la Billode ; mais il s'y trouve une interruption qui ne m'a pas permis d'en mesurer l'épaisseur. Des bancs fossilifères, contenant une faunule d'aspect coralligène, avec portions un peu marneuses en dessus, par places, paraissent en faire partie. Peut-être faut-il comprendre dans ce niveau 5 à 6 m. de calcaire à petites oolithes peu distinctes dans une pâte finement spathique, qui se voient près du pont sur la voie, dans la grande tranchée, et dont la surface porte des Huîtres plates assez nombreuses, avec *Pecten vagans*.

FOSSILES. — Les fossiles abondent par places dans les gisements voisins de Lons-le-Saunier, et parfois ils se laissent extraire avec facilité des parties marno-sableuses qui ont subi une longue exposition à l'air. A Courbouzon, il s'y trouve, sur certains points, des amas de Lamellibranches, souvent avec leur test ; mais celui-ci est cristallin, et l'on ne peut que rarement en recueillir des échantillons déterminables. L'exploration attentive de bons affleurements fournirait sans doute une faunule assez riche. Je ne puis encore citer que les espèces suivantes, dont un petit nombre sont déterminées.

Faune du niveau A.

ABRÉVIATIONS : C., Courbouzon ; Ma, Messia ; L. Lavigny ; Chp., Champagnole.

Ammonites subbackeriæ, d'Orb., 2.		Ma.	
Nerinea? sp. ind., 1	Co.		
Pleurotomaria sp., 1	Co.		
Thracia sp			Chp.
Pleuromya sp			Chp.
Cardium sp . (grand), 3	Co.		
Cypricardia? sp	Co.		
Trigonia sp. (groupe de *costata*) . . .	Co.		
Arca sp. (grand)	Co.		
Pinna cfr. *ampla*, Sow	Co.		L.
Trichites sp	Co.		
Mytilus furcatus, var. *bathonicus*, M. et L	Co.		
Mytilus imbricatus, Sow.?	Co.		
Gervilia sp	Co.		
Avicula sp	Co.		
Pecten luciensis, d'Orb	Co.		
— cfr. *demissus*, d'Orb	Co.		
Lima duplicata, Sow	Co.		
—- sp	Co.		
Hinnites sp	Co.		
Ostrea sp	Co.		
— (grande plate soudée)	Co.		
Terebratula sp			Chp.
Zeilleria digona (Sow.), type	Co.	Ma.	
Rhynchonella sp	Co.		
Bryozoaires non déterminés	Co.	Ma.	

Clypeus cfr. *Ploti*, Klein.........   Ma.
Cidaris sp.................... Co.
Echinobrissus sp. ind..........   Ma.
Débris de Crinoïdes............. Co.   Ma.
Serpula cfr. *conformis*, Goldf..... Co.
Cladophyllia sp. ind........... Co.
Polypier non déterminé .... Co.

PUISSANCE. — En attendant que l'étude de meilleurs gisements permette de reconnaître exactement la puissance du
niveau **A**, il semble qu'on peut l'évaluer approximativement à une dizaine de mètres.

VARIATIONS. — Les roches si diverses et souvent sableuses
de ce niveau près de Lons-le-Saunier et sa faunule variée,
avec quelques débris de Polypiers, accusent un dépôt littoral, probablement voisin de récifs de coraux. On peut
s'attendre à des variations analogues, peut-être plus accentuées encore, dans les autres gisements de l'O. de la région,
tandis qu'à l'E. on a une formation presque uniquement
calcaire, qui s'est effectuée dans des eaux bien plus tran-
quilles, probablement avec une assez grande uniformité et
sur une étendue notable dans cette direction.

B.— Niveau de l'oolithe bathonienne supérieure de Courbouzon.

Calcaires durs et résistant bien à l'air, la plupart à petites
oolithes à l'O., compacts dans le haut, surtout à l'E.

A Courbouzon, où la base du niveau n'est pas observable, il montre 20 à 23 m. de calcaires à petites oolithes
variables et fortement soudées, qui renferment, vers le milieu, quelques bancs compacts, et passent dans le haut à un
calcaire plus ou moins compact, parfois à larges taches
roses.

A Vaudioux, on a d'abord un calcaire à petites oolithes
peu distinctes, dans une pâte à texture fine et légèrement

cristalline, et il passe bientôt, d'une manière peu sensible, à un calcaire compact, qui se termine par une surface irrégulièrement bosselée, portant de nombreuses Huîtres plates soudées.

Fossiles. — Je n'ai rencontré encore aucun fossile dans ce niveau.

Puissance. — L'état des deux seuls affleurements étudiés ne m'a pas permis de déterminer exactement la puissance du niveau **B**. Sous réserve de l'incertitude sur la position précise de la limite inférieure dans les deux localités, elle aurait pour le moins une vingtaine de mètres à Courbouzon, tandis qu'à Vaudioux (sauf erreur résultant de petites dislocations) elle ne serait guère que de 10 à 12 mètres, en la comptant à partir de la surface à Huîtres plates, citée dans le niveau précédent. En somme, on ne pourrait lui attribuer moins d'une quinzaine de mètres en moyenne dans ces affleurements.

C. — Niveau des calcaires marno-sableux de Courbouzon à Eudesia cardium et Rhynchonella elegantula.

Calcaires variables, marno-sableux et fossilifères à l'O., à peu près compacts et paraissant dépourvus de fossiles à l'E.

A Courbouzon, ce niveau comprend 2 m. à 2ᵐ50 de calcaire à grains sableux irréguliers, de grosseur très variable, soudés par une pâte d'aspect dolomitique, peu dure et qui se délite lentement à l'air. Les fossiles y sont assez nombreux, mais souvent déformés et peu déterminables. J'y ai recueilli :

Nerita? sp. ind., 1.
Lamellibranche indét., 1.
Pecten vagans, Sow., 2.
   — sp.

Lima sp., 1.
Ostrea sp. (2 espèces), 2.
Terebratula cfr. bradfordiensis, Dav.

Terebratula cfr. *Fleischeri*, Opp. *Rhynchonella Boueti*, 1.
Zeilleria obovata (Sow.), 4.   *Berenicea* sp., 2.
Eudesia cardium (Lam.), 1.   *Holectypus* cfr. *depressus*, Des., 1.
Rhynchonella elegantula, Buch. 4. *Leptophyllia Flouesti*, Fr. et F., 1.

A Vaudioux, où la série des calcaires des niveaux **B**, **C**
et **D** est sensiblement continue et d'une distinction difficile, il convient d'attribuer au niveau **C** deux gros bancs,
de 1^m20 et 1 m., d'un calcaire finement grenu et à petites
particules cristallines, qui reposent sur la surface bosselée
et à grandes Huîtres plates soudées du niveau précédent,
et semblent parfois offrir tous deux quelque apparence de
taraudage à la surface. Je n'y ai recueilli aucun fossile.

D. — Niveau des calcaires bathoniens supérieurs des carrières de Vaudioux et de Montorient.

Calcaire à texture très fine à l'E., un peu grenu et à nombreuses parcelles spathiques à l'O. Surface supérieure irrégulièrement bosselée par l'érosion, antérieurement au dépôt
des couches suivantes, et plus ou moins fortement taraudée;
parfois couverte de galets taraudés et de traînées ferrugineuses.

Ces calcaires, qui sont d'ordinaire très résistants aux
agents atmosphériques, sont exploités dans les grandes
carrières de Vaudioux et de Cize, près de Champagnole, et
dans une petite carrière au bord O. du chemin de Courbouzon à Montorient.

PUISSANCE : 2^m70 à Vaudioux, et 3 m. à 3^m50 à Courbouzon.

FOSSILES. — Les fossiles sont très rares dans ce niveau.
En signalant cette pauvreté fossilifère des calcaires bathoniens les plus élevés de Vaudioux, Frédéric Thevenin a indiqué dans cet affleurement un Gastéropode, de petits *Pecten* et des Huîtres, ainsi que la présence de morceaux de
lignite. Je possède seulement, des carrières de cette localité,

un *Pecten* indéterminable, recueilli par son frère M. Joseph Thevenin, et en outre un *Nerinea* cfr. *axonensis*, d'Orb., un *Nerinea* sp. ind. et un *Trigonia costata*, Sow., provenant de la Billode. Les carrières de Cize offrent aussi à ce même niveau du bois fossile, en morceaux parfois assez volumineux, et en outre quelques Brachiopodes : *Terebratula* sp., *Dictyothyris coarctata* (Park.) et *Rhynchonella* sp.

Le bosselage sous l'action de l'érosion ancienne et le taraudage de la surface sont particulièrement remarquables à Vaudioux, où elle est à découvert sur une grande étendue. Ces faits ont été vérifiés, après un examen attentif, par la Société géologique de France, lors de sa réunion extraordinaire dans le Jura en 1885 (1). Parfois, dans cette localité (tranchée de la voie près de la gare), la surface taraudée porte un lit de larges galets plats, soudés entre eux et avec cette surface par un ciment calcaire, et dont les deux faces sont également criblées de trous de lithophages. Il n'est pas rare d'ailleurs à ce niveau de retrouver, dans ces perforations, la coquille perforante encore en place.

Dans la tranchée de Châtillon, où le niveau marneux supérieur manque, du moins à l'E., la surface des calcaires du niveau **D**, qui supporte ici le Callovien, est aussi notablement bosselée.

Cette tranchée permet de constater la présence de nombreux cristaux ou grumeaux de fer sulfuré dans le haut des calcaires de ce niveau, sur une dizaine de centimètres d'épaisseur. Il convient donc de considérer les traînées ferrugineuses que l'on remarque à la surface du même niveau à Vaudioux et à Courbouzon, etc., comme dues à l'oxydation de pyrites qui s'y trouvaient semblablement, et non comme le résultat d'un dépôt relativement récent d'oxyde de fer, provenant des couches ferrugineuses du Callovien.

(1) Compte-rendu de l'excursion du 23 août à Châtelneuf, par Abel GIRARDOT. (Bulletin de la Société géol., série 3, t. XIII, p. 692-694).

E. — Niveau des marnes bathoniennes supérieures de Vaudioux.

SYNONYMIE.

Marnes de Champforgeron. Choffat, 1873.
Marnes bathoniennes supérieures. L.-A. Girardot, 1885.

Marnes très dures, grenues et plus ou moins sableuses, de couleur bleu-foncé à l'intérieur, blanchâtre ou grisâtre par altération et offrant alors des traînées rougeâtres, ferrugineuses ; elles renferment souvent des galets épars, qui forment parfois un lit à la base et sont d'ordinaire taraudés sur le pourtour ou chargés de petites Huîtres. Presque stériles à Binans, elles contiennent fréquemment une riche faunule de Lamellibranches, de Brachiopodes et d'Oursins, dont les espèces les plus caractéristiques sont *Terebratula intermedia* et *Rhynchonella badensis*. Par places (Courbouzon, Binans), les marnes passent latéralement à des calcaires durs, parfois chargés de pyrite et à surface très irrégulière.

Puissance : 1^m50 à l'O., et 1^m70 à l'E. de la contrée. Au centre, elle est très variable dans la région de l'Eute : à Binans, elle n'est plus que de 0^m50 environ et se réduit par places à 0^m10 ; parfois même le niveau manque totalement (Châtillon).

A Courbouzon, le niveau **E** comprend à peu près 1^m50 d'un calcaire plus ou moins marneux, fort irrégulier, grumeleux et sableux, gris-bleu foncé à l'intérieur, gris-blanchâtre par altération et teinté par places par des matières ferrugineuses ; il se délite fort lentement, sur certains points, en une marne dure, grumeleuse. On y trouve quelques galets portant de petites Huîtres sur les deux faces. L'épaisseur semble diminuer dans la partie N. de l'affleurement, où la couche est d'ailleurs plus résistante aux agents atmosphériques. Les fossiles sont peu fréquents, souvent en mauvais état et difficilement déterminables. Des recherches répétées m'ont permis d'y recueillir plus de 50 espèces qui sont indiquées plus loin, et dont 25 sont déterminées. Cette faunule comprend de rares débris d'Ammonites, qui paraissent appartenir à *Am. subbackeriæ*, et des échantillons aussi rares de 3 Gastéropodes, mais surtout des Lamellibranches variés, qui forment environ les $\frac{3}{5}$ du total des espèces, et dont le plus fréquent est *Lima gibbosa*, que je n'ai rencontré à ce niveau dans aucune autre localité ; puis des Brachiopodes peu nombreux et difficilement déterminables, parmi lesquels sont *Dictyothyris coarctata*, ainsi que *Zeilleria digona*, sous forme de la même variété, étroite au front et de petite taille, qui est fréquente dans la couche suivante du Callovien inférieur ; mais je n'ai encore trouvé dans ce gisement ni *Zeilleria obovata*, ni *Terebratula intermedia*. Les autres fossiles sont quelques Oursins appartenant à 4 espèces, des Crinoïdes indéterminables, des Serpules et des Bryozoaires assez fréquents.

On a vu déjà qu'il est souvent très difficile à Courbouzon de séparer nettement, au point de vue pétrographique, le niveau **E** de la couche suivante que je rapporte au Callovien. Dans ce cas, on a peine à séparer les faunules, et, malgré une grande attention dans la recherche des fossiles de chacune de ces couches, il me reste un léger doute sur la présence, dans ce niveau, de *Pecten Michaelensis* et *Hinnites Morrisi*.

Le gisement de Verges, situé entre la gare et le village, comprend une couche marno-sableuse, dure et très fossilifère, composée de nombreux grains de sable assez grossier, réunis par une pâte calcaro-marneuse, grenue, et accompagnés de galets d'un calcaire dur et un peu oolithique, criblés sur tout leur pourtour de perforations de lithophages. Mais cette couche est cachée d'ordinaire par les cultures, et l'on en voit seulement la base à découvert, un peu au N. de la gare. Des calcaires, qui plongent notablement vers l'O., constituent sur ce point un léger monticule, occupé par des pâturages et qui forme la limite orientale des terres cultivées situées directement au N. de la gare. A cette limite, la surface de ces calcaires montre, sur une certaine longueur, une croûte fort sableuse et légèrement délitable, qui appartient à la base du niveau **E**. J'ai recueilli, tant dans cette croûte que dans la terre végétale située à son contact, les espèces suivantes qui proviennent évidemment toutes de ce niveau: *Belemnites* sp. ind., *Pecten vagans, Terebratula intermedia, Zeilleria obovata, Rhynchonella* sp.

Les fossiles abondent plus au N., à quelques centaines de mètres du village et sur une assez grande étendue, à la surface des terres cultivées, surtout sur un point où le creusement d'un fossé profond, effectué il y a 15 à 20 ans, a mélangé la couche marno sableuse fossilifère à la terre végétale. Malgré le grand nombre d'échantillons que j'ai recueillis dans ce gisement, il s'y trouve à peine une trentaine d'espèces, qui sont indiquées plus loin et dont la moitié sont déterminées. La plupart de ces fossiles sont des Brachiopodes : *Terebratula intermedia, Zeilleria obovata, Rhynchonella obsoleta* et *Rh. badensis,* qui sont tous très fréquents, surtout les premiers ; *Eudesia cardium* et *Dictyothyris coarctata,* peu fréquents, et *Rhynchonella elegantula,* assez rare. Les autres Mollusques ne sont représentés que par quelques Lamellibranches, presque uniquement *Ostrea costata.* Les Oursins ne sont pas très rares, surtout *Hemicidaris langrunensis* et *H. luciensis,* puis *Acrosalenia spinosa.* Les débris de Crinoïdes, assez nombreux (base et articles de la tige, articles séparés et portions plus ou moins considérables du cône basal), ont été séparés et roulés avant la fossilisation, et ils paraissent appartenir principalement à l'*Apiocrinus elegans;* la présence de larges racines de ces Crinoïdes, soudées sur des portions marno-sableuses à *Terebratula intermedia* de cette couche, montre qu'ils se sont développés dans la couche même, ou peut-être à son sommet. Les autres fossiles sont des Bryozoaires assez abondants, quelques Serpules, des Poly-piers très rares et des Spongiaires peu fréquents.

La plupart des espèces de cette faunule de Verges se re-trouvent dans les autres gisements des Marnes bathoniennes supérieures de notre contrée lédonienne, ou sont indiquées à ce même niveau par M. Choffat, dans la « Faune des Marnes de Champforgeron » (1). Toutefois *Rynchonella ba-densis,* que j'ai recueilli uniquement dans cette couche, serait jusqu'à présent spécial au gisement de Verges, dans le Jura occidental. *Rhynchonella elegantula* ne s'est encore rencontré non plus à ce même niveau, dans cette contrée, que dans cette seule localité ; mais cette dernière espèce s'était montrée déjà auparavant, dans le niveau **C** de Cour-bouzon, où elle est beaucoup plus fréquente.

A quelques centaines de mètres à l'O. de l'affleurement de Verges qui vient d'être décrit, se trouve, dans les pâtu-rages, une dépression peu étendue, dont le fond est occupé par la mare temporaire dite le Creux-de-la-Terre. Le niveau **E** comprend sur ce point une marne très dure, gris-blan-châtre, visible sur 2 à 3 m. d'épaisseur au moins, qui re-tient les eaux et dans laquelle j'ai recueilli *Eudesia cardium* et *Zeilleria obovata.*

A Vaudioux, on a 1 m 70 de marne dure, grumelo-sableuse, bleu-foncé intérieurement, gris-blanchâtre par altération, qui renferme, dans le bas, de nombreux galets taraudés sur le pourtour et de petits blocs de fossiles soudés ensemble (tranchée de la voie près de la gare, bord de la route en face du village). Elle se retrouve dans le fossé O. de la route, avant d'arriver à Cize, entre les bornes kilo-métriques 71 et 72. Dans ces deux localités, les fossiles sont

(1) *Esquisse du Callovien et de l'Oxfordien...,* p. 94.

d'ordinaire peu abondants, d'une conservation assez médiocre et toujours calcaires. L'affleurement de Cize ne laisse voir que la partie supérieure de la couche, sur 2 ou 3 mètres carrés, et il m'a fourni seulement quelques Lamellibranches et Brachiopodes et un Oursin. Mais l'exploration attentive et plusieurs fois renouvelée des deux gisements de Vaudioux, surtout en face du village, m'a permis d'y recueillir 38 espèces. Comme à Courbouzon, ce sont les Lamellibranches (20 espèces) qui forment la plus grande partie de cette faunule, aussi bien par la fréquence des individus que par le nombre des espèces, et l'on y remarque en particulier *Homomya gibbosa*, que je n'ai pas encore rencontré dans les couches précédentes de cette partie du Jura, mais qui s'est déjà montré plus à l'O. à la base du Bathonien I et du Bathonien II. En outre, j'ai recueilli à Vaudioux deux fragments, de grande taille, d'une Ammonite du groupe d'*Am. subbackeriæ*, ainsi que 2 Gastéropodes, très rares, 7 Brachiopodes, rares ou très rares, entre autres *Eudesia cardium* (un seul exemplaire), et de plus 1 ou 2 échantillons de Bryozoaires et de Serpules. Mais je n'y ai trouvé pas *Dictyothyris coarctata* qui se rencontre dans les autres gisements (sauf à Binans), ni *Zeilleria obovata* si fréquent à Verges.

Je signale ici l'affleurement du Crêt-des-Échos, près d'Andelot, à titre de comparaison et comme exemple de quelques autres variations de la faunule, bien que cette localité, sise près du bord oriental de l'Eute, à 18 kilomètres au N. de Vaudioux, soit en dehors des limites du Jura lédonien. On y trouve, comme à Vaudioux, une marne gris-blanchâtre par altération, dure, grenue et sableuse, qui se voit, sur une épaisseur d'environ 1 m 50, proche du pont du chemin de fer sur la route de Champagnole à Salins, dans l'angle aigu formé par cette route et le chemin de Valempoulières. Elle a d'ailleurs souffert des dénudations, et ne paraît conservée sur cette épaisseur que dans une étendue très restreinte. Lors de ma première visite, en 1878, j'y ai recueilli une centaine de fossiles, souvent en mauvais état, qui appartiennent à 35 espèces, et sont indiqués plus loin ; mais cette couche s'est montrée fort peu fossilifère, lors de la visite de la Société géologique de France, en 1885, et de celle de l'École Nationale des Mines, en 1889. Toutefois, ce gisement a fourni dans cette dernière un exemplaire du *Dictyothyris coarctata*, que je n'y avais pas encore rencontré.

Les Marnes bathoniennes supérieures de cette localité sont employées depuis longtemps, dans les villages des environs pour la construction des fours à pain ; celles de Vaudioux ont été aussi utilisées à cet effet, depuis que Frédéric Thevenin les a indiquées pour cet usage aux habitants de ce pays, vers 1850.

Faune des Marnes bathoniennes supérieures.

ABRÉVIATIONS : C., Courbouzon ; Vr., Verges ; B., Binans ; V., Vaudioux ; Ci., Cize ; A., Andelot.

Ammonites cfr. *subbackeriæ*, d'Orb.	C.		V.	
Alaria? sp. ind				A.
Nerinea aff. *axonensis*, d'Orb			V.	
Pseudomelania? sp. ind	C.			
Natica sp	C.		V.	A.
Pleurotomaria sp	C.			A.
Anatina pinguis, d'Orb			V.	
Pholadomya Murchisoni, Sow			V.4. Ci.	A.
— *deltoidea*, Sow.?			V.	
Goniomya cfr. *scalprum*, Ag				A.
Homomya gibbosa, Ag			V.3. Ci.	
Pleuromya elongata, Ag	C.		V. Ci.	A.
— *tenuistria*, Ag			V.	
— *Alduini*, Ag				A.
— sp	C.			
Panopæa Jurassi, Ag	C.		V.	
— cfr. *sinistra*, Ag	C.			

Ceromya plicata, Ag............   A.

—   *concentrica* (Sow.)....   V.   A.

Gresslya cfr. *lunulata*, Ag .... C.   A.

Isocardia minima, Sow.........   V.   A.

Cypricardia sp................. C.

Cardium aff. *semicostatum*, Lycett.   V.

—   sp. (2 espèces) .... C.   A.

Lithophages non déterminés......   Vr. 5.   V.5.

Trigonia sp. (groupe de *costata*).. C.

Arca sp........ ....   A.

Pinna sp......................   A.

Trichites sp.................. C.

Perna sp. ind................. C.

Mytilus imbricatus, Sow.?........ C.

—   cfr. *gibbosus*, d'Orb...   A.

—   cfr. *plicatus*, Sow.....   A.

Gervilia sp .... C.   A.

Avicula Munsteri, Goldf......... C.

—   *echinata*, Sow........   V.4. Ci. A.1.

—   sp ....   V.

Pecten articulatus, Schl .... C.

—   *lens*, Sow............... C. Vr.

—   sp. aff. *lens*, Sow........ C.

—   *vagans*, Sow............ C   V.   A.

—   *Michaelensis*, M. et L...... C.

—   sp.(aff. *subspinosus*,Schl.). C.3

—   sp. ind................   V.

Lima proboscidea, Sow.......... C.

—   *duplicata*, Sow............. C.

—   *gibbosa*, Sow C.3

—   aff. *Bellula*, M. et L.......   V.

—   sp.(2 espèces)............. C.   V.

—   sp. (2 espèces) ....   Vr.   A.

—   sp. (2 id.) ....   A.

Hinnites Morrisi, Mœsch......... C.

Ostrea Marshi, Sow .... C. Vr.   V.

—   aff. *Sowerbyi*, M. et L. (= *O.*   *acuminata*, var.) .... C.

Ostrea costata, Sow............	C.	Vr.		V. 4.Ci.	
— *obscura*, Sow				V. 4.Ci.	A. 3.
— *Knorri*, Ziet............				V.	A.
— sp. (plusieurs espèces)	C.	Vr.			A.
Terebratula intermedia, Sow.....		Vr. 5	V.	Ci.	A.
— sp................	C.		B.		
— sp................					.A.
Dictyothyris coarctata (Park)	C.	Vr. 3		·	A.
Waldheimya subbucculenta(Ch. et D.)			V.		
Zeilleria digona (Sow).........	C.				
— *obovata* (Sow.)........		Vr. 5			A.
Eudesia cardium (Lam.)........		Vr. 3	V.		A. ?
Rhynchonella elegantula, Bouch...		Vr.			A. cf
— *obsoleta*, Sow......		Vr. 4	V.		
— *badensis*, Opp......		Vr. 4			
— aff. *concinnoides*, d'Orb.			V.		
— sp. aff. *Morierei*, Dav.			V.		
— *decorata* (Schl.).....			V.		
— sp. (plusieurs esp.)..	C.	Vr.			
Heteropora sp................	C. 3.	Vr. 3			
Stomatopora sp...............		Vr.			
Berenicea sp.................	C.	Vr.			
Echinobrissus clunicularis, d'Orb.,			V.	Ci.	A.
Cidaris bathonica Cott..........			V.		
— cfr. *Wrighti*, Des........			V.		
Acrosalenia spinosa, Ag........		Vr.	V.		
— cfr. *hemicidaroides*, Wright.	C.				
Hemicidaris langrunensis, Cott...		Vr.			
— *luciensis*, d'Orb......		Vr.			A.
— sp. ind............			V.		
Pseudocidaris sp. nov.?		Vr.			
Stomechinus serratus (Cott.).....	C.				
— *Schlumbergeri* (Cott.).	C.				
Apiocrinus cfr. *elegans*, Defr. (calice, etc.).................		Vr.			
— sp. (portions de tige)..		Vr.			
Millericrinus sp. ind...........	C.		B.		
Pentacrinus sp..............	C. 3				

Astropecten sp. ind. . . . . C.

Serpula conformis, Goldf . . . . C. **Vr.**

—   *quadrilatera*, Goldf. . . . . . .   **V.**

—   sp . . . . **Vr.**

—   sp. (plusieurs esp.) . . . . C.

Polypiers, 1 . . . . **Vr.**

Eudea sp . . . . **Vr.**

Amorphospongia sp . . . . **Vr.**

VARIATIONS. — La modification la plus remarquable que présente le niveau **E** est l'absence de tout dépôt de cet âge dans la grande tranchée de Châtillon, vers le milieu du Jura lédonien, sur l'emplacement où devaient plus tard se former les plissements et dislocations de la côte de l'Eute. On ne peut dire encore si cette discordance est due à l'absence de sédimentation sur ce point à l'époque du niveau **E**, ou bien à une érosion locale qui s'y serait produite dans les premiers temps du Callovien. Il serait fort intéressant de rechercher si la même discordance existe dans d'autres parties de l'Eute : dans ce cas, elle pourrait, avec assez de vraisemblance, être attribuée à la formation, vers la fin de l'époque bathonienne, d'un léger ridement qui serait une première et faible ébauche de la chaîne de l'Eute.

La même absence des Marnes bathoniennes supérieures, et aussi du Callovien inférieur pour la plus grande partie, semble exister entre Messia et Courlans, dans la région la plus occidentale des plissements jurassiens, sur le flanc d'un synclinal faillé. Si cette discordance est réelle, elle pourrait aussi résulter d'un léger ridement de cette région dès cette même époque.

D'autre part, la liste des fossiles et les indications qui la précèdent suffisent à montrer combien la faune des Marnes bathoniennes supérieures varie d'un gisement à l'autre. C'est ainsi que les Lamellibranches offrent de nombreuses espèces à l'O. et à l'E. de la contrée, où les Brachiopodes sont assez faiblement représentés, tandis que la proportion est inverse dans la région intermédiaire, à Verges, au bord occidental de l'Eute, où les Lamellibranches sont à peu près absents, à l'exception des petites Huîtres. Mais de plus il existe des différences assez sensibles entre la faunule de Lamellibranches de l'O. et celle de l'E. : en outre des Avicules et Huîtres de petite taille, assez fréquentes dans cette dernière, on y remarque surtout des Myacides, en particulier *Pholadomya Murchisoni* et *Homomya gibbosa*, tandis qu'à l'O. cette famille est à peine représentée et ces deux espèces paraissent absentes ; les petites Huîtres et Avicules y sont rares ; par contre, les Peignes et surtout les Lamellibranches nageurs du genre *Lima* sont beaucoup plus fréquents en espèces et en individus.

L'ensemble de ces faits montre qu'à l'époque des Marnes bathoniennes supérieures les divers points étudiés de l'O. à l'E. de notre contrée étaient dans des conditions sensiblement différentes, là où la sédimentation s'est effectuée ; ils donnent plus d'intérêt encore à la discordance de Châtillon et peut-être aussi de Messia, surtout quand on voit les différences s'accentuer bien davantage à l'époque du Callovien inférieur, entre nos gisements situés à l'O. et à l'E. de cette localité. La faunule assez spéciale du niveau **E** à Verges serait-elle due à l'existence d'un courant longeant un rudiment de pli de l'Eute à Châtillon, ou à un simple état différent de la mer dans la région comprise entre un léger ridement sur ce point et d'autres, à l'O., dans la région du Vignoble ? On ne pourrait insister à présent sur ces vues hypothétiques, d'après des données aussi incomplètes. La continuation des études de détail dans un rayon plus étendu permettra seule des déductions d'une probabilité suffisante pour mériter une sérieuse attention.

COUPES DU BATHONIEN & DU CALLOVIEN (1).

COUPES DE SYAM A LA BILLODE ET A CHAMPAGNOLE.

Entre le vallon de Syam et la route nationale dé Cize à la
Billode se trouve le puissant gradin de la Liège, qui offre à sa
base la partie supérieure du Bajocien et comprend l'étage Bathonien tout entier. Le chemin qui va des forges à la gare de
Syam présente les couches inférieures de cette série. Le reste
du massif Bathonien est coupé par les tranchées de la voie entre
cette gare et celle de Vaudioux ; mais la série des strates est
interrompue à diverses reprises par de petites failles, des parties
broyées ou des intervalles entre les tranchées successives, de
sorte que, pour la partie moyenne de l'étage, la succession complète ne peut être relevée sur ce point. Par contre, cette partie
affleure en entier, avec une certaine épaisseur des couches supérieures, sur le bord de la tranchée abandonnée, entre la gare de
Syam et l'écluse construite à l'emplacement du viaduc primitif
sur l'Ain ; toutefois, les abrupts qui s'y trouvent ne permettent
pas l'étude de détail vers le haut.

On retrouve la même série du Bajocien supérieur et d'une
grande partie du Bathonien sur le flanc oriental de la vallée de
l'Ain, entre les forges de Syam et de Champagnole, tant au bord
de la route qu'en suivant la voie ferrée jusqu'au stand de cette
ville, où la série visible se termine par les premières couches du
Bathonien supérieur.

Pour observer dans cette région la série à peu près entière du
Bathonien, il convient d'étudier, près de la gare de Syam, la
partie inférieure de l'étage, jusqu'à la limite du Bathonien III ;
cette dernière assise se voit beaucoup mieux sur le bord de la

(1) Voir, à la suite de l'étude du Bajocien, la coupe du Bathonien de
Messia, et, dans le cours de l'étude générale du Bathonien inférieur
et moyen, les coupes partielles relevées à Chaussenans, au Fied, à Crançot, entre Publy, Nogna, Verges et Vevy, à Nogna et à Chaux-du-
Dombief.

voie entre le pont métallique sur l'Ain et le stand ; la base du Bathonien supérieur se montre dans les carrières du stand, et la partie supérieure, qui affleure sur une grande étendue entre la Billode et Cize, est seulement coupée par la voie près de la gare de Vaudioux.

Le passage au Callovien et la plus grande partie des couches de cet étage s'observent, dans les meilleures conditions, au voisinage de cette gare, sur un point connu avant l'établissement du chemin de fer sous le nom de Billode-Dessus, et j'ai pu, lors des travaux de la voie, y relever la coupe complète des couches calloviennes. Bien qu'elle ait déjà été publiée (1), je la rapporte ici à cause de son importance, mais en la séparant, sous le nom de Coupe du Callovien de la Billode, afin de laisser aux couches qu'elle comporte les mêmes numéros qui leur ont été donnés dans les publications antérieures.

Un autre affleurement callovien, situé au bord de la route de Cize, à 1 kilomètre au S. de cette localité, offre seulement quelques couches de la partie inférieure de l'étage. La coupe en a déjà été publiée et il paraît inutile de la reproduire ici.

I. — COUPE DU BATHONIEN DE SYAM A CIZE ET A LA BILLODE.

1re partie. — *Succession observable sur le chemin des forges à la gare.*

Le chemin qui monte de Syam à la gare entame d'abord quelques mètres de sables glaciaires, plaqués contre le rocher et parsemés d'assez gros blocs roulés ; puis on a, jusqu'à la gare, la série des couches ci-après.

Bajocien supérieur.

Partie supérieure, visible sur 21 m. environ.

1. — Calcaire dur, grenu-cristallin, avec fines parcelles spathiques et débris de bivalves ; ployé et broyé. Puissance difficilement appréciable, soit environ . . . . 3 m.

(1) L.-A. GIRARDOT. *Recherches géol. dans les environs de Châtelneuf,* p. 147.

2. — Calcaire dur, grenu, passant à une oolithe blanchâtre, peu régulière. Environ . . . . 2ᵐ50.

3. — Calcaire dur, oolithe blanche plus ou moins régulière, avec petits débris fossiles. Soit . . . . 3ᵐ20.

4. — Calcaires à petites oolithes assez régulières, abondantes dans une pâte rougeâtre, rare ; atteint au plus. . . . . 2 m.

5. — Calcaire blanchâtre, à petites oolithes et, par places, de nombreux fossiles. Dans le haut, il est parfois rougeâtre et passe, dans certains points, à un calcaire tendre, d'aspect dolomitoïde, qui s'effrite et contient quelques bivalves : *Pholadomya* sp., *Trichites* sp., Lithophages, *Ostrea* cfr. *Marshi*, *Pentacrinus* sp. 2 à 3 m.

6. — Calcaire spathique, plus ou moins chargé de petites oolithes dans la partie supérieure et surtout dans la partie moyenne, où il devient même tout à fait oolithique sur une assez faible épaisseur. Surface taraudée, marquée par un délit très net et assez régulier, visible sur une longueur notable. Puissance difficilement déterminable avec exactitude ; environ . . . . 8 m.

ÉTAGE BATHONIEN

I. — **Bathonien inférieur** (environ 2? m.)

NIVEAUX **A**, **B** et **C**.

7. — Calcaire jaunâtre, variable, à cavités irrégulières, dur et parfois à peine terreux sur des portions d'étendue variable. Forme souvent par places une lumachelle d'Huîtres, de débris de *Trichites*, etc ; mais certains points sont bleuâtres et sans fossiles. Environ. . . . . 2 m.

Cette couche forme sans doute le niveau **A**.

8. — Calcaire lumachelle, pétri de petites Ostracées, et à cassure un peu spathique. Épaisseur difficilement appréciable, par suite d'une certaine incertitude sur la direction des strates, dans quelques parties. Soit au moins . . . . . 6 à 8 m.

9. — Calcaire variable, offrant par places, dans le haut, de petites cavités irrégulières. Au N., il passe à un calcaire jaunâtre, peu dur, fragmenté, à nombreux petits débris de bivalves,

analogue à la c. 7 ; parfois il est peu fossilifère, et ne se distingue pas du précédent quand il n'est pas jaunâtre. Environ 2ᵐ50.

D. — Niveau de l'oolithe bathonienne inférieure de Syam et Chatillon, avec Polypiers a la gare de Publy (11 m.).

10. — Calcaire dur, à nombreuses petites oolithes, régulières dans le bas, devenant irrégulières et d'aspect sableux dans le haut. Fossiles nombreux par places (*Trichites* et autres bivalves), sur 0ᵐ20 à 0ᵐ30, dans le banc inférieur, qui a 0ᵐ90. 4 m.

11. — Calcaire oolithique, un peu délitable par places dans la partie inférieure, où il est alors sableux ; mais ordinairement dur et résistant, à petites oolithes cassantes. Le banc supérieur (0ᵐ40) contient des grumeaux épars de fer sulfuré ; la surface porte des Huîtres plates soudées et de nombreuses perforations de lithophages. Environ . . . . , ... 7 m.

Bathonien II. — Calcaires de Syam.

A. — Niveau des calcaires marno-sableux de Syam, a Ammonites neuffensis et Am. cfr. aspidoides (4 m.)

12. — Banc calcaire, à oolithes grossières, rougeâtres. Lamellibranches et Térébratules. 0ᵐ90

13. — Banc calcaire à petites oolithes rougeâtres, intercalé entre deux lits de marne dure, grenue. Lamellibranches et Brachiopodes (voir la liste dans l'étude du niveau) . . . 0ᵐ50

14. — Calcaire gris-blanchâtre, grenu, avec lits de marne dure intercalés. Faunule analogue à la c. 13. Jusqu'au mur de soutènement de l'emplacement de la gare il y a . . . 2ᵐ60.

La série visible sur le chemin de la gare se termine ici.

2ᵉ partie. — *Série de la gare de Syam, des tranchées abandonnées et des abrupts de Cize.*

Les dernières couches qui précèdent se retrouvent au bord de la voie, vers le tournant au S. de la gare. La partie supérieure de la c. 11 y affleure sur 1 m.; sa surface est fortement taraudée et porte des Huîtres plates soudées.

Au-dessus, les c. 12 à 14 offrent un calcaire pointillé de noirâtre, avec 2 lits marneux principaux, de même couleur, intercalés. L'épaisseur semble ici un peu plus faible. La surface, peu régulière, porte un mince lit marneux, contenant des rognons ou sortes de galets calcaires et quelques fossiles. J'y ai recueilli, entre autres, un *Ammonites neuffensis* paraissant roulé.

On observe ensuite la succession ci-après.

B. — Niveau des calcaires compacts a Pinna ampla de la gare de Syam (6 m.).

15. — Calcaire gris-blanchâtre, finement grenu, souvent peu distinct de la couche suivante, mais moins résistant d'ordinaire et se délitant parfois en nombreux petits fragments ; très minces lits marneux intercalés. Soit . . . . 1 m.

Lamellibranches assez fréquents : *Pholadomya Murchisoni* et autres Myacides, *Pinna ampla*, etc.

16. — Calcaire à grain très fin, gris-bleu intérieurement, avec nombreux petits débris fossiles plus foncés, qui simulent un pointillé irrégulier assez fin. Fossiles assez peu fréquents, *Pholadomya Murchisoni, Terebratula globata*, etc. Surface un peu irrégulière, portant quelques petites Huîtres (*Ostrea* cfr. *costata*) ; elle forme un délit très net, incliné de 2° 1/2 vers le N., et visible sur une assez grande longueur au S. de la gare des voyageurs, jusqu'en face de celle-ci, où elle est à peu près au niveau de la voie . . . . 5 m.

C. — Niveau des calcaires compacts de la gare de Syam (25 m.).

17. — Mince lit marneux, noirâtre ; épaisseur variable de 0m05 à 0m10.

18. — Calcaire à grain très fin, gris-bleu, avec pointillé noirâtre moins abondant que dans la c. 16. Bancs épais. *Terebratula globata* en dessous. La surface supérieure porte un petit lit calcaro-marneux, dur, fragmenté ou un peu feuilleté, à *Pecten lens* et *Terebratula globata* . . . . 6 m.

19. — Calcaire analogue au précédent, jaunâtre par altération ; bancs réguliers moins épais, inclinés vers le N. de 5° 1/2. *Terebratula globata* dans le bas. Se termine au niveau de la voie

à l'entrée de la tranchée abandonnée, tout auprès de la barrière de la gare, où la surface porte le poli et les stries glaciaires . . . . 4 m.

20. — Calcaire dur, grenu, gris-noirâtre, à cassure anguleuse, vive ; gros bancs. Surface d'apparence durcie, formant un délit très étroit, mais fort net, visible sur une grande longueur. Inclinaison 5° N. . . . . 5m80.

21. — Calcaire dur, analogue à la c. 20, mais plus grenu dans le haut ; passe brusquement au suivant, sans délit. Environ. 4m70

22. — Calcaire blanchâtre, d'aspect grenu, à petites oolithes ; se fragmente un peu en grossiers morceaux cuboïdes. La surface forme un délit assez net ; elle est à découvert, sur 2 à 3 mètres carrés, au bord O. de la tranchée abandonnée, et offre sur ce point le poli et les stries glaciaires. 4m40

D.—Niveau des calcaires oolithiques de la gare de Syam (18 m.).

23. — Calcaire blanchâtre, à oolithes assez petites ; se fragmente grossièrement à l'air en morceaux irréguliers, et forme, avec le suivant, sur 15 à 16 m. d'épaisseur, un long talus de *groise*. Paraît peu fossilifère. . . . . 14 à 15 m.

24. — Calcaire analogue au précédent, dont il ne paraît pas séparé par un délit distinct. Fossilifère par places (Huîtres et autres bivalves). La surface forme un délit très net, accompagné d'une corniche due à l'érosion, mais l'état de l'affleurement ne m'a pas permis d'observer ici le taraudage qu'elle présente au S. du pont métallique. Un bloc de calcaire assez analogue, situé vers le milieu de cette couche, mais peut-être non en place et qui pourrait provenir de la couche 25, m'a fourni quelques Myacides et des traces de végétaux terrestres. Soit. . . . 3m50

Bathonien III. — Calcaires de Champagnole.

A. — Niveau des calcaires compacts de l'ancien viaduc de Champagnole.

25. — Calcaire grisâtre, grenu, à texture peu régulière, avec bivalves et quelques Brachiopodes par places, sur 2 à 3 m. ; ne

paraît pas séparé du suivant ; se fragmente un peu, surtout à la base, et forme des enfoncements latéraux au-dessus de la limite précédente.

26. — Calcaire grisâtre et résistant, dans la partie inférieure de l'abrupt qui succède à la couche 25 ; au-dessus de ce dernier, vient un talus envahi par la végétation et où le passage à la couche suivante n'est pas visible. Puissance non déterminée.

B. — Niveau des calcaires oolithiques a Polypiers du stand de Champagnole.

27. — Calcaire blanchâtre, à petites oolithes ; se fragmente un peu et forme, sur une épaisseur non déterminée, la partie supérieure du talus qui vient d'être signalé. Le niveau comprend ensuite la base de l'abrupt supérieur, et paraît limité par un délit principal qu'offre celui-ci sur une longueur notable.

Vers le milieu de la longue tranchée abandonnée, sur un point où l'on peut gravir jusqu'à la base de l'abrupt supérieur, on trouve pour les deux niveaux **A** et **B** une puissance totale d'environ 33 m., à partir de la surface de la c. 24 jusqu'au délit pris pour limite ; sur ce nombre se trouvent 10 à 11 m. de la partie inférieure de l'abrupt.

Bathonien supérieur.

A.—Niveau des calcaires a bivalves du stand de Champagnole et des calcaires inférieurs a Zeilleria digona de Courbouzon.

28. — Calcaire grisâtre, un peu grenu, dur et très résistant à l'air, qui forme le haut de l'abrupt supérieur sur une épaisseur d'environ 15 m. (?), si l'on prend le sommet de cet abrupt en face du pont métallique.

De ce point, si l'on se dirige vers l'E. à travers la forêt, on arrive à l'affleurement de marnes bathoniennes supérieures de Cize, visible dans le fossé de la grande route, en face du kilomètre 72, et suivi du Callovien, dont l'assise inférieure seule est en partie observable. Dans ce trajet on rencontre de larges crevasses, suivant à peu près la direction N.-S., qui accusent l'existence de petites dislocations, de sorte que l'on ne peut évaluer la puissance du Bathonien supérieur sur ce point.

3ᵉ Partie. — *Entre les gares de Syam et de Vaudioux (la Billode).*

Au S. de la gare de Syam, à une vingtaine de mètres plus loin que l'endroit où se montrent les calcaires fossilifères de la base du Bathonien II, le bord de la voie offre 1 à 2 m. d'un calcaire finement grenu-cristallin, dont la surface, assez largement découverte, est taraudée et porte des Huîtres plates soudées. Cette surface n'est pas celle du Bathonien I, dont elle occupe à peu près la situation ; car elle ne porte pas les couches à *Am. neuffensis* et à *Pinna ampla* : elle est plus élevée, et paraît être celle qui termine le Bathonien II.

A partir de ce point, la voie coupe les calcaires du Bathonien moyen sur une épaisseur variable et sur une grande longueur, très probablement jusqu'à la forte dépression traversée en remblai par la voie (maisonnette du garde-barrière). De petites dislocations se présentent de temps à autre sur ce parcours, de sorte qu'une étude très minutieuse permettrait seule de préciser davantage la position des couches visibles. La voie se trouve dans le Bathonien II sur une grande partie de la longueur ; car les couches marneuses à *Am. neuffensis* se voient peu au-dessous, dans l'abrupt, par exemple sur la fontaine du Rondeau, en face même du village de Syam, etc. Mais aux approches de la dépression qui vient d'être indiquée, c'est le Bathonien III qui paraît affleurer au-dessus de la voie.

Au S. de cette dépression vient la grande tranchée de la Billode, creusée tout entière dans le Bathonien supérieur. On y relève la succession suivante, dont j'attribue, sous toutes réserves, les premières couches au niveau **A** de cette assise.

Bathonien supérieur.

A. — Niveau des calcaires a bivalves du stand de Champagnole et des calcaires inférieurs a Zeilleria digona de Courbouzon.

29. — Calcaire dur, bleuâtre, à petites oolithes cassantes ; bancs épais. Surface à petits stylolithes, avec grandes Huîtres plates soudées et traces probables de taraudage, ainsi que *Pecten*

vagans, fragments de *Trichites*, quelques Térébratules et Rhynchonelles peu déterminables. Visible sur environ. . . 6 m.

Ce calcaire occupe la partie N.-E.de la tranchée ; la surface est à découvert, sur une certaine étendue, dans une petite carrière située près du ponceau, au bord et en dessus de la voie, à 2 ou 3 m. plus haut que celle-ci. Un calcaire blanchâtre, très oolithique, froissé, qui se voit au-dessous de cette couche, tout à l'extrémité N. de la tranchée, pourrait appartenir au sommet du Bathonien III.

B. — Niveau de l'oolithe bathonienne supérieure de Courbouzon.

30. — Calcaire analogue, contenant encore de petites oolithes dans la partie inférieure et passant à un calcaire finement grenu-cristallin. Surface irrégulière, bosselée, à nombreuses Huîtres plates soudées, bien visible dans la grande carrière du bord de la voie, aux approches de la gare. Puissance difficilement déterminable, à raison de cassures fréquentes et de légères dislocations. Soit au moins . . . . 10^m

C. — Niveau des calcaires marno-sableux de Courbouzon, a Rhynchonella elegantula (2^{m}20).

31. — Calcaire très finement grenu-cristallin ; surface irrégulière, mais non taraudée ; exploité dans la carrière de la voie avec le suivant . . . . 2^{m}20

D. — Niveau des calcaires bathoniens supérieurs des carrières de Vaudioux (2^{m}70).

32. — Calcaire très finement grenu-cristallin. Surface irrégulièrement bosselée et fortement taraudée, couverte de galets souvent perforés eux-mêmes, sur les deux faces, par les lithophages, et soudés par places en un banc irrégulier. A peu près . . . . 2^{m}70

E. — Niveau des marnes bathoniennes supérieures de Vaudioux a Eudesia cardium (1^{m}70).

33. — Marne dure, grenue, très aride, gris-bleuâtre, devenant gris-jaunâtre par altération. Quelques petits galets sont

disséminés dans l'épaisseur, et parfois alignés en lits très minces dans la partie inférieure. Visible en entier dans la tranchée de la voie près de la gare de Vaudioux. Fossiles assez rares sur ce point : *Pholadomya Murchisoni*, etc. . . . . 1^{m}70

En face de Vaudioux, à peu de distance du bord oriental de la route, se trouvent les carrières de cette localité, qui permettent d'observer les dernières couches calcaires de l'étage. La surface bosselée du niveau **B** forme d'ordinaire le fond de ces carrières ; puis le niveau **C** présente deux gros bancs calcaires de 1^{m}20 et 1 m. qui correspondent à ceux de la c. 31 ci-dessus et possèdent la même texture. La surface du premier présente ici quelques légères apparences fort douteuses de taraudage ; celle du banc supérieur est grossièrement rugueuse et paraît taraudée, mais ce fait doit être vérifié. Cette dernière forme le fond de la carrière, dans les parties les moins excavées. Au-dessus, vient le niveau **D**, comprenant un calcaire correspondant à la c. 32, et qui tend ici à se diviser en minces dalles dans le haut ; on l'exploite sur une épaisseur de 2^{m}50, mais le banc supérieur à surface bosselée et taraudée manque au voisinage de la carrière, de sorte que l'épaisseur réelle du niveau est au moins de 2^{m}70, comme à la Billode, ou même se rapproche de 3 m. Les fossiles sont rares dans ce calcaire : *Pecten* sp.; *Astropecten* sp.

La surface bosselée et à perforations de lithophages du niveau **D** est largement à découvert un peu plus au N., tout près du bord E. de la route, où elle porte de nombreux galets, taraudés sur le pourtour ou bien chargés de petites Huîtres. Les marnes bathoniennes supérieures du niveau **E**, qui la surmontent, forment sur ce point le gisement d'une certaine étendue que je désigne sous le nom de Vaudioux et qui m'a fourni les espèces de cette localité, indiquées précédemment : *Homomya gibbosa, Terebratula intermedia, Eudesia cardium*, etc. La base de ces marnes présente ici, par places, en outre des galets taraudés, de petits blocs pétris d'*Avicula echinata, Ostrea costata* et *O. obscura*. La partie supérieure a été enlevée par l'érosion, de sorte qu'il en reste seulement 1 m.

Près de la gare, la c. 33 est suivie de la série callovienne décrite dans la coupe suivante.

II. — COUPE DU CALLOVIEN DE LA BILLODE.

Relevée près de la gare de Vaudioux (1).

I. — Callovien inférieur. — Assise de l'Ammonites macrocephalus.

A. — Niveau de l'Ammonites Kœnighi (2ᵐ60).

1. — Calcaire dur et à cassure vive sur la plus grande partie de l'épaisseur, bleu-noirâtre à l'intérieur, jaunâtre ou roux par altération, grenu dans le bas, où s'intercale un banc moins dur, et où se trouvent parfois des cristaux de fer sulfuré, mais criblé de petites oolithes dans la partie moyenne et dans le haut. Surface supérieure sillonnée et bosselée fort irrégulièrement et portant des perforations de lithophages, ainsi que de grandes Huîtres plates soudées ; des galets de la même roche, couverts de perforations et de petites Huîtres, avec des cristaux de fer sulfuré, y sont aussi soudés . . . . 1ᵐ50.

Cette couche se voit près de la gare, dans la petite tranchée au bord E. du passage à niveau de la route. La surface est légèrement à découvert dans le fossé E. de cette route, mais surtout du côté O. de celle-ci, au bord du chemin de desserte qui longe la gare.

Détail de la couche 1.

a. — Banc calcaire dur, plus ou moins grenu et à petites parcelles spathiques, parfois pétri de débris fossiles, Huîtres, Térébratules, etc. . . . . 0,30.

b. — Banc calcaire un peu marneux, à grain fin, avec de très petites parcelles spathiques et sans débris fossiles . 0,20.

c. — Calcaire dur, formé plus ou moins entièrement d'ooli-

(1) Bien que j'aie déjà publié cette coupe détaillée en 1885 (*Bulletin Société géol. de France*, t. XIII, p. 44-48) et en 1886 (*Recherches géologiques dans les environs de Châtelneuf*, 1ᵉʳ fascicule), je la rapporte ici pour réunir dans ce travail les documents actuellement connus sur le Callovien du Jura lédonien. J'y introduis d'ailleurs les désignations de niveau que j'ai adoptées depuis lors et quelques indications résultant d'observations récentes.

thes fines, régulières, de couleur très foncée à l'intérieur de la roche, cimentées par une pâte fine, moins colorée ; quelques parcelles spathiques et de rares fossiles. La partie inférieure, très peu oolithique, renferme des cristaux cubiques de fer sulfuré, assez fréquents. Bancs très minces dans le bas, plus épais et toujours peu distincts au-dessus. Des fossiles sont soudés à la surface. *Avicula echinata*, *Ostrea Marshi*, *O. obscura*, *O. costata*. . . . . . 1 m.

2. — Marne dure, grisâtre, finement sableuse et un peu micacée, avec intercalation d'un mince banc calcaire ou d'un lit de rognons aplatis. Cette couche, actuellement peu visible, affleure dans le fossé E. de la route et à l'O. de celle-ci, au N. de la gare. Sur ce dernier point, la partie marneuse supérieure est feuilletée et présente parfois des impressions analogues à celles qui ont été figurées comme empreintes de gouttes de pluie (ou de grains de grêle?). Au bord E. de la route, la couche est moins marneuse, et n'a qu'une épaisseur totale de 0m20; au N. de la gare elle atteint. . . . . 0m40.

Fossiles rares, surtout dans le lit marneux supérieur qui en est presque dépourvu. Malgré des recherches attentives et sur une assez grande surface, lors des travaux de la voie ferrée, la partie inférieure m'a fourni seulement *Nerinea* aff. *axonensis*, *Natica* sp. ind., *Avicula Munsteri*, *Pecten* cfr. *Rhypheus*, *P.* sp., *Ostrea obscura*, *O. costata*, *Terebratula dorsoplicata*, *Rhynchonella* sp., *Acrosalenia Lamarcki* (var.), *Astropecten* sp.

DÉTAIL DE LA C. 2 AU N. DE LA GARE.

a. — Marne dure, grenue . . . . 0,15.
b. — Banc calcaire dur, finement grenu, sableux, à peine cristallin, gris-jaunâtre, contenant des Lamellibranches indéterminables. Parfois il prend l'aspect d'une couche de gros rognons aplatis et irréguliers. Épaisseur un peu variable, en moyenne. . . . . 0,05.
c. — Marne très dure, finement gréseuse et micacée, plus ou moins feuilletée et présentant parfois des empreintes de gouttes de pluie (??), surtout au voisinage de la c. *b*; *Ostrea costata* . . . . 0,20.

B. — NIVEAU DE L'AMMONITES CALLOVIENSIS (0m70).

3. — Calcaire dur, bleu-foncé à l'intérieur, roux, puis grisâtre par altération, pétri de parcelles spathiques et de débris

fossiles, qui abondent souvent au point de constituer un calcaire
à Crinoïdes ; parfois il offre vers le haut une lumachelle de
petites Huîtres. Près de la surface, on trouve déjà, par places,
des oolithes ferrugineuses plus ou moins abondantes, sur 2 ou
3 centimètres. Cette couche forme un gros banc, parfois divisé en
2 ou 3 bancs peu distincts. Surface à peu près régulière, criblée
de trous de lithophages, dans lesquels se retrouve souvent encore la coquille perforante (*Lithodomus inclusus*, L. sp.) . 0ᵐ70.

Visible sur les deux bords de la route et au N. de la gare.

Fossiles empâtés, assez rarement discernables et toujours
d'une extraction difficile. En outre des Lithodomes, je n'y ai
trouvé que 2 Lamellibranches et de petites Huîtres, le tout indéterminable. Une empreinte de *Fougère*, recueillie autrefois par
Frédéric Thevenin et indiquée par lui comme provenant du
« Cornbrash de Vaudioux », appartient évidemment à cette couche,
d'après la texture spathique de la roche (Musée de Lons-le-
Saunier).

II. — Callovien supérieur. — Assise de l'Ammonites anceps et de l'Am. athleta.

A. — Niveau de l'Ammonites anceps (1ᵐ10).

4. — Calcaire marneux, plus ou moins dur, gris ou noirâtre
et parfois bleuâtre à l'intérieur, jaunâtre par altération, contenant en quantité variable, et d'ordinaire en assez forte proportion, des oolithes ferrugineuses, miliaires, de forme lenticulaire,
à reflet métallique dans les parties de la roche non altérées.
Bancs minces, peu distincts, séparés par de faibles délits marneux, et ne se délitant que lentement. A la base est une couche
plus marneuse qui renferme les mêmes oolithes ferrugineuses . . . . 1ᵐ10.

Visible au N. de la gare. La surface offre par places le poli et
les stries glaciaires.

Fossiles très abondants, mais souvent d'une mauvaise conservation et d'une extraction difficile. Ammonites fort nombreuses,
surtout dans le haut, souvent de grande taille, incomplètes ou
parfois offrant le bord de la bouche. Cette couche m'a fourni
une 50ᵒ d'espèces, principalement *Belemnites clucyensis, Am-*

monites anceps, *A. hecticus*, *A. punctatus*, *A. coronatus*, *A. Jason*, *Pholadomya Escheri*, *Terebratula Sæmanni*, *Zeilleria pala*, *Collyrites ovalis*, *Holectypus depressus*, etc. Un exemplaire d'*Ammonites macrocephalus* s'est trouvé à 0ᵐ15 de la base.

DÉTAIL DE LA C. 4.

a. — Marne dure, à nombreuses oolithes ferrugineuses, avec *Ammonites anceps*, etc., dès la base. Un *Am. macrocephalus* (en place) au milieu. Environ . . . . . . 0,30.

b. — Calcaire de dureté variable ; 5 bancs minces et d'une stratification peu distincte, avec de faibles délits marneux . . . . 0,80.

B. — NIVEAU DE L'AMMONITES ATHLETA (0ᵐ30).

5. — Marne gris-foncé, jaunâtre par altération, empâtant des oolithes ferrugineuses, miliaires, un peu lenticulaires, luisantes. Les oolithes abondent, sur 0ᵐ10, dans la partie inférieure, qui renferme en outre une multitude de Bélemnites, d'Aptychus et surtout d'Ammonites : ces dernières sont la plupart déformées, aplaties et peu déterminables, et un bon nombre ont été usées ou fragmentées avant la fossilisation ; souvent leur surface offre une sorte d'enduit noirâtre, luisant, et elles renferment alors du phosphate de chaux. Dans la partie supérieure, les fossiles ne comprennent guère que des Bélemnites de grande taille pour la plupart, la marne renferme de très fines parcelles de mica, et elle est d'un gris légèrement rougeâtre. En tout. . . 0ᵐ30.

J'ai pu observer cette couche dans les meilleures conditions et sur une étendue notable lors des travaux de la voie ferrée. Elle surmonte la c. 4 au bord N. du chemin de desserte qui longe la gare ; mais elle est actuellement cachée en totalité par la végétation, ou couverte par le glissement des marnes supérieures.

J'y ai recueilli jusqu'ici 25 espèces ; les plus caractéristiques sont *Belemnites latesulcatus* et *Aptychus berno-jurensis* très-fréquents et *A. heteropora*.

DÉTAIL DE LA COUCHE 5.

a. — Marne à oolithes ferrugineuses et fossiles très nombreux . . . . 0,10.

b. — Marne gris-rougeâtre ; oolithes ferrugineuses et fossiles rares. *Belemnites hastatus* de grande taille, etc. . 0,20.

ÉTAGE OXFORDIEN.

Les *Marnes à Ammonites Renggeri* de l'Oxfordien inférieur, riches en petites Ammonites pyriteuses et comprenant une faunule de plus de 65 espèces (*Am. cordatus, A. Mariæ, A. scophytoides*, etc.), surmontent immédiatement la c. 5, sans qu'il y ait de délit séparatif appréciable.

III. — COUPE DE SYAM A CHAMPAGNOLE (STAND).

En suivant la route de Champagnole, à partir des forges de Syam, on observe d'abord des Calcaires du Bajocien supérieur, qui appartiennent aux couches indiquées dans la coupe précédente. Ils ont été exploités sur plusieurs points au bord de la route, ainsi que les premières couches bathoniennes. Dans la plus importante de ces carrières, depuis longtemps abandonnée, on observe la petite série suivante :

Bajocien supérieur (en partie).

a. — Calcaire spathique, à surface probablement taraudée, ainsi que le fait penser un échantillon non en place, trouvé un peu plus au N. Visible au bord même de la route.

Bathonien inférieur.

b. — Banc calcaire, à nombreux *Trichites* et autres bivalves. Soit à peu près 1 m.

c. — Calcaire d'apparence un peu spathique, pétri de petits débris de bivalves, exploité dans la chambre inférieure de la carrière sur 8 m. au moins.

d. — Calcaire très irrégulier, se délitant un peu, pétri de bivalves (*Trichites, Ostrea*, etc.). Forme le bord supérieur de cette 1re chambre. Environ 1 m.

e. — Calcaire plus ou moins oolithique, exploité autrefois dans une chambre supérieure, beaucoup plus étendue, de la carrière, sur environ 6 à 7 m.

Interruption : bois.

Le passage du Bajocien au Bathonien se voit bien un peu plus loin, à quelque distance au S. du viaduc. L'apparition, sur la tranche des bancs, d'amas de fossiles et surtout de petites Huîtres, qui forment lumachelle sur une certaine longueur, appelle l'attention. Au-dessous, on observe, sur plusieurs points, un banc à surface régulière, mais fortement taraudée, qui répond évidement à la surface de la c. 6 de la coupe de la gare, comme le montre la série qui le surmonte. A partir de cette limite, on observe la succession ci-après.

Bathonien inférieur.

A. — Niveau des bancs marneux inférieurs de Courbouzon a Homomya gibbosa et rares Ostrea acuminata (soit 3 m.).

1. — Calcaire dur, offrant vers la base, et parfois dans le milieu et dans le haut, une lumachelle de petites Huîtres ; n'est pas séparé nettement du suivant. Environ . . . . . 3 m.

Niveaux B et C.

2. — Calcaire dur, à cassure spathique et suboolithique, pétri de débris fossiles et principalement de petites Ostracées. Surface rugueuse, offrant quelques perforations de lithophages. Puissance difficile à préciser, par suite de l'existence de nombreuses petites cassures, souvent accompagnées de légères dénivellations. Soit environ. . . . . 7 à 8 m.

D. — Niveau de l'oolithe bathonienne inférieure de Syam et Chatillon.

3. — Calcaire dur, oolithique, parfois exploité dans une petite carrière au bord de la route, à côté du viaduc. Par places, il offre à la base, sur quelques décimètres, une lumachelle de débris de bivalves (*Trichites*, Huîtres, etc.). Surface taraudée . . . . 11 m.

Bathonien II. — Calcaires de Syam.

A. — Niveau des calcaires marno-sableux de Syam a Ammonites neuffensis et Am. cfr. aspidoides.

4. — Calcaire grenu, se délitant plus ou moins, avec lits mar-

neux intercalés. Myacides, *Terebratula globata*, *Rhynchonella* *spinosa*. . . . . 4^m50.

B. — Niveau des calcaires compacts a Pinna ampla de la gare de Syam.

5. - Calcaire finement grenu, gris-blanchâtre, fossilifère. *Pholadomya Murchisoni*, *Pleuromya* sp., *Terebratula globata*. Visible au sommet de l'escarpement, sur . . . . . 1 à 2 m.

Cette série plonge vers le N., de sorte que les couches précédentes affleurent au bord même de la route, un peu au-delà du pont, où l'on peut observer la surface taraudée de la c. 3. Les couches 3 et 4 y sont visibles sur une certaine longueur et fournissent de nombreux fossiles.

En partant de la surface taraudée de la c. 3, observée sur ce point, on trouve un intervalle d'une vingtaine de mètres, jusqu'aux premiers bancs calcaires qui se voient au bord de la voie ferrée, à l'extrémité N. du pont : il y a donc une interruption d'environ 13 m. Par comparaison avec la coupe de la gare, on peut en attribuer 4 à 5 m.,au niveau **B** et le reste au suivant.

C. — Niveau des calcaires compacts de la gare de Syam.

6. — Interruption, évaluée d'après ce qui précède à 8 ou 9 m.
7. — Calcaire bleuâtre, finement grenu ; inclinaison de 3° vers le N. Visible à l'extrémité N. du pont. Jusqu'au bout N. du mur de revêtement du bord E. de la voie, soit environ . . 3 m.
8. — Calcaire analogue, en gros bancs, incliné vers le N. de près de 5°. Il passe à l'oolithe de la couche suivante sans délimitation apparente, dans la partie supérieure d'un gros banc compact à la base, soit . . . . 8 m.
9. — Calcaire blanchâtre, dur, à petites oolithes, fragmenté ; tendance à la division en petits bancs peu distincts et sans délits réguliers. Par places, nombreux petits bivalves (Limes, Huîtres, etc.), visibles surtout au bord du chemin forestier qui domine la voie. Soit. . . . . 5 à 6 m.
10. — Banc de calcaire compact ; environ. . . . . 0^m50.

D. — Niveau des calcaires oolithiques de la gare de Syam.

11. — Calcaire oolithique, dur, légèrement rougeâtre, fragmenté comme la c. 9 ; visible sur environ . . . . 3^{m}50.

12. — Interruption : probablement calcaire analogue au précédent, d'après la coupe de la gare. Environ . . 6 à 7 m.

13. — Calcaire blanchâtre, à très petites oolithes régulières, divisé en nombreux fragments, sans stratification bien marquée. Soit . . . . 5 à 6 m.

14. — Calcaire dur, grisâtre, très fragmenté, à petites oolithes cassantes. Bivalves par places, surtout des *Trichites* dans la partie inférieure. Surface fortement taraudée, inclinée de 4° 1/2 vers le N. Soit . . . . 3 m.

Bathonien III. — Calcaires de Champagnole.

A. — Niveau des calcaires compacts de l'ancien viaduc de Champagnole.

15. — Calcaire finement grenu, bleuâtre, en gros bancs ; passe à la couche suivante sans délimitation nette. Environ 10 m.

B. — Niveau des calcaires oolithiques a Polypiers du stand de Champagnole.

16. — Calcaire dur, blanchâtre, se chargeant de plus en plus de petites oolithes et devenant plus blanc à mesure qu'on s'élève. Vers 7 à 8 m. de la base, les oolithes sont variables, et le calcaire se charge de débris d'Échinodermes. Inclinaison de 2° environ vers le N. Soit . . . . 15 m.

17. — Calcaire blanc, à très petites oolithes. Quelques rares Polypiers dans le bas. Inclinaison N., 1° à 3° selon les points. Visible dans les tranchées de la voie, en face de l'emplacement du viaduc démoli (écluse actuelle). Soit . . . . . . 5 m.

18. — Calcaire blanchâtre, bleu intérieurement, à fines oolithes assez régulières. Surface fortement taraudée et à nombreuses Huîtres plates soudées. . . . . 4 m.

Cette couche, à peu près horizontale (faible inclinaison vers le N. d'environ 1°), se voit sur la plus grande partie de la longue tranchée qui s'étend du viaduc démoli jusqu'au stand. Elle est séparée de la suivante par un mince délit marneux très net. Dans les carrières du stand, l'exploitation du calcaire se fait sur une épaisseur de 3 m. La surface de cette couche y est à découvert sur une grande étendue ; elle est criblée de perforations de lithophages (petites et grandes) et porte une foule de grandes Huîtres plates soudées. Sur d'autres points du bord de la voie, il arrive parfois que les perforations sont plus rares, mais les Huîtres plates restent nombreuses.

Bathonien supérieur.

A. — Niveau des calcaires a bivalves du stand de Champagnole. et des calcaires inférieurs de Courbouzon a Zeilleria digona (en partie).

19. — Calcaire grenu, bleu-foncé intérieurement, gris-jaunâtre par altération, un peu gélif, se chargeant, dans la moitié supérieure, de petites oolithes peu distinctes. Visible près du stand (carrières), sur . . . . 3ᵐ30.

Quelques bivalves (Pleuromyes) et de rares Térébratules, ainsi que de très petites Nérinées.

Les couches supérieures manquent sur ce point.

Bathonien moyen de la route de Syam a Champagnole.

Cette route permet d'observer, sans pénétrer sur la voie, les couches les plus intéressantes de la série qui vient d'être décrite.

A partir des calcaires fossilifères de la c. 4, qui se voient au N. du viaduc actuel, on ne trouve, sur une assez grande longueur de la route, que de rares affleurements des calcaires oolithiques du Bathonien II. En approchant du viaduc démoli, on observe une partie des couches qui viennent d'être indiquées.

13 (partie moyenne). — Calcaire blanc, grenu à très fines oolithes peu distinctes. Visible au bord de la route sur. . 1ᵐ

13 (partie supérieure). — Calcaire blanchâtre, à fines oolithes et quelques débris spathiques ; divisé irrégulièrement en 5 ou 6

bancs, peu distincts et très fendillés. De grosses oolithes irrégulières y sont disséminées dans le haut. . . . . . . 1 m 80

14. — Calcaire grisâtre, avec quelques parcelles spathiques ; débute par un gros banc à surface inférieure régulière, et qui passe à un petit massif irrégulièrement fendillé, mais toutefois assez résistant. Quelques bivalves. Surface taraudée, inclinée vers l'E. de 4° $\frac{1}{2}$ . . . . 3 m 50

15. — Calcaire grisâtre, grenu, contenant de fines parcelles spathiques et quelques oolithes peu distinctes, sans stratification apparente, sauf dans le haut ; se brise un peu, surtout dans le bas, en fragments irréguliers. Quelques fossiles, *Pecten* cfr. *demissus*, etc. L'oratoire de St-Joseph, dont la niche est creusée dans la partie inférieure de cette couche, en indique la position exacte. Jusqu'à l'emplacement du pont démoli, indiqué par la petite tranchée abandonnée au N.-E. de la route, il y a environ . . . . 10 m

16. — Calcaire dur, blanchâtre, grenu, passant à une oolithe fine avec débris spathiques, puis à un calcaire nettement spathique, pétri de débris d'Échinodermes, auquel succède une oolithe fine. Visible dans la petite tranchée abandonnée. Jusqu'au niveau de la voie, il y a environ. . . . . 16 m

Le calcaire à Polypiers de la c. 17 peut se retrouver dans le petit bois du bord O. de la voie, où il serait intéressant de rechercher les Polypiers. Enfin le Bathonien III se complète par la c. 18, indiquée dans les carrières du stand.

Les bords de la vieille route de Syam à Champagnole et le chemin forestier qui y aboutit, après avoir assez longtemps longé la voie, permettent d'observer une bonne partie des Calcaires de Syam, surtout dans les niveaux **C** et **D**. On peut recueillir des fossiles du niveau **D** dans le chemin forestier.

IV. — COUPE DE BOURG-DE-SIROD.

Relevée sur le bord du chemin forestier de cette localité à Champagnole.

La montagne, dite Bois-de-Sapois, qui s'élève entre Champagnole et Bourg-de-Sirod présente, du côté oriental, en face des forges du Bourg, un puissant gradin bajocien, qui domine d'au moins 150 m. le cours de l'Ain, près des forges, et forme un abrupt terminal, précédé d'une côte boisée, avec des prés secs en dessous. Des bancs marneux noirâtres, qui doivent appartenir aux couches supérieures du Bajocien inférieur, se voient vers le bas de la côte boisée. En suivant le chemin de Champagnole qui gravit la montagne au N. de l'abrupt principal, on observe des calcaires à Crinoïdes, exploités dans de grandes carrières, et l'on arrive au sommet du gradin, qui offre une large surface plongeant vers l'O. d'une manière bien sensible ; elle montre les calcaires à silex et à Polypiers qui ont été indiqués sur ce point dans l'étude du Bajocien.

A partir de ce gradin, le chemin s'élève, par une côte boisée, jusqu'au sommet de la montagne et permet d'observer les couches suivantes.

Bajocien supérieur (en partie).

1. — Calcaire spathique, avec Crinoïdes bien visibles sur la tranche des bancs inférieurs. Inclinaison d'environ 12° vers l'O. Surface non observable. Visible à partir d'un tournant du chemin, à peu près sur. . . . . 17 m

Bathonien inférieur.

2. — Calcaire jaunâtre, irrégulier, peu dur, à nombreux débris de *Trichites* et autres bivalves. Visible en haut du léger gradin que forme le chemin de Champagnole, au point où il reçoit un petit chemin de desserte des bois, avant le tournant qui précède le sommet. Base non visible. Soit. . . . . . . 1 m
3. — Calcaire un peu spathique, avec quelques oolithes et de nombreux débris de bivalves. Visible dans le bois au bord du chemin. . . . . 2 m
4. — Calcaire à petites oolithes variables, avec débris d'Échinodermes peu abondants. Environ. . . . . . . 6 à 7 m
5. — Banc calcaire jaunâtre, pétri de bivalves (*Trichites*, etc.). Soit. . . . . 0 m 60.
6. — Calcaire oolithique blanc ; les oolithes sont irrégulières dans le bas, fines et régulières dans le haut. Inclinaison de 10° vers l'O.

La c. 6 et l'interruption suivante (c. 7) occupent l'emplacement du tournant du chemin qui précède le sommet. La c 6 se voit dans le bois tout à côté. La puissance des deux couches est de 14 à 16 m. soit environ 10 à 12 mètres pour la c. 6.

Bathonien moyen.

7. — Interruption, sur quelques mètres.

8. — Calcaire compact, dur, visible au bord du chemin, au dessus du tournant, sur . . . . 2 ᵐ

9. — Interruption. Probablement couche plus marneuse. 1 ᵐ

10. — Calcaire gris-blanchâtre, finement grenu. . . 1ᵐ20
Quelques fossiles : *Pleuromya* sp., *Terebratula globata*.

11. — Calcaire compact, lithographique, gris-blanchâtre, dur 7ᵐ

12. — Calcaire analogue, un peu rougeâtre, visible jusqu'au sommet, sauf quelques petites interruptions ; à peu près 14 ᵐ
Les couches supérieures manquent.

V. — COUPE DE CHATILLON.

Relevée dans la grande tranchée du chemin vicinal de cette localité à Vevy.

Le chaînon principal de l'Eute coupé par la tranchée de Châtillon se compose d'un massif de Bajocien supérieur et de Bathonien, plongeant vers l'O. de 28°, et limité du côté oriental par une faille qui met le Bajocien en contact avec l'Oxfordien supérieur. Voici la série que l'on observe.

Bajocien supérieur (en partie).

1. — Calcaire spathique à petits éléments ; visible par places dans les pâturages à l'E. de la tranchée, sur une épaisseur approximative d'au moins. . . . . 10 à 12 ᵐ

2. — Calcaire spathique dans le bas, où il offre des Pentacrines et de petits débris d'Huîtres, et se chargeant ensuite peu à peu de petites oolithes. Soit . . . . 3 ᵐ

8. — Calcaire blanchâtre, à petites oolithes nombreuses. Surface taraudée. Environ. 4ᵐ

Bathonien inférieur.

A. — Niveau des bancs marneux inférieurs de Courbouzon a Homomya gibbosa et rares Ostrea acuminata (6 m 10).

4. — Calcaire jaunâtre par altération, formant lumachelle de petites Huîtres et offrant deux lits intercalés qui se délitent lentement. *Pecten ledonensis*, *Lima duplicata*, *Ostrea* sp. ind., *Rhynchonella* sp. ind . . . . 2 m 85

5. — Banc calcaire bleu intérieurement, jaunâtre par altération, qui se délite lentement par places d'une façon variable. Nombreux petits fossiles, Huîtres, etc. 0m50

6. — Calcaire dur, bleuâtre, pétri de de petites Huîtres, avec quelques Pentacrines. Surface taraudée. A 1m au-dessus de la base, la surface d'un banc offre de nombreux *Pecten ledonensis*, *Lima duplicata*, etc . . . . 2m75.

B. — Niveau des marnes de Plane et de Chatillon a Ostrea acuminata.

7. — Couche marno-grumeleuse, très dure, surtout sur 1m environ dans le bas, où elle est pétrie de fossiles. *Ammonites ferrugineus*, *Pecten ledonensis*, *Lima duplicata*, *Ostrea acuminata*, etc. . . . . 2m40.

A. — Niveau des marno-calcaires pisolithiques de Plane a Zeilleria ornithocephala et Oursins et des calcaires a bivalves de Chatillon.

8. — Calcaire dur, à petits débris spathiques; gros bancs. 1m40

9. — Marne grumeleuse, très dure et assez fossilifère, avec un lit peu régulier intercalé de calcaire sableux et à débris fossiles cristallins, *Trichites*, Huîtres, *Terebratula globata*. 0m50

10. — Calcaire sableux et à débris cristallins; couleur bleue à l'intérieur. Gros banc jaune-rougeâtre en dessus, où il est moins résistant par places. Surface irrégulière 2m80

11. — Délit marneux ; passe à l'O. à un calcaire bleu. 0m10

12. — Calcaire grenu et à débris cristallins, avec pointillé ferrugineux. Passe au suivant. *Analina* sp. . . . . 1 m.

13. — Calcaire marneux, bleuâtre, un peu jaunâtre par alté-

ration. Quelques bivalves en mauvais état, *Pholadomya Mur-chisoni* . . . . 1 m.

D. — Niveau de l'oolithe bathonienne inférieure de Syam et Chatillon.

14. — Calcaire dur, grisâtre, grenu dans le bas, devient oolithique dans le haut. 0m90

15. — Calcaire oolithique, blanc, exploité vers le milieu de la tranchée ; bancs épais. Oolithes irrégulières dans le bas ; passe à une oolithe blanche, régulière, de plus en plus fine en s'élevant mais qui redevient variable dans le haut et prend un aspect coralligène . . . . 11 m.

Bathonien II. — Calcaires de Syam.

A. — Niveau des Calcaires marno-sableux de Syam a Ammonites neuffensis et Am. cfr. aspidoides (au moins 2m70).

16. — Calcaire gris, finement grenu ; bancs minces. Grands Nautiles, *Mytilus gibbosus*, etc. 1m20

17. — Trois bancs calcaro-marneux, fossilifères ; celui du milieu plus résistant. *Pholadomya Murchisoni*, Pleuromyes, *Terebratula globata*. Environ 0m50

18. — Calcaire gris, à grain très fin, fragmenté. Térébratules. . . . . 1 m.

B. — Niveau des calcaires compacts a Pinna ampla de la gare de Syam (soit 9m50).

19. — Calcaire à grain très fin ; bancs peu distincts, plus réguliers que dans la c 18. Pleuromyés, Goniomyes. . 3m60

20. — Calcaire à texture analogue, contenant vers le milieu des rognons de silex irréguliers 3m20

21. — Calcaire compact, bleuâtre, presque lithographique 1m70

22. — Calcaire jaunâtre, à grain fin, se délite dans le haut. Lamellibranches assez fréquents. Environ. . . . . 1 m.

C. — Niveau des calcaires compacts de la gare de Syam.

23. — Calcaire assez compact, jaunâtre, se feuillette un peu dans le haut. 1m80

24. — Calcaire à grain très fin, bleuâtre à l'intérieur. Passe dans le haut à l'oolithe de la couche suivante. Inclinaison 28° O. Soit environ. . . . . 27 m.

D. — Niveau des calcaires oolithiques de la gare de Syam (en partie).

25. — Calcaire oolithique blanc, visible sur quelques mètres jusqu'au second tournant à l'O. de la tranchée. Forme une grande surface inclinée vers l'entonnoir qui se trouve sur ce point.

Interruption.

COUPE DU CALLOVIEN DE BINANS.

Relevée sur le chemin de Verges à Pont-de-Poitte, au bord E. du bois de Pierrefeu.

Bathonien supérieur (en partie).

D. — Niveau des calcaires bathoniens supérieurs des carrières de Vaudioux.

1. — Calcaire dur, à pâte gris rougeâtre, à petites oolithes fortement soudées, cassantes et de couleur plus claire dans les parties altérées. Surface irrégulière, taraudée ; elle porte des cavités remplies d'oxyde de fer qui la colore, au moins par places, en rougeâtre, et qui est dû sans doute à la présence de pyrites sur cette surface, dans les parties non altérées. Visible au S. de l'affleurement callovien, sur 1 m. environ.

E. — Niveau des Marnes bathoniennes supérieures de Vaudioux.

2. — Couche fort variable, à débris d'Échinodermes, avec quelques rares bivalves et Brachiopodes, sableuse, parfois un peu marneuse (au S. de l'affleurement), mais d'ordinaire à l'état d'un calcaire fort dur, bleu-foncé, tacheté de blanc par les débris spathiques d'Oursins et surtout de Crinoïdes ; il renferme, dans le haut, de nombreux grumeaux et cristaux de fer sulfuré et des noyaux amygdaliformes de marno-calcaire dur, d'un gris clair, nettement limités, qui résultent évidemment de l'érosion, sur

d'autres points, d'une roche de cette nature. Surface fort irrégulière, surtout au N. de l'affleurement, où la couche présente de nombreux bossellements, qui s'élèvent parfois de quelques décimètres et montrent qu'elle a été soumise à une érosion intense avant le dépôt du Callovien ; elle porte des débris fossiles : petits Gastéropodes, bivalves et Brachiopodes indéterminables, avec de rares perforations de lithophages. Puissance très variable: environ 0m50 au sud de l'affleurement, et peut-être un peu plus au centre; au N., elle se réduit par places à 0m20 : soit le plus souvent 0m50

ÉTAGE CALLOVIEN.

I. — Callovien inférieur. Assise de l'Ammonites macrocephalus.

A. — NIVEAU DE L'AMMONITES KŒNIGHI (0m50).

3. — Couche calcaire, très fossilifère, grisâtre, de texture fort irrégulière, avec de petits intervalles un peu marneux qui déterminent à la longue, dans les parties exposées aux agents atmosphériques, le délitement en morceaux grossiers. Surface assez régulière en général, mais avec de petites inégalités de détail ; elle porte quelques Huîtres plates soudées, ainsi que des traces de perforations de lithophages. Inclinaison 16o E. Puissance très variable ; elle atteint 0m40 à 0m50, mais se réduit par places, au N. de l'affleurement, à 0m 10 environ, sur les bossellements de la couche précédente ; soit. . . . Cm50

Faune très riche comprenant une centaine d'espèces : *Ammonites macrocephalus* de grande taille, ainsi qu'*A. subbackeriæ*, *A. Kœnighi*, *A. microstoma*, *A.* sp. aff. *subdiscus*, nombreux Lamellibranches et Brachiopodes, *Terebratula Sæmanni*, *Zeilleria digona*, *Dictyothyris coarctata*, *Pygurus depressus*, *Echinobrissus clunicularis*, *Pseudodiadema calloviensis*, etc.

B. — NIVEAU DE L'AMMONITES CALLOVIENSIS (soit 1 m.).

4. — Marno-calcaire grisâtre, grenu, plus dur à la base, où il renferme des Brachiopodes assez fréquents, en particulier

Zeilleria biappendiculata et *Rynchonella Ferryi* ; passe ensuite à une marne dure, où apparaissent, par places, de petites oolithes ferrugineuses, souvent peu caractérisées et peu apparentes ; Ammonites des groupes d'*Am. subbackeriæ*, d'*A. aurigerus* et d'*A. anceps*, avec *Am. calloviensis* à ce qu'il paraît, ainsi que *Pholadomya Murchisoni*, etc. Soit environ . . . . 1^m

II. — Callovien supérieur.

A. — Niveau de l'Ammonites anceps.

5. — Marno-calcaire gris-noirâtre à l'intérieur, jaunâtre ou rougeâtre par altération, criblé de petites oolithes ferrugineuses, et disposé en petits bancs qui alternent avec des lits plus marneux. Parfois la pâte elle-même est fortement imprégnée d'oxyde de fer. La couche débute par un petit banc de 3 à 5 centimètres d'épaisseur, suivi de 0^m20 de marne noirâtre, qui renferme des morceaux de bois fossile ; puis on a un nouveau banc marno-calcaire analogue, suivi d'une couche de marne de même épaisseur que la première. En tout . . . . 0^m50

Fossiles assez fréquents : *Ammonites anceps, A. coronatus Pholadomya Murchisoni, Ph. carinata*, etc.

6. — Couche marno-calcaire à oolithes ferrugineuses et fossiles du même niveau, en grande partie cachée par la végétation, et apparaissant quelque peu dans les terres cultivées. Au juger, soit environ ? . . . . 3^m à 3^m50

Ces couches ont été exploitées dans cette région comme minerai de fer, en particulier sur les points où se trouvent de petites dépressions au bord E. du chemin.

B. — Niveau de l'Ammonites athleta.

7. — Une marne blanchâtre, à *Belemnites latesulcatus*, qui apparaît par places dans les terres cultivées, indique l'existence de ce niveau, sans permettre aucune indication précise.

Interruption, à l'emplacement des Marnes oxfordiennes à *Ammonites Renggeri*.

COUPE DU BATHONIEN DE PLANE.

L'étroit lambeau de Bathonien qui s'aligne entre Plâne et
Arbois, au bord occidental du plateau, comprend des couches de
la moitié inférieure de cet étage, avec une partie du Bajocien
supérieur ; le tout offrant des traces d'actions mécaniques intenses : plissements, dislocations, etc. Les couches marneuses
inférieures du Bathonien affleurent à plusieurs reprises dans
l'abrupt, sur le bord du chemin vicinal de Poligny à Plâne,
vers 1 à 2 kilomètres de ce village ; mais elles sont ici très réduites et presque méconnaissables, par suite de l'étirement
qu'elles ont subi. Le Bathonien inférieur, à peu près entier, se
voit parfaitement dans la grande carrière ancienne signalée par
M. Marcou et en partie occupée par une mare, qui se trouve
en haut du chemin, près de l'entrée du village. Ici, les couches
de cette assise plongent en moyenne de 19° vers l'O. et s'ap-
puient à l'E. contre un lambeau de Bajocien, séparé du Bathonien par une ligne de froissements et de dislocations, avec
roches de remplissage broyées et surfaces de contact striées des
plus caractéristiques. Ce petit massif bajocien, qui peut avoir
20 à 30 m. d'épaisseur, paraît lui-même plus ou moins disloqué ;
près de la première maison du village, il offre une inclinaison
analogue à celle du Bathonien, un peu plus grande toutefois. On
y trouve, à quelques mètres de la surface de contact des deux
étages, des traces de Polypiers, et il paraît certain qu'il appartient
à la partie supérieure de l'étage Bajocien. Les marnes du Toarcien moyen reparaissent d'ailleurs à l'E. du lambeau dont il
s'agit ; elles ont été exploitées, il y a quelques années, pour l'a-
mendement des terres, en face de la marnière bathonienne, à
très peu de distance au N. de la première maison du village. Je
n'y ai trouvé que quelques Bélemnites.

On relève dans cette localité la succession bathonienne suivante :

Bathonien inférieur.

Niveau **A** (partie supérieure).

1. — Calcaire à texture fort irrégulière, un peu marneux, con-

tenant de nombreux fossiles, surtout des bivalves, *Lima dupli-cata*, *L. proboscidea*, *Ostrea costata*, *Terebratula globata*, etc. Surface irrégulière. Épaisseur visible, près de 2 m.

B. — Niveau des marnes de Plane et de Chatillon a Ostrea acuminata (6 m.).

2.—Marno-calcaire, bleu à l'intérieur, jaunâtre par altération, pétri de fossiles, surtout *Ostrea acuminata* ; alternance de bancs très durs, peu réguliers et assez minces, et de bancs plus marneux et plus épais. A peu près 5ᵐ
3. — Deux bancs d'une lumachelle analogue, durs et résistants, avec un banc plus marneux intermédiaire. Soit. . 1 m.

C. — Niveau des marno-calcaires pisolithiques de Plane a Zeilleria ornithocephala et Oursins et des calcaires a bivalves de Chatillon (5ᵐ40).

4. — Marno-calcaire blanchâtre, en bancs plus ou moins tendres, contenant une multitude de grosses oolithes irrégulières, formées autour d'un petit bivalve, etc. Le délitement de la roche dégage des fossiles assez fréquents, surtout des Brachiopodes (*Zeilleria ornithocephala*, etc.), et des Oursins ; quelques *Ostrea acuminata* à la base. . . . . 3 m.
5. — Couche marneuse, pétrie des mêmes oolithes plus grossières, et suivie d'un banc de 0ᵐ40, plus résistant, de composition analogue. *Ammonites ferrugineus*, *Pleurotomaria* sp., *Pholadomya Murchisoni*, *Lima duplicata*, *Terebratula globata*, *Zeilleria ornithocephala*, etc 1ᵐ40
6. — Couche analogue à grosses oolithes, comprenant un banc marneux d'environ 0ᵐ70, suivi d'un banc dur de 0ᵐ30. Faunule analogue. . . . . 1 m.

D. — Niveau de l'oolithe bathonienne inférieure de Syam et Chatillon (10 m.).

7. — Calcaire dur, grenu, passe à l'oolithe ; surface irrégulière . . . . 2 m.
8. — Calcaire oolithique (bord du chemin et carrières) ; visible sur . . . . 8 m.

La surface observable ne paraît pas taraudée ; mais il est probable que le banc terminal du niveau n'est pas visible.

Interruption, au point de jonction du chemin de Barretaine.

Peu après, le chemin de Poligny offre des calcaires fragmentés et broyés, méconnaissables, puis un abrupt de calcaire passant à une belle oolithe blanche.

VIII. — COUPE DE LAVIGNY.

Le lambeau étroit de Bathonien qui s'étend de l'annessières à Nevy permet d'observer, dans la côte de Lavigny, la série presque entière du Bathonien moyen, à l'exception de la base. Les premières couches visibles affleurent dans les abrupts de la côte, à partir des carrières ; la partie moyenne et supérieure peut être étudiée sur ce point et aussi sur le chemin de Ronnay, à partir du voisinage de la chapelle.

1° *Couches observables dans les carrières et au-dessus.*

Bathonien II. — Calcaires de Syam (en partie).

Niveau **B** (partie supérieure).

1. — Calcaire dur, blanchâtre, à petites oolithes ; visible dans la partie inférieure des carrières sur 5ᵐ50

Niveau **C** (23ᵐ50).

2. — Massif calcaire, sans délits apparents, d'abord grossièrement grenu, avec petites oolithes et débris spathiques, il passe à une oolithe très fine, contenant quelques Térébratules vers le milieu et d'assez nombreux petits bivalves dans le haut. 14 m.

3. — Calcaire à texture grossière ; débris spathiques d'Échinodermes, avec des oolithes fines et moyennes et des grains sableux. Visible dans le bas du second étage de la carrière. 1ᵐ50

4. — Calcaire blanchâtre, à très petites oolithes, fortement soudées d'ordinaire, parfois un peu désagrégeables. Petits Gastéropodes et débris d'Échinodermes ; par places, nombreux bivalves indéterminables, soit . . . . 2 m.

5. — Calcaire roussâtre, à petites oolithes ; passe au suivant sans délit bien net, et se fragmente un peu dans le haut. Petites Huîtres à la surface, sur une très faible étendue visible.   6 m.

NIVEAU **D** (soit 16 m.).

6. — Calcaire blanc, à très petites oolithes ; se fragmente en morceaux anguleux et forme corniche tout en haut des carrières. Passe au suivant. Quelques *Pecten* cfr. *demissus*. . . 2 m.

7. — Calcaire dur à grain fin, contenant encore quelques oolithes. Gros banc peu distinct de la c. 6, et séparé de la c. 8 par un mince délit. Se fragmente en morceaux anguleux, mais résiste mieux que le précédent, sur lequel il forme corniche dans le haut des carrières. Surface à petits stylolithes, avec un placage de tigelles calcaires, courtes, tortueuses, irrégulières, anastomosées ou rameuses, portant un enduit noirâtre (Fucoïdes?) Fossiles assez fréquents, *Pholadomya Murchisoni*, *Anatina*, *Ceromya plicata*, etc , avec quelques débris de plantes terrestres indéterminables. 0ᵐ80

8. — Calcaire à grain fin, analogue au précédent et formant avec celui-ci le petit escarpement du haut des carrières. Quelques fossiles de la couche précédente, surtout *Pecten* cfr. *demissus* 2ᵐ50

9. — Calcaire oolithique et calcaire compact à grain fin, peu visible dans le gradin très incliné, occupé par une bande de buissons, au-dessus des carrières. Quelques débris de plantes terrestres vers le milieu, à ce qu'il paraît. 9ᵐ50

10. — Calcaire dur, à grain fin; quelques bivalves (*Mytilus* sp.). Surface paraissant taraudée. Séparé du suivant par un délit très marqué, bien visible au pied de l'abrupt principal. Soit .   1ᵐ

Bathonien III. — Calcaires de Champagnole (environ 42 m.).

11. — Massif de calcaire dur, sans délit dans la moitié inférieure et seulement de rares délits dans le haut, divisé par l'érosion en grandes aiguilles, dont l'une porte la statue de la Vierge. Grisâtre et à grain fin dans la partie inférieure, où sont quelques *Pecten* cfr. *demissus* ; des oolithes variables se trouvent par places vers 2 à 3 m. de la base. Soit. 24ᵐ

12. — Calcaire à petites oolithes, visible sur . . . . 1^m

13. — Calcaire jusqu'au sommet de l'abrupt ; il paraît compact, du moins à 1^m au-dessus de la base, où j'ai pu seulement l'observer . . . . 4^m

14. — Interruption. . . . . 10^m

15. — Banc de calcaire grenu, suboolithique, suivi d'une interruption de 3 à 4^m ; soit . . . . : 4^m

16. — Calcaire blanc, un peu cristallin, criblé de petits points oolithiques ou sableux . . . . 2^{m}50

Bathonien supérieur.

17. — Calcaire grisâtre, grenu, sableux par places, à pointillé très fin, plus foncé ; forme le banc résistant du haut de la succession observable. *Pinna* sp., Bryozoaires.
Interruption.

2° Couches observables sur le chemin de Ronnay.

Bathonien II. — Calcaires de Syam (partie supérieure).

1. — Calcaire blanc, compact, à cassure vive ; parfois grains rouges, paraissant des noyaux d'oolithes fondues. Surface portant une croûte d'Huîtres au point de bifurcation du chemin de Ronnay et du chemin supérieur qui se rend à la chapelle. Visible sur . . . . 6m.

Bathonien III. — Calcaires de Champagnole (41 m.).

2. — Calcaire dur, grenu dans le bas ; passe à un calcaire à petites oolithes, serrées, cassantes, qui occupe la partie supérieure. . . . . 11^m

3. — Calcaire blanc, à petites oolithes nombreuses ; contient dans le haut des alternances de calcaire grenu. . . . 15^m

4. — Calcaire grenu . . . . ⎱
5. — Calcaire oolithique. . . . . ⎰ 13^m

6. — Calcaire dur, blanchâtre, à pâte compacte, englobant de grosses oolithes fondues, parfois peu visibles . . . . 2^m

Bathonien supérieur.

7. — Calcaire grisâtre, grossièrement grenu ; visible en haut du chemin, au tournant, sur. . . . . 2 à 3 m.

IX. — COUPE D'ARLAY.

Relevée à un kilomètre au S. de cette localité, près de l'ancien four à chaux de Sur-Courreaux.

Bajocien supérieur (partie terminale).

1. — Calcaire spathique ; plonge de 50° vers l'E., ainsi que les couches suivantes. Surface taraudée. Exploité dans une suite de carrières sur. . . . . 8 à 10 m.

Bathonien inférieur.

Niveaux **A** et **B** (environ 9 m.).

2. — Couche marno grumeleuse, à nombreux petits bancs calcaires intercalés, peu réguliers et parfois à l'état de lits de rognons ; ces bancs deviennent plus résistants dans le haut. *Homomya gibbosa, Pecten ledonensis, Lima duplicata* ; un *Ostrea acuminata*. Soit, pour le niveau **A**, environ   3 à 4 m.

3. — Couche assez analogue à la précédente, qu'elle continue et dont elle n'est pas nettement séparée dans l'état actuel de l'affleurement ; les intercalations calcaires prennent davantage l'aspect de lits de rognons, et elles sont de moins en moins importantes à mesure qu'on s'élève, de sorte que la couche tend à passer à une marne dure, blanchâtre et grossièrement grumeleuse, qui occupe probablement la c. 4. La c. 3 se voit avec les deux précédentes, dans les carrières, sur. . . . _ 2 à 3 m.

4. — Interruption ; soit environ. . . . . 3 m.

Niveaux **C** et **D.**

5. — Calcaire dur, à fines parcelles spathiques. Environ 2ᵐ50

Les c. 5 à 8 affleurent, par la tranche, sur le chemin E. à O., près du four à chaux.

6. — Calcaire marneux, finement grenu, peu visible . . . . } 10 à 15 m.

7. — Calcaire analogue. . . . . . . }

8. — Calcaire contenant quelques oolithes et de nombreuses Huîtres et autres bivalves. Visible sur. . . . . . 1 à 2 m.

(Selon le carrier, cette couche aurait 5 à 6 m. ?).

Bathonien moyen (partie inférieure).

8. — Interruption ; environ. . . . . 8 à 9 m.

10. — Calcaire oolithique, blanc ; visible dans la carrière à l'E. du four à chaux, sur environ . . . . . . 20 m.
Interruption.

Au N. d'Arlay, dans la carrière Hugon, le Bajocien est exploité sur une épaisseur notable. A l'E. de cette carrière, on observe la petite série ci-après :

Bajocien supérieur.

1. — Calcaire à Crinoïdes et débris de gros bivalves ; se délite un peu. Surface taraudée, à Huîtres plates soudées. Forte inclinaison vers l'E.

2. — Calcaire spathique et à débris d'Huîtres. Environ 15 m

Bathonien inférieur.

NIVEAU **A** (en partie).

2. — Calcaire un peu marneux, irrégulièrement fragmenté, à *Homomya gibbosa*, *Pecten ledonensis*, *Lima duplicata*. Visible sur. 2m50

Cette couche semble passer à un marno-calcaire grumeleux, blanchâtre, avec les mêmes *Pecten* et *Lima*, mais peu fréquents.
Interruption.

X. — COUPE DU BATHONIEN AU N. DE MESSIA.

Relevée dans les carrières voisines de la route de Montmorot à Courlans.

La série des couches bajociennes visibles dans ces carrières est décrite plus haut, dans les coupes de l'étage Bajocien, sous le nom de Coupe de Montmorot (carrière Carle), et une première coupe des couches les plus importantes de cette localité se trouve à la suite. Mais, depuis l'impression de cette partie, j'ai adopté une subdivision un peu différente pour l'étage Bathonien, et de nouvelles observations m'ont permis de relever sur ce point une coupe moins incomplète de cet étage. Je la rapporte ici en entier, de sorte que la première devra être considérée comme non avenue. — Les numéros des couches continuent ceux de la coupe du Bajocien de cette localité.

Bathonien inférieur.

A. — NIVEAU DES BANCS MARNEUX INFÉRIEURS DE COURBOUZON A HOMOMYA GIBBOSA ET RARES OSTREA ACUMINATA (3 m. environ).

11. — Couche marneuse, jaunâtre et en partie blanchâtre, assez dure. La partie inférieure, plus résistante, est criblée de fossiles, surtout à la base : *Strophodus, Pleurotomaria, Mytilus, Avicula, Pecten ledonensis, Lima proboscidea, L. duplicata, Ostrea Marshi, Aulacothyris carinata, Rhynchonella* cfr. *subtetraedra,* Bryozoaires, avec des valves de *Trichites,* roulées et taraudées, reposant sur la surface taraudée du Bajocien. Au milieu est une marne dure, très peu fossilifère, et au sommet un banc peu distinct, d'environ 0ᵐ70, assez résistant, pétri de fossiles, surtout *Pecten ledonensis, Lima duplicata.* Environ . . . . 3 m.

Cette couche, redressée au point de dépasser la verticale, forme le bord O. de la grande carrière de Bajocien supérieur.

NIVEAUX B, C et D.

12. — Calcaire marneux, blanchâtre, peu visible dans la partie moyenne, et passant dans le haut, sur quelques mètres, à un

calcaire dur, grenu ou à petites oolithes disséminées, contenant de nombreux débris d'Huîtres, etc. Avec la précédente, cette couche constitue le massif non exploité entre la carrière bajocienne et la carrière bathonienne, au bord de la Vallière. Surface supérieure plane et lisse, ayant servi de plan de glissement (ce qui pourrait avoir fait disparaître des perforations de lithophages); visible au côté E. de la seconde carrière. La puissance paraît être de 20 à 22 m., mais des froissements, dans la partie supérieure, masquent l'épaisseur réelle; soit au moins.. 22 m.

Bathonien II.

Niveaux A, B et C.

13. — Calcaires durs, un peu grisâtres; nombreux débris de petits bivalves dans la partie inférieure, puis la roche devient de plus en plus oolithique et offre, dans le haut, une oolithe assez fine, qui se distingue peu de la couche suivante. Limite supérieure peu nette, marquée par une surface légèrement attaquée par l'érosion actuelle et qui laisse voir de petits Mollusques (Lithodomes ?) implantés verticalement dans le calcaire. Puissance difficilement appréciable avec exactitude, à raison d'une interruption à quelques mètres du haut, entre les deux parties de la carrière bathonienne. Soit environ . . . . . . 24 m.

14. — Calcaire dur, blanchâtre, grenu, à nombreuses petites oolithes fortement soudées, peu discernables, sauf dans les parties altérées à l'air. *Echinobrissus* sp. ind., dans le bas. 10 m.

15. — Calcaire à petites oolithes fortement soudées, avec faunule de Mollusques coralligènes par places (Nérinées surtout) et petits Polypiers astréens disséminés, principalement dans la partie inférieure. Surface plane, dressée et striée par le frottement de la couche supérieure; quelques trous de lithophages s'y retrouvent encore et indiquent une surface taraudée. 8 m.

Niveau D.

16. — Banc calcaire, d'abord à petites oolithes, avec quelques Polypiers disséminés (*Isastrea limitata*), puis compact. Environ. . . . . 0^m60

17. — Calcaire compact, à cassure très vive. Rares fossiles (dent de *Pycnodus*, petites Nérinées). Inclinaison 70° E. ; direction 54°O. . . . . 5 m.

18. — Calcaire dur, à grain assez fin, sans délit qui le sépare du suivant. . . . . 2^m70

19. — Calcaire dur, criblé de grosses oolithes, analogues à celles de la c. 21. . . . . 0^m80

20. — Calcaire à petites oolithes ; environ. . . . . 2^m70

21. — Calcaire à grosses oolithes variables, plus ou moins irrégulières, d'apparence sableuse, soudées par une pâte cristalline, peu abondante ; en outre, il s'y trouve de véritables petits galets de calcaire blanc, compact, et de rares débris roulés de bivalves. Visible au bord O. de la carrière, où des froissements et dislocations empêchent de mesurer exactement l'épaisseur. Surface non observable. Soit, pour la partie actuellement visible, environ. . . . . 3 m.

22. — Interruption. — Un peu à l'O. de la carrière se trouve une brusque dépression, dont le bord, occupé par une ligne de buissons, laisse voir un banc de calcaire jaunâtre, fragmenté et disloqué, presque vertical et offrant la direction 74°O., qui paraît appartenir à la base du Bathonien supérieur. L'interruption ne laisse place qu'à une quinzaine de mètres d'épaisseur de strates, qui doivent, pour la plupart, appartenir au Bathonien III : cette dernière assise est donc notablement réduite sur ce point par les dislocations, car elle est beaucoup plus épaisse d'ordinaire (Lavigny, etc.).

A 200 m. environ au S. de ce point, on trouve, sur le bord E. du chemin qui va de Messia à la route de Courlans, une suite de carrières bathoniennes, où sont exploités des matériaux d'empierrement des chemins. Elles offrent des calcaires du Bathonien moyen, souvent froissés et broyés d'une manière fort intense. Vers le milieu de la partie exploitée se trouve un lambeau calcaire assez régulier, qui paraît bien appartenir au Bathonien III, et dont voici la coupe.

Bathonien III (en partie).

23. — Calcaire dur à petites oolithes, actuellement exploité sur 5 m. environ,

24. — Calcaire dur, oolithique, en bancs épais, redressés et dépassant un peu la verticale. Par places, à divers niveaux, petits Polypiers disséminés, assez fréquents, avec faunule de Nérinées et autres Mollusques coralligènes. Environ. . . 20 à 22 m.

25. — Interruption, laissant voir à 2 ou 3 m. du sommet, tout au bord du chemin, un calcaire compact, à cassure lisse, très dur, en bancs épais, qui paraît appartenir au sommet du Bathonien III. Soit. . . . . 10 à 12 m.

Bathonien supérieur.

26. — A la suite de cette interruption, on trouve, au bord E. du chemin, des bancs peu réguliers de calcaire grisâtre ou jaunâtre, à texture irrégulière, grossièrement grenu ou à parcelles spathiques, et souvent plus ou moins marno-sableux, qui offrent à peu près la même inclinaison que les précédents, c'est-à-dire sont légèrement renversés. Par places, sont des fossiles assez nombreux, mais d'ordinaire en mauvais état: débris de Crinoïdes, *Echinobrissus* sp. ind., *Clypeus* cfr. *Ploti*, Bryozoaires, rares *Zeilleria digona* et *Terebratula* sp. nov., avec quelques *Ammonites subbackeriæ.* Cette couche, dont l'épaisseur pourrait atteindre une dizaine de mètres, paraît former la base du Bathonien supérieur.

Les couches suivantes de cette assise sont ici cachées d'ordinaire par la végétation ; elles sont évidemment fortement disloquées, et l'épaisseur en paraît très réduite.

En avançant davantage vers le S., on observe, au bord du chemin, de petits affleurements de calcaire bathonien grisâtre, à peu près vertical, qui appartient probablement à la partie supérieure de l'assise, et, par places, apparaissent de petits lambeaux de Callovien disloqué, presque verticaux ou plus ou moins renversés.

Un peu avant le tournant principal, le bord E. du chemin présente 1 à 2 m. de calcaire grisâtre, dur, à surface irrégulière, à peu près vertical, qui paraît appartenir au niveau **D** du Bathonien supérieur. Il porte une croûte, fortement soudée, de quelques centimètres de calcaire jaunâtre, à grain fin et contenant des oolithes ferrugineuses peu abondantes, qui renferme de nombreux fossiles calloviens. J'y ai recueilli *Ammonites callo-*

viensis, A. subbackeriæ, Aulacothyris pala, des Trigonies, etc. Cette croûte appartient donc au niveau **B** du Callovien inférieur, et les marnes bathoniennes supérieures, ainsi que le niveau **A** du Callovien, sont absents sur ce point.

Au N. et au S., dans le fossé du chemin, les autres légers affleurements calloviens qui appartiennent à divers lambeaux de cette étage, offrent seulement des marno-calcaires grisâtres, plus ou moins durs, assez riches en petites oolithes ferrugineuses, et contenant des fossiles du niveau de l'*Ammonites anceps*.

Les Marnes à *Ammonites Renggeri*, qui forment la partie inférieure de l'Oxfordien, se voient plus au S., où elles donnent lieu à la mare-abreuvoir située au bord O. du chemin. On y recueille seulement quelques Ammonites pyriteuses de ce niveau.

XI. — COUPE DU BATHONIEN & DU CALLOVIEN DE COURBOUZON.

Relevée dans la Côte-de-Grandchamp, entre Messia et Montorient, à la suite des carrières bajociennes. — Les nos des couches continuent ceux de la coupe du Bajocien de cette localité (voir à la fin de l'étude de ce dernier étage).

Bathonien inférieur.

A. — Niveau des bancs marneux inférieurs de Courbouzon à Homomya gibbosa et rares Ostrea acuminata (4 m.).

34. — Marno-calcaire dur, jaunâtre, à texture irrégulière, pétri de fossiles, *Homomya gibbosa*, *Pecten ledonensis*, etc. 1^{m}80 à 2 m.

35. — Gros banc de calcaire un peu marneux, analogue au précédent, mais plus résistant. Surface irrégulière, très fossilifère : *Homomya gibbosa*, *Lima proboscidea*, *L. duplicata*, *Pecten ledonensis*, *Ostrea Marshi*, *Cidaris Kœchlini*, etc. 2 m.

Ces deux couches, reposant sur la surface taraudée du Bajocien, se voient au bord E. de la grande carrière bajocienne supérieure. Vers le milieu de l'affleurement, elles sont remplacées par un marno-calcaire grumeleux, qui renferme de nombreux lits de rognons d'un calcaire lumachelle dur, pétri de petits bivalves (*Pecten ledonensis* et *Lima duplicata*, surtout), et simulant plus ou moins de petits bancs peu réguliers et peu distincts. La couche 34 se voit, avec la base de la c. 35, près du passage à niveau, où la partie supérieure de cette dernière est cachée par la végétation.

B. — Niveau des marnes de Plane et de Chatillon a Ostrea acuminata (6m50).

36. — Marne très dure, blanchâtre, paraissant stérile ; quelques petits débris de Crinoïdes et des Foraminifères (*Cristellaria*, etc). 4m80

La partie inférieure, contenant de petits lits de rognons marno-calcaires, se voit sur 2 m. au bord de la grande carrière bajocienne supérieure ; la partie terminale est cachée sur ce point. Par contre, c'est la partie inférieure de cette couche qui est couverte par la végétation, sur 1m50, au bord de la principale carrière bathonienne, près du passage à niveau ; mais le reste s'y voit parfaitement.

37. — Banc marno-calcaire, assez dur, de 0m20, suivi de 1m50 de marne analogue à la c. 36. . . . . 1m70

C. — Niveau des marno-calcaires pisolithiques de Plane a Zeilleria ornithocephala et des calcaires a bivalves de Chatillon (6m50).

38. — Calcaire marneux, bleu à l'intérieur, blanchâtre par altération, en petits bancs réguliers, qui se délitent encore assez facilement dans le bas 2m50

39. — Calcaire marneux analogue 4m

D. — Niveau de l'oolithe bathonienne inférieure de Syam et Chatillon. (Soit environ 10 à 11 m.).

40. — Calcaire marneux, dur, fortement broyé vers le haut, près du passage à niveau, où il forme le bord de la grande carrière bathonienne de matériaux d'empierrement. Sur ce point, il semble passer par places, dans la moitié supérieure, à une oolithe blanchâtre et se termine par un gros banc de calcaire oolithique, dur, contenant de nombreux fossiles peu déterminables (*Pecten* cfr. *articulatus*, Térébratules, Rhynchonelles et Bryozoaires), avec de très rares *Avicula echinata* et *Ostrea acu-*

minata (1 exemplaire), et la surface offre de petites cavités qui peuvent être des trous de lithophages, altérés par des actions mécaniques. Plus au S. (bord septentrional des vignes du dessus de la côte), la couche entière paraît composée de calcaire marneux, plus résistant dans le haut, brusquement suivi du calcaire oolithique, dur, de l'assise suivante. Puissance difficilement appréciable près du passage à niveau, à cause des froissements ; d'après les mesures prises sur le second point, elle atteint. . . . . 10 à 11 m.

Bathonien II. — Calcaires de Cize.

Niveaux **A, B** et **C.**

41. — Calcaire oolithique dur ; oolithes moyennes et petites ; nombreux débris de bivalves et d'Échinodermes, vers 4 à 5 m. de la base . . . . 7 à 8 m.

Visible, ainsi que les c. 42 à 50, dans la grande carrière bathonienne, près du passage à niveau.

42. — Calcaires durs, froissés, suivis de calcaire à oolithes variables et débris de bivalves et d'Échinodermes. Quelques Huîtres plates soudées à la surface, qui d'ailleurs ne paraît pas taraudée. Environ. . . . . 9 m.

43. — Calcaire assez blanc, à petites oolithes régulières. 4^m20

44. — Calcaire gris-blanchâtre, à petites oolithes ; froissé dans le bas ; passe à une oolithe grossière. Puissance apparente, probablement trop faible par suite du froissement. . . . 8 m.

D. — Niveau des calcaires oolithiques de la gare de Syam (17^m30).

45. — Calcaire dur, blanchâtre, grenu. Petites Nérinées et *Cidaris* sp. ind. au sommet. Surface irrégulière (peut-être par suite de l'érosion actuelle). . . . . 3 m.

46. — Calcaire blanchâtre, grenu et à nombreuses petites oolithes cassantes. . . . . 4 m.

47. — Calcaire analogue au précédent sur 1 à 2 m. à la base ; se charge peu à peu d'oolithes moyennes et de grosses oolithes fondues dans la pâte, et présente de petites taches rougeâtres, irrégulières . . . . 5 m.

48. — Calcaire blanchâtre ou rosé, à grosses oolithes nombreuses, contenant de petits Gastéropodes ; elles sont fondues dans la pâte dans la partie inférieure, mais plus grosses et plus distinctes dans le haut. Surface très inégale, nivelée, d'une manière assez régulière, par une croûte, de 0m03 à 0m07, de calcaire dur, grenu et contenant de larges Huîtres, qui y est fortement soudée. Grandes Huîtres plates fixées et Bryozoaires nombreux sur cette dernière, qui est suivie d'un délit très net. 5m30

Bathonien III. — Calcaires de Champagnole.

Niveaux A et B.

49. — Calcaire à grain assez fin, à cassure très vive, légèrement cristallin. Banc de 0m50 bien lité à la base, suivi de bancs épais, souvent mal séparés ; se distingue peu du suivant. 6m80

50. — Calcaire à oolithes variables, ordinairement de grosseur moyenne. . . . . 6 m.

La partie inférieure de cette couche est entamée sur 2 m. par l'exploitation actuelle, dans la carrière du passage à niveau ; des terres cultivées se trouvent à 2 ou 3 m. plus à l'E. A une centaine de mètres plus au S., on observe, à partir de la surface à Huîtres de la couche 48, la c.49, puis les 6 m. de la c. 50, et enfin la couche ci-après, interrompue par les terres cultivées.

51. — Calcaire grossièrement grenu, visible sur . . 3 m.

52. — Interruption.

Les couches supérieures n'affleurent pas ici, et probablement elles n'y existent même pas, par suite d'une faille qui met le Bathonien moyen en contact avec les Marnes irisées et qui paraît passer par le bord des cultures. J'ai cherché à retrouver la série du Bathonien I au Bathonien III inclusivement, à partir de la petite mare qui se trouve au sommet de la côte, au bord du chemin de desserte, entre deux bandes de cultures reposant sur le Bathonien I. On remarque sur ce point 3m50 de bancs irréguliers, fossilifères, du niveau A de cette assise, qui m'ont fourni 2 *Ostrea acuminata* de grande taille et qui reposent sur le Bajocien, incliné de 31° vers l'E. A leur suite, on trouve 5 m. environ de marno-calcaires grenus qui portent la mare, puis 2 m. de bancs plus résistants, dont le plongement atteint 36°. Une partie du Bathonien inférieur est probablement fort broyée ou étirée. Après une interruption d'une douzaine de mètres environ (végétation), le bord E. de la côte montre des calcaires oolithiques de la base du Bathonien II, qui affleurent par leur tranche, et en descendant directement vers l'E., on observe des calcaires de plus en plus élevés dans le Bathonien moyen, jusqu'au pied de la côte, où se trouve une surface taraudée que j'ai prise pour limite supérieure du Bathonien III.

Le plongement vers l'E., d'abord de 37°, passe bien vite à 45° dans la partie inférieure de cette succession de strates ; au dessus du milieu, il se trouve même brusquement des bancs à peu près verticaux, tandis que la partie supérieure ne dépasse guère l'inclinaison de 40°. Ces différences accusent des dislocations qui ne permettent pas de relever ici une série complète et exacte du Bathonien II et du Bathonien III. Il semble toutefois, d'après les mesurages que j'ai effectués, que la puissance de ces deux assises n'est pas moindre de 75 à 80 m. Je n'ai pas retrouvé ici la limite entre les deux assises (croûte à Huîtres), et je manque de données suffisantes pour raccorder exactement les dernières couches de la coupe précédente avec les couches supérieures du Bathonien qui s'observent sur ce point. J'indiquerai seulement les couches suivantes, qui forment la partie supérieure du Bathonien III et paraissent succéder à la c. 51, sauf peut être une interruption assez faible, indiquée par la c. 52 et dont je ne puis préciser l'épaisseur.

53. — Calcaire à petites oolithes . . . . 3 m.

54. — Calcaire à grosses oolithes fondues, assez abondantes dans la moitié inférieure ; la moitié supérieure est un calcaire compact, avec quelques oolithes fondues. Soit approximativement . . . . 15 m.

55. — Calcaire dur à cassure vive, blanchâtre, à pâte compacte, englobant un grand nombre d'oolithes variables, irrégulières, plus ou moins fondues. Surface un peu irrégulière, taraudée. . . . . 2 à 3 m.

Bathonien supérieur.

A. — Niveau des calcaires a bivalves du stand de Champagnole et des calcaires inférieurs a Zeilleria digona de Courrouzon.

56. — Calcaire variable : d'abord très résistant d'ordinaire,

jaunâtre, grenu, à parcelles spathiques et contenant par places de nombreux *Zeilleria digona* (forme type) ; puis calcaire sableux, parfois un peu marneux, et se délitant légèrement, qui renferme de nombreux bivalves dans les parties les plus délitables (*Cardium, Arca, Gervilia*, etc.), ou des débris d'Échinodermes et surtout de Crinoïdes, avec quelques traces de Polypiers. Visible sur. . . . . 2 m. .

57. — Interruption, au bord des terres cultivées du pied de la côte, à l'O. du village de Courbouzon.

Le banc taraudé de la c. 55 se voit bien, avec la c. 56, en face du large passage qui sépare, au S.-O. du village les parties cultivées à l'O. du chemin de Montorient, et ce banc affleure sur une certaine longueur au pied de la côte, de part et d'autre de ce point. Il plonge ici de 41° vers l'E. et présente la direction 19° O. On le suit plus au S., en s'élevant dans la côte, et sa direction arrive à 25° O. et même 34° O. puis revient à 26° O., ce qui accuse l'existence d'une série de cassures et de légères dislocations. Une dislocation beaucoup plus intense paraît d'ailleurs exister au S. de la vigne qui s'élève à mi-côte, et elle a pour effet de ramener le Callovien du pied de Montorient à peu près dans le prolongement de la c. 55.

D'autre part, le massif bathonien de la Côte-de-Grandchamp présente, au S. de ce point, des failles longitudinales qui déterminent l'existence, au sommet de celle-ci, d'un lambeau d'Oxfordien, intercalé dans ce massif, à peu près vers la base du Bathonien supérieur. Très resserré d'abord, il ne paraît guère offrir que des Marnes à *Ammonites Renggeri*, sans doute fortement broyées, visibles dans la petite bande de pâturage (avec un tumulus) qui sépare la large dépression cultivée en vignes, etc., au pied occidental de Montorient, du premier enclos en vignes situé au N. de celle-ci ; j'y ai recueilli quelques Ammonites pyriteuses de ce niveau. Ce lambeau se termine peu au N. de ce point, mais il s'élargit rapidement en allant vers le S., dans la large dépression cultivée. Entre ce gisement fossilifère des Marnes à *Ammonites Rengeri* et l'affleurement callovien du pied de Montorient qui va être décrit, on trouve d'abord une succession de calcaires marneux, grenus, stériles ou à peu près (un seul bivalve indéterminable), visibles au bord E. des vignes, et qui peuvent appartenir encore à l'Oxfordien (?); puis on a des calcaires du Bathonien supérieur, fortement disloqués et dans lesquels s'intercale même un étroit lambeau de Callovien inférieur.

A une centaine de mètres plus au S., exactement à l'O. de la sommité de Montorient, il existe, entre la dépression cultivée et l'affleurement callovien, une série continue de strates du Bathonien supérieur, qui plonge fortement vers l'E. et permet de relever une coupe de la plus grande partie de cette assise. Dans le point où l'affleurement possède la plus grande largeur, le bord oriental des vignes montre d'abord quelques mètres de calcaires oolithiques, redressés verticalement, qui pourraient déjà appartenir au Bathonien supérieur, et dont il n'est pas possible de préciser la position stratigraphique ; à l'E. de ceux-ci, on relève la petite série ci-après, qui en est évidemment séparée par une dislocation et qui appartient à la partie moyenne et supérieure de l'assise. Le niveau inférieur du Bathonien IV est représenté par la c. 56 et par l'interruption de la c. 57, dont il n'est pas possible d'apprécier la puissance.

B. — Niveau de l'oolithe bathonienne supérieure de Courbouzon (soit ? 23m).

58. — Calcaire dur, à oolithes variables, assez petites, fortement soudées ; plonge vers l'E. de 12 à 15°. Soit . . . 9m

59. — Calcaire compact, suivi de calcaire oolithique, analogue au précédent 6m

60. — Interruption : partie cachée par la végétation. Soit 5m

61. — Calcaire à oolithes peu distinctes, parfois fondues dans une pâte à texture fine, de sorte qu'il passe au calcaire compact ; larges taches roses par places dans le haut. Soit . . . . 3 m.

A. — Niveau des calcaires marno-sableux de Courbouzon a Rhynchonella elegantula.

62. — Calcaire marno-sableux, à grossières oolithes irrégulières (ou plutôt grains sableux) dans une pâte un peu marneuse et cristalline, grenue, d'aspect dolomitoïde ; se délite un peu dans le haut, d'une manière peu régulière. Fossiles nombreux,

mais déformés pour la plupart : *Pecten vagans, Terebratula* cfr. *bradfordensis, T.* cfr. *Fleischeri, Zeilleria obovata, Eudesia cardium, Rhynchonella elegantula, R. Boueti, Holectypus* cfr. *depressus, Leptophyllia Flouesti,* etc. . . . . . 2 m. à 2m50

D. — NIVEAU DES CALCAIRES BATHONIENS SUPÉRIEURS DES CARRIÈRES DE VAUDIOUX (3 m. à 3m50).

. 63. — Calcaire dur, un peu jaunâtre, grenu et à nombreux débris spathiques. Exploité dans de petites carrières au bord supérieur de la côte, tout à côté du chemin. Il se termine par un banc à surface irrégulièrement bosselée et portant quelques perforations de lithophages. Inclinaison 39° E. ; direction 24° O . . . . 3m à 3m50

E. — NIVEAU DES MARNES BATHONIENNES SUPÉRIEURES DE VAUDIOUX (1 m. à 1m50).

64. — Calcaire plus ou moins marneux et sableux, d'un bleu foncé à l'intérieur, grisâtre par altération, teinté par places, dans le haut, par l'oxyde de fer. Se délite lentement en une marne très dure, grumeleuse, à grains de sable irréguliers, avec quelques galets taraudés sur les deux faces. L'épaisseur semble diminuer au N. de l'affleurement, où la couche résiste assez bien à l'air. Ne se distingue pas par un délit de la couche suivante, qui y est soudée suivant une surface peu régulière, à ce qu'il semble . . . . 1m à 1m50

Forme, sur une certaine longueur, le bord O. du chemin de Montorient, au point où il arrive vers le haut de la Côte-de-Grand-champ.

ÉTAGE CALLOVIEN.

I. — Callovien inférieur. — Assise de l'Ammonites macrocephalus.

A. — NIVEAU DE L'AMMONITES KŒNIGHI (0m60 à 0m80).

. 65. — Couche très fossilifère, de composition fort irrégulière, rendue jaunâtre ou rougeâtre par l'oxyde de fer, un peu marneuse dans la plus grande partie de l'affleurement, et passant au

N. à un banc de calcaire dur, à surface taraudée. Souvent elle est formée en partie de plusieurs lits superposés de grandes Huîtres plates, dont les premières sont soudées sur la couche précédente. Rares *Ammonites macrocephalus*, *A. Hervegi*, *A.* cfr. *microstoma* et *A. subbackeriæ*, avec des dents de *Strophodus reticulatus*, de nombreux Lamellibranches et Brachiopodes, des Oursins, etc. *Avicula Munsteri*, *Pecten Michaelensis*, *P. vagans*, *Hinnites Morrisi*, *Ostrea costata*, *Terebratula Sæmanni*, *Dictyothyris coarctata*, *Zeilleria digona*, *Rhynchonella Royeri*, *Cidaris calloviensis*, *Stomechinus calloviensis*, etc. 0^m60 à 0^m80

Visible sur la couche précédente au chemin de Montorient, tant au bord O. de celui-ci que dans le chemin lui-même. La plus grande partie de cette couche a été enlevée ces dernières années au bord O. du chemin et placée sur le bord E. de celui-ci pour le remblayer, ce qui, au premier abord, pourrait donner l'apparence d'une plus grande épaisseur du niveau de l'*Am. Kœnighi* sur ce point, ou bien occasionner un mélange des fossiles de ce niveau avec ceux de la c. 66.

B. — Niveau de l'Ammonites calloviensis (environ 2^m).

66. — Calcaire jaunâtre, à grain assez fin, à peine marneux, très fossilifère surtout par places. *Ammonites macrocephalus* (type et variété renflée) et *A. calloviensis*, avec de nombreux exemplaires des groupes d'*A. subbackeriæ*, d'*A. anceps*, d'*A. aurigerus*, ainsi que *Rhynchonella Orbignyi*, *Rh. Royeri*, *Rh. Ferryi*, *Holectypus depressus*, etc. Environ . . . . . 1 m.

Forme le talus entre le chemin actuel de Montorient et le vieux chemin latéral qui suit le bord O. des vignes.

67. — Interruption, à l'emplacement du vieux chemin, 0^m50 à 1^m. Soit . . . . 1 m.

II. — **Callovien supérieur.**

A. — Niveau de l'Ammonites anceps.

68. — Calcaire marneux, grisâtre, criblé de petites oolithes ferrugineuses. *Ammonites Jason*, *Terebratula dorsoplicata*, etc. Plonge fortement vers l'E. comme les couches précédentes.

Visible au bord E. du vieux chemin, au pied du mur des vignes, sur 0ᵐ50

69. — Interruption.

. La partie supérieure du Callovien n'est pas observable sur ce point ; mais on la retrouve au bord oriental de la langue de vignes qui s'avance vers le S. au pied O. de la sommité de Montorient. Cette langue est principalement oxfordienne. En suivant, à partir des dernières couches bathoniennes situées à son bord O., le fossé qui la limite au S., on observe, sur les points non recouverts, des lambeaux de Callovien inférieur, puis de Callovien supérieur, encore inclinés vers l'E., et auxquels succèdent des Marnes oxfordiennes à *Ammonites Renggeri*. A l'E. de celles-ci apparaissent des marnes à *Aptychus berno-jurensis* du niveau de l'*Am. athleta*, derrière lesquelles se redressent verticalement les marno-calcaires du niveau de l'*Am. anceps*, formant le bord de la vigne. Cette langue de cultures appartient donc à un petit synclinal, évidemment faillé dans le fond. La coupe se continue par les couches suivantes :

70. — Marno-calcaires grisâtres, grenus, en bancs peu réguliers qui présentent des parties marneuses et se délitent en rognons surtout dans le haut ; de petites oolithes ferrugineuses s'y trouvent encore par places, mais la partie supérieure en est ordinairement dépourvue. Fossiles peu fréquents d'ordinaire, la plupart déformés et d'une détermination difficile. *Nautilus* sp. ind., *Ammonites Hervegi*, *A. Jason*, *A. punctatus*, *A. anceps*, *Pleurotomaria* sp. ind., *Pholadomya* sp. ind., *Gervilia* sp., *Lima pectiniformis*, *Terebratula dorsoplicata*, *Rhabdocidaris* sp. Bancs verticaux au bord E. de la vigne, probablement un peu froissés et légèrement disloqués ; visibles actuellement à peu près sur . . . . 1 m.

B. — Niveau de l'Ammonites athleta.

71. — Marne blanchâtre, assez sèche. Coloration rouge foncé sur un point de l'affleurement. Nombreux *Belemnites latesulcatus* et surtout *Aptychus berno-jurensis*, avec quelques *Ammonites ornatus*, *A. bipartitus*, etc., et *Terebratula dorsoplicata*. Redressée verticalement au bord E. de la vigne ; visible surtout

à l'angle S.-E. de celle-ci, et sur quelques points dans le fossé E. Puissance difficilement appréciable ; soit au moins 2 à 3 m.

Cette couche paraît passer brusquement à la suivante sans délit appréciable.

Les Marnes à *Ammonites Renggeri* de l'Oxfordien inférieur, qui la surmontent, se voient à la suite dans le fossé méridional ; elles sont remaniées par la culture dans les vignes, et elles donnent lieu, au N. de celles-ci, à une certaine étendue de terrain en friche, où elles sont à découvert sur quelques points. On y recueille surtout les petites Ammonites pyriteuses habituelles à ce niveau : *Belemnites hastatus*, Blainv., *B. pressulus*, Quenst., *Aptychus latus*, Park., *Ammonites cordatus*, Sow., *A. lunula*, Ziet., *A. arduennensis*, d'Orb., *A. denticulatus*, Ziet., *A. Renggeri*, Opp., *A. (Perisphinctes)* sp. ind., *Nucula Electra*, d'Orb., *Arca* cfr. *subdecussata*, Mu., *Pecten* aff. *fibrosus*, Sow., *Terebratula dorsoplicata*, Suess., *Rhynchonella minuta*, Buv., *Cidaris spinosa*, Ag , *Balanocrinus pentagonalis* (Goldf.), *Serpula* cfr. *nodulosa*.

Extraits des notes manuscrites de Frédéric Thevenin, relatifs au Bathonien de Syam à Vaudioux.

Ainsi que je l'ai indiqué précédemment, je rapporte ici les principaux passages des manuscrits de F. Thevenin qui se rapportent au Bathonien de Syam à Vaudioux. Il convient de rappeler que ces notes n'ont pas reçu d'ordinaire leur forme définitive (du moins dans les cahiers qui sont entre mes mains), ce qui explique des incorrections, des aperçus trop hypothétiques et peut-être provisoires, et même les différences que présentent parfois divers passages se rapportant aux mêmes points. Sans doute leur auteur eût amélioré notablement le tout pour une rédaction définitive, en vue de l'impression. Mais tels quels ces extraits donnent bien l'idée du sérieux travail d'observation qu'il s'était imposé. — Le texte ci-après de Thevenin est en petits caractères. Je me borne à signaler en note les modifications les plus importantes à introduire.

COUPE GÉOGNOSTIQUE DU BATHONIEN.

Prise à partir de la fontaine du Rondo jusqu'au Creux-au-Loup (1).

La première couche sous laquelle jaillit la source est composée d'un calcaire grenu, pétri d'une grande quantité de débris fossilifères à texture cristalline, couleur jaunâtre. Cette couche a environ $\frac{1}{2}$ mètre d'épaisseur. Ce calcaire se rapproche déjà par ce caractère du calcaire du Forest Marble des carrières de Poligny (sur les Monts) (2), etc.

Les couches qui suivent immédiatement, d'une épaisseur variable avec interpositions marneuses, sont formées d'un calcaire très compact, avec des coquilles nombreuses formant lumachelle. Ces couches, d'une faible épaisseur, ont environ 3 m. de puissance. Ces calcaires sont bleus à l'intérieur. Deux de ces couches ont un calcaire fin ressemblant au marbre de Saint-Amour (autel du Vaudioux). Les autres couches constituent un calcaire compact, à grain fin, marneux, bleuâtre, s'exfoliant en plaques parallèles à l'épaisseur (et) renfermant une grande quantité de coquilles : Pholadomyes (plusieurs genres), Térébratules, *Nucleolites*, *Pecten*, *Ostrea*.

Ce premier groupe de couches a environ 10 à 12 m. de puissance. Les dernières couches deviennent plus résistantes et ne renferment plus de fossiles.

Au-dessus vient ensuite un grand développement de couches d'un calcaire très compact, de 3 à 4 décimètres d'épaisseur. Ces calcaires, d'un gris bleuâtre à la base, deviennent de plus en plus jaunâtres à mesure qu'on s'élève et que la texture devient grenue ; — à 15 m., ils offrent déjà la texture cristalline ou saccharoïde (couleur jaunâtre).

. Observation. — C'est à la base de ces couches que jaillit la fontaine de Ladjire, la source supérieure. Ce groupe de couches ont là un plus faible développement : on arrive tout de suite au calcaire jaunâtre à grain plus grossier.

A 35 m. ces couches sont très résistantes et d'un grain cristallin ou saccharoïde et grenu. — Ces couches ne sont point fossilifères, ce qui fait supposer qu'elles ont été déposées au fond de la grande mer bathonienne éloignée du littoral.

A 45 m... (2 ou 3 mots manquent) de la fontaine, on arrive au pied du rocher abrupt formant une masse compacte, sans stratification régulière. A la base est un calcaire schistoïde, grenu, cristallin, couleur

(1) Extraite d'un cahier-journal de courses et d'observations géologiques.
(2, Les carrières des Monts de Poligny, près de la maison Lolo, sont du Bajocien supérieur, avec la base du Bathonien (note de L.-A. G.).

blanchâtre, se désagrégeant à l'air et formant des cavités à la base du rocher.

A 26 m., il est compact et très dur (échantillon).

Vient ensuite une série de couches de 3 à 4 centimètres d'épaisseur jusqu'à 10 ou 15 centimètres, qui offrent un développement de 10 à 12 mètres.

Ces calcaires sont pétris d'un grand nombre de coquilles, des bivalves surtout. Couleur blanc grisâtre ; quelques couches offrent la texture oolithique (C'est, je pense, la Dalle nacrée de Thurmann). On les remarque au versant des Brûlés, au gourd ou saut de Claude Roy (1). — Elles ont fourni presque tout le sol agraire des villages de Vers et du Pasquier, et c'est sur ces couches ou celles du Rondeau que sont bâtis ces villages. C'est aussi au milieu d'elles que jaillit la source près du saut et du gourd de Ladjire. Au-dessus des Planches-en-Montagnes, ce groupe est très développé.

Une nouvelle série de calcaires compacts à grain médiocrement fin, à cassure raboteuse, de 15 m. de puissance, à la partie supérieure de laquelle se remarquent une ou deux couches fossilifères qui affleurent au sommet des Brûlés. Ce sont des Avicules, *Ostrea*, *Pecten* et Pernes. Calcaire jaunâtre à la surface et bleu à l'intérieur.

Les (calcaires) compacts supérieurs, 20 m. de puissance. Couleur bleue. Peu de fossiles. Le village d'Andelot repose sur ce calcaire où il n'a qu'un faible développement, en dalles ou *cadettes* de 1 à 2 décimètres d'épaisseur.

Ces deux dernières séries ont été complètement enlevées par la dénudation depuis Andelot jusqu'au pont de Gratte-Roche. La dernière série de calcaires compacts se trouve assez développée près de Mirebel ; elle se trouverait aussi le long de la côte occidentale de l'Eute.

Au-(dessus) des calcaires compacts à cassure inégale se remarque une dernière série qui ne se présente que dans la moyenne région. Ce sont les marnes sableuses et les calcaires compacts à gros grain et à cassure raboteuse.

Les marnes sableuses, 1 m. à $1^m\frac{1}{2}$ de puissance au Vaudioux. — Les calcaires 2 m.

Ces marnes se voient aussi entre Vers et le Pont-d'Héry. M. Bonjour les a rencontrées à Le Muy et au Crêt-des-Echos. Elles ne sont pas à Entre-Côtes.

Observation. — La texture cristalline qu'offrent les strates moyennes du Bathonien, avec absence de débris fossiles, est un indice certain de

(1) Cascade de l'Ainme, près de la Billode. Ce n'est nullement ici la *Dalle nacrée* (Note de L.-A. G.)

la formation de ces couches dans une mer tranquille, éloignée des rivages, où les sédiments fluviatiles n'ont pu atteindre. — Les phénomènes électro-magnétiques ont dû jouer un grand rôle dans la formation des dépôts cristallins.

RÉCAPITULATION.

Dépôt pélagique	1. Calcaires compacts et coquilliers inférieurs, avec alternance marneuse.	4^m
	2. Calcaire marneux, fossilifère . . .	8^m
Dépôt subpélagique	3. Calcaire compact, bleu, à cassure lisse, sans fossiles.	15^m
	4. Calcaire compact, jaune, à petit grain.	15^m
	— saccharoïde ou cristallin . .	8^m
	5. Calcaire compact, cassure inégale, gris.	25^m
Dépôt pélagique	6. Dalle nacrée (Calcaire grenu, fossilifère. .	10^m
Dépôt subpélagique	7. { — compact, bleu, fossilifère.	15^m
	8. Calcaire compact et non fossilifère. .	15^m
Dépôt littoral	9. Marnes sableuses.	1^{m}50
	10. Calcaire compact, grenu, ou calcaire fonte	3^{m}50

120^{m}50

Le parallélisme des couches de cette coupe avec mes propres divisions du Bathonien s'établit de la façon suivante. La c. 1 n'est autre chose que le niveau **A** du Bathonien II ; la c. 2 correspond à peu près au niveau **B** ; les c. 3 et 4 forment les niveaux **C** et **D** de cette assise ; les couches 5 et 6 constituent le Bathonien III ; les c. 7, 8 et 9 forment le Bathonien supérieur, dont la couche 9 est le niveau terminal. Enfin la c. 10 appartient au Callovien inférieur.

Dans un autre manuscrit incomplet, comprenant une étude stratigraphique générale de sa région, Frédéric Thevenin donne au sujet du Bathonien de Syam à Vaudioux le passage suivant, qui renferme quelques indications complémentaires, en particulier sur la présence des Polypiers et sur les noms locaux des points qu'il avait étudiés.

Le Cornbrash (1) nous offre un très beau développement entre le territoire de Syam et du Vaudioux, à partir du niveau de la rivière de Syam jusqu'au sommet du plateau de la Liége. La charpente presque entière du Mont-Fresse et des Bois de Champagnole appartient aussi à ce groupe.

Les premières assises que l'on remarque un peu au-dessus de la rivière de Syam et qui affleurent près de la source du Rondo, nous offrent un calcaire oolithique miliaire (2) d'une couleur rougeâtre, auquel succèdent de minces couches d'un calcaire très compact, à taches noirâtres et bleuâtres. Au-dessus se trouve une série de couches de calcaire marneux grisâtre, renfermant une assez grande quantité de fossiles. Ce sont plusieurs espèces de Pholadomyes, parmi lesquelles la *Pholadomya Murchisonæ* de Sowerby est très caractéristique de ce terrain, des Térébratules, une Ammonite, une énorme Céromye, des Nucléolites et des Modioles.

Vient ensuite une grande série de couches d'un calcaire grisâtre, compact, très peu fossilifère, à texture grossière et oolithique (les Brûlés) et qui finissent par offrir une masse compacte de plusieurs mètres d'épaisseur, sans apparence de stratification. Cette masse forme un rocher abrupt qui sépare les territoires des communes de Syam et du Vaudioux. — Au-dessus, la masse... (mot effacé) offre une série de couches minces oolithiques (oolithe cornbrashienne), qui deviennent compactes et renferment une grande quantité de débris fossiles indéterminables. Ces couches augmentent insensiblement d'épaisseur, et on y remarque plusieurs genres de fossiles assez bien conservés et qui appartiennent généralement à la classe des Acéphales (plaine du Grapillon, les mêmes couches près la Feuillée, au bout du Chemin salé). On remarque aussi des débris de Coraux et de Polypiers indéterminables. — Enfin les assises supérieures du groupe sont composées d'un calcaire compact, à grain grossier et à cassure raboteuse... (2 ou 3 mots disparus); couleur bleuâtre, maniée de jaune, d'orangé, de rouge et de violet, suivant l'action plus ou moins intense, ...(mots disparus) d'oxyde de fer qui a distribué sa couleur dans les fissures dont la colline est sillonnée. C'est cette pierre que l'on exploite dans nos carrières et que nous employons seulement depuis.... ans pour nos constructions. Les fossiles sont assez rares dans ce calcaire : quelques petits *Pecten* et *Ostrea* s'y rencontrent disséminés dans les couches supérieures. On y a aussi trouvé au bief Billot un Ptérocère, que j'ai donné

---

(1) Il s'agit ici de l'étage Bathonien à peu près entier, et l'on ne s'explique guère la désignation de Cornbrash que Thevenin lui applique ici, après avoir employé ailleurs le nom de Bathonien. (**L.-A. G.**).

(2) C'est le niveau **D** de notre Bathonien inférieur lédonien (**L.-A. G.**).

à M. Marcou. J'ai trouvé aussi une Trigonie ou Pholadomye à la Baraque. On y rencontre aussi plusieurs fragments disséminés de houille ou de lignite. Gros banc. — A Cize, les bancs supérieurs du Cornbrash ne présentent point ces diverses nuances que l'on remarque au Vaudioux.

La partie supérieure nous offre.... (plusieurs mots disparus) de Polypiers, cependant dix beaux échantillons appartenant aux genres... (mots disparus) ont été trouvés en descendant la Liége-Olivier. Ces Polypiers sont d'une... (mot disparu) siliceuse.

C'est évidemment de ces fossiles que parle Frédéric Thevenin dans un « Tableau des fossiles adressés à M. Piard pour le Musée » de Lons-le-Saunier, dont ce dernier était conservateur. Copie de cette liste se trouve dans le cahier-journal d'excursions, à la date du 29 décembre 1853 ; on y remarque à ce sujet la mention suivante :

« Bathonien supérieur, 2e paquet. Polypiers, 4 ex. Amorphozoaires, 4 Zoanthaires, dont 1 Méandre et 3 Astéridés uniques. — 1 Agaricia et 2 Astrées, y compris celle à forme ombiliquée. 1 Tige.

« Bathonien supérieur, 3e paquet. 2 Polypiers, 1 branche Corail. 1 Amorphozoaire ».

Dans l'étude stratigraphique incomplète d'où provient le long extrait qui précède sur le soi-disant « Cornsbrash »,les « Marnes sableuses » c. 9 de la « Récapitulation » rapportée ci-devant (nos Marnes bathoniennes de Vaudioux) sont désignées sous le nom de « Marnes supercornbrashiennes ou calcaro-sous-oxfordiennes ». F. Thevenin en fait la couche inférieure du fer oolithique sous-oxfordien (étage Callovien), qu'il range dans l'étage Oxfordien, à l'exemple de M. Marcou (*Jura Salinois*, 1846).

ÉTAGE CALLOVIEN.

SYNONYMIE.

Cornbrash (partie supérieure) et *Fer oolitique sous-oxfordien ou Kelᵣlovien*. Marcou, 1846.

Calcaire de Palente (couches supérieures) et *Fer de Clucy*. Marcou, 1856.

Callovien. Etallon, 1857. Choffat, 1878. Bertrand, 1882 et 1884.

Callovien, avec une partie du *Cornbrash*, selon les localités. Bonjour, 1863.

Dalle nacrée et Calcaire ferrugineux à Ammonites coronatus. Ogérien, 1867.

Caractères généraux. — L'étage Callovien, considéré comme le précédent de l'O. à l'E. du Jura lédonien, comprend une première assise, souvent caractérisée par la présence d'*Ammonites macrocephalus*, et dont le facies varie beaucoup du S.-O. au N.-E. de cette contrée. A l'O. et au centre, on a des calcaires plus ou moins marneux, dans lesquels de petites oolithes ferrugineuses apparaissent au S.-E. (Prénovel), et qui renferment dans tous ces points, en outre de cette Ammonite, une faune très riche, mélangée de fossiles calloviens et d'espèces bathoniennes. Mais à l'E., dans la région de Châtelneuf à Champagnole, la faune est beaucoup moins riche et à peu près uniquement bathonienne ; l'assise offre seulement des calcaires non ferrugineux, en partie oolithiques et à surface taraudée, suivis de lits marneux, peu fossilifères, puis de calcaires spathiques, pétris de débris de Crinoïdes, et offrant le facies communément désigné sous le nom de *Dalle nacrée ;* ces calcaires se terminent aussi par une surface à nombreuses perforations de lithophages.

Au-dessus est une assise moins variable, beaucoup plus riche en Céphalopodes, et toujours chargée de petites ooli-thes ferrugineuses, au moins sur la plus grande partie de l'épaisseur. Elle offre d'abord un niveau marneux et mar-no-calcaire à *Ammonites Anceps* et *A. Jason*, qui renfer-me d'ordinaire beaucoup d'oolithes ferrugineuses, et dont les caractères sont assez constants dans toute la contrée. Puis vient une couche marneuse terminale, moins unifor-me, à *Ammonites Athleta* et *A. Duncani*, partout bien ca-ractérisée par l'abondance de *Belemnites latesulcatus* et *Aptychus berno-jurensis*, mais dont l'épaisseur se réduit notablement du côté oriental, où la base est encore char-gée d'oolithes ferrugineuses (la Billode, Prénovel), tandis que ces dernières sont absentes à l'O.

Fossiles. — La faune du Callovien est l'une des plus riches des divers étages du Système jurassique du Jura ; car les gisements qui possèdent un facies à Céphalopodes offrent d'ordinaire une multitude de fossiles, appartenant à des espèces très variées. Mais les calcaires oolithiques et spathiques de l'assise inférieure, entre Châtelneuf et Cham-pagnole (Dalle nacrée ou facies bathonien) ne possèdent qu'une faunule assez pauvre, et ils n'ont fourni qu'un pe-tit nombre d'espèces. En somme, et quoique que je n'aie pu explorer avec le soin nécessaire que les trois affleure-ments de Courbouzon, Binans et la Billode, sur les sept gisements de cet étage qui vont être signalés, j'ai recueilli dans le Callovien de cette contrée au moins 180 espèces.

La liste suivante renferme toutes les espèces déterminées, au nombre de 136, que présente cette faune. La propor-tion respective des diverses classes de fossiles qui s'y trou-vent et les relations avec les étages voisins sont résumées dans le tableau qui se trouve après cette liste.

Faune de l'étage callovien.

Passages inférieurs.	ESPÈCES	CALLOVIEN inférieur		CALLOVIEN supérieur		Passages supérieurs.
		A	B	A	B	
	Pycnodus sp.	1		1		
	Strophodus reticulatus, Ag.	2				
	Belemnites clucyensis, Mayer			3	*	
	— hastatus, Blainv...........	2		*	*	*
	— latesulcatus, d'Orb.				5	
	— Sauvanaui, d'Orb.				1	*
	— pressulus, Quenst..........				*?	*
	Nautilus clausus, d'Orb..............	2				
	— giganteus, d'Orb.............			1		*
	— hexagonus, d'Orb.			1		
	— sp. aff. Royeri, de Lor........			1		*
	— sp.............................			1		
	Aptychus berno-jurensis, Th....·......				5	
	— heteropora, Th..............				2	
	Ammonites Lamberti, Sow.............				1	*
	— tortisulcatus, d'Orb.				1	*
	— cfr. Adelœ, d'Orb..........			1		
	— Arolicus, Opp.				1	*
	— cfr. lunula, Ziet...........		*		*	*
	— sp. nov. aff. lunula, Ziet....		*			
	— cfr. parallelus, Opp........			*	*	
	— subcostarius, Opp.			*	?	
	— punctatus, Stahl.		?	*	*	
	— sp. nov. aff. subdiscus, d'Orb.	1				
	— sp. nov. aff. oculatus, Bean..				1	
	— hecticus (Rein.)			3		
	— bipartitus, Ziet............				1	
	— pustulatus (Rein)			1		
	— coronatus, Brug...........			2	1	
	— microstoma, d'Orb..........	2				
	— bombur, Opp...............			1		
	— macrocephalus, Schl.........	3	3	1		
	— Herveyi, Sow...............	1	2	2		
	— Kœnighi, Sow.	2				
	— calloviensis, Sow...........		3			
	— Jason (Rein.)			2		
	— Duncani, Sow.				2	

Passages inférieurs.	ESPÉCES	CALLOVIEN inférieur		CALLOVIEN supérieur		Passages supérieurs.
		A	B	A	B	
*	*Ammonites subbackeriæ*, d'Orb. (= *A. fu-natus*, Opp.)	3	4	*	?	
	— *Backeriæ*, Sow.			*	*	
	— aff. *curvicosta*, Opp			*		
	— sp (groupe de *aurigerus*, Opp.)	2	4	*		
	— aff. *Pottingeri*, Sow			*		
	— *anceps* (Rein.) et variétés....	?	3	4	*	
	— *Greppini*, Opp.			*		
	— cfr. *Fraasi*, Opp			*		
	— *athleta*, Phill.			*	*	
	— *arduennensis*, d'Orb			*	1	*
*	*Nerinea* aff. *axonensis*, d'Orb	1				
	Pseudomelania aff. *niortensis*, d'Orb. ...	1				
	Natica sp. aff. *Zetes*, d'Orb.	2				
	— *Calypso*, d'Orb.			2		
	Turbo cfr. *Moreaui*, d'Orb.............			1		*
	— cfr. *Meriani*, Goldf.			1		*
	Pleurotomaria Cyprea, d'Orb...........	2 cf		3		
	— sp. aff. *luciensis*, d'Orb..	3				
	— sp. aff. *Germaini*, d'Orb..	1				
	— sp. aff. *Babeaui*, d'Orb...			1		
*	*Pholadomya Murchisoni*, Sow.	1	2	2		
	— *carinata*, Goldf...........			*		
	— *deltoidea*, Sow...........			1		
	— *Escheri*, Ag.............			2		
*	*Pleuromya sinuosa*, Rœm.............	1	2	2		*
*	— *elongata*, Ag.	2				
*	— cfr. *tenuistria*, Ag...........	1				
*	*Panopœa Jurassi*, Ag.	1				
*	*Gresslya lunulata*, Ag...............	2				
*	*Isocardia minima*, Sow.............		2 cf	2	*	
	Trigonia elongata, Sow.	*		2		
	Arca concinna, Phill.................			2		*
*	*Mytilus gibbosus*, d'Orb.	2				
*	*Avicula Munsteri*, Goldf..............	3	2	2		
*	*Avicula echinata*, Sow...............	2				
*	*Pecten* cfr. *articulatus*, Schl.		1	1		*
	— cfr. *scobinella*, Et.............	1	1			

Passages inférieurs.	ESPÈCES	CALLOVIEN inférieur		CALLOVIEN supérieur		Passages supérieurs.
		A	B	A	B	
*	Pecten vagans, Sow.	3	*			
	— fibrosus.	*	*			
*	— lens, Sow.	1				*
*	— demissus, d'Orb	3	*	3		
	— cfr. Rhypheus, d'Orb.	*	*			
*?	— Michaelensis, M. et L	3				
	— subspinosus, Schl.	1	1			*
*?	Hinnites Morrisi, Mœsch	3				
*	Lima duplicata, Sow.	2				*
*	— gibbosa, Sow	1				
*	— aff. Bellula, M. et L.	1				
	— sp. aff. streitbergensis, d'Orb				2	
	— pectiniformis, Schl.	1		1		*
	Limea duplicata, Munst.		1			
	Plicatula subserrata, Goldf.			2		*
*	Ostrea Sowerbyi, M. et L. (= O. acuminata, Sow., var.).	*				
*	Ostrea costata, Sow.	3				
	— cfr. rastellaris, Munst.	*				*
*	— Marshi, Sow.	1	1			
*	— obscura, Sow.	3				
	— Blandina, d'Orb.			2		*
	Terebratula Sœmanni, Opp.	3		2		
	— dorsoplicata, Suess	1	3	3		*
	— subcanaliculata, Opp.	3				
	— sp.nov.aff. bicanaliculata,Opp.	*				
*	Dictyothyris coarctata (Park)	3				
	— Smithi, Opp	1				
*	Zeilleria digona (Sow.), var.	4				
*	— obovata (Sow.),var	3				
	— biappendiculata (Desl.).	3	2			
	Aulacothyris pala (Buch.).		1	3		
	Rhynchonella Royeri, d'Orb	4	*			
	— Ferryi, Desl.	2	3	1		
	— funiculata, Desl.	2		*		
	— funiculata, Desl., aff. var. varians, Schl.	1				

Passages inférieurs.	ESPÈCES	CALLOVIEN inférieur		CALLOVIEN supérieur		Passages supérieurs.
		A	B	A	B	
	Rhynchonella Orbignyi, Opp.	aff	aff	*		
	— minuta, Buv.	2				
	Heteropora sp.	4				
?	Stomatopora dichotoma (Lamour)			*		*
?	Berenicea densata, Et.			*		*
	Collyrites ovalis, Leske			2		
	— elliptica, Desm.		1	1		
	Pygurus depressus, Ag.	3				
*	Echinobrissus clunicularis, Lhwid	3				
*	Holectypus depressus, Leske	1	3	*	*	
	— punctulatus, Des.	1	*	*	*	
*	Pygaster cfr. Trigeri, Cott.	1				
*	Cidaris bathonica, Cott.	1				
	— cfr. Guerangeri, Cott.	1				
	— calloviensis, Cott.	2				
	— læviuscula, Ag. (test. et rad.) . .			*	*	*
	Rhabdocidaris copeoides, Des. (test. et rad.)	?		1		
	Acrosalenia sp. nov. aff. Marioni, Cott. . . .	1				
	— sp. nov.	1				
	— Lamarcki (Des M.), var.	1				
	Hemicidaris cfr. Guerangeri, Cott.	1				
	Pseudodiadema calloviense, d'Orb.	1				
	Cidaropsis miner, Cott.	1				
	Stomechinus calloviensis, Cott.	1				
*	— Heberti, Cott.		1			
*	Pentacrinus Nicoleti, Des.	1				
	— aff. Changarnieri, de Lor. . . .	1				
	— sp. nov. aff. sarthacensis, de Lor.	1				
	Cyclocrinus macrocephalus (Quenst.)	2				
	Asteropecten sp. ind.	1				
*	Serpula conformis, Goldf.	*	*			*
	— cfr. nodulosa, Goldf.			*	*	*
	Astrocœnia Girardoti, Koby	1				
	Eudea sp.	1				
	Sparsispongia sp.	*				
	Fougère.		1			

Récapitulation du nombre d'espèces de chaque classe et
des passages.

Total des espèces	CLASSES	Espèces déterminées.	Espèces provenant des terrains inférieurs		Espèces apparaissant dans le Callovien			Espèces non déterminées.
			Nombre total	Passant aux assises supérieures	Nombre total	Spéciales à cet étage	Passant aux assises supérieures	
2	Poissons.............	1	»	»	1	1	»	1
47	Céphalopodes	43	1	»	42	32	10	4
12	Gastéropodes........	10	1	»	9	7	2	2
58	Lamellibranches	38	23	4	15	10	5	20
15	Brachiopodes........	15	3	»	12	11	1	»
5	Bryozoaires	2	?	?	2	»	2	3
22	Échinidès	20	5	»	15	14	1	2
1	Astérides	»	»	»	»	»	»	1
5	Crinoïdes	4	1	»	3	3	»	1
8	Vers	2	1	1	1	»	1	6
1	Polypiers......... .	1	»	»	1	1	»	»
3	Spongiaires	»	»	»	»	»	»	3
179	TOTAUX.	136	35	6	101	79	22	43
1	VÉGÉTAUX : Fougères.	»	»	»	»	»	»	1

A la suite des observations si précises qu'il a poursuivies pendant plusieurs années sur de nombreux points du
Jura méridional et du Jura occidental, M. Paul Choffat (1)
a fait connaître, en 1878, la composition pétrographique
et le détail des faunes des principales divisions du Callovien, dans les deux facies principaux qu'il a distingués
dans cet étage. Nous devons souvent nous reporter au savant mémoire par lequel cet éminent compatriote de Thurmann a inauguré, d'une manière si importante, une ère
nouvelle d'études géologiques détaillées et précises dans le
Jura français. La liste précédente et les détails qui vont suivre
concordent fort bien en général avec les indications de cet

(1) *Esquisse du Callovien et de l'Oxfordien...*, p. 17 et 25.

ouvrage, quant à la position stratigraphique des espèces ; mais de plus ils apportent quelques données complémentaires pour l'établissement de la paléontostatique de l'étage Callovien dans la chaîne du Jura.

PUISSANCE. — A l'E. de la région lédonienne, l'étage Callovien atteint seulement 4 m. à la Billode, et, d'après M. Choffat, 5m55 à Prénovel. L'épaisseur ne peut être exactement déterminée sur les autres points étudiés, car certaines parties de l'étage ne sont pas observables. Elle ne semble pas inférieure à 6 ou 7 m. à l'O., près de Courbouzon, et à 5 ou 6 m. au centre, près de Binans, mais il se pourrait qu'elle dépassât sensiblement ces nombres. Sans doute, elle subit un peu plus à l'E., près de Châtillon, une diminution notable, par suite de l'absence, plus ou moins complète, de l'assise inférieure sur ce point.

LIMITES. — Cet étage est limité à la base par les Marnes bathoniennes supérieures, avec *Terebratula intermedia, Dictyothyris coarctata* et *Eudesia cardium* (Marnes de Champforgeron, de M. Choffat), ainsi qu'on l'a vu dans l'étude générale du Bathonien. Au sommet, il est borné par les Marnes oxfordiennes à *Ammonites Renggeri*, qui le surmontent partout dans le Jura lédonien.

SUBDIVISIONS. — La division ternaire, presque toujours si commode, est très souvent employée pour l'étage Callovien, à l'exemple d'Albert Oppel, qui a distingué dans cet étage les trois zones fossilifères ordinairement admises, et caractérisées respectivement par *Ammonites macrocephalus, A. anceps, A. athleta.*] Mais cet auteur a, de plus, indiqué la possibilité d'une subdivision de la zone à *Ammonites macrocephalus* en deux parties : à la base, une zone de l'*A. bullatus,* dont la faune a des affinités bathoniennes prononcées ; au-dessus, une zone de l'*A. calloviensis* (1).

(1) A. OPPEL. *Die Juraformation,* 1856, p. 508, cité par M. DE GROSSOUVRE : *Oolithe inférieure du bassin de Paris* (Bulletin Société géol. de France, 1887, p. 533).

De la sorte, Oppel arrivait à diviser l'étage en quatre zones.

Or, dans notre région lédonienne, les trois zones principales de cet auteur se reconnaissent aisément. De plus, la zone à *Ammonites macrocephalus* comprend de même deux couches, et celles-ci se distinguent entre elles par des caractères bien plus tranchés encore que ceux qui séparent les deux zones supérieures de l'étage. Comme la zone de l'*A. bullatus* d'Oppel, la couche inférieure possède une faune composée principalement d'espèces provenant du Bathonien, en compagnie d'espèces essentiellement calloviennes, telles que *A. Kœnighi, Terebratula Sœmanni*, etc. La seconde couche, où dominent, par contre, les espèces franchement calloviennes, est caractérisée, comme la deuxième zone d'Oppel, par *A. calloviensis*. Le Callovien du Jura lédonien offre donc quatre niveaux fossilifères bien distincts, et, sous réserve d'un examen plus approfondi du parallélisme des deux premiers avec les zones à *A. bullatus* et à *A. calloviensis* du célèbre géologue de Munich, il semble que ces niveaux correspondent exactement aux quatre zones ammonitifères qu'il a signalées dans cet étage.

Toutefois, il existe dans le Callovien du Jura une ligne de démarcation plus marquée, en général, entre la zone à *Ammonites macrocephalus* et la zone à *A. anceps*, ainsi qu'il résulte des travaux de M. Choffat et de nos propres observations. C'est à partir de cette ligne que le facies de l'étage, si varié d'abord d'un point à l'autre de nos régions, devient sensiblement uniforme (1). On est donc conduit

(1) Cette ligne de démarcation est même assez accentuée dans nos gisements pour que l'on puisse se demander s'il ne conviendrait point de rattacher au Bathonien les couches à *Am. macrocephalus*, à titre de simple assise terminale, dans laquelle apparaît, par places, le facies ferrugineux ; l'étage Callovien resterait ainsi formé des seules couches à *A. anceps* et à *A. athleta*. Certaines considérations générales parais-

à adopter, à l'exemple de ce dernier, une division principale en deux assises, dont chacune se subdivise en deux
niveaux ou zones fossilifères. Ces deux assises seront désignées dans ce travail de la façon suivante :

I. — Callovien inférieur. Asssise de l'*Ammonites macrocephalus*.

II. — Callovien supérieur. Assise de l'*Ammonites anceps*
et de l'*A. athleta*.

VARIATIONS DE FACIES. — L'assise inférieure seule offre,
dans nos limites, des variations considérables de facies ;
les plus importantes, signalées par M. Choffat, en 1878,
ont été indiquées sommairement plus haut, dans les caractères généraux de l'étage. Ces variations seront étudiées en
détail dans la description du Callovien inférieur.

Les variations moins importantes déjà mentionnées au
sommet du Callovien supérieur, seront examinées dans
l'étude de cette dernière assise.

POINTS D'ETUDE ET COUPES. — Au voisinage de Lons-le-
Saunier, le gisement de Courbouzon, bien qu'il soit incomplètement observable, permet de reconnaître les divers niveaux de l'étage et d'en étudier surtout la partie inférieure
et le sommet ; un affleurement peu visible de la partie
moyenne se trouve près de Messia et un autre à Bornay.
Plus au S., un gisement que je n'ai pu visiter m'a été signalé, près d'Essia, comme riche en fossiles, par M. le
docteur Marcel Buchin, qui y a recueilli un certain nombre d'Oursins indiquant la partie inférieure de l'étage.
Près du bord méridional du Jura lédonien, M. Choffat a
cité les affleurements d'Augisey et de Loisia. La partie
moyenne de notre champ d'étude offre ceux de Binans et
de Châtillon. A l'E. se trouvent ceux de la Billode et de
Cize, que j'ai déjà décrits ailleurs, et celui de Prénovel qu'a

sent favorables à ce mode de groupement, déjà proposé par M. Riche
(loc. cit., p. 135) ; mais j'ai cru devoir suivre dans ce travail la délimitation la plus généralement adoptée pour ces deux étages.

fait connaître M. Choffat. Les coupes du Callovien de Courbouzon et de la Billode se trouvent ci-devant, à la suite de
celles du Bathonien de ces localités, et l'on y voit aussi la
coupe du Callovien de Binans ; celle de Châtillon sera insérée plus loin.

I. — CALLOVIEN INFÉRIEUR.

ASSISE DE L'AMMONITES MACROCEPHALUS.

SYNONYMIE.

Cornbrash (partie supérieure). Marcou, 1846.
Calcaire de Palente (couches supérieures). Marcou, 1856.
Callovien (partie inférieure). Etallon, 1857.
Callovien (partie inférieure), avec une partie supérieure du *Cornbrash*
plus ou moins importante selon les localités, très faible à Courbouzon.
Bonjour, 1863.
Calcaire de la Dalle nacrée et *Calcaire ferrugineux à Ammonites
coronatus* (partie inférieure, selon les localités). Ogérien, 1867.
Callovien I. Choffat, 1878.
Zone à Ammonites macrocephalus. Bertrand, 1882.

CARACTÈRES GÉNÉRAUX. — Le Callovien inférieur présente
une composition et une faune très variables, selon qu'il
possède le facies des calcaires oolithiques et spathiques de
la Dalle nacrée (au N.-E. du Jura lédonien), ou bien qu'il
offre le facies à Céphalopodes, caractérisé surtout par *Ammonites macrocephalus* ; dans ce dernier cas, il est tantôt marno-calcaire (à l'O. et au centre), tantôt chargé d'oolithes
ferrugineuses (au S.-E., à Prénovel). Mais toujours il se
divise en deux niveaux très distincts, séparés d'ordinaire
par une surface à Huîtres plates et à perforations de lithophages.

A Courbouzon, l'assise débute par une couche plus ou
moins calcaire ou marneuse, irrégulière, souvent rougeâtre, offrant par places de larges Huîtres plates superposées, et qui renferme de nombreux fossiles, parmi lesquels
on remarque surtout *Ammonites macrocephalus, Terebra-*

tula Sœmanni, *Zeilleria digona* et *Dictyothyris coarctata*, ainsi que divers Oursins, appartenant pour la plupart à la faune ordinaire du Callovien, et de très rares Polypiers. Puis vient brusquement un calcaire jaunâtre, un peu marneux, riche en Ammonites et contenant en particulier *Ammonites macrocephalus* et **A**. *calloviensis*, en compagnie de Brachiopodes et d'Oursins.

Une succession fort analogue se voit à Binans, dans la partie centrale de notre contrée. A la base est une couche très fossilifère, d'épaisseur inégale parce qu'elle nivelle les bossellements de la couche bathonienne terminale, mais à surface assez régulière, portant quelques Huîtres plates et des traces de taraudage. On y remarque en particulier *Ammonites macrocephalus*, *A. Kœnighi*, *A.* sp. nov. *aff. subdiscus*, *A. subbackeriœ*, *Terebratula Sœmanni*, *Dictyothyris coarctata*, *Rhynchonella minuta*, divers Oursins, etc. Au-dessus se trouve un marno-calcaire blanchâtre, où apparaissent, par places, quelques très petites oolithes ferrugineuses, peu apparentes, et qui renferme *Ammonites calloviensis*, *A. subbackeriœ*, etc., avec des Brachiopodes, surtout dans la partie inférieure.

Un peu plus à l'E., l'assise diminue notablement d'épaisseur, et elle paraît même absente à l'extrémité orientale de la grande tranchée de la voie près de Châtillon.

A la Billode et à Cize, tout à l'E. du Jura lédonien, le Callovien inférieur se retrouve avec un facies totalement différent et une épaisseur plus grande que dans les affleurements occidentaux. Il débute par une couche de calcaire dur, en grande partie chargée de fines oolithes, et dont la surface, bosselée par l'érosion ancienne et fortement taraudée, porte des Huîtres plates soudées, ainsi que de petites Huîtres bathoniennes. Au-dessus, une faible couche marneuse, contenant un lit de rognons calcaires, a fourni un *Terebratula dorsoplicata*, en compagnie de ces mêmes petites Huîtres et d'un *Acrosalenia Lamarcki*. Puis vient un gros banc de calcaire spathique, à surface taraudée, qui offre nettement le type de la *Dalle nacrée*, et dans lequel on ne trouve, en outre des débris d'Échinodermes, dont il se compose en grande partie, que des Lamellibranches, tels que *Pecten vagans*, etc.

Enfin, à Prénovel, localité située à une dizaine de kilomètres au S.-E. de Clairvaux et déjà sensiblement en dehors de nos limites du côté oriental, M. Choffat a signalé un autre faciès, contenant une faunule de Céphalopodes, avec *Ammonites macrocephalus*, mais différent des affleurements de l'O. et du centre de notre contrée par la présence d'oolithes ferrugineuses dès la base (1). Sur ce point, le Callovien inférieur débute, nous dit-il, par 0m70 de calcaire gris, contenant de rares oolithes ferrugineuses, et offrant une faune riche, mélangée de fossiles calloviens et d'espèces bathoniennes ; puis on a 0m30 de calcaire plus marneux, avec *Ammonites macrocephalus*, *A. subbackeriæ*, etc., et l'assise se termine par 1m50 de marno-calcaires jaunes, à oolithes fines et rares, contenant un grand nombre de Brachiopodes.

PUISSANCE. — Le Callovien inférieur atteint 2 m. 60 à la Billode et 2 m. 50 à Prénovel. L'épaisseur paraît la même à Courbouzon ; mais elle ne serait guère que de 1 m. 50 environ près de Binans, autant du moins que permet d'en juger l'état de l'affleurement.

LIMITES. — La limite inférieure de l'assise, qui est en même temps celle de l'étage, est marquée d'ordinaire par le niveau des Marnes bathoniennes supérieures de Vaudioux. On a vu déjà, dans l'étude du Bathonien supérieur, qu'il est parfois difficile de reconnaître exactement la ligne de démarcation, et les divers cas observés dans notre contrée ont été examinés de façon à la préciser autant qu'il se peut.

____

(1) CHOFFAT. *Esquisse du Callovien et de l'Oxfordien.* .., p. 14 à 18, et « Coupe de Prénovel », p. 101.

La limite supérieure est annoncée par l'apparition, dans la série des strates, d'espèces généralement considérées comme spéciales au niveau de l'*Ammonites anceps*, particulièrement *A. Jason*, *A. pustulatus* et *A. refractus* (1), en même temps que disparaissent *A. calloviensis* et *A. macrocephalus*, ou que, du moins, cette dernière espèce devient exceptionnellement rare. De plus, *A. coronatus*, qui se trouve partout dans le Callovien supérieur du Jura, selon M. Choffat, paraît être aussi, dans notre contrée, une bonne caractéristique de cette dernière assise; toutefois elle se montrerait un peu plus tôt dans d'autres régions, en particulier dans le centre de la France, d'après M. de Grossouvre (2). Dans tous nos gisements, les oolithes ferrugineuses, très apparentes et bien caractérisées, apparaissent brusquement en très grand nombre au moment du passage à l'assise supérieure, de sorte que la limite entre les deux assises est facilement reconnaissable, à vue de ce changement de composition pétrographique ; elle est plus accentuée encore quand il se trouve une surface taraudée séparative, ainsi qu'il arrive à la Billode et à Cize, et probablement aussi sur les autres points où la couche terminale du Callovien I n'est pas trop marneuse. Mais dans le cas où cette assise posséderait nettement le facies à oolithes ferrugineuses et Céphalopodes, l'étude attentive des faunules d'Ammonites des diverses couches permettrait seule de reconnaître avec certitude la position de la limite supérieure.

VARIATIONS DE FACIES. — Le Callovien inférieur possède, dans la chaîne du Jura, deux facies principaux, que M. Choffat a fait connaître en 1878, et qu'il a désignés sous les noms suivants :

(1) Cette dernière espèce paraît n'avoir pas été rencontrée encore dans le Jura lédonien.

(2) *Sur le Callovien de l'ouest de la France* (Bulletin Société géol. de France, 1891, p. 247).

« *Dalle nacrée ou facies à affinités bathoniennes* », et
« *Facies à oolithes ferrugineuses ou couches à Ammonites
macrocephalus* » (1).

Pour abréger, je désignerai souvent le premier sous le
nom de *facies bathonien*, et le second sous celui de *facies
callovien.*

Les limites de ces deux facies ne sont pas encore entièrement connues dans la chaîne du Jura.

Le *facies callovien*, caractérisé spécialement par les oolithes ferrugineuses et la présence de nombreux Céphalopodes, entre autres *Ammonites macrocephalus*, occupe en
grande partie le Jura méridional, et se prolonge, tout en
subissant des modifications, jusqu'au voisinage de Clairvaux ; il reparaît aux environs de Belfort, occupe le nord
du Jura bernois et se maintient « à travers le Jura oriental jusqu'en Souabe » (2).

Le *facies bathonien*, connu sous le nom de *Dalle nacrée*,
comprend des calcaires variables, souvent pétris de débris
de Crinoïdes qui leur donnent une cassure miroitante ; ils
sont dépourvus d'oolithes ferrugineuses et contiennent des
Lamellibranches, des Brachiopodes et des Oursins qui appartiennent à la faune du Bathonien (3). Ce facies occupe

(1) Choffat. *Esquisse du Callovien et de l'Oxfordien* .., p. 11.
(2) Id. Loc. cit., p. 19.
(3) « Le type de la *Dalle nacrée* de Thurmann se trouve dans le
Jura bernois et neuchâtelois, où il présente des calcaires en dalles généralement minces, composées de fragments de Crinoïdes donnant à la
roche un aspect nacré ou du moins miroitant. » (Choffat. Loc. cit.,
p. 12.) La roche de ce nom varie d'ailleurs, au point d'être parfois
grenue, ou sableuse, ou à petites oolithes calcaires, et elle contient
souvent d'autres fossiles que des Crinoïdes, mais surtout des Lamellibranches et des Brachiopodes. L'expression *Dalle nacrée*, entendue
dans le sens que lui donnait Thurmann, son auteur, et qui doit être
seule conservée, ne désigne donc pas des calcaires pétris (ou plaqués en
dessus) d'Huîtres offrant le reflet de leur nacre, comme on l'a cru parfois. — M. Attale Riche, dont les importantes études sur le Jura méridional vont nécessairement apporter des compléments fort intéres-

une importante région entre les deux contrées jurassiennes à faciès callovien : il apparaît à Nantua et se prolonge au N.-O. de cette localité en se modifiant (1) ; puis il reparaît plus typique aux environs de Champagnole, se continue jusque dans le Jura bisontin, et occupe, à l'E., « le Jura neuchâtelois et la partie sud-occidentale du Jura bernois (2) ».

Nos affleurements de la Billode et de Cize présentent le faciès bathonien, dont M. Choffat prend le type, pour le Jura français, près d'Epeugney, au S.-E. de Besançon.

Le Callovien inférieur de Prénovel appartient au contraire, par la présence des oolithes ferrugineuses et de l'*Ammonites macrocephalus*, au second faciès, dont l'éminent géologue trouve le type, dans le Jura, aux environs de Saint-Rambert-en-Bugey (Ain) ; mais, dit-il, « la faune est en somme un passage entre la faune à caractère bathonien de la Dalle nacrée et la faune callovienne typique des environs de Saint-Rambert (3) ».

Entre Augisey et Cressia (au S.-E. de Beaufort), localités situées vers la limite méridionale de ma zone d'étude, et un peu plus au S. à Loisia, le même auteur signale une variété importante du faciès bathonien : il est ici « plus marneux, avec des Céphalopodes assez nombreux, sinon en espèces du moins en individus, en un mot, avec une faune plus analogue à celle du faciès ferrugineux (4) » que dans les gisements d'Epeugney et de la Billode.

sants à la connaissance des faciès du Callovien jurassien, inaugurée par M. Choffat, insiste à bien juste titre sur les caractères de la *Dalle nacrée*, telle que l'a définie son auteur. (A. Riche. *Note sur le Système oolithique inférieur du Jura méridional* (Bull. Société géol. de France, 1889, p. 130)

(1) A. Riche. Loc. cit., p. 131.

(2) Choffat. Loc. cit., p. 19.

(3) Id. Loc. cit., p. 15.

(4) Id. Id., p. 14. Il signale aussi la même variété beaucoup plus au S. à Meillonnas, près Treffort (Ain).

Il me paraît nécesaire, dans une étude locale détaillée, comme celle-ci, de donner une dénomination particulière à cette variété du facies bathonien, qui présente ainsi, par la composition de la faune comme par la nature de la roche, des caractères qui participent de l'un et de l'autre facies distingués par M. Choffat. On peut le nommer *facies marno-calcaire à Ammonites macrocephalus*, et je le désignerai parfois, pour abréger, sous le nom de *facies mixte* (1).

C'est à ce facies mixte qu'appartiennent nos gisements si fossilifères de Courbouzon et de Binans. Tous deux se distinguent de celui de Saint-Rambert par l'absence d'oolithes ferrugineuses, soit dans toute l'assise, soit au moins dans la partie inférieure et sur la plus grande partie de l'épaisseur (Binans); mais surtout ils en sont très nettement différenciés par la présence de nombreuses espèces de Lamellibranches, de Brachiopodes et d'Oursins, qui se trouvaient déjà dans le Bathonien.

En somme, il s'effectue un passage assez graduel entre le facies callovien de Saint-Rambert et le facies bathonien de la Billode : tantôt la variation porte plus spécialement sur la nature de la roche, qui arrive progressivement à ne plus contenir d'oolithes ferrugineuses ; tantôt elle affecte surtout la composition de la faune, qui perd plus ou moins les Céphalopodes calloviens, et s'enrichit, par contre, de nombreuses espèces provenant du Bathonien. La limite entre les trois facies qui viennent d'être indiqués passe par notre contrée lédonienne, et l'on peut s'attendre que d'autres affleurements de cette contrée puissent fort bien offrir des caractères intermédiaires entre ces divers facies.

Ainsi qu'il résulte de l'observation de M. Choffat sur la

---

(1) C'est par cette dernière dénomination que j'ai indiqué ce facies, sans aucuns détails, en 1886 (*La Réunion de la Soc. géol. de France dans le Jura, en 1885. Les facies du Jurassique supérieur du Jura*, p. 97. Mémoires S. d'Émulation du Jura, 1886, p. 294).

faune de Prénovel, cet affleurement n'est qu'un facies de passage entre le facies callovien de Saint-Rambert et le facies bathonien de la Billode et d'Epeugney, mais il se rapproche un peu plus du premier par la présence des oolithes ferrugineuses dès la base. Notre facies mixte de Courbouzon et de Binans se rattache plutôt au facies bathonien, puisque ces oolithes ne paraissent pas exister dans la première de ces localités, et que dans la seconde elles se montrent seulement dans la partie supérieure de l'assise, peu fréquentes, mal caractérisées et peu apparentes; mais surtout les affinités bathoniennes sont très prononcées dans ces deux affleurements, par la présence, dans le niveau inférieur de l'assise, d'un plus grand nombre qu'à Prénovel d'espèces provenant du Bathonien. On peut considérer le facies de Prénovel, d'une part, et celui de Courbouzon et Binans, de l'autre, comme étant respectivement des formes extrêmes de variation du facies callovien et du facies bathonien, au moment même où ils vont passer de l'un à l'autre. Aussi l'on comprend que dans son remarquable travail de synthèse des affleurements calloviens d'une grande partie de la chaîne du Jura, le savant auteur de l'*Esquisse du Callovien et de l'Oxfordien* ait dû se borner à distinguer ces deux facies principaux.

FOSSILES. — Les divers facies du Callovien inférieur dans le Jura lédonien ont fourni une faune très riche, malgré le petit nombre des localités étudiées. Le tableau suivant réunit les espèces que j'ai recueillies à la Billode, Cize, Binans et Courbouzon, ainsi que les faunes d'Augisey et Prénovel indiquées par M. Choffat (1). Je rapporte également, d'après ce dernier auteur, les faunes d'Epeugney et de Saint-Rambert, afin de faciliter l'examen des rapports que présentent entre elles les faunes des différents facies. La parenthèse avant le nom indique les espèces étrangères au Jura lédonien.

(1) Loc. cit., p. 47.

Faune du Callovien inférieur.

Passages inférieurs	ESPÈCES	Epeigney	Vaudioux(1) A	Vaudioux(1) B	Auxisey	Courbouzou A	Courbouzou B	Binans A	Binans B	Prenovel	St-Rambert	Passages supérieurs
	Pycnodus, sp.					1						
	Strophodus reticulatus, Ag.					2						
	Belemnites hastatus, Blainv.				*	2					*	*
	(— *subhastatus*, Ziet.										*	
	— sp.					2		1				
	Nautilus clausus, d'Orb.					2						
	— sp.								1			
	Ammonites hecticus (Rein.)		3				?				2	*
	— *punctatus* (Rein.)						?					*
	— sp. nov. aff. *subdiscus*, d'Orb.								1			
	— cfr. *lunula*, Ziet.						*					*
	— sp. nov. aff. *lunula*, Ziet.						*					
	— (*Oppelia*) sp. ind.					1						
	— *macrocephalus*, Schl.				*	1	3	3		3	4	1
	— *Herveyi*, Sow.					1	2				3	*
	— *microstoma*, d'Orb.					1		2				
	— *Kœnighi*, Sow.							2				
	(— *bullatus*, d'Orb.										2	
	— *calloviensis*, Sow.						3		*			
	— *subbackeriæ*, d'Orb. (= *A. funatus*, Opp.)	*			*	1	4	3	*	*	*	*
	(— *curvicosta*, Opp.										4	*
	— sp. (groupe d'*A. aurigerus*, Opp.)					1	5	2	*		4	*
	— *anceps* (Rein.), var					?	3		*		4	*
*	(*Ancyloceras calloviensis*, Morris											
	Nerinea aff. *axonensis*, d'Orb.	1										
	Pseudomelania aff. *niortensis* (d'Orb)							2				
	— sp. ind.					1		1				
	Natica sp. aff. *Zetes*, d'Orb.							2				
	— sp. ind.	1										
	(Gastéropodes non déterminés							2			5	
	Pleurotomaria Cyprea, d'Orb.							*				*
	— sp. aff. *luciensis*, d'Orb.							3				
	— sp. aff. *Germaini*, d'Orb.							2				
	— sp.							*				
*	*Pholadomya Murchisoni*, Sow.					cf.			3			*
	— *carinata*, Goldf.								*			
	— sp. ind.								1			
*	*Pleuromya sinuosa*, Rœm.					1	2					
*	— *elongata*, Ag.				3			2			3	
*	— cfr. *tenuistria*, Ag.							1				
*	*Panopœa Jurassi*, Ag.					?		1		*		

(1) Vaudioux désigne les affleurements de la Billode et Cize.

Passages inférieurs	ESPÈCES.	Épeugney	Vaudioux A	Vaudioux B	Augisey	Courbouzon A	Courbouzon B	Binaas A	Binaas B	Prénovel	St-Rambert	Passages supérieurs
*	Gresslya lunulata, Ag.					1		2				
*	Isocardia minima, Sow.						2cf.			*	*	
	— ? sp. ind.					1		1	*			
	Cypricardia ? sp.							1				
	Cardium sp.			1		1						
	— sp.						1					
	Trigonia elongata, Sow.					2						*
	— sp. (plusieurs esp.)					1	2	3				
	Arca sp. (2 espèces)							1				
	Pinna sp.							1				
	Trichites sp.						*					
*	Mytilus gibbosus, d'Orb.					2		*				
	— sp.							*				
	Lithophages		5	5		4		3				
	Perna sp.					1						
*	Avicula Munsteri, Goldf.		2	*	*	3	2			*	*	
*	— echinata, Sow.		3									
*	— ? sp.	*			*	1				*		
*	Pecten aff. luciensis, d'Orb.	*			*							*
	— cfr. articulatus, Schl.						1					
	— cfr. scobinella, Et.					1	1	1				
*	— vagans, Sow.	3	*	*		3		3		3	*	
	— fibrosus	*		*		*		*		*		
*?	— Michaelensis. M. et L.					3		1				
	— subspinosus, Schl.						1					
*	— sp. (aff. subspinosus, Schl.?)					1		2				
	(— aff. peregrinus, M. et L.	*										
*	— lens, Sow.					1		1				
*	— demissus, d'Orb.	*				2	*	3	*		*	
	— cfr. Rhypheus, d'Orb.		*	3								
	— sp.					1		2				
*	Hinnites Morrisi, Mœsch.					3		2				
	— sp.					1						
*	Lima duplicata, Sow.					2		1				
*	— gibbosa, Sow.					1		1				
*	— aff. Bellula, M. et L.		1			1		1				
	— pectiniformis, Schl.		1			*		*				*
	— sp. (3 espèces)					*		*				
	Limea duplicata, Munst.	*		*						*		
	(Plicatula subserrata, Goldf.	*								*		
*	Ostrea Sowerbyi, M. et L.	5						1				
*?	— costata, Sow.	*	3			3		3				*
*	— rastellaris, Munst.	*				1cf.	cf.			*	*	*
*	— Marshi, Sow.	*	1					1				

Passages inférieurs.	ESPÈCES.	Epeugney.	Vaudioux A	Vaudioux B	Augisey.	Courbouzon A	Courbouzon B	Binans A	Binans E	Préporel.	St-Rambert.	Passages supérieurs.
		Facies bathonien.			Facies mixte.					Facies callovien		
*	*Ostrea obscura*, Sow............	3	..	..	1							
	— sp.(grandes plates,soudées.)	..	*	1	..	5	..	2				
	— sp..........											
	Terebratula Sæmanni, Opp.	*	..	..	5	3	..	*	*?	4	2	*
	— *dorsoplicata*, Suess	2	1	..	1	..	1	3	*?	4	5	*
	— *subcanaliculata*, Opp. ..							3		..		
(	— *longiplicata*, Opp.									..	2	
	— sp. nov. aff. *bicanaliculata*, Schl..........					*						
*	*Dictyothyris coarctata* (Park.).....	4	..	..	3	3	..	1	..	2	2	
	— *Smithi*, Opp...........					1						
* *	*Zeilleria digona* (Sow.), var......	5	..	..	5	4	..	3	..	5		
	— *obovata* (Sow.), var......				*			*				
	— *biappendiculata* (Desl.) ...				1	3	1	3	*	..	2	
(	— *subrugata* (Desl.)									2		
	Aulacothyris pala (Buch).........					1[2]		..		..	5	
	(*Rhynchonella concinna*, Sow......	*	..	..	*	..	..	..		..		
	— *Royeri*, d'Orb.	4	..	..	4	4	*	*	..	4		
	— *Ferryi*, Desl.......				1	2	2	2	*	4	2	*
	— aff. *Orbignyi*, Opp...				*	4	?	*		*		*
(	— *Fischeri*, Rouill. ..	*	..	..						*		
	— *funiculata*, Desl. ...					2		..		..	2	
	— *funiculata*,Desl. var. aff. *varians*, Schl.							1				
(	— *Steinbeisi*, Quenst ..					..		..	..	+	3	
	— *minuta*, Buv........	1	..	..				2	..	..	3	*
	— sp.		1									
	— sp.					*						
	Heteropora conifera, Lamouroux ..	5	..	..	*							
	— sp.	..	..	..	..	4	..	3				
	Stomatopora sp.				..	1						
	Berenicea, sp.................				..	1	*	2	*			
	(*Collyrites ovalis*, Leske..........	..	..	..	2	..	..	..	..	4		
	— *elliptica*, Desm.	2[1]	..	..	..	..	1	..	..	..		*
(	— *pseudo-ringens*, Cott. ..										1	
	Pygurus depressus, Ag.	1	..	..	1	..	..	3				
*	*Echinobrissus cluniculais*, Lhwd...	..	..	..	3	1	..	4		4		
*	*Holectypus depressus*, Leske.......	..	..	..	3	..	3	1	..	5	1	*
	— *punctulatus*, Des.						1	1	..	4	..	
*	*Pygaster* cfr. *Trigeri*, Cott.	..	..	..	..	..	..	1				
*	*Cidaris bathonica*, Cott..........	4	..	..	1							
	— cfr. *Guerangeri*, Cott......				1							
	— *calloviensis*, Cott..........				3							
	— sp. ind. (test.).				1							

(1) Cette espèce a été recueillie dans ce facies par M. Choffat. non à Epeugney, mais à Meillonnas (Ain). — (2) *Aul. pala* a été trouvé seulement à Messia.

Passages inférieurs	ESPÈCES.	Facies bathonien.			Facies mixte.					Facies callovien.		Passages supérieurs
		Epeugney.	Vaudioux A	B	Augisey.	Courbouzon A	B	Binans A	B	Prénovel.	St-Rambert.	
	Cidaris sp. (rad.)					1						
	— sp. (id.).							1				
	Rhabdocidaris sp. (rad.)...........					1						
(*	(Acrosalenia spinosa, Ag.	3								2		
	— sp. nov. aff. Marioni. Cott.					1						
	— sp. nov.					1						
	— Lamarcki (Desm.), var		1									
	Hemicidaris cfr. Guerangeri, Cott..					1						
	— sp.							1				
	Pseudodiadema calloviense (d'Orb.)					1						
	Cidaropsis minor, Cott...........							1				
	Stomechinus calloviensis, Cott.					1						
*	— Heberti, Cott						1					
*	Asteropecten sp. ind		1									
*	Pentacrinus Nicoleti, Des.	*	1		*	1	.				*	
	— aff. Changarnieri, de Lor.					1						
	— sp. nov. aff. Sarthacensis; de Lor					1						
	— sp.....		1			1						
	Millericrinus sp. ind		*			4		2				
	Cyclocrinus macrocephalus (Quenst.)							2				
	Débris d'Échinod. indéterm.	5		5								
*	Serpula conformis, Goldf.	3	.	*		*						..
	— socialis, Goldf.............	*			*							
	— sp. (cinq ou six espèces) ..					3		*				
	— sp. (très grand)...........								1			
	Astrocænia Girardoti, Koby					1						
	Eudea sp.					1		*?				
	(Sparsispongia tuberosa, d'Orb. ...	4										
	— sp.							*				
	Fougère, non déterminée			1								

Le tableau ci-après résume la composition générale et les passages d'espèces de la faune du Callovien inférieur dans les divers affleurements du Jura lédonien, tant pour le facies bathonien, près de Vaudioux (la Billode et Cize), que pour le facies mixte de Courbouzon, Binans et Augisey.

Total des espèces	CLASSES.	Espèces déterminées.	Espèces provenant des étages inférieurs		Espèces apparaissant dans le Callovien inférieur			Espèces non déterminées.
			Nombre total.	Passant aux assises supérieures.	Nombre total.	Spéciales à cette assise	Passant aux assises supérieures.	
2	Poissons	1	»	»	1	1	»	1
22	Céphalopodes.......	21	1	1	20	11	9	1
9	Gastéropodes	6	1	»	5	4	1	3
54	Lamellibranches	34	25	7	9	6	3	20+
19	Brachiopodes	17	3	»	14	9	5	2
4	Bryozoaires	4	?	?	1?	1?	?	3
21	Échinides	18	5	1	13	11	2	3
1	Astérides	»	?	?	?	?	?	1
6+	Crinoïdes	1	1	»	3	3	»	2+
8+	Vers	2	1	1	1	1	»	6+
1	Polypiers	1	»	»	1	1	»	»
2+	Spongiaires	»	»	»	»	»	»	2+
149	Totaux.	105	37	10	68	48	20	44+

Subdivisions. — L'existence dans le Callovien inférieur de Courbouzon, de Binans et de la Billode, d'une surface taraudée et avec Huîtres plates soudées, accompagnée de modifications notables dans la nature de la roche et la composition de la faune, permet d'établir une division très nette de cette assise en deux niveaux :

A. — Niveau de l'*Ammonites Kœnighi*.

B. — Niveau de l'*Ammonites calloviensis*.

Il est tout à fait probable que ces niveaux se distinguent avec la même facilité dans les autres affleurements de la contrée.

Points d'étude et coupes. — Les affleurements de Courbouzon, de Binans et de la Billode permettent d'étudier, d'une manière plus ou moins complète, les deux niveaux du Callovien I ; celui de Cize n'en montre que la base et le sommet. Il serait fort intéressant d'explorer avec soin les

39

autres affleurements du Jura lédonien, situés au S. et au
N. de la ligne de Courbouzon à Verges et à la Billode, surtout s'il se trouve des localités où le passage du facies bathonien au facies callovien s'observe sur des points peu
distants l'un de l'autre.

A. — Niveau de l'Ammonites Kœnighi.

Couche très variable, tant par la nature de la roche que
par la composition de la faune, selon le facies.

1° Facies bathonien.

A la Billode, où l'étage Callovien a pu être étudié en entier lors des travaux du chemin de fer, le niveau **A** comprend un massif calcaire de 1^{m}50, bleu-foncé à l'intérieur
et roussâtre par altération, qui débute par un banc lumachellique, pétri d'Huîtres, de Térébratules, etc., et suivi
d'un petit banc de calcaire grenu, un peu marneux, stérile ;
puis vient un calcaire très résistant à l'air, qui renferme,
dans le bas, des cristaux cubiques de fer sulfuré avec
quelques oolithes, et qui passe, dans la partie supérieure,
à une belle oolithe fine, contenant quelques débris spathiques et de rares fossiles. La surface est irrégulièrement
bosselée et fortement taraudée ; elle porte quelques *Avicula echinata*, *Ostrea obscura*, *O. costata*, *O. Marshi*, ainsi
que de larges Huîtres plates soudées, des lithophages dans
leurs perforations, quelques Bryozoaires, et des galets taraudés, chargés parfois de petites Huîtres et de cristaux de
fer sulfuré.

Au-dessus est une couche de marne grisâtre, dure,
grenue, un peu sableuse et d'épaisseur variable (0^{m}40 à
côté de la gare et 0^{m}20 au bord E. de la route, à 20 m. de
distance) ; il s'y trouve une intercalation d'environ 0^{m}05
de calcaire dur, à nombreux débris de Lamellibranches, et

parfois sous forme d'un lit de rognons aplatis. Au-dessus de cette intercalation, la marne se divise, par places et d'une façon plus ou moins nette, en feuillets durs et finement sableux, qui présentent parfois des impressions analogues à celles qui ont été désignées sous le nom d'empreintes de gouttes de pluie. Cette couche est très peu fossilifère ; quoique mise à découvert sur une assez grande étendue, lors des travaux de la voie ferrée, elle m'a fourni seulement 14 espèces :

Nerinea aff. *axonensis*, d'Orb.,2. | *Ostrea obscura*, Sow., 2.
Natica sp, ind.,1. | — *costata*, Sow., 2.
Avicula echinata, Sow., 2. | *Terebratula dorsoplicata*, Suess 1.
— *Munsteri*, Goldf., 1. | *Rhynchonella* sp. ind., 1.
Pecten vagans, Sow., 1. | *Acrosalenia Lamarcki* (Des M.) 1.
— cfr. *Rhypheus*, d'Orb.,2. | *Asteropecten* sp., 1.
Lima cfr. *pectiniformis*, Schl.,1. | *Millericrinus* sp., 1.

Presque toutes ces espèces, et surtout les plus fréquentes, se sont montrées déjà dans les Marnes bathoniennes supérieures. Ce fait, joint à quelque possibilité que les feuillets marneux supérieurs aient été formés au niveau du balancement des marées (?) m'a déterminé, en 1885, à rattacher cette couche marneuse au niveau **A**, d'autant plus qu'immédiatement au-dessus viennent les calcaires du niveau **B**, si différents par leur richesse en débris d'Échinodermes (1). Toutefois la surface bosselée et taraudée sur laquelle repose cette couche marneuse mérite d'être prise en sérieuse considération, au point de vue de la délimitation des niveaux, et peut-être la marne à *Acrosalenia Lamarcki* de la Billode devrait-elle être réunie au niveau **B**. En l'absence de données plus probantes, je maintiens ici, sous toutes réserves, le groupement qui précède, tel que je l'ai proposé en 1885.

(1) *Compte-rendu de l'excursion* de la Société géologique à *Châtelneuf*, en 1885, par Abel GIRARDOT. (Bull. de la Société géol. de France, 3e série, t. XIII, p. 694).

Peut-être se trouvera-t-il dans cette région d'autres affleurements qui présentent aussi, dans le Callovien inférieur, trois couches correspondantes à celles de la Billode et contenant d'assez nombreux fossiles déterminables pour fournir des arguments plus sérieux en faveur de l'un ou de l'autre groupement.

2° FACIES MARNO-CALCAIRE A AMMONITES MACROCEPHALUS.

Ce facies est représenté à Courbouzon, ainsi qu'à l'E. de Binans, par une couche peu épaisse de calcaire irrégulier, lentement délitable le plus souvent et très fossilifère, dont les caractères diffèrent peu dans ces deux localités.

A Courbouzon, où l'épaisseur atteint environ 0ᵐ80, le niveau **A** présente sur un point, au N. du gisement, un banc calcaire, à surface taraudée, peu distinct de la couche bathonienne sous-jacente. Mais, dans la plus grande partie de l'affleurement, ce niveau comprend une couche assez dure, irrégulière, un peu marneuse, fortement teintée par l'oxyde de fer, surtout dans certaines parties, mais sans oolithes ferrugineuses. Le plus souvent elle offre, à partir des Marnes bathoniennes qui la supportent, plusieurs lits serrés de grandes Huîtres plates, accompagnées d'autres fossiles et constituant un véritable banc d'Huîtres, sans délit distinct qui le sépare de ces marnes. La faune que j'ai recueillie dans cette localité comprend environ 90 espèces pour ce niveau : 2 Poissons, 10 Céphalopodes, 4 Gastéropodes, 35 Lamellibranches, 10 Brachiopodes, 3 ou 4 Bryozoaires au moins, 12 Oursins, 5 Crinoïdes, 6 Serpules, 1 Polypier et 2 ou 3 Spongiaires.

Les espèces principales de cet affleurement sont :

Ammonites macrocephalus, Schl.	*Trigonia elongata*, Sow.
— *Herveyi*, Sow.	*Avicula Munsteri*, Goldf.
— *microstoma*, d'Orb.	*Pecten vagans*, Sow.
— *subbackeriæ*, d'Orb.	— *Michaelensis*, M. et L.
Gresslya lunulata, Ag.	*Hinnites Morrisi*, Mœsch.

Ostréa costata, Sow.
— sp.(grandes, plates).
Terebratula Sæmanni, Opp.
Terebratula sp. nov. aff. bicana-
liculata, Schl.
Dictyothyris coarctata (Park).
Zeilleria digona (Sow.), var.
— obovata (Sow.), var.
— biappendiculata (Desl).

Rhynchonella Royeri, d'Orb.
— funiculata, Desl.
Echinobrissus clunicularis, Lhd.
Cidaris calloviensis, Cott.
Acrosalenia sp. nov.
Pseudodiadema calloviense (Orb.)
Stomechinus calloviensis, Cott.
Astrocœnia Girardoti, Koby.

Les exemplaires de *Zeilleria digona* de cette localité appartiennent à la forme voisine de *Z. obovata*. D'autre part,
la variété de cette dernière espèce qui s'y trouve en même
temps se rapproche sensiblement de cette forme de *Z. digona*.

Près de Binans, dans la région de l'Eute, le niveau **A** se
compose uniquement d'un calcaire irrégulier, grisâtre, qui
se délite grossièrement à la longue, et se montre peut-être
plus fossilifère encore qu'à Courbouzon. La délimitation
d'avec la couche bathonienne terminale n'est pas non plus
très nette ; mais elle se reconnaît avec une certaine facilité,
grâce à la rareté des fossiles dans cette dernière, sur ce
point. Le niveau **A** nivelle les bossellements de la surface
bathonienne, de sorte que son épaisseur, qui atteint le plus
souvent environ 0m50, se réduit notablement par places
et parfois jusqu'à 0m10. La surface supérieure est assez
régulière ; elle porte des Huîtres plates et des traces de perforations de lithophages, qui rappellent, quoique à un
moindre degré, les caractères d'arrêt de la sédimentation
reconnus à la Billode et à Courbouzon. L'affleurement de
Binans m'a fourni dans ce niveau, la même richesse en
espèces que celui de Courbouzon, soit environ 90 espèces,
comprenant 6 ou 7 Céphalopodes, une dizaine de Gastéropodes, environ 38 Lamellibranches, 10 Brachiopodes
au moins, 3 ou 4 Bryozoaires, une douzaine d'Oursins,
3 Crinoïdes, 3 ou 4 Serpules et 1 Spongiaire.

Les Ammonites sont un peu moins variées à Binans que

dans le premier gisement, mais plus fréquentes, parce qu'elles offrent d'assez nombreux exemplaires d'*Ammonites macrocephalus* et surtout d'*A. subbackeriæ ;* on remarque particulièrement *A. Kœnighi*, l'une des espèces les plus caractéristiques de la base de l'étage, selon M. de Grossouvre, et qui n'est pas très rare ici ; en outre il s'y trouve un *Am.* sp. nov. voisin de *A. subdiscus* (1). D'autre part les Gastéropodes sont bien plus nombreux en espèces et en individus qu'à Courbouzon. Les Brachiopodes et les Oursins, à peu près en même nombre, offrent quelques différences dans l'association des espèces, surtout chez les derniers : *Zeilleria digona* est ici plus rare , *Echinobrissus clunicularis* est bien plus abondant ; par contre, on trouve à Binans *Pygurus depressus* et *Cidaropsis minor*.

La faune du niveau **A** dans ce facies est donnée en entier pour ces deux affleurements, avec l'indication des localités, dans la liste générale des fossiles du Callovien inférieur. Elle offre un total d'environ 115 espèces, comprenant 2 Vertébrés, 14 Céphalopodes, 7 Gastéropodes, plus de 40 Lamellibranches et d'une douzaine de Brachiopodes, 3 ou 4 Bryozoaires, 19 Oursins, 6 Crinoïdes et au moins autant de Serpules, 1 Polypier et 2 ou 3 Spongiaires. Sur les 74 espèces déterminées de ce facies, il en est 33 qui proviennent des assises précédentes et 22 qui passent aux couches supérieures.

Les espèces de Courbouzon et de Binans que j'ai rencontrées jusqu'ici uniquement dans ce niveau sont au nombre de 26 :

Strophodus reticulatus, Ag.	*Pseudomelania* aff. *niortensis,*
Nautilus clausus, d'Orb.	d'Orb.
Ammonites microstoma, d'Orb.	*Natica* aff. *Zetes,* d'Orb.
— *Kœnighi,* Sow.	*Pleurotomaria* aff. *luciensis,* Orb.
Ammonites sp. nov. aff. *sub-*	— aff. *Germaini,* d'Orb.
discus, d'Orb.	*Terebratula subcanaliculata,* Op.

(1) M. Th. Berlier, qui a recueilli une belle série de fossiles dans cet affleurement, y a rencontré 3 exemplaires de *Am. microstoma*.

Terebratula sp. nov. aff. *bica-*
naliculata, Schl.
Dictyothyris Smithi, Opp.
Rhynchonella funiculata, Desl.
Pygurus depressus, Ag.
Cidaris cfr. *Guerangeri*, Cott.
— *calloviensis*, Cott.
Acrosalenia sp. nov. aff. *Marioni*,
Cott.
Acrosalenia sp. nov.

Hemicidaris cfr. *Guerangeri*, Cott.
Pseudodiadema calloviense (d'Orb)
Cidaropsis minor, Cott.
Stomechinus calloviensis, Cott.
Pentacrinus aff. *Changarnieri*,
de Lor.
Pentacrinus sp. nov. aff. *sar-*
thacensis, de Lor.
Cyclocrinus macrocephalus (Qu.).
Astrocœnia Girardoti, Koby.

3° FACIES A OOLITHES FERRUGINEUSES ET AMMONITES MACROCEPHALUS, OU FACIES CALLOVIEN.

On peut espérer que ce facies existe au S.-E. de notre région d'étude, aux environs de Clairvaux, soit dans le niveau **A**, soit dans le suivant. Je ne puis préciser la composition de chacun de ces niveaux à Prénovel, car je n'ai pas étudié cette localité. Par comparaison avec nos divers gisements, il faut rapporter au niveau inférieur la première couche, composée de 0^m70 de calcaire gris, à rares oolithes ferrugineuses, qui a fourni à M. Choffat une « faune assez riche », pour laquelle il renvoie à sa liste des fossiles du Callovien I de cette localité, reproduite ci-devant. Peut-être faut-il rapporter encore au même niveau la couche suivante, comprenant 0^m30 de calcaires plus marneux que le précédent, et avec *Ammonites macrocephalus*, *A. funatus*, etc.

On trouve dans la liste donnée par M. Choffat l'indication de 26 espèces, qui comprennent, en outre de ces deux Ammonites, 1 Gastéropode, 10 Lamellibranches, 9 Brachiopodes et 1 Oursin. Quelques-uns de ces fossiles, surtout des Brachiopodes, pourraient, toutefois, appartenir aux couches de notre niveau **B**, dont la faune est réunie, dans cette liste, à celle du niveau **A**. De ces 26 espèces, il en est 20 qui se trouvent aussi à Courbouzon et à Binans, dans ce dernier niveau, et 13 de celles-ci se sont montrées déjà dans le Bathonien de notre contrée lédonienne. Les autres espèces de Prénovel sont 1 ou 2 Lamellibranches, 2 Brachiopodes (*Zeilleria subrugata* et *Rhynchonella Fischeri*) et 2 Oursins (*Collyrites ovalis* et *Acrosalenia spinosa*) ; 2 d'entre elles sont des espèces bathoniennes. Au point de vue paléontologique, le facies de Prénovel est donc fort analogue à celui de nos affleurements du facies mixte, où l'on trouve aussi une majorité d'espèces qui existaient déjà dans le Bathonien.

4° ABSENCE DU NIVEAU INFÉRIEUR DE L'AMMONITES MACROCEPHALUS.

Il paraît certain que toute formation de ce niveau est absente, au moins sur un point à l'O. du Jura lédonien, entre Messia et Courlans, et sur un autre au centre de la contrée, près de Châtillon.

1° *Affleurement de Messia.* — Au bord du chemin qui aboutit à la route de Courlans, se voit un gros banc calcaire, à peu près vertical, que l'on ne peut rapporter qu'au Bathonien et dont la surface est assez irrégulière. Elle porte une croûte de quelques centimètres, d'un calcaire jaunâtre, peu dur, avec oolithes ferrugineuses disséminées, qui s'y trouve fortement soudée. Cette croûte paraît suivie, dans le fossé du chemin, d'un calcaire analogue. Elle renferme des fossiles assez nombreux, surtout des Trigonies, et j'en ai détaché en outre un *Ammonites calloviensis* et un *Zeilleria pala*. La présence de cette Ammonité caractéristique du niveau **B**, à moins de 5 centimètres du calcaire d'apparence bathonienne, ne permet pas de douter de l'absence du niveau **A** sur ce point, si, toutefois, l'âge de ce dernier calcaire est exact. Les Marnes bathoniennes supérieures manqueraient d'ailleurs dans cette localité.

2° *Affleurement de Châtillon.* — Dans la grande tranchée voisine de l'ancienne tuilerie de Châtillon, j'ai relevé la petite coupe ci-après :

COUPE DU CALLOVIEN DE CHATILLON.

Bathonien supérieur.

1. — Massif très fragmenté de calcaire dur, à grain fin et très petites parcelles cristallines, avec de nombreux points noirâtres, fort petits, qui deviennent rares à 2 m. du sommet et disparaissent aux approches de celui-ci. Nombreux cristaux et grumeaux de fer sulfuré, dans le haut, sur 0m10 environ. Surface irrégulière, par suite d'une érosion antérieure au dépôt des couches calloviennes; inclinée vers l'E. de 7°. Ce calcaire est visible dans la moitié occidentale de la tranchée, sur une épaisseur difficilement appréciable; soit au moins 5 à 6 m.

I. — Callovien inférieur.

2. — Mince délit argileux, qui renferme par places des grumeaux de fer oxydé, résultant de l'altération des pyrites, et des morceaux de calcaire à oolithes ferrugineuses, analogue à celui de la c. 3. Fossiles rares : *Lima* sp. ind.

Ce délit, qui a seulement 5 à 6 centimètres dans la partie occidentale de l'affleurement, disparaît à une vingtaine de mètres plus à l'E., et la couche 3 se soude sur la c. 1.

3. — Calcaire gris, peu dur, variable, finement grenu, offrant par places, dans la moitié occidentale de l'affleurement, des oolithes ferrugineuses, en quantité variable, d'ordinaire assez rares. Épais de 0m25 à l'O., il s'amincit en allant vers l'E. jusque vers le milieu de la longueur observable, où il se soude à la c. 1, par la disparition de la c. 2 ; puis il semble se prolonger en coin et disparaître 25 à 30 m. plus loin, à l'E. de l'affleurement : c'est du moins l'impression que m'a donné l'examen attentif que j'en ai fait lors des travaux ; mais l'état du gisement ne m'a pas permis autant de précision que je l'eusse désiré, et il est à présent caché en grande partie par un mur de revêtement.

Fossiles rares. Je n'ai trouvé dans cette couche que *Trigonia* sp. (du groupe de *T. costata*), à la face inférieure ; mais je possède un *Ammonites macrocephalus* (variété renflée à grosses côtes), qui a été recueilli dans cette tranchée par les ouvriers, et qui, d'après la nature de la roche, provient évidemment de cette même couche.

II. — Callovien supérieur.

A. — Niveau de l'Ammonites anceps.

4. — Calcaire un peu marneux, gris-noirâtre à l'intérieur, jaunâtre par altération, chargé d'une multitude d'oolithes miliaires, et contenant de nombreux fossiles. Bancs plus ou moins résistants; l'inférieur est plus marneux. Inclinaison de 8° vers l'E., de sorte qu'il y aurait une légère discordance de 1°, ce qui répond à l'apparence en coin des c. 2 et 3. La surface présente le poli et les stries glaciaires, de sorte que la couche pourrait être incomplète dans le haut. Puissance actuelle, 1ᵐ60.

On y recueille : *Belemnites* sp., *Am. hecticus*, *A. coronatus*, 3, *A.* cfr. *subbackeriæ*, *A. anceps*, 4, *A. Greppini* et autres Ammonites, avec *Pleurotomaria* cfr. *Cyprea*, etc.

3. — Une interruption, causée sur ce point par la présence de boue glaciaire qui repose sur la surface polie et striée précédente, cache le niveau de l'*Ammonites athleta* et la base de l'Oxfordien.

Un peu plus à l'E., la continuation de la tranchée a entamé les Marnes oxfordiennes à *Ammonites Renggeri*, sur 7 à 8 m. de la partie inférieure, sans montrer la base. Ces marnes ont ici le même aspect qu'à la Billode, et elles renferment, comme dans cette localité, une riche faune de fossiles pyriteux, comprenant surtout de nombreuses espèces d'Ammonites.

Les calcaires à surface bosselée (et probablement taraudée) de la c. 1 de cet affleurement doivent être rapportés au niveau **D** du Bathonien supérieur. Les Marnes à *Eudesia cardium* du niveau **E**, qui terminent d'ordinaire le Bathonien, ne se sont donc pas déposées dans cette localité.

La présence d'*Ammonites coronatus*, relativement assez fréquent dans la c. 4, suffit, dans nos régions, à montrer que cette couche appartient au niveau de l'*Ammonites anceps*. Les deux couches en coin, intermédiaires entre celle-ci et le Bathonien supérieur, sont peu caractérisées par les quelques fossiles recueillis. Mais la présence, dans la c. 2, de morceaux de calcaire à oolithes ferrugineuses, qui paraissent provenir de l'érosion, sur d'autres points, d'une oolithe ferrugineuse callovienne, telle que celle du niveau **A** de Prénovel, etc., indique un dépôt plus récent que la base du callovien ; car nous ne connaissons pas, dans toute la contrée, de couches ferrugineuses au sommet du Bathonien. Nous savons, d'ailleurs, que des actions d'érosion assez intenses se sont produites après le dépôt du niveau **A**, comme l'indique le bossellement de la surface taraudée de ce niveau à la Billode, et les galets taraudés qu'elle porte. Il conviendrait en conséquence de rapporter la c. 2 au niveau de l'*Ammonites calloviensis*, ou, tout au plus, de la synchroniser avec la Marne à *Acrosalenia Lamarcki* de la Billode, que nous n'avons d'ailleurs attribuée au sommet du niveau **A** que sous toutes réserves.

Quoi qu'il en soit, la couche 3 appartiendrait au niveau **B** : la présence dans cette couche d'*Ammonites macrocephalus* à l'état de variété renflée et à grosses côtes, notablement différente du type de cette espèce, vient appuyer ce groupement ; car je n'ai rencontré cette forme que dans le niveau **B**, à Courbouzon, et je n'ai rien trouvé de semblable dans le niveau **A** du gisement de Binans, si peu éloigné de celui de Châtillon, et où les formes ordinaires de l'espèce ne sont pas rares.

En somme, l'affleurement de Châtillon offre une discordance d'isolement, qui résulte de l'absence, à l'O. de ce point, des Marnes bathoniennes supérieures et du niveau inférieur de l'*Ammonites macrocephalus* (au moins pour la plus grande partie), et elle serait plus marquée encore, au bord oriental de l'affleurement, où manque, à ce qu'il paraît, le Callovien inférieur tout entier. Mais, de plus, il existe sur ce point une légère discordance de stratification.

Faune générale du niveau A dans le Jura lédonien.

Les affleurements étudiés de ce niveau, qui appartiennent au facies bathonien et au facies callovien, m'ont fourni, dans cette région, un total de 125 espèces, dont 78 sont déterminées. Le détail de cette faune se trouve dans la liste générale des fossiles du Callovien I. Sa composition et les relations avec les assises voisines sont indiquées dans le tableau suivant.

Total des espèces.	CLASSES.	Espèces déterminées.	Espèces provenant des étages inférieurs.		Espèces apparaissant dans le Callovien.			Espèces non déterminées.
			Nombre total.	Passant aux assises supérieures.	Nombre total.	Spéciales à ce niveau.	Passant aux couches supérieures.	
2	Poissons...........	1	»	»	1	1	»	1
13+	Céphalopodes.......	9	1	1	8.	4	4	4+
9+	Gastéropodes.......	6	1	»	5	4	1	3+
44	Lamellibranches....	27	23	7	4	»	4	17
15+	Brachiopodes.......	14	3	»	11	4	7	1+
4	Bryozoaires........	»	»	»	»	»	»	4
20	Echinides..........	15	4	1	11	10	1	5
1	Astérides..........	»	»	»	»	»	»	1
6+	Crinoïdes..........	4	1	»	3	3	»	2+
8	Vers..............	1	1	1	»	»	»	7
1	Polypiers..........	1	»	»	1	1	»	»
2+	Spongiaires.	»	»	»	»	»	»	2+
125+	TOTAUX ...	78	34	10	44	27	17	47+

Les 27 espèces que je n'ai rencontrées encore qu'à ce niveau comprennent les 26 indiquées ci-devant (avant-dernier feuillet) pour le faciès marno-calcaire à *Am. macrocephalus*, et en outre *Acrosalenia Lamarcki* du faciès bathonien. Mais plusieurs de ces espèces se montrent déjà dans le Bathonien d'autres régions, par exemple *Ammonites microstoma*, *Pygurus depressus*, *Cidaropsis minor*, etc. ; d'autres se retrouvent ailleurs dans des couches calloviennes plus récentes que le niveau **A** (*Cyclocrinus macrocephalus*). Les espèces les plus caractéristiques de ce niveau sont, en outre de 3 Échinodermes non encore décrits :

Ammonites Kœnighi, Sow.

— sp. nov. aff. sub-
discus, d'Orb.

Dictyothyris Smithi, Opp.

Cidaris calloviensis, Cott.

Pseudodiadema calloviense, Cott.

Astrocœnia Girardoti, Koby.

PUISSANCE. — En résumé l'épaisseur de ce niveau est
très variable. Elle est de 0 m 80 à Courbouzon, et 0 m 10
à 0 m 50 à Binans, dans le facies mixte, et devient nulle
près de Messia et de Châtillon ; elle atteint 0 m 70 à 1 m.
à Prénovel, dans le facies callovien, et 1m50 à 1m65 à la
Billode, dans le facies bathonien.

B. — Niveau de l'Ammonites calloviensis.

Composition pétrographique et faune très variées selon
le facies :

1° — FACIES BATHONIEN.

Le niveau **B** comprend, à la Billode 0 m 70 de calcaire
dur, massif ou subdivisé en bancs d'épaisseur variable et
souvent très minces dans les parties longtemps exposées à
l'air. Il est pétri de débris d'Échinodermes, qui lui donnent
à la cassure l'aspect miroitant des calcaires à Crinoïdes du
Bajocien ; mais quelques parties passent à une lumachelle
de petites Huîtres, surtout dans le haut. Des oolithes ferrugineuses sont éparses au sommet, sur quelques centimètres
d'épaisseur; elles montrent que le facies ferrugineux tendait
à envahir cette localité aux approches de la limite séparative du Callovien I et du Callovien II ; toutefois je n'y ai
trouvé aucune espèce de ce dernier facies. La surface est
fortement taraudée, et les perforations contiennent souvent
encore les coquilles des Mollusques qui les ont creusées, entre
autres celles de *Lithodomus inclusus*. On a vu, au sujet du
niveau précédent, que la petite couche marneuse à
Acrosalenia Lamarcki, qui supporte ce calcaire à Crinoïdes,
serait peut-être à rattacher au niveau **B**.

Un calcaire analogue à Crinoïdes se voit dans ce niveau
à Cize, mais un peu moins résistant à l'air et assez riche,

dans le haut, en Lamellibranches qui appartiennent à la faune de la *Dalle nacrée* du Jura.

Voici les seules espèces que j'ai recueillies dans ce facies. Elles proviennent de Cize, à l'exception de la première.

Lithodomus inclusus, Phill.	*Pecten* cfr. *Rhypheus*, d'Orb.
Avicula Munsteri, Goldf.	— cfr. *luciensis*, d'Orb.
Pecten vagans, Sow.	*Limea duplicata*, Münst.
— *fibrosus*, Sow.	*Serpula conformis*, Goldf.

Il importe de mentionner en outre une empreinte de *Fougère*, recueillie autrefois par Frédéric Thevenin et donnée par lui au Musée de Lons-le-Saunier, sous l'indication « Cornbrash de Vaudioux ». La nature de la roche, pétrie de débris spathiques, ne permet guère de douter que cet échantillon ne provienne des calcaires calloviens à Crinoïdes.

2°. — FACIES MARNO-CALCAIRE A AMMONITES MACROCEPHALUS.

L'affleurement de Courbouzon présente, dans la partie inférieure de ce niveau, 1 mètre environ de calcaire jaunâtre, peu marneux et très lentement délitable, qui renferme de nombreux fossiles, principalement des Ammonites et des Brachiopodes, ainsi que des Lamellibranches et des Oursins moins fréquents. La partie supérieure, cachée par la végétation et peut-être plus marneuse, paraît atteindre encore près de 1 m., de sorte que le niveau entier aurait de 1 m 50 à 2 m. dans cette localité.

Le facies est plus marneux et moins riche en Ammonites à Binans. Ici, on a seulement 1 m. environ, à ce qu'il semble, d'un marno-calcaire blanchâtre, plus dur à la base et passant ensuite à une marne dure. De très petites oolithes ferrugineuses, souvent peu caractérisées et peu apparentes, sont éparses par places, et feraient rapporter cette couche au facies callovien, si ce n'était le peu de fréquence de ces oolithes ainsi que celle des Céphalopodes. Je n'ai recueilli encore sur ce point qu'une quinzaine d'espèces, qui se rencontrent la plupart à Courbouzon dans le même niveau. En outre d'Ammonites des groupes d'*Ammonites subbackeriæ*, d'*A. aurigerus* et d'*A. anceps*, *Ammonites calloviensis* paraît se trouver ici comme dans cette dernière localité (1). Il y a aussi quelques Lamellibranches (*Pholadomya Murchisoni*) ; mais surtout la base du niveau renferme des Brachiopodes assez fréquents, parmi lesquels on remarque *Zeilleria biappendiculata* et *Rhynchonella Ferryi*.

La faune de ce niveau comprend à Courbouzon environ 35 espèces : une dizaine d'Ammonites, 2 Gastéropodes, une dizaine de Lamellibranches, 7 Brachiopodes, 1 ou 2 Bryozoaires et 4 Oursins.

Les Ammonites appartiennent surtout aux groupes d'*Ammonites subbackeriæ*, d'*Am. aurigerus* et d'*Am. anceps*. De plus *Ammonites macrocephalus* n'est pas rare sous la forme ordinaire, avec quelques exemplaires de la variété renflée, à grosses côtes, que je n'ai pas rencontrée dans le niveau précédent, et l'on a aussi *A. Herveyi*. *Am. calloviensis*, qui a été considéré par Oppel comme spécial à la division supérieure de la zone à *Am. macrocephalus* des auteurs, n'est pas non plus bien rare : cette espèce paraît une bonne caractéristique du niveau **B**. Les Lamellibranches sont peu fréquents ; mais les Brachiopodes sont représentés, au moins dans la partie inférieure, par de nombreux exemplaires qui appartiennent surtout à *Rhynchonella Orbignyi*, *Rh. Royeri*, *Rh. Ferryi*, avec *Zeilleria biappendiculata*, plus fréquent à Binans. Enfin les Oursins, qui ne sont pas rares à Courbouzon, comprennent principalement *Holectypus depressus*, et *H. punctulatus* avec de rares *Collyrites elliptica*, et peut-être *Stomechinus Heberti*.

Le tableau suivant résume la composition de la faune de ce faciès et les relations avec les couches voisines.

(1) J'indique cette dernière espèce d'après un exemplaire que vient de recueillir dans cette localité M. le Dr Coras qui a eu l'obligeance de me le remettre. D'après la nature de la roche, il semble bien provenir de ce niveau.

Total des espèces	CLASSES	Espèces déterminées.	Espèces provenant des terrains inférieurs		Espèces apparaissant dans le Callovien			Espèces non déterminées.
			Nombre total	Passant aux assises supérieures	Nombre total	Spéciales à cet étage	Passant aux assises supérieures	
10+	Céphalopodes	8	1	1	7	2	5	2+
2	Gastéropodes........	»	»	»	»	»	»	2
14	Lamellibranches	10	8	5	2	1	1	4
7+	Brachiopodes........	7	6	5	1	»	1	»+
1+	Bryozoaires	»	»	»	»	»	».	1+
4+	Échinides'..	4	2	1	2	»	2	»
37	Totaux.	29	17	12	12	3	9	9

3°. — Facies a oolithes ferrugineuses et Ammonites macrocephalus.

La coupe de Prénovel, donnée par M. Choffat, comprend évidemment pour ce niveau la couche de 1 m 50 de marno-calcaires jaunes, à oolithes fines et rares et à Brachiopodes très nombreux, indiquée par cet auteur comme partie supérieure des couches à *Ammonites macrocephalus*. Ainsi qu'on l'a vu déjà, je ne puis indiquer à présent si la couche de 0 m 30 sous-jacente, avec *A. macrocephalus* et *A. subbacke-riæ*, que j'ai attribuée au niveau précédent, n'est point encore à rattacher à celui-ci.

Dans les limites même du Jura lédonien, je ne connais encore que l'affleurement incomplet de Châtillon où ce facies soit représenté d'une façon assez nette. On a vu, dans l'étude du niveau précédent que le niveau **B** comprendrait sur ce point au moins une couche de calcaire gris, un peu marneux, avec oolithes ferrugineuses dissémi-nées, par places, qui renferme *Ammonites macrocephalus* (variété renflée à grosses côtes) et des Trigonies ; la petite couche marneuse sous-jacente, qui renferme des morceaux de calcaire à oolithes ferrugineuses, appartient probablement aussi à ce niveau. Mais il paraît manquer à l'E. de la tranchée.

La faunule du niveau **B** de Prénovel se trouve réunie à celle du reste du Callovien inférieur dans la liste des fossiles des couches à *Ammonites macrocephalus* de cette localité, donnée par M. Choffat et qui a été reproduite ci-devant. Je ne puis dire quelles sont les espèces qui y ont été rencontrées dans ce niveau.

II. — CALLOVIEN SUPÉRIEUR.

ASSISE DE L'AMMONITES ANCEPS ET DE L'AMMONITES ATHLETA.

SYNONYMIE.

Fer sous-oxfordien ou Kellovien. Marcou, 1846.
Fer de Clucy. Marcou, 1856.
Callovien (tout ou partie, selon les localités). Bonjour, 1863.
Calcaire ferrugineux à Ammonites coronatus (tout ou partie, selon les localités). Ogérien, 1867.
Callovien II. Horizon de l'Ammonites anceps et de l'Am. athleta. Choffat, 1878.

CARACTÈRES GÉNÉRAUX. — Dans tous nos gisements, le Callovien supérieur comprend des calcaires marneux en bancs plus ou moins résistants, chargés de petites oolithes ferrugineuses, en quantité variable selon les localités, et contenant une faune riche, où abondent les Céphalopodes, surtout *Ammonites anceps*. Au-dessus, vient une couche marneuse à *Ammonites athleta*, beaucoup plus variable dans sa composition et sa faune, qui termine l'étage et se montre riche en Céphalopodes, surtout *Belemnites latesulcatus* et *Aptychus berno-jurensis*.

40

Fossiles. — La faune de cette assise, l'une des plus riches du Jurassique de la contrée, renferme une centaine d'espèces, dont les $\frac{3}{4}$ sont déterminées. La liste suivante comprend, pour chaque localité étudiée du Jura lédonien, les espèces que j'ai recueillies dans chacun des deux niveaux **A** et **B**, qui seront distingués plus loin dans cette assise. La composition générale de la faune et les relations avec les assises voisines seront ensuite résumées dans un tableau spécial.

Le seul affleurement de la Billode, où les recherches ont été plus fréquentes et sur une surface plus étendue, m'a fourni la plupart de ces espèces ; la faune des autres affleurements n'est connue que d'une manière plus ou moins incomplète, faute de bons gisements ou d'observations suffisamment répétées. Les données manquent même tout à fait sur la faune du niveau supérieur de l'assise, dans plusieurs des localités étudiées, où ce niveau n'est pas observable actuellement.

La liste suivante indique, dans le Callovien supérieur de la Billode, quelques espèces que j'y ai recueillies seulement depuis la publication de la faune de cette localité en 1886 (1). Ce sont *Ammonites* cfr. *Adelœ*, *A. macrocephalus* et *Rynchonella Ferryi*, dans le niveau inférieur, et *Ammonites Lamberti* dans le niveau supérieur (1 exemplaire de chaque). Il faut remarquer tout particulièrement la présence de l'exemplaire d'*Ammonites macrocephalus*, que j'ai moi-même dégagé de la roche en place du niveau **A** de cette assise, où il se trouvait vers 0 ^m 15 au-dessus de la surface du Callovien inférieur. Le passage de cette espèce dans le Callovien supérieur est extrêmement rare. M. Choffat en a recueilli un exemplaire au même niveau à Dournon, près de Salins, et a rappelé qu'il en avait été trouvé un seul, dans les mêmes conditions, dans le Jura argovien (2).

---

(1) L.-A. Girardot. *Recherches géol. dans les environs de Châtelneuf.* 1er fascicule, p. 162.

(2) P. Choffat. — *Esquisse du Callovien et de l'Oxfordien...*, p. 20.

Faune du Callovien supérieur.

OBSERVATIONS. — Les fossiles proviennent tous du niveau **A** dans les localités indiquées par une seule colonne.— Vaudioux désigne la Billode.

Passages inférieurs.	ESPÈCES	Vaudioux		Châtillon.	Binans.		Bornay.	Courbouzon		Messia.	Passages supérieurs.
		A	B	A	A	B	A	A	B	A	
	Pycnodus sp. ind.	1									*
	Belemnites clucyensis, Mayer	3	*						*		
*	— hastatus, Blainv	*					*		4		*
	— latesulcatus, d'Orb		5				*		5		*
	— Sauvanaui, d'Orb		1								*
	— pressulus, Quenst.					*				*	
	— sp.	*									*
	Nautilus giganteus, d'Orb	1									*
	— sp. aff. Royeri. de Lor	1					!cf.				*
	— hexagonus, Sow	1									
	— sp.				1						
	Aptychus berno-jurensis, Th		5						5		
	— heteropora, Th		3						*		
	Ammonites Lamberti, Sow		1								*
	— tortisulcatus, d'Orb		1								*
	— cfr. Adelæ, d'Orb	1									
	— cfr. araticus, Opp		1								*
*	— cfr. lunula, Ziet	*	+								*
	— parallelus, Opp	*	*								
	— subcostarius, Opp	*	?								
?	— punctatus, Stahl	*					*	*			
?	— heclicus (Rein)	*		*?			*				
	— sp. aff. oculatus, Bean		*	*?				*			
	— bipartitus. Ziet						*				
	— pustulatus (Rein)	*			2			*			
	— coronatus, Brug	*	*				*				
*	— bombur, Opp	1									
*	— macrocephalus, Schl.	1			1?						
*	— Herveyi, Sow	*		1	*						
	— Jason (Rein.)	*			*			*			
	— Duncani, Sow							*			
*	— aff. curvicosta. Opp	*				*					
*	— sp. (groupe de aurigerus, Opp) plus. esp	*		*	*			*			
	— Backeriæ, Sow	*	*								
*	— subbackeriæ, d'Orb = A. funatus, Opp	*		*						*	
	— aff. Pottingeri, Sow	*									
*	— anceps (Rein.) et variétés	4	*		*			*	*?		

Passages inférieurs	ESPÈCES	Vaudioux		Châtillon	Binans		Bornay	Courbouzon		Messin	Passages supérieurs
		A	B	A	A	B	A	A	B	A	
	Ammonites Greppini, Opp.	*			*		*	*			
	— cfr. Fraasi, Opp.	*									
	— athleta, Phill.	*	*								
	— arduennensis, d'Orb.	*	1								
	— sp.	*									
	— sp.		*								
	— sp.	*	*								
	Pseudomelania sp. ind.	*									
	Natica Calypso, d'Orb.	2									*
	Turbo cfr. Moreaui, d'Orb.	1									
	— cfr. Meriani, Goldf.				*						
*	Pleurotomaria Cyprea, d'Orb.	3			*						
	— sp. aff. Babeaui, d'Orb.	1									
	— sp. (2 espèces)					4					
	— sp. ind.							*			
*	Pholadomya Murchisoni, Sow	*			*			3	3		
*	— carinata, Goldf.				*						
	— deltoidea, Sow	*									
	— Escheri, Ag.	2							*		
	— sp.	2									*
*	Pleuromya sinuosa, Rœm	*	*						*		
*	Isocardia minima, Sow	*									
	— sp. ind.								*		
	Cardium sp. ind.										
	Astarte ? sp.					1					
*	Trigonia elongata, Sow							cf.			
	Arca concinna, Phill.	2									
*	Avicula Munsteri, Goldf.	*									*
	Pecten demissus, Bean				cf.			1			*
*	— cfr. articulatus, Schl.				1						*
*	Hinnites sp. ind.	1									
*	Lima pectiniformis, Schl.	*	*				cf.	cf.			
	— sp. aff. streitbergensis, d'Orb.	*			*			*			
	— sp. (2 espèces)	*			*			*			
	— sp.				*				2		*
	Plicatula subserrata, Goldf.	*			*				2		
	Ostrea Blandina, d'Orb.	*			*				1		
	— sp. (2 espèces)	*			*		3	3	3		*
*	Terebratula dorsoplicata, Suess	*			*						
*	— Sœmanni, Opp.				*						
	— sp.	*				2					
*	Aulacothyris pala (Buch.)	*									
*	Rhynchonella funiculata, Desb	*									
*	— Orbignyi, Opp.	*									

Passages inférieurs.	ESPÈCES	Vandioux		Châtillon	Binans.		Bornay.	Courbouzon		Messia.	Passages supérieurs.
		A	B	A	A	B	A	A	B	A	
*	Rhynchonella Ferryi, Desl........	1									
	— sp..................					1					
?	Stomatopora dichotoma............									*	*
?	Berenicea densata, Et............	*									*
	Collyrites ovalis, Leske.........	*									
	— elliptica, Des M.........	*									
	— sp. ind...............					1					
*	Holectypus depressus, Leske......	*	*								
*	— punctulatus, Des........	*	*cf								
	Cidaris læviuscula, Ag...........	*							2		*
?	Rhabdocidaris copeoides, Des......	*						*			*
	Serpula cfr. nodulosa, Goldf......	*				*					
	— sp. (plusieurs esp.)......	*									
	Spongiaire								1		*
	Placopsilina rostrata, Quenst......								2		*

Récapitulation du nombre d'espèces de chaque classe et des passages.

Total des espèces.	CLASSES	Espèces déterminées.	Espèces provenant des terrains inférieurs		Espèces apparaissant dans cette assise			Espèces non déterminées.
			Nombre total	Passant aux assises supérieures	Nombre total.	Spéciales à cette assise	Passant aux assises supérieures	
1	Poissons................	»	»	»	»	»	»	1
45+	Céphalopodes	40	8	2	32	24	8	5+
9+	Gastéropodes	5	1	»	4	2	2	4+
25	Lamellibranches	15	8	2	7	5	2	10
7+	Brachiopodes	6	6	1	»	»	»	1+
2	Bryozoaires.............	2	?	?	2	»	2	»
6	Échinides	6	2	»	4	3	1	»
3+	Vers..................	1	»	»	1	»	1	2+
1	Spongiaires.............	»	»	»	»	»	»	1
1+	Foraminifères	1	»	»	1	»	1	+
100+	TOTAUX.	76	25	5	51	34	17	24+

PUISSANCE. — Le Callovien supérieur n'a que 1^m40 à la Billode; à Prénovel, selon M. Choffat, il atteint 2^m05 ; il dépasse 1^m60 à Châtillon ; enfin, près de Binans et de Courbouzon, où l'épaisseur ne peut être mesurée, elle paraît supérieure à 3 ou 4 mètres.

LIMITES. — On a vu plus haut que la limite inférieure de cette assise est d'ordinaire facile à reconnaître. Au sommet, l'apparition des nombreuses Ammonites pyriteuses, de petite taille, des Marnes à *Ammonites Renggeri*, qui occupent la base de l'Oxfordien dans notre contrée lédonienne, forme une limite très commode, malgré la ressemblance pétrographique qui existe parfois entre les deux étages au point de contact.

SUBDIVISIONS. — Comme on l'a vu déjà, le Callovien supérieur du Jura lédonien se prête parfaitement à la distinction des deux niveaux, respectivement caractérisés par le plus grand développement de l'*Ammonites anceps* et de l'*A. athleta,* qui ont déjà été distingués dans le Callovien du Jura par M. Paul Choffat et correspondent à deux des zones établies par Oppel.

POINTS D'ÉTUDE ET COUPES. — Des indications suffisantes sur ce sujet ont été données plus haut dans l'étude générale de l'étage.

VARIATIONS. — L'épaisseur respective des deux niveaux de l'assise présente des différences notables, de l'une à l'autre des localités étudiées ; mais, de plus, le niveau supérieur présente des variations marquées de la compotion pétrographique et de la faune, qui seront indiquées plus loin en détail.

A. — Niveau de l'Ammonites anceps.

SYNONYMIE. *Niveau de l'Ammonites anceps.* Choffat, 1878.

Calcaire marneux, très fossilifère, en bancs plus ou moins durs, d'un gris noirâtre ou bleuâtre à l'intérieur, jaunâtre ou blanchâtre par altération, chargé en proportion variable d'oolithes ferrugineuses, miliaires, de forme un peu lenticulaire, à reflet métallique dans les parties de la roche non altérées.

Le niveau entier, réduit à 1ᵐ10, se voit à la Billode, tout à côté de la gare de Vaudioux. Les oolithes ferrugineuses sont assez abondantes, et la roche, un peu plus marneuse dans le bas, est criblée de fossiles sur toute l'épaisseur, principalement d'Ammonites. Ce gisement m'a fourni presque toutes les espèces indiquées dans la faune de l'assise.

L'affleurement de Châtillon est assez analogue à celui de la Billode; mais l'épaisseur est sensiblement plus grande, puisqu'elle atteint 1ᵐ60, indépendamment de la portion terminale qui a pu disparaître par l'action glaciaire sur ce point.

A Prénovel, M. Choffat a signalé à ce niveau 2 m. d'une roche analogue, contenant aussi une nombreuse faunule d'Ammonites, *Am. coronatus, A. anceps, A. athleta, A. Herveyi, A. Jason.*

Près de Binans, la roche est très riche en oolithes ferrugineuses ; de plus, la pâte marno-calcaire est fortement imprégnée, par places, d'oxyde de fer. Aussi l'on a employé cette roche comme minerai de fer, et elle était encore exploitée, vers 1840, pour alimenter en partie le haut-fourneau de Pont-de-Poitte. Il semble que l'épaisseur du niveau n'est pas moindre ici de 3 à 4 m. environ.

Les oolithes ferrugineuses sont moins fréquentes à Bornay. La base et le sommet du niveau ne sont pas observables dans cette localité; la partie intermédiaire, visible sur 2 mètres environ, est assez fossilifère.

Près de Courbouzon, la partie inférieure du niveau, qui se montre sur quelques décimètres et renferme *Ammonites Jason*, etc., est assez riche encore en oolithes ferrugineuses; mais la partie supérieure, visible sur 1 m. environ, offre un marno-calcaire blanchâtre, en bancs de résistance variable et se délitant irrégulièrement, où ces oolithes sont rares ou même absentes et les fossiles peu abondants.

Des marno-calcaires de ce même niveau, contenant des oolithes ferrugineuses assez fréquentes, se voient, quelque peu, par places, à Messia, sur le chemin de Courlans, et contiennent des Ammonites avec *Terebratula dorsoplicata*, assez fréquent.

FOSSILES. — Les fossiles sont, en général, très fréquents dans le niveau **A**, tant par le nombre et la diversité des espèces que par l'abondance des individus pour un bon nombre d'entre elles ; mais trop souvent ils sont mal conservés, d'une extraction difficile et restent empâtés de la roche. Les Ammonites, qui sont d'ordinaire extrêmement abondantes, atteignent parfois jusqu'à 30 centimètres de diamètre, et il s'en trouve à la Billode qui ont conservé la bouche ; d'autres au contraire ont été fracturées avant la fossilisation.

La liste complète des fossiles de ce niveau se trouve, avec l'indication des localités, dans les tableaux de la faune générale du Callovien supérieur. L'affleurement de la Billode a été exploré avec soin, lors des travaux du chemin de fer ; néanmoins il m'a fourni récemment l'exemplaire d'*Ammonites macrocephalus*, déjà cité plus haut, qui se trouvait à 0m15 de la base du niveau. Les autres affleurements, qui sont à découvert seulement sur de faibles surfaces, n'ont permis encore que des observations bien moins complètes et moins fructueuses ; c'est ce qui explique en grande partie le nombre d'espèces beaucoup plus restreint qu'ils m'ont fourni.

Voici les principales espèces du niveau **A**. L'astérisque indique celles que je n'ai pas rencontrées dans les couches voisines.

Belemnites clucyensis, Mayer.	**Ammonites pustulatus* (Rein.).
Ammonites punctatus, Stahl.	* — *coronatus*, Brug.
— *hecticus* (Rein.).	— *Herveyi*, Sow.

AmmonitesJason (Rein.).

— subbackeriæ, d'Orb.

— Pottingeri, Sow.

— anceps (Rein.).

— Greppini, Opp.

Pleurotomaria Cyprea, d'Orb.

* Pholadomya Escheri, Ag.

— Murchisoni, Sow.

Trigonia elongata, Sow.

Terebratula dorsoplicata, Suess.

Zeilleria pala, Buch.

Rhynchonella funiculata, Desh.

— Orbignyi, Opp.

* Collyrites ovalis, Leske.

— elliptica, Des M.

Holectypus depressus, Leske.

— punctulatus, Des.

Rhabdocidaris copeoides, Des.

Récapitulation du nombre d'espèces de chaque classe et des passages.

Total des espèces	ESPÈCES	Espèces déterminées	Espèces provenant des terrains inférieurs		Espèces apparaissant dans ce terrain			Espèces non déterminées
			Nombre total	Passant aux niveaux supérieurs	Nombre total	Spéciales à ce niveau	Passant aux niveaux supérieurs	
1	Poissons	»	»	»	»	»	»	1
29	Céphalopodes	26	6	4	20	14	6	3
7	Gastéropodes	5	1	»	4	2	2	2
24	Lamellibranches....	14	7	4	7	4	3	10
6	Brachiopodes	6	6	1	»	»	»	»
1+	Bryozoaires	1	1?	1	»	»	»	+
6	Oursins	6	2?	1	4	2	2	»
3+	Vers.............	1	»	»	1	»	1	2+
77+	TOTAUX	59	23	11	36	22	14	18+

PUISSANCE. — L'épaisseur exacte n'est connue, dans notre contrée, qu'à la Billode (1m10). M. Choffat a indiqué 2 m. à Prénovel. Elle est probablement voisine de ce nombre à Châtillon, mais paraît le dépasser sensiblement dans les affleurements du centre de la contrée (Binans) et de l'O. (Bornay, Courbouzon).

VARIATIONS. — En outre de ces différences notables dans les épaisseurs, qui peuvent doubler et peut-être tripler d'un gisement à l'autre, on remarque l'abondance variable des oolithes ferrugineuses. Elles paraissent moins fréquentes en général à l'O. de la contrée, et diminuent dans le haut de l'assise à Courbouzon, au point que le facies devient principalement marno-calcaire. La plus grande abondance du fer paraît être à Binans.

B. — Niveau de l'Ammonites athleta.

SYNONYMIE. *Niveau de l'Ammonites athleta*. Choffat, 1878.

Couche plus ou moins complètement marneuse, d'épaisseur très variable, chargée d'oolithes ferrugineuses dans la partie inférieure à l'E. du Jura lédonien, et généralement très riche en fossiles, dont une partie sont phosphatés.

A la Billode, ce niveau débute par 10 centimètres de marne noirâtre à l'intérieur, très chargée d'oolithes ferrugineuses, et pétrie de fossiles, qui sont la plupart très déformés ou à l'état de fragments roulés et usés avant la fossilisation, et couverts d'un enduit noirâtre, luisant. Puis vient une couche de 0 m 20 de marne gris-rougeâtre, à rares oolithes ferrugineuses, mais à fines parcelles de mica, où l'on ne trouve plus guère que des Bélemnites de grande taille, et que surmontent les Marnes bleuâtres à *Ammonites Renggeri* de l'Oxfordien. La faune de cette localité comprend les 25 espèces déterminées, indiquées à ce niveau dans la liste des fossiles du Callovien supérieur : les plus fréquents sont les espèces caractéristiques, *Belemnites latesulcatus* et *Aptychus berno-jurensis*.

A Prénovel, selon la coupe de M. Choffat, le niveau de l'*Ammonites athleta* est réduit à la faible épaisseur de 5 centimètres ; il se compose d'un lit de marne fossilifère, à oolithes ferrugineuses, surmonté d'un feuillet de calcaire marneux, blanc. La couche marneuse lui a fourni *Ammonites perarmatus*, *A. Lamberti*, *A. subcostarius*, *A. superba*, *Alaria* sp., *Terebratula dorsoplicata*, *Waldheimya pala*, *Rhynchonella minuta*.

La composition du niveau est tout autre à Courbouzon, seul affleurement où j'aie pu l'étudier dans la partie occidentale du Jura lédonien. Il paraît uniquement formé sur ce point de 2 à 3 m., au moins, d'une marne assez dure, blanchâtre, où les Ammonites sont rares, mais qui renferme en grande abondance les Bélemnites et Aptychus caractéristiques. Elle offre, par places, des amas d'une sorte d'ocre, d'un rouge foncé, qui rappelle certaines marnes irisées triasiques. A la suite se trouvent les Marnes oxfordiennes à *Ammonites Renggeri* ; mais l'état de l'affleurement ne permet pas d'apprécier exactement la limite entre les deux étages : elle paraît marquée seulement, comme à la Billode, par une différence de couleur de la marne, qui devient bleuâtre, et surtout par l'apparition des petites Ammonites pyriteuses oxfordiennes (*Ammonites Renggeri*, etc.). Cette localité m'a fourni une quinzaine d'espèces, surtout *Bélemnites latesulcatus* et *Aptychus berno-jurensis*, très fréquents, puis quelques autres Céphalopodes, moins abondants, en particulier *Ammonites ornatus*, Schl. et *A. bipartitus*, Ziet., que je n'ai pas rencontrés à la Billode ; *Terebratula dorsoplicata* n'est pas rare.

Le niveau de l'*Ammonites athleta* n'est pas observable à Bornay, ainsi qu'à Châtillon et à Binans. Dans cette dernière localité, toutefois, il est formé (au moins en partie) d'une marne blanchâtre analogue à celle de Courbouzon elle a été remaniée par la culture sur un point, et j'y ai recueilli *Belemnites latesulcatus*.

Fossiles. — Le mauvais état de la plupart des fossiles à la Billode, où les Ammonites sont très souvent indéterminables, et le trop petit nombre d'affleurements étudiés dans le Jura lédonien, permettent seulement la connaissance d'une partie de la faune de ce niveau. La liste des espèces que j'y ai recueillies, dans chacune des localités étudiées, a été donnée plus haut dans la faune générale de l'assise. Elles sont au nombre d'une trentaine, et 29 sont déterminées. Voici les principales espèces de cette faune, suivies du résumé de sa composition générale et de ses relations avec les couches voisines. Les espèces, au nombre de 5, notées d'un astérisque, sont les seules que je n'aie rencontrées que dans ce niveau.

Belemnites hastatus, Blainv., 3. Ammonites sp. aff. oculatus, Bean.
— clucyensis, Mayer. — coronatus, Brug.
* — latesulcatus, d'Orb. 5. * — ornatus, Schl., 1.
— Sauvanaui, d'Orb 1. — subbackeriæ, d'Orb.
* Aptychus berno-jurensis, Th. 5. — anceps, Rein.
* — heteropora, Th., 3. — athleta, Phill.
Ammonites Lamberti, Sow., 1. — arduennensis, d'Orb.
— tortisulcatus, Orb. 1. Terebratula dorsoplicata, Suess.
— punctatus, Stahl. Holectypus depressus, Leske.
* — bipartitus, Ziet., 1. Cidaris læviuscula, Ag.

Récapitulation du nombre d'espèces de chaque classe et des passages.

Total des espèces	CLASSES	Espèces déterminées	Espèces provenant des terrains inférieurs		Espèces apparaissant dans ce niveau			Espèces non déterminées.
			Nombre total.	Passant aux niveaux supérieurs.	Nombre total.	Spéciales à ce niveau.	Passant aux niveaux supérieurs.	
24+	Céphalopodes	23	12	2	11	5	6	1+
2	Lamellibranches	2	2	»	1	1	»	»
1	Brachiopodes	1	1	1	»	»	»	»
1	Bryozoaires	1	?	?	1	»	1	»
2	Échinides.........	2	2	1	»	»	»	»
1+	Vers.............	1	1	1	»	»	»	»
1	Spongiaires	»	»	»	»	»	»	1
1+	Foraminifères	1	»	»	1	»	»	+
33+	Totaux.	31	18	5	14	6	8	2+

Puissance. — De 2 à 3 m. au moins à Courbouzon, l'épaisseur du niveau **B** s'abaisse à 0m 30 à la Billode, et elle n'est plus que de 0m 05 à Prénovel ; on peut donc s'attendre à voir ce niveau manquer par places dans le Jura, à l'E. de notre contrée d'étude.

VARIATIONS. — Après un retour à des conditions plus uniformes de la sédimentation, pendant le dépôt du niveau de l'*Ammonites anceps*, on retrouve au niveau de l'*Ammonites athleta* les variations considérables de facies qu'offrent souvent les couches au voisinage des principales coupures stratigraphiques.

En outre des grandes différences d'épaisseur qui viennent d'être signalées, les couches de ce niveau présentent des variations pétrographiques notables : parfois simplement marneuses, elles sont ailleurs plus ou moins envahies par les oolithes ferrugineuses, ou bien encore passent au calcaire dans le haut. La faune elle-même varie beaucoup, mais par le nombre plus ou moins grand des espèces d'Ammonites, par les associations qu'elles présentent et par leur degré de fréquence, plutôt que par un véritable changement de facies paléontologique : ainsi que l'a indiqué M. Paul Choffat, elle reste toujours caractérisée par l'abondance de deux Céphalopodes, *Belemnites latesulcatus* et *Aptychus berno-jurensis*.

En somme, on peut distinguer pourtant, deux facies parculiers dans le niveau de l'*Ammonites athleta* :

1º Un facies à oolithes ferrugineuses, qui offre une riche faunule d'Ammonites, provenant la plupart du niveau de l'*Ammonites anceps*. Ce facies, qui indique la persistance, pendant le niveau de l'*Ammonites athleta*, des conditions de la sédimentation de l'époque précédente, occupe au moins la partie inférieure du niveau dans l'E. du Jura lédonien.

2º Un facies marno-calcaire, où abondent seulement les Bélemnites et les Aptychus, et parfois uniquement les premières, mais qui peut même devenir pauvre en fossiles quand l'épaisseur du niveau est très réduite. Ce facies règne seul à ce niveau dans l'O. de la contrée, du moins à Courbouzon, où l'épaisseur est relativement considérable, et dans les derniers temps du Callovien il s'étend vers l'E., par dessus le facies précédent (la Billode, Prénovel), mais en diminuant de plus en plus d'épaisseur dans cette direction.

Considérations générales sur les rapports du Callovien avec les assises voisines.

Le Callovien inférieur offre des rapports intimes avec le Bathonien supérieur, soit par la persistance des caractères pétrographiques et paléontologiques dans certaines régions à facies bathonien (Dalle nacrée de la Billode et de Cize, etc.), soit par l'existence d'un bon nombre d'espèces communes entre les faunes des deux assises contiguës, même quand le Callovien inférieur possède un facies ammonitifère (facies mixte et facies callovien). 34 espèces bathoniennes passent ainsi au Callovien I, et elles s'y trouvent pour la plupart dans le facies mixte du niveau de l'*Ammonites Kœnighi*. Les affinités bathoniennes de ce niveau sont rendues plus marquées encore par la présence des *A. macrocephalus*, *A. microstoma*, *A. subbackeriœ*, et parfois *A. bullatus* (à Saint-Rambert, selon M. Choffat), puisque ces espèces se montrent déjà dans le Bathonien supérieur des contrées où cette assise possède un facies à Ammonites. Les différences avec le Bathonien sont plus accentuées dans le facies mixte du niveau de l'*Ammonites calloviensis,* par l'existence d'espèces plus nombreuses d'Ammonites, et par la disparition d'un certain nombre des espèces bathoniennes ; mais ce dernier caractère peut résulter en partie de la rareté des Lamellibranches dans nos gisements de ce niveau.

Il existe, d'autre part, une liaison assez marquée entre le Callovien inférieur et le Callovien supérieur de notre contrée. Sur les 149 espèces déterminées de la première assise, il en est 29 qui passent dans la seconde ; ce sont 8 ou 9 Céphalopodes sur 21, 1 Gastéropode sur 6, 8 Lamellibranches sur 34, 6 Brachiopodes sur 17, et 3 Échinodermes sur 19. Le Callovien supérieur se distingue nettement, toutefois, par la fréquence des Ammonites et le grand nombre d'espèces de cette famille, tandis que les Lamellibranches, les Brachiopodes et les Oursins y sont peu fréquents.

Enfin, on constate que 18 espèces du Callovien supérieur passent aux Marnes à *Ammonites Renggeri*, qui forment l'assise inférieur de l'Oxfordien. Sur les 32 espèces d'Ammonites de la première assise, il n'en est que 6 qui passent à la seconde, où l'on trouve pourtant une quarantaine d'espèces de cette famille (1).

Ce petit nombre d'Ammonites communes entre deux assises successives est fort remarquable, puisque ces assises possèdent toutes deux une riche faune de Céphalopodes et que leur facies pétrographique offre parfois une grande analogie (par exemple à Courbouzon). De plus, le Callovien est totalement dépourvu, sur la plus grande partie de son épaisseur, des Ammonites du genre *Phylloceras,* qui jouent un rôle important dans les considérations relatives aux facies généraux, parce qu'elles caractérisent le facies méditerranéen ; à peine le niveau supérieur de cet étage m'a-t-il fourni un seul exemplaire de ce genre. Par contre, les Marnes à *Ammonites Renggeri* des mêmes gisements renferment 5 espèces de *Phylloceras :* l'une d'elles, *Ammonites tortisulcatus,* n'y est pas rare ; d'autres, beaucoup plus rares, comprennent A. *Zignoi,* d'Orb., A. aff. *Puschi,* Opp., et 2 espèces qui ne sont peut-être pas décrites.

Les faibles relations entre les deux faunes successives d'Ammonites dans le Callovien et l'Oxfordien, ainsi que l'apparition des Phylloceras dans ce dernier étage doivent, ce me semble, être pris en sérieuse considération quant au groupement du Callovien, soit avec le Jurassique infé-

---

(1) Voir ci-après la faune des Marnes à *Ammonites Renggeri.*

41

rieur, soit avec le Jurassique supérieur. De tels faits paraissent plus importants à cet égard que la suspension de la sédimentation et parfois l'érosion, indiquées par les surfaces taraudées, et même que la discordance assez sensible, mais locale, qui existe à Châtillon et à Messia, entre le Bathonien et le Callovien.

On a vu précédemment que des surfaces taraudées se répètent à trois reprises au moins dans notre région, à partir des derniers temps du Bathonien supérieur jusque vers le milieu de l'époque callovienne : elles apparaissent à chaque fois qu'une couche calcaire est suivie d'un dépôt marneux. Cette répétition est assurément l'indice d'une assez faible profondeur des eaux et d'un état très instable du fond des mers, vers ce temps où se produisit l'un des épisodes les plus importants des temps jurassiques, d'où résulta l'extension de la mer sur de vastes régions du N. de l'Europe. La grande variété qu'offrent les dépôts sédimentaires du niveau de l'*Ammonites athleta*, la réduction d'épaisseur si considérable qu'ils subissent dans la direction de l'E. et qui permet de prévoir l'absence de ce niveau sur quelque point, enfin l'état de la multitude de fossiles, roulés et usés, parfois phosphatés, qui s'y trouvent ordinairement pêle-mêle, doivent être attribués à des phénomènes de même ordre, qui se sont produits vers la fin du Callovien. Il ne serait donc pas surprenant que la surface des bancs à *Am. anceps* se trouvât aussi taraudée dans certaines localités et qu'il en fût de même de la couche terminale de l'étage dans le cas où elle possèderait une dureté suffisante.

Il n'existe pas, d'ailleurs, de raison sérieuse de prendre pour limite du Jurassique inférieur l'une plutôt que l'autre des surfaces taraudées ou qui présentent des caractères analogues annonçant des modifications notables dans le régime de la mer. Si l'on se place à ce point de vue, on pourrait dire seulement qu'il convient de commencer le

Jurassique supérieur avec l'établissement d'un régime plus uniforme, plus stable et sur une étendue géographique plus considérable: la limite serait alors plutôt à la base de l'Oxfordien.

Dans ces conditions, il reste à prendre essentiellement en considération l'argument paléontologique.

On a vu que les passages d'espèces (surtout des Ammonites lorsque les couches en contact renferment des Céphalopodes) indiquent de plus grands rapports entre le Bathonien et le Callovien inférieur qu'entre le Callovien et l'Oxfordien.

Les faits observés dans le Jura lédonien sont donc en faveur du groupement du Callovien dans le Jurassique inférieur.

Addition à la Faune du Callovien.

Aux listes de fossiles qui précèdent vient s'ajouter *Ammonites Goweri*, Sow, qui se trouve dans le niveau **A** du Callovien inférieur de Binans, où il paraît très rare. J'en possède seulement un exemplaire de 0 m. 10 de diamètre, recueilli depuis l'impression des pages précédentes et dont je dois la détermination à l'obligeance de M. Emile Haug. On sait que *A. Goweri* est, avec *A. Kœnighi*, l'une des espèces les plus caractéristiques de la zone de l'*Am. macrophalus* (Wurtemberg, Angleterre, Ardennes, etc.) ; mais elle ne paraît pas avoir été déjà signalée dans le Jura, non plus que la seconde. Selon M. de Grossouvre (1), ces deux espèces se montrent dès la base de la zone et ne s'élèvent pas jusqu'au sommet ; *A. Goweri* disparaît le premier, de sorte qu'il n'occuperait guère que la moitié inférieure de cette zone. La présence de cette espèce justifie davantage encore la distinction du niveau **A** et l'attribution à la base du Callovien de la couche à *Am. Kœnighi* de Binans.

(1) *Sur le Callovien de l'Ouest de la France et sur sa faune.* Bull. Soc. géol., 3e série, t. XIX, p. 253, 1891.

JURASSIQUE SUPÉRIEUR.

OXFORDIEN INFÉRIEUR.

ASSISE DES MARNES A AMMONITES RENGGERI.

SYNONYMIE.

Marnes oxfordiennes. Marcou, 1846 et 1856 ; Etallon, 1857 ; Pidancet, 1863 ; Bertrand, 1882.

Marnes alésiennes. Marcou, 1860.

Marnes oxfordiennes à fossiles pyriteux. Etallon, 1860 ; Bonjour, 1863.

Marnes à Ammonites crenatus. Ogérien, 1867.

Marnes calloviennes ou oxfordiennes à fossiles pyriteux. Choffat, 1875.

Marnes à Ammonites Renggeri. Choffat, 1878.

L'étage Oxfordien, qui commence la série jurassique supérieure, d'après le groupement adopté dans ce travail, débute, dans toute l'étendue du Jura lédonien, par les Marnes à *Ammonites Renggeri*, si facilement reconnaissables, surtout à l'abondance de leurs fossiles pyriteux. Cette assise forme donc dans cette région une limite uniforme et commode, au sommet du Jurassique inférieur.

Ainsi que M. Paul Choffat (1) l'a fait voir en 1878, on sait, en effet, qu'à l'O. d'une ligne à peu près parallèle à l'axe de la chaîne du Jura et qui suit presque dans notre département la direction N.-S., en passant un peu à l'E. des Planches-en-Montagne et à l'O. de Morez, la partie inférieure de l'Oxfordien possède le facies franc-comtois, auquel appartiennent les Marnes à *Ammonites Renggeri*. A l'E. de cette ligne, au contraire, cet étage présente, dès la base, le facies argovien, et il débute par des couches à fossiles ordi-

(1) *Esquisse du Callovien et de l'Oxfordien...* p. 3 et 91 et pl. I.

nairement calcaro-marneux, et souvent à Spongiaires siliceux.

A ce titre de couches limites, il convient d'indiquer ici les principaux caractères des Marnes à *Am. Renggeri*, en attendant la publication prochaine d'une étude détaillée de cette assise dans un autre travail sur le Jurassique supérieur lédonien.

CARACTÈRES GÉNÉRAUX. — L'assise des Marnes à *Ammonites Renggeri* comprend des marnes argileuses, gris-noirâtre à l'intérieur, devenant bleuâtres et même un peu jaunâtres par altération, riches en fossiles pyriteux et contenant parfois des morceaux de bois et de rares fruits fossiles, ainsi que quelques cristaux de gypse. Elles forment un massif uniforme, sans interpositions marno-calcaires, et sont généralement couvertes par la végétation, de sorte que d'ordinaire on n'en trouve à découvert que des affleurements partiels peu étendus.

Je n'ai pu jusqu'ici observer cette assise, dans les limites du Jura lédonien, qu'à Bornay, Grusse, Courbouzon et Messia, dans la partie occidentale de cette contrée, à Mirebel et Châtillon-sur-l'Ain, dans la partie centrale, et surtout à l'E. de la contrée, à la Billode, tout à côté de la gare de Vaudioux, et au Mont-Rivel près de Champagnole.

L'affleurement de la Billode est le seul où j'aie pu étudier l'assise en entier et observer la superposition sur le Callovien, comme il a été indiqué précédemment dans la coupe de cette localité.

PUISSANCE. — La puissance atteint 25 m. à la Billode, et 22 m. environ à Champagnole. Elle paraît voisine d'une vingtaine de mètres à Bornay ; mais je n'ai pu la mesurer encore que dans les deux premiers affleurements.

FOSSILES. — La faune des Marnes à *Ammonites Renggeri*, considérées de l'O. à l'E. de la région lédonienne, offre certaines variations de détail, dont l'étude complète n'est point nécessaire ici. De plus, dans une même localité, elle subit quelques modifications de la base au sommet de ces Marnes, de sorte qu'en vue de la comparaison des faunules des divers gisements et de l'étude des modifications survenues pendant le dépôt de l'assise, il importe, en recueillant les fossiles, de noter s'ils proviennent de la base, de la partie moyenne ou du sommet. Mais toujours cette assise est caractérisée par l'abondance des fossiles pyriteux, et surtout la présence d'une multitude d'Ammonites, parmi lesquelles *Ammonites Renggeri* Oppel (souvent confondu autrefois avec **A**. *crenatus* Brug.), est l'espèce la plus caractéristique et l'une des plus uniformément répandues. Ainsi que l'a déjà fait remarquer M. Choffat, en 1878, c'est le frère Ogérien (1867) qui a le premier reconnu la valeur à cet égard de l'*Am. Renggeri*, qu'il nommait *A. crenatus*. Il est regrettable qne la faible taille des Ammonites en rende souvent la détermination difficile et parfois même impossible ; c'est le cas surtout pour les nombreux échantillons du genre *Perisphinctes*, que l'on a parfois désignés sous le nom d'**A**. *plicatilis*, Sow., mais qui appartiennent évidemment à plusieurs espèces, indéterminables avec des exemplaires trop jeunes ou n'offrant que les tours intérieurs et en tous cas trop peu caractérisés.

Cette faune comprend, d'après les observations que j'ai faites jusqu'ici, près d'une centaine d'espèces, dont plusieurs ne sont pas décrites. Sur ce nombre se trouvent : 1 Reptile, 3 Poissons, 3 Crustacés, environ 45 Céphalopodes, dont une quarantaine d'Ammonites (31 sont déterminées), 12 Gastéropodes, 13 Lamellibranches, 4 Brachiopodes, 2 Bryozoaires, 6 Échinodermes, 2 ou 3 Vers, 2 Polypiers, 2 Foraminifères et 1 Plante terrestre.

La liste ci-après comprend cette faune, avec l'indication des principaux affleurements sur lesquels ont porté mes recherches, dans l'E., le centre et l'O. du Jura lédonien. Je la rapporte ici en entier, afin de mieux faire ressortir le peu de rapports qu'elle présente avec les faunes du Jurassique inférieur et spécialement avec celle du Callovien.

Le nombre des espèces recueillies est néceessairement plus considérable à la Billode et à Champagnole (Mont-Rivel), localités que j'ai explorées avec grand soin et à de fréquentes reprises, ainsi qu'à Châtillon-sur-l'Ain, dont le gisement a été exploré très minutieusement, surtout par M. Théophile Berlier, qui y a recueilli de nombreux fossiles et qui a bien voulu me communiquer les diverses espèces pour les déterminer. Je n'ai visité que deux fois l'affleurement de Bornay, qui est aussi très riche, quoique faiblement découvert, et où des recherches suffisantes permettraient sans doute de recueillir un nombre d'espèces correspondant à celui des localités du centre et de l'E. de la contrée. Les gisements de Mirebel, Courbouzon, Messia et Grusse sont observables sur une trop faible étendue, surtout les deux derniers, et n'ont encore été explorés que d'une façon trop incomplète, pour qu'il y ait intérêt à en indiquer séparément les fossiles.

Faune des Marnes à Ammonites Renggeri.

ABRÉVIATIONS.— B., la Billode ; M., Champagnole (Mont-Rivel); Ch., Châtillon ; Bo., Bornay ; Gr., Grusse (quelques espèces). — La fréquence indiquée est celle qui existe à la Billode. L'astérisque avant le nom indique les espèces qui se sont montrées déjà dans l'étage précédent.

Reptile nageur (os indéterm.), 1	B.			
Oxyrrhina ornati, Quenst., 1	B.			
Sphenodus longidens, Quenst., 1	B.		Ch.	Gr.
Notidanus cfr. *Munsteri*, Ag., 1	B.			
Eryma Mandelslohi, Opp., 1	B.			
— cfr. *rugosa*, Et., 1	B.			
— sp. aff. *ornata*, Opp., 1	B.			
Crustacé indéterminable				Gr.
Belemnites hastatus, Blainv., 4	B.	M.	Ch.	Bo.
— *pressulus*, Quenst., 4	B.	M.	Ch.	Bo.
— *Sauvanaui*, d'Orb., 1	B.			
Nautilus culloviensis, Opp. 2	B.		Ch.	Gr.
Aptychus latus, Park., 3	B.	M.		Bo.

Ammonites cordatus, Sow., et var., 4......	B.	M.	Ch.	Bo.
— *Lamberti*, Sow., 2.............	B.	M.		
— *Mariæ*, d'Orb., 3.	B.	M.	Ch.	Bo.
— *Sutherlandiæ*, Murch., 1.	B.			
— *Goliathus*, d'Orb,, 1	B.			
— *tortisulcatus*, d'Orb., 2........	B.	M.	Ch.	
— *Zignoi*, d'Orb., 1.............	B.		Ch.	
— *(Phylloceras)* sp.aff. *Puschi*,Opp.	B.		Ch.	
— — sp...............	B.			
— — sp.nov..........		M.		
— *(Lytoceras)* sp. nov., 1	B.			
— *Eucharis*, d'Orb., 2...........	B.	M.	Ch.	Bo.
— *Hersilia*, d'Orb.,.............			Ch.	
— *punctatus*, Stahl.............	B.			
— *Brighti*, Pratt..............	B.			
— *lunula*, Ziet., 5..............	B.	M.	Ch.	Bo.
— *(Harpoceras)* sp.............	B.			
— *denticulatus*, Ziet...........	B.	M.	Ch.	Bo.
— aff. *denticulatus*, formes de passage à *A.Suevicus* Opp.et à *A. oculatus*, Bean, 4...........	B.	M.	Ch.	Bo.
— *oculatus*, Bean, 2.............	B.	M.	Ch.	Bo.
— *Suevicus*, Opp., 2.............	B.		Ch.	
— *(Oppelia)* sp., 1.............	B.			
— — sp., 1.............	B.		Ch.	
— *Renggeri*, Opp., 3............	B.	M.	Ch.	Bo.
— *crenatus*, Brug., 1...........	B?	M.		
— sp.(= *Baylei*,Coq., non Opp.), 1.	B.			
— *Chappuisi*, Opp., 1...........	B.	M.		
— *scaphytoides*,, Coq., 3........	B.	M.	Ch.	Bo.
— *flexispinatus*, Opp., 1........	B.	M.		
— sp. nov. aff. *flexispinatus*,Opp.1.	B.			
— *curvicosta*, Opp..............	B.			
— *(Perisphinctes)* sp. (plusieurs),5.	B.	M.	Ch.	Bo.
— *Doublieri*, d'Orb.............	B.			
— *perarmatus*, Sow.............	B.	M.	Ch.	Bo.
— sp. nov. aff. *perarmatus*, Sow...	B.	M.		Bo.
— *Babeaui*, d'Orb., 2...........	B.		Ch.	Bo.

Ammonites Eugenii, Rasp.............	B.	M.	Ch.	Bo.
* — *arduennensis*, d'Orb..........	B.	M.	Ch.	Bo.
— *(Peltoceras)* sp. aff. *arduennensis*, d'Orb...................		M.		
Actæon Johannis-Jacobi, Th., 1..........	B.			
Alaria Gagnebini (Th.), 2..............	B.	M.		Bo.
— sp. aff. *Gagnebini* (Th.), 1......	B.			
— *Danielis* (Th.), 3.............	B.	M.		Bo.
— sp. aff. *Danielis* (Th.), 1.......	B.			
— sp......................	B.		Ch.	Bo.
Cerithium Russiense, d'Orb., 2............	B.			Bo.
Turritella Moschardi, Th., 2............	B.			
Trochus Cartieri, Th., 1..............	B.		Ch.	
— *Ritteri*, Th., 1............	B.			
— *Stadleri*, Th., 1............	B.			
Turbo ornatus, Bronn., 2..............	B.	M.		Bo.
— sp., 1......................	B.			
Nucula Oppeli, Et , 3.............	B.	M.		Bo.
— *Electra*, Opp., 3.............	B.	M.		Bo.
— cfr. *elliptica*, Phill., 1...........	B.		Ch.	
— *nuda*, Phill., 2..............	B.			
— *musculosa*, Dk. et K., 2..........	B.		Ch.	Bo.
Arca cfr. *subdecussata*, Munst.,4........	B.	M.	Ch.	Bo.
Pecten subspinosus, Schl., 2...........	B.			
— *subfibrosus*, d'Orb., 2..........		M.		Bo.
* — *demissus*, Bean,1..............	B.			Bo.
Lima sp....................	B.			
— sp....................	B.			
Plicatula subserrata, Goldf.,1..........	B.			Bo.
Ostrea Blandina, d'Orb.,1............	B.			Bo.
Terebratula dorsoplicata, Suess,4........	B.	M.	Ch.	Bo.
Aulacothyris impressa (Bronn), 3........	B.	M.	Ch.	Bo.
Rhynchonella Thurmanni, Voltz., 3.......	B.	M.		Bo.
* — *minuta*, Buv., 1...........	B.			
Stomatopora dichotoma (Lamour),1......	B.			
Berenicea densata, Et ,1..............	B.			
Cidaris sp. nov. aff. *Ducreti*, de Lor.,2,...	B.			
Pseudodiadema superbum (Ag.)..........	B.			

Astropecten sp. (= *Asterias jurensis*, Gdf.). B. M.

Pentacrinus oxyscalaris, Th., 1 .... B.

— *cingulatus*, Munst., 1 .... Gr.

Balanocrinus pentagonalis (Goldf.), 3 ...... B. M. Ch. Bo.

*Serpula cfr. *nodulosa*, Goldf.,3 .... B. M.

— sp. (plusieurs)................. B.

Microsmilia erguelensis (Th.),........... B. Bo.

— *Delemontana* (Th.), 2 .... B. Bo.

*Placopsilina *rostrata*, Quenst., 2 .... B. M. Bo.

— sp........................ B.

Fruits de Palmier..................... Ch.

On remarque tout spécialement, dans la faune des Marnes à *Ammonites Renggeri*, la réapparition, en compagnie d'un *Lytoceras* non décrit, de 5 espèces du genre *Phylloceras*, très rares à l'exception de Am. (*Phylloceras*) *tortisulcatus*.

Ces deux genres d'Ammonites, qui appartiennent essentiellement à la province marine méditerranéenne, avaient complètement disparu de notre contrée depuis le sommet du Lias ; le premier seul s'est déjà trouvé toutefois représenté dans le Callovien supérieur de la Billode, par un *Lytoceras* cfr. *Adelæ*. Leur présence annonce que des relations, assez faibles, il est vrai, quoique plus marquées déjà qu'à l'époque liasique, ont existé, lors du début de l'Oxfordien, entre la mer du Jura lédonien et la province méditerranéenne. Ces relations, dues à l'influence des courants chauds, ont cessé complètement peu après ; car je n'ai plus rencontré aucune espèce de ces genres méditerranéens, dans tout le reste du Jurassique supérieur, à partir des Marnes à A. *Renggeri*.

Je n'ai pu étudier qu'à la Billode les différences de la faune entre la base et le sommet de l'assise. On remarque surtout, dans la partie supérieure, l'absence de *Lytoceras* et la grande rareté des *Phylloceras*, ainsi que celle des Am. *scaphyloides* et A. *Suevicus*, qui ne sont pas rares dans le bas ; A. *Lamberti*, A. *Mariæ* et A. *arduennensis* sont aussi moins fréquents dans le haut. Par contre, A. *cordatus* offre assez souvent ici la forme épaisse et brusquement carénée qui est très rare dans la partie inférieure, et quelques rares exemplaires du sommet possèdent pour une partie des côtes une bifurcation au voisinage de la carène, qui les rapproche de la variété à côtes bifurquées signalée par M. Choffat (1) dans l'assise suivante du même facies. *A. denticulatus* et les formes plus ou moins rapprochées de *A. oculatus*, ainsi que *A. Renggeri* sont aussi plus fréquents dans la partie supérieure. J'indique ces faits dès à présent pour appeler l'attention sur l'intérêt que présenteraient des observations analogues de paléontostatique dans d'autres localités jurassiennes.

(1) *Esquisse du Callovien et de l'Oxfordien*, p. 114.

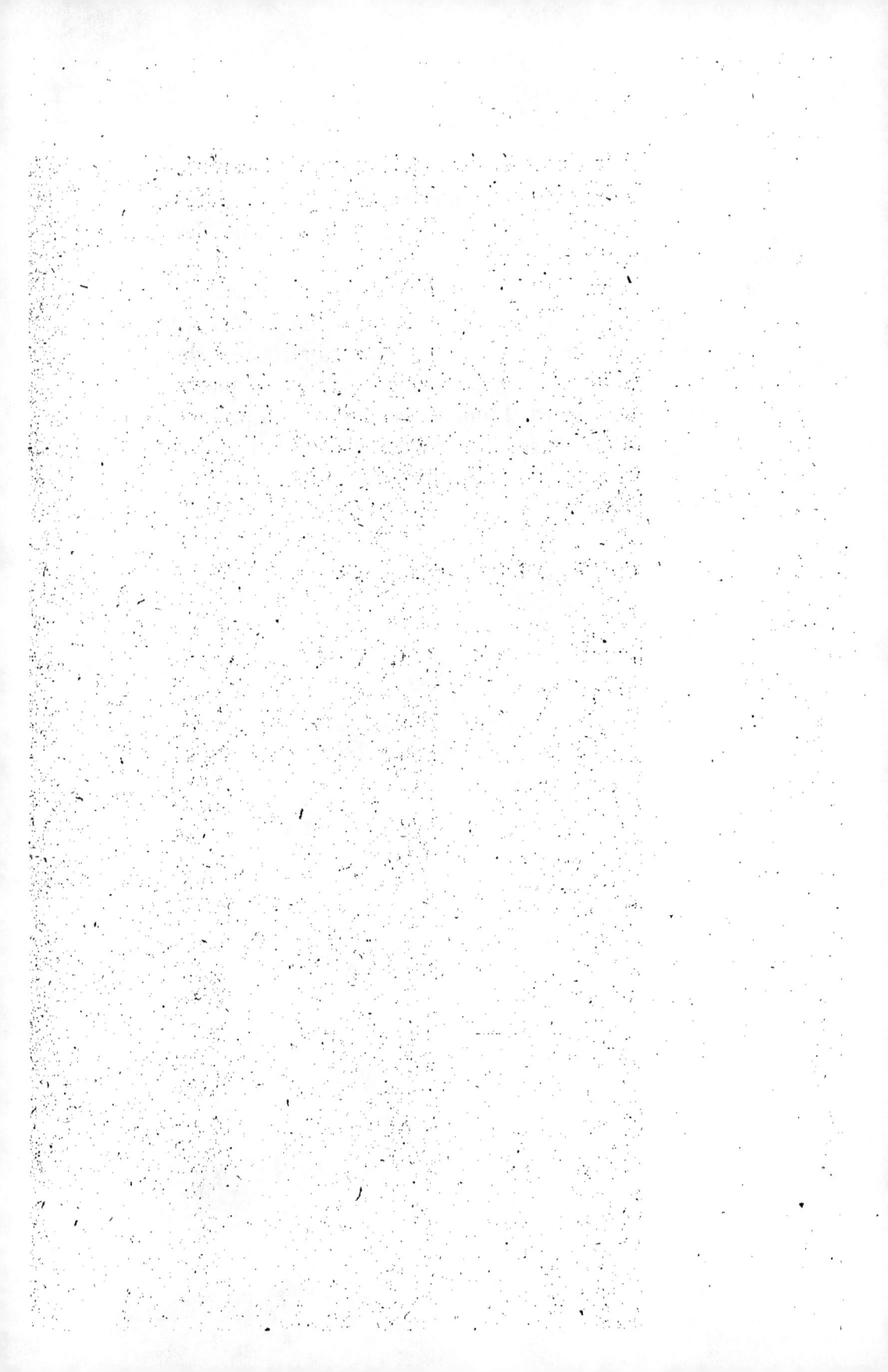

COMPLÉMENTS & RECTIFICATIONS.

Depuis l'impression de la partie de ce travail relative au Lias et à l'étage Bajocien, j'ai pu étudier quelques points nouveaux de la région lédonienne ; ce sont principalement le Toarcien de Miéry, le passage du Lias à l'étage suivant à Blois, dans la branche orientale de la vallée de la Seille, de belles coupes du Bajocien à Revigny, à Ladoye et à Vaux-sur-Poligny, enfin la position précise des carrières de Château-Châlon, de Crançot et de Saint-Maur.

De plus, l'importance d'établir aussi exactement que possible le parallélisme de la limite supérieure du Lias entre le Jura salinois et le Jura lédonien, m'a engagé à étudier avec un certain détail le Lias et le Bajocien inférieur au voisinage de Salins. Une donnée importante pour ce parallélisme est fournie par l'observation près d'Aresches, au sommet du Lias, à 13 ou 14 mètres au-dessous du niveau des célèbres bancs ferrugineux de la Roche-Pourrie, d'une couche ferrugineuse qui ne paraît pas avoir été signalée jusqu'à ce jour, et qui répond au moins à une partie de l'oolithe ferrugineuse de Ronnay à *Ammonites opalinus*. Il convient à ce sujet de faire connaître dès à présent les coupes détaillées que j'ai relevées dans la région salinoise : ce sont la coupe d'Aresches, à partir du ravin de Boisset, pour le Lias et les couches bajociennes inférieures, la coupe du Bajocien de la Roche-Pourrie près de Salins et de la route de Cernans, ainsi que celle du Lias du ravin de Pinperdu, au N. de cette ville. La coupe d'Aresches que je rapporte n'avait pas encore été publiée, et les localités classiques de la Roche-Pourrie et de Pinperdu n'ont été l'objet d'aucune nouvelle étude stratigraphique de détail, depuis que M. Jules Marcou en a si bien fait connaître les faits les plus essentiels, en 1846 (1).

Les notes qui vont suivre indiquent les modifications et compléments qui résultent de ces diverses observations récentes: Les coupes des localités qui viennent d'être signalées seront rapportées à leur suite.

(1) *Recherches géol. sur le Jura salinois.* Coupe du ravin de Pinperdu, p. 66, et coupe de la Roche-Pourrie, p. 81. M. Marcou a donné seulement dans cette publication la coupe des Marnes irisées et du Rhétien du ravin de Boisset.

ÉTAGE RHÉTIEN.

Les observations récentes que j'ai pu faire sur la base du Jurassique viennent à l'appui des raisons qui m'ont empêché, dans ce travail, d'admettre la réunion du Rhétien et de l'Hettangien des auteurs en un groupe de l'Infra-lias, nettement séparé du Lias proprement dit. Dans notre contrée, un tel groupement serait artificiel à tous égards. De plus, les grandes affinités que les zones à *Ammonites planorbis* et à *A. angulatus* présentent, sous tous les rapports, avec le Lias inférieur, justifient assez leur rattachement à cet étage, ainsi que je l'ai fait précédemment. Par contre, l'étage Rhétien est nettement séparé de ces zones par la réapparition du facies des Marnes irisées triasiques, qui forme dans le haut de cet étage le niveau des Marnes pseudo-irisées, que j'ai désigné ainsi d'après la dénomination employée, en 1875, par M. Henry. Le retour de ce facies accentue davantage encore les caractères de couches de passage entre le système Triasique et le système Jurassique, que présente le Rhétien, et l'on conçoit que le rattachement de celui-ci au Jurassique puisse rencontrer de l'opposition dans certaines contrées. Pour notre région, où les Ammonites manquent totalement dans cet étage, les caractères paléontologiques ne peuvent guère fournir d'indications utiles sur ce point ; mais les caractères pétrographiques d'une bonne partie des strates qui le composent permettent plutôt de le rapprocher du Jurassique. La présence des grès de la base, qui séparent si nettement le Rhétien des Marnes irisées et qui renferment au début, sur de grandes étendues de territoire, des amandes d'argile verte, résultat évident d'une érosion rapide du sommet de ces Marnes, est à prendre en sérieuse considération pour appuyer ce rapprochement. En effet, la brusque formation de tels sédiments détritiques, dans nos contrées, qui se trouvaient depuis longtemps soumises à un régime plus ou moins lagunaire, correspond à des changements géographiques très considérables, début d'un ordre de choses nouveau qui va présider à la formation de la puissante série de strates du système Jurassique.

Depuis l'impression de l'étude générale du Lias inférieur dans la première partie de la présente publication, M. Émile Haug, en 1891, dans un remarquable mémoire sur la région subalpine comprise entre Gap et Digne, s'est trouvé conduit, par l'étude de cette région, à exprimer ses préférences pour un groupement identique à celui que j'avais cru devoir adopter, d'après mes recherches de détail dans le Jura, sans négliger complètement d'ailleurs la considération des faits généraux. « Distraire les zones à *Psiloceras planorbis* et à *Schlotheimia angulata* du Lias inférieur, dit M. Haug, c'est, je crois, méconnaître des affinités paléontologiques très intimes et c'est ne pas tenir compte d'une classification ancienne, qui avait la priorité et qu'il n'y avait aucune raison sérieuse d'abandonner » ; de plus, il se déclare « partisan convaincu de la réunion de la zone à *Avicula contorta* au Jurassique et même au Lias dont elle constituerait l'étage inférieur ou Rhétien » (1). Je suis heureux de m'appuyer de l'autorité qui s'attache aux travaux du savant Directeur des Travaux pratiques de Géologie à la Sorbonne, pour maintenir le groupement que j'avais adopté d'abord. Je suis loin d'ailleurs de méconnaître la nécessité de baser la délimitation des grandes divisions stratigraphiques sur des considérations d'ordre beaucoup plus général que celles qui peuvent résulter de l'étude d'une région limitée, telle que le Jura lédonien. Je n'insisterai donc pas plus que ces considérations générales ne se trou-

(1) E. HAUG. *Les Chaînes subalpines entre Gap et Digne.* Thèse. Bulletin nº 24 des Services de la Carte géol. de la France et des Topographies souterraines, 1891.

veront le permettre, au sujet de l'expression *Lias infra-inférieur* par laquelle, dans le même ordre d'idées où je devais ainsi me rencontrer avec M. Haug, j'ai cru pouvoir proposer de désigner le Rhétien, afin d'exprimer son rattachement au Lias tout en conservant la notion que cet étage se compose essentiellement de *couches de passage* entre les deux premiers systèmes de terrains secondaires.

Les indications données précédemment sur la composition de l'étage dans notre région sont complétées ici, seulement par quelques observations faites à Lons-le-Saunier et à Miéry, au voisinage de Poligny, sur les premières couches du Rhétien inférieur.

Les couches inférieures de l'étage et en particulier le banc de grès de la base se voient à l'E. de Lons-le-Saunier, sur la faible colline située au S.-E. de la prairie des Mouillères, surtout dans un chemin de desserte des vignes.

Au N. de la région lédonienne, le niveau du Grès de Boisset qui forme la base du Rhétien présente, sur le territoire de Miéry, un développement du faciès gréseux beaucoup plus marqué que près de Lons-le-Saunier. Il occupe, sur une étendue notable, le sommet de la colline située à l'O. de Miéry, où les grès se voient fréquemment, dans les murs de clôture, etc. Dans une carrière ouverte sur ce point, pour leur exploitation à l'usage de la forge de Baudin, le frère Ogérien a relevé la petite coupe suivante, que M. Henry a trouvée assez exacte et qu'il a reproduite dans sa thèse. Elle est rapportée ici, afin d'en établir la concordance avec les subdivisions que j'ai admises pour cet étage, et en prenant les couches à partir de la base, contrairement à l'ordre suivi par Ogérien (1), ce qui oblige à changer les numéros des couches; ceux de cet auteur sont indiqués entre parenthèses.

(1) *Hist. nat. du Jura, Géologie*, p. 871.

Rhétien inférieur.

A. — Niveau du Grès de Boisset (2ᵐ 65).

1. — (8°) Grès très dur, brillant, micacé, avec taches vertes et fer sufuré blanc, dents de poissons. 1ᵐ75

2. — (7°) Marnes schisteuses ou conchoïdales, bariolées de brun, de rouge et de vert 0ᵐ70

3. — (6°) Grès ferrugineux, micacé, friable, avec écailles et dents de poissons 0ᵐ25

B. — Niveau des Schistes argileux inférieurs (en partie, 1ᵐ35).

4. — (5°) Calcaire dolomitique, blanchâtre, conchoïdal, très fragile 0ᵐ35

5. — (4°) Marne grisâtre. 0ᵐ20

6. — (3°) Marne noirâtre, très schisteuse, avec écailles de poissons 0ᵐ40

7. — (2°) Marne argileuse en minces feuillets, bariolée de noir et de rouge, avec indices de plantes. 0ᵐ40

8. — (1°) Terre végétale, 0ᵐ 30.

Le frère Ogérien avait placé cette petite série dans sa « 69ᵉ zone, argiles et grès à *Pecten valoniensis* », par laquelle il terminait le terrain Triasique, c'est-à-dire dans le haut de l'étage Rhétien. M. Henry a fort exactement rétabli les faits, en montrant qu'elle occupe au contraire la base de cet étage, selon le groupement que je viens d'indiquer. Il fait remarquer la grande analogie des grès de Miéry et de ceux de Boisset et retrouve à l'appui de ce parallélisme, dans le voisinage de Miéry, d'autres indications qu'il peut être utile de rapporter ici à cause de l'intérêt spécial de cette localité.

« Vers l'extrémité sud de la colline, dit-il, on a ouvert une excavation qui atteint le grès. Il s'y montre en bancs peu épais, irréguliers, avec marnes vertes intercalées. A quelques mètres au-dessous, dans les vignes, le provignage a mis a nu les marnes vertes du Keuper supérieur. Après être descendu encore l'espace de quelques mètres, on traverse une petite vallée d'érosion, et on retrouve le grès sur la colline opposée, vers la base (1). Cette colline s'étend au sud de Miéry, jusqu'à la carrière de marbre ouverte dans le calcaire à Gryphées arquées (2). Elle est essentiellement formée de Rhétien. En se dirigeant du nord-est au sud-ouest (3), en suivant les flancs de la colline, on peut rencontrer successivement à partir du grès, le calcaire fossilifère n° 23 (4), des calcaires cloisonnés jaunes dolomitiques ; plus loin les couches à *Pecten valoniensis* ; enfin l'hettangien et le calcaire à Gryphées. »

En outre M. Henry cite, comme « la preuve la plus directe » du parallélisme qu'il propose, une petite coupe qu'il avait observée « sur le bord du bois de Vaivre à gauche du chemin de Miéry à Poligny, à peu près à mi-distance de ces deux localités. » Sur ce point, il signale des Marnes irisées, vertes dans le haut, surmontées de couches gréseuses, correspondantes à celles de la coupe qui précède, et comprenant 0m15 de « grès à dents et écailles de poissons », suivi de feuillets de grès et marnes alternants » d'une épaisseur non déterminée, puis de 0m70 de grès compact en 2 bancs, et enfin de « feuillets de grès et marnes alternants ».

Le savant professeur bisontin fait remarquer ensuite que les « bancs gréseux sont plus compacts et plus épais » à Miéry qu'à Boisset. « Ils ont leur maximum d'épaisseur à l'ouest de Miéry ; mais en s'approchant de Poligny, cette épaisseur paraît diminuer. »

« (1) A la surface de ce grès, nous avons recueilli des tiges droites, cannelées ; mais elles ne ressemblent pas à des Calamites. » (Note de M. Henry. Mém. Société d'Émul. du Doubs, 1875, p. 337).

(2) C'est la colline située entre la cote 321 (carte de l'état-major) et le village de Miéry. Elle est séparée par la vallée de la Brenne du point où se trouve la carrière de marbre, au S. de celle-ci.

(3) C'est plutôt en se dirigeant du N.-O. au S.-E., à partir de la colline précédente qu'on retrouve, au-dessous du village de Miéry, les grès, suivis des autres couches indiquées par M. Henry, ainsi que le calcaire à Gryphées qui forme le gradin sur lequel repose le village.

(4) C'est le banc à petites bivalves qui se trouve au sommet du Rhétien inférieur. (Note de L.-A. Girardot.)

« Le grès de Miéry, ajoute-t-il, nous semble devoir être envisagé comme un accident local peu étendu... Sous ce point de vue, le nom de Grès de Miéry conviendrait peut-être mieux que celui de Grès de Boisset pour désigner cet accident pétrologique. »

Le niveau des Grès de Boisset a été récemment rendu observable, à quelque distance de l'ancienne carrière de grès des forges de Baudin, sur la colline à l'O. de Miéry, grâce au creusement d'un fossé que M. Constant Épailly, alors instituteur dans cette localité, a fait exécuter dans sa propriété. M. Épailly a bien voulu me conduire sur ce point lors des travaux, et il y a relevé depuis lors la petite coupe suivante, qui justifie complètement le parallélisme admis par M. Henry (1).

1. — Marne blanchâtre, visible sur quelques décimètres et appartenant au sommet des Marnes irisées.

Rhétien inférieur.

A. — Niveau des Grès de Boisset

2. — Grès très dur, avec petits noyaux d'argile verte, dure ; environ . . . . 1^m

3. — Marne feuilletée jaune, en minces lits alternant avec des plaquettes de grès. Quelques décimètres.

4. — Grès dur . . . . 0^{m}25

5. — Couche marneuse friable . . . . 0^{m}10

6. — Mince lit de marne ferrugineuse, rougeâtre. . 0^{m}01

7. — Couche marneuse friable. . . . . . . 0^{m}20

8. — Couche marneuse, jaunâtre foncé. . . . . 0^{m}04

9. — Couche ferrugineuse, très rougeâtre, intercalée d'un petit banc de grès de 0^{m}05, et contenant des dents de Poissons fréquentes, ainsi que de nombreux nodules d'oxyde de fer. 0^{m}15 à 0^{m}20.

(1) Je suis heureux de remercier ici M. Épailly de cette communication et de mentionner l'intérêt qu'il porte depuis longtemps déjà aux études de géologie locale. A présent instituteur à Ladoye, il continue dans cette localité les observations sur le Lias qu'il avait commencées à Miéry, et ses recherches pourraient être fort utiles, en particulier pour compléter l'étude du Bajocien supérieur au voisinage du Fied et de Lamarre.

B — Niveau des schistes argileux inférieurs (base).

10. — Marne noire, schisteuse, noirâtre 0m08
Interruption : terre végétale.

Faune de l'étage Rhétien.

ESPÈCES	Infé-rieur.	Moyen.	Supé-rieur.
Reptiles (os indéterminables)............	*	*	*
Amblypterus decipiens, Gieb. (écailles) ...	...	...	5
Sphærodus minimus, Ag.................	*	*	3
Hybodus pyramidalis, Ag	...	..	2
— *longiconus* Ag.?..............	...	...	1
— *minor,* Ag,................	1	...	1
Saurichthys acuminatus, Ag..	*	...	4
Sargodon incisivus, Henry.............	*		
— *tomicus,* Plien..............	...	...	3
Acrodus minutus, Ag.................	1	...	*
— *acutus,* Ag...	...	...	2
— *minimus,* Ag..	...	*	4
— *crenatus,* Ag...............	...	...	3
Hemipristis lavignyensis, Henry.........	1		
Nucula sp........................	...	...	1
Tæniodon præcursor, Schlenb.......	*	...	?
Cytherea rhætica, Henry.............	5	*	
Cardium Philippi, Dunk..............	...	...	*
— *Soldani,* Stopp..............	...	*	
Mytilus glabratus, Dunker.............	4		
Avicula contorta, Portlock...........	5	4	
— *præcursor,* (Quenst.)..........	*		
Pecten valoniensis, Defr.............	*	...	4
Plicatula intusstriata, Emm............	...	...	4
Ostrea marcignyana, Martin	...	...	4
Anomia sp	...	...	*

Cette faune comprend 23 espèces déterminées, dont 14
Poissons et 11 Lamellibranches. Je n'ai retrouvé encore
aucune de ces espèces dans les étages voisins.

LIAS INFÉRIEUR ou ÉTAGE SINÉMURIEN.

I. —— ASSISE DE L'AMMONITES PLANORBIS ET DE L'AMMONITES ANGULATUS.

CALCAIRES HETTANGIENS ou COUCHES DE MOUTAINE.

COMPLÉMENT DE LA SYNONYMIE.

Couches de Moutaine. Marcou, 1860.

En réunissant les couches à *Ammonites planorbis* et *Am. angulatus* au Lias inférieur, dans l'étude générale du Lias, j'ai adopté, pour cette assise, la dénomination de *Calcaires hettangiens*, afin de rappeler son parallélisme avec l'étage Hettangien des auteurs, dont le nom, créé en 1864, par M. Renevier (1), a été adopté par M. Henry (2), pour la Franche-Comté, en 1875, et plus tard, d'une manière plus générale, par M. de Lapparent (3). Dès 1856, M. Jules Marcou, le premier dans le Jura, avait séparé cette assise des Calcaires à Gryphées arquées, sous le nom de *Couches de Schambelen* (4) ; mais, en 1860, il a remplacé cette désignation par celle de *Couches de Moutaine*, en indiquant, comme l'un des meilleurs types de cette subdivision, les deux affleurements du hameau de Moutaine (commune d'Aresches), situés « près de la papeterie, sur la route même (5) »,entre 3 et 5 kilomètres au S. de Salins.

Je n'ai fait, en 1877 et 1890, que des visites trop rapides

(1) Bulletin de la Société vaudoise des Sciences naturelles.
(2) Loc. cit. Mémoires de la Soc. d'Émul. du Doubs, 1875, p.392.
(3) *Traité de Géologie*, 2e édition, p. 914.
(4) *Lettres sur les Roches du Jura*, 1856, p. 23.
(5)   *Id.*   1860, p. 345.

au principal affleurement de Moutaine, pour pouvoir en relever la coupe. Selon M. Henry (1), les couches à *Ammonites planorbis* et à *Am. angulatus* sont identiques dans cette localité à celles que l'on observe, un peu plus à l'E., dans le ravin de Boisset, au-dessous d'Aresches.

L'assise comprend, sur ce dernier point, deux bancs calcaro-gréseux, très résistants, d'une épaisseur totale de 1ᵐ50, ainsi que l'avait indiqué M. Marcou pour cette localité (2). Comme aux environs de Lons-le-Saunier, ces bancs surmontent brusquement les Marnes pseudo-irisées qui terminent le Rhétien, et ils se séparent d'une façon peu nette des Calcaires à Gryphées arquées qui leur succèdent. Le temps m'a manqué pour y rechercher les fossiles ; je ne puis en citer que *Ammonites angulatus*. Selon toute probabilité, le banc inférieur répond au niveau de l'*Ammonites planorbis* des environs de Lons-le-Saunier, et le banc supérieur seul appartiendrait au niveau de l'*Am. angulatus*. M. Henry, qui attribue seulement à l'assise, sur ce point, une puissance de 1 m., indique à Moutaine et Boisset (3) un banc inférieur de 0ᵐ40, avec *Am. planorbis*?, et il signale à la base de ce banc, dans la première de ces localités, un lit d'une « sorte de brèche à gros fragments de différente nature, perforés en tous sens de cavités cylindriques, plus ou moins sinueuses » ; parmi ces fragments, il a remarqué un morceau de plaquette « d'une roche à pâte fine, homogène, lithographique », analogue à celle qui se trouve vers le sommet du Rhétien, près de Lons-le-Saunier, et qui forme parfois ici une mince plaquette soudée à la face inférieure des bancs à *Am. planorbis*. Sans distinguer les deux niveaux, M. Henry (4) signale dans cette assise les espèces suivantes

(1) Loc. cit. Mém. Soc. d'Émul. du Doubs, 1875, p. 396.
(2) Loc. cit., 1856, p. 23.
(3) Loc. cit., p. 396.
(4) Loc. cit. Description des espèces, p. 434-454.

qu'il a recueillies à Boisset, et qui appartiennent évidemment, pour la plupart du moins, au niveau de l'*Am. angulatus* :

Ammonites angulatus, Schl.	*Astarte saulensis*, Terq. et Piette.
— *Johnstoni*, Sow.	*Pecten Hehli*, d'Orb.
Cardinia Morisi, Terq.	*Ostrea irregularis*, Munst.
— *trapezium*, Martin.	*Rhynchonella plicatissima*, Quenst.
— *similis*, Ag.	*Serpula filaria*, Goldf.
— *depressa*, Ziet.	*Haimena sporada*, Henry.

Ainsi que l'a fait remarquer le même auteur, on n'observe point de couche gréseuse et rognoneuse entre les deux niveaux à Moutaine et à Boisset, contrairement à ce qui a lieu près de Lons-le-Saunier.

Les couches attribuées à l'assise de l'*Ammonites planorbis* et de l'*Am. angulatus*, dans les deux régions salinoise et lédonienne, paraissent être bien réellement synchroniques. On est donc parfaitement autorisé à employer, à titre de désignation locale précise, pour la seconde région comme pour la première, le nom *Couches de Moutaine*, donné par M. Marcou.

Les calcaires gréseux de cette assise affleurent quelque peu au N. de la prairie des Mouillères, située à l'E. de Lons-le-Saunier. Un bloc de ces calcaires, qui se voit sur ce point, dans un mur de clôture des vignes, présente un os long de Saurien, en mauvais état et absolument indéterminable, conservé en partie seulement, sur une longueur d'environ 0^m30 (1).

Les Polypiers que j'ai recueillis dans le niveau de l'*Ammonites planorbis*, près de Lons-le-Saunier, appartiennent aux espèces suivantes, d'après les déterminations que je dois à l'obligeance de M. le professeur Koby.

---

(1) Je dois la connaissance de ce fossile à l'obligeante indication de M. Adolphe Gerrier.

Montlivaultia Rhodani, Fr. et F.	Tranchée de la voie à l'E. de Lons-
— *spinigera*, Fr. et F.	le-Saunier, près des nouvelles salines.
— sp. nov.	Montciel (tranchée des salines).
Stephanocœnia sinemuriensis, d'Orb.	Dans les 2 affleurements ci-dessus.

II. — CALCAIRE A GRYPHÉES ARQUÉES.

Les trois niveaux établis dans cette assise au voisinage de Lons-le-Saunier se distinguent aussi près de Salins, dans le ravin de Boisset. Le niveau **A** (3^{m}30, nombreuses Gryphées arquées dès la base) renferme déjà, dans le banc du haut, des parties blanchâtres phosphatées ; elles se retrouvent, disséminées, dans les niveaux **B** (3^{m}50) et **C** (2^{m}20). L'assise possède ici une puissance de 9 m. Elle paraît avoir une composition fort analogue dans une carrière située sur la route de Cernans, ainsi qu'à Pinperdu ; mais je n'ai pu en relever le détail dans ces deux localités.

Le niveau **C** possède sensiblement les mêmes caractères dans la région salinoise que dans le Jura lédonien ; il contient de nombreux *Ammonites geometricus*, à Boisset, Cernans et Pinperdu. Des nodules phosphatés se voient à sa surface dans la première et la dernière de ces localités, mais paraissent rares à Boisset.

III. — ASSISE DE L'AMMONITES OXYNOTUS.

Près de Salins, comme aux environs de Lons-le-Saunier, le Calcaire à Gryphées arquées est surmonté d'une alternance de petits bancs marno-calcaires et de couches marneuses, qui appartient par sa base à l'assise de l'*Ammonites oxynotus* et par ses couches supérieures à l'assise de l'*Am. Davœi*. Je n'ai pu étudier le détail de cette alternance qu'à Pinperdu, car l'état de l'affleurement de Boisset ne permet guère d'en observer que les bancs inférieurs. Dans la première de ces localités, la plupart des couches sont peu fossilifères, et je n'ai pas rencontré sur ce point les espèces caractéristiques qui permettraient de reconnaître, comme près de Lons-le Saunier, la limite exacte entre les deux assises. Toutefois la présence d'*Ammonites arietiformis*, en compagnie de *Mactromya liasina*, vers les deux tiers supérieurs de cette alternance, permet d'établir cette limite avec une certaine approximation, en attendant des observations plus précise dans la région salinoise.

A Boisset, on peut attribuer à l'assise de l'*Ammonites oxynotus* environ 9 à 10 m. d'une alternance marneuse et marno-calcaire, qui possède un aspect fort analogue, en général, à celui de ces mêmes couches dans la région lédonienne. La série se termine de même par un banc de calcaire hydraulique, qui se distingue assez bien par sa plus grande épaisseur. A la base on a 0^m 30 à 0^m 40 de marne noirâtre, qui offre dans le bas quelques nodules phosphatés et contient *Gryphea obliqua*, avec des Bélemnites et de petites Ammonites peu déterminables.

A Pinperdu, il convient d'attribuer à cette assise 8 m. de couches marneuses, plus épaisses d'ordinaire qu'à Boisset, et qui alternent avec 8 à 10 bancs marno-calcaires, parfois tendres et peu distincts. *Ammonites lacunatus* se trouve à la base avec des nodules phosphatés, et la moitié supérieure présente *Am. oxynotus*. Ces deux espèces occupent ici les mêmes niveaux que près de Lons-le-Saunier.

L'assise de l'*Ammonites oxynotus*, ainsi limitée, offre une assez grande analogie entre cette ville et Salins. La puissance est un peu plus forte dans le Jura salinois (8 à 10 m.). Il reste à voir si une étude plus minutieuse des faunules de chaque couche permettra de distinguer ici les quatre niveaux reconnus dans la région lédonienne.

OBSERVATION SUR LA LIMITE SUPÉRIEURE DU SINÉMURIEN. — Comme on vient de le voir, il est plus difficile encore au voisinage de Salins que près de Lons-le-Saunier d'établir la ligne de démarcation précise entre l'assise de l'*Ammonites oxynotus* et celle de l'*Am. Davœi*. Par contre, l'alternance marneuse et marno-calcaire qui constitue ces deux assises se distingue partout fort nettement du Calcaire à Gryphées arquées. La seule limite vraiment pratique entre le Lias inférieur et le Lias moyen, dans les deux régions salinoise et lédonienne, est donc la surface de ce Calcaire à Gryphées. Je rattacherais, en conséquence, l'assise de l'*Ammonites oxynotus* au Lias moyen, s'il n'était nécessaire, dans les groupements stratigraphiques d'une certaine importance, tels que les étages, de sacrifier les convenances de régions restreintes aux considérations plus générales basées sur l'étude de contrées étendues.

Faune de l'étage Sinémurien.

ESPÈCES	Inférieur.	Moyen.	Supérieur.	Passages supérieurs.
Eryma ? sp. ind..............	...	...	1	
Belemnites acutus, Mill...............	...	...	4	*
— *brevis*, Blainv.............	...	...	4	*
Nautilus intermedius, Sow............	...	*		
— sp.................	...	...	2	
Ammonites planorbis, Sow..........	1			
— cfr. *Johnstoni*, Sow........	1			
— *angulatus*, Schl...........	3			
— *Charmassei*, d'Orb........	1 cf.	1		
— *Bucklandi*, Sow...........	...	3		
— *bisulcatus*, Brug...........	...	3		
— *geometricus*, Opp...........	...	5		
— cfr. *Conybeari*, Sow........	...	*		
— cfr. *Buvignieri*, d'Orb.....	...	1		
— *polymorphus lineatus*, Quenst.	...	*		
— *oxynotus*, Quenst...........	...	...	4	
— *obtusus*, Sow	...	...	1	
— *Berardi*, Dum.............	...	...	1	
— *Davidsoni*, d'Orb.........	...	...	1	

ESPÈCES	Infé-rieur.	Moyen.	Supé-rieur.	Pas-sages. supé-rieurs
Ammonites lacunatus, Buck..........	...	...	3	
— planicosta, Sow...........	...	...	4	
— aff. carusensis, d'Orb.....	...	...	*	
— Birchi, Sow	...	...	3	
— Dudressieri, d'Orb........	...	...	3	
— cfr. Driani, Dum.........	...	...	1	
Rostellaria sp......................	...	...	1	
Turritella Humberti, Martin..........	2			
Orthostoma gracile, Martin...........	*			
— scalaris, Dum............	4			
Trochus acuminatus, Ch. et D........	*			
Turbo triplicatus, Martin............	*			
Pleurotomaria expansa, d'Orb........	*			
— undosa, Schübler......	...	*		
— cfr. Marcoui, d'Orb....	...	*		
Pholadomya sp.....................	2	*	*	
Pleuromya cfr. striatula, Ag.........	2	3		
Cardium Terquemi, Martin.........	*			
Cardita Heberti, Terquem...........	2			
Cardinia cfr. crassiuscula (Sow.).....	*			
Cardinia sp.......................	*	?		
Nucula sp.........................	...	...	2	
Leda sp	...	...	1	
Pinna Hartmanni, Ziet..............	...	*		
Mytilus sp	...	...	*	
Avicula sinemuriensis, d'Orb	...	*	*	
Pecten Hehli, d'Orb................	...	*		
— textorius, Schl..............	...	*		*
Lima gigantea, Sow	5	3		
— hettangiensis, Terq...........	*			
— punctata, Sow..............	...	...	*	
Plicatula hettangiensis, Terq........	*			
Gryphæa arcuata, Sow..............	...	5		
— obliqua, Gdf	...	1 aff.	2	
Terebratula Edwardsi, Dav	...	*		
— punctata, Sow...........	...	..	*	*
Zeilleria perforata (Piette)..........	...	*		

ESPÈCE.	Inférieur.	Moyen.	Supérieur.	Passages supérieurs.
Zeilleria cor (Lam.)................	...	*	3	*
Spiriferina Walcotti, Sow............	...	*	2	*
Rhynchonella plicatissima, Quenst.....	...	*		
— *calcicosta*, Quenst.......	...	*		
— cfr. *belemnitica*, Quenst ..	...	...	*	
— *Deffneri*, Oppel	...	...	*	*
— *oxynoti*, Quenst	...	...	*	
— *rimosa* (Buch)...........	...	...	1	*
Galeolaria filiformis, T. et P........	*			
Serpula quinquesulcata, Gdf...... ...	..	...	5	
— cfr. *composita*, Dum.........	...	...	*	
Cyclocrinus sp. nov	..	...	1	
Pentacrinus angulatus, Opp..........	*			
— *tuberculatus*, Mill........	...	5	1	*
— sp. nov	...	...	1	
Balanocrinus aff. *subteroides*, Quenst...	...	...	3	
Montlivaultia Rhodani, Fr. et F.......	2			
— *spinigera*, Fr. et F......	2			
— sp. nov	1			
Stephanocœnia sinemuriensis, d'Orb., .	3			
Chondrites sp......................	...	...	5	
Fucoïdes indéterm................	5	3		

Les espèces déterminées du Sinémurien sont jusqu'ici au nombre de 68, savoir : 23 Céphalopodes dont 20 Ammonites, 8 Gastéropodes, 14 Lamellibranches, 11 Brachiopodes, 3 Vers, 5 Crinoides et 4 Polypiers. 9 espèces passent aux étages suivants.

LIAS MOYEN ou ÉTAGE LIASIEN.

I. — ASSISE DE L'AMMONITES DAVŒI.

L'alternance marneuse et marno-calcaire qui forme cette assise au voisinage de Salins est un peu moins fossilifère que près de Lons-le-Saunier, mais paraît un peu plus épaisse (13 à 15 m.).

A Boisset, où elle peut atteindre 14 à 15 m., la composition pétrographique est fort analogue à celle de Lons-le-Saunier et Perrigny. Il ne m'a pas été possible, surtout à raison de l'état de l'affleurement, d'y rechercher la distinction des différents niveaux.

A Pinperdu (13 à 14 m.), l'assise est plus marneuse en général, et il semble qu'une étude attentive puisse permettre d'y reconnaître les niveaux du Jura lédonien. Elle débute par 7 à 8 m. de couches marneuses, qui renferment seulement 3 ou 4 petits bancs marno-calcaires, peu durs. Ces couches représentent le niveau de l'*Ammonites submuticus*, mais avec une épaisseur 3 à 4 fois plus grande que près de Lons-le-Saunier, de sorte qu'il peut rester quelque doute sur la fixation de la limite inférieure de l'assise ; d'ailleurs, la partie supérieure pourrait appartenir au niveau suivant. Quoi qu'il en soit, un banc marno-calcaire de 0m25, qui vient ensuite avec 0m20 de marne, appartient sûrement au niveau de l'*Ammonites arietiformis*, car cette espèce (souvent confondue par les géologues jurassiens avec *Am. raricostatus*) n'y est pas rare par places ; c'est dans ce banc que l'on trouve surtout *Mactromya liasina*, que M. Marcou cite seulement à Pinperdu. On a ensuite un banc marno-calcaire tendre, qui m'a fourni encore quelques Mactromyes et une Ammonite à grandes épines, en trop mauvais état pour être déterminée ; ce banc appartient, selon toute probabilité, au niveau de l'*Ammonites armatus*, et il faut sans doute attribuer à ce même niveau 2 m. de marne à *Belemnites umbilicatus* et *Gryphœa cymbium*, qui viennent au-dessus. Enfin, on a 2^m70 de couches marneuses, en partie cachées et montrant un petit banc marno-calcaire à la base, qui appartiennent, au moins en partie, au niveau des calcaires hydrauliques à Bélemnites, et l'assise se termine par un gros banc de calcaire dur, à Bélemnites assez fréquentes, qui occupe le niveau des *Ammonites fimbriatus* et *Am.capricornus*.

II. — MARNES A AMMONITES MARGARITATUS.

Les marnes dures et grenues de cette assise paraissent atteindre près de Salins une puissance au moins égale à celle que l'on observe dans le Jura lédonien, soit 20 à 25 m. au minimum. L'aspect est le même, mais elles sont moins fossilifères encore, surtout dans le bas.

A Boisset, la base seulement est visible sur 5 à 6 m. et semble presque dépourvue de fossiles. Le reste est caché par la végétation.

A Pinperdu, la partie inférieure de l'assise offre 10 à 15 m. de marne schistoïde, bleue, jaunâtre par altération à la base, et paraissant à peu près stérile. La végétation l'envahit de plus en plus dans le haut et recouvre complètement la partie supérieure de l'assise, qui est probablement de même nature. L'épaisseur totale du Liasien atteignant sur ce point au moins 60 m., à ce qu'il semble, d'après une évaluation rapide, la puissance de l'assise moyenne ne paraît pas moindre de 25 m.

III. — ASSISE DE L'AMMONITES SPINATUS.

Le chemin de Voiteur à Château-Châlon coupe la plus grande partie de cette assise. J'y ai relevé la succession suivante, qui mériterait d'être étudiée, surtout au point de vue de la faune, avec plus de détail et de soin que je n'ai pu le faire.

1. — Banc de calcaire marneux, visible dans le fossé du chemin.

2. — Marne, 0^m20, suivie d'un banc marno-calcaire de 0^m30 à 0^m50

3. — Marne dure, grenue, micacée, quelques petits nodules ; Bélemnites, *Ammonites spinatus*, *Harpax* (Plicatules).   3^m

4. — Alternance de bancs marno-calcaires (Pholadomyes, etc.) et de bancs marneux. Forme un gradin surmonté de cultures. 8 à 10^m

Plus au N., sur le bord du chemin entre Miéry et Plâne, l'assise est observable presque en entier, surtout dans la partie moyenne et supérieure. Les couches marneuses prédominent sur les bancs calcaires, et la puissance paraît à peu près la même qu'au voisinage de Lons-le-Saunier. On recueille surtout sur ce point *Belemnites Bruguieri*, quelques *Ammonites spinatus* et des Plicatules (*Harpax*).

Près de Salins, les marnes offrent une prédominance plus grande encore sur les intercalations calcaires. Aussi la végétation recouvre-t-elle à peu près en entier cette assise dans les côtes d'Aresches et de Cernans, ainsi qu'à Pinperdu.

Dans le premier de ces affleurements, je n'ai pu observer qu'une couche marneuse, grenue, micacée, à *Am. spinatus* et *Pecten æquivalvis*, visible sur 1 m. vers la base de l'assise, et, une douzaine de mètres plus haut, un banc calcaire terminal, de 0m 30; la puissance paraît atteindre 14 à 15 m.

La route de Salins à Cernans entame, sur une dizaine de mètres, les couches à *Am. spinatus*, qui sont marneuses pour la plus grande partie et se terminent par des bancs calcaro-marneux. On y remarque, en outre de l'Ammonite caractéristique, des Plicatules très nombreuses, etc. Cet affleurement montre le passage aux Schistes à Posidonomyes du Toarcien, qui se voient sur quelques mètres; mais le manque de temps ne m'a pas permis de l'étudier avec l'attention qu'il comporte. Une dizaine de mètres de marnes qui succèdent aux Schistes à Posidonomyes sur ce point, n'offrent guère que des Bélemnites, et sont peut-être en parties glissées de niveaux plus élevés.

A Pinperdu, on observe seulement, sur 4 à 5 m., quelques rares bancs calcaro-marneux, peu épais, du haut de cette assise, qui se montrent légèrement, par places, à travers la végétation. Il n'est pas possible, dans l'état actuel du gisement, de chercher à évaluer la puissance exacte de l'assise; mais l'inclinaison du ravin, plus forte dans cette partie sur une épaisseur notable, permet de penser qu'elle n'est pas moindre qu'à Aresches.

Faune du Liasien.

Passages inférieurs	ESPÈCES	Inférieur.	Moyen.	Supérieur.	Passages supérieurs.
	Sphenodus sp	..	1		
	Glyphea sp	..	1		
*	Belemnites acutus, Mill	1			
*	— brevis, Blainv	4			
	— umbilicatus, Blainv	5	*		
	— Bruguieri, d'Orb	5	*	4	
	— elongatus, Mill	4			
	— clavatus, Schl	5	*		
	— ventroplanus, Voltz	4	*		
	— aff. breviformis, Voltz	*	...	...	*
	— Fourneli, d'Orb	..	*	*	
	Nautilus sp	1			
	Ammonites submuticus, Opp	3			
	— cfr. viticola, Dum	2			
	— cfr. Edmundi, Dum	*			
	— aff. ophioides, d'Orb	*			
	— arietiformis, Opp	5			
	— armatus, Sow	3			
	— capricornus, Schl	3			
	— sinuosus, Hyatt	3			
	— obliquecostatus, Ziet	3			
	— aff. obliquecostatus, Ziet	*			
	— Henleyi, Sow	3			
	— Davœi, Sow	2			
	— margaritatus, Montf	3	3		
	— fimbriatus, Sow	4			
	— pseudo-radians, Reinès	..	4		
	— Normanianus, d''Orb	?	2		
	— globosus, Ziet	..	1		
	— spinatus, Brug	..	..	3	
	Cerithium reticulatum, Desh	..	..	*	
	Pholadomya sp	..	..	2	
	Pleuromya sp	..	..	2	
	Astarte resecta, Dum	..	*		
	Nucula cfr. variabilis, Quenst	..	*		

Passages inférieurs	ESPÈCES	Inférieur.	Moyen	Supérieur.	Passages supérieurs
	Cardium sp............................		*		
	Pecten acuticostatus, Lam........ ..		*		
	— œquivalvis, Sow.............		..	3	
	Lima Hermanni, Goldf..............		..	2	
	Avicula Fortunata, Dum.......... .		*		
	Harpax Parkinsoni, Bronn..........		*		
	— pectinoides (Lam.)		..	4	
	Ostrea sportella, Dum.............		..		*
*	Terebratula cfr. punctata, Sow......	*			
*	Zeillera cor (Lam.).................	*			
	— numismalis (Lam.)..........	3			
*	Spiriferina Walcotti (Sow.).......	3			
	— cfr. rostrata (Schl.).......	3			
*	Rynchonella Deffneri, Opp..........	*			
*	— rimosa (Buch)	*			
*	Rhabdocidaris Moreaui, Mill........	..	1		
	Pentacrinus tuberculatus, Mill........	1			
	— oceani, d'Orb...........	2			
	— basaltiformis, Mill.......	2	2		
	Extracrinus subangularis, Mill.......	2	*		
	Balanocrinus subteroides, Quenst.... .	..	3	3	
	— sp.....................	..	*		
	Tisoa siphonalis, M. de Serres.......	..	3		
	Chondrites sp.	4			
	Bois fossile......................	..	..	2	

Les espèces déterminées du Liasien ne sont jusqu'ici qu'au nombre de 51 ; elles comprennent 27 Céphalopodes dont 18 Ammonites, 1 Gastéropode, 9 Lamellibranches, 7 Brachiopodes, 1 Oursin, 5 Crinoïdes et le *Tisoa siphonalis*. 8 espèces proviennent de l'étage précédent, et 1 seule s'est retrouvée jusqu'à présent dans le Toarcien.

LIAS SUPÉRIEUR ou ÉTAGE TOARCIEN.

SYNONYMIE RECTIFIÉE.

Lias supérieur (moins le *Grès superliasique ?* de Salins ; mais avec l'*Oolite ferrugineuse* près de Lons-le-Saunier, non *Oolite ferrugineuse* de Salins). Marcou, 1846.

Lias supérieur (moins les *Marnes d'Aresches ?*) Marcou, 1856.

Toarcien, pour les environs de Lons-le-Saunier (moins le *groupe* **C** ? et l'*Oolithe ferrugineuse* du *groupe* **D** près de Salins). Bonjour, 1863.

Lias supérieur. Pidancet, 1863 ? Dumortier, 1874. Bertrand, 1882 et 1883.

Lias supérieur, aux environs de Lons-le-Saunier (moins la zone des *Calcaires ferrugineux à Ammonites primordialis,* près de Salins). Ogérien, 1867.

Les données sur le Toarcien que renferme l'étude générale du Lias, dans les premières parties de ce travail, subissent, par suite de mes recherches récentes, des modifications et des compléments notables, qui vont être indiqués ci-après. Les données nouvelles portent principalement sur quelques localités récemment étudiées et sur la connaissance plus complète de la faune, ainsi que sur les importantes variations de l'étage et son parallélisme de détail entre Lons-le-Saunier et Salins. Afin de faciliter l'étude des assises, ainsi modifiées, la description en sera reprise, dans les pages qui vont suivre, en partie seulement pour le Toarcien inférieur et moyen, mais d'une façon complète pour le Toarcien supérieur.

Cet étage, d'abord assez uniforme dans de vastes contrées et en particulier dans le Jura, par les premières couches à Posidonomyes situées à sa base, présente bientôt, dans notre région lédonienne, des variations locales successives de facies, qui affectent surtout la faune et qui s'accentuent dans la direction du N. et du N.-E.

Quelques-unes de ces variations ont été signalées déjà, dans l'étude générale de l'étage, pour l'assise supérieure.

On a vu que les Marnes de l'Étoile, c'est-à-dire les couches sous-jacentes à l'oolithe ferrugineuse terminale, à *Ammonites opalinus*, *A. aalensis* et *Rhynchonella cynocephala*, possèdent, aux environs immédiats de Lons-le-Saunier, soit un facies marneux presque stérile, soit un facies marno-calcaire et marneux à nombreux *Pentacrinus*, avec *Ammonites (Lytoceras) jurensis* ; ce dernier facies paraît à peu près localisé entre Lons-le-Saunier et Poligny. D'autres variations plus importantes encore se manifestent dans la partie moyenne de l'étage. Elles portent sur le développement d'un facies à Ammonites pyriteuses, qui prend au voisinage de Salins une grande extension verticale et possède une richesse remarquable en Céphalopodes, accompagnés d'autres fossiles de petite taille, souvent eux-mêmes en fer sulfuré, tandis qu'à l'exception des Bélemnites, toujours calcaires, les fossiles sont très rares au voisinage de Lons-le-Saunier.

A Miéry, près de Poligny, vers le milieu de l'intervalle entre les deux villes précédentes, les différences sont fort peu marquées, à la base et dans le haut du Toarcien, par rapport à la série décrite à Ronnay. La base comprend une trentaine de mètres de marnes schisteuses, contenant *Posidonomya Bronni*, au moins dans la partie inférieure et moyenne, mais seulement quelques Bélemnites dans le haut ; les couches supérieures de l'étage offrent également une alternance de bancs marno-calcaires et marneux à *Pentacrinus :* pour ces deux assises, le facies reste donc le même que dans nos autres affleurements lédoniens. Il n'en est pas de même dans la partie moyenne de l'étage, épaisse d'environ 40 m.; bien qu'ayant une puissance voisine de celle qu'offrent ces derniers, elle présente à Miéry le passage au facies à Ammonites pyriteuses, si développé à Salins : quelques *Ammonites mucronatus* ferrugineux s'y trouvent dès les premières couches de cette partie moyenne ; les fossiles sont plus rares dans le milieu, mais dans le haut on recueille de nombreux échantillons, comprenant quelques *Ammonites bifrons*, pyriteux, aplatis, *A. toarcensis*, et surtout *Belemnites tripartitus, Purpurina Patroclus, Cerithium* cfr. *armatum, C.* sp., *Trochus subduplicatus, Nucula Hausmanni, Leda rostralis, Pecten pumilus* et *Thecocyathus tintinnabulum.*

Le même facies à Céphalopodes et autres fossiles en fer sulfuré de petite taille existe, non loin des limites conventionnelles de notre région d'étude, dans la vallée des Nans, à 7 kilomètres au N.-E. de Champagnole. Ici n'affleure guère qu'un lambeau raviné de la partie moyenne de l'étage, qui paraît appartenir surtout aux couches du milieu (presque stériles à Ronnay) et à la base des couches suivantes. Il fournit de nombreux fossiles, entre autres *Ammonites Germaini*, ainsi que *Belemnites irregularis, B.* sp., *Ammonites insignis*, etc., *Trochus subduplicatus, Arca* sp., *Astarte Voltzi, Trigonia* sp., *Nucula Hausmanni, Leda rostralis*, etc.

Dans la région de Salins (côte d'Aresches au S. et ravin de Pinperdu au N. de la ville), l'étage débute, comme à l'ordinaire, par les Schistes à Posidonomyes, qui ne paraissent pas dépasser 6 à 7 m. d'épaisseur. Puis viennent des marnes moyennes de l'étage (Marnes de Pinperdu, de M. Marcou), riches en fossiles pyriteux ; elles offrent à la base 18 m. de marnes à *Ammonites mucronatus ;* dans le milieu se trouve une alternance marno-calcaire et marneuse à *Ammonites Germaini*, et dans le haut 18 à 20 m. de marnes à *Ammonites insignis,* avec *Trochus subduplicatus.* L'étage se termine par 40 à 50 m. d'une alternance marneuse et marno-calcaire, peu fossilifère, surmontée d'une couche d'oolithe ferrugineuse à *Ammonites aalensis ;* au-dessus de celle-ci apparaissent les couches marno-gréseuses, micacées, de la base du Bajocien.

Il importe de remarquer la réduction d'épaisseur si notable que subissent les Schistes à Posidonomyes dans les environs de Salins, et, d'autre part, le grand développement de l'assise supérieure, beaucoup plus puissante ici que dans le Jura lédonien. Ces différences suffisent pour donner un doute fort accentué sur la complète exactitude du parallélisme que j'ai admis précédemment pour l'assise moyenne du Toarcien dans ces deux contrées, en synchronisant, dans l'étude générale des étages, les Marnes de Ronnay, près de Lons-le-Saunier, avec les Marnes de Pinperdu, de M. Marcou, près de Salins. On peut admettre toutefois que le parallélisme est exact pour une épaisseur notable dans la partie moyenne de ces couches ; car il s'y trouve une alternance marno-calcaire et marneuse qui paraît occuper fort sensiblement le même niveau stratigraphique à Conliège, Ronnay, Miéry, Salins (avec *Ammonites Germaini*) et probablement aussi les Nans, près de Champagnole. Au-dessous de cette alternance, on voit à Miéry 8 m. de couches à *Ammonites mucronatus*, qui répondent à la partie supérieure des 18 m. de marnes contenant aussi cette Ammonite près de Salins : la limite inférieure des Marnes de Pinperdu, de M. Marcou, passe donc, selon toute probabilité, dans l'intérieur du massif de nos Schistes à Posidonomyes lédoniens, tel qu'il a été décrit dans l'étude générale qui précède, et peut-être un peu au-dessus du milieu de ce massif.

Les marnes du Toarcien moyen situées au-dessus de l'alternance marno-calcaire précitée, c'est-à-dire les Marnes à *Trochus subduplicatus* de Salins et Miéry et les Marnes avec sphérites à cristaux de célestine de Ronnay, paraissent être synchroniques ou à fort peu près ; car leur puissance ne diffère pas d'une manière notable dans les affleurements considérés. Au-dessus, le Toarcien supérieur d'Aresches comprend, il est vrai, jusqu'à l'oolithe ferrugineuse à *Ammonites aalensis* et *A. opalinus*, 40 à 50 m. d'alternance marno-calcaire et marneuse, peu fossilifère, tandis que l'on a seulement 14 ou 15 m. à Miéry et 11 m.

à Blois d'une alternance riche en *Pentacrinus*. Mais diverses particularités (rapprochement, dureté et état rognoneux des bancs calcaires à Blois, rareté des fossiles à Aresches et intervalles plus grands entre les bancs marnocalcaires qui sont ici plus marneux) permettent de croire à une sédimentation plus abondante à cette époque aux environs de Salins. Il semble donc possible de synchroniser ces couches en entier dans ces diverses localités, sans trop de chances d'erreur sur le parallélisme de leur limite inférieure, malgré les différences de facies.

Des études détaillées, aussi précises que possible, poursuivies sur un grand nombre de points entre Salins et Lons-le-Saunier, sont indispensables pour établir un parallélisme parfaitement exact des subdivisions du Toarcien dans les deux régions. En attendant, il convient de désigner les couches moyennes de cet étage sous le nom seul de *Marnes de Ronnay*, dans la région lédonienne, pauvre en Ammonites pyriteuses, et d'employer pour la région de Salins le nom de *Marnes de Pinperdu*, donné par M. Marcou.

Subdivision du Toarcien. — Les faits que j'ai récemment observés dans le Toarcien supérieur et qui seront indiqués plus loin, en reprenant à nouveau la description de cette partie, fournissent quelques données intéressantes au sujet de la subdivision de l'étage. Il se trouve, en somme, que les Couches de l'Étoile, à *Ammonites jurensis*, *A.* cfr. *cornucopiæ* et *Pentacrinus*, sont bien distinctes, par leur composition pétrographique et par leur faune, de l'Oolithe ferrugineuse à *Ammonites opalinus* qui les surmonte, aussi bien que des Marnes de Ronnay (ou Toarcien moyen) qui les précèdent. Ces couches à *A. jurensis* peuvent en conséquence être considérées comme une assise spéciale du Toarcien, au même titre que les couches avoisinantes, et cet étage serait ainsi divisé en quatre assises. Il ne semble pas probable que des observations subséquentes puissent

infirmer cette manière de voir, et il me paraît nécessaire
d'adopter dès à présent ce mode de division pour le Jura
lédonien. En attendant que des recherches plus complètes
fassent connaître mieux encore le Lias supérieur du Jura
et permettent une classification définitive de cet étage, je
conserve toutefois, au moins à titre provisoire, un 3ᵉ groupe,
sous le nom de Toarcien supérieur, avec les limites indiquées précédemment, seulement je le considère à présent,
non plus comme une simple assise, ainsi que je l'ai fait en
1891, mais comme formé des assises III et IV de l'étage.

Le Toarcien lédonien se trouve donc divisé ainsi :

III et IV.
Toarcien
supérieur .

IV. — Assise de l'*Ammonites opalinus* et de
l'*A. aalensis*. Oolithe ferrugineuse de
Blois.

III. — Assise de l'*Ammonites jurensis* et du
Pentacrinus mieryensis. Couches de
l'Étoile.

II. — Toarcien moyen. — Assise de l'*Ammonites bifrons* et
de l'*A. Germaini*. Marnes de Ronnay (Marnes de
Pinperdu, dans la région de Salins).

I. — Toarcien inférieur. — Assise des Schistes à Posidonomyes.

L'assise terminale IV est désignée sous le nom d'Oolithe
ferrugineuse de Ronnay, dans ma première description du
Toarcien, parue en 1891, que renferme l'étude générale
qui précède. Cette assise n'étant pas observable en entier
à Ronnay, il est préférable de la désigner par le nom de la
commune de Blois, où le chemin de Ladoye à Lamarre en
offre un bel affleurement dont on trouvera plus loin la
coupe. De plus, il convient d'indiquer *Ammonites aalensis*
comme espèce caractéristique principale de l'assise, car *A.*
opalinus paraît s'élever près de Salins jusque dans des bancs
à *A. Murchisonœ*, du Bajocien.

Principaux fossiles. — Le tableau ci-après indique les espèces que j'ai recueillies jusqu'ici dans les diverses assises du Lias supérieur du Jura lédonien. Pour le Toarcien moyen, j'indique, en outre des espèces de cette région (facies lédonien), celles que j'ai rencontrées dans le facies salinois de cette assise, à Pinperdu et Aresches, près de Salins, afin de mettre en évidence les différences de ces deux facies. En y comprenant ces dernières, la faune de l'étage offre déjà plus de 90 espèces, et des recherches suivies l'augmenteraient sans doute d'une manière notable.

Les espèces déterminées sont au nombre de 76 ; elles comprennent 6 Bélemnites (sur 7 ou 8), 1 Aptychus (sur 2), 31 Ammonites (sur 35 environ), 7 Gastéropodes (sur 8), 21 Lamellibranches (sur 28), 2 Brachiopodes (sur 3), 4 Crinoïdes, 2 Serpules (sur 4 ou 5) et 2 Polypiers. En outre, on a quelques débris non déterminés de Reptiles, de Poissons et peut-être d'Insectes (?). Dans notre contrée, cette faune reste à peu près totalement localisée dans le Toarcien, d'après les observations que j'ai faites jusqu'ici : 1 seule espèce s'est déjà trouvée dans les couches précédentes, et 3 ou 4 seulement se sont rencontrées dans le Bajocien.

Les espèces que j'ai recueillies dans les limites du Jura lédonien sont au nombre de 70 environ, et 50 sont déterminées. Ces dernières comprennent toutes les Bélemnites, 1 Aptychus, 22 Ammonites, 5 Gastéropodes, 15 Lamellibranches (sur 22), 2 Brachiopodes, 4 Crinoïdes, 2 Serpules et 1 Polypier.

Les espèces des deux facies du Toarcien moyen sont indiquées séparément dans le tableau qui suit. Toutefois, j'ai mentionné dans le premier facies toutes les espèces que j'ai recueillies dans le Jura lédonien, et quelques-unes de celles-ci, que j'ai rencontrées seulement au N. de cette région, à Miéry, paraissent appartenir à un facies de passage au facies salinois ; elles sont notées d'un astérisque après le signe de fréquence.

Faune de l'étage Toarcien.

Passages inférieurs	ESPÈCES.	I. INFÉRIEUR.	II. MOYEN		SUPÉRIEUR		Passages supérieurs
			Facies lédonien	Facies Salinois	III. Assise de l'A. jurensis.	IV. Assise de l'A. opalinus.	
	Ichthyosaurus sp. (vertèbres)......	..	...	...	2		
	Poissons (écailles)...............	3					
	Insectes?......................	*					
	Belemnites tripartitus, Schl.......	3	3	...	*		
	— unisulcatus, Blainv	3	..	4			
*	— breviformis, Voltz.....	..	...	...	...	2	*
	— pyramidalis, Ziet......	..	...	...	*	*	
	— tricanaliculatus, Hartm.	..	...	...	2		
	— irregularis, Schl.......	..	...	4	4		
	— sp.	3	3	3	2	2	
	Aptychus Elasma, Mayer.........	3					
	Ammonites Nilssoni, Hébert.......	..	...	1			
	— heterophyllus, Sow.....	..	...			1	
	— sublineatus, Opp.......	...	...	...	2		
	— sp. nov. aff. sublineatus.	2					
	— Germaini, d'Orb.......	..	...	3			
	— jurensis, Ziet.........	..	...	1	3		
	— cfr. cornucopiæ, Y. et B.	..	...	...	2		
	— bifrons, Brug.........	..	2				
	— cfr. lythensis, Y. et B..	2					
	— subplanatus, Opp......	2	2	5			
	— sp. nov.	2					
	— bicarinatus, Munst. ...	..	...	3			
	— thouarcensis, d'Orb....	..	...	4	3		
	— fallaciosus, Bayle......	..	...	4	2	2	
	— Ogerieni, Dum.	..	...	2			
	— discoides, Ziet........	..	...	3			
	— sp. (plusieurs espèces).	..	...	5			
	— radiosus, Seebach	..	...	...	2	4	
	— pseudo-radiosus, Branco.	..	...	...	...	2	
	— opalinus (Rein.).......	..	...	...	...	5	?
	— aalensis, Ziet.........	..	...	...	...	4	
	— comptus	..	...	...	...	*	

Passages inférieurs	ESPÈCES	I. Inférieur	II. Moyen Faciès lédonien	II. Moyen Faciès salinois	Supérieur III. Assise de l'A. jurensis	Supérieur IV. Assise de l'A. opalinus	Passages supérieurs
	Ammonites mactra, Dum..........	...	...	...	...	5	
	— Wrighti, Haug.........	...	...	...	...	*	
	— Moorei, Lycett........	...	...	...	...	*	
	— undulatus, Stahl......	...	...	...	...	*	
	— costula, Rein..........	...	...	...	...	3	
	— cfr. annulatus, Sow....	3					
	— mucronatus, d'Orb.....	...	2*	5			
	— crassus, Phill.........	...	1	4			
	— insignis, Schubler.....	...	...	4			
	— sternalis, Buch........	...	...	2			
	Pleurotomaria, sp.	...	...	...	...	1	
	Trochus subduplicatus (d'Orb.)....	...	3*	5			
	Turbo capitaneus, Munst..........	...	2*	4			
	Purpurina Patroclus, d'Orb........	...	3*	3			
	Alaria cfr. reticulata, Piette......	...	...	2			
	Cerithium Chantrei, Dum..........	...	...	2			
	— armatum, Goldf.........	...	2*				
	Discohelix cfr. albinatiensis, Dum..	...	...	...	...	2	
	Pholadomya sp....	...	...	...	...:	2	
	Pleuromya cfr. Gruneri, Dum.....	...	...	...	2		
	Cypricardia cfr. brevis, Wright...	...	...	...	2		
	— branoviensis, Dum.....	...	...	...	2		
	Astarte Voltzi, Rœm.............	...	...	2			
	— subtetragona, Munst.......	...	...	...	2	2cfr.	
	Nucula Hausmanni, Rœm..........	...	3*	5			
	— Hammeri, Defr...........	...	...	3			
	— sp.	...	...	...	2		
	Leda rostralis (Lam.)............	...	3*	5			
	— Diana (d'Orb.).............	.	2*	2			
	— subovalis infrajurensis (Marcou)........................	...	...	4			
	Arca elegans, Rœm..............	...	...	4			
	— cfr. liasina, Rœm..........	...	...	1			
	— sp.	...	...	...	2		
	Mytilus sp.	2					

	ESPÈCES	I. Inférieur	II. Moyen Faciès lédonien	II. Moyen Faciès salinois	SUPÉRIEUR III. Assise de l'A. jurensis	SUPÉRIEUR IV. Assise de l'B. opalinus	Passages supérieurs
	Inoceramus dubius, Sow	3					
	— sp.		3				
	Posidonomya Bronni, Voltz	5	3				
	Avicula Delia, d'Orb					2	
	Pecten pumilus, Lam		3*	5			*
*	— textorius, Schl					2	
	Lima Elea, d'Orb					2	
	— sp.	2			*		
	Plicatula aff. calinus, Desl				2		
	Anomia sp.	3					
	Ostrea cfr. Erina, d'Orb	2					
	— sp.				2		
	Exogyra cfr. Berthaudi, Dum				2		
	Terebratula cfr. infra-oolithica, Desh.					2	*
	Waldheimya sp			2			
	Rhynchonella cynocephala, Richard.					2	
	Pentacrinus jurensis, Quenst				5	1	
	— mieryensis, de Lor				5		
	— lepidus, de Lor				5		
	— sp. nov				3		
	Serpula cfr. segmentata, Dum					2	
	— lumbricalis, Schl					3	
	Thecocyathus mactra (Goldf)			5			
	— tintinnabulum (Goldf.)		5*				

I. — SCHISTES A POSIDONOMYES.

SYNONYMIE.

Voir la synonymie indiquée dans l'étude générale de l'étage et ajouter :

Schistes à Posidonomyes, moins le niveau **D**, dans cette même étude.

En publiant l'étude générale de l'étage Toarcien (1891), j'ai cru devoir réunir dans l'assise des Schistes à Posidonomyes du Jura lédonien, toutes les couches des gisements de Perrigny et Conliège où j'avais rencontré *Posidono-mya Bronni*. Cette assise comprenait ainsi une trentaine de mètres de marnes schisteuses, qui débutent par un niveau gréseux à *Aptychus*, et comprennent, dans la partie moyenne, deux intercalations de petits bancs calcaires. Les Posidonomyes sont extrêmement abondantes dans le tiers inférieur et se retrouvent encore fréquentes dans la seconde intercalation calcaire ; mais elles sont assez rares dans la partie supérieure, épaisse de 10 à 12 m., qui forme le niveau **D** de l'étude générale. Le groupe ainsi constitué n'est pas nettement borné au sommet, et c'est à titre provisoire seulement que j'avais adopté pour limite supérieure un léger changement de nature des marnes qui se produit à Ronnay, vers le même niveau où disparaissent définitivement les Posidonomyes à Conliège.

Près de Salins, comme on vient de le voir, on a seulement 6 à 7 m. de marne schisteuse, tout à fait analogue aux couches à Posidonomyes les plus typiques des environs de Lons-le-Saunier, et contenant aussi le même petit bivalve caractéristique. Il ne paraît pas se trouver d'intercalations de plaquettes calcaires dans ces schistes, et ils sont brusquement surmontés des marnes à *Ammonites mucronatus* du Toarcien moyen, qui en diffèrent considérablement par l'aspect, par la texture seulement un peu schistoïde et surtout par leur faunule d'Ammonites pyriteuses.

Cette réduction considérable de l'épaisseur des couches à Posidonomyes dans le Jura salinois ne paraît pas être une simple apparence due à quelque dislocation dans les côtes marneuses d'Aresches, de Cernans et de Pinperdu ; la comparaison des coupes du Toarcien ne permet de l'attribuer qu'en partie à des différences dans l'intensité de la sédimentation, qui aurait été seulement un peu plus rapide près de Lons-le-Saunier qu'à Salins. Tout porte à croire que cette moindre extension verticale des Posidonomyes dans la région salinoise tire sa principale cause d'une dif férence de facies : les Posidonomyes ayant persisté dans les environs de Lons-le-Saunier, pendant un certain temps après l'établissement du facies pyriteux à *Ammonites mucronatus* dans la région salinoise.

Les considérations de parallélisme conduisent donc à admettre que la partie supérieure des couches à Posidonomyes du Jura lédonien correspond, sur une épaisseur que je ne puis encore préciser, aux couches inférieures à *Ammonites mucronatus* du Jura salinois.

En attendant une étude plus complète des régions salinoise et lédonienne, il convient de paralléliser avec la partie inférieure des couches à *Am. mucronatus* de Salins (Marnes de Pinperdu de M. Marcou), au moins le niveau **D** établi dans l'étude générale pour les couches à Posidonomyes les plus élevées de Conliège, Perrigny et Ronnay.

Les couches ammonitifères constituant les meilleurs éléments pour les classifications stratigraphiques, il convient en conséquence de rattacher ce niveau **D** aux Marnes de Ronnay, c'est-à-dire au Toarcien moyen. On a ainsi l'avantage de donner à ces dernières une limite inférieure précise, formée par les bancs calcaires qui terminent le niveau **C** des Schistes à Posidonomyes.

Cette assise des Schistes à Posidonomyes (ou Toarcien inférieur) ainsi rectifiée pour le Jura lédonien, se trouve comprendre, dans cette région, 18 à 19 m. (18 m. 40 à Perrigny) de marnes feuilletées, riches en Posidonomyes sur la plus grande partie de l'épaisseur. Elles offrent, vers les deux tiers de la hauteur, 3 minces bancs calcaires intercalés, pétris de Posidonomyes, et se terminent par un petit banc calcaire analogue, où abonde la même espèce.

Dans cette région, l'assise comprend les 3 niveaux ci-après :

A. — Niveau des marnes et calcaires à Aptychus Elasma, de Perrigny.

Couche marno-gréseuse, qui renferme un banc calcaire

et passe à une marne noire, schisteuse et bitumineuse, à écailles de Poissons, à laquelle succède, sans limite précise, le niveau **B**.

Fossiles nombreux par places, à Perrigny surtout,

Belemnites tripartitus, Schl.
 — *unisulcatus*, Blainv, 1.
Aptychus Elasma, Meyer, 4.
Ammonites cfr. *subplanatus*, Opp.
 — sp. nov. aff. *sublinea-*
  tus, Opp., 3.
 — sp. nov., 3.

Ammonites cfr. *annulatus*, Sow., 3.
Inoceramus dubius, Sow., 4.
Mytilus sp.
Lima sp.
Anomia sp.
Ostrea cfr. *Erina*, d'Orb.

Puissance, à Perrigny, 0^m70 à 0^m80.

Il serait fort intéressant d'étudier ce niveau dans les autres affleurements de la région.

B. — Schistes inférieurs à Posidonomyes et Ammonites cfr. annulatus de Perrigny.

Marne grise, dure, micacée, très feuilletée, avec deux lits de plaquettes calcaires dans le haut, et terminée par un banc calcaire de 0^m25, plus ou moins en plaquettes.

Nombreux *Posidonomya Bronni*, Voltz, surtout dans le haut des marnes et dans le banc calcaire terminal. *Belemnites tripartitus*, Schl., **Ammonites** cfr. *annulatus*, Sow., *A. lythensis*, Yung et B.

Puissance, près de 11 m. à Perrigny.

C. — Deuxième niveau des Schistes à Posidonomyes de Perrigny.

Marne feuilletée, analogue à la précédente, et surmontée d'un banc calcaire de 0^m25, plus ou moins subdivisé.

Posidonomya Bronni, Voltz, fréquent à la partie inférieure et dans le banc calcaire, à Perrigny.

Puissance, dans cette localité, environ 7 m.

Les 6 à 7 m. de marne schisteuse à Posidonomyes qui forment toute l'assise près de Salins, n'ont pas été étudiés avec assez de détail pour reconnaître si la subdivision en 3 niveaux est possible dans cette région. A Pinperdu, il semblerait plutôt que l'on a un massif uniforme ; toutefois la base est ici trop peu visible pour permettre une appréciation. Dans la côte de Cernans, où cette partie est bien à découvert, elle ne m'a pas semblé présenter de caractères particuliers.

Il conviendrait d'explorer avec soin les divers affleurements salinois, surtout à la base et au sommet de l'assise ; car il reste à vérifier si le niveau **C** du Jura lédonien n'est point à rattacher encore au Toarcien moyen, de sorte que les 11 à 12 m. des niveaux **A** et **B** du Jura lédonien représenteraient seuls tout le petit massif à Posidonomyes du Jura salinois.

II. — ASSISE DE L'AMMONITES BIFRONS ET DE L'AMMONITES GERMAINI.

SYNONYMIE.—Voir la synonymie indiquée dans l'étude générale, et ajouter: *Toarcien moyen*, avec le *niveau* **D**, du Toarcien inférieur, dans cette même étude. L.-A. Girardot, 1891.

Les indications données dans l'étude générale sur la pétrographie, la faune, les subdivisions et les variations de cette assise conservent l'exactitude désirable, malgré la modification adoptée dans les pages précédentes, pour sa limite inférieure.

Voici les seules modifications qui doivent être signalées.

FAUNE. — La faune de l'assise, dans le Jura lédonien, s'est enrichie d'un certain nombre d'espèces recueillies à Miéry, près des limites septentrionales de la région. Elle est indiquée ci-devant dans le tableau de la faune générale de l'étage, qui renferme aussi la liste des espèces du facies salinois de Pinperdu et Aresches, pour montrer la différence des facies.

PUISSANCE. — Par l'adjonction des 10 à 12 m. de marnes, avec Posidonomyes et Inocérames, que j'avais d'abord rangées au sommet du Toarcien inférieur, cette assise atteint 42 à 47 m. à Conliége et 45 à 50 m. à Ronnay.

LIMITES. — A la base une limite précise est donnée, à Perrigny et à Ronnay, par le banc calcaire supérieur à Posidonomyes. — Au sommet, la limite reste formée par l'apparition des bancs calcaires à *Pentacrinus*, du Toarcien supérieur.

POINTS D'ÉTUDE. — Aux gisements de Baume et de Conliége, cités dans l'étude générale, s'ajoute celui de Miéry, au N. du Jura lédonien, et, au voisinage de Salins, ceux d'Aresches et de Pinperdu.

VARIATIONS. — Le Toarcien moyen, considéré de Lons-le-Saunier à Salins, offre les deux facies qui ont été indiqués, d'une façon détaillée, dans les généralités sur le Toarcien, et que l'on peut désigner en résumé comme il suit :

1°. — Le *facies lédonien* ou des Marnes de Ronnay, à fossiles peu abondants et presque uniquement calcaires, n'offrant que de rares Ammonites en fer sulfuré (facies pélagique de M. Marcou).

2°. — Le *facies salinois* ou facies pyriteux (facies des Marnes de Pinperdu), riche en fossiles, particulièrement en Ammonites pyriteuses (facies subpélagique de M. Marcou).

Le premier de ces facies occupe les environs de Lons-le-Saunier. Le second commence aux approches de Poligny Miéry), où il est encore peu caractérisé et paraît localisé dans les couches inférieures et supérieures de l'assise ; il prend tout son développement aux environs de Salins (Aresches, Pinperdu).

Comme il a été proposé déjà dans l'étude générale, je réserve le nom de Marnes de Pinperdu pour le facies pyriteux qu'offre cette assise, limitée à la base ainsi que l'a indiqué M. Marcou. L'expression Marnes de Ronnay désigne le facies lédonien, seul ou formant au moins la plus grande partie de l'épaisseur.

44

A. — Niveau des Marnes inférieures de Ronnay (20 à 24 m.).

SYNONYMIE PROBABLE. — *Marnes de Pinperdu*, couches inférieures. Marcou, 1846.— *Marnes à Ammonites mucronatus*. Ogérien, 1867.

Marne assez dure et sèche, bleu-foncé à l'intérieur, un peu schistoïde, légèrement micacée, et contenant du fer sulfuré, en grumeaux et cristaux ou sous forme de fossiles.

Le facies lédonien, peu fossilifère, de ce niveau, m'a fourni seulement, à Conliége, les espèces indiquées dans l'étude générale : *Belemnites tripartitus*, 3, *Ammonites bifrons* (en fer sulfuré), 3, et *A. subplanatus* (de grande taille), 2, avec quelques *Posidonomya Bronni* et *Inoceramus* sp.

Le facies salinois occupe à Miéry cette assise, au moins dans la moitié supérieure, qui renferme *Ammonites mucronatus*, avec *Belemnites tripartitus*, *Pecten pumilus* et *Thecocyathus tintinnabulum*.

Près de Salins (Pinperdu, Aresches,) ce facies forme le niveau entier et présente un grand nombre d'Ammonites pyriteuses, particulièrement *Am. mucronatus*, avec *A. crassus*, *A. subplanatus*, etc.

PUISSANCE. — 20 à 24 m. à Conliége et Ronnay ; 18 m. à Pinperdu.

En attendant une étude de ce niveau plus complète et portant sur un plus grand nombre d'affleurements, on y peut distinguer les deux subdivisions suivantes :

a. — *Partie inférieure.*

SYNONYMIE.— **D**. *Schistes supérieurs à Posidonomyes*, L.-A. Girardot, 1891, dans l'étude générale de l'étage.

Le facies lédonien de cette partie est une marne schistoïde, qui renferme à Conliége *Posidonomya Bronni*, peu fréquent, et des Inocérames dans le haut.

Puissance approximative dans ce facies, à Perrigny et Ronnay 10 à 12 m.

Dans le facies salinois cette partie correspond à peu près à la moitié inférieure des Marnes à *Am. mucronatus* de Pinperdu, soit 9 m.

b. — *Partie supérieure.*

SYNONYMIE. — **A**. *Niveau des marnes inférieures de Ronnay*, L.-A. Girardot, 1891, dans l'étude générale.

Le facies lédonien de cette partie comprend encore une marne schistoïde, mais dont la base contient à Conliège *Ammonites bifrons* en fer sulfuré, *A. subplanatus* (adulte) et les autres espèces citées plus haut dans le niveau **A** pour ce facies.

Puissance dans le facies lédonien, 10 à 12 m. à Conliège et Ronnay.

Le facies salinois apparaît dans cette partie à Miéry, près de Poligny, où il contient *Ammonites mucronatus* et les autres espèces qui viennent d'être citées dans cette localité ; mais les Ammonites pyriteuses y sont encore peu abondantes.

Près de Salins, cette partie correspond sensiblement à la moitié supérieure des Marnes à *Ammonites mucronatus* de Pinperdu, soit 9 m.

B. — Niveau des marnes et marno-calcaires moyens de Ronnay (9 à 10 m).

SYNONYMIE PROBABLE. — *Marnes de Pinperdu, couches moyennes.* Marcou, 1856. — *Marnes à Ammonites Germaini*, Ogérien, 1867.

Le facies lédonien de ce niveau présente, à Conliège et Ronnay, les caractères qui ont été indiqués dans l'étude générale de l'étage. C'est encore le même facies à Miéry, où ce niveau comprend une alternance marneuse et marno-calcaire, à fossiles peu fréquents (Bélemnites), visible sur

5 m. environ, et à laquelle s'ajoutent probablement quelques mètres de l'interruption d'une quinzaine de mètres qui suit ; cette série répondrait ainsi à l'alternance de près de 9 m. du niveau **B** de Ronnay, qui renferme à Conliège *Belemnites tripartitus*, *Ammonites bifrons* et *Am.* sp. du groupe de *radians*.

Dans le facies salinois, une alternance marno-calcaire et marneuse à *Ammonites Germaini*, observée sur 7 à 8 m. à Aresches et sur 3ᵐ 50 à Pinperdu, paraît bien correspondre, d'une façon plus ou moins complète, à ce même niveau, et probablement aussi les couches à *Ammonites Germaini* de la vallée des Nans. En outre de *A. Germaini*, les environs de Salins offrent à ce niveau *A. Nilsoni*, *A. sternalis*, *A. thouarcensis*, *A. fallaciosus*, *A. subplanatus*, etc.

C.—Niveau des marnes supérieures de Ronnay, avec sphérites à cristaux de célestine.

SYNONYMIE PROBABLE. — *Marnes de Pinperdu, couches supérieures.* Marcou, 1856. — *Marnes à Turbo subduplicatus*, Ogérien, 1867.

Le facies lédonien de ce niveau, décrit dans l'étude générale, comprend les couches supérieures des Marnes de Ronnay (16 m.), qui renferment de grosses sphérites à cristaux de sulfate de strontiane à Montmorot, Conliége et Ronnay, et sont presque stériles au voisinage de Lons-le-Saunier. Les Ammonites surtout y sont extrêmement rares; je puis citer seulement un exemplaire pyriteux d'*Ammonites crassus*, Phill. (=*A. Raquini*, d'Orb.), trouvé à Montciel, et un autre, recueilli dans les glissements marneux de la côte de Perrigny : tous deux peuvent provenir de ces couches.

Près de Poligny, on trouve à ce niveau les Marnes à *Trochus subduplicatus* de Miéry, avec *Belemnites tripartitus*, *Ammonites bifrons*, *A. toarcensis*, *Purpurina Patroclus*, *Cerithium* cfr. *armatum*, *Nucula Hausmanni*, *Leda rostralis*, *Astarte* sp., *Pecten pumilus* et *Thecocyathus tin-tinnabulum*, assez riches déjà en petits fossiles pyriteux, mais pauvres en Ammonites. Dans le haut, apparaissent de petites concrétions lisses, arrondies ; mais les grosses sphé-rites à cristaux de célestine paraissent absentes. Visibles sur 11 m. à Miéry et fossilifères seulement dans la moitié infé-rieure de cette partie, ces marnes comprennent probable-ment en outre la plus grande part de l'interruption de 15 m. qui les précède, ce qui porterait leur puissance à une vingtaine de mètres environ dans cette localité.

Le niveau **C** offre ainsi sur ce point, dans sa partie moyenne fossilifère, un passage entre le facies lédonien et le facies salinois.

Au voisinage de Salins, le facies salinois, bien typique, présente à ce niveau (sous les réserves exprimées plus haut quant au parallélisme de la limite supérieure) près de vingt mètres de marne à fossiles pyriteux, bien visible sur les $\frac{2}{3}$ inférieurs, où elle renferme en grand nombre : *Belem-nites* sp., *Ammonites insignis* et autres Ammonites pyri-teuses, *Trochus subduplicatus*, *Turbo capitaneus*, *Purpu-rina Patroclus*, *Cerithium Chantrei*, *Nucula Hausmanni*, *Leda rostralis*, *L. Diana*, *Pecten pumilus*, *Thecocyathus mactra*, etc.

III & IV. — TOARCIEN SUPÉRIEUR.

ASSISE DE L'AMMONITES JURENSIS & DE L'AMMONITES OPALINUS.

SYNONYMIE RECTIFIÉE.

Pour les trois premiers auteurs, cette synonymie porte seulement sur les couches supérieures (sauf peut-être pour Boujour ?). Les couches infé-rieures, à *Pentacrinus*, ne sont pas mentionnées par eux.

Non *Grès superliasique* (sauf peut-être la base ?) ni *Oolite ferrugi-neuse* des environs de Salins ; mais comprend l'*Oolite ferrugineuse* pour les alentours de Lons-le-Saunier. Marcou, 1846.

Non *Marnes d'Aresches* (sauf peut-être la base) ni *Fer de la Roche-Pourrie* des environs de Salins. Marcou, 1856.

Groupe C (?) et *groupe* D du *Toarcien*, pour les environs de Lons-le-Saunier (non près de Salins). Bonjour, 1863.

Calcaire ferrugineux à Ammonites primordialis, près de Lons-le-Saunier (non dans les environs de Salins). Ogérien, 1867.

Marnes gréseuses ou à rognons calcaires (*en haut minerai de fer près d'Ougney*). Bertrand, 1882 et 1884 (Synonymie probable).

CARACTÈRES GÉNÉRAUX. — Le Toarcien supérieur débute par une assise marneuse, intercalée de nombreux bancs calcaro-marneux en rognons, entre Lons-le-Saunier et Poligny, où elle offre *Ammonites jurensis* avec une multitude de *Pentacrinus*, mais principalement marneuse et pauvre en fossiles au voisinage immédiat de Lons-le-Saunier (Conliége) et au S. de cette ville (Beaufort, Grusse). Près de Salins, c'est une alternance marneuse et marno-calcaire beaucoup plus puissante, contenant quelques Bélemnites et des Ammonites du groupe de *Am. radiosus*. Partout dans le Jura lédonien, l'étage se termine par une assise d'oolithe ferrugineuse, assez uniforme entre Beaufort et Poligny, caractérisée par *Ammonites opalinus*, *Am. aalensis* et *Rhynchonella cynocephala*, et qui est représentée près de Salins, (Aresches) par une couche d'oolithe analogue, peu épaisse, à *Am. aalensis*.

PRINCIPAUX FOSSILES. LIMITES. POINTS D'ÉTUDE ET COUPES. — Les indications données précédemment sur ces différents sujets, dans l'étude générale du Lias, restent exactes d'ordinaire, et il convient de s'y reporter. Quelques autres fossiles se trouvent en outre mentionnés ici. Aux localités déjà signalées s'ajoutent celles de Blois, de Miéry et des monts de Poligny, dans le Jura lédonien, et celle d'Aresches près de Salins ; on en trouvera plus loin les coupes.

PUISSANCE. — La coupe de Blois est la première coupe complète du Toarcien supérieur lédonien que je possède. Elle donne pour cette partie de l'étage une puissance de 14^m 30. La comparaison avec la coupe de Ronnay montre que l'interruption c. 26 de celle-ci doit être portée réellement à 5 m. environ, comme je l'avais d'ailleurs mesurée sur un premier point de cette localité. De la sorte, aux 2 m. ou 2^m 50 d'épaisseur que j'ai admis pour cette interruption, et qui m'ont paru appartenir au sommet des couches de l'Étoile, à *A. jurensis* et *Pentacrinus* (ce qui doit être exact), il faut ajouter encore 2^m 50 à 3 m. de couches à oolithes ferrugineuses, non observables sur ce point et qui forment la partie inférieure de l'assise à *Ammonites opalinus* et *A. aalensis*. La puissance est ainsi de 14 à 15 m. dans ces deux localités. Elle n'est pas moindre de 15 à 16 m. à Miéry, où le sommet n'est pas visible, et pourrait y dépasser ces nombres. Près de Salins, elle paraît atteindre 40 à 50 mètres.

Subdivisions. — Ainsi qu'on l'a vu plus haut, je considère à présent comme assises distinctes les deux divisions que j'avais d'abord établies dans le Toarcien supérieur, à titre de simples niveaux. Ces deux assises sont :

III. — Assise de l'*Ammonites jurensis* et du *Pentacrinus mieryensis*. — Couches de l'Étoile.

IV. — Assise de l'*Ammonites opalinus* et de l'*A. aalensis*. — Oolithe ferrugineuse de Blois.

Variations. — Les variations de faciès ont été sommairement signalées dans les caractères généraux de ce groupe et elles seront indiquées plus loin en détail, pour chacune des deux assises. — Celles qui ont été mentionnées dans l'étude générale du Lias doivent être considérées comme non avenues, à raison des modifications de parallélisme qui vont être signalées.

Parallélisme entre le Jura lédonien et la région de Salins. — Lorsque j'ai décrit, en 1890, dans l'étude générale du Lias, le Toarcien des environs de Lons-le-Saunier, je ne connaissais pas encore la couche d'oolithe ferrugineuse d'Aresches à *Ammonites aalensis*, qui représente, au moins pour la partie inférieure, la véritable oolithe ferrugineuse à *Ammonites opalinus* et *Rhynchonella cynocephala* dans les environs de Salins. En conséquence, j'ai admis, d'après les auteurs, le parallélisme, avec le Toarcien supérieur lédonien, du Grès superliasique de M. Marcou et de la première couche d'oolithe ferrugineuse visible dans l'escarpement de la Roche-Pourrie.

Mais la présence, au-dessous du Grès superliasique, de l'oolithe ferrugineuse inférieure d'Aresches, à *Am. aalensis*, fait penser que ce Grès, et, par suite, l'oolithe ferrugineuse qu'il supporte, correspondent, d'une manière plus ou moins complète, aux premiers niveaux du Bajocien, tel qu'il est limité dans ce travail pour la région lédonienne. Par suite, les stratigraphes jurassiens qui ont placé dans le Lias le Grès superliasique et tout ou partie de l'oolithe ferrugineuse de l'escarpement de la Roche-Pourrie, auraient pris pour limite entre le Lias et le Bajocien une ligne sinueuse dans la série des strates (c'est-à-dire dans le temps), et qui, pour la région de Salins, s'élèverait dans le Bajocien de 10 m. ou de 18 m. selon l'un ou l'autre des divers groupements adoptés par les auteurs.

Sans nul doute, l'état des affleurements du sommet du Lias des environs de Salins n'avait pas permis à M. Marcou d'observer l'oolithe ferrugineuse inférieure d'Aresches, et je n'ai pu l'étudier moi-même, en 1891, qu'à la faveur d'une petite marnière peu ancienne et d'une légère rectification assez récente qui avait entamé le bord du chemin au-dessous de ce village. On peut d'ailleurs se demander si cette oolithe est représentée à la base des Grès superliasiques du pied de la Roche-Pourrie, et il serait intéressant de constater ce qu'il en est sous ce rapport.

Les couches de la région salinoise qui seraient ainsi restituées au Bajocien contiennent, au moins dans leur partie supérieure, aux approches de la première couche ferrugineuse visible dans l'abrupt de la Roche-Pourrie, ainsi que dans cette dernière, des Ammonites, souvent assez mal con-

servées, des Lamellibranches, des Brachiopodes, etc. Il ne
m'a pas encore été possible de faire dans ces couches des
recherches assez prolongées pour y recueillir un nombre
suffisant de fossiles déterminables et, s'il y a lieu, distinguer
des faunules successives. Je puis indiquer seulement, d'a-
près mes propres observations, les espèces suivantes, que
j'ai recueillies soit dans la première couche ferrugineuse de
l'abrupt de la Roche-Pourrie et dans les premiers bancs
qui viennent immédiatement au-dessous, sur 1 à 2 m. environ, soit dans les couches d'Aresches qui me paraissent y
correspondre. Je dois à l'obligeance de M. Emile Haug la
détermination précise des Ammonites.

Nautilus sp.
Ammonites Murchisonæ, Sow., var. *Baylei*, Buckm. Roche-Pourrie.
— *opalinoides*, Mayer. . . . . . . id.
— *opalinus* (Rein.) . . . . id.
— du groupe de *opalinus* (Rein.). . Aresches.
— cfr. *lotharingicus*, Branco. . . id.
Pholadomya Murchisonæ, Sow. . . . . . . Roche-Pourrie.
Pleuromya tenuistria, Ag. . . . . id.
Gresslya aff. lunulata, Ag. . . . . . . id.
— sp. nov. ?. . . . . id.
Terebratula Eudesi, Opp. . . . . id.
Berenicea sp. . . . . id.

Les *Ammonites Murchisonæ* var. *Baylei* et *A. opalinoides* sont au nombre des espèces les plus caractéristiques
de la zone de l'*Ammonites Murchisonæ*, par laquelle débute
le Bajocien, tandis que *A. opalinus* et *A.* cfr. *lotharingicus*
indiqueraient la zone inférieure. Mais la nature de la roche
qui les constitue ou qui en forme la gangue est la même
et montre, conjointement avec la position dans laquelle ils
ont été recueillis, qu'ils appartiennent aux mêmes couches.
Il est fort probable que *Am. opalinus* se trouve réellement
ici au-dessus de son niveau habituel ; quant à *A.* cfr. *lotharingicus*, mon exemplaire pourrait appartenir à une variété

d'un niveau stratigraphique plus élevé que le type de cette espèce.

Il n'est point surprenant d'ailleurs que, dans ces couches de passage du Lias au Bajocien à calcaires spathiques, les bancs à facies d'oolithe ferrugineuse, qui se répètent à plusieurs niveaux rapprochés, offrent successivement des formes de fossiles, et en particulier d'Ammonites, fort voisines les unes des autres et même quelques passages d'espèces d'une zone à l'autre. Il serait bien utile de recueillir, dans chacune de ces couches ferrugineuses, de bons fossiles de cette classe, dont le niveau précis soit rigoureusement connu : leur étude par quelqu'un de nos paléontologistes fournirait sans doute des données nouvelles et fort intéressantes.

La présence jusque dans l'oolithe ferrugineuse de la Roche-Pourrie des Ammonites du groupe de *Ammonites opalinus* dut causer pour une grande part les hésitations de M. Marcou sur l'attribution de cette couche au Bajocien, hésitations que j'ai rappelées dans l'étude générale du Lias. C'est toutefois, avec raison, ce me semble, que, sans trop se préoccuper de ces fossiles, notre célèbre compatriote maintint, en 1856, le Fer de la Roche-Pourrie dans le Bajocien.

M. Marcou avait évidemment fort bien vu d'ailleurs que les couches marno-gréseuses et micacées qui se trouvent à Salins au-dessus des couches marneuses liasiques surmontent l'oolithe ferrugineuse des environs de Lons-le-Saunier, et que cette dernière est inférieure à son Fer de la Roche-Pourrie : de là cette indication qu'entre « Lons-le-Saunier et Bourg-en-Bresse, les oolithes ferrugineuses envahissent toute la division du Grès superliasique et même une partie des Marnes de Pinperdu (Maynal près Beaufort) » (1). Si la découverte de l'oolithe ferrugineuse inférieure d'Aresches à

(1) *Recherches géol. sur le Jura salinois*, p. 56.

Ammonites aalensis vient modifier la position de la limite séparative du Lias et du Bajocien, adoptée par le savant salinois, dès ses premières et si brillantes études, il est de toute justice de reconnaître qu'on ne saurait lui attribuer une erreur sur le parallélisme de détail des couches d'oolithe ferrugineuse qu'il avait observées au-dessus des marnes liasiques, dans les environs de Lons-le-Saunier et près de Salins.

En remarquant que l'oolithe ferrugineuse se montre à Ronnay, Conliège et Messia sur une bien moindre épaisseur que plus au S., à Grusse, j'avais cru pouvoir admettre (du moins à titre provisoire et sous toutes réserves, à cause de l'état incomplet des trois premiers affleurements) la probabilité d'une apparition du facies oolithique ferrugineux plus ancienne à Grusse qu'à Ronnay. Cette idée que, dans le Jura lédonien, la base de l'oolithe ferrugineuse à *Am. opalinus* peut être parfois synchronique de la partie supérieure des Marnes de l'Étoile m'a conduit à réunir dans une même assise les couches que je désigne sous le nom de Toarcien supérieur. Mais, comme on le verra plus loin, l'oolithe ferrugineuse à *Ammonites opalinus* possède à Blois, où elle se voit en entier, une composition générale et une épaisseur fort analogues à ce que l'on observe à Grusse. La faible différence de $0^m 70$ ne permet pas de maintenir pour la région lédonienne la conclusion précitée. Il existe d'ailleurs, entre Salins et cette dernière région, une augmentation notable de l'épaisseur des couches ferrugineuses de ce niveau ($0^m 60$ à Aresches, pour $3^m 50$ à Blois et $4^m 20$ à Grusse) ; mais je manque de données pour préciser si cette augmentation d'épaisseur est propre à l'assise de l'*Ammonites opalinus* et de l'*A. aalensis,* ou bien si elle a lieu aux dépens soit des marnes sous-jacentes, soit des couches gréseuses qui lui sont superposées. On peut remarquer seulement que, dans tous les gisements étudiés, l'oolithe ferrugineuse débute par un même banc, d'environ $0^m 15$, de calcaire marneux, bleu à l'intérieur, avec oolithes ferrugineuses par places, tandis que l'on ne trouve pas à Aresches le gros banc plus dur, riche en fer et peu fossilifère, qui termine le niveau depuis Beaufort à Blois et contient *Rhynchonella cynocephala* à Perrigny. Il semblerait donc que l'assise de l'*Ammonites opalinus* a débuté simultanément sous le même facies ferrugineux, de Beaufort à Salins, c'est-à-dire sur toute la longueur de la contrée étudiée ; mais la petite couche de 0ᵐ60 d'oolithe ferrugineuse inférieure d'Aresches ne représente probablement qu'une portion de l'assise de l'*Am. opalinus* et de l'*A. aalensis*, soit que la partie supérieure de cette assise n'existe pas sur ce point, soit qu'elle y possède un facies différent et s'y trouve remplacée par les premières couches qui suivent.

Au moment de la mise en pages de cette partie de mon travail, M. Albini Cottez, instituteur à Ruffey, m'a fait le plaisir de me communiquer une série de fossiles qu'il avait recueillis à la base de l'escarpement bajocien de la Roche-Pourrie, pendant son séjour à Salins (1), et j'ai eu l'avantage d'en soumettre les Ammonites à M. Emile Haug, qui a bien voulu les examiner. Voici les espèces que le savant paléontologiste y a reconnues :

(1) M. A. Cottez avait eu déjà auparavant la complaisance de me conduire aux gisements fossilifères de Pinperdu, La Roche-Pourrie et Aresches, qu'il explore depuis longtemps. Par un oubli inexplicable, le nom de cet observateur aussi sérieux que modeste s'est trouvé omis dans l'énumération des géologues et collectionneurs locaux du Jura lédonien, donnée en tête de ce travail. Je regrette d'autant plus vivement cette omission que le nombre des Jurassiens qui s'occupent d'étudier notre pays est extrêmement réduit, et que, depuis 18 ans, je connais le zèle de M. Cottez, pour recueillir les fossiles des diverses localités qu'il a habitées. Il a formé ainsi d'intéressantes collections géologiques, d'abord dans les environs de St-Claude. grâce aux indications d'Edmond Guirand, puis dans les gisements des alentours de Salins. dont il est à présent l'un des meilleurs connaisseurs, et aussi dans les environs de Champagnole et de son village de Verges.

Ammonites (*Harpoceras*) *Murchisonæ*, Sow., var. *tolutaria*, Dum.
  —   —   —   var., fig. 5 et 6, pl.
LI, Dum.
Ammonites (*Harpoceras*) *Murchisonæ*, Sow., var. *Baylei*, Buckm.
  —   —   *rudis*, Buckm.
  —   —   *opalinoides*, Mayer.
  — (*Witechellia*) *læviuscula*, Sow.
  — (*Hammatoceras*) *subinsignis*, Opp. (in Dum.).
  — (*Erycites*) *fallax*, Dum. (non Benecke).
  — sp. ind.

Les autres fossiles sont :

Belemnites sp. ind.
Nautilus cfr. *lineatus*, Sow.
Pleurotomaria sp.
Pleuromya tenuistria, Ag.
Pholadomya fidicula, Sow.
Gresslya aff. *lunulata*, Ag.
Cardium sp.
Mytilus Sowerbyi, d'Orb.

Pecten sp.
Lima cfr. *Elea*, d'Orb.
Terebratula cfr. *Eudesi*, Opp.
  — *perovalis*, Sow.
Rhynchonella sp.
Serpula sp.
Galeropygus Marcoui, Cott.

Les Ammonites de cette petite série comprennent les deux espèces bajociennes que j'ai recueillies moi-même à la Roche-Pourrie, *Am. opalinoides* et *A. Murchisonœ*, var. *Baylei*. Les deux autres variétés d'*Am. Murchisonœ*, ainsi que *A. subinsignis* et *A. fallax* se trouvent d'ordinaire dans la zone à *Ammonites opalinus* des autres contrées, et elles ont été en particulier signalées dans cette zone, par Dumortier, à la Verpillière (Isère). On remarque tout spécialement dans cette faunule la présence du genre *Erycites*, qui appartient au facies méditerranéen et n'est pas rare dans cette localité, mais dont « la découverte dans le Jura est un fait très important, tout à fait nouveau, » ainsi que M. Haug a l'obligeance de me le dire. Parmi les autres fossiles est un intéressant Oursin, le *Galeropygus Marcoui*, que M. Cotteau indique seulement dans le Bajocien.

D'après les indications de M. Cottez, tous les fossiles

qu'il m'a communiqués ont été recueillis dans le premier
banc d'oolithe ferrugineuse de la partie inférieure de l'a-
brupt de la Roche-Pourrie, ainsi que dans des couches
voisines qui affleurent au dessous de cette oolithe, et surtout dans les matériaux désagrégés qui se trouvent au pied
de l'escarpement, à une hauteur un peu variable dans la
succession des strates. Ces fossiles proviennent évidemment
de plusieurs bancs distincts, comme l'indiquent quelques
différences dans la nature de la roche qui les constitue ;
mais ils ne semblent pas appartenir à des couches inférieures au Grès superliasique de M. Marcou, sauf toutefois
une espèce qui va être indiquée. La plupart des Ammonites
et le *Galeropygus* sont d'une roche ferrugineuse à un degré
plus ou moins notable (petits grains ou petites oolithes
ferrugineuses d'une fréquence variable), et ils paraissent
bien provenir des bancs qui surmontent ce Grès. C'est le
cas, en particulier, pour *Am. subinsignis* et pour deux *Ery-*
cites indéterminables ; mais *Am. (Erycites) fallax*, ainsi
qu'un autre *Erycites* non déterminé et aussi *A. rudis*, sont
d'une roche grenue, non ferrugineuse.

Il ne faut pas oublier toutefois qu'il existe à la Roche-
Pourrie de petits affleurements qui sont à peu près au niveau de l'oolithe ferrugineuse inférieure d'Aresche à *Am-*
monites aalensis ; il se pourrait que quelques-unes des
Ammonites de la liste précédente provinssent de ce dernier
niveau, que je n'ai pas réussi encore à observer dans la
première de ces localités et qui y possède peut-être un facies
différent. Les fossiles que M. Cottez m'a remis comprennent d'ailleurs, en outre des espèces précédentes, un *Am-*
monites (Dumortieria) subundulatus (Branco), à test pyriteux et dont le moule est une roche calcaro-marneuse,
compacte, blanchâtre, non ferrugineuse ; il doit avoir été
recueilli au-dessous du niveau de l'*Am. aalensis*, car cette
espèce appartient, dans les autres contrées, à des couches
inférieures à cette zone.

Quoi qu'il en soit de la position stratigraphique des diverses espèces que m'a communiquées M. Cottez, il paraît certain que les premières couches qui surmontent, dans les environs de Salins, l'oolithe ferrugineuse inférieure d'Aresches à *Am. aalensis* (c'est-à-dire le Grès superliasique de M. Marcou et même la partie inférieure de son Oolithe ferrugineuse) contiennent encore, dans les deux localités étudiées, des Ammonites de la zone à *Am. opalinus* ou des variétés peu caractérisées de quelques-unes de celles-ci, et il s'en retrouve même jusque dans des couches qui renferment des espèces caractéristiques de la zone de l'*Am. Murchisonæ*, ainsi que l'avait d'ailleurs indiqué M. Marcou (1).

La limite entre ces deux zones, c'est-à-dire la limite supérieure du Lias reste donc peu précise encore dans le Jura salinois. De nouvelles observations, faites avec le plus grand soin, sont indispensables pour arriver à une notion suffisante des conditions dans lesquelles s'effectue sur ce point le passage entre les deux zones. La distinction de chacun des petits niveaux fossilifères successifs qu'elles présentent et la connaissance exacte des faunules de chacun d'eux permettront seules de discuter sérieusement cette limite et d'arriver, s'il y a lieu, à la fixer dans cette région avec toute la rigueur désirable.

Le parallélisme de détail que je propose, dans ces Compléments, entre le Jura salinois et le Jura lédonien, pour les couches de passage du Lias au Bajocien, se trouve en conséquence, laisser encore quelque incertitude. Peut-être devra-t-il par la suite subir encore quelque modification, bien qu'il me semble peu probable que le Grès superliasique d'Aresches et de la Roche-Pourrie ne soit pas, du moins en grande partie, le correspondant exact du niveau des Grès à *Cancellophycus scoparius* de Ronnay. La conti-

(1) *Jura salinois*, p. 56 ; *Lettres sur les Roches du Jura*, p. 29

nuation des études de détail entre Poligny et Salins, et en particulier dans les environs d'Arbois, est indispensable pour l'établissement d'un parallélisme suffisamment précis.

III. — ASSISE DE L'AMMONITES JURENSIS ET DU PENTACRINUS MIERYENSIS. — COUCHES DE L'ÉTOILE.

SYNONYMIE RECTIFIÉE.

Non *Grès superliasique*. Marcou, 1846. Non *Marnes d'Aresches*. Marcou, 1856.

    Toarcien supérieur. **A.** *Niveau inférieur. Marnes de l'Étoile*. L.-A. Girardot, 1890.

Entre Lons-le-Saunier et Poligny, cette assise comprend une série de nombreux bancs de 0m 10 à 0m 30 de calcaire dur, un peu marno-gréseux, fortement bosselés pour la plupart ou parfois en rognons, et qui alternent avec des bancs de marne dure, finement micacée. Des *Pentacrinus,* d'une abondance extrême à l'Étoile, Blois et Ronnay, se trouvent surtout dans la partie inférieure ; quelques *Ammonites* cfr. *jurensis* et *A. toarcensis* dans le milieu, et de petits *Belemnites breviformis* dans le haut.

Aux gisements de l'Étoile et de Ronnay, déjà indiqués pour cette région dans l'étude du Lias (coupe de Ronnay), il faut ajouter ceux de Blois, de Miéry et des monts de Poligny, dont les coupes se trouvent ci-après.

Puissance totale à Blois, 11m 20, soit 11m. Elle est probablement la même à Ronnay, où l'interruption de la coupe dans le haut n'en laisse voir que 7m 70.

La faune de nos Couches de l'Étoile dans les divers gisements étudiés ne comprend guère encore que les espèces précédemment indiquées dans l'étude générale du Lias, comme recueillies à Ronnay et à l'Étoile. Des recherches suivies seraient nécessaires pour faire connaître toute cette faune. Je répète ici la liste déjà donnée, mais en rectifiant et complétant l'indication des Ammonites. L'astérisque après le nom indique les espèces recueillies parfaitement en place à Ronnay et à Blois ; les autres proviennent des marnes remaniées par la culture à l'Étoile.

Belemnites pyramidalis, Ziet *.   *Cypricardia* cfr.*brevis,*Wright.*
—   *irregularis,* Schl. *   —   *branoviensis,*Dum.
—   *tripartitus,* Schl.*   *Astarte subtetragona,* Munst.
—   *tricanaliculatus,*   *Arca* sp.* et *Nucula* sp.*
     Hartm.*   *Lima* sp.*
—   sp.*   *Plicatula* aff. *catinus,* Desl.*
Ammonites jurensis, Ziet.*   *Ostrea* sp.*
—   cfr.*cornucopiæ,*Yung*   *Exogyra* cfr. *Berthaudi,* Dum.
—   *toarcensis,* d'Orb.*   *Pentacrinus jurensis,* Quenst.*
—   *radiosus,* Seebach*.   —   *mieryensis,*de Lor*
—   *fallaciosus,* Bayle*.   —   *lepidus,* de Lor.*
Pleuromya cfr.*Gruneri,* Dum.*   —   sp. nov.

On trouve à Blois, à Ronnay et à l'Étoile, des Ammonites du genre *Lytoceras,* en grands fragments qui proviennent d'exemplaires d'environ 0^m20 de diamètre, brisés par le délitement de la roche. D'après la ligne suturale, qui est souvent fort nette, ils appartiennent la plupart à l'*Ammonites jurensis,* qui est bien ici à son niveau principal habituel. La section des tours est ovale d'ordinaire ; mais en outre de cette forme, on trouve à l'Étoile des exemplaires de la variété à tours plus comprimés du côté externe, à section subtriangulaire et presque cordiforme, qui a été signalée par d'Orbigny aux environs de Charolles (Saône-et-Loire).

L'affleurement de Blois est le seul qui m'ait offert la série complète des strates. La comparaison de la coupe de cette localité et de celle de Ronnay permet d'établir dans ce niveau la subdivision suivante, qui peut être utile pour préciser la position des fossiles et surtout des Ammonites.

A. — Niveau des Marnes et marno-calcaires inférieurs à Pentacrinus de l'Étoile.

Calcaires marneux à la base, sur 0^m25 à 0^m30, suivis de

1^m 50 de marne, puis d'une alternance de bancs calcaires et marneux, peu épais, que surmonte une couche de 1^m 20 de marne. — 5^m 35 à Blois ; 4^m 70 à Ronnay.

Belemnites irregularis, Pentacrinus jurensis, P. mieryensis, P. lepidus, P. sp. nov.

B. — Niveau des marnes et marno-calcaires moyens à Ammonites jurensis de l'Étoile.

Alternance de petits bancs calcaires et marneux, avec *Ammonites jurensis* de grande taille, à 0^m 40 ou 0^m 60 de la base, et *Am. toarcensis* au-dessus. — 2^m 45 à Blois, 2^m à Ronnay.

C. — Niveau des marnes et marno-calcaires supérieurs à Pentacrinus de l'Étoile.

Alternance de petits bancs calcaires et marneux, qui débute par 0^m 60 de marne et se termine à Blois par 1^m 35 d'une marne analogue. Petites Bélemnites. — 3^m 40 à Blois ; non observable à Ronnay.

A Miéry, l'alternance marno-calcaire et marneuse de l'assise se montre sur 14 à 15 m. au moins. Je n'ai pu en relever le détail, et la limite supérieure n'est pas observable. Les couches inférieures renferment des *Pentacrinus*, et j'ai rencontré de rares fragments d'Ammonites du groupe de *A. toarcensis*, vers le milieu ; la moitié supérieure contient de nombreux lits de rognons marno-calcaires, et présente des *Pentacrinus* peu fréquents. *P. mieryensis* tire son nom de ce gisement.

Le facies est plus marneux dans la moitié méridionale du Jura lédonien. Malgré l'absence de bons affleurements près de Lons-le-Saunier, cette différence paraît déjà s'y produire ; mais elle est plus caractérisée entre cette ville et Beaufort ; les bancs marno-calcaires et les fossiles sont rares dans cette partie de la région, et les Crinoïdes semblent ne plus s'y rencontrer. A Grusse, l'assise paraît occupée seulement par 10 m. de marne sèche, contenant quelques Bélemnites, et précédée d'un banc marno-calcaire ; de rares sphérites de grande taille se trouvent à 1m80 de la base.

Les Crinoïdes disparaissent aussi, à ce qu'il semble, au N. du Jura lédonien, entre Poligny et Salins, en même temps que la puissance s'accroît d'une façon notable. Aux approches de cette dernière ville (Aresches), il parait nécessaire d'attribuer à cette assise près de 50 m. d'une alternance de bancs marno-calcaires, avec des couches marneuses d'environ 1 m. d'épaisseur ; j'y ai trouvé seulement quelques Bélemnites et de rares fragments d'Ammonites.

Ainsi le facies marno-calcaire à Crinoïdes, avec *Ammonites jurensis* et *Am. toarcensis*, qui existe dans cette assise entre Lons-le-Saunier et Poligny, passe plus au S. (à partir de l'Étoile et Ronnay) à un facies à peu près uniquement marneux, pauvre en fossiles (Grusse) ; d'autre part, il se continue vers le N. (environs de Salins) par une alternance marno-calcaire de plus en plus puissante et en même temps plus marneuse, dépourvue de Crinoïdes, à ce qu'il semble, mais contenant quelques Ammonites toarciennes.

Comme on l'a vu dans les pages précédentes, l'étude plus complète de la région lédonienne ne justifie pas l'idée que la partie supérieure de l'assise est envahie par le facies ferrugineux au S. de Lons-le-Saunier. On ne peut donc, sans autres preuves, attribuer à ce niveau les couches inférieures de l'oolithe ferrugineuse de Grusse, ainsi que je l'avais indiqué dans l'étude générale, en 1891.

Les couches à *Ammonites jurensis* et *Pentacrinus mieryensis* du Jura lédonien répondent, selon toute apparence et du moins pour la plus grande part, à la zone de l'*Ammo*-

nites jurensis d'Oppel ; mais il resterait à préciser le parallélisme des limites de ces couches avec celles de cette zone telles qu'elles ont été reconnues dans les contrées les plus classiques. L'existence, dans le Jura lédonien, du facies particulier à *Pentacrinus* et *Lytoceras*, que l'on peut désigner sous le nom de *facies lédonien* (1), m'engage à conserver, pour les couches de ce facies, une dènomination locale, ainsi que je l'ai proposé déjà en 1891. Bien que l'affleurement de Blois soit, à ma connaissance, le seul jusqu'ici qui permette d'observer cette assise en entier dans ce facies, je la désigne sous le nom de *Couches dè l'Étoile*, parce que les gisements de cette localité, situés à 6 ou 7 kilomètres au N. de Lons-le-Saunier, sont très riches en *Pentacrinus* et paraissent offrir au plus haut degré les caractères de ce facies. Ils sont d'ailleurs mentionnés par M. de Loriol, dans la Paléontologie française, pour l'abondance de ces Crinoïdes.

IV. — ASSISE DE L'AMMONITES OPALINUS & DE L'AMMONITES AALENSIS.— OOLITHE FERRUGINEUSE DE BLOIS.

Synonymie rectifiée.

Non *Oolite ferrugineuse* des environs de Salins, mais *Oolite ferrugineuse* des alentours de Lons-le-Saunier. Marcou, 1846.

Non *Fer de la Roche-Pourrie* des environs de Salins. Marcou, 1856.

Groupe **D** du *Toarcien*, pour la région de Lons-le-Saunier (non près de Salins). Bonjour. 1863.

Calcaire ferrugineux à Ammonites primordialis, partie inférieure près de Lons-le-Saunier (non dans la région de Salins). Ogérien, 1867.

Toarcien supérieur : **B.** *Niveau supérieur. Oolithe ferrugineuse de Ronnay.* L.-A. Girardot, 1891.

Alternance de bancs calcaires ou marno-calcaires, con-

_____

(1) C'est là, pour notre contrée, une première apparition, passagère et assez étroitement localisée, du facies à Crinoïdes, qui va prendre à l'époque bajocienne une extension si considérable, en surface et en durée.

tenant des oolithes ferrugineuses plus ou moins ·abondan-
tes, et avec lits de marne chargée ou non de ces mêmes
oolithes.

Nombreux fossiles :

Belemnites pyramidalis, Ziet.
— *irregularis*, Schl.
Ammonites heterophyllus, Sow.
— *opalinus* (Rein.).
— *aalensis*, Ziet.
— *comptus*,
— *radiosus*, Seebach.
— *pseudo-radiosus*.
　　Branco.
— *Moorei*, Lycett.
— *fallaciosus*, Bayle.
— *mactra*, Dum.
— *Wrighti*, Haug.
— *undulatus*, Stahl.

Ammonites costula (Rein.).
— *crassus*, Phill.
Discohelix cfr.*albinatiensis*,Dum.
Astarte cfr. *subtetragona*, Munst.
Pecten pumilus, Lam.
— *textorius*, Schl.
Lima Elea, d'Orb.
Terebratula cfr. *infra-oolithica*,
　　Desh.
Rhynchonella cynocephala,Richd.
Serpula cfr. *segmentata*, Dum.
— *lumbricalis* (Schl.).
Pentacrinus jurensis, Quenst., 1.
Thecocyathus ? sp., 1.

Puissance. — A Blois, l'assise atteint 3ᵐ50 ; à Grusse,
4ᵐ20. On en voit 3ᵐ15 à Messia, où la base et le sommet
ne sont pas observables ; la partie supérieure se montre
seule au N.-E. de Beaufort (1 m.), à Montciel, à Conliège
(environ 1 m.), à Ronnay (1ᵐ20), etc.

Subdivision. — Les couches ferrugineuses de cette assise
comprennent dans le Jura lédonien deux parties assez
distinctes, et il serait intéressant de rechercher si leurs
faunules présentent quelques différences notables. Je les
considère, du moins provisoirement, comme formant deux
niveaux.

A.—Niveau de l'Oolithe ferrugineuse inférieure à Ammonites opalinus de Blois.

Alternance très fossilifère de calcaires marneux,en bancs
minces, plus ou moins riches en oolithes ferrugineuses, et

de bancs de marne grise, contenant parfois de ces mêmes oolithes.

Puissance : 2^{m}70 à Blois ; 3 m. à Grusse.

Ammonites opalinus, et les autres espèces indiquées dans la faune de l'assise, sauf *Rhynchonella cynocephala*.

B. — Niveau de l'Oolithe ferrugineuse supérieure à Ammonites opalinus et Rhynchonella cynocephala de Blois.

Gros banc de calcaire dur et d'ordinaire assez résistant à l'air, très chargé de petites oolithes ferrugineuses, peu fossilifère en général, sauf par places, parfois surmonté d'un petit banc marneux contenant les mêmes oolithes.

Puissance.—1^{m}20 à Grusse et à Ronnay ; 0^{m}80 à Blois.

Ammonites opalinus, etc. Je n'ai rencontré jusqu'à présent que dans cette partie *Rhynchonella cynocephala* (Perrigny).

L'oolithe ferrugineuse inférieure **A** débute à Grusse par un banc d'aspect gréseux, bleuâtre à l'intérieur, qui offre seulement quelques oolithes ferrugineuses ; puis vient une alternance marneuse et calcaro-marneuse, riche en oolithes ferrugineuses et en Ammonites, qui se termine par 0^{m}20 de marne grise. — L'oolithe supérieure **B** comprend un banc calcaire, dur, de 1^{m}10, très ferrugineux, fossilifère par places, parfois un peu délitable dans le milieu, surmonté de 0^{m}10 de marne dure, à oolithes ferrugineuses et Ammonites.

Plus au S., le gros banc supérieur du niveau, très riche en fer et épais de 1 m., affleure seul à l'E. de Beaufort.

La base et le sommet de l'assise ne sont pas observables à Messia. On y voit d'abord une couche de 1 m. de marne grise, qui paraît contenir de minces lits à oolithes ferrugineuses et que surmonte une alternance de 1^{m}15 de marne analogue, alternant avec deux bancs de calcaire bleuâtre, criblé par places de ces oolithes : ces 2m15 au total appartiennent à l'oolithe inférieure **A** (partie moyenne et peut-être partie supérieure). Au-dessus, vient 1 m. de calcaire, pétri d'oolithes ferrugineuses et subdivisé en petits bancs intercalés de minces lits marneux. Cette couche renferme, vers le milieu, de nombreuses Ammonites (*Am. opalinus*, etc.), et paraît appartenir déjà à l'oolithe supérieure **B**, dont elle formerait la plus grande partie.

A Blois, l'oolithe inférieure **A** offre d'abord un petit banc, bleuâtre à l'intérieur et d'aspect gréseux, rougeâtre par altération, auquel succèdent 0m60 de marne grise, contenant 3 ou 4 petits bancs, très fossilifères, de calcaire à oolithes ferrugineuses, parfois peu abondantes ; puis vient une couche marneuse analogue de 1m60, qui renferme seulement quelques très minces intercalations d'oolithe ferrugineuse, riches en Ammonites ; cette partie se termine par une alternance de 0m40 de 3 petits bancs de calcaire marneux, blanchâtre, séparés par de minces lits de marne grise. — L'oolithe supérieure **B** n'offre ici qu'un gros banc de 0m80, très ferrugineux et peu fossilifère, qui porte une mince croûte de petites Algues, du genre *Chondrites*.

Dans la côte de Perrigny, au sommet des vignes, sur le chemin de Serin, se trouvent de gros blocs, légèrement déplacés, d'un calcaire dur, riche en oolithes ferrugineuses, et qui appartiennent évidemment au gros banc du niveau **B** de l'assise. Ils m'ont fourni 4 exemplaires assez jeunes de *Rhynchonella cynocephala*, les seuls que j'aie rencontrés jusqu'ici dans ce niveau, et en outre quelques *Pecten pumilus*, avec de rares Ammonites indéterminables. L'oolithe inférieure **A** n'est pas observable.

A Ronnay, l'oolithe supérieure **B** comprend un gros banc, de 1 m. à peu près, assez résistant, surmonté d'une couche plus marneuse, à oolithes ferrugineuses. Les fossiles que j'ai indiqués dans la coupe (c. 27) ont été en partie recueillis dans les vignes situées immédiatement au-dessous, et quelques-uns pourraient provenir de l'oolithe ferrugineuse inférieure, cachée sur ce point, mais remaniée par la culture.

Malgré le peu de différence dans les épaisseurs du niveau à Grusse et à Blois, la coupe de cette dernière localité accuse une abondance sensiblement moindre des oolithes ferrugineuses dans le niveau **A**, et le niveau **B** y possède une épaisseur plus faible. Le faciès ferrugineux est donc ici un peu moins accentué. Il serait intéressant de voir si ce fait doit être rattaché à une diminution progressive de ce facies dans la direction du N., depuis les environs de Beaufort à Poligny et à Salins.

Près de cette dernière ville, je ne puis encore attribuer avec certitude à l'assise de l'*Ammonites opalinus* que l'oolithe ferrugineuse inférieure d'Aresches, à *Am. aalensis*. Elle comprend un banc de 0^m20 de calcaire, bleu intérieurement, criblé de petits *Chondrites* dans sa moitié inférieure, mais chargé d'oolithes ferrugineuses dans le haut, puis une couche irrégulière, marneuse et calcaro-marneuse, contenant les mêmes oolithes, qui renferme un grand nombre d'Ammonites en mauvais état. Je puis en citer seulement *Belemnites* sp., *Ammonites aalensis*, A., cfr. *radiosus* et *A. fallaciosus*. Il reste à rechercher la faune de cette couche avec plus de soin que je n'ai pu le faire. L'aspect général rappelle beaucoup mieux la base des couches ferrugineuses de Grusse et de Blois que leur partie supérieure.

Les observations subséquentes dans le Jura salinois feront voir si l'oolithe inférieure d'Aresches est seule à représenter l'assise dans cette région, ou si l'on doit y rattacher aussi une partie des couches qui suivent, dans lesquelles se retrouvent encore des espèces de la zone à *Am. opalinus* des autres contrées.

ÉTAGE BAJOCIEN.

Au moment de l'impression des caractères généraux de cet étage, il ne m'avait pas encore été possible d'y reconnaître avec précision, dans le Jura lédonien, toutes les zones classiques établies par Oppel, et ce sont les observations nouvelles faites pendant le cours de cette impression qui m'ont permis d'introduire dans la description spéciale des assises la distinction de la zone à *Ammonites Sauzei*. De la sorte, les généralités sur le Bajocien se sont trouvées déjà incomplètes sous ce rapport.

Depuis lors, la continuation de mes recherches dans le Jura lédonien m'a permis d'étudier cet étage dans un rayon plus étendu et d'en relever de nouvelles coupes, en m'attachant plus spécialement toutefois à l'étude de ses couches supérieures et des gisements à Polypiers qui s'y trouvent. Quelques données nouvelles, qui résultent de ces observations récentes, sont à introduire encore dans les caractères généraux de l'étage, dans la connaissance de sa faune et dans les détails relatifs à quelques assises. De plus, la synonymie, par rapport au Jura salinois, est à modifier, comme on l'a vu déjà dans les pages qui précèdent.

Il convient donc ici de rappeler d'abord les caractères généraux du Bajocien dans la région lédonienne et la composition de sa faune, puis de signaler les principales particularités nouvellement observées dans chaque division de l'étage. L'assise supérieure sera même l'objet d'une rédaction nouvelle ; car les motifs qui seront indiqués plus loin me déterminent à modifier notablement le parallélisme que j'avais admis d'abord pour certains lambeaux d'Oolithe inférieure du plateau ; de plus, je désigne à présent cette division de l'étage par le nom d'assise de l'*Ammonites Garanti*, au lieu de celui d'assise de l'*Eudesia bessina* que j'ai employé dans l'étude générale, et la subdivision de l'assise subit aussi des modifications.

La publication de travaux récents sur le Bajocien et la détermination plus précise de deux espèces d'Ammonites du groupe d'*Am. Murchisonœ*, que j'ai recueillies dans l'assise inférieure de l'étage, nécessitent en outre quelques indications qu'il importe de donner tout d'abord.

Dans le cours de la même année 1891 où paraissait mon étude sur le Bajocien du Jura lédonien, M. MUNIER-CHALMAS a donné une très intéressante note sur la distribution des Ammonites dans le Bajocien des environs de Bayeux (1) et M. Emile HAUG a fait connaître la composition de cet étage entre Gap et Digne (2).

Dans la première de ces publications, le savant professeur de Géologie de la Sorbonne a signalé la présence, au sommet des couches à *Ammonites Murchisonœ* de la Normandie, des espèces caractéristiques de la zone à *Am. concavus*, que M. Buckmann a distinguée, en 1887, à ce même niveau, dans le Bajocien de l'Angleterre. Au-dessus, M. Munier-Chalmas constate la présence d'une zone caractérisée par *Am. Sowerbyi, A. Sauzei,* etc., par laquelle il fait débuter le Bajocien moyen, et il remarque que la partie supérieure de cette dernière assise n'a pas encore été rencontrée jusqu'ici en Normandie. Le Bajocien supérieur commence par des couches à *Am. Parkinsoni* et *Am. Garanti;* puis viennent des couches à Spongiaires qui offrent, à la base, des Ammonites de la zone à *Am. subradiatus*, mais dont la partie supérieure présente des formes nouvelles d'Ammonites qui indiqueraient, selon l'éminent paléontologiste, l'existence « à la limite du Bajocien et du Bathonien

---

(1) MUNIER-CHALMAS. *Sur les terrains jurassiques de la Normandie.* Comptes-rendus sommaires de la S. Géol. de France, 1891, n° 15.

(2) HAUG. *Les Chaînes subalpines entre Gap et Digne.* Bulletin des Services de la Carte géol. de France, t. III, 1891-1892, n° 21.

d'un horizon particulier encore peu ou pas connu » (3).

Dans la région subalpine de Gap à Digne, M. Haug a également constaté l'existence de la zone à *Ammonites concavus*, superposée à des bancs correspondants aux couches à *Am. Murchisonæ*, et suivie d'une zone à *Am. Sauzei*. De même que M. Munier-Chalmas, M. Haug fait commencer le Bajocien moyen immédiatement au-dessus de la zone à *A. concavus*, et il comprend dans cette assise, en outre de sa zone à *Am. Sauzei*, une zone suivante à *Am. Romani* ; enfin le Bajocien supérieur est formé de la zone à *Am. subfurcatus*.

Après avoir pris connaissance de mon étude du Lias et du Bajocien lédonien, M. Attale RICHE soupçonna que le niveau des marnes noires avec Bryozoaires et *Am. Murchisonæ* qui termine la zone à *Ammonites Murchisonæ* des environs de Lons-le-Saunier, pouvait bien être la zone à *Ammonites concavus*. En décembre 1891, il m'écrivit ses doutes à ce sujet et me demanda communication des Ammonites que j'avais recueillies dans ce niveau. En même temps, il avait l'obligeance de me signaler les résultats obtenus dans les chaînes subalpines par M. Haug. Avec le savant concours de ce dernier, M. Riche reconnut que l'Ammonite désignée dans ma publication comme *A. Murchisonæ* n'est autre que la mutation de cette espèce qu'a décrite M. Buckmann, en 1887, sous le nom d'*Am. cornu* et que deux autres Ammonites du même niveau, à ombilic beaucoup plus étroit, sont *Am. concavus*, Sow. Ce niveau doit donc être parallélisé avec la zone à *Ammonites concavus* de M. Buckmann.

Je dois aussi à une obligeante communication de M. Riche de m'avoir fait connaître que ce dernier a rétabli récemment une zone à *Am. Sowerbyi*, intermédiaire entre les zones à *Am. concavus* et à *Am. Sauzei*.

(3) VÉLAIN. Compte-rendu de la note de M. Munier-Chalmas sur les terrains jurassiques de la Normandie. Revue des Travaux scientifiques, t. XII, n° 5, 1892, p. 410.

En somme, le Bajocien du Jura lédonien comprend tous les horizons fossilifères essentiels qui ont été distingués jusqu'ici dans les régions les plus favorisées. Bien qu'il offre la preuve d'arrêts fréquents dans la sédimentation, il est, à coup sûr, plus complet que celui des environs de Bayeux.

Je serais fort porté par cette considération à désigner l'étage sous le nom de *Lédonien*, proposé en 1860 par M. Marcou, sous l'orthographe indiquée dans la synonymie, pour un groupe stratigraphique assez peu différent, en somme, de celui auquel j'attribue le nom classique de Bajocien. Mais il importe de s'en tenir le plus possible aux désignations d'étage qui sont généralement reçues.

SYNONYMIE PROBABLE RECTIFIÉE DU BAJOCIEN.

Grès superliasique (sauf peut-être la base ?), *Oolite ferrugineuse'* près de Salins, *Calcaire lédonien* et *Calcaire à Polypiers*. Non *Oolite ferrugineuse*, dans les environs de Lons-le-Saunier. Marcou, 1846.

Groupe du département du Jura, et en plus les *Marnes d'Aresches* (sauf peut-être la base ?), mais sans les *Marnes de Plasne*. Marcou, 1856.

Bajocien et *Grès superliasique* (de Marcou). Etallon, 1857.

Groupe lédonien, et *Marnes d'Aresches* (sauf peut-être la base ?), moins les *Marnes de Plasne*, Marcou, 1860.

Bajocien avec le *groupe* **C**(?) et le *groupe* **D** du Toarcien des environs de Salins (non près de Lons-le-Saunier), mais moins le *groupe* **D** (*Fullers earth*) du *Bajocien*. Bonjour, 1863.

Bajocien, et en plus *1re couche ferrugineuse de Salins* du *Toarcien*. Pidancet, 1863.

Etage Bajocien, pour la région de Lons-le-Saunier, avec le *Calcaire ferrugineux à Ammonites opalinus*, dans les environs de Salins. Ogérien, 1867.

Bajocien pour le Jura lédonien. Bertrand, 1882 et 1884 ; Bourgeat, 1887 ; Riche, 1889 et 1893 ; L.-A. Girardot, 1891.

Caractères généraux. — L'étage Bajocien de la région lédonienne constitue un puissant massif, presque entièrement formé de calcaires, parfois oolithiques ou bien à grain fin, mais plus ordinairement spathiques et pétris de débris de Crinoïdes (1) ; à plusieurs reprises, et surtout dans la

---

(1) Voir plus haut, dans la première étude générale de l'étage la note sur la signification des expressions *Calcaire spathique* et *Calcaire à Crinoïdes*.

moitié inférieure de l'étage, s'y intercalent de faibles couches ferrugineuses, des bancs marneux, ainsi que d'épaisses assises à rognons de silex, et la moitié supérieure présente, à deux niveaux, des couches à Polypiers.

L'étage débute par des bancs variables plus ou moins marno-gréseux et micacés, selon les points, avec intercalations de calcaires gréseux en rognons ; ces bancs contiennent *Belemnites Blainvillei, Ammonites Murchisonœ* et des empreintes peu fréquentes du *Cancellophycus scoparius.* Au-dessus, vient une épaisse couche de calcaire, plus ou moins oolithique et passant, sur une épaisseur variable, dans le haut surtout, à un calcaire spathique à Crinoïdes ; elle renferme parfois, dans le bas, des bancs plus ou moins ferrugineux, qui offrent, au N. de la région lédonienne, une faunule d'Ammonites (*Ammonites Murchisonœ,* etc.) et autres Mollusques, mais plus ordinairement il s'y trouve un niveau à rognons de silex, qui se développent sur une grande épaisseur dans certaines localités (Conliège). Puis on a une alternance de bancs marneux et calcaires, très fossilifères, où l'on trouve quelques *Ammonites concavus* et *A. cornu,* avec une foule de Lamellibranches, ainsi que des Oursins et des Bryozoaires. Une succession variable de bancs calcaires, plus ou moins ferrugineux et intercalés de lits marneux d'épaisseurs diverses, vient ensuite et renferme de nombreux fossiles, entre autres *Ammonites Sowerbyi* et *A. prœradiatus.* Enfin cette première partie de l'étage se termine par une couche peu épaisse, fort variable, principalement calcaire, mais contenant parfois une fine oolithe ferrugineuse ou des nodules et moules de fossiles phosphatés ; ordinairement très riche en Lamellibranches, elle offre en outre quelques *Ammonites propinquans* et *A. adicrus* dans la partie inférieure, tandis que l'on trouve *A. Brocchi* et *A. Freycineti* dans le haut. Cette couche est représentée à Poligny par un banc de galets ; parfois elle diminue d'épaisseur (Messia), au point qu'elle pourrait manquer à l'O. de la contrée.

La partie moyenne de l'étage offre d'abord un massif de 30 mètres environ d'un calcaire à grain fin, plus ou moins dur, contenant d'ordinaire de nombreux rognons de silex et souvent intercalé de petits lits marneux sur une épaisseur variable. Puis on a une couche de 25 m., en moyenne, de calcaire, spathique le plus souvent, mais parfois encore à grain fin, avec rognons de silex sur une épaisseur variable, et offrant alors, par places, vers le milieu, des bancs qui se divisent en très grandes dalles minces (Conliège, Château-Châlon) ; cette couche présente, sur divers points, une ou plusieurs intercalations de bancs à *Ammonites Blagdeni* et *A. Humphriesi*, qui renferment aussi des Lamellibranches avec une foule de Brachiopodes, et parfois, dans la moitié supérieure, des Polypiers astréens silicifiés (Conliège). Au-dessus, viennent 25 m. environ de calcaires durs, plus ou moins spathiques, dont le banc supérieur contient, par places, de nombreux Lamellibranches (Trigonies, etc.) et présente une surface fortement taraudée par les lithophages.

L'étage se termine par une assise de 30 à 40 mètres d'épaisseur, essentiellement formée de calcaires durs, mais dont la composition est rendue très variable par l'intercalation, dans diverses localités, de bancs plus ou moins marneux, et surtout par la présence de formations coralligènes. D'ordinaire, les calcaires sont plus ou moins finement spathiques et passent même souvent au calcaire à Crinoïdes ; mais parfois ils sont remplacés par un calcaire à petites oolithes, plus ou moins caractérisé, qui se présente à des hauteurs diverses et sur des épaisseurs variables selon les localités. Au voisinage de Lons-le-Saunier et surtout à l'E. de cette ville, une première série de ces calcaires est suivie d'un niveau marneux, très variable, presque nul à Messia, parfois accompagné ou remplacé par des calcaires grenus, qui se trouve vers le milieu de l'assise ou dans le tiers inférieur et qui renferme, par places, de nombreux Lamellibranches, avec des Brachiopodes, etc., et de très rares

Ammonites Garanti; puis vient une nouvelle succession de calcaires durs, spathiques ou oolithiques, qui occupe le sommet de l'étage et dont la surface est partout criblée de perforations de lithophages. Les formations coralligènes du Bajocien supérieur sont des récifs lenticulaires, plus ou moins développés, contenant parfois des parties marneuses et qui se rencontrent surtout dans la moitié septentrionale du Jura lédonien. Aux environs de Poligny et de Champagnole, ils paraissent occuper la base de l'assise et présentent des Polypiers astréens silicifiés ; près de Lons-le-Saunier (Publy), un petit récif à Polypiers astréens calcaires, paraît être au niveau de la couche marneuse à *Ammonites Garanti.*

Surfaces taraudées. — A 8 ou 9 reprises dans la série des strates bajociennes et surtout aux limites de la plupart des divisions stratigraphiques, il arrive que la surface supérieure des calcaires durs est *taraudée,* c'est-à-dire criblée de perforations de lithophages. Ces perforations sont toujours droites, verticales ou à peu près, et de forme régulière ; elles se distinguent fort nettement par ces caractères, soit des petites cavités irrégulières qui existent parfois à la surface des bancs calcaires, soit des cavités de la roche qui résultent de la dissolution du test de certains fossiles (par exemple des Nérinées, dans le Jurassique supérieur), soit encore de ces perforations tortueuses et souvent anastomosées, que l'on attribue à la présence d'Algues et parfois à des passages de Mollusques, etc. D'autres perforations, droites et verticales, mais qui atteignent jusqu'à 5 centimètres de long et au-delà, et qui restent étroites et sensiblement de même diamètre sur toute la longueur, sont attribuées à des Vers.

D'ordinaire, la profondeur des trous de lithophages est de 15 à 20 millimètres, et ne dépasse pas 2 à 3 centimètres ; leur diamètre à l'orifice est, en général, de quelques millimètres seulement, et, d'après mes observations, il reste toujours au-dessous de 1 centimètre ; chaque trou s'évase ensuite d'une façon notable en s'enfonçant dans la roche, et se termine par un fond arrondi. C'est là, du moins, ce que l'on observe quand ces chambres de lithophages sont entières ou à peu près ; mais il n'est pas rare de rencontrer des trous incomplets, toujours peu profonds, qui présentent des différences sensibles : les uns, restés d'un petit diamètre, sont de simples commencements de perforations, qui n'ont pas été continuées, parce que la cause déterminante de ce travail des lithophages n'a eu qu'une trop courte durée ; d'autres, beaucoup plus larges, quoique toujours d'une faible profondeur, n'offrent que le fond de chambres qui ont bien été creusées en entier, mais dont la partie supérieure a disparu, par l'érosion sous-marine qui s'est ensuite exercée à la surface du banc perforé.

On sait que les trous de lithophages sont les chambres d'habitation que se creusent, à la surface des roches dures balayées par les vagues et les courants, diverses espèces de Mollusques qui appartiennent à plusieurs genres de Lamellibranches. Leur présence révèle que, par suite d'une modification du régime de la mer, la sédimentation s'est trouvée momentanément suspendue sur le point considéré, et que, de plus, la surface des sédiments précédemment déposés s'est vue soumise à l'action des eaux marines en mouvement. Il importe donc de constater la présence de telles surfaces, d'en préciser la position dans la série des strates et d'en observer avec soin les caractères. On conçoit l'utilité de telles données, tant au point de vue de l'historique du régime des mers que sous le rapport de l'établissement des divisions stratigraphiques régionales, puisque ces dernières sont limitées par les épisodes qui sont venus modifier d'une manière notable, dans la contrée étudiée, la nature des sédiments et la composition des faunules.

Plusieurs particularités sont à considérer dans l'étude des surfaces taraudées de l'étage Bajocien et du reste du système Jurassique de la région lédonienne. Tout d'abord, on remarque qu'elles sont tantôt planes et lisses, ou à peu près, et tantôt bosselées plus ou moins fortement et d'une manière très irrégulière.

Dans le premier cas, ces surfaces n'offrent souvent que des perforations ayant toutes assez sensiblement le même diamètre : il y a eu simplement arrêt de la sédimentation, et le point considéré n'a pas été soumis à des actions érosives sensibles, du moins à l'époque de l'établissement des lithophages. Mais il n'est point rare qu'une surface taraudée plane et lisse offre, parmi les perforations complètes dont elle est criblée, des fonds de chambres de lithophages, larges et peu profonds : la surface en voie de taraudage continu a donc été balayée par les eaux avec une intensité suffisante pour effectuer une certaine érosion, et si elle est restée lisse néanmoins (souvent même plus encore que dans le cas précédent), il est permis de penser que les eaux en mouvement entraînaient des sables et des galets qui ont effectué régulièrement cette érosion d'une façon mécanique, comme une sorte de polissage.

Les surfaces bosselées, en même temps que taraudées, révèlent une action d'érosion bien plus intense ; des couches entières pourraient même avoir disparu dans certains cas. La comparaison attentive de coupes relevées dans une région assez étendue peut, dans les conditions favorables, fournir des indications sur l'importance de cette érosion. Les trous de lithophages offrent ici les différents cas signalés plus haut : ou bien ils sont tous sensiblement de même dimension, et alors on peut admettre que les Mollusques perforants se sont établis sur ce point seulement après le travail d'érosion et de bossellement ; ou bien les perforations ordinaires sont parsemées de larges fonds de chambres, ce qui indique une lente continuation des actions érosives pendant l'établissement des lithophages. Une même surface taraudée peut offrir, d'ailleurs, d'un point à un autre, les diverses particularités qui viennent d'être indiquées.

Les trous de taraudage sont ordinairement remplis d'une

roche moins résistante aux actions atmosphériques que le banc perforé ; par suite, dans les surfaces exposées à l'air, ces trous se nettoient peu à peu et deviennent parfaitement visibles au bout d'un certain temps. Dans les carrières, où la surface des bancs n'a point encore suffisamment éprouvé ces actions, le taraudage pourrait facilement parfois passer inaperçu, si l'on n'a soin d'enlever de la surface à observer, de minces éclats, sur lesquels la section circulaire des perforations est ordinairement fort nette. (Voir à ce sujet la note donnée, en bas de la page, à propos des limites du Bathonien II ; voir aussi, dans l'étude générale du Bajocien, les observations sur les modifications que les surfaces taraudées ont éprouvées sous l'action des phénomènes orogéniques).

Il n'est pas rare, en général, que la coquille perforante se retrouve encore dans le trou de taraudage qu'elle a produit. Dans les circonstances favorables, elle peut même se trouver mise en liberté ; mais je n'ai pas réussi à observer ce fait dans l'étage Bajocien comme dans les étages plus élevés du Jurassique, où les espèces perforantes les plus fréquentes sont *Lithodomus inclusus*, Phill. (Callovien inférieur, etc.) et autres espèces du même genre.

Les surfaces taraudées sont d'ordinaire parsemées de larges Huîtres plates (toujours indéterminables dans nos gisements), qui y sont soudées par toute l'étendue de leur valve inférieure. Je les indique par l'expression : Huîtres plates soudées. Leur présence, à défaut de perforations de lithophages, suffit pour indiquer un certain temps de suspension de la sédimentation.

Faune de l'étage Bajocien (1). — L'exploration, très minu-

(1) Les caractères généraux de cette faune ont été donnés déjà dans l'étude générale de l'étage sous le titre *Principaux fossiles*. Les indications des deux premiers alinéas de ce paragraphe (dont l'impression date des premiers mois de 1891) restent exactes à la condition de modifier le nombre des Ammonites et des Brachiopodes, ainsi que le passage relatif aux Polypiers de Publy, où le véritable récif du Bajocien supérieur ne m'a fourni qu'une espèce.

tieuse et souvent répétée, depuis 13 ans, des principaux affleurements bajociens de la région lédonienne, aidée des fouilles que j'ai fait exécuter dans la couche à *Ammonites Sauzei* et dans le banc à *Am. Garanti* de Revigny, m'a permis de recueillir dans cet étage une faune assez riche, malgré le très petit nombre des niveaux fossilifères offrant des échantillons déterminables et la faible surface observable pour chacun d'eux. Cette faune comprend jusqu'ici environ 140 espèces, qui proviennent la plupart de 5 ou 6 gisements ; selon toute probabilité, ce nombre s'augmenterait sensiblement par des observations plus étendues, surtout s'il se trouve des points où les couches fossilifères soient moins envahies par la végétation qu'il n'arrive d'ordinaire.

Ce sont les Céphalopodes qui donnent les caractères essentiels de cette faune, malgré la grande rareté habituelle de la plupart d'entre eux dans nos affleurements ; sur les 28 espèces que fournit cette classe, c'est-à-dire le cinquième du nombre total, elle comprend 23 espèces d'Ammonites, qui sont toutes confinées dans notre Bajocien, une seule exceptée, et dont la répartition à différents niveaux, reconnus avec précision, conduit, pour la première fois dans le Jura, à la distinction des diverses zones classiques de l'étage. Les Lamellibranches, qui offrent 45 à 50 espèces, soit le tiers de la faune, sont le plus souvent d'une mauvaise conservation, et ils ont en somme un rôle beaucoup moins important qu'on ne pourrait le croire, car ils ne sont fréquents que dans quelques couches marneuses, surtout dans la première partie de l'étage. Les Brachiopodes comprennent au moins 21 espèces, à peu près le septième du nombre total ; ils abondent parfois vers le milieu et dans le haut de l'étage, mais sont rares dans la plupart des niveaux. L'extrême abondance des articles de Crinoïdes, en compagnie de quelques Astérides et de débris d'Oursins, dans les calcaires spathiques, qui en sont parfois presque

entièrement formés, donne aux Échinodermes une part
considérable dans la constitution d'une grande épaisseur
des couches bajociennes ; mais le nombre des espèces ne
semble pas répondre à l'importance de ce rôle, car je n'en
ai guère rencontré que 14 dans l'étage entier, soit un
dixième seulement de la faune ; toutefois le petit nombre
des espèces observées, surtout des Crinoïdes dont je ne
puis citer que 2 ou 3, doit vraisemblablement s'expliquer
en partie par la difficulté de recueillir des échantillons déterminables dans les calcaires durs à Crinoïdes. Les Polypiers, à peine indiqués dans l'assise inférieure par un fort
mauvais échantillon, sont très rares dans la partie moyenne
de l'étage et fréquents, par places, dans l'assise supérieure ;
ils ne paraissent pas non plus offrir beaucoup de diversité
dans les espèces, et je ne puis en mentionner que 7 ou 8
seulement.

Les autres classes ne sont représentées chacune que par
un fort petit nombre d'espèces. Les Vertébrés sont indiqués
par quelques débris qui appartiennent à deux espèces de
Reptiles nageurs et à 3 espèces de Poissons. De rares Gastéropodes, peu déterminables d'ordinaire, représentent 5
ou 6 espèces. Les Crustacés ont fourni seulement une pince
d'un Macroure qui ne répond à aucune des espèces jurassiennes figurées par Etallon, et une plaque de Cirripède
non déterminée. Les Bryozoaires sont très fréquents dans
les couches marneuses, surtout dans les zones à *Am. Murchisonœ* et à *Am. Sowerbyi* ; en outre de quelques *Berenicea*, ce sont principalement des Cérioporides, appartenant
au genre *Heteropora* et à des genres voisins. Les Serpules
ne sont pas rares dans les diverses couches marneuses,
et l'on y rencontre aussi des Spongiaires calcaires, assez
fréquents.

Enfin les végétaux terrestres sont représentés par quelques morceaux de bois fossile, dans la partie inférieure de
l'étage, surtout dans les couches gréseuses de la base, et

peut-être même s'y trouve-t-il des empreintes de Fougères ou de Cycadées à Ronnay. En outre de traces charbonneuses qui paraissent bien appartenir à des *Chondrites*, mais qui sont peu déterminables, ces couches gréseuses contiennent les empreintes désignées par M. de Saporta sous le nom de *Cancellophycus* et dont l'attribution au règne végétal est encore discutée.

Les espèces déterminées sont au nombre de 84, comprenant 1 Poisson, 22 Céphalopodes (4 Bélemnites, 1 Nautile et 17 Ammonites), 2 Gastéropodes, 23 Lamellibranches, 19 Brachiopodes, 7 Oursins, 2 Crinoïdes, 1 Ver, 6 Polypiers, et en outre une Algue, le *Cancellophycus scoparius*.

Sur ce nombre se trouvent seulement 4 espèces provenant du Lias : *Belemnites breviformis, Nautilus* cfr. *lineatus, Pecten pumilus* et *Terebratula infra-oolithica* (1). Mais 30 espèces, soit plus du tiers de la faune déterminée, passent au Bathonien ; ces dernières comprennent 2 Céphalopodes (*Nautilus* cfr. *lineatus* et *Ammonites Garanti*), 16 Lamellibranches sur 23 (soit les deux tiers de cette classe), 10 Brachiopodes sur 19 (soit plus de moitié), 1 Oursin (*Cidaris Kœchlini*), 1 Ver (*Serpula* cfr. *conformis*) et 1 Polypier (*Isastrea salinensis*). On voit que, dans notre contrée, les Lamellibranches et les Brachiopodes établissent des rapports paléontologiques très marqués entre les deux grands étages du Dogger, tandis que les Ammonites, les Oursins et les Polypiers du premier de ces étages y restent à peu près tous confinés.

Le tableau suivant comprend l'ensemble de cette faune, répartie dans les six zones fossilifères que l'on peut distinguer dans le Bajocien de la région lédonienne.

---

(1) Ces considérations sur la faune et les passages d'espèces s'appliquent seulement au Jura lédonien. Les rapports avec le Lias paraissent plus marqués dans le Jura salinois, où l'*Ammonites opalinus* s'élève jusqu'à un niveau qui paraît bien certainement bajocien,

Faune de l'étage Bajocien.

| | | Bajocien inférieur. | | | | Bajocien moyen. | Bajocien supérieur. | |
| | | Zone de l'Am. Murchisonæ. | | Zone de l'Amm. Sowerbyi. | Zone de l'Amm. Sauzei. | Zone des Amm. Humphriesi et Blagdeni. | Zone de l'Am. Garanti. | |
Passages inférieurs.	ESPÈCES.	Niveaux A, B, C.	Niveau de l'Am. concavus.					Passages supérieurs.
	Ichtyosaurus sp. ind. (vertèbre)....	...	1					
	Plesiosaurus sp. ind. (dent).......	...	...	...	...	...	1	
	Reptile nageur (os indéterminable).	...	...	...	...	1		
	Meristodon jurensis, Sauvage, (dents)	...	...	...	...	1		
	Poisson........................	...	...	...	...	...	1	
	Strophodus sp..... ·	...	...	...	...	...	1	
	Crustacé Macroure (pince)	...	...	...	1			
	Crustacé Cirripède (plaque) ..,....	...	1					
*	Belemnites breviformis, Voltz.	...	2	2	2 cf.	1		
	— Blainvillei, Voltz.......	3						
	— sulcatus, Mill..........	...	...	...	...	2	*	
	— giganteus, Schl.	...	...	*	1 cf.	3	2	
	— sp.	...	...	...	...	...	3	
	— sp. ind...............	...	1	1				
*	Nautilus cfr. lineatus, Sow........	...	1	1	1	2	2	*
	— sp. ind...............	1	...	...	...	1		
	Ammonites Murchisonæ, Sow	2						
	— cornu, Buckm.........	...	2					
	— concavus, Sow.........	...	1					
	— cfr. lotharingicus, Brco..	*						
	— præradiatus, Douv.	...	...	1				
	— Zurcheri, Douv. (=A. Boweri, Buckm.)......	...	1					
	— Sowerbyi, Mill.........	...	...	1				
	— propinquans, Bayle.....	...	...	...	2			
	— sp. nov...............	...	...	...	1			
	— Brocchi, Sow..........	...	...	...	2			
	— (Sphæroceras), sp. ind..	...	...	...	1			
	— Freycineti, Bayle......	...	...	...	2			
	— Humphriesi, Sow.......	...	...	...	...	3		
	— sp.....................	...	...	...	...	1		
	— sp.....................	...	...	...	...	...	1	

| Passages inférieurs. | ESPÈCES. | Bajocien inférieur. | | | | Bajocien moyen. | Bajocien supérieur. | Passages supérieurs. |
| | | Zone de l'Am. Murchisonæ. | | Zone de l'Amm. Sowerbyi. | Zone de l'Amm. Sauzei. | Zone des Am. Humphriesi et Blagdeni. | Zone de l'Am. Garanti. | |
		Niveaux A, B, C.	Niveau de l'Am. concavus.					
	Ammonites Blagdeni, Sow.........	...	...	...	...	1		
	— Braikenridgi, Sow......	...	...	...	1	1 cf.		
	— (Patoceras) sp. aff. Sauzei, d'Orb.............	...	...	...	...	...	1	
	— Garanti, d'Orb.........	...	...	...	...	...	1	?
	— sp. ind. (Parkinsoni, Sow. ou pseudo-anceps, Douv.)	...	...	...	...	...	1	
	— (Perisphinctes) sp. ind..	...	...	...	...	...	1	
	Nerinea sp. ind........	...	...	...	...	1	*?	
	Pseudomelania sp. ind...........	...	...	...	...	...	1	
	Pleurotomaria cfr. Ebrayi, d'Orb..	...	...	...	*			
	— aff. pictaviensis, d'Orb,	...	...	...	*			
	— 2 sp. ind.	...	...	...	...	1	1	
	Turbo sp.	...	...	...	...	1		
	Thracia sp.............	...	...	...	...	...	2	
	Pholadomya Murchisoni, Sow.....	...	...	...	...	*	...	*
	— fidicula, Sow........	...	...	*	*			
	Homomya sp..............	...	*	1	2	1	1	
	Pleuromya tenuistria, Ag.........	1	...	?	4	...	2	*
	— Alduini, Ag............	...	...	...	2	...	...	*
	— sp.................	...	...	...	...	*		
	Panopæa sinistra, Ag...........		...	...	...	...	1	*
	Ceromya plicata, Ag.?...........	...	...	...	...	1	...	*
	Gresslya sp. aff. lunulata, Ag.....	...	?	*	*	...	2	
	— sp. nov	*						
	Astarte sp.	...	...	1	1	1		
	Trigonia costata, Lam............	...	...	*	...	...	...	*
	— sp..............	...	...	*	*	*	1	
	Arca sp.	...	...	2	2			
	Isocardia sp. ind............	...	...	...	...	...	1	
	Cardium sp..............	...	...	...	*			
	Lucina sp....	...	...	...	...	...	1	
	Perna sp..............	?	...	...	...	1		

Passages inférieurs.	ESPÈCES.	Niveaux A, B, C.	Niveau de l'Am. concavus.	Zone de l'Amm. Sowerbyi.	Zone de l'Amm. Sauzei.	Zone des Am. Humphriesi et Blagdeni.	Zone de l'Am. Garanti.	Passages supérieurs.
		Zone de l'Am. Murchisonæ		Bajocien inférieur		Bajocien moyen.	Bajocien supérieur.	
	Pinna sp.	...	...	1				
	Trichites sp. ind	...	*	*	...	...	4	
	Mytilus gibbosus, d'Orb.	...	...	...	*	...	1	*
	— sp.	...	...	*	*			
	Gervilia sp.	...	...	*	*			
	Avicula cfr. *Munsteri*, Goldf.	...	...	...	...		2	*
	— sp.	...	*	*				
*	*Pecten articulatus*, Schl.	*	4	*	...	*	2	
	— *pumilus*, Lam.	...	...	2				
	— cfr. *demissus*, Bean.	...	...	...	3	...	...	*
	— *lens*, Sow.	...	...	...	1	...	...	*
	— sp.	...	...	...	*			
	Hinnites tuberculosus, Goldf.	...	...	...	...	3		
	— sp.	...	...	...	...	...	1	
	Lima proboscidea, Sow.	*	4	4	3	*	3	*
	— cfr. *punctata*, Sow.	...	...	...	...	1		
	— *duplicata*, Sow.	...	...	3	...	...	3	*
	— sp. nov. A	3	4	4	3			
	— sp. nov. B		4	4	3			
	— sp. (plusieurs)	...	...	...	*	3	3	
	Plicatula sp.	...	...	...	...	...	1	
	Ostrea Marshi, Sow.	...	*	3	...	*	3	*
	— *costata*, Sow.	...	* cf.	...	...	...	3	*
	— cfr. *obscura*, Sow.	*	*	...		*	*	*
	— sp.		*					
	Terebratula cfr. *Eudesi*	2 *						
*	— *infra-oolithica*, Desl.	...	1	1				
	— cfr. *Stephani*, Dav.	...	1					
	— *Faivrei*, Bayle	...	1	...	...	3	2	*
	— *ventricosa*, Ziet.	...	...	...	...	3	...	*
	— *ovoides*, Sow.	...	...	...	3	5	3	*
	— *glabata*, Sow.	...	...	...	...	...	?	*
	— sp. B	...	*	...	...	...	*	

| Passages inférieurs. | ESPÈCES. | Bajocien inférieur. | | | | Bajocien moyen. | Bajocien supérieur. | Passages supérieurs. |
| | | Zone de l'Am. Murchisonæ. | | Zone de l'Amm. Sowerbyi. | Zone de l'Amm. Sauzei. | Zone des Am. Humphriesi et Blagdeni. | Zone de l'Am. Garanti. | |
		Niveaux A, B, C.	Niveau de l'Am. concavus.					
	Zeilleria Waltoni (Dav.)					3	4	*
	Aulacothyris carinata (Lam.)						1	*
	Eudesia bessina (Desl.)						?	
	Rhynchonella subangulata, Dav.		2			* cf.		
	— subobsoleta, Dav.		1					*
	— cfr. angulata, Dav.					5		*
	— Garanti, d'Orb					5		
	— quadriplicata (Sow.)				3	*	*	*
	— sp. nov					1		
	— parvula, Waagen						1	
	— bajociana, d'Orb						1	
	— sp. A						*	
	— sp.						*	
	Acanthothyris spinosa (Schl.)		3	2	2		1	*
	Berenicea sp	2 *			1		·2	
	Bryozoaires non déterminés	3	5	3		*	4	
	Echinobrissus sp		1					
	— sp. ind						1	
	Cidaris Lorteti, Cott		2					
	— Pacomei, Cott	1	2					
	— Zschokkei, Des		*			*		
	— cfr. spinulosa, Rœ			1				
	— Kœchlini, Cott						2	*
	— sp.						1	
	Rhabdocidaris horrida (Munst.)		4	2		1		
	Stomechinus sulcatus, Cott		1					
	Débris d'Échinodermes indétermin.	*	*	*	*	*	*	
	Pentacrinus bajocensis, d'Orb		*			5	* cf.	
	— crista-galli, Quenst		*			*		
	— sp.	*	*	*				
	Astérides (plaques indéterm.)					1	2	
	Serpula cfr. conformis, Goldf					*	*	*
	— sp. (plusieurs)	*	*	*	*		*	

Passages inférieurs.	ESPÈCES.	Bajocien inférieur.				Bajocien moyen.	Bajocien supérieur.	Passages supérieurs.
		Zone de l'Am. Murchisonæ.		Zone de l'Amm. Sowerbyi.	Zone de l'Amm. Sauzei.	Zone des Am. Humphriesi et Blagdeni.	Zone de l'Am. Garanti.	
		Niveaux A, B, C.	Niveau de l'Am. concavus.					
	Isastrea salinensis, Koby	...	...	...	...	2	4	
	— *tenuistriata.* Fr. et F......	...	...	...	...	...	*	
	— *Bernardi,* d'Orb.	...	...	...	...	...	*	
	Confusastrea Cotteaui, d'Orb......	...	...	...	...	...	*	
	Thamnastrea Terquemi, E. et H...	...	...	...	...	...	*	
	— *M'Coyi,* E. et H.....	...	...	...	...	...	*	
	Polypier indéterminable	...	1					
	Spongiaires non déterminés.......	3	4	...	...	1	2	
	Végétaux terrestres.............	1	1					
	Chondrites sp.	2						
	Cancellophycus scoparius (Thioll.)..	2	...	*aff.				

Limite inférieure du Bajocien. — Dans l'étude générale de l'étage, j'ai rappelé tout d'abord que la fixation de cette limite au-dessous des couches à *Ammonites opalinus*, adoptée par Oppel, à la suite de L. de Buch, Thurmann et Gressly, est encore généralement suivie en Allemagne. — Le reste de cet alinéa doit être considéré comme non avenu ; car il est rendu inexact pour le Jura lédonien ou non applicable à la discussion de cette limite, par la découverte, près de Salins, du niveau d'oolithe ferrugineuse inférieure d'Aresches à *Am. opalinus* et les modifications qui paraissent en résulter pour la synonymie des couches de passage du Lias au Bajocien du Jura salinois et du Jura lédonien.

Les objections au groupement adopté par Oppel et à celui de M. Mayer-Eymar, qui ont été présentées ensuite dans cette étude générale, conservent, par contre, toute leur valeur, d'après mes observations les plus récentes. Il ne paraît plus possible, il est vrai, pour justifier le rattachement au Lias de l'Oolithe ferrugineuse à *Am. opalinus*, de s'appuyer sur une apparition de ce facies ferrugineux plus ancienne au S. qu'au N. de notre région. Mais d'autres données à l'appui de ce groupement sont fournies par ce fait que, du S. au N. du Jura lédonien, le passage au gros banc supérieur de cette Oolithe s'effectue par une alternance de couches marneuses rappelant plus ou moins celles du Toarcien (à Blois surtout et à Messia), et par la présence, dans les couches ferrugineuses, d'un assez bon nombre d'espèces toarciennes. Dans le même ordre d'idées, les couches gréseuses et fortement micacées de la région de Salins qui me paraissent devoir être attribuées à la base du Bajocien, présentent des faits analogues à ceux que j'ai cités précédemment à Ronnay.

Toutefois, si la séparation de l'Oolithe ferrugineuse à *A. opalinus* et des couches supérieures est fort nette au point de vue paléontologique dans les environs de Lons-le-Saunier, on conçoit qu'elle présente sous ce rapport moins de facilité dans les régions où, comme aux approches de Salins, des couches ferrugineuses ammonitifères se succèdent à partir de cette Oolithe, à divers niveaux peu distants les uns des autres. L'étude stratigraphique suffisamment détaillée et très précise de ces niveaux successifs est de la plus grande importance pour déterminer la limite en question, et il serait extrêmement utile à cet égard de bien connaître les formes d'Ammonites qui se succèdent dans chacun de ces niveaux.

Dès à présent, il paraît certain que les relations paléontologiques entre la zone de l'*A. opalinus* et celle de l'*A. Murchisonæ* sont plus marquées dans la région salinoise, comme on peut s'y attendre en présence des répétitions du facies ferrugineux ; mais je ne possède encore sur ce sujet que des données trop incomplètes pour pouvoir les utiliser ici. Quoi qu'il en soit, la limite la plus convenable dans notre contrée pour la base du Bajocien me paraît toujours devoir être placée entre les deux zones.

On a vu dans les pages qui précèdent que M. Buckmann avait cru tout d'abord au manque de la zone de l'*Am. concavus* dans la plus grande partie de l'Europe. Cette discordance constituait justement la base essentielle du groupement admis par M. Vacek, et qui a déjà été examiné, par rapport à notre région, dans l'étude générale de l'étage. La présence de la zone de l'*Am. concavus* dans le Jura justifie l'opinion que j'ai émise alors au sujet de ce groupement, et l'extension de cette zone dans les Hautes-Alpes comme dans la Normandie donne beaucoup plus de valeur à cette observation.

Limite supérieure de l'étage. — Auguste Etallon (1), en 1857, est le premier de nos auteurs jurassiens qui a limité le Bajocien à la base des Marnes à *Ostrea acuminata*. Je regrette que ce fait me soit échappé lors de ma première rédaction.

Subdivisions. — On a vu plus haut que M. Munier-Chalmas et M. Haug groupent les zones du Bajocien en trois divisions principales ou assises. C'est aussi une division ternaire de l'étage qui est adoptée ici. Les deux savants géologues placent la limite inférieure du Bajocien moyen entre la zone de l'*Ammonites concavus* et celle de l'*A. Sowerbyi*. Cette limite est souvent fort peu nette dans le Jura lédonien ; je n'ai pu l'établir qu'avec beaucoup de difficulté, et ce n'est que par la comparaison minutieuse de coupes exactes que l'on parvient à la reconnaître dans les diverses localités étudiées, car les zones de l'*A. concavus*,

(1) *Esquisse.. géol. du Haut-Jura... des environs de Saint-Claude*, p. 14.

de l'*A. Sowerbyi* et de l'*A. Sauzei* présentent, sous tous les rapports, dans notre région, de grandes variations d'une localité à une autre. Par contre, la zone de l'*Am. Sauzei* et les calcaires à silex qui la surmontent fournissent d'ordinaire une limite facile dans notre contrée. Comme il s'agit seulement d'une simple délimitation d'assises, qui peut garder jusqu'à un certain point le caractère régional, il paraît utile, pour faciliter la distinction des assises bajociennes dans ce pays, de conserver ici le groupement établi tout d'abord. La connaissance des zones ammonitifères de notre Bajocien constitue d'ailleurs les éléments essentiels pour l'établissement des parallélismes, et il sera toujours facile à cet égard de grouper ces zones selon que peut le réclamer l'affinité de leurs faunes d'Ammonites.

Je conserve aussi la limite précédemment adoptée pour le Bajocien supérieur, qu'il est moins facile d'ailleurs de comparer exactement par sa base au Bajocien supérieur de nos auteurs jurassiens. Mais à cause du doute qui peut subsister sur la position précise du lambeau qui renferme *Eudesia bessina* et de la présence dans cette assise de rares Ammonites du groupe d'*Ammonites Garanti*, je la désignerai par le nom de cette dernière espèce.

Points d'étude et coupes. — Aux coupes rapportées dans l'étude générale du Bajocien s'ajoutent, pour le Jura lédonien, celles de Revigny, des Granges de Ladoye et de Poligny, qui offrent la plus grande partie de l'étage ; en outre, j'ai relevé près de Salins celles d'Aresches et de la Roche-Pourrie, qui donnent seulement en détail sa partie inférieure, et celle de Cernans pour la zone de l'*Am. Sauzei* et les couches voisines. On trouvera plus loin ces diverses coupes.

I. — BAJOCIEN INFÉRIEUR.

ASSISE DE L'AMMONITES MURCHISONÆ

ET DE L'AMMONITES SOWERBYI

ou CALCAIRE LÉDONIEN.

Synonymie probable rectifiée.

Grès superliasique (sauf peut-être la base ?), *Oolite ferrugineuse* et *Calcaire lédonien* (non *Oolite ferrugineuse* des environs de Lons-le-Saunier). Marcou, 1846.

Marnes d'Aresches (sauf peut-être la base ?), *Fer de la Roche-Pourrie* et *Calcaire de la Roche-Pourrie*. Marcou, 1856 et 1860.

Groupes C et D du Toarcien (non *Groupe D* de Lons-le-Saunier), avec *Oolite ferrugineuse* (*Marcou*) et *Calcaire lédonien* (en partie). Bonjour, 1863.

Lédonien (limites douteuses). Pidancet, 1863.

Calcaire siliceux à Ammonites Murchisonæ et *Calcaire à entroques* (en partie, selon les localités). Ogérien, 1867.

Le Bajocien inférieur lédonien comprend une succession de zones ammonitifères qui peuvent être portées au nombre de quatre, d'après l'ensemble des travaux les plus récents : celles de l'*Ammonites Murchisonæ*, de l'*A. concavus*, de l'*A. Sowerbyi* et de l'*A. Sauzei*.

La zone de l'*Am. concavus*, de M. Buckmann, se rattache d'une manière intime, en France comme en Angleterre, par sa faune d'Ammonites du genre *Harpoceras*, aux couches sous-jacentes à *Ammonites Murchisonæ*, qui offrent surtout aussi des espèces de ce même genre. Les espèces principales des deux zones ne se distinguent même qu'avec difficulté. C'est ainsi que *A. cornu*, l'une des espèces les plus caractéristiques de la zone de l'*Ammonites concavus* dans ces deux contrées, n'est, en somme, qu'une simple mutation de l'*A. Murchisonæ*, c'est-à-dire une variété de cette espèce, localisée dans un niveau stratigraphique déterminé. Peut-être l'étude des autres couches ammonitifères de la zone de l'*A. Murchisonœ* viendra-t-elle encore permettre d'y reconnaître d'autres niveaux, caractérisés par des mutations analogues d'espèces principales. En attendant des études plus complètes sous ce rapport dans notre région, et, d'autre part, la connaissance détaillée du Bajocien dans le reste du Jura, ces considérations permettent, dans ce travail, de conserver aux couches à *Ammonites concavus* le rang de simple niveau principal, situé au sommet de la zone de l'*Am. Murchisonœ*, et compris dans les limites de celle-ci, telle qu'on l'entendait jusqu'à ces derniers temps.

Notre Bajocien inférieur comprend donc une zone de l'*Ammonites Murchisonœ* (Bajocien inférieur de M. Munier Chalmas et de M. Haug), suivie de la zone de l'*Am. Sowerbyi*, à laquelle succède la zone de l'*Am. Sauzei* qui termine l'assise.

1° — ZONE DE L'AMMONITES MURCHISONÆ.

A. — Niveau des Grès à Cancellophycus scoparius de Ronnay.

SYNONYMIE PROBABLE.

Grès superliasique. Marcou, 1846. Sauf peut-être la base ?
Marnes d'Aresches. Marcou, 1856.   Id.

L'alternance de bancs marno-gréseux, micacés et de bancs calcaro-gréseux, indiquée à ce niveau dans l'étude générale de l'étage, conserve assez bien ses caractères depuis les environs de Beaufort à ceux de Salins. Plus marneuse et moins chargée d'éléments gréseux à Grusse, elle prend au voisinage de Lons-le-Saunier l'aspect gréseux et rognoneux, offre à Ronnay la composition déjà signalée, et devient, aux approches de Poligny, plus résistante encore aux actions atmosphériques. Près de Salins, elle reprend dans la partie inférieure une composition plus marneuse, mais avec de minces plaquettes de grès fortement micacé (1). Le *Cancellophycus scoparius* n'a été rencontré jusqu'ici que près de Lons-le-Saunier (Conliège et Ronnay).

La puissance, qui est de 6 à 8 m. à Grusse, d'environ 7 m. à Messia et à Montciel et de 6m40 à Ronnay, atteint 8m30 à Blois, ainsi qu'à Poligny ; elle serait de 7m50 à Salins, sous la réserve de l'exactitude du parallélisme proposé.

B. — Niveau des calcaires ferrugineux à silex inférieurs de Messia.

SYNONYMIE PROBABLE.

Oolithe ferrugineuse (partie inférieure), dans la région de Salins, non dans celle de Lons-le-Saunier. Marcou, 1846.

Fer de la Roche-Pourrie (partie inférieure), dans la région de Salins. Marcou, 1856.

Calcaire ferrugineux à Ammonites primordialis (dans la région de Salins). Ogérien, 1867.

Ce niveau comprend à Blois un calcaire à rognons de silex, teinté par les matières ferrugineuses et fort analogue à celui qu'il offre à Messia. Mais à Vaux-sur-Poligny, la moitié inférieure est une alternance de minces lits marneux et de bancs calcaires, qui renferment en abondance, dans le bas, de petits grains ferrugineux ou des oolithes de même nature, et le niveau se termine par 4m50

(1) C'est du moins ce qui existerait à la Roche-Pourrie et Aresches, si les études subséquentes viennent à justifier le parallélisme probable du Grès superliasique de M. Marcou (en totalité ou en partie) avec les Grès à *Cancellophycus scoparius* de Ronnay.

de calcaire grenu, un peu ferrugineux par places, et contenant des silex. Je n'y ai pas recueilli de fossiles.

Près de Salins, selon le parallélisme probable que je propose, le niveau **B** présenterait, à Aresches, 6m80 de calcaires, souvent un peu marneux et à texture peu régulière, qui offrent, à plusieurs reprises à partir de la base, des oolithes ferrugineuses plus ou moins caractérisées; elles abondent surtout dans un petit banc terminal, à surface irrégulière et taraudée. A la Roche-Pourrie, on aurait, sur la même épaisseur, une succession analogue de couches calcaires, parfois un peu marneuses et se délitant alors d'une façon irrégulière, colorées par des matières ferrugineuses dans la partie moyenne et dans le haut ; cette succession se termine par un lit de rognons verdâtres, phosphatés (?), accompagné d'un banc de 0m80 d'oolithe ferrugineuse (premier banc d'oolithe ferrugineuse de la Roche-Pourrie). Les fossiles sont nombreux à la partie supérieure dans ces deux localités, et l'on peut y recueillir dans ce niveau une faune assez riche. Je ne puis en citer actuellement que *Ammonites Murchisonœ* variété *Baylei, A. opalinus, A.* cfr. *lotharingicus, Pholadomya Murchisoni, Pleuromya tenuistria, Gresslya* sp. nov.? *G. aff. lunulata, Terebratula Eudesi, Berenicea* sp.(1).

La puissance, qui est de 6 m. à Grusse et 6m80 à Messia, semble rester, près de Salins, la même que dans cette dernière localité. Elle paraît atteindre 8m35 près de Poligny.

C. — Niveau des calcaires oolithiques et spathiques à silex de Conliège.

A Poligny, ce niveau comprend environ 40 m. de cal-

(1) Les fossiles recueillis à la Roche-Pourrie par M. Cottez et qui ont été indiqués ci-devant, semblent, d'après la nature de la roche, provenir, pour la plupart, de couches ferrugineuses de ce niveau.

caire dur, grenu dans le bas, qui se charge de petites parcelles miroitantes et passe, dans le haut, à un calcaire spathique ; des silex s'y trouvent sur quelques mètres à la base et dans la partie moyenne ; un pointillé ferrugineux, d'importance variable, existe dans la partie inférieure, sur une épaisseur notable, et le milieu du niveau présente des bancs contenant de fines oolithes ferrugineuses, assez abondantes.

Près de Salins, sous réserve du parallélisme admis pour les niveaux précédents, on a d'abord à ce niveau 4^m50 de calcaire teinté sur la tranche par l'oxyde de fer, et surmonté d'un banc d'environ 0^m60 de calcaire ferrugineux (second banc d'oolithe ferrugineuse de la Roche-Pourrie). Puis viennent 15 à 18 m. de calcaires durs, qui forment en grande partie l'escarpement de la Roche-Pourrie ; ils sont suivis d'une couche marneuse de 0^m80 qui paraît appartenir au niveau suivant, bien qu'il ne m'ait pas été possible d'en rechercher les fossiles. La puissance du niveau ne dépasserait pas ici 23 m., si la limite supérieure est exacte.

D. — Niveau de l'Ammonites concavus.

SYNONYMIE.

Niveau des marnes noires à Bryozoaires avec Ammonites Murchisoni, L.-A. Girardot, 1891 (dans l'étude générale de l'étage).
Zone de l'Ammonites concavus, Buckmann, 1887 ; Munier-Chalmas, 1891 ; Haug, 1891.

Les Ammonites indiquées à ce niveau près de Lons-le-Saunier, dans l'étude générale de l'étage, appartiennent, comme il a été dit ci-devant, à deux espèces du genre *Harpoceras*, toutes deux « essentiellement caractéristiques de la zone à *Harpoceras concavum* d'Angleterre (1) » :

(1) Émile HAUG : *Les chaînes subalpines entre Gap et Digne*, 1891, p. 65.

Ammonites cornu, Buckm. (mutation d'*Am. Murchisonæ*, Sow.).

Ammonites concavus, Sow.

Ces deux espèces se sont rencontrées dans les affleurements de Conliège, de Messia et de Montmorot. Le premier a fourni un *Am. concavus* de 58 millimètres de diamètre et probablement un *Am. cornu*. Les deux autres gisements ont fourni tous deux quelques exemplaires de 25 à 35 millim. de diamètre, appartenant à *Am. cornu*, et le dernier a donné en outre deux *Am. concavus*.

Le niveau se voit en entier au bord de la route de Vaux-sur-Poligny, où il atteint 8ᵐ50. Il débute, sur la surface irrégulière du niveau précédent, par une couche marneuse de 0ᵐ10 à 0ᵐ20, et comprend, sur une épaisseur totale de 8ᵐ50, une alternance de lits marneux et de bancs calcaires, avec une couche de 1ᵐ50 de marne vers le milieu. Des recherches trop rapides m'ont permis seulement d'y recueillir quelques-uns des radioles d'Oursins et des Bryozoaires habituels dans ce niveau, mais sans aucune Ammonite.

A Revigny, l'affleurement de la route, près de la fontaine, offre la partie moyenne du niveau, comprenant 3 m. de calcaire un peu spathique, à pointillé ferrugineux, situé entre 2 bancs de marne et surmonté de 2ᵐ80 d'un calcaire analogue, à surface lisse, fortement taraudée.

La partie inférieure du niveau se voit sur 3 à 4 m. à Grusse et sur 3 m. à Lons-le-Saunier, en haut du chemin de Montciel. Elle se montre aussi à peu près sur la même épaisseur au sommet de l'abrupt de la Roche-Pourrie, près de Salins, offrant à la base la couche marneuse noirâtre citée plus haut ; mais cet affleurement ne paraît pas abordable.

2° — ZONE DE L'AMMONITES SOWERBYI.

Niveaux A et B.

La zone de l'*Ammonites Sowerbyi* présente, dans les nouveaux affleurements étudiés, des variations qui accentuent encore les difficultés de la distinction des niveaux **A** et **B**. L'observation d'autres gisements montrera s'il y a lieu de supprimer cette subdivision, ou s'il convient, tout en la maintenant, de placer la limite séparative à la base de la couche marneuse à petites Pholadomyes de Messia. J'inclinerais à présent à croire que cette dernière limite serait préférable.

La zone débute à Revigny par une couche de marne noire, peu fossilifère, beaucoup plus épaisse que dans nos autres gisements. Cette couche, qui atteint 2^{m}50, renferme surtout des Bryozoaires, quelques petits Spongiaires, des radioles de *Cidaris*, de rares Lamellibranches et *Acanthothyris spinosa*. Puis vient 1^{m}60 de calcaire un peu spathique, ce qui donne seulement pour le niveau **A** une épaisseur de 4^{m}10. Au-dessus, le niveau **B** présente une alternance de 1^{m}90 de bancs calcaires avec des lits marneux, puis une nouvelle alternance analogue, épaisse de 4^{m}10 et terminée par un banc calcaire à surface irrégulière, taraudée. Ces deux alternances répondent bien aux deux parties **a** et **b** du niveau **B**, qui atteint en tout 6 mètres.

Dans le ravin de Rochechien, le petit affleurement de la zone de l'*Am. Sauzei*, n'offre que la partie supérieure du niveau **B**. Elle comprend un banc délitable, sableux et à parcelles ferrugineuses, riche en bivalves par places *(Homomya* sp., *Trichites, Rhynchonella)*, surmonté d'un banc de 0^{m}90 de calcaire spathique, pointillé de rougeâtre, à surface inégale, taraudée.

L'affleurement de Perrigny, sur le chemin de Serin, ne

montre également que la partie supérieure du niveau **B**. Elle comprend 2^m50 de calcaire, d'abord un peu marneux, qui passe, à la base et dans le haut, à une oolithe ferrugineuse; la surface est taraudée et chargée par places d'une croûte d'oxyde de fer.

A Vernantois (chemin de Bornay), j'ai relevé seulement, lors d'une visite trop rapide, la présence, au sommet de la zone, d'une couche marneuse de 1 m., contenant *Belemnites giganteus* et un débris d'Ammonite indéterminable, surmontée de 2^m30 de bancs calcaires. Vers le haut du chemin, il paraît possible d'étudier en entier toute la zone.

Près de Ladoye, la base de cette zone n'est pas visible, probablement sur une épaisseur très faible. On a d'abord 4^m50 de calcaire grenu, à pointillé ferrugineux, qui appartient au niveau **A** et peut-être à la partie inférieure du niveau **B**; puis viennent, pour ce dernier niveau, 0^m15 de marne, surmontée de 3^m40 de calcaire analogue au précédent.

A Vaux-sur-Poligny, la zone débute par une couche de marne de 0^m20, suivie de 3^m30 de calcaire grenu, un peu spathique, ce qui donnerait seulement 3^m50 pour le niveau **A**. Puis vient une alternance de 6^m30 de petits bancs calcaires et de lits marneux, terminée par 0^m10 de marne.

3° — ZONE DE L'AMMONITES SAUZEI.

La zone de l'*Ammonites Sauzei* est assez développée et très fossilifère dans le ravin de Rochechien, près de Revigny, où les couches de passage du Bajocien inférieur au Bajocien moyen constituent un lambeau fortement incliné, décrit dans les coupes partielles de cet étage comme l'un des meilleurs affleurements que je connaisse de cette zone. La partie inférieure **a** de celle-ci comprend 0^m20 de marne

très dure, grenue, avec *Pleurotomaria* sp., *Lima proboscidea* et autres Lamellibranches, puis un banc de 0 m. 15
de calcaire dur, un peu marneux en dessus et à surface
irrégulière, chargée de fossiles, dans lequel se trouvent,
avec de nombreux Lamellibranches, des rognons qui semblent des cailloux roulés et atteignent jusqu'à 0 m. 25 de
diamètre. — La partie supérieure **b** se compose d'une
couche marneuse, de 0 m. 25, grenue, très-dure, contenant
par places un petit banc calcaire ou une ligne de rognons,
et qui renferme *Ammonites Freycineti*, assez fréquent, avec
de nombreux Lamellibranches et Brachiopodes. Les premiers bancs du Bajocien moyen qui viennent au-dessus
tranchent d'une manière fort nette.

La zone est notablement réduite et peu caractérisée à
1.500 m. plus au S., où elle n'offre, au bord de la route de
Revigny, qu'une épaisseur totale de 0^m40. La partie inférieure **a** comprend 0^m20 de marne, contenant un petit banc
de 5 à 10 centimètres de calcaire marneux, à texture irrégulière, fossilifère (Pleuromyes, Serpules, etc.). La partie
supérieure **b** offre un banc de 0^m20 de calcaire dur, grenu.

Près de Vernantois, à la montée du chemin de cette localité à Bornay, la zone affleure sur plusieurs points, avec
les couches précédentes. L'affleurement N. montre la petite succession suivante :

ZONE DE L'AMMONITES SOWERBYI (partie supérieure).

1. — Couche marneuse, *Belemnites giganteus*, débris d'Ammonite indéterminable. Visible sur . . . . 1 m.
2. — Bancs calcaires. . . . . 2^m30.

ZONE DE L'AMMONITES SAUZEI.

a. — *Partie inférieure.*

3. — Gros banc calcaire, contenant, dans la moitié supérieure, de
nombreux bivalves, dont les moules sont en partie phosphatés ;

j'ai recueilli un *Am. propinquans* en dessus. Surface taraudée par places. . . . . 0m70.

b. — *Partie supérieure.*

4.—Couche marneuse,irrégulière,fossilifère(Lamellibranches) et contenant des rognons verdâtres, probablement phosphatés; environ . . . . 0m35.
Les calcaires à silex de la base du Bajocien moyen se voient ensuite sur une dizaine de mètres.

Au-dessus de l'ermitage de Conliège, la zone de l'*Am. Sauzei*, incomplètement observable, présente, sur 0m50, un banc calcaire, de texture irrégulière, parfois un peu délitable, pétri, par places, de Lamellibranches dont les moules et la gangue offrent des parties verdâtres ou blanchâtres, phosphatées.

Un autre petit affleurement de cette zone se voit au-dessus de Perrigny, sur le bord du chemin de Serin, comme l'indique la coupe ci-après. Vers le niveau de la limite supérieure des vignes, le bord du chemin offre de petits affleurements de marnes grises du Toarcien supérieur; puis on voit quelques grands morceaux, de 0m50 d'épaisseur, du banc supérieur d'oolithe ferrugineuse à *Ammonites opalinus*, légèrement éboulés et qui m'ont fourni *Pecten pumilus*, avec *Rhynchonella cynocephala*. A 2 mètres plus haut, et bien en place, on observe des couches inférieures du Bajocien, comprenant d'abord 5 à 6 mètres de l'alternance de petits bancs marno-gréseux et calcaires du niveau des Grès à *Cancellophycus scoparius*. Au-dessus, on a 6 à 7 mètres de calcaire à rognons de silex et parfois à pointillé ferrugineux, qui appartient au niveau des calcaires ferrugineux à silex inférieurs de Messia. Puis viennent des calcaires broyés, suivis de calcaires durs, interrompus un peu plus haut. On trouve ensuite, à côté du chemin, de petites carrières dans l'une desquelles on relève la succession suivante :

ZONE DE L'AMMONITES SOWERBYI (partie supérieure).

1. — Banc calcaire, à peine marneux, noirâtre, criblé de grains ferrugineux et en partie d'oolithes de même nature. Visible sur. . . . . 0ᵐ50.

2. — Calcaire dur, qui passe dans le haut à l'oolithe ferrugineuse. Surface taraudée, portant une plaquette très ferrugineuse et à débris miroitants . . . . 2 m.

ZONE DE L'AMMONITES SAUZEI.

a. — *Partie inférieure.*

3. — Calcaire dur, grenu, un peu ferrugineux par places et parfois à peine marneux à la base. Nombreux Lamellibranches. Surface irrégulière . . . . , . . . 0ᵐ45.

b. — *Partie supérieure.*

4. — Banc calcaire, blanchâtre ou brunâtre . . . 0ᵐ20.

Au-dessus, se trouve un banc de 0ᵐ25 de marne blanchâtre, surmonté de quelques mètres des calcaires à silex du Bajocien moyen.

La zone de l'*Am. Sauzei* affleure avec les couches voisines dans le flanc oriental de la vallée de Baume-les-Messieurs, sur le chemin de cette localité à Crançot. On peut même observer sur ce point la plus grande partie du Bajocien inférieur (surtout dans la moitié supérieure), avec les premières couches qui lui succèdent ; mais je n'ai pu y faire jusqu'ici que des observations trop rapides pour en relever la coupe détaillée. Je dois à l'obligeance de M. Berlier un *A. Freycineti*, de 0 m. 22 de diamètre, qui lui avait été remis par M. Nachon, de Crançot, et qui proviendrait fort probablement de cette localité d'après les souvenirs de ce dernier ; il me semble d'ailleurs y reconnaître une Ammonite dont j'ai noté la présence peu au-dessous des bancs à silex du Bajocien moyen, en visitant ce point en 1889. Il est donc tout à fait probable que cette espèce se trouve à Baume dans la zone de l'*Am. Sauzei*, comme à Messia, etc.

La coupe de Ladoye présente, dans la partie inférieure de la zone de l'*Ammonites Sauzei*, un banc calcaire de 0ᵐ20, un peu délitable en rognons, qui renferme quelques Lamellibranches et dont la surface est peut-être taraudée. La partie supérieure de la zone est un banc calcaire de 0ᵐ60, bosselé en dessous et en dessus, qui porte une croûte irrégulière et contient quelques bivalves. L'épaisseur totale est ainsi de 0ᵐ80.

C'est aussi à la même zone qu'appartient un gros banc tacheté de gris-verdâtre et riche en Lamellibranches, que M. le Dr Coras m'a fait voir au-dessous des calcaires à silex du Bajocien moyen, au bord du chemin qui monte de Frontenay sur le plateau.

En résumé, dans la partie centrale du Jura lédonien, la zone de l'*Ammonites Sauzei*, poursuivie de Vernantois à Ladoye et à Frontenay, sur près d'une vingtaine de kilomètres du S. au N., se compose de couches ordinairement riches en Lamellibranches et très variables, à tous égards, mais dans lesquelles il est possible le plus souvent de reconnaître les deux parties successives **a** et **b** qui ont été indiquées dans l'étude générale. Le taraudage de la surface du banc inférieur à *Am. propinquans*, à Vernantois et peut-être aussi à Ladoye, accentue la distinction de ces deux parties. Les Ammonites n'ont été rencontrées jusqu'ici qu'à Messia, à Conliège, dans le ravin de Revigny, à Vernantois et à Baume.

Bien que les deux parties de la zone de l'*Ammonites Sauzei* que j'ai désignées jusqu'ici par **a** et **b** ne soient pas toujours distinctes dans nos affleurements, il me paraît convenable en présence des caractères observés à Vernantois, Revigny, Messia et Conliège, de les considérer, au moins provisoirement, comme deux niveaux, sous les désignations suivantes :

A. — Niveau des *Ammonites adicrus* et *A. propinquans*

de Messia (= Partie inférieure **a** de la zone de l'*Am.Sauzei*, dans les descriptions qui précèdent).

B. — Niveau des *Ammonites Brocchi* et *A. Freycineti* de Messia (=Partie supérieure **b** de la zone de l'*A.Sauzei*.)

La zone de l'*Ammonites Sauzei* possède à Vaux-sur-Poligny un facies très remarquable, que j'ai rencontré seulement dans cette localité et qui mérite une attention toute spéciale.

Elle comprend ici un banc de galets ovoïdes, assez plats et souvent allongés, serrés les uns contre les autres et toujours posés à plat, réunis par une gangue de calcaire à peine marneux, de texture variable, gris-clair ou gris-verdâtre, un peu ferrugineux et rougeâtre par places, avec des parties blanchâtres, quelques grosses oolithes peu dures et des Lamellibranches peu abondants, indéterminables d'ordinaire (*Cardium* sp.). Cette gangue est légèrement phosphatée.

Les galets sont de grosseurs diverses ; on peut leur attribuer en moyenne 10 centimètres de long sur 6 à 7 de large et 2 à 3 d'épaisseur ; parfois ils dépassent 15 centimètres de longueur, mais les petits n'ont que 5 à 6 centimètres. Ils offrent une texture variée : un grand nombre sont d'un calcaire grisâtre, clair, gris-verdâtre ou brunâtre, à grain assez fin, dur ou bien un peu marneux, contenant de nombreuses tigelles de même nature, diversement contournées, ou de petits corps ovoïdes, allongés, à surface lisse ; d'autres, assez fréquents, sont d'un calcaire à grain fin, gris-clair, parfois un peu marneux, de texture uniforme : l'un, en calcaire marno-siliceux, contient un *Pecten* ; un autre, d'une roche analogue, renferme *Pholadomya fidicula*.

Presque tous ces galets sont couverts d'une croûte calcaro-ferrugineuse, noirâtre ou d'un brun rougeâtre, à couches concentriques, qui atteint souvent une épaisseur de 1 à 5 millimètres et se détache d'ordinaire facilement du corps du galet.

La surface de ce dernier présente fréquemment de petits creux variables, qui sont les traces d'une érosion subie avant la formation de la croûte ; un galet non encroûté est creusé de cavités irrégulières, parfois assez larges et profondes, où restent en saillie de nombreux débris fossiles respectés par l'action dissolvante qui s'est exercée à la surface : ce sont de petits Gastéropodes (Nérinées, etc.), des fragments de Lamellibranches et de Crinoïdes, ainsi qu'une tigelle quartzeuse. Un autre échantillon, à peu près non encroûté et qui a été aussi attaqué par l'action érosive, porte de petites Huîtres, des Serpules et des Bryozoaires sur tout son pourtour ; d'autres ont leur croûte chargée de petites Serpules en grand nombre et parfois sur les deux faces.

L'épaisseur de cette couche de galets augmente sensiblement du côté de l'est: de 0^{m}25 qu'elle présente à l'extrémité O. de l'affleurement, elle passe progressivement à 0^{m}35 à l'extrémité opposée, à une trentaine de mètres de distance.

L'ensemble des caractères qui viennent d'être indiqués montre que l'on a réellement ici un amas de véritables galets, qui furent souvent remaniés dans des eaux fort peu profondes, avant de s'arrêter définitivement à l'E. de Poligny. Une érosion très intense s'est donc produite à l'époque de l'*Ammonites Sauzei*, sur des roches dont une partie au moins appartenait aux couches les plus récemment formées du Bajocien inférieur. Le volume et l'abondance des galets permettent même de penser que le point d'où ils proviennent et qui fut soumis à l'action démolissante des flots ne devait pas être fort éloigné de notre région lédonienne.

L'augmentation régulière d'épaisseur que possède cette

couche de galets du côté oriental ne paraît pas devoir être invoquée pour rechercher leur provenance dans cette direction, d'autant plus qu'elle n'a été constatée que sur une trop faible étendue. Elle indiquerait plutôt, ce semble, une certaine inégalité du fond de mer qui a été nivelé par ce dépôt : dans cet ordre d'idées, le sol devait être relevé du côté occidental.

La région soumise à l'érosion n'est pas, d'ailleurs, située au S. de Poligny, puisque les bancs calcaires fossilifères de cette même zone ont été observés dans cette direction à partir de Ladoye, à 7 kilomètres des gisements de Vaux.

La brusque diminution d'épaisseur et probablement la disparition plus ou moins totale de la zone de l'*Ammonites Sauzei* au N. de l'affleurement de Messia, m'a conduit précédemment (dans l'étude générale de l'étage) à signaler comme possible l'absence de cette zone au N.-O. de Lons-le-Saunier, par suite d'un relèvement du sol qui se serait produit dans cette direction, vers la fin du dépôt de la zone de l'*Ammonites Sowerbyi*.

L'existence de la couche de galets de Vaux-sur-Poligny concorde bien avec cette idée d'un relèvement du sol à cette époque, dans le voisinage de notre région d'étude ; elle conduit même à admettre une action de ce genre plus intense encore que je n'avais dû le penser d'abord, et probablement une véritable émersion.

Comme on va le voir par la coupe de Cernans, la zone de l'*Ammonites Sauzei* paraît représentée en entier, et dans des conditions bien plus normales qu'à Poligny, au N.-E. de cette ville, dans le voisinage de Salins. C'est donc bien au N.-O. de la ligne de Lons-le-Saunier à Vaux-sur-Poligny qu'il convient de rchercher la situation géographique des strates démolies par les eaux, à l'époque de l'*Ammonites Sauzei*.

Les faits observés restent insuffisants, il est vrai, pour fournir des indications précises à cet égard. La continuation de l'étude détaillée du Bajocien au-delà des limites de mes observations jusqu'à ce jour, et la comparaison rigoureuse de nouvelles coupes, relevées avec toute la précision possible, permettront seules des conclusions définitives.

Un fait important reste acquis toutefois, c'est la diversité de facies qu'offre la zone de l'*Ammonites Sauzei*, dans notre région lédonienne et dans son voisinage. On peut résumer de la manière suivante les caractères de cette zone dans les deux facies principaux dont j'ai reconnu l'existence :

1°. — *Facies normal avec Ammonites.* — Dans la partie centrale du Jura lédonien, sédimentation chimique dominante, donnant des calcaires fossilifères, parfois à oolithes ferrugineuses et souvent un peu phosphatés, divisés en deux minces couches que sépare, par places, une surface taraudée ; la première couche (niveau **A**) contient *Ammonites propinquans* et *Am. adicrus*, tandis que la seconde (niveau **B**) offre *Am. Brocchi* et *Am. Freycineti.* — Un facies fort analogue existe au N.-E. de cette région, dans le voisinage de Salins.

2°. — *Facies de charriage.* — Au nord de la région lédonienne, près de Poligny, dépôt de galets accusant un charriage intense, tandis que sur un point relativement peu éloigné qui reste à préciser, mais qui paraît bien situé à l'O. ou au N.-O. de cette ville, s'effectuait le travail de démolition qui a fourni les galets charriés.

D'autres affleurements des dernières couches du Bajocien inférieur sont à rechercher à l'O. des gisements précités, dans les monticules du vignoble situés entre Arlay et Montholier, et jusqu'à Villeneuve-d'Aval, à l'O. de Mouchard.

L'étude de ces affleurements permettrait de vérifier les conclusions précédentes relativement à l'émersion momentanée du côté occidental, et, dans le cas de l'affirmative, de reconnaître l'importance de l'érosion qui s'y est produite.

Il importe d'ailleurs d'étudier ces couches au N. du Jura lédonien, dans les escarpements des bords du plateau et en particulier aux environs d'Arbois, afin de reconnaître si la zone terminale s'y trouve représentée et quels en sont les caractères.

Près de Salins, un bon affleurement des couches de passage entre le Bajocien inférieur et moyen se trouve, à 20 kilomètres environ au N.-E. de Poligny, sur le bord du plateau de Cernans. Je n'ai pu consacrer tout le temps désirable à la recherche des faunules sur ce point, et même l'état actuel du gisement ne permet guère d'y recueillir des fossiles caractéristiques des diverses zones de l'assise. Toutefois il est possible d'y établir, avec une grande probabilité de parallélisme, des divisions stratigraphiques correspondantes à celles de la région lédonienne, ainsi qu'il est indiqué dans la coupe suivante. La délimitation des zones me semble même ne laisser aucun doute dans cette localité.

Comme on va le voir, la zone de l'*Ammonites Sauzei* comprend d'abord à Cernans une couche de 0^m60, en deux bancs calcaires, alternant avec deux lits marneux, irréguliers, et offrant en dessus un lit de fossiles (Lamellibranches divers), avec de rares Ammonites (un seul exemplaire de grande taille, indéterminable). Cette première partie de la zone répond à la partie inférieure **A** des environs de Lons-le-Saunier ; mais la limite supérieure peut laisser quelque incertitude. Au-dessus, la partie supérieure **B** offre $0^m 40$ de bancs calcaires, plus ou moins irréguliers et rognoneux, avec un lit marneux intercalé, et dans le haut quelques fossiles en mauvais état. La limite supérieure de la zone est nettement marquée par les calcaires en petits bancs, bien lités, qui la surmontent ; car ils appartiennent évidemment au Bajocien moyen.

COUPE DU BAJOCIEN DE CERNANS.

Relevée au bord de la route de Salins à Cernans, tout près de cette localité,
dans une chambre d'emprunt de matériaux.

Bajocien inférieur (partie supérieure).

ZONE DE L'AMMONITES SOWERBYI.

B. — NIVEAU DES MARNES A PHOLADOMYES ET DES CALCAIRES
SPATHIQUES A GRAINS FERRUGINEUX DE MESSIA.

1. — Trois ou quatre bancs calcaires à pointillé ferrugineux
et petits bancs marneux alternants. 1ᵐ 30
2. — Calcaire à petits grains spathiques ; deux gros bancs
fragmentés et subdivisés, avec petits lits de marne dure intercalés. 1ᵐ 30
3. — Marne et petit banc marno-calcaire peu régulier intercalé,
efflorescences blanches 0ᵐ 30
4. — Gros banc calcaire qui se fragmente légèrement à l'air ;
pointillé ferrugineux dans le bas ; petits grains ferrugineux sub-
oolithiques, fréquents dans le haut. La surface se délite davantage
et la couche passe à la marne suivante 1ᵐ 10

ZONE DE L'AMMONITES SAUZEI.

A. — *Partie inférieure* (environ 0ᵐ 60).

5. — Lit de marne gris-noirâtre, irrégulier. . 0ᵐ 07 à 0ᵐ 15
6. — Banc calcaire, très irrégulier en dessous, fragmenté et
un peu rognoneux, épais de 0ᵐ 15 à 0ᵐ 18 et suivi d'un petit lit
marneux de 0ᵐ 03 à 0ᵐ 05. En tout soit. 0ᵐ 20
7. — Banc calcaire dur ; surface irrégulière. Épaisseur
maximum 0ᵐ 30
Par places, lit de fossiles sur ce banc : *Ammonites* sp. ind.
(de grande taille), *Trichites, Lima,* etc.

B. — *Partie supérieure* (environ 0m 40).

8. - Banc calcaire plus ou moins semblable au précédent ; pointillé ferrugineux dans le haut; surface irrégulière . 0m 20

9. — Lit calcaire irrégulier, à débris fossiles ; varie de . . . . 0m 03 à 0m 10

10. — Lit de marne jaunâtre, de. . . . 0m 03 à 0m 05

11. — Banc calcaire irrégulier, surtout en dessous ; varie de . . . . 0m 12 à 0m 20

12. — Banc marneux jaunâtre, avec intercalation de plaquettes calcaires rognoneuses,irrégulières ; quelques débris fossiles; épaisseur variable de. . . . . 0m 10 à 0m 15

II. — Bajocien moyen.

A.— Niveau des calcaires moyens a rognons de silex de Messia.

13. — Alternance de petits bancs calcaires bien lités et de minces bancs de marne dure, gréseuse 3m 50

14. — Gros banc de calcaire dur ; se fragmente légèrement à l'air. 1m 50

15. — Banc marno-caleaire, peu résistant à l'air. . 0m 20

16. — Calcaire, fendillé à l'air. 1m

17. — Calcaire d'apparence gréseuse, qui se brise plus ou moins dans le bas en grossiers fragments anguleux ; rognons de silex sur quelques mètres dans le haut. Environ. 1m

18. — Calcaire en petits bancs réguliers ; rognons de silex assez fréquents. Visible sur . . . . 4 à 5m

Les couches suivantes manquent.

Un peu au N. de l'affleurement qui vient d'être décrit, une tranchée, située au tournant du chemin de Clucy, sur le bord même du plateau, laisse voir la petite succession ci-après, qui appartient, selon toute probabilité, aux couches de passage entre le Bajocien inférieur et moyen. Les strates plongent vers le N.-E., au point d'être presque verticales. Les c. 2 et 3 paraissent constituer la zone de l'*Ammonites Sauzei*.

1. — Couche marneuse, dure, rougeâtre, (probablement plus marneuse par altération), peu visible dans le bas, et contenant, dans la partie supérieure, des bancs calcaires intercalés, qui renferment des débris fossiles. Environ. 3ᵐ

Belemnites giganteus, Lima proboscidea, Rynchonella sp.

2. — Deux bancs de calcaire à débris de Mollusques, et lit marneux intercalé 1ᵐ

3. — Mince lit de nodules paraissant phosphatés.

4. — Calcaire dur, fragmenté. 1ᵐ

5. — Marne dure, avec un banc calcaire intercalé. . 0ᵐ45

6. — Calcaire, en bancs fragmentés, avec intercalation de quelques lits marneux. Visible sur 5 à 6ᵐ.

Des recherches plus étendues aux environs de Salins permettront sans doute des observations plus complètes sur les zones terminales du Bajocien inférieur. Il serait fort intéressant de poursuivre la reconnaissance de ces zones au N. de cette ville, afin de reconnaître les variations qu'elles subissent lorsqu'on s'avance dans la direction de Besançon.

II. — BAJOCIEN MOYEN.

ASSISE DES AMMONITES BLAGDENI

ET HUMPHRIESI.

La synonymie et les généralités sur cette assise, qui se trouvent dans ma première étude générale du Bajocien, restent exactes, et il convient de s'y reporter. L'étude détaillée de chaque niveau, qui vient à leur suite, doit être seulement complétée, ainsi que la désignation du niveau supérieur, par les indications ci-après.

A. — Niveau des calcaires moyens à silex de Messia.

Les calcaires à rognons de silex de ce niveau, plus ou moins intercalés de lits marneux, surtout dans le bas, attéignent 28 m. sur la route de Revigny, et ils paraissent s'élever à 34 m. à Ladoye ; mais à Vaux-sur-Poligny ils reviennent à la puissance ordinaire de 30 m.

B. — Niveau des calcaires de Courbouzon à Ammonites Humphriesi et des Polypiers de Conliège.

Les localités suivantes offrent, pour la plupart, à ce niveau, des calcaires fossilifères à *Ammonites Humphriesi* et Brachiopodes, analogues à ceux de Courbouzon et de Conliège ; mais je n'y ai pas rencontré de Polypiers.

Sur la route de Revigny, on a d'abord un banc à débris d'Échinodermes, suivi de calcaire à pointillé ferrugineux et nombreux silex, le tout épais de $4^m 50$; puis vient un banc à *Am. Humphriesi* et Lamellibranches, surmonté de 18 m. de calcaire, souvent gélif et contenant quelques lits marneux, dans lequel apparaissent, à 3 reprises, des bancs fossilifères qui renferment surtout *Terebratula ovoides* et des Rhynchonelles ; au sommet ce calcaire contient de grosses oolithes allongées, et l'on a au-dessus un lit marneux de $0^m 15$. L'épaisseur totale du niveau ne serait ainsi que de $22^m 75$, mais peut-être faudra-t-il encore y comprendre quelques mètres des calcaires spathiques qui suivent.

A peu de distance, sur le chemin qui monte à Publy, le niveau débute, sur la surface taraudée du précédent, par $3^m 50$ de bancs calcaires alternativement durs et marneux ; puis vient un banc de 1 m. de calcaire dur, très fossilifère (Bélemnites, Nautile, nombreux Lamellibranches et surtout *Trichites*), suivi de 6 m. de calcaires marneux et rognoneux, que surmontent 17 m. de calcaires spathiques plus ou moins résistants à l'air. On aurait ici $27^m 50$ au total, sous réserve de l'exactitude de la limite supérieure.

Un peu peu plus au N., sur la tranchée-tunnel du ravin de Rochechien, j'ai indiqué une épaisseur totale approximative de 28 m., avec un banc fossilifère vers 16 m. de la base. A une faible distance à l'O., près du viaduc métallique, on trouve, sur la surface taraudée du niveau **A**, une quinzaine de mètres de calcaires durs, avec silex jusqu'à 3 m. du sommet, et, de distance en distance, des bancs délitables qui renferment *Ammonites Humphriesi, Terebratula ovoides* et des Rhynchonelles. Puis viennent 11 à 12 m. de calcaire spathique, ce qui donne un total de 26 à 27 m.

A Ladoye, on peut attribuer au niveau **B** 26^m 50 de calcaires, superposés à une surface bosselée et peut être taraudée, qui renferment des silex jusque vers le haut. Ils offrent, à 3 m. de la base, une surface taraudée, et contiennent, à 12^{m}50 au-dessus, un banc à *Belemnites giganteus, Perna, Pecten articulatus* et *Ostrea.* Des bancs à petites Bélemnites, avec Gastéropodes, *Lima proboscidea* et *Ostrea Marshi*, se trouvent l'un à 4 m. du haut, l'autre au sommet.

A Vaux-sur-Poligny, on a aussi 26^m 50 de calcaires, rognoneux et un peu délitables dans la partie inférieure, durs, grenus et à pointillé ferrugineux daus le milieu, mais spathiques dans le haut, où ils sont exploités sur 4 à 5 m., au S. de la maison Lolo. Je n'ai pas rencontré de fossiles dans ces couches, peut-être faute de recherches suffisamment prolongées.

Sur le plateau de Château-Châlon, à quelque distance à l'E. de cette localité, on trouve dans ce niveau les carrières dites de Champ-Grégoire. Elles fournissent de belles dalles, tout à fait comparables, par la composition de la roche, leurs grandes dimensions et leur emploi pour la clôture des propriétés, à celles de Conliège, dont elles occupent fort sensiblement la position stratigraphique. Les dalles sont exploitées sur une épaisseur de 6 m., à fort peu près comme dans cette dernière localité. Elles sont surmontées de 1^m 60 de calcaire dur, grenu, avec quelques *Pentacrinus*, et dont la base offre par places, sur 0^{m}20, de nombreux fossiles : *Belemnites giganteus*, Lamellibranches, Térébratules

et Rhynchonelles. Un grand Nautile de 0ᵐ60 de diamètre
en provient. Au-dessus, se trouve un banc de calcaire
marneux, grenu, riche en débris d'Algues et désigné par
les carriers sous le nom de banc brûlé.

C.— Niveau des calcaires spathiques à Trigonies de Courbouzon. — Calcaires spathiques des carrières de Saint-Maur.

Les calcaires spathiques compris dans la moitié inférieure
de ce niveau sont exploités dans les importantes carrières
de Saint-Maur, qui ont depuis longtemps la réputation de
fournir une excellente pierre de construction. La position
stratigraphique de ces carrières étant établie d'une façon
sérieuse dans l'une des coupes suivantes, je désignerai désormais le niveau C par le nom de cette localité, ce qui a
l'avantage d'être plus court que la désignation employée
précédemment et de reporter l'esprit à un bon type, assez
connu, de calcaires spathiques à Crinoïdes. On peut considérer comme appartenant ici à ce niveau 12 à 13 m. de
calcaires spathiques exploités, qui offrent, vers 3 m. de la
base, des grumeaux de fer sulfuré. L'exploitation s'arrête
d'ordinaire à un banc inférieur assez fossilifère, contenant
des Brachiopodes, et que je considère comme le sommet
du niveau précédent; quelquefois pourtant on descend un
peu au-dessous. D'autre part, les calcaires supérieurs du
niveau C manquent dans la région des carrières actuelles.
Quoi qu'il en soit, par l'expression Calcaires de Saint-Maur,
j'ai en vue l'ensemble des couches correspondantes, dans
le Jura lédonien, aux calcaires spathiques à Trigonies des
carrières de Courbouzon, dans lesquelles se trouve la série
prise pour type du Bajocien moyen et supérieur.

Ce sont des calcaires spathiques analogues à ceux de Saint-
Maur qui occupent le niveau C sur la route de Revigny.
Je n'ai pas reconnu ici la surface taraudée terminale, et je

ne puis indiquer exactement la puissance, qui est probablement voisine de 25 m. La partie inférieure de ces calcaires est exploitée, sur 5 m. environ, dans la carrière du haut du chemin de Publy.

Aux Granges-de-Ladoye, on peut attribuer au niveau **C** 4 m. de calcaires spathiques, jusqu'à l'oratoire situé à l'embranchement du chemin sur Frontenay, puis des calcaires analogues, d'une puissance difficilement appréciable (soit environ 7 à 8 m.), terminés par une surface d'apparence taraudée qui se voit un peu plus à l'E. et porte des bancs à Polypiers. S'il n'y a pas de dislocation dans l'intervalle des deux points observés, la puissance du niveau ne serait guère que d'une douzaine de mètres, et le récif de Polypiers de cette localité appartiendrait aux premiers temps du Bajocien supérieur.

La sommité située à l'extrémité E. du vallon de Vaux-sur-Poligny présente 11 m. de calcaire à petits débris spathiques, qui appartiennent au niveau **C** ; les couches supérieures manquent ici, et je n'ai pu les étudier dans le voisinage.

III. — BAJOCIEN SUPÉRIEUR.

ASSISE DE L'AMMONITES GARANTI.

La description du Bajocien supérieur telle que je l'ai donnée en 1891, dans l'étude générale de l'étage, doit subir, à la suite de mes récentes observations, des modifications notables. Il convient, pour plus de simplicité, de reprendre ici en entier l'étude de cette partie ; puis viendront les détails relatifs aux modifications de parallélisme, déjà mentionnées ci-devant, pour le lambeau d'Oolithe inférieure à *Eudesia bessina* et le gisement de Polypiers situés à l'O. de la gare de Publy.

Le doute qui subsiste sur le niveau stratigraphique réel

que l'*Eudesia bessina* occupe dans la région lédonienne ne permet plus de conserver, pour notre Bajocien supérieur, la dénomination que j'avais employée d'abord. De rares Ammonites en mauvais état, dont l'une paraît être *Ammonites Garanti*, se trouvant dans les couches marneuses qui s'intercalent dans cette assise, je désigne à présent celle-ci par le nom de cette Ammonite. Les autres données nouvelles comprennent surtout l'indication d'une faune riche et variée, celle de plusieurs récifs de Polypiers et d'une grande diversité de facies de l'assise, ainsi que la division de celle-ci en trois niveaux.

SYNONYMIE RECTIFIÉE.

Calcaire à Polypiers (partie supérieure). Marcou, 1846. Bonjour, 1863.
Roches de Coraux du fort St-André (au moins la partie supérieure). Marcou, 1856 et 1860.
Burgondien (partie supérieure). Pidancet, 1863.
Calcaire à Nerinea jurensis (dans certaines localités seulement); Calcaire à Entroques (dans les carrières de Crançot). Ogérien, 1867.
Bajocien supérieur. Assise de l'Eudesia bessina (à Courbouzon, Montmorot et Messia). L.-A. Girardot. 1891.

CARACTÈRES GÉNÉRAUX. — Le Bajocien supérieur débute, au voisinage de Lons-le-Saunier, par une série de calcaires durs, parfois oolithiques, mais d'ordinaire plus ou moins finement spathiques et passant même, sur différents points et à divers niveaux, à un calcaire à Crinoïdes, que termine souvent une surface taraudée ; une autre surface à perforations de lithophages se trouve peu au-dessous de celle-ci dans l'affleurement le plus occidental (Montmorot). Cette première partie de l'assise est suivie dans diverses localités (Montmorot, Courbouzon, Revigny, Crançot) d'un niveau plus ou moins marneux, parfois assez fossilifère à la base où se trouve à Revigny *Ammonites Garanti*, et dont la surface offre, par places, un bossellement sensible, avec des apparences de taraudage (Courbouzon, Revigny). L'assise se termine par une succession de calcaires, ordinairement plus ou moins spathiques, dans laquelle se trouvent souvent, à des hauteurs diverses selon les localités, des calcaires chargés de petites oolithes en proportion variable. Sur tous les points observés, la surface est fortement taraudée au contact du Bathonien.

Des récifs de Polypiers, plus ou moins développés, se trouvent dans cette assise et paraissent y occuper divers niveaux, soit vers le milieu (Publy), soit plus fréquemment, à ce qu'il paraît, dans la partie inférieure (Granges-de-Ladoye, Bourg-de-Sirod, Salins).

Fossiles. — Les calcaires spathiques de cette assise ne m'ont donné, comme à l'ordinaire, que des articles de Crinoïdes ; mais la couche marneuse moyenne, parfois peu fossilifère (Crançot), présente à Montmorot et surtout dans le gisement de Revigny (Retour de la Chasse), une faune assez riche et variée, à laquelle doivent s'ajouter les Polypiers des diverses localités coralligènes de la région. Il est à regretter que les Mollusques soient fréquemment trop mal conservés pour pouvoir être nommés avec une correction suffisante. Aussi, tant pour cette raison que parce que je ne possède pas encore la détermination d'un certain nombre des bons fossiles, je ne puis indiquer à présent qu'un nombre d'espèces déterminées relativement assez restreint.

Sur les 80 espèces environ que le Bajocien supérieur m'a fournies jusqu'ici se trouvent 1 Reptile, 2 Poissons, 8 ou 9 Céphalopodes dont 4 Ammonites, près de 30 Lamellibranches et d'une quinzaine de Brachiopodes, 3 Oursins, 1 Crinoïde, 1 Astéride, 7 ou 8 Polypiers et 3 ou 4 espèces au moins de chacune des classes des Bryozoaires, des Vers et des Spongiaires. De ce nombre, 37 espèces, soit à peu près moitié de la faune, sont déterminées, savoir : 5 Céphalopodes, 12 Lamellibranches, 11 Brachiopodes, 1 Oursin, 1 Crinoïde, 1 Serpule et 6 Polypiers.

Le détail de cette faune se trouve déjà ci-devant, dans le

tableau de la faune générale de l'étage. Il suffit d'ailleurs, pour obtenir plus commodément la liste de toutes. les espèces, d'ajouter à la faune du niveau **B** de cette assise, qui sera détaillée plus loin, les Polypiers du niveau **A** qui n'y sont pas contenus. Pour éviter des répétitions trop nombreuses, je me borne à signaler ici les espèces déterminées, en notant d'un astérisque celles que j'ai rencontrées seulement dans le Bajocien supérieur.

Belemnites sulcatus, Mill.
— *giganteus*, Schl., 2.
Nautilus cfr. *lineatus*, Sow., 2.
Ammonites Garanti, d'Orb., 1.
* — (*Patoceras*) sp. aff.
    Sauzei (d'Orb.), 1.
Pleuromya tenuistria, Ag., 2.
Panopæa sinistra, Ag., 1.
Gresslya cfr. *lunulata*, Ag., 2.
Mytilus gibbosus, d'Orb., 1.
Avicula cfr. *Munsteri*, d'Orb., 2.
Pecten articulatus, Schl., 2.
— *lens*, Sow.
Lima proboscidea, Sow., 3.
— *duplicata*, Sow., 3.
Ostrea Marshi, Sow., 3.
— *costata*, Sow., 2.
— cfr. *obscura*, Sow.
Terebratula Faivrçi, Bayle, 2.

Terebratula ovoides, Sow., 2.
* — sp. B.
Zeilleria Waltoni (Daw.), 3.
Aulacothyris carinata (Lam.), 1.
Rhynchonella Garanti, d'Orb.
— *quadriplicata*, (Sow.)
* — *parvula*, Waag., 1.
* — *bajociana*, d'Orb., 1.
* — sp. A.
Acanthothyris spinosa (Schl.), 2.
Cidaris Kœchlini, Cott., 2.
Pentacrinus bajocensis, d'Orb.
Serpula cfr. *conformis*, Goldf.
Isastrea salinensis, Koby.
* — *tenuistriata*, Fr. et F.
* — *Bernardi*, d'Orb.
**Confusastrea Colteaui*, d'Orb.
**Thamnastrea Terquemi*, E. et H.
* — *M'Coyi*, E. et H.

Dans le cas où le lambeau de Publy à *Eudesia bessina* et *Terebratula globata* viendrait à être reconnu comme étant réellement bajocien, cette liste s'augmenterait de ces 2 espèces.

PUISSANCE. — A Courbouzon, où je prends le type de cette assise, elle atteint 38 mètres ; mais elle se réduit à 30 mètres à Montmorot. Elle n'est observable que sur 29 m. seulement à Messia, où le sommet n'est pas visible.

Je n'ai pu déterminer exactement son épaisseur dans les autres affleurements, tous plus ou moins incomplètement observables ; elle paraît de 35 à 40 mètres à Revigny, et ne descend probablement pas au-dessous de 30 à 40 mètres sur le plateau de Crançot, ainsi qu'à l'E. du Jura lédonien, près de Champagnole.

LIMITES. — La surface taraudée de l'assise précédente limite fort nettement à la base le Bajocien supérieur, quand elle est bien caractérisée et que l'on peut étudier la succession des strates bajociennes sur de grandes épaisseurs, comme à Courbouzon, Messia et Montmorot. Mais l'analogie des caractères pétrographiques des deux assises dans les couches en contact et l'absence habituelle de fossiles caractéristiques de chacune d'elles, rendent cette limite difficilement appréciable dans les affleurements partiels. Au sommet, la surface taraudée qui porte les premières couches bathoniennes à *Pecten ledonensis* et *Ostrea acuminata* fournit une limite précise, facilement reconnaissable en général, sauf à l'E. de la contrée, par la composition plus ou moins marneuse de ces dernières.

POINTS D'ÉTUDE ET COUPES. — Les carrières de Courbouzon et de Montmorot permettent d'étudier en entier cette assise avec la plus grande facilité. Toutes deux sont particulièrement intéressantes par le niveau marneux à bivalves qui s'y trouve dans la partie moyenne, et qui est surtout riche en fossiles dans la seconde de ces carrières. L'assise peut aussi être observée, pour la plus grande partie, dans la carrière de Messia, où l'on ne retrouve pas cette couche fossilifère. Un affleurement remarquable, par les nombreux fossiles de la base du niveau marneux intermédiaire, se trouve dans les carrières des monts de Revigny et dans leur voisinage, près de l'auberge du Retour de la Chasse ; mais la limite inférieure est ici difficilement appréciable, et le sommet de l'assise ne peut être observé. A l'O. de Publy., se voit un récif de Polypiers qui appartient à cette assise ; la partie inférieure de celle-ci affleure, non loin de là, sur une portion du bord oriental du ravin de Rochechien, et se trouve coupée, sur une certaine épaisseur, par la tranchée supérieure de la voie ; de plus, les deux tranchées suivantes, voisines de la maisonnette du garde-barrière, ainsi que plusieurs affleurements partiels situés dans les pâturages, entre ces tranchées et Publy, offrent la série calcaire dans laquelle apparaît *Eudesia bessina*, et dont le niveau exact n'est pas encore parfaitement déterminé. Plus au N., les carrières de Crançot permettent d'étudier la partie inférieure et moyenne du Bajocien supérieur, comprenant un niveau marneux qui paraît le même que la couche à *Ammonites Garanti* de Revigny, mais qui est bien moins fossilifère. Des recherches poursuivies plus longtemps que je n'ai pu le faire permettraient probablement d'étudier l'assise en entier sur le plateau du Fied et sur les monts de Poligny ; mais je n'ai pu en observer ici que des affleurements partiels : entre les Granges-de-Ladoye et le Fied se voient des récifs de Polypiers qui paraissent appartenir à la base de l'assise ; la partie supérieure de celle-ci est observable dans les carrières de Chaussenans, et un peu plus au N. se trouve le récif de l'olypiers du tilleul de Chaussenans, signalé par M. l'abbé Bourgeat.

Dans la partie centrale du Jura lédonien, j'ai observé seulement la partie supérieure de l'assise à l'E. de la tranchée de Châtillon à Vevy. A l'E. de la région, cette partie affleure seule sur les bords de l'Ain, entre Syam et Champagnole. Elle se voit aussi à l'O. de Bourg-de-Sirod, où l'on observe, en outre, un niveau à nombreux Polypiers, situé à une certaine distance au-dessous de cette partie, et qui se trouve probablement vers la base du Bajocien supérieur.

Près de Salins, j'ai pu observer seulement sur un seul point, au-dessus de la Roche-Pourrie, un calcaire à nom-

bréux Polypiers, qui peut aussi appartenir à la partie inférieure de l'assise : il occupe très probablement le même
niveau que les Polypiers du fort Saint-André signalés par
M. Marcou ; mais je n'ai pas encore pu étudier la position
stratigraphique exacte de ces derniers. A une certaine
hauteur (10 à 20 m. à ce qu'il semble) au dessus des Polypiers de la Roche-Pourrie, se trouve un calcaire blanchâtre,
exploité pour les constructions, et dont il ne m'est pas
encore possible non plus de préciser la position ; peut-être
se trouve-t-il dans le haut de l'assise ?

SUBDIVISIONS. — La présence, dans le Bajocien supérieur de notre contrée, de récifs de Polypiers, qui paraissent y occuper différents niveaux, et l'existence de variations notables de facies, ainsi que la rareté des bons affleurements de cette assise, rendent fort difficile l'établissement
d'une subdivision en niveaux, susceptible d'être poursuivie dans les régions avoisinantes, ou même d'être reconnue dans toute l'étendue du Jura lédonien. En attendant
que des documents plus nombreux et plus complets soient
réunis sur ces couches terminales de l'étage dans le Jura,
il importe, dans une étude locale comme celle-ci, de former des groupements de strates qui permettent de préciser davantage, en vue de l'historique du régime des mers,
les faits observés jusqu'à présent, ou qui appellent l'attention des géologues locaux sur les observations qui restent
à faire pour contribuer à ce résultat. Par exemple, il serait
intéressant de reconnaître si les Polypiers du Bajocien
supérieur n'apparaissent point à une époque de plus en plus
tardive, lorsqu'on s'avance dans une direction déterminée ;
car ce fait indiquerait une modification progressive de la
mer dans cette direction. C'est la comparaison attentive de
coupes exactes qui permettra de voir ce qu'il en est sous ce
rapport ; mais l'établissement des subdivisions de l'assise
peut y contribuer dans une certaine mesure. Elles exige-
ront, en effet, des observations plus minutieuses sur les

affleurements à Polypiers, afin d'en préciser la position dans chacun des niveaux établis, et elles permettront de s'entendre plus facilement sur la hauteur à laquelle se trouve chacun d'eux dans la série des strates ; de plus, lorsqu'il sera possible de les reconnaître, ces subdivisions serviront à mieux indiquer la position stratigraphique exacte des divers fossiles recueillis.

Dans l'état actuel de nos connaissances sur le Jura lédonien, il convient de prendre pour type du Bajocien supérieur de cette région la succession des strates que présente cette assise dans les carrières de Courbouzon. D'une part, cette localité n'offre pas de caractères qui indiquent à cette époque un état incomplet ou trop irrégulier de la sédimentation ; de l'autre, les couches calcaro-marneuses, à faunule de Mollusques et parfois à Céphalopodes, intercalées dans le milieu de l'assise, déterminent sur ce point, de la base au sommet de celle-ci, une différenciation assez marquée en trois termes successifs, qui se distinguent de même à Montmorot et dans plusieurs localités du plateau (Revigny, Crançot). Après avoir admis d'abord, dans une première étude générale de l'étage, une division en deux niveaux, basée sur des données encore trop peu précises, il me paraît nécessaire de subdiviser le second de ces niveaux, pour fixer exactement la position de la couche marneuse dans laquelle *Ammonites Garanti* apparaît à Revigny. De cette façon, je suis conduit à distinguer dans notre Bajocien supérieur les trois niveaux suivants :

A. — Niveau des calcaires spathiques des carrières de Crançot.

B. — Niveau des bancs marneux à *Ammonites Garanti* de Revigny et Courbouzon.

C. — Niveau des calcaires spathiques supérieurs de Courbouzon.

VARIATIONS DE FACIES. — Les indications qui précèdent

font déjà ressortir nettement les grandes variations de facies du Bajocien supérieur lédonien. Elles seront signalées plus en détail, dans l'étude de chacun des niveaux. En résumé, cette assise offre le plus souvent le facies des calcaires spathiques à Crinoïdes, du moins sur une bonne partie de l'épaisseur ; mais en outre on y observe, par places, soit un facies oolithique, généralement peu développpé, qui s'inter-cale dans le précédent, soit un facies coralligène à récifs de Polypiers siliceux ou calcaires, avec des calcaires grenus ou cristallins et parfois des parties marneuses, soit encore, dans la partie moyenne de l'assise, un facies calcaro-mar-neux qui offre une faune de Mollusques sur certains points.

A. — Niveau des calcaires spathiques des carrières de Crançot.

Calcaires durs, souvent plus ou moins spathiques et passant même au calcaire à Crinoïdes, rarement oolithiques, parfois plus ou moins finement grenus. Des formations coralligènes, souvent à Polypiers siliceux, paraissent occuper ce niveau sur différents points, dans la moitié septentrionale de la région lédonienne.

A Courbouzon, où le niveau atteint 18^m 30, il débute par 4^m 90 de calcaire grenu, qui offre un lit marneux dans le milieu et parfois à la base; ensuite on a 13^m40 de calcaire dur, d'abord grossièrement cristallin, puis spathique à un degré variable, et qui se termine par une surface portant quelques perforations de lithophages.

A Messia, on trouve à ce même niveau 18^m50 de cal-caire, d'abord plus ou moins finement spathique ou bien offrant par places un grain assez fin, et qui, dans le haut, passe au calcaire à Crinoïdes.

A Montmorot, où le niveau paraît réduit à 5^m80, il comprend 4^m90 de calcaire à petites oolithes, taraudé à la surface, et suivi de 0^m90 de calcaire analogue, dont la surface est également taraudée. (Voir dans l'étude générale, Bajocien supérieur, niveau **A**, des indications plus détaillées sur ce gisement).

L'affleurement des monts de Revigny (carrière du Retour de la Chasse) offre à ce niveau des calcaires spathiques dont la surface est taraudée, au moins par places; quelques froissements empêchent d'en déterminer exactement l'épaisseur, mais elle paraît atteindre 15 à 20 mètres.

Plus au N., sur le bord de l'escarpement des rochers qui surmontent les grottes de Revigny, ainsi que dans la tranchée qui suit à l'E. la tranchée-tunnel de Rochechien, le niveau **A** paraît débuter, sur la surface taraudée de l'assise précédente, par un banc marneux de 0^m20, à nombreuses Bélemnites et *Zeilleria Waltoni,* suivi de 7 m. de calcaires grenus. Les couches supérieures manquent au-dessus des grottes ; mais la tranchée présente ensuite un lit de rognons de silex, suivi de 4^m50 du même calcaire grenu, au-dessus desquels viennent environ 5 m. de calcaire à petits débris de Crinoïdes.

C'est à quelques centaines de mètres à l'E. de ce dernier affleurement que se trouvent les calcaires à *Eudesia bessina,* que j'avais d'abord (1891) rapportés à ce niveau, mais dont la position stratigraphique me semble aujourd'hui trop peu certaine, ainsi qu'on le verra plus loin.

Les importantes carrières de Crançot, situées au bord oriental de ce village, exploitent surtout les calcaires spathiques du niveau **A**, qui donne ici une excellente pierre de construction. Le peu de fréquence des cassures et l'épaisseur assez notable des bancs permettent d'obtenir de grands blocs pour pierres de tailles de toutes dimensions ; les plus sains de ces blocs sont employés aussi pour former de grandes auges monolithes, servant d'abreuvoirs pour le bétail, et dont les tailleurs de pierre de Crançot se sont fait depuis longtemps une sorte de spécialité. Le niveau ne paraît pas dépasser ici l'épaisseur de 8 mètres.

Des couches appartenant à des niveaux voisins sont aussi entamées par les carrières de cette localité, mais sur une épaisseur moins considérable que celles du niveau **A** ; d'ailleurs il n'est pas toujours facile de déterminer exactement la position que les strates exploitées occupent dans l'étage. Toutefois les calcaires de ce niveau sont très facilement reconnaissables, dans plusieurs de ces carrières, par leur position au-dessous de la couche marneuse du niveau **B** ; il est donc possible, en considération de ce fait précis, d'employer le nom de cette localité pour désigner les couches du premier de ces niveaux.

COUPES DES CARRIÈRES DE CRANÇOT.

Voici les observations que j'ai faites dans les carrières les plus rapprochées du village.

Du côté S. de la route, la carrière la plus méridionale de M. Nachon, située derrière son habitation, au bord E. du village, permet d'observer la petite succession de strates suivante.

Bajocien moyen.

C. — NIVEAU DES CALCAIRES SPATHIQUES DES CARRIÈRES DE SAINT-MAUR (sommet).

1. — Banc calcaire gris-brunâtre, criblé de petits débris fossiles (Crinoïdes, etc.). Il présente, au sommet, des perforations de 2 à 3 millimètres de diamètre, sur 6 centimètres de long et au-delà, droites d'ordinaire et la plupart disposées verticalement, remplies d'une marne dure, jaunâtre. Ce banc, désigné par les carriers sous le nom de « Touvet », forme le fond de la carrière.

Bajocien supérieur.

A. — NIVEAU DES CALCAIRES SPATHIQUES DES CARRIÈRES DE CRANÇOT.

2. — Calcaire gris-blanchâtre, à débris spathiques d'Échinodermes, avec de très petits fragments de test de bivalves. Bancs

épais. Forme la seule couche exploitée pour les constructions dans cette carrière. Se termine par un petit banc à surface peu régulière, offrant l'aspect d'une croûte grumeleuse . . 8 m.

B. — Niveau des bancs marneux a Ammonites Garanti de Revigny et Courbouzon.

3. — Couche marneuse et grumeleuse, dure, jaunâtre, peu fossilifère, dont le tiers supérieur passe plus ou moins, par places, aux petits bancs calcaires irréguliers de la couche suivante. Fossiles en mauvais état . . . . 1m50.
Homomya? sp. ind., *Ceromya?* sp. ind., *Trichites* sp. ind., *Avicula* sp., *Pecten articulatus*, *Lima duplicata*, *Terebratula* sp. ind. (2 espèces), *Rhynchonella* sp., *Serpula* sp., *Cidaris Kœchlini*, *C.* sp.
4. — Calcaire dur, à nombreux débris de Crinoïdes et de bivalves ; irrégulièrement subdivisé en petits bancs discontinus. Soit . . . . 2 m.
Interruption : terre végétale.

Les calcaires de la carrière Nachon, située entre la précédente et l'habitation, présentent une inclinaison sensible vers le N.-E. Je n'en ai pas étudié le niveau précis.

Au bord septentrional de la route, en face même des carrières Nachon, se trouve une carrière communale ; le côté S. de celle-ci permet de relever la petite série ci-après du Bajocien supérieur.

A. — Niveau des calcaires spathiques des carrières de Crançot (en partie).
1. — Calcaire spathique ; surface portant quelques trous de lithophages. Exploité sur . . . . 5 m.

B. — Niveau des bancs marneux a Ammonites Garanti de Revigny et Courbouzon.

2. — Couche marno-grumeleuse, jaunâtre. Fossiles peu nombreux : Huîtres, *Cidaris Kœchlini*, etc. . . . 0m50.
3. — Calcaire dur, un peu fendillé ; débris d'Huîtres. 0m50.
4. — Calcaire très irrégulier, plus ou moins marneux dans le

bas, où il se délite par places sur 0ᵐ70 ; résistant dans la partie supérieure, mais irrégulièrement subdivisé . . . . . 1ᵐ20.
Interruption : terre végétale.

A peu de distance à l'O. de la précédente, se trouve la carrière Maréchal, où s'exploite une petite série notablement différente des précédentes et qui paraît un peu inférieure. Elle offre les couches suivantes :

1. — Calcaire dur, blanchâtre. . . . . 2ᵐ70.

2. — Banc calcaire à nombreux bivalves, dont le test a souvent été dissous, laissant des cavités assez fréquentes. *Ceromya plicata*, *Trigonia* sp. ind. . . . . 0ᵐ30.

3. — Banc calcaire jaunâtre, à surface taraudée, désigné par les carriers sous le nom de « *Touvet* » . . . . . 0ᵐ40.

4. — Calcaire grisâtre, à débris spathiques ; soit. . 2 m.
Interruption : terre végétale.

En attendant que des observations plus complètes permettent d'en établir plus rigoureusement le parallélisme avec les deux gisements précédents, il semble que la carrière Maréchal offre le passage du Bajocien II au Bajocien III. Les couches 1, 2 et 3 occuperaient le sommet de la première de ces assises, c'est-à-dire la partie supérieure du niveau des Calcaires des carrières de Saint-Maur et des Calcaires à Trigonies de Courbouzon. La c. 4 formerait la base du Bajocien supérieur.

A quelques centaines de mètres à l'E. du groupe de carrières qui vient d'être signalé se trouve la carrière Variod, qui offre d'autres différences, mais semble entamer les mêmes couches que la carrière Nachon. On y relève cette succession :

1. — Banc « *Touvet* » formant, selon les carriers, le fond de l'exploitation ; mais je n'en ai pas observé les caractères.

2. — Calcaire spathique, à surface fortement taraudée ; c'est la couche qui donne lieu à l'exploitation . . . . . 8 m.

3. — Calcaire dur, subdivisé en petits bancs irréguliers, non continus, pétri de Lamellibranches indéterminables, et en particulier de *Trichites*, qui sont nombreux dans le haut surtout. 2ᵐ50.

4. — Calcaire dur, formant le bord supérieur . . 2 m.
Les 8 m. de calcaire spathique de la couche 2 paraissent

bien correspondre aux calcaires bajociens supérieurs du niveau **A** dans la carrière Nachon. La c.3 et la c.4 formeraient le niveau **B** de cette assise, dont la base serait devenue beaucoup plus fossilifère sur ce point et aurait, par contre, perdu son caractère marneux.

D'autres carrières, situées aussi à l'E. du village de Crançot, mériteraient d'être étudiées en détail. Je regrette de n'avoir pu le faire.

Les calcaires du niveau **A** forment le sommet de l'abrupt du plateau de Sermu, du côté oriental, au-dessus de la grande grotte de Baume d'où sort la source de la Seille (source du Dard de la carte de l'État-major). Ils paraissent avoir ici une puissance de 9 à 10 m., à partir d'un délit bien visible dans l'abrupt, et sont surmontés de la couche marneuse, en talus et boisée, qui donne lieu à la petite source du bord E. du plateau de Sermu. A peu de distance au S. du hameau de ce nom, entre le bord oriental du chemin qui se rend à la grande route et les terres cultivées, on observe, sur une grande étendue, une magnifique surface taraudée, légèrement inclinée vers l'E., et littéralement criblée de perforations de lithophages : c'est, je pense, la surface du Bajocien moyen.

A une dizaine de kilomètres au N. de Crançot, entre l'extrémité septentrionale de la vallée de Blois et le Fied, le niveau **A** comprend, selon toute apparence, des couches à Polypiers. Le gisement le plus remarquable est celui des Granges-de-Ladoye, situé à l'E. et tout à côté de ce hameau, où il forme un bombement sensible du sol, coupé légèrement par le chemin du Fied. Une surface taraudée, qui se voit près du bord oriental de cette localité, me semble former le sommet du Bajocien moyen. Au-dessus, on observe 4 à 5 m. de calcaires irréguliers, entremêlés par places de lits marneux variables, et contenant de nombreux Polypiers siliceux, en place ou épars à la surface du sol, ainsi que des cailloux quartzeux. C'est là un récif coralligène, assez rudimentaire, mais suffisamment caractérisé. D'après la comparaison de la coupe de cette localité avec nos autres coupes bajociennes, il semble nécessaire d'attribuer ce récif au niveau **A** du Bajocien supérieur, dont il occuperait la base. A l'exception des Polypiers, les fossiles y sont très rares. Les espèces principales de cette classe sont :

Isastrea salinensis, Koby.	*Confusastrea Cotteaui*, d'Orb.
— sp.	*Thamnastrea Terquemi*, E. et H.

En outre, j'y ai recueilli *Pecten articulatus*, et quelques rares Térébratules et Rhynchonelles indéterminables.

Les cailloux quartzeux de cette localité sont parfois du quartz assez limpide, en échantillons qui offrent des cristaux nettement caractérisés. La plupart se composent d'un quartz laiteux, blanchâtre ou bleuâtre, d'aspect corné ou éburnéen, à texture fort compacte ou très finement réticulée, veiné ou parsemé de parties à texture un peu grenue et finement cristalline ; on peut, en somme, les considérer comme des silex laiteux. Ces derniers ont une surface irrégulière, qui offre des sortes de caries, revêtues de très petits cristaux de quartz, et l'on en trouve qui portent des trous de lithophages. A l'intérieur se voient de petites cavités, parfois tapissées aussi de petits cristaux de quartz, mais dont la plupart offrent une surface mamelonnée, qui annonce le mode de dépôt de la silice par concrétion sur plusieurs points simultanément, à l'intérieur de cavités préexistantes.

Les silex de ce niveau diffèrent beaucoup des silex du Bajocien inférieur et moyen : ces derniers, qui ont une certaine analogie avec les chailles du Jurassique supérieur, possèdent une texture moins serrée que les précédentes, leur surface est assez régulière, leur forme est tantôt ovoïde ou lenticulaire et tantôt contournée ou biscornue, et, comme les chailles, ils sont fortement altérés par l'action lente des eaux chargées d'acide carbonique. Au contraire, par les

carics à petits cristaux de quartz de leur surface, leurs portions à fines parcelles cristallines et leur grande résistance à
l'action des agents atmosphériques, les silex laiteux des
couches coralligènes supérieures du Bajocien offrent quelque analogie avec les silex du Purbeckien inférieur de la
région de Châtelneuf (1) ; mais ces derniers n'ont pas les
surfaces intérieures mamelonnées, ni la texture très compacte des parties à aspect corné ou éburnéen de ces silex
bajociens.

D'autres bombements du sol, situés un peu à l'E. du récif
des Granges-de-Ladoye, de part et d'autre du chemin du
Fied, sont aussi formés par des accumulations de Polypiers, qui paraissent en place. Ici, les fossiles m'ont paru
généralement calcaires, et je n'y ai pas rencontré les espèces
qui viennent d'être indiquées ; mais je n'ai pu faire sur ce
point que des observations trop rapides et très insuffisantes. D'après leur position, il semblerait toutefois que
ces gisements appartiennent soit au niveau **A**, soit au
niveau **B** du Bajocien supérieur. Il serait nécessaire d'étudier avec beaucoup de soin la partie occidentale du plateau, entre les Granges-sur-Baume, Lamarre et le Fied, pour
connaître sur ce point la constitution de cette assise et,
s'il y a lieu, en distinguer les divers niveaux.

Sur les monts de Poligny, à l'extrémité septentrionale de
notre Jura lédonien, on trouve le récif de Polypiers du tilleul de Chaussenans, indiqué par M. l'abbé Bourgeat, et les
récifs des carrières de Chamole, déjà signalés autrefois par
Bonjour. Ils appartiennent, selon toute probabilité, au
Bajocien supérieur, ainsi que l'a pensé le premier de ces
auteurs ; mais je manque de données pour en préciser la

(1) L.-A. Girardot. *Le Purbeckien de Pont-de-la-Chaux.* (Bulletin
de la Société géol. de France, 1885, 3ᵉ série, t. XIII, p. 756). —
Note sur le Purbeckien inférieur de Narlay ; communication au Congrès
des Sociétés savantes à la Sorbonne en 1890 (Mém. Société d'Émulation
du Jura, vol. de 1889, p. 169-196).

position stratigraphique ; càr je n'ai pu faire qu'un examen trop rapide du premier de ces affleurements, et il ne m'a pas encore été possible de visiter le second.

Au bord oriental de notre région d'étude, le sommet du puissant escarpement bajocien de Bourg-de-Sirod, situé à l'O. de cette localité, présente, sur une longueur de plus d'un kilomètre, une belle formation coralligène, où les accumulations de Polypiers siliceux, probablement en place, forment des bombements ou moutonnements du sol, très caractéristiques (Voir, à la fin de la 1re étude générale de l'étage, les détails donnés sur ce point). On y trouve des cailloux de quartz et des silex laiteux, tout à fait analogues à ceux qui viennent d'être signalés ; parfois ils offrent des portions qui ont l'apparence de la calcédoine. Les Polypiers que j'y ai recueillis appartiennent à 5 espèces :

Isastrea salinensis, Koby.	*Thamnastrea Terquemi*, E. et H.
— *tenuistriata*, E. et H.	— *M'Coyi*, E. et H.
— *Bernardi*, d'Orb.	

La grande analogie de cette couche coralligène de Bourg-de-Sirod avec le récif des Granges-de-Ladoye, qui m'a fourni deux de ces espèces, et la position de ces deux gisements de Polypiers à une grande hauteur dans l'étage, permettent de penser qu'ils appartiennent au même niveau, et probablement à la base du Bajocien supérieur plutôt qu'au niveau **B** de cette assise. Il serait fort intéressant de faire des observations plus complètes sur l'affleurement Bajocien de Bourg-de-Sirod, afin de préciser davantage la position stratigraphique de ses Polypiers.

Enfin, la région de Salins offre les couches à Polypiers de la Roche-Pourrie et du fort Saint-André, qui se trouvent probablement au même niveau ou à peu près que les récifs des Granges-de-Ladoye et de Bourg-de-Sirod. Le gisement de la Roche-Pourrie, que j'ai seul visité, offre aussi des cailloux de quartz, et j'y ai recueilli *Isastrea salinensis*, qui paraît être ici l'espèce la plus fréquente, de même que dans les deux autres localités.

Fossiles. — Les fossiles sont rares d'ordinaire dans ce niveau, à l'exception des débris indéterminables d'Échinodermes. Sous réserve de l'exactitude du parallélisme pour la couche inférieure à Bélemnites des bords du ravin de Revigny et pour les récifs de Polypiers, voici la composition générale de la faune avec l'indication des localités :

Faune du niveau A.

Abréviations : R., Revigny ; L., Granges-de-Ladoye ; B., Bourg-de-Sirod ; S., Salins.

Belemnites sulcatus, Miller	R.		
— *giganteus*, Schl.		L.	
— sp.	R.		
Gastéropode indéterminable		L.	
Cardium sp.	R.		
Trichites sp.	R.		
Pecten articulatus, Schl.	R.	L.	
Lima sp. ind.	R.		
Ostrea Marshi, Sow.	R.		
— *costata*, Sow.	R.		
Terebratula sp. ind.	R.	L.	
Zeilleria Waltoni (Dav.)	R.		
Rhynchonella sp. ind. (2 esp.)	R.	L.	B.
Bryozoaires	R.		
Débris d'Échinodermes	R.		
Pentacrinus sp.	R.		
Serpula sp. ind.	R.		
Isastrea salinensis, Koby		L.	B. S.
— *tenuistriata*, Fr. et F.			B.
— *Bernardi*, d'Orb.			B.
Thamnastrea Terquemi, E. et H.		L.	B.
— *M'Coyi*, E. et H.			B.
Confusastrea Cotteaui, d'Orb.		L.	S.

Puissance. — Réduite à 5ᵐ 80 à Montmorot, la puis-

sance du niveau **A** s'élève à 17ᵐ50 à Messia et 18ᵐ30 à Courbouzon. Sur les monts de Revigny (Retour de la Chasse), elle
semblerait encore atteindre 15 à 20 m., ce qui reste d'ailleurs assez douteux, vu l'état de l'affleurement lors de mes
observations. Mais elle paraît bien réduite à 9 ou 10 m. au
bord oriental du plateau de Sermu, et à 8 m. seulement à
Crançot. Elle n'a pu être encore déterminée au N. de ces
points.

Variations. — Cette diversité d'épaisseur, qu'il serait
intéressant de constater d'une manière précise sur un plus
grand nombre de points, accuse déjà des différences notables du régime de la mer dans les diverses parties de la
région lédonienne. L'intercalation à Montmorot d'une surface taraudée, que je n'ai retrouvée jusqu'ici dans aucun
des autres affleurements étudiés, indique en outre l'instabilité de la sédimentation au bord occidental de notre
contrée. Mais, de plus, le facies général du niveau varie
d'une façon remarquable : il offre dans le voisinage de Lons-
le-Saunier, selon les points, des calcaires finement grenus,
des calcaires oolithiques ou des calcaires à Crinoïdes, parfois précédés d'une couche marneuse fossilifère, et il contient près de Publy une faible intercalation du facies à rognons de silex, tandis que dans la partie septentrionale et
à l'E. de la région apparaissent les récifs à Polypiers siliceux
et cailloux de silex, intercalés par places de portions
marneuses.

B. — Niveau des bancs marneux à Ammonites Garanti de Revigny et Courbouzon.

Couche très variable, qui débute d'ordinaire par un banc
plus ou moins marneux, tantôt assez riche en Lamellibranches et Bryozoaires, avec des Brachiopodes et parfois
Ammonites Garanti, et tantôt presque stérile, auquel succèdent des calcaires variés, durs ou un peu marneux.

A Courbouzon, où l'examen facile de la succession des strates permet de prendre un bon type de ce niveau, il débute, sur la surface plus ou moins taraudée des calcaires précédents, par un banc de 0^m 90 de calcaire variable, lentement délitable à la base ou dans le haut, selon les points, et qui renferme, dans la partie inférieure, de nombreuses Huîtres de petite taille. Ensuite on a 2^m 50 de calcaire grenu, plus ou moins délitable, bleuâtre dans le bas, puis chargé d'oxyde de fer qui le teinte fortement en jaunâtre ou même en brunâtre, et forme parfois des rognons plus ferrugineux. La surface présente par places des bossellements très accentués, qui portent des traces de taraudage et dont les dépressions sont nivelées par un dépôt calcaro-marneux. Depuis l'impression de la coupe de cette localité, insérée à la fin de l'étude générale du Bajocien, des recherches minutieuses, favorisées par quelques travaux récents d'exploitation et le délitement des derniers hivers, m'ont permis de constater le taraudage, au moins par places, de la surface du niveau précédent (couche 27 de la coupe) et de recueillir dans le banc ferrugineux du niveau **B** (c. 29 de la coupe) quelques fossiles en mauvais état, que je n'y avais pas encore rencontrés :

Belemnites cfr. *giganteus*, Schl.	*Zeilleria* sp.
Nautilus cfr. *lineatus*, Sow.	*Terebratula Faivrei*, Bayle.
Pecten articulatus, Schl.	*Rhynchonella* sp.
— *lens*, Sow.	*Serpula* sp.
Ostrea cfr. *costata*, Sow.	Bryozoaires.
— sp.	

La carrière de Messia offre à ce niveau une couche de 0^m 15, comprenant un mince banc de calcaire à Crinoïdes, suivi d'un lit marneux de quelques centimètres, qui paraît stérile, puis de 1^m 50 de calcaire spathique, bleu dans le haut. Au-dessus vient un calcaire à petites oolithes et parcelles spathiques, qui pourrait appartenir déjà au niveau suivant. Des froissements de couches qui existent sur ce point ont pu altérer la couche marneuse du niveau **B** et en réduire l'épaisseur ou en faire disparaître les fossiles.

A Montmorot, on a d'abord dans ce niveau un banc de 0^m 60 à 0^m 70 de calcaire marneux, grenu, bleu foncé ou noirâtre à l'intérieur, pétri de fossiles roulés et en mauvais état, surtout des fragments de *Trichites* et des Huîtres, avec quelques autres Lamellibranches et un grand nombre de Bryozoaires branchus. Puis viennent 4^m 20 de calcaire dur, à petites oolithes jaunâtres, avec des parcelles spathiques en quantité variable ; j'y ai recueilli une dent de Plésiosaure et un long morceau de bois fossile très aplati. La partie inférieure prend par places, sur quelques décimètres, une texture grenue et marneuse et devient analogue à la couche précédente, dont l'épaisseur semble, par suite, s'élever parfois jusqu'à 1^m 20 ; mais les fossiles sont peu fréquents dans cette partie. Ces calcaires paraissent encore appartenir au niveau **B**, dont la puissance atteindrait ainsi à peu près 5 m. dans cette localité; toutefois la limite supérieure n'est pas nettement déterminée. Ce gisement m'a fourni une trentaine d'espèces qui sont indiquées dans la faune générale du niveau, mais dont un grand nombre sont peu déterminables ; les principales sont :

Panopæa sinistra, Ag.	*Ostrea obscura*, Sow.
Lima proboscidea, Sow.	*Terebratula ovoides*, Sow.
— *duplicata*, Sow.	*Zeilleria Waltoni* (Dav.).
Ostrea Marshi, Sow.	*Rhynchonella* sp.
— *costata*, Sow.	*Cidaris Kœchlini*, Cott.

La grande carrière des monts de Revigny, située près de l'auberge du Retour de la Chasse, à 8 kilomètres au S.-E. du gisement de Courbouzon, offre l'affleurement le plus remarquable que je connaisse jusqu'ici pour le niveau **B**, non seulement par le nombre assez considérable des fossiles, mais surtout par la présence de quelques Ammonites. Les calcaires sous-jacents sont un peu froissés et les dernières couches bajociennes ne sont pas complètement observables sur ce point, de sorte que la position précise de la couche fossilifère est un peu moins nette qu'à Courbouzon ; toutefois il ne me semble pas rester le moindre doute sur l'exactitude du parallélisme que j'admets pour le niveau **B**, dans ces deux localités. En somme l'affleurement des monts de Revigny constitue jusqu'à présent le meilleur type du niveau sous le rapport de la faune, comme celui de Courbouzon est le meilleur au point de vue stratigraphique.

Dans cette carrière et en face de celle-ci à l'O. de la route, le niveau débute, sur la surface plus ou moins taraudée du calcaire précédent, par une couche de 0ᵐ 60, de texture fort variable, plus ou moins marneuse et grumeleuse, un peu ferrugineuse par places et souvent très fossilifère, mais qui passe au calcaire dur sur différents points. Puis viennent 4 à 5 m. de calcaire grenu, grisâtre, un peu marneux, très pauvre en fossiles, qui se délite légèrement, d'une façon peu régulière, et se termine par une surface bosselée qui offre des traces de taraudage. La puissance du niveau est donc ici de 5 m. environ. La couche inférieure fossilifère m'a fourni près d'une soixantaine d'espèces, qui sont indiquées dans la coupe de cette localité et dans la faune générale du niveau. Les plus importantes sont :

Belemnites sulcatus, Mill.

— sp.

Nautilus cfr. *lineatus*, Sow.,3.

Ammonites Garanti, d'Orb., 1.

— sp.ind.(*Parkinsoni*, Sow., ou *pseudo-anceps*, Douv.),1.

— sp. ind. (du groupe d'*arbustigerus* ?) 1.

— (*Patoceras*) sp.,aff. *Sauzei*, d'Orb.,1.

Thracia sp.

Pleuromya tenuistria, Ag., 3.

Gresslya cfr. *lunulata*, Ag.,3.

Mytilus gibbosus, d'Orb., 1.

Avicula Munsteri, Goldf., 3.

Ostrea Marshi, Sow.

— *costata*, Sow., 2.

Terebratula Faivrei, Bayle.

— cfr. *ovoides*, Sow.

Zeilleria Waltoni (Dav.), 4.

Aulacothyris carinata (Lam.) 1.

Rhynchonella Garanti, d'Orb.

— *bujoctana*, d'Orb.,1.

— *parvula*, Waag., 2.

Acanthothyris spinosa (Schl.) 2.

Cidaris Kœchlini, Cott., 1.

Bryozoaires et Spongiaires.

Il semble que l'on puisse rapporter au niveau **B**, plutôt qu'au niveau **A**, les calcaires grisâtres grenus et le récif de Polypiers, situés à peu de distance à l'O. du village de Publy, et qui sont décrits plus loin dans la coupe du chemin de Revigny à cette localité ; toutefois, je ne puis rien affirmer encore à cet égard. Les calcaires grenus se divisent assez facilement en petites dalles et ils n'affleurent que sur une faible épaisseur. A peu près au même niveau que ces calcaires ou très peu au-dessus, se trouve le récif qui forme, assez proche de la première maison du village, un léger bombement du sol, allongé vers le S.-E. Il offre un calcaire dur, de texture très irrégulière et paraissant en partie dépourvu de stratification, ainsi qu'il arrive dans les véritables récifs construits. Il ne paraît pas s'y trouver de silex, ni de fossiles siliceux. Par places, le calcaire est grisâtre, grenu, en partie oolithique et riche en débris indéterminables de Lamellibranches, de Brachiopodes et d'Échinodermes ; mais de nombreuses parties sont de couleur très claire et possèdent la texture cristalline des Polypiers modifiés par la fossilisation. Bien que l'on ne trouve que rarement des échantillons présentant des calices de Polypiers, le récif paraît bien constitué en grande partie par les débris de ces organismes. Je n'y ai rencontré que 3 ou 4 espèces, principalement :

Isastrea salinensis, Koby.   *Thamnastrea Terquemi,* E. et H.

Dans les carrières de Crançot les plus proches du bord oriental du village, le niveau **B** présente, sur le calcaire du niveau précédent, légèrement taraudé par places, un banc marno-grumeleux, peu fossilifère, qui passe, d'une manière variable, à des calcaires durs, riches en débris fossiles ; un peu plus à l'E., le niveau paraît être uniquement formé de calcaire dur, pétri de fossiles dans le bas. C'est ainsi que, dans la carrière Nachon, on a d'abord un banc marno-grumeleux, lentement délitable et peu fossilifère,

dans lequel je n'ai guère trouvé que de rares Lamellibranches et Brachiopodes en mauvais état, et en particulier *Zeilleria* cfr. *Waltoni,* avec *Cidaris Kœchlini* ; puis
on a 2 m. environ de calcaire dur, à nombreux débris de
Crinoïdes et de Lamellibranches, irrégulièrement divisé en
petites dalles et marneux par places dans quelques décimètres de la partie inférieure, qui est alors peu fossilifère.
L'épaisseur observable est ainsi de 3^m à 3^m50 ; mais les
couches supérieures ont disparu sur ce point. Tout près de
là, dans la carrière communale, il ne reste que 2^m20 de
couches de ce niveau : un banc marno-grumeleux inférieur
avec *Cidaris Kœchlini,* épais de 0^m50 seulement, est suivi
d'un banc calcaire d'égale épaisseur, surmonté de 1^m20 de
calcaire très irrégulier, qui se délite par places sur 0^m70 et
se subdivise irrégulièrement dans le haut. Mais dans la
carrière Variod, un peu plus à l'E., il semble que l'on
doive attribuer au niveau **B** 2^m50 de calcaire dur, pétri
de débris de Lamellibranches (*Trichites* surtout), qui repose sur une surface fortement taraudée et se subdivise
irrégulièrement en petites dalles, puis 2^m de calcaire dur,
peu fossilifère, qui subsistent seuls au-dessus.

A 2 kilomètres au N.-O. de Crançot, sur le bord oriental du
plateau de Sermu, au-dessus de la grande grotte de Baume,
le niveau **B** comprend un gros banc calcaro-marneux,
grenu et très peu fossilifère, de 2 m. d'épaisseur, qui donne
lieu sur ce point à une très petite source, et 2 m. environ
de calcaire dur, qui se voient seuls ensuite au-dessus de la
source. Je n'ai pu trouver sur ce point qu'une Térébratule
indéterminable.

Les couches de ce niveau ne paraissent pas observables
près des Granges-de-Ladoye, ni sur les monts de Poligny, près
des carrières de Chaussenans. Il reste à les rechercher entre Granges-sur-Baume et cette dernière localité, où elles
affleurent nécessairement sur quelques points. Ainsi qu'on
l'a vu dans l'étude du niveau précédent, on peut se deman-

der si les récifs à Polypiers calcaires qui se voient entre le récif à Polypiers siliceux des Granges-de-Ladoye et le Fied, appartiennent au même niveau que ce dernier, ou s'ils ne doivent point être attribués au niveau **B**.

Fossiles. — Grâce à la couche marneuse inférieure, très fossilifère sur certains points (trop rares à ce qu'il paraît), j'ai pu recueillir dans ce niveau une faune presque aussi riche que celle qui apparaît un peu plus tard à la base du Bathonien de notre région, et remarquable, ainsi que cette dernière, par la présence de quelques Ammonites. Sur un ensemble d'environ 80 espèces, elle comprend 1 Reptile, 2 Poissons, 8 ou 9 Céphalopodes dont 4 Ammonites, environ 28 Lamellibranches, une quinzaine de Brachiopodes, 3 Oursins, 1 Crinoïde, 1 Astéride et au moins 3 ou 4 espèces de chacune des classes des Bryozoaires, des Vers, des Polypiers et des Spongiaires. Évidemment charriés et accumulés sur certains points par les courants, à la suite de quelque mouvement notable du sol, ces fossiles sont trop souvent en mauvais état, même les Brachiopodes. Aussi, tant pour ce motif qu'en l'absence de déterminations suffisamment précises pour quelques-uns des échantillons assez bien conservés, je ne puis dénommer à présent que 31 espèces, soit à peu près les $\frac{2}{5}$ de la faune : 5 Céphalopodes, 12 Lamellibranches, 9 Brachiopodes, 1 Oursin, 1 Crinoïde, 1 Serpule et 2 Polypiers.

Je désigne en outre, provisoirement, par la mention *Terebratula* sp. B et *Rynchonella* sp. A, deux espèces, qui ne paraissent pas rares ici, et que M. de Grossouvre a bien voulu m'indiquer comme se trouvant dans les couches situées à la limite du Bajocien et du Bathonien du centre de la France.

La liste suivante comprend la faune entière du niveau **B**, avec l'indication des localités. Elle montre que presque toutes les espèces de cette faune se trouvent dans le gisement des monts de Revigny, le seul avec celui de Crançot qui ait offert jusqu'ici des Ammonites à ce niveau. Peut-être les fouilles que je me propose de continuer sur ce point fourniront-elles quelques bons échantillons, parfaitement déterminables, de cette classe. Il importerait toutefois de rechercher quelques autres gisements marneux et fossilifères ; car, en dernier lieu, une journée de fouilles, effectuées à Revigny avec l'aide d'un ouvrier, ne m'a fourni en fait d'Ammonite qu'un exemplaire incomplet d'un *Patoceras* voisin de *P. Sauzei* (d'Orb.), c'est-à-dire de l'espèce décrite par d'Orbigny sous le nom d'*Ancyloceras Sauzeanus*.

J'indique ici provisoirement *Terebratula globata* et *Eudesia bessina*, en les plaçant entre parenthèses, à cause du doute qui subsiste sur la présence de ces deux espèces dans le Bajocien supérieur lédonien.

Faune du niveau B.

ABRÉVIATIONS : M., Montmorot ; Co., Courbouzon ; R., Revigny ; Cr., Crançot ; P., Publy (récif).

	M.	Co.	R.
Plesiosaurus, sp. 1	M.		
Poisson, 1			R.
Strophodus, sp. 1			R.
Belemnites sulcatus, Miller			R.
— *giganteus*, Schl., 1		Co.	
— sp., 4			R.
— sp. ind	M.		
Nautilus cfr. *lineatus*, Sow., 2		Co.	R.
Ammonites Garanti, d'Orb. 1			R.
— sp. ind. (*Parkinsoni*, Sow. ou *pseudo-anceps*, Douv.), 1			R.
— sp. ind. (du groupe de *arbustigerus* ?), 1			R.
— (*Patoceras*) sp. aff. *Sauzei* (d'Orb.) 1			R.
Pseudomelania sp. ind., 1			R.
Pleurotomaria sp. ind. (2 espèces), 2			R.
Thracia sp			R.
Pholadomya sp. ind., 1		Co.	

Homomya sp. ind....................   Cr.

Pleuromya tenuistria, Ag., 2.........   R.

   —   sp. 1 .... M.

Panopæa sinistra, Ag., 1. .... M.

Gresslya cfr. *lunulata*, Ag., 2........ M?   R.

Trigonia sp.. ....   R.

Isocardia sp. ind., 1............... M?   R.

Lucina sp. ind., 1..................   R.

Perna sp., 2....................... M. Co.

Trichites sp. ind., 4 .... M.   R. Cr.

Mytilus gibbosus, d'Orb., 1..........   R.

Avicula cfr. *Munsteri*, Goldf., 3. .....   R. Cr.

Pecten articulatus, Schl., 1.......... M. Co. R. Cr.

   —   *lens*, Sow................... M. Co.

Lima proboscidea, Sow., 3.......... M.

   — *duplicata*, Sow., 2............. M.   Cr.

   — sp. (4 espèces), 3. .... M.   R.

Plicatula sp......................   R.

Hinnites sp. ind., 1................   R.

Ostrea Marshi, Sow., 3............. M.   R.

   — *costata*, Sow., 2............. M. Co. R.

   — *obscura*, Sow., 2. .... M. Co.

   — sp. ind. (2 ou 3 espèces)......   Cr.

Terebratula Faivrei, Bayle, 2........ M? Co. R.

   —   *ovoides*, Sow............ M.   R.

(—   *globata*, Sow............   R?)

   —   sp. B...... ....   R.

   —   sp. ind. (2 espèces)......   Cr.

Zeilleria Waltoni (Dav.), 3........... M. Co. R. Cr.

Aulacothyris carinata (Lam.), 1......   R.

(*Eudesia bessina* (Desl.), 1..........   R?)

Rhynchonella Garanti, d'Orb........   R.

   —   *quadriplicata* (Sow.)....   R.

   —   *bajociana*, d'Orb. ? 1....   R.

   —   *parvula*, Waag., 1......   R.

   —   sp. A, 3.............. M. Co. R.

   —   sp. (plusieurs espèces)...   Co. R. Cr. P.

Acanthothyris spinosa (Schl.), 2...... M. Co. R.

Berenicea sp. 2............	M.		R. Cr.
Bryozoaires non déterminés, 4.... ...	M. Co.		R.
Echinobrissus sp. ind.............			R.
Cidaris Kœchlini, Cott..............	M.		R. Cr.
— sp.			R. Cr.
Débris d'Échinodermes indét.			R. Cr.
Pentacrinus cfr. *bajocensis*, d'Orb.....		Co.	R.
Débris d'Astérides indéterminables. ...			R.
Serpula cfr. *conformis*, Goldf..... ...	M.		
— sp. (plusieurs espèces).......	M. Co.		R. Cr.
Spongiaires non déterminés..........			R.
Isastrea salinensis, Koby.............			P.
Thamnastrea Terquemi, E. et H.......			P.
Polypiers non déterminés...........			P.

Puissance. — La puissance du niveau **B** ne peut encore être précisée que dans les deux localités où ses limites sont jusqu'ici nettement reconnues : à Courbouzon, où elle n'est que de 3^{m}40, et dans l'affleurement des monts de Revigny, où elle atteint ·à fort peu près 5 m. Elle paraît être aussi de 5 m. environ à Montmorot ; enfin à Crançot et à Sermu, où l'absence de strates plus élevées ne permet pas d'observer la limite supérieure, on trouve encore 3 m. 50 et 4 m. de couches de ce niveau.

Variations. — En outre de différences d'épaisseur assez sensibles dans certains points, le niveau **B** présente, dans le petit nombre de gisements étudiés, des variations considérables de facies. Tantôt presque stérile et tantôt d'une grande richesse fossilifère, il passe des marnes dures, grenues ou grumeleuses, à des calcaires plus ou moins résistants, qui paraissent être la roche la plus fréquente, et ces différences sont encore accentuées par l'existence, fort probable, de récifs de Polypiers.

A raison de ces variations multiples, on conçoit que la distinction du niveau **B** doive souvent présenter de sérieuses difficultés. Il importe néanmoins de chercher à en poursuivre la délimitation et l'étude sur le plus grand nombre de points que possible dans la contrée lédonienne, à cause de l'intérêt qui résulte de la présence, dans ce niveau, d'Ammonites de la zone classique à *Ammonites subfurcatus* des autres contrées.

DISTINCTION DU NIVEAU DE L'AMMONITES GARANTI ET DE LA BASE DU BATHONIEN. — La couche marneuse à *Ammonites Garanti* de Revigny paraît avoir été plus d'une fois confondue avec la première couche fossilifère du Bathonien, et prise en conséquence pour base de cet étage (1). Cette erreur, qui pourrait se reproduire pour d'autres affleurements de facies analogue, s'il en existe, est rendue plus facile, à une observation trop superficielle, par l'existence d'un certain nombre d'espèces communes entre ces deux couches, particulièrement *Ammonites Garanti* et peut-être *A. Parkinsoni* (dont il serait aisé d'ailleurs de confondre de mauvais échantillons avec *A. ferrugineus*), puis divers Lamellibranches, et surtout *Aulacothyris carinata*, *Zeilleria Waltoni*, *Cidaris Kœchlini*; de plus, certaines formes allongées d'*Ostrea obscura* ont pu être prises pour *O. acuminata*, d'après de mauvais exemplaires et à la suite d'un examen insuffisant. La comparaison de la description précédente du niveau **B** avec celle du premier niveau du Bathonien inférieur, que j'ai étudié dans un bon nombre d'affleurements et sous différents facies, montrera les caractères distinctifs de ces deux niveaux. Rappelons seulement ici que le Bajocien supérieur ne m'a jamais offert le *Pecten ledonensis* qui est fréquent à la base du Bathonien dans presque tous nos affleurements (sauf Syam et peut-être Plàne). D'autre part, je n'ai pas rencontré, dans le Bathonien inférieur, des calcaires à Crinoïdes parfaitement caractérisés, comme il s'en trouve fréquemment dans les couches

---

(1) Dans la carte géologique, M. Marcel Bertrand avait rangé déjà cette couche marneuse dans le Bajocien, ainsi que les couches suivantes des monts de Revigny que j'attribue ici au Bajocien supérieur.

terminales du Bajocien ; mais seulement des calcaires d'apparence plus ou moins spathique, sans nombreux Crinoïdes distincts, et dont la plupart, riches en débris de petits bivalves, sont plutôt des calcaires lumachelles.

C. — Niveau des calcaires supérieurs à Crinoïdes de Courbouzon.

Calcaires durs et résistant bien à l'air, parfois grenus-cristallins ou bien oolithiques à un degré variable et à diverses hauteurs, mais d'ordinaire plus ou moins spathiques et souvent à grossiers débris de Crinoïdes. Surface plane et taraudée, sur tous les points où elle a pu être observée.

A Courbouzon, où le niveau se voit en entier et atteint 17 mètres, il commence par 1 m. de calcaire en bancs peu épais, pétri de Crinoïdes et portant de très rares calices de *Pentacrinus* ; puis on a, sur 16 m., une double alternance de calcaire grenu-cristallin et de calcaire à Crinoïdes. L'étage se termine par quelques mètres de ces derniers, très riches en débris d'Échinodermes et à surface taraudée.

Les couches terminales du niveau manquent dans les grandes carrières de Messia ; on y observe seulement la partie inférieure, comprenant 9 m. de calcaire à Crinoïdes, dont la base renferme en outre, sur 4 m. d'épaisseur, de petites oolithes disséminées.

A Montmorot, le niveau entier est exploité comme pierre de construction ; il comprend près de 19 m. de calcaires assez riches en débris spathiques, dans une pâte un peu jaunâtre, grenue, et les bancs supérieurs passent à un calcaire à grossiers débris de Crinoïdes.

Près d'Arlay, on exploite, dans la carrière de Sur Courreaux, 8 à 10 m. d'épaisseur d'un calcaire spathique, à surface taraudée, qui forme la partie supérieure du niveau.

Sur les monts de Revigny, à l'O. de la route, près de la

mare du Retour de la Chasse, le niveau **C** paraît débuter par quelques mètres de calcaire grenu, grisâtre et légèrement délitable, qui repose sur la surface bosselée et un peu taraudée du niveau précédent ; puis on a un calcaire spathique exploité sur 6 à 7 m. dans la carrière occidentale, et qui paraît se continuer plus au N., de sorte que l'épaisseur totale du niveau pourrait atteindre 15 à 20 m. Un peu plus au S.-E., dans une carrière située à peu de distance du bord occidental de la route, on observe quelques mètres d'un calcaire spathique analogue, qui pourrait appartenir à la moitié supérieure du niveau, car le Bathonien inférieur se trouve non loin de là ; mais je n'ai pu observer dans aucun de ces deux points le contact des deux étages.

Près de la source de la Doye de Nogna, le bord de la route montre seulement, sur 8 m., un calcaire à petits débris spathiques, redressé verticalement et qui forme le sommet du niveau.

Au bord oriental de l'Eute, on observe, près de la butte du château de Châtillon, sur le bord du chemin de Vevy, 13 à 15 m. de calcaire spathique dont les bancs supérieurs se chargent de petites oolithes ; puis on a 4 m. d'un véritable calcaire à fines oolithes qui termine l'étage et dont la surface est taraudée. Ces 17 à 19 m., au total, paraissent appartenir en entier au niveau **C**.

Dans les carrières de Pannessières exploitées pour les constructions, on observe, sur 5 ou 6 m., des calcaires spathiques à surface taraudée, qui terminent le niveau.

Le petit massif de calcaire bajocien, avec traces de Polypiers, qui se voit au bord E. de la groisière de Plâne, séparé de la base du Bathonien par une ligne de froissement intense, appartient fort probablement au Bajocien supérieur ; mais on ne peut en préciser le niveau.

Sur les monts de Poligny, les carrières de Chaussenans montrent seulement, sur 4 à 5 m., la partie supérieure du niveau **C**, qui offre un calcaire spathique, à petits débris d'Ostracées, avec pointillé ferrugineux dans le haut, et présente une surface taraudée.

Entre Bourg-de-Sirod et Champagnole, un peu au-dessus des récifs de Polypiers du Bajocien supérieur, attribués, sous quelques réserves, au niveau **A**, on observe 17 m. de calcaire spathique à Crinoïdes, qui terminent l'étage et appartiennent en entier au niveau **C**.

D'après cet affleurement, il semble que l'on puisse attribuer à ce dernier niveau toutes les couches bajociennes visibles sur le chemin des forges à la gare de Syam. Après 3 m. environ d'un calcaire grenu-cristallin, à débris de bivalves, qui a subi un froissement intense et qui pourrait peut-être d'ailleurs appartenir au niveau précédent, on a près de 8 m. de calcaire, grenu à la base, mais passant bientôt à une fine oolithe plus ou moins régulière ; puis viennent 2 à 3 m. de calcaire oolithique et parfois riche en débris de bivalves, ou dolomitoïde par places et contenant quelques Lamellibranches et *Pentacrinus* ; enfin, l'étage se termine par 8 m. de calcaire spathique, oolithique dans le milieu et dans le haut, et dont la surface est taraudée.

Fossiles. — En outre des débris d'Échinodermes et surtout des articles de *Pentacrinus*, je ne puis citer dans ce niveau que les Lamellibranches du banc dolomitoïde de Syam :

Pholadomya sp.   *Lithodomus* sp.
Trichites sp.   *Ostrea* cfr. *Marshi*, Sow.

Puissance. — Dans la localité type de Courbouzon, où les limites en sont exactement déterminées, le niveau **C** atteint 17 m., et il s'élève à 19 m. au moins à Montmorot, où la limite inférieure est un peu moins précise. Il semble d'ailleurs qu'on ne peut lui attribuer moins de 15 à 20 m. sur les monts de Revigny, de 19 m. à Châtillon et à Syam, et de 17 m. à Bourg-de-Sirod. Il offrirait donc au moins 17, à 19 m. de l'O. à l'E. de la contrée lédonienne ; toutefois on ne peut s'autoriser que sous des réserves expresses des observations des trois dernières localités appartenant à la partie orientale de la contrée, puisque la série bajocienne n'a pas été étudiée en entier dans cette partie et que l'on ne sait encore si la subdivision en niveaux, de la partie occidentale, s'y poursuit dans le Bajocien supérieur.

Variations. — Le facies principal de ce niveau est le calcaire spathique, riche en débris de Crinoïdes plus ou moins nets. Il forme seul les séries plus ou moins complètes du niveau **C** qui viennent d'être signalées dans nos divers gisements, sauf à Revigny, où la base est un calcaire grenu, un peu gélif, à Courbouzon, où s'intercalent à deux reprises des bancs d'un calcaire grenu-cristallin, enfin à Messia, Châtillon et Syam, où se trouvent des couches plus ou moins oolithiques. Après avoir longtemps disparu de nos points d'étude, depuis son apparition dans la partie moyenne du Bajocien inférieur à Conliège, jusqu'au Bajocien supérieur où il s'annonce déjà légèrement dans les deux premiers niveaux à Montmorot, le facies oolithique reprend dans le niveau **C** des caractères fort nets et une certaine importance qui laisse présager le rôle considérable qu'il va jouer dans l'étage Bathonien. Assez peu caractérisé encore à la base du niveau à Messia, où les oolithes sont mélangées de débris de Crinoïdes, il se montre bien typique, sur une dizaine de mètres, dans le milieu et vers le haut du niveau à Syam, et sur 5 à 6 m. au sommet de celui-ci à Châtillon. Il est intéressant de remarquer que c'est aussi dans cette partie orientale de la contrée lédonienne que ce facies s'établit dans la seconde moitié du Bathonien inférieur, pendant que la partie occidentale possédait le facies vaseux. La présence de ces calcaires oolithiques du niveau **C** permet de penser que des constructions coralligènes se sont élevées dans notre contrée ou dans son voisinage à cette époque, et l'on peut s'attendre, dans ce cas, à constater sur d'autres points du Jura lédonien de multiples notables variations de facies.

POSITION STRATIGRAPHIQUE DES CALCAIRES A EUDESIA BESSINA
ET DES POLYPIERS DE BULIN, PRÈS DE PUBLY.

Dans la première étude générale du Bajocien, j'avais cru
devoir attribuer à l'assise supérieure de cet étage les couches
à *Eudesia bessina* de la tranchée de la Croix-des-Monceaux,
qui vient à l'E. de Rochechien, sur le plateau de Publy, et
en outre les couches oolithiques à Polypiers de la tranchée
de Bulin, à l'O. de la gare de cette localité. Les recherches
que j'ai poursuivies depuis lors dans cette région m'ont
fourni des indications qui modifient sérieusement ma manière de voir sur la position stratigraphique de ces deux
points. Voici les résultats obtenus jusqu'ici sur chacun
d'eux.

1º Calcaires à Eudesia bessina de la Croix-des-Monceaux.

La tranchée de la Croix-des-Monceaux offre la succession décrite précédemment dans la coupe du Bajocien
de Conliège. C'est d'abord un calcaire oolithique, blanchâtre,
visible sur 2 m., à surface assez plane, taraudée et portant des
Huîtres plates soudées; puis on a la succession des calcaires
indiqués sous les numéros 58 à 65 de cette coupe. Ces
derniers débutent par un mince lit calcaire, grenu, un peu
marneux, soudé à la surface taraudée, et aussi à la couche
supérieure, dans laquelle il semble se continuer par places
sur quelques centimètres; ce lit renferme, sur la faible
surface découverte, de nombreux *Eudesia bessina*, Desl.,
de différents âges (40 exemplaires sur 2 mètres carrés
environ de surface observable), ainsi que *Terebratula globata*, moins fréquent, et de rares Rhynchonelles, en trop
mauvais état pour être déterminées. Puis viennent 9ᵐ30 de
calcaire finement grenu, bleuâtre à l'intérieur, qui renferme quelques *Eudesia bessina* tout à fait à la base et

contient *Terebratula globata*, disséminé dans le tiers inférieur ; des amas de rognons cristallisés de calcite, accompagnés d'une roche d'aspect dolomitoïde et ferrugineux
se voient à 3 m. et à 6 m. de la base ; au dessus du second
de ces amas, se trouvent des bancs calcaires, d'une épaisseur totale de 1 m. (couche 63 de la coupe), qui offrent,
dans le bas, de nombreuses Nérinées (non signalées dans
cette coupe), et, en dessus, un lit de rognons de silex. Une
dizaine de mètres de calcaire à grain assez fin, analogue
aux précédents, se voient à la suite de ces derniers ; ils
contiennent, dans le haut (sommet du monticule, dans un
petit fossé transversal, au bord S. de la tranchée), quelques moules de bivalves, en mauvais état, des genres *Ceromya*, *Isocardia* et *Pecten*. Au-dessus viennent, sur une
épaisseur non déterminée, des calcaires assez analogues,
qui offrent le même plongement vers l'E. et sont peu fossilifères.

Lorsqu'on se dirige depuis cet affleurement vers le village de Publy, par un large chemin de desserte des propriétés, on observe, sur un point au bord E. de celui-ci, le
calcaire oolithique à surface taraudée ; mais il est aussitôt
recouvert par la terre végétale, et je n'ai pu y retrouver
Eudesia bessina. A l'E. de ce point, dans les propriétés
cultivées et dans les pâturages voisins, on rencontre de petits
affleurements des calcaires à grain fin du massif précédent,
qui ont été exploités sur divers points dans les couches
voisines du lit de rognons siliceux, afin d'obtenir les petites
dalles minces employées dans le pays pour former les toi-
tures. Il s'y trouve quelques fossiles, probablement dans
la même couche que le banc à Nérinées de la tranchée
(c. 63 de la coupe précitée) ; j'y ai recueilli *Belemnites* sp.,
Nerinea sp. (étroit et très allongé) et divers autres Gastéropodes de très petite taille, avec de rares Lamellibranches
des genres *Gervilia* et *Pecten*, ainsi qu'un Polypier indéterminable et une petite empreinte qui paraît appartenir

à un débris de plante terrestre. Des calcaires à grain fin, plus ou moins analogues aux précédents, se continuent au-dessus de ce niveau fossilifère, sur une certaine épaisseur qui reste à déterminer ; la partie supérieure est parfois exploitée dans de petites carrières aux approches du village de Publy.

La présence dans les calcaires de la Croix-des-Monceaux de *Eudesia bessina*, qui se trouve dans l'Oolithe blanche de la Normandie, a notablement contribué à me les faire rapporter d'abord au Bajocien supérieur, d'autant plus qu'il existe certaines relations (présence des silex et texture des calcaires) avec des coupes bajociennes du voisinage. Mais on considère à présent l'Oolithe blanche des environs de Bayeux, comme appartenant au moins en partie au Bathonien. De plus je n'ai pas retrouvé de couches semblables à celles de la Croix-des-Monceaux dans le Bajocien supérieur de la région environnante ; les calcaires à grain fin s'y montrent seulement sur une épaisseur beaucoup moindre, et *Terebratula globata* paraît totalement absent de cette assise, tandis qu'il est fréquent dans le Bathonien inférieur et moyen. Par contre, la texture finement grenue de la roche, sur une épaisseur assez considérable, la présence des silex vers 9 m. au-dessus de la croûte à *Eudesia*, et les calcaires oolithiques à surface taraudée qui se voient au-dessous de celle-ci, sur 2 m., sont des conditions qui concordent assez bien avec celles des couches supérieures du Bathonien I et plusieurs caractères de la partie inférieure du Bathonien II.

Le faciès marneux à *Homomya gibbosa* qui occupe la base de cette dernière assise dans la moitié orientale du Jura lédonien, commence à se montrer un peu à l'E. de nos affleurements à *Eudesia bessina*, dans la tranchée de Bulin (à l'O. de la gare de Publy), et il n'a pas été observé dans les affleurements plus occidentaux. Il est possible, à la rigueur, qu'aux approches du faciès oolithique occidental qui existe près de Lons-le-Saunier, le premier facies se trouve déjà modifié assez sensiblement à la Croix-des-Monceaux pour que les premières couches du Bathonien II présentent, sur ce point, l'ensemble des caractères que possèdent nos calcaires à *Eudesia bessina*. Ces derniers pourraient donc appartenir au Bathonien ; dans ce cas ils occuperaient la base du Bathonien II, et les 2 m. de calcaire oolithique, à surface taraudée, qui les supportent, formeraient le sommet du Bathonien inférieur. *Eudesia bessina*, situé immédiatement sur ce dernier, se trouverait ainsi à un niveau un peu plus élevé qu'en Normandie.

Mais on peut aussi bien invoquer des modifications locales de facies pour attribuer ces calcaires au Bajocien supérieur ; car cette assise présente, sur le plateau, des variations considérables, dues à l'existence du facies à Polypiers, par places et probablement à divers niveaux. Il n'est donc pas encore possible de rien affirmer sur l'attribution à l'un ou à l'autre étage du lambeau à *Eudesia bessina* de la Croix-des-Monceaux.

De nouvelles observations permettront peut-être de déterminer exactement la position stratigraphique de la tranchée de la Croix-des-Monceaux, ce qui serait fort intéressant pour établir l'époque à laquelle s'est montré, dans le Jura, *Eudesia bessina*, si rare jusqu'ici. Quoi qu'il en soit, le doute qui vient d'être indiqué ne me permet plus de prendre cette espèce comme caractéristique du Bajocien supérieur.

2° Calcaires oolithiques à Polypiers de Bulin.

Mes premières observations, faites pendant la construction de la voie, ne m'avaient fourni que trop peu de fossiles pour déterminer sûrement le niveau stratigraphique des couches oolithiques à Polypiers de la tranchée de Bulin, à l'O. de la gare de Publy. La présence d'une couche marneuse à *Homomya gibbosa* et rares petites Huîtres indéterminables, suivie de quelques bancs calcaro-marneux, m'avait porté à y voir la base du Bathonien, précédée des couches supérieures bajociennes, qui auraient eu sur ce point un facies oolithique plus développé encore qu'à Montmorot et contenant des Polypiers assez fréquents. Depuis lors, le délitement de la roche, surtout à la faveur des fortes gelées des derniers hivers, m'a permis d'y recueillir un certain nombre de fosssiles dans les couches marneuses et marno-calcaires, et de reconnaître avec certitude qu'elles appartiennent à la base du Bathonien moyen; les couches oolithiques à Polypiers sous-jacentes sont, par suite, l'oolithe terminale du Bathonien inférieur. La coupe primitive de cette tranchée donnée à la fin de la coupe générale du Bajocien de Conliège doit donc être considérée comme non avenue; elle est remplacée, dans le cours de l'étude du Bathonien II, par la coupe plus complète et plus exacte qui résulte de mes dernières observations.

D'autre part, j'ai reconnu aussi, depuis l'impression de l'étude générale du Bajocien, l'existence, à l'O. du village de Publy, d'un véritable récif de Polypiers, qui appartient évidemment au Bajocien supérieur ; de la sorte, les indications souvent répétées, dans l'étude générale de l'étage, relativement à la présence de couches à Polypiers dans cette assise à Publy, se trouvent exactes, prises d'une manière générale.

NOUVELLES COUPES DU LIAS & DU BAJOCIEN.

COUPE DU TOARCIEN SUPÉRIEUR DE BLOIS

Relevée sur le chemin de Ladoye à Lamarre.

II. — Toarcien moyen (partie supérieure).

1. — Marne grise, friable. Visible à la base de l'affleurement, au bord du chemin, sur près de 1ᵐ

Les couches inférieures sont cachées par les éboulis. Les grosses sphérites à cristaux de célestine se trouveraient à 2ᵐ 50 au-dessous de la c. 1, d'après la coupe de Ronnay.

Toarcien supérieur.

III. — Assise de l'Ammonites jurensis et du Pentacrinus mieryensis (10ᵐ 80, soit 11 m.).

A. — Niveau des marnes et marno-calcaires inférieurs de l'Étoile (4ᵐ 90).

2. — Deux bancs de calcaire gris, marno-gréseux, dur, divisés en pavés, teintés de rougeâtre sur les bords. 0ᵐ 25

3. — Marne grise, friable, avec Bélemnites et Pentacrinus ; quelques blocs arrondis (sans cristallisations de sulfate de stron- tiane à ce qu'il paraît) y sont intercalés. 1ᵐ 50

4. — Deux bancs de calcaire marneux analogue à la c. 2 ; le banc inférieur, mince, est à l'état d'un lit de rognons par places ; le second, d'environ 0ᵐ 30, est fortement bosselé et criblé en dessus de petits Pentacrinus 0ᵐ 40

5. — Marne grise, avec intercalation d'un banc calcaire bosselé sur les 2 faces et suivi d'un lit de petits rognons. Petites Bélem- nites dans la marne 0ᵐ 50

6. — Quatre bancs de calcaire marneux, peu réguliers et un peu rognoneux, pétris, par places, d'articles de Pentacrinus, avec quelques Belemnites breviformis ; banc inférieur peu dur,

les trois autres plus résistants ; ces derniers alternent avec trois lits de marne grise, dure, grenue, très efflorescente. . 0^m 80

7. — Banc calcaire de 0^m 10 à 0^m 15, suivi de 2 autres plus petits (parfois un seul), et 3 lits de marne alternants. Le calcaire et la marne (surtout dans le bas) sont pétris de *Pentacrinus* par places. *Belemnites irregularis*. . . . . 0^m50

8. — Banc de calcaire marneux, régulier, contenant par places de nombreux *Pentacrinus*. . . . . . . 0^m 20

9. — Marne grise . . . . 1^m 20

B. — Niveau des marnes et marno-calcaires moyens de l'Étoile a Ammonites jurensis (2^m 45).

10. — Deux bancs marno-calcaires d'environ 0^m15 (le supérieur parfois double), séparés par 0^m 30 de marne grise ; soit . . . . 0^m 60

11. — Marne grise, avec articles de *Pentacrinus jurensis*. 0^m 15

12. — Mince banc de calcaire marneux, bosselé, teinté de rougeâtre, à grandes Ammonites assez fréquentes : *Am. (Lytoceras) jurensis*. . . . . 0^m 05

13. — Marne grise, avec 3 minces bancs de marno-calcaire, bosselés, intercalés dans le milieu . . . . . . 0^m 75

14. — Banc de calcaire grenu, gris-bleu, très bosselé en dessus ; parfois divisé en 2 bancs. En moyenne . . . 0^m 20

15. — Marne, suivie d'un banc calcaire bosselé, de 0^m10 au plus, analogue à c. 14 et à surface noirâtre. *Belemnites breviformis, B.* sp. . . . . 0^m 25

16. — Marne gris-noirâtre à petits *Belemnites breviformis*, avec Ammonite du groupe de *Am. radians* à la base, et surmontée d'un banc calcaro-marneux, bosselé, de 0^m15. . 0^m 40

C. — Niveau des marnes et marno-calcaires supérieurs a Pentacrinus de l'Étoile (3^m 40).

17. — Marne grise. Bélemnites . . . . 0^m 60

18. — Quatre petits bancs de calcaire marneux, en deux groupes séparés par un banc de marne. . . . . . 0^m 45

19. — Marne grise, noirâtre à l'intérieur ; petites Bélemnites. . . . . 0^m 30

20. – Deux bancs de calcaire et marne intercalée. Surface régulière 0m 25

21. — Marne, 0m 25, surmontée de 2 bancs calcaires, bosselés en dessus 0m 45

22. — Marne grise 1m 35

IV.—Assise de l'Ammonites opalinus et de l'A. aalensis (3m50)
Oolithe ferrugineuse de Blois et de Ronnay.

B.— Niveau de l'Oolithe ferrugineuse inférieure a Am. opalinus de Blois (2m 70).

23. – Banc de calcaire grenu, d'apparence gréseuse, dur, gris à l'intérieur, rougeâtre par altération, régulier en dessous, se délite un peu en dessus . . . . 0m 10 à 0m 15

24. — Marne gris-noirâtre, contenant 3 ou 4 bancs intercalés de calcaire grenu, bleuâtre à l'intérieur, jaunâtre ou rougeâtre par altération, plus ou moins chargé d'oolithes ferrugineuses petites et moyennes, avec *Belemnites pyramidalis*, ainsi que de nombreuses Ammonites fragmentées et paraissant roulées: *Ammonites aalensis, A. complus, A. radiosus, A. mactra*, etc. 0m 60

25. — Marne analogue, avec de minces intercalations, peu nombreuses et peu visibles, de calcaire marneux à oolithes ferrugineuses, contenant *Ammonites aalensis, A. Wrighti, A. radiosus, A. pseudo-radiosus, A. costula*, etc. 1m 60

26. — Trois petits bancs de calcaire marneux, devenant blanchâtre à la surface, sous l'action de l'air, et séparés par de minces lits de marne grise. Quelques Ammonites dans le calcaire. 0m 40

B.— Niveau de l'oolithe ferrugineuse supérieure a Am. opalinus et Rhynchonella cynocephala de Blois (0m 80).

27. — Gros banc calcaire assez résistant, à oolithes ferrugineuses, qui sont abondantes dans le haut. Peu fossilifère ; quelques Ammonites. La surface porte un placage de petites Algues du genre *Chondrites* 0m 80

Bajocien inférieur.

A. — Niveau des calcaires marno-gréseux a Cancellophycus scoparius de Ronnay (8ᵐ 35).

28. — Couche marno-gréseuse, micacée, noirâtre, très dure ; se délite lentement en une marne gréseuse, sèche. Quelques Bélemnites 0ᵐ 40

29. — Grès calcaro-marneux, assez résistant ; forme un banc de 0ᵐ 15

30. — Quatre ou cinq bancs de calcaire gréseux, jaunâtre sur la tranche par altération, et 4 lits alternants de marne dure, grenue, micacée, noirâtre, à efflorescences blanches. . 0ᵐ 90

31. — Calcaire gréseux, en gros bancs de 0ᵐ 40, avec de minces lits marno-gréseux. 2ᵐ 10

32. — Calcaire analogue, en bancs moins épais, avec un banc marno-gréseux, dur, à la base et un autre de 0ᵐ25 au sommet ; soit . . . . 2 m.

33. — Calcaire grenu, très dur, d'apparence gréseuse, avec quelques très minces délits marneux. Surface durcie, paraissant taraudée. Soit 2ᵐ 80

B. — Niveau des calcaires ferrugineux a silex inférieurs de Messia.

34. — Lit marneux, grenu, à très petits grains ferrugineux . . . . 0ᵐ 05 à 0ᵐ 10

35. — Calcaire dur, teinté de rougeâtre sur la tranche des bancs, et contenant des silex à partir de 1 m. environ de la base. Forme un abrupt.

Les couches suivantes du Bajocien se succèdent sur une épaisseur notable dans l'abrupt où je n'ai pu les étudier.

A l'O. de cet affleurement, la rivière est profondément encaissée dans les Schistes à *Posidonomya Bronni*. Ils affleurent, sur quelques mètres, au bord de celle-ci, en un point où elle est franchie par un tronc d'arbre en guise de passerelle, à mi-distance entre Blois et Ladoye, et ces schistes forment de part et d'autre un escarpement d'au moins 15 m. Il est donc très probable que le lit de la Seille est ici fort près de la base du Toarcien. On trouve, en effet, depuis ce lit à la c. 28, base du Bajocien, une épaisseur de 75 m. de couches toarciennes, en admettant qu'il n'y ait pas de dénivellation de l'un à l'autre de ces points.

COUPE DU LIAS SUPÉRIEUR DE MIÉRY.

Relevée sur le chemin de cette localité à Plâne.

Le village de Miéry repose sur le Calcaire à Gryphées arquées, et les couches suivantes du Lias forment la côte qui s'étend jusqu'au voisinage de l'église de Plâne ; mais elles ne sont observables qu'à partir du milieu du Liasien ou à peu près. La partie supérieure des Marnes à *Ammonites margaritatus* se montre dans le ravinement d'un ancien chemin, surmontée de l'assise de l'*Ammonites spinatus* ; la partie moyenne et supérieure de cette dernière assise se voit fort bien tout à côté, avec *Belemnites Bruguieri* et des Plicatules (*Harpax*), dans la tranchée du tournant principal du chemin actuel.

Le Toarcien, qui vient ensuite, est peu observable d'abord ; puis il offre, de part et d'autre du chemin, quelques portions à découvert, surtout dans la partie moyenne et supérieure ; mais les couches ferrugineuses du sommet ne sont pas visibles. Voici la succession que j'ai observée sur ce point, dans des visites trop rapides pour me permettre des observations très précises.

I. — Toarcien inférieur. — Schistes à Posidonomyes.

1. — Marnes schisteuses, ordinairement cachées par la végétation sur une grande partie de l'épaisseur. Il semble que l'on doive attribuer à cette assise près d'une vingtaine de mètres ; mais je n'ai pas reconnu de limite précise qui la sépare de la suivante dans cette localité.

II. — Toarcien moyen. Assise de l'Ammonites bifrons.

A. — Niveau des marnes inférieures de Ronnay (soit 18 m.).

2. — Marne feuilletée, visible par places au bord E. du chemin. Quelques Bélemnites. Soit environ . . . . . . 10 m.

3. — Marne à *Ammonites mucronatus*, rare, très déformé et fragmenté, avec *Belemnites tripartitus*, *Pecten pumilus*, *Thecocyathus tintinnabulum*. Soit approximativement . . . 8 m.

B. — Niveau des marnes et marno-calcaires moyens de Ronnay.

4. — Quelques lits de rognons marno-calcaires, alternant avec des bancs de marne. Fossiles peu fréquents (Bélemnites). Visibles sur quelques mètres ; soit environ. . . . . . . 5 m.

5. — Interruption d'une quinzaine de mètres, dont la partie supérieure appartient probablement déjà au niveau suivant.

C. — Niveau des marnes supérieures de Ronnay, avec sphérites a cristaux de célestine.

6. — Interruption probable (partie supérieure des 15 m. d'interruption mentionnés à la c. 5).

7. — Marne assez fossilifère: *Belemnites tripartitus*, *Ammonites bifrons* rare, très écrasé et fragmenté, *Trochus subduplicatus*, *Turbo capitaneus*, *Purpurina Patroclus*, *Cerithium armatum*, *Nucula Hausmanni*, *N.* sp., *Leda rostralis*, *Astarte* sp., *Pecten pumilus*, *Thecocyathus tintinnabulum*. — De nombreuses petites concrétions ovoïdes apparaissent dans le haut. Visible au bord O. du chemin ; environ . . . . 5 m.

8. — Marne paraissant peu fossilifère ; affleure au bord E. du chemin. . . . . 5 à 6 m.

Toarcien supérieur.

III. — Assise de l'Ammonites jurensis et du Pentacrinus mieryensis (au moins 15 à 16 m.).

9. — Banc peu épais de calcaire marneux, alternant avec des bancs de marne ; les bancs calcaires deviennent plus fréquents dans le milieu et passent ensuite à des lits de rognons, séparés par de minces lits marneux. Visible sur environ 15 à 16 m.

Fossiles peu fréquents : *Belemnites* cfr. *breviformis*, *Bel.* sp., *Ammonites fallaciosus*, *A.* sp., *Pleuromya* cfr. *Gruneri*, *Pentacrinus jurensis*, *P. mieryensis*.

Interruption sur quelques mètres. — Un lambeau bajocien,

offrant à la base des couches froissées, rougeâtres, assez ferrugineuses, se voit ensuite ; mais le niveau de l'*Ammonites opalinus* n'est pas observable sur ce point.

COUPE DU LIAS D'ARESCHES PRÈS DE SALINS.

Relevée dans la côte à l'O. d'Aresches, à partir du ravin de Boisset.

Le ravin de Boisset, situé à 600 ou 700 m. au S. du hameau de ce nom (au bord méridional de la cote 509 de la carte de l'État-major), au-dessous du village d'Aresches, est célèbre, depuis la publication magistrale de M. Jules Marcou sur le Jura salinois, surtout pour la belle série des Marnes irisées qui s'y trouve et dont notre éminent compatriote a fait connaître la coupe, en l'étendant jusqu'à la base du Calcaire hettangien (1). Depuis lors, M. le professeur Henry, de Besançon, a relevé une coupe très détaillée du Rhétien et du Calcaire hettangien de cette localité et il y a pris le type de l'étage Rhétien (2). On ne saurait mieux faire, pour l'étude de ce dernier étage dans cette localité, que de recourir à son important et si consciencieux mémoire. J'indique sommairement ci après les principales couches que j'ai observées, en m'attachant surtout à étudier le passage du Lias au Bajocien.

(1) J. Marcou. *Recherches géologiques sur le Jura salinois*, p.29-30, « Coupe de Boisset ». M. Marcou a indiqué, à la suite que, « en continuant à s'élever du côté d'Aresches, de très beaux ravins mettent à découvert les séries du Lias et de l'Oolithe inférieure. ». Le frère Ogérien (*Hist. nat. du Jura, Géologie*, p. 869-870) a reproduit cette coupe, en modifiant et complétant les indications relatives à la partie supérieure aux couches de gypse et réunissant aux Marnes irisées le calcaire gréseux à *Am. angulatus, A. planorbis*, etc. que M. Marcou avait considéré comme base du Lias, et dont il avait d'ailleurs indiqué l'existence sur ce point, comme limite de sa coupe, en le désignant par l'expression de « Calcaire à Cardinies ».

(2) J. Henry. *L'Infralias en Franche-Comté*, p. 322-330.

LIAS INFÉRIEUR.

I. — Calcaire hettangien.

1. — Deux gros bancs de calcaire dur et très résistant, fossilifère. . . . . 1 m. 50.

II. — Calcaire à Gryphées arquées.

A. – Niveau inférieur (3 m. 30).

2. — Calcaire dur, en bancs assez minces d'abord, puis plus épais. *Gryphea arcuata*, fréquent dès la base . . . . 2ᵐ50.

3. - Bancs calcaires minces, à nodules blanchâtres, phosphatés. . . . . 0ᵐ80.

B. — Niveau moyen (3ᵐ50).

4. — Calcaire à *Gryphea arcuata* ; quelques nodules phosphatés . . . . 3ᵐ50.

C. — Niveau de l'Ammonites geometricus (2ᵐ20).

5. — Deux bancs calcaires, contenant quelques portions blanchâtres, phosphatées ; peut être *Am. geometricus*. . . . 0ᵐ50.

6. - Quatre petits bancs irréguliers, rognoneux et trois lits de marne alternants. Parties blanchâtres phosphatées. *Belemnites acutus, Ammonites geometricus*. Varie de 0ᵐ40 à 0ᵐ30.

7. — Trois bancs, plus ou moins distincts, de calcaire dur, avec parties phosphatées. *Am. geometricus* . . . . 1ᵐ40.

La partie supérieure du grand ravinement de Boisset présente, au-dessus de l'abrupt formé par les calcaires précédents, une alternance de petits bancs marno-calcaires et de lits marneux, à découvert sur près de 18 m. d'épaisseur, mais à pente très raide, ce qui rend les observations détaillées fort difficiles. N'ayant pu d'ailleurs consacrer à cette partie de la coupe qu'un temps fort limité, il ne m'a pas été possible de rechercher ici les divers niveaux fossilifères qu'offrent, dans les environs de

Lons-le-Saunier, l'assise de l'*Ammonites oxynotus* et celle de l'*Am. Davœi*. L'analogie que présente cette alternance au point de vue pétrographique permet de penser que ces niveaux existent à Aresches. En attendant des observations plus complètes, je dois me borner à des indications générales sur ces deux assises.

III.— Assise de l'Ammonites oxynotus (environ 9 m.)

8.— Marne noire, à *Gryphea obliqua*, avec Bélemnites, Ammonites, *Pecten*, etc. A la base est une croûte contenant quelques nodules phosphatés. L'épaisseur varie de. 0^m30 à 0^m40

9.— Deux bancs marno-calcaires et mince lit de marne intercalé. . . . . 0^m45.

10. — Alternance de bancs marno-calcaires et de lits de marne blanchâtre ; se termine par un banc de calcaire marneux plus épais, que je considère, d'après l'aspect, comme limite supérieure de l'assise, fait qui reste à vérifier par l'étude des faunules. De la base de l'assise à ce banc, il y a 9 m. ; soit pour la c. 10 à peu près. . . . . 8^m.

LIAS MOYEN.

I.— Assise de l'Ammonites Davœi.

11.— Alternance de bancs marno-calcaires et de lits marneux blanchâtres. La moitié inférieure se voit dans le haut du grand ravinement de Boisset ; la moitié supérieure, d'abord plus marneuse sur quelques mètres (partie visible au sommet de ce ravinement), offre ensuite une prédominance marquée des calcaires marneux ; elle s'observe, sur 7 à 8 m., dans le chemin de Boisset à Aresches, au point où il passe transversalement au-dessus du ravin : il devient ici un instant horizontal, précisément au sommet de l'assise. Les Bélemnites, si fréquentes d'ordinaire dans le haut de ces couches, se voient dans ce chemin ; je n'y ai pas observé d'Ammonites, probablement faute de recherches suffisantes. La puissance de l'assise ne paraît pas moindre de. . . . . 14 à 15 m.

II. — Assise de l'Ammonites margaritatus.

(Soit approximativement 20 à 25 m.).

12. — Marne dure, grenue, très peu fossilifère. Visible au bord du chemin d'Aresches, sur . . . . 5 à 6 m.

13. — Interruption : sans doute, marne analogue, cachée par la terre végétale. Jusqu'au point où se montre la base de l'assise suivante, la différence d'altitude est de 10 à 11 m.; à raison de l'inclinaison d'environ 10° vers l'E. que présentent les couches, la puissance réelle doit être portée au moins à 15 ou 20 m., comme l'indique d'ailleurs la mesure directe en tenant compte de cette inclinaison.

III. — Assise de l'Ammonites spinatus (Soit au moins 14 à 15 m.).

14. — Marne dure, grenue, micacée, jaunâtre à la surface. *Ammonites spinatus, Pecten æquivalvis*. Se voit à la base du gradin suivant, à peu près sur . . . . 1 m.

15. — Interruption. Gradin à pente plus forte, couverte de végétation et parfois envahie par des buissons, qui renferme sans doute une alternance de bancs calcaires et de couches marneuses analogues à la précédente. Soit approximativement. 13 à 14 m.

16. — Banc calcaire assez résistant, qui termine l'assise. Visible un peu plus au N., dans un petit ravin boisé, où il se trouve, par suite de l'inclinaison ou de petites dislocations, à une altitude moindre d'une dizaine de mètres que le sommet du gradin précité. Soit environ . . . . 0m 30.

LIAS SUPÉRIEUR.

I. — Schistes à Posidonomyes.

17. — Marne schisteuse, dure, à *Posidonomya Bronni*. Visible sur la c. 16, dans le petit ravin boisé. Jusqu'au bord de ce ravin, il y a . . . . 6 à 7 m.

On a ensuite, du côté oriental, une assez large étendue de

prairie, ne s'élevant que faiblement vers l'E.; puis la côte reprend une assez forte inclinaison et présente des ravinements où l'on trouve d'abord 4 à 5 m. de marne micacée, grossièrement schistoïde, contenant des Bélemnites et quelques Ammonites pyriteuses ; au-dessus vient l'alternance marno-calcaire et marneuse de la c. 19, dont les bancs se rapprochent ici de l'horizontale.

L'intervalle d'environ 12 m. entre les c. 17 (bord du petit ravin boisé) et 19 correspond à la marne à *Ammonites mucronatus*, indiquée ci-après. Les Schistes à Posidonomyes seraient donc réellement réduits ici à 7 m. environ (comme dans le ravin de Pinperdu), si toutefois, comme il est fort probable, il n'existe pas dans la côte marneuse quelque dislocation qui masque une partie de leur épaisseur.

Plus au S., par delà le chemin d'Aresches, on trouve des parties dénudées qui permettent d'observer les couches ci-après, sur une épaisseur d'au moins 36 mètres ; leur base répond stratigraphiquement, à fort peu près, à ce qu'il semble, au bord du ravin boisé, sommet de la c. 17.

II. — Assise de l'Ammonites bifrons et de l'Am. Germaini.

A. — MARNES INFÉRIEURES DE PINPERDU A AMMONITES MUCRONATUS (soit 18 m.).

18. — Marnes à fossiles pyriteux. *Ammonites mucronatus, A. crassus, A. subplanatus*, etc. Soit environ . . . 18 m.

Visibles par places près du chemin d'Aresches, où j'ai relevé cette épaisseur ; se terminent dans les ravinements plus au N. par les 4 à 5 m. de marne micacée, déjà indiqués.

B. — MARNE ET MARNO-CALCAIRES MOYENS DE PINPERDU A AMMONITES GERMAINI (Soit 7 à 8 m.).

19. — Alternance de minces bancs marno-calcaires, peu résistants, fragmentés, et de marne à nombreux fossiles pyriteux : *Belemnites unisulcatus, Ammonites Germaini, A. Nilssoni, A. sternalis, A. toarcensis, A. fallaciosus*, etc. . . . 7 à 8 m.

Visible dans le petit ravinement au N. du chemin d'Aresches où l'on trouve cette épaisseur. Paraît former, par ses petits bancs marno-calcaires, les surfaces planes (ou à peu près) du gisement à *Ammonites Germaini*, largement à découvert au S. du chemin d'Aresches.

C. — Marnes supérieures de Pinperdu a Trochus subduplicatus (Soit environ 20 m.).

20. — Marne à fossiles pyriteux ; Bélemnites, *Ammonites insignis*, etc., *Trochus subduplicatus, Turbo capitaneus, Purpurina Patroclus, Nucula Haumanni, Leda rostralis, Pecten pumilus, Thecocyathus mactra*, etc. Partie supérieure de l'affleurement raviné, visible au S. du chemin d'Aresches, sur environ. . . . . 12 m.

21. — La même marne paraît se continuer jusqu'au gradin qui surmonte le gisement au S. du chemin et qui s'étend au même niveau sur d'autres points de la côte. Il y aurait ici environ . . . . 7 m.

De la sorte, les c. 20 et 21 atteindraient au moins une vingtaine de mètres.

Toarcien supérieur.

III. — Assise de l'Ammonites jurensis et du Pentacrinus mieryensis. Couches de l'Étoile (Environ 40 à 45 m).

22. — Couche marneuse blanchâtre, avec bancs marno-calcaires formant gradin à la base, et paraissant contenir de petites intercalations marno-calcaires qui se fragmentent facilement et donnent de nombreux petits morceaux marno-calcaires irréguliers. Quelques Bélemnites, avec de rares *Pecten pumilus*. Visible, par places, à diverses hauteurs, à partir du gradin de la base, jusqu'au point où un petit chemin latéral se détache au N. du chemin d'Aresches pour s'élever, en suivant un léger ravinement, dans la direction du promontoire que forment les rochers du bord O. du plateau d'Aresches, un peu au N. de ce village. Soit . . . . 20 à 25 m.

23. — Marne blanchâtre, sèche et dure, un peu micacée, avec de petits bancs marno-calcaires intercalés. Bélemnites dans la marne et quelques Ammonites calcaires du groupe de *Am. radiosus* dans les marno-calcaires . . . . 18 m.

Dans le ravinement parcouru par le petit chemin indiqué ci-dessus, on trouve d'abord 9 m. de marne dure peu fossilifère, contenant encore, vers la base, *Thecocyathus mactra* ; puis on a, sur 9 m., une alternance de marne dure, micacée et de petits bancs marno-calcaires, avec de petites Bélemnites et de rares débris d'Ammonites indéterminables. Le tout se termine, vers le haut de la côte, à un gradin herbeux, bien marqué, à surface horizontale, situé à peu près sous le promontoire de rocher cité au sujet de la c. 22. Tout à côté et au N. de ce gradin, se trouve un ravinement qui prend son point de départ sensiblement à la même hauteur que celui du petit chemin, et qui offre, sur 18 m., l'alternance marno-calcaire et marneuse et les fossiles indiqués à la c. 23.

24. — Au-dessus, on a jusqu'à la couche suivante une interruption de . . . . 2 à 3 m.

Les couches 25 à 32 ci-après se voient au-dessus du ravinement dans une petite marnière sous le bois.

25. — Marne. . . . . 1 m.

26. — Banc marno-calcaire, teinté de rougeâtre . . 0m15.

27. — Marne assez dure, d'apparence un peu grenue. 1m20.

IV. — Assise de l'Ammonites opalinus et de l'Am. aalensis
(Environ 0 m. 80).

28. — Banc marno-calcaire, assez dur, parfois teinté de rougeâtre, et dont la surface est couverte de petits *Chondrites* ; les traces noirâtres de petites tigelles des mêmes algues se voient à l'intérieur . . . . 0m20.

29. — Petit banc de calcaire dur, un peu marneux, à texture irrégulière, bleuâtre à l'intérieur, jaunâtre par altération, contenant en quantité variable de petites oolithes ferrugineuses et parfois de fines oolithes blanchâtres marno-calcaires, ainsi que des grumeaux de fer sulfuré. Soit en moyenne . . . 0m10.

Belemnites sp., *Ammonites aalensis* (passage à *Am. lotharingicus*) et autres Ammonites assez nombreuses par places, mais en fort mauvais état, très fragmentées et déformées, et le plus souvent indéterminables.

30. — Marne dure, ferrugineuse par places et passant au marno-calcaire. Environ . . . . 0m50.

Bajocien inférieur

A. — Niveau des calcaires marno-gréseux a Cancellophycus scoparius de Ronnay.

31. — Marne assez dure, avec quelques rares plaquettes gréseuses et fortement micacées, très minces. . . . . . 2 m.

32. — Marne analogue, avec plaquettes gréseuses, micacées, fort minces d'abord, puis plus épaisses et de plus en plus abondantes. Visible sur. . . . . 1ᵐ50.

Les couches supérieures ne sont pas observables dans la petite marnière. Au-dessus de la c. 32 se trouve une interruption (côte boisée) d'environ 14 m.; au-dessus, l'abrupt du bord du plateau offre 11 m. de calcaire dont la partie inférieure, sur 4 à 5 m., comprend des bancs peu épais, avec délits marno-gréseux (*Pholadomya* sp.).

On retrouve les couches terminales du Lias supérieur sur le chemin d'Aresches, peu avant l'arrivée au village. On relève sur ce point la petite série ci-après, dont les couches portent les mêmes numéros que dans la coupe qui précède.

26. — Banc marno-calcaire, irrégulier, rognoneux, soit à peu près. . . . . 0ᵐ20.

27. — Marne; environ. . . . . 1 m.

IV. — Assise de l'Ammonites opalinus et de l'Am. aalensis
(0 m. 60).

28 et 29. — Banc calcaire, à oolithes ferrugineuses dans le dessus, fragmenté. La partie inférieure, compacte, bleuâtre à l'intérieur, avec tigelles de *Chondrites* de couleur plus foncée, représente la c. 28 de la marnière; la partie supérieure, soudée à la précédente suivant une ligne irrégulière, offre la texture, les oolithes ferrugineuses et les fossiles en mauvais état de la c. 29, à laquelle elle appartient évidemment . . . . 0ᵐ10.

30. — Couche plus ou moins marneuse et à texture irrégulière, avec oolithes ferrugineuses par places et Ammonites déformées et empâtées. *Ammonites* cfr. *aalensis*, *A.* cfr. *radiosus*, *A. fallaciosus*. Soit au plus . . . . 0ᵐ50.

Bajocien inférieur.

A. — Niveau des calcaires marno-gréseux a Cancellophycus scoparius de Ronnay (Soit 7m50).

31. — Marne jaunâtre, à plaquettes gréseuses, micacées ; visible sur . . . . 2 m.

32. — Interruption, partie correspondante à la c. 32 de la petite marnière indiquée ci-devant . . . . 1m50.

33. — L'interruption continue, sur 9 m. de hauteur (éboulis et broussailles), jusqu'à la première couche observable au-dessus des c. 26 à 30 ; mais en reprenant la coupe un peu plus au S., par la c. 34 ci-après, coupée avec les suivantes par le tournant du chemin, l'interruption réelle à ajouter à celle de la c. 32 se réduit à peu près à. . . . . 1 m.

34. — Calcaire dur à pointillé ferrugineux, avec débris fossiles de Crinoïdes et petits bivalves ; visible sur. . . 3 m.

B. — Niveau des calcaires ferrugineux a silex inférieurs de Messia (6m80).

35. — Calcaire à pointillé ferrugineux, en petits bancs irréguliers fragmentés . . . . 1 m.

36. — Marno-calcaire grumelo-ferrugineux, véritable oolithe ferrugineuse, un peu irrégulière, qui se délite lentement en une marne dure . . . . 2 m.

37. — Banc marneux, grenu, grisâtre, de 0m30, suivi d'une alternance de bancs marneux analogues, avec 2 bancs calcaires intercalés . . . . 0m80.

38. — Mince banc d'oolithe ferrugineuse . . 0m08 à 0m10.

39. — Marne très dure et banc calcaire ; oolithes ferrugineuses par places . . . . 0m50.

40. — Calcaire un peu marneux, légèment rougeâtre. 0m50.

41. — Calcaire en bancs minces . . . . . . 1m80.

42. — Petit banc de calcaire à oolithes ferrugineuses, avec *Ammonites Murchisonæ*. Surface irrégulière par places, taraudée. Soit. . . . . 0m10.

C. — Niveau des calcaires oolithiques et spathiques a silex de Conliège.

43. — Calcaire dur, d'aspect un peu ferrugineux. 4^m50 à 5^m.

44. — Banc calcaire, plus ferrugineux ; soit environ. 0^m50.

45. — Calcaire dur ; jusqu'au niveau du seuil de l'église d'Aresches, soit . . . . 10 m.

Les couches supérieures manquent dans le voisinage.

Au-dessus de l'affleurement des c. 26 à 29 indiqué ci-devant, et un peu plus au N. sur le chemin, après l'interruption de c. 9 déjà signalée sur ce point, on observe la succession suivante, dans laquelle les couches fossilifères, désagrégées par une longue exposition à l'air, paraissent plus riches que sur le bord du chemin.

37 et 38. — Calcaire fragmenté, à pointillé ferrugineux, visible sur . . . . 1 m.

39. — Interruption (éboulis) . . . . 1 m.

40. — Marne dure, grenue, noirâtre . . . . . . 0^m30.

41. — Calcaire irrégulièrement fragmenté, un peu rougeâtre, avec parties blanchâtres. Fossiles assez fréquents : *Ammonites Murchisonæ, Pholadomya Murchisoni, Gresslya* aff. *lunulata, Terebratula Eudesi* . . . . 1^m50.

42. — Petit banc calcaire à oolithes ferrugineuses, avec parties d'apparence phosphatée ; surface taraudée, *Ammonites Murchisonæ*. . . . . 0^m05.

43. — Calcaire rougeâtre sur 1 m. d'épaisseur, suivi de calcaire moins coloré ; soit . . . . 4^m50.

44. — Banc de calcaire ferrugineux rougeâtre, visible dans l'escarpement ; soit. . . . . 0^m50.

45. — Calcaires durs ; jusqu'au sommet. Environ . 10 m.

COUPE DU LIAS DE PINPERDU PRÈS DE SALINS.

Relevée dans le ravin de ce nom, à 1 kilomètre au N.-E. de là ville.

Les ravinements de Pinperdu, rendus classiques par les premières publications de M. Marcou, sont indiqués par cet auteur comme offrant « l'une des plus belles coupes du Lias que l'on puisse désirer » (1), « la plus curieuse et la plus riche en fossiles » (2) qui se trouve dans les environs de Salins. Depuis l'époque où il avait étudié ce gisement en compagnie du docteur Germain, la végétation paraît avoir envahi d'une façon notable la partie inférieure des ravinements. Les Marnes irisées, qui s'élèvent jusqu'à une hauteur assez grande dans la côte marneuse, ne montrent plus à présent que de petits affleurements partiels (par exemple des gypses rouges). Dans le Lias, le Rhétien n'est pas observable non plus que la partie inférieure du Sinémurien, et le Liasien ne laisse guère étudier en détail que ses couches inférieures. La partie supérieure du Toarcien est aussi cachée par la végétation sur une grande épaisseur; puis apparaissent des calcaires du Bajocien inférieur, etc.

Les couches liasiques de ce gisement plongent vers l'E. de 32 à 35°.

La coupe ci-après est fort analogue dans les traits principaux à celle qu'a donnée M. Marcou. Elle est seulement plus détaillée, et la puissance est plus considérable pour la plupart des couches, car elle a été déterminée en tenant compte de la forte inclinaison des strates.

« Pour aller à Pinperdu, dit M. Marcou (3), on passe par St-Roch et l'on suit le chemin de la Chaux-sur-Clucy. Arrivé à la grange Meure-de-Faim, au prochain détour du chemin, on s'engage dans des marnes qui tout à coup se dérobent dans des entonnoirs et des pentes très abruptes. »

(1) *Lettres sur les Roches du Jura*, p. 28.

(2) *Jura salinois*, p. 65.

(3) *Salins et ses environs*, par Max Claudet; article *Géologie*, par Jules Marcou, p. 59-64. — Dans cet article, M. Marcou écrit « Pinperdu ou Pain-Perdu ». C'est la seconde forme, qu'il conviendrait d'employer, car le nom de cette partie de la côte marneuse, de même que celui de la grange Meure-de-Faim, paraît provenir de la faible quantité ou de l'aléa du produit de la culture dans ces terres si sujettes aux glissements. C'est là, du moins, la signification qui m'a été donnée à Salins, et dont je regrette d'avoir oublié la source. J'ai cru devoir néanmoins conserver la forme *Pinperdu*, parce que ce nom est devenu classique sous cette forme depuis les publications du célèbre géologue salinois.

On descend par ces pentes rapides, de façon à prendre par la base la série suivante :

LIAS INFÈRIEUR.

II. — Calcaire à Gryphées arquées.

1. — Cette assise affleure, pour la plus grande partie, dans de petits abrupts situés de chaque côté du ravin, surtout du côté S. Je n'en ai pas étudié le détail. La puissance paraît être à peu près la même qu'à Boisset. Les couches supérieures renferment *Am. geometricus*, avec des parties blanchâtres phosphatées.

III. — Assise de l'Ammonites oxynotus *(8 m.).*

2. — Marne gris-clair, assez sèche, intercalée de 8 à 10 bancs marno-calcaires . . . . 8 m.

La couche marneuse inférieure offre quelques nodules de phosphate de chaux, qui reposent à peu près sur le calcaire précédent, et elle renferme *Ammonites lacunatus.*

Dans la moitié supérieure, *Am. oxynotus* se trouve dans des marno-calcaires.

LIAS MOYEN.

I. — Assise de l'Ammonites Davœi (environ 13 à 14 m.)

A. — Niveau de l'Ammonites suumuticus.

3. — Marne grisâtre, sèche, alternant avec 3 ou 4 bancs marno-calcaires, peu durs, dont l'un se trouve à la base ; fossiles peu fréquents, *Pleuromya* sp. Environ . . . . 7 à 8 m.

La partie supérieure de cette couche est probablement à rattacher au niveau suivant.

B. — Niveau de l'Ammonites arieliformis.

4. — Banc marno-calcaire, assez résistant, fragmenté en pavés. Fossiles peu fréquents, sauf par places . . . 0m 25

Ammonites arieliformis, Mactromya liasina.

5. — Marne 0m 20

C. — Niveau de l'Ammonites armatus (soit 2^m 20).

6. — Banc marno-calcaire plus tendre que c. 4. Fossiles peu fréquents . . . . 0^m 15 à 0^m 20

Ammonites sp. ind. du groupe d'*Am. armatus* ; quelques *Mactromya liasina.*

7. — Marne gris-bleu foncé . . . . 2 m.

Belemnites umbilicatus, Gryphea cymbium.

D et E. — Niveau des calcaires hydrauliques a Bélemnites de Perrigny et niveau de l'Ammonites fimbriatus (soit 3^m 20).

8. — Banc marno-calcaire, tendre. . . . . . 0^m 20

9. — Interruption (végétation), laissant voir de la marne à la base. Soit . . . . 2^m 50

10. — Gros banc calcaire dur avec grosses Bélemnites et Pecten . . . . 0^m 50 à 0^m 60

II. — Assise de l'Ammonites margaritatus.

11. — Marne, dure, schistoïde, très peu fossilifère, jaunâtre (par altération) à la base, puis bleue. Visible sur 10 à 15 m., puis cachée par la végétation sur une dizaine de mètres au moins; soit au minimum. . . . . 25 m.

III. — Assise de l'Ammonites spinatus.

12. — Cette assise est, pour la plus grande partie, cachée par la végétation. Quelques bancs de calcaire marneux, alternant avec des marnes, se voient par places, dans le haut, sur 4 ou 5 mètres d'épaisseur. La puissance ne peut être déterminée dans l'état actuel de l'affleurement; elle n'est probablement pas moindre d'une quinzaine de mètres.

LIAS SUPÉRIEUR.

I. — Schistes à Posidonomyes.

13. — Marnes dures, très schisteuses, à *Posidonomya Bronni.*

Visibles dans la partie rétrécie du ravin, de chaque côté duquel elles forment un petit abrupt.

La puissance ne paraît pas dépasser. . . . . . . 6 à 7 m.

II. — Marnes de Pinperdu (Marcou).

A. — MARNES INFÉRIEURES DE PINPERDU A AMMONITES MUCRONATUS.

14.— Au-dessus de la couche précédente, viennent des marnes assez friables, à Ammonites pyriteuses ; elles présentent la même inclinaison que les couches précédentes, de sorte que leur puissance réelle dépasse notablement l'épaisseur apparente. Soit environ. . . . . 18 m.
Ammonites mucronatus, A. crassus, A. subplanatus.

B.— MARNES ET MARNO-CALCAIRES MOYENS DE PINPERDU A AMMONITES GERMAINI.

15. — Alternance de bancs marno-calcaires et de couches de marne à Ammonites pyriteuses 3m 60
Elle comprend un banc de 0m 10, suivi de 1m 10 de marne ; puis un nouveau banc de 0m 10, auquel succèdent 2m environ de marne, surmontée de 2 bancs marno-calcaires, épais de 0m 30, y compris un petit lit marneux intermédiaire.

C. — MARNES SUPÉRIEURES DE PINPERDU A TROCHUS SUBDUPLICATUS.

16.— Marne à Ammonites pyriteuses. Jusqu'au bord du ravin, au chemin transversal qui s'y trouve, en y ajoutant quelques mètres visibles au-dessus de celui-ci, dans de petits affleurements riches en fossiles pyriteux, on obtient, à l'inclinaison de 32 à 35°, une puissance réelle d'environ. . . . 22 à 23 m.
Belemites unisulcatus, Ammonites, *Thecocyathus mactra,* etc.
17. — Interruption. — Au-dessus de la c. 16, viennent, sur une épaisseur de plus de 15 à 20 m. (peut-être même notablement supérieure), des couches évidemment marneuses pour la plus grande partie, mais totalement cachées par la végétation, Elles comprennent, d'une manière plus ou moins complète, le Toarcien supérieur.

A la suite de cette interruption, la côte plus rapide, qui s'élève jusqu'au bord du plateau de Clucy, offre d'abord de distance en distance, des affleurements partiels de calcaires bajociens. Les premiers de ces affleurements comprennent la petite succession suivante, qui semble devoir être attribuée aux niveaux que j'indique :

Bajocien inférieur.

18.— Interruption.— Partie correspondante au niveau **A** (1) et aux premiers bancs du niveau **B**.

B. — Niveau des calcaires ferrugineux a rognons de silex inférieurs de Messia (partie supérieure).

19. — Calcaire grenu, pointillé de ferrugineux. Soit. . 3ᵐ
20. — Banc calcaire, irrégulier, fossilifère (bivalves) 0ᵐ 40

C. — Niveau des calcaires oolithiques et spathiques a rognons de silex de Conliège (partie inférieure).

21. — Calcaire à pointillé ferrugineux. . . . . . 1 m.
22.— Calcaire à petites oolithes ferrugineuses. . . 2ᵐ 50
23.— Calcaire plus ou moins analogue à la c. 22, soit 1 m.
24. Interruption, soit. . . . . 6 m.
25. — Calcaire pointillé de blanchâtre et de rougeâtre (ferrugineux) ; soit . . . . 8 m.
D'autres couches calcaires succèdent.

COUPE DU BAJOCIEN DE LA ROCHE-POURRIE PRÈS DE SALINS.

Relevée à partir du pied des escarpements de la Roche-Pourrie, à l'E. du fort Belin.

En montant par les sentiers des vignes, à partir de l'extrémité

(1) Dans sa coupe de Pinperdu (*Jura Salinois*, p. 66), M. Marcou indique que l'on trouve, en avançant un peu vers la grange Meuro-de-Faim, son *Grès superliasique*, « avec de nombreuses impressions végétales ». Ce doit être là le niveau **A**, mais le temps m'a manqué pour étudier ce gisement.

du faubourg Galvois, on parvient à un affleurement marneux, situé au sommet des terres cultivées, un peu à l'E. de l'escarpement principal. A partir de ce point, on relève la série ci-après.

Bajocien inférieur.

A. — NIVEAU DES CALCAIRES MARNO-GRÉSEUX A CANCELLOPHYCUS SCOPARIUS DE RONNAY (soit 7^m 50 ?).

1. — Marne dure, grenue, micacée, contenant des plaquettes gréseuses très micacées, qui se montrent disposées en petits lits fort minces, à partir de 1 m. environ de la base. Visible, dans un petit escarpement raviné, sur . . . . 4 m.

Cette couche correspond évidemment aux c. 31 et 32 d'Aresches. La couche sous jacente, plus résistante à ce qu'il semble, serait formée par l'oolithe ferrugineuse du niveau de l'*Ammonites opalinus*, si toutefois cette oolithe existe sur ce point.

2. — Alternance de petits bancs calcaro-gréseux, peu réguliers, en rognons, un peu rougeâtres et de lits marno-gréseux, durs. Quelques rares Avicules, Térébratules et Rhynchonelles de petite taille. Visible sur près de 4 m. ; soit. . . . 3^m50.

Les couches suivantes sont cachées par la végétation dans cet endroit sur une épaisseur de 8 à 9 m. ; puis on a, sur 2 m., une alternance de bancs calcaires et marneux, surmontée du banc d'oolithes ferrugineuses de la c. 11 qui termine le niveau **B**. Pour observer ce dernier niveau, il faut aller un peu plus au N.-O., sous l'escarpement principal de la Roche-Pourrie, et l'on y voit les couches suivantes :

2 (en partie). — Alternance de petits bancs de calcaire dur, grenu ou même gréseux, et de lits de marne sèche, dure, grenue. . . . . 2^m.

Cette alternance correspond évidemment à une partie de la c. 2 du premier affleurement.

3. — Interruption, comprenant peut-être une couche assez marneuse. La base appartient probablement encore au niveau **A** ; la partie supérieure pourrait bien se rattacher à la c. 4 ci-après et faire partie du niveau **B**.

B. — Niveau des calcaires ferrugineux a silex inférieurs de Messia (6 m70).

4. — Marne dure, grenue, gréseuse ; efflorescences blanches, formant une couche fibreuse qui atteint parfois 1 centimètre d'épaisseur. Visible sur. . . . . 1 m.

5. — Alternance de bancs calcaires et de lits de marne dure, gréseuse. Grand Nautile dans cette couche ou dans la précédente . . . . 1m70.

6. — Banc calcaire, fortement coloré en rouge par l'oxyde de fer . . . . 0m60.

7. — Deux ou trois bancs de calcaire grenu ou gréseux, alternant avec des lits marneux. . . . . 1m10.

8. — Banc calcaire fortement coloré par l'oxyde de fer, et avec cavités à remplissage ocreux, rougeâtre . . . 0m30.

9. — Deux bancs de calcaire rognoneux, intercalés entre 3 lits de marne sèche, dure, grenue et surmontés d'un banc calcaire irrégulier en dessous. . . . . 1m10.

10. — Lit de rognons marno-gréseux, parfois verdâtres et phosphatés ; bois fossile dans cette couche ou dans la précédente, 0m05 à 0m15 ; soit en moyenne. 0m10

11. — Deux bancs de calcaire à oolithes ferrugineuses, avec un lit intermédiaire plus tendre.— Fossiles assez nombreux : *Ammonites Murchisonæ, A.* cfr. *lotharingicus, Pleuromya tenuistria, Gresslya* sp. nov. ?, 4, *Lima proboscidea, L.* cfr. sp. nov. A, *Terebratula* sp. ; *Berenicea* sp. . . . . . 0m80.

C. — Niveau des calcaires oolithiques et spathiques a silex de Conliège.

12. — Calcaire rougeâtre sur la tranche des bancs, ferrugineux, mais dépourvu d'oolithes . . . . . . 4m50 à 5 m.

13. — Banc ferrugineux, d'épaisseur variable, soit en moyenne 0m60

14. — Calcaire dur ; forme la partie principale de l'abrupt, soit . . . . 15 à 18 m.

D. — Niveau de l'Ammonites concavus.

15. — Marne noirâtre, bien visible à distance vers le haut de

l'abrupt. Je n'ai pu l'aborder pour y rechercher les fossiles.
Soit . . . . 0^m80.

16. — Calcaire, visible au sommet de l'abrupt sur 1 à 2 m.

17.— Interruption : côte rapide, couverte de végétation.
Jusqu'au sentier transversal qui passe au-dessus de l'abrupt, 9 m.

Bajocien moyen.

18.— Interruption. — Côte herbeuse, rapide ; quelques bancs
calcaires se montrent çà et là. Vers 5 à 6 m. au-dessus de la
base paraissent être de petits bancs de calcaire à silex. Jusqu'au
sommet méridional au-dessus de la Roche-Pourrie, la mesure
au baromètre orométrique indique une puissance de. . 48 m.

Une seconde sommité, séparée de la première par une dépression notable, se voit un peu au N. de celle-ci, au-dessus
de la Roche-Pourrie. Elle offre, dans les pâturages, un affleurement de calcaire bajocien, à nombreux Polypiers silicifiés,
bien en place, qui semblent former un véritable récif ; on en
trouve aussi de bons exemplaires dans un mur situé à 5 m. au-
dessous. L'altitude de ce récif est supérieure d'une vingtaine de
mètres à celle de la sommité méridionale : s'il n'existe pas de
dénivellation entre les deux points comparés, ces Polypiers seraient donc situés vers 70 m. au-dessus du Bajocien inférieur,
en limitant ce dernier à la base de la c. 18.

Je n'ai pu faire encore sur ce gisement que des observations
trop rapides, qui sont insuffisantes pour permettre d'en préciser
la position stratigraphique. Il est probablement au même niveau
que les Polypiers signalés, dès 1846, par M. Marcou, « sur toute
la crête de la montagne du fort St-André, près de Salins » [1]
et en particulier « sur la pelouse à côté des glacis du fort », où se
trouvent, dit notre savant compatriote, « les restes d'un magnifique récif de coraux » qui forme le type de son groupe bajocien des « Roches de coraux du fort St-André » [2]. Le récif de
la Roche-Pourrie peut fort bien appartenir à notre Bajocien su-

[1] *Jura salinois*, p. 73.
[2] *Lettres sur les Roches du Jura*, p. 32.

périeur, peut-être au niveau inférieur de celui-ci. Il n'a guère pu échapper aux observations des géologues salinois, mais je n'en connais aucune mention jusqu'à présent.

A peu de distance à l'E. de ce gisement, se trouve une carrière de calcaire blanchâtre, qui paraît plus élevée de 10 à 20 m. dans la série stratigraphique et peut appartenir aux couches terminales du Bajocien supérieur.

COUPE DES MONTS DE POLIGNY.

Relevée sur le territoire de Vaux-sur-Poligny, au bord de la route de Champagnole.

Peu après le grand tournant supérieur dans la côte de Vaux, le bord oriental de la route offre à plusieurs reprises des alternances de marnes et de marno-calcaires du Toarcien, qui appartiennent au niveau des couches de l'Étoile à *Ammonites jurensis* et *Pentacrinus mieryensis*.

Un premier affleurement, proche du tournant, débute, probablement à la base de ces Marnes, par une couche de 0m40, comprenant 2 bancs marno-calcaires, accompagnés de marne avec *Belemnites irregularis* ; puis viennent une douzaine de mètres de couches marneuses, plus ou moins visibles à la faveur de petits glissements et de ravinements ; elles offrent, vers le tiers inférieur, quelques grumeaux calcaires portant des *Pentacrinus*, et, aux deux tiers de l'épaisseur, de rares Ammonites, avec quelques *Pecten pumilus*. Une interruption de 7 à 8 mètres, qui vient ensuite, correspond surtout à l'Oolithe ferrugineuse à *Am. opalinus* et aux premiers bancs du Bajocien ; au-dessus est un abrupt formé des calcaires de ce dernier étage.

Plus au S., à partir d'un talus marneux de la route, consolidé par 5 pierrées, on relève la petite coupe suivante :

Toarcien supérieur.

III.— Assise de l'Ammonites jurensis et du Pentacrinus mieryensis (soit environ 15 m. ?)

1.— Deux bancs marno-calcaires, bosselés, qui s'observent un peu au N. du talus marneux, dans le fossé de la route. 0m30
Au-dessous est une marne à peine visible.

2.— Marne contenant quelques *Pentacrinus* . . . 0ᵐ70.

3.— Banc marno-calcaire, de 0ᵐ15, suivi de 1 m. de marne, interrompue dans le haut. . . . . 1ᵐ15.

4.— Marne friable, noirâtre (voir s'il y a des intercalations marno-calcaires). . . . . 3 m.

5.— Banc marno-calcaire 0ᵐ10

6.— Marne analogue à la c. 4 et contenant des intercalations marno-calcaires peu visibles. Rares Bélemnites, *Pecten pumilus* . . . . 5 m.

7.— Interruption, éboulis et végétation sur 9 m. ; soit, pour la partie que l'on peut attribuer au sommet des marnes à *Pentacrinus*, environ . . . . 5 m.

B.—Niveau de l'oolithe ferrugineuse a Ammonites opalinus et Rynchonella cynocephala.

8.— Interruption : complément de la c. 7 ; soit pour le niveau **B**, supposé d'une épaisseur analogue à l'affleurement de Blois. . . . . 3 à 4 m.

Bajocien inférieur.

Zone de l'Ammonites Murchisonæ.

A. — Niveau des calcaires marno-gréseux a Cancellophycus de Ronnay (soit 8ᵐ30).

9.— Marne grise, qui paraît être la base du Bajocien ; visible sur . . . . 0ᵐ30.

10 et 11.— Alternance de bancs calcaro-gréseux et de marne grenue, très dure ; en partie cachée. . . . . . 4ᵐ50.

12. — Banc de calcaire marneux, grenu, dur ; se délite lentement . . . . 1ᵐ50.

B.—Niveau des calcaires ferrugineux a silex inférieurs de Messia.

13.— Banc calcaire de 0ᵐ60, suivi d'une alternance de bancs calcaires et marneux, grenus. . . . . 2 m.

Au-dessus, abrupt formé par la succession des couches bajociennes.

Plus loin, un autre affleurement principal de couches marneuses offre 6 à 7 m. de marne, qui renferme, à 1^m50 du haut,
un banc marno-calcaire de 0^m10, et paraît contenir d'autres
minces bancs intercalés, rognoneux ; on y recueille des grumeaux calcaires chargés de *Pentacrinus*, ainsi que de rares Ammonites ferrugineuses de petite taille. Cette couche appartient
aux Marnes de l'Étoile, et, selon toute probabilité, à la partie
supérieure de la c. 6, ainsi qu'à l'interruption de la c. 7, qu'elle
occuperait peut-être à peu près en entier. Une interruption de
6 m., qui vient ensuite, correspond au niveau de l'*Ammonites
opalinus*, et, sur 2 m. à peu près, ce semble, aux premiers
bancs bajociens (couche 10 ci-devant). On observe ensuite les
couches bajociennes suivantes, dont le parallélisme probable
avec le premier affleurement est indiqué par les numéros des
couches 11 à 13.

11. — Calcaire un peu marneux, grenu, jaunâtre ; se délite à
quelques décimètres de la base et (sur 0^m30, au-dessus. 2^m10.

12. — Quatre bancs de calcaire grenu, à peine marneux, peu
distincts, teintés de jaune ou chargés d'efflorescences blanches. . . . . 1^m50.

13. — Couche marneuse, dure, grenue, avec 2 ou 3 petits
bancs calcaires intercalés . . . . 0^m50.

14. — Calcaire grenu, dur; efflorescences blanches et larges
taches jaunes . . . . 2 m.

15. — Délit marneux grenu ; soit . . . . . . 0^m15.

Au-dessus vient un abrupt des calcaires du niveau **B**, etc.

Un peu plus au S., une série bajocienne continue se montre le
long de la route jusqu'au bord supérieur du plateau. Elle débute
par quelques bancs qui répondent aux c. 11 à 15 du dernier
affleurement. On relève ici la coupe suivante :

I. — Bajocien inférieur.

Zone de l'Ammonites Murchisonæ.

A. — Niveau des calcaires marno-gréseux a Cancellophycus
scoparius de Ronnay (environ 8 m.).

Interruption correspondant, selon toute probabilité, aux c. 9

et 10 et à la plus grande partie de la c. 11 de l'affleurement situé au-dessus du talus à 5 pierrées. Soit au plus . . 4 m.

12. — Calcaire grenu ; se fragmente à l'air ; la partie inférieure répondrait sur quelques décimètres à la c. 11. Visible sur . . . . 2 m.

13. — Couche marneuse, grenue, avec 2 petits bancs calcaires intercalés . . . . 0m50.

14. — Trois bancs de calcaire grenu, à parcelles cristallines, séparés par 1 ou 2 délits marneux, 1 m.; puis 1m20 de calcaire grenu, teinté de jaunâtre, en un gros banc peu divisible. Pointillé ferrugineux dans le haut ; la surface porte par places une croûte à petites oolithes ferrugineuses . . . . . . 2m20.

B. — Niveau des calcaires ferrugineux a silex inférieurs de Messia (8 m. 35).

15. — Lit marneux, dur, offrant dans le bas de minces plaquettes à pointillé rougeâtre ou à petites oolithes ferrugineuses . . . . 0m15.

16. — Deux bancs soudés, pointillés de rougeâtre et à petits grains ou petites oolithes de nature ferrugineuse, abondants . . . . 0m45.

17. — Lit de marne dure, grenue. . . . . . 0m25.

18. — Calcaire grenu, jaunâtre, à pointillé ou petites oolithes blanchâtres ; 5 à 6 bancs ; se distingue peu de la c. 19. 0m70.

19. — Calcaire en petits bancs, avec minces délits marneux durs, grenus, peu distincts . . . . 2m30.

20. — Calcaire grenu, un peu ferrugineux par places, et avec rognons de silex presque dès la base. Inclinaison S. 2° (selon l'apparence sur la tranche des bancs). . . . 4m50.

C. — Niveau des calcaires oolithiques et spathiques a silex de Conliège (soit 40 m.).

21. — Calcaire grenu, dur, plus ou moins teinté de jaunâtre, par suite d'un pointillé ferrugineux d'abondance variable ; rognons de silex dans le bas, sur 4 à 6 m. environ. Inclinaison S., variable de 2° à 3 ou 4°. Puissance 20 à 25 m.; soit environ. . . . . 22 m.

22. — Calcaire grenu, dur, d'aspect analogue au précédent; petites oolithes ferrugineuses assez fréquentes par places, et rognons de silex bien apparents sur 3 ou 4 m. Inclinaison S. 3°. Base visible au niveau d'une fissure qui forme dans l'abrupt une petite excavation, peu au-dessus de la route. Jusqu'au niveau de l'oratoire de N.-D. de la Délivrance, soit. . . . . 5 m.

23 et 24. — Calcaire d'abord grenu, avec petites parcelles spathiques et pointillé ferrugineux; passe dans le haut, sur quelques mètres (c. 24), à un calcaire grossièrement spathique. Surface très irrégulière, inclinée vers l'E. de 4° $\frac{1}{2}$, selon l'apparence observable sur la tranche des bancs. 12 à 15 m.; soit . . . . 13 m.

La puissance totale des c. 20 à 23, mesurée à la hâte une première fois, m'avait paru de 37 m.; une seconde opération rapide effectuée en tenant compte des principaux changements d'inclinaison, m'a donné un total de 45 m.; mais ce résultat, qui paraît un peu fort, n'ayant pu être vérifié, je réduis l'épaisseur de la c. 21 de 25 m. à 22 environ, et celle de la c. 23 de 15 m. à 13 m., ce qui donne pour le niveau **C** un total de 40 m., rapproché de la moyenne des deux résultats.

D. — Niveau de l'Ammonites concavus (soit 8 m. 50).

25. — Lit marneux, avec rognons calcaires par places. Fossiles rares, quelques petites Bélemnites. Épaisseur variable de 0m10 à 0m20 et parfois 0m30; soit en moyenne . . . 0m20.

26. — Calcaire avec lits délitables, plus ou moins irréguliers; dans le bas, 2 gros bancs plus ou moins soudés, puis des bancs plus petits . . . . 3m80.

27. — Couche marneuse . . . . 1m10.

28. — Alternance de petits bancs calcaires et de lits marneux qui sont plus marqués dans le haut . . . . . . 0m70.

29. — Interruption; soit à peu près . . . . . 1m70.

30. — Calcaire à pointillé ferrugineux, terminé par un banc de 0m20 à 0m25, pétri de fossiles et à surface irrégulière, portant une croûte ferrugineuse . . . . 1 m.

Zone de l'Ammonites Sowerbyi.

A. — Niveau des calcaires marneux inférieurs avec Am. Sowerbyi et Pecten pumilus (limite supérieure indécise, soit 3 m. 50).

31. — Marne noirâtre . . . . 0m20.

32. — Calcaire grenu et à petits débris spathiques ; inclinaison S. 5° . . . . 3m30.

B. — Niveau des marnes a Pholadomyes et des calcaires spathiques a grains ferrugineux de Messia (soit 6 m. 40).

33. — Alternance de calcaire finement grenu, parfois jaunâtre et ferrugineux, en bancs de 0m10 à 0m20, et de lits d'épaisseur analogue d'une marne dure, grenue, gris-blanc verdâtre. . . . . 4m50.

34. — Marne grise, dure, grenue, contenant des lits rognoneux de calcaire grenu, paraissant gréseux . . . . 1m50.

35. — Banc de 0m20 de calcaire finement grenu, et au-dessus 0m10 de marne dure, grenue, puis un lit d'environ 0m10 de marne grise, friable. . . . . 0m40.

Zone de l'Ammonites Sauzei.

36. — Couche de galets ovalaires aplatis, allongés, réunis par un calcaire marneux de texture très irrégulière, qui renferme des bivalves ordinairement indéterminables (*Cardium, Lima*, etc.), des parties grisâtres ou gris-verdâtre et d'autres blanches, avec quelques grosses oolithes blanchâtres ou ferrugineuses. Épaisseur, 0m25 à l'extrémité O. de l'affleurement, mais elle augmente en allant vers l'E.; 0m30 au milieu et 0m35 à l'extrémité orientale. Soit en moyenne. . . . . 0m30.

II. — Bajocien moyen.

A. — Niveau des calcaires moyens a rognons de silex de Messia (30 m.).

37. — Calcaire à grain fin, avec rognons de silex ; bancs minces, réguliers, séparés par de petits lits marneux ; bancs plus épais entre 15 m. et 18 m. au-dessus de la base. Soit . . 30 m.

B. — Niveau des calcaires de Courbouzon a Ammonites Humphriesi et des Polypiers de Conliège.

38. — Mince délit marneux, plus marqué, pris pour limite ; se voit dans l'abrupt à une hauteur d'environ 3 m. au-dessus de la borne kilométrique 49 kilom. 6.

39. — Calcaire, d'abord en gros bancs ; puis il se délite légèrement par places, de façon à se diviser d'une manière peu distincte en bancs plus minces, irréguliers et rognoneux. Soit . . . . 9m50.

40. — Calcaire en bancs peu réguliers, comme le précédent, grenu, un peu spathique et à pointillé ferrugineux abondant sur 1m50 environ, puis 0m50 de calcaire qui se délite davantage en petits lits marneux et en lits calcaires irréguliers . . 2 m.

41. — Calcaire grenu, à pointillé ferrugineux dans le bas, puis grenu spathique et en plus gros bancs, visible au bord de l'escarpement . . . . 4m50.

42. — Calcaire spathique, visible à un petit abrupt qui limite la place à fumier située au S. de la route, sur environ . 2m50.

43. — Calcaire spathique, exploité derrière la maison Lolo, sur . . . . 7 m.

C. — Niveau des calcaires spathiques des carrières de St-Maur (en partie).

44. — Calcaire grenu, finement spathique ; forme le sommet de l'escarpement du fond de la vallée de Vaux. Environ. 11 m.

45. — Interruption.

En reprenant la route depuis la c. 42, on voit, dans l'ancienne carrière située au bord N. de cette route à peu de distance de la maison Lolo, des calcaires inclinés vers l'E. de 2° 1/2, qui paraissent appartenir à la couche 43. Plus loin, on observe de petits affleurements superficiels de calcaires bajociens, dont l'inclinaison vers l'E. se réduit parfois à 1°, et l'on arrive aux grandes carrières actuelles (borne 50 kilom. 6), où l'inclinaison E. revient à 2° 1/2. On y trouve la couche terminale du Bajocien, qui est déjà indiquée comme c. 1 dans la coupe de ces carrières donnée dans l'étude du Bathonien inférieur.

46. — Calcaire spathique, avec de petits débris d'Ostracées, dur et résistant bien à l'air ; pointillé ferrugineux dans le haut. Surface taraudée, avec Huîtres plates soudées. Exploité sur . . . . 4 à 5 m.

Puis viennent les premiers bancs du Bathonien inférieur.

L'interruption de la c. 44 semblerait n'être en somme que de 7 à 8 m.; mais les différences d'inclinaison que l'on remarque entre la maison Lolo et les grandes carrières indiquent sans doute des fractures et des dislocations qui ne permettent pas de s'autoriser de ce nombre.

COUPE DU BAJOCIEN DE LADOYE.

Relevée sur le chemin de Ladoye aux Granges-de-Ladoye et au Fied.

En partant du moulin supérieur de Ladoye, on arrive bientôt au niveau de la source septentrionale de la Seille, évidemment située vers le sommet du Lias, peu au-dessus d'une petite prairie horizontale ; mais on n'observe pas d'affleurements de ce terrain dans le voisinage. Le chemin s'élève ensuite d'environ 60 m., à travers les éboulis, qui recouvrent en entier la zone de l'*Ammonites Murchisonæ*, à laquelle on doit sans doute attribuer ici une puissance fort voisine de ce nombre. Puis il commence, un peu au-delà du tournant principal, à entamer les couches en place, et l'on relève la série suivante.

ZONE DE L'AMMONITES SOWERBYI (visible sur 8 m.).

1. — Calcaire grenu, à petit pointillé ferrugineux, avec débris de bivalves, de Brachiopodes et de Crinoïdes ; de très minces lits marneux intercalés occasionnent de légers suintements. 4^{m}50

2. — Marne noirâtre. . . . . 0^{m}15

3. — Calcaire un peu délitable dans le bas ; petits grains ferrugineux assez abondants . . . . 0^{m}80

4. — Calcaire dur, grenu et à parcelles spathiques . 1^{m}40

5. — Calcaire à pointillé ferrugineux ; surface irrégulière . . . . 1^{m}20

Zone de l'Ammonites Sauzei.

A. — Niveau du calcaire a Ammonites adicrus et a. propinquans de Messia.

6. — Banc calcaire fragmenté à l'air, à texture irrégulière et formé en partie de cailloux irréguliers arrondis. La surface paraît taraudée. Quelques Lamellibranches, *Pecten*, etc. De petites portions semblent phosphatées. . . . . 0^m 20

B. — Niveau du banc calcaire a Ammonites Brocchi et A. Freycineti de Messia.

7. — Banc calcaire, irrégulier en dessous et en dessus et portant une croûte de morceaux irréguliers. Quelques Lamellibranches. Petites parties d'apparence phosphatée. . . . 0^m 60

II. — Bajocien moyen.

Assise des Ammonites Humphriesi et Blagdeni.

A. — Niveau des calcaires moyens a rognons de silex de Messia (30^m).

8. — Banc de calcaire finement grenu. . . . . 0^m 20
9. — Marne grise, dure. . . . . 0^m 20
10. — Calcaire finement grenu, avec rognons de silex; d'abord en petits bancs réguliers, bien lités, puis en un massif de gros bancs, à nombreux silex biscornus, en saillie sur la tranche des bancs attaqués par l'érosion. Légère inclinaison d'environ 1° vers l'O. . . . . 14^m 00
11. — Marne grise, dure ; environ . . . . . . 0^m 40
12. — Calcaire à silex; environ . . . . . . 4^m 00
13. — Marne grise, dure . . . . 0^m 15
14. — Calcaire à silex, en bancs peu épais, avec de minces lits intermédiaires de marno-calcaire dur, très peu délitables. Surface irrégulière et peut-être taraudée, suivie d'un délit très net. Environ . . . . 11^m 00

B. — Niveau des calcaires de Courbouzon a Ammonites Humphriesi et des Polypiers de Conliège (26m70).

15. — Calcaire à silex. Surface bosselée et taraudée . 3 m.

16.— Bancs calcaires, irréguliers en dessus, et 2 lits marneux principaux alternants ; environ . . . . 2 m.

17. — Calcaire à nombreux silex ; bancs assez minces, moins réguliers dans le haut 10m 50

18. — Banc calcaire dur, peu régulier, pétri de bivalves par places et offrant quelques *Pentacrinus*. *Belemnites giganteus*, *Perna* sp., *Pecten articulatus*, *Ostrea* sp. Soit . . . 0m 50

19. — Calcaire grenu à silex. *Pentacrinus* peu fréquents. Dans le haut, quelques bancs en dalles assez minces et régulières 7m 50

20. — Banc calcaire dur, à gros bivalves. *Lima proboscidea*, *Ostrea Marshi*, avec de petites Bélemnites 0m 50

21. — Banc calcaire, dur, de 1 m., suivi de 0m 70 de calcaire qui se fragmente à l'air 1m 70

22. — Calcaire dur, à nombreux fossiles vers le haut. Gastéropodes, *Ostrea Marshi*, etc. . . . . 1 m.

Je place provisoirement ici la limite supérieure du niveau **B**, par comparaison avec la puissance qu'il possède près de Lons-le-Saunier ; mais l'épaisseur du niveau **C** paraît de la sorte notablement plus réduite que près de cette ville : il reste à voir si cette limite ne devrait point être reportée un peu plus bas.

C. — Niveau des calcaires spathiques des carrières de Saint-Maur (peut-être 13 à 14m ?).

23. — Calcaire contenant quelques bivalves et offrant un banc intermédiaire avec de rares Bélemnites. La puissance paraît comprise entre 4 et 8 m., jusqu'au niveau de l'oratoire, au point de bifurcation du chemin sur Frontenay ; soit environ . 6 m.

24. — Calcaire visible par places au bord du chemin du Fied, depuis l'oratoire, jusqu'à un petit chemin de desserte qui se détache au N. du premier. Au bord de ce chemin, on observe la surface de ces calcaires qui paraît taraudée. Soit. . 7 à 8 m.

Bajocien supérieur.

A. — Niveau des calcaires spathiques des carrières de Crançot.

25. — Couche à Polypiers. — Calcaire peu régulier, avec de petites intercalations marneuses par places. Silex laiteux et Polypiers siliceux. Quelques très rares bivalves et Brachiopodes. La base se voit sur 1 m. environ au-dessus de la couche précédente et renferme déjà des Polypiers ; une petite tranchée du chemin vicinal entame des couches un peu plus élevées. Soit environ . . . . 4 à 5 m.

Belemnites giganteus, Pecten articulatus, Terebratula sp. ind., *Rhynchonella* sp. ind. Polypiers très fréquents : *Isastrea salinensis, I.* sp., *Confusastrea Cotteaui, Thamnastrea Terquemi.*

Interruption. Les couches supérieures manquent sur ce point.

La couche 25 constitue un récif formant un large bombement du sol. Des terres cultivées qui se trouvent immédiatement au-dessus offrent, surtout au bord N.-E. de ce récif, une multitude de fragments de calcaire marneux, pétris d'*Ostrea acuminata*, qui pourraient faire croire à la superposition du Bathonien immédiatement au-dessus des Polypiers de cette couche. Mais ces fragments à *Ostrea* ne sont pas en place : ils proviennent des marnages effectués sur ce point, comme sur une foule d'autres dans les environs du Fied, avec les marnes bathoniennes inférieures de cette localité.

A l'E. de ce monticule, sur les bords du chemin du Fied, on retrouve des calcaires à nombreux Polypiers, qui paraissent d'ordinaire non siliceux, et dont je n'ai pas encore pu, faute d'observations suffisantes, préciser la position dans le Bajocien supérieur; ils appartiennent soit au niveau **A**, soit au niveau **B** de cette assise.

COUPE DES ROCHES DE BAUME.

Relevée sur le bord de la vallée dite des Roches, au voisinage de la grotte du Dard.

En remontant le cours de la Seille depuis le village de Baume, on arrive, à quelque distance de la tuffière, à l'extrémité de la prairie, étroite et presque horizontale, qui occupe sur une grande longueur le fond de la vallée des Roches, et dont l'altitude, à peu près vers son milieu, est de 329 m. selon la carte de l'État-major. A partir de cette extrémité, on s'élève de 52 m. jusqu'au seuil du restaurant (altitude 382 m. d'après la carte), et de celui-ci jusqu'au niveau du corridor d'entrée de la grotte du Dard, on a 35 m. en plus, ce qui donne une épaisseur totale de 87 m. mesurée au baromètre orométrique. Les éboulis cachent la roche en place sur toute cette épaisseur, sauf sur une dizaine de mètres dans le haut, qui forment la base de l'abrupt près de la source.

L'abrupt du bord O. de la vallée s'élève encore de 100 m. au-dessus du niveau de la grotte du Dard. Sur sa paroi verticale se voient fort nettement quatre lignes, creusées en très étroites corniches, presque horizontales, prolongées sur toute la longueur de cet abrupt, à l'exception de la plus élevée qui arrive au niveau supérieur du plateau à peu près en face du hameau de Sermu. Ces lignes accusent autant de délits principaux, très marqués, qui partagent l'épaisseur de l'abrupt en 5 massifs calcaires, dont les 3 intermédiaires répondent bien aux 3 niveaux établis dans le Bajocien moyen des environs de Lons-le-Saunier. La limite inférieure de cette assise est ainsi le délit situé au niveau du corridor d'entrée de la grotte ; par suite, les calcaires qui se voient au-dessous de celui-ci appartiennent aux dernières couches du Bajocien inférieur. Le massif terminal de l'abrupt, sub-divisé lui-même par plusieurs délits et par deux bancs marneux formant des corniches envahies par la végétation, appartient au Bajocien supérieur.

L'abrupt de l'extrémité méridionale de la vallée montre fort nettement à l'angle S.-O. de celle-ci, un pli, accompagné de fractures et de froissements de la roche, qui forme un léger syn-clinal et détermine un relèvement assez notable des strates dans cet abrupt et dans le bord oriental de la vallée. Le Bajocien supérieur, fort incomplet au-dessus de la source du Dard, existe pour la plus grande partie dans le fond de ce pli, à l'angle S.-O., qui vient d'être indiqué, où il semblerait atteindre environ 25 m.; les couches les plus élevées seules ont disparu sur ce point, et comme, selon toute probabilité, le pli suit la direction de la vallée, il ne serait point surprenant que la base du Bathonien se trouvât représentée à peu de distance de l'extrémité de celle-ci, peut-être de façon à se raccorder au lambeau de Bathonien inférieur indiqué dans la Carte géologique par M. Bertrand, au bord E. du prolongement méridional de la grande faille de la vallée de la Seille.

En attribuant au Bajocien inférieur une puissance totale d'environ 60 m., on voit que, vers l'extrémité S. de la petite prairie indiquée ci-devant, le fond de la vallée des Roches est situé à 25 m. environ au dessous du sommet du Lias.

Voici la série des strates qui constituent l'abrupt occidental au voisinage de la grotte du Dard. Les épaisseurs ont été mesurées au baromètre orométrique et avec l'aide du niveau à perpendicule, en montant sur le plateau par les échelles de Crançot.

Bajocien inférieur (sommet).

Zone de l'Ammonites Sowerbyi.

1. — Calcaire dur, avec pointillé ferrugineux au moins sur une partie de l'épaisseur, visible sur une dizaine de mètres près de la source du Dard, où il forme abrupt, jusqu'au niveau du corridor d'entrée de la grotte. La source de la Seille sort en temps ordinaire à quelques mètres au-dessous du sommet de la couche.

Zone de l'Ammonites Sauzei.

2. — Banc calcaire, parfois peu distinct de la couche précédente, mais qui s'en sépare nettement à quelques mètres au N. de la grotte du Dard. Ce banc, où je n'ai pas observé de fossiles, paraît bien appartenir néanmoins, par sa position, à la zone de l'*A. Sauzei*. Il est précédé d'un lit un peu délitable par places, et suivi d'un délit fort net. Soit environ 0ᵐ 50

Bajocien moyen.

A. — Niveau des calcaires moyens a rognons de silex de Messia.

3. — Massif de calcaire dur, légèrement délitable par places

dans la moitié inférieure, où il se creuse en corniche, et ne paraissant pas subdivisé en bancs. Je n'ai pu faire sur ce massif les observations nécessaires pour savoir s'il renferme les rognons de silex qui se trouvent habituellement à ce niveau ; il ne paraît pas s'en trouver dans la partie tout à fait inférieure. Le long corridor d'entrée de la grotte du Dard (70 m.) est situé à la base de cette couche. Limite supérieure formée par le second des délits principaux qui ont été signalés ci devant. Puissance   28 à 30 m.

B. — Niveau des calcaires de Courbouzon a Ammonites Humphriesi et des Polypiers de Conliège.

4. — Massif de calcaire dur, coupé verticalement et offrant un délit vers le milieu. Limite supérieure indiquée par le troisième des délits principaux déjà signalés.   .   .   .   .   .   . 27 m.

C. — Niveau des calcaires spathiques des carrières de St-Maur.

5. — Massif de calcaire dur, coupé verticalement. Forme le sommet de l'abrupt en face du hameau de Sermu. Limite supérieure marquée par le quatrième délit principal qu'offre la paroi verticale au-dessus de la source. C'est, je pense, la surface de ce massif qui offre à peu de distance au S. des habitations de Sermu, au bord du chemin, une assez grande étendue à découvert, criblée de perforations de lithophages. Puissance.   27 m.

Bajocien supérieur.

A. — Niveau des calcaires spathiques des carrières de Crançot.

6. — Calcaire, en petits massifs alternant avec 2 bancs un peu délitables, l'un à la base et l'autre vers le milieu, qui sont plus ou moins envahis par la végétation. Soit environ .   10 à 11 m.

B. — Niveau des bancs marneux a Ammonites Garanti de Revigny et de Courbouzon.

7. — Gros banc de calcaire marneux, grenu, très peu fossilifère, qui affleure en retrait au-dessus de l'abrupt et donne

lieu à une petite source, à peu de distance au N. et au-dessus de la source du Dard. *Terebratula* sp. ind.

8. — Calcaire visible au-dessus de cette petite source, sur 2 m. environ.

C. — Niveau des calcaires supérieurs a Crinoïdes de Courbouzon.

9. — Les calcaires de ce niveau se trouvent en partie au bord du plateau, à l'angle S.-O. de la vallée, au-dessus du petit synclinal, sur une épaisseur non déterminée ; soit au moins une dizaine de mètres.

Les couches terminales manquent.

COUPE DU BAJOCIEN DE REVIGNY.

Relevée sur le bord de la route, entre Revigny et le Retour de la Chasse.

Peu après l'endroit où le chemin qui se rend à Publy se détache de la route nationale, celle-ci coupe environ 24 m. de calcaires du Bajocien inférieur, à peu près horizontaux, grisâtres, grenus, à petits débris spathiques et parfois à pointillé ferrugineux, divisés en petits bancs peu réguliers que séparent (surtout sur 3 m. d'épaisseur, à partir de 4 m. au-dessus de la base visible) des lits de marne noirâtre, sèche et dure, qui deviennent bientôt de moins en moins apparents.

Au point où la route croise un étroit chemin ancien, très rapide et presque abandonné, se trouve un abrupt de 6 à 7 m., formé de calcaires à silex de la base du Bajocien II, en bancs réguliers, fortement ployés, relevés vers le S. et probablement séparés des couches précédentes par une petite dislocation. Au-dessous, les bancs supérieurs du Bajocien inférieur, supportant le petit chemin ancien qui monte dans le bois, se relèvent vers le S. de 14°, puis redeviennent horizontaux, de sorte qu'un peu au-delà le bord de la route offre, en dessous de ces bancs, une certaine épaisseur des calcaires, en bancs peu réguliers et à délits marneux, que l'on a vus déjà tout d'abord.

Un peu plus loin, les couches redescendent brusquement, puis se relèvent suivant l'inclinaison de 13°, pour reprendre bientôt un léger plongement de 5° vers le S. Il existe ainsi sur ce point un petit synclinal très resserré, précédé de deux faibles anticlinaux et dans lequel une couche de marne détermine l'existence d'une petite source (fontaine et abreuvoir).

A partir du centre du léger anticlinal qui vient au S. de la source, on relève la série suivante.

Bajocien inférieur.

ZONE DE L'AMMONITES MURCHISONÆ (partie supérieure).

D. — NIVEAU DE L'AMMONITES CONCAVUS
(=NIVEAU DES MARNES NOIRES A BRYOZOAIRES AVEC AM. MURCHISONÆ).

La partie inférieure du niveau reste cachée sur ce point, sur 2m 50 à 3 m. d'épaisseur.

1. — Calcaire dur, à débris spathiques ; surface irrégulière. Visible dans le fossé du chemin, sur . . . . . 0m 10 à 0m 20

2. — Petit banc de marne dure, sèche, noirâtre . . 0m 30

3. — Calcaire à débris spathiques et pointillé ferrugineux, 3 m.

4. — Banc marneux, noirâtre, plus ou moins dur, et petit banc calcaire 0m 50

5. — Calcaire dur, spathique et à pointillé rougeâtre ou petites oolithes ferrugineuses abondantes. Surface plane, lisse, criblée de perforations de lithophages ; petits trous fort nombreux, en compagnie de quelques-uns d'un bien plus grand diamètre, mais peu profonds : ces derniers sont les fonds de chambres de lithophages adultes, dont la partie supérieure à étroite embouchure a disparu par l'érosion d'une mince couche superficielle du banc. Inclinaison 5° au S. de l'affleurement. 2m 80

ZONE DE L'AMMONITES SOWERBYI.

A. — NIVEAU DES CALCAIRES MARNEUX INFÉRIEURS A AM. SOWERBYI
ET PECTEN PUMILUS (4m 10).

6. — Marne noire, dure, peu fossilifère. *Belemnites* sp., *Avi-*

cula sp., *Lima* sp. nov. B., *Terebratula* sp. ind.,*Acanthothyris spinosa*, 3, *Cidaris* sp., Bryozoaires, 4, Spongiaires, 2. 2ᵐ 50

7. — Deux gros bancs de calcaire dur, à petits débris spathiques 1ᵐ 60

B. — Niveau des marnes a Pholadomyes et des calcaires
spathiques a grains ferrugineux de Messia (6 m.).

8. — Alternance de bancs calcaires et de lits marneux, 1ᵐ 90
9. — Gros banc calcaire, parfois subdivisé . . . 1 m.
10. — Sept à huit bancs calcaires et lits marneux intercalés. 2ᵐ 50
11. — Calcaire, dur, grenu; surface irrégulière, taraudée, 0ᵐ 60

Zone de l'Ammonites Sauzei (0ᵐ 40).

12. — Banc de marne, avec petit banc de 0ᵐ 05 à 0ᵐ 10 de
calcaire marneux irrégulier, fossilifère. Pleuromyes, Serpules,
etc.. . . . . 0ᵐ 20
13. — Banc de calcaire dur, grenu. 0ᵐ 28

II. — Bajocien moyen.

A. — Niveau des calcaires moyens a rognons de silex de Messia.

14. — Calcaire à rognons de silex. Inclinaison de près de
5° E. Partie moyenne peu visible. . . . . . . 28 m.

B. — Niveau des calcaires de Courbouzon a Ammonites
Humphriesi et des Polypiers de Conliége (22ᵐ 75).

15. — Banc spathique à débris d'Échinodermes. .
16. — Calcaire dur, finement grenu-cristallin, à
pointillé ferrugineux, en bancs minces, avec de nom- } 4ᵐ 50
breux silex. . . . .
17. — Calcaire marneux, très gélif, contenant de nombreux
fossiles par places, *Ammonites Humphriesi* et Lamellibranches;
passé au suivant. 0ᵐ 40
18. — Deux bancs de calcaire gélif, plus résistants que le

précédent et alternant avec 2 lits marneux, plus ou moins distincts, le plus marneux au-dessus. La surface, inclinée de 5° S., aboutit à la borne de 20 kil. 3. . . . . 1 m.

19. — Calcaire grenu 3ᵐ 60

20. — Calcaire gélif, surtout sur 0ᵐ 50 dans la partie inférieure, où se trouvent quelques Térébratules, et sur 0ᵐ 60 dans le haut . . . . 2 m.

21. — Calcaire un peu gélif, en lits minces, peu réguliers. 3 m.

22. — Calcaire analogue, avec *Terebratula ovoides* et Rhynchonelles dans le bas . . . . 2 m.

23. — Lit marneux de 0ᵐ 05 à 0ᵐ 15 ; soit . . . 0ᵐ 10

24. — Calcaire pointillé de rougeâtre, puis calcaire un peu marneux et irrégulièrement gélif, sur 0ᵐ 50, suivi d'un mince délit, très net et très régulier . . . . 1 m.

25. — Calcaire grenu, à pointillé ferrugineux et en bancs épais, avec *Hinnites tuberculosus, Zeilleria* cfr. *Waltoni* et Rhynchonelles à la base. . . . . . } 5 m.

26. — Calcaire à grosses oolithes allongées, rougeâtres, sur 1 m. au moins . . . .

27. — Lit marneux 0ᵐ 15

C. — Niveau des calcaires spathiques des carrières de Saint-Maur (25 m.).

28. — Calcaire spathique, à débris de Crinoïdes, grossiers dans la partie inférieure, plus petits dans le haut. Inclinaison de 5° d'abord ; plus forte dans le haut où elle atteint 8 à 9°. Jusqu'à un délit plus visible que les autres dans la première partie de la carrière, soit environ . . . . 25 m.

III. — Bajocien supérieur.

A. — Niveau des calcaires spathiques des carrières de Crançot.

29. — Calcaire à débris spathiques assez petits. Exploité dans la carrière à l'E. de la route : ici il plonge d'abord assez fortement vers le S. ou le S.-E., puis il offre une partie froissée et plus inclinée, à la suite de laquelle il revient à une inclinaison S. de 4°. La puissance ne peut être exactement déterminée. Soit . . . . 15 à 20 m.

Au bord O. de la route, à quelques mètres de l'oratoire, sur le côté occidental de l'ancien chemin qui se rend aux carrières de Saint-Maur et à la Grange Perroux, se voient environ 2 m. de calcaire spathique à surface taraudée, qui n'est autre évidemment que le sommet de la c. 29, puisqu'au-dessus viennent les mêmes couches marneuses.

B. — Niveau des bancs marneux a Ammonites Garanti de Revigny et Courbouzon (environ 5 m.).

30. — Couche calcaro-marneuse, de 0^m 45, grumeleuse, fossilifère, très dure et ne se délitant que très lentement à l'air, variable d'un point à l'autre et paraissant passer au calcaire par places ; elle est surmontée d'un banc de 0^m 15 de calcaire finement grenu, parfois un peu marneux et se délitant comme la couche sous-jacente. Visible au bord E. des carrières.   0^m60

Nombreux fossiles par places: Bélemnites, *Ammonites Garanti*, Lamellibranches et Brachiopodes. Voir la liste dans la faune et la description du niveau **A**.

31. — Calcaire marneux dur, en bancs qui résistent à l'air d'une manière variable. Visible sur quelques mètres au bord E. de la route, au S. de la carrière, la couche s'observe en entier avec la c. 30. à l'O. de la mare, au-dessus du banc taraudé, et elle se termine ici par une surface bosselée qui paraît elle-même un peu taraudée. Puissance, 4 à 5 m. Soit .   .   .   .   4^m 50

C. — Niveau des calcaires supérieurs a Crinoïdes de Courbouzon.

32. — Calcaire spathique, exploité dans la carrière de la sommité à l'O. de la route, sur 6 à 7 m. Il semble se prolonger à l'O. de la maison du Retour de la Chasse, de façon à atteindre une puissance de 15 à 20 m.; la partie inférieure semblerait, d'autre part, posséder au S.-O. de la mare le faciès marno-calcaire sur quelques mètres à la base.

POSITION STRATIGRAPHIQUE DES CARRIÈRES DE SAINT-MAUR.

Les calcaires spathiques exploités sur le plateau de St-Maur, au N.-E. de ce village, sont recherchés depuis longtemps dans la

région comme une excellente pierre de construction : on a vu
que, dès 1787, le Dr Guyétant leur avait consacré une mention
spéciale. Les importantes carrières de cette localité occupent le
niveau du Bajocien moyen, comme les considérations suivantes
permettent de l'établir.

A quelques centaines de mètres au S.-O. de la Grange Bidot
(Grange Perroux de la carte de l'État-major), une petite source
(fontaine Bidot) se trouve dans le flanc occidental de la vallée de
Revigny, à une quarantaine de mètres au-dessous du bord supérieur du plateau de Saint-Maur. Comme celle de la route à la
montée de Revigny, sur le flanc oriental, en face de laquelle
elle se trouve, la fontaine Bidot doit évidemment l'existence à la
couche marneuse du niveau de l'*Ammonites Sowerbyi*. En effet,
on voit apparaître, à 6 ou 8 m. au-dessus de cette petite source,
les premiers bancs à silex du Bajocien moyen, qui se continuent,
dans le sentier de la fontaine, sur une épaisseur correspondante
à celle de l'autre flanc de la vallée. Quelques mètres de calcaires
résistants, qui appartiennent à la base du niveau des calcaires à
Ammonites Humphriesi et des Polypiers de Conliège, les surmontent et forment le sommet de l'escarpement des bords du
plateau. Les diverses couches de ce même niveau occupent une
certaine étendue de la surface de celui-ci, au N. et au S. de la
Grange Perroux. Ce sont des bancs fossilifères de ce niveau, à
Brachiopodes nombreux, qui portent cette dernière. D'autres
affleurements de calcaires riches en Brachiopodes et parfois tant
soit peu délitables, se remarquent au S. de la fontaine Bidot,
dans la région dite Buchecot, sur plusieurs points de l'ancien
chemin qui passe entre le bord du plateau et les carrières de
Saint-Maur, pour aboutir au Retour de la Chasse. Les Rhynchonelles abondent dans ces gisements, et l'on y remarque en particulier *Terebratula ovoides*, *Zeilleria Waltoni*, etc. D'après leur
position par rapport aux calcaires à silex du niveau **A** et à la
fontaine Bidot, ces derniers bancs à Brachiopodes appartiennent
à la moitié supérieure du niveau **B**, c'est-à-dire aux c. 22 ou
24 de la coupe de Revigny.

Tout près des affleurements fossilifères du chemin de Buchecot
se trouve l'une des principales carrières de Saint-Maur, dite
carrière de Buchecot. Elle entame latéralement un petit gradin

qui s'élève d'une quinzaine de mètres au-dessus des bancs à Brachiopodes. L'exploitation s'y fait d'ordinaire seulement sur 7 à 8 m. de hauteur, et le fond de la carrière reste ainsi à 7 ou 8 m. plus haut que les bancs fossilifères observés sur le chemin. Le niveau stratigraphique des couches exploitées est évidemment celui des calcaires spathiques à Trigonies de Courbouzon, c'est-à-dire le niveau **C** du Bajocien moyen, dans sa partie inférieure, correspondante à la c. 46 de cette localité. On trouve dans la carrière de Buchecot, vers 2 à 3 m. au-dessus du fond actuel, un banc à grumeaux de fer sulfuré, bien connu des carriers, comme il s'en rencontre à quelques mètres de la base du niveau à Messia. Dans la partie S. de la carrière l'exploitation poussée à une douzaine de mètres de profondeur, s'était d'ailleurs arrêtée sur un banc qui donnait lieu à un léger suintement, permettant d'ordinaire d'y recueillir un peu d'eau. Il est probable que ce fait résultait de la présence du lit marneux de la c. 26 (coupe de Revigny) mis à découvert à fond de carrière. L'excavation est aujourd'hui remblayée.

Les autres carrières de Saint-Maur, situées au voisinage et un peu à l'O. de la précédente, présentent fort sensiblement la même position stratigraphique. On y trouve aussi le banc à grumeaux de fer sulfuré, et l'exploitation s'arrête d'ordinaire à quelques mètres au-dessous, sur un banc fossilifère à Brachiopodes, qui pourrait fort bien être le banc terminal du niveau **B**, fossilifère à Courbouzon. Parfois seulement, l'exploitation est poussée jusqu'à 1 ou 2 m. au-dessous de ce banc.

COUPE DU CHEMIN DE REVIGNY A PUBLY.

En suivant le chemin de Revigny à Publy, à partir du point où il se sépare de la route nationale, on observe d'abord, sur une dizaine de mètres, des calcaires grisâtres, grenus, en petits bancs plus ou moins fragmentés, à pointillé ferrugineux et parfois avec quelques oolithes noirâtres dans le haut, qui plongent de 3° vers l'E. ; ces calcaires appartiennent au Bajocien inférieur. Les couches supérieures sont cachées sur une épaisseur notable ; puis on relève la succession suivante.

Bajocien moyen (en partie).

A. — Niveau des calcaires moyens a rognons de silex de Messia (partie supérieure).

1. — Calcaire à rognons de silex, qui sont très développés vers le milieu de l'épaisseur, parfois au point de former un banc presque uniforme. Surface irrégulière, taraudée, inclinée vers l'E. de 3°. Visible sur environ. . . . . 15 m.

B. — Niveau des calcaires a Ammonites Humphriesi de Courbouzon et des Polypiers de Conliège (26 à 27 m.).

2. — Calcaire dur, alternant avec des bancs marneux, grenus, durs. 3ᵐ 50

3. — Banc de calcaire dur, très fossilifère. Nautiles, Bélemnites, nombreux Lamellibranches (*Trichites*, etc.). Visible dans un petit abrupt. . . . . 1 m.

4. — Calcaire marneux, grenu, grisâtre, fragmenté à l'air, en petits bancs peu réguliers simulant des lignes de rognons ; quelques nodules gréseux . . . . 6 m.

5. — Calcaires spathiques, qui forment à la base un banc résistant, mais offrent dans la moitié inférieure des alternances de bancs qui se délitent en menus grains. 16 à 17 m., soit. 16 m.

C. — Niveau des calcaires spathiques des carrières de Saint-Maur.

6. — Calcaire spathique, exploité au bord S. du chemin, sur . . . . 4 à 5 m.

Interruption. Petite dépression, causée, selon toute probabilité, par une ligne de fracture avec dénivellation.

Un peu plus à l'E., affleure, de part et d'autre du chemin, un calcaire grenu, grisâtre, qui paraît ne pouvoir appartenir qu'aux bancs calcaro-marneux du Retour de la Chasse, vers le milieu du Bajocien supérieur.

Peu après, à une centaine de mètres à l'O. de la première maison de Publy, au S. de l'angle formé par la bifurcation du chemin de cette localité à Conliège et à Revigny, se trouve un récif de Polypiers, qui forme un léger bombement du pâturage et des terres, et paraît être au même niveau stratigraphique que le calcaire grisâtre précédent, ou, tout au plus, venir immédiatement au-dessus. Les irrégularités de la surface et de petites excavations, où l'on a tenté l'exploitation du calcaire dur qui forme ce récif, montrent qu'il possède une texture très irrégulière. Par places, ce calcaire est un peu grisâtre, grenu et contient quelques oolithes, avec de nombreux débris de Lamellibranches (*Trichites* et autres), des Brachiopodes, etc., indéterminables ; mais plus souvent, surtout à la surface, il présente la texture finement cristalline et la couleur claire (blanche ou à peu près) des Polypiers modifiés par la fossilisation. Évidemment il existe une multitude de Polypiers sur ce point ; pourtant on n'y trouve que rarement des échantillons conservant les calices. Je n'y ai rencontré qu'un petit nombre d'exemplaires déterminables, et ne puis en citer actuellement que *Isastrea salinensis* et *Thamnastrea Terquemi*.

Les couches supérieures manquent.

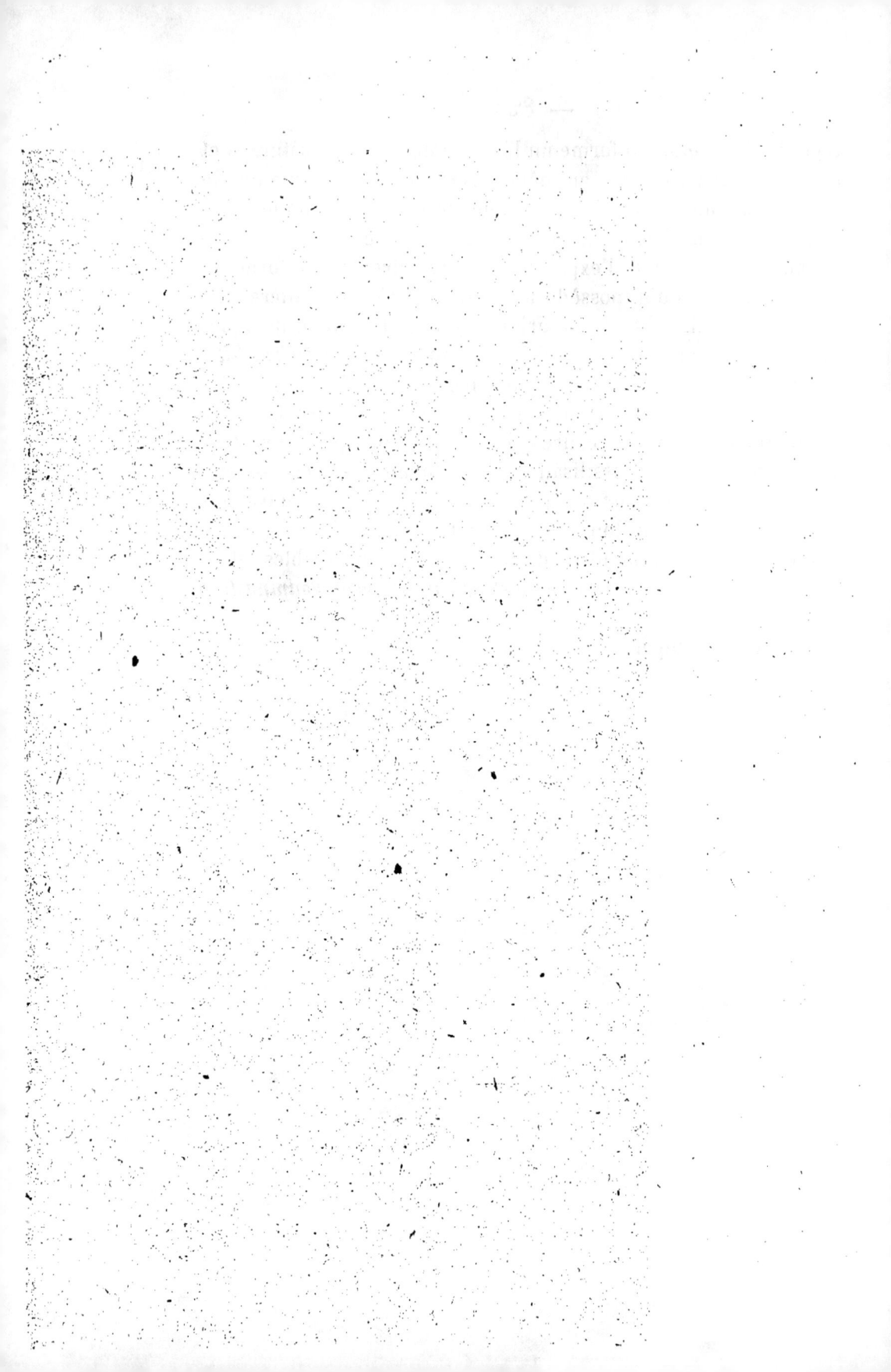

RÉGIME DE LA MER JURASSIQUE

DANS LE JURA LÉDONIEN.

La notion du régime des mers dans les temps géologiques se
dégage peu à peu, tant par l'étude des dislocations de la croûte
terrestre que par la considération attentive et la comparaison
judicieuse des diverses particularités qu'offrent dans leur facies,
c'est-à-dire dans leur composition et leur faune, les séries sédimentaires, étudiées en détail sur le plus grand nombre de points
possible et parallélisées entre elles avec toute la précision et
la rigueur désirables dans les recherches scientifiques. Des
progrès extrêmement considérables ont été réalisés ces dernières années sur ce sujet, qui est l'un des buts les plus importants de la Géologie.

Après les travaux divers qui s'y rapportent, dus à des savants
éminents, parmi lesquels on doit citer Léopold de Buch, Élie de
Beaumont, M. Jules Marcou, Edmond Hébert, Melchior de Neumayr, M. Albert Heim, etc., le célèbre professeur de géologie de
l'Université de Vienne, M. Édouard Suess, vient de terminer un
ouvrage des plus remarquables, où la synthèse des conditions de
la formation du sol et du modelé de son relief est portée à un
haut degré de probabilité, à la faveur des études récentes (1),
et M. Marcel Bertrand en a précisé davantage encore différents
points, tout en dotant la science de procédés d'investigation nouveaux et des plus féconds (2).

Une étude de région restreinte, comme celle qui précède, ne

(1) Ed. Suess. *Das Antlitz der Erde*. Prague, 2 vol. 1883-1888.
(2) Voici les publications de M. l'ingénieur Marcel Bertrand

prête guère, le plus souvent, à des indications nouvelles de quelque intérêt général sur cette importante question du régime des mers. Toutefois il nous semble entrevoir une relation qui mérite l'examen entre les faits particuliers que nous avons reconnus dans le Jura lédonien et les faits généraux mis récemment en lumière par les plus éminents géologues de notre temps ; cette idée nous décide à terminer par les considérations qui vont suivre, sur le régime de la mer jurassique dans notre contrée, notre long et minutieux détail de faits d'observation précise, constatés dans le Jurassique inférieur de ce pays.

Mais l'exposé de la relation dont il s'agit, but essentiel de cette dernière partie de notre travail, nécessite au moins la connaissance des principaux résultats des travaux récents qui viennent d'être cités, et ceux de nos jeunes compatriotes jurassiens qui voudraient s'occuper de la géologie de leur pays pourraient ne pas avoir à leur disposition les ouvrages qui les contiennent (1).

qui se rapportent plus spécialement au sujet qui nous occupe :

La chaîne des Alpes et la formation du continent européen. Bull. Société géol., 1888, 3e série, t. XV, p. 428-447.

Sur la distribution géographique des roches éruptives en Europe. Bull. Société géol., 1888, 3e série, t. XVI, p. 573-617.

Les récents progrès de nos connaissances orogéniques. Revue générale des Sciences pures et appliquées, 1892, n° 1, p. 5-12.

Sur la déformation de l'écorce terrestre. Comptes-rendus de l'Acad. des Sciences, février 1892.

Sur la continuité du phénomène de plissement dans le bassin de Paris. Bull. Société géol., 1892, 3e série, t. XX, p. 118-161.

Sur le raccordement des bassins houillers du nord de la France et du sud de l'Angleterre. Annales des Mines, livraison de janvier 1893, 83 p.

Lignes directrices de la géologie de la France. Comptes-rendus de l'Ac. des Sciences, janvier 1894 (une carte)

Au moment de la mise en pages de cette partie de notre travail, nous recevons la Revue générale des Sciences pures et appliquées, 1894, n° 18, où se trouve une importante notice de M. Bertrand sur *Les lignes directrices de la géologie de la France* (avec carte).

(1) La 3e édition du *Traité de Géologie* par M. DE LAPPARENT, parue en 1893, mais dont nous prenons connaissance seulement au moment de la correction des épreuves de ce chapitre, présente un résumé des plus remarquables de l'état actuel de la Science, et en particulier les

Il nous paraît donc utile de rappeler tout d'abord quelques-unes des données générales les plus importantes dues aux récents progrès de la science, et en particulier plusieurs des résultats si remarquables obtenus par M. Marcel Bertrand, ainsi que l'intéressant résumé donné par ce savant éminent, d'après les vues de M. Suess et les siennes propres, sur le mode de formation du continent européen. Nous chercherons ensuite à interpréter les principaux faits que nous avons observés dans le Jurassique de notre contrée; mais c'est avec la réserve expresse que nous n'entendons attacher aux vues qui nous sont personnelles et surtout aux points les plus hypothétiques, d'autre importance que celle qui pourrait arriver à leur être reconnue par les études et les considérations plus générales.

Les données que nous possédons sont trop incomplètes encore, en effet, pour fournir la preuve des quelques vues originales qui vont être présentées, en particulier relativement aux phénomènes orogéniques des temps jurassiques et à leurs relations probables avec la formation des surfaces taraudées de notre Oolithe inférieure. Toutefois il nous semble utile de faire connaître ces vues dès à présent, ne serait-ce que pour appeler l'attention sur ce sujet, et dans l'espoir de donner peut-être un point de départ utile pour de nouvelles recherches (1).

I. — Considérations générales.

QUELQUES DONNÉES PREMIÈRES D'OROGÉNIE (2).

Le globe terrestre se compose, d'après l'hypothèse le plus

résultats les plus importants des « belles généralisations dont MM. Suess et Neumayr ont donné le signal » (Préface de cette édition). Ce précieux ouvrage serait nécessaire aux jeunes Jurassiens dont nous parlons, pour compléter les données générales qui vont être rappelées.

(1) Les points les plus importants des considérations qui vont suivre ont été exposés à la Section de Géologie de l'Association française pour l'avancement des Sciences, lors du Congrès de Besançon d'août 1893. Nous en avons donné un résumé succinct dans le *Compte-rendu de la 22e section, seconde partie*, p. 402-405, sous le titre : *Sur le système jurassique dans les environs de Lons-le-Saunier. Considérations relatives au régime de la mer jurassique.*

(2) On voudra bien nous permettre de rappeler même les données

généralement admise, d'une masse interne (noyau central), en fusion sous l'action d'une température élevée, et d'une enveloppe externe, solide (croûte ou écorce terrestre), relativement peu épaisse. Il rayonne, dans l'espace plus froid environnant, plus de chaleur qu'il n'en reçoit, et subit par suite un refroidissement continu, mais très lent, de la masse interne, de sorte que celle-ci se contracte peu à peu.

Une rupture d'équilibre tend constamment à se produire entre la masse interne en voie de contraction, et la croûte terrestre, qui deviendrait un vêtement trop ample. A raison de la courbure sphéroïdale de la croûte, l'action de la pesanteur qui la sollicite à suivre, par affaissement ou mouvement centripète, le retrait de son support, détermine, entre les divers points de celle-ci, des tensions tangentielles ou poussées latérales, parallèles à la surface, et ces dernières peuvent à leur tour donner lieu à des tensions radiales dans le sens opposé à la pesanteur, de manière à effectuer le relèvement (soulèvement) de portions de la croûte, pour diminuer l'ampleur de celle-ci et lui permettre, d'une manière générale, de rester au contact de son support. Sous ces tensions diverses, la terre subit une déformation progressive (1).

La déformation du globe s'effectue, en somme, par la production de *ridements* de la croûte, qui sont indispensables pour diminuer l'excès d'ampleur de celle-ci, au fur et à mesure de l'*affaissement général* (ou mouvement centripète), par lequel elle se maintient au contact de la masse interne.

Ces ridements se produisent sous forme de lignes ondulées, qui suivent deux directions perpendiculaires entre elles : les unes sont grossièrement parallèles à l'équateur, ou autrement dit

premières qui ont cours actuellement dans la science, sur les conditions de la formation des montagnes ; car elles sont beaucoup moins connues du public non spécial qu'on ne pourrait le penser.

(1) Selon cette notion fondamentale, dont Élie de Beaumont, suivi par Constant Prévost, Alcide d'Orbigny, etc., a énoncé l'idée dès 1829, et qui est de plus en plus généralement admise, l'ensemble des phénomènes orogéniques, y compris la formation des plus hautes montagnes, s'explique par des causes générales très simples, au lieu d'exiger des impulsions verticales de bas en haut, que l'on a longtemps invoquées, à la suite de Léopold de Buch.

elles sont circumpolaires ; les autres convergent vers les régions polaires, c'est-à-dire suivent à peu près la direction des méridiens. — C'est là, selon M. Marcel Bertrand, une première loi générale de la déformation de l'écorce terrestre (1).

En s'accentuant, dans la suite des temps, par la continuation des mêmes causes, les ridements deviennent des plissements de plus en plus intenses, les uns en relief ou en voûte (anticlinaux), les autres en creux ou en chéneau (synclinaux).

Le ridement une fois commencé sur un point s'y continue dans les époques suivantes : « les plissements se forment toujours aux mêmes places ». — C'est là une seconde loi générale de la déformation terrestre, maintes fois vérifiée par M. Bertrand pour les plis du réseau principal de diverses contrées, et qui paraît aussi justifiée pour les plis du réseau perpendiculaire (2).

« On peut concevoir, sans diminuer la généralité de la règle, qu'un pli un peu large se subdivise postérieurement en plusieurs autres ; et c'est, je crois, ce qui a lieu, » ajoute M. Bertrand ; « c'est ainsi que s'expliqueraient certains exemples constatés hors du bassin de Paris, de synclinaux récents superposés à un anticlinal plus ancien » (3).

« La déformation de l'écorce terrestre » s'effectue, en conséquence de la seconde loi, suivant « un dessin général marqué depuis l'origine des temps géologiques » (4).

On manque de données pour savoir si le ridement s'effectue d'une manière réellement continue ou par intermittences. Sous cette réserve que « nous ne pouvons parler que de *continuité relative* », M.Bertrand « pense qu'on peut montrer que le phénomène de plissement a été continu, dans la même mesure que le phénomène de sédimentation, auquel il se trouve lié d'une manière très intime » (5). Il est certain d'ailleurs que l'intensité des actions de plissement dans un même lieu est très variable dans la suite des temps.

---

(1) M. BERTRAND. *Déformation de l'écorce terrestre*, etc.
(2)　　　　Id.　　　　　　Id.
(3)　　　Id.　　　　*Continuité du phénomène de plissement*..., p.146.
(4)　　Id.　　　Loc. cit., p. 146.
(5)　　Id.　　　Loc. cit., p. 147.

« A de certains moments qui sont ceux de plissements énergiques ou de *soulèvements de montagnes*, les plis en formation, au lieu de suivre sur toute leur longueur une ligne unique du réseau déjà ébauché, vont rejoindre une ligne parallèle, en adoptant dans l'intervalle un pli du réseau perpendiculaire ; le réseau primitif se déforme ainsi en apparence, il devient plus sinueux, mais il reste toujours composé des mêmes lignes » (1).

« A côté des plissements, et d'une manière à peu près indépendante, quoique bien probablement sous l'action des mêmes causes, des portions elliptiques de l'écorce se soulèvent et s'affaissent alternativement ; cette nouvelle série de mouvements ne semble pas, contrairement à ce qui a lieu pour les plissements, se faire toujours aux mêmes places ; elle semble aussi en général se faire plus rapidement que les autres. » Ces régions constituent des « *dômes de soulèvement.* » (2).

Les grandes chaînes de montagnes sont des zones fortement plissées de l'écorce terrestre. D'après ce qui précède, chacune de ces chaînes résulte d'une série d'actions successives de plissement, longtemps répétées sur les mêmes places et selon des directions dont les unes sont grossièrement parallèles à l'équateur et les autres perpendiculaires à celles-ci ; ces plissements prennent en dernier lieu toute leur amplitude par une série d'actions brusques, qui leur font suivre en traits brisés les courbes de ces deux directions, et qui peuvent arriver à déterminer la formation d'énormes plis couchés. Quand le maximum de plissement est atteint, une chaîne de montagnes donnée se trouve de la sorte constituée d'une série de grands compartiments. — A cette phase d'élévation ou de surrection de la chaîne succède, d'après M. Heim, une phase de tassements, qui agissent d'une manière très inégale sur ces divers compartiments ou seulement sur une partie. M. Suess a montré que les affaissements « sont particulièrement fréquents sur le bord des régions plissées, et enfin au-dessous des masses de recouvrement (plis couchés) ils apparaissent presque comme un fait général et constant. (3) ».

(1) M. Bertrand *Lignes directrices de la géologie de la France.*

(2)　　Id.　　*Continuité... du plissement...*, p. 146.

(3)　　Id.　　*Nouvelle étude sur la chaîne de la Sainte-Beaume* (Bull. Société géol., 1888, p. 757).

Les actions extérieures luttent continuellement contre la déformation du globe. Elles tendent « d'une manière constante à ramener la surface vers la forme régulière d'équilibre, en nivelant les saillies par les phénomènes de dénudation, et en comblant les creux par les phénomènes de sédimentation » (1).

La forme que possède la surface du globe est donc, en somme, la résultante d'actions de diverses sortes : d'une part, le plissement et le tassement, auxquels s'ajoutent les phénomènes éruptifs, et d'autre part la dénudation et la sédimentation. Une relation étroite existe entre ces diverses actions, car elles ont toutes pour cause première la contraction progressive de la masse interne.

Les quatre zones de plissement du continent européen (2).

« La formation du continent européen actuel, nous dit en résumé M. Marcel Bertrand, d'après « l'admirable synthèse de M. Suess » (3) et ses vues personnelles, semble résulter, malgré sa complexité apparente, d'une série de mouvements réguliers et relativement très simples : trois grandes rides formées successivement, chacune en retrait de la précédente, et toutes trois renversées sur leur bord septentrional », à partir d'une ride plus ancienne qui constituait, du moins en partie, un premier conti-

---

(1) M. Bertrand. *Les lignes directrices de la géologie de la France* (Revue génér. des Sciences, p. 666*)*.

(2) La plupart des citations suivantes font partie du résumé final du mémoire sur « *La chaîne des Alpes et le continent européen* », dans lequel M. Bertrand a montré la formation de ce continent par trois chaînes successives, en s'attachant surtout à « faire ressortir l'échelonnement général des phénomènes vers le sud », à partir d'un continent arctique antérieur au Silurien ; mais, d'après un second mémoire du même auteur, paru deux mois tard, « *Sur la distribution des roches éruptives en Europe* », nous y introduisons la notion d'une chaîne plus ancienne, dont il a signalé l'existence dans ce continent. En conséquence, le rang qu'il avait indiqué pour les trois chaînes du premier mémoire se trouve changé ; elles deviennent respectivement 2e, 3e et 4e chaînes, et cette modification est effectuée dans nos citations.

(3) M. Bertrand. *Déformation de l'écorce terrestre.*

nent dans la région arctique. Ces quatre zones de ridement intense, composées chacune, et surtout les dernières, de plissements gigantesques et multiples de la croûte terrestre, se sont espacées entre le pôle et l'équateur, en refoulant progressivement la mer vers le sud.

« Comme il est naturel, l'histoire des dépôts sédimentaires est intimement liée à celle des phénomènes orogéniques, et la considération des quatre chaînes successives permet de grouper dans une vue d'ensemble les particularités des phénomènes sédimentaires aux différentes périodes. »

La première ride, qui forme au moins en grande partie le continent arctique primitif, a reçu de M. Bertrand le nom de *chaîne huronienne*. Elle comprend une vaste zone de plissements, antérieurs pour la plupart à la période cambrienne et pour les plus récents à la période silurienne; à cette zone appartiennent le Canada, le Groënland, le Nord de l'Europe (Suède, Finlande, Russie); de plus le « Plateau central et la Bohême..... considérés depuis longtemps comme des îlots de très ancienne consolidation... seraient des apophyses ou des chaînons isolés, à rattacher à la chaîne huronienne, mais ne datant que de la fin de sa formation » (1).

« A l'époque silurienne, la terre est au Nord ; la mer couvre la plus grande partie de l'Europe et de l'Amérique septentrionale. Une ride se forme de la Norwège au Saint-Laurent, avec des apophyses méridionales plus ou moins comparables à celles des Alpes, c'est-à-dire aux péninsules méditerranéennes, et correspondant aux discordances du Shropshire et des Ardennes. » C'est la *chaîne calédonienne*. « En Europe, elle occupe l'Irlande, le pays de Galles et l'Écosse, ainsi que la Norwège ; elle vien donc en quelque sorte s'introduire en coin dans le contour sinueux de la chaîne plus ancienne...... Des indices de ridements à rattacher à cette seconde chaîne » se voient « dans les Ardennes et dans le sud de la Thuringe » (2).

« Cette seconde chaîne se disloque : les actions atmosphériques la dégradent ; des masses de grès et de poudingue (vieux

(1) M. BERTRAND. *Distribution..., des roches...* p. 579.
(2)   Id.   id.   id.

grès rouge) remplissent les dépressions creusées à ses pieds, pendant que les dépôts pélagiques s'étendent au sud. »

« Une nouvelle ride s'élève en arrière de la première, formant une ceinture sinueuse au continent, des Alleghanis à la Westphalie, au Dniester et à l'Oural ». Elle constitue la *chaîne hercynienne* « qu'il vaudrait mieux peut-être appeler *chaîne armoricaine* » (1) comme l'a fait M. Suess. « Entre cette ride et l'ancien continent, s'isole le canal où se dépose la houille. En dehors de cette zone, le terrain houiller n'est pas plus productif en charbon que les autres terrains plus récents ; la formation de la houille, au moins en tant que dépôt marin, semble étroitement liée au soulèvement de la chaîne hercynienne. »

« La troisième chaîne se disloque comme la seconde ; le nouveau grès rouge comble en partie les dépressions formées autour d'elle. Dans ces dépressions s'établissent les lagunes du trias, les golfes et les détroits vaseux du Lias, les bancs de coraux du Jurassique ; elles reçoivent la série des dépôts continentaux et littoraux, tandis que la grande mer est reléguée au sud dans la région alpine.

« Puis les Alpes s'élèvent à leur tour, dessinant une quatrième grande ride, qui embrasse toute la zone méditerranéenne, des Pyrénées à l'Hymalaya. Et alors seulement disparaissent dans l'Atlantique les témoins qui jalonnaient l'ancienne continuité des Appalaches et de la chaîne hercynienne, et qui expliquent les analogies de faunes côtières constatées jusqu'à l'époque miocène entre l'Amérique et l'Europe.

« Sans doute, il n'y a là qu'une vue d'ensemble et bien des détails manquent encore..... L'idée que nous pouvons nous faire de l'ensemble des mouvements correspond assez bien à ce qu'aurait *vu* un observateur idéal, placé pendant la durée des temps géologiques sur un sommet du continent arctique primitif, » déjà augmenté de la chaîne huronienne. « Il aurait vu d'abord, dans la mer qui s'étendait à ses pieds, une grande vague solide se former, se dresser lentement en lui masquant l'horizon, puis se figer en déferlant sur ses bords. Plus tard des trouées se sont

---

(1) *Etudes dans les Alpes françaises* (Bull. Société géol., 1894, 3ᵉ série, t. XXII, p. 118).

faites dans cette grande muraille continue, et il a pu voir une
seconde vague, puis une troisième se former successivement
plus au sud, et comme la première venir déferler à leur tour.
Il est probable qu'il doit s'attendre aujourd'hui à voir une quatrième vague se former en arrière des Alpes, c'est-à-dire dans la
région méditerranéenne. Mais les règles de trois ne sont pas ap-
plicables à ces sujets, et nous ne saurons jamais si l'attente de
notre observateur sera réalisée ou déçue. »

« Les quatre zones de plissement que je viens de définir,
constituent les véritables divisions naturelles, les véritables
unités de l'histoire géologique de l'Europe, » dit M. Bertrand,
dans le second des mémoires d'où proviennent les citations qui
précèdent. Il rappelle à cette occasion « de quelle manière intime
les phénomènes sédimentaires et les facies des terrains sont liés
aux grands mouvements orogéniques », et il montre dans ce
mémoire « que les phénomènes éruptifs n'en dépendent pas
avec moins de netteté, que chacune des zones précédentes a son
histoire éruptive spéciale, ou, si l'on veut, que chaque chaîne a
son cortège de roches éruptives, l'aire géographique des érup-
tions de chaque période étant à peu près la même que celle des
plissements correspondants (1) ».

La chaine hercynienne ou chaine armoricaine.

« On voit, dit M. l'Ingénieur Bertrand, dans les détails qu'il
a donnés sur cette chaîne, qu'il existait en Europe, à la fin de la
période primaire, une chaîne de montagnes tout à fait comparable aux Alpes, s'étendant de la Bretagne et du pays de Galles à
la Saxe et à la Silésie, » en passant par le Plateau central et les
Ardennes ; « la structure en était la même ; la hauteur de ses
sommets, produits par des plissements aussi énergiques, ne devait pas être moindre ; elle était sans doute aussi continue et
l'histoire de sa formation » est tout à fait analogue.

« Le mouvement de plissement, s'il n'a pas été continu, a été
au moins progressif, et s'est propagé de la zone centrale vers le

(1) M. Bertrand. *Distribution... des roches...*, p. 583.

Nord, c'est-à-dire vers le bord de la chaîne. La mer a été peu à peu refoulée dans un étroit canal entre la zone soulevée et l'ancien continent... Dans ce canal, se sont trouvées réalisées les conditions nécessaires à la formation du terrain à houille (dont l'âge vrai peut varier du Culm au Permien...).Puis cette dernière bande a été plissée à son tour et couchée en partie sur l'obstacle résistant » (1).

Cette chaîne « avait au sud des ramifications importantes ». L'une de ces apophyses comprenait les Asturies et le plateau central de l'Espagne, et elle se prolongeait probablement par le massif des Maures et la Corse, tandis qu'elle se rattachait à la chaîne principale « quelque part dans la région de l'Atlantique ». Une autre apophyse méridionale, longue et très étroite, comprendrait la Styrie et le sud de la Hongrie, et se serait continuée, par la partie centrale des Alpes, jusqu'à la France, de façon à « rattacher la Croatie au Plateau central ». A cette occasion, M. Bertrand a l'attention « de signaler en passant l'importance qu'ont dû avoir ces ramifications saillantes au point de vue de la distribution des espèces ; la Méditerranée secondaire et tertiaire n'était sans doute pas la mer uniformément ouverte qu'on s'imagine quelquefois, et on s'explique ainsi comment, malgré les caractères communs de la faune, l'étude paléontologique a pu amener à y distinguer aux diverses époques des provinces différentes » (2).

Une fois le maximum des plissements atteint, par la formation des grands plis couchés, la tension tangentielle s'est vue soit annulée soit du moins fort diminuée, et cela d'une manière inégale dans les diverses régions de la zone hercynienne. Attaquée de toutes parts par l'érosion qui la démantelait et arrachait les clefs de voûte des plissements, et sollicitée de nouveau par la continuation des actions résultant de la contraction interne, la chaîne s'est disloquée, « s'est tassée inégalement et par compartiments » ; les uns de ces compartiments se sont affaissés, et « ont été masqués depuis lors par une couverture de terrains secondaires ; les autres sont restés en saillie », constituant « des

(1) M. BERTRAND. *Formation du continent européen*, p. 440.
(2)   id.   *Distribution des roches...*, p. 581.

lambeaux isolés, des *Horste*, pour employer l'expression de M. Suess, » et ce sont eux « que nous voyons seuls », comme restes de la chaîne en Europe. « Mais les uns comme les autres ont conservé leur unité massive, leur force de résistance aux actions postérieures de plissement. » (1)

L'affaissement inégal des divers compartiments de la chaîne dut nécessairement être accompagné, à un degré variable, de celui des régions avoisinantes, jusqu'au jour où les tensions tangentielles, redevenues prédominantes, déterminèrent les plissements plus méridionaux par lesquels débute la formation définitive de la chaîne alpine.

RELATIONS DE LA RÉGION DU JURA AVEC LA ZONE DES PLISSEMENTS HERCYNIENS.

Les cartes qui accompagnent les mémoires de M. Bertrand facilitent l'étude des relations qui ont pu exister entre la région du Jura et la zone des plis hercyniens. L'une, qui indique les « *Limites des zones successives de plissements en Europe* (2), permet en particulier d'apprécier l'étendue de cette zone et la position probable de ses deux apophyses. Une autre carte (3) montre, parmi les massifs hercyniens de l'Europe restés en saillie, une vaste région au centre et à l'O. de la péninsule ibérique, la Bretagne, l'extrémité S.-O. de l'Angleterre, le Harz, la Bohême, la Forêt-Noire, les Vosges, le Plateau central, ainsi que la petite région azoïque et primaire de la Serre, près de Dôle.

Notre contrée jurassienne est située au bord même de ces trois derniers massifs, et, d'après la première de ces cartes, elle occupe le fond de l'étroit fer à cheval formé à l'O. et au N. par la zone principale de la chaîne hercynienne (Plateau central, Serre, Vosges, Forêt-Noire, etc.) et au S. par l'apophyse styrienne partant du Plateau central.

A raison de cette situation, on doit penser déjà que notre ré-

---

(1) M. BERTRAND. *Formation du continent européen....* p. 440.
(2) Id. *Distribution.... des roches éruptives...,* p. 578.
(3) Id. *Formation du continent européen...,* p. 437.

gion n'a pu échapper aux actions qui ont présidé à la surrection, puis au tassement de cette chaîne.

Les terrains primaires ne se montrent nulle part dans la chaîne du Jura, et l'on ne peut voir s'il s'est produit dans ce pays des plissements contemporains de ceux de la chaîne hercynienne. Mais dans la carte des *Plis synclinaux paléozoïques et tertiaires de la France* (1), M. Bertrand a montré que les plis synclinaux tertiaires du Jura, formés dans les dernières et plus importantes phases de la surrection de cette petite chaîne, se raccordent à la direction des plissements primaires hercyniens de la partie orientale du Plateau central, et sont parallèles à ceux du Morvan ; de plus il est tout à fait probable que notre contrée jurassienne n'a pas échappé à la loi de persistance des plissements sur les mêmes points : il est donc permis de penser que, dès le temps des grands plissements hercyniens, le Jura a participé au ridement de cette époque, mais sans doute d'une manière peu intense.

D'autre part, on sait qu'en général les affaissements se sont fait sentir d'une façon toute spéciale dans les régions situées au bord externe des chaînes en voie de tassement. La position de notre contrée nous autorise donc à croire que si, lors de la dislocation de la chaîne hercynienne, elle n'en fut pas l'un des compartiments affaissés, du moins elle subit, à cette époque et depuis lors, des actions analogues à celle de ces derniers, jusqu'à l'époque où se manifestèrent les premiers symptômes des grands ridements définitifs de la chaîne alpine.

PHASE DE TASSEMENT ET PHASE DE PLISSEMENT ENTRE LA SURRECTION DE LA CHAÎNE HERCYNIENNE ET CELLE DE LA CHAÎNE ALPINE.

La déformation du globe, d'après ce que l'on connaît de l'hémisphère septentrional, s'effectue par grandes étapes de ridements intenses, qui donnent aux chaînes de montagnes ainsi formées tout leur relief quand les tensions tangentielles développées dans la croûte terrestre arrivent au maximum d'inten-

(1) M. BERTRAND. *Lignes directrices.... de la France.*

sité. Une détente considérable se produit ensuite dans le sens tangentiel, de façon à permettre même aux régions récemment plissées de suivre, d'une manière inégale, le mouvement centripète général. Puis, sous l'action du tassement qui s'effectue et de la continuation de la contraction de la masse interne, les poussées tangentielles, se développant de nouveau et de plus en plus, arrivent à prédominer et à déterminer la formation progressive des plis d'une nouvelle chaîne.

En appliquant ces données aux deux chaînes les plus récentes de notre hémisphère, on arrive aux vues suivantes.

Pendant le long intervalle qui sépare les époques où les plissements de la chaîne hercynienne, à la fin des temps primaires, puis ceux de la chaîne alpine, pendant l'ère tertiaire, acquirent toute leur amplitude, se sont produits des phénomènes orogéniques de deux sortes :

Les uns sont des phénomènes de tassement de la chaîne hercynienne, qui ont pu déterminer des effets variés de dénivellation, de dislocation, de glissements en différents sens et même de petits plissements locaux.

Les autres sont des phénomènes de plissement de la zone située en dehors de la chaîne (zone alpine) et qui sont dus essentiellement à la reprise des grandes poussées latérales (poussées tangentielles).

Sans doute ces deux sortes de phénomènes ont pu se manifester parfois, selon les régions, d'une manière simultanée, ou même par alternance dans une même contrée. Mais les premiers durent prédominer dans les premières époques qui suivirent la formation des grands plis hercyniens, tandis que les seconds prenaient de plus en plus d'importance dans les époques suivantes pour aboutir à la formation de la chaîne alpine.

On pourrait donc, ce semble, distinguer, à ce point de vue, deux phases consécutives entre la surrection définitive de la chaîne hercynienne et celle de la chaîne alpine.

1° Une phase de *tassement*, marquée par la prédominance de l'affaissement de grands compartiments de la chaîne hercynienne, ainsi que des régions avoisinantes.

2° Une seconde phase où domine, par contre, la tendance au *plissement* de la zone alpine, tendance qui va s'accentuant de plus en plus, pour aboutir, durant l'ère tertiaire, aux gigantesques plissements alpins.

L'ère secondaire, qui comprend la plus grande partie des temps intermédiaires entre la formation de ces deux chaînes, et durant laquelle s'établit un calme relatif quant aux phénomènes orogéniques et éruptifs, appartient à ces deux phases.

Pendant une première partie de cette ère, la mer qui occupait le midi de l'Europe vers la fin de l'ère précédente s'agrandit notablement vers le nord, par l'effet des phénomènes d'affaissement qui se manifestent à plusieurs reprises et en particulier au début des temps jurassiques pour atteindre leur maximum vers le milieu de ceux-ci. Par contre, la période crétacique, qui termine l'ère secondaire, est caractérisée par un relèvement notable du sol dans une grande partie de l'Europe centrale ; ce relèvement, déjà fort sensible dès le début de cette période, correspond aux phénomènes de plissement de la seconde phase.

La période jurassique, qui débute ainsi par des actions de tassement et se termine par des relèvements très sensibles du sol, se trouve intermédiaire aux deux phases de phénomènes orogéniques qui ont été distinguées plus haut, ou plutôt elle appartient à ces deux phases.

La tranquillité relative des temps jurassiques répond d'ailleurs à cette situation intermédiaire entre les deux phases d'actions orogéniques contraires. Mais les mouvements du sol n'avaient pas totalement cessé durant cette période, et l'on peut s'attendre déjà à les voir caractérisés, pendant une première phase jurassique, par la prédominance des actions de tassement, et, dans une seconde phase, par la tendance au ridement. Les faits généraux que nous allons mentionner, d'après Neumayr, et ceux que l'on observe dans le Jura lédonien répondent, comme on va le voir, à cette hypothèse.

TRANSGRESSIVITÉ MÉDIO-JURASSIQUE SIGNALÉE PAR NEUMAYR. —
DEUX PHASES DANS LA PÉRIODE JURASSIQUE.

On admet généralement qu'à l'époque immédiatement antérieure à la période jurassique, un vaste continent septentrional, dû aux actions successives de plissement des quatre chaînes de montagnes précédemment formées, s'étendait de l'Amérique du Nord à la Russie, tandis qu'un immense continent méridional occupait la région équatoriale, allant de l'Amérique du sud à l'Afrique et à l'Australie (1) et se prolongeant vers le N. par l'Asie méridionale et la Chine. Entre ces continents, la mer tyrolienne (mer keupérienne) s'allongeait de l'O. à l'E. et remplissait, dans la région méditerranéenne actuelle, un bassin profond, véritable Méditerranée de l'époque, plus étendue vers le N. que la mer actuelle de ce nom, à l'emplacement de l'Italie, etc. Après avoir gagné considérablement de terrain en Europe, vers le milieu des temps triasiques (sans doute grâce à des phénomènes de tassement de la chaîne hercynienne), « les eaux marines se retirent au sud et à l'est, et le régime des lagunes, peut-être même des étangs, prévaut à l'époque tyrolienne sur toute la France, toute l'Angleterre et la majeure partie de l'Espagne » (2).

Au début des temps jurassiques, « la mer revient sur les pays qu'elle avait abandonnés » dans l'O. de l'Europe. « En France elle ne laisse plus subsister que des îles de terrains anciens », l'Armorique, le Plateau central (en partie), d'autres à l'emplacement des Alpes Centrales (3). Un affaissement notable et rapide de l'Europe occidentale et centrale s'était produit. Il nous semble que cet événement, qui clôture les temps triasiques, doit être considéré comme l'une des dernières phases principales de la dislocation et du tassement de la chaîne hercynienne dans ces contrées.

Lorsqu'il publia ses *Lettres sur les Roches du Jura et leur distribution géographique dans les deux hémisphères* (1856-1860), notre célèbre compatriote M. Jules Marcou « utilisait tou-

---

(1) C'est, en partie du moins, le continent *Américo-Africo-Australie de la Carte du globe à l'époque jurassique montrant la distribution des terres et des mers*, donnée par M. Jules Marcou, en 1860, dans les *Lettres sur les roches du Jura* ; mais moins étendu surtout vers le N. en Amérique, où il n'atteint pas l'Amérique centrale, selon Neumayr.

(2) A. DE LAPPARENT. *Traité de Géologie*, 2e éd., p. 877.

(3) Id.　　　　　Id.　　　id.　　p. 907.

tes les données connues à ce moment pour tracer la division des
terres et des mers à l'époque jurassique et pour montrer que,
dans ces temps si reculés, il existait déjà des bandes homoïozoï-
ques et des provinces zoologiques » (1). Dans un mémoire paru
en 1885, sur la *Distribution géographique du Système jurassique*, et dont M. Paul Choffat a donné une analyse détaillée (2),
l'éminent et regretté professeur de paléontologie de l'Université
de Vienne Melchior de Neumayr a mis à profit les progrès de
la science pendant les 25 années écoulées, pour montrer la répartition des terres et des mers et ses modifications successives
pendant la période jurassique.

La discussion attentive que l'on trouve dans ce dernier mémoire, sur l'ensemble des formations jurassiques, montre qu'à
l'époque liasique la mer n'occupait encore que de bien faibles
parties de l'hémisphère boréal et en particulier de l'Europe.

Mais elle gagne progressivement en étendue, d'une manière
considérable, à l'époque de l'Oolithe inférieure, de façon qu'il
existe « une transgressivité commençant avec le Dogger et atteignant son maximum à l'âge Oxfordien ». La Silésie et la Pologne sont envahies par la mer à l'époque bajocienne ; puis, à
l'époque bathonienne, elle recouvre la plus grande partie du
massif de la Bohême, ainsi que d'autres territoires dans le Boulonnais, le sud de l'Angleterre, etc., et à la fin de cette époque
elle prend possession d'une vaste région qui s'étend jusqu'au
nord de la Russie.

« Le fait le plus saillant qui résulte de l'examen des dépôts
jurassiques à la surface de la terre consiste dans l'énorme différence entre l'aire recouverte par les dépôts marins du Lias et
celle qui contient des dépôts du Malm.

« L'immense région boréale paraît être complètement dépourvue de Lias marin, les dépôts les plus anciens que l'on y con-

(1) P. CHOFFAT. Loc. cit. ci-après, p.249.
(2) P. CHOFFAT. *Système jurassique. Zones climatériques et géographie de la période* (Annuaire géologique universel, t. III, 1887, p. 222-
251). Dans cet article M. Choffat analyse d'abord un précédent mémoire de Neumayr, *Sur les zones climatériques pendant les périodes
jurassique et crétacique* (1883).

naisse appartenant probablement au Dogger inférieur. Dans l'Europe extra-boréale, le Lias manque dans la partie orientale de l'Allemagne du Nord, la Silésie, la Bohême, la Pologne extra-alpine, les environs de Passau et de Brunn et la région du Donetz. En Asie, le Lias n'est connu que du Caucase et du Japon. Dans tout l'hémisphère nord, nous ne connaissons de Lias marin que de la partie occidentale de la province européenne médiane, de la plus grande partie de la province alpine, du Japon, de la Sierra Nevada en Californie et d'un point restreint au nord de l'Amérique du Sud.

« Le même fait de transgressivité se reproduit en petit dans les régions liasiques ; il existait à cette époque des îles en Angleterre et à Boulogne. L'île réunissant la Serbie et la Croatie était plus grande pendant l'époque du Lias que pendant celle du Malm, le Lias à lignites du sud-est de l'Europe est recouvert par des couches marines, et les calcaires à Nérinées de la Calabre reposent directement sur les terrains cristallins ».

En continuant de résumer ces conclusions du mémoire de Neumayr, M. Choffat ajoute : « Nous pouvons donc considérer comme une règle générale pour l'hémisphère nord que partout où l'on a pu observer des changements de rivage ils dénotent une transgressivité du Malm sur le Lias. Cette transgressivité s'est effectuée peu à peu. M. Neumayr ne pense pas que nos connaissances sur les subdivisions du Lias permettent d'en suivre les phases pendant cette période. A l'époque bajocienne elle ne paraît être que de peu d'étendue, tandis qu'elle paraît atteindre ses plus grandes proportions sur l'hémisphère nord pendant les âges callovien et oxfordien ; les eaux diminuent ensuite principalement dans l'Europe centrale, comme le prouvent les bancs de coraux » de l'Oolithe supérieure, puis « les dépôts saumâtres qui prennent leur maximum de développement pendant l'âge purbeckien » (1).

Remarquons dès à présent que l'agrandissement progressif du domaine des océans, qui produisit ainsi peu à peu la transgressivité signalée par nos auteurs, tendait évidemment, à chaque invasion nouvelle de régions précédemment émergées, à

(1) P. Choffat. Loc cit., p. 249.

déterminer un abaissement du niveau des eaux dans les bassins maritimes anciens ; cette action devait se faire sentir d'une manière spéciale dans la mer jurassique de nos contrées, qui était parsemée d'îles et relativement peu ouverte, et il devait en résulter des troubles notables de la sédimentation.

Tout en constatant l'augmentation progressive de l'étendue de la mer, Neumayr trouvait l'état des connaissances trop incomplet alors pour baser un choix entre les diverses théories qui l'expliquent. « Pour le moment, ajoute-t-il, on peut dire que la grande transgressivité qui a succédé au Lias dans l'hémisphère nord ne parle ni en faveur de ceux qui veulent voir le fond de la mer sujet à des variations continues, ni en faveur d'un affaissement général, mais indique plutôt un déplacement de l'eau (1)».Toutefois les travaux publiés depuis lors nous semblent permettre, au moins pour l'Europe, de considérer cette transgressivité jurassique comme résultant de la continuation des actions de tassement inégal des divers compartiments de la chaîne hercynienne et des régions voisines. L'époque de plus grande transgressivité, qui marque la fin de la prédominance de ces actions, se trouve, comme on vient de le voir, entre la fin du Bathonien et les débuts de l'Oxfordien.

La diminution d'étendue et de profondeur des mers signalée à partir de l'Oxfordien et surtout dans l'Europe centrale, par le savant géologue de Vienne, s'accuse nettement sur divers points, mais surtout dans le bassin de Paris et de Londres, où les derniers étages du Jurassique se sont « déposés en retraite les uns par rapport aux autres, les derniers n'occupant plus qu'une petite portion du grand golfe anglo-parisien » (2). En appliquant les nouvelles méthodes d'investigation dont il est l'auteur, M. Marcel Bertrand a constaté qu'à cette époque se produisirent de véritables plissements dans le Boulônnais, ainsi que des dômes de soulèvement, en forme de grande ellipse, sur deux points de ce bassin. L'un de ces dômes, qui comprenait l'Ardenne et le Boulonnais et se prolongeait peut-être « vers le S.-E. jusqu'à la Bohême ».., « après s'être élevé s'est abaissé de

(1) P. CHOFFAT. Loc. cit., p. 249.

(2) A. DE LAPPARENT. *Traité de Géologie*, 2ᵉ éd., p. 983.

nouveau au début de la période crétacée ; ce mouvement d'abaissement a amené le retour de la mer et facilité le phénomène de dénudation marine... Il n'est pas douteux qu'il n'y ait eu au même moment formation d'un dôme homologue de soulèvement au-dessous de Londres ; mais les deux aires soulevées étaient, dès la fin de l'époque jurassique, séparées par une dépression qui correspondait au Pas-de-Calais » (1). Nous verrons plus loin qu'un soulèvement en dôme s'est aussi produit dans le Jura vers le même temps.

Ces faits nous autorisent à penser que la diminution des eaux marines, signalée surtout dans l'Europe centrale par Neumayr à partir de l'Oxfordien, répond à l'établissement d'un ordre de choses nouveau quant aux phénomènes orogéniques, et qui paraît s'accentuer particulièrement dans nos contrées. C'est le retour à la prédominance des tensions tangentielles, qui débute par la formation de ces dômes de soulèvement et dont l'action, devenant de plus en plus considérable, va déterminer les plissements de la chaîne alpine.

D'après les considérations qui précèdent relativement aux phénomènes orogéniques, on peut distinguer dans la période jurassique les deux phases suivantes :

1° *Phase de tassement,* caractérisée par la prédominance du mouvement centripète dans les régions récemment plissées.

2° *Phase de tendance au ridement,* caractérisée par le retour à la prédominance des tensions tangentielles, qui s'accuse alors surtout par la formation des soulèvements en dôme.

La première phase, qui comprend les dernières actions principales du tassement de la chaîne hercynienne en Europe, se rapporte encore à l'histoire de cette chaîne.

La seconde phase est un temps de préparation aux conditions de formation de la chaîne alpine, dont les ridements vont se dessiner sensiblement dès la période crétacique ; cette seconde phase peut être attribuée déjà à l'histoire de la chaîne alpine.

La limite entre ces deux phases est donnée par l'époque du

(2) M. Bertrand. *Continuité... du plissement...,* p. 132.

maximum de transgressivité de la mer jurassique ; elle peut être placée à la base de l'Oxfordien (1).

Quoi qu'il en soit de ces vues, établies par rapport aux actions orogéniques, la conclusion suivante nous paraît s'imposer :

La grande transgressivité jurassique signalée par Neumayr est *l'épisode le plus remarquable de l'histoire de la période jurassique*, en Europe et même dans tout l'hémisphère septentrional, par les modifications qu'elle détermine dans la distribution des terres et des mers, ainsi que par les changements notables qui en résultent dans le facies des dépôts sédimentaires.

Pour ce motif, il nous semble convenable de distinguer dans le Jurassique deux grandes divisions principales ou séries, qui répondent d'ailleurs aux deux phases ci-dessus :

1° *Jurassique inférieur*, comprenant le Lias et l'Oolithe inférieure ou Dogger ;

2° *Jurassique supérieur*, composé de l'Oxfordien et de l'Oolithe supérieure.

II.— Considérations de détail sur le Jurassique lédonien.

Composition générale du Système jurassique dans la région lédonienne.

La moitié inférieure des 1.100 m. environ qu'offre le Jurassique de notre contrée est connue par les descriptions qui précèdent. Nous avons étudié avec un détail analogue la moitié supérieure dans la partie orientale du Jura lédonien, où elle affleure presque seule. D'après les données ainsi obtenues, la

_____

(1) C'est la position que nous avons admise dans ce travail pour cette limite ; mais peut-être devrait-elle être placée un peu au-dessous, dans le milieu du Callovien, entre l'assise de l'*Ammonites macrocephalus* et celle des *Am. anceps* et *athleta*. Dans ce cas, la première de ces assises serait à rattacher au Bathonien, ce qui s'accorderait bien avec les faits observés dans le Jura lédonien, comme on l'a vu plus haut, dans une note au sujet de la subdivision du Callovien (p. 579).

composition de notre Jurassique peut être résumée de la manière suivante :

2° JURASSIQUE SUPÉRIEUR.	OOLITHE SUPÉRIEURE.	Couches saumâtres et d'eau douce du Purbeckien. Environ 20 m.
		350 mètres de couches marines, presque entièrement calcaires et accusant, en général, une mer peu profonde. Récifs de Polypiers dans la partie inférieure et moyenne. Calcaires plus ou moins dolomitiques dans le haut. Grandes surfaces taraudées très rares.
	OXFORDIEN.	230 mètres de sédiments marins, principalement marneux, mais qui passent dans le haut à des calcaires à Polypiers (Rauracien).
1° JURASSIQUE INFÉRIEUR.	OOLITHE INFÉRIEURE.	350 mètres de formations marines, presque entièrement calcaires. Polypiers constructeurs à divers niveaux, sur une grande partie de l'épaisseur. Quinze ou seize surfaces taraudées s'échelonnent de la base au sommet. Oolithe ferrugineuse à Céphalopodes au-dessus (Callovien).
	LIAS.	150 mètres de sédiments marins, principalement marneux, terminés par une oolithe ferrugineuse à Céphalopodes.

On voit que les deux grandes divisions ou séries du Jurassique lédonien se composent chacune d'une puissante succession de couches marneuses, surmontées de 350 m. environ de couches presque uniquement calcaires, en grande partie oolithiques et contenant des Polypiers à divers niveaux. Ces deux séries offrent ainsi une certaine symétrie quant à la nature des sédiments, avec cette différence essentielle toutefois que la seconde se termine par des couches d'eau douce, formées dans un temps assez court d'émersion de la contrée, tandis que la première se compose uniquement de sédiments marins. Comme on le verra plus loin, le détail des deux séries montre qu'il existe des différences assez sensibles quant aux phénomènes orogéniques qui ont influé sur leur formation.

Passage de la période triasique a la période jurassique.

Marnes irisées. — La composition de l'étage des Marnes irisées (étage Tyrolien de M. de Lapparent, ou étage Keupérien) dans le Jura lédonien montre qu'à cette époque, immédiatement antérieure aux temps jurassiques, notre contrée était soumise aux mêmes conditions qui ont été indiquées plus haut pour l'E. de la France. Au moins pendant une grande partie de ces temps, les eaux salées occupaient seulement dans notre Jura de vastes lagunes ou peut-être des étangs, véritables marais salants naturels ; elles s'y concentraient par l'évaporation au point de déposer des dolomies, du gypse et parfois du sel gemme.

C'est à ce régime de lagunes que M. l'abbé Bourgeat (1), en 1883, a attribué, avec toute vraisemblance d'ailleurs, les nombreuses alternances de bancs de gypse et de sel gemme qui occupent la partie inférieure et moyenne de l'étage dans notre région. Tout en partageant parfaitement la manière de voir de notre savant compatriote sur la formation de ces dépôts chimiques par évaporation, il nous semble inutile de recourir à des alternances répétées d'affaissement et de relèvement du sol pour expliquer l'arrivée périodique de l'eau salée dans les bassins d'évaporation où s'est produite l'alternance des couches de gypse, de sel, etc. On peut fort bien se représenter une disposition des étangs salés ou des lagunes, telle qu'ils reçoivent périodiquement de nouvelles quantités d'eau de mer, soit à des époques de grandes marées ou sous l'action de grands coups de vent, soit par ces marées gigantesques qui se produisent souvent lors des tremblements de terre (2). On pourrait d'ailleurs se demander

---

(1) *Origine probable du sel gemme et du gypse de la région du Jura* (Bull. Société d'Agricult., Sciences et Arts de Poligny, 1883, p. 13-29 et 71-84).

(2) M. l'abbé Bourgeat a indiqué a la fin de ce travail que « l'émergement commencé au Trias s'est continué de l'O. à l'E. aux époques qui ont suivi. »

si la cause de ces alternances n'est point une série d'actions de tassement, par petites étapes successives, agissant d'une façon analogue à la manière dont nous expliquons plus loin la répétition des surfaces taraudées de l'Oolithe inférieure.

Au-dessus de ces dépôts gypsifères et salifères, la partie supérieure des Marnes irisées n'offre guère dans notre contrée qu'une série assez épaisse d'argiles de couleurs variées, et ce retour à la prédominance des dépôts mécaniques accuse déjà une tendance marquée au rétablissement de communications plus complètes avec l'Océan, à la suite de quelque mouvement du sol. Toutefois, la faune marine n'est encore guère représentée dans ces argiles que par quelques restes de Reptiles (*Dimodosaurus polignyensis* (1)) et de Poissons, et l'on doit croire que les eaux restaient encore trop concentrées dans les lagunes jurassiennes pour devenir habitables.

Rhétien. — La composition et la faunule de l'étage Rhétien dénotent que la mer avait repris, dès la base de cet étage, libre possession de nos contrées. Des courants intenses, qui charriaient une grande quantité de grains quartzeux, ont raviné brusquement, tout d'abord, la surface des Marnes irisées, et ils ont déposé aussitôt les grès rhétiens inférieurs, dont le premier banc englobe, avec des débris de Vertébrés marins, une multitude de portions amygdaliformes enlevées à ces Marnes et qui n'ont pas eu le temps d'être délayées. Ce sont aussi des sédiments mécaniques, formant des bancs d'argile et de grès, qui dominent dans le reste de l'étage, sauf dans le milieu où s'intercalent des bancs dolomitiques formés par voie de précipité chimique.

Le régime franchement marin se trouve ainsi brusquement rétabli, dès le début des temps jurassiques, par des formations qui dénotent une érosion intense de massifs granitiques sur d'autres points. Notre région a donc subi un affaissement brusque ou du moins très rapide, participant ainsi aux actions de tassement de la chaîne hercynienne, qui augmentaient à ce moment, dans des proportions considérables, le domaine de la mer dans le centre et l'O. de l'Europe.

(2) PIDANCET et CHOPPARD. *Le Dimodosaurus polignyensis* (Bull.Soc. de Poligny, 1863, p. 105-125.

Première phase jurassique.— Série jurassique inférieure.

ÉPOQUE LIASIQUE.

Conditions de la sédimentation dans le Jura lédonien. — La puissante succession de strates qui constitue le Lias de notre région ne fournit qu'un petit nombre de données au point de vue général qui nous préoccupe. Les conditions de la sédimentation ont varié fréquemment dans les premiers temps de cette époque, à la suite de l'affaissement si étendu qui clôture la période précédente et substitue au régime lagunaire, dans nos contrées, le régime franchement marin. La récurrence de couches gréseuses, qui apparaissent à trois reprises dans le Rhétien et forment ensuite les premières couches sinémuriennes (Calcaires gréseux hettangiens), dénote, en effet, dans ces premiers temps jurassiques, une assez grande instabilité du régime de la mer. La cause en est sans doute une continuation affaiblie des actions de tassement du début de la période.

La mer du Jura reste peu profonde pendant le Rhétien, et les marnes pseudo-irisées de la fin de cet étage annoncent même, à partir de Salins, dans notre contrée lédonienne, une tendance au retour du régime lagunaire du Trias supérieur. Il est donc permis de penser que, dans nos régions, un mouvement sensible d'affaissement a dû se produire au début du Sinémurien, pour rétablir le libre accès de la mer qui allait apporter les éléments gréseux et déposer les algues du Calcaire hettangien.

La profondeur des eaux est encore faible toutefois pendant le dépôt du Calcaire à Gryphées arquées. Elle augmente dans la suite, sans doute grâce à de nouvelles actions de tassement, mais sans devenir bien considérable ; à la fin du Lias elle redevient plus faible, ce qui pourrait à la rigueur résulter simplement du remblaiement par la sédimentation, car rien ne prouve que le mouvement ait changé de sens. Quoi qu'il en soit, notre contrée dut subir, en somme, du commencement à la fin de l'époque liasique, un affaissement sensible, pour compenser l'accumulation des 140 à 150 m. de sédiments du Lias.

Cet affaissement ne paraît pas s'être effectué d'une manière

continue, mais plutôt par étapes successives. A trois reprises
encore, à partir des Calcaires hettangiens, le Lias lédonien offre
des traces de ralentissement ou même de suspension de la sédimentation, accompagnés de mouvements intenses des eaux, dus,
selon toute apparence, à des mouvements du sol qui se produisaient alors : la première à la fin du dépôt du Calcaire à Gryphées arquées (fossiles roulés et nodules phosphatés),la seconde
à la fin du Liasien inférieur (fossiles roulés et fragmentés), la
troisième au sommet du Liasien (surface ravinée par places, avec
fossiles roulés, quelques nodules phosphatés, couche gréseuse
avec morceaux de bois flotté au-dessus). A partir de celle-ci se
manifestent bientôt, dans notre Toarcien presque tout entier,
les différences de faciès qui ont été signalées dans le cours de ce
travail entre la région de Lons-le-Saunier et celle de Salins. Elles
peuvent être attribuées à l'existence de courants en différents
sens, qui subirent à diverses reprises (probablement encore
par suite de mouvements inégaux du sol de la région et des contrées avoisinantes) des modifications notables dans les derniers
temps du Toarcien.

C'est la sédimentation mécanique qui a fourni pour la plus
grande part les matériaux de nos couches liasiques ; les éléments
gréseux,assez fréquents dans les premiers temps de cette époque,
reparaissent, en proportion notable, mais de très petite dimension, dans les marnes moyennes et les calcaires supérieurs du
Liasien ; les sédiments argileux, qui jusqu'alors n'ont eu la pré-
pondérance que par intervalles, prennent, dans le milieu du
Liasien moyen et pendant la plus grande partie du Toarcien, une
prédominance très marquée. La sédimentation chimique donne
les dolomies du Rhétien, ainsi que les bancs durs de calcaire à
Gryphées ; elle fournit à la constitution des calcaires gréseux et
contribue à celle des marnes et calcaires hydrauliques qui s'y
intercalent. A la fin du Toarcien, la sédimentation mécanique
conserve encore dans le Jura salinois une intensité notable ;
mais elle se ralentit de plus en plus dans la région lédonienne,
au temps où se forment les alternances de bancs calcaro-gréseux
des Couches de l'Étoile, puis laisse presque entièrement la place,
au sommet de l'étage, à la précipitation chimique de l'oxyde de
fer, qui donne l'Oolithe ferrugineuse de Blois.

Cette oolithe, avec ses nombreuses Ammonites et ses portions phosphatées, est évidemment un dépôt littoral ou plutôt d'eau très peu profonde, formé dans un temps de ralentissement notable de la sédimentation, et il en est de même des premières couches bajociennes, avec *Cancellophycus scoparius* et débris de végétaux terrestres, qui les surmontent.

ÉPOQUE DE L'OOLITHE INFÉRIEURE.

Modifications de la sédimentation au début de cette époque. — Avec les débuts de l'Oolithe inférieure s'établit un ordre de choses tout nouveau. Désormais et pour longtemps, le rôle de la sédimentation mécanique, si prédominant pendant la plus grande partie du Lias, a presque totalement cessé ; les formations qui se succèdent du sommet du Lias à la base de l'Oxfordien se composent essentiellement de sédiments d'origine chimique et d'origine organique. On en doit conclure que les conditions générales du régime de la mer dans l'Europe centrale ont subi une modification considérable : les grands courants qui charriaient jusque dans notre contrée les produits de l'érosion des massifs hercyniens émergés au N. et au N.-E. ont fait place, dans nos régions, à des eaux plus limpides et peut-être plus chaudes, et ce n'est plus que d'une manière passagère et à de longs intervalles, que s'y fait sentir l'influence de courants divers, chargés de sédiments argileux.

La fin des temps liasiques est ainsi marquée tout à la fois par la modification, très considérable et de longue durée, de la nature des sédiments, comme par la diminution sensible de la profondeur des eaux, en même temps que s'effectuaient des modifications de la faune dont nous n'avons pas à nous occuper ici.

C'est justement à ce moment que commence à s'accentuer la grande transgressivité signalée par Neumayr et causée par le tassement de compartiments hercyniens ; c'est alors que débute, en particulier, l'envahissement par les eaux bajociennes, de la Pologne et de la Silésie. Nous devons penser, avec le savant et regretté géologue viennois, que la modification dans la nature des sédiments résulte de ces faits, et qu'elle est due à « une diminution ou un éloignement des continents ayant existé à l'époque du Lias. » Quant à la diminution de profondeur, elle peut être attribuée soit à un relèvement du fond, qui se serait produit dans notre contrée par un effet de bascule, soit de préférence à la simple accumulation de sédiments toarciens, aidée peut-être de l'écoulement d'une partie des eaux qui allaient à cette époque occuper des régions en voie d'affaissement, et dont la mise en mouvement se révèle par une assez courte réapparition de sédiments gréseux.

Affaissement graduel du Jura lédonien. — L'Oolithe inférieure tout entière (Bajocien, Bathonien, Callovien) est une formation de mer peu profonde. Des Polypiers constructeurs se rencontrent, en effet, dans le milieu et vers le haut du Bajocien, puis à plusieurs niveaux, sur une grande épaisseur du Bathonien, et jusque dans le Callovien. Les couches qui ne renferment pas ces Rayonnés possèdent soit une composition pétrographique analogue aux bancs à Polypiers, soit un facies vaseux à bivalves habitant des profondeurs peu considérables. On peut donc admettre que la profondeur de la mer du Dogger dans le Jura lédonien ne dépassait guère sans doute 40 à 50 m., et devait même fréquemment se trouver sensiblement au-dessous de ces nombres. Les couches terminales de ce groupe (sommet du Bathonien et Callovien) présentent surtout les caractères des formations de très faible profondeur.

La puissance du Dogger étant de 330 à 350 m., il est indispensable, pour qu'une telle succession de dépôts marins ait pu s'effectuer, d'admettre que le fond de la mer s'est abaissé (de plus de 300 m. ?) d'une manière à peu près progressive pendant cette époque, afin de compenser l'élévation du fond, dû à l'apport des sédiments. On ne pourrait d'ailleurs expliquer ce fait par l'augmentation des eaux dans nos contrées, puisque la Méditerranée jurassique gagne considérablement en étendue à cette époque. Il serait même plus exact de dire que pendant le dépôt de l'Oolithe inférieure, notre contrée dut s'affaisser d'une quantité correspondante non seulement à l'épaisseur des sédiments qui se déposèrent alors, mais encore à l'écoulement d'une partie des eaux de cette mer dans les bassins nouvellement immergés ou dont la profondeur augmentait d'une manière notable.

Il est donc hors de doute que, du début à la fin du Dogger,

la région du Jura a participé à l'affaissement qui produisit la transgressivité signalée par Neumayr dans l'Europe centrale et septentrionale, c'est-à-dire au tassement de la chaîne hercynienne.

On peut rechercher, de plus, si cet affaissement s'est effectué d'une manière lente et à peu près régulière, ou bien par étapes successives, par saccades plus ou moins brusques.

Or, notre puissante série d'Oolithe inférieure lédonienne présente, de distance en distance, des bancs dont la surface est criblée de perforations de lithophages ou porte d'autres traces d'un arrêt de la sédimentation, telles que de nombreuses Huîtres plates de grande taille, dont la valve inférieure est entièrement soudée au banc calcaire. On n'y compte pas moins de 15 surfaces taraudées par les Mollusques perforants ; 7 se trouvent dans chacun des étages Bajocien et Bathonien, et 3 dans le Callovien. En outre on a 2 surfaces à grandes Huîtres soudées, qui sont probablement aussi taraudées sur d'autres points.

L'épaisseur des couches intermédiaires entre deux surfaces taraudées successives est d'ailleurs fort variable. Le plus souvent elle ne dépasse pas 25 à 30 mètres, et ce n'est que par exception qu'elle arrive à 55 mètres dans le Bathonien, tandis qu'elle se réduit parfois à quelques mètres et même à $0^m 60$ dans le Bajocien supérieur de Montmorot.

Le plus souvent la surface taraudée porte une couche marneuse qui accuse l'existence, pendant quelque temps, de mouvements plus intenses des eaux. Assez fréquemment, la présence, dans cette couche, de fossiles roulés, apportés pêle-mêle par les courants, accentue encore ce caractère. C'est à ces conditions spéciales qu'est due la présence des quelques Ammonites qui nous ont permis de distinguer les diverses zones de l'étage Bajocien.

On voit que la sédimentation a été fréquemment interrompue à l'époque du Dogger. A 15 reprises au moins, si l'on prend seulement en considération les surfaces taraudées, le fond de la mer du Jura s'est trouvé soumis à l'action des vagues et des courants; de là sont résultés la cessation de la sédimentation, le taraudage du fond calcaire suffisamment résistant, et parfois même une certaine érosion, bien reconnaissable au bosselement intense de la surface taraudée.

De plus, la répétition des surfaces perforées par les lithophages nous semble indiquer que l'affaissement notable de notre région pendant cette époque n'a pas été continu, mais qu'il s'est effectué par étapes successives. C'est ce que nous allons examiner.

Hypothèse sur les conditions de la formation des surfaces taraudées de l'Oolithe inférieure. Relation probable avec le tassement de la chaîne hercynienne. — Les auteurs qui ont signalé des surfaces taraudées en ont le plus souvent expliqué l'existence par une oscillation du sol, comprenant un relèvement du fond de la mer, suivi d'un affaissement qui le ramenait dans les conditions de la sédimentation. On a même dans ce cas indiqué la nécessité d'une longue émersion pour produire le durcissement des surfaces taraudées. Il est inutile d'insister sur le peu de fondement de cette dernière assertion, pour rappeler que la dureté d'agrégats de particules homogènes déposées par voie de précipité chimique, tels que les calcaires, dépend essentiellement de la cohésion propre à la substance constituante. On sait d'ailleurs que les dépôts actuels de calcaire prennent, dans l'eau même où ils se forment, une certaine dureté.

L'hypothèse d'une oscillation du sol est parfaitement plausible dans certains cas de surfaces taraudées. Mais il est aussi d'autres causes qui peuvent déterminer cet effet, et si l'on songe à la fréquence de ces sortes de surfaces dans notre Oolithe inférieure, si l'on remarque que les bancs taraudés et ceux qui leur sont superposés possèdent assez souvent une composition fort analogue, cette hypothèse ne semble pas applicable ici, du moins en général. On s'explique difficilement ces oscillations doubles, toujours d'assez faible amplitude, se répétant si fréquemment et presque avec régularité dans la même contrée. Il nous semble nécessaire de rechercher une cause plus simple et plus générale.

On conçoit parfaitement que dans une mer très peu profonde le changement de situation des courants ou même une simple augmentation de leur intensité et de leur profondeur peut suffire à déterminer l'arrêt de la sédimentation, ainsi que le taraudage du fond lorsqu'il est suffisamment résistant, et jusqu'à une érosion plus ou moins active de ce dernier. De telles modifications du régime de la mer peuvent être dues à des causes diverses, mais surtout aux mouvements du sol qui déterminent des change-

mentsdans la ligne des rivages. Aux époques d'importantes trans-
gressions marines, dans une mer telle que la Méditerranée
jurassique, les modifications qu'elles amènent dans le régime des
courants peuvent encore, dans certaines régions non soumises à
l'affaissement, être accompagnées d'un écoulement partiel des
eaux, d'où résulte une diminution de profondeur qui facilite la
production du taraudage. C'est à l'ensemble de ces actions qu'il
semble possible d'attribuer, au moins dans la plupart des cas,
nos surfaces taraudées.

On a vu qu'il convient de se représenter l'emplacement du
Jura et les pays voisins comme étant occupés au temps de l'Oolithe inférieure, par une portion peu profonde de la grande Méditerranée jurassique qui s'étendait sur une partie de l'Europe centrale. L'accumulation progressive des sédiments dans ces eaux de
faible profondeur devait tendre déjà à ramener le fond dans la
zone d'action des vagues et des courants, au bout d'un temps
relativement peu considérable.

D'autre part, c'est pendant cette époque que se dessinait de plus
en plus la grande transgressivité signalée par Neumayr dans
l'hémisphère septentrional et en particulier dans le nord de l'Europe. La mer envahissait de temps à autre quelques portions
des îles et des continents de l'époque liasique, principalement de
ceux qui appartenaient aux compartiments démantelés de la
chaîne hercynienne, soumis au tassement et en voie d'affaissement plus ou moins continu En outre des régions européennes
précitées, c'est probablement de ces temps que date en partie le
tassement des compartiments hercyniens qui émergeaient auparavant entre l'Ancien et le Nouveau Monde et dont l'affaissement
définitif pendant l'ère tertiaire a produit la profonde dépression
occupée par l'Atlantique, entre l'Europe méridionale et les États-
Unis. A chaque nouvel affaissement, qui rendait plus profondes
dans certaines régions les dépressions occupées par l'Océan ou
en augmentait l'étendue, le niveau des eaux devait nécessairement s'abaisser dans les régions voisines, qui n'étaient pas soumises à ce mouvement ou dans lesquelles il ne devait se propager que plus tard, et des modifications sensibles devaient s'effectuer dans le régime des courants.

On conçoit que si un fait de ce genre est venu à se produire dans la mer peu profonde de notre région au moment où le remblaiement continu par la sédimentation avait déjà ramené le fond dans le voisinage de la zone d'action des vagues et des courants, les conditions de cessation de la sédimentation et d'établissement des Mollusques lithophages pouvaient se trouver réalisées. Un léger abaissement de quelques mètres du niveau supérieur des eaux, accompagné d'une plus forte agitation de la mer, pouvait, ce semble, dans les cas favorables, produire ce résultat. Puis l'affaissement arrivant à se propager jusque dans la région du Jura, la surface en voie de taraudage se trouvait ensuite replongée à une profondeur suffisante pour recevoir de nouveaux dépôts.

Au lieu d'exiger des alternances locales maintes fois renouvelées de relèvement et d'affaissement, la formation de nos nombreuses surfaces taraudées est ainsi ramenée à une cause plus générale dont l'existence est démontrée: l'affaissement progressif de régions étendues dans l'hémisphère septentrional.

En résumé, les alternances répétées de cessation et de rétablissement de la sédimentation, accusées par les 15 ou 16 surfaces taraudées de notre Oolithe inférieure lédonienne, s'expliquent aisément, ce nous semble, par la continuation d'un tassement inégal des divers compartiments de la chaîne hercynienne. Des affaissements, qui affectaient diverses contrées, en particulier le centre et le nord de l'Europe et qui y prenaient leur point de départ, se seraient produits par étapes successives, soit brusques, soit du moins assez rapides, séparées les unes des autres par des temps de repos ou au moins de ralentissement considérable du mouvement. A chacun de ces affaissements locaux venant augmenter soit l'étendue, soit la profondeur, soit toutes deux réunies, au N. de la mer intérieure de l'Europe centrale, etc., le niveau des eaux devait s'abaisser dans notre contrée, non soumise encore à ce mouvement et dans laquelle il n'allait se propager que plus tard; des courants s'y établissaient temporairement ou s'y accentuaient davantage, et, dans les cas favorables, ils arrivaient à balayer le fond, sur lequel s'établissaient alors les lithophages et les larges Huîtres plates.

D'après l'hypothèse qui précède, l'affaissement considérable qu'a dû subir notre contrée pendant l'époque de l'Oolithe inférieure se serait produit d'une *façon intermittente*, et les époques de mouvement du sol correspondantes à chaque surface taraudée auraient été séparées soit par des temps de repos complet, soit par des époques de mouvement très lent. Si une telle hypothèse n'exclut pas forcément l'idée de la continuité des mouvements du sol, du moins elle exige des variations considérables et maintes fois renouvelées dans l'intensité de ces derniers, et l'on se trouve, en définitive, ramené à la notion que la plus grande partie au moins de l'affaissement total s'est effectuée par une succession de petits craquements, d'importance variée et très nombreux sans doute, qui pouvaient d'ailleurs ne pas être toujours absolument brusques et subits, mais se produire seulement avec une rapidité relative.

Il est presque inutile de remarquer que l'on ne pourrait songer à déterminer le nombre total de ces affaissements partiels, d'après celui des surfaces taraudées observées dans notre Dogger ; car un concours de circonstances qui a pu souvent ne pas se rencontrer était nécessaire pour amener la formation de chacune des surfaces à perforations.

Les conditions favorables ont parfaitement pu exister dans une région pour quelques-uns des affaissements de la série totale, et dans d'autres régions pour d'autres. Mais parfois et du moins pour les affaissements principaux, elles ont dû affecter une contrée assez étendue. C'est ainsi que le Bajocien du Jura bernois offre deux ou trois surfaces taraudées et que le Bathonien de la Côte-d'Or en compte cinq, qui toutes paraissent occuper exactement la position stratigraphique de pareil nombre de celles qui s'observent dans le Jura lédonien.

Ce dernier fait nous semble en faveur de l'idée d'un abaissement des eaux par leur écoulement partiel dans d'autres contrées. On en peut conclure aussi que le Jura lédonien faisait partie d'un vaste compartiment du sol qui s'affaissait parfois d'une manière assez égale, de l'une à l'autre des régions indiquées.

Aussi l'existence des surfaces à perforations et en particulier de celles de notre Oolithe inférieure nous semble devoir être prise en sérieuse considération, concurremment d'ailleurs avec les données paléontologiques, pour l'établissement des subdivisions locales et régionales. Mais il est évident que les divisions ou les

délimitations stratigraphiques spécialement basées sur cet argu
ment s'appliquent seulement à une région limitée, et qu'elles
doivent être vérifiées aussi soigneusement que possible, soit par
la continuité des strates entre les diverses localités, soit par la
comparaison des coupes, ainsi que par la composition des faunules. En effet, pendant que la sédimentation est interrompue
lors de la production de quelqu'une de nos surfaces taraudées,
elle se continue dans d'autres régions, et de la sorte la délimitation très nette entre deux groupes de strates, fournie dans
notre contrée par cette surface, se trouve correspondre, dans
ces dernières régions, à l'intérieur d'un massif de sédiments
déposés d'une manière continue. Ce fait s'observe même d'un
point à l'autre du Jura lédonien (surface taraudée intermédiaire du niveau **A** dans le Bajocien supérieur de Montmorot).

Le tassement paraît s'être produit parfois avec une intensité
inégale d'un point à l'autre du Jura lédonien. C'est ainsi que l'on
peut attribuer à un simple retard dans l'affaissement aux approches des massifs hercyniens en saillie (Plateau central, etc.),
plutôt qu'à une tendance au ridement, l'existence, au temps de
la zone à *Ammonites Sauzei*, d'une région, située à l'O. ou au
N.-O. de la ligne de Lons-le-Saunier-Salins, et qui se trouvait
assez relevée pour être l'objet d'une érosion mécanique intense
qui a fourni la couche de galets de cette zone près de Poligny.
Cette région relevée, située du côté S.-E. du petit massif her-
cynien de la Serre, près de Dôle, est fort probablement en rapport
avec ce dernier.

C'est encore aux mêmes causes que l'on devrait attribuer, toujours dans la partie occidentale de notre contrée, la faible épaisseur du niveau **A** et son intercalation d'une surface taraudée
accessoire, dans le Bajocien supérieur de Montmorot. La grande
diversité des facies aux débuts du Bathonien indique des différences correspondantes dans l'état de la mer d'une localité à
l'autre, et surtout entre l'O. et l'E. du Jura lédonien ; la cause
pourrait encore en être recherchée dans l'inégalité du tassement
à la fin du Bajocien. Mais la répétition des surfaces taraudées
permet de penser que cette fréquence de l'action des courants
sur le fond de la mer a fort bien pu, en rabotant au fur et à mesure les inégalités qui tendaient à se produire, empêcher celles-

ci d'avoir tout l'effet possible sur la sédimentation et dissimuler ainsi leur existence. Elles peuvent toutefois être mises en évidence, au moins d'une manière probable, par la comparaison des épaisseurs de coupes très exactes, effectuée selon le procédé signalé par M. Marcel Bertrand (1).

Régime de la mer dans les derniers temps de l'Oolithe inférieure. Transgressivité du Callovien à Châtillon et à Messia. — Les derniers temps de l'Oolithe inférieure (fin du Bathonien et Callovien) sont caractérisés dans notre contrée lédonienne par des variations de facies, des répétitions de surfaces taraudées, et jusqu'à une véritable transgressivité de la partie moyenne du Callovien sur le Bathonien, qui est incomplet lui-même par places. Ces faits indiquent une très grande instabilité du fond de la mer du Jura et une bien faible profondeur des eaux dans notre région à cette époque. C'est justement le temps où l'affaissement de vastes contrées de l'hémisphère septentrional atteint son maximum et détermine, en particulier, l'immersion d'une partie de la Russie ; le Jura subit encore l'effet de cette dernière série de tassements de la chaîne hercynienne en Europe.

Rappelons ici les principaux faits qui ont été indiqués déjà isolément, dans l'étude de chaque étage.

---

(1) *Continuité du... plissement...* Bull. S. géol., t. XX, p. 160. — La méthode de M. Bertrand s'applique aux coupes dans lesquelles « figurent des couches déposées sous une très faible profondeur d'eau » et qui, par conséquent, étaient « horizontales au moment de leur dépôt ». Elle « revient tout simplement à faire un diagramme des épaisseurs relatives des terrains, en ayant soin de le terminer horizontalement au sommet par une couche d'eau peu profonde ». Une autre couche d'eau peu profonde, inférieure à la première, prend dans ce diagramme, lorsqu'il y a eu mouvement, une position sinueuse, et les « ondulations obtenues indiquent les mouvements subis par cette couche dans l'intervalle de temps qui la sépare de la couche supérieure ». — Il est évident que cette méthode réclame des précautions spéciales, et que l'on doit prendre en considération les modifications locales de facies etc., qui auraient pu modifier l'intensité de la sédimentation. Elle exige, en particulier, que les épaisseurs des couches soient déterminées le plus exactement possible, lors du relevé des coupes, ainsi que nous avons toujours cherché à le faire.

Une première différence notable de facies se manifeste vers le haut du Bathonien par la présence, à l'O. de la contrée, du niveau sableux à *Rhynchonella elegantula*, de Courbouzon, formé en même temps que des calcaires à grain fin se déposaient à l'E. à Vaudioux.

Un peu plus haut, la surface des calcaires bathoniens supérieurs est très irrégulière et taraudée, de l'O. à l'E. de la contrée lédonienne, mais surtout à l'E. (Vaudioux), où elle est fortement bosselée et porte de nombreux galets, taraudés sur le pourtour, qui indiquent dans cette partie du Jura des actions énergiques d'érosion par les flots.

Au-dessus, les différences s'accentuent entre l'O., le centre et l'E. de la contrée. Le fait le plus remarquable est la transgressivité qui existe au centre près de Châtillon, sur le bord oriental de l'Eute, où le niveau des marnes bathoniennes supérieures et la plus grande partie du Callovien inférieur n'existent pas ; le même fait paraît se produire à l'O. de notre région, près de Messia, sur la ligne des premiers plis du Jura visibles au bord de la Bresse.

Dans l'intervalle entre ces deux points de transgressivité, ainsi qu'à l'E. de la contrée, la série des niveaux stratigraphiques est complète ; mais elle présente des différences notables de facies, surtout dans les couches qui répondent à la transgressivité signalée.

Les Marnes bathoniennes supérieures sont calcaro-sableuses et peu fossilifères (Lamellibranches) à l'O., près de Courbouzon, où elles portent une couche d'Huîtres plates. Au bord occidental de l'Eute, à Verges, elles sont plus marneuses, très sableuses et riches en Brachiopodes, avec des Oursins et des Crinoïdes roulés, ainsi que des galets taraudés. Un peu plus à l'E., près de Binans, dans l'intérieur de la bande des plis et dislocations de l'Eute, elles sont représentées par des calcaires peu épais, à amandes marno-calcaires, qui sont fortement bosselés, parfois sur 0m30 de profondeur. Enfin à l'E. de l'Eute, à Vaudioux et près d'Andelot-en-Montagne, ce sont de véritables marnes, dures, peu fossilifères (Lamellibranches surtout), contenant aussi des galets, mais sur lesquelles les premiers bancs calloviens paraissent s'être déposés dans des eaux peu agitées.

Le Callovien inférieur présente, à l'O. et au centre de la con
trée, le facies mixte, décrit ci-devant, avec ses deux niveaux à
Ammonites Kœnighi et à *Ammonites calloviensis*, que sépare une
simple surface taraudée (Courbouzon) ou du moins à grandes
Huîtres plates (Binans); mais le premier niveau manque avec une
partie du second, sur les deux points indiqués. A l'E., on a le
facies bathonien de la Billode, si différent à tous égards, qui
offre des calcaires oolithiques dans le premier niveau, et,
dans le second, des calcaires spathiques, composés de débris de
Crinoïdes et parfois de Lamellibranches. Les deux niveaux sont
séparés ici par une surface taraudée, fortement bosselée par
l'érosion et chargée de galets perforés aussi par les lithophages;
mais de plus elle porte, près de la gare de Vaudioux, une petite
couche marneuse d'épaisseur variable, contenant un mince banc
qui se termine parfois par des feuillets finement sableux, avec
des impressions analogues à ce que l'on a décrit sous le nom
d'empreintes de gouttes de pluie : on pourrait donc se demander
si cette localité ne s'est point trouvée à cette époque partiellement émergée. Une nouvelle interruption de la sédimentation,
qui marque la fin du Callovien inférieur, est nettement accusée
à la Billode, par le taraudage de la surface des calcaires à
Crinoïdes.

La transgressivité et la plupart des différences de facies entre
l'O., le centre et l'E. du Jura lédonien qui viennent d'être rap-
pelés s'expliqueraient aisément par la formation, vers la fin du
Bathonien, de ridements passant par l'emplacement actuel de
l'Eute et aussi par celui des plis du Grand-Messia. Si les données
que nous possédons actuellement ne permettent pas encore
d'affirmer l'existence de tels ridements et surtout sont insuffisantes pour en préciser la direction, elle est du moins fort probable
d'après les nombreux exemples donnés par M. Marcel Bertrand
de la persistance des actions de plissement sur les mêmes places,
dans la suite des temps. Le ridement de l'Eute, dès le Bathonien, nous semblerait démontré, si des faits analogues à ceux
qui précèdent s'observent sur quelque autre point, de part et
d'autre (c'est-à-dire de l'O. à l'E.) de cette petite chaîne,
et nous aurions là un nouvel exemple de la confirmation des
vues de l'éminent professeur de l'École supérieure des Mines.

Toutefois, une autre action a dû s'exercer pour limiter au S.-O. le facies bathonien du Callovien inférieur qui existe à la Billode. L'étude de détail dans un rayon plus étendu pourra fournir des données sur ce point et montrer s'il n'y aurait point ici l'influence de ridements plus au moins perpendiculaires aux précédents et dirigés vers le S.-E., c'est-à-dire suivant la continuation, dans le Jura, de la ligne de plissement du réseau perpendiculaire aux plis principaux, laquelle a été reconnue par M. Bertrand à partir de Troyes jusqu'aux approches du Jura, dans la direction de Genève (1).

. La sédimentation se rétablit dans notre contrée d'une manière plus uniforme à l'époque du Callovien supérieur. Mais les eaux restent agitées et peu profondes, ainsi que l'attestent les nombreux fossiles qui s'y trouvent pêle-mêle et comprennent une foule d'Ammonites, souvent de grande taille. Des différences sensibles dans les épaisseurs et dans la nature de la roche, qui est plus ou moins chargée d'oolithes ferrugineuses, dénotent des conditions assez variées d'une localité à l'autre, pendant le dépôt du niveau de l'*Ammonites anceps*. Les différences s'accentuent dans le niveau de l'*Ammonites athleta*, qui offre à Courbouzon un facies marneux à Bélemnites et *Aptychus*, mais présente à la Billode le facies à oolithes ferrugineuses et s'y montre fort riche, dans la moitié inférieure, en Ammonites, souvent roulées, usées et fragmentées par les eaux très agitées qui les ont déposées. Il semble donc que la mer est devenue plus profonde à l'O. Ces différences et cette forte agitation des eaux sur certains points sont encore dues sans doute à des mouvements du sol qui s'étaient fait sentir inégalement dans notre contrée.

Un régime tout nouveau s'établit dans le Jura après le dépôt des couches à *Ammonites athleta*. Il est caractérisé, comme on va le voir, par la modification très notable de la sédimentation, qui s'effectue dans des eaux plus profondes et donne pendant longtemps les dépôts mécaniques de l'Oxfordien, et par l'apparition, dès leur base, de nombreuses espèces d'Ammonites différentes de celles du Callovien.

(1) M. BERTRAND. *Lignes directrices de la géologie de la France* ; carte des « plis synclinaux paléozoïques et tertiaires ». (Comptes-rendus de l'Académie des Sciences, 1894).

Evidemment un affaissement rapide et très notable du sol de notre contrée s'est produit à la fin du Callovien, pour permettre le dépôt sensiblement uniforme des Marnes à *Ammonites Renggeri* du début de l'Oxfordien, à l'O., au centre et à l'E. de cette région, par dessus les couches à facies varié de l'époque précédente.

C'est précisément le temps où s'effectuent les dernières actions de tassement qui portent la mer jurassique jusqu'au N. de la Russie et lui donnent en Europe la plus grande extension qu'elle ait possédé depuis la surrection de la chaîne hercynienne. Il semble résulter de ces affaissements un état de tension latérale entre les compartiments démantelés de cette chaîne, qui les rend désormais moins aptes à jouer les uns par rapport aux autres, et facilite la prédominance des actions de plissement. Quoi qu'il en soit, la grande transgressivité de l'hémisphère septentrional a acquis toute son amplitude : la première phase des temps jurassiques est terminée.

Seconde phase jurassique. — Série jurassique supérieure.

En étudiant dans un autre travail le détail des étages supérieurs du Système jurassique de notre contrée, nous chercherons à nous rendre compte des principaux faits dont elle fut le théâtre pendant la seconde partie des temps jurassiques et de leurs relations avec les faits généraux mis récemment en lumière. En attendant, nous présentons ici quelques considérations qui permettent dès à présent une conclusion générale.

ÉPOQUE OXFORDIENNE.

Conditions de la sédimentation dans le Jura lédonien. — Les formations de cette époque, dont nous avons étudié le détail dans la moitié orientale du Jura lédonien, comprennent, en y rattachant le Rauracien, environ 230 mètres de couches principalement marneuses, qui passent dans le haut, plus ou moins rapidement selon les localités, à des calcaires oolithiques à Polypiers.

A l'époque oxfordienne, comme à celle du Lias, la sédimentation mécanique offre donc une grande prédominance dans notre région. Les sédiments argileux y sont apportés par de grands courants venant du nord, selon Neumayr, avec une intensité variable, qui permet la production d'alternances marno-calcaires ; ils s'y accumulent souvent en couches épaisses, et remblaient progressivement, pendant une longue suite de temps, la mer du Jura. Mais ils n'y amènent pas d'éléments gréseux, et, sauf l'intercalation de marno-calcaires et de calcaires hydrauliques, la sédimentation s'effectue d'une manière régulière, sans temps d'arrêt sensible.

De l'O. à l'E. de la contrée, l'Oxfordien débute brusquement par les Marnes à *Ammonites Renggeri*, que l'on retrouve au centre, là où l'érosion ne les a point fait disparaître (Mirebel, etc.), et qui sont bien caractérisées par leur faune d'Ammonites, parmi lesquelles se remarquent quelques *Phylloceras* et *Lytoceras*. Ces deux genres caractéristiques du facies méditerranéen avaient disparu du Jura lédonien depuis la fin du Lias jusqu'aux derniers temps du Callovien ; leur réapparition indique le rétablissement de quelques relations (plus marquées même qu'aux temps liasiques) avec la mer des régions où règne ce facies. Cette assise paraît s'être déposée dans une mer d'une certaine profondeur. Sous l'action du remblaiement par la sédimentation, et probablement après avoir subi quelques variations sous d'autres causes, la profondeur devient faible vers la fin de cette époque, au temps du Rauracien (débris de végétaux terrestres à Châtelneuf). Le régime des courants à sédiments argileux abondants se ralentit alors, plus ou moins tôt selon les localités ; en définitive il arrive à céder la place à des eaux plus limpides et peut-être plus chaudes, qui déposent des calcaires oolithiques et dans lesquelles s'établissent quelques petits récifs de Polypiers. De nombreuses variations locales de facies qui s'observent dans le Rauracien dépendent probablement de la faible profondeur des eaux et de l'existence de courants en divers sens.

Le passage à l'Oolithe supérieure s'effectue souvent d'une manière peu sensible dans cette région. Parfois des cailloux roulés à la surface du Rauracien ou la réapparition sur celle-ci d'une couche de marne indiquent une forte agitation des eaux à ce moment.

Conditions de la sédimentation dans la chaîne du Jura. —
L'époque oxfordienne offre dans la chaîne du Jura une grande
diversité de facies (1), dont on a proposé différentes interpréta-
tions (2). M. Paul Choffat, à qui l'on doit d'avoir si savamment
inauguré l'étude des facies dans le Jura occidental et méridional et qui a d'ailleurs longtemps poursuivi cette étude dans
une grande partie de la chaîne, en a conclu que la mer de l'é-
poque oxfordienne dut présenter dès le début, dans le Jura, des
inégalités de profondeur, et que cette contrée éprouva des mouvements lents de bascule ; elle se serait inclinée d'abord vers le
N.-O., tandis qu'elle se relevait vers le S.-E. ; puis elle aurait
subi le mouvement contraire dans les derniers temps de l'é-
poque. L'axe de ces mouvements suit la direction des plissements du Jura.

Ainsi que l'a fait remarquer M. Choffat, il est intéressant de
constater que « les principaux changements de facies de cette
époque ont lieu suivant la direction de l'axe de la chaîne » (3),
c'est-à-dire celle des plis du Jura. Quelle que soit l'explication
qui finisse par prévaloir, on peut se demander si ce fait, qui est

---

(1) La description de ces facies a été donnée par M. Choffat, principalement pour le Jura français, dans son *Esquisse du Callovien et de
l'Oxfordien dans le Jura occidental et le Jura méridional* (Mém. de la
Société d'Émulation du Doubs, 1878), et résumée dans le Bulletin de
la Société géol. de France, t. VI, p. 358 et pl. III.

(2) Les essais de parallélisme entre le *facies franc-comtois* qui existe
dans la partie O. et N.-O. de la chaîne et le *facies argovien* qui règne
dans la partie orientale, sont au nombre de cinq. Ils ont été résumés
par M. Choffat dans l'*Annuaire géologique universel*, t. III, année 1877,
p. 292. Les seules à prendre en considération sont celles de M. Choffat
et de M. Louis Rollier (*Étude stratigraphique sur le Jura bernois. Les
facies du Malm jurassien.* Archives des Sciences physiques et naturelles
de Genève, t. XIX, nº 2). Le premier de ces auteurs admet que les
couches à Spongiaires se déposaient à l'E. pendant la formation des
Marnes à *Am. Renggeri* au N.-O. ; le second pense, au contraire, que
la région orientale était relevée et n'a reçu aucun dépôt pendant ce
temps, puis qu'elle s'est affaissée de façon à permettre l'établissement
des Spongiaires. Cette seconde hypothèse suscite encore quelque
objection, et la lacune qu'elle admet n'est pas démontrée.

(3) P. CHOFFAT. *Esquisse...*, p. 91.

incontestablement en relation avec les mouvements du sol, n'indique point, dès cette époque, une tendance au ridement de la contrée jurassienne.

ÉPOQUE DE L'OOLITHE SUPÉRIEURE.

Conditions de la sédimentation marine dans le Jura lédonien. — Les formations de cette époque dans le Jura lédonien n'ont encore été étudiées en détail que dans la partie orientale de cette contrée (1). Elles y présentent une série de 350 mètres de couches marines, formant les étages Séquanien, Kimméridgien (Ptérocérien et Virgulien) et Portlandien ; elles sont presque entièrement calcaires, avec dépôts coralligènes à divers niveaux dans la partie inférieure et moyenne ; puis elles se terminent par une vingtaine de mètres de couches de l'étage Purbeckien, d'abord saumâtres, puis d'eau douce. Au-dessus apparaissent brusquement les couches marines de l'étage Valanginien, par lesquelles débutent les formations de la période crétacique.

Pendant les temps de l'Oolithe supérieure, comme à ceux de l'Oolithe inférieure, la sédimentation chimique règne à peu près

(1) Plusieurs coupes de cette région se trouvent dans les publications de MM. Choffat, Bertrand et Bourgeat, qui sont indiquées plus loin. Les données les plus importantes sur ce pays sont contenues dans les mémoires suivants :

L.-A. GIRARDOT. *Fragments des recherches géol. dans les environs de Châtelneuf,* comprenant 16 coupes du Bathonien supérieur à la base du Crétacique (dont une par M. Choffat et une par M. Bertrand), et un tableau de la subdivision du Jurassique supérieur en assises et niveaux. Lons-le-Saunier. Declume. 1885. 24 p. autogr., 3 tableaux.— *Compte-rendu de l'excursion du 23 août à Châtelneuf,* de la Société géol. de France, comprenant la coupe de la Billode à Châtelneuf (Bull. Société géol., 3e série, t. XIII, p. 688-718). — *Note sur les divers faciès des étages Rauracien et Séquanien du plateau de Châtelneuf* (Même Bulletin p. 719-740). — *Le Purbeckien de Pont-de-la-Chaux et du voisinage* (Même Bulletin, p. 747-772). — *Recherches géol. dans les environs de Châtelneuf,* 1er fascicule, 168 p. Lons-le-Saunier, 1886-1888. — *Note sur le Purbeckien inférieur de Narlay* (Mém. Société d'Émul. du Jura, 1890, p. 165-197).

seule dans la mer de notre contrée. Elle s'effectue dans des eaux souvent assez limpides et d'une température suffisamment élevée pour permettre l'existence des Polypiers constructeurs, qui y édifient de véritables récifs ; ce n'est qu'à des intervalles éloignés (Séquanien moyen et Ptérocérien) qu'elles sont un peu troublées par des sédiments argileux, qui donnent de petites intercalations de marnes dures ou de calcaires marneux.

Commencée dans une mer très peu profonde, comme l'indique l'existence des Polypiers vers la base et même la présence d'un petit lit de lignite à Ney, près de Champagnole, la formation de cette puissante série de couches marines, qui offrent en général les caractères de dépôts d'assez faible profondeur, exige nécessairement qu'un abaissement graduel du fond soit venu compenser l'accumulation progressive des sédiments et l'accroissement des constructions coralligènes. Mais le mouvement paraît avoir été plus régulier et le niveau des eaux plus constant qu'à l'époque de l'Oolithe inférieure ; car les surfaces taraudées sur de grandes étendues sont très rares dans cette série : à peine en puis-je citer une seule. D'ailleurs on sait que les conditions générales ne sont plus les mêmes ; il ne se produit plus de ces grands affaissements de l'hémisphère septentrional, auxquels nous avons attribué une influence notable dans la formation des surfaces taraudées du Dogger.

Parfois l'affaissement se serait trouvé en retard sur l'accroissement des constructions de Polypiers. C'est ainsi que le récif de Pillemoine, dans le Séquanien inférieur, paraît avoir formé un îlot, sur le pourtour duquel se sont accumulés de nombreux débris de végétaux terrestres, qui nous ont fourni, surtout près du village de Châtelneuf, des espèces « relativement nombreuses, variées et intéressantes » (1). M. le marquis de Saporta, qui a consacré à ce gisement des indications détaillées (2) en a déterminé 12 espèces (dont 8 nouvelles), comprenant 3 Fougères, 3 Cycadées, 3 Conifères et 3 Monocotylédones inférieures.

Un peu au-dessus du niveau de ces plantes fossiles, se trouve

(1) G. DE SAPORTA. *Paléontologie française. Végétaux jurassiques.* t. IV, p. 304.

(2) G. DE SAPORTA. Loc. cit.

une surface taraudée assez étendue, qui dénote soit un abaissement du niveau supérieur des eaux, à la suite de l'affaissement
de quelque autre portion des mers ou de leurs rivages, soit
d'autres conditions. La sédimentation reprend ensuite, grâce à
l'affaissement de cette région, et je n'ai pas retrouvé, dans les
couches qui suivent, de nouvelles traces de l'établissement des
lithophages.

Conditions de la sédimentation marine dans le Jura français.
— Les formations marines de l'Oolithe supérieure dans le Jura
français offrent, entre le N.-O. et le S.-E. de la chaîne, d'importantes différences de facies, qui sont connues par les beaux
travaux de M. Paul Choffat (1), complétés surtout par les observations de M. Marcel Bertrand (2) et de M. l'abbé Bourgeat (3).

Un facies d'eaux peu profondes, bien caractérisé par des formations coralligènes à divers niveaux, règne dans le N.-O. de la

(1) P. CHOFFAT. — *Sur les couches à Ammonites acanthicus dans le
Jura occidental* (Bull. Société géol., 1875, 3e série, t. III, page 764).
— *Le Corallien dans le Jura occidental* (Archives des Sciences... de
Genève, décembre 1875). *Lettre...... relative à ses recherches géol.
dans le Jura en 1876* (Bull. de la section du Jura du C. A. F., n° 5,
1877). — *Esquisse du Callovien et de l'Oxfordien...*, 1878. — Plusieurs
communications lors de la réunion de la S. géol. dans le Jura en 1885.
(Bull. Société géol., 3e série, t. XIII, p. 682, 805, 819, 834, 856, 869).

(2) M. BERTRAND. — *Carte géologique détaillée ; notice explicative.*
Feuilles Besançon et Lons-le-Saunier. — *Le Jurassique supérieur et
ses niveaux coralliens entre Gray et Saint-Claude.* Bull. Société Géol.,
3e série, t. XI, p. 164. — Plusieurs communications lors de la session
du Jura de la Société géol. en 1885 (Bull., p. 785, 801, 852, 874).

(3) Abbé BOURGEAT. — *Note sur le Jurassique supérieur des environs
de St-Claude* (Bull. S. géol., 3e série, t. XI, p. 586-602). — *Note sur
la position vraie du Corallien de Valfin dans le Jura* (Annales de la Soc.
scientif. de Bruxelles, 1883, p. 389-401). — *Nouvelles observations sur
le Jurassique supérieur des environs de St-Claude et de Nantua* (Bull. S.
géol., 3e série, t. XIII, p. 587-616). — Plusieurs communications lors
de la session du Jura de la Société géol. en 1885 (Bull., p. 740, 773
794, 808, 819. — *Considérations sommaires sur les formations coralligènes
du Jura méridional* (Mém. Soc. d'Émul. du Jura, 4e série, t. I, p. 297-
312). — *Recherches sur les formations coralligènes du Jura méridional.*
Thèse. Lille, 1887. — Etc.

chaîne, de la base du Séquanien au Portlandien. Par contre, le
S.-E. du Jura est occupé par un facies de mer profonde, qui se
montre d'abord aux approches de Culoz, mais qui recule progressivement vers le sud pour céder la place au premier facies.

Réduites à de faibles épaisseurs dans le N.-O. de la Franche-
Comté, où elles se montrent pourtant à trois reprises (dans le
Séquanien, le Ptérocérien, le Virgulien et à la base du Portlandien), au-dessus des couches à Polypiers de la fin de l'époque
précédente (1), les formations coralligènes prennent, en avançant vers le S.-E., une importance de plus en plus considérable,
déjà bien marquée dans la région de Châtelneuf, entre Champagnole et Clairvaux, et y montrent de véritables récifs, parfois en
forme de champignon. La limite S.-E. de ces formations, qui se
trouvait donnée pendant le Rauracien par une ligne sinueuse
passant un peu au S.de Champagnole et à l'E.de Bâle, se trouve
transportée au-delà de Valfin-les-Saint-Claude et d'Oyonnax au
temps du Ptérocérien ; puis elle s'approche de Culoz pendant le
Virgulien, et arrive tout à fait au S.-E. du Jura au temps du
Portlandien (2).

Cette extension graduelle des constructions coralligènes vers le
S.-E., où elles envahissent ainsi, à mesure que l'on s'élève dans
la série des strates, des régions où régnaient auparavant des
facies de mer profonde, s'explique par un relèvement de la région S.-E. de la chaîne pendant l'affaissement de la partie N.-O.;
c'est là un mouvement de bascule qui se trouve de même sens
que le mouvement signalé par M. Choffat à partir du début de
l'Oxfordien.

Des causes diverses ont pu déterminer le peu d'épaisseur des
niveaux coralligènes, dans le N. de la Franche-Comté (courants
dominants plus froids, etc.). Le beau développement qu'offrent
plus au sud les récifs de Polypiers, à partir de Champagnole et
surtout de Morez, pourrait être attribué à la présence de courants
plus chauds aux approches de la mer alpine ; et peut-être

(1) Dʳ Albert GIRARDOT. *Note sur les Coralligènes supérieurs au Rauracien dans le Jura du Doubs.* Bull. Société géol., 3ᵉ série, t. XVI,
p. 56-61.

(2) D'après M. CHOFFAT, Loc. cit.

les faibles couches coralligènes de la région au N. de Salins sont-elles dues au transport de débris arrachés à ces récifs, lors de quelque action plus intense des eaux.

Mais le mouvement d'affaissement du N.-O. de la chaîne cesse pendant le dépôt du Portlandien et fait place à un exhaussement qui va permettre l'établissement du régime de lagunes, à dépôts saumâtres et parfois même gypsifères, des premiers temps du Purbeckien.

Émersion du Jura et formations continentales au temps du Purbeckien. — Le bord oriental du Jura lédonien nous offre, entre Champagnole et Clairvaux, des affleurements de la formation d'eau saumâtre et d'eau douce du Purbeckien, qui sont au nombre des plus remarquables du Jura. Ils se trouvent au voisinage de Châtelneuf, près de la Billode et de Bataillard, à Narlay, Frânois, La Fromagerie et Bonlieu, ainsi qu'à Pont-de-la-Chaux et Morillon, au bord occidental de la région des formations purbeckiennes. Plusieurs de ces gisements présentent, dans le Purbeckien supérieur, une riche faune de coquilles terrestres, lacustres ou d'eau saumâtre (Pont-de-la-Chaux et Morillon surtout). Mais celui de Narlay offre un intérêt plus considérable encore, par la présence d'une faunule d'eau douce, à la base même des couches purbeckiennes, au temps où le reste du Jura n'a offert jusqu'ici que le régime des dépôts lagunaires ou même marins.

On sait que les couches purbeckiennes, qui constituent un facies spécial (facies continental) d'un sous-étage ou assise au sommet du Portlandien, occupent une vaste contrée au S.-E. de la chaîne du Jura, à partir de Saint-Béron, entre le Pont-de-Beauvoisin et les Échelles (Isère) au S., jusqu'à Bienne (Suisse) et Mont-de-Laval (Doubs) au N. ; à l'E. elle est limitée par la plaine suisse et le Salève ; du côté occidental la limite passe un peu à l'est de Salins, Champagnole, Châtelneuf, Clairvaux-sur-l'Ain et Nantua, mais en enclavant Simandre-sur-Suran (Ain) au S.-O. de Thoirette : toutefois cette « limite est incertaine » (1), car les étages supérieurs du Jurassique manquent sur de grandes

(1) G. MAILLARD. *Note sur le Purbeckien.* Bull. Société géol. de France, 3ᵉ série, t. XIII, page 846.

étendues de territoire du côté occidental, et le passage au Crétacique n'a pas été observé entre ces localités et la plaine bressane
à l'O.

L'emplacement du Jura se trouvait émergé, à cette époque, au
moins dans sa partie centrale et méridionale, pour devenir ainsi
le siège de dépôts lagunaires, puis de formations d'eau douce.
Cette émersion fut relativement courte pour la région où s'observent ces dépôts ; elle dut s'effectuer d'une façon assez rapide
et cesser d'une manière plus brève encore, car l'interruption de
la sédimentation marine ne s'y trouve que d'une faible durée.

En faisant connaître le fait si remarquable du recul progressif
des Spongiaires et des Polypiers vers le S.-E., au temps du Rauracien et de l'Oolithe supérieure, M. Paul Choffat, en 1876,
attribuait la formation des couches purbeckiennes à un relèvement du N.-O. du Jura, qui s'effectuait depuis un certain
temps (1).

S'appuyant sur ces observations et ces vues, dans ses importantes études monographiques sur le Purbeckien du Jura (2) le
savant et regretté Gustave Maillard admettait que « le soulèvement aurait d'abord affecté la partie extérieure, occidentale du
Jura actuel, c'est-à-dire le Jura des plateaux. — Il s'est donc
formé au nord et à l'ouest, ajoutait-t-il, une large croupe de
terre-ferme, plaine basse et humide qui émerge faiblement au-
dessus de l'Océan. Ce premier plissement à immense envergure
doit être le premier indice des chaînes jurassiennes qui s'accen-
tueront plus tard. »

Peu après, M. l'abbbé Bourgeat (3) a insisté tout spécialement
sur l'ancienneté d'une émersion de la portion occidentale du
Jura, dont il considérerait même certains points comme exondés

(1) P. CHOFFAT. *Lettre relative à ses recherches géol. dans le Jura en
1876.*

(2) G. MAILLARD. *Etude sur l'étage Purbeckien dans le Jura. Disser-
tation inaugurale.* Zurich 1884. — *Monographie des Invertébrés du Purbeckien du Jura.* (Mém. de la Société paléont. suisse, vol. XI, 1884)
p. 146.

(3) Abbé BOURGEAT. Bulletin de la Société géol. de France, 3ᵉ série,
t. XIII, 1885, p. 800. — *Recherches sur les formations coralligènes du
Jura méridional.* Thèse, p. 179, etc.

dés le temps de l'Oolithe inférieure, dans la région du premier plateau.

La présence à Narlay, au bord oriental de notre contrée lédonienne, d'une faunule d'eau douce à la base même du Purbeckien, nous a permis diverses considérations qui conduisent à admettre aussi l'émersion, dès avant la fin de la formation des Dolomies portlandiennes supérieures, d'une contrée située à l'O. de cette localité. « On ne peut espérer de reconnaître quelques traces de cette contrée hypothétique entre Narlay, d'une part, Poligny, Lons-le-Saunier et Saint-Amour de l'autre ; car le Jurassique tout à fait supérieur n'existe pas dans ce pays, disions-nous à ce sujet, en 1890. Toutefois il convient d'en rechercher des vestiges dans les lambeaux de Malm du bord occidental du Jura, à la limite de la Bresse. C'est ainsi qu'il y aurait à étudier soigneusement le Jurassique supérieur de la gare de Sainte-Agnès, où M. Marcel Bertrand nous a fait remarquer, en 1881, des calcaires à longues Nérinées, en apparence portlandiens, que surmonte une brèche intéressante ; mais les recherches que nous y avons faites depuis lors ne nous ont encore fourni que de rares bivalves indéterminables » (1).

L'existence de tels lambeaux de Jurassique supérieur, dans la région du Vignoble, au bord occidental du Jura lédonien, permet de penser, avec M. Marcel Bertrand (2), que l'émersion de la contrée occidentale purbeckienne du Jura s'est effectuée seulement dans les derniers temps du Jurassique. Toutefois la tendance au ridement s'étant déjà manifestée dans la région de l'Eute et peut-être au bord occidental du Vignoble, dès la fin du Bathonien, il ne serait point surprenant que l'émersion ou du moins l'absence de sédimentation se fussent produites à une époque sensiblement antérieure aux débuts du Purbeckien, dans la région du premier plateau du Jura indiquée par M. l'abbé Bourgeat ; mais la présence de l'Oxfordien à Verges et à Mirebel, celle du Rauracien et du Séquanien moyen, dans la bande disloquée de l'Eute, près de Châtillon, ne paraissent guère permettre,

---

(1) L.-A. GIRARDOT. *Note sur le Purbeckien inférieur de Narlay* (Mém. Soc. d'Émul. du Jura, 1889, p. 177).

(2) Bulletin de la Société géol. de France, 3e série, t. XIII, p. 802.

en tous cas, d'attribuer ces effets à une époque antérieure au Ptérocérien.

Un affaissement progressif rapide permet ensuite l'invasion des eaux marines dans la contrée purbeckienne. Elle paraît s'être effectuée par une suite d'actions qui déterminent en premier lieu, dans la partie centrale de cette contrée, la réapparition de dépôts d'eau saumâtre, entremêlés parfois de couches d'eau douce. Enfin un affaissement plus intense permet à la mer valanginienne de s'établir définitivement dans le Jura, et les premiers dépôts du Crétacique commencent à recouvrir les couches purbeckiennes. — Le seconde phase de la période Jurassique est terminée.

Considérations sur les phénomènes orogéniques du Jurassique supérieur du Jura.

Si l'on essaye d'interpréter d'une manière plus générale l'ensemble des faits qui viennent d'être cités, on arrive aux considérations qui suivent, sur le Jurassique supérieur jurassien.

Les lignes séparatives des principaux facies de l'Oolithe supérieure, comme celles des facies de l'Oxfordien, suivent sensiblement la direction des grands plissements du Jura. L'axe des mouvements du sol qui sont invoqués pour rendre compte de ces facies se trouve dans cette même direction. Il semble donc permis de voir dans ces faits l'influence prédominante, dans la contrée jurassienne, d'actions de même ordre que celles qui détermineront plus tard la formation des plis du Jura, c'est-à-dire celle d'une tendance au ridement, qui persiste pendant le Jurassique supérieur, tout en étant troublée, sans doute à diverses reprises, par quelques échos des actions de tassement.

L'émersion de la contrée purbeckienne du Jura, plus relevée du côté du N.-O., et que Gustave Maillard se représentait sous l'aspect d'une « vaste croupe surbaissée », s'effectue en dernier lieu, dans le même temps où se formaient les *dômes de soulèvement* signalés par M. Marcel Bertrand dans le bassin anglo-parisien. Il nous semble voir, dans cette contrée purbeckienne du Jura, un autre exemple de ces dômes de soulèvement : on retrouve ici l'action relativement rapide d'élévation, puis d'affaissement, la large courbure du dôme et probablement (si l'on en juge par l'extension des formations purbeckiennes du Jura) la forme ellipsoïdale des contours, qui sont les caractères indiqués par cet éminent géologue. De plus, si l'émersion de la région du premier plateau ne s'est effectuée qu'au temps du Portlandien, on pourrait se demander si une certaine part dans l'ablation des couches jurassiques supérieures qui manquent dans cette partie du Jura ne doit point être attribuée déjà aux derniers temps du Jurassique.

Il nous semble voir dans la formation des dômes de soulèvement l'effet du développement de poussées tangentielles, arrivant au point où il suffira d'une accentuation relativement peu intense de l'effort dans ce sens pour déterminer le plissement. On conçoit que la couverture de terrains secondaires non encore plissée d'une manière notable, qui recouvre les terrains plus anciens, résiste et se courbe d'abord en dôme, puis que, sous la continuation de l'effort, elle cède et se plisse en épousant la direction des plis anciens sous-jacents, qui forment autant de lignes de moindre résistance.

La seconde phase de la période Jurassique, sans nous avoir offert la preuve que des ridements sensibles aient été formés alors dans le Jura, présente, en somme, un ensemble de phénomènes (lignes séparatives des principaux faciès des formations marines et des dépôts purbeckiens, émersion finale) qui diffèrent notablement de ceux de la première phase. Ils constituent au moins, ce semble, une préparation immédiate à la formation des plissements, qui se dessineront déjà d'une manière notable avant la fin des temps secondaires, et qui détermineront progressivement la formation des chaînons du Jura et l'émersion définitive de cette contrée pendant l'ère tertiaire.

Résumé.

En résumé, jusqu'à la fin du Callovien, notre contrée paraît avoir éprouvé le contre-coup de chacune des actions de tassement qui affectaient les principaux compartiments européens de la chaîne hercynienne. Ce contre-coup s'accuse dans notre région d'étude par les perturbations qui en résultaient dans la sédimentation, à l'emplacement du Jura lédonien, et qui déterminaient périodiquement l'arrêt de celle-ci, ainsi que la formation de surfaces taraudées dans l'Oolithe inférieure ; il s'accuse aussi par les affaissements qui se faisaient sentir périodiquement dans notre contrée. La première phase que nous avons distinguée dans la série des phénomènes qu'éprouva cette région dans les temps jurassiques, se rattacherait donc à l'histoire de la chaîne hercynienne.

Les mouvements du sol de notre région durant la seconde phase du Jurassique (Jurassique supérieur) paraissent accuser dès lors une tendance au plissement, qui s'y manifestera plus tard avec une énergie si considérable lors de la formation de la grande chaîne des Alpes et de la surrection définitive du Jura. Cette seconde phase se rapporterait déjà à l'histoire de cette dernière chaîne.

Quoi qu'il en soit de cette distinction, il existe entre ces deux phases des différences assez notables sous le rapport des phénomènes orogéniques pour qu'il y ait lieu d'établir entre le Callovien et l'Oxfordien une grande coupure stratigraphique, plus marquée que toutes celles qui se présentent dans le reste du Jurassique

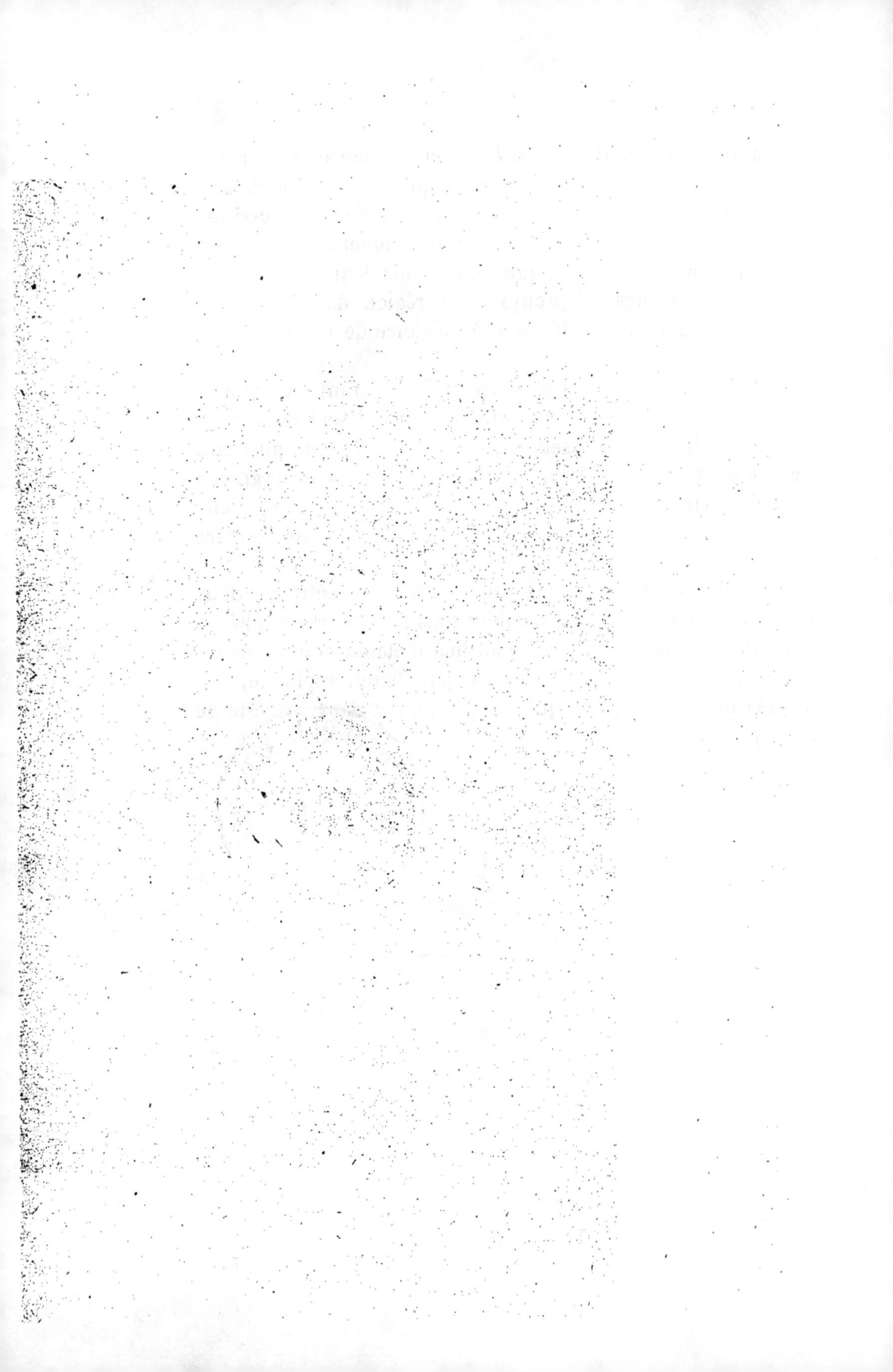

TABLE ANALYTIQUE.

Nota. — La mise entre crochets [ ] ou en petit texte du titre d'un article ou de la page où il se trouve indique que cet article est *annulé* et remplacé dans les *Compléments et Rectifications* par un autre qui est immédiatement indiqué, soit par la seule pagination, soit par un titre nouveau.

L'astérisque ' à la suite d'un article ou de la page qu'il occupe signifie que cet article, tout en restant exact en grande partie, subit quelques modifications, signalées dans un article des *Compléments* qui est indiqué dans la table à la suite du premier.

L'astérisque avant les pages 3? à 4? indique la seconde des deux feuilles qui, par erreur, portent cette même pagination.

INDICATIONS PRÉLIMINAIRES.

Les variations du Jurassique lédonien dans le sens vertical et souvent dans le sens horizontal obligent à établir de nombreu-

AVANT-PROPOS.

HISTORIQUE DE LA GÉOLOGIE LÉDONIENNE (1).

---

(1) Cette notice historique complète les données sur l'histoire de
l'orographie et de la géologie jurassienne contenues dans nos *Recherches géologiques dans les environs de Châtelneuf* (1er fascicule, 1888). Je
note ci-dessus d'un astérisque les noms déjà mentionnés, avec plus ou
moins de détails, dans ce dernier mémoire. On y trouvera aussi des
renseignements sur les « Principales collections renfermant des fossiles
du Jura ». Voir de plus *Les Géologues et la Géologie du Jura avant 1870*,
par M. J. Marcou (Mém. Société d'Émulation du Jura, 1888, p. 117-
200), ainsi que notre notice biographique sur *Edmond Guirand* (Mêmes
Mém., 1887, p. 25-59).

(2) Au sujet de l'albâtre gypseux exploité à Salins, Foncine-le-Bas
et St-Lothain, pour les tombeaux des ducs de Bourgogne, voir les
Mém. de l'Acad. de Dijon.

RÉSUMÉS STRATIGRAPHIQUES ET COUPES DU RHÉTIEN AU CALLOVIEN

(1) ETIENNE, Jean-Auguste-Célestin, en religion frère OGÉRIEN, fils de Etienne ETIENNE et de Marianne Reboul, est né le 9 décembre 1825, à Gresse (Isère). Il entra au noviciat des Frères des Écoles chrétiennes le 17 avril 1844. Arrivé le 19 septembre 1854 à Lons-le-Saunier, il fut le lendemain nommé directeur de l'école primaire publique de la rue Saint-Désiré ; il quitta cette ville le 19 octobre 1867, pour se rendre d'abord à la maison des Frères, à Passy près de Paris, d'où il partit pour les États-Unis. Il mourut à New-York le 14 décembre 1869.

ÉTAGE RHÉTIEN.   46 et 637

I. — Rhétien inférieur.   48

II. — Rhétien moyen.   *35

III. — Rhétien supérieur.   *37

Coupes du Rhétien.

LIAS INFÉRIEUR ou ÉTAGE SINÉMURIEN. 65 et 644

I. Calcaire hettangien ou couches de Moutaine. 73 et 644

II. — Calcaire a Gryphées arquées. 77 et 647

III. — Assise de l'Ammonites oxynotus. 83 et 647

Coupes du Lias inférieur.

LIAS MOYEN ou ÉTAGE LIASIEN.   123 et 652

I. — LIASIEN INFÉRIEUR. ASSISE DE L'AMMONITES DAVŒI.   125 et 652

II. — LIASIEN MOYEN. MARNES A AMMONITES MARGARITATUS.   132 et 653

Cette première description du Toarcien supérieur est remplacée par la suivante.

Coupes du Lias supérieur.

ÉTAGE BAJOCIEN.   190 et 695

Cette première description du Bajocien supérieur est totalement remplacée par la suivante :

III. — BAJOCIEN SUPÉRIEUR. ASSISE DE L'AMMONITES GARANTI.

Coupes du Bajocien.

ÉTAGE BATHONIEN.   337

ÉTAGE OXFORDIEN.   626

OXFORDIEN INFÉRIEUR. ASSISE DES MARNES A AMMONITES RENGGERI.   626

COMPLÉMENTS ET RECTIFICATIONS.

(L'indication générale des points traités est seule mentionnée
ici ; les indications détaillées ont été données plus haut, à
l'article de l'étage auquel elles se rapportent).

RÉGIME DE LA MER JURASSIQUE DANS LE JURA LÉDONIEN.

Les faits observés dans le Jura lédonien suggèrent quelques vues
originales quant aux phénomènes orogéniques des temps
jurassiques. Deux ordres de considérations à établir.. 825

I. — Considérations générales.

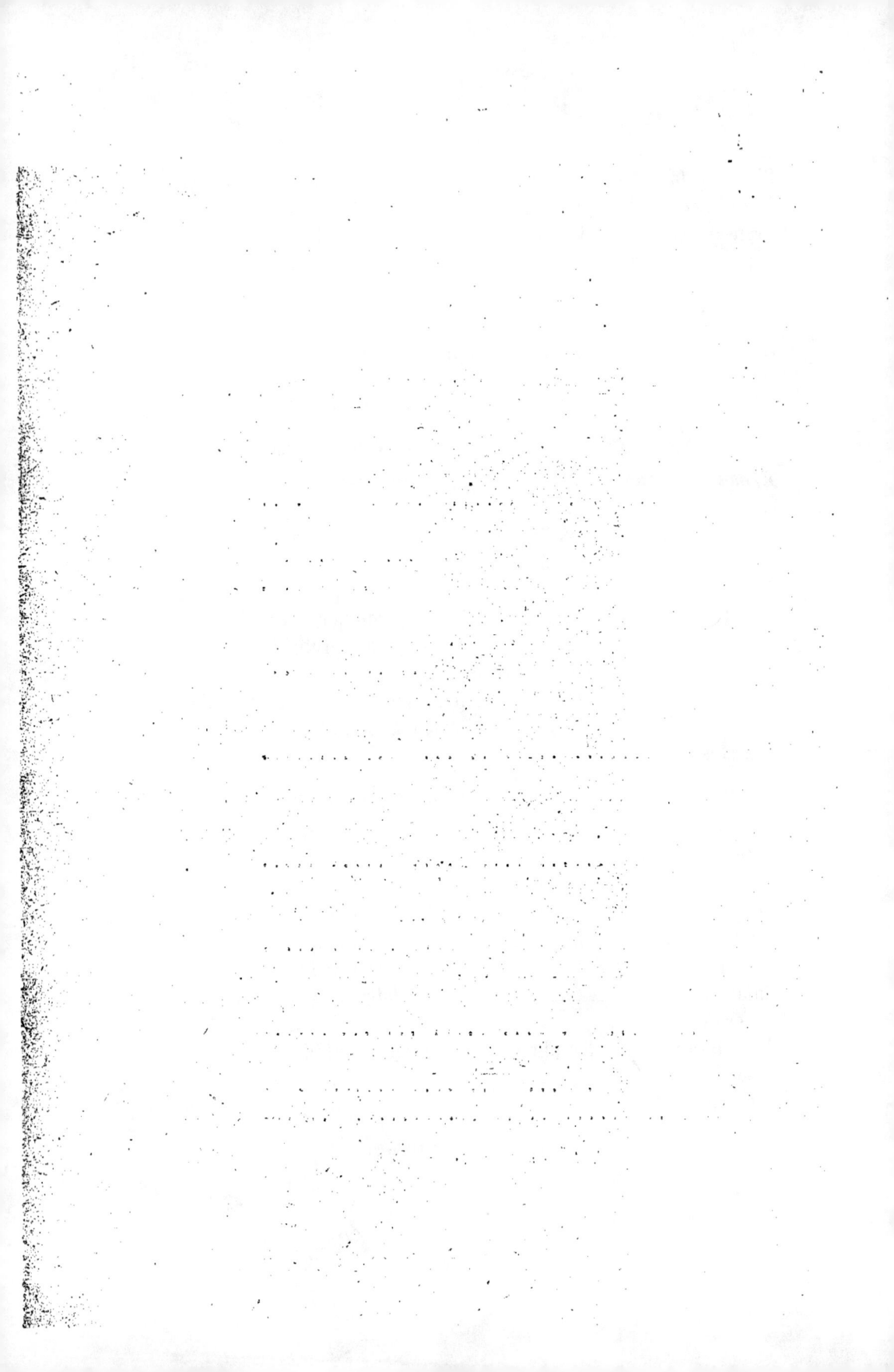

OOLITHE INFÉRIEURE OU DOGGER.	CALLOVIEN.	II. — CALLOVIEN SUPÉRIEUR. Assise de l'*Am. anceps* et de l'*A. athleta*.	B. Niveau de l'*Ammonites athleta*.............................	0ᵐ30 à 2 ou 3	1,40 à 4 m.	Fossiles phosphatés.
			A. Niveau de l'*Ammonites anceps*.............................	1,10 à ....?)		
		I. — CALLOVIEN INFÉRIEUR. Assise de l'*Ammonites macrocephalus*.	B. Niveau de l'*Ammonites callovionsis*.	A l'E., facies bathonien : calcaire à Crinoïdes..........	0,75 à 1 ou 2	2 à 3 m. soit 4 à 6 m.	Surface taraudée.
				A l'O., facies mixte : calcaire marneux à *A. macrocephalus*.			
			A. Niveau de l'*Ammonites Kœnighi* et de l'*Am. Goweri*.	A l'E., facies mixte : calcaire et marne à *Ostrea costata*.	1,90 à 0,50		Surface taraudée.
				A l'O., facies mixte : calcaire marneux à fossiles callovien et bathoniens.			
	BATHONIEN.	IV. — BATHONIEN SUPÉRIEUR. Assise de l'*Eudesia cardium*.	E. Niveau des marnes bathoniennes supérieures de Vaudioux à *Eudesia cardium*.	1,70 à 1,50	soit 10 à 45 m.	Galets à petites Huîtres Surface taraudée.
			D. Niveau des calcaires bathoniens supérieurs des carrières de Vaudioux....	2,70 à 3 m.		
			C. Niveau des calcaires marno-sableux de Courbouzon à *Rhynchonella elegantula*......	2 m. à 2,50		
			B. Niveau de l'oolithe bathonienne supérieure de Vaudioux et Courbouzon, soit..	12 à 20 m.?		
		Bathonien III. Calcaires de Champagnole II et III. BATHONIEN MOYEN.	A. Niveau des calcaires inférieurs à *Zeilleria digona* (type) de Courbouzon, soit..	10 m.?		
			B. Niveau des calcaires oolithiques à Polypiers de stand de Champagnole, soit.	25 m.	35 m. à 45 m. à 50 m.	140 Surface taraudée.
			A. Niveau des calcaires compacts de l'ancien viaduc de Champagnole, soit..	10 m.		
		Bathonien II. Calcaires de Syam.	D. Niveau des calcaires oolithiques de la gare de Syam.	15 à 19 m.		150 Surface taraudée.
			C. Niveau des calcaires compacts de la gare de Syam.	25 m.		
			B. Niveau des calcaires compacts à *Pinna ampla* de la gare de Syam.	6 m. à 9,50		
			A. Niveau des calcaires marno-sableux de Syam à *Am. nonifensis* et *A. cf. aspidoides*.	1,30 à 1,50		
		I. — BATHONIEN INFÉRIEUR. Assise de l'*Ammonites ferrugineus*.	D. Niveau de l'oolithe bathonienne inférieure de Syam et Châtillon.	11 à 12 m.	23 à 27 m.	Surface taraudée.
			C. Niveau des marno-calcaires psolithiques de Plâne à *Zeilleria ornithocephala* et *Ourasia*.	5 à 6 m.		
			B. Niveau des marnes de Plân et de Châtillon à *Ostrea acuminata*....	6 m. à 2,40		
			A. Niveau des bancs marneux inférieurs de Courbouzon à *Homomya gibbosa* et rares *Ostrea acuminata*........	2 à 6 m.		Surface taraudée.
	BAJOCIEN.	III. — BAJOCIEN SUPÉRIEUR. Assise de l'*Ammonites Garanti*.	G. Niveau des calcaires spathiques supérieurs de Courbouzon.......	17 à 19 m.	29 à 38 m.	Surface taraudée.
			B. Niveau des bancs marneux à *Ammonites Garanti* de Bevigny et de Courbouzon, soit....	5 m.		Surface taraudée?
			A. Niveau des calcaires spathiques des carrières de Crançot....	5,80 à 18 m.		Surface taraudée.
		II. — BAJOCIEN MOYEN. Assise des *Ammonites Blagdeni* et *Humphriesi*.	C. Niveau des calcaires spathiques des carrières de Saint-Maur. (Calcaires à Trigonies du Courbouzon)....	24 à 25 m.	80 m.	Surface taraudée.
			B. Niveau des calcaires de Courbouzon à *Am. Humphriesi* et des Polypiers de Conliège....	24 à 28 m.		Surface taraudée.
			A. Niveau des calcaires moyens à rognons de silex de Mossia....	27 à 30 m.		Surface taraudée.
		I. — BAJOCIEN INFÉRIEUR. Assise de l'*A. Murchisonæ* et de l'*A. Sowerbyi*.	3ᵉ Zone de l'*Ammonites Sauzei*.	B. Niveau des calcaires à *Am. Braohi* et *A. Freycineti* de Mossia.		180 à 190 m.	Nodules et fossiles phosphatés.
				A. Niveau des calcaires à *Am. adiacus* et *A. propinquus* de Mossia.	0,35 à 1,50		Couche de galets des Monts de Poligny.
			2ᵉ Zone de l'*Ammonites Sowerbyi*.	B. Niveau des marnes à Pholadomyes et des calcaires spathiques à grains ferrugineux de Mossia.	6 à 5,45	11 m. à 60 m. à 80 m.	Surface taraudée. Fossiles phosphatés à la base.
				A. Niveau inférieur à *Ammonites Sowerbyi* avec Pecten pumilus.	5 m.		
			1ʳᵉ Zone de l'*Ammonit. Murchisonæ*.	D. Niveau de l'*Ammonites concavus*. Marnes noires à Bryozoaires avec *A. concavus* et *A. cœvus*.	8,75 à 9,70	48 m. à 68 m. à 80 m.	Surface taraudée.
				C. Niveau des calcaires oolithiques et spathiques à silex de Conliège.	24 à 45 m.		Surface taraudée.
				B. Niveau des calcaires ferrugineux à rognons de silex inférieurs de Mossia.	6 à 8 m.		
				A. Niveau des grès à *Cancellophycus scoparius* de Ronnay.	6 à 8 m.		
LIAS OU TOARCIEN.	LIAS OU TOARCIEN.	III et IV. TOARCIEN SUPÉRIEUR.	IV. Assise de l'*Ammonit. opalinum* et de l'*Am. aalensis*. Oolithe ferrugineuse de Blois.	B. Niveau de l'oolithe ferrugineuse supérieure à *Am. opalinus* et *Rhynchonella cynocephala* de Blois.	0,80 à 1,20	3,50 à 4,20	Quelques fossiles phosphatés.
				A. Niveau de l'oolithe ferrugineuse inférieure à *Ammonites opalinus* de Blois.	2,70 à 3 m.		
			III. Assise de l'*Ammon. jurensis* et du *Pentacrinii murycinsis*. Couche de l'Étoile.	C. Niveau des marnes et marno-calcaires supérieurs à *Pentacrinus* de l'Étoile.	3,40	11 à 12 m.	
				B. Niveau des marnes et marno-calcaires moyens à *Pentacrinus* de l'Étoile.	2 m. à 2,45		
				A. Niveau des marnes et marno-calcaires inférieurs à *Pentacrinus* de l'Étoile.	4,70 à 5,35		
		II. — TOARCIEN MOYEN. Assise de l'*A. bifrons* et de l'*A. Germaini*. Marnes de Ronnay.	C. Niveau des marnes supérieures de Ronnay, avec sphérites à cristaux de célestine.	16 m.	45 à 50 m.	80 à 88 m.
			B. Niveau des marnes et marno-calcaires moyens de Ronnay (*A. bifrons* à Collay).	9 à 10 m.		
			A. Niveau des marnes inférieures de Ronnay.	20 à 24 m.		
		I. — TOARCIEN INFÉRIEUR. Schistes à Posidonomyes.	C. Deuxième niveau des Schistes à Posidonomyes de Perrigny.	7 m.	48 à 49 m.	
			B. Schistes inférieurs à Posidonomyes et *Ammonites cf. annulans* de Perrigny.	11 m.		
			A. Niveau des calcaires et marnes à *Aptychus elasma* de Perrigny (*Am. (Lytoceras) sp. nov. aff. sublineatus*).	0,70 à 0,80		Quelques nodules phosphatés à la base.
LIAS.	LIAS MOYEN OU LIASIEN.	III. — LIASIEN SUPÉRIEUR. Assise de l'*Ammonites spinatus*.	C. Niveau supérieur	12 m.		
			B. Niveau moyen à *Ammonites spinatus*, environ.			
			A. Niveau inférieur			
		II. — LIASIEN MOYEN. Marnes à *Ammonites margaritatus*.	C. Niveau de l'*Avicula Fortunata*. Marnes et marno-calcaires supérieurs avec *Bel. Fournoli*, soit.	7 m.	20 à 25 m.	43 à 48 m.
			B. Marnes moyennes stériles à *Tisoa siphonalis*, soit.	10 à 15 m.		Fossiles phosphatés.
			A. Marnes inférieures à *Belemnites clavatus* et *Ammonites globosus*, avec *A. margaritatus*, soit.	4 m.		
		I. — LIASIEN INFÉRIEUR. Assise de l'*Ammonites Davœi*.	E. Niveau de l'*Ammonites fimbriatus* et de l'*Am. capricornus*.	1,85		
			D. Niveau des calcaires hydrauliques à Bélemnites de Perrigny.	2,05		
			C. Niveau de l'*Ammonites armatus*.	3 m.	11 m.	
			B. Niveau de l'*Ammonites aristiformis*.	1,40		
			A. Niveau de l'*Ammonites submuticus*.	1,65 à 2 m.		
	LIAS INFÉRIEUR OU SINÉMURIEN.	III. — SINÉMURIEN SUPÉRIEUR. Assise de l'*Ammonites oxynotus*.	D. Niveau supérieur à calcaire hydraulique de Lons-le-Saunier.	0,25 à 0,75	4 m. à	17 à 19 m.
			C. Niveau de l'*Ammonites oxynotus*.	1,45 à 1,80		Nodules et fossiles phosphatés fréquents.
			B. Niveau de l'*Ammonites obtusus*.	1,95 à 2,40	0,80	
			A. Niveau de l'*Ammonites Davidsoni*.	0,05 à 1,75		
		II. — SINÉMURIEN MOYEN. Assise de l'*Ammonites Ducklandi*. Calcaire à Gryphées arquées.	C. Niveau des calcaires gesmatricus.	2,70 à 3 m.	10 m.	Quelques parties phosphatées.
			B. Niveau moyen à Gryphées arcuata.	3,70 à 4 m.		
			A. Niveau inférieur à Gryphées arcuata.	2,60 à 2,70		
		I. — SINÉMURIEN INFÉRIEUR. Assise de l'*Am. planorbis* et de l'*Am. angulatus*. Calcaires hettangiens ou Couche de Monthieu.	B. Niveau de l'*Ammonites angulatus*.	1,65 à 2 m.	3 à 4 m.	
			A. Niveau de l'*Ammonites planorbis*.	1,50 à 2 m.		
	LIAS INFRA-INFÉRIEUR OU RHÉTIEN.	III. — RHÉTIEN SUPÉRIEUR. Assise des marnes pseudo-irisées de Lons-le-Saunier.	G. Niveau des calcaires sublithographiques à bivalves.	0,55 à 1 m.	5,50	23 à 25 m.
			B. Niveau des marnes pseudo-irisées de Lons-le-Saunier.	2,50 à 3,50		
			A. Niveau des grès supérieurs à Vertébrés. (Bone Bed supérieur.)	2,40 à 2,60	0,70	
		II. — RHÉTIEN MOYEN. Assise des dolomies cloisonnées de Lons-le-Saunier.	C. Niveau des dolomies cloisonnées piquelées.	4,55 à 5,65	7,45	
			B. Niveau des schistes argileux moyens. (*Avicula contorta*.)	1,30 à 2,75		
			A. Niveau du grès micacé à Vertébrés. (Bone Bed moyen.)	1,10 à 1,40	9,75	
		I. — RHÉTIEN INFÉRIEUR. Assise du Grès de Boisset.	C. Niveau des schistes avec calcaires et dolomies.	4,30 à 5,95	8,35	
			B. Niveau des schistes argileux inférieurs. (*Avicula contorta*.)	2 m. à 3,20		
			A. Niveau du grès de Boisset. (Bone Bed inférieur.) (Vertébrés, *Avicula contorta*.)	2,40 à 2,90	10 m.	

Puissance totale du Jurassique inférieur : 480 à 500 m.